国内外经典教材辅导系列·理工类

《材料力学》
笔记和课后习题（含考研真题）详解
（适用刘鸿文第7版教材）

主编：圣才考研网
www.100xuexi.com

中国石化出版社
·北京·

内　容　提　要

本书是“十二五”普通高等教育本科国家级规划教材《材料力学》（第 7 版，刘鸿文等著）的学习辅导书。本书遵循第 7 版的章目编排，共分为 18 章，每章由三部分组成：第一部分为复习笔记，剖析本章的重难点内容；第二部分为课后习题详解，对第 7 版的习题进行了详细的分析和解答；第三部分为名校考研真题详解，精选名校考研真题，并提供了详细的解答。

购书享受大礼包增值服务【本书电子书（手机版、电脑版）、一对一专职顾问全程咨询服务】。手机扫码（本书封底二维码）免费领取本书大礼包。

图书在版编目（CIP）数据

《材料力学》笔记和课后习题（含考研真题）详解/圣才考研网主编．—北京：中国石化出版社，2025. 1.
ISBN 978 – 7 – 5114 – 7805 – 4

Ⅰ. TB301 – 44

中国国家版本馆 CIP 数据核字第 2025YA4594 号

中国石化出版社出版发行

地址：北京市东城区安定门外大街 58 号
邮编：100011　电话：(010)57512500
发行部电话：(010)57512575
http://www.sinopec-press.com
E-mail:press@sinopec.com
武汉市新华印刷有限责任公司印刷
全国各地新华书店经销

*

787 毫米×1092 毫米 16 开本 34.25 印张 871 千字
2025 年 1 月第 1 版　2025 年 1 月第 1 次印刷
定价：68.00 元

序　言

我国各大院校一般都把国内外通用的权威教科书作为本科生和研究生学习专业课程的参考教材，这些教材甚至被很多考试(特别是硕士和博士招生考试)和培训项目作为指定参考书。为了帮助读者更好地学习专业课，我们有针对性地编著了一套与国内外教材配套的复习资料，并提供配套的名师讲堂、电子书和题库。

刘鸿文主编的《材料力学》(第7版)(高等教育出版社)是我国高校采用较多的材料力学权威教材之一。作为该教材的学习辅导书，本书具有以下几个方面的特点：

1. 采用图表体系，通俗易懂易记。本书每章的知识小结，在全方位把握重要考点的同时，提纲挈领地以图表形式，呈现重要的考点、难点，脉络清晰，一目了然，更容易记忆。

2. 解析课后习题，提供详尽答案。本书参考大量材料力学相关资料，对刘鸿文《材料力学》(第7版)的课后习题进行了详细的分析和解答。

3. 精选考研真题，巩固重点知识。为了强化对重要知识点的理解，本书精选名校考研真题，并提供详细的解答。所选考研真题基本涵盖了各个章节的考点和难点。

购书享受大礼包增值服务：手机扫码(本书封底二维码)。具体包括：①本书电子书(手机版、电脑版)；②一对一专职顾问全程咨询服务。

圣才考研网(www.100xuexi.com)是圣才学习网旗下的考研考博专业网站，提供考研公共课和全国各高校理工类专业考研考博辅导班【一对一辅导(面授/网授)、网授精讲班等】、电子书、题库、全套资料(历年真题及答案、笔记讲义等)、理工类国内外经典教材名师讲堂、考研教辅图书等。

考研辅导：kaoyan.100xuexi.com(圣才考研网)

官方总站：www.100xuexi.com(圣才学习网)

圣才考研网编辑部

目　录

第1章 绪 论

1.1 复习笔记

一、材料力学的任务

1. 强度要求

在规定载荷作用下构件不发生破坏，即构件应具有足够的抵抗破坏的能力。

2. 刚度要求

构件应具有足够的抵抗变形的能力。其中变形是指在外力作用下，固体的尺寸和形状发生变化。

3. 稳定性要求

构件应具有足够的保持原有平衡形态的能力。

因此，材料力学的任务是为设计满足材料强度、刚度和稳定性的经济且安全的构件提供理论基础和计算方法。

二、变形固体的基本假设

1. 连续性假设

组成固体的物质不留空隙地充满了固体的体积，即固体在整个体积内是连续的。

2. 均匀性假设

固体内各部分力学性能相同。

3. 各向同性假设

无论沿任何方向，固体的力学性能是相同的，且将具有这种属性的材料称为各向同性材料，将沿不同方向力学性能不同的材料称为各向异性材料。

三、基本概念

1. 外力及其分类

外力是指来自构件外部作用于构件上的力。

(1)按外力作用方式划分。

①表面力：作用于物体表面的力，又可分为分布力和集中力。

②体积力：连续分布于物体内部各点的力，如物体的自重和惯性力等。

(2)按载荷随时间的变化情况划分。

①静载荷：载荷缓慢地由零增加为某一定值后即保持不变，或变动很不显著。

②动载荷：载荷随时间而变化，其中随时间作周期性变化的动载荷为交变载荷，物体的运动在瞬时内发生突然变化所引起的动载荷称为冲击载荷。

2. 内力及其求解

内力是指物体内部各部分之间因外力而引起的附加相互作用力，即“附加内力”。

通常采用截面法求解内力，即用截面假想地把构件分为两部分，以显示并确定内力的方法。具体求解步骤如下：

(1)截开：沿着所求截面假想地将构件分为两部分，任意地取出一部分作为研究对象，并弃去另一部分；

(2)代替：用作用于截面上的内力代替弃去部分对取出部分的作用；

(3)平衡：建立取出部分的平衡方程，确定未知内力。

3. 应力与应变

(1)应力：由外力引起的内力集度，单位为 Pa 或 MPa，$1\text{MPa}=10^6\text{Pa}$，$1\text{Pa}=1\text{N/m}^2$。

单位面积上的平均内力集度称为平均应力，用 p_m 表示，即

$$p_m=\frac{\Delta F}{\Delta A}$$

当面积 ΔA 趋于 0 时，p_m 的大小和方向都将趋于一定极限，即为该点处的应力 p，也即

$$p=\lim_{\Delta A\to 0}p_m=\lim_{\Delta A\to 0}\frac{\Delta F}{\Delta A}$$

p 是一个矢量，通常将其分解为垂直于截面的分量 σ（称为正应力）和平行于截面的分量τ（称为切应力）。

(2)应变

应变是度量一点处变形程度的基本量，分为线应变和角应变。

长度的改变量 Δs 与原长 Δx 的比值为平均正应变，用 ε_m 表示，即

$$\varepsilon_m=\frac{\Delta s}{\Delta x}$$

平均正应变的极限值即为正应变，用 ε 表示，也即

$$\varepsilon=\lim_{\Delta x\to 0}\frac{\Delta s}{\Delta x}$$

微体相邻棱边所夹直角改变量，称为切应变，用 γ 表示，单位为 rad，若用 α 表示变形后微体相邻棱边的夹角，则

$$\gamma=\lim_{\substack{\Delta x\to 0\\ \Delta y\to 0}}\left(\frac{\pi}{2}-\alpha\right)$$

四、杆件变形的基本形式

长度远大于横截面尺寸的构件称为杆件，简称杆，其变形的基本形式有四种。

1. 轴向拉伸或压缩

受力特征：受大小相等、方向相反、作用线与杆件轴线重合的一对力；

变形特征：杆件的长度发生伸长或缩短。

2. 剪切

受力特征：受大小相等、方向相反、相互平行的力；

变形特征：受剪杆件的两部分沿外力作用方向发生相对错动。

3. 扭转

受力特征：受大小相等、方向相反、作用面都垂直于杆轴的两个力偶；

变形特征：杆件的任意两个截面发生绕轴线的相对转动。

4. 弯曲

受力特征：受垂直于杆件轴线的横向力，或作用于包含杆轴的纵向平面内的一对大小相等、方向相反的力偶；

变形特征：杆件轴线由直线变为曲线。

1.2 课后习题详解

1.1 对图1-2-1所示钻床，试求 $n-n$ 截面上的内力。

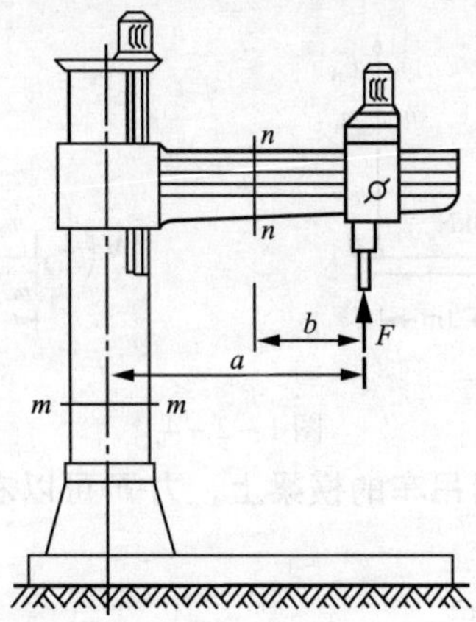

图1-2-1

解：应用截面法，沿 $n-n$ 截面将钻床分成两部分，取 $n-n$ 截面右半部分进行受力分析，如图1-2-2所示。

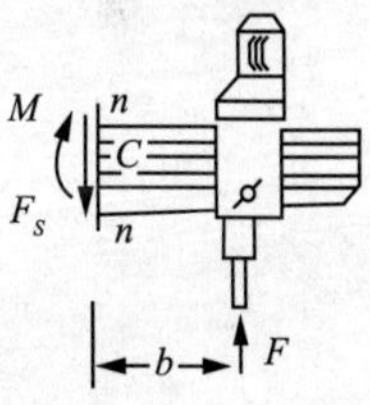

图1-2-2

由平衡条件可得

$$\sum F_y = 0, F - F_S = 0$$

$$\sum M_C = 0, Fb - M = 0$$

则 $n-n$ 截面内力为：$F_S = F$，$M = Fb$。

1.2 试求图1-2-3所示结构 $m-m$ 和 $n-n$ 两截面上的内力，并指出 AB 和 BC 两杆的变形属于哪一类基本变形。

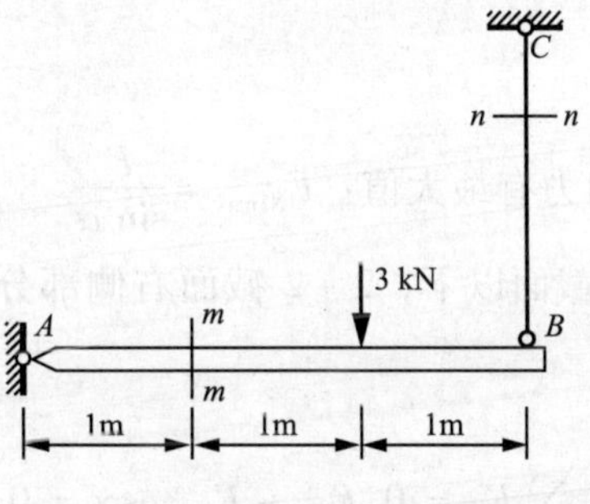

图1-2-3

解：(1)应用截面法，取 $n-n$ 截面以下部分进行受力分析，如图1-2-4(a)所示。

由平衡条件可得：$\sum M_A = 0, F_N \times 3 - 3 \times 2 = 0$；

则截面内力为：$F_N = 2\text{kN}$(受拉)；

BC 杆属于拉伸变形。

(2)应用截面法，取 $m-m$ 截面右侧部分及 $n-n$ 截面以下部分进行受力分析，如图1-2-4(b)所示。

由平衡条件可得

$$\sum M_O = 0, F_N \times 2 - 3 \times 1 - M = 0$$

$$\sum F_y = 0, F_S + F_N - 3 = 0$$

则截面内力为：$F_S = 1kN$，$M = 1kN \cdot m$。

AB 杆属于弯曲变形。

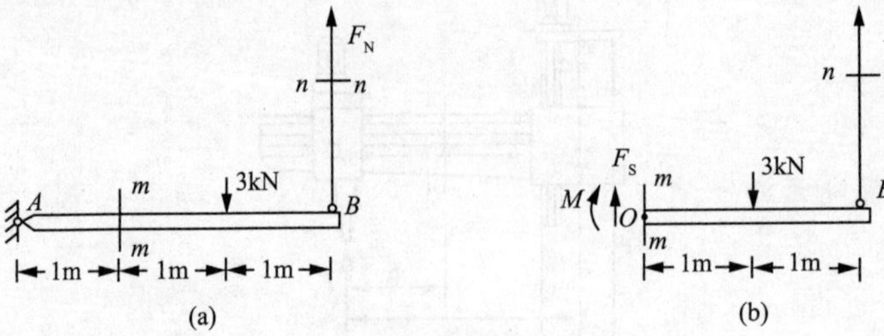

图 1－2－4

1.3　在图 1－2－5 所示简易吊车的横梁上，力 F 可以左右移动。试求截面 1－1 和 2－2 上的内力及其最大值。

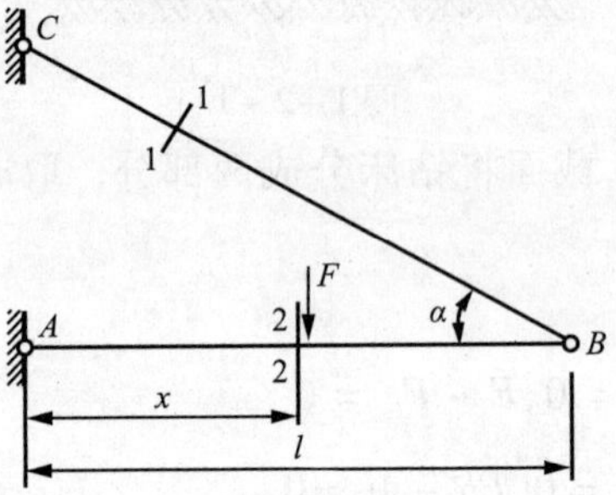

图 1－2－5

解：(1)应用截面法，取 1－1 截面以下部分进行受力分析，如图 1－2－6(a)所示。

由平衡条件可得：$\sum M_A = 0, F_{N1} l\sin\alpha - Fx = 0$；

解得：$F_{N1} = \dfrac{Fx}{l\sin\alpha}$；

故当 $x = l$ 时，1－1 截面内力有最大值：$F_{N1max} = \dfrac{F}{\sin\alpha}$。

(2)应用截面法，取 1－1 截面以下，2－2 截面右侧部分进行受力分析，如图 1－2－6(b)所示。

由平衡条件可得

$$\sum F_x = 0, F_{N2} - F_{N1}\cos\alpha = 0$$

$$\sum F_y = 0, F_{S2} + F_{N1}\sin\alpha - F = 0$$

$$\sum M_O = 0, F_{N1}(l - x)\sin\alpha - M_2 = 0$$

解得 2－2 截面内力：$F_{N2} = \dfrac{Fx\cot\alpha}{l}$，$F_{S2} = \left(1 - \dfrac{x}{l}\right)F$，$M_2 = \dfrac{x(l - x)}{l}F$。

综上可知，当 $x = l$ 时，F_{N2} 有最大值，且 $F_{N2max} = F\cot\alpha$；当 $x = 0$ 时，F_{S2} 有最大值，且 $F_{S2max} = F$；当 $x = \dfrac{l}{2}$ 时，弯矩 M_2 有最大值，且 $M_{2max} = \dfrac{Fl}{4}$。

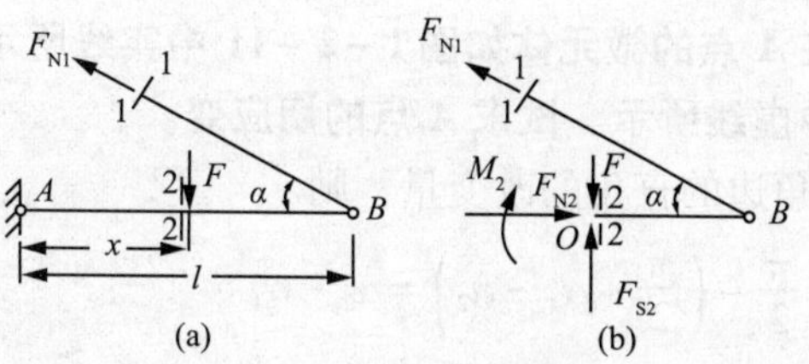

图 1－2－6

1.4　图 1－2－7 所示拉伸试样上 A、B 两点的距离 l 称为标距。受拉力作用后，用引伸计量出两点距离的增量为 $\Delta l=5\times10^{-2}$mm。若 l 的原长为 100mm，试求 A 与 B 两点间的平均线应变 ε_m。

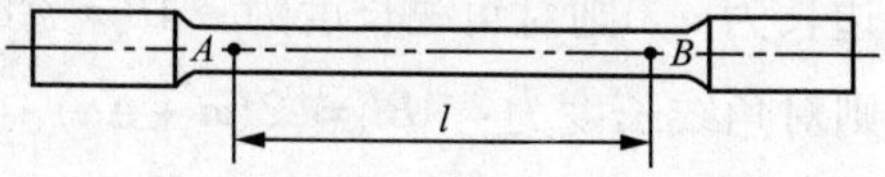

图 1－2－7

解：由线应变的定义可知，A、B 两点的平均线应变为

$$\varepsilon_m=\frac{\Delta l}{l}=\frac{5\times10^{-2}}{100}=5\times10^{-4}$$

1.5　图 1－2－8 所示的三角形薄板因受外力作用而变形，角点 B 垂直向上的位移为 0.03mm，但 AB 和 BC 仍保持为直线。试求沿 OB 的平均线应变，并求薄板在 B 点处的切应变。

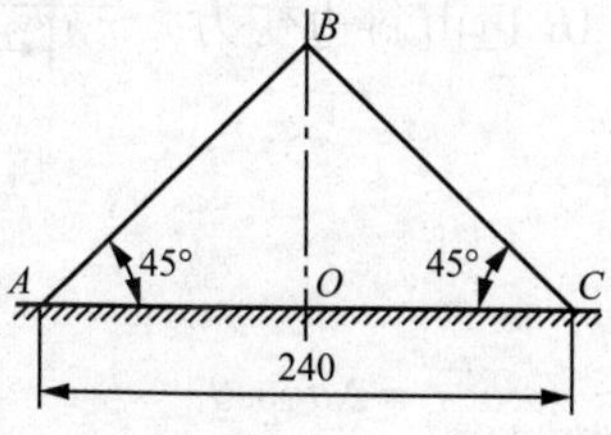

图 1－2－8

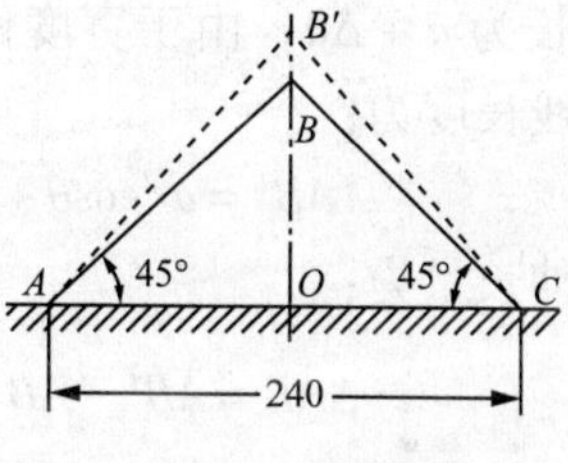

图 1－2－9

解：如图 1－2－9 所示，由线应变的定义可知，沿 OB 方向的平均线应变为

$$\varepsilon_m=\frac{BB'}{OB}=\frac{0.03}{120}=2.5\times10^{-4}$$

变形后 AB 与 BC 两边的角度改变量为：$\frac{\pi}{2}-\angle AB'C=\gamma_B$。

γ_B 非常微小，由图示几何关系有

$$\gamma_B=\frac{\pi}{2}-2\arctan\frac{120}{120+0.03}=2.5\times10^{-4}\text{ rad}$$

1.6　图 1－2－10 所示圆形薄板的半径为 R，变形后 R 的增量为 ΔR。若 $R=80$mm，$\Delta R=3\times10^{-3}$mm，试求沿半径方向和外圆圆周方向的平均线应变。

解：由线应变的定义可知，沿半径方向的平均线应变为

$$\varepsilon_m=\frac{\Delta R}{R}=\frac{3\times10^{-3}}{80}=3.75\times10^{-5}$$

沿圆周方向的平均线应变为

$$\varepsilon_{m'}=\frac{2\pi(R+\Delta R)-2\pi R}{2\pi R}=\frac{\Delta R}{R}=\frac{3\times10^{-3}}{80}=3.75\times10^{-5}$$

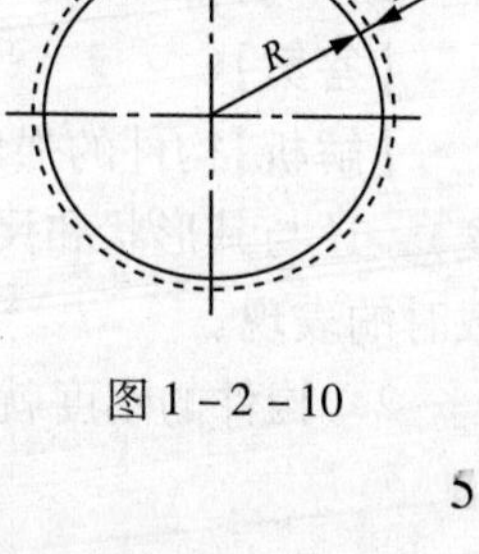

图 1－2－10

1.7　取出某变形体在 A 点的微元体如图 1－2－11 中实线所示，变形后的微元体如图 1－2－11 中虚线所示。试求 A 点的切应变。

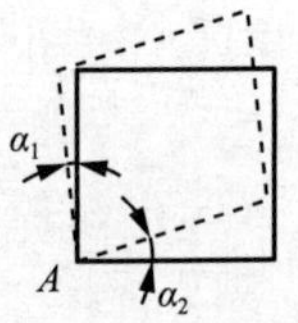

1－2－11

解：切应变为相邻直角边的直角的改变量，则

$$\gamma=\frac{\pi}{2}-\left(\frac{\pi}{2}+\alpha_1-\alpha_2\right)=\alpha_2-\alpha_1$$

当 $\gamma>0$ 时，该直角减小，即切应变为正；

当 $\gamma<0$ 时，该直角增大，即切应变为负。

1.8　图 1－2－13 所示正方形薄板，边长为 a，变形后边长增加了 Δa。试求沿对角线 AB 的平均线应变。

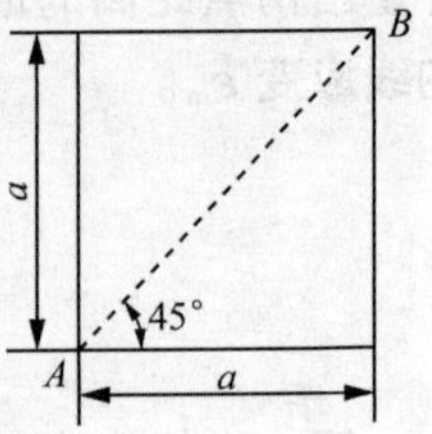

图 1－2－12

解：已知正方形薄板的边长为 a，则对角线长度为：$AB=\sqrt{2}a$。

变形后边长为 $a+\Delta a$，则对角线长度为：$AB'=\sqrt{2}(a+\Delta a)$。

对角线的伸长量为：$\Delta AB=AB'-AB=\sqrt{2}(a+\Delta a)-\sqrt{2}a=\sqrt{2}\Delta a$。

由线应变的定义可知，沿对角线 AB 的平均线应变为：

$$\varepsilon_{AB}=\frac{\Delta AB}{AB}=\frac{\sqrt{2}\Delta a}{\sqrt{2}a}=\frac{\Delta a}{a}$$

1.9　图 1－2－13 所示矩形薄板，长度为 a，宽度为 b，变形后长度增加了 Δa，宽度保持不变。试求沿对角线 AB 的平均线应变。

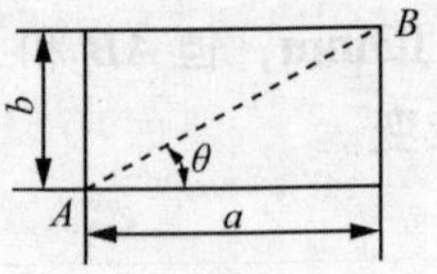

图 1－2－13

解：已知矩形薄板的长度为 a，则对角线长度为：$AB=a/\cos\theta$。

变形后边长为 $a+\Delta a$，由于宽度保持不变，则 AB 边由斜边变为直角边，对角线长度为：

$$AB'=a/\cos\theta+\Delta a\cos\theta$$

对角线的伸长量为：

$$\Delta AB=AB'-AB=\Delta a\cos\theta+\frac{a}{\cos\theta}-\frac{a}{\cos\theta}=\Delta a\cos\theta$$

由线应变的定义可知，沿对角线 AB 的平均线应变为：

$$\varepsilon_{AB}=\frac{\Delta AB}{AB}=\frac{\Delta a\cos\theta}{a/\cos\theta}=\frac{\Delta a}{a}\cos^2\theta$$

1.3　名校考研真题详解

一、选择题

1．构件的强度、刚度和稳定性（　　）。［暨南大学 2024 研］

A．只与材料的力学性质有关

B．只与构件的形状尺寸相关

C．与材料力学性质和构件形状尺寸相关

D．与构件形状尺寸和承受荷载大小相关

【答案】C

【解析】构件的强度、刚度和稳定性不仅取决于材料的力学性质（如弹性模量、屈服强度），还与其形状和尺寸（如截面形状、长度）密切相关。这些因素共同决定了构件在承载荷载时的表现。

2．构件的刚度就是指（　　）。［重庆邮电大学 2022 研］

A. 构件在载荷作用下抵抗破坏的能力

B. 构件在载荷作用下抵抗变形的能力

C. 构件在载荷作用下抵抗破坏和变形的能力

D. 构件在载荷作用下保持其原有平衡状态、抵抗失稳的能力

【答案】B

【解析】刚度要求就是指构件应有足够的抵抗变形的能力。

3. 下列结论中(　　)是正确的。[北京航空航天大学 2016 研]

A. 若物体产生位移，则必定同时产生变形

B. 若物体各点均无位移，则该物体必定无变形

C. 若物体无变形，则必定物体内各点均无位移

D. 若物体产生变形，则必定物体内各点均有位移

【答案】B

【解析】如果物体各点均无位移，这意味着物体上各点的位置没有发生变化，那么该物体必定无变形，因为变形是物体内各点相对位置的改变。

4. 材料的力学性能通过(　　)获得。[华南理工大学 2016 研]

A. 理论分析　　B. 数字计算　　C. 实验测定　　D. 数学推导

【答案】C

【解析】研究构件的强度、刚度和稳定性时，应了解材料在外力作用下表现出的变形和破坏等方面的性能，即材料的力学性能，而力学性能需由实验来测定。

二、填空题

1. 材料力学的主要研究对象不再是刚体系而是______。[武汉工程大学 2022 研]

【答案】杆件

【解析】材料力学主要研究长度远大于横截面尺寸的构件，称为杆件，或简称为杆。

2. 强度是指构件抵抗______的能力。[华南理工大学 2016 研]

【答案】破坏

【解析】强度要求就是指构件应有足够的抵抗破坏的能力。

第 2 章　轴向拉伸与压缩　剪切与挤压

2.1　复习笔记

一、轴向拉伸与压缩概述

轴向拉伸与压缩是杆件的基本变形形式之一，如图 2－1－1 所示，其中虚线表示变形后的形状。

受力特征：受大小相等、方向相反、作用线与杆件轴线重合的一对力；

变形特征：沿轴线方向的伸长或缩短。

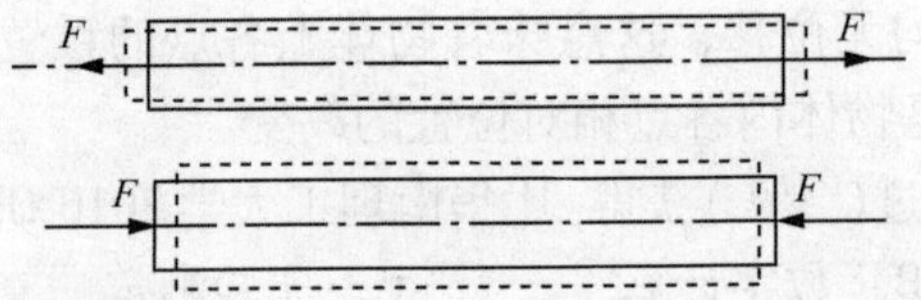

图 2－1－1

1. 轴向拉伸或压缩时横截面上的内力和应力

(1)轴力 F_N

在外力 F 作用下，内力的合力称为轴力，用 F_N 表示，其作用线与杆轴线重合。

符号规定：拉伸时的轴力为正，压缩时的轴力为负。

(2)轴力图

选取一个坐标系，横坐标表示各部分横截面在杆轴线上的位置，纵坐标表示相应截面上的轴力，表示出轴力沿杆轴线变化情况的图线。

应当注意：拉力绘制在 x 轴上侧，压力绘制在 x 轴下侧。

(3)正应力

与轴力对应的是正应力。根据变形固体的基本假设和平面假设可知，横截面上的正应力均匀分布且相等，于是可得拉(压)杆横截面上正应力的计算公式

$$\sigma = \frac{F_N}{A}$$

符号规定：拉应力为正，压应力为负。

2. 直杆轴向拉伸或压缩时斜截面上的应力

(1)表达式

横截面面积为 A 的直杆在轴向拉力 F 作用下，任意斜截面的总应力为

$$p_\alpha = \frac{F}{A}\cos\alpha = \sigma\cos\alpha$$

垂直于斜截面的正应力为

$$\sigma_\alpha = p_\alpha\cos\alpha = \sigma\cos^2\alpha$$

相切于斜截面的切应力为

$$\tau_\alpha = p_\alpha\sin\alpha = \sigma\cos\alpha \cdot \sin\alpha = \frac{\sigma}{2}\sin2\alpha$$

式中，α 为斜截面与横截面的夹角，以横截面外向法线至斜截面外向法线逆时针转向为正，反之为负。

(2)应力极值

①正应力：$\alpha=0$，$\sigma_{\alpha\max}=\sigma$；

②切应力：$\alpha=45°$，$\tau_{\alpha\max}=\dfrac{\sigma}{2}$；

③平行于杆轴线的纵向截面上无任何应力，即 $\alpha=90°$　$\tau_{\alpha}=\sigma_{\alpha}=0$。

二、材料拉伸或压缩时的力学性能

1. 基本概念

(1)材料的力学性能：又称机械性质，是指材料在外力作用下表现出的变形、破坏等方面的特性，须由实验测定。

(2)标准试样：拉伸和压缩试验采用标准试样，标准试样标距 l 与直径 d 的比例有两种，$l=5d$ 和 $l=10d$。

(3)低碳钢：含碳量在 0.3% 以下的碳素钢。

(4)拉伸图：根据试验得到拉力 F 和伸长量 Δl 的关系曲线。

(5)应力 - 应变曲线：表示应力 σ 和应变 ε 关系的曲线。

(6)屈服：应力基本保持不变，应变显著增加的现象。

2. 低碳钢拉伸时的力学性能

(1)低碳钢的拉伸图和应力 - 应变曲线如图 2 - 1 - 2 所示。

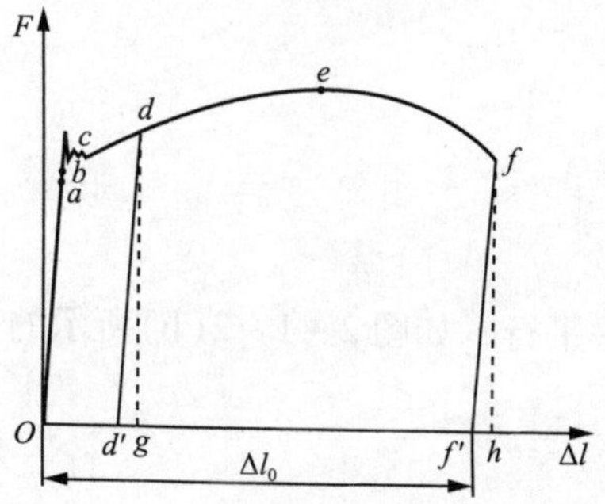

(a) 低碳钢的拉伸图

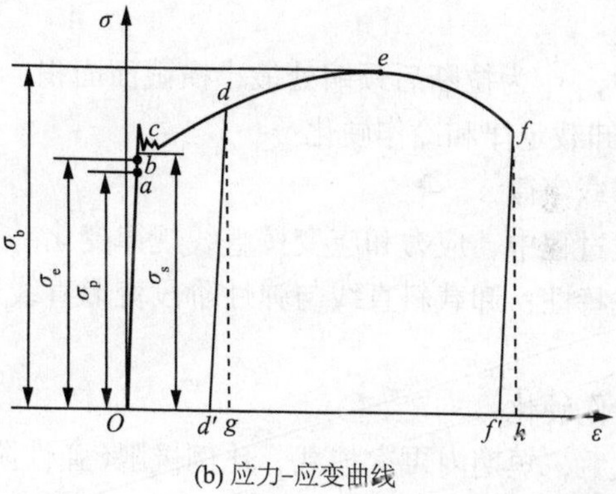

(b) 应力-应变曲线

图 2 - 1 - 2

(2)力学性能

①弹性阶段

如图 2 - 1 - 2(b)所示曲线的 Ob 段，材料的变形是弹性变形，Oa 段变形满足胡克定律，但 ab 段变形不满足胡克定律。

a. 比例极限

a 点是变形服从胡克定律的最高极限点，所对应的应力即为比例极限，用 σ_p 表示。

b. 弹性极限

b 点是产生弹性变形的最高极限点，所对应的应力即为弹性极限，用 σ_e 表示。

②屈服阶段

如图 2 - 1 - 2(b)所示锯齿形线段，表现为应力基本保持不变，应变显著增加。

a. 上屈服极限：该阶段内的最高应力，一般不稳定。

b. 下屈服极限：该阶段内的最低应力，是稳定的，通常把下屈服极限称为屈服极限或屈服强度，用 σ_s 表示。

材料的屈服表现为显著的塑性变形，屈服极限 σ_s 是衡量材料强度的重要指标。

③强化阶段

如图 2－1－2(b)所示 ce 段，试样横向尺寸明显缩小。

材料进入强化阶段后达到最高点 e 时，对应材料所能承受的最大应力 σ_b 称为强度极限或抗拉强度，该应力是衡量材料强度的又一重要指标。

④局部变形阶段

如图 2－1－2(b)所示 ef 段，该阶段将出现缩颈现象，横截面面积迅速减小，直至 f 点试样被拉断。

(3)性能指标

①衡量材料强度的指标：屈服极限和强度极限。

②衡量材料塑性的指标：伸长率和断面收缩率。该指标越高，表明材料塑性越好。

伸长率：试样标距 l 的改变量与原始标距 l 的比值，用百分数表示，即

$$\delta=\frac{l_1-l}{l}\times 100\%$$

断面收缩率：试样横截面积的改变量与原始横截面积 A 的比值，用百分数表示，即

$$\psi=\frac{A-A_1}{A}\times 100\%$$

式中，A_1 为拉断后颈缩处最小横截面面积。

(4)卸载定律和冷作硬化

①卸载定律

卸载过程中，应力和应变按直线规律变化。

卸载特性：卸载斜直线与弹性阶段变形直线近乎平行，如图 2－1－2(b)所示的直线 dd' 和 Oa。

②冷作硬化

卸载后，短期内再次加载，比例极限(弹性阶段)提高，塑性变形和伸长率降低的现象，经退火后可消除。

3. 其他材料拉伸时的力学性能

根据材料伸长率 δ 的不同可分为两类：

①$\delta>5\%$，为塑性材料，其塑性指标较高，抗拉能力较好，强度指标是屈服极限，拉伸和压缩时屈服极限相同；

②$\delta<5\%$，为脆性材料，其塑性指标较低，抗拉强度 σ_b 远低于抗压强度 σ_c，强度指标是强度极限。

应当注意：材料无论是塑性的还是脆性的，都将随着温度、应变速率和应力状态的不同而不同。

(1)其他塑性材料拉伸时的力学性能

对于没有明显屈服阶段的材料，常将产生 0.2% 塑性应变时的应力作为屈服指标，并用 $\sigma_{p0.2}$ 表示。

(2)脆性材料拉伸时的力学性能

割线弹性模量：较低拉应力状态下的应力－应变曲线的割线斜率作为弹性模量。

强度衡量指标：强度极限 σ_b。

4. 材料压缩时的力学性能

(1)低碳钢

低碳钢压缩时的弹性模量和屈服极限与拉伸时大致相同，屈服阶段以后，压缩试样的抗压能力随着横截面的增大继续增高，为此无法像拉伸曲线一样得到强度极限。

(2)铸铁

脆性材料在压缩和拉伸时的力学性能有较大的差别，以铸铁为例进行说明。

①铸铁在压缩时的抗压强度较拉伸时抗拉强度大得多，因此宜做受压构件；

②弹性阶段很短，近似服从胡克定律。

5. 温度和时间对材料力学性能的影响(本知识点仅做了解)

①短期静载下温度对材料力学性能的影响

在一定高温度下对金属材料进行短期静载拉伸试验可获得材料参数(σ_s，σ_b，E，δ，ψ)随温度的变化情况。

对于低碳钢，σ_s 和 E 随温度升高而降低；以 250℃～300℃为界，随温度升高，δ 和 ψ 先减小后增大，而 σ_b 变化规律与 δ 和 ψ 相反。低温时，碳钢趋于变脆，其弹性极限和强度极限相对提高，而伸长率降低。

②高温、长期静载下材料的力学性能

蠕变：当材料长期处于某一高温度、应力超过材料限度时，随着时间增长，材料变形缓慢增加的现象。蠕变变形是塑性变形，蠕变分为不稳定、稳定和加速三个阶段。

松弛：随时间增长，蠕变变形逐渐代替原有的弹性变形，零件内预紧力逐渐降低的现象。

三、强度计算

失效是指由于断裂和出现塑性变形而致使构件不能正常工作。

1. 确定许用应力

(1)极限应力指标

脆性材料取强度极限 σ_b 作为极限应力；塑性材料取屈服极限 σ_s 或 $\sigma_{p0.2}$ 作为极限应力。

(2)安全因数

脆性材料的安全因数的范围为 $n_b = 2.0 \sim 3.5$，甚至取为 3～9；塑性材料的安全因数的范围为 $n_s = 1.2 \sim 2.5$。

(3)许用应力

脆性材料

$$[\sigma] = \frac{\sigma_b}{n_b}$$

塑性材料

$$[\sigma] = \frac{\sigma_s}{n_s} \quad \text{或者} \quad [\sigma] = \frac{\sigma_{p0.2}}{n_s}$$

2. 强度条件

(1)构件拉伸或压缩时的强度条件

$$\sigma = \frac{F_N}{A} \leqslant [\sigma]$$

(2)强度条件的应用

根据以上强度条件可进行强度校核、截面设计和确定许可载荷等强度计算。

①强度校核

已知拉(压)杆的材料、尺寸及所受载荷的情况下，检验构件能否满足上述强度条件。

②截面选择

已知拉(压)杆所受载荷及所用材料，按强度条件选择杆件的横截面面积或尺寸，即

$$A \geqslant \frac{F_{N,max}}{[\sigma]}$$

③许可载荷计算

已知拉(压)杆的材料和尺寸，按强度条件来确定杆所能容许的最大轴力，从而计算出其所允许承受的载荷，即

$$F_{N,max} \leqslant A[\sigma]$$

四、轴向拉伸或压缩时的变形与应变能

1. 变形

等直杆长度受轴向力作用，变形前后的几何尺寸如图 2-1-3 所示。

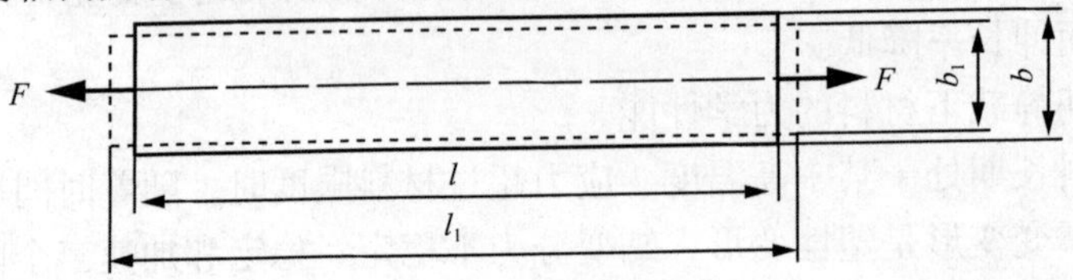

图 2-1-3

(1)轴向变形：$\Delta l = l_1 - l$，轴向线应变：$\varepsilon = \frac{\Delta l}{l}$。

(2)横向变形：$\Delta b = b_1 - b$，横向线应变：$\varepsilon' = \frac{\Delta b}{b} = \frac{b_1 - b}{b}$。

(3)泊松比 μ：当应力不超过比例极限时，横向应变与轴向应变之比的绝对值，又称横向变形因数，即

$$\mu = \left| \frac{\varepsilon'}{\varepsilon} \right|$$

它是材料固有的弹性常数。对于各项同性材料取 $-1 \leqslant \mu \leqslant 1/2$，不可压缩材料 $\mu = 1/2$。当 $-1 < \mu < 0$ 时，为负泊松比材料或拉胀材料，表现为材料伸长且横向增大(或轴向缩短横向缩小)。

(4)胡克定律：杆件内的应力不超过材料的比例极限时，杆件的伸长量 Δl 与拉力 F 和杆件的原长度 l 成正比，与横截面面积 A 成反比，其表达式为

$$\sigma = E\varepsilon \quad 或 \quad \Delta l = \frac{Fl}{EA}$$

式中，EA 称为杆件的抗拉(或抗压)刚度。

注意：上述公式同样适用于轴向受压，只需改拉伸变形为压缩变形，并符合相应符号规定即可。

2. 应变能

(1)基本概念

①应变能：固体在外力作用下，因变形而储存的能量。

②应变能密度：单位体积内的应变能。

③回弹模量：以比例极限 σ_p 求得的应变能密度，是度量线弹性范围内材料吸收能量能力的基本量。

(2)计算公式

①应变能密度

$$v_\varepsilon = \frac{1}{2}\sigma\varepsilon = \frac{E\varepsilon^2}{2} = \frac{\sigma^2}{2E}$$

②应变能

根据功能原理计算

$$V_\varepsilon = \frac{1}{2}F\Delta l = \frac{F^2 l}{2EA}$$

根据应变能密度计算

$$V_\varepsilon = v_\varepsilon V \qquad \text{（杆件内应力均匀）}$$

$$V_\varepsilon = \int_V v_\varepsilon \mathrm{d}V \qquad \text{（杆件内应力分布不均匀）}$$

③适用范围：线弹性范围内的应变能及应变能密度计算。

五、拉伸、压缩超静定问题

1. 基本概念

(1)静定问题：杆件的轴力可由静力平衡方程求出的问题。

(2)超静定问题：杆件的轴力并不能全由静力平衡方程解出的问题。

(3)温度应力：在超静定结构中，由温度变化引起膨胀或收缩变形，物体变形将受到部分或全部约束，从而引起的杆件内的应力。

(4)装配应力：在超静定结构中，将具有加工误差的杆件装配到结构中，产生杆件内力，而引起的应力。

2. 超静定问题求解

超静定问题求解需综合静力方程、变形协调方程(几何方程)和物理方程等三方面的关系。其中，变形几何方程是根据变形协调条件建立的。物理方程主要有两种情况：①温度变形：$\Delta l_T = \alpha_l \Delta T \cdot l$；②杆件变形：胡克定律。将物理方程代入变形几何方程得到补充方程，通过补充方程与综合静力方程的联立即可得解。

求解的一般步骤为：

(1)确定静不定次数，列静力平衡方程。其中，静不定次数 = 未知力的个数 - 独立平衡方程的数目。

(2)根据变形协调条件列变形几何方程。

(3)将物理方程(变形与力之间的关系)代入变形几何方程得补充方程。

(4)联立补充方程与静力平衡方程求解。

六、应力集中的概念

应力集中是指由于杆件外形突然变化而引起局部应力急剧增大的现象。应力集中因数反映了应力集中的程度，是发生应力集中截面上的最大正应力 σ_{max} 与该截面上的平均应力 σ 的比值。

注意：①由塑性材料制成的杆件，在静载荷作用下通常不考虑应力集中的影响；②对于由脆性材料或者塑性较差的材料制成的杆件，应考虑应力集中的影响，按局部最大应力进行强度计算，但铸铁除外；③在动载荷作用下，均需考虑应力集中的影响。

七、剪切和挤压的实用计算

1. 剪切

受力特征：某一截面两侧很近处有大小相等，方向相反，垂直轴线的作用力。

变形特征：受剪杆件的两部分剪切面上相互平行发生相对错动。

强度计算：$\tau=\dfrac{F_S}{A}\leqslant[\tau]$。

式中，F_S 为作用在剪切面上的剪力；A 为剪切面的面积；$[\tau]$ 为许用切应力。

2. 挤压

挤压指在外力作用下，发生在连接件和被连接件之间的接触面上相互压紧的现象。

挤压的强度条件

$$\sigma_{bs}=\frac{F}{A_{bs}}\leqslant[\sigma_{bs}]$$

式中，F 表示挤压面传递的力；A_{bs} 为挤压面积；$[\sigma_{bs}]$ 为许用挤压应力。

注意：挤压面积的计算根据挤压面的不同而不同，对于圆柱面接触面，挤压面积取直径平面面积；对于平面接触面，挤压面积为平面面积。

2.2 课后习题详解

2.1 试求图 2-2-1 所示的各杆 1-1、2-2、3-3 截面上的轴力，并作轴力图。

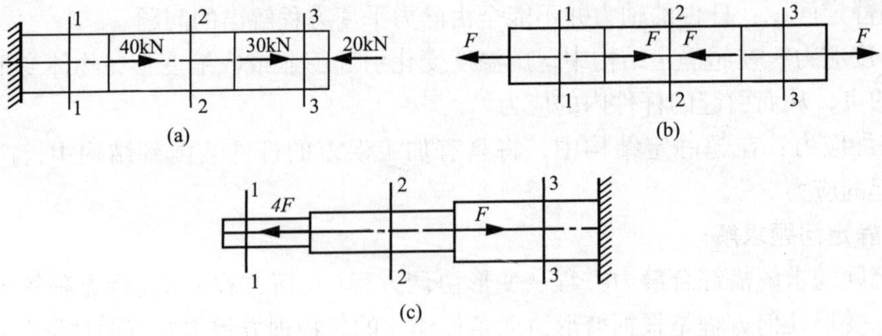

图 2-2-1

解：由截面法求得各截面上的轴力。由受拉为正，受压为负可得：

(a) $F_{N1}=50\text{kN}$，$F_{N2}=10\text{kN}$，$F_{N3}=-20\text{kN}$；

(b) $F_{N1}=F$，$F_{N2}=0$，$F_{N3}=F$；

(c) $F_{N1}=0$，$F_{N2}=4F$，$F_{N3}=3F$。

对应的轴力图如图 2-2-2 所示。

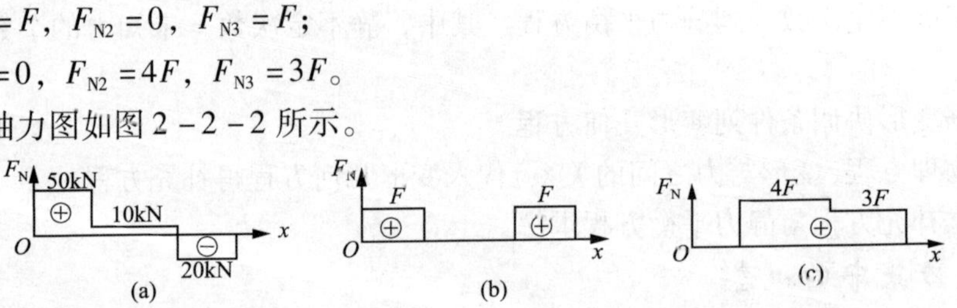

图 2-2-2

用于图 2-2-3 所示零件上的拉力 $F=38\text{kN}$，试问零件内最大拉应力发生于哪截面上？并求其值。

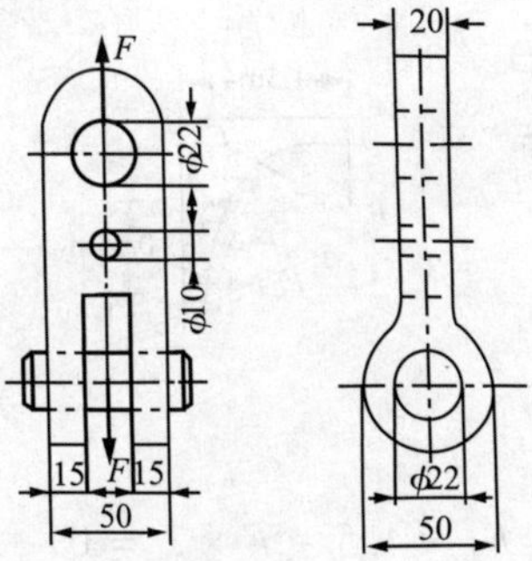

图 2-2-3

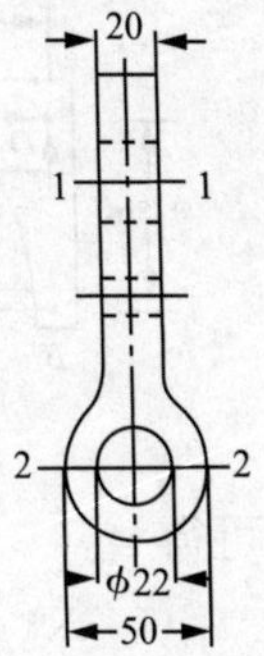

图 2-2-4

解：由拉应力计算公式 $\sigma=\dfrac{F}{A}$ 可知，轴力一定时，最大拉应力发生在横截面积最小截面上，如图 2-2-4 所示。

1-1 截面的面积：$A_1=(50-22)\times20\text{mm}^2=560\text{mm}^2$

2-2 截面的面积：$A_2=(15+15)\times(50-22)\text{mm}^2=840\text{mm}^2$

比较可知，最大拉应力发生在 1-1 截面，且 $\sigma_{\max}=\dfrac{F}{A_1}=\dfrac{38\times10^3}{560\times10^{-6}}\text{Pa}=67.86\text{MPa}$。

2.3　在图 2-2-1(c) 中，若 1-1、2-2、3-3 三个横截面的直径分别为：$d_1=15\text{mm}$，$d_2=20\text{mm}$，$d_3=24\text{mm}$，$F=8\text{kN}$，试用图线表示横截面上的应力沿轴线的变化情况。

解：由题 2.1 可知，三截面上的轴力分别为：$F_{N1}=0$，$F_{N2}=4F$，$F_{N3}=3F$。

则三个截面上的应力分别为

$$\sigma_1=\frac{F_{N1}}{A_1}=0$$

$$\sigma_2=\frac{F_{N2}}{A_2}=\frac{4\times8\times10^3}{\frac{\pi}{4}\times0.02^2}\text{Pa}=102\text{MPa}$$

$$\sigma_3=\frac{F_{N3}}{A_3}=\frac{3\times8\times10^3}{\frac{\pi}{4}\times0.024^2}\text{Pa}=53\text{MPa}$$

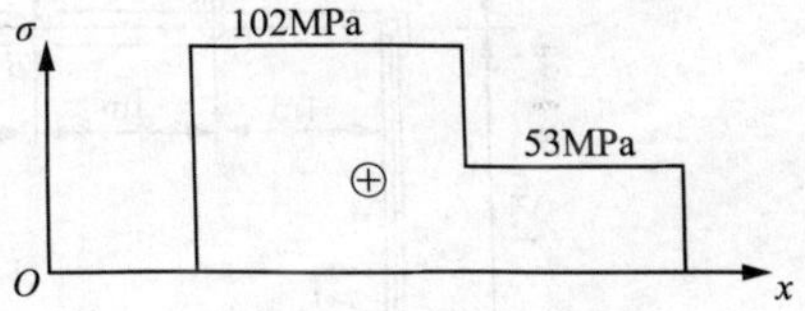

图 2-2-5

故横截面上应力沿轴线分布如图 2-2-5 所示。

2.4　在图 2-2-6 所示结构中，若钢拉杆 BC 的横截面直径为 10mm，试求拉杆横截面上的应力。设由 BC 连接的 1 和 2 两部分均为刚体。

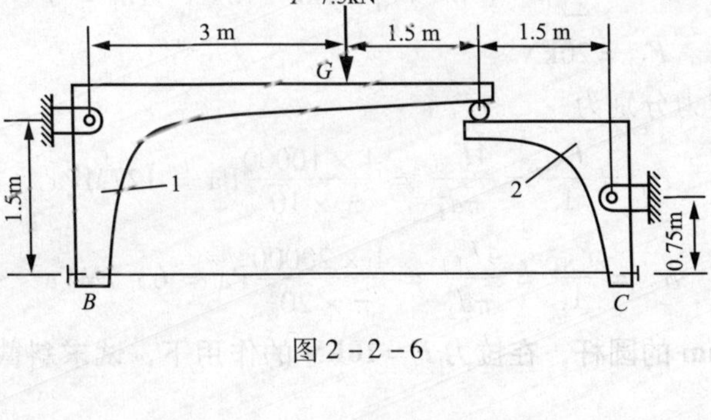

图 2-2-6

解：将结构在节点 A 处断开，分别对两部分进行受力分析，如图 2－2－7 所

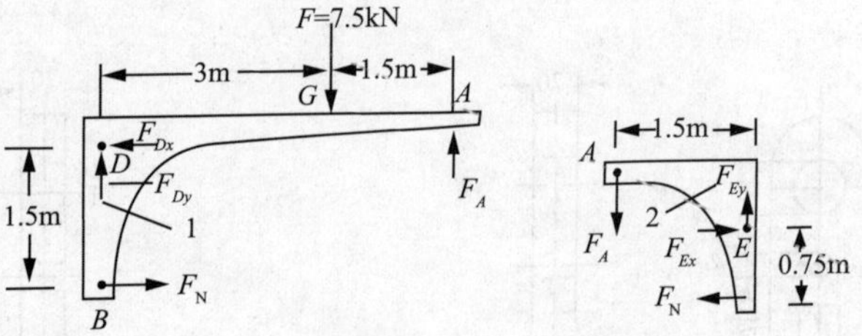

图 2－2－7

根据平衡条件可得

$$\sum M_D = 0, F_N \times 1.5 + F_A \times 4.5 - F \times 3 = 0$$

$$\sum M_E = 0, F_A \times 1.5 - F_N \times 0.75 = 0$$

则 BC 杆的轴力为：$F_N = 6\text{kN}$。

故拉杆 BC 的应力为：$\sigma = \dfrac{F_N}{A} = \dfrac{6 \times 10^3}{\dfrac{\pi}{4} \times (10 \times 10^{-3})^2}\text{Pa} = 76.4\text{MPa}$。

2.5　图 2－2－8 示结构中，设两根横梁皆为刚体。1、2 两杆的横截面直径分别为 10mm 和 20mm，试求两杆横截面上的应力。

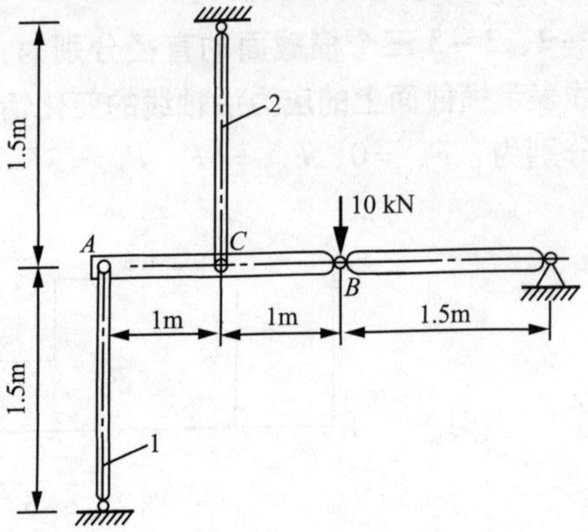

图 2－2－8

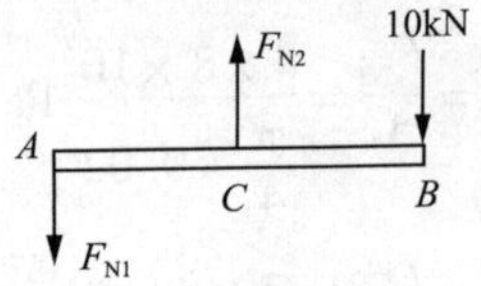

图 2－2－9

解：对刚性横梁 AB 进行受力分析，如图 2－2－9 所示。

静力平衡方程

$$\sum F_y = 0 \quad F_{N2} - F_{N1} - 10\text{kN} = 0$$

$$\sum M_c = 0 \quad F_{N1} \cdot 1\text{m} - 10\text{kN} \cdot 1\text{m} = 0$$

解得：$F_{N1} = 10\text{kN}$，$F_{N2} = 20\text{kN}$。

故 1、2 两杆的应力分别为

$$\sigma_1 = \frac{F_{N1}}{A_1} = \frac{4F_{N1}}{\pi d_1^2} = \frac{4 \times 10000}{\pi \times 10^2}\text{Pa} = 127\text{MPa}$$

$$\sigma_2 = \frac{F_{N2}}{A_2} = \frac{4F_{N2}}{\pi d_2^2} = \frac{4 \times 20000}{\pi \times 20^2}\text{Pa} = 63.7\text{MPa}$$

2.6　直径为 10mm 的圆杆，在拉力 $F = 10\text{kN}$ 的作用下，试求斜截面上的最大切应力，

并求与横截面的夹角为 $\alpha=30°$ 的斜截面上的正应力及切应力。

解：由轴向拉压变形杆中斜截面的应力计算公式 $\sigma_\alpha=\dfrac{F_N}{A}\cos^2\alpha$，$\tau_\alpha=\dfrac{F_N}{2A}\sin 2\alpha$ 可知，在 $\alpha=45°$时，杆内该斜截面上的切应力达到最大值为

$$\tau_{max}=\frac{F_N}{2A}\sin 2\alpha=\frac{F}{2A}\sin 90°=\frac{10\times10^3}{2\times\frac{\pi}{4}\times0.01^2}\text{Pa}=63.7\text{MPa}$$

且 $\alpha=30°$的斜截面上的应力为

$$\sigma_{30°}=\frac{F}{A}\cos^2 30°=\left(\frac{10\times10^3}{\pi\times0.01^2/4}\times\frac{3}{4}\right)\text{Pa}=95.5\text{MPa}$$

$$\tau_{30°}=\frac{F}{2A}\sin(2\times30°)=\left(\frac{10\times10^3}{\pi\times0.01^2/4}\times\frac{\sqrt{3}}{4}\right)\text{Pa}=55.2\text{MPa}$$

2.7　油缸盖与缸体采用 6 个螺栓连接。已知油缸内径 $D=350$mm，油压 $p=1$MPa。若螺栓材料的许用应力 $[\sigma]=40$MPa，试确定螺栓的内径。

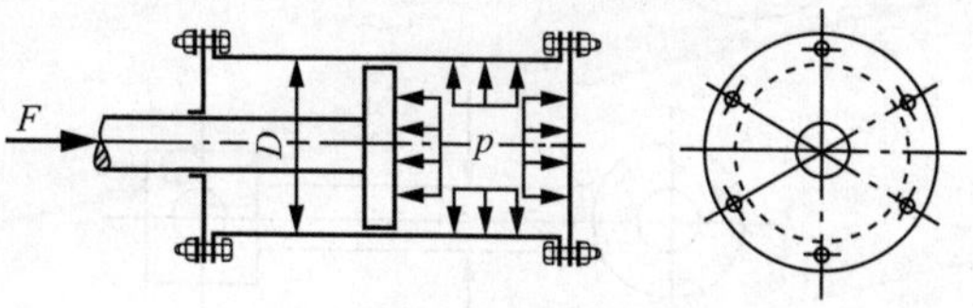

图 2-2-10

解：对油缸盖进行受力分析。

假设每个螺栓平均受力，则由平衡条件可得 6 个螺栓所承受的总的轴力为

$$F=pA=p\times\frac{\pi}{4}D^2=6F_N$$

其中，每个螺栓受到的轴向力为 $F_N=\dfrac{\pi}{24}D^2p$。

由强度条件可得

$$\sigma=\frac{F_N}{\frac{\pi}{4}d^2}=\frac{\frac{\pi}{24}D^2p}{\frac{\pi}{4}d^2}=\frac{D^2p}{6d^2}\leqslant[\sigma]$$

即有螺栓内径满足

$$d\geqslant\sqrt{\frac{D^2p}{6[\sigma]}}=D\sqrt{\frac{p}{6[\sigma]}}=350\times\sqrt{\frac{1}{6\times40}}\text{mm}=22.6\text{mm}$$

2.8　汽车离合器踏板如图 2-2-11 所示。已知踏板受到压力 $F_1=400$N 的作用，拉杆 1 的直径 $d=9$mm，杠杆臂的长度分别为 $L=330$mm，$l=56$mm，若拉杆的许用应力 $[\sigma]=50$MPa，试校核拉杆 1 的强度。

解：如图 2-2-11 所示，由平衡条件可得

$$\sum M_0=0, F_1L-F_2l=0$$

则拉杆 1 的轴力为

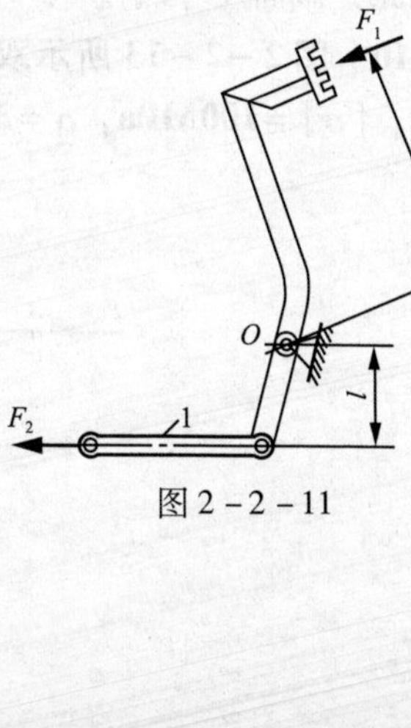

图 2-2-11

$$F_N = F_2 = \frac{F_1 L}{l} = \frac{400 \times 0.33}{0.056}\text{N} = 2357\text{N}$$

拉杆 1 的工作应力为

$$\sigma = \frac{F_N}{A} = \frac{F_2}{\frac{\pi}{4}d^2} = \frac{4 \times 2357}{\pi \times 0.009^2}\text{Pa} = 37.1\text{MPa} < [\sigma] = 50\text{MPa}$$

故拉杆 1 满足强度要求。

2.9　冷镦机的曲柄滑块机构如图 2-2-12 所示。镦压工件时连杆接近水平位置，承受的镦压力 $F = 1100\text{kN}$。若连杆是矩形截面，高度 h 与宽度 b 之比为 $\frac{h}{b} = 1.4$，材料为 45 钢，许用应力 $[\sigma] = 58\text{MPa}$，试确定截面尺寸 h 及 b。

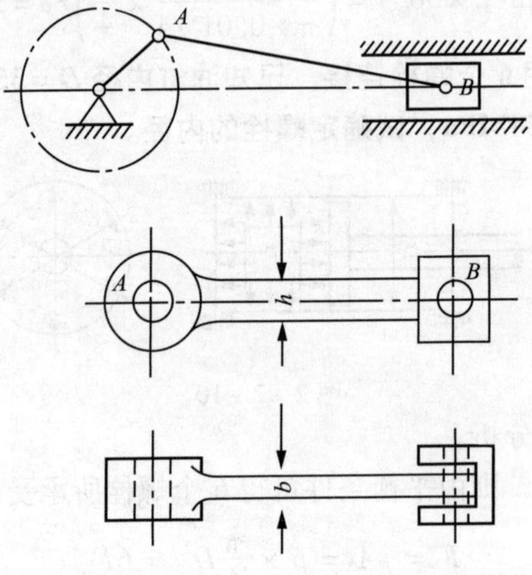

图 2-2-12

解：根据正应力强度条件，连杆接近水平位置时，有

$$\sigma = \frac{F}{A} = \frac{F}{bh} \leqslant [\sigma]$$

其中，$\frac{h}{b} = 1.4$。

则有：$b \geqslant \sqrt{\frac{F}{1.4[\sigma]}} = \sqrt{\frac{1100 \times 10^3}{1.4 \times 58 \times 10^6}}\text{m} = 116\text{mm}$，

可得：$h = 1.4b \geqslant 1.4 \times 116\text{mm} = 162\text{mm}$，

因此，截面尺寸满足 $b \geqslant 116\text{mm}$，$h \geqslant 162\text{mm}$。

2.10　图 2-2-13 所示双杠杆夹紧机构，需产生一对 20kN 的夹紧力。已知三杆的材料相同，$[\sigma] = 100\text{MPa}$，$\alpha = 30°$。试求水平杆 AB 及两斜杆 BC 和 BD 的横截面直径。

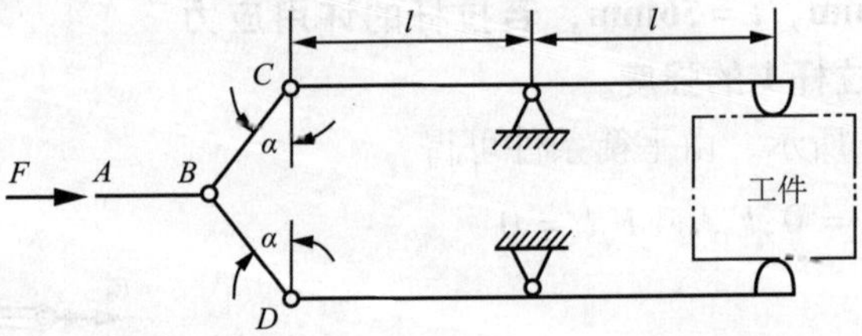

图 2-2-13

解：杆 AB、杆 BC、杆 BD 均为二力杆。

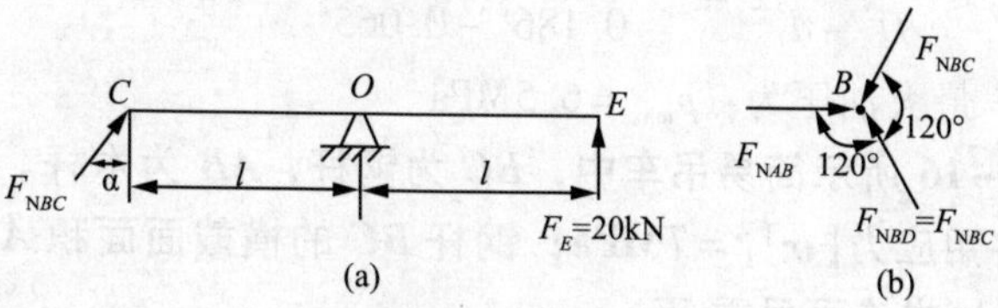

图 2－2－14

如图 2－2－14(a)所示，以 CE 杆为研究对象。

由平衡条件得：$F_{NBC}l\cos\alpha - F_E l = 0$，

则 BC 杆轴力：$F_{NBC} = \dfrac{F_E}{\cos\alpha} = \dfrac{20}{\cos30°}\text{kN} = 23.1\text{kN}$，

根据 BC 杆强度条件：$\sigma_{BC} = \dfrac{F_{NBC}}{A_{BC}} = \dfrac{4F_{NBC}}{\pi d_{BC}^2} \leqslant [\sigma]$，

可得 BC 杆直径：$d_{BC} \geqslant \sqrt{\dfrac{4F_{NBC}}{\pi[\sigma]}} = \sqrt{\dfrac{4\times23.1\times10^3}{\pi\times100\times10^6}}\text{m} = 17.2\text{mm}$，

由结构对称性可知，BD 杆直径满足：$d_{BD} \geqslant 17.2\text{mm}$。

如图 2－2－14(b)所示，对节点 B 进行受力分析。

由平衡条件得：$F_{NAB} = F_{NBC} = 23.1\text{kN}$，

同理，根据 AB 杆强度条件可得该杆直径满足：$d_{AB} \geqslant 17.2\text{mm}$。

2.11　图 2－2－15 所示卧式拉床的油缸内径 $D=186\text{mm}$，活塞杆直径 $d_1=65\text{mm}$，材料为 20Cr 并经过热处理，$[\sigma]_{杆}=130\text{MPa}$。缸盖由 6 个 M20 的螺栓与缸体连接，M20 螺栓的内径 $d=17.3\text{mm}$，材料为 35 钢，经热处理后 $[\sigma]_{螺}=110\text{MPa}$。试按活塞杆和螺栓的强度确定最大油压 p。

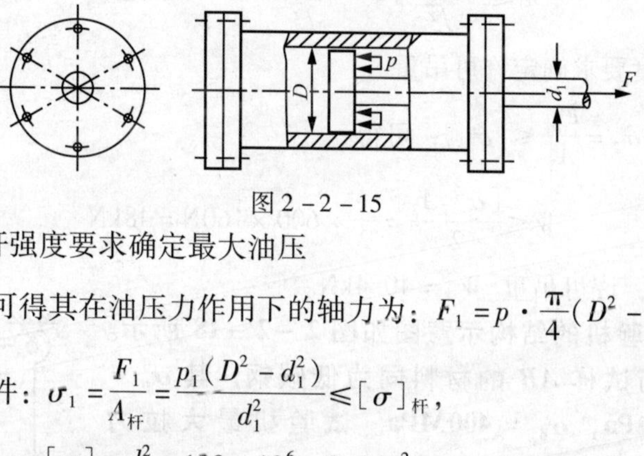

图 2－2－15

解：(1)按活塞杆强度要求确定最大油压

分析活塞杆受力可得其在油压力作用下的轴力为：$F_1 = p\cdot\dfrac{\pi}{4}(D^2-d_1^2)$，

由活塞杆强度条件：$\sigma_1 = \dfrac{F_1}{A_{杆}} = \dfrac{p_1(D^2-d_1^2)}{d_1^2} \leqslant [\sigma]_{杆}$，

可得油压满足：$p_1 \leqslant \dfrac{[\sigma]_{杆}\,d_1^2}{D^2-d_1^2} = \dfrac{130\times10^6\times0.065^2}{0.186^2-0.065^2}\text{Pa} = 18.1\text{MPa}$。

(2)根据螺栓强度要求确定油压

对缸盖进行受力分析，由平衡条件 $6F_2 = p\cdot\dfrac{\pi}{4}(D^2-d_1^2)$ 得每个螺栓承受的轴力为

$$F_2 = \frac{\pi}{24}p(D^2-d_1^2)$$

由螺栓的强度条件：$\sigma_2 = \dfrac{F_2}{A_{螺}} = \dfrac{p_2(D^2-d_1^2)}{6d^2} \leqslant [\sigma]_{螺}$，

可得油压满足：$p_2 \leqslant \dfrac{6[\sigma]_{螺} d^2}{D^2 - d_1^2} = \dfrac{6\times110\times10^6\times0.0173^2}{0.186^2-0.065^2}\text{Pa} = 6.5\text{MPa}$。

综上，取较小值，最大油压为：$p_{\max} = 6.5\text{MPa}$。

2.12 在图 2－2－16 所示简易吊车中，**BC 为钢杆，AB 为木杆。木杆 AB 的横截面面积 $A_1 = 10000\text{mm}^2$，许用应力$[\sigma]_1 = 7\text{MPa}$；钢杆 BC 的横截面面积 $A_2 = 600\text{mm}^2$，许用拉应力$[\sigma]_2 = 160\text{MPa}$。试求许可吊重 W。**

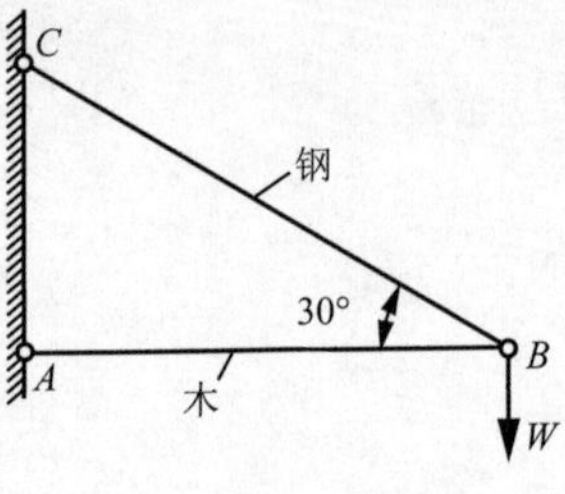

图 2－2－16

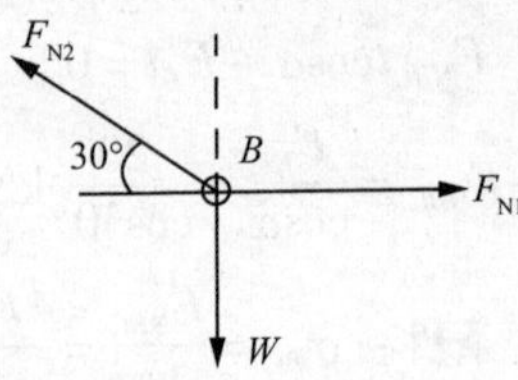

图 2－2－17

解：分析节点 B 处受力，如图 2－2－17 所示，由平衡条件

$$\sum F_x = 0, F_{N1} - F_{N2}\cos30^\circ = 0$$

$$\sum F_y = 0, F_{N2}\sin30^\circ - W = 0$$

可得两杆轴力：$F_{N1} = \sqrt{3}W$，$F_{N2} = 2W$。

(1) 按木杆的强度要求确定许可吊重

由木杆强度条件 $\sigma_1 = \dfrac{F_{N1}}{A_1} \leqslant [\sigma]_1$，可得

$$W \leqslant \frac{[\sigma]_1 A_1}{\sqrt{3}} = \frac{10000\times7}{\sqrt{3}}\text{N} = 40.4\text{kN}$$

(2) 按钢杆的强度要求确定许可吊重

由钢杆强度条件 $\sigma_2 = \dfrac{F_{N2}}{A_2} \leqslant [\sigma]_2$，可得

$$W \leqslant \frac{[\sigma]_2 A_2}{2} = \frac{1}{2}\times600\times160\text{N} = 48\text{kN}$$

综上，取较小值，许可吊重$[W] = 40.4\text{kN}$。

2.13 **某拉伸试验机的结构示意图如图 2－2－18 所示。设试验机的 CD 杆与试样 AB 的材料同为低碳钢，其 $\sigma_p = 200\text{MPa}$，$\sigma_s = 240\text{MPa}$，$\sigma_b = 400\text{MPa}$。试验机最大拉力为 100kN。**

(1) 用这一试验机作拉断试验时，试样直径最大可达多大？

(2) 若设计时取试验机的安全因数 $n = 2$，则 CD 杆的横截面面积为多少？

(3) 若试样直径 $d = 10\text{mm}$，今欲测弹性模量 E，则所加载荷最大不能超过多少？

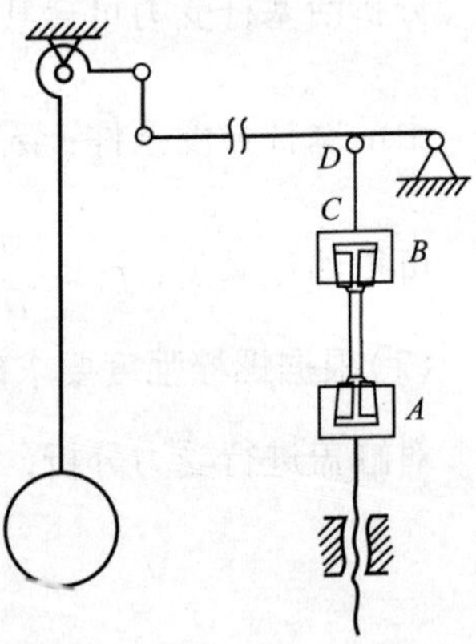

图 2－2－18

解：(1) 利用塑性材料拉断条件，材料被拉断的最小应力为

$$\sigma = \frac{F}{\frac{\pi}{4}d^2} \geqslant \sigma_b$$

则试件的直径：$d \leqslant \sqrt{\frac{4F}{\pi\sigma_b}} = \sqrt{\frac{4 \times 100 \times 10^3}{\pi \times 400 \times 10^6}}\text{m} = 17.8\text{mm}$。

(2) CD 杆的强度条件：$\sigma = \frac{F}{A} \leqslant [\sigma] = \frac{\sigma_s}{n}$。

则杆的横截面面积为：$A \geqslant \frac{nF}{\sigma_s} = \frac{2 \times 100 \times 10^3}{240 \times 10^6}\text{m}^2 = 833\text{mm}^2$。

(3) 测弹性模量时，试件的最大应力不应超过其弹性极限 σ_p，即

$$\sigma = \frac{F}{A} = \frac{F}{\frac{\pi}{4}d^2} \leqslant \sigma_p$$

解得：$F \leqslant \sigma_p \frac{\pi}{4}d^2 = (200 \times 10^6 \times \frac{\pi}{4} \times 0.01^2)\text{N} = 15.7\text{kN}$。

2.14　某铣床工作台进给油缸如图所示，缸内工作油 $p = 2\text{MPa}$，油缸内径 $D = 75\text{mm}$，活塞杆直径 $d = 18\text{mm}$。已知活塞杆材料的许用应力 $[\sigma] = 50\text{MPa}$，试校核活塞杆的强度。

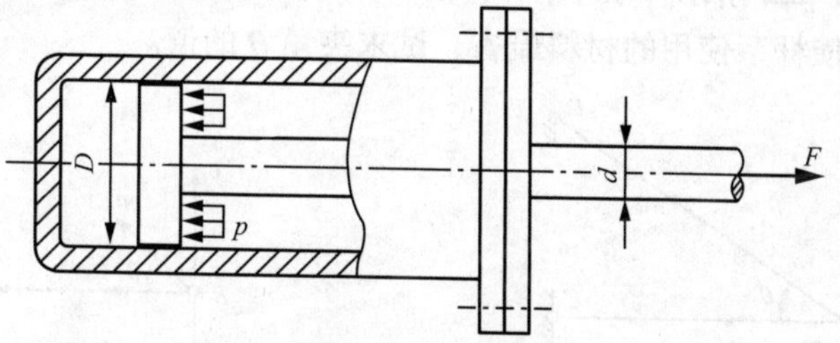

图 2-2-19

解：分析活塞杆受力可得，在油压力作用下活塞杆的轴力为

$$F = p \cdot \frac{\pi}{4}(D^2 - d^2)$$

所以活塞杆截面的应力为

$$\sigma = \frac{F}{A} = \frac{p \cdot \pi(D^2 - d^2)/4}{\pi d^2/4} = \frac{D^2 - d^2}{d^2}p = 16.361p = 32.72\text{MPa} < [\sigma] = 50\text{MPa}$$

所以活塞杆满足强度要求。

2.15　图 2-2-20 所示拉杆沿斜截面 $m-m$ 由两部分胶合而成。设在胶合面上许用拉应力 $[\sigma] = 100\text{MPa}$，许用切应力 $[\tau] = 50\text{MPa}$。并设杆件的拉力由胶合面的强度控制。试问：为使杆件承受最大拉力 F，α 角的值应为多少？若杆件横截面面积为 400mm^2，并规定 $\alpha \leqslant 60°$，试确定许可载荷 F。

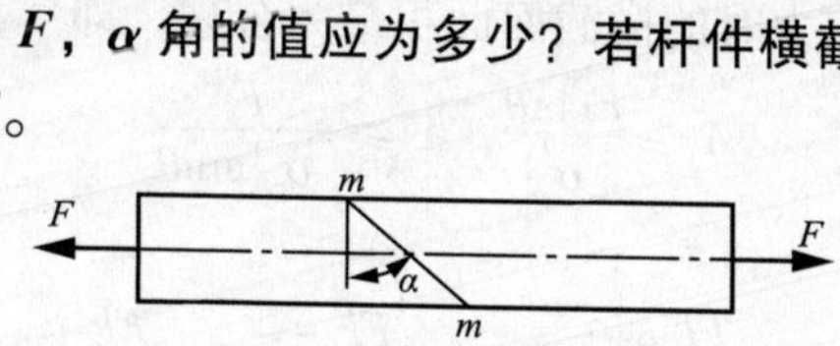

图 2-2-20

解：当正应力和切应力同时达到各自的许用应力时，拉力 F 达到最大值，并由直杆轴向拉伸时斜截面上的应力公式可得

$$\sigma_\alpha = \frac{F}{A}\cos^2\alpha = [\sigma],\ \tau_\alpha = \frac{F}{A}\sin\alpha\cos\alpha = [\tau]$$

联立以上二式，可得：$\tan\alpha = \frac{[\tau]}{[\sigma]} = \frac{50}{100} = 0.5$，即 $\alpha = 26.6°$。

故此时杆件可承受拉力最大，值为

$$F_{max} = \frac{A[\sigma]}{\cos^2\alpha} = \frac{400\times 100}{\cos^2 26.6°}\text{N} = 50\text{kN}$$

2.16　如图 2－2－21 所示，重量为 W 的均质圆形等截面空心长钢杆，长度为 l，内径为 d，外径为 D。施工的某一过程中需要将其竖直悬吊于空中。若材料的弹性模量为 E，试求此时杆件在自重作用下的伸长量 Δl。

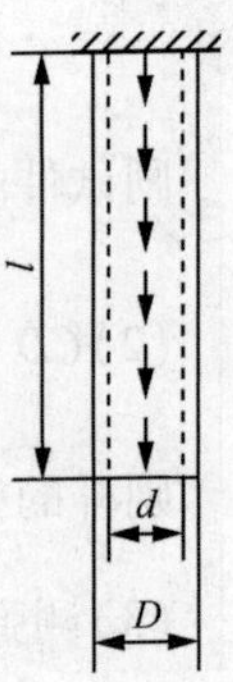

图 2－2－21

解：以固定端为原点建立竖直坐标系，取 x 截面以下部分进行受力分析。设钢杆密度为 ρ，则钢杆 x 截面处的轴力：$F_N(x) = \rho g A x$。

由胡克定律可得钢管总伸长：

$$\Delta l = \int_0^l \frac{F_N(x)}{EA}\text{d}x = \int_0^l \frac{\rho g A x}{EA}\text{d}x = \frac{\rho g A l^2}{2EA} = \frac{Wl}{2E\dfrac{\pi(D^2-d^2)}{4}} = \frac{2Wl}{E\pi(D^2-d^2)}$$

2.17　在图 2－2－22 所示杆系中，BC 和 BD 两杆的材料相同，且抗拉和抗压许用应力相等，同为 $[\sigma]$。为使杆系使用的材料最省，试求夹角 θ 的值。

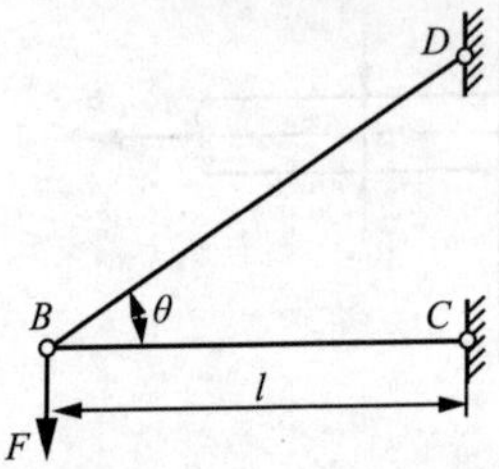

图 2－2－22

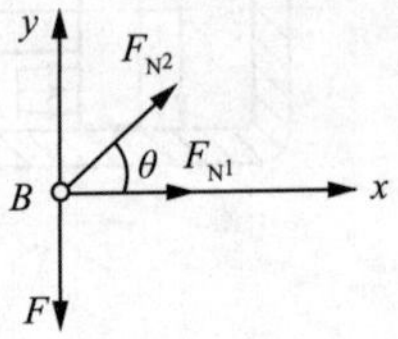

图 2－2－23

解：如图 2－2－23 所示，对节点 B 进行受力分析，根据平衡条件

$$\sum F_x = 0, F_{N2}\cos\theta + F_{N1} = 0$$

$$\sum F_y = 0, F_{N2}\sin\theta - F = 0$$

可得两杆轴力：$F_{N1} = -F\cot\theta$（压力），$F_{N2} = \frac{F}{\sin\theta}$（拉力）。

由两杆的强度条件：$\sigma_1 = \frac{F_{N1}}{A_1} \leqslant [\sigma]$，$\sigma_2 = \frac{F_{N2}}{A_2} \leqslant [\sigma]$。

可知两杆同时达到许用应力时的横截面面积最为合理，即

$$A_1 \geqslant \frac{F\cot\theta}{[\sigma]},\ A_2 \geqslant \frac{F}{[\sigma]\sin\theta}$$

此时结构的体积

$$V = A_1 l + A_2 l/\cos\theta \geqslant \frac{Fl\cos\theta}{[\sigma]\sin\theta} + \frac{Fl}{[\sigma]\sin\theta\cos\theta} = \frac{Fl}{[\sigma]}\left(\frac{1}{\sin\theta\cos\theta} + \frac{\cos\theta}{\sin\theta}\right)$$

令 $\frac{\text{d}V}{\text{d}\theta} = 0$，可得体积最小时两杆的夹角满足：$\tan^2\theta = 2$。

即 $\theta = \arctan\sqrt{2} = 54.8°$。

2.18 阶梯形直杆如图 2-2-24 所示。已知：$A_1 = 800\text{mm}^2$，$A_2 = 400\text{mm}^2$，$E = 200\text{GPa}$。试求杆件的总伸长量 Δl。

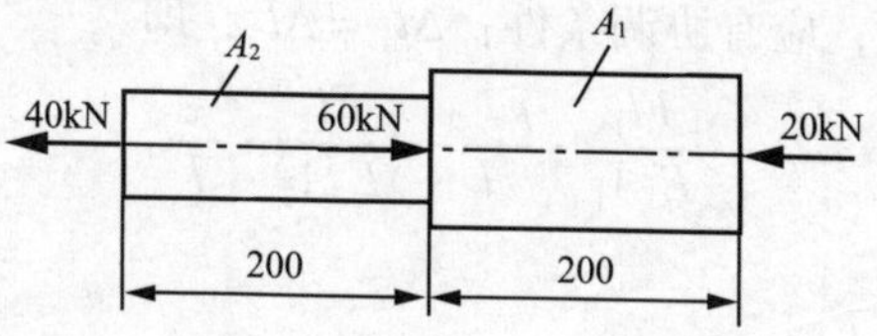

图 2-2-24

解：由截面法可得杆各段轴力：$F_{N1} = -20\text{kN}$，$F_{N2} = 40\text{kN}$。

由胡克定律可得杆的总伸长

$$\begin{aligned}\Delta l &= \Delta l_1 + \Delta l_2 \\ &= \frac{F_{N1} l_1}{EA_1} + \frac{F_{N2} l_2}{EA_2} = \left(\frac{-20 \times 10^3 \times 0.2}{200 \times 10^9 \times 8 \times 10^{-4}} + \frac{40 \times 10^3 \times 0.2}{200 \times 10^9 \times 4 \times 10^{-4}}\right)\text{m} = 0.075\text{mm}\end{aligned}$$

2.19 为了改进万吨水压机的设计，在四根立柱的小型水压机上进行模型实验，测得立柱的轴向总伸长量 $\Delta l = 0.4\text{mm}$。立柱直径 $d = 80\text{mm}$，长度 $l = 1350\text{mm}$。材料的 $E = 210\text{GPa}$。每一立柱受到的轴向力有多大？水压机的中心载荷 F 等于多少？

解：由题意可知，四根立柱平均承担水压机的中心载荷，并产生相同的变形量。

由拉压胡克定律 $\Delta l = \dfrac{F_N l}{EA}$，可得每个立柱受到的轴向力为

$$F_N = \frac{EA\Delta l}{l} = \frac{210 \times 10^9 \times \dfrac{\pi}{4} \times 0.08^2 \times 0.0004}{1.35}\text{N} = 312.8\text{kN}$$

则水压机的中心载荷为：$F = 4F_N = 4 \times 312.8\text{kN} = 1251.2\text{kN}$。

2.20 如图 2-2-25 所示，设 CG 为刚体（即 CG 的弯曲变形可以省略），BC 为铜杆，DG 为钢杆，两杆的横截面面积分别为 A_1 和 A_2，弹性模量分别为 E_1 和 E_2。如要求 CG 始终保持水平位置，试求力的作用位置 x。

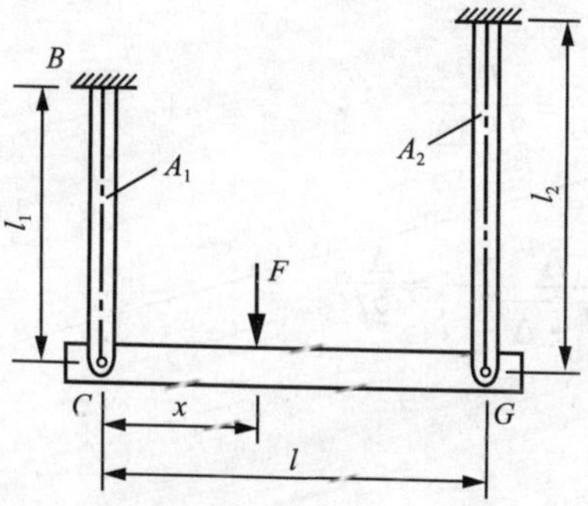

图 2-2-25

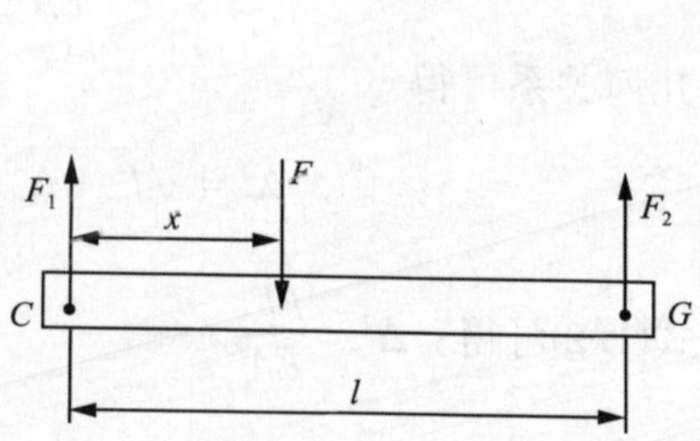

图 2-2-26

解：对 CG 杆进行受力分析，如图 2-2-26 所示。

根据平衡条件：$\sum M_C = 0, F_2 l - Fx = 0, \sum F_y = 0, F_1 + F_2 - F = 0$。

可得两杆的轴力：$F_1 = \dfrac{l-x}{l}F$，$F_2 = \dfrac{x}{l}F$。

则由胡克定律可得两杆伸长量

$$\Delta l_1=\frac{F_1 l_1}{E_1 A_1}=\frac{F l_1}{E_1 A_1}\cdot\frac{l-x}{l},\ \Delta l_2=\frac{F_2 l_2}{E_2 A_2}=\frac{F l_2}{E_2 A_2}\cdot\frac{x}{l}$$

要使得 CG 杆保持水平，应有协调条件：$\Delta l_1=\Delta l_2$，即

$$\frac{F l_1}{E_1 A_1}\cdot\frac{l-x}{l}=\frac{F l_2}{E_2 A_2}\cdot\frac{x}{l}$$

解得：$x=\dfrac{l l_1 E_2 A_2}{l_1 E_2 A_2+l_2 E_1 A_1}$。

***2.21　图 2-2-27 所示 BC、BD 两杆原在水平位置。在力 F 作用下，两杆发生变形，在 B 点的竖向位移为 Δ。若两杆的抗拉刚度同为 EA，试求 Δ 与 F 的关系。（提示：计算时应考虑 BC 和 BD 杆的角度变化，即变形后两杆不再保持水平。）**

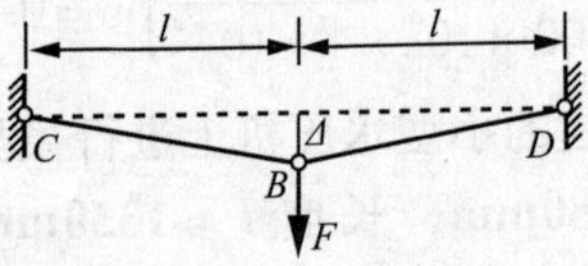

图 2-2-27

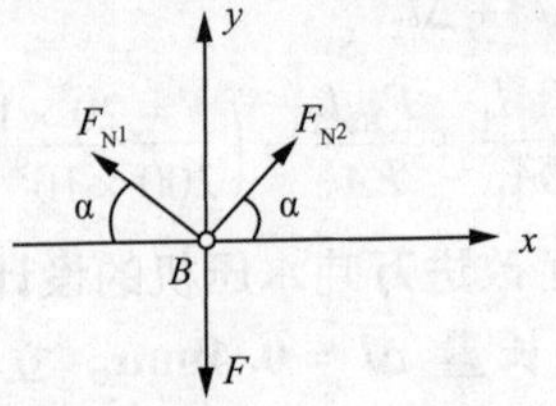

图 2-2-28

解：对节点 B 进行受力分析，如图 2-2-28 所示，根据平衡条件

$$\sum F_x=0, F_{N2}\cos\alpha-F_{N1}\cos\alpha=0$$

$$\sum F_y=0, (F_{N1}+F_{N2})\sin\alpha-F=0$$

可得两杆轴力

$$F_{N1}=F_{N2}=\frac{F}{2\sin\alpha}$$

变形后，由于 α 角度非常小，近似有

$$\sin\alpha=\frac{\Delta}{l+\Delta l}=\tan\alpha=\frac{\Delta}{l}$$

其中由胡克定律可知杆的变形

$$\Delta l=\frac{F_{N1} l}{EA}=\frac{Fl}{2EA\sin\alpha}=\frac{Fl^2}{2EA\Delta} \qquad ①$$

又由几何关系可得

$$\Delta l=\sqrt{l^2+\Delta^2}-l=\frac{\Delta^2}{\sqrt{l^2+\Delta^2}+l}\approx\frac{\Delta^2}{2l} \qquad ②$$

联立式①②可得：$\Delta^3=\dfrac{Fl^3}{EA}$。

即载荷 F 和位移 Δ 之间的关系：$\Delta=l\sqrt[3]{\dfrac{F}{EA}}$。

2.22　像矿山升降机钢缆这类很长的绳索，分析强度和变形时应考虑其自重的影响。设材料的密度为 ρ，许用应力为 $[\sigma]$。钢缆下端所受拉力为 F，钢缆截面不变。试求钢缆的允许长度及其总伸长量。

解：建立如图 2-2-29 所示坐标系，并取 x 截面以下部分进行受力分析。

钢缆 x 截面的轴力：$F_N(x)=F+\rho g A x$。

由此可知最大轴力发生在固定端截面，其值为

$$F_{\mathrm{N}} = F + \rho gAL$$

根据强度条件有：$\sigma = \dfrac{F_{\mathrm{N}}}{A} = \dfrac{F + \rho gAL}{A} \leqslant [\sigma]$。

可得钢缆允许长：$L \leqslant \dfrac{A[\sigma] - F}{\rho gA}$。

故由胡克定律可得钢缆总伸长量

$$\Delta l = \int_0^L \frac{F_{\mathrm{N}}(x)}{EA}\mathrm{d}x = \int_0^L \frac{F + \rho gAx}{EA}\mathrm{d}x = \frac{A^2[\sigma]^2 - F^2}{2EA^2\rho g}$$

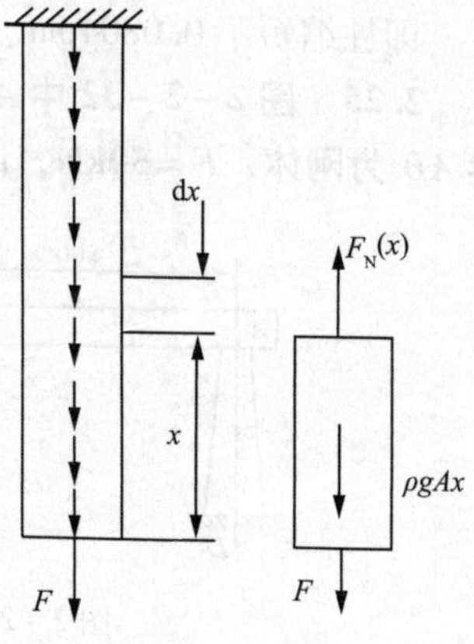

图 2-2-29

2.23　将悬索桥两桥塔间的主缆简化为图 2-2-30 所示力学模型，主缆的曲线可近似用二次抛物线来描述，作用于主缆的载荷简化为竖直向下的均布载荷 q。若主缆的跨度为 l，中间下垂的高度为 h，抗拉刚度为 EA。试确定主缆的伸长量。

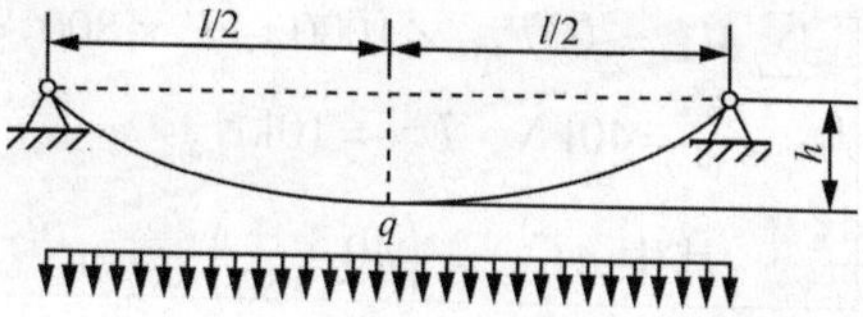

图 2-2-30

解：(1)确定水平拉力 H。

主缆受均布载荷 q，跨度为 l，中间下垂高度为 h。水平拉力 H 可由公式 $H = \dfrac{ql^2}{8h}$ 计算得出。

(2)计算主缆的初始长度 L。

近似主缆为二次抛物线，其长度 L 为：$L = l\left(1 + \dfrac{16h^2}{3l^2}\right)$。

(3)计算主缆的伸长量 ΔL。

根据弹性力学公式，伸长量 ΔL 为：$\Delta L = \dfrac{HL}{EA}$。

将 H 和 L 的表达式代入，得：

$$\Delta L = \frac{\dfrac{ql^2}{8h} \cdot l\left(1 + \dfrac{16h^2}{3l^2}\right)}{EA} = \frac{ql^3}{8EAh}\left(1 + \frac{16h^2}{3l^2}\right)$$

2.24　铸铁柱尺寸如图 2-2-31 所示，轴向压力 $F = 30\mathrm{kN}$，$E = 120\mathrm{GPa}$。若不计自重，试求柱的变形。

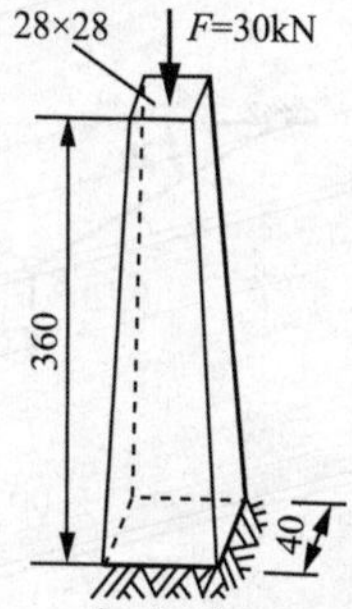

图 2-2-31

解：距离柱底 x 处横截面面积为：$A(x) = \left(40 - \dfrac{x}{30}\right)^2$。

根据胡克定律可得柱的变形量

$$\Delta l = \int_l \frac{F_{\mathrm{N}}\mathrm{d}x}{EA(x)} = \int_0^{0.36} \frac{F\mathrm{d}x}{EA(x)}$$

$$= \left[\int_0^{0.36} \frac{30 \times 10^3}{120 \times 10^9 \times (40 - x/30)^2 \times 10^{-6}}\mathrm{d}x\right]\mathrm{m} = 0.0804\mathrm{mm}$$

即柱缩短了 0.0804mm。

2.25　图 2－2－32 中 AD 和 BE 两根铸铁柱的尺寸与题 2.24 中的铸铁柱相同。若设横梁 AB 为刚体，$F=50$kN，试求 F 作用点 C 的铅垂位移。

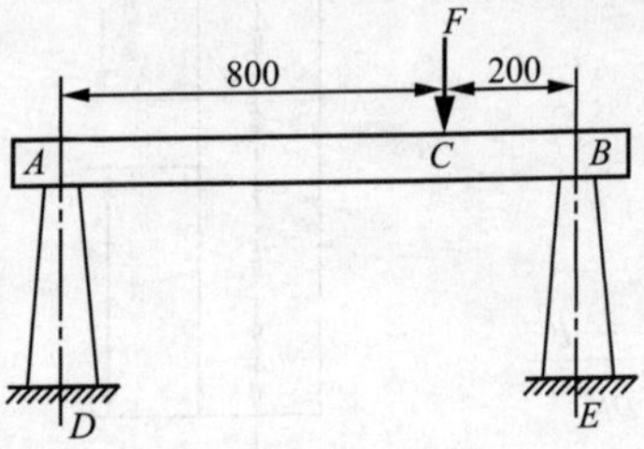

图 2－2－32

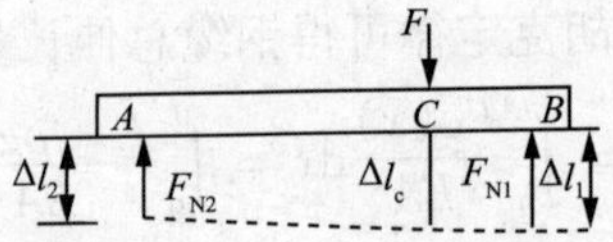

图 2－2－33

解：对杆 AB 进行受力分析，其力和位移图如图 2－2－33 所示。根据平衡条件

$$\sum F_y = 0, F_{N1} + F_{N2} - F = 0$$

$$\sum M_A = 0, F_{N1} \times 1000 - F \times 800 = 0$$

可得 BE、AD 杆的轴力为：$F_{N1}=40$kN，$F_{N2}=10$kN。

由胡克定律 $\Delta l = \int_l \frac{F_N \mathrm{d}x}{EA(x)}$，其中 $A(x) = \left(40 - \frac{x}{30}\right)^2$。

可得两杆的变形量

$$\Delta l_1 = \int_0^{0.36} \frac{40 \times 10^3 \mathrm{d}x}{120 \times 10^9 \times (40 - x/30)^2 \times 10^{-6}} \mathrm{m} = 0.107\mathrm{mm}$$

$$\Delta l_2 = \int_0^{0.36} \frac{10 \times 10^3 \mathrm{d}x}{120 \times 10^9 \times (40 - x/30)^2 \times 10^{-6}} \mathrm{m} = 0.0268\mathrm{mm}$$

由图 2－2－33 所示几何关系可得 C 点位移

$$\Delta l_c = \Delta l_2 + \frac{800}{1000}(\Delta l_1 - \Delta l_2) = \frac{1}{5}\Delta l_2 + \frac{4}{5}\Delta l_1 = 0.0911\mathrm{mm}$$

***2.26　图 2－2－34(a) 所示简单杆系，其两杆的长度均为 $l=3$m，横截面面积 $A=1000\mathrm{mm}^2$。材料的应力－应变关系如图 2－2－34(b) 所示。$E_1=70$GPa，$E_2=10$GPa。试分别计算当 $F=80$kN 和 $F=120$kN 时，节点 B 的铅垂位移。**

解：根据结构和载荷对称性可知两杆内力相等，且 $F_{N1}=F_{N2}=F_N=F$。

(1) $F=80$kN 时，杆内横截面上正应力

$$\sigma = \frac{F_N}{A} = \frac{F}{A} = \frac{80 \times 10^3}{1000 \times 10^{-6}}\mathrm{Pa} = 80\mathrm{MPa} < 100\mathrm{MPa}$$

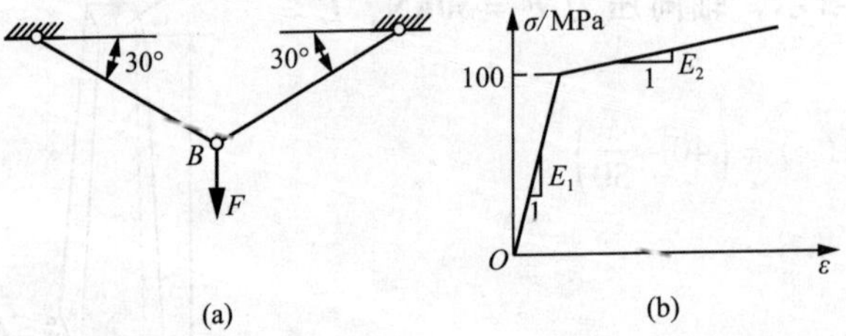

图 2－2－34

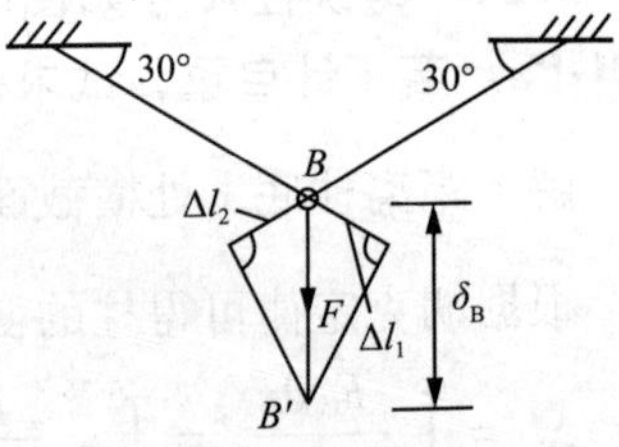

图 2－2－35

由图 2－2－34(b) 可知，两杆伸长量均为 $\Delta l = \frac{F_N l}{EA}$，其中 $E=E_1$。

由图 2-2-35 所示变形后几何关系可得 B 点位移

$$\delta_B=\frac{\Delta l_1}{\cos 60^\circ}=\frac{2F_N l}{EA}=\frac{2\times 80\times 10^3\times 3}{70\times 10^9\times 1000\times 10^{-6}}\text{m}=6.86\text{mm}。$$

(2) $F=120\text{kN}$ 时，杆内横截面上正应力

$$\sigma=\frac{F_N}{A}=\frac{F}{A}=\frac{120\times 10^3}{1000\times 10^{-6}}\text{Pa}=120\text{MPa}>100\text{MPa}$$

因此，变形要分两段进行计算。又变形是在弹性变形范围内产生的，故可以用叠加法将两段杆的变形叠加，当应力为 100MPa 时，对应的拉力 $F=\sigma A=100\times 1000\text{N}=100\text{kN}$。因此前一阶段的拉力为 100kN，后一阶段的拉力为 20kN。则根据几何关系可得 B 点位移

$$\begin{aligned}\delta_B&=\left(\frac{100\times 10^3 l}{E_1 A}+\frac{20\times 10^3 l}{E_2 A}\right)\Big/\cos 60^\circ\\&=\left[\left(\frac{100\times 10^3\times 3}{70\times 10^9\times 1000\times 10^{-6}}+\frac{20\times 10^3\times 3}{10\times 10^9\times 1000\times 10^{-6}}\right)\times 2\right]\text{m}\\&=20.57\text{mm}\end{aligned}$$

2.27　如图 2-2-36 所示，打入黏土的木桩长度为 L，顶上载荷为 F。设载荷全由摩擦力来承担，且沿木桩单位长度内的摩擦力 f 按抛物线 $f=Ky^2$ 的规律变化，这里 K 为常数，y 是截面距木桩底部的距离。若 $F=420\text{kN}$，$l=12\text{m}$，$A=64000\text{mm}^2$，$E=10\text{GPa}$，试确定常数 K，并求木桩的缩短量。

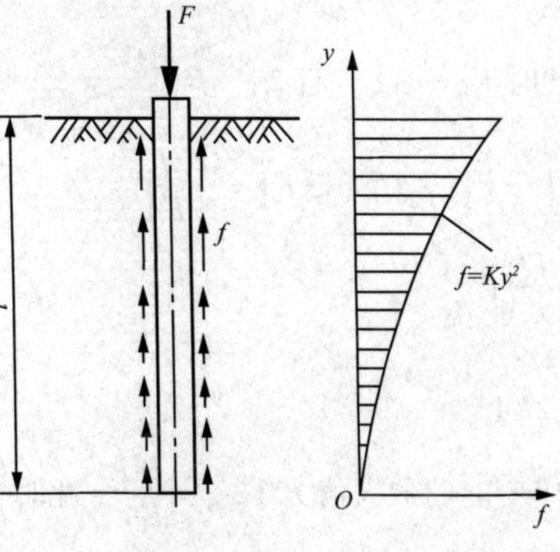

图 2-2-36

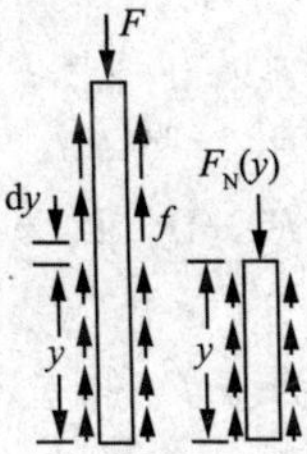

图 2-2-37

解：木桩受力分析如图 2-2-37 所示，根据平衡条件

$$\sum F_y=0,\int_0^l f\mathrm{d}y-F=0$$

将 $f=Ky^2$ 代入即可确定常数 K：$K=\dfrac{3F}{l^3}=\dfrac{3\times 420\times 10^3}{12^3}\text{N/m}^3=729\text{N/m}^3$。

在距离下端 y 处截面上的轴力为

$$F_N(y)=\int_0^y f\mathrm{d}y=\int_0^y Ky^2\mathrm{d}y=\frac{Ky^3}{3}$$

则由胡克定律可得木桩总的变形量

$$\Delta l=\int_0^l\frac{F_N(y)}{EA}\mathrm{d}y=\int_0^l\frac{Ky^3\mathrm{d}y}{3EA}=\frac{Kl^4}{12EA}=\frac{729\times 12^4}{12\times 10\times 10^9\times 64000\times 10^{-6}}\text{m}=1.97\text{mm}$$

即木桩缩短了 1.97mm。

2.28　抗拉(压)刚度为 EA 的等直杆，受力情况如图 2-2-38 所示。试问：

(1)总伸长是否为 $\Delta l=\frac{F_1l_1}{EA}+\frac{F_2l_2}{EA}$？如有错误，正确的算式是什么？

(2)应变能是否为 $V_\varepsilon=\frac{F_1^2l_1}{2EA}+\frac{F_2^2l_2}{2EA}$？如有错误，正确的算式是什么？

(3)若 $l_1=l_2=l$，$F_1+F_2=F$(常量)，试求 $V_{\varepsilon\max}$ 和 $V_{\varepsilon\min}$，并求两种情况下的比值 $\frac{F_2}{F_1}$。

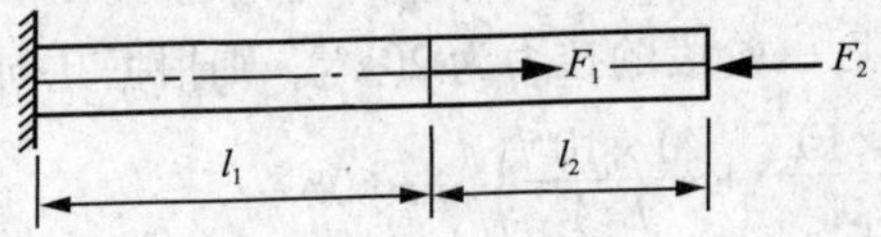

图 2-2-38

解：(1)不是。正确的算法为：$\Delta l=\frac{(F_1-F_2)l_1}{EA}-\frac{F_2l_2}{EA}$。

(2)不是。正确的算法为：$V_\varepsilon=\frac{F_2^2l_2}{2EA}+\frac{(F_1-F_2)^2l_1}{2EA}=\frac{(F_1-F_2)^2l_1+F_2^2l_2}{2EA}$。

(3)将 $l_1=l_2=l$，$F_1+F_2=F$ 代入(2)所得到的式中，可得轴的应变能

$$V_\varepsilon=\frac{l}{2EA}(F^2+5F_2^2-4FF_2)$$

令 $\frac{\mathrm{d}V_\varepsilon}{\mathrm{d}F_2}=0$，可得应变能的极值点，此时 $F_2=\frac{2}{5}F$，且有

$$V_\varepsilon=\frac{l}{2EA}\left(F^2+5\left(\frac{2}{5}F\right)^2-4F\times\frac{2}{5}F\right)=\frac{F^2l}{10EA}$$

在边界点 $F_1=0$，$F_2=F$ 处，有 $V_\varepsilon=\frac{F^2l}{EA}$；

在边界点 $F_2=0$，$F_1=F$ 处，有 $V_\varepsilon=\frac{F^2l}{2EA}$。

应变能是关于 F_2 的二次函数，所以应变能的最大值为 $V_{\varepsilon\max}=\frac{F^2l}{EA}$，此时 $\frac{F_2}{F_1}\to\infty$。

最小应变能：$V_{\varepsilon\min}=\frac{F^2l}{10EA}$，此时 $\frac{F_2}{F_1}=\frac{3}{2}$。

2.29　长度为 l 的杆件，抗拉刚度为 EA。若在杆件两端沿轴线先作用拉力 F_1，再作用 F_2，在作用 F_2 的过程中，应变能的增量是否为 $\Delta V_\varepsilon=\frac{F_2^2l}{2EA}$？

解：应变能的增量不是 $\Delta V_\varepsilon=\frac{F_2^2l}{2EA}$。

在 F_1 单独作用下杆的应变能：$V_{\varepsilon1}=\frac{F_1^2l}{2EA}$。

在弹性小变形范围内，变形能的大小与加载顺序无关，则先加载 F_1 再加载 F_2 后，杆件的应变能：$V_{\varepsilon2}=\frac{(F_1+F_2)^2l}{2EA}$。

由此可得应变能的增量为

$$\Delta V_{\varepsilon}=V_{\varepsilon 2}-V_{\varepsilon 1}=\frac{(F_1+F_2)^2}{2EA}l-\frac{F_1^2 l}{2EA}=\frac{F_2 l}{2EA}(F_2+2F_1)$$

2.30 如图 **2-2-39** 所示，设横梁 ***ABCD*** 为刚体。横截面面积为 **76.36mm²** 的钢索绕过无摩擦的滑轮。设 ***F*=20kN**，钢索的 ***E*=177GPa**。试求钢索内的应力和 ***C*** 点的铅垂位移。

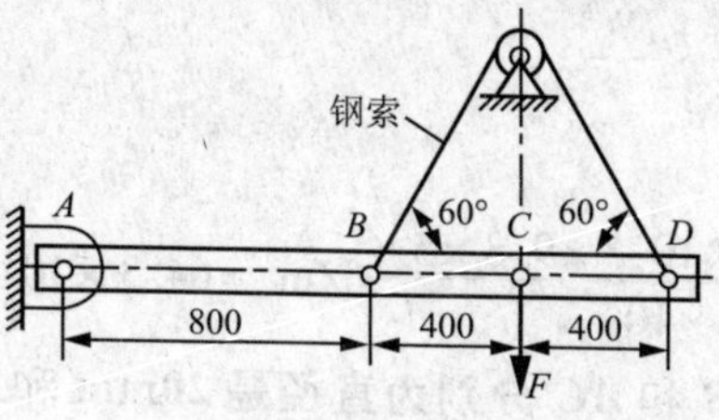

图 2-2-39

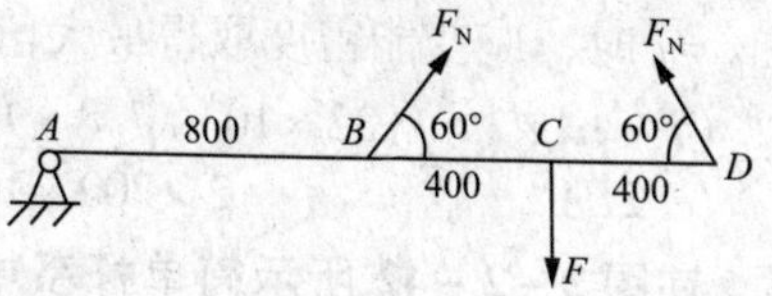

图 2-2-40

解： 对 AD 梁进行受力分析，如图 2-2-40 所示。

根据平衡方程

$$\sum M_A=0, F_N\sin 60°\times 800+F_N\sin 60°\times 1600-F\times 1200=0$$

可得钢索承受的拉力：$F_N=\frac{\sqrt{3}}{3}F=11.55\text{kN}$。

故钢索内的应力：$\sigma=\frac{F_N}{A}=\frac{11.55\times 10^3}{76.36\times 10^{-6}}\text{Pa}=151\text{MPa}$。

钢索的变形能：$V_{\varepsilon}=\frac{F_N^2 l}{2EA}=\frac{(\sqrt{3}F/3)^2 l}{2EA}=\frac{F^2 l}{6EA}$。

根据题意，钢索长：$l=400\text{mm}\times 2\times 2=1600\text{mm}=1.6\text{m}$。

利用功能原理，钢索的变形能等于力 F 做功，即 $W_C=V_{\varepsilon}$，故$\frac{1}{2}F\Delta_C=\frac{F^2 l}{6EA}$。

则在力 F 作用下 C 点位移

$$\Delta_C=\frac{Fl}{3EA}=\frac{20\times 10^3\times 1.6}{3\times 177\times 10^9\times 76.36\times 10^{-6}}\text{m}=0.79\text{mm}$$

2.31 钢制受拉杆件如图 **2-2-41** 所示，横截面面积 ***A*=200mm²**，***l*=5m**，密度为 **7.8×10³kg/m³**，设 ***E*=200GPa**。如不计自重，试计算杆件的应变能 V_{ε} 和应变能密度 v_{ε}。如考虑自重影响，试计算杆件的应变能，并求应变能密度的最大值。

解：（1）不计自重时，杆件应变能

$$V_{\varepsilon}=\frac{F^2 l}{2EA}=\frac{(32\times 10^3)^2\times 5}{2\times 200\times 10^9\times 200\times 10^{-6}}\text{J}=64\text{J}$$

应变能密度

$$v_{\varepsilon}=\frac{V_{\varepsilon}}{V}=\frac{F_N^2}{2EA^2}=\frac{F^2}{2EA^2}=\frac{(32\times 10^3)^2}{2\times 200\times 10^9\times(200\times 10^{-6})^2}\text{J/m}^3=64\times 10^3\text{J/m}^3$$

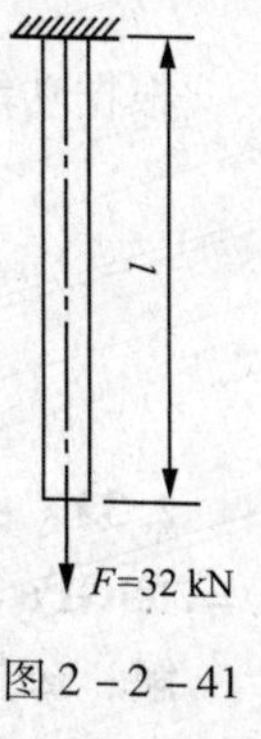

图 2-2-41

（2）考虑自重时，在距离底部为 x 处横截面上的轴力：$F_N(x)=F+\rho Agx$。

此时杆件应变能

$$V_{\varepsilon}=\int dV_{\varepsilon}=\int_0^l\frac{(F+\rho gAx)^2}{2EA}dx=\frac{1}{2EA}\left(F^2 l+\rho gAFl^2+\frac{1}{3}\rho^2 g^2 A^2 l^3\right)$$

$$=\frac{1}{2\times 200\times 10^{9}\times 200\times 10^{-6}}[(32\times 10^{3})^{2}\times 5+7.8\times 10^{3}\times 9.8\times 200\times$$

$$10^{-6}\times 32\times 10^{3}\times 5^{2}+\frac{1}{3}\times(7.8\times 10^{3})^{2}\times 9.8^{2}\times(200\times 10^{-6})^{2}\times 5^{3}]\mathrm{J}$$

$$=64.2\mathrm{J}$$

应变能密度：$v_{\varepsilon}=\dfrac{\mathrm{d}V_{\varepsilon}}{A\mathrm{d}x}=\dfrac{(F+\rho gAx)^{2}\mathrm{d}x}{2EA^{2}\mathrm{d}x}=\dfrac{(\rho gAx+F)^{2}}{2EA^{2}}$。

即在 $x=l$ 时，应变能密度取得最大值，为

$$v_{\varepsilon\max}=\frac{(F+\rho Agl)^{2}}{2EA^{2}}=\frac{(32\times 10^{3}+7.8\times 10^{3}\times 200\times 10^{-6}\times 9.8\times 5)^{2}}{2\times 200\times 10^{9}\times(200\times 10^{-6})^{2}}\mathrm{J/m^{3}}=64.3\times 10^{3}\mathrm{J/m^{3}}$$

2.32　在图 2－2－42 所示简单杆系中，设 *AB* 和 *AC* 分别为直径是 20mm 和 24mm 的圆形截面杆，*E*＝200GPa，*F*＝5kN。试求 *A* 点的铅垂位移。

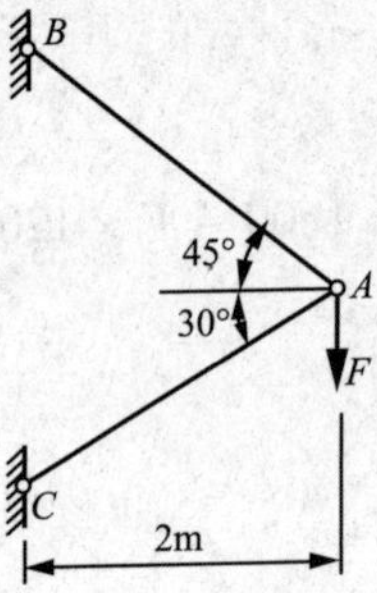

图 2－2－42

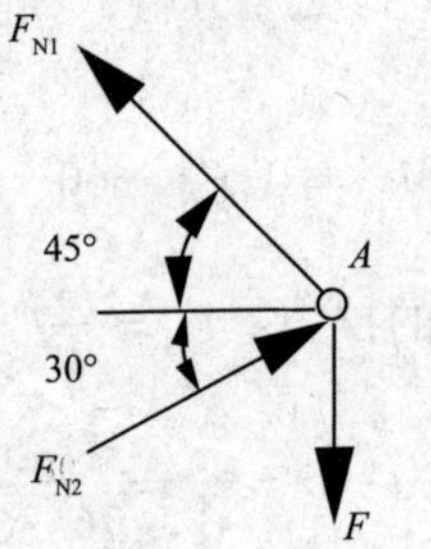

图 2－2－43

解：对节点 *A* 进行受力分析，如图 2－2－43 所示。

根据平衡条件

$$\sum F_{x}=0,\ -F_{\mathrm{N1}}\cos 45^{\circ}+F_{\mathrm{N2}}\cos 30^{\circ}=0$$

$$\sum F_{y}=0,\ F_{\mathrm{N1}}\sin 45^{\circ}+F_{\mathrm{N2}}\sin 30^{\circ}-F=0$$

可得各杆轴力：$F_{\mathrm{N1}}=0.897F$，$F_{\mathrm{N2}}=0.732F$。

则该杆系总的应变能：$V_{\varepsilon}=V_{\varepsilon1}+V_{\varepsilon2}=\dfrac{F_{\mathrm{N1}}^{2}l_{1}}{2EA_{1}}+\dfrac{F_{\mathrm{N2}}^{2}l_{2}}{2EA_{2}}=\dfrac{0.897^{2}F^{2}l_{1}}{2EA_{1}}+\dfrac{0.732^{2}F^{2}l_{2}}{2EA_{2}}$。

其中根据图中几何关系可知各杆长：$l_{1}=\dfrac{2}{\cos 45^{\circ}}\mathrm{m}=2\sqrt{2}\mathrm{m}$，$l_{2}=\dfrac{2}{\cos 30^{\circ}}\mathrm{m}=\dfrac{4}{\sqrt{3}}\mathrm{m}$。

根据功能原理 $V_{\varepsilon}=W=\dfrac{1}{2}F\delta_{A}$，可得 *A* 点铅垂位移

$$\delta_{A}=\frac{0.897^{2}\times 2\sqrt{2}\times 5\times 10^{3}}{200\times 10^{9}\times\frac{\pi}{4}\times 0.02^{2}}\mathrm{m}+\frac{0.732^{2}\times\frac{4}{\sqrt{3}}\times 5\times 10^{3}}{200\times 10^{9}\times\frac{\pi}{4}\times 0.024^{2}}\mathrm{m}=0.249\mathrm{mm}$$

2.33　由五根钢杆组成的杆系如图 2－2－44 所示。各杆的横截面面积均为 500mm²，*E*＝200GPa。设沿对角线 *AC* 方向作用一对 20kN 的力，试求 *A*、*C* 两点的距离改变量。

解：分析节点 *A* 受力，如图 2－2－45 所示。

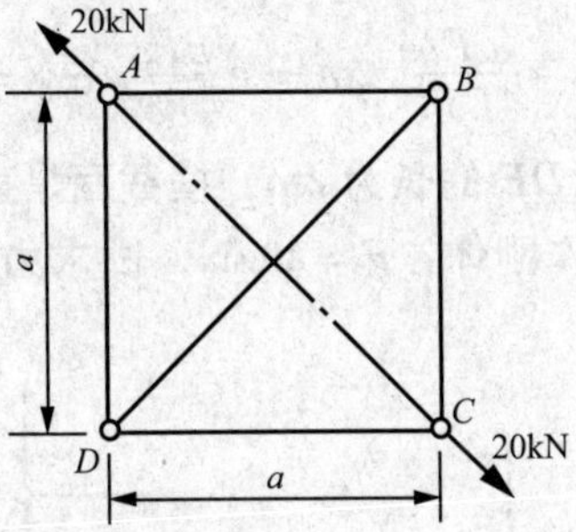

图 2-2-44

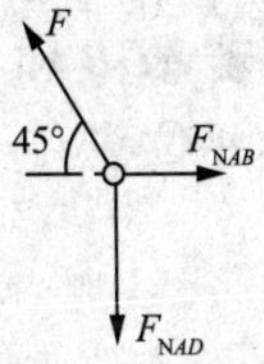

图 2-2-45

根据平衡条件及其结构和载荷的对称性可知

$$F_{NAB}=F_{NAD}=F_{NBC}=F_{NCD}=\frac{\sqrt{2}}{2}F,\ F_{NBD}=-F$$

则该杆系总的应变能为：$V_\varepsilon=4\times\frac{F_{NAB}^2 l_{AB}}{2EA}+\frac{F_{NBD}^2 l_{BD}}{2EA}$。

根据功能原理有 $V_\varepsilon=\frac{1}{2}F\Delta_{AC}$，则 A、C 两点的距离改变量为

$$\Delta_{AC}=\frac{Fa}{EA}(2+\sqrt{2})=\frac{20\times10^3(2+\sqrt{2})\times a}{200\times10^9\times500\times10^{-6}}=6.83\times10^{-4}a$$

2.34　如图 2-2-46 所示，截面分别为圆形和正方形的两种薄壁杆件，作用轴向拉力 F。若材料的弹性模量为 E，泊松比为 μ。试分别确定横截面上 AB 两点的距离改变量 δ_{AB}。

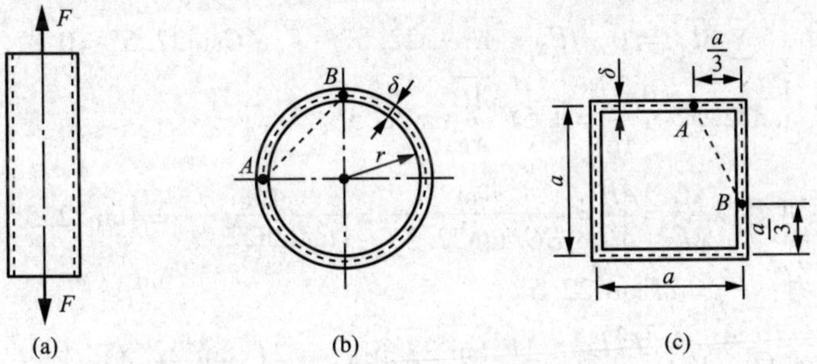

图 2-2-46

解：(1)圆截面

轴向线应变为 $\varepsilon=\frac{F}{EA}=\frac{F}{E\pi d\delta}$，由于泊松效应，横向线应变为

$$\varepsilon'=-\mu\varepsilon=-\frac{\mu F}{E\pi d\delta}$$

横向线应变也可表示为 $\varepsilon'=\frac{\Delta d}{d}$，所以$\frac{\Delta d}{d}=-\frac{\mu F}{E\pi d\delta}$，$\Delta d=-\frac{\mu F}{E\pi\delta}$，$\delta_{AB}=\frac{\sqrt{2}}{2}\Delta d=-\frac{\sqrt{2}\mu F}{2E\pi\delta}$。

(2)正方形截面

轴向线应变为 $\varepsilon=\frac{F}{EA}=\frac{F}{4Ea\delta}$，由于泊松效应，横向线应变为

$$\varepsilon'=-\mu\varepsilon=-\frac{\mu F}{4Ea\delta}$$

横向线应变也可表示为 $\varepsilon'=\dfrac{\Delta a}{a}$，所以 $\dfrac{\Delta a}{a}=-\dfrac{\mu F}{4Ea\delta}$，$\Delta a=-\dfrac{\mu F}{4E\delta}$，$\delta_{AB}=\dfrac{\sqrt{5}}{3}\Delta a=-\dfrac{\sqrt{5}\mu F}{12E\delta}$。

2.35　在图 2－2－47 所示支架中，设拉杆 DE 的长为 2m，横截面是直径为 15mm 的圆形，$E=210$GPa。若 ADB 和 AEC 两杆可以看作刚体，$F=20$kN，试求力 F 作用点 A 的铅垂位移和 C 点的水平位移。

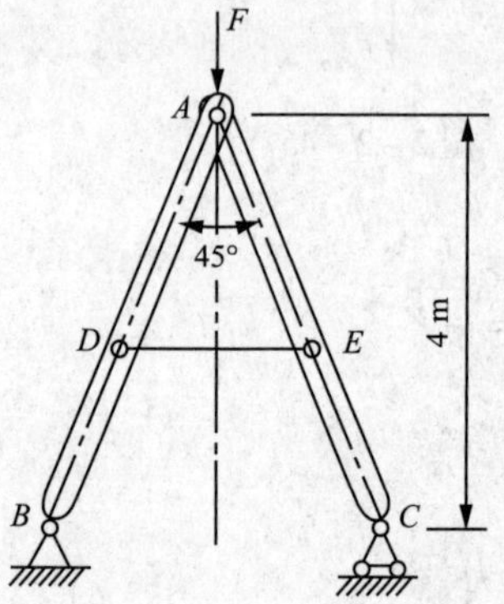

图 2－2－47

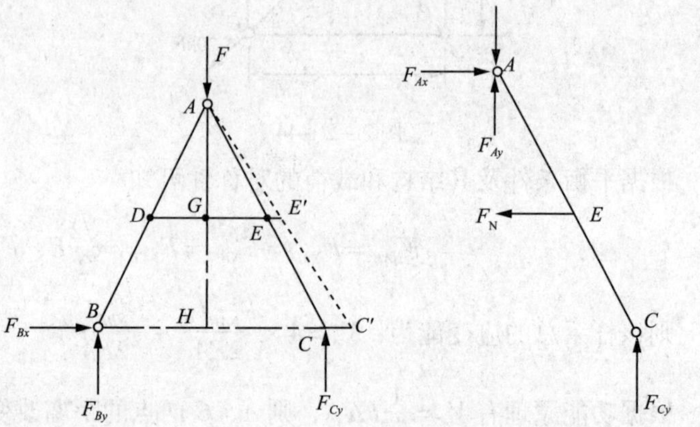

图 2－2－48

解：如图 2－2－48 所示，对整体进行分析。

根据平衡条件可得：$\sum M_B=0$，$F_{Cy}=0.5F$。

对 AC 杆进行受力分析，可得平衡条件

$$\sum M_A=0,\ F_{\mathrm{N}}\cdot\overline{AE}\cos22.5^\circ-F_{Cy}\overline{AC}\sin22.5^\circ=0$$

解得：$F_{\mathrm{N}}=F_{Cy}\tan22.5^\circ\cdot\dfrac{\overline{AC}}{\overline{AE}}=0.5F\dfrac{\overline{AC}}{\overline{AE}}\tan22.5^\circ$。

根据几何关系可得：$\dfrac{\overline{AC}}{\overline{AE}}=\dfrac{\overline{AH}}{\overline{AG}}=\dfrac{4\text{m}}{\overline{EG}/\tan22.5^\circ}=\dfrac{4\text{m}}{1\text{m}/\tan22.5^\circ}=4\tan22.5^\circ$。

故杆 DE 的轴力：$F_{\mathrm{N}}=2F\tan^2 22.5^\circ$。

该杆系总的应变能：$V_\varepsilon=\dfrac{F_{\mathrm{N}}^2 l_{DE}}{2EA}=\dfrac{4F^2\tan^4 22.5^\circ}{2EA}l_{DE}=\dfrac{2F^2\tan^4 22.5^\circ}{EA}l_{DE}$。

根据功能原理 $\dfrac{1}{2}F\Delta_A=V_\varepsilon$ 可得，点 A 铅垂位移

$$\Delta_A=\frac{4\times20\times10^3\times\tan^4 22.5^\circ\times2}{210\times10^9\times\left(\dfrac{0.015}{2}\right)^2\times\pi}\text{m}=0.127\text{mm}$$

根据胡克定律可得 DE 杆的变形量

$$\Delta l_{DE}=\frac{F_{\mathrm{N}}l_{DE}}{EA}=\frac{2Fl_{DE}\tan^2 22.5^\circ}{EA}=\frac{2\times20\times10^3\times2\times\tan^2 22.5^\circ}{210\times10^9\times\dfrac{\pi}{4}\times0.015^2}\text{m}=0.37\text{mm}$$

又根据图 2－2－48 中所示变形后几何关系得到

$$\frac{\Delta_C}{\Delta l_{DE}}=\frac{\overline{CC'}}{\overline{EE'}}=\frac{\overline{AC}}{\overline{AE}}=4\tan22.5^\circ$$

故 C 点水平位移：$\Delta_C=\Delta l_{DE}\cdot4\tan22.5^\circ=0.37\times4\tan22.5^\circ\text{mm}=0.613\text{mm}$。

2.36　图 2-2-49 所示结构中，ABC 为刚体，拉杆 CD 的拉压刚度为 EA，长度为 l，在 A 点作用铅垂方向的集中力 F。试求 A 点的铅垂位移。

解：对 B 点取矩，$\sum M_B=0$，$Fb-F_{CD}a=0$。

拉杆 CD 的拉力为 $F_{CD}=\dfrac{Fb}{a}$，伸长量为 $\Delta l=\dfrac{F_{CD}l}{EA}=\dfrac{Fbl}{EAa}$，即点 C 向左运动 $\Delta_C=\dfrac{Fbl}{EAa}$。

ABC 为刚体，所以有

$$\frac{\Delta_C}{a}=\frac{\Delta_A}{b}\Rightarrow\frac{Fbl}{EAa^2}=\frac{\Delta_A}{b}$$

所以 $\Delta_A=\dfrac{b^2Fl}{a^2EA}(\downarrow)$。

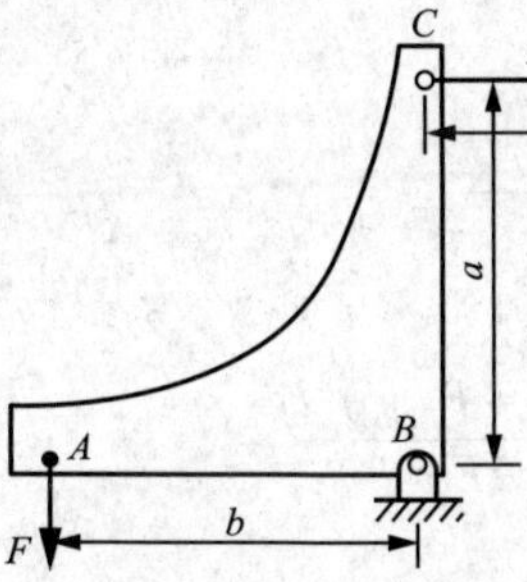

图 2-2-49

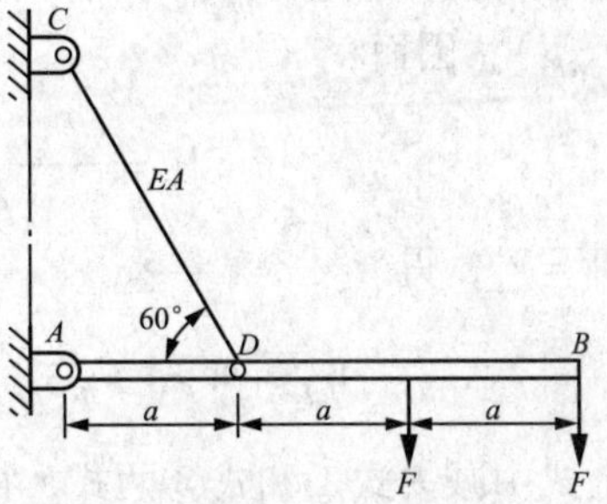

图 2-2-50

2.37　图 2-2-50 所示简易支架中，AB 为刚性杆，拉杆 CD 的拉压刚度为 EA。试求 B 点的铅垂位移。

解：对 A 点取矩，$\sum M_A=0$，$F\cdot 2a+F\cdot 3a-F_{CD}a\sin60°=0$。

所以拉杆 CD 的拉力为

$$F_{CD}=\frac{5}{\sin60°}F$$

CD 杆的伸长量为

$$\Delta l=\frac{F_{CD}l}{EA}=\frac{\dfrac{5F}{\sin60°}\dfrac{a}{\cos60°}}{EA}=\frac{5Fa}{EA\sin60°\cos60°}$$

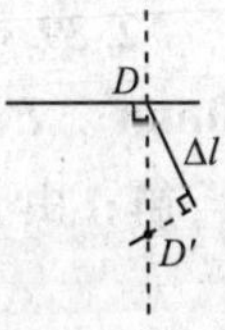

图 2-2-51

由变形协调关系，如图 2-2-51，则 D 点的铅垂位移为

$$\Delta_{Dy}=\frac{\Delta l}{\sin60°}=\frac{5Fa}{EA\sin^2 60°\cos60°}=\frac{40Fa}{3EA}$$

$$\Delta_{By}=3\Delta_{Dy}=\frac{40Fa}{EA}$$

2.38　试用能量法求例 2.10 中简易起重机 B 点的水平位移。

解：以 δ_{By} 和 δ_{Bx} 表示 B 点的铅垂和水平位移，F_{N1} 和 F_{N2} 表示钢索 BC 和钢杆 BD 的轴力，W_P 表示 P 力完成的功。在教材例 2.10 中，根据外力作功等于杆系应变能的原则，可求得

$$W_P=\frac{P\delta_{By}}{2}=\frac{F_{N1}^2l_1}{2E_1A_1}+\frac{F_{N2}^2l}{2EA} \quad ①$$

设想在作用 P 之前，BC 和 BD 因 F_{Bx} 引起的轴力分别是

$$\left.\begin{aligned} F_{N1Bx} &= \sqrt{2}F_{Bx} \quad (拉) \\ F_{N2Bx} &= \frac{\sqrt{2}}{2}(\sqrt{3}-1)F_{Bx} \quad (压) \end{aligned}\right\} \quad ②$$

W_{Bx}表示 F_{Bx}作的功，则有

$$W_{Bx} = \frac{F_{N1Bx}^2 l_1}{2E_1A_1} + \frac{F_{N2Bx}^2 l}{2EA} \quad ③$$

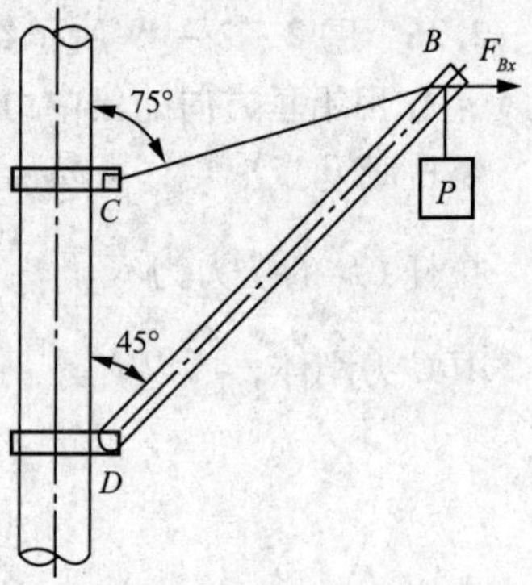

图 2－2－52

发生位移 δ_{Bx} 的过程中，F_{Bx} 的大小不变。则有外力作功为

$$W = W_{Bx} + W_P + F_{Bx}\delta_{Bx}$$

由题意可知，两根构件的轴力分别是$(F_{N1}+F_{N1Bx})$和$(F_{N2}+F_{N2Bx})$，因而

$$V_\varepsilon = \frac{(F_{N1}+F_{N1Bx})^2 l_1}{2E_1A_1} + \frac{(F_{N2}+F_{N2Bx})^2 l}{2EA}$$

令 $W = V_\varepsilon$，得

$$W_{Bx} + W_P + F_{Bx}\delta_{Bx} = \frac{(F_{N1}+F_{N1Bx})^2 l_1}{2E_1A_1} + \frac{(F_{N2}+F_{N2Bx})^2 l}{2EA}$$

从上式中减去式①和式③两式，得

$$F_{Bx}\delta_{Bx} = \frac{F_{N1}F_{N1Bx} l_1}{E_1A_1} + \frac{F_{N2}F_{N2Bx} l}{EA}$$

将式②中的 F_{N1Bx}和 F_{N2Bx}代入，得

$$\delta_{Bx} = \frac{\sqrt{2}}{2}\left[\frac{2F_{N1}l_1}{E_1A_1} + \frac{(\sqrt{3}-1)F_{N2}l}{EA}\right]$$

将教材例 2.10 中的具体数值代入上式，可得

$$\delta_{Bx} = 2.78 \times 10^{-3}\,\mathrm{m}$$

***2.39　如图 2－2－53 所示简单桁架的三根杆件均由钢材制成，横截面面积均为 300mm²，$E = 200$GPa。若 $F = 5$kN，试求 C 点的水平及铅垂位移。**

解：由平衡条件

$$\sum M_A = 0, F_B \times 2.25 - F \times 0.75 = 0$$

解得

$$F_B = \frac{1}{3}F$$

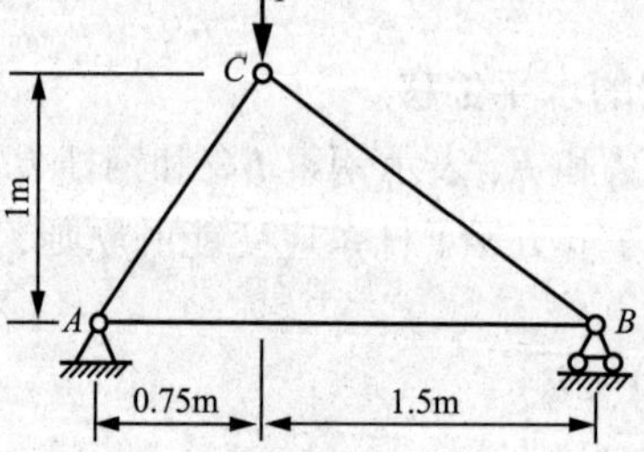

图 2－2－53

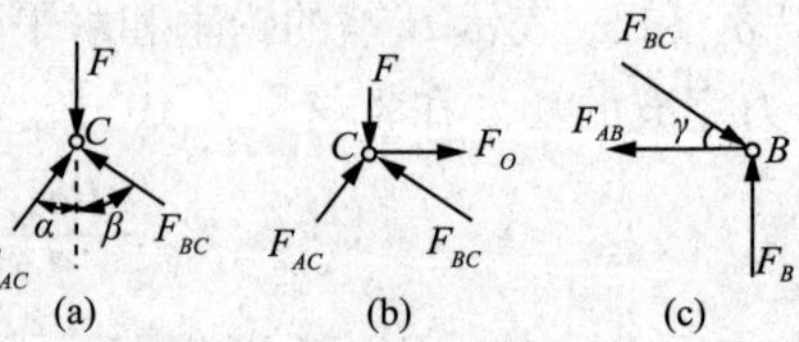

图 2－2－54

C 铰链的受力图如图 2－2－54(a)所示，α 和 β 角可由图 2－2－53 的几何关系确定

$$\cos\alpha = 1/1.25,\ \alpha = 36.9°$$
$$\cos\beta = 1/1.8,\ \beta = 56.3°$$

由平衡条件

$$\sum F_y = 0, F_{AC}\cos\alpha + F_{BC}\cos\beta - F = 0$$
$$\sum F_x = 0, F_{AC}\sin\alpha - F_{BC}\sin\beta = 0$$

解得

$$F_{AC} = 0.83F,\ F_{BC} = 0.6F$$

B 铰链的受力图如图 2－2－54(c)所示，由平衡条件

$$\sum F_x = 0, F_{AB} - F_{BC}\cos\gamma = 0$$

将 $\cos\gamma = \dfrac{1.5}{\sqrt{1.5^2 + 1^2}}$代入上式，解得

$$F_{AB} = 0.5F$$

杆系的总变形能为

$$V_\varepsilon = \frac{F_{AC}^2 l_{AC}}{2EA} + \frac{F_{BC}^2 l_{BC}}{2EA} + \frac{F_{AB}^2 l_{AB}}{2EA} = \frac{(0.83F)^2 l_{AC}}{2EA} + \frac{(0.6F)^2 l_{BC}}{2EA} + \frac{(0.5F)^2 l_{AB}}{2EA}$$

(1)C 点垂直位移

应用 $V_\varepsilon = \frac{1}{2}F \cdot \delta_{YC}$，$C$ 点的垂直位移为

$$\delta_{YC} = \frac{2V_\varepsilon}{F} = \frac{5 \times 10^3}{200 \times 10^9 \times 300 \times 10^{-6}}(0.83^2 \times \sqrt{0.75^2 + 1} + 0.6^2 \times \sqrt{1.5^2 + 1} + 0.5^2 \times 2.25)\text{m} = 0.173\text{mm}$$

(2)C 点水平位移

C 点无水平力作用，欲求 C 点的水平位移，则必须在 C 点加上一水平方向的虚载荷 F_0，C 点的受力图如 2－2－54(b)所示，由平衡条件

$$\sum F_y = 0, F_{AC}\cos\alpha + F_{BC}\cos\beta - F = 0$$
$$\sum F_x = 0, F_{AC}\sin\alpha - F_{BC}\sin\beta + F_0 = 0$$

解得

$$F_{AC} = 0.83F - 0.56F_0$$
$$F_{BC} = 0.6F + 0.8F_0$$

B 铰链的受力图如 2－2－54(c)所示，由平衡条件

$$\sum F_x = 0, F_{AB} - F_{BC}\cos\gamma = 0$$

解得

$$F_{AB} = 0.5F + 0.66F_0$$

杆系的总变形能为

$$V_\varepsilon = \frac{F_{AC}^2 l_{AC}}{2EA} + \frac{F_{BC}^2 l_{BC}}{2EA} + \frac{F_{AB}^2 l_{AB}}{2EA}$$

$$= \frac{(0.83F - 0.56F_0)^2 l_{AC}}{2EA} + \frac{(0.6F + 0.8F_0)^2 l_{BC}}{2EA} + \frac{(0.5F + 0.66F_0)^2 l_{AB}}{2EA}$$

应用卡式定理，C 点的水平位移为

$$\delta_{XC} = \frac{\partial V_\varepsilon}{\partial F_0}$$

$$= \frac{l_{AC}(0.83F - 0.56F_0)(-0.56) + l_{BC}(0.6F + 0.8F_0)(0.8)}{EA} + \frac{l_{AB}(0.5F + 0.66F_0)(0.66)}{EA}$$

令 $F_0 = 0$，则

$$\delta_{XC} = \frac{5\times10^3}{200\times10^9\times300\times10^{-6}}\times(-\sqrt{0.75^2+1^2}\times0.83\times0.56+\sqrt{1.5^2+1^2}\times0.6\times0.8$$

$$+2.25\times0.5\times0.66)\text{m}$$

$$=0.0856\text{mm}$$

2.40　木制短柱的四个角用四根∠40×4 等边角钢加固，如图 2-2-55 所示。已知角钢的许用应力$[\sigma]_{钢}=160\text{MPa}$，$E_{钢}=200\text{GPa}$；木材的许用应力$[\sigma]_{木}=12\text{MPa}$，$E_{木}=10\text{GPa}$。试求许可载荷 F。

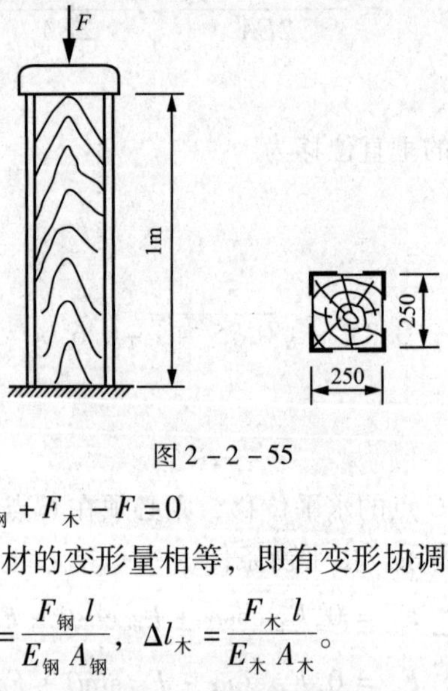

图 2-2-55

解： 由平衡条件可得：$F_{钢}+F_{木}-F=0$　①

由几何关系可知角钢和木材的变形量相等，即有变形协调条件：$\Delta l_{钢}=\Delta l_{木}$。

又由胡克定律可得：$\Delta l_{钢}=\frac{F_{钢}\,l}{E_{钢}\,A_{钢}}$，$\Delta l_{木}=\frac{F_{木}\,l}{E_{木}\,A_{木}}$。

其中，查型钢表知单个 40mm×40mm×4mm 角钢的横截面积：$A_{钢}=308.6\text{mm}^2$。

故有：$\frac{F_{钢}\times1}{200\times10^9\times4\times308.6\times10^{-6}}=\frac{F_{木}\times1}{10\times10^9\times0.25^2}$　②

联立式①②可得各自承受的轴力：$F_{钢}=0.283F$，$F_{木}=0.717F$。

根据角钢的强度条件：$\sigma_{钢}=\frac{F_{钢}}{A_{钢}}=\frac{0.283F}{4\times308.6\times10^{-6}}\leqslant160\text{MPa}$。

可得许可载荷：$[F_1]=698\text{kN}$。

根据木材的强度条件：$\sigma_{木}=\frac{F_{木}}{A_{木}}=\frac{0.717F}{0.25^2}\leqslant12\text{MPa}$。

可得许可载荷：$[F_2]=1046\text{kN}$。

综上，取较小值许可载荷 $F=698\text{kN}$。

2.41　图 2－2－56 所示由钢管和混凝土组成的复合短柱，长度为 l。钢管部分的横截面面积为 A_s，混凝土部分的横截面面积为 A_c，钢的弹性模量为 E_s，混凝土的弹性模量为 E_c。该柱的顶面通过刚性板作用轴向压力 F，试求该柱的轴向缩短量 Δl。

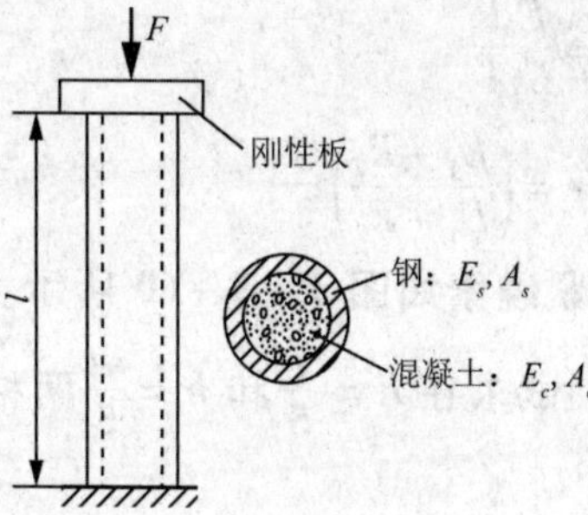

图 2－2－56

解：对于由钢管和混凝土组成的复合短柱，其整体弹性模量可以近似为钢管和混凝土弹性模量的加权平均值。其计算公式为：

$$E=\frac{E_sA_s+E_cA}{A_s+A_c}$$

则复合短柱的轴向缩短量：

$$\Delta l=\frac{Fl}{EA}=\frac{Fl}{\dfrac{E_sA_s+E_cA}{A_s+A_c}\cdot(A_s+A_c)}=\frac{Fl}{E_sA_s+E_cA_c}$$

2.42　在图 2－2－57(a)所示两端固定的杆件的截面 C 上，沿轴线作用力 F。试求两端的约束力。

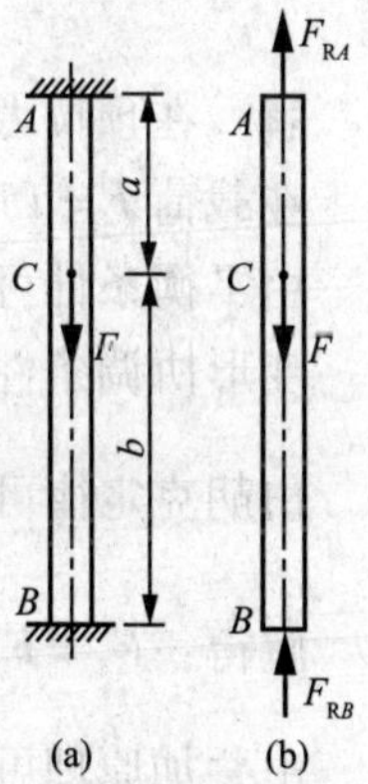

图 2－2－57

解：由图 2－2－57(b)可得静力平衡方程：$F_{RA}+F_{RB}-F=0$。

杆两端固定，AB 总长度没有改变，则受拉段 AC 与受压段 BC 的变形量相互抵消，即有变形协调方程：$\Delta l_a+\Delta l_b=0$。

又由胡克定律可知：$\Delta l_a=\dfrac{F_{RA}a}{EA}$，$\Delta l_b=-\dfrac{F_{RB}b}{EA}$。

代入变形协调方程，并联立平衡方程可得两端约束力

$$F_{RA}=\frac{b}{a+b}F(\uparrow)，F_{RB}=\frac{a}{a+b}F(\uparrow)$$

2.43　两根材料不同但截面尺寸相同的矩形截面杆件，同时固定连接于两端的刚性板上，且$E_1>E_2$，如图 2－2－58 所示。若使两杆都为均匀拉伸，试求拉力 F 的偏心距 e。

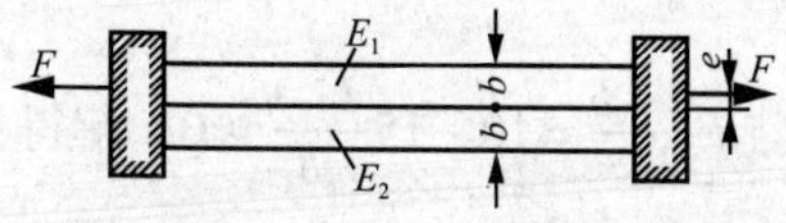

图 2－2－58

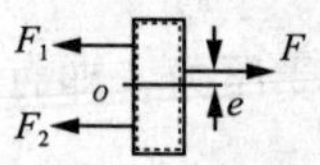

图 2－2－59

解：如图 2－2－59 所示，由平衡条件可得

$$\sum F_x=0，-F_1-F_2+F=0 \qquad ①$$

$$\sum M_0 = 0,(F_1 - F_2)\frac{b}{2} - Fe = 0 \tag{②}$$

由题中均匀拉伸可知变形协调条件：$\Delta l_1 = \Delta l_2$。

在拉力作用下，由胡克定律可得：$\Delta l_1 = \frac{F_1 l}{E_1 A_1}$，$\Delta l_2 = \frac{F_2 l}{E_2 A_2}$。

代入变形协调条件得：$\frac{F_1 l}{E_1 A} = \frac{F_2 l}{E_2 A}$ ③

联立式①②③可得偏心距：$e = \left(\frac{E_1 - E_2}{E_1 + E_2}\right)\frac{b}{2}$。

2.44　受预拉力 10kN 的张紧缆索如图 2－2－60 所示。若在 C 点再作用向下的载荷 15kN，并设缆索不能承受压力，试求在 $h = \frac{l}{5}$ 和 $h = \frac{4l}{5}$ 两种情况下，AC 和 BC 两段内的内力。

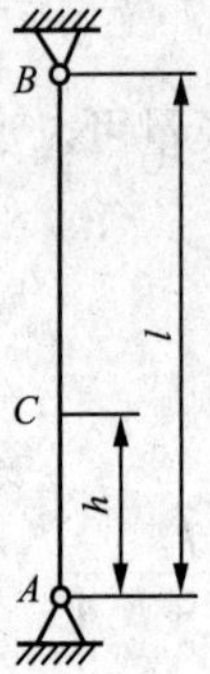

图 2－2－60

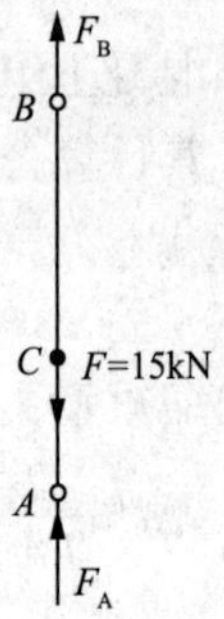

图 2－2－61

解：在预拉力单独作用下，绳索内力 $F_0 = 10\text{kN}$。

在载荷 $F = 15\text{kN}$ 作用下，将缆索 AB 看作是细杆，其受力如图 2－2－61 所示。

由平衡条件可得：$F_B + F_A - F = 0$。

变形协调条件：$\Delta l_{BC} = \Delta l_{AC}$。

由胡克定律可得协调方程变为：$\frac{F_B(l-h)}{EA} = \frac{F_A h}{EA}$。

解得：$F_A = F\frac{l-h}{l}$，$F_B = F\frac{h}{l}$。

由叠加原理可得 AC 段和 BC 段的内力分别为

$$F_{AC} = F_0 - F_A = F_0 - F\frac{l-h}{l} \tag{①}$$

$$F_{BC} = F_0 + F_B = F_0 + F\frac{h}{l} \tag{②}$$

由于钢索不承受压力，即有 $F_{AC} = F_0 - F\frac{l-h}{l} = 10 - 15\frac{l-h}{h} \geqslant 0$，解得：$h \geqslant \frac{l}{3}$。

故 $h = \frac{4}{5}l > \frac{l}{3}$ 时，由式①②可得：$F_{AC} = 7\text{kN}$，$F_{BC} = 22\text{kN}$。

$h = \frac{l}{5} < \frac{l}{3}$ 时，力全由 BC 段承担，则有：$F_{AC} = 0$，$F_{BC} = 15\text{kN}$。

2.45　在图 2-2-62 所示结构中，假设 AC 梁为刚性杆，杆 1、2、3 的横截面面积相等，材料相同。试求三杆的轴力。

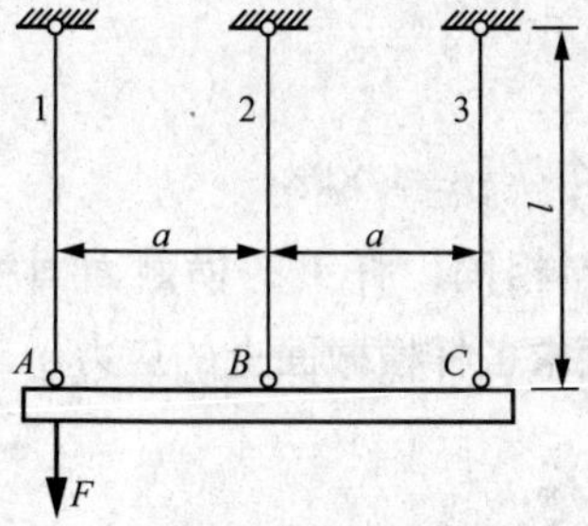

图 2-2-62

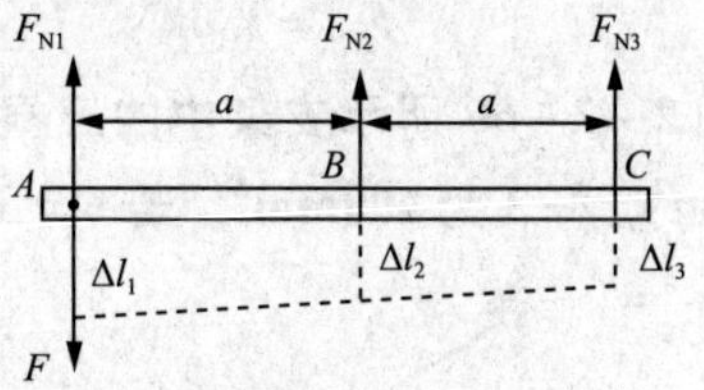

图 2-2-63

解：对 AC 梁进行受力分析，并作出变形位移图，如图 2-2-63 所示。

由平衡条件可得

$$\sum F_y=0\quad F_{N1}+F_{N2}+F_{N3}-F=0 \qquad ①$$

$$\sum M_A=0\quad F_{N2}\cdot a+F_{N3}\cdot 2a=0 \qquad ②$$

由图 2-2-63 中所示几何关系可得变形协调方程：$\Delta l_1+\Delta l_3=2\Delta l_2$　③

由胡克定律，式③可变形为：$\dfrac{F_{N1}l}{EA}+\dfrac{F_{N3}l}{EA}=2\dfrac{F_{N2}L}{EA}$。

整理得：$F_{N1}+F_{N3}=2F_{N2}$　④

联立式①②④可得各杆轴力

$$F_{N1}=\frac{5}{6}F,\ F_{N2}=\frac{1}{3}F,\ F_{N3}=-\frac{1}{6}F$$

2.46　图 2-2-64 所示刚性杆 AB 悬挂于 1、2 两杆上，杆 1 的横截面面积为 60mm²，杆 2 为 120mm²，且两杆材料相同。若 $F=6$kN，试求两杆的轴力及支座 A 的约束力。

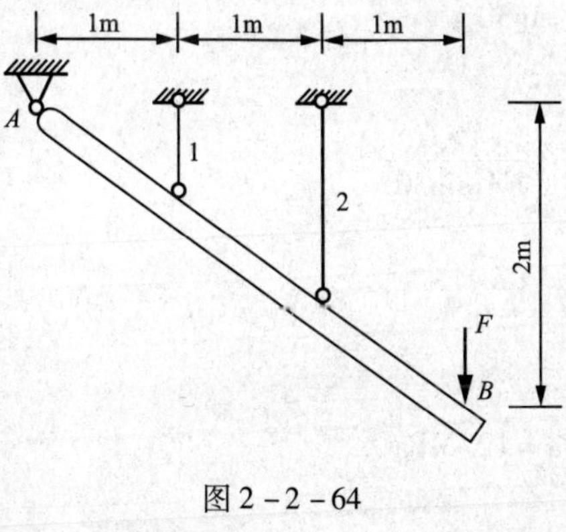

图 2-2-64

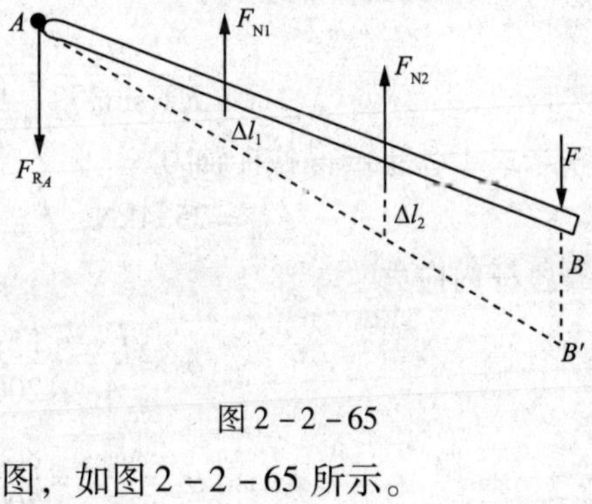

图 2-2-65

解：对 AB 杆进行受力分析，并作出变形位移图，如图 2-2-65 所示。

由平衡条件可得

$$\sum F_y=0,F_{N1}+F_{N2}-F-F_{RA}=0 \qquad ①$$

$$\sum M_A=0,F_{N1}\times 1+F_{N2}\times 2-F\times 3=0 \qquad ②$$

由图 2-2-65 中所示几何关系可得变形协调方程：$2\Delta l_1=\Delta l_2$　③

由胡克定律式③可变形为：$2\dfrac{F_{N1}l_1}{EA_1}=\dfrac{F_{N2}l_2}{EA_2}$。

将已知条件 $l_2=2l_1$，$A_2=120\text{mm}^2=2A_1$ 代入上式，可得

$$F_{\text{N1}}=\frac{1}{2}F_{\text{N2}} \tag{④}$$

联立式①②④可得各杆轴力及 A 处约束力

$$F_{\text{N1}}=3.6\text{kN},\ F_{\text{N2}}=7.2\text{kN},\ F_{\text{R}A}=4.8\text{kN}$$

2.47　图 2-2-66 所示支架中的三根杆件材料相同，杆 1 的横截面面积为 200mm²，杆 2 为 300mm²，杆 3 为 400mm²。若 F=30kN，试求各杆横截面上的应力。

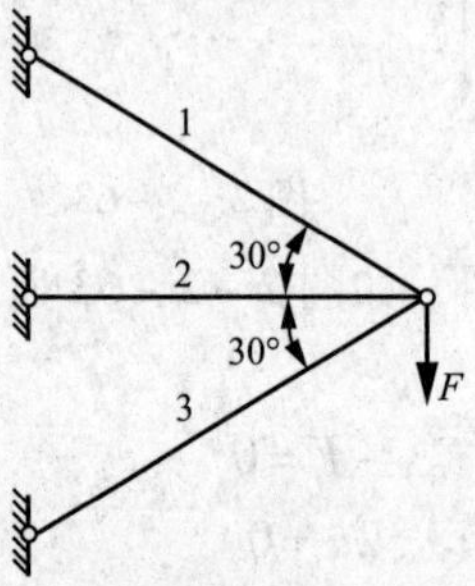

图 2-2-66

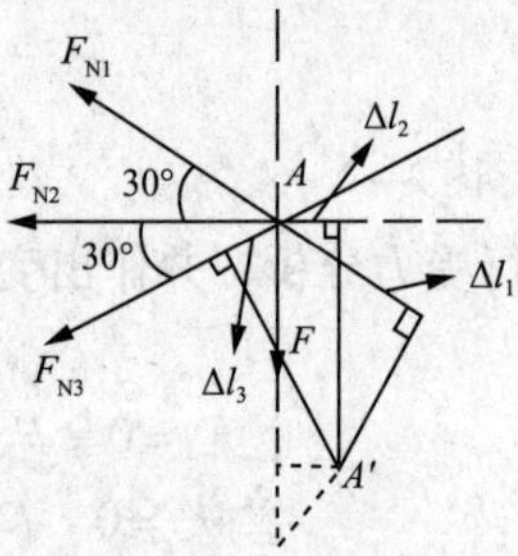

图 2-2-67

解：对节点 A 进行受力分析，并作出变形位移图，如图 2-2-67 所示。

由平衡条件可得

$$\sum F_x=0,F_{\text{N1}}\cos30°+F_{\text{N3}}\cos30°+F_{\text{N2}}=0 \tag{①}$$

$$\sum F_y=0,F_{\text{N1}}\sin30°-F_{\text{N3}}\sin30°-F=0 \tag{②}$$

由图 2-2-67 中变形几何关系可得变形协调条件

$$\frac{\Delta l_1}{\sin30°}=\frac{2\Delta l_2}{\tan30°}+\frac{\Delta l_3}{\sin30°} \tag{③}$$

由胡克定律式③可变形为

$$\frac{F_{\text{N1}}l_1}{EA_1\sin30°}=\frac{2F_{\text{N2}}l_2}{EA_2\tan30°}+\frac{F_{\text{N3}}l_3}{EA_3\sin30°} \tag{④}$$

联立式①②④可得各杆轴力

$$F_{\text{N1}}=25.4\text{kN},\ F_{\text{N2}}=8.04\text{kN},\ F_{\text{N3}}=-34.6\text{kN}$$

故各杆内应力

$$\sigma_1=\frac{F_{\text{N1}}}{A_1}=\frac{25.4\times10^3}{200\times10^{-6}}\text{Pa}=127\text{MPa}$$

$$\sigma_2=\frac{F_{\text{N2}}}{A_2}=\frac{8.04\times10^3}{300\times10^{-6}}\text{Pa}=26.8\text{MPa}$$

$$\sigma_3=\frac{F_{\text{N3}}}{A_3}=-\frac{34.6\times10^3}{400\times10^{-6}}\text{Pa}=-86.5\text{MPa}$$

2.48　图 2-2-68 所示结构中，ABC 为刚性杆，A 端铰支，处于水平位置。DB 和 DC 为横截面面积相同的钢杆，两端铰支。在 C 点作用竖直向下的力 F=10kN。已知钢的屈服强度为 σ_s=400MPa。取安全因数 n_s=2，试确定 DB 和 DC 钢杆的横截面面积。

解：对结构进行受力分析，如图 2-2-69 所示。

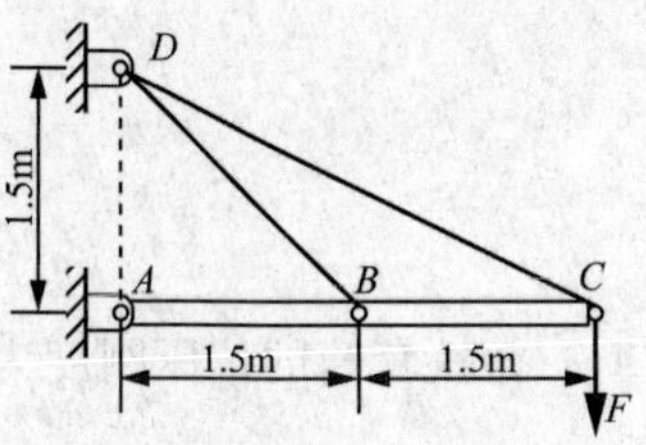

图 2-2-68

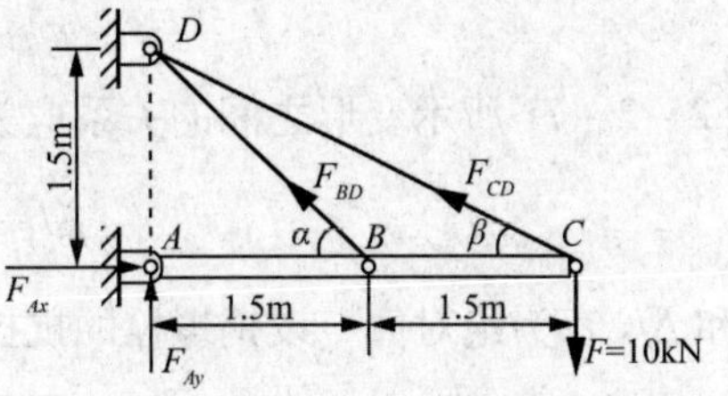

图 2-2-69

$\cos\alpha = \sin\alpha = \frac{\sqrt{2}}{2}$，$\cos\beta = \frac{2}{\sqrt{5}}$，$\sin\beta = \frac{1}{\sqrt{5}}$。

根据静力学平衡条件，由 $\sum M_A(F) = 0$，$F_{BD} \times \sin\alpha \times 1.5 + F_{CD} \times \sin\beta \times 3 - 10 \times 3 = 0$。

即：$\sqrt{10}F_{BD} + 4F_{CD} = 40\sqrt{5}$　①

如图 2-2-70 所示，根据变形协调关系，

$\frac{2\Delta l_{BD}}{\sin\alpha} = \frac{\Delta l_{CD}}{\sin\beta}$，可得：

$$\frac{2F_{BD} \times \frac{3}{2}\sqrt{2}}{EA \times \frac{\sqrt{2}}{2}} = \frac{F_{CD} \times 1.5\sqrt{5}}{EA \times \frac{1}{\sqrt{5}}}$$

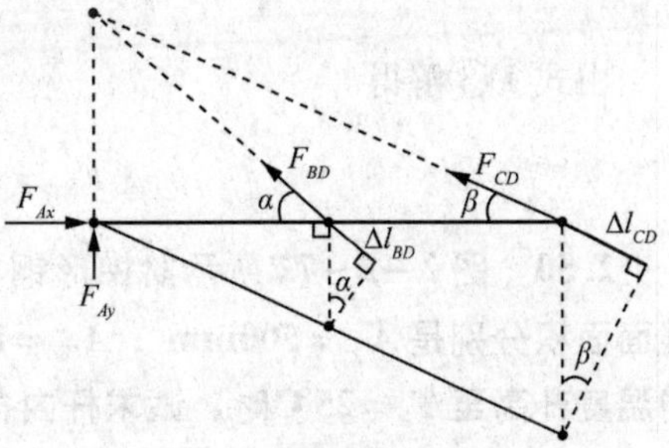

图 2-2-70

即：$F_{BD} = 1.25F_{CD}$　②

由①②可得：$F_{BD} = 14.058\text{kN}$，$F_{CD} = 11.246\text{kN}$。

$$\sigma_{\max} = \frac{F_{BD}}{A} = \frac{14.058\text{kN}}{A} \leqslant [\sigma] = \frac{\sigma_s}{n_s} = \frac{400\text{MPa}}{2}$$

解得：$A \geqslant 70.29\text{mm}^2$。

2.49　为了说明用螺栓将机器各部分紧固连接的问题，以图 2-2-71 所示在铸铁套筒内套钢螺栓的情况为例。若垫片贴住套筒后，再将螺母旋进 1/4 圈，试求螺栓与套筒间的预紧力。

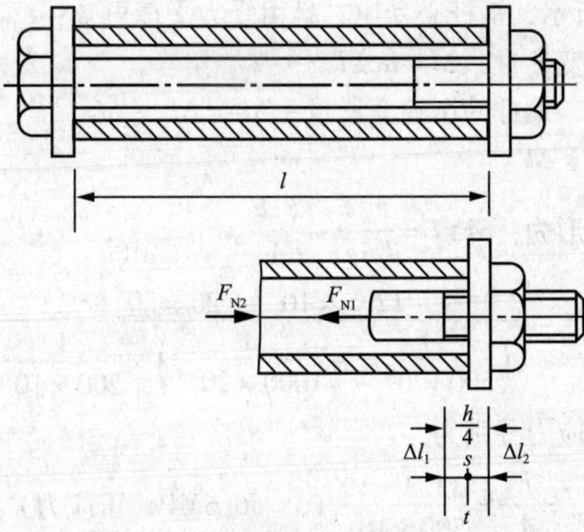

图 2-2-71

解：螺母再旋进 1/4 圈，螺栓受拉而套筒受压。将螺栓及套筒切开，以 F_{N1} 和 F_{N2} 表示螺栓的拉力和套筒的压力，平衡方程为

$$F_{N1}-F_{N2}=0 \quad ①$$

如图 2－2－71 所示变形之间的关系应为

$$\Delta l_1+\Delta l_2=\frac{h}{4} \quad ②$$

Δl_1 和 Δl_2 皆为绝对值。设钢螺栓的抗拉刚度为 E_1A_1，铸铁套筒的抗压刚度为 E_2A_2，由胡克定律，得

$$\Delta l_1=\frac{F_{N1}l}{E_1A_1},\ \Delta l_2=\frac{F_{N2}l}{E_2A_2}$$

于是式②化为

$$\frac{F_{N1}l}{E_1A_1}+\frac{F_{N2}l}{E_2A_2}=\frac{h}{4} \quad ③$$

由式①③解得

$$F_{N1}=F_{N2}=\frac{hE_1E_2A_1A_2}{4l(E_1A_1+E_2A_2)}$$

2.50　图 2－2－72 所示阶梯形钢杆的两端在 $T_1=5℃$ 时被固定，杆件上、下两段的横截面面积分别是 $A_{上}=500\text{mm}^2$，$A_{下}=1000\text{mm}^2$。钢材的 $\alpha_1=12.5\times10^{-6}℃^{-1}$，$E=200\text{GPa}$。当温度升高至 $T_2=25℃$ 时，试求杆内各部分的温度应力。

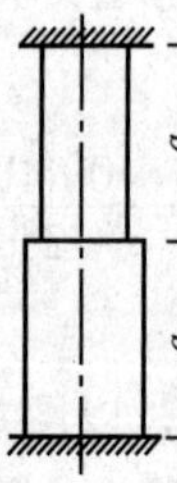

图 2－2－72

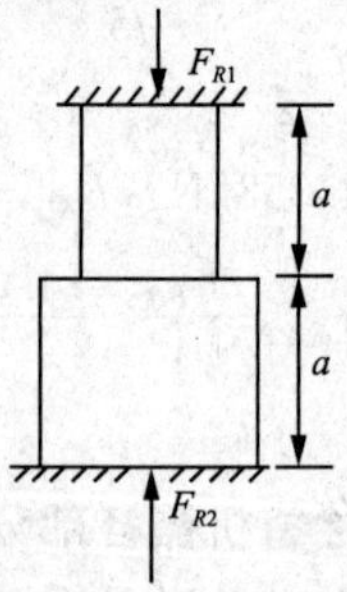

图 2－2－73

解：如图 2－2－73 所示，钢杆必受压，且由受力平衡可知：$F_{R1}=F_{R2}$。

在温度影响下，钢杆变形量：$\Delta l=\alpha l\Delta T$。

在两端支反力作用下，钢杆的压缩变形量：$\Delta l'=\Delta l_1+\Delta l_2$。

则变形协调方程：$\Delta l=\Delta l'$。

由胡克定律上式可变形为：$\alpha l\Delta T=\dfrac{F_Ra}{EA_{上}}+\dfrac{F_Ra}{EA_{下}}$。

解得：$F_R=\dfrac{\alpha l\Delta T}{\dfrac{a}{EA_{上}}+\dfrac{a}{EA_{下}}}=\dfrac{12.5\times10^{-6}\times2a\times20}{a\left(\dfrac{1}{500\times10^{-6}}+\dfrac{1}{1000\times10^{-6}}\right)\times\dfrac{1}{200\times10^9}}\text{N}=33.3\text{kN}$。

故上下两部分的温度应力分别为

$$\sigma_{上}=\frac{F_R}{A_{上}}=\frac{33.3\times10^3}{500\times10^{-6}}\text{Pa}=66.6\text{MPa}(压应力)$$

$$\sigma_{下}=\frac{F_R}{A_{下}}=\frac{33.3\times10^3}{1000\times10^{-6}}\text{Pa}=33.3\text{MPa}(压应力)$$

2.51　图 2－2－74 所示等厚度锥形变截面钢杆，长度为 1000mm，厚度为 20mm，左

端和右端截面的高度分别为 **40mm** 和 **20mm**。钢材的 $\alpha_1 = 12.5 \times 10^{-6}\mathrm{m}^2$，$E = 200\mathrm{GPa}$。在 **40℃**时将此杆的两端固定，当温度降低至 **20℃**时，试求此杆内的最大应力。**

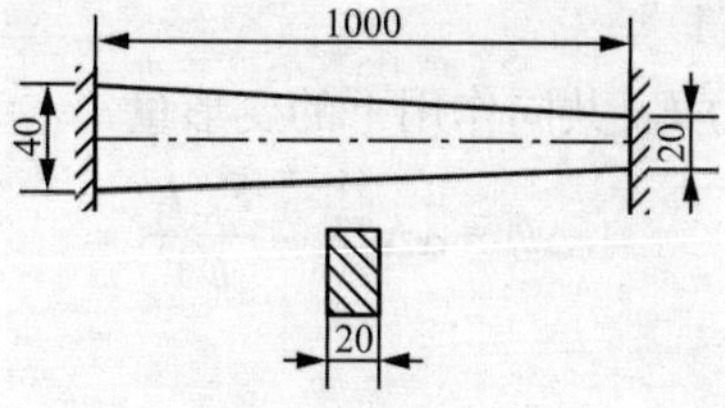

图 2－2－74

解：变形协调条件为锥形变截面钢杆的长度保持不变，即 $\Delta L = 0$。

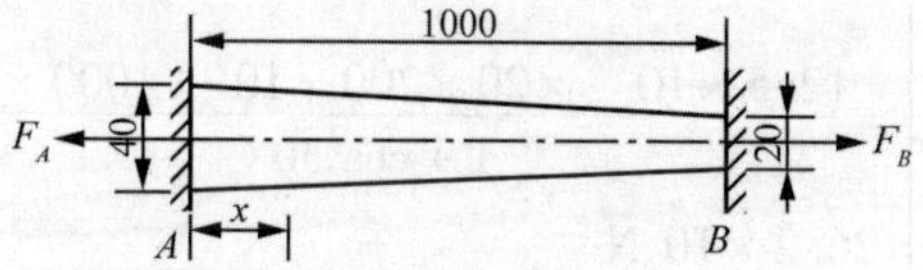

图 2－2－75

如图 2－2－75 所示，在离 A 端 x 处，等厚度锥形变截面钢杆的轴力 $F_N = F_A$。

截面面积：$A(x) = \left(40 - \dfrac{40-20}{1}x\right) \times 20 = (800 - 400x)\mathrm{mm}^2$，$x \in [0,\ 1\mathrm{m}]$。

根据 $\Delta L = \alpha L \Delta T + \int_L \dfrac{F_N}{EA(x)}\mathrm{d}x = 0$，可得：

$$12.5 \times 10^{-6}\mathrm{m}^2 \times 1\mathrm{m} \times (20 - 40)℃ + \int_0^1 \frac{F_A}{200\mathrm{GPa} \times (800 - 400x)\ \mathrm{mm}^2}\mathrm{d}x = 0$$

$$-0.25\mathrm{mm} + \frac{F_A}{200\mathrm{GPa} \times 400\ \mathrm{mm}^2}\int_0^1 \frac{1}{2-x}\mathrm{d}x = 0$$

解得：$F_A = 28.85\mathrm{kN}$。

因此，杆内的最大应力为：$\sigma_{\max} = \dfrac{F_{N\max}}{A_{\min}} = \dfrac{28.85\mathrm{kN}}{20\mathrm{mm} \times 20\mathrm{mm}} \approx 72.13\mathrm{MPa}$。

2.52　如图 2－2－76 所示杆系的两杆同为钢杆，$E = 200\mathrm{GPa}$，$\alpha_1 = 12.5 \times 10^{-6}℃^{-1}$。两杆的横截面面积同为 $A = 1000\mathrm{mm}^2$。若 BC 杆的温度降低 20℃，而 BD 杆的温度不变，试求两杆的应力。

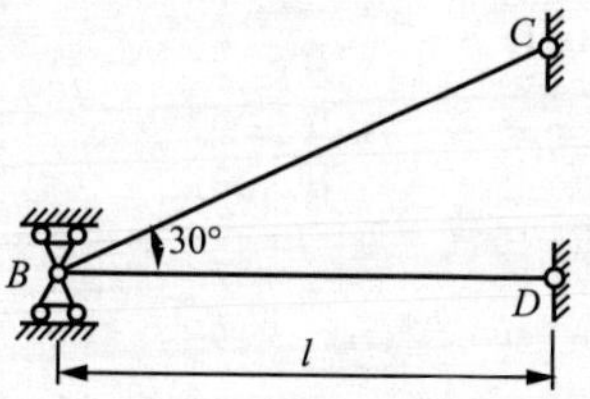

图 2－2－76

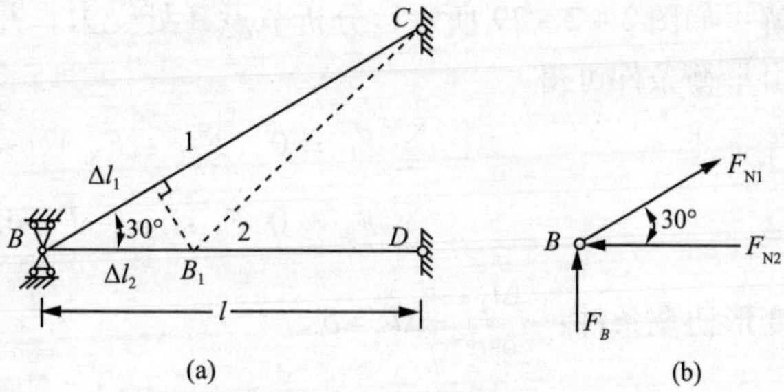

图 2－2－77

解：对节点 B 进行受力分析，如图 2－2－77(b)所示。

由平衡条件可得：$\sum F_x = 0, F_{\mathrm{N1}}\cos 30° - F_{\mathrm{N2}} = 0$　①

又根据变形作位移图，如图 2－2－77(a)所示，可得变形协调条件

$$\Delta l_1 = \Delta l_2 \cos 30° \tag{②}$$

由胡克定律可得：$\Delta l_2 = \dfrac{F_{N2} l_2}{EA}$。

又杆 BC 在温度变化和轴力 F_{N1} 共同作用下的变形量

$$\Delta l_1 = \alpha \Delta T l_1 - \frac{F_{N1} l_1}{EA}$$

则代入式②可得

$$\alpha \Delta T l_1 - \frac{F_{N1} l_1}{EA} = \frac{F_{N2} l_2}{EA} \cos 30° \tag{③}$$

联立式①③可得

$$F_{N1} = \frac{\alpha \Delta TEA}{1 + \cos^3 30°} = \frac{12.5 \times 10^{-6} \times 20 \times 200 \times 10^9 \times 1000 \times 10^{-6}}{1 + \cos^3 30°} \text{N} = 30.3 \times 10^3 \text{N}$$

$$F_{N2} = F_{N1} \cos 30° = 26.2 \times 10^3 \text{N}$$

故两杆的应力分别为

$$\sigma_1 = \frac{F_{N1}}{A_1} = \frac{30.3 \times 10^3}{1000 \times 10^{-6}} \text{Pa} = 30.3 \text{MPa}(拉)$$

$$\sigma_2 = \frac{F_{N2}}{A_2} = \frac{26.2 \times 10^3}{1000 \times 10^{-6}} \text{Pa} = 26.2 \text{MPa}(压)$$

2.53 在图 2-2-78 所示结构中，1、2 两杆的抗拉刚度同为 E_1A_1，3 杆为 E_3A_3。3 杆的长度为 $l+\delta$，其中 δ 为加工误差。试求将 3 杆装入 AC 位置后，1、2、3 三杆的轴力。

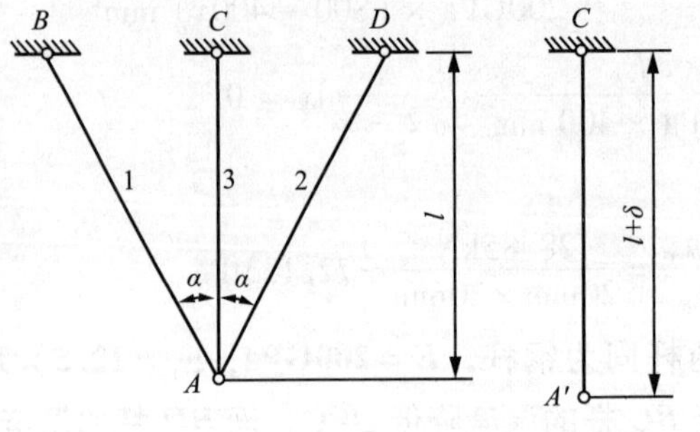

图 2-2-78

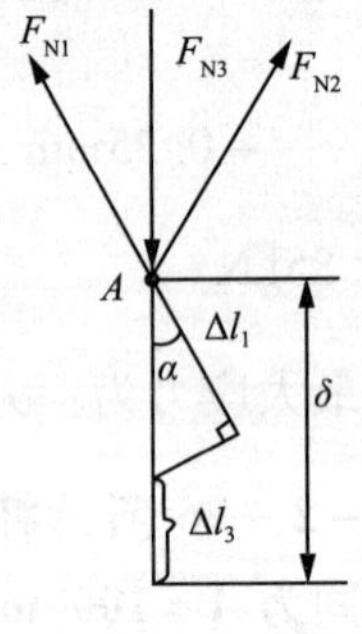

图 2-2-79

解：如图 2-2-79 所示，分析节点 A 处受力，并作出变形后节点 A 的位移图。

由平衡条件可得

$$\sum F_y = 0, (F_{N1} + F_{N2})\cos\alpha - F_{N3} = 0 \tag{①}$$

$$\sum F_x = 0, F_{N2}\sin\alpha - F_{N1}\sin\alpha = 0 \tag{②}$$

变形协调条件：$\dfrac{\Delta l_1}{\cos\alpha} + \Delta l_3 = \delta$。

由胡克定律上式可变形为：$\dfrac{F_{N1} l_1}{E_1 A_1 \cos\alpha} + \dfrac{F_{N3} l}{E_3 A_3} = \delta$ ③

联立式①②③可得各杆轴力

$$F_{N1} = F_{N2} = \frac{\delta E_1 A_1 E_3 A_3 \cos^2\alpha}{2E_1 A_1 \cos^3\alpha + E_3 A_3} \cdot \frac{1}{l}$$

$$F_{N3}=\frac{2\delta E_1A_1E_3A_3\cos^3\alpha}{2E_1A_1\cos^3\alpha+E_3A_3}\cdot\frac{1}{l}$$

2.54 图2-2-80所示杆系的杆6比名义长度略短，误差为δ，所有杆的刚度同为EA，试求装配后各杆件的轴力。

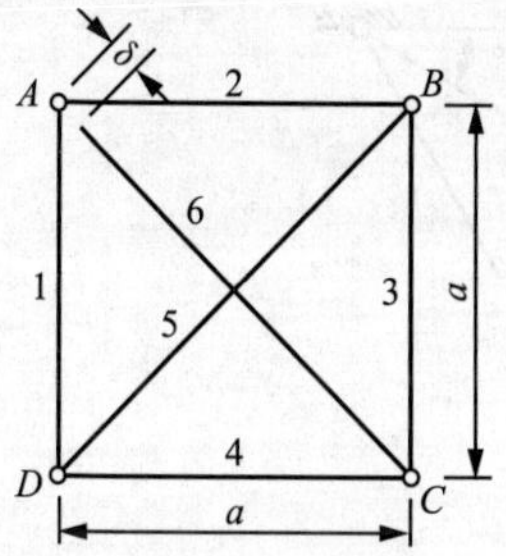

图2-2-80

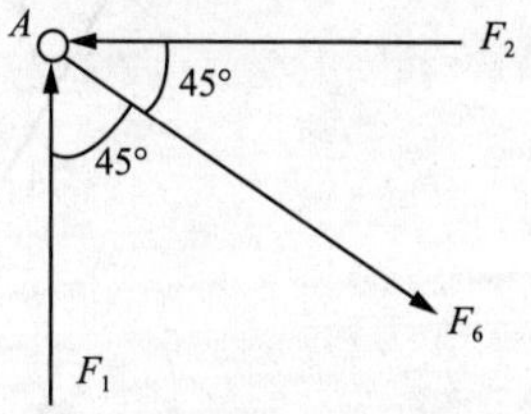

图2-2-81

提示：解除杆6，并将它的内力F_{N6}作用于A和C两节点。借用题2.33的方法，求出A、C两点沿AC方向的位移u_A和u_C。若再以Δl_6表杆6的伸长量，则变形协调方程应为

$$u_A+u_C+\Delta l_6=\delta$$

解：解除杆6，并将它的内力作用于A、C两节点，如图2-2-81所示。

由载荷和结构的对称性，根据平衡条件可知各杆的轴力

$$F_1=F_2=F_3=F_4=-\frac{\sqrt{2}}{2}F_6,\ \ F_5=F_6$$

解法一：则该杆系总的应变能

$$V_\varepsilon=4\times\frac{F_1^2a}{2EA}+2\times\frac{F_6^2a}{2EA\cos45°}=\frac{(1+\sqrt{2})F_6^2a}{EA}$$

根据功能原理知：$\frac{1}{2}F_6\delta=V_\varepsilon=\frac{(1+\sqrt{2})F_6^2a}{EA}$。

解得：$F_6=0.207EA\delta/a$。

故各杆轴力

$$F_1=F_2=F_3=F_4=-\frac{\sqrt{2}}{2}F_6=-0.146EA\delta/a(\text{压})$$

$$F_5=F_6=0.207EA\delta/a(\text{拉})$$

解法二：变形协调方程为$u_A+u_C+\Delta l_6=\delta$。

根据题2.33的结论，有

$$u_A+u_C=\frac{F_6a}{EA}(2+\sqrt{2})$$

代入变形协调方程

$$\frac{F_6a}{EA}(2+\sqrt{2})+\frac{F_6\sqrt{2}a}{EA}=\delta$$

$$F_6=\frac{EA\delta}{(2+2\sqrt{2})a}=0.207\frac{EA\delta}{a}$$

故各杆轴力为

$$F_1 = F_2 = F_3 = F_4 = -\frac{\sqrt{2}}{2}F_6 = -0.146\frac{EA\delta}{a},\ F_5 = F_6 = 0.207\frac{EA\delta}{a}$$

2.55 在图 2-2-82 所示杆系中，*AB* 杆比名义长度略短，误差为 *δ*。若各杆材料相同，横截面面积相等，试求装配后各杆件的轴力。

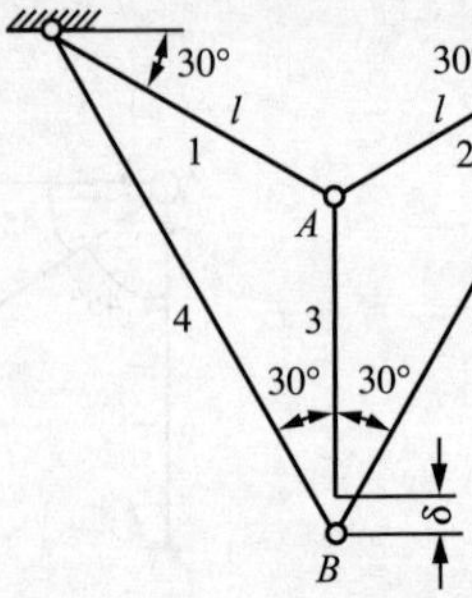

图 2-2-82

解：分别对节点 *A*、*B* 进行受力分析，如图 2-2-83 所示。

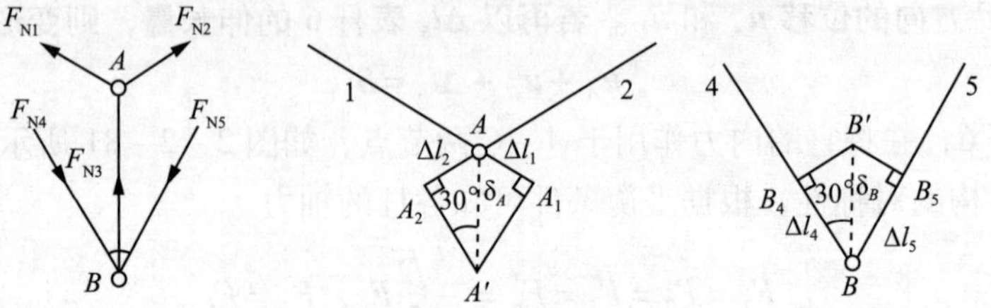

图 2-2-83

由结构和载荷的对称性及平衡条件可得

$$F_{N1} = F_{N2} = F_{N3},\ F_{N4} = F_{N5} \quad ①$$

$$F_{N3} = 2F_{N4}\cos 30° = \sqrt{3}F_{N4} \quad ②$$

装配后，在杆 3 轴力作用下，点 *A* 下移 δ_A，点 *B* 向上移动 δ_B，杆 3 的伸长变形量 Δl_3，则变形协调方程：$\delta_A + \delta_B + \Delta l_3 = \delta$ ③

由图 2-2-83 所示几何关系及胡克定律可得

$$\delta_A = \frac{\Delta l_1}{\sin 30°} = 2\Delta l_1 = 2\frac{F_{N1}l}{EA}$$

$$\delta_B = \frac{\Delta l_4}{\cos 30°} = \frac{2\Delta l_4}{\sqrt{3}} = \frac{2}{\sqrt{3}}\frac{F_{N4}l_4}{EA} = \frac{2}{\sqrt{3}}\frac{F_{N4}\cdot\sqrt{3}l}{EA} = 2\frac{F_{N4}l}{EA}$$

且 $\Delta l_3 = \frac{F_{N3}l_3}{EA} = \frac{F_{N3}l}{EA}$。

则式③可变形为：$\frac{2F_{N1}l}{EA} + \frac{2F_{N4}l}{EA} + \frac{F_{N3}l}{EA} = \delta$。

整理得：$2F_{N1} + 2F_{N4} + F_{N3} = \frac{EA\delta}{l}$ ④

联立式①②④可得各杆内力

$$F_{N1} = F_{N2} = F_{N3} = 0.241\frac{EA\delta}{l}(\text{拉})$$

$$F_{N4} = F_{N5} = 0.139\frac{EA\delta}{l}(\text{压})$$

2.56　图 2－2－84 所示杆 1 为钢杆，$E_1=210\text{GPa}$，$\alpha_{l1}=12.5\times10^{-6}℃^{-1}$，$A_1=3000\text{mm}^2$。杆 2 为铜杆，$E_2=105\text{GPa}$，$\alpha_{l2}=19\times10^{-6}℃^{-1}$，$A_2=3000\text{mm}^2$。载荷 $F=50\text{kN}$。若 AB 为刚性杆，且始终保持水平，试问温度应该是升高还是降低？并求温度的改变量 ΔT。

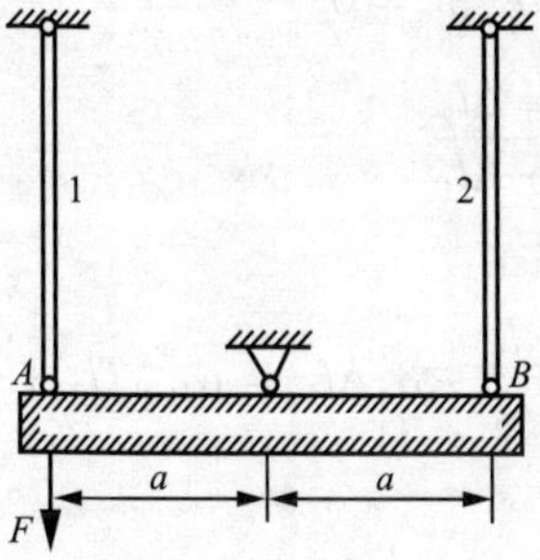

图 2－2－84

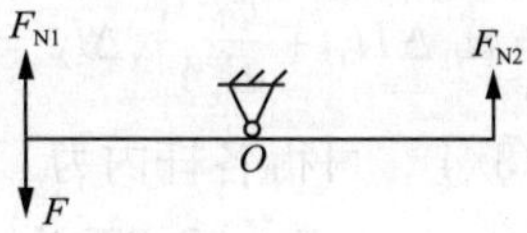

图 2－2－85

解：对刚杆 AB 进行受力分析，如图 2－2－85 所示。

由平衡方程 $\sum M_0=0, F_{\text{N2}}a+Fa-F_{\text{N1}}a=0$，可得

$$F=F_{\text{N1}}-F_{\text{N2}} \qquad ①$$

设温度上升 ΔT，刚杆 AB 能够始终保持水平，则可得协调方程

$$\Delta l_1+\Delta l_{1T}=0,\ \Delta l_2+\Delta l_{2T}=0 \qquad ②$$

由胡克定律可得因轴力引起的伸长量：$\Delta l_1=\dfrac{F_{\text{N1}}l_1}{E_1A_1}$，$\Delta l_2=\dfrac{F_{\text{N2}}l_2}{E_2A_2}$。

由温度上升引起的伸长量：$\Delta l_{1T}=\alpha_{l1}\Delta Tl_1$，$\Delta l_{2T}=\alpha_{l2}\Delta Tl_2$。

代入式②可得：$F_{\text{N1}}+\alpha_{l1}E_1A_1\Delta T=0$，$F_{\text{N2}}+\alpha_{l2}E_2A_2\Delta T=0$ ③

联立式①③得：$\Delta T=\dfrac{F}{\alpha_{l2}E_2A_2-\alpha_{l1}E_1A_1}$。

即 $\Delta T=\dfrac{50\times10^3}{19\times10^{-6}\times105\times10^9\times30\times10^{-4}-12.5\times10^{-6}\times210\times10^9\times30\times10^{-4}}℃=-26.46℃$。

负号表示与假设相反，温度降低 26.46℃ 即可保证刚杆 AB 保持水平。

***2.57　图 2－2－86 所示刚性横梁 AB 悬挂于三根竖直的杆上。已知 $l=2\text{m}$，$F=40\text{kN}$，$a=1.5\text{m}$，$b=1\text{m}$，$c=0.25\text{m}$。$\delta=0.2\text{mm}$。杆 1 由黄铜制成，$A_1=200\text{mm}^2$，$E_1=100\text{GPa}$，$\alpha_{l1}=16.5\times10^{-6}℃^{-1}$。杆 2 和杆 3 由碳钢制成，$A_2=100\text{mm}^2$，$A_3=300\text{mm}^2$，$E_2=E_3=200\text{GPa}$，$\alpha_{l2}=\alpha_{l3}=12.5\times10^{-6}℃^{-1}$。设温度升高 20℃，试求各杆横截面上的应力。**

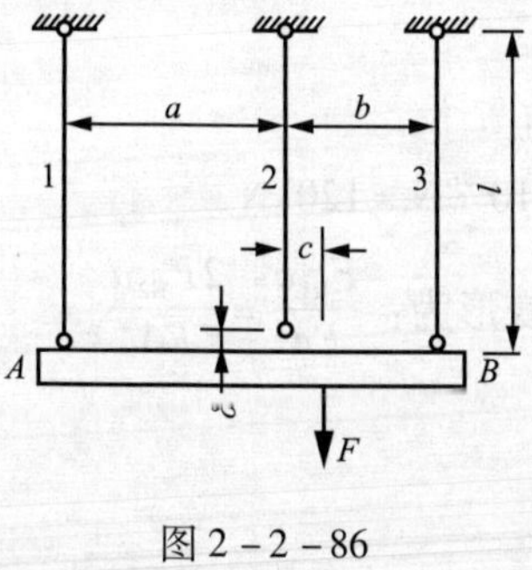

图 2－2－86

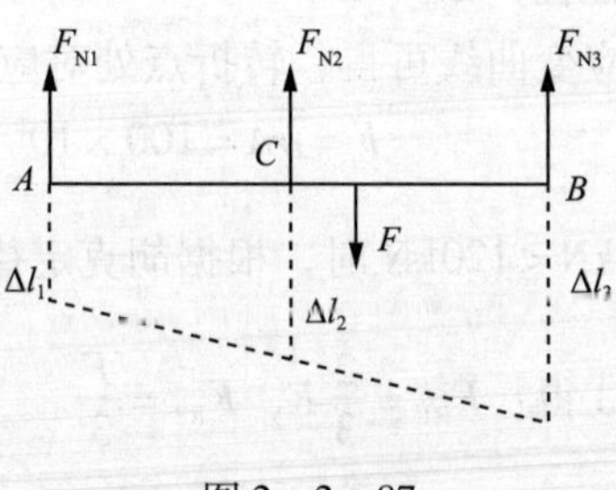

图 2－2－87

解：对刚性横梁 AB 进行受力分析，如图 2－2－87 所示。

由平衡条件可得

$$\sum F_y = 0, F_{N1} + F_{N2} + F_{N3} - F = 0 \quad ①$$

$$\sum M_C = 0, F_{N1}a + Fc - F_{N3}b = 0 \quad ②$$

由图中几何关系可得变形协调方程：$\dfrac{b}{a+b} = \dfrac{\Delta l_3 - \Delta l_2}{\Delta l_3 - \Delta l_1}$ ③

其中在温度变化和轴力共同作用下，各杆变形量

$$\Delta l_1 = \alpha_{l1}\Delta T l_1 + \frac{F_{N1}l_1}{E_1A_1}, \Delta l_2 = \alpha_{l2}\Delta T l_2 + \frac{F_{N2}l_2}{E_2A_2} - \delta, \Delta l_3 = \alpha_{l3}\Delta T l_3 + \frac{F_{N3}l_3}{E_3A_3} \quad ④$$

联立式①②③④，可得各杆内力

$$F_{N1} = 7.92\text{kN},\ F_{N2} = 10.2\text{kN},\ F_{N3} = 21.9\text{kN}$$

故各杆应力

$$\sigma_1 = \frac{F_{N1}}{A_1} = \frac{7.92 \times 10^3}{200 \times 10^{-6}}\text{Pa} = 39.6\text{MPa}$$

$$\sigma_2 = \frac{F_{N2}}{A_2} = \frac{10.2 \times 10^3}{100 \times 10^{-6}}\text{Pa} = 102\text{MPa}$$

$$\sigma_3 = \frac{F_{N3}}{A_3} = \frac{21.9 \times 10^3}{300 \times 10^{-6}}\text{Pa} = 73\text{MPa}$$

***2.58　图 2－2－88 所示两端固定的杆件，横截面面积 $A = 1200\text{mm}^2$，$a = 300\text{mm}$。材料的应力－应变关系见题 2.26 图 2－2－34(b)。试分别求 $F = 60\text{kN}$ 和 $F = 210\text{kN}$ 时，杆件上、下两段横截面上的应力。**

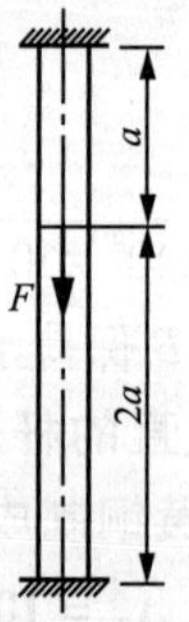

图 2－2－88

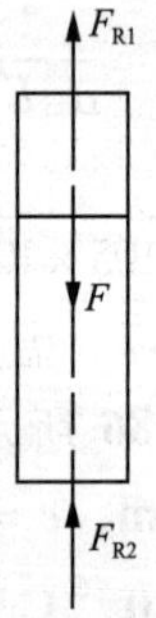

图 2－2－89

解：如图 2－2－89 所示，由平衡方程可得：$F = F_{R1} + F_{R2}$ ①

变形协调方程：$\Delta l_1 = \Delta l_2$ ②

由应力－应变曲线可得，转折点处对应的内力值

$$F = \sigma A = 100 \times 10^6 \times 1200 \times 10^{-6}\text{N} = 120\text{kN}$$

(1) $F = 60\text{kN} < 120\text{kN}$ 时，根据胡克定律，式②变形为：$\dfrac{F_{R1}a}{EA} = \dfrac{2F_{R2}a}{EA}$ ③

联立式①③得：$F_{R1} = \dfrac{2}{3}F$，$F_{R2} = \dfrac{F}{3}$。

则各段应力

$$\sigma_1=\frac{F_{R1}}{A}=\frac{2F}{3A}=\frac{2\times 60\times 10^3}{3\times 1200\times 10^{-6}}\text{Pa}=33.3\text{MPa(拉)}$$

$$\sigma_2=\frac{F_{R2}}{A}=\frac{F}{3A}=16.7\text{MPa(压)}$$

(2) $F=210\text{kN}>120\text{kN}$ 时，应分段计算变形量，先假设 $F_{R2}<120\text{kN}$，此时根据胡克定律式②变形为

$$\frac{120\times a}{E_1A}+\frac{(F_{R1}-120)a}{E_2A}=\frac{2F_{R2}a}{E_1A} \quad ④$$

联立式①④得：$F_{R1}=126.7\text{kN}$，$F_{R2}=83.3\text{kN}<120\text{kN}$，假设成立，上述等式可用。

则各段应力

$$\sigma_1=\frac{F_{R1}}{A}=\frac{126.7\times 10^3}{1200\times 10^{-6}}\text{Pa}=105.6\text{MPa(拉)}$$

$$\sigma_2=\frac{F_{R2}}{A}=\frac{83.3\times 10^3}{1200\times 10^{-6}}\text{Pa}=69.4\text{MPa(压)}$$

2.59　试确定图 2-2-90 所示连接或接头中的剪切面和挤压面。

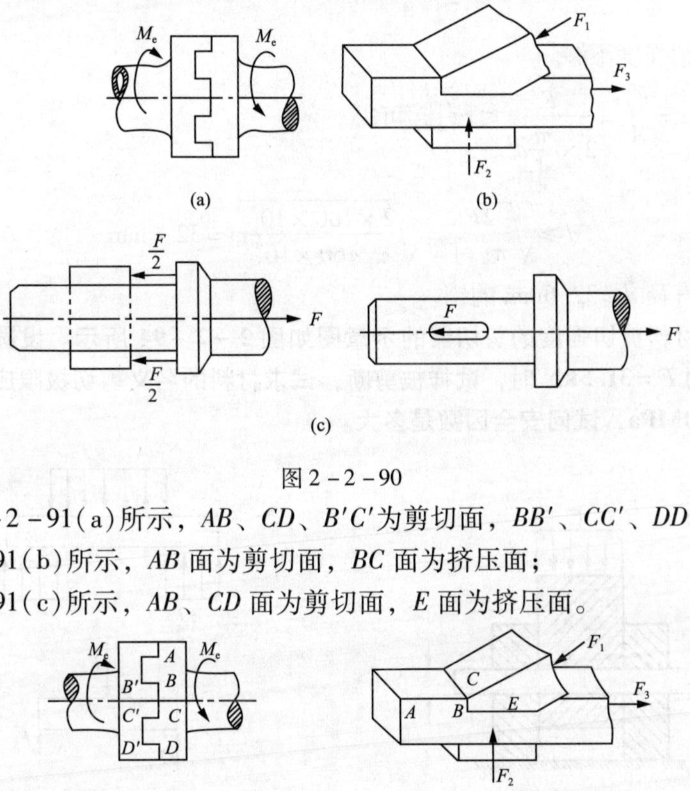

图 2-2-90

解：如图 2-2-91(a)所示，AB、CD、$B'C'$为剪切面，BB'、CC'、DD'为挤压面；

如图 2-2-91(b)所示，AB 面为剪切面，BC 面为挤压面；

如图 2-2-91(c)所示，AB、CD 面为剪切面，E 面为挤压面。

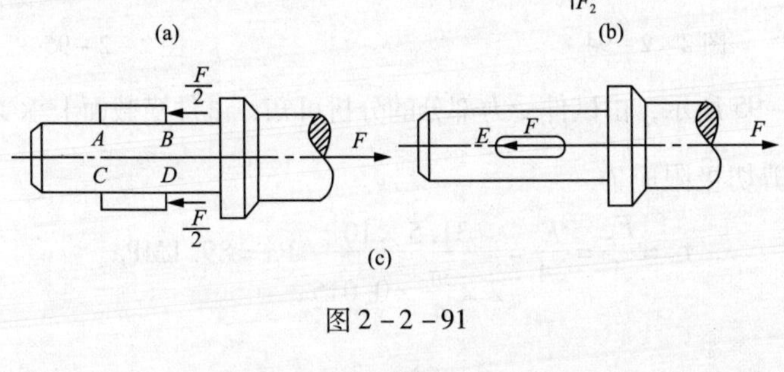

图 2-2-91

2.60　图 2－2－92 所示销连接中，已知 $F=100\text{kN}$，销的直径 $d=30\text{mm}$，材料的许用切应力 $[\tau]=60\text{MPa}$。试校核销的剪切强度。若强度不够，应改用多大直径的销？

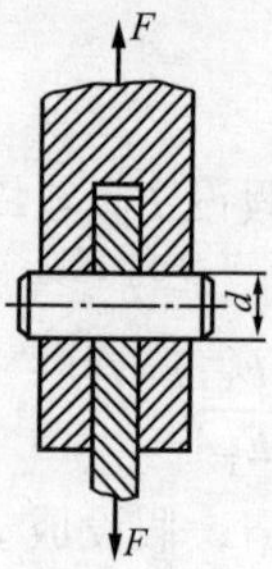

图 2－2－92

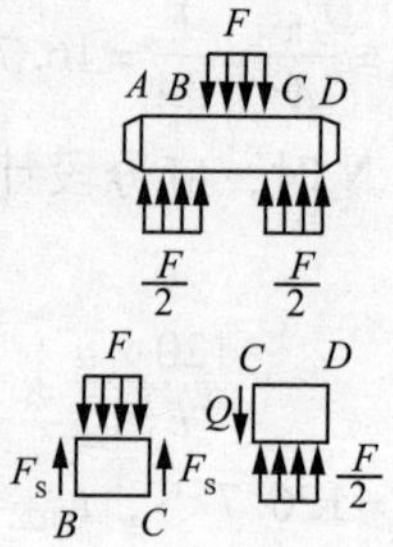

图 2－2－93

解：图 2－2－93 为销受力图，其两个剪切面受到的剪切力均为 $F_S=\dfrac{F}{2}$。

则该销的切应力

$$\tau=\frac{F_S}{A}=\frac{F}{2A}=\frac{100\times10^3}{2\times\dfrac{\pi}{4}\times0.03^2}\text{Pa}=70.7\text{MPa}>[\tau]$$

由此可知该销强度不够。

由强度条件 $\tau=\dfrac{F_S}{A}=\dfrac{F}{2\times\dfrac{\pi}{4}d^2}\leqslant[\tau]$，可得

$$d\geqslant\sqrt{\frac{2F}{\pi[\tau]}}=\sqrt{\frac{2\times100\times10^3}{\pi\times60\times10^6}}\text{m}=32.6\text{mm}$$

即应该选用直径 $d\geqslant32.6\text{mm}$ 的销。

2.61　测定材料剪切强度的剪切器的示意图如图 2－2－94 所示。设圆形试样的直径 $d=15\text{mm}$，当压力 $F=31.5\text{kN}$ 时，试样被剪断，试求材料的名义剪切极限应力。若取剪切许用应力为 $[\tau]=80\text{MPa}$，试问安全因数是多大。

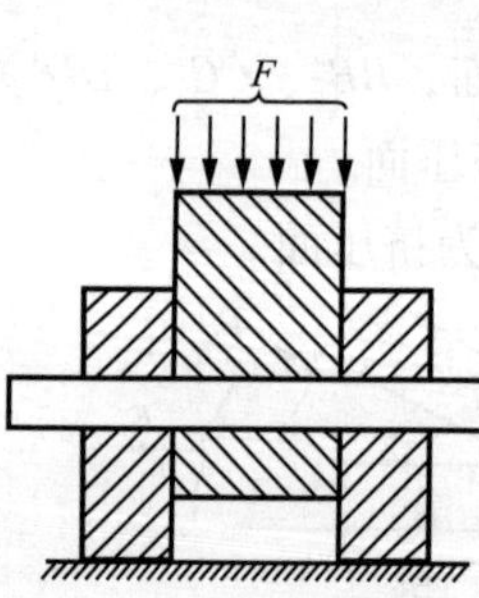

图 2－2－94

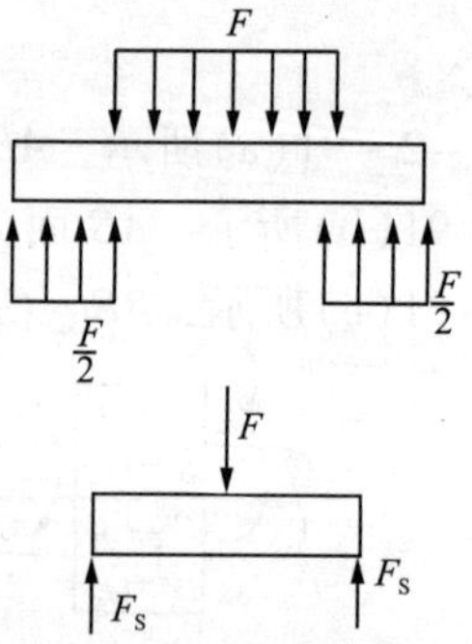

图 2－2－95

解：如图 2－2－95 所示，由试件受力部分的分析可知，试件横截面上承受的剪力 $F_S=\dfrac{F}{2}$。

该试件的名义剪切极限应力

$$\tau_u=\frac{F_S}{A}=\frac{F}{2A}=\frac{31.5\times10^3}{2\times\dfrac{\pi}{4}\times0.015^2}\text{Pa}=89.1\text{MPa}$$

由许用应力的定义$[\tau]=\frac{\tau_u}{n}$，可得安全因数：$n=\frac{\tau_u}{[\tau]}=\frac{89.1}{80}=1.1$。

2.62　图2－2－96所示凸缘联轴节传递的力偶矩为$M_e=200\text{N}\cdot\text{m}$，凸缘之间用四根螺栓连接，螺栓内径$d\approx10\text{mm}$，对称地分布在直径为80mm的圆周上。如螺栓的剪切许用应力$[\tau]=60\text{MPa}$，试校核螺栓的剪切强度。

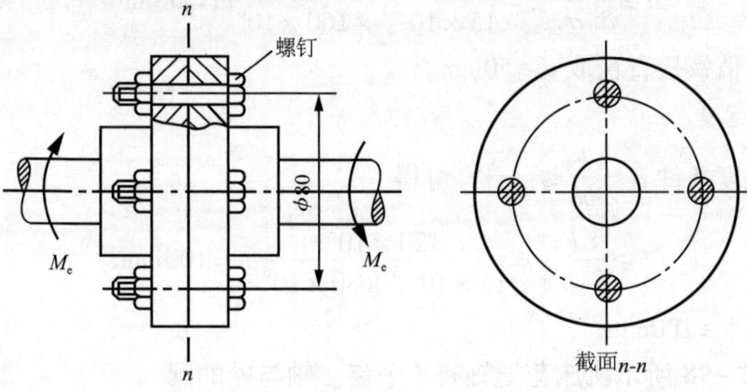

图2－2－96

解：4个螺栓均匀承受由外力偶矩引起的剪力，且为F，则由平衡条件$M_e=4F\cdot\frac{D_0}{2}$得

$$F=\frac{M_e}{2D_0}=\frac{200}{2\times80\times10^{-3}}\text{N}=1.25\text{kN}$$

则每个螺栓内的剪应力：$\tau=\frac{F}{A}=\frac{4\times1250}{\pi\times0.01^2}\text{Pa}=15.9\text{MPa}<[\tau]$。

故螺栓满足强度要求，是安全的。

2.63　一螺栓将拉杆与厚为8mm的两块盖板相连接，如图2－2－97所示。各零件材料相同，许用应力均为$[\sigma]=80\text{MPa}$，$[\tau]=60\text{MPa}$，$[\sigma_{bs}]=160\text{MPa}$。若拉杆的厚度$\delta=15\text{mm}$，拉力$F=120\text{kN}$，试设计螺栓直径$d$及拉杆宽度$b$。

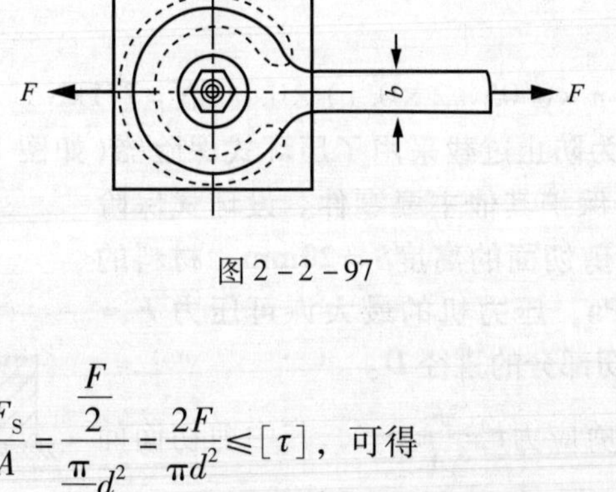

图2－2－97

解：(1)确定螺栓直径

①由剪切强度条件$\tau=\frac{F_S}{A}=\frac{\frac{F}{2}}{\frac{\pi}{4}d^2}=\frac{2F}{\pi d^2}\leqslant[\tau]$，可得

$$d \geqslant \sqrt{\frac{2F}{\pi[\tau]}} = \sqrt{\frac{2\times120\times10^3}{\pi\times60\times10^6}}\text{m} = 35.7\text{mm}$$

②由挤压强度条件 $\sigma_{bs}=\frac{F}{A_{bs}}=\frac{F}{d\delta}\leqslant[\sigma_{bs}]$，可得

$$d \geqslant \frac{F}{\delta[\sigma_{bs}]} = \frac{120\times10^3}{15\times10^{-3}\times160\times10^6}\text{m} = 50\text{mm}$$

综上，取较大值螺栓直径取 $d\geqslant50\text{mm}$。

(2)确定拉杆宽度

由拉杆拉伸强度条件 $\sigma=\frac{F}{b\delta}\leqslant[\sigma]$，可得

$$b \geqslant \frac{F}{\delta[\sigma]} = \frac{120\times10^3}{15\times10^{-3}\times80\times10^6}\text{m} = 100\text{mm}$$

故拉杆宽度取 $b\geqslant100\text{mm}$。

2.64　图 2－2－98 所示机床花键轴有 8 个齿。轴与轮的配合长度 $l=60\text{mm}$，外力偶矩 $M_e=4\text{kN}\cdot\text{m}$。轮与轴的挤压许用应力为 $[\sigma_{bs}]=140\text{MPa}$，试校核该花键轴的挤压强度。

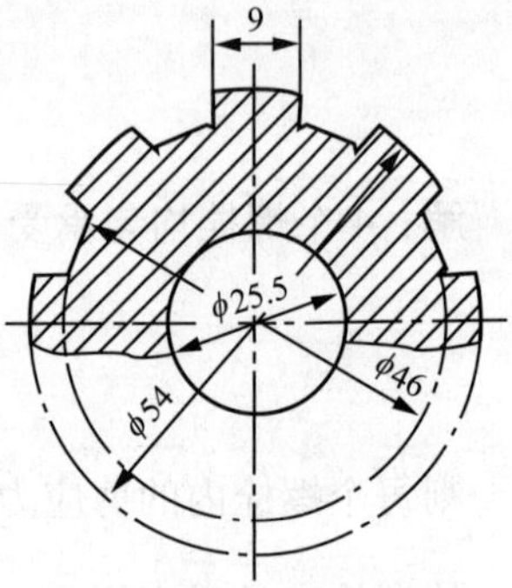

图 2－2－98

解：假设挤压力均匀作用在 8 个挤压面上，并设每个面的挤压力的合力为 F，则有

$$8\times F\cdot\frac{\frac{54}{2}\text{mm}+\frac{46}{2}\text{mm}}{2}=M_e=4\text{kN}\cdot\text{m}=4000\text{kN}\cdot\text{mm}$$

解得：$F=20\text{kN}$。

则挤压应力

$$\sigma_{bs}=\frac{F}{A}=\frac{F}{l\cdot\frac{54-46}{2}\times10^{-3}}=\frac{20\times10^3}{60\times10^{-3}\times\frac{54-46}{2}\times10^{-3}}\text{Pa}=83.3\text{MPa}<[\sigma_{bs}]=140\text{MPa}$$

故花键轴的挤压强度满足要求，是安全的。

2.65　在厚度 $\delta=5\text{mm}$ 的钢板上，冲出一个形状如图 2－2－99 所示的孔，钢板剪断时的剪切极限应力 $\tau_u=300\text{MPa}$，求冲床所需的冲力 F。

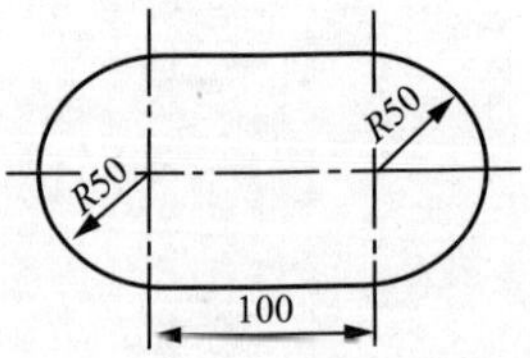

图 2－2－99

解：钢板被剪断时，剪应力需满足：$\tau=\frac{F}{A}\geqslant\tau_u$。

其中剪切面面积：$A=(2\pi R+2l)\delta$。

故冲床所需冲力

$$F\geqslant\tau_u A=300\times10^6\times(2\pi\times0.05+2\times0.1)\times0.005\text{N}=771\text{kN}$$

2.66　可倾式压力机为防止过载采用了压环式保险器（如图 2－2－100 所示）。当过载时，保险器先被剪断，以保护其他主要零件。设环式保险器以剪切的形式破坏，且剪切面的高度 $\delta=20\text{mm}$，材料的剪切极限应力 $\tau_u=200\text{MPa}$，压力机的最大许可压力 $F=630\text{kN}$。试确定保险器剪切部分的直径 D。

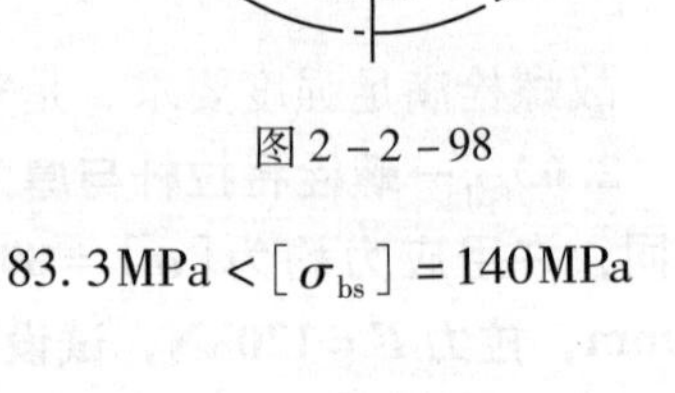

图 2－2－100

解：保险器剪断时有剪应力 $\tau=\frac{F}{A}\geqslant\tau_u$，其中剪切面面积 $A=\pi D\delta$，则有

$$D \leqslant \frac{F}{\pi \tau_u \delta} = \frac{630 \times 10^3}{\pi \times 200 \times 10^6 \times 20 \times 10^{-3}} \mathrm{m} = 50.1 \mathrm{mm}$$

即保险器剪切部分的直径不超过 50.1mm。

2.67　车床的传动光杆装有安全联轴器，如图 2-2-101 所示，当超过一定载荷时，安全销即被剪断。已知安全销的平均直径为 5mm，材料为 45 钢，其剪切极限应力为 τ_u = 370MPa。求安全联轴器所能传递的力偶矩 M_e。

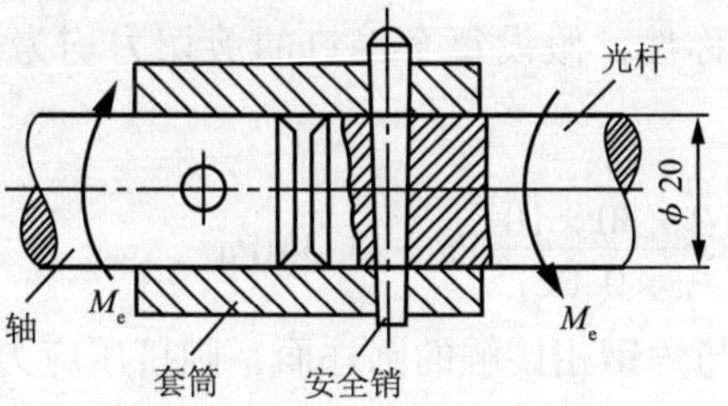

图 2-2-101

解：安全销的剪切面上能承受的最大剪力

$$F_S = \tau_u A = \tau_u \cdot \frac{\pi}{4} d^2 = 370 \times 10^6 \times \frac{\pi}{4} \times (5 \times 10^{-3})^2 \mathrm{N} = 7264.9\mathrm{N}$$

所以安全联轴器能传递的最大力偶矩

$$M_e = F_S \cdot D = 7264.9 \times 20 \times 10^{-3} \mathrm{N \cdot m} = 145\mathrm{N \cdot m}$$

2.68　图 2-2-102 所示螺钉在拉力 F 作用下。已知材料的剪切许用应力 $[\tau]$ 和拉伸许用应力 $[\sigma]$ 之间的关系约为：$[\tau] = 0.6[\sigma]$。试求螺钉直径 d 与钉头高度 h 的合理比值。

解：螺栓的拉应力：$\sigma = \frac{F}{A} = \frac{4F}{\pi d^2}$。

钉头的切应力：$\tau = \frac{F}{A'} = \frac{F}{\pi d h}$。

当螺栓和钉头的应力同时达到许用应力值时，$\frac{d}{h}$ 值达到最合理，即

$$\sigma = \frac{4F}{\pi d^2} = [\sigma], \quad \tau = \frac{F}{\pi d h} = [\tau]$$

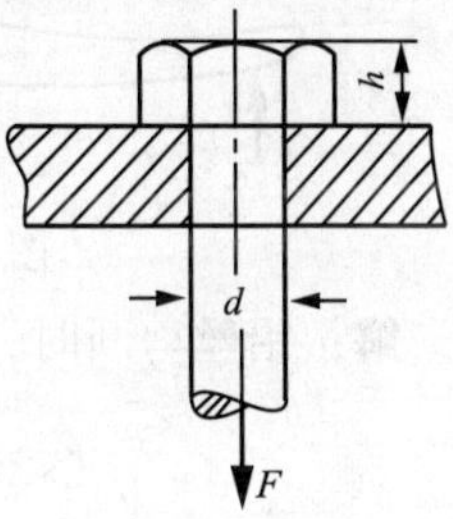

图 2-2-102

比较可得：$\frac{d}{4h} = \frac{[\tau]}{[\sigma]} = 0.6$，即 $\frac{d}{h} = 2.4$。

故螺钉直径 d 与钉头高度 h 的合理比值为 2.4。

2.69　木榫接头如图 2-2-103 所示。$a = b = 120\mathrm{mm}$，$h = 350\mathrm{mm}$，$c = 45\mathrm{mm}$，F = 40kN。试求接头的切应力和挤压应力。

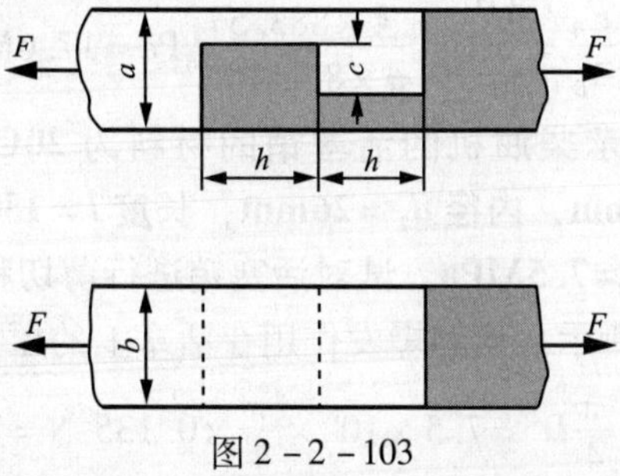

图 2-2-103

解：接头的切应力：$\tau=\dfrac{F}{bh}=\dfrac{40\times10^3}{120\times350\times10^{-6}}\text{Pa}=0.952\text{MPa}$。

挤压应力：$\sigma_{bs}=\dfrac{F}{bc}=\dfrac{40\times10^3}{120\times45\times10^{-6}}\text{Pa}=7.41\text{MPa}$。

2.70　用两个铆钉将 140mm × 140mm × 12mm 的等边角钢铆接在立柱上构成支托，如图 2－2－104 所示。若 F =30kN，铆钉的直径为 21mm，试求铆钉的切应力和挤压应力。

解：由结构和载荷的对称性，假设每个铆钉的剪切力均为$\dfrac{F}{2}$，

则切应力

$$\tau=\frac{F/2}{A}=\frac{2F}{\pi d^2}=\frac{2\times30\times10^3}{\pi\times0.021^2}\text{Pa}=43.3\text{MPa}$$

铆钉的每个挤压面为其与角钢相接触的圆柱面，则挤压应力

$$\sigma_{bs}=\frac{F}{2A'}=\frac{F}{2d\delta}=\frac{30\times10^3}{2\times21\times12\times10^{-6}}\text{Pa}=59.5\text{MPa}$$

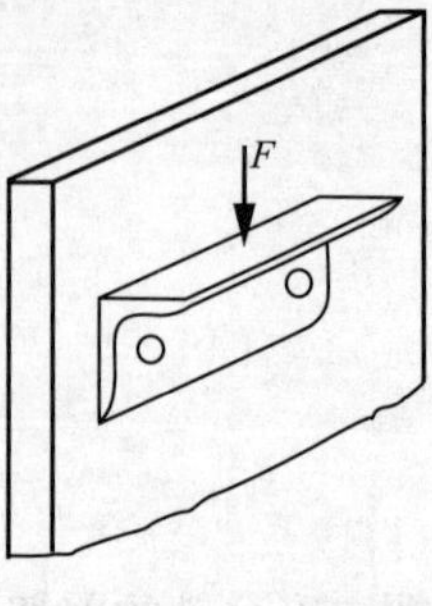

图 2－2－104

2.71　图 2－2－105 所示用夹剪剪断直径为 3mm 的铅丝。若铅丝的剪切极限应力约为 100MPa，试求剪断铅丝所需要的力 F。若销 B 的直径为 8mm，试求销内的切应力。

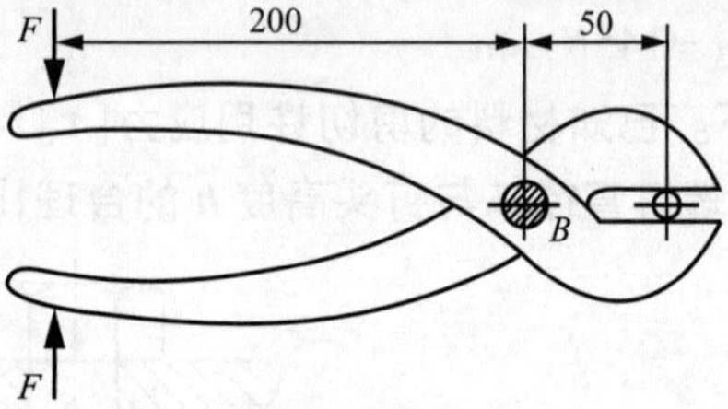

图 2－2－105

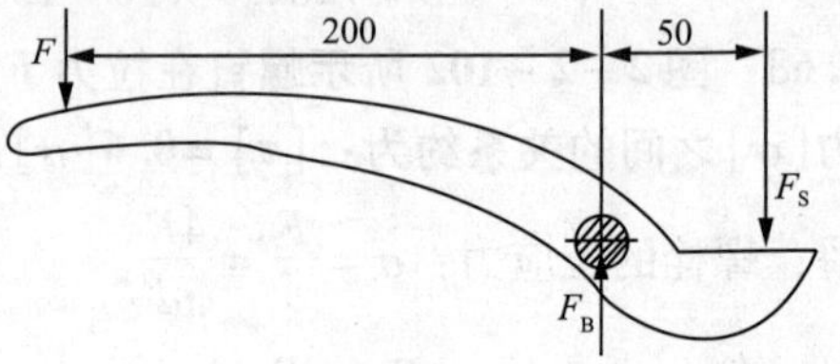

图 2－2－106

解：铅丝剪断时，其所承受的剪力

$$F_S=\tau_u A=\frac{\pi}{4}\tau_u d^2=\frac{\pi}{4}\times100\times10^6\times(3\times10^{-3})^2\text{N}=706.86\text{N}$$

如图 2－2－106 所示，对夹剪进行受力分析，由其对称性，分析一半即可。

由平衡条件

$$\sum M_B=0,\ -F\times200+F_S\times50=0$$

$$\sum F_y=0,\ F_B-F_S-F=0$$

可得：$F=\dfrac{1}{4}F_S=176.7\text{N}$，$F_B=883.57\text{N}$。

故销 B 内的切应力：$\tau_B=\dfrac{F_B}{A_B}=\dfrac{4F_B}{\pi d_B^2}=\dfrac{4\times883.57}{\pi\times8^2\times10^{-6}}\text{Pa}=17.6\text{MPa}$。

2.72　图 2－2－107 所示柴油机的活塞销的材料为 20Cr，$[\tau]$ = 70MPa，$[\sigma_{bs}]$ = 100MPa。活塞销外径 d_1 = 48mm，内径 d_2 = 26mm，长度 l = 130mm，a = 50mm，活塞直径 D = 135mm。气体爆发压力 p = 7.5MPa。试对活塞销进行剪切和挤压强度校核。

解：如图 2－2－107(b)所示，气体爆发作用在活塞上的压力均匀分布，值为

$$F=p\cdot\frac{\pi}{4}D^2=7.5\times10^6\times\frac{\pi}{4}\times0.135^2\text{N}=107\text{kN}$$

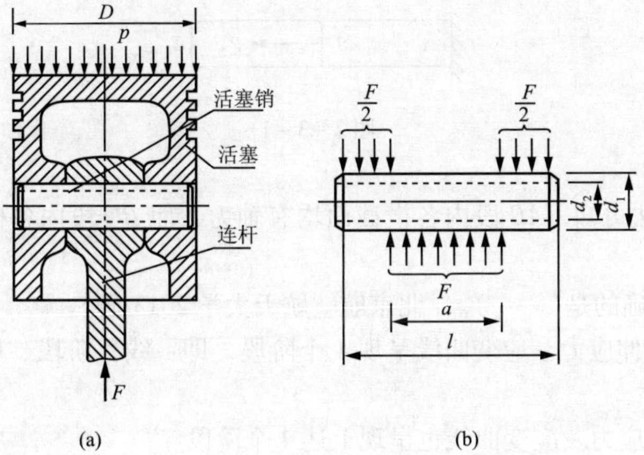

图 2－2－107

①剪切强度校核

如图 2－2－107(b)所示，活塞销每个剪切面上的剪力为 $F/2$，且活塞受剪切的横截面面积为

$$A=\frac{\pi}{4}(d_1^2-d_2^2)$$

则其剪应力

$$\tau=\frac{F/2}{A}=\frac{2F}{\pi(d_1^2-d_2^2)}=\frac{2\times107\times10^3}{\pi\times(48^2-26^2)\times10^{-6}}\text{Pa}=41.8\text{MPa}<[\tau]$$

故剪切强度满足要求。

②挤压强度校核

活塞销两端受活塞挤压，挤压面积为 $A=d_1\cdot(l-a)/2$，则挤压应力

$$\sigma_{\text{bs1}}=\frac{F/2}{d_1(l-a)/2}=\frac{F}{(l-a)d_1}=\frac{107\times10^3}{(130-50)\times48\times10^{-6}}\text{Pa}=27.86\text{MPa}<[\sigma_{\text{bs}}]$$

活塞中间段受连杆挤压，挤压面积为 $A=d_1\cdot a$，则挤压应力

$$\sigma_{\text{bs2}}=\frac{F}{d_1\cdot a}=\frac{107\times10^3}{48\times50\times10^{-6}}\text{Pa}=44.6\text{MPa}<[\sigma_{\text{bs}}]$$

综上，活塞销挤压强度也满足要求，是安全的。

2.3　名校考研真题详解

一、选择题

1. 在低碳钢拉伸实验中，冷作硬化现象发生在(　　)。[暨南大学 2024 研]

A. 弹性阶段　　B. 屈服阶段　　C. 强化阶段　　D. 局部变形阶段

【答案】C

【解析】金属材料在常温或再结晶温度以下的加工产生强烈的塑性变形，使晶格扭曲、畸变，晶粒产生剪切、滑移，晶粒被拉长，这些都会使表面层金属的硬度增加，减少表面层金属变形的塑性，称为冷作硬化。冷作硬化发生在强化阶段。

2. 如图 2－3－1 所示受力杆件，下列说法中正确的是(　　)。[暨南大学 2024 研]

A. *AB* 段内任一横截面均无位移　　B. *BC* 段内任一点均无应力

C. *AB* 段内任一点处均无应变　　D. *BC* 段内任一横截面均无位移

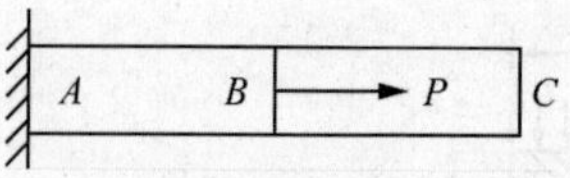

图 2－3－1

【答案】B

【解析】由截面法可知，AB 段内各横截面均有轴力，而 BC 段内各横截面均无轴力，故无应力。

3．下列说法正确的是(　　)。［北京航空航天大学 2013 研］

A．低碳钢的拉伸应力－应变曲线呈现 4 个阶段，即：线性阶段、屈服阶段、硬化阶段和颈缩阶段

B．铸铁的拉伸应力－应变曲线也呈现上述 4 个阶段

C．铸铁的压缩应力－应变曲线也呈现上述 4 个阶段

D．低碳钢拉伸屈服应力远小于压缩屈服应力

【答案】A

4．下列说法正确的是(　　)。［北京航空航天大学 2014 研］

A．塑性材料是指延伸率(或伸长率)小于 5% 的材料

B．冷作硬化是指由于预加塑性变形，而使材料的强度极限提高的现象

C．在常温静载下，低碳钢材料的单向压缩曲线与单向拉伸曲线完全相同

D．以上说法均不正确

【答案】D

【解析】A 项为大于 5%；B 项应该是比例极限提高；C 项两者曲线不一致。

5．如图 2－3－2 所示等直杆两端承受共线等值反向的轴向载荷 F 作用，B 为 AC 杆的中点，AB 段和 BC 段的弹性模量分别为 E_{AB} 和 E_{BC}，且 $E_{AB} < E_{BC}$，则(　　)。［北京航空航天大学 2014 研］

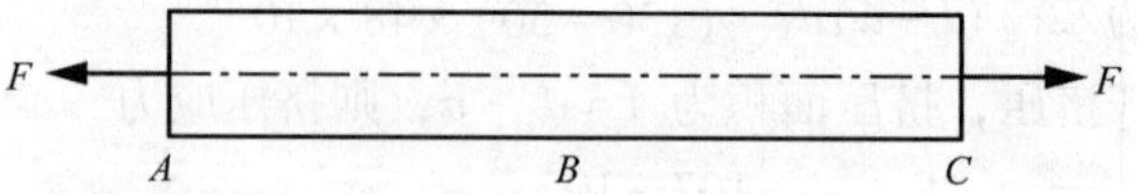

图 2－3－2

A．AB 段和 BC 段的应力相同，变形相同

B．AB 段的应力比 BC 段小，变形相同

C．AB 段和 BC 段的应力相同，AB 段的变形比 BC 段的小

D．AB 段和 BC 段的应力相同，AB 段的变形比 BC 段的大

【答案】D

【解析】两段轴力相等，横截面积相等，根据 $\sigma = \frac{F}{A}$，所以 AB 段和 BC 段应力相同；$\varepsilon = \frac{\sigma}{E}$，因为 $E_{AB} < E_{BC}$，所以 AB 段的应变比 BC 段的大，即 AB 段的变形比 BC 段的大。

6．对于材料的拉伸试验，如果获得的应力应变曲线没有明显的屈服阶段，则材料屈服极限 σ_s 一般用 $\sigma_{0.2}$ 来描述，下列关于 $\sigma_{0.2}$ 描述正确的是(　　)。［西南交通大学 2014 研］

A．应变为 0.2% 时，应力应变曲线的纵坐标值

B．应变为 0.2% 时，应力应变曲线的纵坐标值

C. 应变为0.2%时，平行于(应力应变曲线的)线弹性段的直线与应力应变曲线的交点纵坐标值

D. 应变为0.2%时，平行于(应力应变曲线的)线弹性段的直线与应力应变曲线的交点纵坐标值的支点的纵坐标值

【答案】C

【解析】名义屈服极限 $\sigma_{0.2}$ 为卸载后产生0.2%的残余应变的应力，可知C项正确。

7. 灰口铸铁在扭转实验中表现为螺旋状断面，其出现的主要原因正确的是(　　)。[西南交通大学2014研]

A. 灰口铸铁在扭转过程中发生剪切破坏

B. 灰口铸铁在扭转过程中发生拉伸破坏

C. 灰口铸铁处于剪切应力状态，先发生屈服，然后断裂

D. 灰口铸铁的主应力状态仅受拉伸，故发生拉伸破坏

【答案】B

【解析】铸铁为脆性材料，拉伸强度低于剪切强度，其扭转破坏是由 $-45°$ 斜截面上的最大拉应力引起的。

8. 梁的纯弯曲实验的目的是(　　)。[西南交通大学2014研]

A. 测定梁上弯曲正应力的分布　　B. 测定梁上的切应力分布

C. 验证梁纯弯曲时的平面假设　　D. 验证梁纯弯曲时的正应力公式

【答案】C

【解析】在材料试验机上进行的纯弯曲实验用来观察和分析弯曲变形规律，而且提出了弯曲变形的平面假设。

9. 关于金属构件的疲劳破坏，如下描述错误的是(　　)。[西南交通大学2014研]

A. 疲劳破坏断口具有光滑区和粗糙区

B. 疲劳裂纹可形成于构件表面，也可以在内部

C. 疲劳破坏断口的粗糙区是裂纹的缓慢扩展阶段形成的

D. 在交变应力下，构件可能会发生疲劳破坏

【答案】C

【解析】当疲劳裂纹扩展到一定深度时，在正常的最大工作应力下，可能发生骤然的扩展，从而引起剩余截面的脆性断裂，形成断口的粗糙区。

10. 确定安全系数不应该考虑是(　　)。[华南理工大学2016研]

A. 材料素质　　B. 工作应力的计算精度

C. 构件的工作条件　　D. 载荷的大小

【答案】D

【解析】确定安全因数一般需要考虑以下几点：①材料的素质；②载荷情况，包括对载荷的估计是否准确，是静载荷还是动载荷；③实际构件简化过程和计算方法的精确程度；④零件在设备中的重要性，工作条件，损坏后造成后果的严重性；⑤对减轻设备自重和提高设备机动性的要求。

11. 图2-3-3中三种材料的应力-应变曲线，则弹性模量最大的材料是(　　)；强度最高的材料是(　　)；塑性性能最好的材料是(　　)。[沈阳工业大学2022研]

A. a，b，c　　B. b，c，a

C. b, a, c　　　　　　　　D. c, b, a

【答案】C

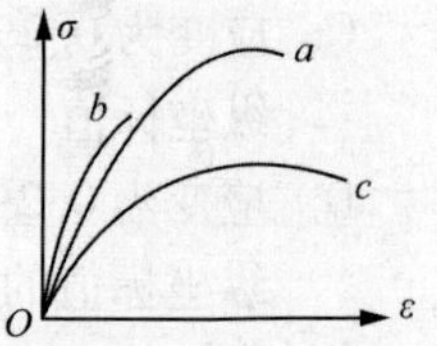

图 2-3-3

【解析】在材料的应力-应变曲线中，弹性模量 E 为曲线弹性阶段的斜率；强度极限为曲线强化阶段的最高点；伸长率是衡量材料塑性的指标。由图可知，材料 b 的弹性模量最大，材料 a 的强度最高，材料 c 的塑性性能最好，因此选择 C 项。

12. 将沸水倒入玻璃杯中，如杯子破裂，问杯的内外壁是否同时破裂？以下结论中(　　)项是正确的。[昆明理工大学 2016 研]

A. 同时破裂　　B. 内壁先裂　　C. 外壁先裂　　D. 无法判定

【答案】B

【解析】受热膨胀使内壁受压，对于只有内壁受压的圆筒结构是从内部开始先出现塑性变形，应力也在内壁处最大。

13. 图 2-3-4 所示三种受压杆件，杆①，杆②和杆③中的最大压应力分别用 σ_{max1}、σ_{max2}、σ_{max3} 表示，它们之间的关系是(　　)。[昆明理工大学 2016 研]

A. $\sigma_{max1}=\sigma_{max2}=\sigma_{max3}$

B. $\sigma_{max1}>\sigma_{max2}=\sigma_{max3}$

C. $\sigma_{max2}>\sigma_{max1}=\sigma_{max3}$

D. $\sigma_{max2}<\sigma_{max1}=\sigma_{max3}$

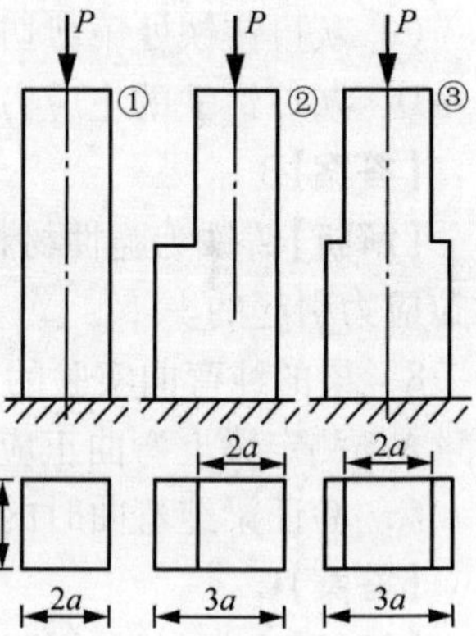

图 2-3-4

【答案】C

【解析】杆①，最大压应力为整个杆身，为

$$\sigma_{max1}=\frac{P}{4a^2}$$

杆②，上半部分与杆①压应力大小相等，只需要计算下半部分的应力值，下半部分右侧面的压应力为

$$\sigma_2=\frac{P}{6a^2}+\frac{P\cdot\dfrac{a}{2}}{\dfrac{1}{6}\times2a\times(3a)^2}=\frac{P}{3a^2}$$

所以

$$\sigma_{max2}=\frac{P}{3a^2}$$

即满足

$$\sigma_{max2}>\sigma_{max1}$$

14. 低碳钢拉伸经过冷作硬化后，以下四种指标哪种得到提高，正确答案是(　　)。[重庆大学 2016 研]

A. 强度极限　　　　　　　　B. 比例极限

C. 断面收缩率　　　　　　　D. 伸长率(延伸率)

【答案】B

【解析】由于预加塑性变形而使材料的比例极限提高的现象，称为冷作硬化。

15. 图 2-3-5 所示简单桁架($\alpha\neq\beta$)，杆 1 和杆 2 的横截面面积均为 A，许用应力均为

[σ]，设 F_{N1}，F_{N2} 分别表示杆 1 和杆 2 的轴力，则在下列结论中，错误的是(　　)。[重庆大学 2016 研]

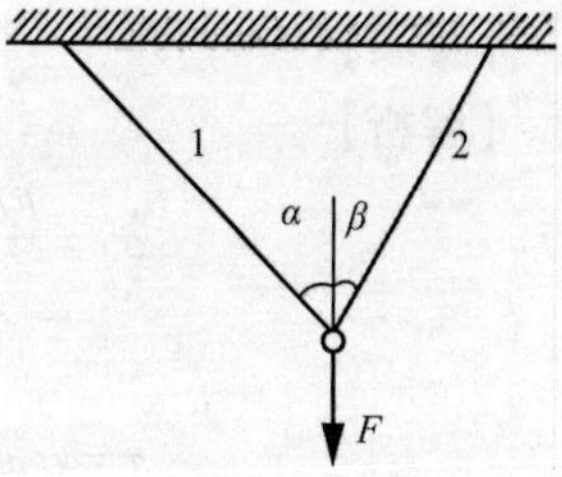

图 2－3－5

A. 荷载 $F = F_{N1}\cos\alpha + F_{N2}\cos\beta$

B. $F_{N1}\sin\alpha = F_{N2}\sin\beta$

C. 许用荷载 $[F] = [\sigma]A(\cos\alpha + \cos\beta)$

D. 许用荷载 $[F] < [\sigma]A(\cos\alpha + \cos\beta)$

【答案】C

【解析】由静力平衡条件可知 AB 两项正确；由于 $\alpha > \beta$ 得 $F_{N1} < F_{N2}$，则

$$[\sigma] = \frac{F_{N_2}}{A},\ [F] = [\sigma]A\cos\beta + F_{N1}\cos\alpha < [\sigma]A\cos\beta + F_{N2}\cos\alpha = [\sigma]A(\cos\beta + \cos\alpha)$$

故 C 项错，D 项对。

16. 设计铸铁梁时，宜采用中性轴为(　　)的截面。[重庆大学 2016 研]

A. 靠近受压边的非对称轴　　　B. 形心轴

C. 靠近受拉边的非对称轴　　　D. 对称轴

【答案】C

【解析】铸铁为脆性材料，受拉至破坏时，无屈服阶段，也无缩颈现象，破坏前无明显征兆，应尽量避免铸铁受拉。

二、填空题

1. 如图 2－3－6(a)所示，已知钢板厚度为 $\delta = 10\text{mm}$，其剪切极限应力为 $\tau_u = 300\text{MPa}$。若用冲床将钢板冲出直径 $d = 25\text{mm}$ 的孔，则至少需要 $F =$ ______ kN 的冲力。[暨南大学 2024 研]

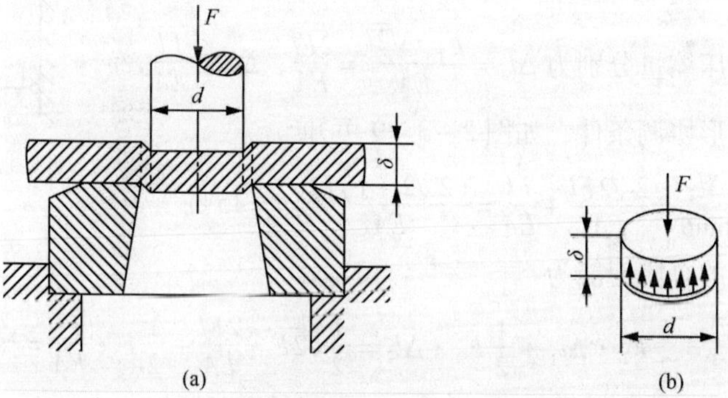

图 2－3－6

【答案】236

【解析】剪切面是钢板内被冲头冲出的圆饼体的柱形侧面，如图 2－3－6(b)所示。其面积为：

$$A = \pi d\delta = \pi(25\times10^{-3}\text{m})(10\times10^{-3}\text{m}) = 785\times10^{-6}\text{m}^2$$

冲孔所需要的冲剪力应为：

$$F \geqslant A\tau_u = (785\times10^{-6}\text{m}^2)(300\times10^{6}\text{Pa}) = 236\times10^{3}\text{N} = 236\text{kN}$$

2. 如图 2－3－7 所示拉压杆横截面积 $A = 10^4\text{mm}^2$，材料许用应力 $[\sigma] = 100\text{MPa}$，则许用载荷 $[F] =$ ______ kN，若外载 $F = 800\text{kN}$，则 $\theta = 45°$ 的斜截面切应力 $\tau =$ ______ MPa。[北京航空航天大学 2013 研]

【答案】1000；40

【解析】

$$[F]=A[\sigma]=10^4\times100\text{N}=1000\text{kN}$$

$$\sigma_l=\frac{F\cos\theta}{A}=40\sqrt{2}\text{MPa}，\sigma_{斜}=\sigma_l\cos\theta=\frac{F\cos^2\theta}{A}=40\text{MPa}$$

$$\tau=\sigma_l\sin\theta=\frac{F\sin2\theta}{2A}=\frac{800\times10^3\times\sin\frac{\pi}{2}}{2\times10^4}=40\text{MPa}$$

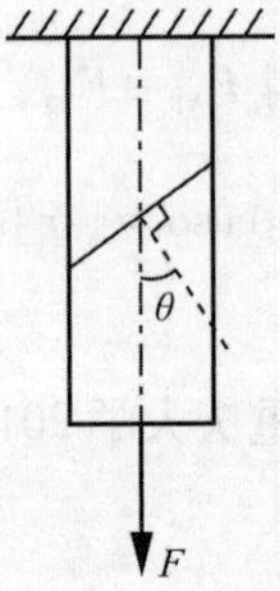

图 2－3－7

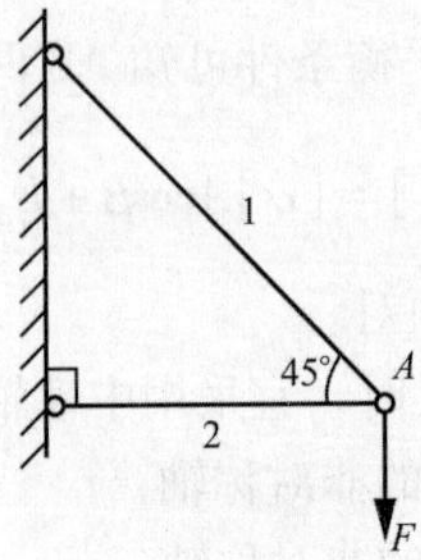

图 2－3－8

3．如图 2－3－8 所示桁架两杆横截面积均为 A，材料弹性模量均为 E，杆 1 长$\sqrt{2}l$，节点 A 作用铅垂载荷 F，则杆 1 的伸长量 $\Delta l_1=$______，节点 A 的铅垂位移 $\Delta_y=$______。[北京航空航天大学 2013 研]

【答案】$\frac{2Fl}{EA}$；$\frac{(2\sqrt{2}+1)Fl}{EA}$

【解析】对 A 点列平衡方程，易知 $F_1=\sqrt{2}F$，$F_2=-F$ 所以杆 1 的伸长量、杆 2 的压缩量分别为 $\Delta l_1=\frac{F_1\cdot\sqrt{2}l}{EA}=\frac{2Fl}{EA}$，$\Delta l_2=\frac{Fl}{EA}$。

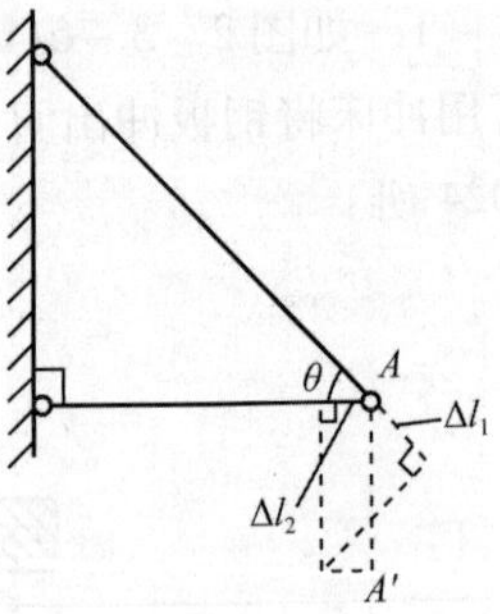

图 2－3－9

解法一：由变形协调条件，如图 2－3－9 可知

$$\Delta_y=\frac{\Delta l_1}{\sin\theta}+\frac{\Delta l_2}{\tan\theta}=\frac{2\sqrt{2}Fl}{EA}+\frac{Fl}{EA}=\frac{(2\sqrt{2}+1)Fl}{EA}(\theta=45°)$$

解法二：两杆的总应变能为

$$V_\varepsilon=V_{\varepsilon1}+V_{\varepsilon2}=\frac{1}{2}F_1\cdot\Delta l_1+\frac{1}{2}F_2\cdot\Delta l_2=\frac{1}{2}\sqrt{2}F\cdot\frac{2Fl}{EA}+\frac{1}{2}F\cdot\frac{Fl}{EA}=\frac{(2\sqrt{2}+1)F^2l}{2EA}$$

集中力 F 所做的功为 $W=\frac{1}{2}F\Delta_y$。

根据 $W=V_\varepsilon$，有

$$\frac{(2\sqrt{2}+1)F^2l}{2EA}=\frac{1}{2}F\Delta_y$$

所以 $\Delta_y=\frac{(2\sqrt{2}+1)Fl}{EA}$。

4．如图 2－3－10 所示等截面直杆 AB，杆长为 l，横截面积为 A，弹性模量为 E。杆的 B 段与刚性壁之间有微小间隙 δ，当 AB 杆承受轴向均布载荷 q 时，B 端恰好与刚性壁 C 接触（即刚接触，但杆端 B 的支反力为零），则 δ 可用 q 表示为______。若 B 端与刚性壁之间的间隙只有 0.8δ 时，仍然施加均布载荷 q，此时 AB 杆的最大轴向正应力为______（注：用 q

表示）。[北京航空航天大学 2015 研]

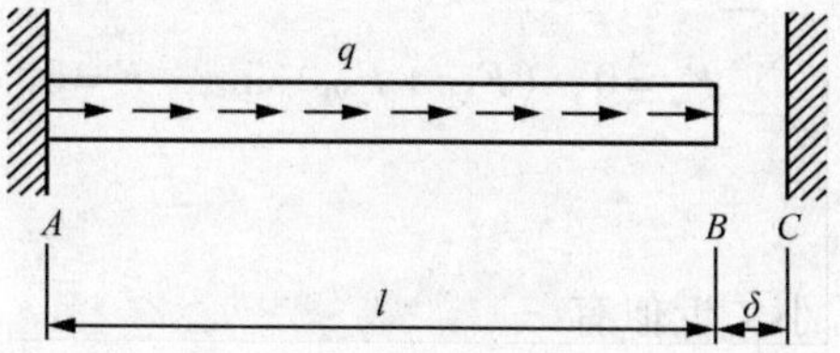

图 2－3－10

【答案】$\frac{ql^2}{2EA}$；$\frac{9ql}{10A}$

【解析】B 端作为起点，取长为 $\mathrm{d}x$ 的杆微元，则这一小段的变形量为 $\mathrm{d}\delta=\frac{qx}{EA}\mathrm{d}x$，则整个 AB 杆的变形量为

$$\delta=\int \mathrm{d}\delta=\int_0^l \frac{qx}{EA}\mathrm{d}x=\frac{ql^2}{2EA}$$

当间隙只有 0.8δ 时，可认为刚性壁 C 对杆起到了约束的作用，作用的位移有 0.2δ，因此

$$0.2\delta=\frac{ql^2}{10EA}=\frac{ql}{10}\frac{l}{EA}=\frac{F_c l}{EA}$$

可视为刚性壁对 AB 杆的作用力为方向向左的 $\frac{ql}{10}$ 压力。

AB 内轴力为 $F=qx-\frac{1}{10}ql$（起点位于 B），因此最大内力出现在截面 A 处，$F_{A\max}=\frac{9}{10}ql$，应力为 $\sigma_{A\max}=\frac{F_{A\max}}{A}=\frac{9ql}{10A}$。

5．应力变化不大，应变显著变化的现象称为______。[华南理工大学 2016 研]

【答案】屈服

6．与线性关系对应的极限应力是______，塑性材料的极限应力是______，而脆性材料的极限应力是______。（比例极限、弹性极限、屈服极限、强度极限）[重庆邮电大学 2022 研]

【答案】比例极限；屈服极限；强度极限

7．如图 2－3－11 所示，AB 与 BC 两杆原先在水平位置，在 F 力作用下两杆变形，B 点位移为 Δ，若两杆抗拉刚度同为 EA，则 Δ 与 F 的关系为______。[华南理工大学 2016 研]

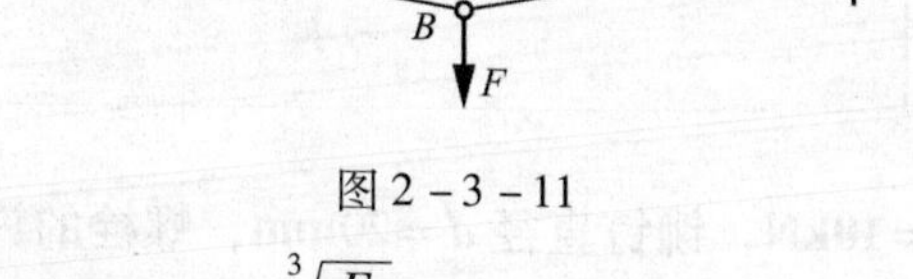

图 2－3－11

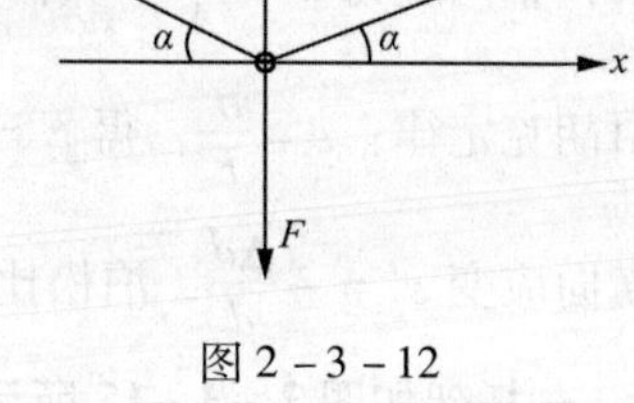

图 2－3－12

【答案】$\Delta=l\sqrt[3]{\frac{F}{EA}}$

【解析】对节点 B 进行受力分析，如图 2－3－12 所示，根据平衡条件

$$\sum F_x = 0, \ F_{N2}\cos\alpha - F_{N1}\cos\alpha = 0$$

$$\sum F_y = 0, \ (F_{N1} + F_{N2})\sin\alpha - F = 0$$

可得：$F_{N1} = F_{N2} = \dfrac{F}{2\sin\alpha}$。

变形后由于 α 角度非常小，近似有

$$\sin\alpha = \frac{\Delta}{l + \Delta l} = \frac{\Delta}{l}$$

由胡克定理可知杆的变形

$$\Delta l = \frac{F_{N1} l}{EA} = \frac{Fl}{2EA\sin\alpha} = \frac{Fl^2}{2EA\Delta} \quad ①$$

又由几何关系可得

$$\Delta^2 = (l + \Delta l)^2 - l^2 = 2l\Delta l \quad ②$$

联立①②可得载荷 F 和位移 Δ 之间的关系

$$\Delta = l\sqrt[3]{\frac{F}{EA}}$$

8. 图 2－3－13 所示销钉连接中，$F = 100\text{kN}$，销钉材料的许用切应力 $[\tau_j] = 60\text{MPa}$，则销钉的最小直径 d = ______。［重庆大学 2016 研］

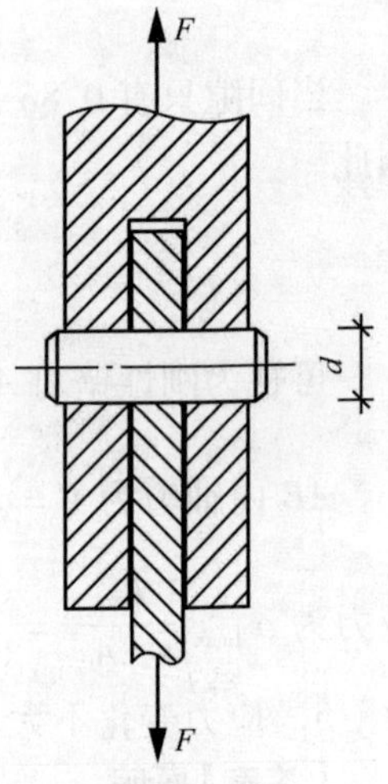

图 2－3－13

【答案】33mm

【解析】图示结构中，销钉有两个剪切面。

$$\frac{F}{2 \times \frac{1}{4}\pi d^2} \leqslant [\tau], \ d \geqslant \sqrt{\frac{2F}{\pi[\tau]}} = \sqrt{\frac{2 \times 100 \times 10^3}{\pi \times 60}} = 32.6\text{mm}$$

三、计算题

1. 一拉杆截面如图 2－3－14 所示，在集中拉力 F 作用下产生变形，已知拉杆伸长为 ΔL，截面高度变化为 Δd，求该杆的泊松比 μ 及弹性模量 E。［大连理工大学 2012 研］

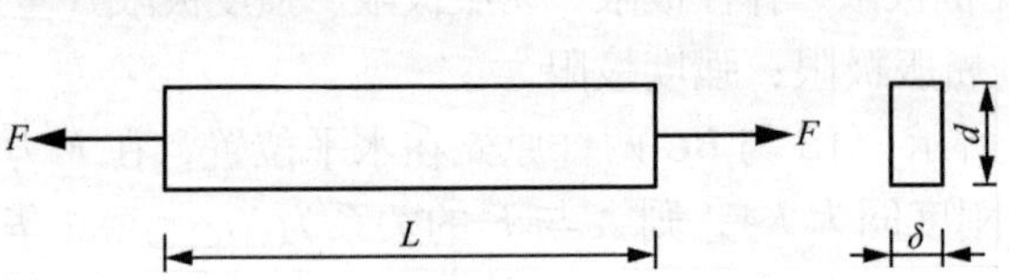

图 2－3－14

解： 轴向应力 $\sigma = \dfrac{F_N}{A} = \dfrac{F}{d\delta}$，轴向应变 $\varepsilon = \dfrac{\Delta L}{L}$。

由胡克定律：$\varepsilon = \dfrac{\sigma}{E}$，得 $E = \dfrac{\sigma}{\varepsilon} = \dfrac{FL}{\Delta L \cdot d\delta}$。

横向应变 $\varepsilon' = -\dfrac{\Delta d}{d}$，泊松比 $\mu = -\dfrac{\varepsilon'}{\varepsilon} = \dfrac{L\Delta d}{d\Delta L}$。

2. 一托架如图 2－3－15 所示。已知外力 $F = 10\text{kN}$，铆钉直径 $d = 20\text{mm}$，螺栓的许用切应力 $[\tau] = 100\text{MPa}$，铆钉与钢板为搭接。试校核铆钉接头的强度。［大连理工大学 2012 研］

解： 将外力向螺栓群中心简化，扭矩 $T = Fl = 10 \times 200 \times 10^{-3} = 2\text{kN} \cdot \text{m}$。

螺栓群形心为中间螺栓，校核最上面的螺栓：

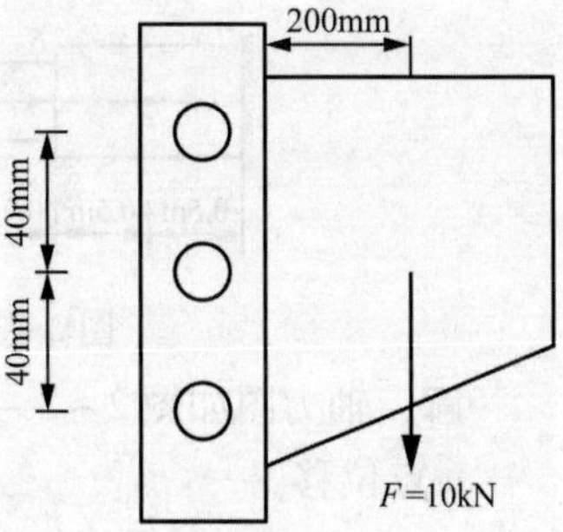

图 2－3－15

竖直方向剪力

$$F_1 = F/n = 10/3 = 3.33\text{kN}$$

水平方向剪力(扭矩引起)

$$F_2 = \frac{Tr}{\sum r_i^2} = \frac{2\times10^6\times40}{40^2\times2} = 25\text{kN}$$

总剪力

$$F_s = \sqrt{F_1^2+F_2^2} = \sqrt{3.33^2+25^2} = 25.22\text{kN}$$

$$\tau_{\max} = \frac{F_s}{A_s} = \frac{25.22\times10^3}{\frac{1}{4}\times\pi\times20^2} = 80.3\text{MPa} < [\tau] = 100\text{MPa}$$

强度满足要求。

3. 刚性杆 *AB* 左端铰支，两杆长度相等、横截面面积相同的钢杆 *CD* 和 *EF* 使该刚性杆处于水平位置，如图 2－3－16 所示。若使杆 *CD*、*EF* 的温度下降 Δt，试求两杆的轴力和应力。已知两杆长为 *L*，截面积为 *A*，弹性模量为 *E*，线膨胀系数 α_l。［大连理工大学 2012 研］

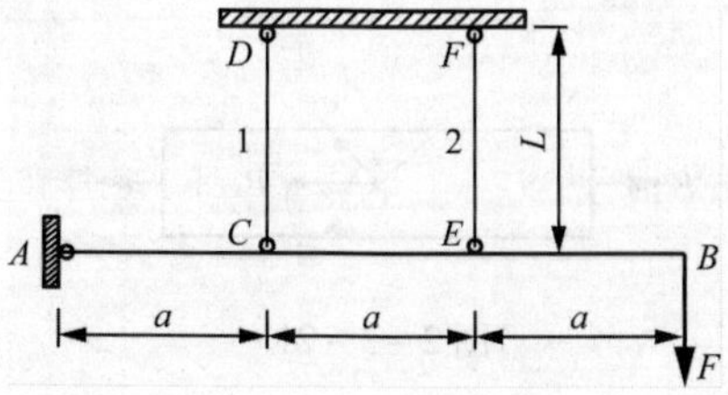

图 2－3－16

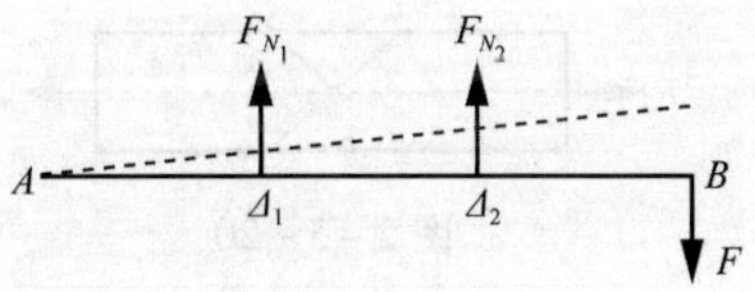

图 2－3－17

解：分析 *AB* 杆

$$\sum M(A)=0,\ F_{N_1}\cdot a + F_{N_2}\cdot 2a - F\cdot 3a = 0$$

$$F_{N_1} + 2F_{N_2} - 3F = 0 \qquad ①$$

变形协调条件

$$\Delta_2 = 2\Delta_1 \qquad ②$$

而

$$\Delta_2 = \alpha_l \Delta t L - \frac{F_{N_2}L}{EA},\ \Delta_1 = \alpha_l \Delta t L - \frac{F_{N_1}L}{EA}$$

代入②式，简化得

$$2F_{N_1} - F_{N_2} = EA\alpha_l\Delta t \qquad ③$$

①③两式联立，解得两杆轴力

$$F_{N_1} = \frac{3F+2EA\alpha_l\Delta t}{5},\ F_{N_2} = \frac{6F-EA\alpha_l\Delta t}{5}$$

$$\sigma_1 = \frac{F_{N_1}}{A} = \frac{3F+2EA\alpha_l\Delta t}{5A},\ \sigma_2 = \frac{F_{N_2}}{A} = \frac{6F-EA\alpha_l\Delta t}{5A}$$

4. 阶梯状钢杆，其 *AB* 段的横截面面积为 $A_1 = 200\text{mm}^2$，BC 段的横截面面积为 $A_2 = 100\text{mm}^2$，已知钢材的弹性模量 $E = 210\text{GPa}$。试求杆上 *a*，*b* 两点间沿纵向的相对位移 Δ_{ab}。［南京理工大学 2015 研］

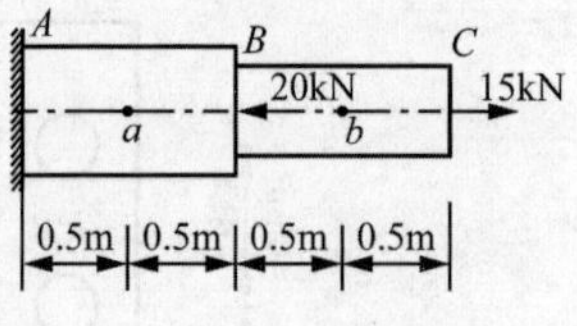

图 2-3-18

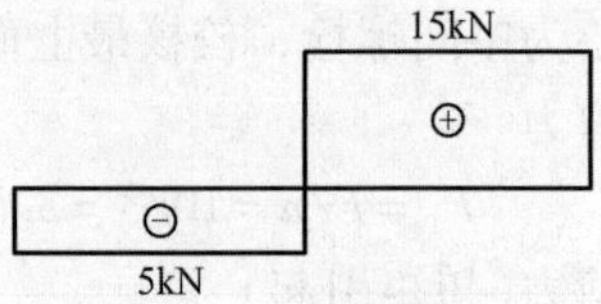

图 2-3-19

解：轴力图如图 2-3-19 所示。

a 点位移

$$\Delta_a=\frac{F_{N_1}\cdot x_a}{EA_1}=\frac{-5\times10^3\times0.5\times10^3}{210\times10^3\times200}=-0.060\text{mm}$$

b 点位移

$$\Delta_b=\frac{F_{N_1}\cdot l_1}{EA_1}+\frac{F_{N_2}\cdot(x_b-l_1)}{EA_2}=-\frac{5\times10^3\times1\times10^3}{210\times10^3\times200}+\frac{15\times10^3\times0.5\times10^3}{210\times10^3\times100}=0.238\text{mm}$$

a，b 相对位移：$\Delta_{ab}=\Delta_b-\Delta_a=0.238+0.060=0.298\text{mm}$。

5. 如图 2-3-20 所示，胶合而成的等截面轴向拉伸杆，其强度由胶缝控制，已知胶的许用切向应力[τ]为正应力的 0.6。试问角度 α 为何值时，胶缝面的正应力和切应力同时达到各自许用应力。［华南理工大学 2016 研］

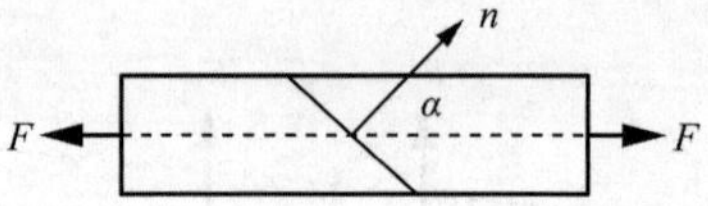

图 2-3-20

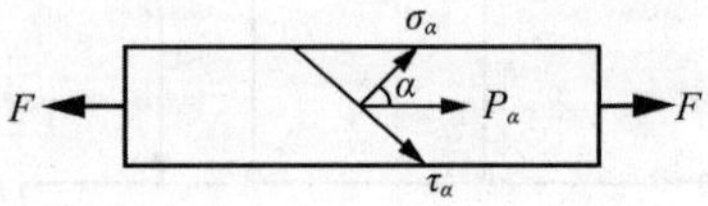

图 2-3-21

解：假设杆的横截面积为 A，则轴向应力

$$P_a=\frac{F}{A}\cos\alpha=\sigma\cos\alpha$$

如图 2-3-21，胶缝面的正应力和切应力分别为

$$\sigma_\alpha=P_\alpha\cos\alpha=\sigma\cos^2\alpha$$

$$\tau_\alpha=P_\alpha\sin\alpha=\sigma\cos\alpha\sin\alpha$$

依题意得

$$\tau_\alpha=0.6\sigma_\alpha$$

即

$$\sigma\cos\alpha\sin\alpha=0.6\sigma\cos^2\alpha$$

解得

$$\tan\alpha=0.6,\ \alpha=30.96°$$

6. 如图 2-3-22 所示阶梯截面杆 AC 承受轴向载荷 $F_1=200$kN 与 $F_2=150$kN，AB 段直径 $d_1=40$mm。欲使 BC 段和 AB 段的正应力相同，试求 BC 段直径。［华南理工大学 2016 研］

解：依题意得：

AB 段承受的内力为：$F_{AB}=F_1=200\text{kN}$。

BC 段承受的内力为：$F_{BC}=F_1+F_2=350\text{kN}$。

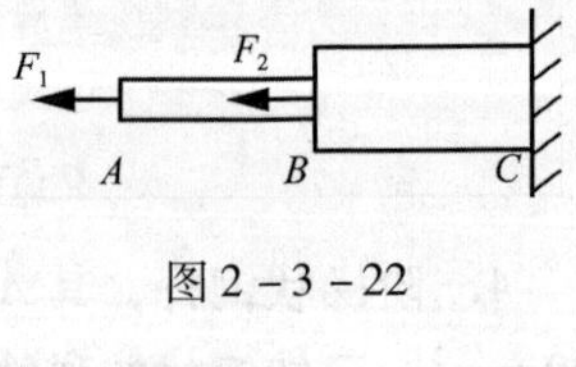

图 2-3-22

两段的正应力分别为

$$\sigma_{AB}=\frac{F_{AB}}{A_{AB}}=\frac{200\times10^3}{\frac{\pi}{4}(40\times10^{-3})^2}$$

$$\sigma_{BC}=\frac{F_{BC}}{A_{BC}}=\frac{350\times10^3}{\frac{\pi}{4}(d_{BC})^2}$$

由题可知 $\sigma_{AB}=\sigma_{BC}$，解得：$d_{BC}=52.92\text{mm}$。

7. 如图 2－3－23 所示桁架由圆截面杆 1 与杆 2 组成，并在节点 A 处承受载荷 $F=80\text{kN}$ 作用。杆 1 和杆 2 直径分别为 $d_1=30\text{mm}$ 和 $d_2=20\text{mm}$，两杆材料相同，屈服极限为 320MPa，安全系数为 2.0。试校核该桁架的强度。［华南理工大学 2016 研］

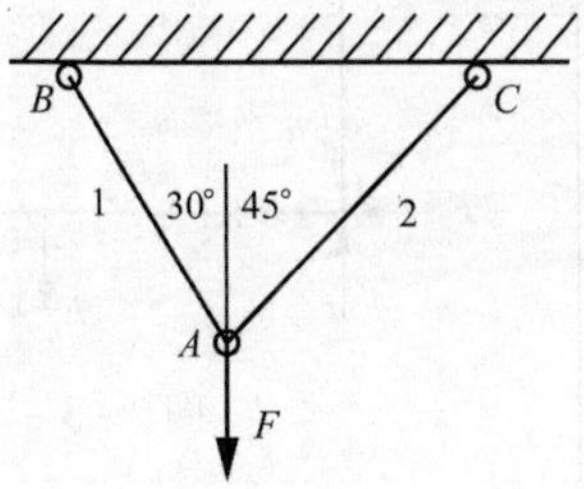

图 2－3－23

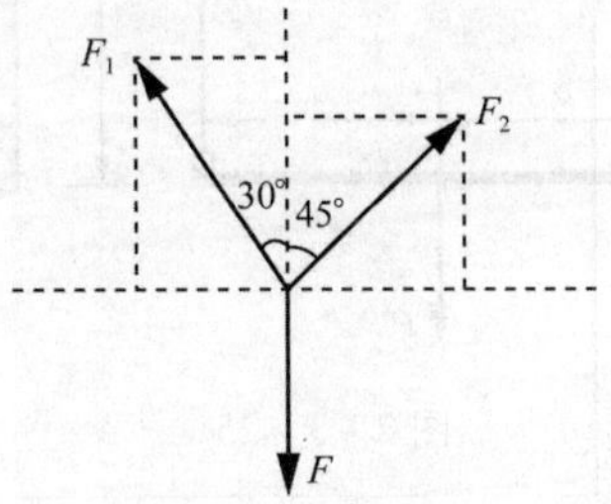

图 2－3－24

解：以点 A 为研究对象进行受力分析如图 2－3－24，得到

$$F_1\cos30°+F_2\cos45°=F$$

$$F_1\sin30°=F_2\sin45°$$

代入 $F=80\text{kN}$，得到

$$F_1=\frac{160}{1+\sqrt{3}}=58.56\text{kN},\ F_2=\frac{160}{\sqrt{2}+\sqrt{6}}=41.41\text{kN}$$

强度校核

$$\sigma_1=\frac{F_1}{A_1}=\frac{58.56\times10^3}{\frac{\pi}{4}\times(30\times10^{-3})^2}=8.29\times10^7\text{Pa}=82.9\text{MPa}\leqslant\frac{\sigma_s}{n_{st}}=160\text{MPa}$$

$$\sigma_2=\frac{F_2}{A_2}=\frac{41.41\times10^3}{\frac{\pi}{4}\times(20\times10^{-3})^2}=1.32\times10^8\text{Pa}=132\text{MPa}\leqslant\frac{\sigma_s}{n_{st}}=160\text{MPa}$$

经校核计算，该桁架安全。

8. 一根直径为 $d=10\text{mm}$ 的圆截面杆，在轴向拉力 F 作用下，直径减小 0.0025mm。如材料的弹性模量 $E=210\text{GPa}$，泊松比 $\mu=0.3$，试求轴向拉力 F。［暨南大学 2024 研］

解：泊松比：$\mu=-\frac{\varepsilon'}{\varepsilon}$。式中，$\varepsilon'$为横向应变；$\varepsilon$ 为轴向应变。

直径的变化量 $\Delta d=-0.0025\text{mm}$，原始直径 $d=10\text{mm}$。

则横向应变：$\varepsilon'=\frac{\Delta d}{d}=\frac{-0.0025}{10}=-2.5\times10^{-4}$。

轴向应变：$\varepsilon=-\frac{\varepsilon'}{\mu}=-\frac{-2.5\times10^{-4}}{0.3}=\frac{25}{3}\times10^{-4}$。

由胡克定律 $\sigma=E\varepsilon$，可得：$\sigma=E\varepsilon=210\times10^9\times\frac{25}{3}\times10^{-4}=1.75\times10^8\text{Pa}$。

圆截面杆的横截面积：$A=\dfrac{\pi d^2}{4}=\dfrac{\pi\times(10\times10^{-3})^2}{4}=25\pi\times10^{-6}\text{m}^2$。

由 $\sigma=F/A$，可得：$F=\sigma A=1.75\times10^8\times25\pi\times10^{-6}\approx13744\text{N}$。

9. 如图 2-3-25 所示结构，BAC 整体为刚性杆。杆①直径 $d_1=40$mm，杆②为圆形阶梯形直杆，D_2-40mm，$d_2=20$mm，尺寸如图所示。杆①弹性模量 $E_1=210$GPa，杆②弹性模量 $E_2=180$GPa。已知 $F=118$kN，$l=500$mm，试求两杆的轴力及杆②的最大应力。［南京航空航天大学 2017 研］

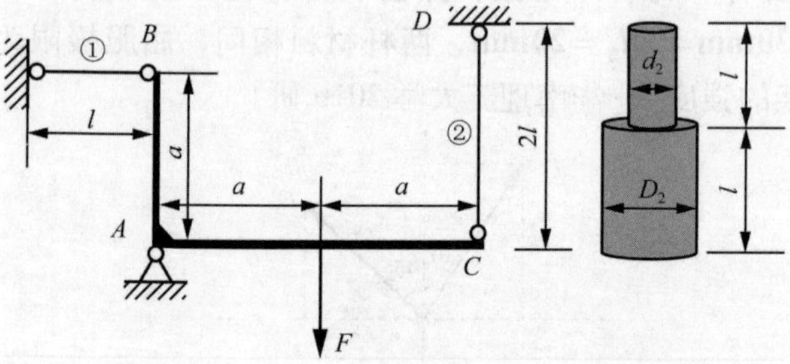

图 2-3-25

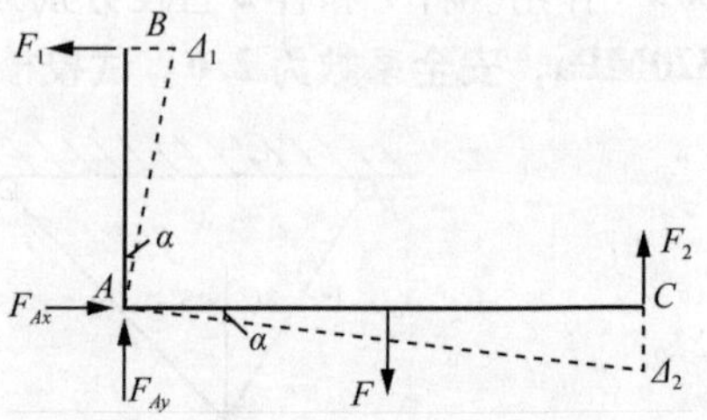

图 2-3-26

解：研究 BAC 杆。如图 2-3-26 所示，则有

$$\sum M(A)=0,\ F\cdot a-F_1\cdot a-F_2\cdot 2a=0\Rightarrow F=F_1+2F_2 \qquad ①$$

BAC 为刚性杆，假设转过一个微小角度 α，则变形协调条件为

$$\Delta_2=2\Delta_1 \qquad ②$$

而

$$\Delta_1=\frac{F_1 l}{E\cdot\frac{\pi}{4}d_1^2},\ \Delta_2=\frac{F_2 l}{E\cdot\frac{\pi}{4}d_2^2}+\frac{F_2 l}{E\cdot\frac{\pi}{4}D_2^2}$$

代入②式，得

$$F_2\left(\frac{1}{d_2^2}+\frac{1}{D_2^2}\right)=\frac{2F_1}{d_1^2}\Rightarrow F_2\left(\frac{1}{20^2}+\frac{1}{40^2}\right)=\frac{2F_1}{40^2}$$

即

$$F_1=2.5F_2 \qquad ③$$

①③两式联立，解得两杆轴力

$$F_1=\frac{5}{9}F=\frac{5}{9}\times118=65.56\text{kN}$$

$$F_2=\frac{2}{9}F=\frac{2}{9}\times118=26.2\text{kN}$$

杆②的最大应力

$$\sigma=\frac{F_2}{\frac{\pi}{4}d_2^2}=\frac{26.2\times10^3}{\frac{\pi}{4}\times20^2}=83.4\text{MPa}$$

10. 图 2-3-27 所示桁架，受铅垂载荷 $F=50$kN 作用，杆 1、2 的横截面均为圆形，其直径分别为 $d_1=15$mm，$d_2=20$mm，材料的许用应力均为$[\sigma]=150$MPa。试校核桁架的强度。［山东大学 2017 研］

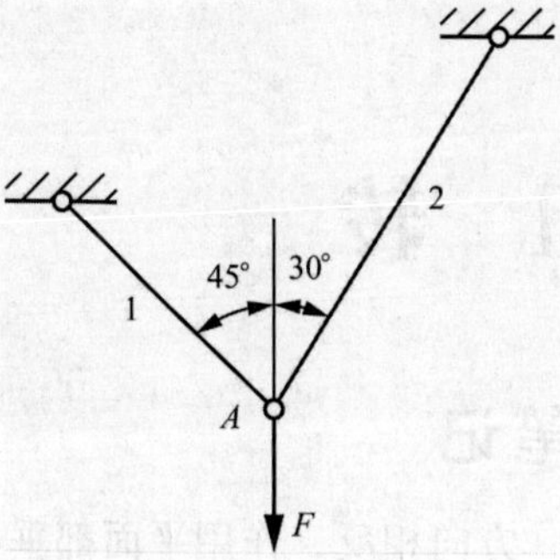

图 2-3-27

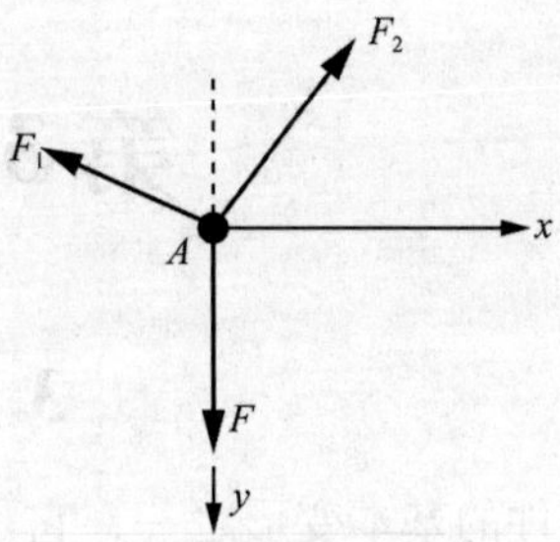

图 2-3-28

解：取节点 A 为研究对象，如图 2-3-28 所示，根据平衡条件

$$\sum F_x = 0,\ F_1\sin45° - F_2\sin30° = 0$$

$$\sum F_y = 0,\ F_1\cos45° + F_2\cos30° - F = 0$$

可得

$$F_1 = 25.9\text{kN},\ F_2 = 36.6\text{kN}$$

两杆的强度分别为

$$\sigma_1 = \frac{F_1}{A_1} = \frac{4F_1}{\pi d_1^2} = 146.6\text{MPa} < [\sigma]$$

$$\sigma_2 = \frac{F_2}{A_2} = \frac{4F_2}{\pi d_2^2} = 116.6\text{MPa} < [\sigma]$$

因此该桁架满足强度要求。

第3章 扭 转

3.1 复习笔记

扭转是杆件的基本变形之一，它是由大小相等，方向相反，作用平面都垂直于杆轴的两个力偶引起的，表现为杆件的任意两个截面发生绕轴线的相对转动。

一、外力偶矩的计算和扭矩及扭矩图

1. 外力偶矩的计算公式

$$\{M_e\}_{N \cdot m} = 9550 \frac{\{P\}_{kW}}{\{n\}_{r/min}}$$

式中，P 为轴的输入功率；n 为转速。

2. 扭矩 T

(1)扭矩计算

利用截面法，根据静平衡条件求得。

(2)符号规定

若按右手螺旋法把 T 表示为矢量，当矢量方向与截面的外法线方向一致时，T 为正；反之为负。

3. 扭矩图

表示各截面上扭矩沿轴线变化情况的图线，即用平行于杆轴线的坐标 x 表示横截面的位置；用垂直于杆轴线的坐标 T 表示横截面上的扭矩。

提示：正的扭矩画在 x 轴上方，负的扭矩画在 x 轴下方。

二、纯剪切

1. 薄壁圆筒($\delta \leqslant \frac{1}{10}r$)扭转时的切应力

横截面应力特征：

横截面无正应力，只有切应力，且切应力均匀分布，与半径垂直，指向与扭矩的方向一致，如图3-1-1所示。

切应力计算公式：$\tau = \frac{M_e}{2\pi r^2 \delta}$。

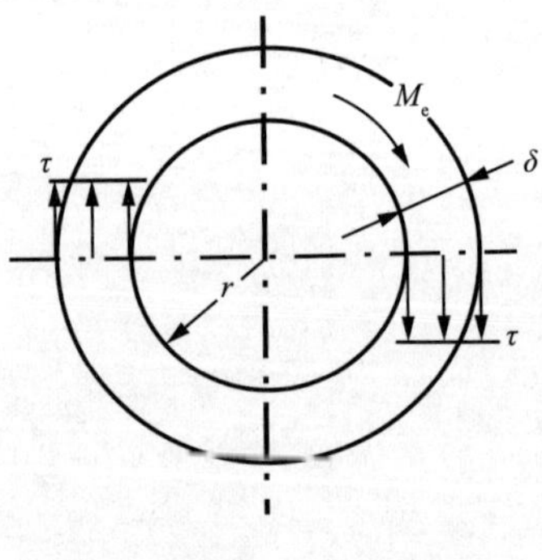

图3-1-1

2. 切应力互等定理

单元体相互垂直的两个平面上，切应力必然成对存在，且数值相等，都垂直于两个平面的交线，方向则共同指向或共同背离这一交线。

3. 剪切胡克定律

(1)纯剪切

若单元体的各个侧面上只有切应力并无正应力，这种情况称为纯剪切。

(2)切应变

对于长为 l 的圆筒，两端相对扭转角为 φ，则切应变 $\gamma=\frac{r\varphi}{l}$。

(3)剪切胡克定律

当切应力不超过材料的剪切比例极限时，切应变与切应力成正比，即 $\tau=G\gamma$，其中，G 为材料的切变模量。

(4)弹性常量间的关系

对于各向同性材料，弹性模量 E、泊松比 μ、切变模量 G 三者之间的关系为

$$G=\frac{E}{2(1+\mu)}$$

4. 剪切应变能

在应力小于剪切比例极限的情况下，单位体积内的剪切应变能密度为

$$\nu_{\varepsilon}=\frac{1}{2}\tau\gamma=\frac{\tau^2}{2G}$$

上述公式主要用于线弹性范围内纯剪切应力状态下剪切应变能密度的计算。

三、圆轴扭转时的应力和变形

1. 圆轴扭转时的应力

(1)应力计算公式

推导圆轴扭转时的应力计算公式，需同时考虑变形几何、物理和静力三方面的关系。

①变形几何关系：圆轴扭转的平面假设；

②物理关系：剪切胡克定律；

③静力关系：横截面上的内力系对圆心的力矩合成为扭矩。

如图 3-1-2 所示，横截面上任一点的切应力为

$$\tau_{\rho}=\frac{T\rho}{I_{\mathrm{p}}}$$

圆截面边缘的最大切应力为

$$\tau_{\max}=\frac{TR}{I_{\mathrm{p}}}=\frac{T}{W_{\mathrm{t}}}$$

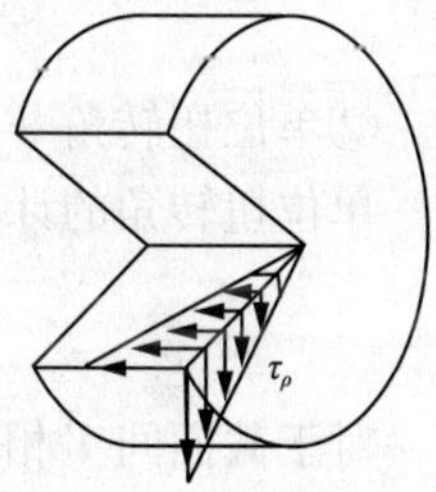

图 3-1-2

式中，ρ 为应力点到圆心的距离；I_{p} 为横截面的极惯性矩；W_{t} 为抗扭截面系数。

对于直径为 D 的实心圆形截面

$$I_{\mathrm{p}}=\frac{\pi D^4}{32},\ W_{\mathrm{t}}=\frac{\pi D^3}{16}$$

对于内径为 d，外径为 D 的空心圆截面

$$I_{\mathrm{p}}=\frac{\pi D^4}{32}(1-\alpha^4),\ W_{\mathrm{t}}=\frac{I_{\mathrm{p}}}{D/2}=\frac{\pi(D^4-d^4)}{16D}=\frac{\pi D^3}{16}(1-\alpha^4)$$

式中，$\alpha=\frac{d}{D}$。

上述公式只适用于等直杆和线弹性范围。

(2)强度条件

对于等直杆

$$\tau_{\max}=\frac{T_{\max}}{W_{\mathrm{t}}}\leqslant[\tau]$$

对于变截面杆件需综合考虑 T 和 W_t，以求得切应力的最大值。

强度条件的应用：

①强度校核

$$\frac{T_{max}}{W_t} \leqslant [\tau]$$

②截面选择

$$W_t \geqslant \frac{T_{max}}{[\tau]}$$

③计算许可载荷

$$T_{max} \leqslant W_t[\tau]$$

2. 圆轴扭转时的变形

(1)变形量计算

①相对扭转角

等直杆扭转时，相距为 l 的两截面间的相对扭转角为

$$\varphi = \frac{Tl}{GI_p}$$

式中，GI_p 称为抗扭刚度。

对于各段内 T 或 I_p 不同的等直轴，相对转角为

$$\varphi = \sum_{i=1}^{n} \frac{T_i l_i}{GI_{pi}}$$

②单位扭转角

单位扭转角的计算公式为

$$\varphi' = \frac{d\varphi}{dx} = \frac{T}{GI_p}$$

对于截面间 T 相等的等直杆，单位扭转角计算公式可写为

$$\varphi' = \frac{T}{GI_p} = \frac{\varphi}{l}$$

上述扭转角和单位扭转角的计算公式适用于材料在线弹性范围内的圆杆。

(2)刚度条件

工程中，单位扭转角的常用单位为(°)/m，刚度条件为

$$\varphi'_{max} = \frac{T_{max}}{GI_p} \times \frac{180}{\pi} \leqslant [\varphi'](°)/m$$

四、圆柱形密圈螺旋弹簧的应力和变形

1. 弹簧横截面的应力计算

(1)近似计算

计算假定：簧丝曲率较小时，不考虑其影响，并认为剪切引起的剪应力均匀分布，采用直杆计算公式，则截面最大切应力为

$$\tau_{max} = \frac{8FD}{\pi d^3}\left(\frac{d}{2D} + 1\right)$$

式中，F 为作用在弹簧圈中心的力；d 为簧丝的直径；D 为弹簧圈的平均直径。

(2)修正计算

在考虑簧丝曲率和剪应力并非均匀分布的情况下，最大切应力的计算修正公式为

$$\tau_{\max}=\left(\frac{4c-1}{4c-4}+\frac{0.615}{c}\right)\frac{8FD}{\pi d^3}=k\frac{8FD}{\pi d^3}$$

式中，c 为弹簧指数，$c=\frac{D}{d}$；k 为曲度系数，$k=\frac{4c-1}{4c-4}+\frac{0.615}{c}$。

(3)强度条件

$$\tau_{\max}\leqslant[\tau]$$

2. 弹簧的变形计算

在作用点在弹簧圈中心的力 F 的作用下，沿力的作用方向的位移

$$\lambda=\frac{8FD^3n}{Gd^4}=\frac{64FR^3n}{Gd^4}=\frac{F}{C}$$

式中，C 为弹簧刚度，$C=\frac{Gd^4}{8D^3n}=\frac{Gd^4}{64R^3n}$；$R$ 为弹簧圈平均半径，$R=\frac{D}{2}$；n 为弹簧的有效圈数。

五、非圆截面杆扭转的概念

1. 基本概念

(1)翘曲：扭转变形后杆的横截面不再保持为平面的现象。

(2)自由扭转：等直杆两端受扭转力偶作用，且翘曲不受任何限制的扭转。

变形和受力特点：各横截面的翘曲程度相同，纵向纤维的长度无变化；横截面上只有切应力。

(3)约束扭转：由于受力或约束条件限制导致翘曲受限的扭转。

变形和受力特点：各横截面的翘曲程度不同，相邻两截面间纵向纤维的长度改变；横截面上有切应力和正应力。

2. 矩形截面的扭转计算

(1)一般矩形截面($\frac{h}{b}\leqslant 10$)

分布特点：周边各点切应力与周边相切，没有垂直于周边的切应力分量，顶点处切应力等于零，切应力变化情况如图 3－1－3(a)所示。

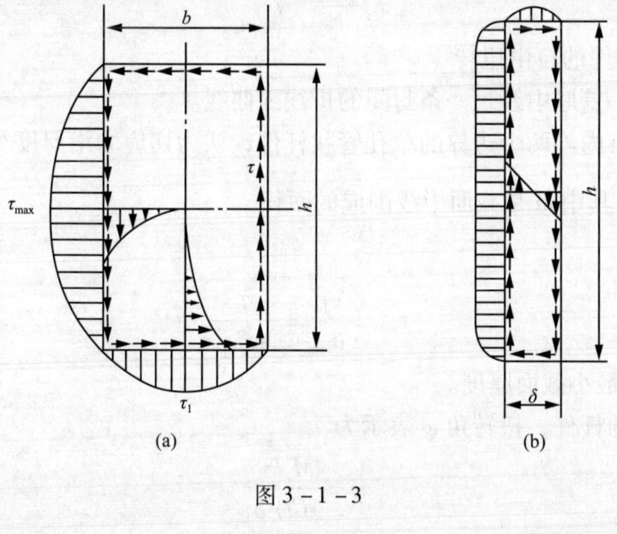

图 3－1－3

横截面上的最大切应力τ_{max}发生在长边中点处

$$\tau_{max} = \frac{T}{\alpha hb^2}$$

短边上切应力最大值发生在中点处

$$\tau_1 = \nu\tau_{max}$$

矩形截面扭转时，相对扭转角

$$\varphi = \frac{Tl}{G\beta hb^3} = \frac{Tl}{GI_t}$$

式中，α、β、ν 是与比值 h/b 有关的系数；GI_t 为杆件的抗扭刚度。

(2)狭长矩形截面($\frac{h}{b}>10$)

分布特点：与一般矩形相似，不同之处在于长边各点切应力数值接近相等，靠近顶点处除外，如图3-1-3(b)所示。

若以 δ 表示矩形短边宽度，则最大切应力和相对扭转角的计算公式为

$$\tau_{max} = \frac{T}{\frac{1}{3}h\delta^2} \qquad \varphi = \frac{Tl}{G \cdot \frac{1}{3}h\delta^3}$$

六、薄壁杆件的自由扭转(选学内容，不做要求)

(1)薄壁杆件：壁厚远小于横截面的高、宽或平均半径的杆件。壁厚中线：薄壁杆件横截面壁厚的平分线。

(2)开口薄壁杆件的自由扭转

开口薄壁杆件：壁厚中线是一条不封闭的折线或曲线。

假设前提：自由扭转时横截面在变形过程中只作自身平面内的刚体平动。整个横截的转角与截面上各部分(视为狭长矩形)的扭转角相等。

最大切应力发生在宽度最大的狭长矩形长边上，切应力与截面边缘相切形成顺流，同一厚度线的两端切应力方向相反，最大切应力为

$$\tau_{max} = \frac{T\delta_{max}}{I_t}$$

(3)闭口薄壁杆件的自由扭转

闭口薄壁杆件：壁厚中线是一条封闭的折线或曲线。

对于横截面只有内外两个边界的单孔管状杆件，认为切应力沿厚度均匀分布。

剪力流 $f=\frac{T}{2\omega}$，其中 ω 是截面中线围成的面积。

最大切应力

$$\tau_{max} = \frac{f}{\delta_{min}} = \frac{T}{2\omega\delta_{min}}$$

式中，δ_{min} 表示最小截面厚度。

对于壁厚不变的杆件，扭转角 φ 表示为

$$\varphi = \frac{M_e lS}{4G\omega^2\delta}$$

式中，截面中线长度 $S = \oint \mathrm{d}s$，M_e 为外力偶矩。

3.2　课后习题详解

3.1　作图 3－2－1 所示各杆的扭矩图。

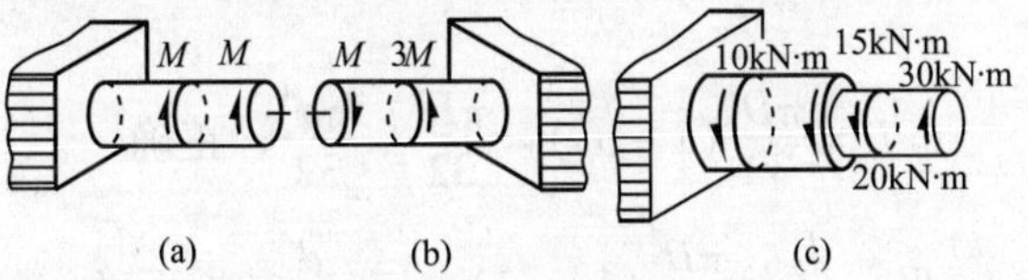

图 3－2－1

解：由截面法可得各段扭矩，图 3－2－1 所示杆的扭矩图分别对应图 3－2－2 所示。

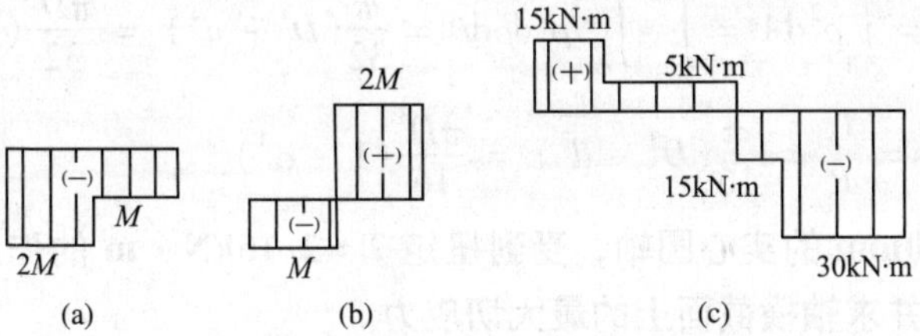

图 3－2－2

3.2　*T* 为圆杆横截面上的扭矩，试画出图 3－2－3 所示横截面上与 *T* 对应的切应力分布图。

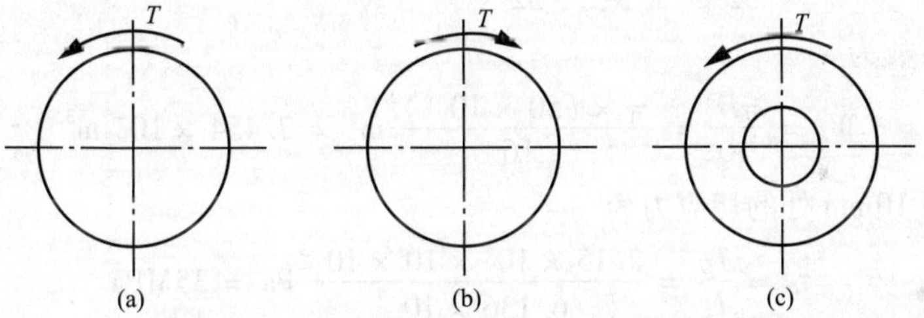

图 3－2－3

解：图 3－2－3 所示横截面上与 T 对应的切应力分布图如下图 3－2－4 所示。

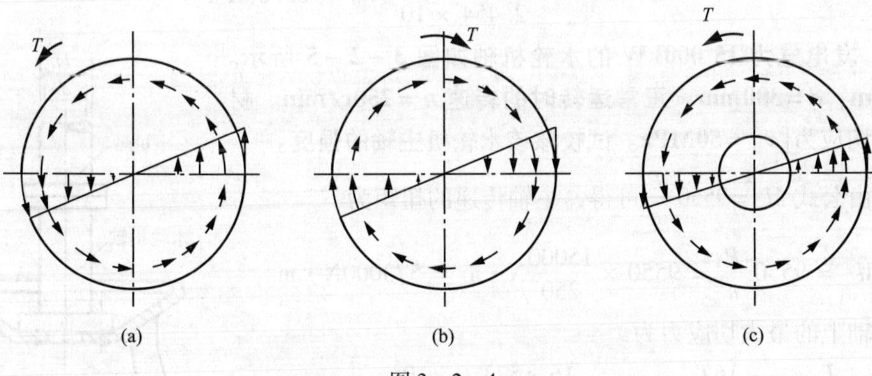

图 3－2－4

3.3　在变速箱中，为何低速轴的直径要比高速轴的直径大？

答：总的功率相同。从转轴的扭矩做功的角度出发，功率为

$$P = \frac{W_T}{t} = \frac{T\varphi}{2t} = \frac{1}{2}Tw = const（w \text{ 表示转速}）$$

易知低速轴转速低，但负载大，为保证轴的强度，低速轴的直径较大。

3.4　内、外直径分别为 d 和 D 的空心轴，其横截面的极惯性矩为 $I_p=\frac{1}{32}\pi D^4-\frac{1}{32}\pi d^4$，扭截面系数 $W_p=\frac{1}{16}\pi D^3-\frac{1}{16}\pi d^3$。以上算式是否正确？若不正确，请改正并说明理由。

解：不完全正确

$$I_p=\frac{\pi D^4}{32}(1-\alpha^4)=\frac{\pi D^4}{32}-\frac{\pi d^4}{32}，正确$$

$$W_p=\frac{I_p}{R}=\frac{\pi D^3}{16}(1-\alpha^4)，\ \alpha=\frac{d}{D}，不正确$$

理由

$$I_p=\int_A\rho^2\mathrm{d}A=\int_0^{2\pi}\int_{d/2}^{D/2}\rho^3\mathrm{d}\rho\mathrm{d}\theta=\frac{\pi}{32}(D^4-d^4)=\frac{\pi D^4}{32}(1-\alpha^4)$$

$$W_p=\frac{I_p}{R}=\frac{\pi}{16}(D^3-d^3)=\frac{\pi D^3}{16}(1-\alpha^4)$$

3.5　直径 $D=50\text{mm}$ 的实心圆轴，受到扭矩 $T=2.15\text{kN}\cdot\text{m}$ 的作用。试求在距离轴心 10mm 处的切应力，并求轴横截面上的最大切应力。

解：该实心轴的极惯性矩为

$$I_\mathrm{p}=\frac{\pi D^4}{32}=\frac{\pi\times(50\times10^{-3})^4}{32}\text{m}^4=6.136\times10^{-7}\text{m}^4$$

抗扭截面系数为

$$W_\mathrm{p}=\frac{\pi D^3}{16}=\frac{\pi\times(50\times10^{-3})^3}{16}\text{m}^3=2.454\times10^{-5}\text{m}^3$$

故距离轴心 10mm 处的切应力为

$$\tau_\rho=\frac{T\rho}{I_\mathrm{p}}=\frac{2.15\times10^3\times10\times10^{-3}}{6.136\times10^{-7}}\text{Pa}=35\text{MPa}$$

轴横截面上的最大切应力为

$$\tau_{\max}=\frac{T}{W_\mathrm{p}}=\frac{2.15\times10^3}{2.454\times10^{-5}}\text{Pa}=87.6\text{MPa}$$

3.6　发电量为 15 000kW 的水轮机轴如图 3-2-5 所示。$D=550\text{mm}$，$d=300\text{mm}$，正常运转时的转速 $n=250\text{r/min}$。材料的许用切应力为 $[\tau]=50\text{MPa}$。试校核该水轮机主轴的强度。

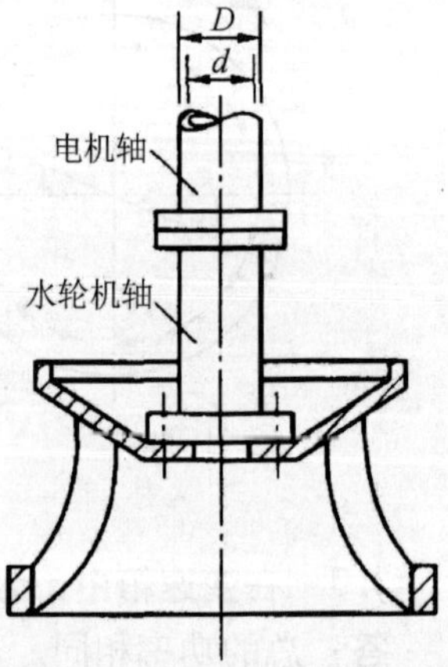

图 3-2-5

解：由公式 $M_\mathrm{e}=9550\frac{P}{n}$ 可得，主轴传递的扭矩为

$$T=M_\mathrm{e}=9550\frac{P}{n}=9550\times\frac{15000}{250}\text{N}\cdot\text{m}=573000\text{N}\cdot\text{m}$$

则主轴上的最大切应力为

$$\tau_{\max}=\frac{T}{W_\mathrm{t}}=\frac{16T}{\pi D^3(1-\alpha^4)}=\frac{16\times573.0\times10^5}{\pi\times550^3\times\left[1-\left(\frac{300}{550}\right)^4\right]}\text{MPa}$$

$$=19.2\text{MPa}<[\tau]=50\text{MPa}$$

故主轴强度满足要求，是安全的。

3.7 图3-2-6所示AB轴的转速$n=120\text{r/min}$，从B轮输入功率$P=44.13\text{kW}$，功率的一半通过锥形齿轮传给垂直轴Ⅱ，另一半由水平轴Ⅰ输出。已知$D_1=600\text{mm}$，$D_2=240\text{mm}$，$d_1=100\text{mm}$，$d_2=80\text{mm}$，$d_3=60\text{mm}$，$[\tau]=20\text{MPa}$。试对各轴进行强度校核。

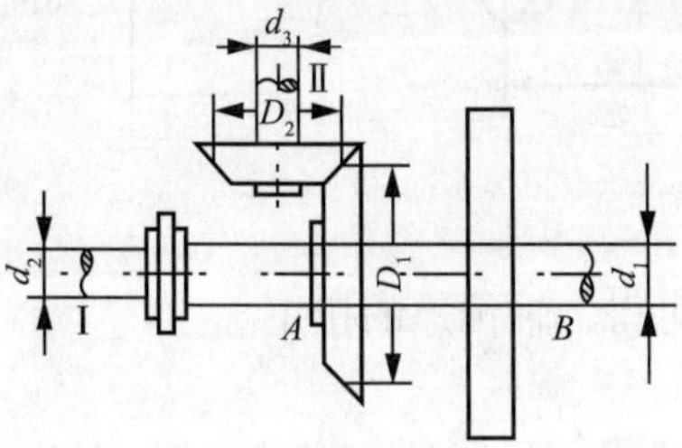

图3-2-6

解：(1)校核水平轴Ⅰ轴

Ⅰ轴传递的功率：$P_1=\dfrac{P}{2}=22.065\text{kW}$。

则其传递的扭矩：$T_1=9550\dfrac{P_1}{n_1}=9550\times\dfrac{22.065}{120}\text{N}\cdot\text{m}=1756.0\text{N}\cdot\text{m}$。

该轴上的最大切应力为

$$\tau_{\max1}=\frac{T_1}{W_{t1}}=\frac{16T_1}{\pi d_2^3}=\frac{16\times1756.0\times10^3}{\pi\times80^3}\text{MPa}=17.5\text{MPa}<[\tau]=20\text{MPa}$$

故Ⅰ轴的强度满足要求，是安全的。

(2)校核垂直轴Ⅱ轴

Ⅱ轴传递的功率：$P_2=\dfrac{P}{2}=22.065\text{kW}$。

转速：$n_2=n\dfrac{D_1}{D_2}=120\times\dfrac{600}{240}\text{r/min}=300\text{r/min}$。

则其传递的扭矩：$T_2=9550\dfrac{P_2}{n_2}=9550\times\dfrac{22.065}{300}\text{N}\cdot\text{m}=702.4\text{N}\cdot\text{m}$。

该轴上的最大切应力为

$$\tau_{\max2}=\frac{T_2}{W_{t2}}=\frac{16T_2}{\pi d_3^3}=\frac{16\times702.4\times10^3}{\pi\times60^3}\text{MPa}=16.6\text{MPa}<[\tau]=20\text{MPa}$$

故Ⅱ轴的强度满足要求，是安全的。

(3)校核AB轴

AB轴传递的扭矩：$T=9550\dfrac{P}{n}=9550\times\dfrac{44.13}{120}\text{N}\cdot\text{m}=3512.0\text{N}\cdot\text{m}$。

则轴上的最大切应力为

$$\tau_{\max}=\frac{T}{W_t}=\frac{16T}{\pi d_1^3}=\frac{16\times3512.0\times10^3}{\pi\times100^3}\text{MPa}=17.9\text{MPa}<[\tau]=20\text{MPa}$$

故该轴强度满足要求。

3.8 阶梯形实心圆轴的直径分别为$d_1=40\text{mm}$，$d_2=70\text{mm}$，轴上装有三个带轮，如图3-2-7所示。已知由轮3输入的功率为$P_3=30\text{kW}$，轮1输出的功率为$P_1=13\text{kW}$，轴作匀速转动，转速$n=200\text{r/min}$。材料的剪切许用应力$[\tau]=60\text{MPa}$，$G=80\text{GPa}$，许用扭转角$[\varphi']=2(°)/\text{m}$。试校核轴的强度和刚度。

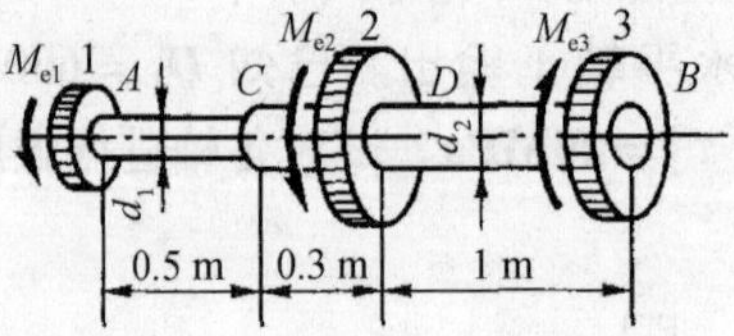

图 3-2-7

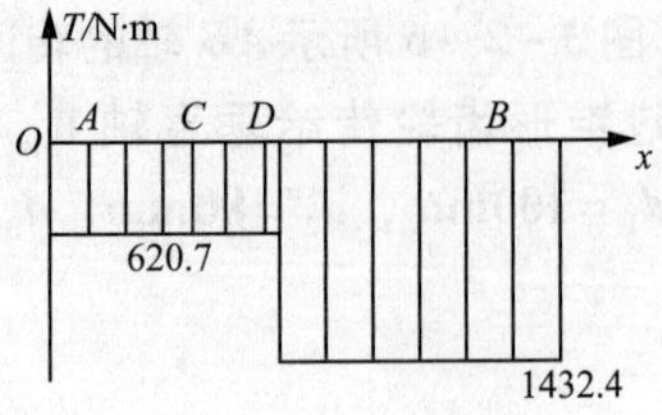

图 3-2-8

解：由公式 $M_e = 9550\dfrac{P}{n}$ 可得，轴传递的扭矩

$$M_{e1} = 9550\frac{P_1}{n} = 9550 \times \frac{13}{200}\text{N}\cdot\text{m} = 620.8\text{N}\cdot\text{m}$$

$$M_{e3} = 9550\frac{P_3}{n} = 9550 \times \frac{30}{200}\text{N}\cdot\text{m} = 1432.5\text{N}\cdot\text{m}$$

由此可作出该轴的扭矩图，如图 3-2-8 所示。

(1)强度校核

AC 段：$\tau_{max} = \dfrac{T_1}{W_{t1}} = \dfrac{16T_1}{\pi d_1^3} = \dfrac{16 \times 620.8 \times 10^3}{\pi \times 40^3}\text{MPa} = 49.4\text{MPa} < [\tau]$；

BD 段：$\tau_{max} = \dfrac{T_2}{W_{t2}} = \dfrac{1432.5 \times 10^3 \times 16}{\pi \times 70^3}\text{MPa} = 21.3\text{MPa} < [\tau]$。

故强度满足要求。

(2)刚度校核

AC 段：$\varphi_{max} = \dfrac{T_1}{GI_{p1}} = \dfrac{620.8 \times 32}{80 \times 10^9 \times \pi \times 0.04^4}\text{rad/m} = 0.031\text{rad/m} = 1.78(°)/\text{m} < [\varphi']$；

BD 段：$\varphi_{max} = \dfrac{T_2}{GI_{p2}} = \dfrac{1432.5 \times 32}{80 \times 10^9 \times \pi \times 0.07^4}\text{rad/m} = 7.6 \times 10^{-3}\text{rad/m} = 0.435(°)/\text{m} < [\varphi']$。

故刚度也满足要求，是安全的。

3.9　图 3-2-9 所示绞车同时由两人操作，若每人加在手柄上的力都是 $F = 200\text{N}$，已知轴的许用切应力 $[\tau] = 40\text{MPa}$，试按强度条件初步设计 AB 轴的直径，并确定最大起重量 W。

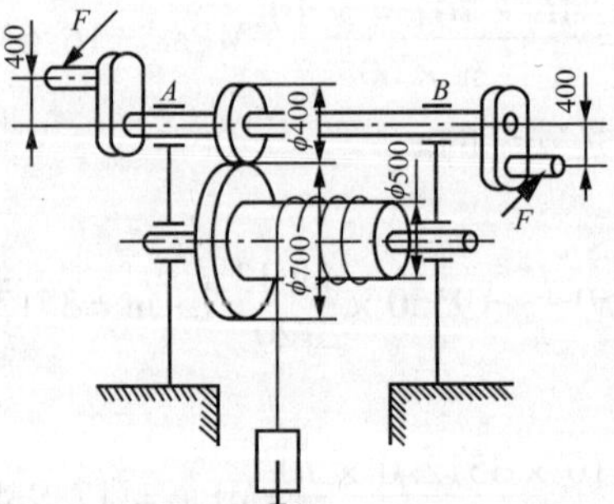

图 3-2-9

解：(1)确定 AB 轴直径

作用在 AB 轴上的扭矩：$T = M_A = M_B = 0.4F = 0.4 \times 200\text{N}\cdot\text{m} = 80\text{N}\cdot\text{m}$。

由该轴的强度条件 $\tau_{max} = \dfrac{T}{W_t} = \dfrac{16T}{\pi d^3} \leqslant [\tau]$，可得

$$d \geqslant \sqrt[3]{\frac{16T}{\pi[\tau]}} = \sqrt[3]{\frac{16 \times 80 \times 10^3}{\pi \times 40}}\text{mm} = 21.7\text{mm}$$

故取 AB 轴直径 $d = 22\text{mm}$。

(2)确定最大起重量 W

由 AB 轴的平衡条件可得：$\dfrac{W \cdot \dfrac{0.5}{2}}{\dfrac{0.7}{2}} \times \dfrac{0.4}{2} = M_A + M_B$。

整理得：$W \cdot \dfrac{5}{7} \times 0.2 = 80 + 80$。

则最大起重量为：$W = 1120\text{N}$。

3.10　机床变速箱第Ⅱ轴如图 3－2－10 所示，轴所传递的功率为 $P = 5.5\text{kW}$，转速 $n = 200\text{r/min}$，材料为 45 钢，$[\tau] = 40\text{MPa}$。若该轴为实心圆轴，试按强度条件初步设计轴的直径。

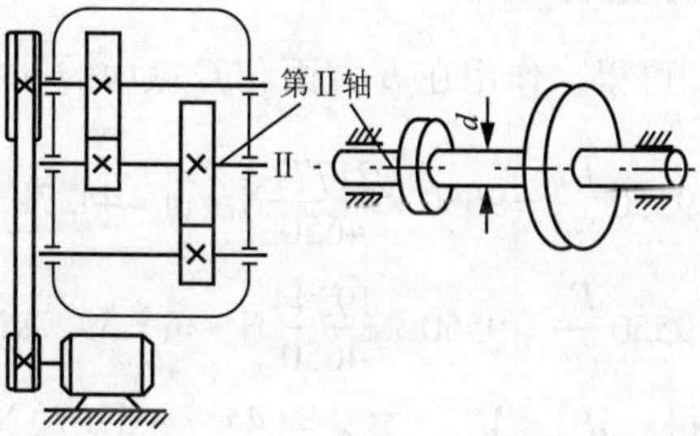

图 3－2－10

解：由外力偶矩计算公式可得，Ⅱ轴传递的扭矩

$$T = 9550\frac{P}{n} = 9550 \times \frac{5.5}{200}\text{N} \cdot \text{m} = 262.6\text{N} \cdot \text{m}$$

由该轴的强度条件 $\tau_{\max} = \dfrac{T}{W_t} = \dfrac{16T}{\pi d^3} \leqslant [\tau]$，可得

$$d \geqslant \sqrt[3]{\frac{16T}{\pi[\tau]}} = \sqrt[3]{\frac{16 \times 262.6 \times 10^3}{\pi \times 40}}\text{mm} = 32.2\text{mm}$$

故取该轴直径 $d = 33\text{mm}$。

3.11　图 3－2－11 所示实心轴和空心轴通过牙嵌式离合器连接在一起。已知轴的转速 $n = 100\text{r/min}$，传递的功率 $P = 7.5\text{kW}$，材料的许用切应力 $[\tau] = 40\text{MPa}$。试选择实心轴的直径 d_1 和内外径比值为 $\dfrac{1}{2}$ 的空心轴的外径 D_2。

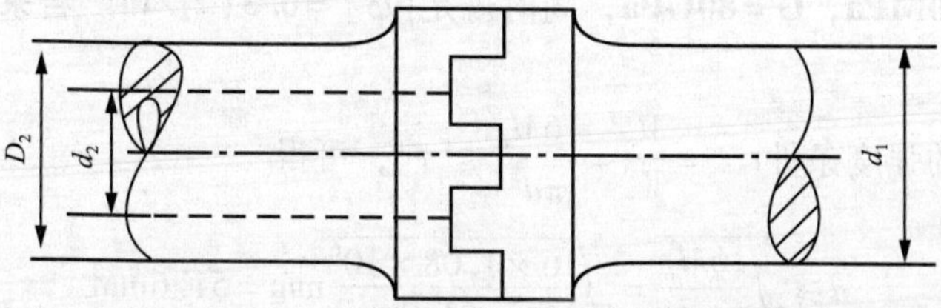

图 3－2－11

解：该离合器传递的扭矩即作用在该轴上的扭矩

$$T = 9550\frac{P}{n} = 9550 \times \frac{7.5}{100}\text{N} \cdot \text{m} = 716.3\text{N} \cdot \text{m}$$

对于实心轴部分，由其强度条件$\tau_{\max} = \frac{T}{W_{t1}} = \frac{16T}{\pi d_1^3} \leqslant [\tau]$，可得

$$d_1 \geqslant \sqrt[3]{\frac{16T}{\pi[\tau]}} = \sqrt[3]{\frac{16 \times 716.3 \times 10^3}{\pi \times 40}}\text{mm} = 45\text{mm}$$

对于空心轴部分，由其强度条件$\tau_{\max} = \frac{T}{W_{t2}} = \frac{16T}{\pi D_2^3(1-\alpha^4)} \leqslant [\tau]$，其中内外径比$\alpha = \frac{1}{2}$，可得

$$D_2 \geqslant \sqrt[3]{\frac{16T}{\pi[\tau](1-\alpha^4)}} = \sqrt[3]{\frac{16 \times 716.3 \times 10^3}{\pi \times 40 \times (1-0.5^4)}}\text{mm} = 46\text{mm}$$

综上，可取实心轴的直径 $d_1 = 45\text{mm}$，空心轴的外径 $D_2 = 46\text{mm}$。

3.12　发动机涡轮轴的简图如图 3－2－12 所示。在截面 B，Ⅰ级涡轮传递的功率为 21771kW；在截面 C，Ⅱ级涡轮传递的功率为 19344kW。轴的转速 $n = 4650\text{r/min}$。试画出轴的扭矩图，并求轴的最大切应力。

解： 由公式 $M_e = 9550\frac{P}{n}$可得，作用在 B 截面和 C 截面的外力偶矩分别为

$$M_{eB} = 9550\frac{P_B}{n} = 9550 \times \frac{21771}{4650}\text{N} \cdot \text{m} = 44.7\text{kN} \cdot \text{m}$$

$$M_{eC} = 9550\frac{P_C}{n} = 9550 \times \frac{19344}{4650}\text{N} \cdot \text{m} = 39.7\text{kN} \cdot \text{m}$$

故由力矩的平衡条件可得：$M_{eA} = M_{eB} + M_{eC} = (44.7 + 39.7)\text{N} \cdot \text{m} = 84.4\text{kN} \cdot \text{m}$。

由此可作该轴的扭矩图，如图 3－2－13 所示。

由扭矩图可知，最危险截面发生在 AB 上 l_2 段，故最大切应力值为

$$\tau_{\max} = \frac{M_{eA}}{W_{t1}} = \frac{16 \times 84.4 \times 10^6}{\pi \times 136^3 \times \left[1 - \left(\frac{78}{136}\right)^4\right]}\text{MPa} = 192\text{MPa}$$

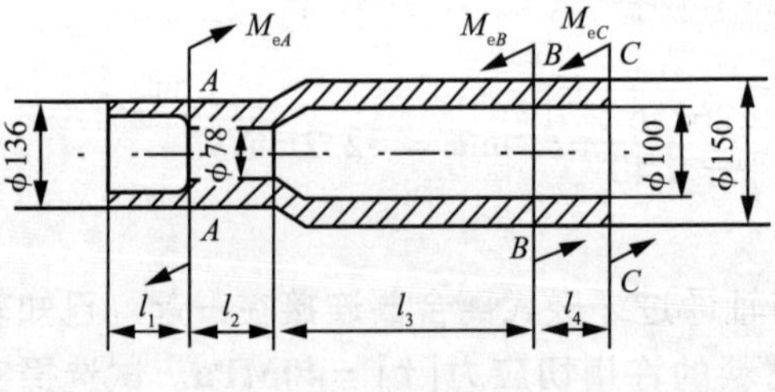

图 3－2－12

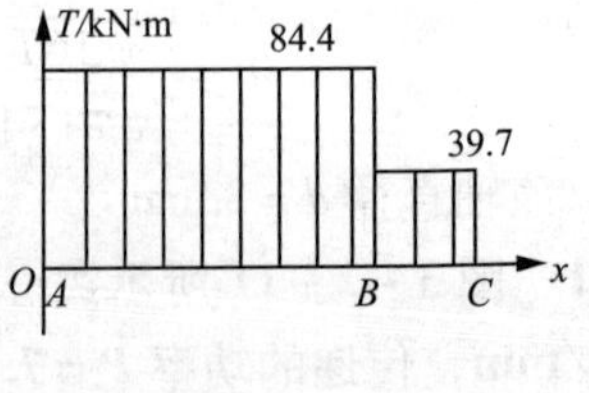

图 3－2－13

3.13　桥式起重机如图 3－2－14 所示。若传动轴传递的力偶矩 $M_e = 1.08\text{kN} \cdot \text{m}$，材料的许用应力$[\tau] = 40\text{MPa}$，$G = 80\text{GPa}$，同时规定$[\varphi] = 0.5(°)/\text{m}$。若采用实心圆轴，试设计轴的直径。

解： (1)由轴的强度条件$\tau_{\max} = \frac{M_e}{W_t} = \frac{16M_e}{\pi d^3} \leqslant [\tau]$，可得

$$d \geqslant \sqrt[3]{\frac{16M_e}{\pi[\tau]}} = \sqrt[3]{\frac{16 \times 1.08 \times 10^6}{\pi \times 40}}\text{mm} = 51.6\text{mm}$$

(2)由轴的刚度条件 $\varphi = \frac{M_e}{GI_p} = \frac{32M_e}{\pi G d^4} \leqslant [\varphi']$，可得

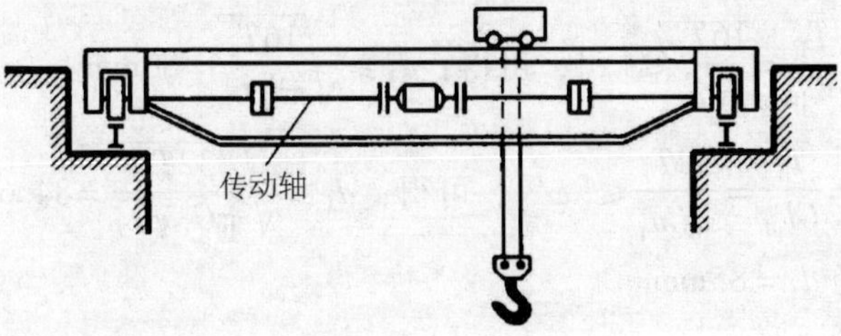

图 3－2－14

$$d \geqslant \sqrt[4]{\frac{32M_{\mathrm{e}}}{\pi G[\varphi']}} = \sqrt[4]{\frac{32 \times 1.08 \times 10^3}{\pi \times 80 \times 10^9 \times \frac{0.5}{180} \times \pi}}\mathrm{m} = 63\mathrm{mm}$$

综上，可取轴径 $d = 63\mathrm{mm}$。

3.14　如图 3－2－15 所示，实心圆形截面传动轴的转速为 $n = 500\mathrm{r/min}$，主动轮 1 输入功率 $P_1 = 368\mathrm{kW}$，从动轮 2 和 3 分别输出功率 $P_2 = 147\mathrm{kW}$，$P_3 = 221\mathrm{kW}$。已知 $[\tau] = 70\mathrm{MPa}$，$[\varphi] = 1(°)/\mathrm{m}$，$G = 80\mathrm{GPa}$。

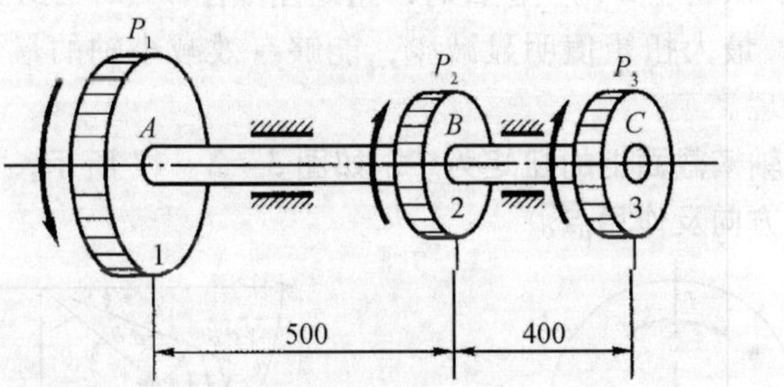

图 3－2－15

(1) 试确定 AB 段的直径 d_1 和 BC 段的直径 d_2。

(2) 若 AB 和 BC 两段选用同一直径，试确定直径 d。

(3) 主动轮和从动轮应如何安排才比较合理？

解：(1) 由公式 $M_{\mathrm{e}} = 9550\dfrac{P}{n}$ 可得，作用在各轮上的外力偶矩分别为

$$M_{\mathrm{e1}} = 9550\frac{P_1}{n} = 9550 \times \frac{368}{500}\mathrm{N \cdot m} = 7028.8\mathrm{N \cdot m}$$

$$M_{\mathrm{e2}} = 9550\frac{P_2}{n} = 9550 \times \frac{147}{500}\mathrm{N \cdot m} = 2807.7\mathrm{N \cdot m}$$

由传动轴的平衡条件可得：$M_{\mathrm{e3}} = M_{\mathrm{e1}} - M_{\mathrm{e2}} = 4221.1\mathrm{N \cdot m}$。

由此可作该轴的扭矩图，如图 3－2－16(a) 所示。

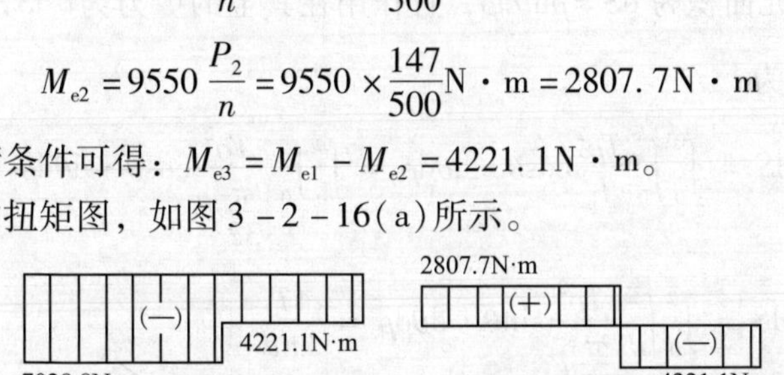

图 3－2－16

①确定 AB 轴直径

由扭矩图可知，AB 段扭矩：$T_1 = M_{\mathrm{e1}} = 7028.8\mathrm{N \cdot m}$。

由强度条件$\tau_{\max}=\dfrac{T_1}{W_{t1}}=\dfrac{16T_1}{\pi d_1^3}\leqslant[\tau]$，可得：$d_1\geqslant\sqrt[3]{\dfrac{16T_1}{\pi[\tau]}}=80\text{mm}$。

由刚度条件$\varphi_{\max}=\dfrac{T_1}{GI_{p1}}=\dfrac{32T_1}{\pi Gd_1^4}\leqslant[\varphi']$，可得：$d_1\geqslant\sqrt[4]{\dfrac{32T_1}{\pi G[\varphi']}}=84.6\text{mm}$。

故取 AB 段轴直径 $d_1=85\text{mm}$。

②确定 BC 轴直径

由扭矩图可知，BC 段扭矩：$T_2=M_{e3}=4221.1\text{N}\cdot\text{m}$。

同理，由强度条件可得：$d_2\geqslant\sqrt[3]{\dfrac{16T_2}{\pi[\tau]}}=67.5\text{mm}$。

由刚度条件可得：$d_2\geqslant\sqrt[4]{\dfrac{32T_2}{\pi G[\varphi']}}=74.5\text{mm}$。

故取 BC 段轴直径 $d_2=75\text{mm}$。

(2)若 AB 段和 BC 段选用同一直径，则应取 $d=\max\{d_1,d_2\}=d_1=85\text{mm}$。

(3)当主动轮 1 和从动轮 2 调换位置时，扭矩图如图 3-2-16(b)所示。此时轴上最大扭矩为 4221.1N·m，最大扭矩值明显减少，能够有效减小轴的最小直径，节省用料。因此，这样布置比较合理。

3.15 设实心圆轴横截面上的扭矩为 T，如图 3-2-17 所示，试求四分之一截面上内力系的合力的大小、方向及作用点。

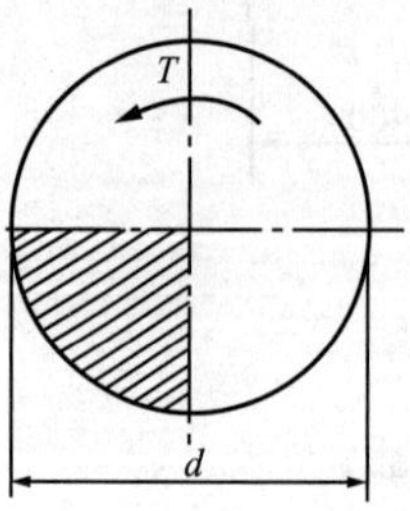

图 3-2-17

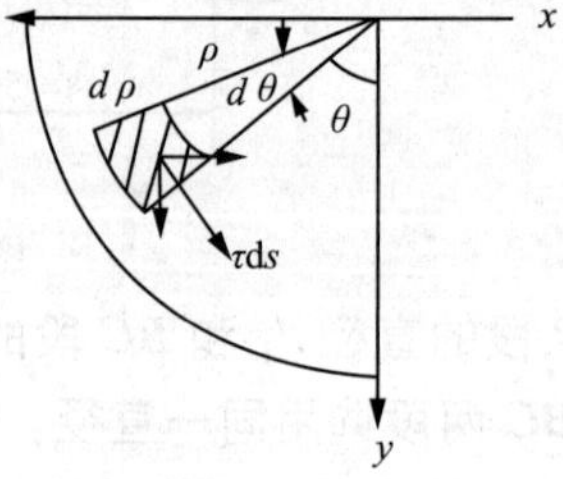

图 3-2-18

解：取$\dfrac{1}{4}$隔离体如图 3-2-18 所示。

取微元 dρ，则微元面积为 $\text{d}S=\rho\text{d}\theta\text{d}\rho$，且作用在其上的剪力为$\tau\,\text{d}S$，故该$\dfrac{1}{4}$截面上的剪力在 x、y 轴上的分量为

$$F_x=\int_S\tau\cdot\cos\theta\cdot\text{d}S=\int_0^{\frac{\pi}{2}}\int_0^R\frac{T\rho^2}{I_p}\cos\theta\cdot\text{d}\theta\text{d}\rho=\int_0^{\frac{\pi}{2}}\int_0^{\frac{d}{2}}\frac{T\rho^2}{\frac{\pi}{32}d^4}\cos\theta\cdot\text{d}\theta\text{d}\rho=\frac{4T}{3\pi d}$$

$$F_y=\int_S\tau\cdot\sin\theta\cdot\text{d}S=\int_0^{\frac{\pi}{2}}\int_0^{\frac{d}{2}}\frac{T\rho^2}{\frac{\pi}{32}d^4}\sin\theta\cdot\text{d}\theta\text{d}\rho=\frac{4T}{3\pi d}$$

作用在该截面上的合力为：$F=\sqrt{F_x^2+F_y^2}=\sqrt{\left(\dfrac{4T}{3\pi d}\right)^2+\left(\dfrac{4T}{3\pi d}\right)^2}=\dfrac{4\sqrt{2}T}{3\pi d}$。

其作用方向：$\theta_0=\arctan\dfrac{F_x}{F_y}=\arctan1=45°$，即与 x 轴夹角为 45°。

由 $\rho_0 \cdot F = \dfrac{T}{4}$ 可得，作用点离圆心的距离：$\rho_0 = \dfrac{T}{4F} = \dfrac{3\pi d}{16\sqrt{2}} = \dfrac{3\sqrt{2}}{32}\pi d$。

***3.16　用横截面 *ABE*、*CDF* 和包含轴线的纵向面 *ABCD* 从受扭圆轴（图 3-2-19(a)）中截出一部分，如图 3-2-19(b) 所示。根据切应力互等定理，纵向截面上的切应力 τ' 已表示于图中。这一纵向截面上的内力系最终将组成一个力偶。试问它与这一截出部分上的什么内力相平衡？**

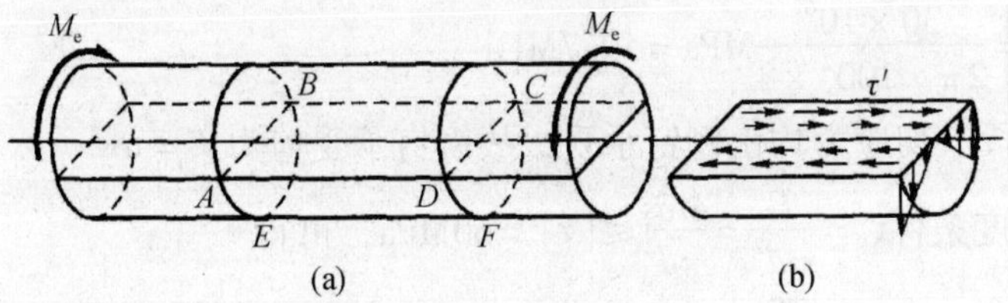

图 3-2-19

解： 如图 3-2-20 所示，被截出部分的纵向截面上由内力系组成的力偶矩与由两端横截面上的剪力合力沿 z 轴方向的分量组成的力偶相平衡，且这一力偶的作用面与纵向截面 *ABCD* 平行。

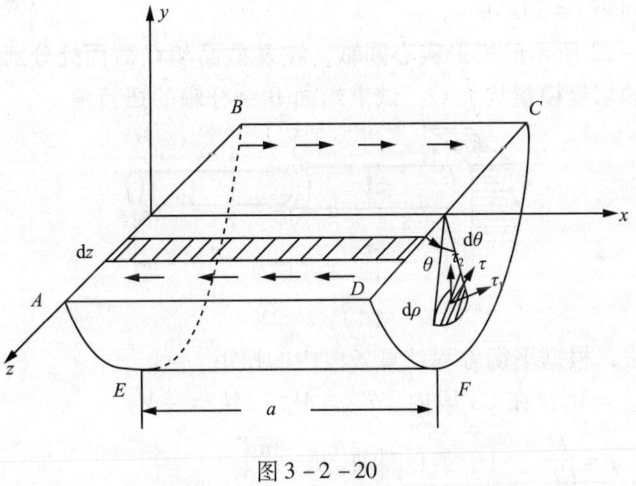

图 3-2-20

①在纵截面 *ABCD* 中，微元 $\mathrm{d}A = a\mathrm{d}z$ 上，切应力 τ' 对 y 轴的矩为

$$\mathrm{d}M'_y = z \cdot \tau'\mathrm{d}A = z \cdot \frac{Mz}{I_p} a\mathrm{d}z$$

故该纵截面上对 y 轴的总力矩为

$$M'_y = 2\int_0^R \frac{Ma}{I_p} z^2 \cdot \mathrm{d}z = \frac{4Ma}{3\pi R}$$

②在横截面 *CDF* 上，微元 $\mathrm{d}A = \rho\mathrm{d}\theta\mathrm{d}\rho$ 上，剪力的 z 轴分量对 y 轴的矩为

$$\mathrm{d}M_y = a\tau_z\rho\mathrm{d}\theta\mathrm{d}\rho = a\tau\sin\theta\rho \cdot \mathrm{d}\theta\mathrm{d}\rho$$

故横截面对 y 轴的总力矩为

$$M_y = \int_0^R a\frac{M\rho^2}{I_p}\mathrm{d}\rho \int_0^\pi \sin\theta\mathrm{d}\theta = \frac{4Ma}{3\pi R}$$

由①②可知：$M_y = M'_y$，两者平衡。

3.17 由厚度 $\delta = 8\text{mm}$ 的钢板卷制成的圆筒，平均直径为 $D = 200\text{mm}$。接缝处用铆钉铆接(如图 3-2-21 所示)。若铆钉直径 $d = 20\text{mm}$，许用切应力 $[\tau] = 60\text{MPa}$，许用挤压应力 $[\sigma_{bs}] = 160\text{MPa}$，筒的两端受扭转力偶矩 $M_e = 30\text{kN}\cdot\text{m}$ 作用，试求铆钉的间距 s。

解：由切应力互等定理可知，在圆筒纵截面上必存在切应力。

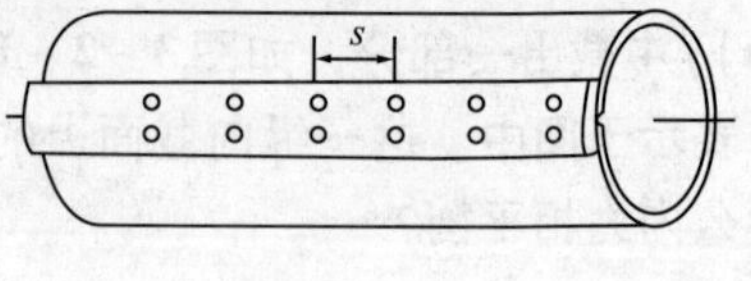

图 3-2-21

由薄壁圆筒切应力计算公式可得，纵截面上切应力

$$\tau = \frac{M_e}{2\pi r^2 \delta} = \frac{30\times10^6}{2\pi\times100^2\times8}\text{MPa} = 59.7\text{MPa}$$

又在 s 长的轴段上切应力均由铆钉承受，故铆钉承受剪力 $F = \tau\delta s$。

由铆钉剪切强度条件 $\tau' = \dfrac{F}{\dfrac{\pi d^2}{4}} = \dfrac{4\tau\delta s}{\pi d^2} \leqslant [\tau] = 60\text{MPa}$，可得

$$s \leqslant \frac{\pi d^2[\tau]}{4\tau\delta} = \frac{\pi\times20^2\times60}{4\times59.7\times8}\text{mm} = 39.5\text{mm}$$

又由铆钉挤压强度条件 $\sigma_{bs} = \dfrac{F}{d\delta} = \dfrac{\tau s}{d} \leqslant [\sigma_{bs}] = 160\text{MPa}$，可得：$s \leqslant 53.6\text{mm}$。

综上，铆钉的间距 $s \leqslant 39.5\text{mm}$。

3.18 图 3-2-22 所示阶梯形实心圆轴，在 B 截面和 C 截面处分别受 M_e 和 $2M_e$ 的扭转力偶矩作用，材料的切变模量均为 G。试求端面 B 绕杆轴的扭转角。

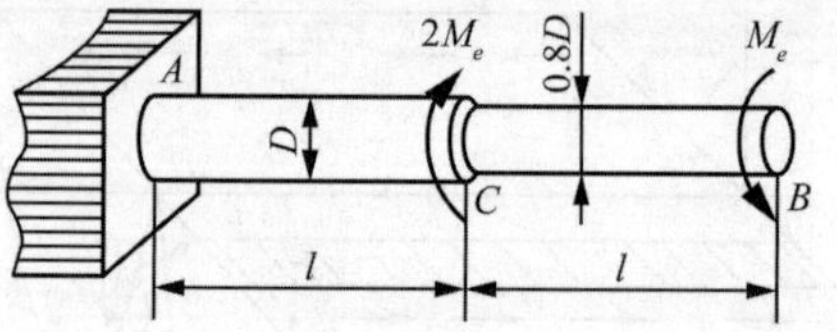

图 3-2-22

解：利用截面法，根据平衡方程计算各段内的扭矩。

在 BC 段内，$T_{BC} = M_e$；在 CA 段内，$T_{CA} = M_e - 2M_e = -M_e$。

扭转角公式为：$\varphi = \dfrac{Tl}{GI_p}$，对于实心圆轴，$I_p = \dfrac{\pi d^4}{32}$。

因此，端面 B 绕杆轴的扭转角为：

$$\varphi_B = \varphi_{BC} + \varphi_{CA} = \frac{M_e l}{G\dfrac{\pi(0.8D)^4}{32}} + \frac{-M_e l}{G\dfrac{\pi D^4}{32}} = \frac{625M_e l}{8\pi GD^4} - \frac{256M_e l}{8\pi GD^4} = \frac{369M_e l}{8\pi GD^4}$$

3.19 极惯性矩为 I_p 的圆形截面等直杆 AB 的左端固定，承受一集度为 m 的均布力偶矩作用，如图 3-2-23 所示。若材料的切变模量为 G，试导出计算截面 B 绕其轴线的扭转角的公式。

解：距离自由端 B 端 x 处截面的扭矩：$T = mx$。

由单位长度扭转角公式可得：$\dfrac{d\varphi}{dx} = \dfrac{T}{GI_p} = \dfrac{mx}{GI_p}$，即 $d\varphi = \dfrac{mx}{GI_p}dx$。

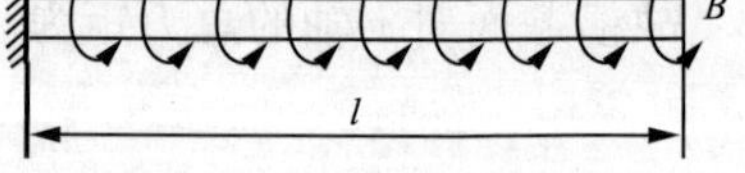

图 3-2-23

两边积分可得 B 截面扭转角计算公式

$$\varphi = \int_l \mathrm{d}\varphi = \int_0^l \frac{mx}{GI_p}\mathrm{d}x = \frac{ml^2}{2GI_p}$$

3.20　图 3-2-24 所示薄壁圆锥管锥度很小，厚度 δ 不变，长为 l。左右两端的平均直径分别为 d_1 和 d_2。材料的切变模量为 G，试导出计算两端相对扭转角的公式。

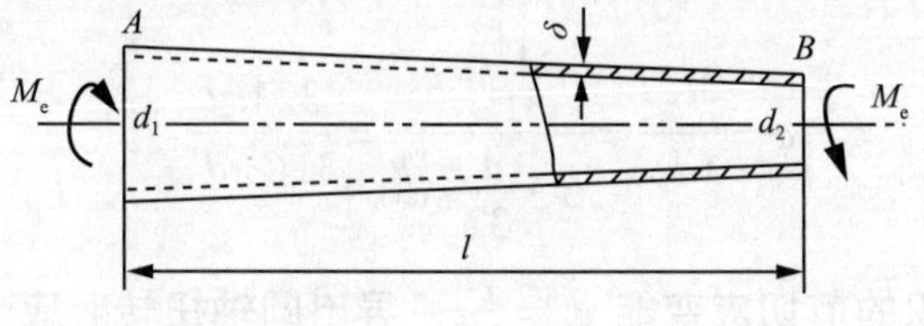

图 3-2-24

解： 设距离右端 B 截面 x 处的平均直径为 d，则有：$d = d_2 + (d_1 - d_2)\cdot\dfrac{x}{l}$。

该截面的极惯性矩：$I_p = \dfrac{\pi}{4}\delta d^3 = \dfrac{\pi\delta}{4l^3}[d_2 l + (d_1 - d_2)x]^3$。

同一截面上的扭矩：$T = M_e$。

由单位长度扭转角公式可知：$\mathrm{d}\varphi = \dfrac{T\mathrm{d}x}{GI_p}$。

积分可得该锥管两端相对扭转角计算公式

$$\varphi = \int_0^l \frac{T\mathrm{d}x}{GI_p} = \int_0^l \frac{4M_e l^3\mathrm{d}x}{G\pi\delta[d_2 l + (d_1 - d_2)x]^3} = \frac{2lM_e}{G\pi\delta(d_1 - d_2)}\left(\frac{1}{d_2^2} - \frac{1}{d_1^2}\right) = \frac{2lM_e(d_1 + d_2)}{G\pi\delta d_1^2 d_2^2}$$

3.21　图 3-2-25 所示长为 l 的组合轴，内部是材料切变模量为 G、直径为 d 的实心等直圆杆，外部是材料切变模量为 $2G$、内直径为 d、外直径为 $2d$ 的圆环形截面等直杆。两杆经紧密配合而成，受外力偶矩 M_e 的作用而发生扭转变形。试求：(1) 横截面上最外表面的切应力；(2) 杆件两端的相对扭转角。

提示：平面假设依然成立。

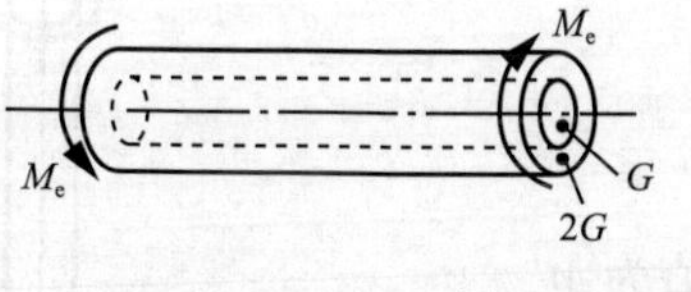

图 3-2-25

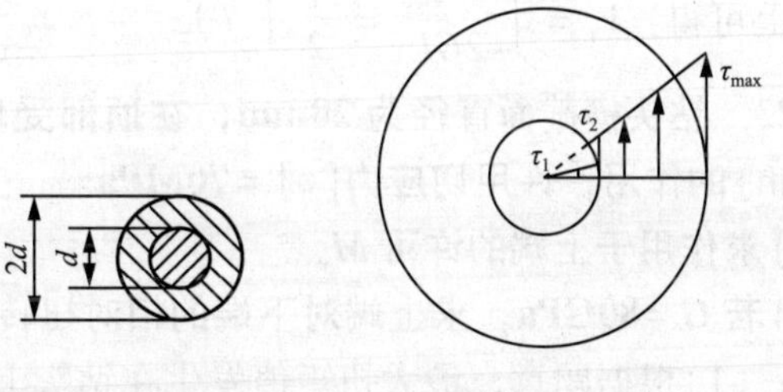

图 3-2-26

解： (1) 平面假设成立，切应变线性分布，接合面处切应变连续。

$\tau = G\gamma$，则接合面处：$\tau_1 = G\gamma$，$\tau_2 = 2G\gamma$，$\tau_1 = \dfrac{1}{2}\tau_2 = \dfrac{1}{4}\tau_{max}$。

设内部材料承担扭矩 M_{e_1}，外部材料承担扭矩 M_{e_2}，则有

$$M_{e_1} + M_{e_2} = M_e$$

$$M_{e_1} = \tau_1 W_{t_1} = \frac{1}{4}\tau_{max}\cdot\frac{1}{16}\pi d^3 = \frac{\pi d^3}{64}\tau_{max}$$

$$M_{e_2} = \tau_{max} W_{t_2} = \tau_{max}\cdot\frac{1}{16}\pi(2d)^3(1-\alpha^4) = \frac{15\pi d^3}{32}\tau_{max}，\left(\alpha = \frac{1}{2}\right)$$

解得$\tau_{max}=\dfrac{64M_e}{31\pi d^3}$。

（2）
$$M_{e_1}=\frac{\pi d^3}{64}\tau_{max}=\frac{\pi d^3}{64}\cdot\frac{64M_e}{31\pi d^3}=\frac{M_e}{31}$$

$$\varphi=\frac{M_{e_1}l}{GI_{p_1}}=\frac{\frac{1}{31}M_e l}{G\cdot\frac{1}{32}\pi d^4}=\frac{32M_e l}{31G\pi d^4}$$

3.22　试由单位体积的剪切应变能 $\boldsymbol{v_\varepsilon=\dfrac{\tau^2}{2G}}$，导出圆轴扭转时应变能的计算公式

$$\boldsymbol{V_\varepsilon=\int_l\frac{T^2\mathrm{d}x}{2GI_p}=\frac{1}{2}\int_0^\varphi T\mathrm{d}\varphi}$$

解：（1）圆轴受扭转时，其横截面上任一点的切应力：$\tau_\rho=\dfrac{T\rho}{I_p}$。

又单位体积内应变能密度$v_\varepsilon=\dfrac{\tau^2}{2G}$，可得截面上的应变能

$$V_\varepsilon=\int_V v_\varepsilon\mathrm{d}V=\int_V\left(\frac{T\rho}{I_p}\right)^2\cdot\frac{1}{2G}\mathrm{d}V=\int_V\frac{T^2\rho^2}{2GI_p^2}\mathrm{d}V$$

对于圆轴，有$\mathrm{d}V=\mathrm{d}A\cdot\mathrm{d}x$，故

$$V_\varepsilon=\int_l\frac{T^2\mathrm{d}x}{2GI_p^2}\cdot\int_A\rho^2\mathrm{d}A=\int_l\frac{T^2\mathrm{d}x}{2GI_p^2}\cdot I_p=\int_l\frac{T^2\mathrm{d}x}{2GI_p}$$

（2）由功能原理，在线弹性范围内有，圆轴微段$\mathrm{d}x$的应变能等于外力做功，即$\mathrm{d}V_\varepsilon=\dfrac{T}{2}\mathrm{d}\varphi$。

积分可得圆轴扭转时总的应变能：$V_\varepsilon=\displaystyle\int_0^\varphi\frac{T}{2}\mathrm{d}\varphi$。

综上可得：$V_\varepsilon=\displaystyle\int_l\frac{T^2\mathrm{d}x}{2GI_p}=\frac{1}{2}\int_0^\varphi T\mathrm{d}\varphi$。

3.23　钻头横截面直径为20mm，在顶部受均匀的阻抗扭矩$\boldsymbol{m}$（单位为N·m/m）的作用，许用切应力[$\boldsymbol{\tau}$]=70MPa。

（1）求作用于上端的许可$\boldsymbol{M_e}$。

（2）若$\boldsymbol{G}$=80GPa，求上端对下端的相对扭转角。

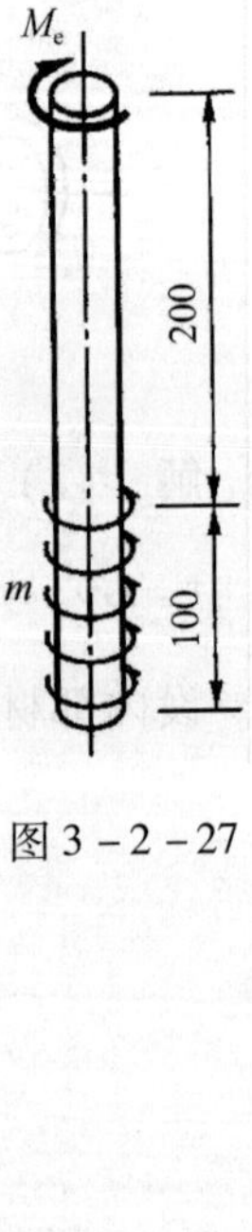

图3-2-27

解：（1）根据题意，最大扭矩值发生在钻头上端，值为M_e。

由圆轴扭转强度条件$\tau_{max}=\dfrac{M_e}{W_t}=\dfrac{16M_e}{\pi d^3}\leqslant[\tau]$，可得

$$M_e\leqslant\frac{\pi}{16}d^3[\tau]=\frac{\pi}{16}\times0.02^3\times70\times10^6\text{N}\cdot\text{m}=110\text{N}\cdot\text{m}$$

即许可值$[M_e]=110\text{N}\cdot\text{m}$。

（2）由力的平衡$m\cdot l_1=M_e$，可得：$m=\dfrac{M_e}{l_1}=\dfrac{110}{0.1}\text{N}\cdot\text{m/m}=1100\text{N}\cdot\text{m/m}$。

上端对下端的相对扭转角应分段进行叠加计算，有

$$\varphi = \int_0^l \frac{T\mathrm{d}x}{GI_p} = \frac{1}{GI_p}\left(\int_0^{l_1} T\mathrm{d}x + M_e \cdot l_2\right) = \frac{32}{G\pi d^4}\left(\int_0^{l_1} mx\mathrm{d}x + M_e l_2\right)$$

$$= \frac{32}{80 \times 10^9 \times \pi \times 0.02^4}\left(\int_0^{0.1} 1100x\mathrm{d}x + 110 \times 0.2\right)\mathrm{rad} = 0.022\mathrm{rad} = 1.26°$$

3.24　图 3-2-28(a)所示两端固定的圆轴 AB，在截面 C 处受扭转力偶矩 M_e 作用。试求两固定端的反作用力偶矩 M_A 和 M_B。

提示：轴的受力图如图 3-2-28(b)所示。若以 φ_{AC} 表示截面 C 对 A 端的转角，φ_{CB} 表示 B 端对截面 C 的转角，则 B 端对 A 端的转角 φ_{AB} 应是 φ_{AC} 和 φ_{CB} 的代数和。但因 B、A 两端皆是固定端，故 φ_{AB} 应等于零。于是得变形协调方程

$$\varphi_{AB} = \varphi_{CB} + \varphi_{AC} = 0$$

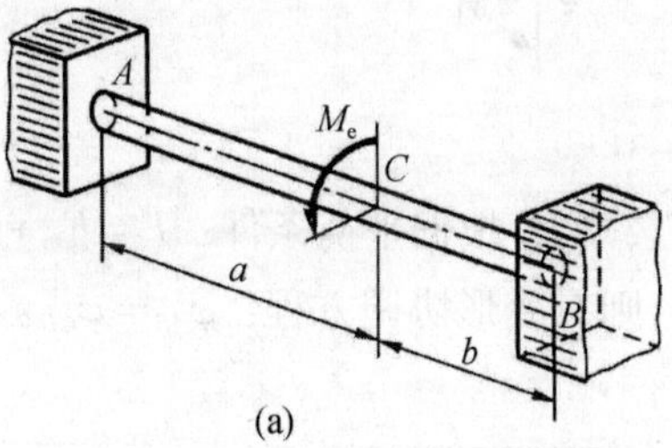

图 3-2-28

解：对 AB 杆进行受力分析，由平衡条件得：$\sum M = 0, M_A + M_B - M_e = 0$。

又 A、B 两端均为固定端，故 A 端、B 端相对扭转角为零，即 $\varphi_{AB} = \varphi_{AC} + \varphi_{CB} = 0$。

其中，A 端、B 端相对于 C 端的扭转角分别为：$\varphi_{AC} = \frac{M_A a}{GI_p}$，$\varphi_{CB} = -\frac{M_B b}{GI_p}$。

联立以上各式可得：$M_A = \frac{M_e \cdot b}{a+b}$，$M_B = \frac{M_e \cdot a}{a+b}$。

***3.25　两端固定的圆形截面杆如图 3-2-29 所示。在截面 B 上作用扭转力偶 M_e，在截面 C 上有弹簧刚度系数为 k(单位为 N·m/rad)的扭转弹簧。试求两端的反作用力偶矩。**

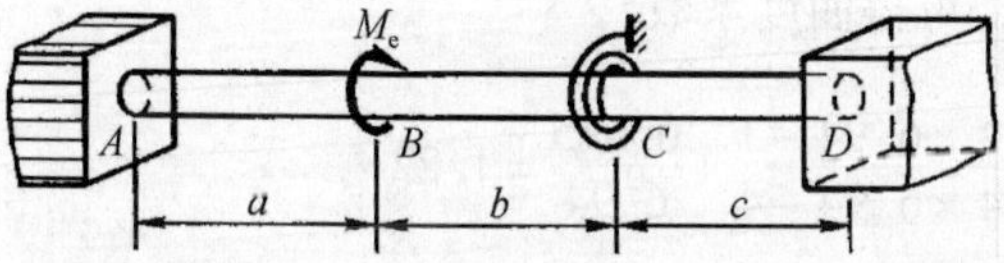

图 3-2-29

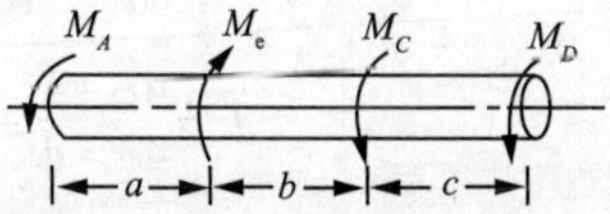

图 3-2-30

解：对杆 AD 进行受力分析，如图 3-2-30 所示。

由力矩平衡得：$M_e = M_A + M_D + M_C$　①

A、D 两端均为固定端，可知 A 端、D 端相对扭转角为零，$\varphi_{AD} = \sum \frac{T_i l_i}{GI_p} = 0$

即 $-\frac{M_A \cdot a}{GI_p} + \frac{(M_e - M_A)b}{GI_p} + \frac{M_D \cdot c}{GI_p} = 0$　②

对于弹簧有：$M_C = \varphi_C \cdot k = \frac{M_D \cdot c}{GI_p}k$　③

联立式①②③，可得两端反作用力偶矩

$$M_A = \frac{GI_p(b+c) + kbc}{(a+b+c)GI_p + kc(a+b)}M_e$$

$$M_D=\frac{aGI_p}{(a+b+c)GI_p+kc(a+b)}M_e$$

3.26 图 3-2-31 所示 **AB** 和 **CD** 两杆的尺寸相同。**AB** 为钢杆，**CD** 为铝杆，两种材料的切变模量之比为 3:1。若不计 **BE** 和 **ED** 两杆的变形，试问力 **F** 将以怎样的比例分配于 **AB** 和 **CD** 两杆？

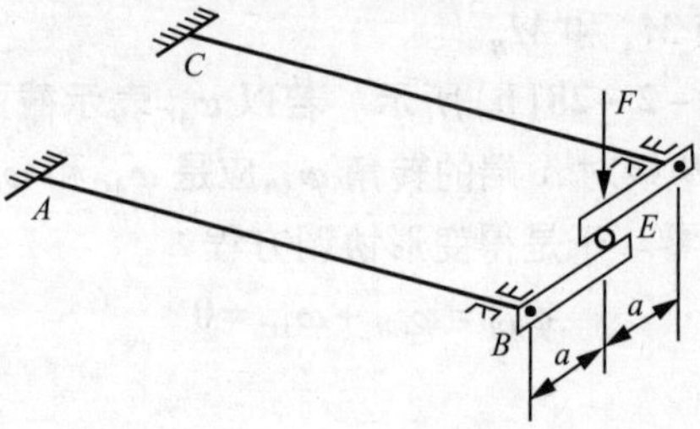

图 3-2-31

解：设 F 作用在 AB、CD 杆上的力分别为 F_1、F_2，根据平衡条件：$F=F_1+F_2$ ①

由于 BE 段、DE 段在 E 点的垂直位移相等，则有变形协调方程：$\varphi_{AB}=\varphi_{CD}$。

即 $\frac{F_1al}{G_1I_p}=\frac{F_2al}{G_2I_p}(AB=CD=l)$ ②

联立式①②得：$F_1=\frac{3}{4}F$，$F_2=\frac{F}{4}$。

3.27 圆柱螺旋弹簧的弹簧丝横截面直径 $d=18$mm，弹簧中径 $D=125$mm，弹簧材料的 $G=80$GPa。弹簧所受拉力 $F=500$N。

(1)试求弹簧丝的最大切应力。

(2)弹簧的有效圈数为多少才能使它的伸长量等于 6mm？

解：(1)簧丝的最大切应力：$\tau_{\max}=k\frac{8FD}{\pi d^3}$。

其中，由弹簧指数 $c=\frac{D}{d}=\frac{125}{18}=6.94$，可得曲度系数

$$k=\frac{4c-1}{4c-4}+\frac{0.615}{c}=\frac{4\times6.94-1}{4\times6.94-4}+\frac{0.615}{6.94}=1.22$$

故$\tau_{\max}=k\frac{8FD}{\pi d^3}=1.22\times\frac{8\times500\times0.125}{\pi\times0.018^3}\text{Pa}=33.3\text{MPa}$。

(2)由弹簧的刚度系数 $C=\frac{Gd^4}{8D^3n}$，可知弹簧沿轴线方向的伸长量

$$\lambda=\frac{F}{C}=\frac{8FD^3n}{Gd^4}$$

则弹簧伸长 $\lambda=6$mm 时的圈数

$$n=\frac{Gd^4\lambda}{8FD^3}=\frac{80\times10^9\times0.018^4\times0.006}{8\times500\times0.125^3}=6.5(\text{圈})$$

3.28 油泵分油阀门的弹簧丝横截面直径为 **2.25mm**，簧圈中径为 **18mm**，有效圈数 $n=8$，轴向压力 $F=89$N，弹簧材料的 $G=82$GPa。试求弹簧丝的最大切应力及弹簧的变形 λ 值。

解：(1)簧丝的最大切应力：$\tau_{max}=k\dfrac{8FD_0}{\pi d^3}$。

其中，由弹簧指数 $c=\dfrac{D_0}{d}=\dfrac{D-d}{d}=\dfrac{15.75}{2.25}=7$，可得曲度系数

$$k=\frac{4c-1}{4c-4}+\frac{0.615}{c}=\frac{4\times7-1}{4\times7-4}+\frac{0.615}{7}=1.21$$

故$\tau_{max}=1.21\times\dfrac{8\times89\times0.01575}{\pi\times0.00225^3}\text{Pa}=379\text{MPa}$。

(2)弹簧的变形值

$$\lambda=\frac{8FD_0^3n}{Gd^4}=\frac{8\times89\times0.01575^3\times8}{82\times10^9\times0.00225^4}\text{m}=10.6\text{mm}$$

3.29　圆柱螺旋弹簧的弹簧中径 $D=300$mm，弹簧丝横截面直径 $d=30$mm，有效圈数 $n=10$，受力前弹簧的自由长度为 400mm，材料的$[\tau]=140$MPa，$G=82$GPa。试确定弹簧所能承受的最大压力(提示：注意弹簧可能的压缩量)。

解：(1)根据强度条件确定

由强度条件$\tau_{max}=k\dfrac{8F_1D}{\pi d^3}\leqslant[\tau]$，可得 $F_1\leqslant\dfrac{\pi d^3[\tau]}{8kD}$。

其中，由弹簧指数 $c=\dfrac{D}{d}=\dfrac{300}{30}=10$，可得弹簧曲度系数

$$k=\frac{4c-1}{4c-4}+\frac{0.615}{c}=\frac{4\times10-1}{4\times10-4}+\frac{0.615}{10}=1.15$$

故 $F_1\leqslant\dfrac{\pi d^3[\tau]}{8kD}=\dfrac{\pi\times0.03^3\times140\times10^6}{8\times1.15\times0.3}\text{N}=4300\text{N}$。

(2)根据刚度条件确定

弹簧许用变形量：$[\lambda]=l_0-nd=400\text{mm}-10\times30\text{mm}=100\text{mm}$。

由刚度条件 $\lambda_{max}=\dfrac{8FD^3n}{Gd^4}\leqslant[\lambda]$，可得

$$F_2\leqslant\frac{[\lambda]\cdot Gd^4}{8D^3n}=\frac{0.1\times82\times10^9\times0.03^4}{8\times0.3^3\times10}\text{N}=3075\text{N}$$

综上，该弹簧能承受的最大压力 $F=3075$N。

3.30　图 3-2-32 所示圆锥螺旋弹簧，也称塔簧，受轴向压力 F 作用，上端面和下端面的弹簧中径分别为 D_1 和 D_2。弹簧丝横截面直径为 d，有效圈数为 n，材料的切变模量为 G。试确定弹簧的压缩量 λ。

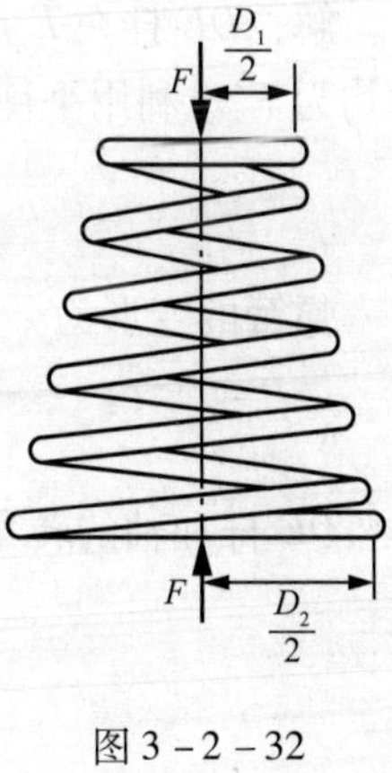

图 3-2-32

解：弹簧圈的平均半径 $R=D/2$，设上端面和下端面的弹簧圈的平均半径分别为 $R_1=D_1/2$ 和 $R_2=D_2/2$。

在弹簧微段 $R\mathrm{d}\theta$ 中的应变能：$\mathrm{d}V_\varepsilon=\dfrac{T^2R}{2GI_p}\mathrm{d}\theta$。

积分可得储存在整个弹簧中的应变能

$$V_\varepsilon=\int_0^{2\pi n}\frac{(FR)^2R\mathrm{d}\theta}{2GI_p}=\frac{F^2}{2GI_p}\int_0^{2\pi n}R^3\mathrm{d}\theta=\frac{F^2}{2GI_p}\int_0^{2\pi n}\left[R_1+\frac{R_2-R_1}{2\pi n}\cdot\theta\right]^3\mathrm{d}\theta=\frac{F^2\pi n}{4GI_p}\cdot\frac{R_2^4-R_1^4}{R_2-R_1}$$

由功能互等定理 $W=V_\varepsilon$，其中，外力功 $W=\frac{1}{2}F\lambda$，即

$$\frac{1}{2}F\lambda=\frac{F^2\pi n}{4GI_p}\cdot\frac{R_2^4-R_1^4}{R_2-R_1}$$

故

$$\begin{aligned}\lambda&=\frac{F\pi n}{2GI_p}\cdot\frac{R_2^4-R_1^4}{R_2-R_1}=\frac{16Fn}{Gd^4}(R_1^2+R_2^2)(R_1+R_2)\\&=\frac{16Fn}{Gd^4}\left[\left(\frac{D_1}{2}\right)^2+\left(\frac{D_2}{2}\right)^2\right]\left(\frac{D_1}{2}+\frac{D_2}{2}\right)\\&=\frac{2Fn}{Gd^4}(D_1^2+D_2^2)(D_1+D_2)\end{aligned}$$

3.31　*AB* 轴的两端分别与 *DE* 和 *BC* 两杆刚性连接。力 *F* 作用前，轴及两杆皆在水平面内，如图 3－2－33 所示。设 *BC* 和 *DE* 为刚体(即弯曲变形不计)，*D* 点和 *E* 点的两根弹簧的刚度系数皆为 *C*。安置于 *AB* 轴两端的轴承允许轴转动，但不能移动。轴的直径为 *d*，长为 *l*。试求力 *F* 作用点的位移。

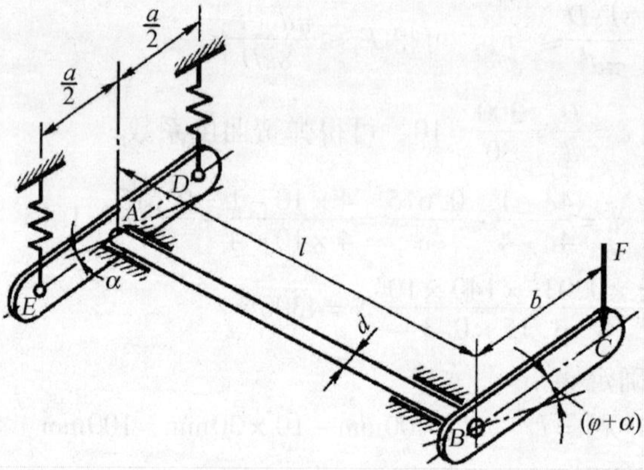

图 3－2－33

解：*DE* 杆在 *E* 点和 *D* 点的弹簧分别受到压缩和拉伸。两者变形相同，设所受压力和拉力均为 F'。利用平衡方程，容易求得

$$F'=F\frac{b}{a}$$

弹簧的变形为

$$\lambda=\frac{F'}{C}=\frac{Fb}{Ca}$$

DE 杆和轴的转角为

$$\alpha=\frac{\lambda}{\frac{a}{2}}=\frac{2Fb}{Ca^2}$$

相对扭转转角为

$$\varphi=\frac{Tl}{GI_p}=\frac{Fbl}{GI_p}$$

BC 杆的转角为

$$\beta=\alpha+\varphi=Fb\left(\frac{2}{Ca^2}+\frac{l}{GI_p}\right)$$

所以得

$$f=\beta b=Fb^2\left(\frac{2}{Ca^2}+\frac{l}{GI_p}\right)$$

3.32　若图 3－2－34 中 1、2 两根弹簧的弹簧中径、材料和弹簧丝横截面的直径都相等，如要求两根弹簧的负担相同(即受力相等)。设横梁为刚体，试求两根弹簧的有效圈数之比。

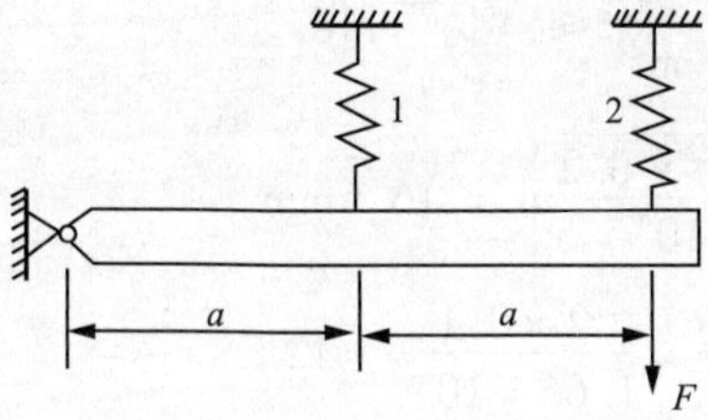

图 3－2－34

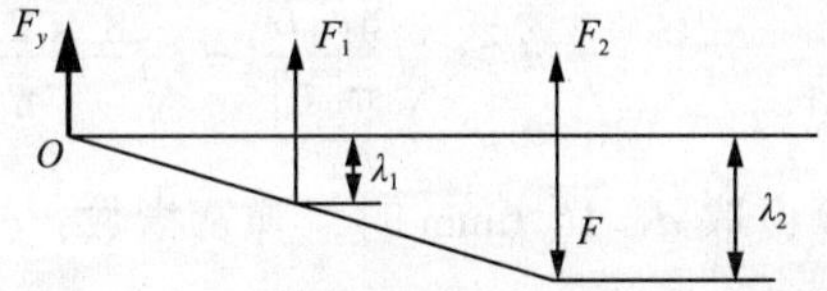

图 3－2－35

解：对横梁进行受力分析，如图 3－2－35 所示。

由图中所示几何关系，可得变形协调条件：$\lambda_2=2\lambda_1$　①

其中，两弹簧伸长：$\lambda_1=\dfrac{8F_1D^3n_1}{Gd^4}$，$\lambda_2=\dfrac{8F_2D^3n_2}{Gd^4}$。

代入式①得：$\dfrac{8F_2D^3n_2}{Gd^4}=2\cdot\dfrac{8F_1D^3n_1}{Gd^4}$。

根据题意，两弹簧受力相同，则有：$F_1=F_2$。

则由上式可得：$n_2=2n_1$，即 1、2 两弹簧的有效圈数之比为 1:2。

3.33　在图 3－2－36 所示机构中，除了 1、2 两根弹簧外，其余构件都可假设为刚体。若两根弹簧完全相同，弹簧中径 $D=200$mm，$[\tau]=300$MPa，试确定弹簧丝的横截面直径，并求出每一根弹簧所受的力。

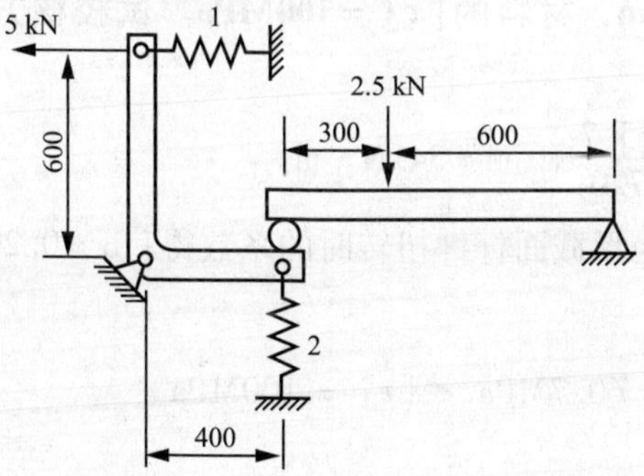

图 3－2－36

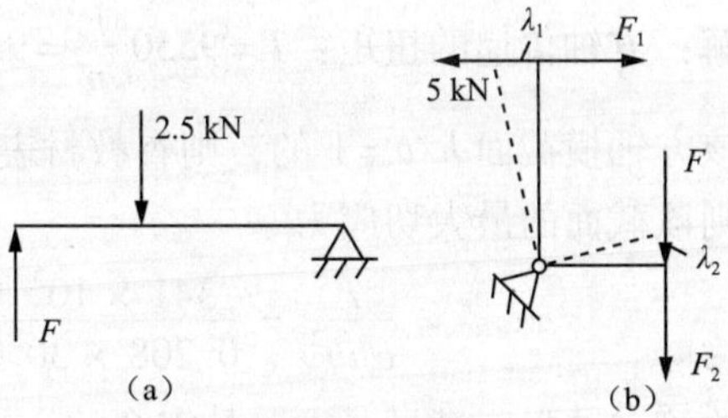

图 3－2－37

解：(1)将该结构从铰接点处断开，分别对两部分进行受力分析，如图 3－2－37 所示。

由图 3－2－37(a)可得平衡方程：$2.5\times10^3\times0.6-F\times0.9=0$　①

由图 3－2－37(b)可得平衡方程：$F_1\times0.6-5\times10^3\times0.6+F\times0.4+F_2\times0.4=0$　②

又由图 3－2－37(b)几何关系可得变形协调条件：$\dfrac{\lambda_1}{\lambda_2}=\dfrac{600}{400}=\dfrac{3}{2}$。

可变形为：$\dfrac{\dfrac{8F_1D^3n}{Gd^4}}{\dfrac{8F_2D^3n}{Gd^4}}=\dfrac{3}{2}$，即$\dfrac{F_1}{F_2}=\dfrac{3}{2}$ ③

联立式①②③，可得1，2两根弹簧的受力分别为

$$F_1=2.69\text{kN},\ F_2=1.79\text{kN}$$

(2)由于$F_1>F_2$，因此簧丝直径用F_1进行设计，采用试算法进行计算。

初选弹簧曲度系数$k=1$，则根据强度条件$\tau_{\max}=\dfrac{8F_1D}{\pi d^3}\leqslant[\tau]$，可得

$$d\geqslant\sqrt[3]{\frac{8F_1D}{\pi[\tau]}}=\sqrt[3]{\frac{8\times2.69\times10^3\times0.2}{\pi\times300\times10^6}}\text{m}=16.6\text{mm}$$

验算，取$d=16.6$mm时，弹簧指数：$c=\dfrac{D}{d}=\dfrac{2R}{d}=\dfrac{2\times0.1}{1.66\times10^{-2}}=12$。

曲度系数：$k=\dfrac{4c-1}{4c-4}+\dfrac{0.615}{c}=\dfrac{4\times12-1}{4\times12-4}+\dfrac{0.615}{12}=1.12$。

此时簧丝横截面最大切应力

$$\tau_{\max}=k\frac{8F_1D}{\pi d^3}=1.12\times\frac{8\times2.69\times10^3\times0.2}{\pi\times0.0166^3}\text{Pa}=335\text{MPa}>[\tau]=300\text{MPa}$$

此时强度不够在此基础上，改选$k=1.126$，同理根据强度条件可得：$d=17.2$mm。
簧丝横截面的最大切应力

$$\tau_{\max}=k\frac{8F_1D}{\pi d^3}=1.126\times\frac{8\times2.69\times10^3\times0.2}{\pi\times0.0172^3}\text{Pa}=303\text{MPa}\approx[\tau]=300\text{MPa}$$

误差在5%以内，在工程范围内满足要求，可取。
综上，簧丝直径取$d=17.2$mm。

3.34 拖拉机通过方轴带动悬挂在后面的旋耕机。方轴的转速$n=720$r/min，传递的最大功率$P=25.7$kW，截面尺寸为30mm×30mm，材料的$[\tau]=100$MPa。试校核方轴的强度。

解：方轴传递的扭矩：$T=9550\dfrac{P}{n}=9550\times\dfrac{25.7}{720}\text{N}\cdot\text{m}=341\text{N}\cdot\text{m}$。

该方轴横截面$h/b=1$的，则查教材表3.2矩形截面杆件扭转时的系数得：$\alpha=0.208$。
则该截面的最大切应力

$$\tau_{\max}=\frac{T}{\alpha hb^2}=\frac{341\times10^3}{0.208\times30^3}\text{MPa}=60.7\text{MPa}<[\tau]=100\text{MPa}$$

故该方轴强度满足要求，是安全的。

3.35 有一矩形截面的钢杆，其横截面尺寸为100mm×50mm，长度$l=2$m，在杆件的两端作用着一对力偶矩。若材料的$[\tau]=100$MPa，$G=80$GPa，杆件的许可扭转角为$[\varphi]=2°$，试求作用于杆件两端的力偶矩的许可值。

解：根据题意，该钢杆横截面的$\dfrac{h}{b}=\dfrac{100}{50}=2$，则查教材表3.2矩形截面杆件扭转时的系数得：$\alpha=0.246$，$\beta=0.229$。

由扭转强度条件$\tau_{max}=\frac{M_e}{\alpha hb^2}\leqslant[\tau]$，得其可传递的扭矩

$$M_e\leqslant[\tau]\alpha hb^2=100\times10^6\times0.246\times0.1\times0.05^2\mathrm{N\cdot m}=6.15\mathrm{kN\cdot m}$$

由扭转刚度条件$\varphi=\frac{M_e l}{G\beta hb^3}\leqslant[\varphi]$，得

$$M_e\leqslant\frac{[\varphi]G\beta hb^3}{l}=2\times\frac{\pi}{180}\times\frac{80\times10^9\times0.229\times0.1\times0.05^3}{2}\mathrm{N\cdot m}=4\mathrm{kN\cdot m}$$

综上，作用在该杆两端的力偶矩的许可值：$[M_e]=4\mathrm{kN\cdot m}$。

3.36　图 3-2-38 所示 T 字形薄壁截面杆长度为 $l=2\mathrm{m}$，材料的 $G=80\mathrm{GPa}$，作自由扭转，扭矩为 $T=200\mathrm{N\cdot m}$。

(1)试求最大切应力及扭转角。

(2)作图表示沿截面的周边和厚度方向切应力分布的情况。

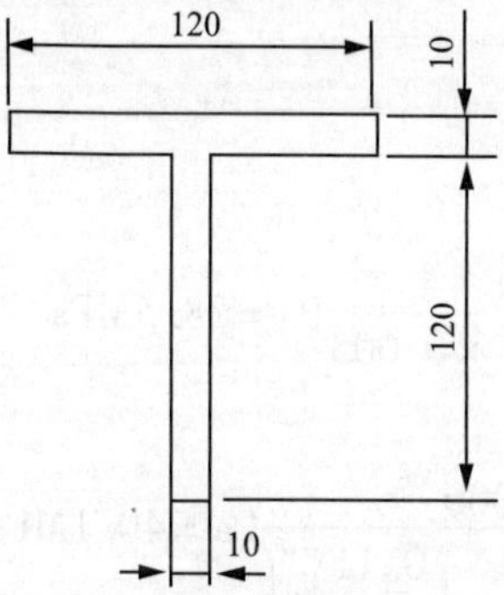

图 3-2-38

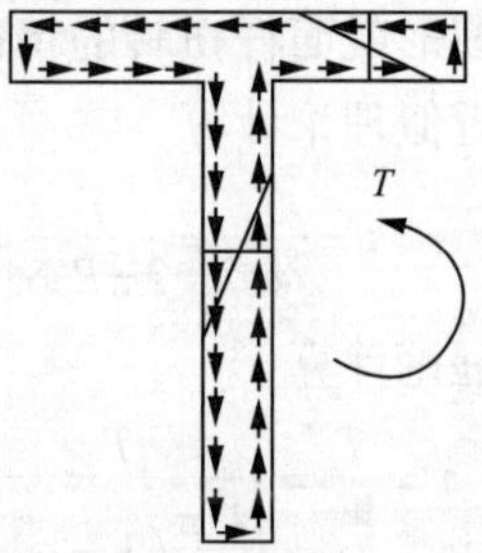

图 3-2-39

解：(1)将该 T 形截面看作是两个狭长矩形截面的组合，则其极惯性矩

$$I_t=2\times\frac{1}{3}\times120\times10^3\mathrm{mm^4}=8\times10^4\mathrm{mm^4}=8\times10^{-8}\mathrm{m^4}$$

最大切应力发生在两狭长矩形截面的长边上，其值为

$$\tau_{max}=\frac{T\delta_{max}}{I_t}=\frac{200\times10\times10^{-3}}{8\times10^{-8}}\mathrm{Pa}=25\mathrm{MPa}$$

杆两端面的相对扭转角

$$\varphi=\frac{Tl}{GI_t}=\frac{200\times2}{80\times10^9\times8\times10^{-8}}\mathrm{rad}=0.0625\mathrm{rad}=3.58°$$

(2)沿截面的周边和厚度切应力分布的情况，如图 3-2-39 所示。

3.37　某火箭炮平衡机的扭杆是用六片截面尺寸为 75mm×12mm 的钢板叠在一起而组成的，受扭部分的长度为 $l=1084\mathrm{mm}$。已知材料的许用切应力$[\tau]=900\mathrm{MPa}$，$G=80\mathrm{GPa}$，扭杆的最大扭转角为 60°。试校核扭杆的强度。

提示：扭杆的每一片都可以看作是独立的杆件。

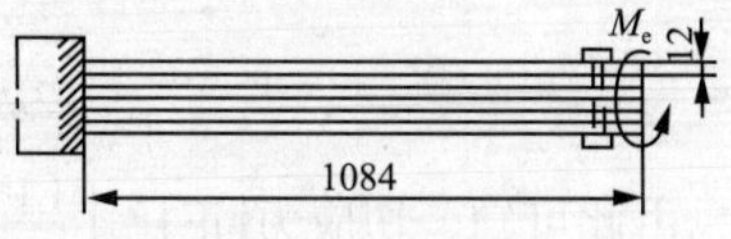

图 3-2-40

解：由题意可知，扭杆的每一片均为独立，可取其中一片为研究对象，则有

$$\frac{h}{b}=\frac{75}{12}=6.25$$

由此查教材表 3.2 矩形截面杆件扭转时的系数得：$\alpha=0.3$，$\beta=0.3$。

根据刚度条件 $\varphi=\dfrac{Tl}{G\beta hb^3}\leqslant[\varphi]$ 确定扭杆能承受的最大扭矩

$$T_{\max}=\frac{G\beta hb^3[\varphi]}{l}$$

综上可得，该扭杆的最大切应力

$$\tau_{\max}=\frac{T}{\alpha hb^2}=\frac{G\beta b[\varphi]}{\alpha l}=\frac{80\times10^9\times0.3\times0.012\times\dfrac{60}{180}\pi}{0.3\times1.084}\text{Pa}=927\text{MPa}>[\tau]$$

超出许用应力部分：$\dfrac{927-900}{900}\times100\%=3\%<5\%$，在工程允许范围内，故该扭杆满足强度要求。

3.38　外径为 120mm、厚度为 5mm 的闭口薄壁圆杆，受 $T=4\text{kN}\cdot\text{m}$ 的扭矩作用，试按下列两种方式计算切应力：

(1)按闭口薄壁杆件扭转的近似理论计算。

(2)按空心圆形截面杆扭转的精确理论计算。

解：(1)按近似理论计算

$$\tau=\frac{T}{2\omega\delta}=\frac{T}{2\pi R^2\delta}=\frac{4000}{2\pi\times0.0575^2\times0.005}\text{Pa}=38.5\text{MPa}$$

(2)按精确理论计算

$$\tau=\frac{T}{W_t}=\frac{T}{\dfrac{D^3\pi}{16}(1-\alpha^4)}=\frac{4000}{\pi\dfrac{0.12^3}{16}\left[1-\left(\dfrac{0.11}{0.12}\right)^4\right]}\text{Pa}=40.1\text{MPa}$$

***3.39　如图 3-2-41 所示，有一截面为矩形的闭口薄壁杆件，其截面的面积 A 和厚度 δ 保持不变，而比值 $\beta=\dfrac{a}{b}$ 可以改变。在自由扭转情形下，试证明切应力 τ 正比于 $\dfrac{(1+\beta)^2}{\beta}$。**

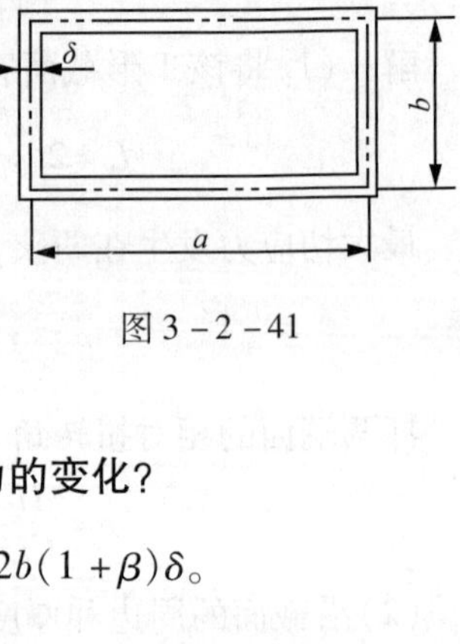

图 3-2-41

若将上述闭口薄壁杆件改为开口薄壁杆件，在相同扭矩作用下，改变比值 $\beta=\dfrac{a}{b}$，但 $a+b$ 保持不变，会不会引起切应力的变化？

解：(1)根据图 3-2-41 所示，截面面积：$A=2(a+b)\delta=2b(1+\beta)\delta$。

故有 $b=\dfrac{A}{2(1+\beta)\delta}$。

根据闭口薄壁杆的切应力计算公式可得

$$\tau_{\max}=\frac{T}{2\omega\delta}=\frac{T}{2ab\delta}=\frac{T}{2\beta\delta b^2}=\frac{2\delta T(1+\beta)^2}{A^2\beta}$$

由此可知，切应力 τ 正比于 $\dfrac{(1+\beta)^2}{\beta}$。

(2)若改为开口薄壁杆，根据其应力计算公式可得：$\tau=\dfrac{T\delta}{I_t}$。

其中，极惯性矩：$I_t=\dfrac{1}{3}\times2(a+b)\delta^3=\dfrac{1}{3}A\delta^2$。

由此可知，切应力τ与β无关，即改变β的值不会引起切应力的变化。

3.40　图3－2－42所示椭圆形截面薄壁等直杆件自由扭转，两端作用扭矩$M_e=8\mathrm{kN\cdot m}$。若材料的切变模量$G=80\mathrm{GPa}$，截面的几何参数为：壁厚$\delta=5\mathrm{mm}$，壁厚中线的长轴$a=80\mathrm{mm}$、短轴$b=60\mathrm{mm}$。试求：(1)截面上的切应力大小；(2)杆件的单位长度扭转角。

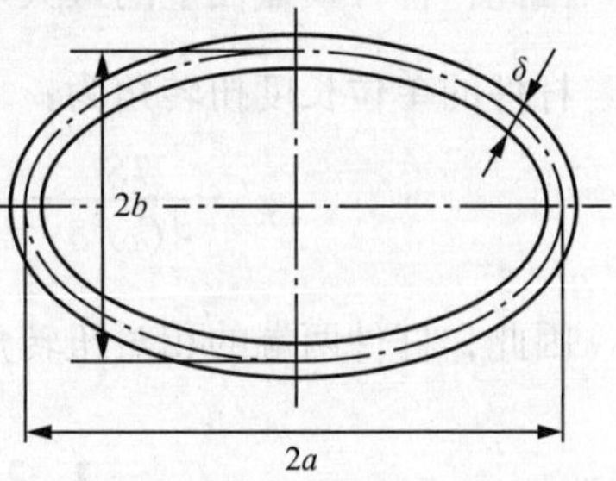

图3－2－42

提示：壁厚中线所包围面积的计算公式为$\omega=\pi ab$，壁厚中线周长的近似计算公式为

$$S=\pi[1.5(a+b)-\sqrt{ab}]$$

解：(1)$\omega=\pi ab=\pi\times80\times60=4800\pi\mathrm{mm}^2$

$$S=\pi[1.5(a+b)-\sqrt{ab}]=\pi\times[1.5\times(80+60)-\sqrt{80\times60}]=140.72\pi\mathrm{mm}$$

根据闭合薄壁杆件的剪应力公式

$$\tau=\frac{M_e}{2\omega\delta}=\frac{8\times10^6}{2\times4800\pi\times5}=53.05\mathrm{MPa}$$

(2)杆件的单位长度扭转角

$$\varphi=\frac{M_eS}{4G\omega^2\delta}=\frac{8\times10^6\times140.72\pi}{4\times80\times10^3\times(4800\pi)^2\times5}=9.72\times10^{-6}\mathrm{rad/mm}=0.557(^\circ)/\mathrm{m}$$

3.41　如图3－2－43所示，截面为正六边形的闭口薄壁杆件的壁厚为δ，壁厚中线的边长为a，两端受扭转力偶矩M_e作用。若材料的切变模量为G，试求此杆件横截面上的切应力和单位长度扭转角。

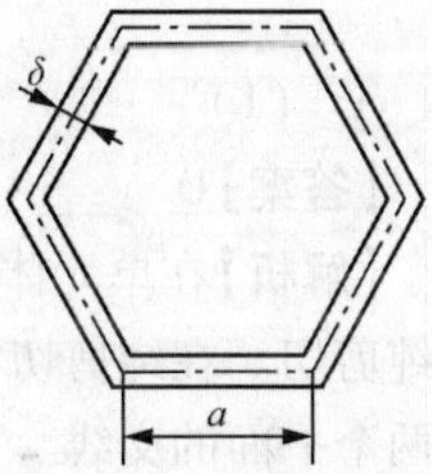

图3－2－43

解：在自由扭转的情况下，闭口薄壁杆件的切应力公式为：$\tau=\frac{M_e}{2\omega\delta}$。

正六边形截面中线所围面积为：$\omega=6\times\left(\frac{1}{2}\times a\times\frac{\sqrt{3}}{2}a\right)=\frac{3\sqrt{3}}{2}a^2$。

因此，可得杆件横截面上的切应力为：$\tau=\frac{M_e}{2\times\frac{3\sqrt{3}}{2}a^2\times\delta}=\frac{\sqrt{3}M_e}{9\,a^2\delta}$。

在自由扭转的情况下，闭口薄壁杆件的扭转角公式为：$\varphi=\frac{M_elS}{4G\omega^2\delta}$。式中，$S$是截面中线的长度。

因此，杆件的单位长度扭转角为：$\varphi'=\frac{M_e\times1\times6a}{4G\left(\frac{3\sqrt{3}}{2}a^2\right)^2\delta}=\frac{2}{9}\frac{M_e}{Ga^3\delta}$。

3.42　如图3－2－44所示，长度为l的非等壁厚的闭口薄壁杆件，截面为矩形，截面壁厚中线的长度为b，高度为h，壁厚有δ和2δ两种，两端受扭转力偶矩M_e作用。若材料的切变模量为G，试求此杆件横截面上的最大切应力和两端的相对扭转角。

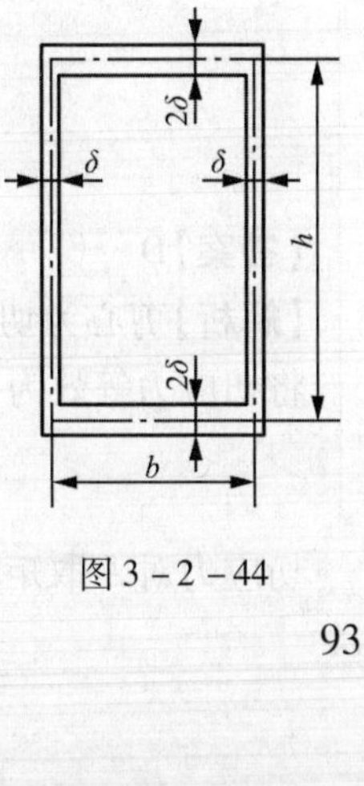

图3－2－44

解：矩形截面壁厚中线所围面积为：$\omega=bh$。壁厚δ最薄处τ最大。

因此，杆件横截面上的最大切应力为：$\tau_{\max}=\dfrac{T}{2\omega\delta_{\min}}=\dfrac{M_e}{2bh\delta}$。

杆件的单位长度扭转角为：

$$\varphi'=\frac{TS}{4G\omega^2\delta}=\frac{M_e\times 2h}{4G(bh)^2\times\delta}+\frac{M_e\times 2b}{4G(bh)^2\times 2\delta}=\frac{M_e(b+2h)}{4Gb^2h^2\delta}$$

因此，杆件两端的相对扭转角为：$\varphi=\varphi' l=\dfrac{M_e l(b+2h)}{4Gb^2h^2\delta}$。

3.3 名校考研真题详解

一、选择题

1．如图3－3－1所示单元体的应力状态中，（　　）属于正确的纯剪状态图。［暨南大学2024研］

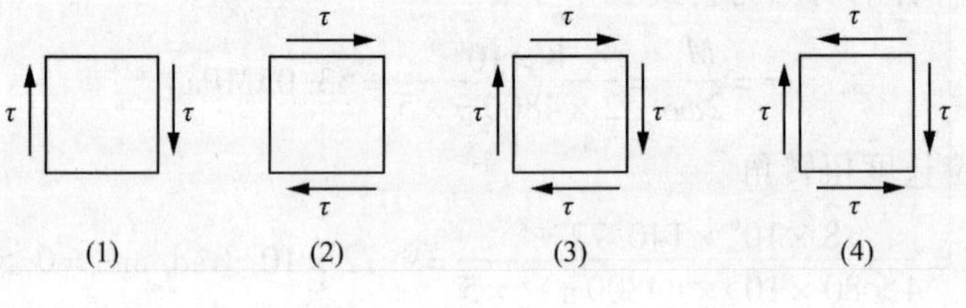

图3－3－1

A．（1）　　B．（2）　　C．（3）　　D．（4）

【答案】D

【解析】在单元体的上、下、左、右四个侧面上，只有切应力并无正应力，这种情况称为纯剪切。在纯剪切状态下，切应力必然成对出现，且数值相等，方向则共同指向或共同背离两个平面的交线。

2．如图3－3－2所示半圆形薄壁界面的剪心大致位于（　　）。［北京航空航天大学2013研］

A．A点　　B．B点　　C．C点　　D．D点

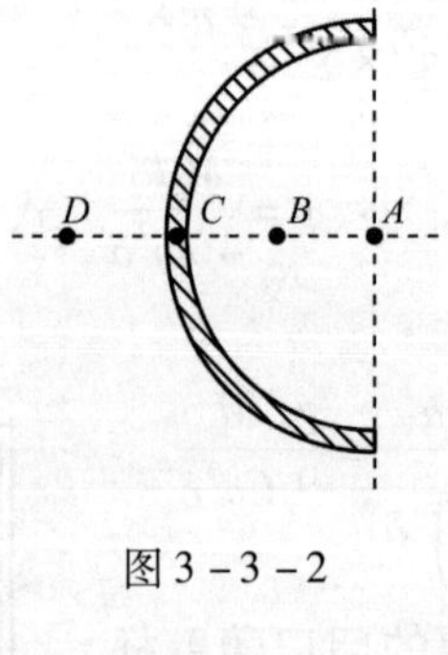

图3－3－2

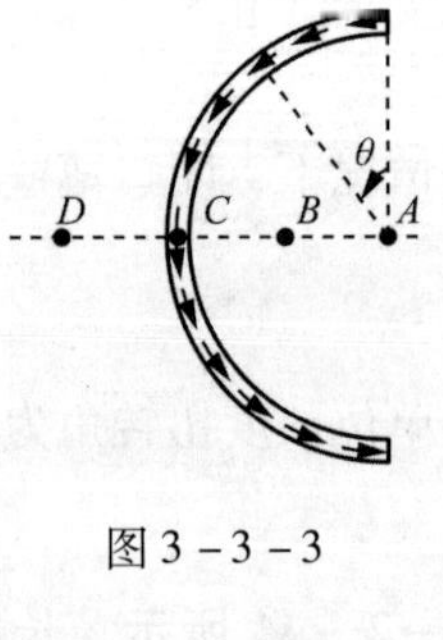

图3－3－3

【答案】D

【解析】剪心为切应力等效中心，如图3－3－3。

将切应力等效为一个集中力，为

$$F=\int_0^{\pi}\tau\sin\theta R\mathrm{d}\theta=2\tau R$$

切应力对A取矩，为

$$M=\int_0^{\pi}\tau R\cdot R\mathrm{d}\theta=\pi\tau R^2$$

所以等效力臂为

$$d=\frac{M}{F}=\frac{\pi\tau R^2}{2\tau R}=\frac{\pi}{2}R>R$$

所以剪心在 D 点。

3. 空心圆轴，内外径的比值为 α，若圆轴受扭时横截面上最大切应力为 $\tau_{\max}$，则该截面内、外圆周处切应力的比值为(　　)。[北京航空航天大学 2014 研]

A. 0　　B. α

C. $1-\alpha^4$　　D. 以上答案均不正确

【答案】B

【解析】根据圆轴受扭截面内切应力公式 $\tau=\frac{T}{I_p}\cdot r$，切应力与半径成正比。

4. 如图 3-3-4 所示实心圆轴 CD，其横截面积为 A，承受扭力矩 M 的作用。根据强度条件和刚度条件确定扭力矩 M 的许用值分别为 M_1 和 M_2。当该实心圆轴的横截面积变为 $2A$ 时，根据强度和刚度条件确定的扭力矩 M 的许用值分别为(　　)。[北京航空航天大学 2015 研]

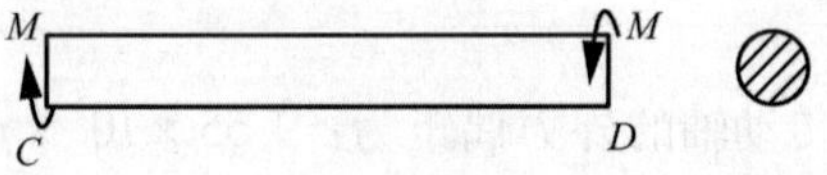

图 3-3-4

A. $2\sqrt{2}M_1$，$4M_2$　　B. $4M_1$，$2\sqrt{2}M_2$　　C. $4M_1$，$4M_2$　　D. $2\sqrt{2}M_1$，$2\sqrt{2}M_2$

【答案】A

【解析】面积扩大 2 倍，直径扩大$\sqrt{2}$倍。

强度条件：$\tau=\frac{M}{W_t}=\frac{16M_1}{\pi d^3}=[\tau]\Rightarrow\frac{16M_1'}{\pi(\sqrt{2}d)^3}=[\tau]\Rightarrow M_1'=2\sqrt{2}M_1$。

刚度条件：$\frac{\mathrm{d}\varphi}{\mathrm{d}x}=\frac{M}{GI_p}=\frac{32M_2}{G\pi d^4}=[\varphi]\Rightarrow\frac{32M_2'}{G\pi(\sqrt{2}d)^4}=[\varphi]\Rightarrow M_2'=4M_2$。

5. 扭转应力公式 $\tau=\frac{M_{\tau}\rho}{I_p}$不适用于(　　)。[华南理工大学 2016 研]

A. 等截面直杆　　B. 实心圆截面杆　　C. 空心圆截面杆　　D. 矩形截面杆

【答案】D

6. 当实心圆轴的直径增加 1 倍时，其抗扭强度、抗扭刚度分别增加到原来的(　　)。[昆明理工大学 2016 研]

A. 8 和 16 倍　　B. 16 和 8 倍　　C. 8 和 8 倍　　D. 16 和 16 倍

【答案】A

【解析】抗扭强度 $W_t\propto d^3$，而抗扭刚度 $GI_p\propto d^4$。

7. 如图 3-3-5 所示等直圆轴，若截面 B、A 的相对扭转角 $\phi_{AB}=0$，则外力偶 M_{e1} 和 M_{e2}的关系为(　　)。[重庆邮电大学 2022 研]

A. $M_{e1}=M_{e2}$　　B. $M_{e1}=2M_{e2}$　　C. $M_{e2}=2M_{e1}$　　D. $M_{e1}=3M_{e2}$

【答案】A

【解析】当轴在各段内的 T 不相同时，应该分段计算各段的扭转角，然后按代数相加，

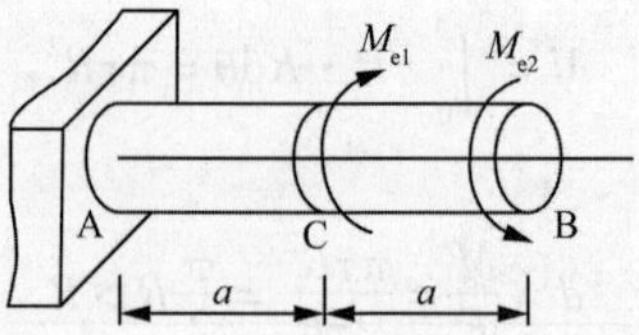

图 3－3－5

得出两端截面的相对扭转角为：$\varphi = \sum_{i=1}^{n} \frac{T_i l_i}{GI_{pi}}$。当相对扭转角为 0 时，代入可得 $M_{e1} = M_{e2}$。

二、填空题

1．实心圆轴的直径增加为原来的两倍时，能承受的最大扭矩增加为原来的______倍。［暨南大学 2024 研］

【答案】8

【解析】圆轴能承受的最大扭矩公式：$T_{max} = W_P \tau_{max}$。式中，W_P 为抗扭截面系数，且 $W_P = (\pi d^3)/16$。当直径增加为原来的两倍时，则圆轴的最大扭矩增加为原来的 8 倍。

2．一实心圆轴，$n = 240$r/min，$P = 44.1$kW，$[\tau] = 40$MPa，则 $d =$______。［东北林业大学 2023 研］

【答案】60.68mm

【解析】根据题意，可得传动轴的外力偶矩为：$9.55 \times 10^3 \times P/n = 9.55 \times 10^3 \times 44.1/240 = 1754.81$N·m，圆轴的最大切应力为：$\tau_{max} = T/W_p = 16T/(\pi d^3) = [\tau] = 40$MPa。代入数值可得：$d = 60.68$mm。

3．截面轴长 l，直径为 d，材料切变模量为 G，两端截面的相对扭转角为 φ，则圆轴两端截面施加的扭力矩 $M =$______，圆轴内最大切应变 $\gamma_{max} =$______。［北京航空航天大学 2013 研］

【答案】$\frac{G\varphi\pi d^4}{32l}$；$\frac{\varphi d}{2l}$

【解析】圆截面相对扭转角为

$$\varphi = \frac{Ml}{GI_p}$$

$$M = \frac{GI_p\varphi}{l} = \frac{G\varphi\pi d^4}{32l}$$

$$\gamma_{max} = \frac{M}{GI_p} \cdot \frac{d}{2} = \frac{\varphi d}{2l}$$

4．圆轴扭转时传递功率 $P = 10$kW，转速 120r/min，相应的外力偶矩为______。［华南理工大学 2016 研］

【答案】795.83 N·m

【解析】$\{M_e\} = 9550 \frac{\{P\}_{kW}}{\{n\}_{r/min}} = 9550 \times \frac{10}{120} \approx 795.83$N·m

5．如图 3－3－6 所示抗扭圆轴，当受扭矩 M_e 作用时，原先平行于轴线的线段 AB 转过 α 角至 AB' 处。圆轴的直径为 d，剪切模量为 G，则此时横截面上最大的切应力为______。［重庆大学 2025 研］

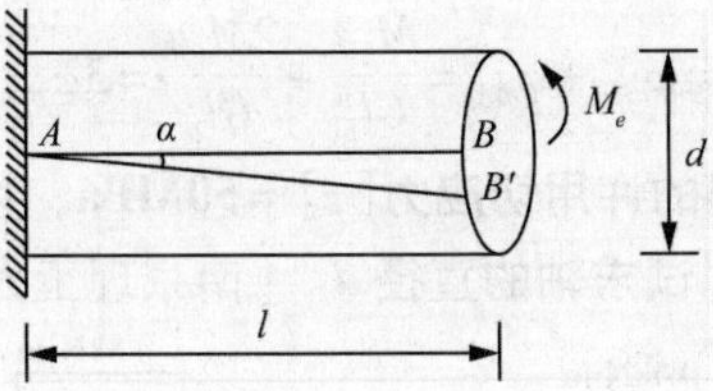

图 3 -3 -6

【答案】$G\alpha$

【解析】横截面上最大的切应力为：$\tau = G\gamma = G\alpha$。

三、画图题

画图 3 -3 -7 闭口和开口薄壁杆件横截面上的剪应力方向示意图。图中 T 为截面扭矩。［中国科学技术大学 2016 研］

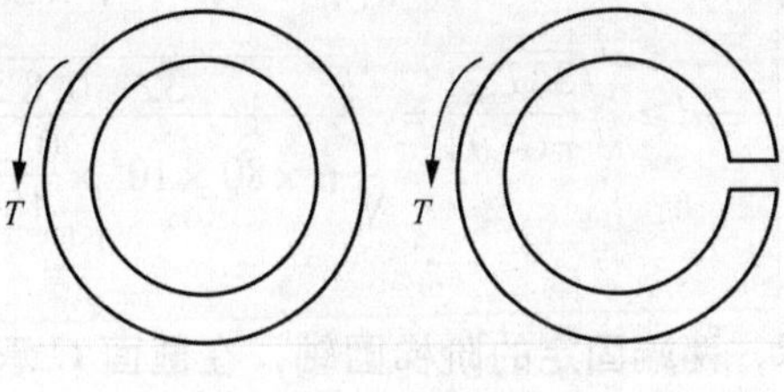

图 3 -3 -7

解：示意图如图 3 -3 -8 所示：

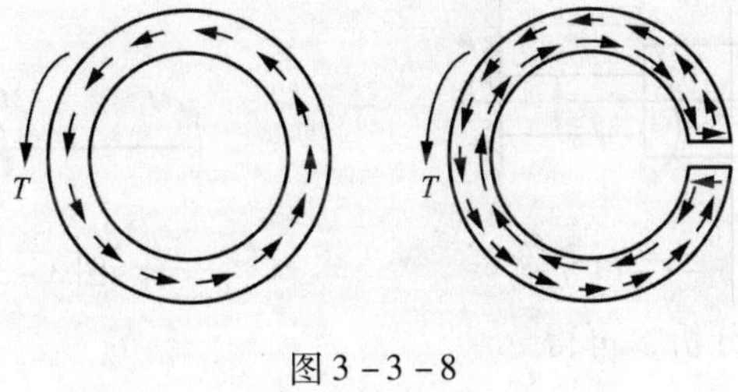

图 3 -3 -8

四、计算题

1. 如图 3 -3 -9 所示一等直圆杆，已知 $d = 40\text{mm}$，$a = 400\text{mm}$，$G = 80\text{GPa}$，$\varphi_{BD} = 1°$。试求：

(1) 最大切应力 τ_{max}；

(2) 截面 A 相对于截面 D 的扭转角 φ_{DA}。［大连理工大学 2012 研］

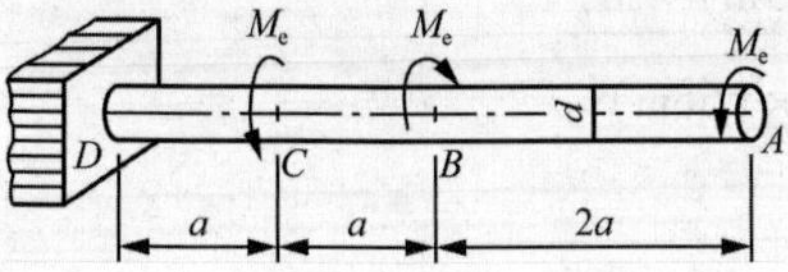

图 3 -3 -9

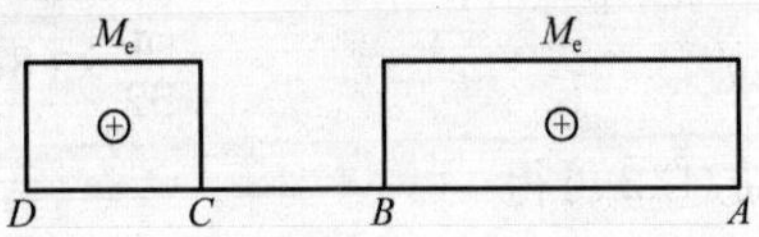

图 3 -3 -10

解：(1) 扭矩图如图 3 -3 -10：

$$\varphi_{BD} = \sum \frac{TL}{GI_P} = \frac{32M_e a}{\pi G d^4}$$

$$\tau_{max} = \frac{M_e}{W_t} = \frac{16M_e}{\pi d^3} = \frac{Gd}{2a}\varphi_{BD} = \frac{80 \times 10^3 \times 40}{2 \times 400} \times \frac{1 \times \pi}{180} = 69.8\text{MPa}$$

(2)

$$\varphi_{DA}=\varphi_{BD}+\varphi_{BA}=\frac{M_e a}{GI_p}+\frac{2M_e a}{GI_p}=3\varphi_{BD}=3°$$

2. 直径为 d 的圆轴，材料的许用切应力 $[\tau]=50\text{MPa}$，切变模量 $G=80\text{GPa}$，单位长度许用扭转角 $[\theta]=0.25(°)/\text{m}$，试求轴的直径 d。［南京理工大学 2015 研］

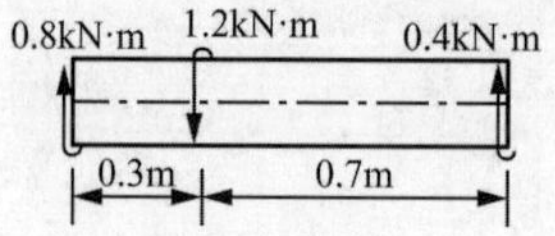

图 3－3－11

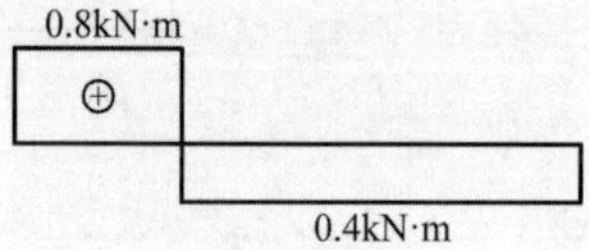

图 3－3－12

解：扭矩图如图 3－3－12：

$$\tau_{\max}=\frac{T_{\max}}{W_t}=\frac{16T_{\max}}{\pi d^3}\leqslant[\tau]\Rightarrow d\geqslant\sqrt[3]{\frac{16T_{\max}}{\pi[\tau]}}=\sqrt[3]{\frac{16\times0.8\times10^6}{\pi\times50}}=43.4\text{mm}$$

$$\theta_{\max}=\frac{T_{\max}}{GI_p}=\frac{32T_{\max}}{\pi Gd^4}\leqslant[\theta]\Rightarrow d\geqslant\sqrt[4]{\frac{32T_{\max}}{\pi G[\theta]}}=\sqrt[4]{\frac{32\times0.8\times10^6}{\pi\times80\times10^3\times\frac{0.25}{180}\times\pi\times10^{-3}}}=69.5\text{mm}$$

所以 $d\geqslant69.5\text{mm}$。

3. 如图 3－3－13 所示，两端固定的阶梯圆轴，在截面 C 承受扭转力偶矩 M 作用。已知 $D_1=8\text{cm}$，$D_2=6\text{cm}$，$[\tau]=60\text{MPa}$，试求最大力偶矩 M。［华南理工大学 2016 研］

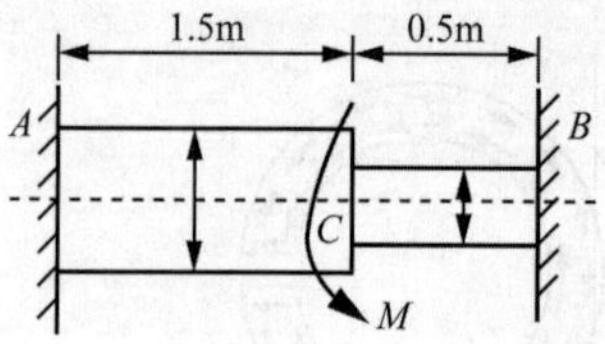

图 3－3－13

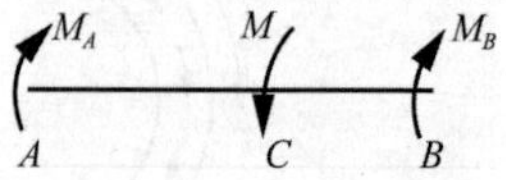

图 3－3－14

解：对整体进行受力分析，可得

$$M_A+M_B=M \quad ①$$

又根据几何变形条件可知

$$\frac{M_A l_{AC}}{GI_{pAC}}=\frac{M_B l_{BC}}{GI_{pBC}}$$

即

$$\frac{(1.5\text{m})\cdot M_A}{\frac{\pi}{32}\times(8\text{cm})^4}=\frac{(0.5\text{m})\cdot M_B}{\frac{\pi}{32}\times(6\text{cm})^4} \quad ②$$

联立①②可得

$$M_A=0.513M,\ M_B=0.487M$$

由强度条件可知

$$\tau_1=\frac{M_A}{W_{tAC}}=\frac{0.513M}{W_{tAC}}\leqslant[\tau],\ \tau_2=\frac{M_B}{W_{tBC}}=\frac{0.487M}{W_{tBC}}\leqslant[\tau]$$

$$M\leqslant\frac{1}{0.513}W_{tAC}[\tau]=\frac{1}{0.513}[\tau]\frac{\pi}{16}D_1^3=\frac{1}{0.513}\times60\times\frac{3.14}{16}\times80^3\text{N}\cdot\text{mm}=11.75\text{kN}\cdot\text{m}$$

$$M\leqslant\frac{1}{0.487}W_{tBC}[\tau]=\frac{1}{0.487}[\tau]\frac{\pi}{16}D_2^3=\frac{1}{0.487}\times60\times\frac{3.14}{16}\times60^3=5.22\text{kN}\cdot\text{m}$$

解得最大力偶矩为：$M=5.22\text{kN}\cdot\text{m}$。

4. 图3－3－15所示齿轮转动系统，马达的输入功率 $P_1=36\text{kW}$，经轴 CD 输出。已知：轴 AB 的转速 $n_1=300\text{r/min}$。B 处齿轮与 C 处齿轮之比 $z_1:z_2=1:2$。实心圆轴 AB 直径 $d_1=40\text{mm}$，空心圆轴 CD 外径 $D_2=50\text{mm}$，内径 $d_2=40\text{mm}$。两杆轴采用相同的材料，其剪切弹性模量 $G=80\text{GPa}$。试求：

（1）所有轴中的最大切应力；

（2）所有轴中的最大单位长度扭转角。［南京航空航天大学 2017 研］

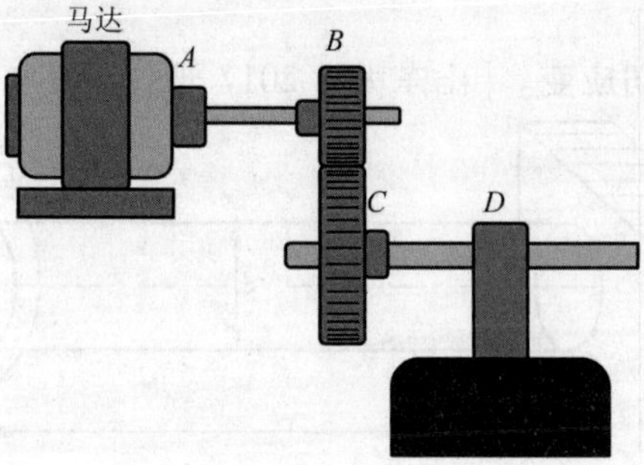

图 3－3－15

解：B 为主动轮，C 为从动轮

$$P_B=P_C=P_1=36\text{kW}$$

（1）AB 轴分析

$$T_B=M_B=9550\cdot\frac{P_B}{n_B}=9550\times\frac{36}{300}=1146\text{N}\cdot\text{m}$$

则 AB 轴最大切应力为

$$\tau_{\max,1}=\frac{T_B}{W_{t_1}}=\frac{1146}{\frac{1}{16}\times\pi\times0.04^3}=91.2\text{MPa}$$

AB 轴单位长度扭转角为

$$\varphi_1=\frac{T_B}{GI_{P_1}}=\frac{1146}{80\times10^9\times\frac{1}{32}\times\pi\times0.04^4}=5.7\times10^{-2}\text{rad/m}$$

（2）CD 轴分析

B、C 齿轮数之比 $z_1:z_2=1:2$，则

$$n_C=\frac{1}{2}n_B=\frac{1}{2}\times300=150\text{r/min}$$

$$T_C=M_C=9550\cdot\frac{P_C}{n_C}=9550\times\frac{36}{150}=2292\text{N}\cdot\text{m}$$

则 CD 轴最大切应力为

$$\tau_{\max,2}=\frac{T_C}{W_{t_2}}=\frac{2292}{\frac{1}{16}\times\pi\times0.05^3\times(1-0.8^4)}=158.2\text{MPa}$$

CD 轴单位长度扭转角为

$$\varphi_2 = \frac{T_C}{GI_{P_2}} = \frac{2292}{80 \times 10^9 \times \frac{1}{32} \times \pi \times 0.05^4 \times (1-0.8^4)} = 7.9 \times 10^{-2} \mathrm{rad/m} = 4.53°/\mathrm{m}$$

所以所有轴中最大切应力 $\tau_{\max} = 158.2\mathrm{MPa}$。

所有轴中最大单位长度扭转角 $\varphi_{\max} = 7.9 \times 10^{-2}\mathrm{rad/m} = 4.53°/\mathrm{m}$。

5. 圆轴 AB 长 $l = 100\mathrm{mm}$，轴的直径 $d = 10\mathrm{mm}$，在 B 端加外力偶矩 M_e 后，端面 B 相对固定端截面 A 转过角度 $\varphi_{BA} = 0.01875\mathrm{rad}$。若材料的切变模量 $G = 80\mathrm{GPa}$，试求：

(1) 轴内的 $\tau_{\max}$；

(2) 轴表面上任意点的切应变。［山东大学 2017 研］

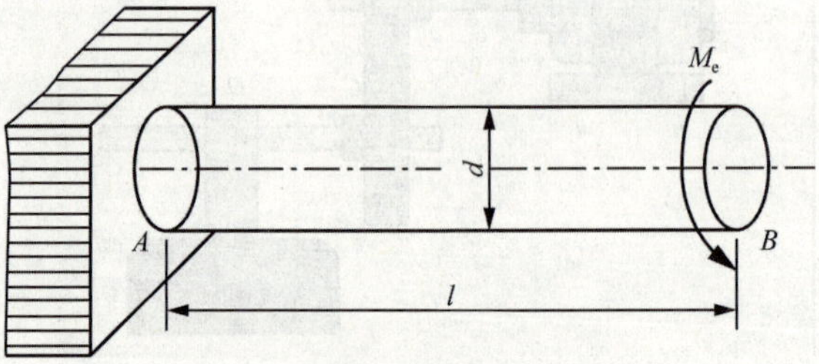

图 3 - 3 - 16

解：(1)因为最大切应力 $\tau_{\max}$ 在截面最外层，根据公式

$$\varphi_{BA} = \frac{M_e l}{GI_p}, \ \tau_{\max} = \frac{M_e}{I_p} \cdot \frac{d}{2}$$

可得

$$\tau_{\max} = \frac{\varphi_{BA} G}{l} \cdot \frac{d}{2} = \frac{0.01875 \times 80 \times 10^3}{100} \times \frac{10}{2} = 75\mathrm{MPa}$$

(2)轴表面任意点的切应变相等，切应变为

$$\gamma = \frac{\tau_{\max}}{G} = \frac{75\mathrm{MPa}}{80 \times 10^3 \mathrm{MPa}} = 9.375 \times 10^{-4}$$

6. 图 3 - 3 - 17 所示阶梯形受扭圆轴，实心圆轴 AB 直径 $d_1 = 40\mathrm{mm}$，空心圆轴 BC 外径 $D_2 = 50\mathrm{mm}$，内径 $d_2 = 40\mathrm{mm}$。尺寸 $a = 0.5\mathrm{m}$，材料的剪切弹性模量 $G = 100\mathrm{GPa}$，$[\tau] = 100\mathrm{MPa}$。$M = 314\mathrm{N \cdot m}$。试求：

(1) 根据强度条件进行校核；

(2) 从右往左看，画出空心截面 BC 段上任意横截面上的应力分布图，并标上应力数值；

(3) 求 B 截面相对于 A 截面的扭转角。［南京航空航天大学 2018 研］

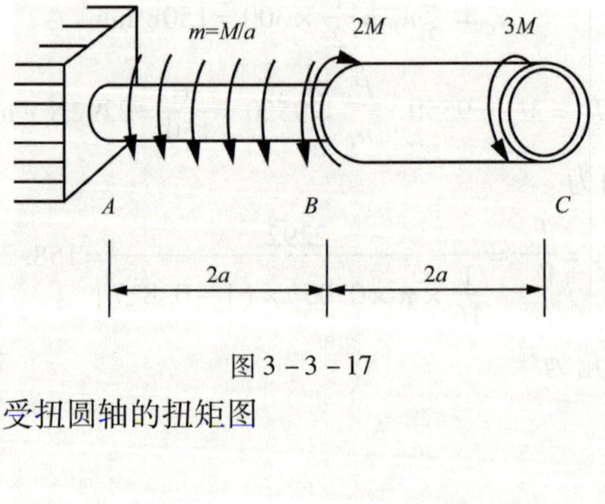

图 3 - 3 - 17

解：(1)首先绘制出受扭圆轴的扭矩图

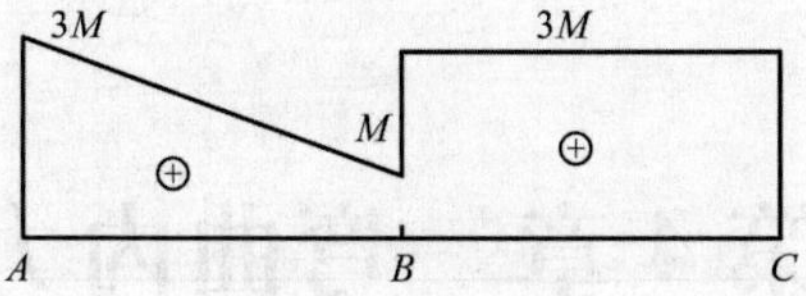

图 3－3－18

由扭矩图可知，AB 段的固定端 A 截面和 BC 段的最大扭矩均为 $T=3M$，故对这两处进行强度校核

$$\tau_{A\max}=\frac{T_A}{W_{p1}}=\frac{3M\cdot 16}{\pi d_1^3}=\frac{3\times 314\times 16}{\pi\times 0.04^3}\text{Pa}=75\text{MPa}\leqslant[\tau]$$

$$\tau_{BC\max}=\frac{T_{BC}}{W_{p2}}=\frac{3M\cdot 16}{\pi D_2^3\cdot\left(1-\dfrac{d_2^4}{D_2^4}\right)}=\frac{3\times 314\times 16}{\pi\times 0.05^3\times(1-0.8^4)}\text{Pa}=65.04\text{MPa}\leqslant[\tau]$$

故阶梯受扭圆轴强度满足要求。

(2)由(1)可知 BC 段内最大剪应力为

$$\tau_1=\tau_{\max}=65.04\text{MPa}$$

则内侧剪应力为

$$\tau_2=\tau_{\min}=\frac{d_2}{D_2}\tau_1=\frac{40}{50}\times 65.04=52.03\text{MPa}$$

空心截面 BC 段上任意截面上的应力分布如图 3－3－19：

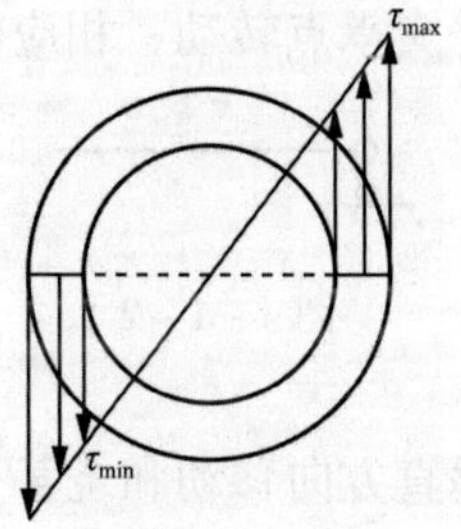

图 3－3－19

$$\tau_{\max}=65.04\text{MPa},\ \tau_{\min}=52.03\text{MPa}$$

(3)在 AB 段距离 A 端为 x 的某一截面切开，取左半部分作为研究对象，则截面上的扭矩为

$$T(x)=3M-mx$$

因此，B 截面相对 A 截面的转角为

$$\varphi_{BA}=\int_l \mathrm{d}\varphi=\int_0^{2a}\frac{T(x)}{GI_p}\mathrm{d}x=\int_0^{2a}\frac{3M-mx}{GI_p}\mathrm{d}x=\frac{4Ma}{GI_p}=\frac{32\times 4\times 314\times 0.5}{100\times 10^9\times\pi\times 0.04^4}\text{rad}=0.025\text{rad}=1.43°$$

故 B 截面相对 A 截面的扭转角为 1.43°(逆时针)。

第4章 弯曲内力

4.1 复习笔记

弯曲是杆件的基本变形之一，是由垂直于杆件轴线的外力引起的，表现为原为直线的轴线变形成为曲线。其中，对称弯曲是当作用在梁上的载荷和支反力均位于纵向对称面内时，梁的轴线由直线弯成一条位于纵向对称面内的曲线的弯曲形式。

一、受弯杆件的简化

1. 支座的基本形式

(1)固定铰支座

限制支承的横截面沿水平和垂直方向移动，相应的支座反力如图4－1－1所示。

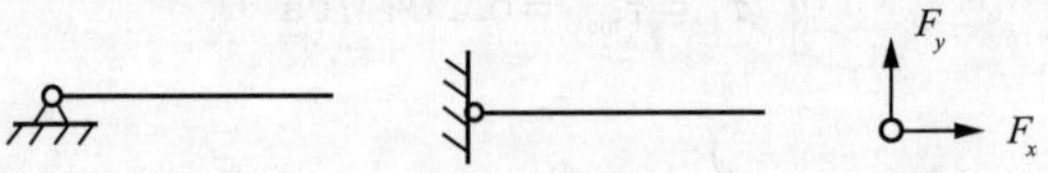

图4－1－1

(2)可动铰支座

使杆件沿支承面方向移动亦可绕支承点转动，相应的支座反力如图4－1－2所示。

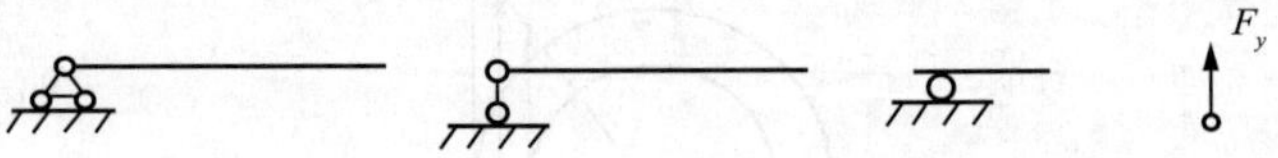

图4－1－2

(3)固定端

限制被支承的横截面沿水平和垂直方向移动和绕某一轴转动，相应的固定端的支反力如图4－1－3所示。

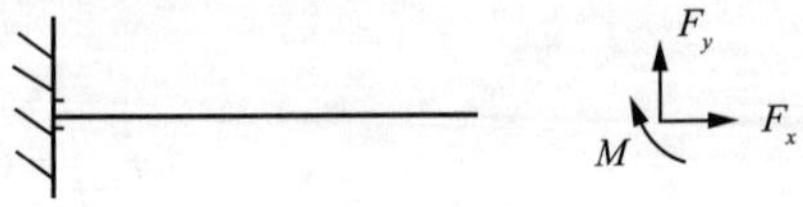

图4－1－3

2. 载荷的简化

(1)集中载荷

载荷的作用范围远小于杆件轴向尺寸。

(2)分布载荷

沿轴向连续分布在杆件上的载荷，常用q表示单位长度上的载荷，称为载荷集度，如风力、水力、重力。常用的有均布载荷，线性分布载荷。

(3)集中力偶

3. 静定梁的基本形式

为方便梁的求解，通常将梁简化，以便得到计算简图。当梁上支反力数目与静力平衡方程式的数目相同时，即支反力通过静力平衡方程即可完全确定时，称之为静定梁，以下三种形式的梁均为静定梁。

(1)简支梁

一端为固定铰支座，一端为可动铰支座，如图4－1－4所示。

图4－1－4

(2)外伸梁

一端或两端向外伸出的简支梁，如图 4－1－5 所示。

(3)悬臂梁

一端固定支座一端自由，如图 4－1－6 所示。

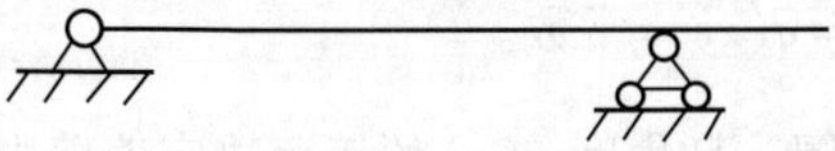

图 4－1－5

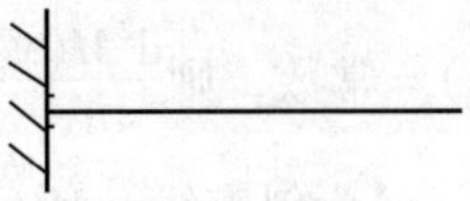

图 4－1－6

二、剪力和弯矩

1. 剪力

剪力是指抵抗剪切作用的内力，是与横截面相切的分布内力系的合力。

符号规定：左侧相对于右侧有向上错动的趋势，或有顺时针转动的趋势，则剪力为正；反之，剪力为负。左侧梁段向上的外力引起剪力为正，右侧梁段向下的外力引起的剪力为正；反之为负。

对于平面曲杆(轴线为平面曲线，且荷载作用于纵向对称面内)，规定：以剪力对所考虑一段曲杆内任一点取矩，若力矩为顺时针，则剪力为正。

2. 弯矩

弯矩是指抵抗弯曲作用的力矩，是垂直于横截面的分布内力系的合力偶之矩。

符号规定：外力对截面形心的力矩使梁下凸上凹，弯矩为正；反之，弯矩为负。左侧梁段外力引起的顺时针弯矩为正，右侧梁段外力引起的逆时针弯矩为正；反之为负。

对于平面曲杆，规定：使轴线曲率增加的弯矩为正。

3. 剪力方程和弯矩方程

(1)剪力(弯矩)方程：以横坐标 x 表示横截面在梁轴线上的位置，表示各横截面上的剪力(弯矩)的函数表达式。

(2)方法：①根据梁上外力及其变化情况分段。

分段点：剪力方程的分段点是集中力作用处和分布载荷的开始、结束处；

弯矩方程的分段点是集中力、集中力偶的作用处和分布载荷的开始、结束处。

②在每段上以任意截面 x 作为代表，求其剪力 $F_S(x)$ 和弯矩 $M(x)$。

三、剪力图和弯矩图的绘制

剪力图(弯矩图)：用平行于梁轴的横坐标 x 表示横截面的位置，以纵坐标表示相应截面上的剪力(弯矩)，这种图线称为剪力图(弯矩图)。

绘制方法：

1. 列方程作图

作图步骤：①求支座反力；②列内力方程；③根据方程绘制剪力图和弯矩图。

应注意的是：平面刚架的弯矩图应画在受压侧；平面曲杆的弯矩图画在轴线的法向方向，并画在受压侧。

2. 利用载荷集度、剪力和弯矩间的关系作梁的内力图

(1)载荷集度 $q(x)$、剪力 $F_S(x)$ 和弯矩 $M(x)$ 间三者之间的微分关系为

$$\frac{d^2M(x)}{dx^2}=\frac{dF_S(x)}{dx}=q(x)$$

(2)利用推论绘制内力图

①若 $q(x)=0$，则$\dfrac{\mathrm{d}F_S(x)}{\mathrm{d}x}=q(x)=0$，$\dfrac{\mathrm{d}^2M(x)}{\mathrm{d}x^2}=q(x)=0$。

因此，剪力图为平行于 x 轴的直线，弯矩图为斜直线。

②若 $q(x)=$ 常数，则$\dfrac{\mathrm{d}^2M(x)}{\mathrm{d}x^2}=\dfrac{\mathrm{d}F_S(x)}{\mathrm{d}x}=q(x)=$ 常数。

因此，$F_S(x)$为斜直线，$M(x)$为抛物线图，且集度 $q(x)$的正负决定着剪力图的单调增或者减，以及弯矩图开口向上或者向下。

③若 $q=f(x)$，则剪力图为抛物线，弯矩图为三次曲线。

④若 $F_S(x)=0$，则$\dfrac{\mathrm{d}M(x)}{\mathrm{d}x}=F_S(x)=0$。此时该截面上弯矩有极值(极大值或极小值)。此外，弯矩的极值还可能出现在集中力和集中力偶作用处截面。

⑤利用载荷、剪力与弯矩的关系校核所绘制的弯矩图和剪力图。任意两截面上的剪力之差等于相应两截面间载荷图的面积，任意两截面上的弯矩之差等于相应两截面间剪力图的面积。

几种常见载荷下剪力图和弯矩图的特征如表 4-1-1 所示。

表 4-1-1　几种常见载荷下剪力图和弯矩图的特征

	无载荷	向下的均布载荷	集中力	集中力偶
外力情况		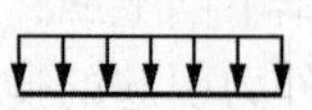	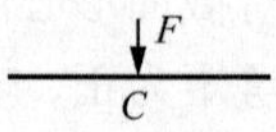	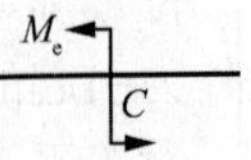
F_S 图特征 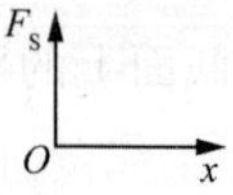	水平直线 	右端向下方倾斜的直线 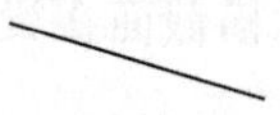	在 C 处有沿力方向的突变 突变量为 F 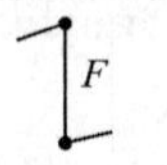	在 C 处无变化 
M 图特征 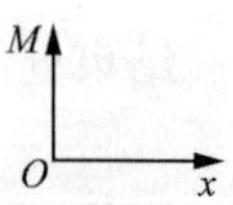	倾斜直线或水平直线 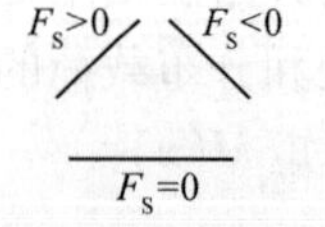	上凸的二次抛物线 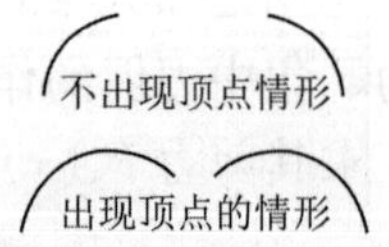	在 C 处有尖角 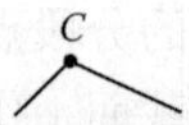	在 C 处有突变 突变量为 M_e 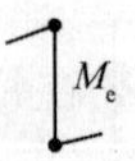

3. 外力与内力图的内在联系

(1)斜率规律

剪力图在任一截面处的斜率值等于该截面外力分布载荷的集度值，同理弯矩图在任一截面处的斜率值等于该截面剪力值

$$\frac{\mathrm{d}F_S(x)}{\mathrm{d}x}=\pm q,\ \frac{\mathrm{d}M}{\mathrm{d}x}=F_S(x)$$

(2)凹凸性规律

集度 q 向下，为负，曲线图开口朝下。

$$\frac{\mathrm{d}F_S(x)}{\mathrm{d}x}=\pm q$$

(3)突变规律

在集中力作用的截面，剪力图在该处发生突变，突变高度等于该处集中力的大小；在集中力偶作用的截面，弯矩图在该处发生突变，突变高度等于该处集中力偶矩的大小。

4.2 课后习题详解

4.1 试求图 4－2－1 所示各梁中截面 1－1、2－2、3－3 上的剪力和弯矩，这些截面无限接近于截面 C 或截面 D。设 F、q、q_0、a 均为已知。

提示：梁上三角形分布载荷对某点的力矩，等于载荷分布图的面积与其形心到该点距离的乘积。

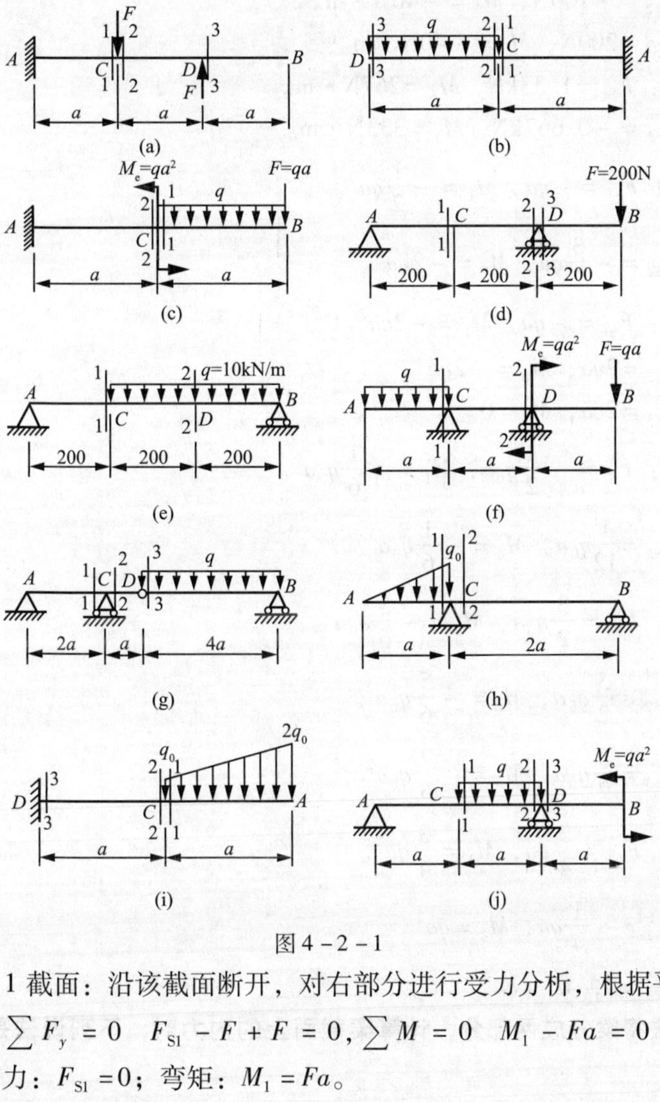

图 4－2－1

解：(a)①1－1 截面：沿该截面断开，对右部分进行受力分析，根据平衡条件

$$\sum F_y = 0 \quad F_{S1} - F + F = 0, \sum M = 0 \quad M_1 - Fa = 0$$

解得该截面剪力：$F_{S1} = 0$；弯矩：$M_1 = Fa$。

②2－2 截面：沿该截面断开，对右部分进行受力分析，根据平衡条件

$$\sum F_y = 0 \quad F_{S2} + F = 0, \sum M = 0 \quad M_2 - Fa = 0$$

解得该截面剪力：$F_{S2} = -F$；弯矩：$M_2 = Fa$。

③3－3 截面：同理可得：$F_{S3} = 0$，$M_3 = 0$。

(b)同理，1－1 截面：$F_{S1} = -qa$，$M_1 = -\dfrac{qa^2}{2}$。

2-2 截面：$F_{S2}=-qa$，$M_2=-\frac{qa^2}{2}$。

3-3 截面：$F_{S3}=0$，$M_3=0$。

(c)1-1 截面：$F_{S1}=2qa$，$M_1=-\frac{3}{2}qa^2$。

2-2 截面：$F_{S2}=2qa$，$M_2=-\frac{1}{2}qa^2$。

(d)1-1 截面：$F_{S1}=-100\text{N}$，$M_1=-20\text{N}\cdot\text{m}$。

2-2 截面：$F_{S2}=-100\text{N}$，$M_2=-40\text{N}\cdot\text{m}$。

3-3 截面：$F_{S3}=200\text{N}$，$M_3=-40\text{N}\cdot\text{m}$。

(e)1-1 截面：$F_{S1}=1.33\text{kN}$，$M_1=267\text{N}\cdot\text{m}$。

2-2 截面：$F_{S2}=-0.667\text{kN}$，$M_2=333\text{N}\cdot\text{m}$。

(f)1-1 截面：$F_{S1}=-qa$，$M_1=-\frac{1}{2}qa^2$。

2-2 截面：$F_{S2}=-\frac{3}{2}qa$，$M_2=-2qa^2$。

(g)1-1 截面：$F_{S1}=-qa$，$M_1=-2qa^2$。

2-2 截面：$F_{S2}=2qa$，$M_2=-2qa^2$。

3-3 截面：$F_{S3}=2qa$，$M_3=0$。

(h)1-1 截面：$F_{S1}=-\frac{1}{2}q_0a$，$M_1=-\frac{1}{6}q_0a^2$。

2-2 截面：$F_{S2}=\frac{1}{12}q_0a$，$M_2=-\frac{1}{6}q_0a^2$。

(i)1-1 截面：$F_{S1}=\frac{3}{2}q_0a$，$M_1=-\frac{5}{6}q_0a^2$。

2-2 截面：$F_{S2}=\frac{3}{2}q_0a$，$M_2=-\frac{5}{6}q_0a^2$。

3-3 截面：$F_{S3}=\frac{3}{2}q_0a$，$M_3=-\frac{7}{3}q_0a^2$。

(j)1-1 截面：$F_{S1}=\frac{3}{4}qa$，$M_1=\frac{3}{4}qa^2$。

2-2 截面：$F_{S2}=-\frac{1}{4}qa$，$M_2=qa^2$。

3-3 截面：$F_{S3}=0$，$M_3=qa^2$。

4.2　用截面法将梁分成两部分，计算梁截面上的内力时，下列说法是否正确？如不正确应如何改正。

(1)在截面的任一侧，向上的集中力产生正的剪力，向下的集中力产生负的剪力。

(2)在截面的任一侧，顺时针转向的集中力偶产生正弯矩，逆时针的产生负弯矩。

答：(1)不正确

截面左段对右段向上相对错位时，截面上的剪力为正。即仅在截面左侧，命题结论成立。

截面上使得研究部分产生顺时针转向趋势的剪力为正，反之，使研究部分产生逆时针转向趋势的剪力为负。

(2)不正确

截面处弯曲变形凸向下时，截面上的弯矩为正。即仅在截面左侧，命题结论成立。

4.3 对图 4-2-2 所示简支梁的 $m-m$ 截面，如用截面左侧的外力计算剪力和弯矩，则 F_S 和 M 便与 q 无关；如用截面右侧的外力计算，则 F_S 和 M 又与 F 无关。这样的论断正确吗？何故？

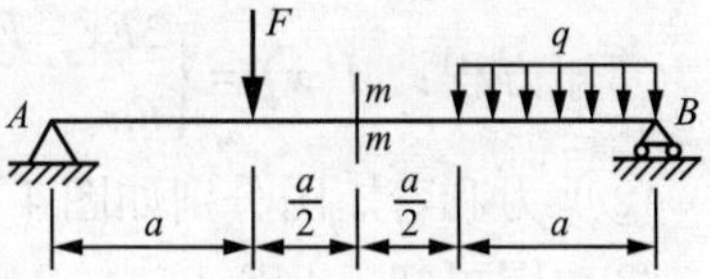

图 4-2-2

答：不正确。用截面法计算内力时，应当将支座约束去除，以对应的支反力代替，将支反力也作为梁段的外力考虑。截面法是利用研究对象的平衡条件建立相应的平衡方程，研究部分所受的所有力系包括支座等约束反力、外载荷以及截面内力。

4.4 设图 4-2-3 所示各梁的载荷 F、q、M_e 和尺寸 a 均为已知。(1)试列出梁的剪力方程和弯矩方程；(2)作剪力图和弯矩图；(3)确定 $|F_s|_{max}$ 及 $|M|_{max}$。

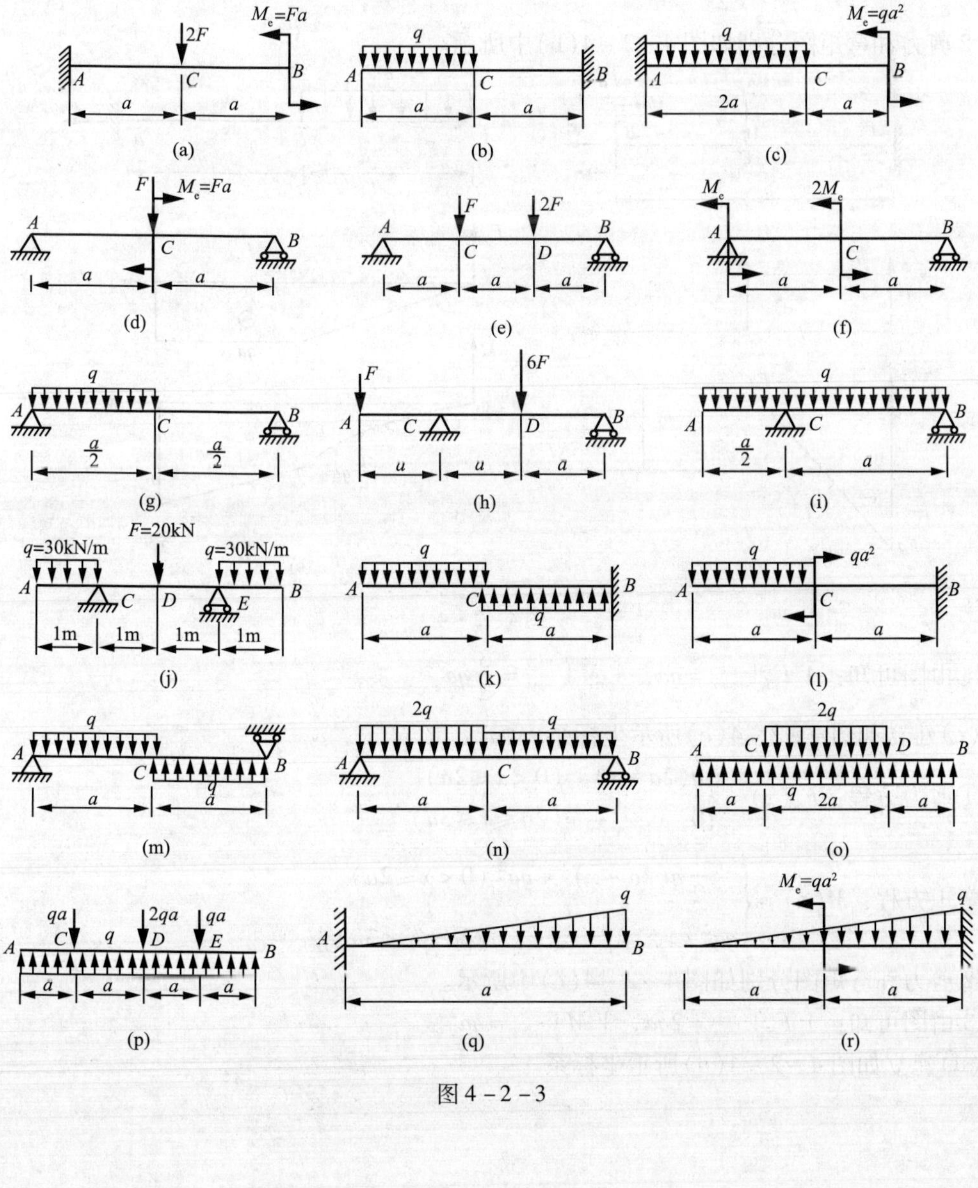

图 4-2-3

解：(a)建立如图4-2-4(a)所示坐标系。

①剪力方程：$F_S(x)=\begin{cases}2F & (0\leqslant x<a)\\ 0 & (a<x\leqslant 2a)\end{cases}$。

弯矩方程：$M(x)=\begin{cases}2Fx-Fa & (0\leqslant x\leqslant a)\\ Fa & (a\leqslant x<2a)\end{cases}$。

②剪力和弯矩图分别如图4-2-4(a)中所示。

③由图可知：$|F_S|_{max}=2F$，$|M|_{max}=Fa$。

(b)建立如图4-2-4(b)所示坐标系。

①剪力方程：$F_S(x)=\begin{cases}-qx & (0\leqslant x\leqslant a)\\ -qa & (a\leqslant x\leqslant 2a)\end{cases}$。

弯矩方程：$M(x)=\begin{cases}-\dfrac{1}{2}qx^2 & (0\leqslant x\leqslant a)\\ \dfrac{1}{2}qa^2-qax & (a\leqslant x\leqslant 2a)\end{cases}$。

②剪力和弯矩图分别如图4-2-4(b)中所示。

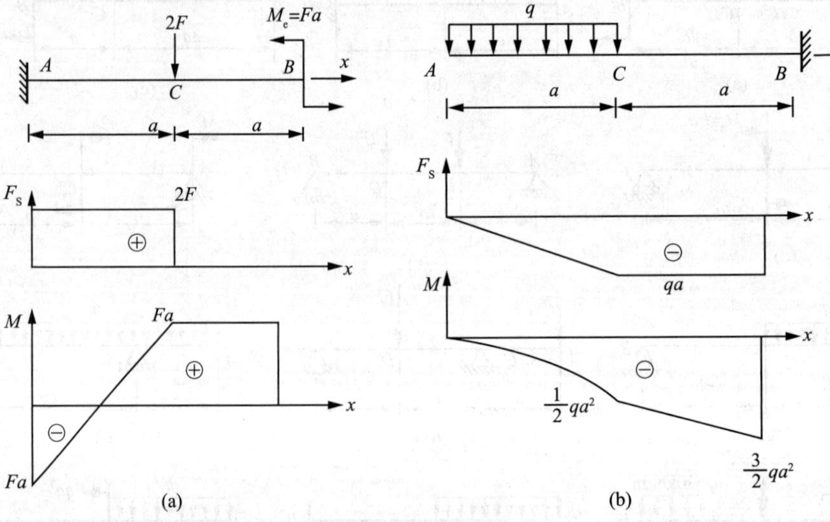

图4-2-4

③由图可知：$|F_S|_{max}=qa$，$|M|_{max}=\dfrac{3}{2}qa^2$。

(c)建立如图4-2-4(c)所示坐标系。

①剪力方程：$F_S(x)=\begin{cases}q(2a-x) & (0<x\leqslant 2a)\\ 0 & (2a\leqslant x\leqslant 3a)\end{cases}$。

弯矩方程：$M(x)=\begin{cases}-\dfrac{1}{2}q(2a-x)^2+qa^2 & (0<x\leqslant 2a)\\ qa^2 & (2a\leqslant x<3a)\end{cases}$。

②剪力和弯矩图分别如图4-2-4(c)中所示。

③由图可知：$|F_S|_{max}=2qa$，$|M|_{max}=qa^2$。

(d)建立如图4-2-4(d)所示坐标系。

①剪力方程：$F_S(x)=\begin{cases}0 & (0\leqslant x<a)\\ -F & (a<x<2a)\end{cases}$。

弯矩方程：$M(x)=\begin{cases}0 & (0\leqslant x<a)\\ F(2a-x) & (a<x\leqslant 2a)\end{cases}$。

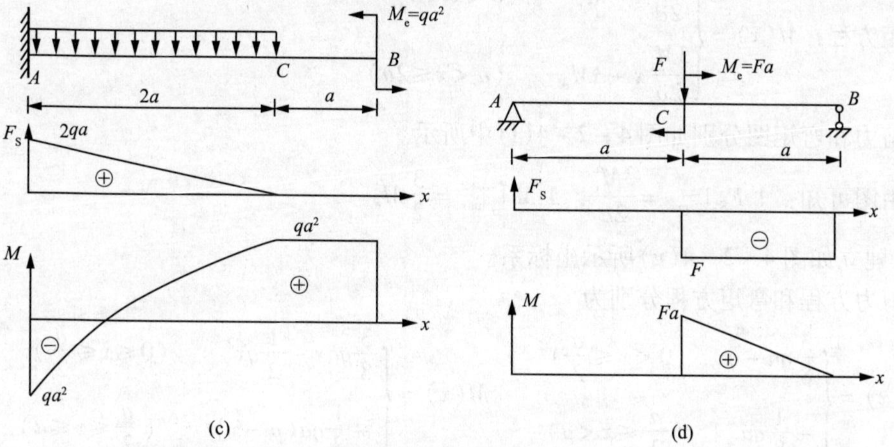

图 4－2－4

②剪力和弯矩图分别如图 4－2－4(d)中所示。

③由图可知：$|F_S|_{max}=F$，$|M|_{max}=Fa$。

(e)建立如图 4－2－4(e)所示坐标系。

①剪力方程和弯矩方程分别为

$$F_S(x)=\begin{cases}\dfrac{4}{3}F & (0<x<a)\\ \dfrac{1}{3}F & (a<x<2a)\\ -\dfrac{5}{3}F & (2a<x<3a)\end{cases}\qquad M(x)=\begin{cases}\dfrac{4}{3}Fx & (0\leqslant x\leqslant a)\\ \dfrac{F}{3}(x+3a) & (a\leqslant x\leqslant 2a)\\ \dfrac{5}{3}(3a-x) & (2a\leqslant x\leqslant 3a)\end{cases}$$

②剪力和弯矩图分别如图 4－2－4(e)中所示。

③由图可知：$|F_S|_{max}=\dfrac{5}{3}F$，$|M|_{max}=\dfrac{5}{3}Fa$。

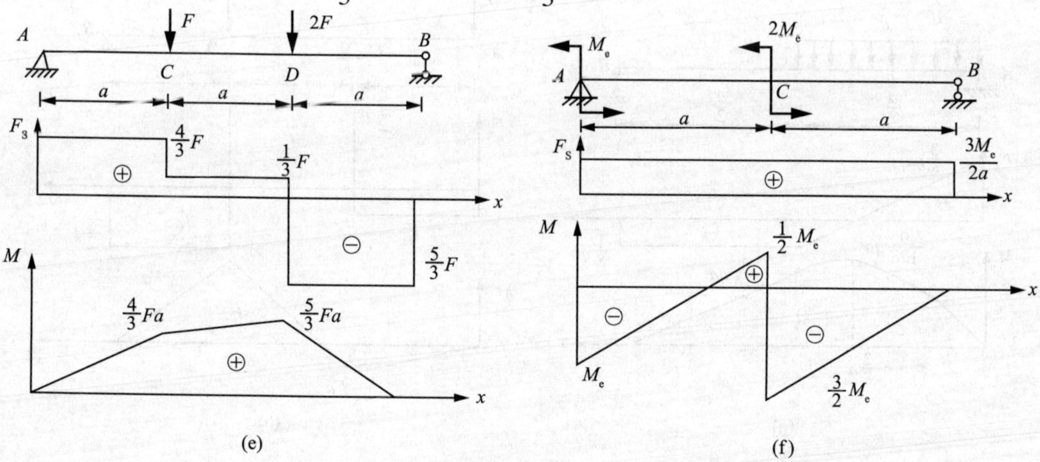

图 4－2－4

(f)建立如图4－2－4(f)所示坐标系。

①剪力方程：$F_S(x)=\dfrac{3M_e}{2a}\quad(0<x\leqslant 2a)$。

弯矩方程：$M(x)=\begin{cases}\dfrac{3M_e}{2a}x-M_e & (0<x<a)\\ \dfrac{3M_e}{2a}x-3M_e & (a<x\leqslant 2a)\end{cases}$。

②剪力和弯矩图分别如图4－2－4(f)中所示。

③由图可知：$|F_S|_{max}=\dfrac{3M_e}{2a}$，$|M|_{max}=\dfrac{3}{2}M_e$。

(g)建立如图4－2－4(g)所示坐标系。

①剪力方程和弯矩方程分别为

$$F_S(x)=\begin{cases}\dfrac{3}{8}qa-qx & (0<x\leqslant\dfrac{a}{2})\\ -\dfrac{1}{8}qa & (\dfrac{a}{2}\leqslant x<a)\end{cases}\qquad M(x)=\begin{cases}\dfrac{3}{8}qax-\dfrac{1}{2}qx^2 & (0\leqslant x\leqslant\dfrac{a}{2})\\ -\dfrac{1}{8}qa(a-x) & (\dfrac{a}{2}\leqslant x\leqslant a)\end{cases}$$

②剪力和弯矩图分别如图4－2－4(g)中所示。

③由图可知：$|F_S|_{max}=\dfrac{3}{8}qa$，$|M|_{max}=\dfrac{9}{128}qa^2$。

(h)建立如图4－2－4(h)所示坐标系。

①剪力方程和弯矩方程分别为

$$F_S(x)=\begin{cases}-F & (0<x<a)\\ \dfrac{7}{2}F & (a<x<2a)\\ -\dfrac{5}{2}F & (2a<x<3a)\end{cases}\qquad M(x)=\begin{cases}-Fx & (0\leqslant x\leqslant a)\\ \dfrac{F}{2}(7x-9a) & (a\leqslant x\leqslant 2a)\\ \dfrac{5}{2}F(3a-x) & (2a\leqslant x\leqslant 3a)\end{cases}$$

②剪力和弯矩图分别如图4－2－4(h)中所示。

③由图可知：$|F_S|_{max}=\dfrac{7}{2}F$，$|M|_{max}=\dfrac{5}{2}Fa$。

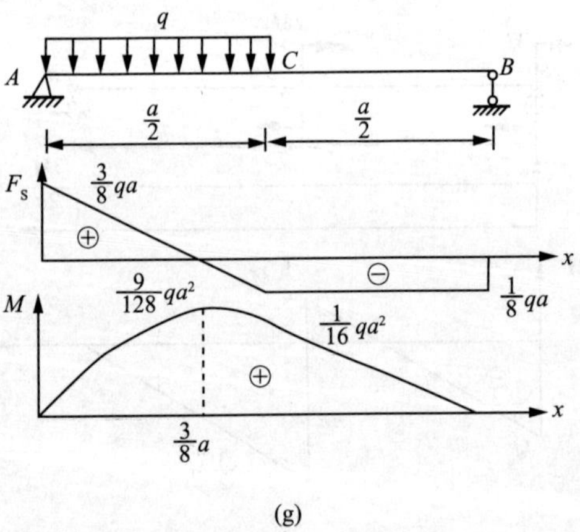

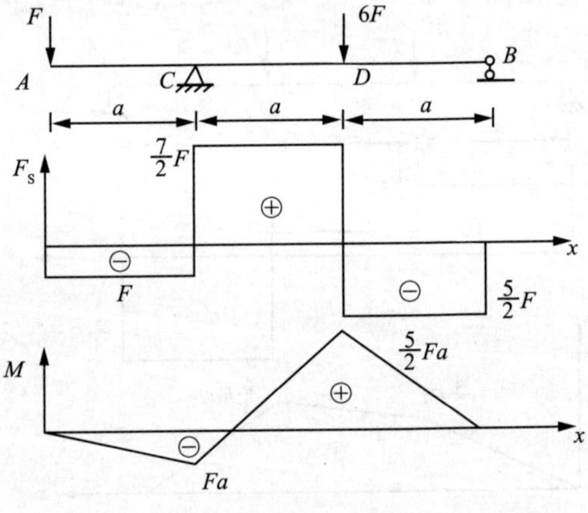

图4－2－4

(i)建立如图 4－2－4(i)所示坐标系。

①剪力方程和弯矩方程分别为

$$F_S(x)=\begin{cases}-qx & (0\leqslant x<\dfrac{a}{2})\\ -qx+\dfrac{9}{8}qa & (\dfrac{a}{2}<x<\dfrac{3a}{2})\end{cases}\quad M(x)=\begin{cases}-\dfrac{1}{2}qx^2 & (0\leqslant x\leqslant\dfrac{a}{2})\\ -\dfrac{1}{2}qx^2+\dfrac{9}{8}qax-\dfrac{9}{16}qa^2 & (\dfrac{a}{2}\leqslant x\leqslant\dfrac{3a}{2})\end{cases}$$

②剪力和弯矩图分别如图 4－2－4(i)中所示。

③由图可知：$|F_S|_{max}=\dfrac{5}{8}qa$，$|M|_{max}=\dfrac{1}{8}qa^2$。

(j)建立如图 4－2－4(j)所示坐标系。

①剪力方程和弯矩方程分别为

$$F_S(x)=\begin{cases}-30x & (0\leqslant x<1\text{m})\\ 10 & (1\text{m}<x<2\text{m})\\ -10 & (2\text{m}<x<3\text{m})\\ 120-30x & (3\text{m}<x\leqslant4\text{m})\end{cases}\quad M(x)=\begin{cases}-15x^2 & (0\leqslant x\leqslant1\text{m})\\ 10x-25 & (1\text{m}\leqslant x\leqslant2\text{m})\\ 15-10x & (2\text{m}\leqslant x\leqslant3\text{m})\\ -15(4-x)^2 & (3\text{m}\leqslant x\leqslant4\text{m})\end{cases}$$

②剪力和弯矩图分别如图 4－2－4(j)中所示。

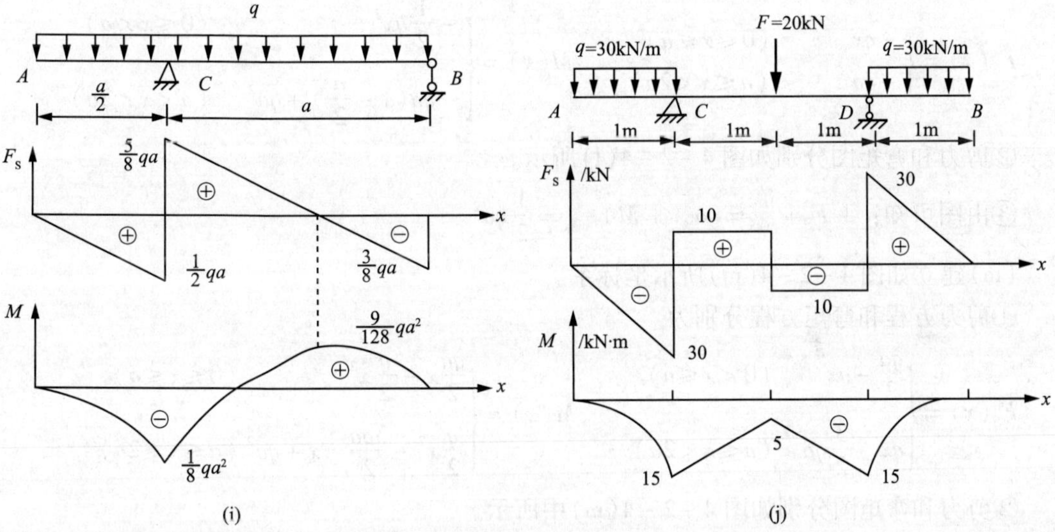

图 4－2－4

③由图可知：$|F_S|_{max}=30\text{kN}$，$|M|_{max}=15\text{kN}\cdot\text{m}$。

(k)建立如图 4－2－4(k)所示坐标系。

①剪力方程：$F_S(x)=\begin{cases}-qx & (0\leqslant x\leqslant a)\\ q(x-2a) & (a\leqslant x\leqslant 2a)\end{cases}$。

弯矩方程：$M(x)=\begin{cases}-\dfrac{1}{2}qx^2 & (0\leqslant x\leqslant a)\\ \dfrac{1}{2}qx^2-2qax+qa^2 & (a\leqslant x<2a)\end{cases}$。

②剪力和弯矩图分别如图 4－2－4(k)中所示。

③由图可知：$|F_S|_{max}=qa$，$|M|_{max}=qa^2$。

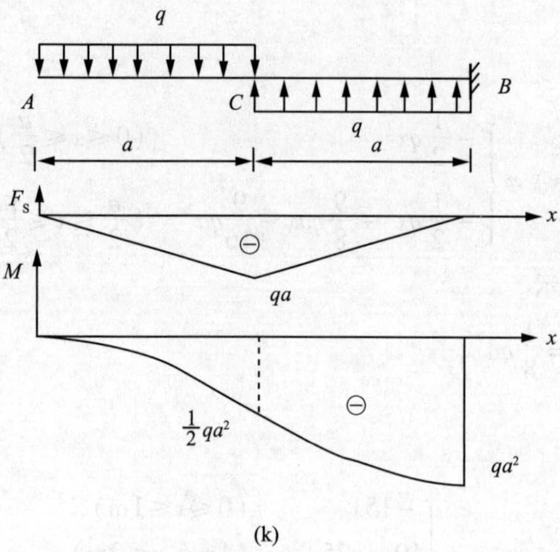

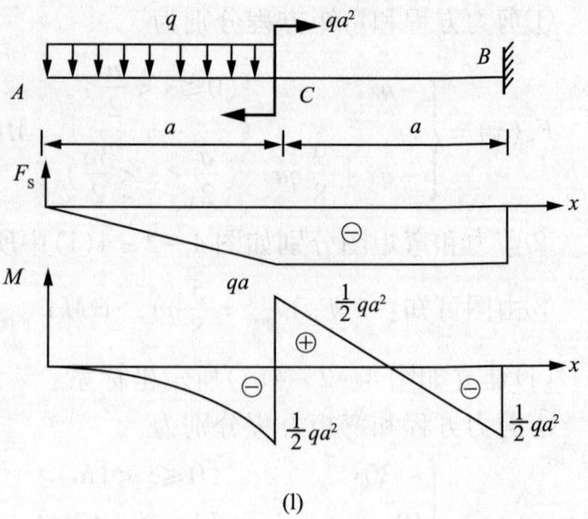

图 4－2－4

(l) 建立如图 4－2－4(l) 所示坐标系。

①剪力方程和弯矩方程分别为

$$F_S(x)=\begin{cases}-qx & (0\leqslant x\leqslant a)\\ -qa & (a\leqslant x<2a)\end{cases}\qquad M(x)=\begin{cases}-\dfrac{1}{2}qx^2 & (0\leqslant x<a)\\ -qa\left(x-\dfrac{a}{2}\right)+qa^2 & (a<x<2a)\end{cases}$$

②剪力和弯矩图分别如图 4－2－4(l) 所示。

③由图可知：$|F_S|_{\max}=qa$，$|M|_{\max}=\frac{1}{2}qa^2$。

(m) 建立如图 4－2－4(m) 所示坐标系。

①剪力方程和弯矩方程分别为

$$F_S(x)=\begin{cases}\dfrac{qa}{2}-qx & (0<x\leqslant a)\\ qx-\dfrac{3}{2}qa & (a\leqslant x<2a)\end{cases}\qquad M(x)=\begin{cases}\dfrac{qa}{2}x-\dfrac{q}{2}x^2 & (0\leqslant x\leqslant a)\\ \dfrac{q}{2}x^2-\dfrac{3qa}{2}\cdot x+qa^2 & (a\leqslant x\leqslant 2a)\end{cases}$$

②剪力和弯矩图分别如图 4－2－4(m) 中所示。

③由图可知：$|F_S|_{\max}=\frac{qa}{2}$，$|M|_{\max}=\frac{1}{8}qa^2$。

(n) 建立如图 4－2－4(n) 所示坐标系。

①剪力方程和弯矩方程分别为

$$F_S(x)=\begin{cases}\dfrac{7}{4}qa-2qx & (0<x\leqslant a)\\ \dfrac{3}{4}qa-qx & (a\leqslant x\leqslant 2a)\end{cases}\qquad M(x)=\begin{cases}\dfrac{7}{4}qax-\dfrac{q}{2}x^2 & (0\leqslant x\leqslant a)\\ \dfrac{1}{2}qa^2+\dfrac{3}{4}qax-\dfrac{1}{2}qx^2 & (a\leqslant x\leqslant 2a)\end{cases}$$

②剪力和弯矩图分别如图 4－2－4(n) 中所示。

③由图可知：$|F_S|_{\max}=\frac{7}{4}qa$，$|M|_{\max}=\frac{49}{64}qa^2$。

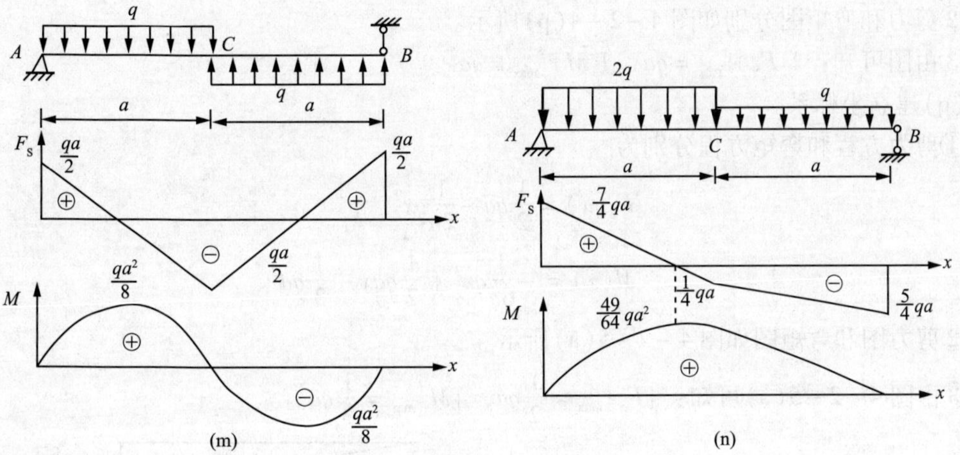

图 4－2－4

（o）建立如图 4－2－4（o）所示坐标系。

①剪力方程和弯矩方程分别为

$$F_S(x)=\begin{cases}qx & (0\leqslant x\leqslant a)\\ q(2a-x) & (a\leqslant x\leqslant 3a)\\ q(x-4a) & (3a\leqslant x\leqslant 4a)\end{cases}\qquad M(x)=\begin{cases}\dfrac{1}{2}qx^2 & (0\leqslant x\leqslant a)\\ \dfrac{1}{2}qx^2-q(x-a)^2 & (a\leqslant x\leqslant 3a)\\ \dfrac{1}{2}q(4a-x)^2 & (3a\leqslant x\leqslant 4a)\end{cases}$$

②剪力和弯矩图分别如图 4－2－4（o）中所示。

③由图可知：$|F_S|_{max}=qa$，$|M|_{max}=qa^2$。

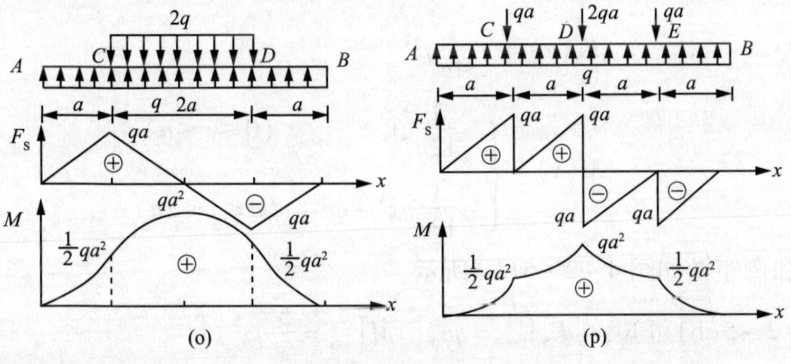

图 4－2－4

（p）建立如图 4－2－4（p）所示坐标系。

①剪力方程和弯矩方程分别为

$$F_S(x)=\begin{cases}qx & (0\leqslant x<a)\\ qx-qa & (a<x<2a)\\ qx-3qa & (2a<x<3a)\\ qx-4qa & (3a<x\leqslant 4a)\end{cases}\qquad M(x)=\begin{cases}\dfrac{1}{2}qx^2 & (0\leqslant x\leqslant a)\\ \dfrac{1}{2}qx^2-qa(x-a) & (a\leqslant x\leqslant 2a)\\ \dfrac{1}{2}qx^2-3qax+5qa^2 & (2a\leqslant x\leqslant 3a)\\ \dfrac{1}{2}qx^2-4qax+8qa^2 & (3a\leqslant x\leqslant 4a)\end{cases}$$

②剪力和弯矩图分别如图 4－2－4(p)所示。

③由图可知：$|F_S|_{max}=qa$，$|M|_{max}=qa^2$。

(q)建立坐标系。

①剪力方程和弯矩方程分别为

$$F_S(x)=\frac{1}{2}qa-\frac{1}{2a}qx^2$$

$$M(x)=-\frac{1}{6a}qx^3+\frac{1}{2}qax-\frac{1}{3}qa^2$$

②剪力图和弯矩图如图 4－2－5(a)所示。

③由图 4－2－5(a)可知：$|F_S|_{max}=\frac{1}{2}qa$，$|M|_{max}=\frac{1}{3}qa^2$。

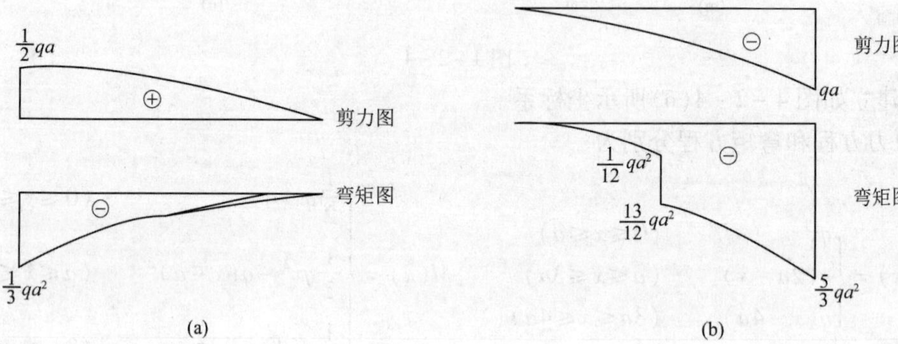

图 4－2－5

(r)建立图示坐标系。

①剪力方程和弯矩方程分别为

$$F_S(x)=-\frac{1}{4a}qx^2$$

$$M(x)=\begin{cases}-\frac{1}{12a}qx^3 & (0\leqslant x\leqslant a)\\ -\frac{1}{12a}qx^3-qa^2 & (a\leqslant x\leqslant 2a)\end{cases}$$

②剪力图和弯矩图如图 4－2－5(b)所示。

③由图 4－2－5(b)可知：$|F_S|_{max}=qa$，$|M|_{max}=\frac{5}{3}qa^2$。

4.5　作图 4－2－6 所示梁的剪力图和弯矩图。梁在 *CD* 段的变形称为纯弯曲。试问纯弯曲有何特征。

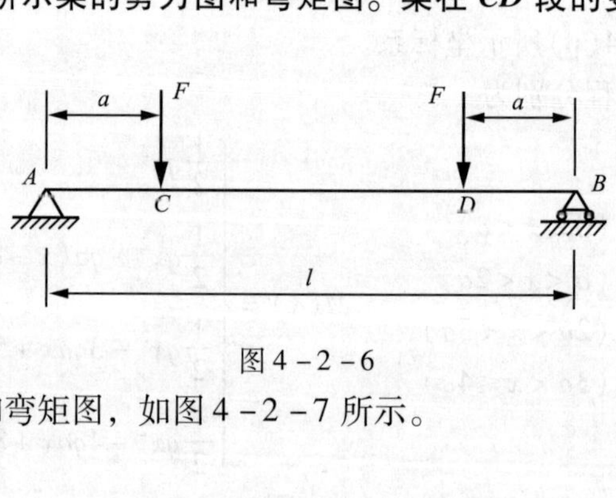

图 4－2－6

解：作梁的剪力图和弯矩图，如图 4－2－7 所示。

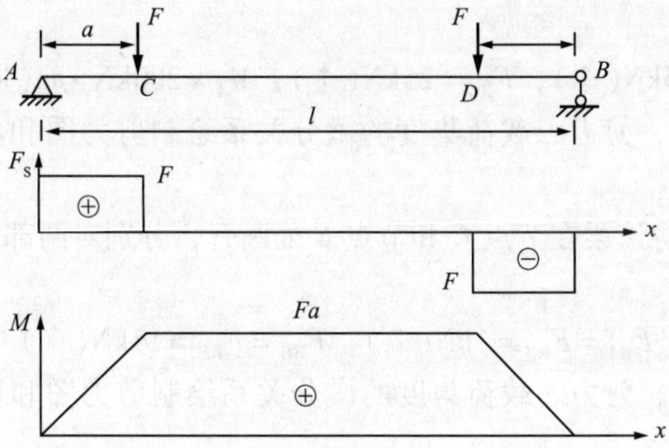

图 4-2-7

由图 4-2-7 可得，在纯弯曲 *CD* 段上，没有剪力，只有弯矩，且弯矩值为常数。由此可知，纯弯曲的特征为：纯弯曲梁的横截面上只有正应力而没有切应力。

4.6　作图 4-2-8 所示各梁的剪力图和弯矩图。

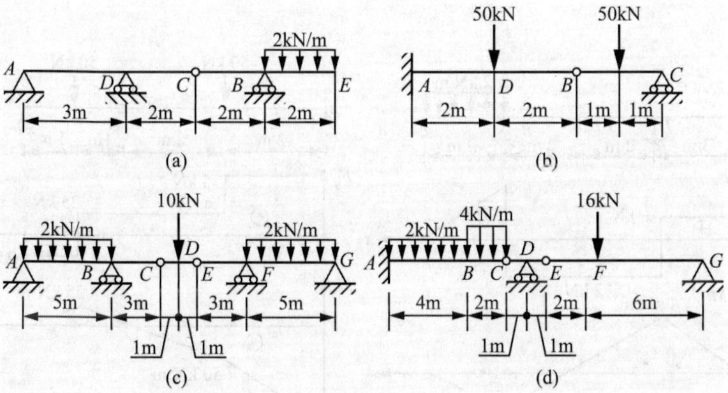

图 4-2-8

解：(a)①求支反力，将梁沿节点 *C* 处断开，分别对两部分进行受力分析，由平衡条件可得各支座反力

$$F_{RA}=\frac{4}{3}\text{kN}(\uparrow),\ F_{RB}=6\text{kN}(\uparrow),\ F_{RD}=\frac{10}{3}\text{kN}(\downarrow)$$

②剪力图：在端点 *A* 处有向上的集中载荷，故此处剪力图有突变，值为$\frac{4}{3}$kN；*AD* 段无载荷，故其剪力图上为一水平直线；*D* 截面处有向下的载荷，故此处剪力图有突变，该截面右侧的剪力值为$\left(\frac{4}{3}-\frac{10}{3}\right)\text{kN}=-2\text{kN}$；*DB* 段无载荷，故其剪力图上为一水平直线；在 *B* 处有向上的集中载荷，故此处剪力图有突变，该截面右侧的剪力值为 $-2\text{kN}+6\text{kN}=4\text{kN}$；*BE* 段有方向竖直向下的均布载荷，故其剪力图为一斜率为负的直线。

弯矩图：由弯矩、剪力、载荷集度的微分关系可知，*AD* 段为斜率为正的斜直线，*D* 截面弯矩值为$\frac{4}{3}\times 3\text{kN}\cdot\text{m}=4\text{kN}\cdot\text{m}$；*DB* 段为斜率为负的斜直线，*B* 截面弯矩值为$\frac{1}{2}\times 2\times 2\times 2\text{kN}\cdot\text{m}=4\text{kN}\cdot\text{m}$；*BE* 段为向上凸的抛物线。

③绘制剪力图和弯矩图，如图 4-2-9(a)所示。

(b)①求支反力，将该梁在节点 *B* 处断开，分别对两部分进行受力分析，由平衡条件可

得各支座反力

$$F_{RA}=75\text{kN}(\uparrow),\ F_{RC}=25\text{kN}(\uparrow),\ M_A=200\text{kN}\cdot\text{m}(\text{逆时针})$$

②同理，利用弯矩、剪力、载荷集度的微分关系绘制剪力图和弯矩图，如图4-2-9(b)所示。

(c)①求支反力，将该梁在节点 C 和节点 E 处断开，分别对两部分进行受力分析，由平衡条件可得各支座反力

$$F_{RA}=F_{RG}=1\text{kN}(\uparrow),\ F_{RB}=F_{RF}=14\text{kN}(\uparrow)$$

②同理，利用弯矩、剪力、载荷集度的微分关系绘制剪力图和弯矩图，如图4-2-9(c)所示。

(d)①求支反力，将该梁在节点 C 和节点 E 处断开，分别对两部分进行受力分析，由平衡条件可得各支座反力

$$F_{RD}=24\text{kN}(\uparrow),\ F_{RG}=4\text{kN}(\uparrow)$$

②同理，利用弯矩、剪力、载荷集度的微分关系绘制剪力图和弯矩图，如图4-2-9(d)所示。

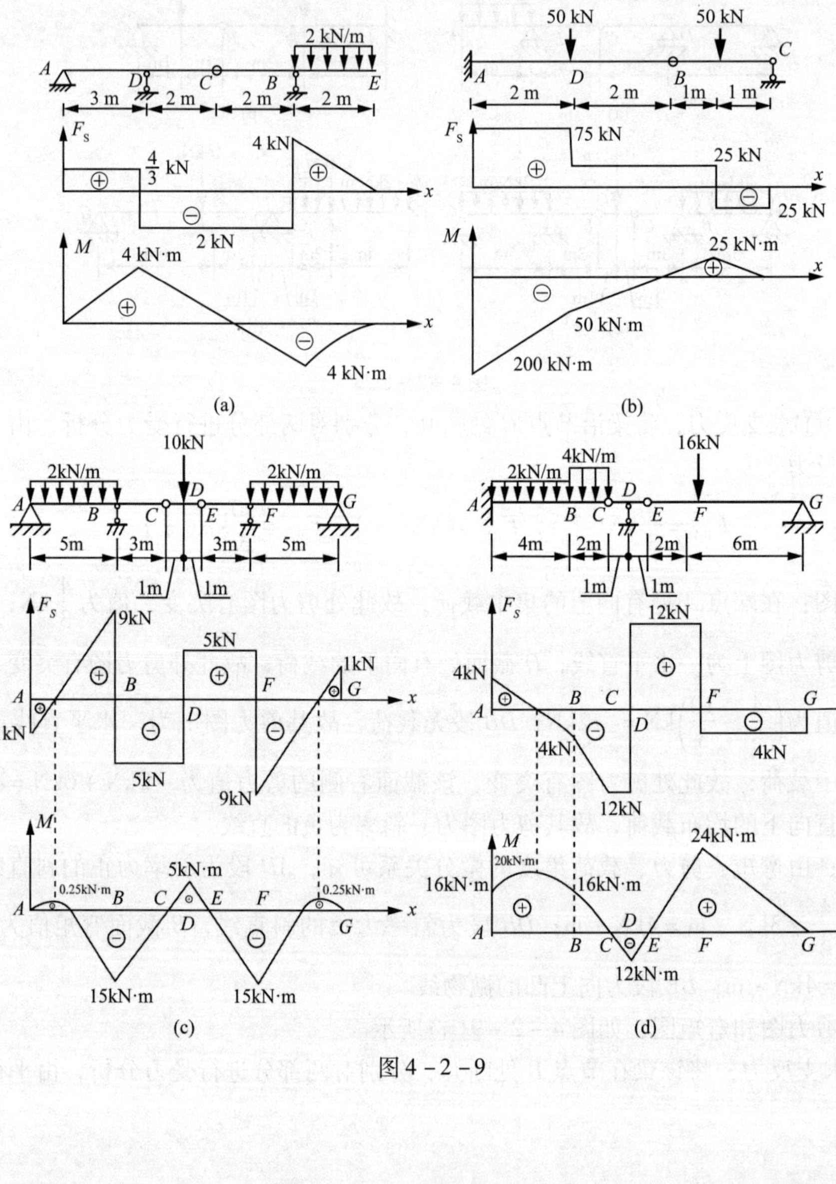

图4-2-9

4.7　作图 4－2－10 所示刚架的弯矩图。

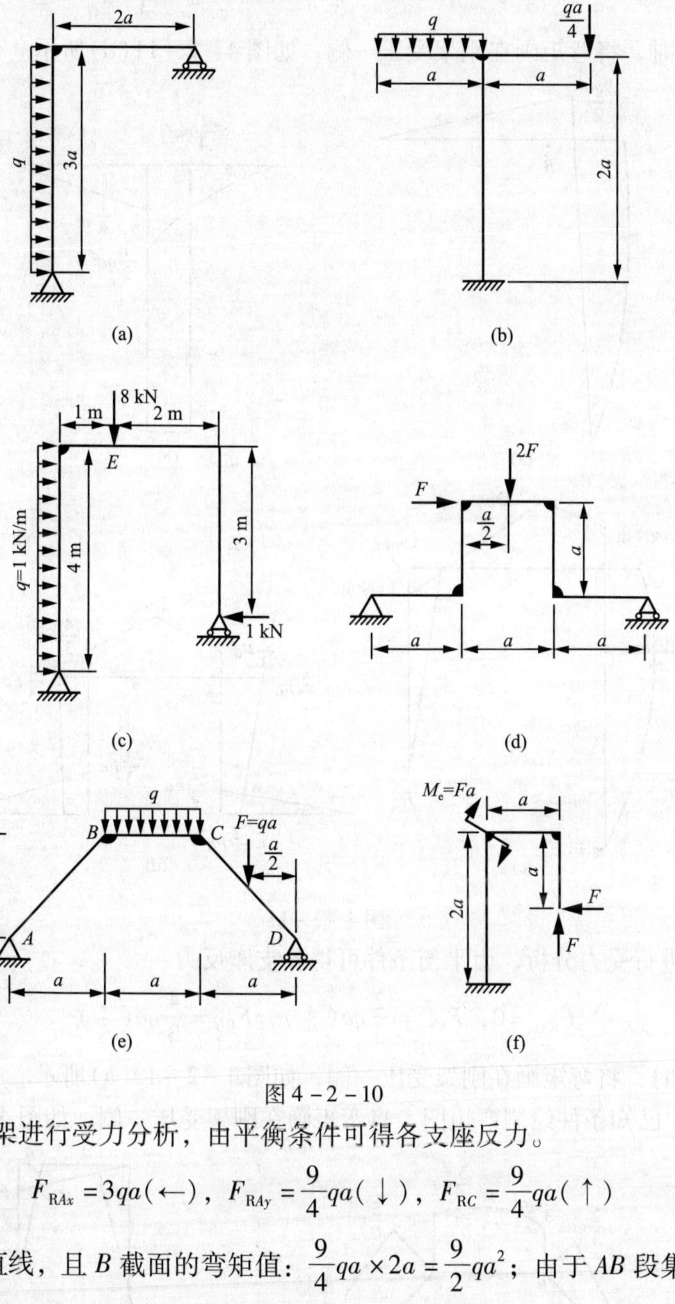

图 4－2－10

解：(a)对刚架进行受力分析，由平衡条件可得各支座反力。

$$F_{RAx}=3qa(\leftarrow),\ F_{RAy}=\frac{9}{4}qa(\downarrow),\ F_{RC}=\frac{9}{4}qa(\uparrow)$$

BC 段为一斜直线，且 B 截面的弯矩值：$\frac{9}{4}qa\times 2a=\frac{9}{2}qa^2$；由于 AB 段集中载荷的作用，该段弯矩图为抛物线，且绘制弯矩图时，将弯矩画在刚架受压一侧，如图 4－2－11(a)所示。

(b)根据图中已知条件绘制弯矩图，将弯矩画在刚架受压一侧，如图 4－2－11(b)所示。

(c)对刚架进行受力分析，由平衡条件可得各支座反力

$$F_{RAx}=3\text{kN}(\leftarrow),\ F_{RAy}=3\text{kN}(\uparrow),\ F_{RD}=5\text{kN}(\uparrow)$$

绘制弯矩图时，将弯矩画在刚架受压一侧，如图 4－2－11(c)所示。

(d)对刚架进行受力分析，由平衡条件可得各支座反力

$$F_{RAx}=F(\leftarrow),\ F_{RAy}=\frac{2}{3}F(\uparrow),\ F_{RB}=\frac{4}{3}F(\uparrow)$$

绘制弯矩图时，将弯矩画在刚架受压一侧，如图 4－2－11(d)所示。

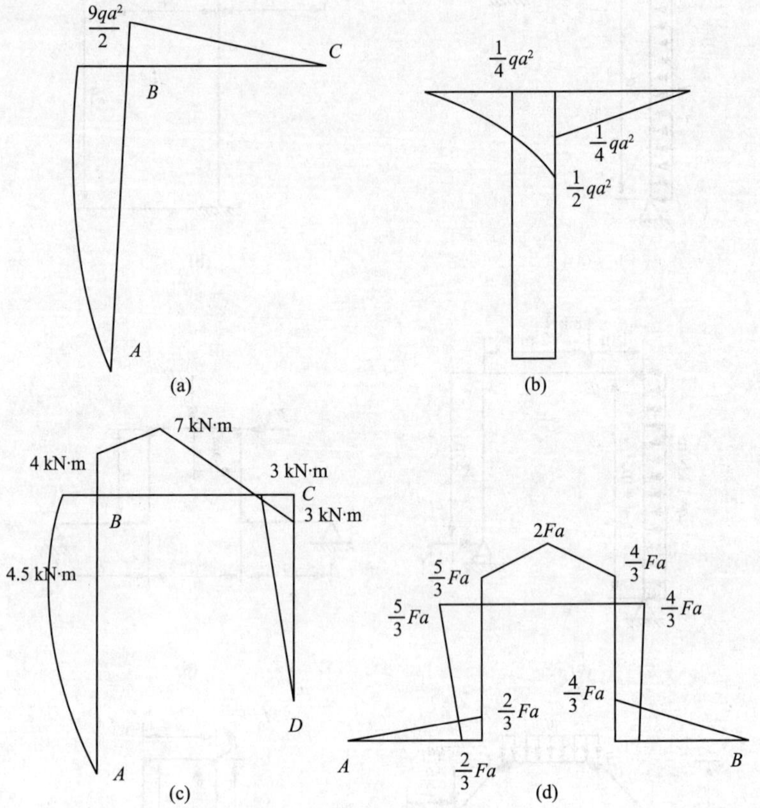

图 4－2－11

(e)对钢架进行受力分析，由平衡条件可得各支座反力

$$F_{\mathrm{RA}x}=0,\ F_{\mathrm{RA}y}=\frac{2}{3}qa(\uparrow),\ F_{\mathrm{RD}}=\frac{4}{3}qa(\uparrow)$$

绘制弯矩图时，将弯矩画在刚架受压一侧，如图 4－2－12(a)所示。

(f)根据图中已知条件绘制弯矩图，将弯矩画在刚架受压一侧，如图 4－2－12(b)所示。

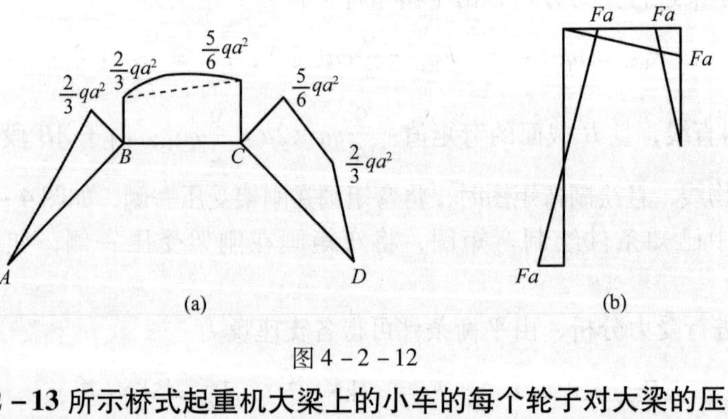

图 4－2－12

4.8　图 4－2－13 所示桥式起重机大梁上的小车的每个轮子对大梁的压力均为 F，试问小车在什么位置时梁内的弯矩为最大？其最大弯矩等于多少？最大弯矩的作用截面在何处？设小车的轮距为 d，大梁的跨度为 l。

解：对梁进行受力分析，由平衡条件可得

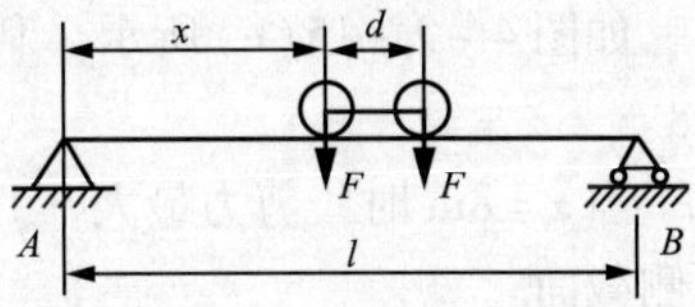

图 4-2-13

$$\sum M_A = 0 \qquad F_{RB}l - Fx - F(x+d) = 0$$

$$\sum F_y = 0 \qquad F_{RA} + F_{RB} = 2F$$

解得：$F_{RA} = \dfrac{F(2l-d-2x)}{l}$，$F_{RB} = \dfrac{F(2x+d)}{l}$。

则梁在 x 段内的弯矩方程为：$M(x) = \dfrac{F(2l-d-2x)}{l} \cdot x \quad (0 \leqslant x \leqslant l-d)$。

令$\dfrac{\mathrm{d}M(x)}{\mathrm{d}x}=0$，得 $x=\dfrac{2l-d}{4}$，即在该位置时，弯矩有最大值，为

$$M_{\max} = \frac{F}{2}(l-d) + \frac{Fd^2}{8l}$$

由该结构的对称性可知，在距离右端$\dfrac{2l-d}{4}$截面处，同样有最大弯矩值。

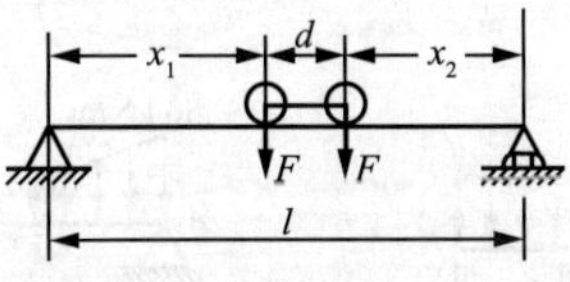

图 4-2-14

综上，如图 4-2-14 所示，分别当 $x_1=\dfrac{2l-d}{4}$或 $x_2=\dfrac{2l-d}{4}$时，有最大弯矩值，且

$$M_{\max} = \frac{F}{2}(l-d) + \frac{Fd^2}{8l}$$

4.9　图 4-2-15(a) 所示起重机大梁，载荷通过梁上小车的两个轮子作用于大梁上。已知轮子作用于梁上的两个压力分别为 10kN 和 20kN，小车的轮距为 2m，梁的跨距为 10m。因工程需要，假设小车将从最左侧移动到最右侧，试确定大梁上的最大剪力和最大弯矩及其作用的截面位置。

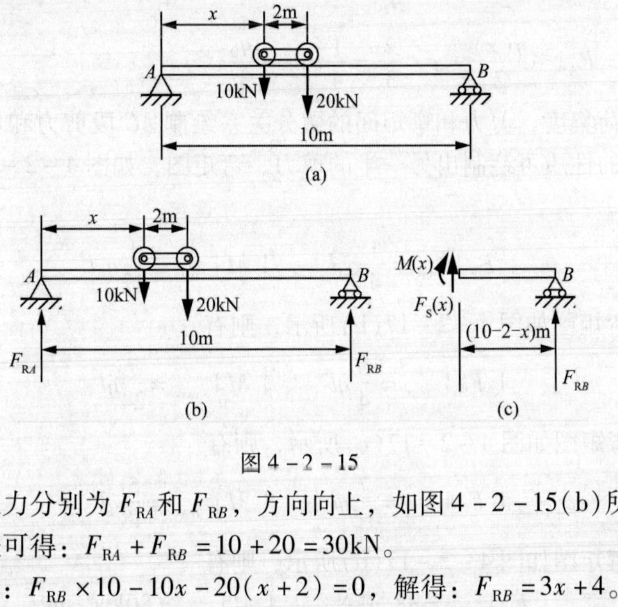

图 4-2-15

解：设两支座反力分别为 F_{RA}和 F_{RB}，方向向上，如图 4-2-15(b)所示。

由静力平衡方程可得：$F_{RA}+F_{RB}=10+20=30\text{kN}$。

由$\sum M_A=0$ 可得：$F_{RB}\times 10-10x-20(x+2)=0$，解得：$F_{RB}=3x+4$。

如图 4-2-15(c)所示，利用截面法，可得剪力：$F_S(x)=-F_{RB}=-(3x+4)$，$0\leqslant x\leqslant 8$。

当 $x=8$m 时，剪力最大，$|F_S|_{max}=|-(3\times 8+4)|=28$kN，位置在右端 B 支座的左侧截面。

利用截面法，可得弯矩：$M(x)=F_{RB}\times(10-2-x)=(3x+4)\times(10-2-x)=-3x^2+20x+32=-3(x-10/3)^2+196/3$。

当 $x=10/3$m 时，弯矩最大，$|M|_{max}=196/3\approx 65.33$kN·m，位置在距左端 A 支座 5.33m(即 $10/3+2\approx 5.33$m)的截面处。

4.10　作图 4-2-16 所示各梁的剪力图和弯矩图。求出最大剪力和最大弯矩。

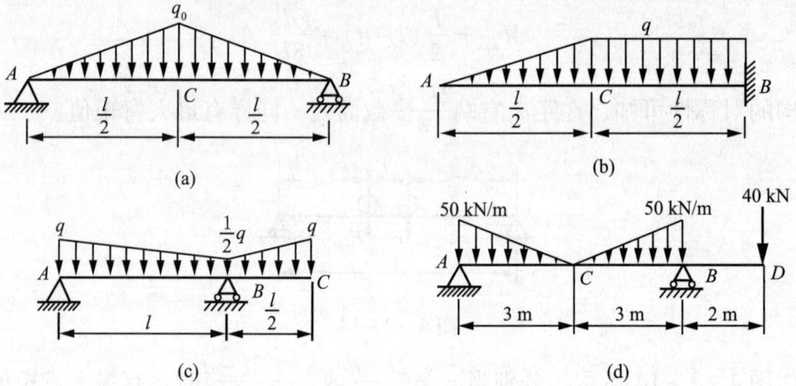

图 4-2-16

解：(a)由该梁结构和载荷的对称性及平衡条件可得支反力

$$F_A=F_B=\frac{1}{2}\times q_0\times\frac{l}{2}=\frac{q_0 l}{4}(\uparrow)$$

列 AC 段剪力和弯矩方程，取距离 A 段为 x 处，可得

$$F_S(x)=F_A-\frac{q(x)}{2}\cdot x=\frac{q_0 l}{4}-\frac{1}{2}\times\frac{2q_0 x}{l}\times x=\frac{1}{4}q_0 l-\frac{q_0}{l}x^2\qquad(0\leqslant x\leqslant\frac{l}{2})$$

$$M(x)=F_A x-\frac{q(x)}{2}\cdot x\cdot\frac{x}{3}=\frac{1}{4}q_0 lx-\frac{q_0}{3l}x^3\qquad(0\leqslant x\leqslant\frac{l}{2})$$

由此可根据载荷集度，剪力和弯矩间的微分关系绘制 AC 段剪力和弯矩图，根据其剪力反对称、弯矩对称的性质可绘制出另一半的剪力、弯矩图，如图 4-2-17(a)所示。

由图可知

$$|F_S|_{max}=\frac{1}{4}q_0 l\qquad |M|_{max}=\frac{1}{12}q_0 l^2$$

(b)剪力图和弯矩图如图 4-2-17(b)所示，则有

$$|F_S|_{max}=\frac{3}{4}ql\qquad |M|_{max}=\frac{7}{24}ql^2$$

(c)剪力图和弯矩图如图 4-2-17(c)所示，则有

$$|F_S|_{max}=\frac{7}{16}ql\qquad |M|_{max}=\frac{5}{48}ql^2$$

(d)剪力图和弯矩图如图 4-2-17(d)所示，则有

$$|F_S|_{max}=88.3\text{kN}\qquad |M|_{max}=80\text{kN}\cdot\text{m}$$

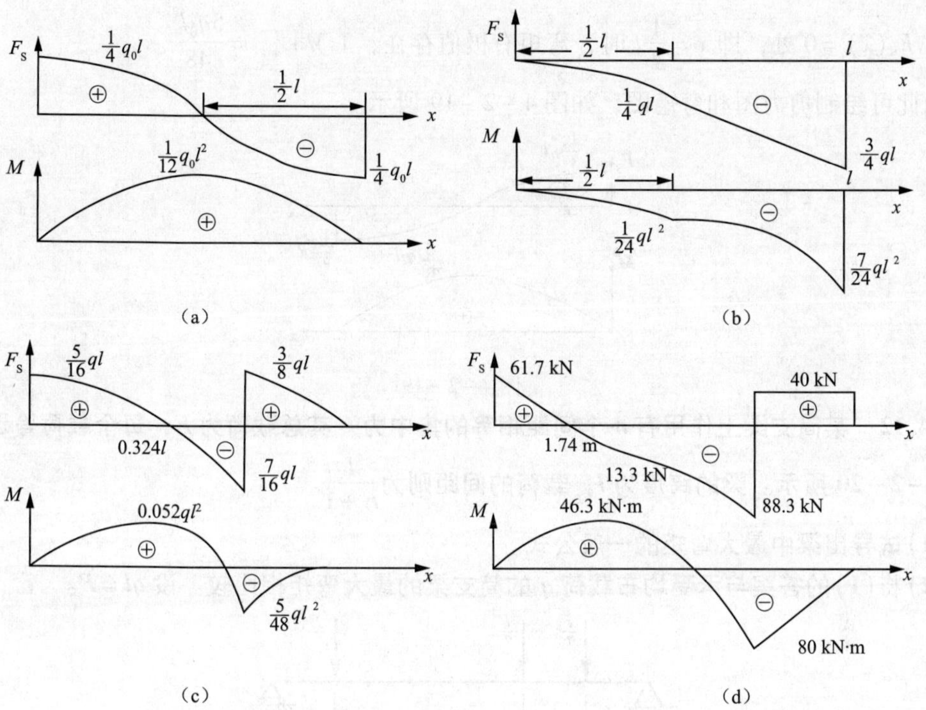

图 4－2－17

4.11　图 4－2－18 所示简支梁上的分布载荷按抛物线规律变化，其方程为

$$q(x)=\frac{4q_0x}{l}\left(1-\frac{x}{l}\right)$$

试作剪力图和弯矩图。

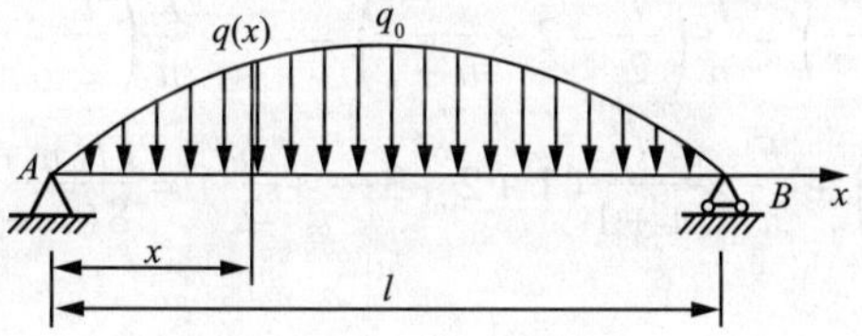

图 4－2－18

解： 作用在梁上分布力 q 的合力为

$$F=\int_l q(x)\,\mathrm{d}x=\int_0^l \frac{4q_0x}{l}\left(1-\frac{x}{l}\right)\mathrm{d}x=\frac{4q_0}{l}\left(\frac{x^2}{2}\frac{-x^3}{3l}\right)\Bigg|_0^l=\frac{2q_0l}{3}$$

由力的平衡条件，及该梁结构和载荷的对称性可得

$$F_{RA}=F_{RB}=\frac{F}{2}=\frac{1}{3}q_0l$$

故该梁的剪力方程和弯矩方程分别为

$$F_S(x)=F_A-\int_0^x \frac{4q_0y}{l}\left(1-\frac{y}{l}\right)\mathrm{d}y=\frac{q_0l}{3}-\frac{4q_0}{l}\left(\frac{x^2}{2}-\frac{x^3}{3l}\right)=q_0\left(\frac{l}{3}-\frac{2x^2}{l}+\frac{4x^3}{3l^2}\right)$$

$$M(x)=\int_0^x q(y)y\,\mathrm{d}y+F_S\cdot x=\int_0^x \frac{4q_0y^2}{l}\left(1-\frac{y}{l}\right)\mathrm{d}y+F_S\cdot x=q_0\left(\frac{lx}{3}-\frac{2x^3}{3l}+\frac{x^4}{3l^2}\right)$$

在 $q(x)=0$ 处，即 $x=0$ 或 $x=l$ 时，剪力有极值存在，$|F_S|_{max}=\frac{q_0l}{3}$。

在 $F_S(x)=0$ 处，即 $x=\frac{1}{2}l$ 时，弯矩有极值存在，$|M|_{max}=\frac{5q_0l^2}{48}$。

由此可绘制剪力图和弯矩图，如图 4－2－19 所示。

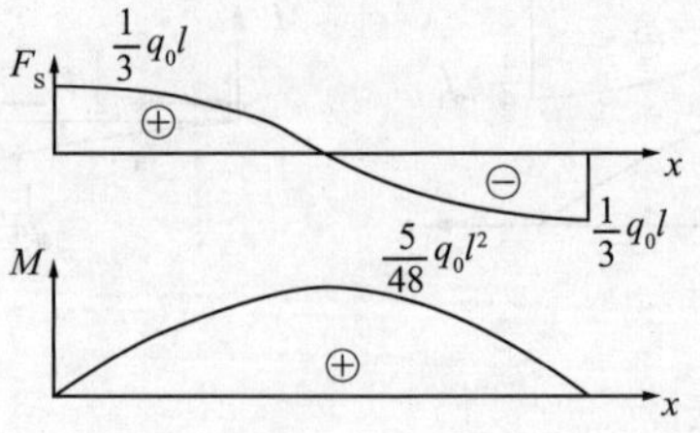

图 4－2－19

***4.12　某简支梁上作用有 n 个间距相等的集中力，其总载荷为 F，每个载荷等于 F/n，如图 4－2－20 所示。梁的跨度为 l，载荷的间距则为 $\frac{l}{n+1}$。**

(1)试导出梁中最大弯矩的一般公式。

(2)将(1)的答案与承受均布载荷 q 的简支梁的最大弯矩相比较。设 $ql=F$。

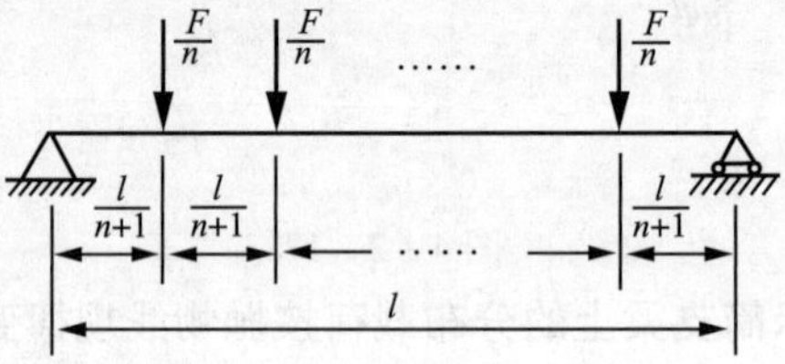

图 4－2－20

解：(1)①当 n 为偶数时

$$M_{max}=\frac{Fl}{4}-\frac{F}{n}\left(\frac{l}{2}-\frac{l}{n+1}\right)-\frac{F}{n}\left(\frac{l}{2}-2\times\frac{l}{n+1}\right)-\cdots-\frac{F}{n}\left(\frac{l}{2}-\frac{n}{2}\times\frac{l}{n+1}\right)$$

$$=\frac{Fl}{4}-\frac{F}{n}\left(\frac{n}{2}\times\frac{l}{2}\right)+\frac{F}{n}\times\frac{l}{n+1}\left(1+2+3\cdots+\frac{n}{2}\right)=\frac{Fl(n+2)}{8(n+1)}$$

②当 n 为奇数时

$$M_{max}=\frac{Fl}{4}-\frac{F}{n}\left(\frac{l}{2}-\frac{l}{n+1}\right)-\cdots-\frac{F}{n}\left(\frac{l}{2}-\frac{n-1}{2}\times\frac{l}{n+1}\right)$$

$$=\frac{Fl}{4}-\frac{F}{n}\left(\frac{l}{2}\times\frac{n-1}{2}\right)+\frac{F}{n}\times\frac{l}{n+1}\left(1+2+3+\cdots+\frac{n-1}{2}\right)=\frac{Fl(n+1)}{8n}$$

(2)由(1)可知，承受均布载荷的简支梁可看作是 $n\to\infty$ 时的情况，故其最大的弯矩值

$$M_{max}=\frac{1}{8}Fl=\frac{1}{8}ql^2$$

4.13　试根据弯矩、剪力和载荷集度间的导数关系，改正图 4－2－21 所示各 F_S 图和 M 图中的错误。

解：所有节点按图 4－2－22 所示标记。

(a)在图 4－2－21(a)所示梁中，由于 C 点没有集中力的作用，因此在剪力图中该点不应有突变。在弯矩图中，由于 C 点有集中力偶的作用，因此应存在突变。改正后的剪力图和弯矩图如图 4－2－22(a)所示。

(b)在图 4－2－21(b)所示梁中，AC 段，有向下分布力的作用，该段的剪力图为斜率为

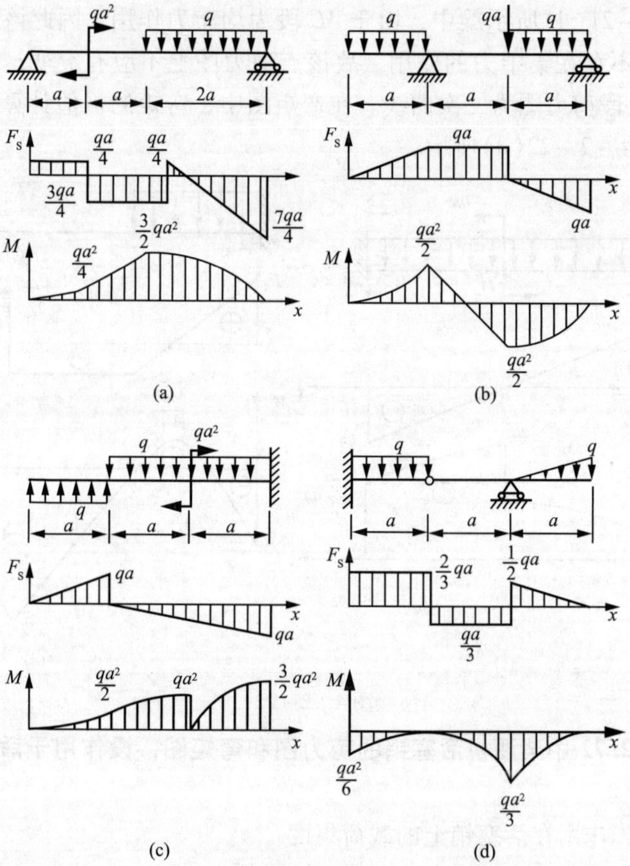

图 4-2-21

负的斜直线；且在 A 点处有支反力的作用，因此该点在剪力图上有一突变。在弯矩图中，由弯矩、剪力的微分关系可知，AC 段为向上凸的抛物线；AD 段剪力为正，该段的弯矩图为斜率为正的斜直线；DB 段为向上凸的抛物线。改正后的剪力图和弯矩图如图 4-2-22(b) 所示。

(c)在图 4-2-21(c)所示梁中，由于 C 点没有集中力的作用，因此在剪力图中该点不应有突变。在弯矩图中，由于 D 点有集中力偶的作用，因此应存在突变，弯矩为正，突变方向错误。改正后的剪力图和弯矩图如图 4-2-22(c) 所示。

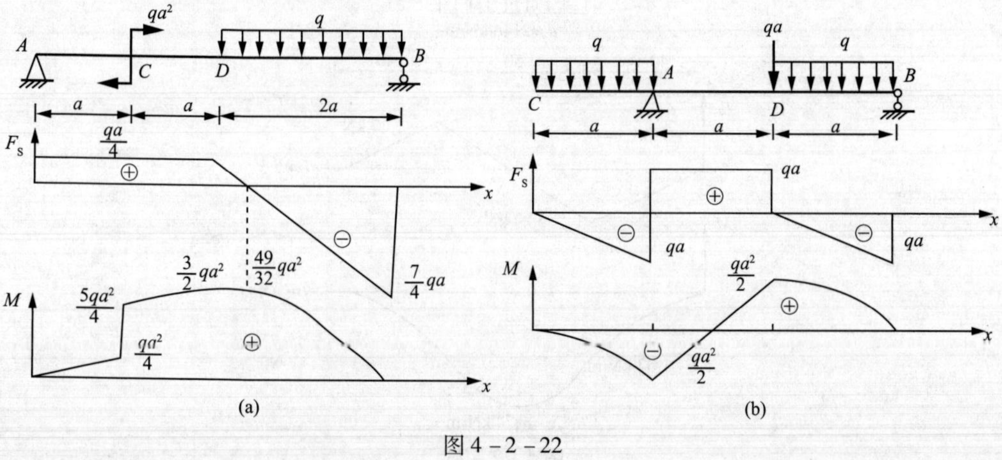

图 4-2-22

(d)在图 4-2-21(d)所示梁中，由于 AC 段为均布力作用，因此该段剪力图为斜率为负的直线；在 C 点不存在集中力的作用，故该点剪力图上不应有突变；由剪力、载荷集度的微分关系知，DB 段剪力图为二次曲线。在弯矩图中，弯矩的极值计算错误。改正后的剪力图和弯矩图如图 4-2-22(d)所示。

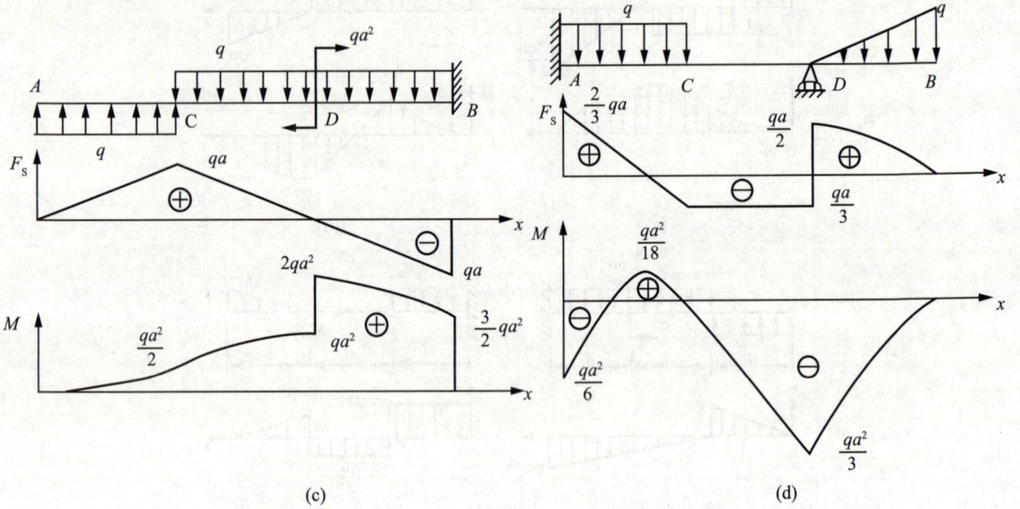

图 4-2-22

4.14 试作题 2.72 中柴油机活塞销的剪力图和弯矩图，设作用于活塞销上的力是均匀分布的。

解： 根据题意，作用在活塞销上的载荷集度

$$q_1=\frac{F}{l-a}=\frac{pA}{l-a}=\frac{7.5\times\pi\times135^2}{4\times0.08}\text{N/m}=1341\text{kN/m}$$

$$q_2=\frac{F}{a}=\frac{pA}{a}=\frac{7.5\times\pi\times135^2}{4\times0.05}\text{N/m}=2146\text{kN/m}$$

由此可得活塞销的受力简图。

根据弯矩、剪力、载荷集度的微分关系分别作出剪力图和弯矩图，如图 4-2-23 所示。

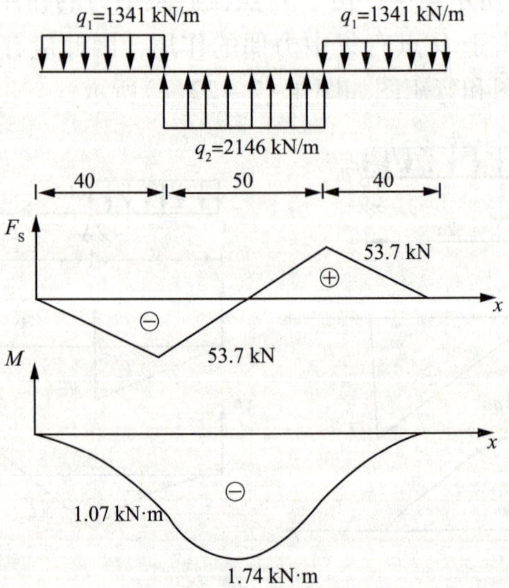

图 4-2-23

4.15 设沿梁的轴线同时作用集度为 $m(x)$ 的分布弯矩和集度为 $q(x)$ 的分布力，如图 4-2-24所示。试导出 $q(x)$、$m(x)$、$F_S(x)$ 和 $M(x)$ 间的导数关系。

解：如图 4-2-25 所示，在梁中取微段 dx 进行受力分析，由平衡条件可得

$$\sum F_y = 0 \quad F_S(x) - [F_S(x) + dF_S(x)] - q(x)dx = 0 \qquad ①$$

$$\sum M_C = 0 \quad -M(x) + [M(x) + dM(x)] - F_S(x) \cdot dx + \frac{q(x)}{2} \cdot (dx)^2 - m(x)dx = 0 \qquad ②$$

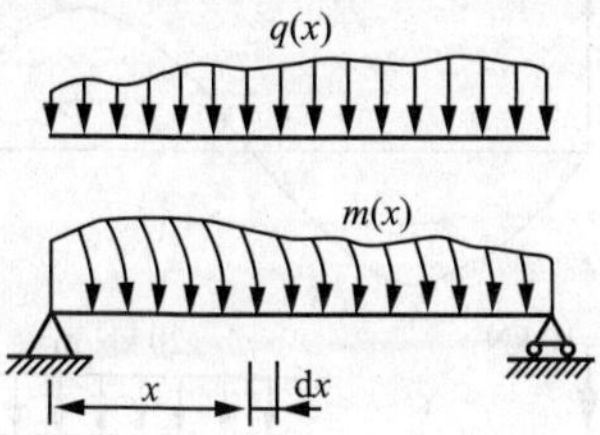

图 4-2-24

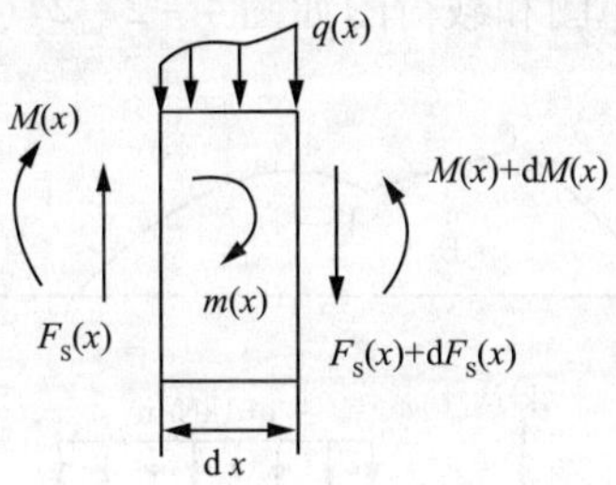

图 4-2-25

根据式①，整理可得：$\dfrac{dF_S(x)}{dx} = -q(x)$。

根据式②，忽略掉高阶微量$\dfrac{1}{2}q(x) \cdot (dx)^2$，可得

$$\frac{dM(x)}{dx} = F_S(x) + m(x)$$

4.16 设梁的剪力图如图 4-2-26 所示，试作弯矩图及载荷图。已知梁上没有作用集中力偶。

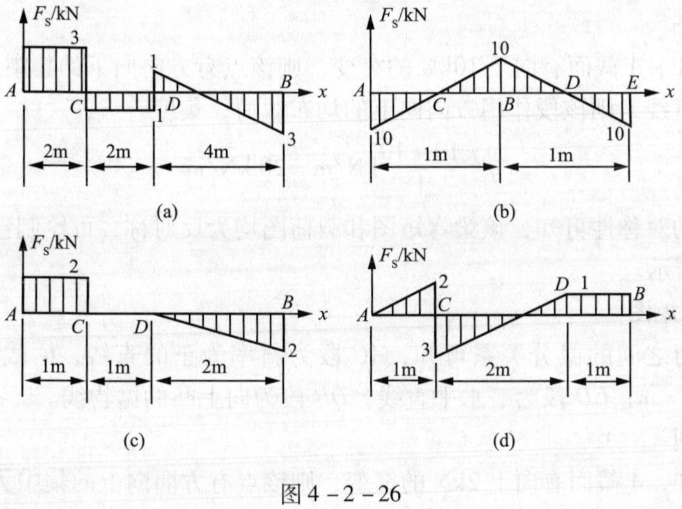

图 4-2-26

解：所有节点按图 4-2-27 所示标记。

(a)①绘制弯矩图

由剪力图可知，在 C 截面的弯矩值等于 AC 段剪力图的面积：$M_C = 3 \times 2\text{kN} \cdot \text{m} = 6\text{kN} \cdot \text{m}$。

同理，D 截面的弯矩值：$M_D = 3 \times 2\text{kN} \cdot \text{m} - 1 \times 2\text{kN} \cdot \text{m} = 4\text{kN} \cdot \text{m}$。

在剪力为零的截面上，弯矩有极值：$M_{max} = \left(3 \times 2 - 1 \times 2 + 1 \times 1 \times \dfrac{1}{2}\right)\text{kN} \cdot \text{m} = 4.5\text{kN} \cdot \text{m}$。

②绘制载荷图

由剪力图可知，在 A 截面处剪力有向上 3kN 的突变，则该点有方向向上的集中力 $F_A=3\text{kN}$；C 截面有向下 4kN 的突变，则该点有方向向下的集中力 $F_C=4\text{kN}$；同理 D 截面有方向向上的集中力 $F_D=2\text{kN}$；DB 段剪力为斜率为负的直线，则该段作用方向向下的均布载荷，集度：$q=\frac{1-(-3)}{4}\text{kN/m}=1\text{ kN/m}$。

③绘制弯矩图和载荷图如图 4-2-27(a)所示。

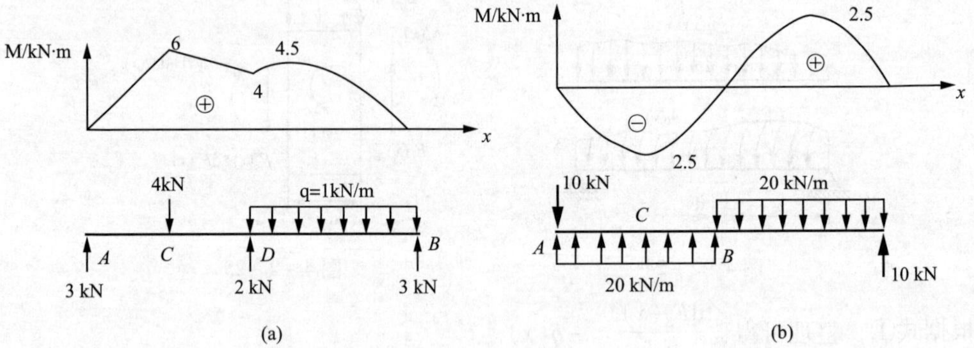

图 4-2-27

(b)①绘制弯矩图

由弯矩、剪力之间的微分关系可知，AB 段为向下凸的抛物线，且在 AB 段剪力为零的中点 C 截面处有弯矩极值

$$M_{\max}=10\times\frac{1}{2}\times\frac{1}{2}\text{kN}\cdot\text{m}=2.5\text{kN}\cdot\text{m}$$

②绘制载荷图

由剪力图可知，A 截面有向下 10kN 的突变，则该点有方向向下的集中力 $F_A=10\text{kN}$；AB 段为斜率为正的直线，则该段作用方向向上的均布载荷，集度

$$q=\frac{10+10}{1}\text{kN/m}=20\text{ kN/m}$$

③由剪力图的对称性可知，该梁弯矩图和载荷图均为反对称，可绘制弯矩图和载荷图如图 4-2-27(b)所示。

(c)①绘制弯矩图

由弯矩、剪力之间的微分关系可知，AC 段为斜率为正的直线，C 截面弯矩值：$M_C=2\times1\text{kN}\cdot\text{m}=2\text{kN}\cdot\text{m}$；$CD$ 段为一水平直线；DB 段为向上凸的抛物线。

②绘制载荷图

由剪力图可知，A 截面有向上 2kN 的突变，则该点有方向向上的集中力 $F_A=2\text{kN}$；同理 B 截面有向上的集中力 $F_B=2\text{kN}$；DB 段为斜率为负的直线，则该段作用方向向下的均布载荷，集度

$$q=\frac{2\times2\times\frac{1}{2}}{2}\text{kN/m}=1\text{kN/m}$$

③绘制弯矩图和载荷图如图 4-2-27(c)所示。

(d)①绘制弯矩图

由弯矩、剪力之间的微分关系可知，AC 段为向下凸且单调增的抛物线，C 截面弯矩值

$$M_C = 2 \times 1 \times \frac{1}{2}\text{kN} \cdot \text{m} = 1\text{kN} \cdot \text{m}$$

CD 段为向下凸且单调减的抛物线，剪力为零的截面有弯矩极值

$$M_{\max} = \left(2 \times 1 \times \frac{1}{2} - 3 \times \frac{3}{2} \times \frac{1}{2}\right)\text{kN} \cdot \text{m} = -1.25\text{kN} \cdot \text{m}$$

D 截面弯矩值：$M_D = 1 \times 1\text{kN} \cdot \text{m} = 1\text{kN} \cdot \text{m}$；

DB 段为斜率为正的斜直线。

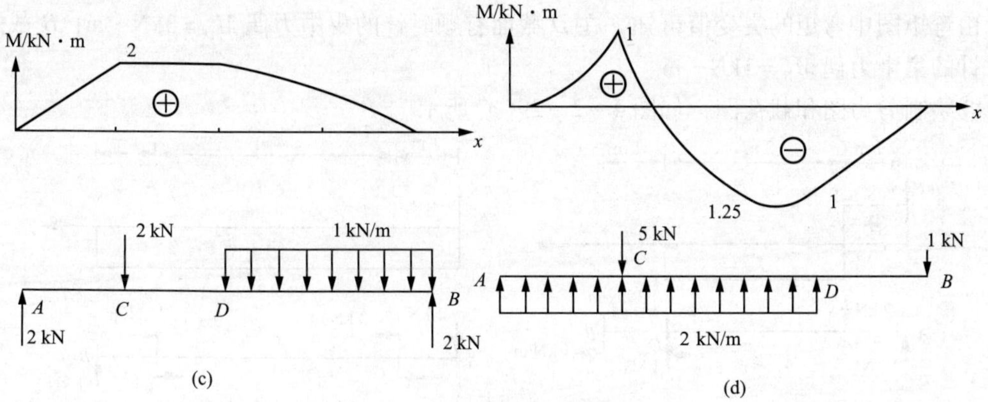

图 4 - 2 - 27

②绘制载荷图

AD 段斜率相等，且为正，则该段作用方向向上的均布载荷，集度

$$q = 2 \times 1\text{kN/m} = 2\text{kN/m}$$

由剪力图可知，C 截面有向下 5kN 的突变，则该点有方向向下的集中力 $F_C = 5\text{kN}$；同理 B 截面有向下的集中力 $F_B = 1\text{kN}$。

③绘制弯矩图和载荷图如图 4 - 2 - 27(d) 所示。

4.17　已知梁的弯矩图如图 4 - 2 - 28 所示，试作梁的载荷图和剪力图。

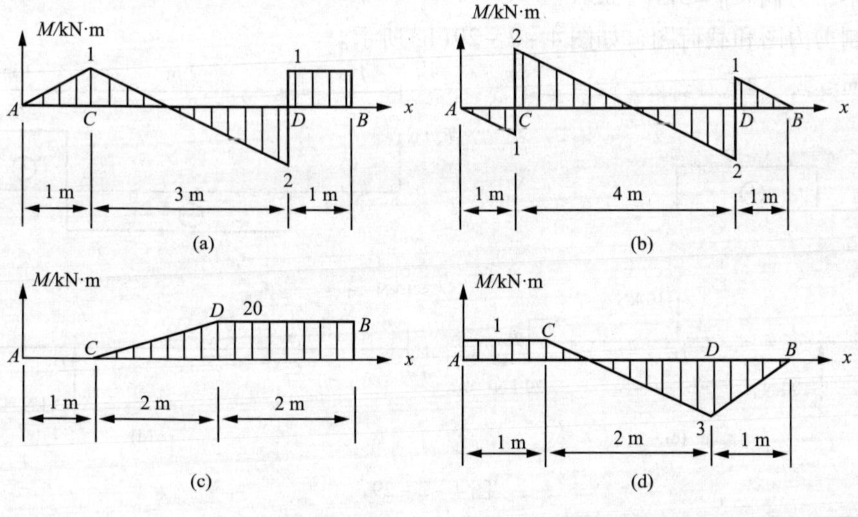

图 4 - 2 - 28

解：所有节点按图 4 - 2 - 29 所示标记。

(a)①绘制剪力图

AC 段弯矩图为斜率为正的直线，由弯矩、剪力之间的微分关系可知，该段剪力图为水平直线，且为正值，为 1kN；同理 CD 段也为水平直线，且为负值，为 $\frac{1+2}{3}=1\text{kN}$，DB 段剪力为零。

②绘制载荷图

由剪力图可知，在 A 截面有向上集中力 $F_A=1\text{kN}$，C 截面有向下集中力 $F_C=2\text{kN}$，D 截面有向上集中力 $F_D=1\text{kN}$。

由弯矩图中弯矩的突变值可知，在 D 截面有顺时针的集中力偶 $M_D=3\text{kN}\cdot\text{m}$；$B$ 截面有逆时针的集中力偶 $M_B=1\text{kN}\cdot\text{m}$。

③绘制剪力图和载荷图，如图 4－2－29(a)所示。

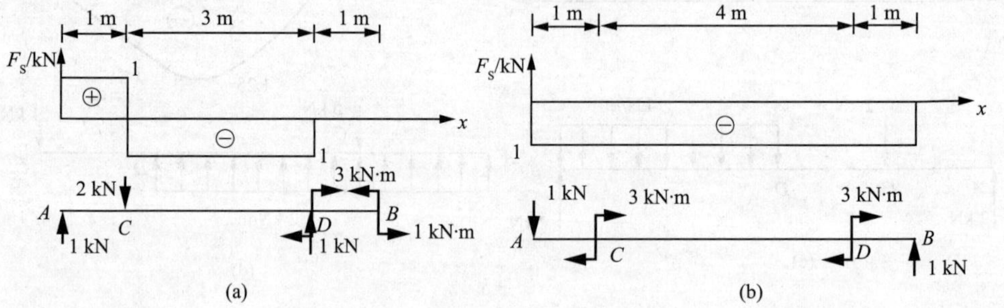

图 4－2－29

(b)①绘制剪力图

AB 段弯矩图为斜率为负的直线，由弯矩、剪力之间的微分关系可知，该段剪力图为水平直线，且为负值，为 1kN。

②绘制载荷图

由剪力图可知，在 A 截面有向下集中力 $F_A=1\text{kN}$，B 截面有向上集中力 $F_B=1\text{kN}$。

由弯矩图中弯矩的突变值可知，在 C 截面有顺时针的集中力偶 $M_C=3\text{kN}\cdot\text{m}$；$D$ 截面有顺时针的集中力偶 $M_D=3\text{kN}\cdot\text{m}$。

③绘制剪力图和载荷图，如图 4－2－29(b)所示。

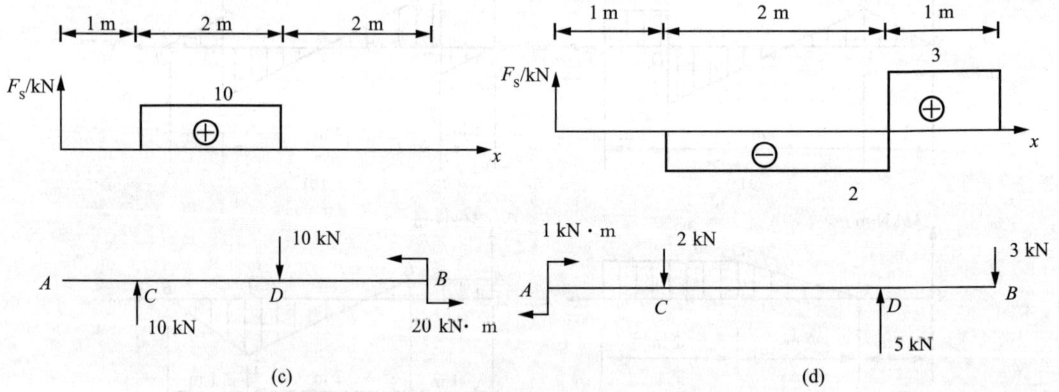

图 4－2－29

(c)①绘制剪力图

AC 段弯矩图为零，由弯矩、剪力之间的微分关系可知，该段剪力也为零；同理 CD 段为水平直线，且为正值，为 10kN；*DB* 段剪力为零。

②绘制载荷图

由剪力图可知，在 *C* 截面有向上集中力 $F_C = 10\text{kN}$，*D* 截面有向下集中力 $F_D = 10\text{kN}$。

由弯矩图中弯矩的突变值可知，在 *B* 截面有逆时针的集中力偶 $M_B = 20\text{kN}\cdot\text{m}$。

③绘制剪力图和载荷图，如图 4-2-29(c) 所示。

(d) ①绘制剪力图

AC 段弯矩图为水平直线，由弯矩、剪力之间的微分关系可知，该段剪力为零；同理 *CD* 段剪力图为斜直线，且斜率为负值，为 $\frac{1+3}{2}=2\text{kN}$；*DB* 段剪力图段为斜直线，且斜率为正值，为 3kN。

②绘制载荷图

由剪力图可知，*C* 截面有向下集中力 $F_C = 2\text{kN}$；*D* 截面有向上集中力 $F_D = 5\text{kN}$；*B* 截面有向下集中力 $F_B = 3\text{kN}$。

由弯矩图中弯矩的突变值可知，在 *A* 截面有顺时针的集中力偶 $M_A = 1\text{kN}\cdot\text{m}$。

③绘制剪力图和载荷图，如图 4-2-29(d) 所示。

4.18 如图 4-2-30 所示，设沿刚架斜杆轴线作用 $q = 6\text{kN/m}$ 的均布载荷。作该刚架的剪力图、弯矩图和轴力图。

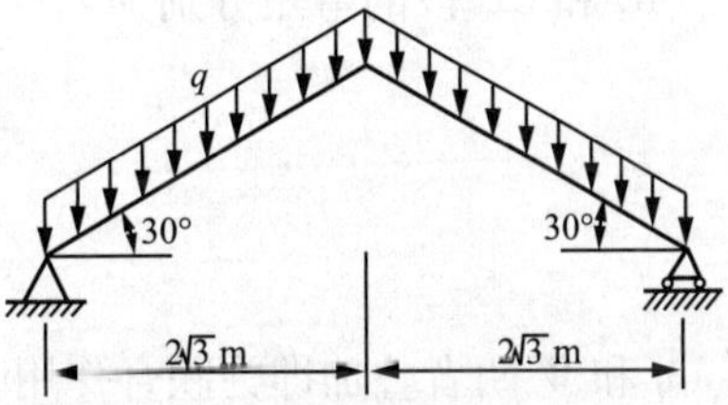

图 4-2-30

解：由平衡条件及结构和载荷的对称性可得支反力

$$F_{RA} = F_{RB} = \frac{ql}{\cos 30^\circ} = \frac{6\times 2\sqrt{3}}{\cos 30^\circ}\text{kN} = 24\text{kN}$$

如图 4-2-31 所示，选取坐标，由对称性分析 *AC* 段即可。列 *AC* 段各内力方程

$$F_N(x) = qx\sin 30^\circ - F_A\sin 30^\circ = 3x - 12\,(0\leqslant x\leqslant 4)$$

$$F_S(x) = F_A\cos 30^\circ - qx\cos 30^\circ = 12\sqrt{3} - 3\sqrt{3}x\,(0\leqslant x\leqslant 4)$$

$$M(x) = F_A x\cos 30^\circ - \frac{1}{2}qx^2\cos 30^\circ = 12\sqrt{3}x - \frac{3\sqrt{3}}{2}x^2\,(0\leqslant x\leqslant 4)$$

由此可绘制轴力图、剪力图和弯矩图，分别如图 4-2-31 所示。

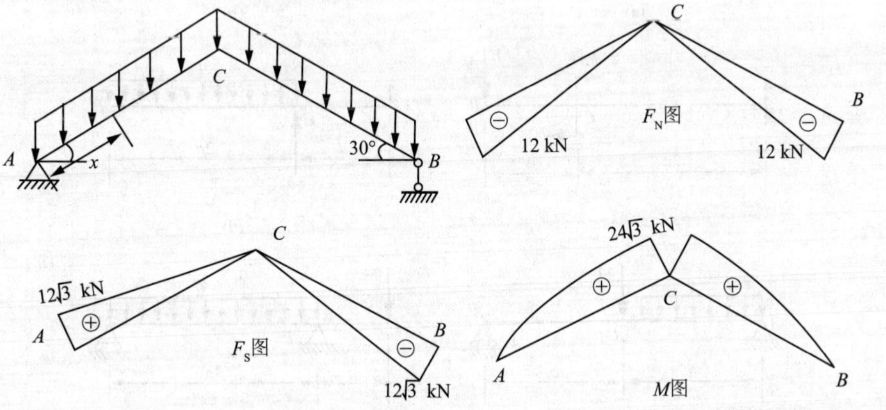

图 4-2-31

4.19　图 4－2－32(a)所示桥式起重机的自重为载荷集度为 q 的均布载荷，起吊的重量为 W。以此为例，试说明作弯矩图的叠加法。

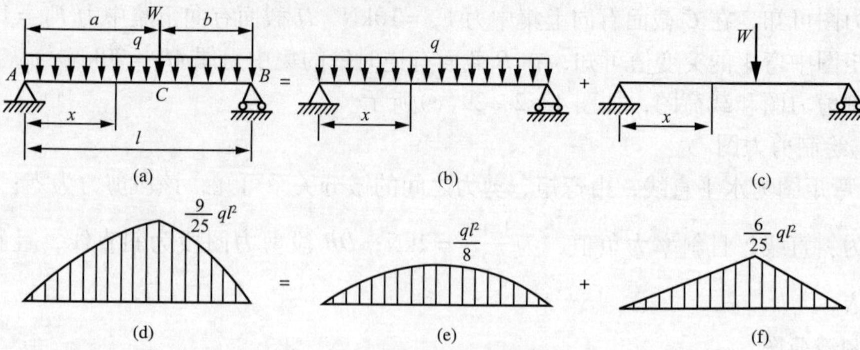

图 4－2－32

解： q 和 W 各自单独作用时的反力为

$$F_{RA}=\frac{ql}{2}+\frac{Wb}{l},\ F_{RB}=\frac{ql}{2}+\frac{Wa}{l}$$

AC 和 CB 段的弯矩分别为

$$M=\left(\frac{ql}{2}x-\frac{q}{2}x^2\right)+\frac{Wb}{l}x$$

$$M=\left(\frac{ql}{2}x-\frac{q}{2}x^2\right)+\frac{Wa}{l}(l-x)$$

q 和 W 两者叠加即为联合作用时的弯矩。

例如，当 $W=ql$，$a=\frac{3}{5}l$，$b=\frac{2}{5}l$ 时，图 4－2－32(e)和图 4－2－32(f)为 q 和 W 单独作用下的弯矩图，图 4－2－32(d)为两者叠加后的弯矩图。

4.20　用叠加法绘出图 4－2－33 所示下列各梁的弯矩图。

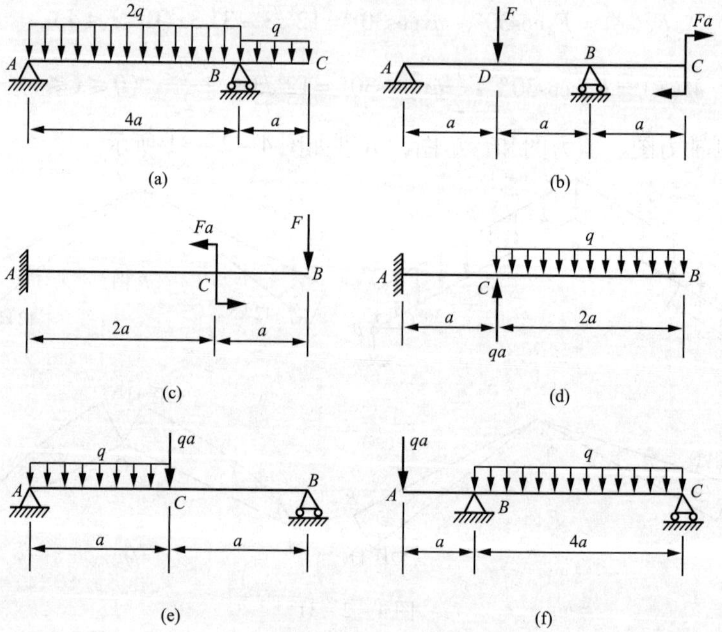

图 4－2－33

解：(a)图 4－2－33(a)所示结构分解为如图 4－2－34(a)所示两部分，分别作出各自相对应的弯矩图，最后进行叠加可得梁弯矩图。

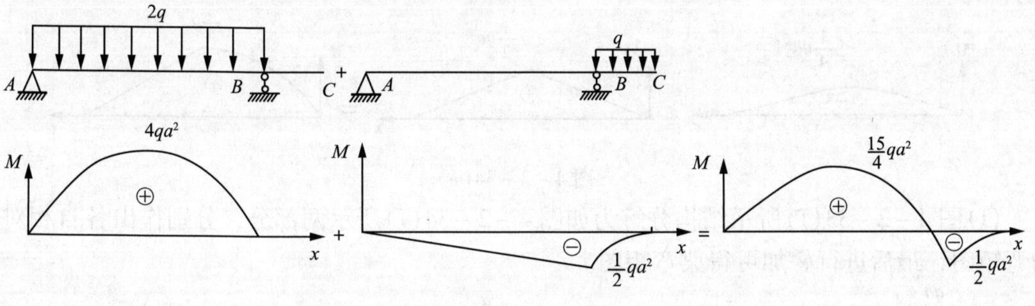

图 4－2－34(a)

(b)图 4－2－33(b)所示结构分解为如图 4－2－34(b)所示两部分，分别作出各自相对应的弯矩图，最后进行叠加可得梁弯矩图。

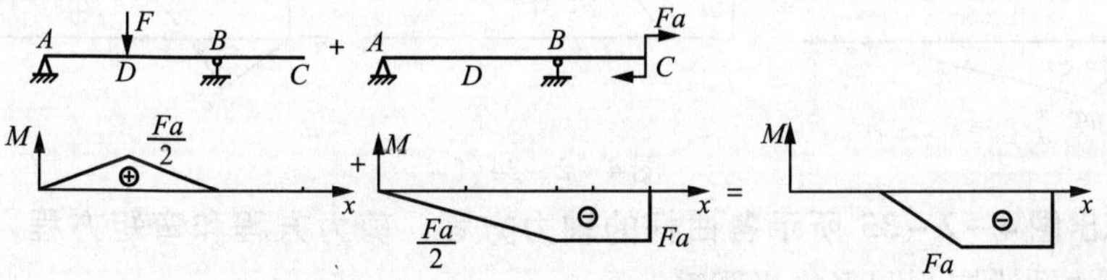

图 4－2－34(b)

(c)图 4－2－33(c)所示结构分解为如图 4－2－34(c)所示两部分，分别作出各自相对应的弯矩图，最后进行叠加可得梁弯矩图。

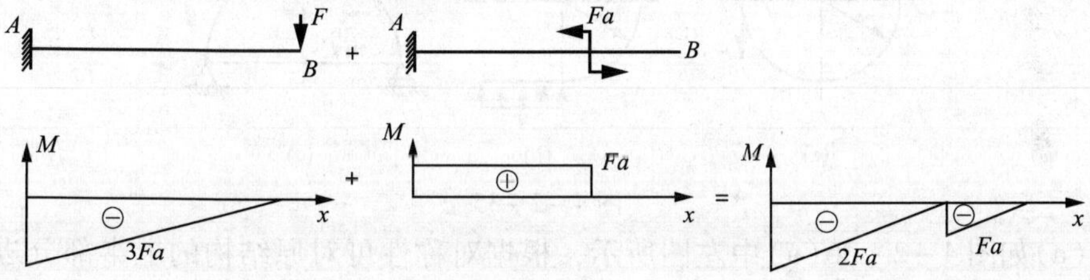

图 4－2－34(c)

(d)图 4－2－33(d)所示结构分解为如图 4－2－34(d)所示两部分，分别作出各自相对应的弯矩图，最后进行叠加可得梁弯矩图。

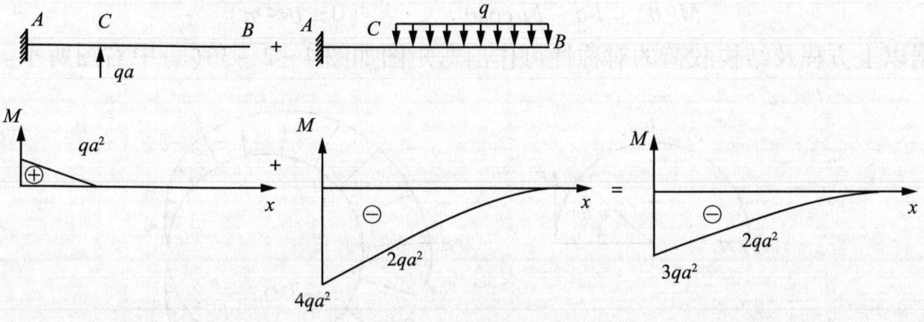

图 4－2－34(d)

(e)图 4－2－33(e)所示结构分解为如图 4－2－34(e)所示两部分，分别作出各自相对应的弯矩图，最后进行叠加可得梁弯矩图。

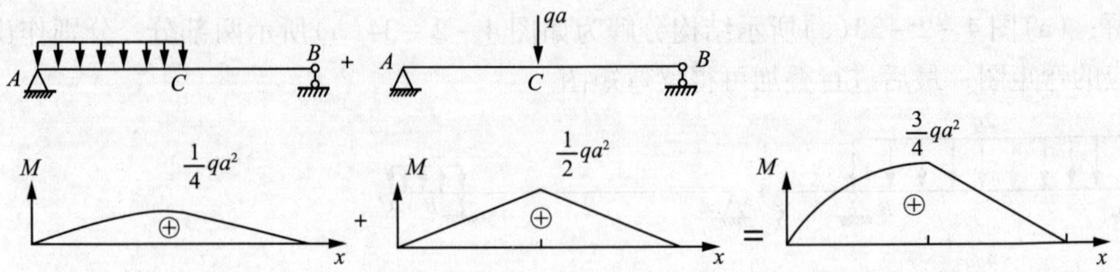

图 4－2－34(e)

(f)图 4－2－33(f)所示结构分解为如图 4－2－34(f)所示两部分，分别作出各自相对应的弯矩图，最后进行叠加可得梁弯矩图。

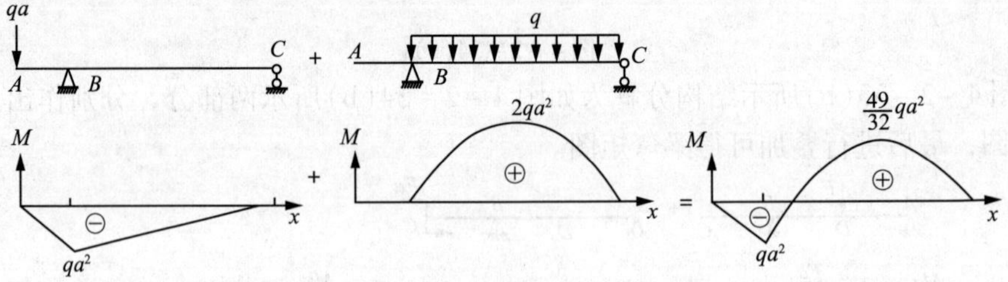

图 4－2－34(f)

4.21　写出图 4－2－35 所示各曲杆的轴力方程、剪力方程和弯矩方程，并作弯矩图。设曲杆弯曲段的轴线皆为圆形或半圆形。

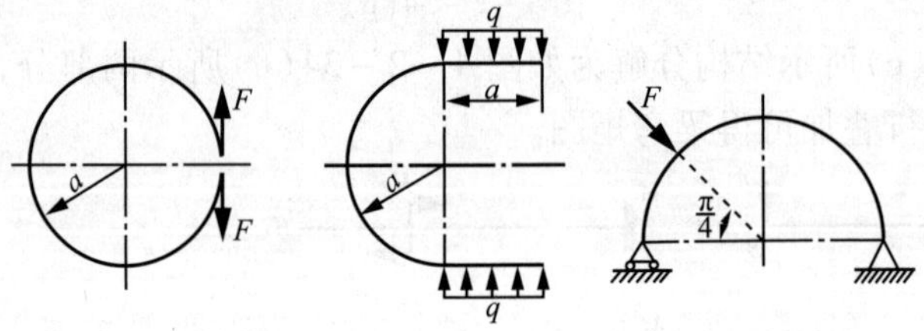

图 4－2－35

解：(a)如图 4－2－36(a)中左图所示，根据对称性可对原结构的上半部分进行分析，可列出其内力方程

$$F_N(\theta) = -F\cos\theta \qquad (0\leqslant\theta\leqslant\pi)$$

$$F_S(\theta) = -F\sin\theta \qquad (0\leqslant\theta\leqslant\pi)$$

$$M(\theta) = Fa - Fa\cos\theta \qquad (0\leqslant\theta\leqslant\pi)$$

根据以上方程及结构载荷的对称性可作出弯矩图如图 4－2－36(a)中右图所示。

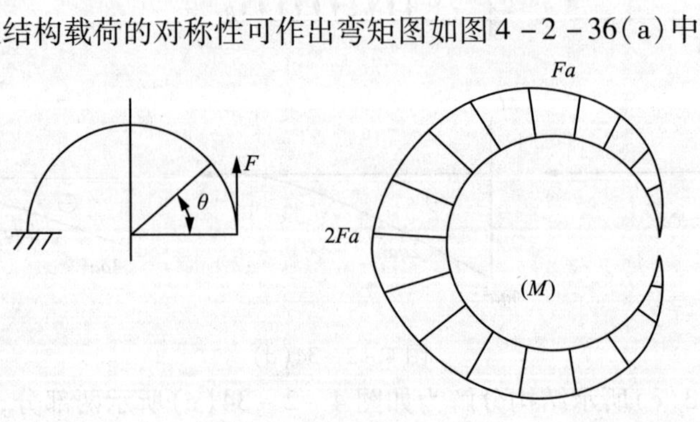

图 4－2－36(a)

(b)如图4－2－36(b)中左图所示，根据对称性可对原结构的上半部分进行分析，可列出其内力方程：

在$0\leqslant x\leqslant a$的直杆部分：$F_N(x)=0\quad F_S(x)=qx\quad M(x)=\frac{1}{2}qx^2$；

$0\leqslant\theta\leqslant\frac{\pi}{2}$的曲杆部分：$F_N(\theta)=-qa\sin\theta\quad F_S(\theta)=qa\cos\theta\quad M(\theta)=\frac{1}{2}qa^2+qa^2\sin\theta$。

根据以上方程及结构载荷的对称性绘制弯矩图，如图4－2－36(b)右图所示。

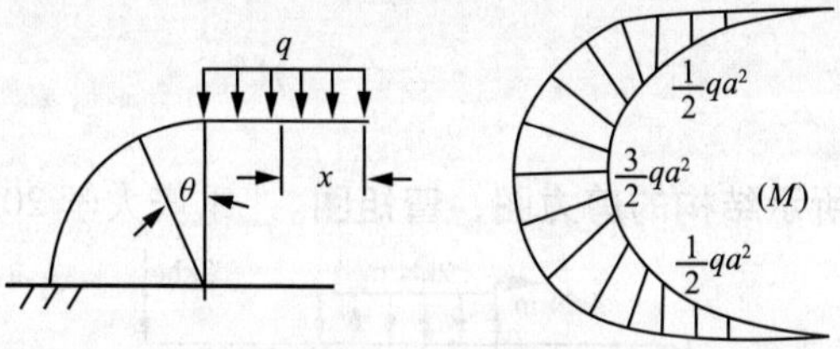

图4－2－36(b)

(c)由平衡条件可得该结构中支座反力：$F_{RBx}=\frac{\sqrt{2}}{2}F$，$F_{RA}=F_{RBy}=\frac{\sqrt{2}}{4}F$。

如图4－2－36(c)中左图所示，列内力方程：

①$0\leqslant\theta\leqslant\frac{\pi}{4}$部分

$$F_N(\theta)=-F_{RA}\cos\theta=-\frac{\sqrt{2}}{4}F\cos\theta$$

$$F_S(\theta)=F_{RA}\sin\theta=\frac{\sqrt{2}}{4}F\sin\theta$$

$$M(\theta)=-F_{RA}a(1-\cos\theta)=-\frac{\sqrt{2}}{4}Fa(1-\cos\theta)$$

②在$0\leqslant\varphi\leqslant\frac{3\pi}{4}$部分

$$F_N(\varphi)=-(F_{RBy}\cos\varphi+F_{RBx}\sin\varphi)=-\left(\frac{\sqrt{2}}{4}F\cos\varphi+\frac{\sqrt{2}}{2}F\sin\varphi\right)$$

$$F_S(\varphi)=-F_{RBy}\sin\varphi+F_{RBx}\cos\varphi=-\frac{\sqrt{2}}{4}F\sin\varphi+\frac{\sqrt{2}}{2}F\cos\varphi$$

$$M(\varphi)=F_{RBx}a\sin\varphi-F_{RBy}a(1-\cos\varphi)=\frac{\sqrt{2}}{4}Fa(2\sin\varphi+\cos\varphi-1)$$

绘制弯矩图，如图4－2－36(c)中右图所示。

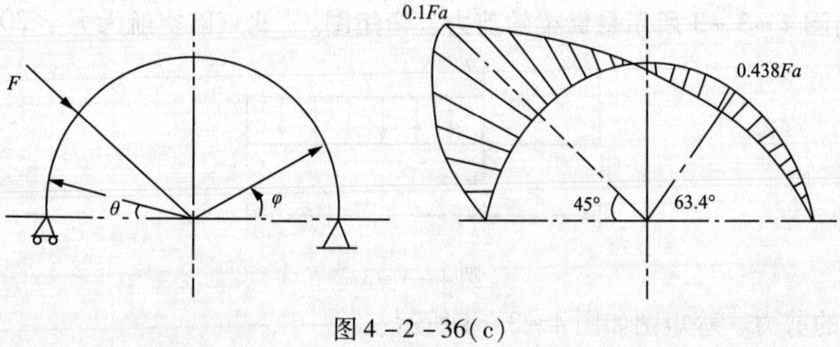

图4－2－36(c)

4.3 名校考研真题详解

一、填空题

1. 横力弯曲是指______。［沈阳工业大学 2022 研］

【答案】梁横截面上既有弯矩又有剪力

2. 弯曲时梁的各个横截面上剪力都等于零，弯矩为常量，这种变形称为______。［华南理工大学 2016 研］

【答案】纯弯曲

二、计算题

1. 求如图 4－3－1 所示结构的剪力图、弯矩图。［重庆大学 2025 研］

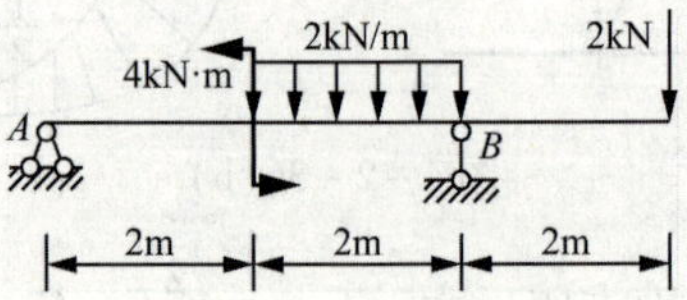

图 4－3－1

解：设 A、B 处的支反力分别为 F_A 和 F_B，方向向上，有

$$\sum M_A = 0,\ F_B \times 4 + 4 - 2 \times 6 - 2 \times 2 \times 3 = 0 \Rightarrow F_B = 5\text{kN}(\uparrow)$$

$$\sum F_y = 0,\ F_B + F_A - 2 - 2 \times 2 = 0 \Rightarrow F_A = 1\text{kN}(\uparrow)$$

剪力图和弯矩图如图 4－3－2 所示。

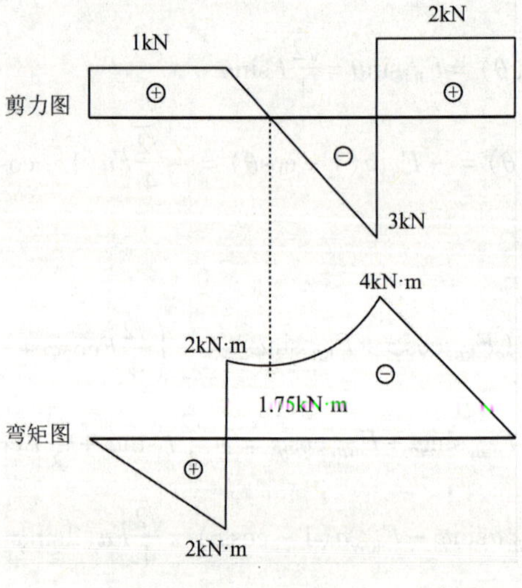

图 4－3－2

2. 试画出图 4－3－3 所示悬臂梁的剪力、弯矩图。［北京航空航天大学 2013 研］

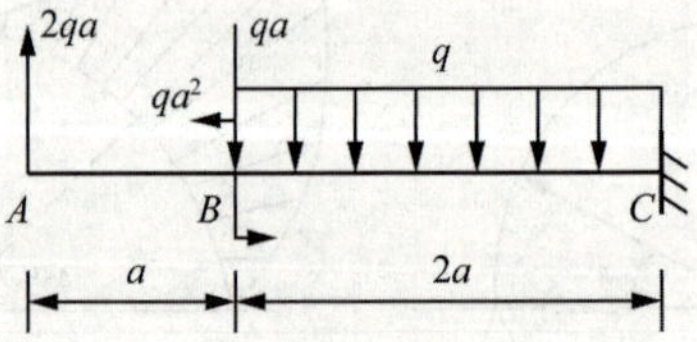

图 4－3－3

解：悬梁的剪力、弯矩图如图 4－3－4 所示：

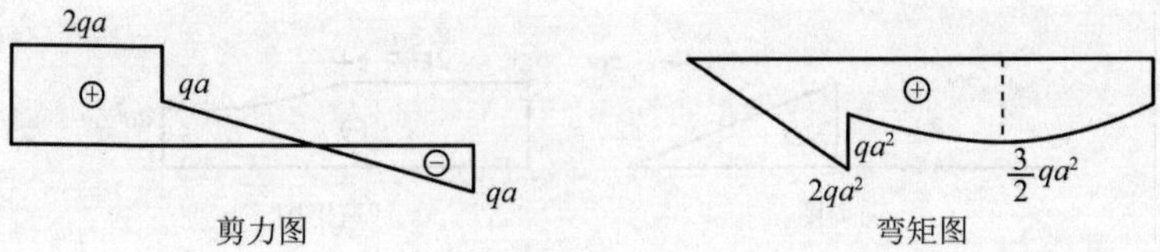

图 4－3－4

3. 试画出图 4－3－5 所示梁的剪力、弯矩图。［北京航空航天大学 2014 研］

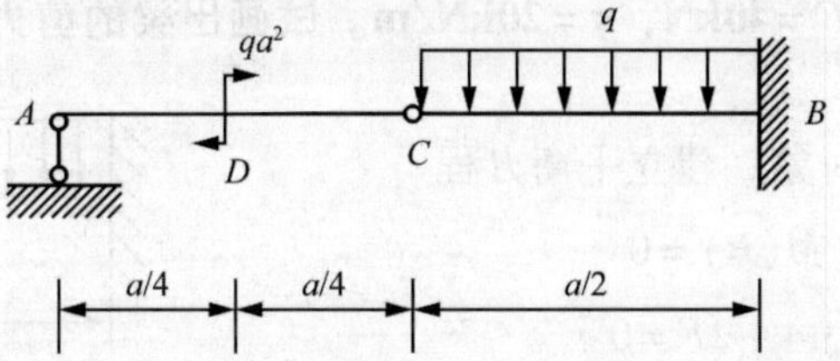

图 4－3－5

解： 将 AC 作为研究对象，设支座 A 处的反力为 F_A，竖直向上。根据 $\sum M_C=0$，有

$$qa^2+F_A\cdot\frac{a}{2}=0$$

所以

$$F_A=-\frac{qa^2}{\frac{a}{2}}=-2qa(\downarrow)$$

B 截面处的弯矩为

$$M_B=F_Aa+qa^2-\frac{1}{8}qa^2=-2qa^2+qa^2-\frac{1}{8}qa^2=-\frac{9}{8}qa^2$$

剪力图、弯矩图如图 4－3－6：

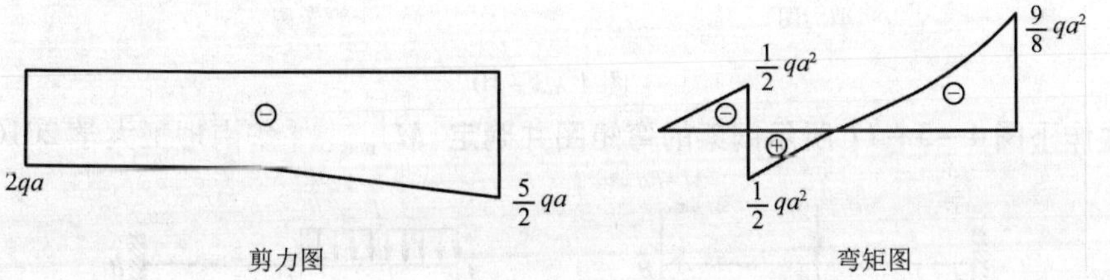

图 4－3－6

4. 画出图 4－3－7 所示梁的剪力图和弯矩图。［北京航空航天大学 2015 研］

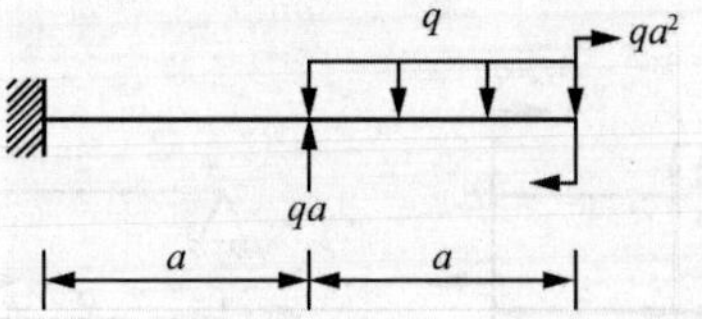

图 4－3－7

解： 由力的平衡方程 $\sum F_y=0$，易知，固定端的剪力为 0。固定端的弯矩为

$$M=qa\cdot a-qa^2-qa\cdot\frac{3}{2}a=\quad\frac{3}{2}qa^2$$

剪力图、弯矩图如图 4－3－8：

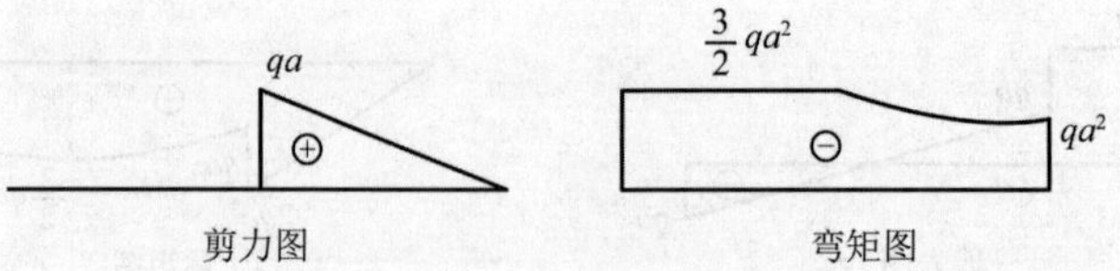

图 4－3－8

5. 如图 4－3－9 所示，梁 *AB* 和 *BC* 在 *B* 处用铰链连接，*A* 端固定，*C* 端铰支。受力及各部分尺寸均示于图中，$F=40\text{kN}$，$q=20\text{kN/m}$。试画出梁的剪力图和弯矩图。［北京航空航天大学 2016 研］

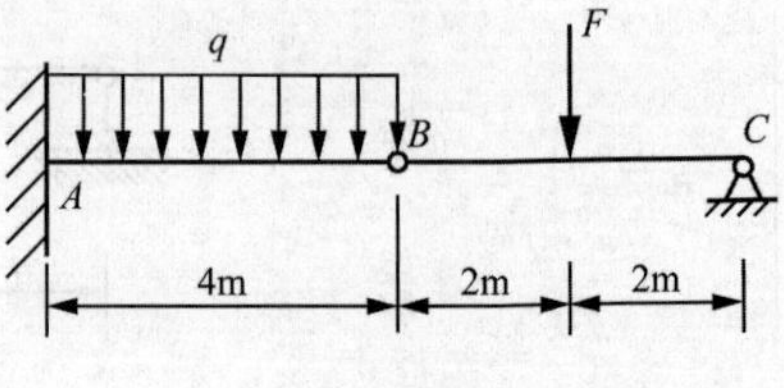

图 4－3－9

解： 以 BC 杆为研究对象，建立平衡方程

$$\sum M(B)=0$$

$$F_{Cy}\cdot 4-2F=0$$

解得 $F_{Cy}=\frac{1}{2}F=20\text{kN}(\uparrow)$。

$$\sum F_y=0$$

$$F_{Cy}+F_{By}-F=0$$

解得 $F_{By}=20\text{kN}(\uparrow)$。

A 截面处的弯矩为 $M_A=-\frac{1}{2}\times 20\times 4^2-20\times 4=-240\text{kN}\cdot\text{m}$。

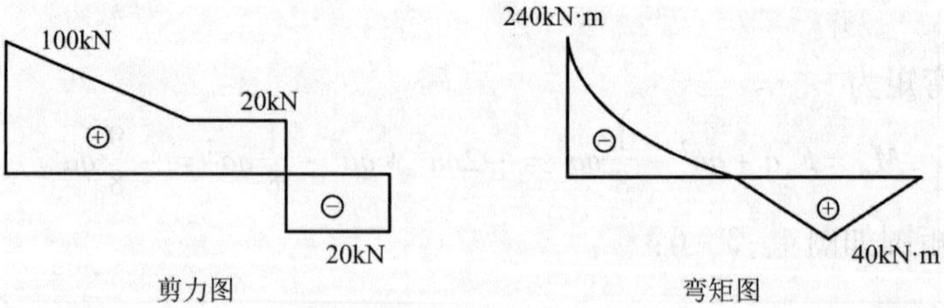

图 4－3－10

6. 试作下图 4－3－11 所示钢架的弯矩图并确定 $|M|_{\max}$。［华南理工大学 2016 研］

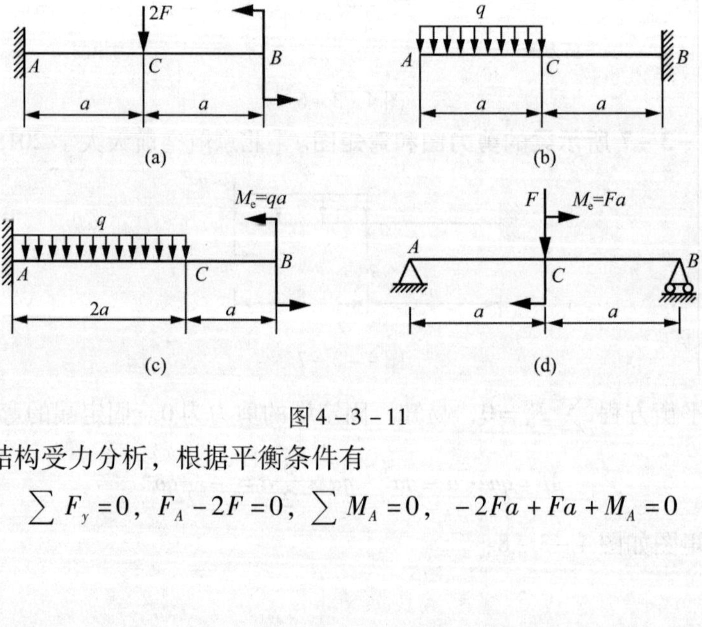

图 4－3－11

解：（a）对结构受力分析，根据平衡条件有

$$\sum F_y=0,\ F_A-2F=0,\ \sum M_A=0,\ -2Fa+Fa+M_A=0$$

解得

$$F_A = 2F，M_A = Fa$$

剪力图和弯矩图如图 4－3－12 所示，得到

$$|M|_{max} = Fa$$

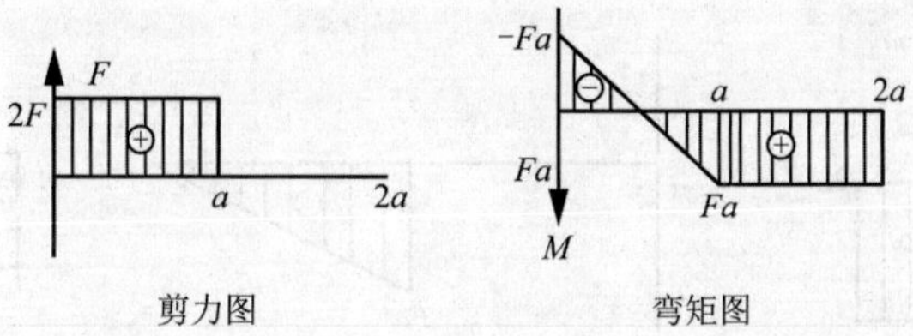

图 4－3－12

(b)对结构受力分析，根据平衡条件有

$$\sum F_y = 0 \quad F_B - qa = 0，\sum M_B = 0 \quad M_B - qa \cdot \frac{3}{2}a = 0$$

得到

$$F_B = qa，M_B = \frac{3}{2}qa^2$$

剪力图和弯矩图如图 4－3－13 所示，得到

$$|M|_{max} = \frac{3}{2}qa^2$$

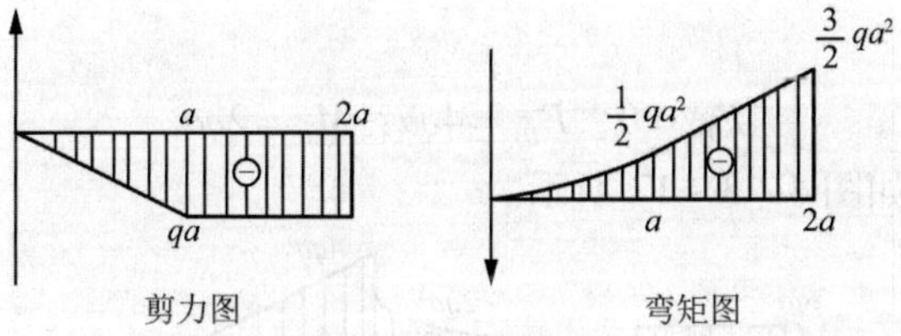

图 4－3－13

(c)对结构受力分析，根据平衡条件有

$$\sum F_y = 0，F_A - 2qa = 0，\sum M_A = 0，M_A - 2qa^2 + qa^2 = 0$$

解得

$$F_A = 2qa，M_A = qa^2$$

剪力图和弯矩图如图 4－3－14 所示，得到

$$|M|_{max} = qa^2$$

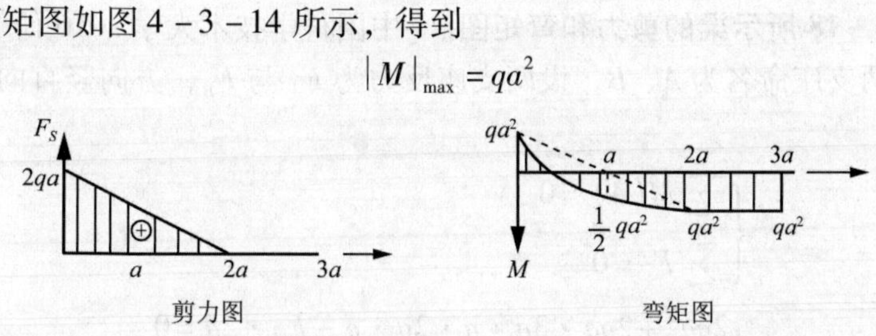

图 4－3－14

(d)对结构受力分析，根据平衡条件有

$$\sum F_y = 0 \quad F_A + F_B - F = 0，\sum M_A = 0 \quad -Fa - Fa + F_B \cdot 2a = 0$$

解得

$$F_A=0,\ F_B=F$$

剪力图和弯矩图如图 4－3－15 所示，得到

$$|M|_{max}=Fa$$

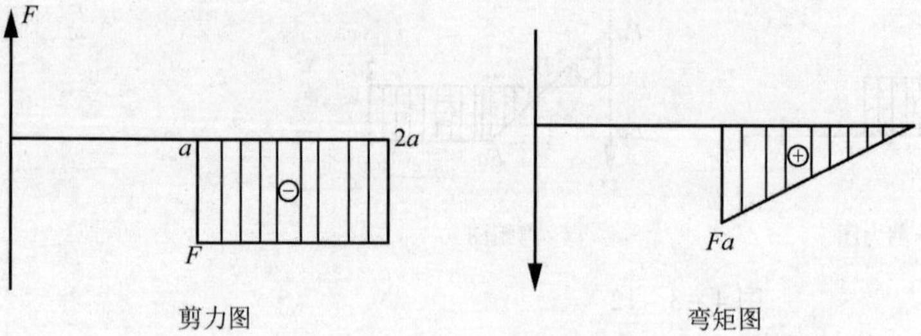

图 4－3－15

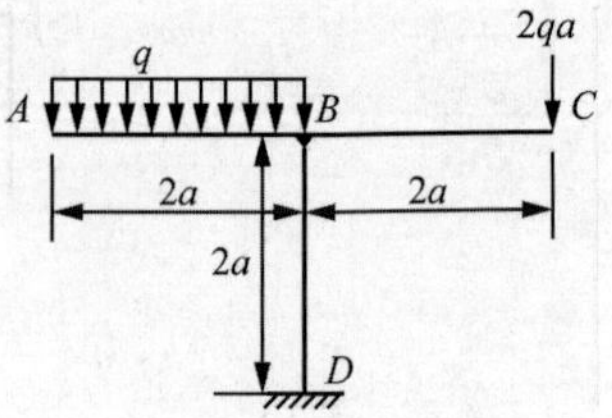

图 4－3－16

7. 作图 4－3－16 所示 *ABCD* 平面刚架的内力图（F_N、F_s 和 *M* 图）。［昆明理工大学 2016 研］

答：根据平衡条件

$$\sum F_x=0,\ F_{Dx}=0$$

$$\sum F_y=0,\ F_{Dy}-q\times 2a-2qa=0$$

$$\sum M_D=0,\ q\times 2a\times a-2qa\times 2a+M_D=0$$

可得

$$F_{Dx}=0,\ F_{Dy}=4qa,\ M_D=2qa^2$$

画出刚架的内力图如图 4－3－17 所示。

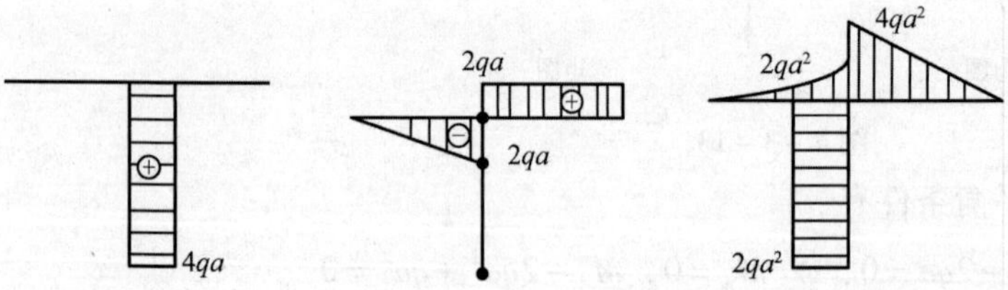

图 4－3－17

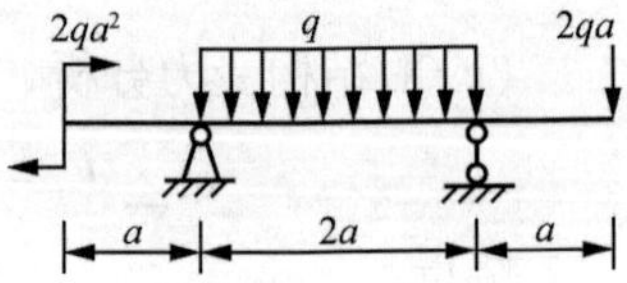

图 4－3－18

8. 作图 4－3－18 所示梁的剪力和弯矩图。［中国科学技术大学 2016 研］

解：将左右两支座命名为 *A*、*B*，设两支座反力为 F_A 与 F_B，方向竖直向上。

列平衡方程

$$\begin{cases}\sum M(A)=0\\ \sum F_y=0\end{cases}$$

$$\begin{cases}2qa^2+2qa\cdot 3a+q\cdot 2a\cdot a-F_B\cdot 2a=0\\ F_A+F_B-q\cdot 2a-2qa=0\end{cases}$$

解得 $F_B=5qa(\uparrow)$，$F_A=-qa(\downarrow)$。

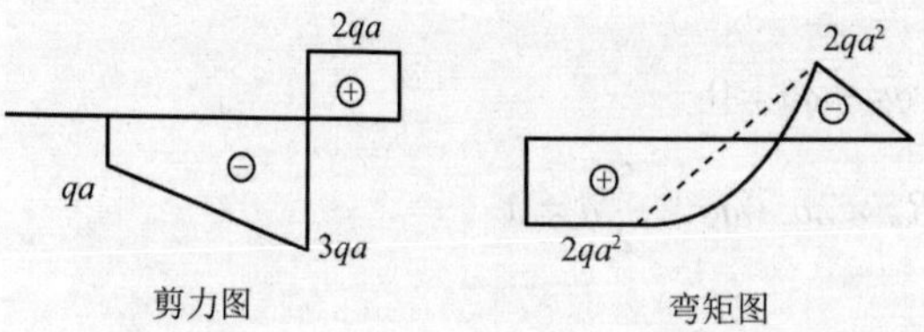

图 4－3－19

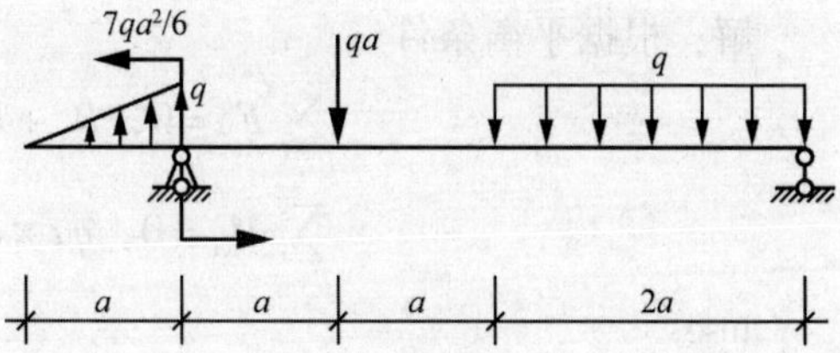

图 4－3－20

9. 试绘制图 4－3－20 所示梁的剪力图和弯矩图。［重庆大学 2016 研］

解：

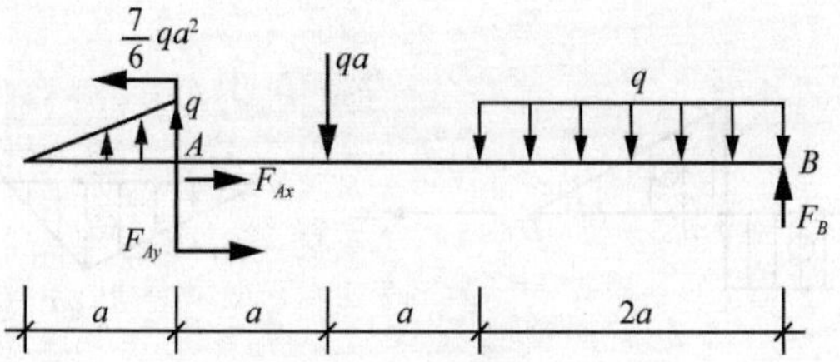

图 4－3－21

$$\sum M(A)=0$$

$$q\cdot 2a\cdot 3a+qa\cdot a+\frac{1}{2}qa\cdot\frac{1}{3}a-\frac{7}{6}qa^2-F_B\cdot 4a=0$$

解得 $F_B=\dfrac{3}{2}qa$。

$$\sum F_y=0$$

$$F_B+F_{Ay}+\frac{1}{2}qa-qa-2qa=0$$

解得 $F_{Ay}=qa$。

剪力图和弯矩图如图 4－3－22：

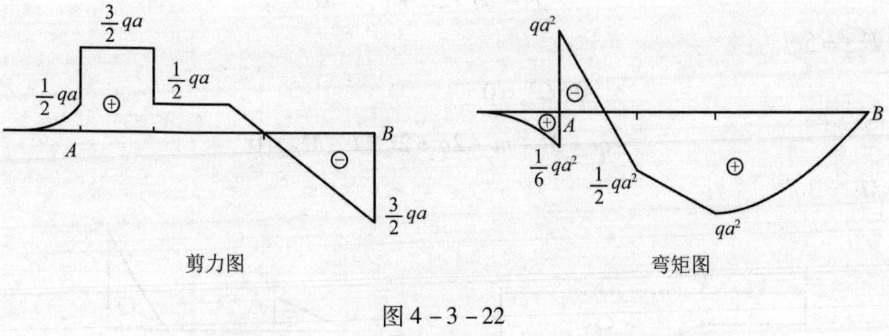

图 4－3－22

10. 作图 4－3－23 所示梁的剪力图和弯矩图。［山东大学 2017 研］

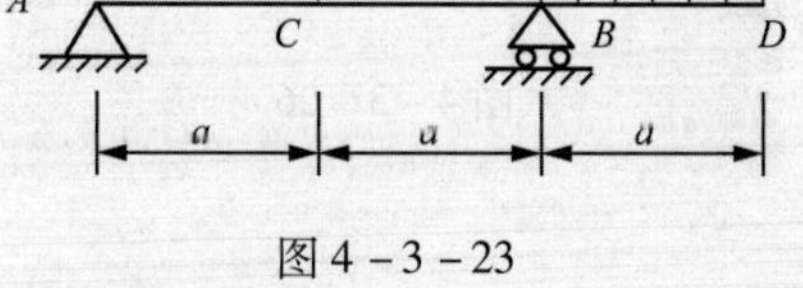

图 4－3－23

解：根据平衡条件

$$\sum F_y=0,\ R_A+R_B-qa-qa=0$$

$$\sum M_A=0,\ qa\times a-R_B\times 2a+qa\times\frac{5}{2}a=0$$

可得

$$R_A=\frac{1}{4}qa,\ R_B=\frac{7}{4}qa$$

所以剪力图和弯矩图如图4－3－24所示：

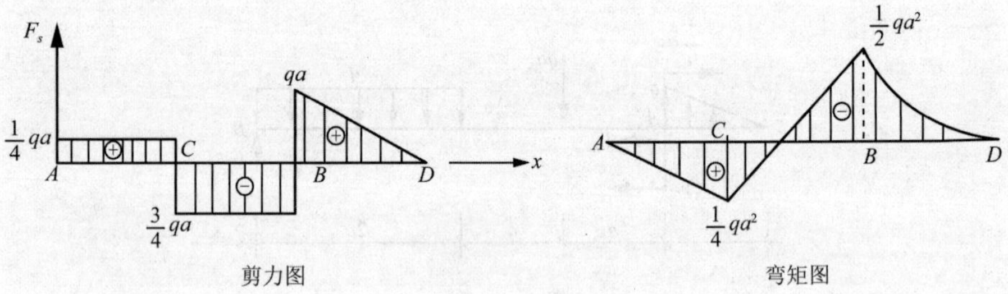

图4－3－24

11. 作梁的剪力图和弯矩图。［南京航空航天大学2018研］

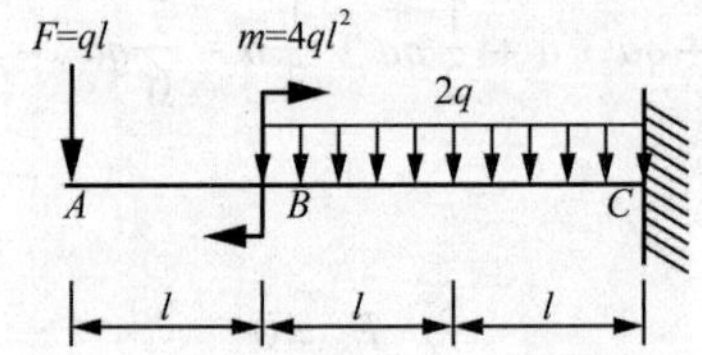

图4－3－25

解：设固定端C点的支反力F_C向上，弯矩M_C顺时针。对C点建立平衡方程

$$\sum F_y=0$$

$$-F-2q\cdot 2l+F_{Cy}=0$$

解得$F_{Cy}=5ql$。

$$\sum M(C)=0$$

$$-ql\cdot 3l+m-2q\cdot 2l\cdot l+M_C=0$$

解得$M_C=3ql^2$。

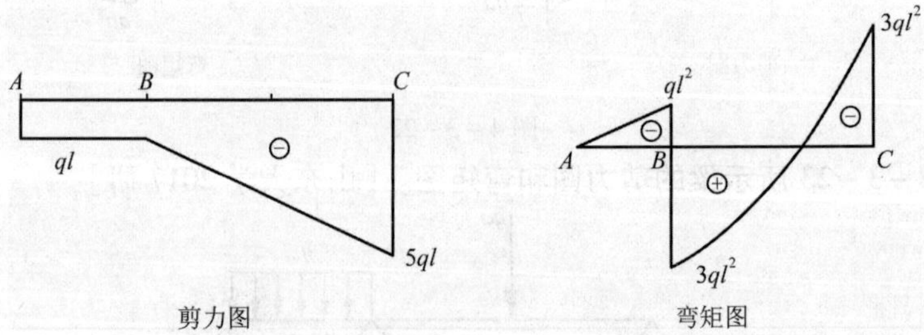

图4－3－26

第5章　弯曲应力

5.1　复习笔记

一、纯弯曲

1. 基本概念

纯弯曲受力特点：横截面上只有弯矩，相应的只有正应力。

纯弯曲变形特点：梁的整体变形应对称于纵向对称面，要求中性轴与纵向对称面垂直。

中性层：纯弯曲时，由底面纤维的伸长连续的逐渐变为顶面纤维的缩短，纤维长度不变的中间层纤维。

中性轴：中性层与横截面的交线。

2. 纯弯曲提出的假设

(1)平面假设：变形前为平面的横截面变形后仍保持为平面，且垂直于变形后的梁轴线；

(2)纵向纤维无挤压假设：纵向纤维间无正应力；

(3)认为材料是线弹性的。

3. 纯弯曲时的正应力

从几何、物理和静力三方面研究纯弯曲时的正应力。

(1)变形几何关系：服从平面假设

应变分布规律：直梁纯弯曲时纵向纤维的应变与它到中性层的距离成正比。

(2)物理关系：满足胡克定律

应力分布规律：直梁纯弯曲时横截面上任意一点的正应力，与它到中性轴的距离成正比。

(3)静力关系

纯弯曲时，梁轴线变形后的曲率$\frac{1}{\rho}=\frac{M}{EI_z}$。由于曲率$\frac{1}{\rho}$与$EI_z$成反比，因此称$EI_z$为梁的抗弯刚度。联立胡克定律$\sigma=E\frac{y}{\rho}$，可得纯弯曲时正应力计算公式

$$\sigma=\frac{My}{I_z}$$

式中，M为梁横截面上的弯矩；y为梁横截面应力计算点到中性轴的距离；I_z为梁横截面对中性轴的惯性矩。

适用范围：①适用于任何横截面具有纵向对称面，且载荷作用在对称面内的情况；②公式由等直梁得到，对缓慢变化的变截面梁和曲率很小的曲梁也近似成立。

二、横力弯曲

横力弯曲又称剪切弯曲，其受力特点为横截面上既有弯矩又有剪力，相应的有正应力和切应力。

1. 最大应力计算公式

$$\sigma_{\max}=\frac{M_{\max}y_{\max}}{I_z}=\frac{M_{\max}}{W}$$

式中，W 为抗弯截面系数。

对于矩形截面

$$W=\frac{I_z}{h/2}=\frac{bh^3/12}{h/2}=\frac{bh^2}{6}$$

对于圆形截面

$$W=\frac{I_z}{d/2}=\frac{\pi d^4/64}{d/2}=\frac{\pi d^3}{32}$$

对于环形截面

$$W=\frac{\pi D^3}{32}(1-\alpha^4)$$

式中，$\alpha=\dfrac{d}{D}$，d 为内径，D 为外径。

2. 弯曲正应力强度条件

$$\sigma_{\max}=\frac{M_{\max}}{W}\leqslant[\sigma]$$

强度条件的应用：

①强度校核 $\dfrac{M_{\max}}{W}\leqslant[\sigma]$

②截面设计 $W\geqslant\dfrac{M_{\max}}{[\sigma]}$

③确定许可载荷 $M_{\max}\leqslant W[\sigma]$

三、弯曲切应力

1. 矩形截面梁

（1）基本假设

切应力与剪力平行；切应力沿截面宽度均匀分布（距中性轴等距离处切应力相等）。

（2）切应力计算公式

$$\tau=\frac{F_S S_z^*}{I_z b}=\frac{F_S}{2I_z}\left(\frac{h^2}{4}-y^2\right)$$

式中，I_z 为整个横截面对中性轴的惯性矩，$I_z=\dfrac{bh^3}{12}$；b 为矩形截面的宽度；S_z^* 为距中性轴为 y 的横线以外部分横截面面积对中性轴的静矩。

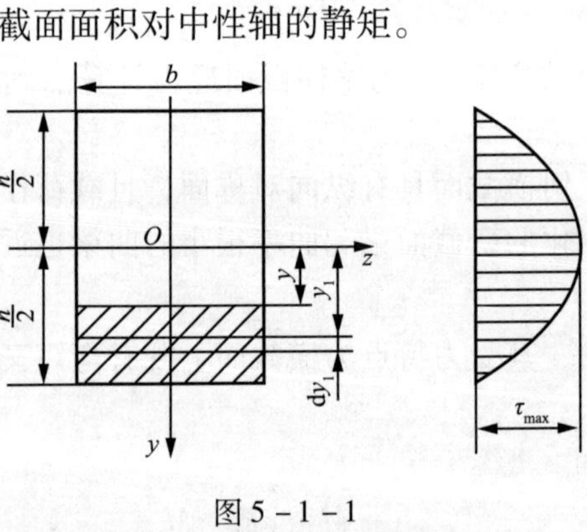

图 5－1－1

应力分布规律如图 5－1－1 所示，其最大切应力发生在中性轴上，计算公式

$$\tau_{\max}=\frac{3}{2}\frac{F_S}{bh}$$

矩形截面梁最大切应力是平均切应力的1.5倍。

2. 工字形截面梁

(1)腹板切应力计算假设：同矩形截面梁。

(2)腹板切应力计算公式

$$\tau=\frac{F_S S_z^*}{I_z b_0}=\frac{F_S}{I_z b_0}\left[\frac{b}{8}(h^2-h_0^2)+\frac{b_0}{2}\left(\frac{h_0^2}{4}-y^2\right)\right]$$

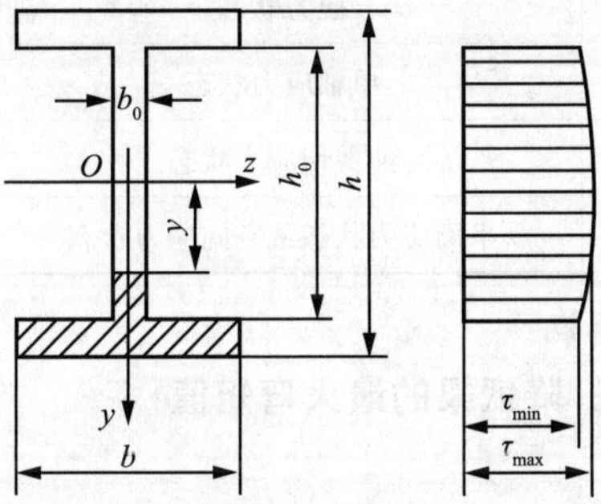

图5-1-2

应力分布规律如图5-1-2所示，其最大、最小切应力计算公式

$$\tau_{\max}=\frac{F_S}{I_z b_0}\left[\frac{bh^2}{8}-(b-b_0)\frac{h_0^2}{8}\right]$$

$$\tau_{\min}=\frac{F_S}{I_z b_0}\left(\frac{bh^2}{8}-\frac{bh_0^2}{8}\right)$$

(3)翼缘主要承担了作用于工字形截面梁上的弯矩，通常不计算翼缘上的切应力。

3. 圆形截面梁

(1)切应力分布特点

边缘各点的切应力与圆周相切；y 轴上各点的切应力沿 y 轴，如图5-1-3所示。

(2)计算假设

AB 弦上各点的切应力作用线通过同一点 p；AB 弦上各点的切应力沿 y 轴的分量 τ_y 相等。

(3)计算公式

对τ_y 可用矩形截面梁的公式：$\tau_y=\dfrac{F_S S_z^*}{I_z b}$

最大切应力发生在中性轴上：$\tau_{\max}=\dfrac{4}{3}\dfrac{F_S}{\pi R^2}$

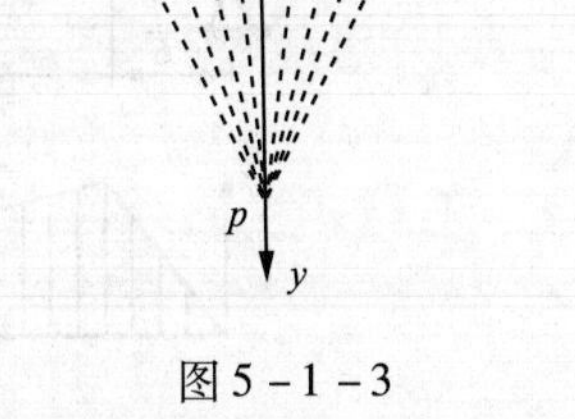

图5-1-3

4. 弯曲切应力强度条件

$$\tau_{\max}\leqslant[\tau]$$

满足正应力强度条件的梁一般满足切应力强度条件，下列情况要进行弯曲切应力强度校核：

(1)梁的跨度较短，或支座附近作用较大的荷载，致使弯矩较小，而剪力很大；

(2)铆接或焊接的组合截面，其腹板的厚度与高度比值小于型钢的相应比值时，要校核腹板的切应力；

(3)各向异性材料(如木材)的抗剪能力较差，要校核切应力；

(4)焊接、铆接或胶合而成的梁的焊缝、铆钉或胶合面。

5. 弯曲变形的强度计算

根据计算位置的不同，弯曲强度计算采用的强度条件也有所不同，如表 5－1－1 所示。

表 5－1－1

计算位置	应力状态	强度条件
横截面距中性轴最远点	单轴应力状态	正应力强度条件
横截面中性轴	纯剪切应力状态	切应力强度条件
除上述两者外任意点	平面应力状态或空间应力状态	强度理论

四、提高弯曲强度的措施

1. 合理安排梁的受力情况(降低梁的最大弯矩值)

(1)合理布置支座的位置

支撑点向中间移动，可以取得降低弯矩的效果，如图 5－1－4 所示。

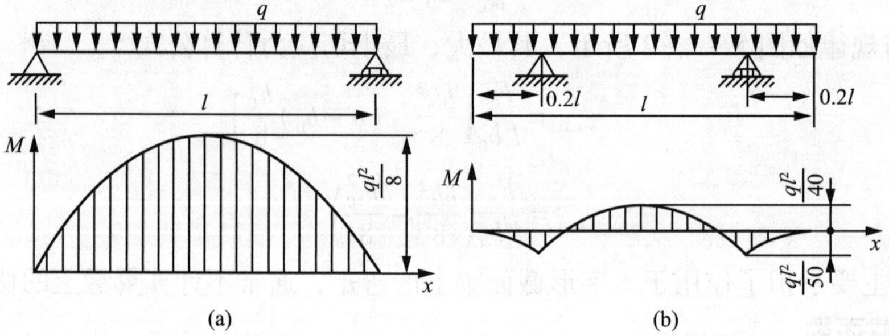

图 5－1－4

(2)合理布置载荷

在情况允许的条件下，应尽可能把较大的集中力分散成较小的力，或者变成分布载荷，如图 5－1－5 所示。

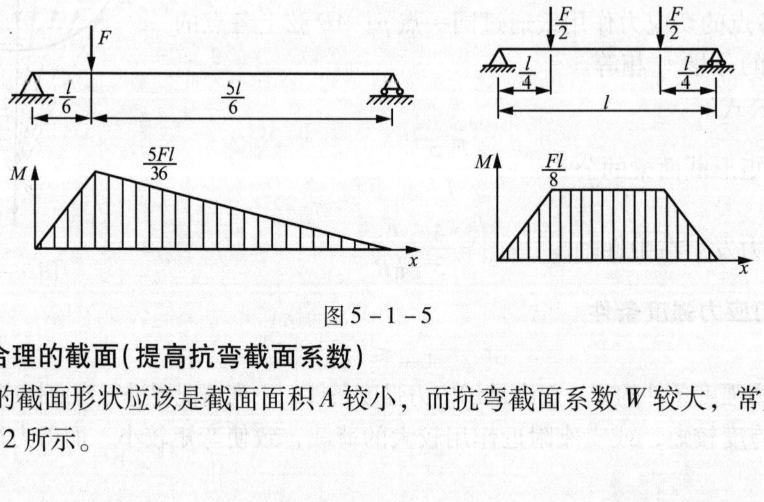

图 5－1－5

2. 选择合理的截面(提高抗弯截面系数)

(1)合理的截面形状应该是截面面积 A 较小，而抗弯截面系数 W 较大，常见截面的 W/A 值如表 5－1－2 所示。

表 5-1-2

矩形	圆形	槽钢	工字钢
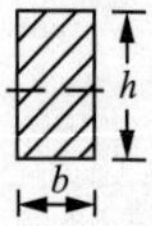	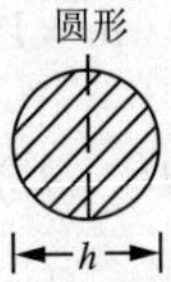	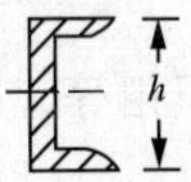	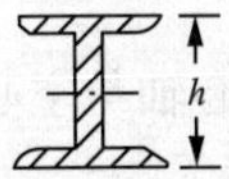
$0.167h$	$0.125h$	$(0.27-0.31)h$	$(0.27-0.31)h$

结论：材料远离中性轴的截面(环形、槽形、工字形等)比较经济合理。由表 5-1-2 可知，工字钢或槽钢比矩形截面经济合理，矩形截面比圆形截面经济合理。

(2)合理放置截面

截面高度 h 大于宽度 b 的矩形截面梁，抵抗垂直平面内的弯曲变形时，竖放比平放有较高的抗弯强度。

(3)根据材料合理选择截面形状

①抗拉和抗压强度相等的材料，采用关于中性轴上下对称的截面，如矩形、工字形、圆形等；

②抗拉和抗压强度不相等的材料，可采用中性轴偏于受拉一侧的截面。

3. 采用等强度梁

(1)等强度梁：梁各横截面上的最大正应力都相等，并均达到材料的许用应力。

(2)等强度梁的抗弯截面系数应满足：$W(x)=\dfrac{M(x)}{[\sigma]}$。

5.2 课后习题详解

5.1 把直径 $d=1\text{mm}$ 的钢丝绕在直径为 2m 的卷筒上，设 $E=200\text{GPa}$，试计算该钢丝中产生的最大应力。

解：由纯弯曲时变形几何关系及胡克定律可知：在该钢丝横截面上，任意点的正应力与该点到中性轴的距离成正比，即 $\sigma=E\dfrac{y}{\rho}$，故该钢丝中产生的最大弯曲正应力

$$\sigma=E\times\frac{r}{R+r}=200\times10^3\times\frac{0.5}{1000+0.5}\text{MPa}=100\text{MPa}$$

5.2 简支梁承受均布载荷如图 5-2-1 所示。若分别采用横截面面积相等的实心和空心圆形截面，且 $D_1=40\text{mm}$，$\dfrac{d_2}{D_2}=\dfrac{3}{5}$，试分别计算它们的最大正应力。并问空心截面比实心截面的最大正应力减小了百分之几？

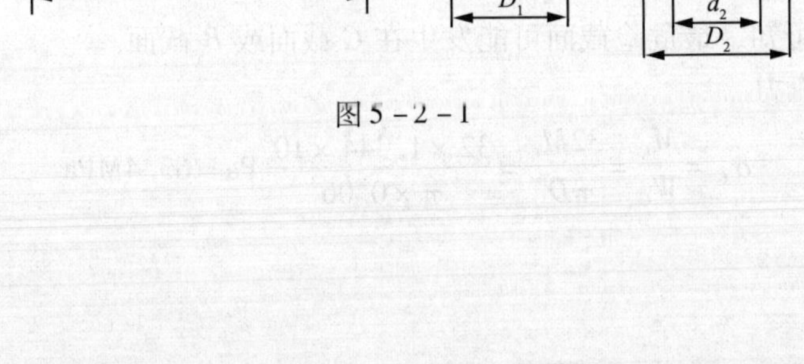

图 5-2-1

解：分析可知，该梁的最大弯矩值发生在梁跨中截面处，值为

$$M_{\max}=\frac{1}{8}ql^2=\frac{1}{8}\times 2\times 10^3\times 2^2\text{N}\cdot\text{m}=1\text{kN}\cdot\text{m}$$

实心轴与空心轴的横截面积相等，即有$\frac{\pi}{4}D_1^2=\frac{\pi}{4}(D_2^2-d_2^2)$。

则空心轴横截面尺寸：$D_2=50\text{mm}$，$d_2=30\text{mm}$。

实心轴的最大正应力

$$\sigma_{1\max}=\frac{M_{\max}}{W_1}=\frac{32M_{\max}}{\pi D_1^3}=\frac{32\times 1\times 10^6}{\pi\times 40^3}\text{MPa}=159\text{MPa}$$

空心轴的最大正应力

$$\sigma_{2\max}=\frac{M_{\max}}{W_2}=\frac{32M_{\max}}{\pi D_2^3(1-\alpha^4)}=\frac{32\times 1\times 10^6}{\pi\times 50^3\times(1-0.6^4)}\text{MPa}=93.6\text{MPa}$$

两者相比，空心截面比实心截面最大正应力的减少量

$$\frac{\sigma_{1\max}-\sigma_{2\max}}{\sigma_{1\max}}\times 100\%=\frac{159-93.6}{159}\times 100\%=41\%$$

5.3　某圆轴的外伸部分系空心圆截面，载荷情况如图 5－2－2 所示。试作该轴的弯矩图，并求轴内的最大正应力。

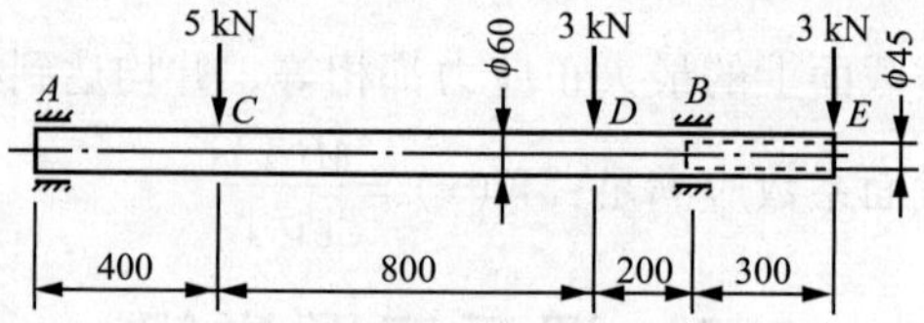

图 5－2－2

解：对圆轴进行受力分析，由平衡条件可得支座反力

$$F_A=3.36\text{kN},\ F_B=7.64\text{kN}$$

由此可绘制该轴的弯矩图，如图 5－2－3 所示。

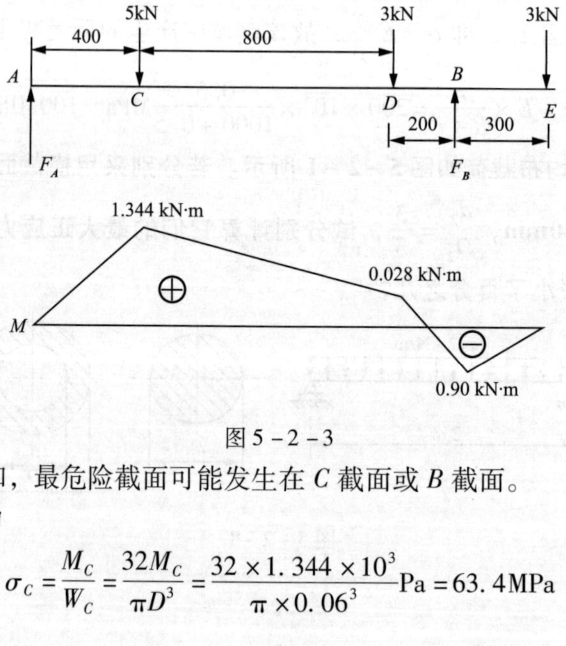

图 5－2－3

由图 5－2－3 可知，最危险截面可能发生在 C 截面或 B 截面。

C 截面上的正应力

$$\sigma_C=\frac{M_C}{W_C}=\frac{32M_C}{\pi D^3}=\frac{32\times 1.344\times 10^3}{\pi\times 0.06^3}\text{Pa}=63.4\text{MPa}$$

B 截面上的正应力

$$\sigma_B = \frac{M_B}{W_B} = \frac{32M_B}{\pi D^3[1-(d/D)^4]} = \frac{32 \times 0.90 \times 10^3}{\pi \times 0.06^3 \times \left[1-\left(\frac{45}{60}\right)^4\right]}\text{Pa} = 62.1\text{MPa}$$

综上比较可知，该轴的最大正应力发生在 C 截面，且 $\sigma_{\max} = \sigma_C = 63.4\text{MPa}$。

5.4　矩形截面悬臂梁如图 5－2－4 所示，已知 $l = 4\text{m}$，$\frac{b}{h} = \frac{2}{3}$，$q = 10\text{kN/m}$，$[\sigma] = 10\text{MPa}$。试确定此梁横截面的尺寸。

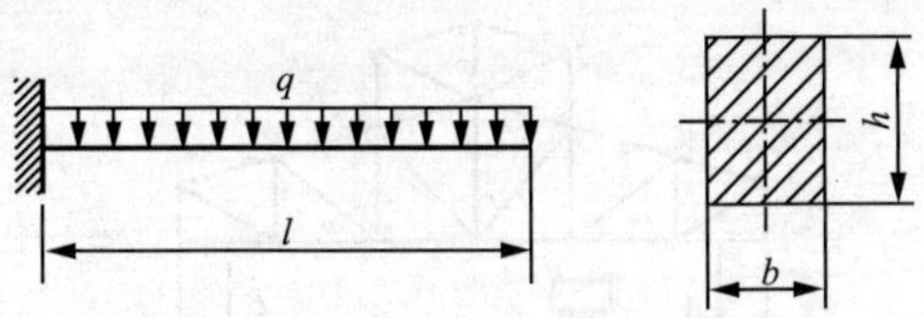

图 5－2－4

解：分析可知，该悬臂梁的最危险截面发生在固定端处，则该截面具有的最大弯矩值为

$$M_{\max} = \frac{ql^2}{2} = \frac{1}{2} \times 10 \times 4^2\text{kN} \cdot \text{m} = 80\text{kN} \cdot \text{m}$$

由正应力强度条件 $\sigma_{\max} = \frac{M_{\max}}{W} = \frac{6M_{\max}}{bh^2} \leqslant [\sigma]$，且 $b = \frac{2}{3}h$ 得

$$h \geqslant \sqrt[3]{\frac{9M_{\max}}{[\sigma]}} = \sqrt[3]{\frac{9 \times 80 \times 10^6}{10}}\text{mm} = 416\text{mm}$$

则 $b = \frac{2}{3}h \geqslant 416 \times \frac{2}{3}\text{mm} = 277\text{mm}$，

故取梁横截面 $h = 416\text{mm}$，$b = 277\text{mm}$。

5.5　I 20a 工字钢梁的支承和受力情况如图 5－2－5 所示。若 $[\sigma] = 160\text{MPa}$，试求许可载荷 F。

解：由梁的平衡条件可得支座反力：$F_A = F_B = \frac{F}{3}$。

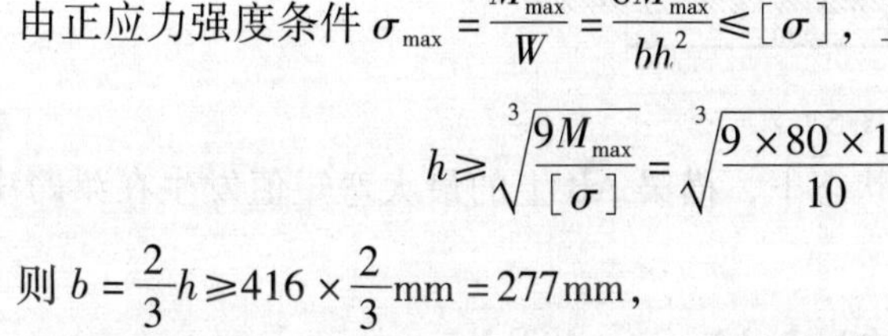

图 5－2－5

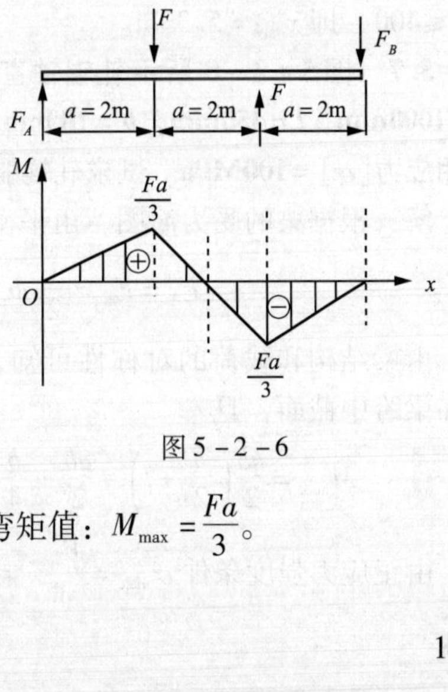

图 5－2－6

绘制梁的弯矩图，如图 5－2－6 所示，则梁的最大弯矩值：$M_{\max} = \frac{Fa}{3}$。

查型钢表得 20a 工字钢的截面性质：$W - 237\text{cm}^3$。

由正应力强度条件 $\sigma_{max}=\dfrac{M_{max}}{W}=\dfrac{Fa}{3W}\leqslant[\sigma]$，可得

$$F\leqslant\frac{3W[\sigma]}{a}=\frac{3\times237\times10^3\times160}{2000}\text{N}=56.9\text{kN}$$

5.6　图 5-2-7 所示桥式起重机大梁 *AB* 的跨度 *l* = 16m，原设计最大起重量为 100kN。在大梁上距 *B* 端为 *x* 的 *C* 点悬挂一根钢索，绕过装在重物上的滑轮，将另一端再挂在吊车的吊钩上，使吊车驶到 *C* 的对称位置 *D*。这样就可吊运 150kN 的重物。试问 *x* 的最大值等于多少？设只考虑大梁的弯曲正应力强度。

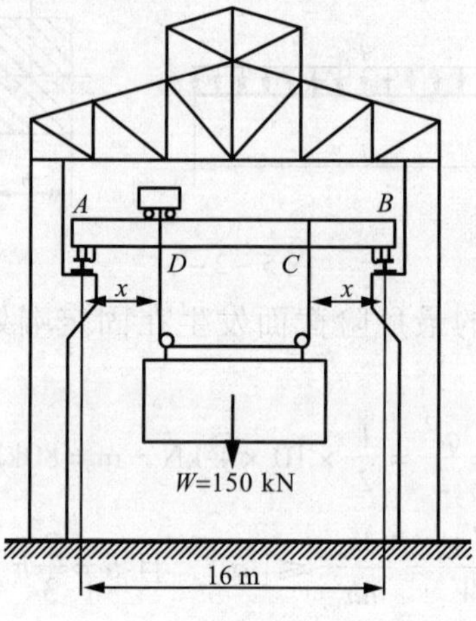

图 5-2-7

解：(1)在原设计起重量为 100kN 的状态下，横梁 AB 上的最大弯矩值发生在梁跨中截面处，有

$$M_{1max}=\frac{Fl}{4}=\frac{1}{4}\times100\times16\text{kN}\cdot\text{m}=400\text{kN}\cdot\text{m}$$

(2)改变设计，可调运 150kN 重物时，梁内最大弯矩值发生在 *CD* 段，且 $M_{2max}=Fx=75x$。

由正应力强度条件 $\sigma_{1max}=\dfrac{M_{1max}}{W}=[\sigma]$ 及 $\sigma_{2max}=\dfrac{75x_{max}}{W}\leqslant[\sigma]$，可知当 x 取最大值时有 $75x\leqslant400$，即 $x_{max}=5.33\text{m}$。

5.7　图 5-2-8 所示轧辊轴直径 *D* = 280mm，跨长 *L* = 1000mm，*l* = 450mm，*b* = 100mm。若轧辊材料的弯曲许用应力[σ] = 100MPa。试求轧辊能承受的最大轧制力。

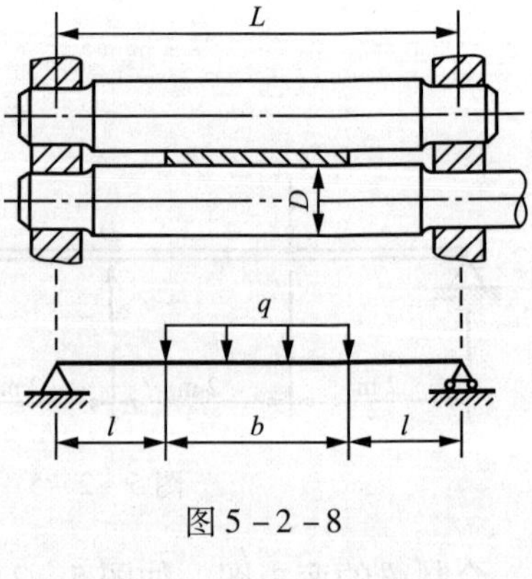

图 5-2-8

解：根据梁的受力简图，由平衡条件可得支座反力

$$F_A=F_B=\frac{1}{2}qb$$

由梁结构和载荷的对称性可知，梁上最大弯矩值发生在梁跨中截面，且

$$M_{max}=\frac{qb}{2}\left(\frac{b}{2}+l\right)-\frac{qb}{2}\cdot\frac{b}{4}=\frac{qb^2}{8}+\frac{qbl}{2}$$

由正应力强度条件 $\sigma_{max}=\dfrac{M_{max}}{W}=\dfrac{32M_{max}}{\pi D^3}=\dfrac{q(16bl+4b^2)}{\pi D^3}\leqslant[\sigma]$，可得

$$q \leqslant \frac{\pi D^3[\sigma]}{16bl+4b^2}=\frac{\pi\times 280^3\times 100}{16\times 100\times 450+4\times 100^2}\text{N/mm}=9.074\times 10^3\text{N/mm}$$

故轧辊能承受的最大轧制力：$F_{max}=q_{max}b=9.074\times 10^3\times 0.1\text{kN}=907.4\text{kN}$。

5.8　压板的尺寸和载荷情况如图 5-2-9 所示。材料为 45 钢，$\sigma_s=380\text{MPa}$，取安全因数 $n=1.5$。试校核压板的强度。

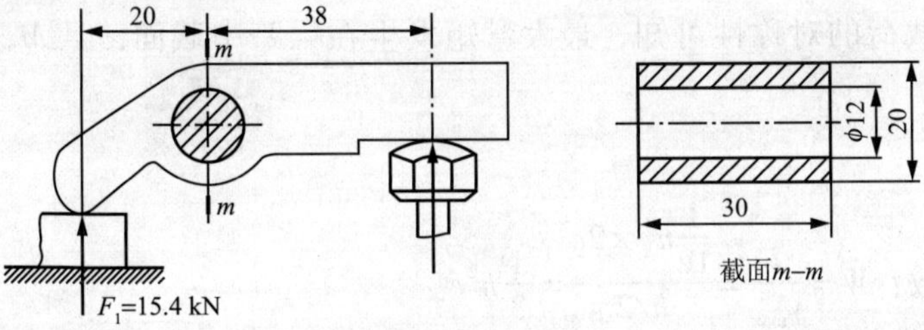

图 5-2-9

解：由许用应力定义可知，该压板的许用应力：$[\sigma]=\frac{\sigma_s}{n}=\frac{380}{1.5}\text{MPa}=253.3\text{MPa}$

分析可知，压板上的最大弯矩发生在 $m-m$ 截面，且

$$M_{max}=F_1l_1=15.4\times 10^3\times 20\times 10^{-3}\text{N}\cdot\text{m}=308\text{N}\cdot\text{m}$$

$m-m$ 截面的抗弯截面系数

$$W=\frac{\sum_{i=1}^{2}\frac{b_ih_i^3}{12}}{\frac{h_i}{2}}=\frac{\frac{1}{12}\times 30\times 20^3-\frac{1}{12}\times 30\times 12^3}{10}\text{mm}^3=1568\times 10^{-9}\text{m}^3$$

故最大正应力：$\sigma_{max}=\frac{M_{max}}{W}=\frac{308}{1.568\times 10^{-6}}\text{Pa}=196.4\text{MPa}<[\sigma]$。

因此压板强度满足要求，是安全的。

5.9　拆卸工具如图 5-2-10 所示。若 $l=250\text{mm}$，$a=30\text{mm}$，$h=60\text{mm}$，$c=16\text{mm}$，$d=58\text{mm}$，$[\sigma]=160\text{MPa}$，试按横梁中央截面的强度确定许可的顶压力 F。

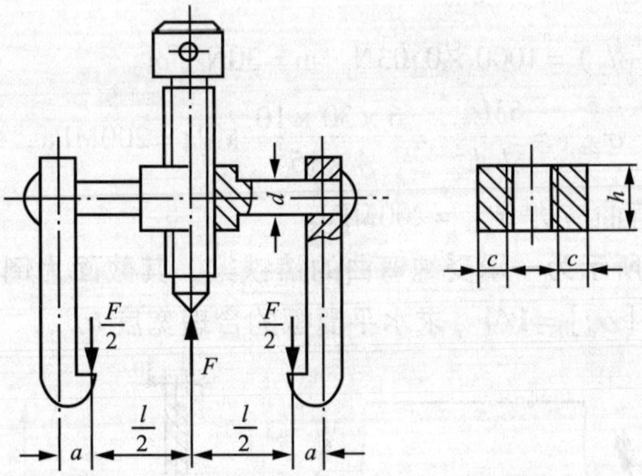

图 5-2-10

解：对横梁进行受力分析，作出其受力简图，如图 5-2-11 所示。

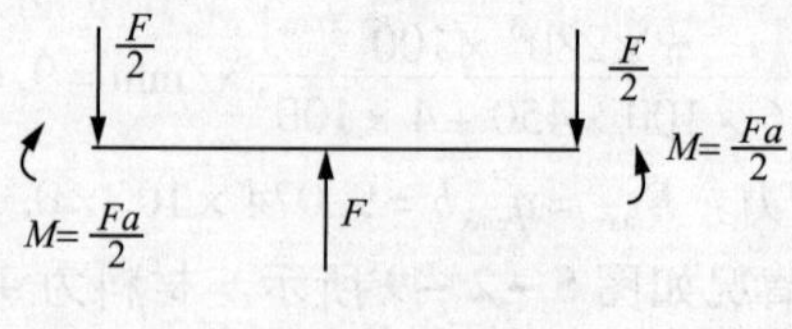

图 5-2-11

由梁结构和载荷的对称性可知，最大弯矩发生在梁跨中截面，且 $M_{\max}=\frac{F}{2}\left(\frac{l}{2}+a\right)-\frac{Fa}{2}=\frac{Fl}{4}$。

抗弯截面系数：$W=\frac{I}{y_{\max}}=\frac{\frac{1}{12}h^3\times 2c}{h/2}=\frac{1}{3}h^2c$。

由强度条件 $\sigma_{\max}=\frac{M_{\max}}{W}\leqslant[\sigma]$，可得：$\sigma_{\max}=\frac{M_{\max}}{W}=\frac{Fl/4}{\frac{1}{3}h^2c}\leqslant[\sigma]$。

则有 $F\leqslant\frac{4ch^2[\sigma]}{3l}=\frac{4\times 16\times 60^2\times 160}{3\times 250}\text{N}=49.2\text{kN}$。

故许可顶压力：$[F]=49.2\text{kN}$。

5.10　割刀在切割工件时，受到 $F=1\text{kN}$ 的切削力作用。割刀尺寸如图 5-2-12 所示。试求割刀内的最大弯曲正应力。

解：分析可知，最危险截面可能发生在 $m-m$ 截面或 $n-n$ 截面。

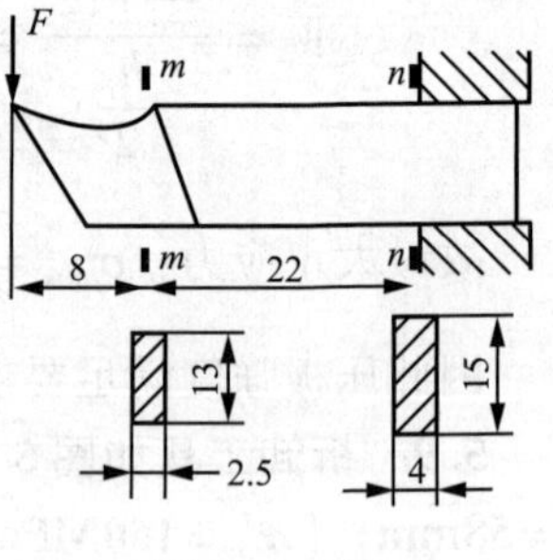

图 5-2-12

(1) $m-m$ 截面

弯矩值 $M_{1\max}=Fl_1=1000\times 0.008\text{N}\cdot\text{m}=8\text{N}\cdot\text{m}$。

则该截面上正应力

$$\sigma_{1\max}=\frac{M_{1\max}}{W_1}=\frac{6M_{1\max}}{b_1h_1^2}=\frac{6\times 8\times 10^3}{2.5\times 13^2}\text{MPa}=113.6\text{MPa}$$

(2) $n-n$ 截面

弯矩值 $M_{2\max}=F(l_1+l_2)=1000\times 0.03\text{N}\cdot\text{m}=30\text{N}\cdot\text{m}$。

则该截面上正应力：$\sigma_{2\max}=\frac{6M_{2\max}}{b_2h_2^2}=\frac{6\times 30\times 10^3}{4\times 15^2}\text{MPa}=200\text{MPa}$。

综上，割刀内最大弯曲应力 $\sigma_{\max}=200\text{MPa}$。

5.11　图 5-2-13 所示为一承受纯弯曲的铸铁梁，其截面为倒 T 字形，材料的拉伸和压缩许用应力之比 $[\sigma_t]/[\sigma_c]=1/4$。求水平翼板的合理宽度 b。

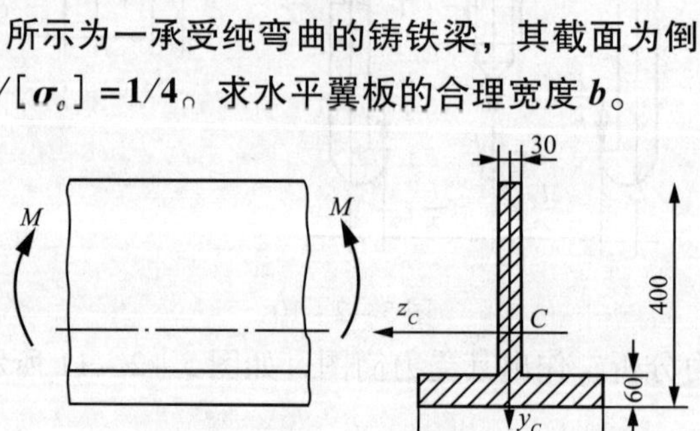

图 5-2-13

解：该结构在横截面上、下边缘的最大压应力、最大拉应力均达到许用应力，即$\sigma_{\text{cmax}}=\dfrac{My_1}{I}=[\sigma_{\text{c}}]$，$\sigma_{\text{tmax}}=\dfrac{My_2}{I}=[\sigma_{\text{t}}]$时，最为合理。

比较以上两式可得：$\dfrac{y_2}{y_1}=\dfrac{[\sigma_{\text{t}}]}{[\sigma_{\text{c}}]}=\dfrac{1}{4}$。

又 $y_1+y_2=400\text{mm}$。

解得：$y_1=320\text{mm}$，$y_2=80\text{mm}$。

将该T形截面看作是两个矩形截面的组合，且下、上两矩形截面面积分别为A_1、A_2，则有：$A_1y_{C1}+A_2y_{C2}=(A_1+A_2)y_2$。

代入数据得：$60b\times30+340\times30\times230=(60\text{b}+340\times30)\times80$。

解得水平翼板最合理的宽度：$b=510\text{mm}$。

5.12　倒T字形截面铸铁悬臂梁，尺寸及载荷如图5-2-14所示。若材料的拉伸许用应力$[\boldsymbol{\sigma}_{\text{t}}]=40\text{MPa}$，压缩许用应力$[\boldsymbol{\sigma}_{\text{c}}]=160\text{MPa}$，截面对形心轴$z_C$的惯性矩$\boldsymbol{I}_{z_C}=10180\text{cm}^4$，$\boldsymbol{h}_1=96.4\text{mm}$，试计算该梁的许可载荷$\boldsymbol{F}$。

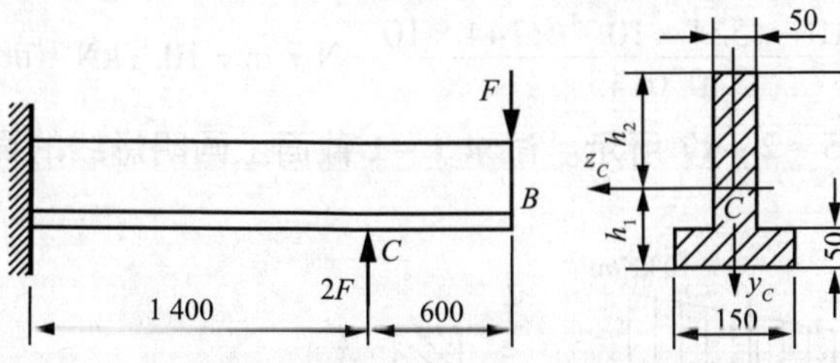

图5-2-14

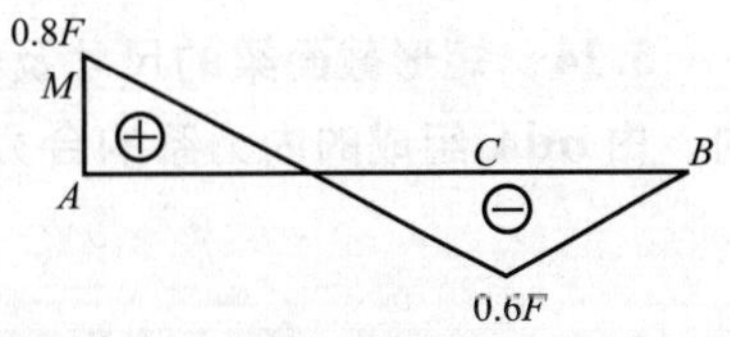

图5-2-15

解：对梁进行受力分析，根据平衡条件可得固定端支反力：$M=0.8F$，$F_A=F$。

由此可绘制梁的弯矩图，如图5-2-15所示。

由图5-2-15可知，最危险截面可能发生在A截面或C截面。

①分析可知，A截面有最大压应力，由强度条件$\sigma_{\text{cmax}}=\dfrac{M_Ah_2}{I_{z_C}}=\dfrac{0.8Fh_2}{I_{z_C}}\leqslant[\sigma_{\text{c}}]$，得

$$F\leqslant\frac{[\sigma_{\text{c}}]I_{z_C}}{0.8h_2}=\frac{1}{0.8}\times\frac{160\times10^6\times1.018\times10^{-4}}{(250-96.4)\times10^{-3}}\text{N}=132.6\text{kN}$$

②由A截面的最大拉应力强度条件$\sigma_{\text{tmax}}=\dfrac{M_Ah_1}{I_{z_C}}=\dfrac{0.8Fh_1}{I_{z_C}}\leqslant[\sigma_{\text{t}}]=40\text{MPa}$，得

$$F\leqslant\frac{[\sigma_{\text{t}}]I_{z_C}}{0.8h_1}=\frac{40\times10^6\times1.018\times10^{-4}}{0.8\times0.0964}\text{N}=52.8\text{kN}$$

由C截面最大拉应力强度条件$\sigma_{\text{tmax}}=\dfrac{M_Ch_2}{I_{z_C}}\leqslant[\sigma_{\text{t}}]=40\text{MPa}$，得

$$F\leqslant\frac{40\times10^6\times1.018\times10^{-4}}{0.6\times0.1536}\text{N}=44.2\text{kN}$$

综上，该梁的许可载荷$[F]=44.2\text{kN}$。

5.13　当[20b槽钢受纯弯曲变形时，测出距顶部5mm处的侧面上$\boldsymbol{A}$、$\boldsymbol{B}$两点间长度的改变为$\boldsymbol{\Delta l}=27\times10^{-3}\text{mm}$，材料的$\boldsymbol{E}=200\text{GPa}$。试求图5-2-16所示梁截面上的弯矩$\boldsymbol{M}$。

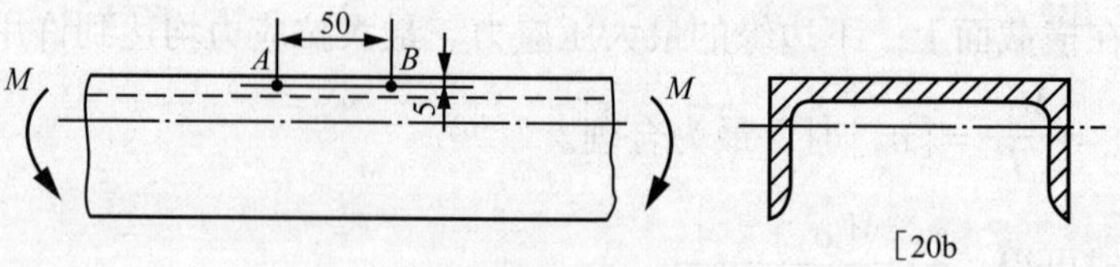

图 5－2－16

解：根据题意，AB 段的线应变：$\varepsilon = \frac{\Delta l}{l} = \frac{27 \times 10^{-3}}{50} = 5.4 \times 10^{-4}$。

则该段横截面上的正应力：$\sigma = E\varepsilon$。

又由弯曲正应力计算公式得在弯矩 M 作用下，横截面上的正应力：$\sigma = \frac{My}{I_z}$。

可得：$E\varepsilon = \frac{My}{I_z}$，即 $M = \frac{E\varepsilon I_z}{y}$。

其中，查型钢表得 20 号槽钢的截面性质：$I_z = 144 \times 10^4 \text{mm}^4$，$y_0 = 19.5\text{mm}$。
则 $y = y_0 - 5 = 14.5\text{mm}$。

综上，代入数据得：$M = \frac{E\varepsilon I_z}{y} = \frac{200 \times 10^9 \times 5.4 \times 10^{-4} \times 144 \times 10^{-8}}{0.0145} \text{N} \cdot \text{m} = 10.7\text{kN} \cdot \text{m}$。

5.14　矩形截面梁的尺寸及载荷如图 5－2－17 所示。试求 1－1 截面上画阴影线的面积内，由 σdA 组成的内力系的合力。

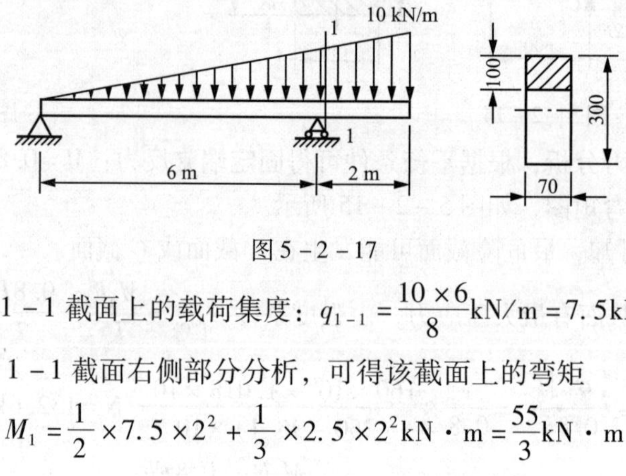

图 5－2－17

解：根据题意，1－1 截面上的载荷集度：$q_{1-1} = \frac{10 \times 6}{8} \text{kN/m} = 7.5\text{kN/m}$。

故由截面法，取 1－1 截面右侧部分分析，可得该截面上的弯矩

$$M_1 = \frac{1}{2} \times 7.5 \times 2^2 + \frac{1}{3} \times 2.5 \times 2^2 \text{kN} \cdot \text{m} = \frac{55}{3} \text{kN} \cdot \text{m}$$

由弯曲正应力计算公式可知，该截面的正应力：$\sigma = \frac{M_1 y}{I_z}$。

其中，横截面对中性轴的惯性矩：$I_z = \frac{0.07}{12} \times 0.3^3$。

$$\sigma \text{d}A = \frac{M_1 y}{I_z} \times 0.07 \text{d}y$$

积分可得阴影面内的合力

$$F = \int_{0.05}^{0.15} \frac{M_1 y}{I_z} \times 0.07 \text{d}y = \int_{0.05}^{0.15} \frac{55 \times 12}{3 \times 0.07 \times 0.3^3} \times 0.07 y \text{d}y = 81.5\text{kN}$$

5.15　图 5－2－18 所示结构，AB 梁为 I 10 工字钢，BC 杆为直径为 $d = 20$mm 的实心圆形截面钢杆，AB 梁上作用均布载荷 q。若梁及杆的许用应力均为 $[\sigma] = 100$MPa。试求许用的均布载荷 $[q]$。

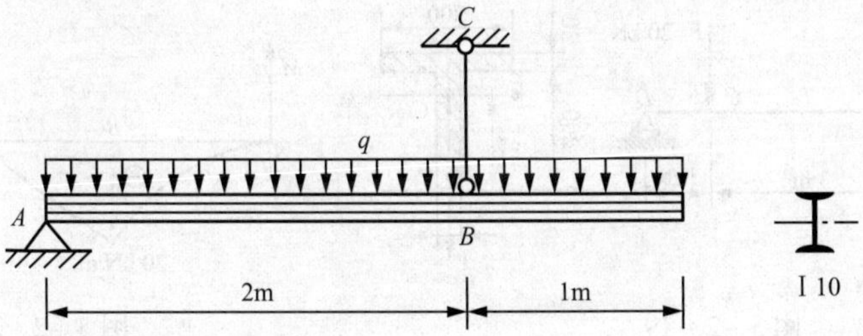

图 5－2－18

解：由静力平衡条件 $\sum M_A = 0$，可得 BC 杆的轴力 $F_N = \frac{9}{4}q$，A 支座反力为 $F_A = \frac{3}{4}q$。

AB 中最大正弯矩在距离 A 端 0.75m 处，$M_{+\max} = \frac{3}{4}q \cdot \frac{3}{4} - \frac{3}{4}q \cdot \frac{3}{8} = \frac{9}{32}q$。

梁内最大负弯矩在 B 处截面：$M_{-\max} = \frac{1}{2}q$。

所以梁内最大弯矩为 $M_{\max} = \frac{1}{2}q$。

①BC 杆

$$\sigma = \frac{4F_N}{\pi d^2} \leqslant [\sigma]$$

$$F_N \leqslant \frac{[\sigma]\pi d^2}{4} = \frac{100 \times \pi \times 20^2}{4}\text{N} = 31.4\text{kN}$$

$$\frac{9}{4}q \leqslant 31.4 \Rightarrow q \leqslant \frac{4 \times 31.4}{9} = 13.96\text{kN/m}$$

②梁

10 号工字钢的抗弯截面系数 $W_z = 49\text{cm}^3$。

$$\sigma_{\max} = \frac{M_{\max}}{W_z} \leqslant [\sigma]$$

$$M_{\max} \leqslant [\sigma] W_z = 100 \times 49 \times 10^3 \text{N} \cdot \text{mm} = 4.9\text{kN} \cdot \text{m}$$

$$\frac{1}{2}q \leqslant 4.9 \Rightarrow q \leqslant 2 \times 4.9 = 9.8\text{kN/m}$$

所以 $[q] = 9.8\text{kN/m}$。

5.16　铸铁梁的载荷及横截面尺寸如图 5－2－19 所示。许用拉应力 $[\sigma_t] = 40\text{MPa}$，许用压应力 $[\sigma_c] = 160\text{MPa}$。试按正应力强度条件校核梁的强度。若载荷不变，但将 T 形横截面梁倒置，即翼缘在下成为倒 T 字形，是否合理？何故？

解：(1) 由横截面的对称性可知，$z_C = 0$，且

$$y_C = \frac{30 \times 200 \times 100 + 30 \times 200 \times 215}{30 \times 200 \times 2}\text{mm} = 157.5\text{mm}$$

则横截面对中性轴的惯性矩

$$I_{zC} = \frac{1}{12} \times 30 \times 200^3 + 200 \times 30 \times (157.5 - 100)^2 + \frac{1}{12} \times 200 \times 30^3 + 200 \times 30 \times (215 - 157.5)^2$$
$$= 6.01 \times 10^7 \text{mm}^4$$

对梁进行受力分析，由平衡条件可得支座反力：$F_B = 30\text{kN}$，$F_D = 10\text{kN}$。

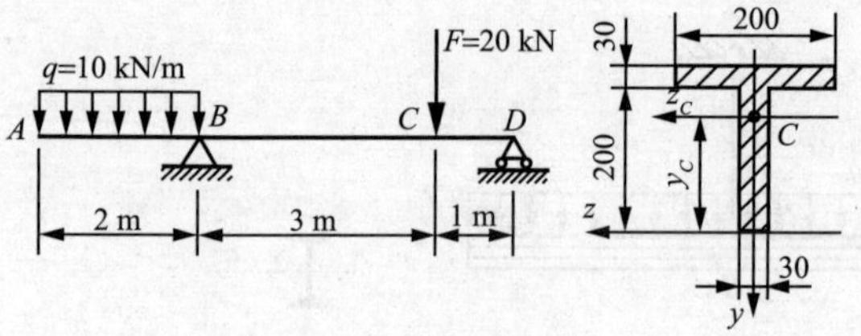

图 5 – 2 – 19

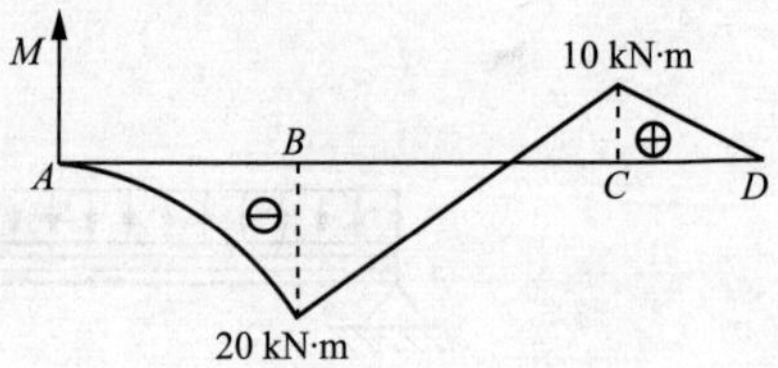

图 5 – 2 – 20

由此可绘制该梁的弯矩图，如图 5 – 2 – 20 所示。

由图 5 – 2 – 20 可知，最危险截面可能发生在 B 截面或 C 截面。

①比较可知 B 截面有最大压应力

$$\sigma_{\text{cmax}}=\frac{M_B y_C}{I_{zC}}=\frac{20\times10^6\times157.5}{6.01\times10^7}\text{MPa}=52.4\text{MPa}<[\sigma_\text{c}]=160\text{MPa}$$

②校核 B 截面最大拉应力

$$\sigma_{\text{tmax}}=\frac{M_B y}{I_{zC}}=\frac{20\times10^6\times72.5}{6.01\times10^7}\text{MPa}=24.1\text{MPa}<[\sigma_\text{t}]=40\text{MPa}$$

校核 C 截面最大拉应力

$$\sigma_{\text{tmax}}=\frac{M_C y_C}{I_{zC}}=\frac{10\times10^6\times157.5}{6.01\times10^7}\text{MPa}=26.2\text{MPa}<[\sigma_\text{t}]$$

综上，此时梁的强度满足要求，是安全的。

(2)若将横截面倒置，对于 B 截面，其最大拉应力

$$\sigma_{\text{tmax}}=\frac{M_B y_C}{I_{zC}}=\frac{20\times10^6\times157.5}{6.01\times10^7}\text{MPa}=52.4\text{MPa}>[\sigma_\text{t}]=40\text{MPa}$$

不能满足强度要求，是不合理的。

5.17 试计算图 5 – 2 – 21 所示矩形截面简支梁的 1 – 1 截面上 a 点和 b 点的正应力和切应力。

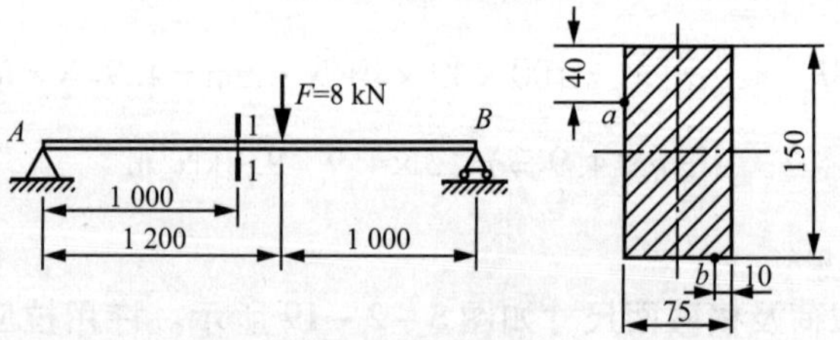

图 5 – 2 – 21

解：对梁进行受力分析，由平衡条件可得支座反力

$$F_A=3.64\text{kN}(\uparrow),\ F_B=4.36\text{kN}(\uparrow)$$

由此可绘制梁的剪力图和弯矩图，如图 5 – 2 – 22 所示。

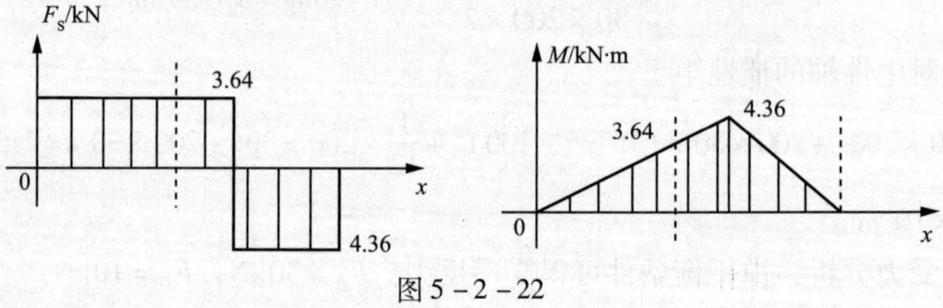

图 5 – 2 – 22

1－1 截面上的内力

$$F_{S1}=3.64\text{kN},\ M_1=3.64\text{kN}\cdot\text{m}$$

该截面对中性轴的惯性矩

$$I_z=\frac{1}{12}\times75\times150^3\text{mm}^4=2.11\times10^7\text{mm}^4$$

对于 a 点，其正应力为压应力

$$\sigma_a=\frac{M_1y_a}{I_z}=\frac{3.64\times10^6\times35}{2.11\times10^7}\text{MPa}=6.04\text{MPa}$$

切应力

$$\tau_a=\frac{F_{S1}S_z^*}{bI_z}=\frac{3.64\times10^3\times(75\times40\times55)}{75\times2.11\times10^7}\text{MPa}$$

$$=0.379\text{MPa}$$

对于 b 点，其正应力为拉应力

$$\sigma_b=\frac{M_1y_b}{I_z}=\frac{3.64\times10^6\times75}{2.11\times10^7}\text{MPa}=12.9\text{MPa}$$

切应力：$\tau_b=0$。

5.18　试计算在图 5－2－23 所示均布载荷作用下，圆形截面简支梁内的最大正应力和最大切应力，并指出它们各自发生于何处。

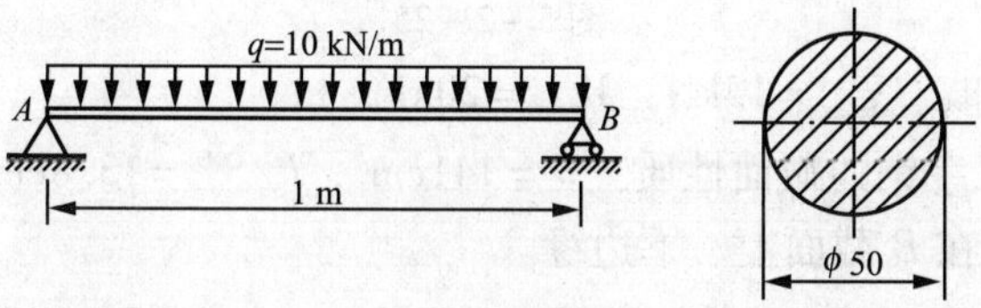

图 5－2－23

解：分析可知，梁内最大弯矩发生在跨中截面

$$M_{\max}=\frac{1}{8}ql^2=\frac{1}{8}\times10\times1^2\text{kN}\cdot\text{m}=1.25\text{kN}\cdot\text{m}$$

最大剪力发生在两支座处截面内侧

$$F_{S\max}=\frac{1}{2}ql=\frac{1}{2}\times10\times1\text{kN}=5\text{kN}$$

故梁的最大正应力发生在跨中截面的上、下两点。

根据弯曲正应力计算公式得

$$\sigma_{\max}=\frac{M_{\max}}{W}=\frac{32M_{\max}}{\pi d^3}=\frac{32\times1.25\times10^6}{\pi\times50^3}\text{MPa}=102\text{MPa}$$

最大切应力发生在两支座处截面内侧中性轴上各点

$$\tau_{\max}=\frac{F_{S\max}S_z^*}{bI_z}=\frac{4F_{S\max}}{3\times\frac{\pi d^2}{4}}=\frac{16\times5\times10^3}{3\times\pi\times50^2}\text{MPa}=3.39\text{MPa}$$

5.19　试计算图 5－2－24 所示工字形钢梁内的最大弯曲正应力和最大弯曲切应力。（注：I 16 工字钢 $I_z/S_z^*=13.8\text{cm}$。）

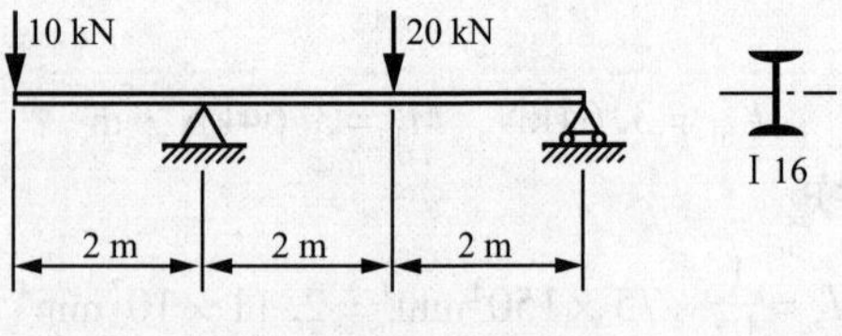

图 5－2－24

解：对梁进行受力分析，由平衡条件可得支座反力

$$F_B=25\text{kN}(\uparrow),\ F_D=5\text{kN}(\uparrow)$$

绘制梁的剪力图和弯矩图，如图 5－2－25 所示。

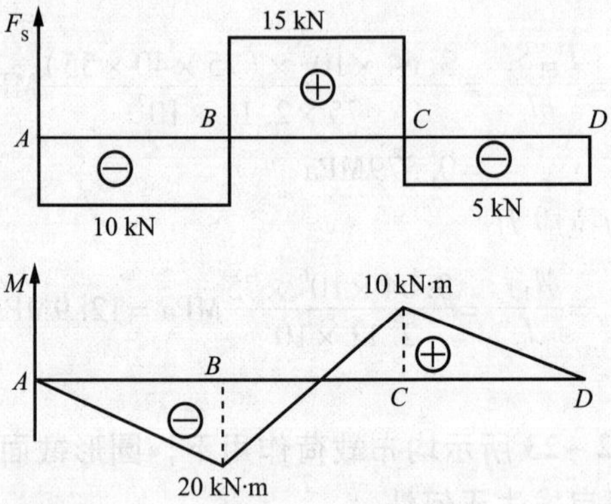

图 5－2－25

由图 5－2－25 可知，$F_{Smax}=15\text{kN}$，$M_{max}=20\text{kN}\cdot\text{m}$。

查型钢表得 I 16 工字钢的截面性质：$W=141\text{cm}^3$，$I_z/S_z^*=13.8\text{cm}$，$b=6\text{mm}$。

故最大正应力发生在 B 截面上、下边缘

$$\sigma_{max}=\frac{M_{max}}{W}=\frac{20\times10^6}{141\times10^3}\text{MPa}=142\text{MPa}$$

最大切应力发生在 BC 段中性轴上各点

$$\tau_{max}=\frac{F_{Smax}S_z^*}{bI_z}=\frac{15\times10^3}{6\times138}\text{MPa}=18.1\text{MPa}$$

5.20　若图 5－2－26 所示圆环形截面梁的壁厚 δ 远小于平均半径 R_0，试求截面上的最大切应力。设剪力 F_S 已知。

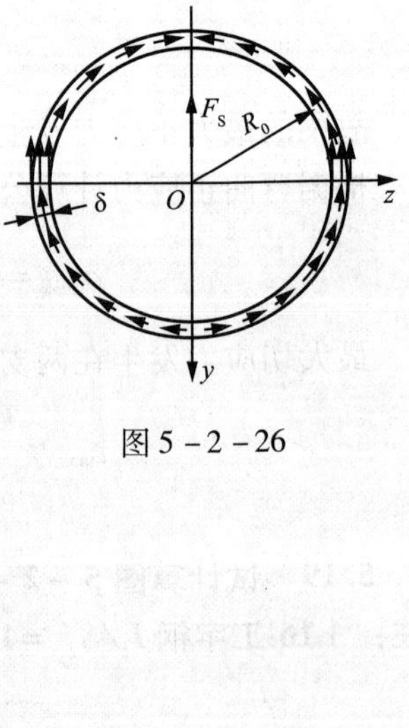

图 5－2－26

解：弯曲切应力计算公式：$\tau_{max}=\dfrac{F_SS_z^*}{bI_z}$。

其中，$b=2\delta$，且根据题意当 $\delta\ll R_0$ 时：

①圆环上半部分面积对中性轴的静矩

$$S_z^*=\frac{2}{3}\left(R_0+\frac{\delta}{2}\right)^3-\frac{2}{3}\left(R_0-\frac{\delta}{2}\right)^3\approx2R_0^2\delta$$

②横截面积对中性轴的惯性矩

$$I_z=\frac{\pi}{4}\left(R_0+\frac{\delta}{2}\right)^4-\frac{\pi}{4}\left(R_0-\frac{\delta}{2}\right)^4\approx\pi R_0^3\delta$$

综上，代入弯曲切应力计算公式可得横截面上最大切应力

$$\tau_{max}=\frac{2R_0^2\delta F_S}{2\delta\pi R_0^3\delta}=\frac{F_S}{\pi R_0\delta}$$

5.21 **起重机下的梁由两根工字钢组成，起重机自重 $P=50kN$，起吊重量 $W=10kN$。许用应力 $[\sigma]=160MPa$，$[\tau]=100MPa$。若暂不考虑梁的自重，试按弯曲正应力强度条件选定工字钢型号，然后再按弯曲切应力强度条件进行校核 。(注：I27a 工字钢 $I_z/S_z^*=23.8cm$。)**

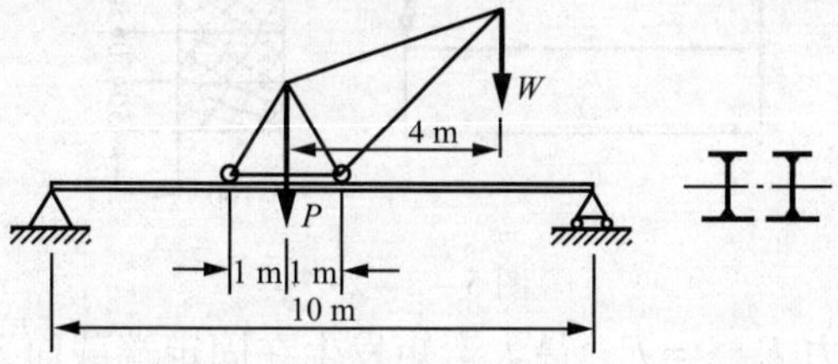

图 5－2－27

解：对起重机进行受力分析，可知其作用在梁上的力：$F_C=10kN$，$F_D=50kN$。

由此可绘制梁的受力简图，如图 5－2－28(a)所示。

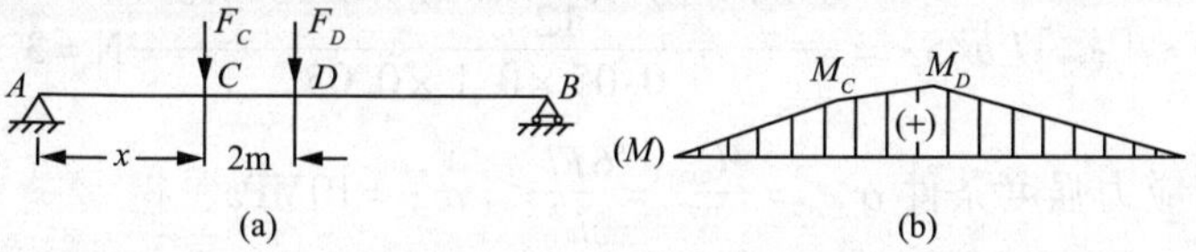

图 5－2－28

当起重机移至距离左端 x 处时，梁支座反力：$F_A=50-6x$，$F_B=10+6x$。

由此可绘制梁大致的弯矩图，如图 5－2－28(b)所示。

最大弯矩可能发生在 C 截面或者 D 截面，且有

$$M_C=(50-6x)x,\ M_D=(50-6x)(x+2)-10\times 2$$

①令 $\frac{dM_C}{dx}=50-12x=0$，得 $x=\frac{25}{6}m$。

此时：$M_{C1}=\left(50-6\times\frac{25}{6}\right)\times\frac{25}{6}=104.2kN\cdot m$，$M_{D1}=134.2kN\cdot m$。

②令 $\frac{dM_D}{dx}=38-12x=0$，得 $x=\frac{19}{6}m$。

此时：$M_{C2}=98.2kN\cdot m$，$M_{D2}=140.2kN\cdot m$。

综上比较可得，当起重机移至距离左端 $x=\frac{19}{6}m$ 时，有梁内最危险截面 D。

根据正应力强度条件 $\sigma_{max}=\frac{M_{max}}{2W}\leqslant[\sigma]$，可得单根工字钢横截面的抗弯截面系数

$$W\geqslant\frac{M_{max}}{2[\sigma]}=\frac{140.2\times 10^3}{2\times 160\times 10^6}m^3=438\times 10^{-6}m^3=438cm^3$$

查型钢表，选取 I 27a 工字钢，$W_z=485cm^3>438cm^3$，$I_z/S_z^*=23.8\times 10^{-2}m$，$b=8.5\times 10^{-3}m$。

切应力校核：梁内剪力在起重机移至最右端时达到最大，且 $F_{Smax}=58kN$。

故 $\tau_{max}=F_{Smax}\frac{S_z^*}{2bI_z}=\frac{58\times 10^3}{2\times 23.8\times 8.5\times 10^{-5}}Pa=14.34MPa<[\tau]$。

切应力强度满足要求。

5.22 **由三根木条胶合而成的悬臂梁截面尺寸如图 5－2－29 所示，跨度 $l=1\text{m}$。若胶合面上的许用切应力为 0.34MPa，木材的许用弯曲正应力为 $[\sigma]=10\text{MPa}$，许用切应力为 $[\tau]=1\text{MPa}$，试确定许可载荷 F。**

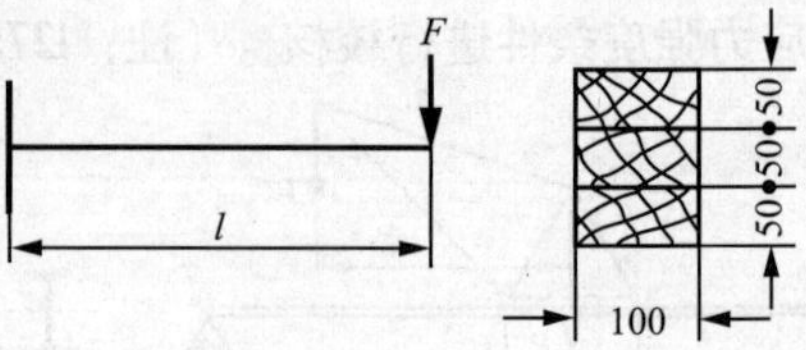

图 5－2－29

解： 悬臂梁的最大剪力 $F_{S\max}=F$，最大弯矩发生在固定端截面 $M_{\max}=Fl$。

①由胶合面切应力强度条件 $\tau_{\max}=\dfrac{F_{S\max}S_z^*}{bI_z}=\dfrac{FS_z^*}{bI_z}\leqslant[\tau_{胶}]=0.34\text{MPa}$，得

$$F_S=F\leqslant[\tau_{胶}]I_zb/S_z^*=\frac{0.34\times10^6\times\dfrac{1}{12}\times0.1\times0.15^3\times0.1}{0.05\times0.1\times0.05}\text{N}=3.83\text{kN}$$

②由木材面正应力强度条件 $\sigma_{\max}=\dfrac{M_{\max}}{W}=\dfrac{6Fl}{bh^2}\leqslant[\sigma]=10\text{MPa}$，得

$$F\leqslant\frac{bh^2[\sigma]}{6l}=\frac{100\times150^2\times10}{6\times1000}\text{N}=3.75\text{kN}$$

③由木材面切应力强度条件 $\tau_{\max}=\dfrac{3F_{S\max}}{2bh}=\dfrac{3F}{2bh}\leqslant[\tau]=1\text{MPa}$，得

$$F\leqslant\frac{2\times100\times150\times1}{3}\text{N}=10\text{kN}$$

综上比较，该结构的许可载荷 $[F]=3.75\text{kN}$。

5.23 **在图 5－2－30(a) 中，若以虚线所示的纵向面和横向面从梁中截出一部分，如图 5－2－30(b) 所示，试求在纵向面 $abcd$ 上由 $\tau\text{d}A$ 组成的内力系的合力，并说明它与什么力平衡。**

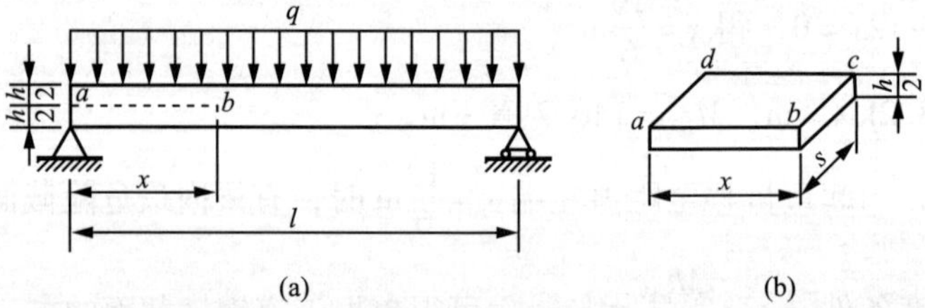

图 5－2－30

解： (1) x 截面的剪力和弯矩分别为：$F_S(x)=\dfrac{ql}{2}-qx$，$M(x)=\dfrac{ql}{2}x-\dfrac{1}{2}qx^2$。

记梁宽为 s，则 x 截面中性轴上的切应力：$\tau(x)=\dfrac{3F_S(x)}{2A}=\dfrac{3F_S(x)}{2sh}$。

故纵向面 $abcd$ 上内力的合力：$F_\tau=\displaystyle\int_0^x\tau(z)s\,\text{d}z=\int_0^x\frac{3}{2h}\left(\frac{ql}{2}-qz\right)\text{d}z=\frac{3q}{4h}(lx-x^2)$。

(2) 纵向面 $abcd$ 上内力的合力$\int \tau \mathrm{d}A$ 与正应力的合力$\int \sigma \mathrm{d}A$ 平衡。

根据弯曲正应力计算公式 $\sigma = \dfrac{My}{I_z}$得

$$F_\sigma = \int_A \sigma \mathrm{d}A = \int_A \frac{My}{I_z}\mathrm{d}A = \frac{M}{I_z}\int_A y\mathrm{d}A = \frac{M}{I_z}S_z^* = \frac{\frac{q}{2}x(l-x)}{\frac{1}{12}sh^3} \times s \times \frac{h}{2} \times \frac{h}{4} = \frac{3qx(l-x)}{4h}$$

综上，$F_\tau = F_\sigma$。

5.24　若图 5-2-31 所示梁的截面为宽翼缘工字形截面，横截面上的剪力为 F_S，试求翼缘上平行于 z 轴的切应力分布规律，并求最大切应力。

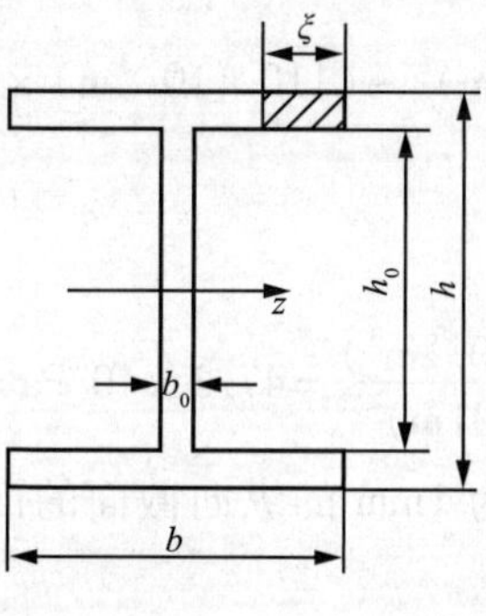

图 5-2-31

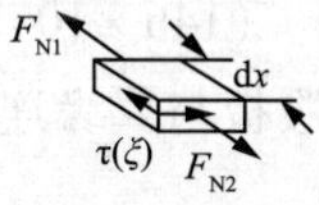

图 5-2-32

解：沿图 5-2-31 所示阴影部分取出微段 dx，如图 5-2-32 所示，则前后两个面上分别有正应力在其上的合力：$F_{N1} = \dfrac{MS_z^*}{I_z}$，$F_{N2} = \dfrac{(M+\mathrm{d}M)S_z^*}{I_z}$。

又 $F_{N2} - F_{N1} = \tau(\xi)\dfrac{(h-h_0)}{2}\mathrm{d}x$，

则有：$\dfrac{S_z^*\mathrm{d}M}{I_z\mathrm{d}x} = \tau(\xi)\dfrac{(h-h_0)}{2}$　　①

根据弯矩、剪力间微分关系得：$\dfrac{\mathrm{d}M}{\mathrm{d}x} = F_S(x)$。另有阴影部分面积对中性轴的静矩

$$S_z^* = \frac{(h^2 - h_0{}^2)}{8}\xi$$

代入式①，整理得到：$\tau(\xi) = \dfrac{F_S}{4I_z}(h+h_0)\xi$。

又 $I_z = \dfrac{bh^3}{12} - \dfrac{(b-b_0)h_0{}^3}{12}$，$S_z^* = \xi \cdot \dfrac{h-h_0}{2} \cdot \dfrac{h+h_0}{4} = \dfrac{h^2-h_0^2}{8}\xi$。

故当 $\xi = \dfrac{b}{2}$时，有最大切应力：$\tau_{max} = \dfrac{3F_S b(h+h_0)}{2b(h^3-h_0^3)+2b_0h_0^3}$。

5.25　图 5-2-33 所示宽翼缘工字梁由钢板焊接而成。若横截面上剪力为 $F_S = 180\text{kN}$，试求每单位长度焊缝所必须传递的力。

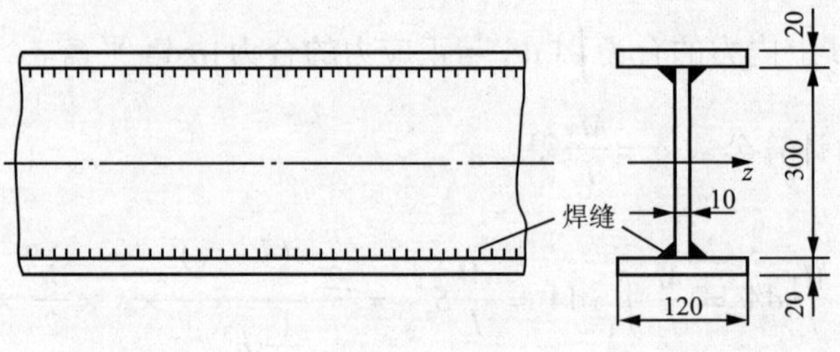

图 5-2-33

解：假设梁为一整体工字梁，计算腹板与翼缘连接处的切应力。

截面几何性质

$$S_z^* = (20\times10^{-3}\text{m})\times(120\times10^{-3}\text{m})\times(160\times10^{-3}\text{m}) = 384\times10^{-6}\text{m}^3$$

$$I_z = \frac{1}{12}[(120\times10^{-3}\text{m})\times(340\times10^{-3}\text{m})^3-(110\times10^{-3}\text{m})\times(300\times10^{-3}\text{m})^3]$$

$$=146\times10^{-6}\text{m}^4$$

腹板与翼缘连接处的切应力

$$\tau = \frac{F_S S_z^*}{I_z b} = \frac{(180\times10^3\text{N})\times(384\times10^{-6}\text{m}^3)}{(146\times10^{-6}\text{m}^4)\times(0.01\text{m})} = 47.3\times10^6\text{Pa} = 47.3\text{MPa}$$

腹板厚 10mm，在腹板与翼缘连接处，长为 1mm 的纵向截面的面积为 $1\times10=10\text{mm}^2$，该面积上的剪力

$$(47.3\times10^6\text{Pa})\times(10\times10^{-6}\text{m}^2) = 473\text{N}$$

即为每 1mm 长度焊缝所必须传递的力。

5.26　用螺钉将四块木板连接而成的箱形截面梁如图 5-2-34 所示，设 $F=5.5\text{kN}$。每块木板的横截面皆为 150mm×25mm。若每一螺钉的许可剪力为 1.1kN，试确定螺钉的间距 s。

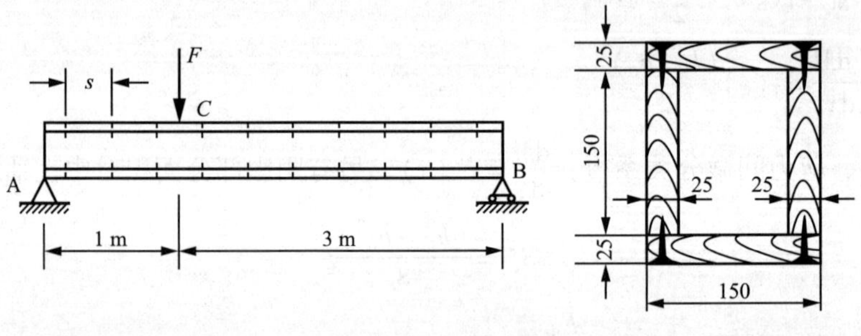

图 5-2-34

解：根据平衡条件可得支座反力

$$F_A = \frac{3F}{4} = 4.125\text{kN},\quad F_B = \frac{F}{4} = 1.375\text{kN}$$

由此可知该梁的最大剪力发生在 AC 段：$F_{\text{Smax}} = 4.125\text{kN}$。

由切应力计算公式可知，钉合面处切应力：$\tau = \dfrac{F_{\text{Smax}} S_z^*}{b I_z}$。

其中，上横条左半部分面积对中性轴的静矩

$$S_z^* = 75\times25\times\left(75+\frac{25}{2}\right)\text{mm}^3 = 1.64\times10^5\text{mm}^3$$

该截面对中性轴的惯性矩

$$I_z = \frac{1}{12}[150 \times 200^3 - 100 \times 150^3]\text{mm}^4 = 7.19 \times 10^7\text{mm}^4$$

故$\tau = \frac{F_{S\max}S_z^*}{bI_z} = \frac{4.125 \times 10^3 \times 1.64 \times 10^5}{25 \times 7.19 \times 10^7}\text{MPa} = 0.38\text{MPa}$。

由$\tau \cdot s \times 25\text{mm} \leqslant [F_S] = 1.1\text{kN}$ 得

$$s \leqslant \frac{1.1 \times 10^3}{25 \times 0.38}\text{mm} = 116\text{mm}$$

故取螺钉间距 $s = 116\text{mm}$。

5.27 图 5-2-35 所示梁由两根 I 36a 工字钢铆接而成。铆钉的间距为 $s = 150\text{mm}$，直径 $d = 20\text{mm}$，许用切应力$[\tau] = 90\text{MPa}$。梁横截面上的剪力 $F_S = 40\text{kN}$。试校核铆钉的剪切强度。

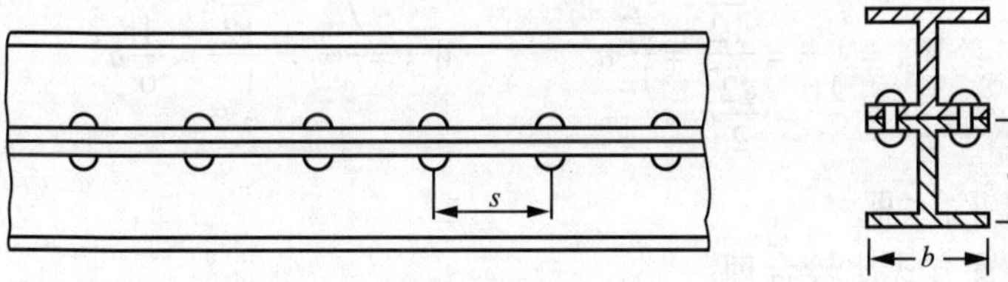

图 5-2-35

解：查型钢表得 I 36a 工字钢的截面参数

$$A = 76.48\text{cm}^2,\ h = 36\text{cm},\ I_{zc} = 15800\text{cm}^4,\ b = 13.6\text{cm}$$

由弯曲切应力计算公式可得中性轴上的切应力

$$\tau = \frac{F_S S_z^*}{bI_z} = \frac{F_S A \cdot \frac{h}{2}}{2b\left[I_{zc} + A\left(\frac{h}{2}\right)^2\right]} = \frac{40 \times 10^3 \times 7648 \times 180}{2 \times 136 \times [1.58 \times 10^8 + 7648 \times 180^2]}\text{MPa} = 0.5\text{MPa}$$

则弯曲切应力在 s 长度上的合力：$F = \tau \cdot s \cdot b = 0.5 \times 150 \times 136\text{N} = 10.2\text{kN}$。

每个铆钉承受的剪力：$F_S = \frac{F}{2}$。

故铆钉的切应力：$\tau = \frac{F_S}{A} = \frac{2F}{\pi d^2} = \frac{2 \times 10.2 \times 10^3}{\pi \times 20^2}\text{MPa} = 16.2\text{MPa} < [\tau] = 90\text{MPa}$。

铆钉满足剪切强度要求。

5.28 试计算题 5.12 中的梁在许可载荷作用下的最大切应力。

解：由题 5.12 的许可载荷：$F_s = F = [F] = 44.2\text{kN}$。

中性轴以上的面积矩(或静矩)为

$$S^* = \frac{50 \times (250 - 96.4)^2}{2} = 0.59 \times 10^6\text{mm}^3$$

$$\tau_{\max} = \frac{F_S S^*}{I_{Z_C} t_w} = \frac{44.2 \times 10^3 \times 0.59 \times 10^6}{10180 \times 10^4 \times 50} = 5.12\text{MPa}$$

5.29 截面为正方形的梁按图 5-2-36 所示两种方式放置。试问哪种方式比较合理？

解：第一种放置方式，横截面对 z 轴惯性矩

$$I_{1z_c} = 4\int_A y^2 \text{d}A = 4\int_0^{\frac{\sqrt{2}}{2}a} y^2\left(\frac{\sqrt{2}}{2}a - y\right)\text{d}y = \frac{a^4}{12}$$

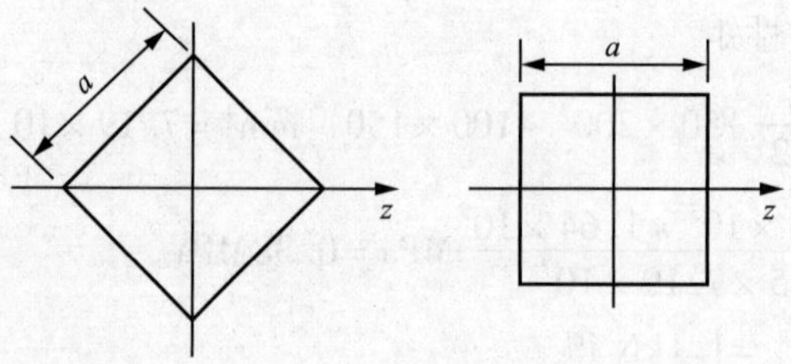

图 5－2－36

第二种放置方式，横截面对 z 轴惯性矩

$$I_{2z_c}=\frac{bh^3}{12}=\frac{a^4}{12}=I_{1zc}$$

它们的抗弯截面系数分别为

$$W_{z1}=\frac{I_{1z_C}}{y_1}=\frac{\frac{a^4}{12}}{\frac{\sqrt{2}}{2}a}=\frac{\sqrt{2}}{12}a^3 \qquad W_{z2}=\frac{I_{2z_C}}{y_2}=\frac{\frac{a^4}{12}}{\frac{1}{2}a}=\frac{1}{6}a^3$$

于是可以得到 $W_{z1}<W_{z2}$。

所以第二种放置方式比较合理。

5.30　图 5－2－37 所示半径为 r 的圆形梁截面，切掉画阴影线的部分后，反而有可能使抗弯截面系数增大，何故？试求使 W 为极值的 α，并问这对梁的抗弯刚度有何影响？

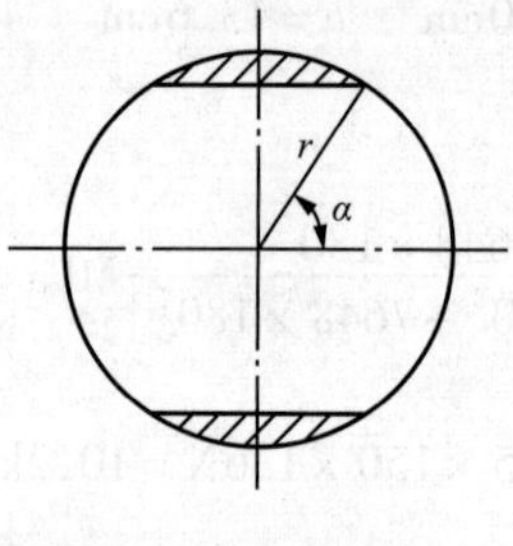

图 5－2－37

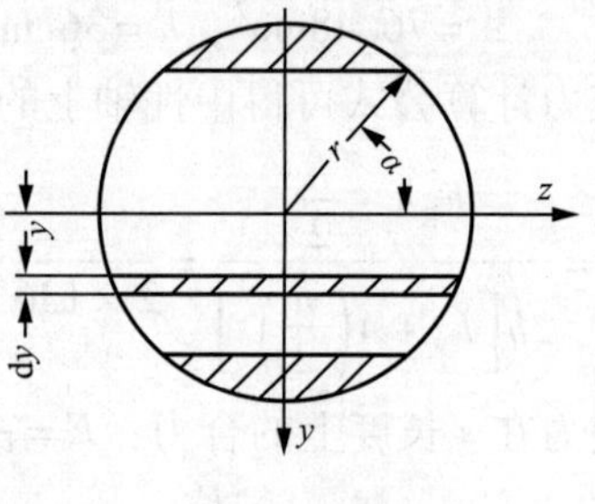

图 5－2－38

解：对图 5－2－37 作如图 5－2－38 所示标记。

取微段 dy 进行分析，则微段面积：$dA=2\sqrt{r^2-y^2}dy$。

切去图中所示阴影部分面积后，截面对 z 轴的惯性矩

$$\begin{aligned}I_z&=\int_{-r\sin\alpha}^{r\sin\alpha}2y^2\sqrt{r^2-y^2}dy\\&=2\left[\frac{y}{8}(2y^2-r^2)\sqrt{r^2-y^2}+\frac{r^4}{8}\arcsin\frac{y}{r}\right]\Bigg|_{-r\sin\alpha}^{r\sin\alpha}\\&=\frac{r^4}{8}(4\alpha-\sin4\alpha)\end{aligned}$$

则抗弯截面系数：$W_z=\dfrac{I_z}{y_{\max}}=\dfrac{\frac{r^4}{8}(4\alpha-\sin4\alpha)}{r\sin\alpha}=\dfrac{r^3(4\alpha-\sin4\alpha)}{8\sin\alpha}$。

令 $\dfrac{dW_z}{d\alpha}=0$，解得 $\alpha=78°$，此时抗弯截面系数有极值

$$W_{max}=\frac{r^3(4\alpha-\sin4\alpha)}{8\sin\alpha}\bigg|_{\alpha=78^\circ}=0.791r^3$$

惯性矩：$I_z=0.774r^4$。

未切除前，横截面为圆形时，梁的抗弯截面系数：$W=\frac{\pi}{4}r^3=0.785r^3$。

惯性矩：$I_z=\frac{1}{4}\pi r^4=0.785r^4$。

综上比较可知，切去阴影面积后，抗弯截面系数有所增大，抗弯刚度减小。

5.31　为改善载荷分布，在长度为 l 的主梁 AB 上安置辅助梁 CD，如图 5－2－39 所示。设主梁和辅助梁的抗弯截面系数分别为 W_1 和 W_2，材料相同，试求辅助梁的最优长度 a。

解：当主梁和辅助梁同时达到强度条件时，即 $\sigma_{1max}=\sigma_{2max}=[\sigma]$　①

求得的辅助梁长度最合理。

对主梁进行受力分析，由平衡条件可得：$F_A=F_B=\frac{F}{2}$。

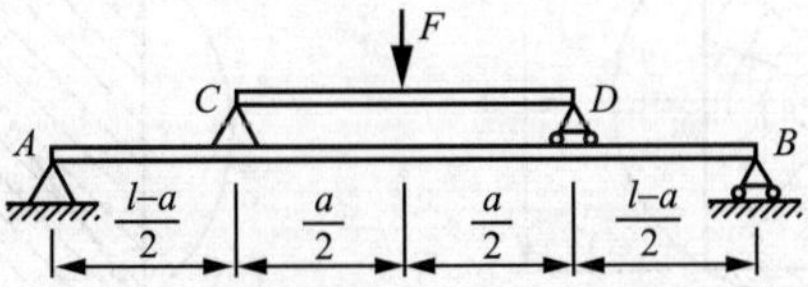

图 5－2－39

则主梁上跨中截面的最大弯矩值：$M_{1max}=\frac{F}{2}\cdot\frac{l-a}{2}=\frac{F(l-a)}{4}$。

辅助梁上跨中截面最大弯矩值：$M_{2max}=\frac{F}{2}\cdot\frac{a}{2}=\frac{Fa}{4}$。

代入式①整理得：$\frac{F(l-a)}{4W_1}=\frac{Fa}{4W_2}$。

解得：$a=\frac{W_2 l}{W_1+W_2}$。

5.32　在 I 18 工字梁上作用着可移动的载荷 F。设 $[\sigma]=160\text{MPa}$。为提高梁的承载能力，试确定 a 和 b 的最优数值及相应的许可载荷。

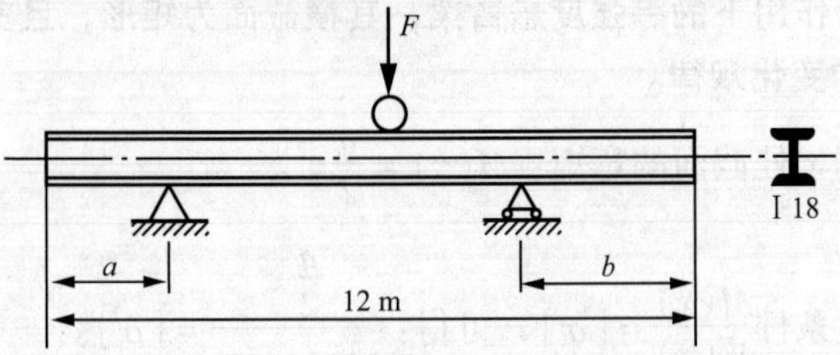

图 5－2－40

解：由于梁上载荷为可移动的，因此要使得 a、b 最为合理，应满足 $a=b$。

当载荷 F 作用在最左端时，梁上的最大弯矩值：$M_{1max}=Fa$。

当载荷 F 作用在梁中点处时，梁上的最大弯矩值：$M_{2max}=\frac{F}{2}\left(\frac{l}{2}-a\right)$。

为取得最合理值，令 $M_{1max}=M_{2max}$，即 $Fa=\frac{F}{2}\left(\frac{l}{2}-a\right)$。

解得：$a=\frac{l}{6}=\frac{12}{6}\text{m}=2\text{m}$，即 $a=b=2\text{m}$。

查型钢表知Ⅰ18 工字钢抗弯截面系数 $W=185\text{cm}^3$。

由梁的强度条件 $\sigma_{\max}=\frac{M_{1\max}}{W}=\frac{Fa}{W}\leqslant[\sigma]$，可得此时许可载荷

$$F\leqslant\frac{W[\sigma]}{a}=\frac{185\times10^3\times160}{2000}\text{N}=14.8\text{kN}$$

5.33 如图 5-2-41 所示，我国北宋建筑家李诫编纂的《营造法式》一书中，对矩形截面梁给出的尺寸比例是 $h:b=3:2$。试用弯曲正应力强度证明：从圆木锯出的矩形截面梁，上述尺寸比例接近最佳比值。

证明：对图 5-2-41 作如图 5-2-42 所示标记。

根据题意，可得几何关系：$b^2+h^2=d^2$。

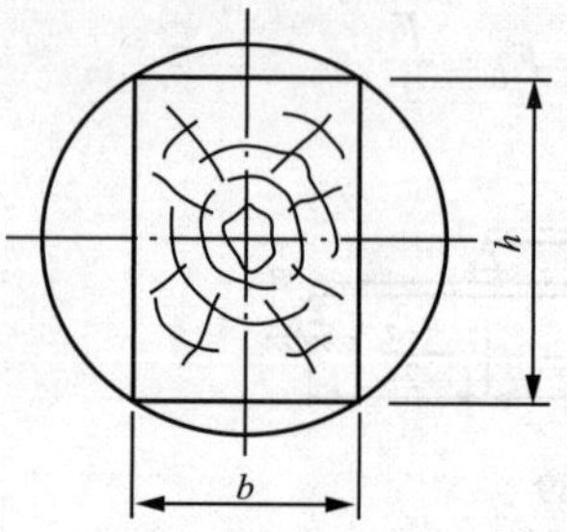

图 5-2-41

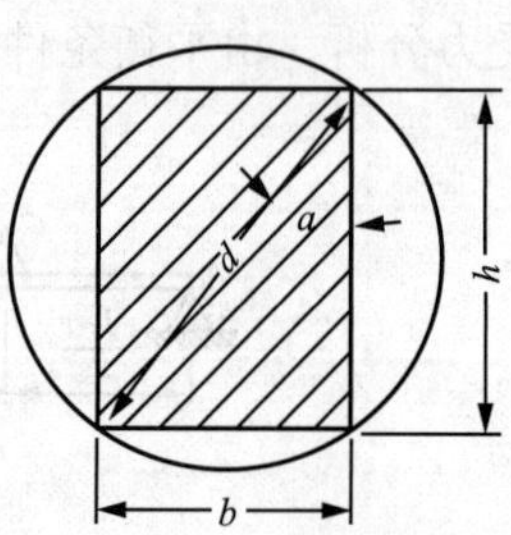

图 5-2-42

截得矩形梁的抗弯截面系数：$W_z=\frac{bh^2}{6}=\frac{b(d^2-b^2)}{6}=\frac{1}{6}(-b^3+d^2b)$。

令 $\frac{\text{d}W_z}{\text{d}b}=0$，可得 $b=\frac{d}{\sqrt{3}}$，则有 $h=\frac{\sqrt{6}}{3}d$，故 $\frac{h}{b}=\frac{\frac{\sqrt{6}}{3}d}{\frac{d}{\sqrt{3}}}=\sqrt{2}=1.414$。

因此，$h:b=3:2$ 接近最佳比值。

命题得证。

5.34 在均布载荷作用下的等强度悬臂梁，其横截面为矩形，且宽度 b 为常量。试确定截面高度 h 沿梁轴线的变化规律。

解：在距离自由端 x 处截面的弯矩：$M(x)=\frac{q}{2}x^2$。

由等强度梁的强度条件 $\frac{M(x)}{W(x)}=[\sigma]$，可得：$\frac{\frac{q}{2}x^2}{\frac{1}{6}bh^2(x)}=[\sigma]$。

则截面高度沿轴线的分布规律：$h(x)=\sqrt{\frac{3q}{b[\sigma]}}\,x$。

5.35 图 5-2-43 所示矩形截面简支梁在跨中受集中力 F 的作用，截面的宽度×高度 $=b\times h$。若材料的弹性模量为 E。试求梁下表面纤维的总伸长量。

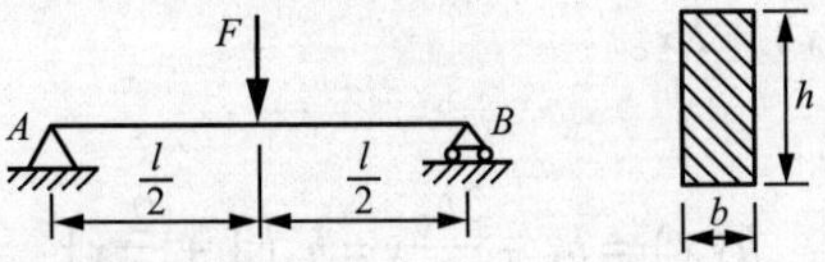

图 5 - 2 - 43

解：结构对称，荷载对称，仅分析一半结构即可。

左半部分弯矩方程：$M(x)=\dfrac{1}{2}Fx\left(0\leqslant x\leqslant\dfrac{l}{2}\right)$。

各截面下表面正应力：$\sigma(x)=\dfrac{M(x)}{W_z}=\dfrac{3Fx}{bh^2}$。

各截面下表面线应变：$\varepsilon(x)=\dfrac{\sigma(x)}{E}=\dfrac{3Fx}{Ebh^2}$。

则梁下表面纤维总伸长：$\Delta l=2\int_0^{\frac{l}{2}}\dfrac{3Fx}{Ebh^2}\mathrm{d}x=\dfrac{3Fl^2}{4Ebh^2}$。

5.36　以力 F 将置放于地面的钢筋提起。若钢筋单位长度的重量为 q，当 $b=2a$ 时，试求所需的力 F。

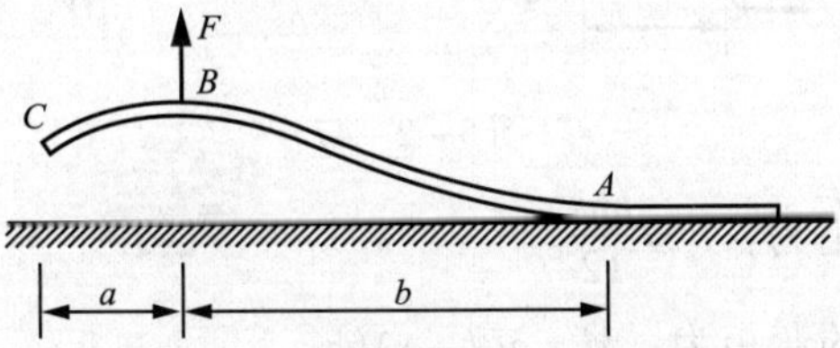

图 5 - 2 - 44

解：根据题意，A 截面及其右侧部分仍在地面上，曲率为零，可得：$\dfrac{1}{\rho}=\dfrac{M}{EI_z}=0$，即 $M=0$。

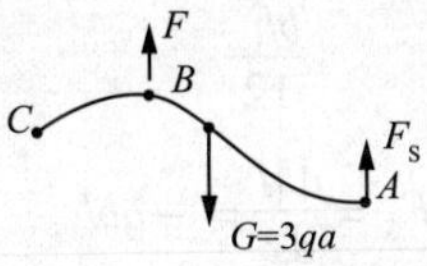

图 5 - 2 - 45

分析 AC 段受力，如图 5 - 2 - 45 所示。根据平衡条件：

$\sum M_A=0$，$G\cdot\dfrac{3}{2}a-F\cdot 2a=0$，得

$$F=\frac{3}{4}G=\frac{9}{4}qa=2.25qa$$

5.37　长为 l 的截面高度为线性变化的悬臂梁，如图 5 - 2 - 46 所示。截面的宽度恒为 b，左端截面高度为 h_0，右端截面高度为 $3h_0$，左端受集中力 F 的作用。试求最大弯曲正应力的位置及大小。

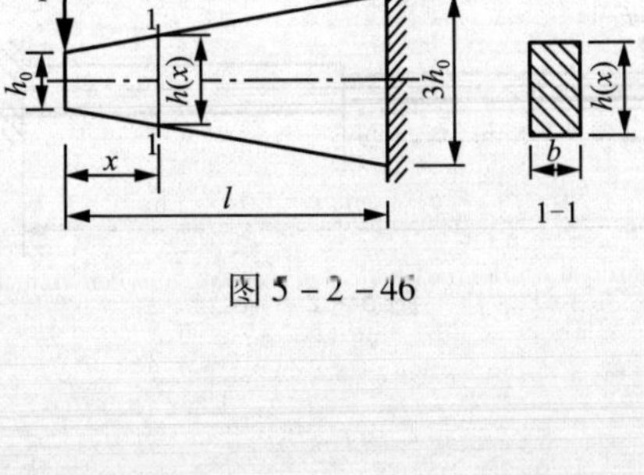

图 5 - 2 - 46

解：梁的弯矩方程：$M(x)=Fx$。

各截面高度

$$h(x)=h_0+\frac{2h_0}{l}x=h_0\left(1+\frac{2}{l}x\right)$$

各截面最大应力

$$\sigma=\frac{M(x)}{W_Z}=\frac{6Fx}{bh_0^2\left(1+\frac{2}{l}x\right)^2}=\frac{6F}{bh_0^2\left(\frac{4}{l^2}x+\frac{1}{x}+\frac{4}{l}\right)}$$

当 $x=\frac{l}{2}$ 时，该处截面正应力最大，为 $\sigma_{\max}=\frac{3Fl}{4bh_0^2}$。

*5.38　图 5-2-47 所示矩形截面悬臂梁，宽度为 b，高度为 h。在梁的顶面和底面同时受到均布面载荷 q 的作用。试确定距离左端 x 横截面上的弯曲正应力和切应力。

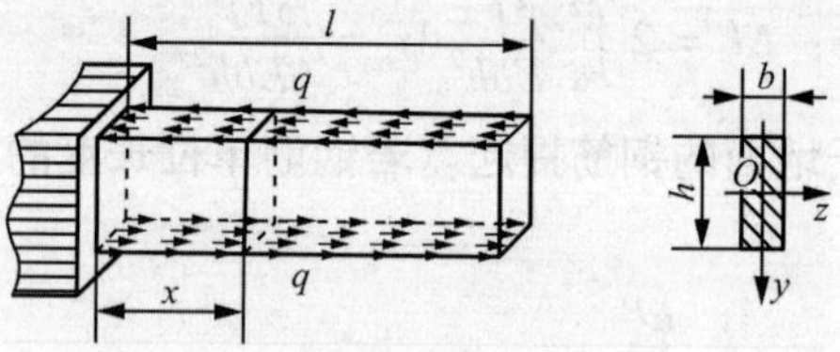

图 5-2-47

解：矩形截面的惯性矩为：$I_z=\frac{bh^3}{12}$。

距离左端 x 横截面上的弯矩为：$M=q(l-x)bh$。

因此，距离左端 x 横截面上的弯曲正应力为：

$$\sigma=\frac{My}{I_z}=\frac{q(l-x)bhy}{\frac{bh^3}{12}}=\frac{12q(l-x)y}{h^2}$$

距离左端 x 横截面上的剪力为：$F_S=\frac{\mathrm{d}M}{\mathrm{d}x}=-qbh$。

对中性轴的静矩为：$S_z^*=\frac{b}{2}\left(\frac{h^2}{12}-y^2\right)$。

因此，距离左端 x 横截面上的弯曲切应力为：

$$\tau=\frac{F_SS_z^*}{I_zb}=\frac{(-qbh)\cdot\frac{b}{2}\left(\frac{h^2}{12}-y^2\right)}{\frac{bh^3}{12}\cdot b}=q\left(\frac{6y^2}{h^2}-\frac{1}{2}\right)$$

*5.39　矩形截面阶梯梁如图 5-2-48 所示，材料相同，许用应力为[σ]。梁的左端固定，右端受铅垂向下的集中力 F 作用。已知阶梯梁的宽度均为 b，总长度为 l。为使梁的重量最轻，试确定梁的 a 及 h_1 和 h_2。

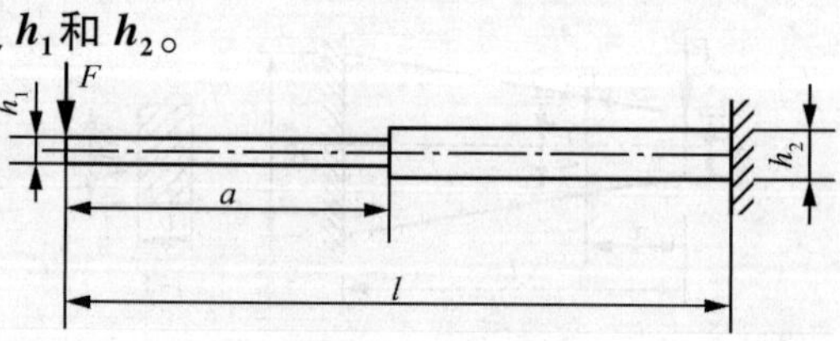

图 5-2-48

解：如图 5－2－49 所示，AB 段：$|M_{AB}|_{\max}=Fa$，BC 段：$|M_{BC}|_{\max}=Fl$。

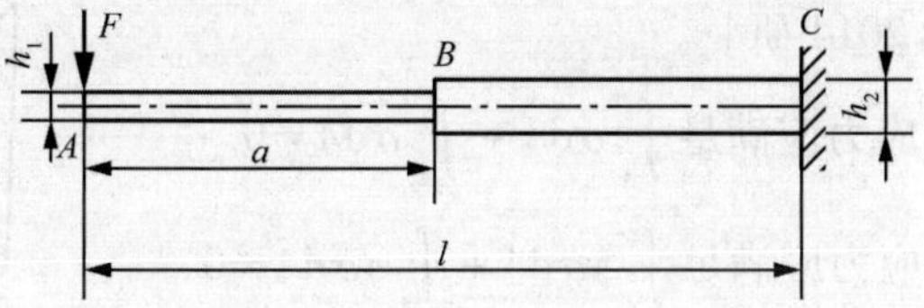

图 5－2－49

由 $\sigma_{AB}=\dfrac{|M_{AB}|_{\max}}{W_z}=\dfrac{Fa}{\dfrac{bh_1^2}{6}}=[\sigma]$，解得：$h_1=\sqrt{\dfrac{6Fa}{b[\sigma]}}$。

由 $\sigma_{BC}=\dfrac{|M_{BC}|_{\max}}{W_z}=\dfrac{Fl}{\dfrac{bh_2^2}{6}}=[\sigma]$，解得：$h_2=\sqrt{\dfrac{6Fl}{b[\sigma]}}$。

阶梯梁的体积为：

$$
\begin{aligned}
V&=\sum Al=abh_1+(l-a)bh_2=ab(h_1-h_2)+blh_2\\
&=ab\left(\sqrt{\frac{6Fa}{b[\sigma]}}-\sqrt{\frac{6Fl}{b[\sigma]}}\right)+bl\sqrt{\frac{6Fl}{b[\sigma]}}\\
&=b\sqrt{\frac{6F}{b[\sigma]}}\left(a\sqrt{a}-a\sqrt{l}+l\sqrt{l}\right)
\end{aligned}
$$

令 $a=t^2$，则可得：$f(t)=t^3-t^2\sqrt{l}+l\sqrt{l}$，$f'(t)=2t^2-2t\sqrt{l}=0$，解得：$t=\dfrac{2}{3}\sqrt{l}$。

所以，可得：$a=\dfrac{4}{9}l$。

因此，有：$h_1=\sqrt{\dfrac{6Fa}{b[\sigma]}}=\sqrt{\dfrac{6F\dfrac{4}{9}l}{b[\sigma]}}=\dfrac{2}{3}\sqrt{\dfrac{6Fl}{b[\sigma]}}$。

5.3　名校考研真题详解

一、选择题

1．如图 5－3－1 所示矩形截面，宽 b，高 h，A 点为长边中点，若要使过 A 点任意正交坐标轴均为主惯性轴，则高宽之比 $h:b=($　　$)$。［重庆大学 2025 研］

A．1

B．2

C．3

D．4

【答案】B

【解析】由 $I_x=I_y$，可得 $\dfrac{bh^3}{12}=\dfrac{hb^3}{3}$，故有 $\dfrac{h}{b}=2$。

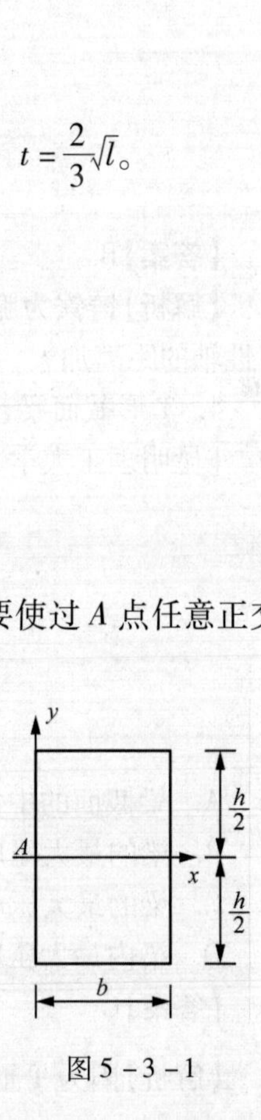

图 5－3－1

2．图 5－3－2 所示处于纯弯曲的矩形截面钢筋混凝土梁段，钢筋位于梁的下部，设混凝土不能承受拉应力，拉应力只由钢筋承受，已知钢筋的横截面面积之和为 A_s，混凝土的受压部分面积之和为 A_c，弯矩 $M\neq0$，设平面假设

成立，对于梁横截面上的正应力 σ，则如下描述错误的是(　　)。[西南交通大学 2014 研]

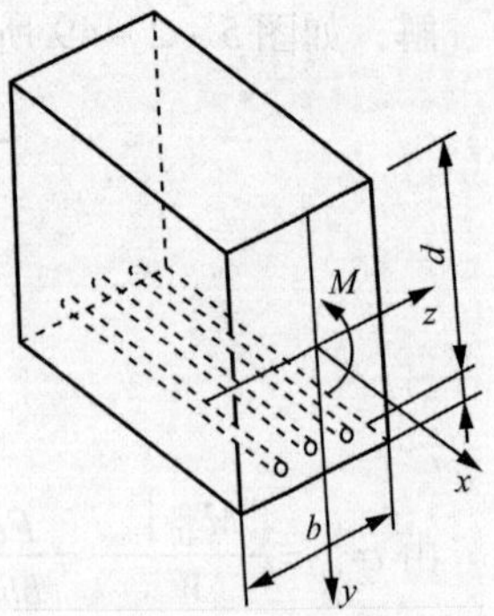

图 5－3－2

A．梁横截面上的正应力应满足 $\int_{A_s}\sigma \mathrm{d}A+\int_{A_c}\sigma \mathrm{d}A\neq 0$

B．梁横截面上的正应力应满足 $\int_{A_s}y\sigma \mathrm{d}A+\int_{A_c}y\sigma \mathrm{d}A\neq 0$

C．一般情况下，梁的中性轴位置不位于 $(d+e)/2$

D．y 轴仍为对称轴

【答案】A

【解析】假设混凝土不受拉，则拉应力全部由钢筋承受，压应力由混凝土承受。由静力平衡条件可知：$\int_{A_s}\sigma \mathrm{d}A+\int_{A_c}\sigma \mathrm{d}A=0$。

3．图 5－3－3(a)所示 T 型截面铸铁悬臂梁，在铅垂面内受到竖直向下的载荷 P 作用发生弯曲，起初横截面如图 5－3－3(b)所示，若将截面倒置(如图 5－3－3(c))，则该梁的强度和刚度与原来相比较，(　　)。[北京航空航天大学 2016 研]

A．强度提高，刚度不变　　B．强度降低，刚度不变

C．强度与刚度都提高　　D．强度与刚度都降低

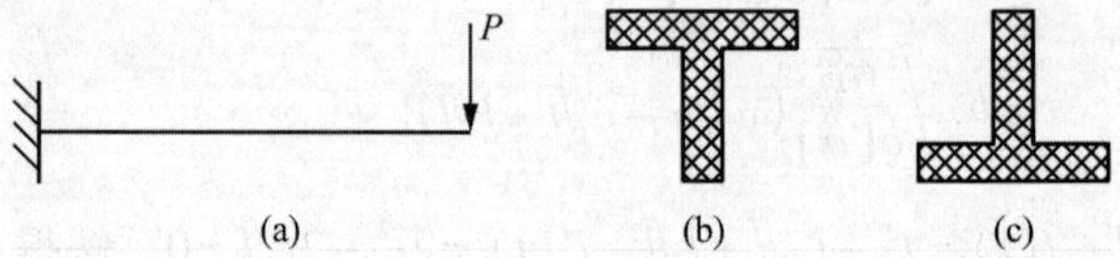

图 5－3－3

【答案】B

【解析】铸铁为脆性材料，抗拉强度远小于抗压强度，截面倒置后，拉应力一侧边缘与中性轴的距离加大，最大拉应力数值增大，材料强度降低。材料刚度与截面是否倒置无关。

4．T 形截面梁，两端受力偶 M 作用，如图 5－3－4 所示。以下结论中(　　)是错误的。[昆明理工大学 2016 研]

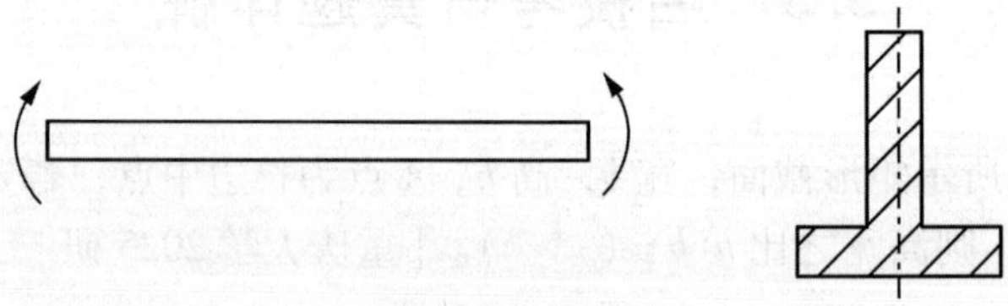

图 5－3－4

A．梁截面的中性轴通过形心

B．梁的最大压应力出现在截面的上边缘

C．梁的最大压应力与最大拉应力数值相等

D．梁内最大压应力的值(绝对值)大于最大拉应力

【答案】C

【解析】因为 T 形截面形心到上下两面的距离不等，而应力公式为 $\sigma=\dfrac{My}{I_z}$。

5．外径为 D，内径为 d 的空心梁，其抗弯截面系数是(　　)。[华南理工大学 2016 研]

A. $\frac{\pi}{64}(D^4-d^4)$　　B. $\frac{\pi D^3}{32}\left(1-\frac{d^4}{D^4}\right)$　　C. $\frac{\pi}{32}(D^3-d^3)$　　D. $\frac{\pi}{64}(D^3+d^3)$

【答案】B

二、填空题

1．一悬臂梁，受力状态如图 5－3－5 所示，通过截面形心的铅直力为 P，若截面矩形宽、高均增大一倍，则最大切应力变为原来的______倍。［东北林业大学 2023 研］

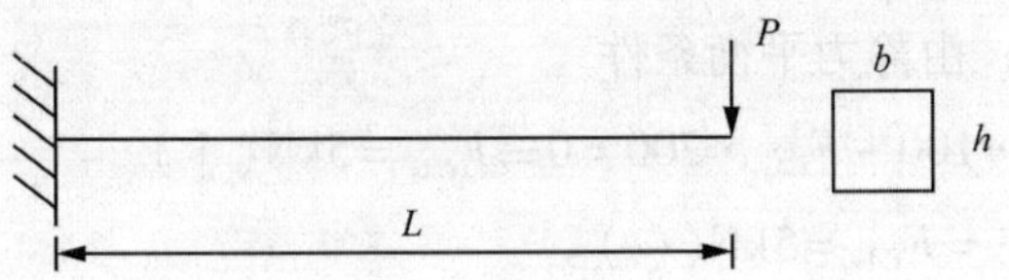

图 5－3－5

【答案】1/4

【解析】矩形截面梁最大切应力计算公式为：$\tau_{\max}=3F_S/(2A)=3F_S/(2bh)$，当截面矩形宽、高均增大一倍时，最大切应力为原来的 1/4 倍。

2．如图 5－3－6 所示简支外伸梁，集中力 F 在梁上左右移动。横截面为 T 形，形心位置处于 y_c 处。截面形心惯性矩为 I，则：

（1）横梁上最大压应力的绝对值为______。

（2）当横梁上拉应力取最大值时，$x=$______。［重庆大学 2025 研］

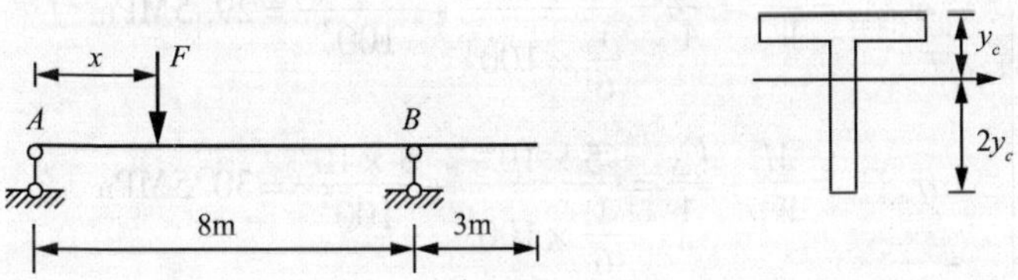

图 5－3－6

【答案】$\frac{6Fy_c}{I}$；4m

【解析】当集中力 F 在跨中（即 $x=4\text{m}$ 处）时，$M_{\max}=\frac{1}{4}F\times 8=2F$，$\sigma_{c\max}=\frac{2F\cdot y_c}{I}=\frac{2Fy_c}{I}$，$\sigma_{t\max}=\frac{2F\cdot 2y_c}{I}=\frac{4Fy_c}{I}$。

当集中力 F 在最右端（即 $x=11\text{m}$ 处）时，$M_{\max}=3F$，$\sigma_{c\max}=\frac{3F\cdot 2y_c}{I}=\frac{6Fy_c}{I}$，$\sigma_{t\max}=\frac{3F\cdot y_c}{I}=\frac{3Fy_c}{I}$。

3．矩形截面梁发生对称弯曲时，弯曲正应力计算公式为 $\sigma=My/I_z$，y 轴为横截面的______轴；z 轴为横截面的______轴，z 轴通过横截面的______。［重庆邮电大学 2022 研］

【答案】对称；中性；形心

【解析】矩形截面梁发生对称弯曲时，以梁横截面的对称轴为 y 轴，且向下为正，以中性轴为 z 轴，但中性轴的位置尚待确定，横截面对 z 轴的静矩必须等于零，因此中性轴应通过截面形心。

三、计算题

1. 一结构受力如图 5-3-7 所示。已知杆件 AB、AC 的截面尺寸均为 10cm × 10cm，集中荷载 $F = 10\text{kN}$，作用于 AB 中点处。试求：

(1) 画出 AB 杆的 F_s、M、F_N 图；

(2) AB 杆的 $\sigma_{t,\max}$，$\sigma_{c,\max}$。［大连理工大学 2012 研］

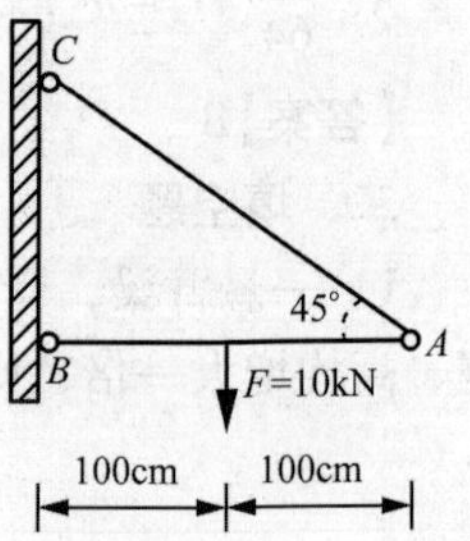

图 5-3-7

解：(1) 分析 AB 杆，由静力平衡条件

$$\sum M(B)=0,\ F\cdot 100-F_{CAy}\cdot 200=0\Rightarrow F_{CAy}=5\text{kN}(\uparrow)$$

分析 A 结点，得 $F_{CAx}=F_{CAy}=5\text{kN}(\leftarrow)$。

则 AB 杆的内力图如图 5-3-8：

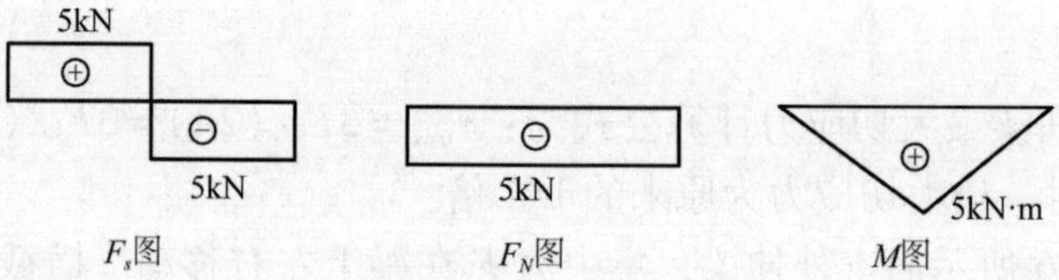

图 5-3-8

(2) 正应力最大处存在于跨中截面，$M=5\text{kN}\cdot\text{m}$，$F_N=5\text{kN}$。

$$\sigma_{t,\max}=\frac{M}{W_z}-\frac{F_N}{A}=\frac{5\times10^6}{\frac{1}{6}\times100^3}-\frac{5\times10^3}{100^2}=29.5\text{MPa}$$

$$\sigma_{c,\max}=\frac{M}{W_z}+\frac{F_N}{A}=\frac{5\times10^6}{\frac{1}{6}\times100^3}+\frac{5\times10^3}{100^2}=30.5\text{MPa}$$

2. 如图 5-3-9 所示 T 形截面铸铁梁承受纯弯曲且弯矩为正，材料的许用拉压应力之比 $[\sigma_t/\sigma_c]=1/4$，求水平翼板的合理宽度 b。［武汉大学 2015 研］

解：由题意可知梁承受弯矩为正，则梁的上表面承受最大压应力，下表面承受最大拉应力，设弯矩为 M。则

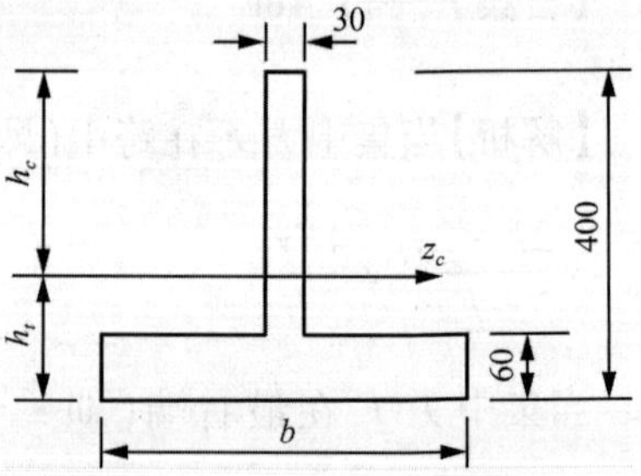

图 5-3-9

$$\sigma_{t\max}=\frac{Mh_t}{I_{z_c}},\ \sigma_{c\max}=\frac{Mh_c}{I_{z_c}}$$

为充分利用梁的抗弯能力，令

$$\frac{\sigma_{t\max}}{\sigma_{c\max}}=\frac{h_t}{h_c}=\frac{[\sigma_t]}{[\sigma_c]}=\frac{1}{4}$$

且

$$h_t+h_c=400\text{mm}$$

所以

$$h_t=80\text{mm},\ h_c=320\text{mm}$$

由求截面的形心公式得

$$30\times340\times230+60\times b\times30=(60b+30\times340)\times h_t\Rightarrow b=510\text{mm}$$

3. 如图 5-3-10 所示 AB 梁尺寸（160mm × 300mm）及承受载荷情况。试求梁承受的最大应力。［华南理工大学 2016 研］

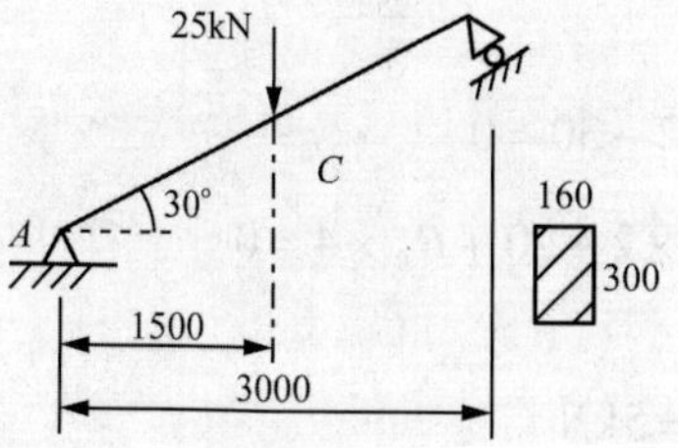

图 5-3-10

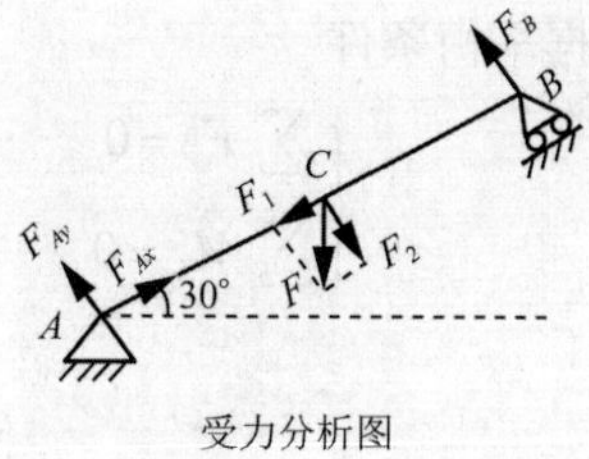

图 5-3-11

解：如图 5-3-11 所示竖直载荷沿梁的轴向与垂直于梁方向的两个分量分别为

$$F_1 = 25 \cdot \sin 30° = 12.5\text{kN}$$

$$F_2 = 25 \cdot \cos 30° = \frac{\sqrt{3}}{2} \times 25\text{kN}$$

AC 段的长度为

$$l_{AC} = l_{BC} = \frac{1500}{\cos 30°} = \frac{3000}{\sqrt{3}}\text{mm}$$

对结构受力分析，有

$$F_{Ay} + F_B - F_2 = 0$$

$$F_{Ax} - F_1 = 0$$

对 A 点取矩，有

$$F_B l_{AB} - F_2 l_{AC} = 0$$

得到

$$F_{Ax} = F_1 = 12.5\text{kN},\ F_{Ay} = \frac{\sqrt{3}}{4} \cdot 25\text{kN},\ F_B = \frac{1}{2}F_2 = \frac{\sqrt{3}}{4} \cdot 25\text{kN}$$

AB 梁最大应力在 AC 段上表面，AC 段既受压又受弯，压应力为

$$\sigma_c = \frac{F_{Ax}}{A} = \frac{-12.5 \times 10^3}{160 \times 300 \times 10^{-6}} = -2.6 \times 10^5\text{Pa}$$

弯曲应力为

$$\sigma = \frac{M_{\max}}{W} = \frac{-F_{Ay} \cdot l_{AC}}{\dfrac{bh^2}{6}} = \frac{-\dfrac{\sqrt{3}}{4} \times 25 \times 10^3 \times \dfrac{3000}{\sqrt{3}} \times 10^{-3}}{160 \times 300^2 \times \dfrac{10^{-9}}{6}} = -7.8125 \times 10^6\text{Pa}$$

可得

$$\sigma_{\max} = |\sigma_c + \sigma| = 8.07 \times 10^6\text{Pa} = 8.07\text{MPa}$$

4. 上下不对称工字形截面梁受力如图 5-3-12 所示，已知横截面对中性轴的惯性矩 $I_z = 1170\text{cm}^4$，试求此梁横截面上的最大拉应力和最大压应力，并指出其发生位置。［昆明理工大学 2016 研］

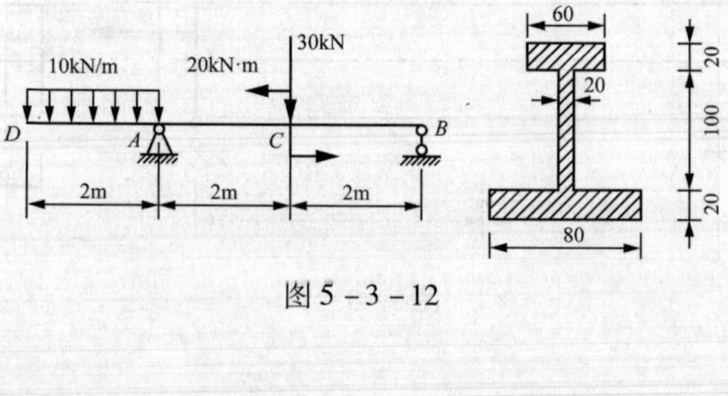

图 5-3-12

解: 根据平衡条件

$$\begin{cases} \sum F_y = 0 & R_A + R_B - 10 \times 2 - 30 = 0 \\ \sum M_A = 0 & 10 \times 2 \times 1 - 30 \times 2 + 20 + R_B \times 4 = 0 \end{cases}$$

可得

$$R_A = 45\text{kN},\ R_B = 5\text{kN}$$

所以弯矩图如图 5－3－13 所示：

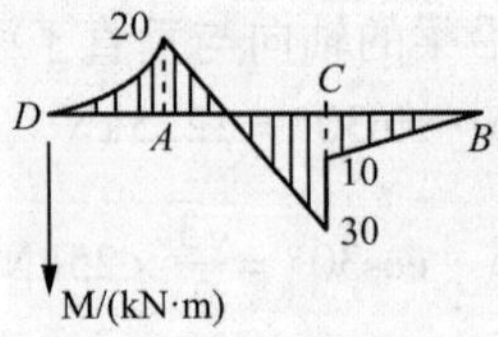

弯矩图

图 5－3－13

以不对称截面的几何中心为坐标原点，建立坐标系，所以

$$y_c = \frac{S_z}{A} = \frac{60 \times 20 \times (50 + 20/2) + 80 \times 20 \times (-50 - 20/2)}{60 \times 20 + 80 \times 20 + 100 \times 20} = -5\text{mm}$$

因为截面关于 y 轴对称，所以 $z_c = 0$。

从弯矩图可以看出，最大拉应力和最大压应力可能出现在 A 支座处和 C 点左侧，分别进行计算。

C 点左侧下表面受拉，拉应力为

$$\sigma_t = \frac{30 \times 65}{1170} = 166.7\text{MPa}$$

上表面受压，压应力为

$$\sigma_c = \frac{30 \times 75}{1170} = 192.3\text{MPa}$$

A 支座处，上表面受拉，拉应力为

$$\sigma_t = \frac{20 \times 75}{1170} = 128.2\text{MPa}$$

所以此梁的最大拉应力为 166.7MPa，发生在 C 截面左侧下表面，最大压应力为 192.3MPa，发生在 C 截面左侧上表面。

5. 图 5－3－14 所示矩形截面简支梁，截面高 120mm，跨度 $L=1$m，梁中点受集中力 F_1，两端受拉力 $F_2=50$kN，F_2 作用在梁的纵向对称面上，距上表面 50mm，若横截面内最大正应力与最小正应力之比为 5/3，求 F_1。［中国科学技术大学 2016 研］

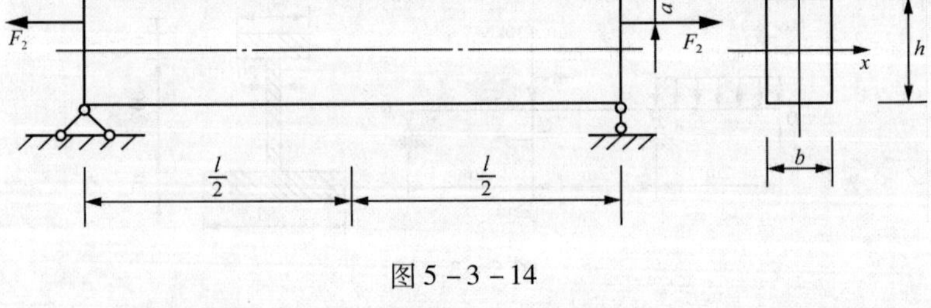

图 5－3－14

解：横截面内的正应力由弯曲正应力 σ_M 和拉伸正应力 σ_N 叠加而成。

$$\sigma_{\max}=\sigma_M+\sigma_N,\ \sigma_{\min}=\sigma_N-\sigma_M$$

$$\frac{\sigma_{\max}}{\sigma_{\min}}=\frac{\sigma_M+\sigma_N}{\sigma_N-\sigma_M}=\frac{5}{3}$$

所以 $\sigma_N=4\sigma_M$。

$$\sigma_N=\frac{F_2}{A}=\frac{F_2}{bh}$$

$$\sigma_M=\frac{M}{W_z}=\frac{6\left[\frac{1}{4}F_1l-F_2\left(\frac{h}{2}-a\right)\right]}{bh^2}$$

$$\frac{F_2}{bh}=4\frac{6\left[\frac{1}{4}F_1l-F_2\left(\frac{h}{2}-a\right)\right]}{bh^2}$$

所以 $F_1=0.06F_2=0.06\times 50=3\text{kN}$。

6. 图 5－3－15 所示梁由两根材料相同，宽度均为 b，高度分别为 h 及 $2h$ 的梁相叠而成，假设两根梁在相叠面可以自由错动。试：

(1) 绘制两根梁横截面上的正应力沿高度分布规律示意图；

(2) 设材料的弹性模量为 E，求叠合面沿轴线方向总的错动量。［重庆大学 2016 研］

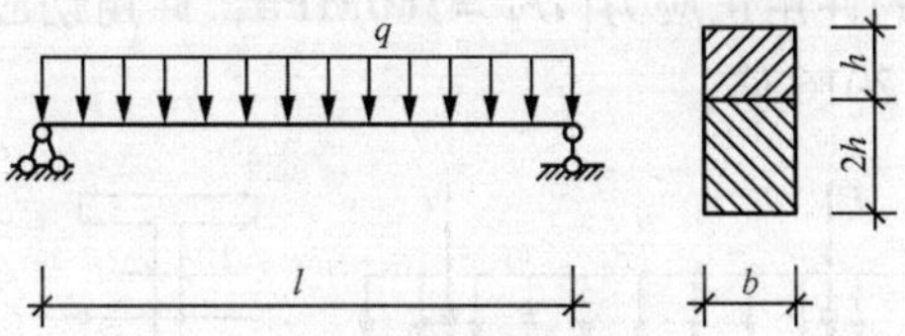

图 5－3－15

解：由于上下两根梁可以自由错动，所以它们的变形是一致的，即在弯曲过程中，曲率相等。

根据

$$\frac{1}{\rho}=\frac{M}{EI}$$

可知

$$\frac{M_1}{I_1}=\frac{M_2}{I_2},\ \frac{M_1}{M_2}=\frac{I_1}{I_2}=\frac{1}{8}$$

即上面的 1 梁承受 $\frac{1}{9}q$ 的载荷，下面的 2 梁承受 $\frac{8}{9}q$ 的载荷。

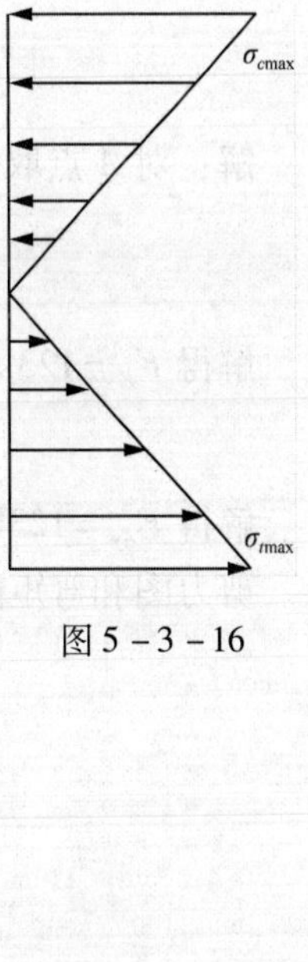

图 5－3－16

(1) 正应力分布如图 5－3－16，均为下侧受拉，上侧受压。

(2) 上面 1 梁的距左端 x 的截面的下边缘拉应力为

$$\sigma_{t1}=\frac{M_1(x)}{W_1}=\frac{\frac{1}{2}\frac{q}{9}(lx-x^2)}{\frac{1}{6}bh^2}=\frac{q(lx-x^2)}{3bh^2}$$

因此梁的下表面的单位长度伸长量为

$$\varepsilon_{t1}=\frac{\sigma_{t1}}{E}=\frac{q(lx-x^2)}{3Ebh^2}$$

总的伸长量为

$$\Delta l_1 = \int_l \varepsilon_{t1} \mathrm{d}x = \int_0^l \frac{q(lx - x^2)}{3Ebh^2}\mathrm{d}x = \frac{ql^3}{18Ebh^2}$$

下面 2 梁的距左端 x 截面的上边缘的压应力为

$$\sigma_{c2} = \frac{M_2(x)}{W_2} = \frac{\frac{1}{2}\frac{8q}{9}(lx - x^2)}{\frac{1}{6}b(2h)^2} = -\frac{2q(lx - x^2)}{3bh^2}$$

因此梁的下表面的单位长度压缩量为

$$\varepsilon_{c2} = \frac{\sigma_{c2}}{E} = -\frac{2q(lx - x^2)}{3Ebh^2}$$

总的压缩量为

$$\Delta l_2 = \int_l \varepsilon_{c2} \mathrm{d}x = \int_0^l \frac{-2q(lx - x^2)}{3Ebh^2}\mathrm{d}x = -\frac{ql^3}{9Ebh^2}$$

因此，叠合面沿轴线方向总的错动量为

$$\delta = \Delta l_1 - \Delta l_2 = \frac{ql^3}{6Ebh^2}$$

7. 两端简支的钢板梁，梁的截面尺寸及梁上荷载如图 5-3-17 所示，已知 $F=120\text{kN}$，$q=2\text{kN/m}$，材料的许用正应力$[\sigma]=160\text{MPa}$，许用切应力$[\tau]=100\text{MPa}$，试全面校核梁的强度。［重庆大学 2016 研］

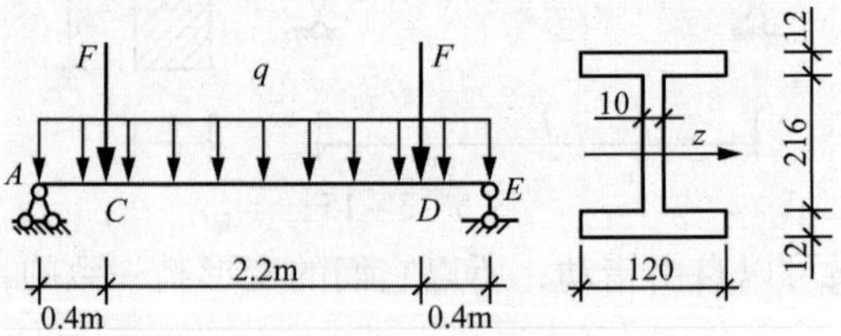

图 5-3-17

解：对 A 点取矩，$\sum M(A)=0$ 即

$$0.4F + 2.6F + \frac{1}{2}q \times 3^2 - 3F_E = 0$$

解得 $F_E = 123\text{kN}$。

$$\sum F_y = 0,\ F_E + F_{Ay} - 2F - ql = 0$$

解得 $F_{Ay} = 123\text{kN}$。

剪力图和弯矩图如图 5-3-18：

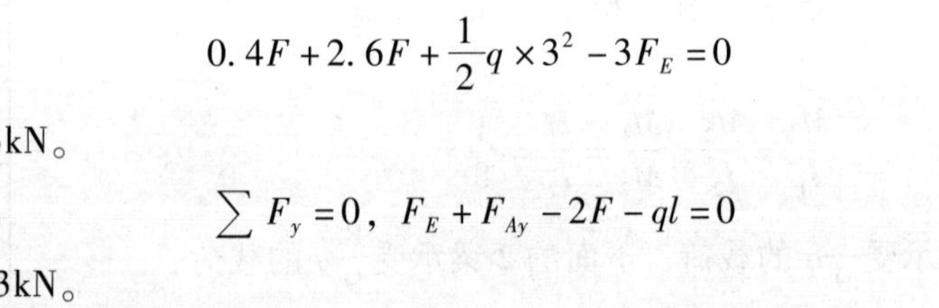

图 5-3-18

截面特性

$$I_z=\frac{1}{12}\times10\times216^3+2\times\left(\frac{1}{12}\times120\times12^3+120\times12\times114^2\right)=45.86\times10^6\text{mm}^4$$

$$W=\frac{2I_z}{h}=\frac{2\times45.86\times10^6}{240}=0.382\times10^6\text{mm}^3$$

中性轴处静矩

$$S_z^*=120\times12\times114+108\times10\times54=222.5\times10^3\text{mm}^3$$

翼缘腹板交界处静矩

$$S_0^*=120\times12\times114=164.2\times10^3\text{mm}^3$$

(1)正应力校核，应校核跨中截面

$$\sigma_{\max}=\frac{M_{\max}}{W}=\frac{50.25\times10^6}{0.382\times10^6}=131.54\text{MPa}<[\sigma]=160\text{MPa}$$

正应力满足要求。

(2)切应力校核，应校核支座截面

$$\tau_{\max}=\frac{Q_A\cdot S_z^*}{I_z\cdot t_w}=\frac{123\times10^3\times222.5\times10^3}{45.86\times10^6\times10}=59.7\text{MPa}<[\tau]=100\text{MPa}$$

切应力满足要求。

(3)折算应力校核，应校核 C 或 D 截面翼缘与腹板交界处

$$\sigma=\frac{My}{I_z}=\frac{49.04\times10^6\times108}{45.86\times10^6}=115.5\text{MPa}$$

$$\tau=\frac{Q_c\cdot S_0^*}{I_z\cdot t_w}=\frac{122.2\times10^3\times164.2\times10^3}{45.86\times10^6\times10}=43.8\text{MPa}$$

$$\sigma_{r4}=\sqrt{\sigma^2+3\tau^2}=\sqrt{115.5^2+3\times43.8^2}=138.2\text{MPa}<[\sigma]=160\text{MPa}$$

折算应力满足要求。

8. 矩形截面梁的载荷和截面尺寸(单位：mm)如图 5－3－19 所示。材料的许用应力 $[\sigma]$=160MPa，$[\tau]$=50MPa。试求：

(1)图示梁的剪力图和弯矩图；

(2)校核其强度(考虑剪切强度)。［南京航空航天大学 2017 研］

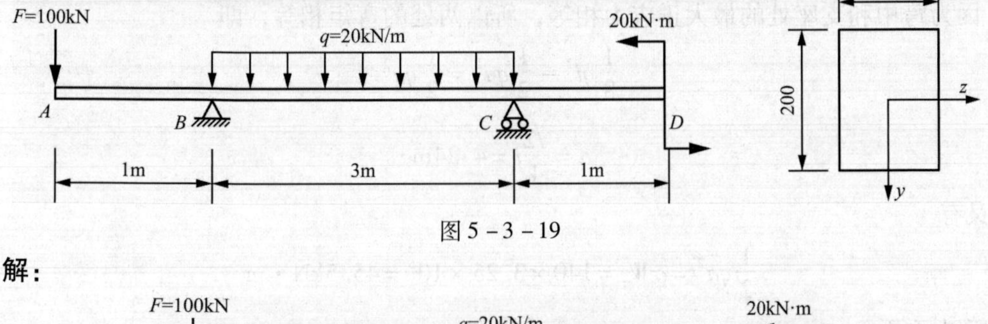

图 5－3－19

解：

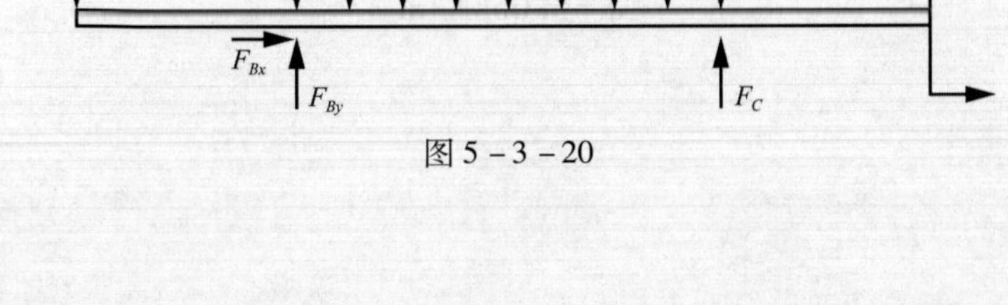

图 5－3－20

(1)由静力平衡条件

$$\sum M(B)=0,\frac{1}{2}\times 20\times 3^2-20-100\times 1-3F_C=0$$

$$\sum F_y=0,\ 20\times 3+100-F_C-F_{By}=0$$

解得

$$F_C=-10\text{kN},\ F_{By}=170\text{kN}$$

则剪力图，弯矩图如图 5-3-21：

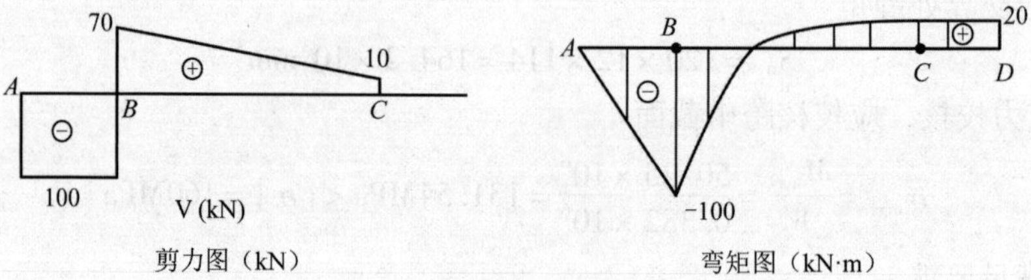

图 5-3-21

(2)由剪力图和弯矩图知 B 截面为危险截面，则有

$$\sigma_{\max}=\frac{M_B}{W}=\frac{6\times 100\times 10^6}{100\times 200^2}=150\text{MPa}<[\sigma]=160\text{MPa}$$

$$\tau_{\max}=\frac{3F_{SB}}{2bh}=\frac{3\times 100\times 10^3}{2\times 100\times 200}=7.5\text{MPa}<[\tau]=50\text{MPa}$$

所以正应力，切应力强度均满足要求。

9．外伸梁受均布载荷。已知 $l=12\text{m}$，$W_z=3.25\times 10^5\text{mm}^3$，试求当跨中及支座上的最大正应力均为 $\sigma=140\text{MPa}$ 时，悬臂长度 a 及载荷集度 q 的值。［山东大学 2017 研］

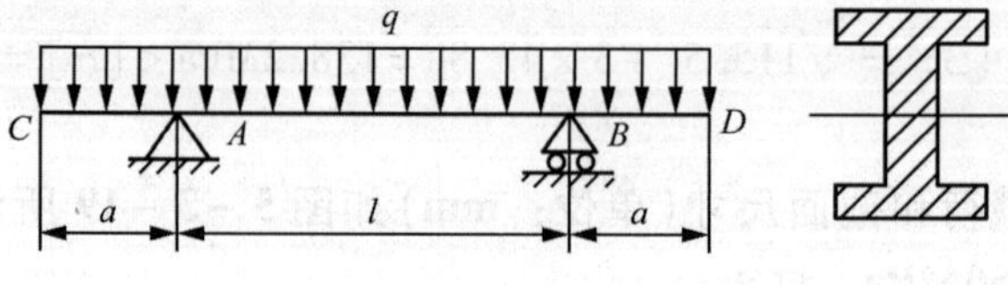

图 5-3-22

解：根据题意分析外伸梁的弯矩可得跨中的弯矩为 $\frac{1}{8}ql^2-\frac{1}{2}qa^2$，支座处的弯矩为 $\frac{1}{2}qa^2$，因为跨中和支座处的最大正应力相等，所以两处的弯矩相等，即

$$\frac{1}{8}ql^2-\frac{1}{2}qa^2=\frac{1}{2}qa^2$$

$$a=\frac{\sqrt{2}}{4}l=4.24\text{m}$$

又有

$$\frac{1}{2}qa^2=\sigma W_z=140\times 3.25\times 10^5=45.5\text{kN}\cdot\text{m}$$

所以可得

$$q=5.06\text{kN/m}$$

第6章　弯曲变形

6.1　复习笔记

一、挠曲线

1. 基本概念

(1)挠度：横截面形心 C(即轴线上的点)在垂直于 x 轴方向的线位移，称为该截面的挠度，用 w 表示，如图6-1-1所示。

(2)转角：横截面对其原来位置的角位移，称为该截面的转角，用 θ 表示。

(3)挠曲线：梁变形后的轴线称为挠曲线，是一条光滑连续曲线。

①一般弯曲：梁的轴线变形后是一条空间曲线；

②平面弯曲：梁的轴线变形后是一条平面曲线；

③对称弯曲：梁的轴线变形后是一条平面曲线，此曲线在纵向对称面内。

(4)小变形情况下，挠度与转角的关系：$\theta \approx \tan\theta = w'(x)$。

(5)挠度和转角的符号规定

挠度向上为正，向下为负；转角自 x 转至挠曲线的切线方向，逆时针转为正，顺时针转为负。

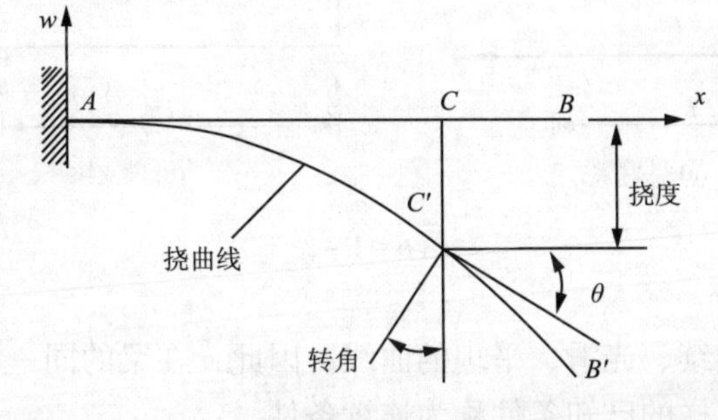

图6-1-1

2. 挠曲线微分方程

(1)由纯弯曲变形和横力弯曲变形忽略剪切应力的情况下，弯矩与曲率间的关系式

$$\frac{1}{\rho(x)}=\frac{M(x)}{EI}$$

并根据数学计算得挠曲线的微分方程为

$$\frac{\dfrac{d^2w}{dx^2}}{\left[1+\left(\dfrac{dw}{dx}\right)^2\right]^{\frac{3}{2}}}=\frac{M(x)}{EI}$$

(2)挠曲线的近似微分方程

小变形情况下，由于挠曲线极其平坦，即$\dfrac{dw}{dx}$很小，在挠曲线微分方程中$\left(\dfrac{dw}{dx}\right)^2$与1相比

可以忽略不计，所以可得挠曲线的近似微分方程为

$$\frac{d^2w}{dx^2}=\frac{M}{EI}$$

二、积分法求弯曲变形

1. 基本方程

(1)转角方程：$\theta=\frac{dw}{dx}=\int\frac{M(x)}{EI}dx+C$，即

$$EIw'=\int M(x)\,dx+C$$

(2)挠度方程：$w=\iint\left(\frac{M(x)}{EI}dx\right)dx+Cx+D$，即

$$EIw=\iint(M(x)\,dx)\,dx+Cx+D$$

2. 积分常数的确定

(1)边界条件

梁在其支承处的挠度或转角是已知的，这样的已知条件称为边界条件。

①悬臂梁

如图6-1-2(a)所示，固定端挠度和转角都等于零，即 $x=0$：$w_A=0$，$\theta_A=0$。

②简支梁

如图6-1-2(b)所示，铰支座处约束条件为挠度等于零，即 $x=0$：$w_A=0$；$x=l$：$w_B=0$。

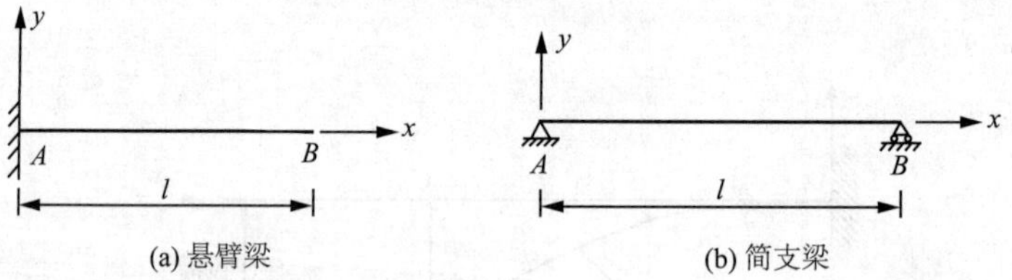

图6-1-2

(2)连续条件

梁的挠曲线是一条连续、光滑、平坦的曲线。因此，在梁的同一截面上不可能有两个不同的挠度值或转角值，这样的已知条件称为连续条件。

①若中间存在铰支座，则在中间铰处，挠度连续，转角不连续；

②在集中力、集中力偶以及分布载荷间断处，两侧的挠度、转角应相等

$$w_1=w_2,\ \theta_1=\theta_2$$

3. 积分法的原则

以图6-1-3所示简支梁为例说明积分法的原则：

(1)对各段梁，都是由坐标原点到所研究截面之间的梁段上的外力来写弯矩方程的，所以后一段梁的弯矩方程包含前一段梁的弯矩方程，只增加了$(x-a)$的项；

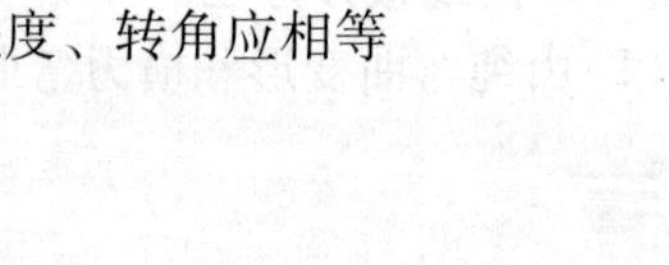

图6-1-3 集中力挠度、转角关系图

(2)对$(x-a)$的项作积分时，应该将$(x-a)$项作为积分变量，从而简化了确定积分常数的工作；

(3)凡载荷有突变处(包括中间支座)，应作为分段点；

(4)凡截面有变化处，或材料有变化处，应作为分段点；

(5)中间铰视为两个梁段间的联系，此种联系体现为两部分之间的相互作用力，故应作为分段点；

(6)凡分段点处应列出连续条件，根据梁的变形的连续性，对同一截面只可能有惟一确定的挠度和转角，在中间铰两侧虽然转角不同，但挠度却是惟一的。

三、用叠加法求弯曲变形

1. 叠加原理

梁的变形微小，且梁在线弹性范围内工作时，梁在几项载荷(可以是集中力，集中力偶或分布力)同时作用下的挠度和转角，就分别等于每一载荷单独作用下该截面的挠度和转角的叠加。当每一项载荷所引起的挠度为同一方向(如均沿 y 轴方向)，其转角是在同一平面内(如均在 xy 平面内)时，则叠加就是代数和，即 $w=\sum_{i=1}^{n} w_i$，$\theta=\sum_{i=1}^{n}\theta_i$。

2. 叠加方法

(1)载荷叠加

①多个载荷作用的情形

如图 6-1-4 所示，以在均布载荷 q 和集中力 F 共同作用下的简支梁为例说明。将其分解为集中力 F 和均布载荷 q 单独作用的情形，由挠度表查得二者单独作用下产生的挠度和转角，将所得结果以代数和的形式叠加，即可得到两载荷同时作用的结果。

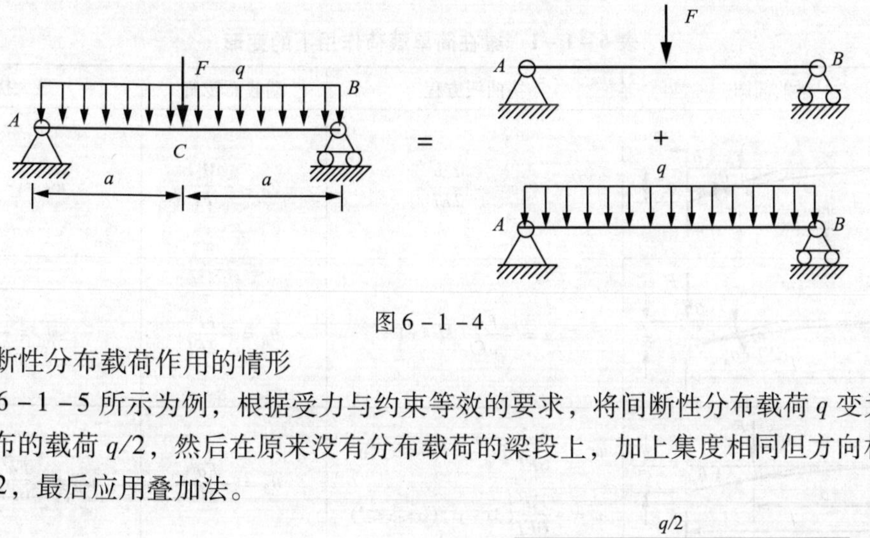

图 6-1-4

②间断性分布载荷作用的情形

以图 6-1-5 所示为例，根据受力与约束等效的要求，将间断性分布载荷 q 变为梁全长上连续分布的载荷 $q/2$，然后在原来没有分布载荷的梁段上，加上集度相同但方向相反的分布载荷 $q/2$，最后应用叠加法。

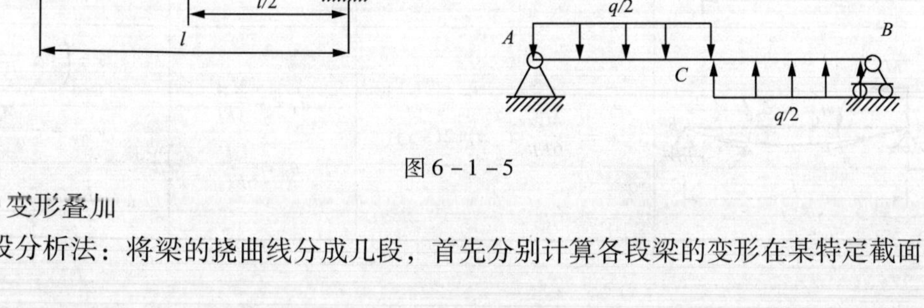

图 6-1-5

(2)变形叠加

逐段分析法：将梁的挠曲线分成几段，首先分别计算各段梁的变形在某特定截面引起的位移(挠度和转角),然后计算其总和(代数和或矢量和),即该处位移。在分析各段梁的变形在某一特定截面引起的位移时,除所研究的梁段发生变形外,其余各段梁均视为刚体。求解过程如图 6-1-6 所示。

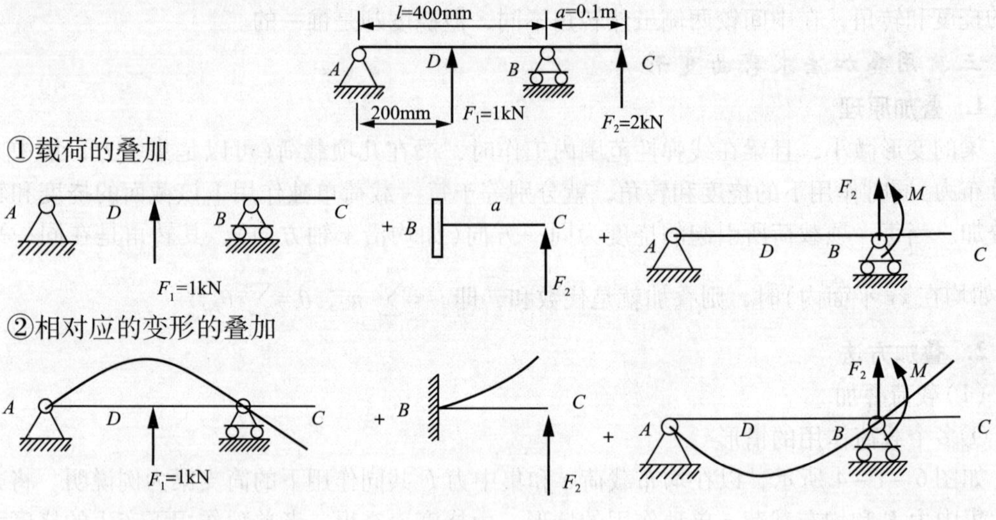

图 6-1-6

3. 梁在简单载荷作用下的变形

表 6-1-1 梁在简单载荷作用下的变形

序号	梁的简图	挠曲线方程	端截面转角	最大挠度
1	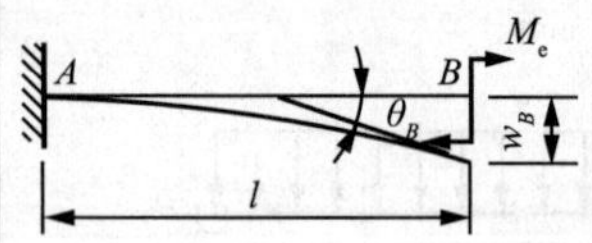	$w=-\dfrac{M_e x^2}{2EI}$	$\theta_B=-\dfrac{M_e l}{EI}$	$w_B=-\dfrac{M_e l^2}{2EI}$
2	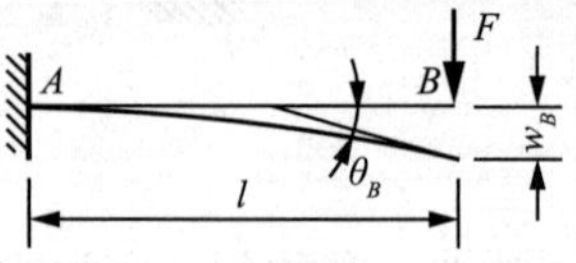	$w=-\dfrac{Fx^2}{6EI}(3l-x)$	$\theta_B=-\dfrac{Fl^2}{2EI}$	$w_B=-\dfrac{Fl^3}{3EI}$
3	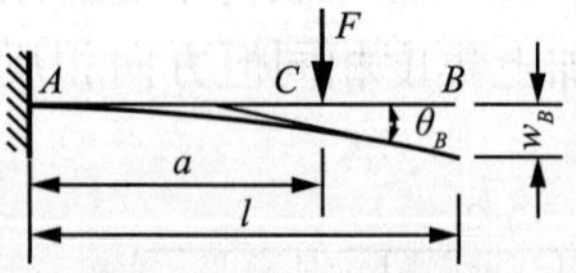	$w=-\dfrac{Fx^2}{6EI}(3a-x)\ (0\leqslant x\leqslant a)$ $w=-\dfrac{Fa^2}{6EI}(3x-a)\ (a\leqslant x\leqslant l)$	$\theta_B=-\dfrac{Fa^2}{2EI}$	$w_B=-\dfrac{Fa^2}{6EI}(3l-a)$
4	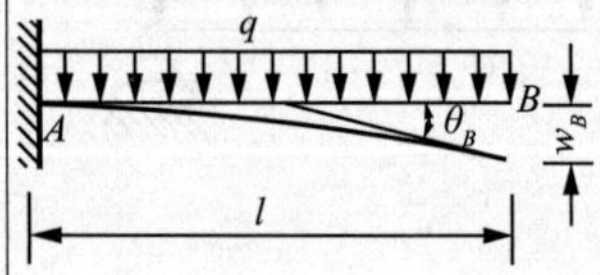	$w=-\dfrac{qx^2}{24EI}(x^2-4lx+6l^2)$	$\theta_B=-\dfrac{ql^3}{6EI}$	$w_B=-\dfrac{ql^4}{8EI}$
5	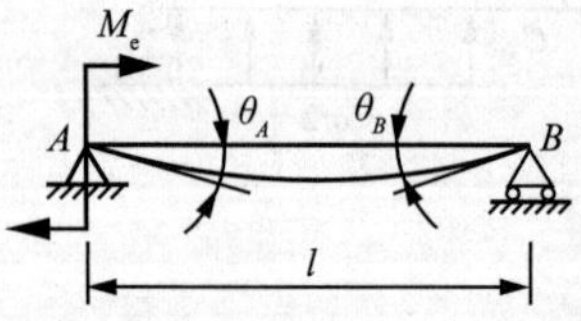	$w=-\dfrac{M_e x}{6EIl}(l-x)(2l-x)$	$\theta_A=-\dfrac{M_e l}{3EI}$ $\theta_B=\dfrac{M_e l}{6EI}$	$x=\left(1-\dfrac{1}{\sqrt{3}}\right)l$, $w_{\max}=-\dfrac{M_e l^2}{9\sqrt{3}EI}$ $x=\dfrac{l}{2}$, $w_{\frac{l}{2}}=-\dfrac{M_e l^2}{16EI}$

续表

序号	梁的简图	挠曲线方程	端截面转角	最大挠度
6	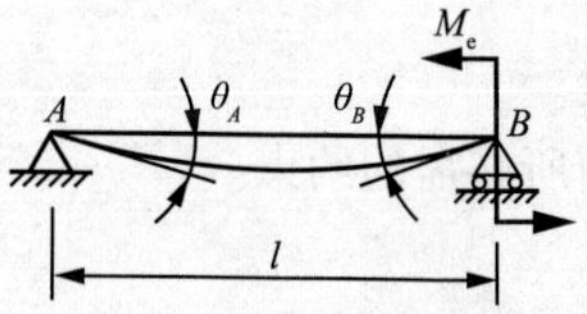	$w=-\frac{M_e x}{6EIl}(l^2-x^2)$	$\theta_A=-\frac{M_e l}{6EI}$ $\theta_B=\frac{M_e l}{3EI}$	$x=\frac{l}{\sqrt{3}}$， $w_{max}=-\frac{M_e l^2}{9\sqrt{3}EI}$ $x=\frac{l}{2}$，$w_{\frac{l}{2}}=-\frac{M_e l^2}{16EI}$
7	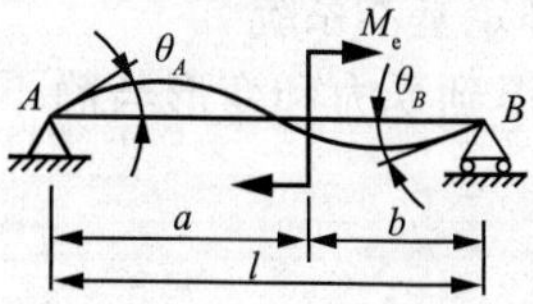	$w=\frac{M_e x}{6EIl}(l^2-3b^2-x^2)$ $(0\leqslant x\leqslant a)$ $w=\frac{M_e}{6EIl}[-x^3+3l(x-a)^2+(l^2-3b^2)x]$ $(a\leqslant x\leqslant l)$	$\theta_A=\frac{M_e}{6EIl}(l^2-3b^2)$ $\theta_B=\frac{M_e}{6EIl}(l^2-3a^2)$	
8	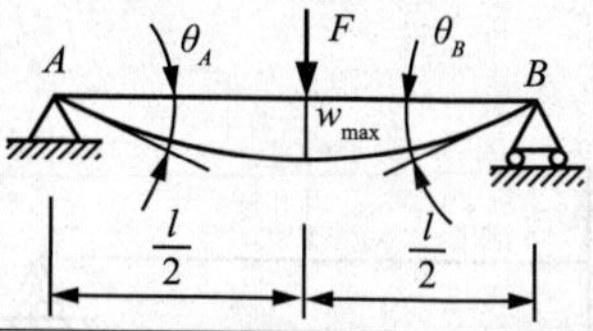	$w=-\frac{Fx}{48EI}(3l^2-4x^2)$ $\left(0\leqslant x\leqslant\frac{l}{2}\right)$	$\theta_A=-\theta_B=-\frac{Fl^2}{16EI}$	$w_{max}=-\frac{Fl^3}{48EI}$
9	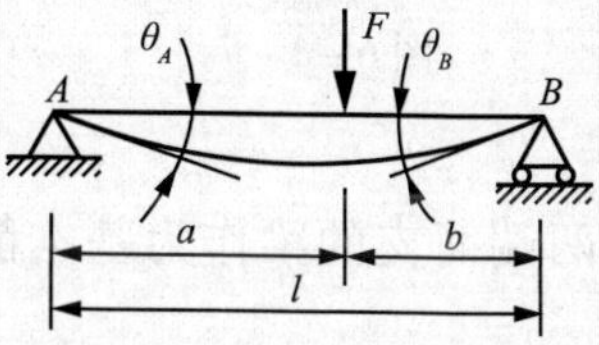	$w=-\frac{Fbx}{6EIl}(l^2-x^2-b^2)$ $(0\leqslant x\leqslant a)$ $w=-\frac{Fb}{6EIl}\left[\frac{l}{b}(x-a)^3+(l^2-b^2)x-x^3\right]$ $(a\leqslant x\leqslant l)$	$\theta_A=-\frac{Fab(l+b)}{6EIl}$ $\theta_B=\frac{Fab(l+a)}{6EIl}$	设$a>b$，在$x=\sqrt{\frac{l^2-b^2}{3}}$处， $w_{max}=-\frac{Fb(l^2-b^2)^{3/2}}{9\sqrt{3}EIl}$ 在$x=\frac{l}{2}$处， $w_{\frac{l}{2}}=-\frac{Fb(3l^2-4b^2)}{48EI}$
10	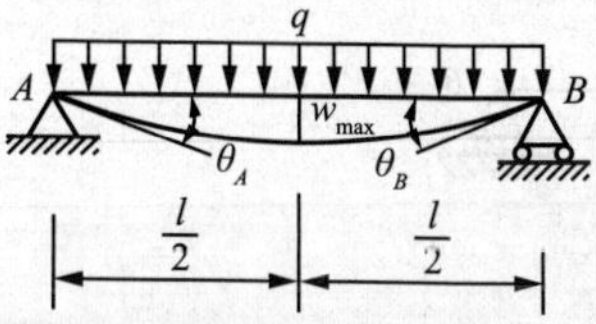	$w=-\frac{qx}{24EI}(l^3-2lx^2+x^3)$	$\theta_A=-\theta_B=-\frac{ql^3}{24EI}$	$w_{max}=-\frac{5ql^4}{384EI}$

4. 叠加原理的适用条件

叠加原理只适用于线性函数，要求挠度、转角是载荷的线性函数。

(1)弯矩与载荷成线性关系

梁发生小变形，忽略各载荷引起梁的水平位移。

(2)曲率$\frac{1}{\rho}$与弯矩成线性关系

梁处于线弹性范围内，满足胡克定律。

(3)挠曲线二阶导数w''与$\frac{1}{\rho}$成线性关系

$\frac{1}{\rho}\approx\frac{d^2w}{dx^2}=w''$，$1+w'^2\approx1.0$，即梁的变形为小变形。

5. 刚度条件

$$|w|_{max}\leqslant[w]$$

$$|\theta|_{max}\leqslant[\theta]$$

式中，$|w|_{max}$和$|\theta|_{max}$为梁挠度和转角的最大值；$[w]$和$[\theta]$为规定的许可挠度和转角。

四、简单超静定梁

1. 基本概念

(1)超静定梁：未知支反力数目大于静力平衡方程数目的梁。

(2)多余约束：从维持平衡角度而言，多于维持其静力平衡所必需的约束。

(3)多余反力：与多余约束相对应的支座反力。

(4)超静定次数：多余约束或多余支反力的数目。

(5)静定基：将静不定系统中的多余约束解除后，得到的"静定基本系统"。

(6)相当系统：在静定基上加上外载荷以及多余约束力，便得到受力和变形与静不定系统完全相同的"相当系统"。

2. 超静定梁的求解步骤

(1)确定超静定次数

(2)选择基本静定基

如图6-1-7所示，以一端固定，一端铰支的梁AB为例。该梁有四个未知反力，为一次静不定系统。不同基本静定基的选择如下：

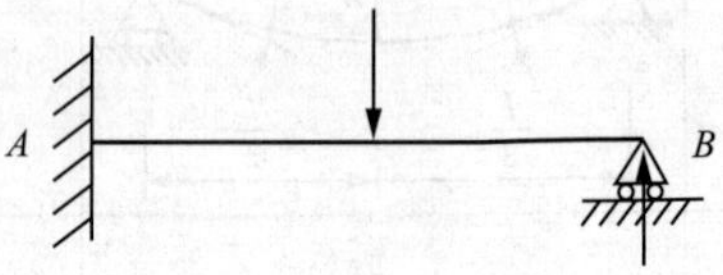

图6-1-7

a. 解除B支座的约束，以约束反力代替，即选择一端固定一端自由的悬臂梁作为基本静定基，相应的相当系统如图6-1-8(a)所示。

b. 解除A端阻止转动的约束，以约束反力代替，即选择两端简支的梁作为基本静定基，相应的相当系统如图6-1-8(b)所示。

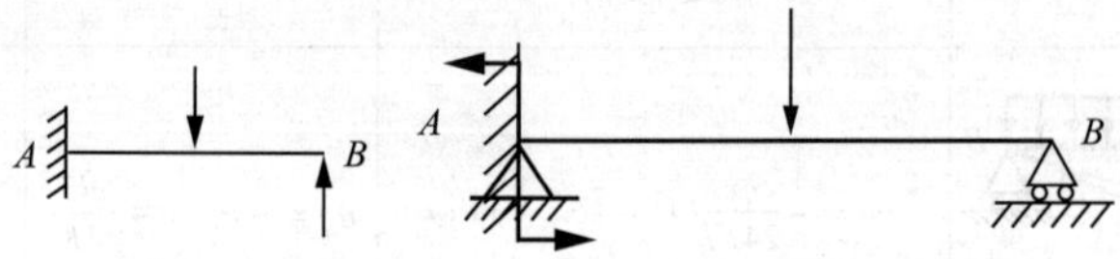

图6-1-8

基本静定基选取遵循的原则：

a. 基本静定基必须能维持静力平衡，且为几何不变系统。

b. 基本静定基要便于计算，即要有利于建立变形协调条件。一般来说，求解变形时，悬臂梁最为简单，其次是简支梁，最后为外伸梁。

(3)列出变形协调条件

比较原静不定梁和静定基在解除约束处的变形，根据基本静定基的一切情况要与原超静定梁完全相同的要求，得到变形协调条件，如图6-1-9所示，为不同基本静定基下的变形协调条件。

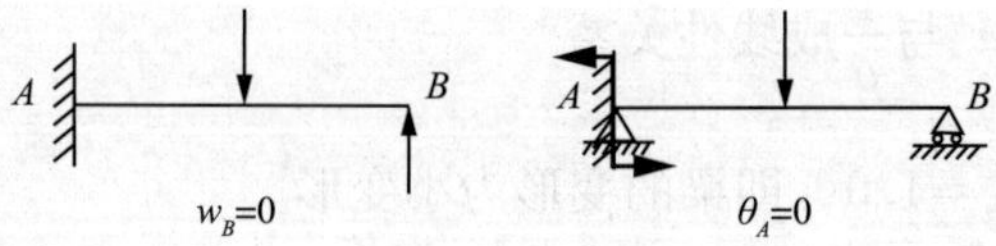

图6-1-9

(4)用积分法或叠加法求变形，并求出多余未知力。

(5)根据静力平衡条件在基本静定梁上求出其余的约束反力。

(6)在基本静定梁上按照静定梁的方法求解内力、应力和变形。

五、提高弯曲刚度的措施

梁的变形除了和载荷与梁的约束有关外，还取决于材料、截面和跨度，表现为梁的变形与弹性模量 E 成反比，与截面的惯性矩 I_z 成反比，与跨度 l 的 n 次幂成正比。

1. 改善结构形式，减小弯矩的数值

(1)改变载荷类型

把集中力分散成分布力(如图 6－1－10 所示，弯矩有效减小)，或者使力的作用点尽量靠近支座，可以取得减小弯矩降低弯曲变形的效果。

(2)改变支座形式

缩小支座跨度是减小弯曲变形的有效方法，若长度不能缩短可采取增加支承的方法提高梁的刚度，如图 6－1－11 所示。

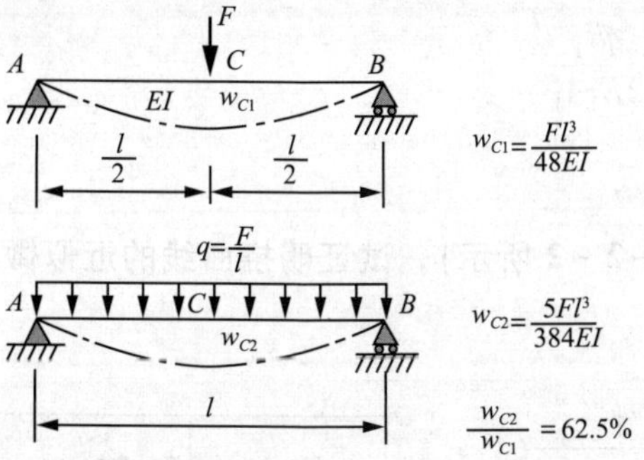

图 6－1－10

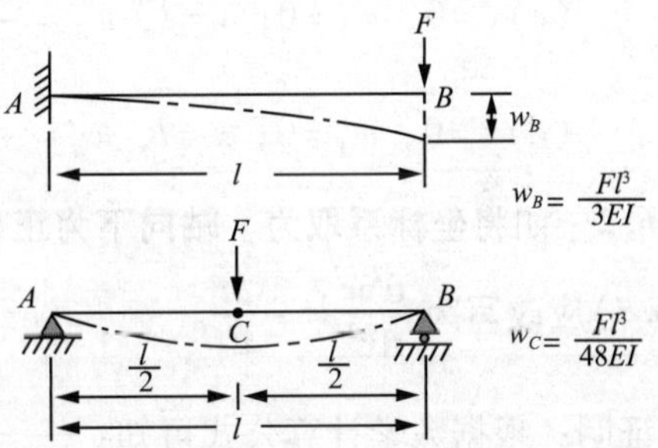

图 6－1－11

2. 选择合理的截面形状

增大截面惯性矩的数值，可以提高弯曲刚度，工字形、槽形、T 形截面都比面积相等的矩形截面有更大的惯性矩。

3. 合理选择材料

弯曲变形与材料的弹性模量 E 有关，E 值越大弯曲变形越小。

六、弯曲变形的应变能

悬臂梁的纯弯曲应变能为

$$V_\varepsilon = W = \frac{1}{2}M_e\theta$$

或者写成

$$V_\varepsilon = W = \frac{M_e^2 l}{2EI}$$

横力弯曲时，细长梁的弯曲应变能为

$$V_\varepsilon = \int_l \frac{M^2(x)\mathrm{d}x}{2EI}$$

6.2 课后习题详解

6.1 写出图 6－2－1 所示各梁的边界条件。在图(d)中支座 B 的弹簧刚度系数为 k。

解：(a)$x = a$，$w_A = 0$；$x = a + l$，$w_B = 0$

(b)$x = a$，$w_A = 0$；$x = a + l$，$w_B = 0$

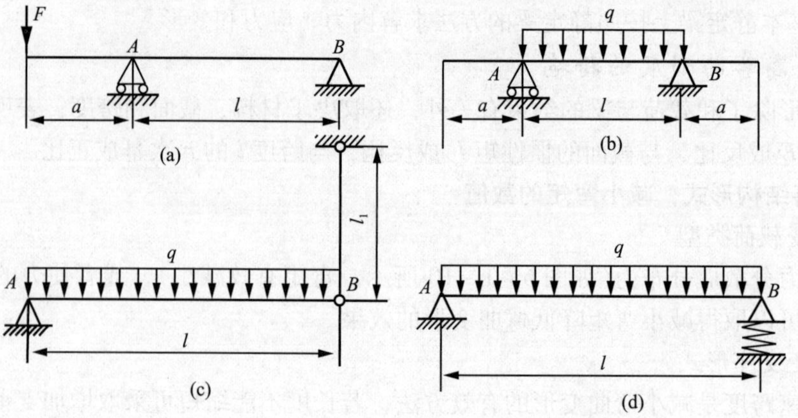

图 6－2－1

(c) $x=0$，$w_A=0$；$x=l$，$w_B=-\Delta l_1=-\dfrac{ql l_1}{2E_1A_1}$

(d) $x=0$，$w_A=0$；$x=l$，$w_B=-\dfrac{ql}{2k}$

6.2　如将坐标系取为 y 轴向下为正(如图 6－2－2 所示)，试证明挠曲线的近似微分方程(6.5)应改写为 $\dfrac{\mathrm{d}^2w}{\mathrm{d}x^2}=-\dfrac{M}{EI}$。

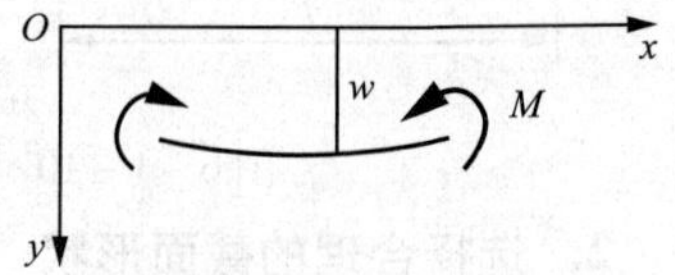

图 6－2－2

证明：根据数学计算公式可知：$\dfrac{1}{\rho}=\dfrac{|w''|}{\left[1+\left(\dfrac{\mathrm{d}w}{\mathrm{d}x}\right)^2\right]^{3/2}}$。

在小变形情况下，有 $\dfrac{\mathrm{d}w}{\mathrm{d}x}\ll 1$，因此近似有 $\dfrac{1}{\rho}=|w''|$。

又 $\dfrac{1}{\rho}=\dfrac{M}{EI}$，可得：$w''=\pm\dfrac{M}{EI}$。

对于图 6－2－13 所示坐标有 $M>0$，且 $\dfrac{\mathrm{d}^2w}{\mathrm{d}x^2}<0$。

故 $w''=-\dfrac{M}{EI}$，即 $\dfrac{\mathrm{d}^2w}{\mathrm{d}x^2}=-\dfrac{M}{EI}$。

命题得证。

6.3　用积分法求图 6－2－3 所示各梁的挠曲线方程及自由端的挠度和转角。设 EI 为常量。

解：(a)以自由端 B 为原点，沿轴线方向为 x 轴，建立坐标系。

①该梁的弯矩方程：$M(x)=-\dfrac{q_0}{6l}x^3$，则挠曲线近似微分方程：$EIw''=M=-\dfrac{q_0x^3}{6l}$。

依次进行积分得：$EIw'=-\dfrac{q_0x^4}{24l}+C$，$EIw=-\dfrac{q_0}{24l}\cdot\dfrac{x^5}{5}+Cx+D$ 。

②由边界条件：$x=l$ 时，$\theta_A=0$，$w_A=0$，可确定积分常数，$C=\dfrac{q_0l^3}{24}$，$D=-\dfrac{q_0l^4}{30}$。

③挠曲线方程：$w(x)=\dfrac{1}{EI}\left(-\dfrac{q_0x^5}{120l}+\dfrac{q_0l^3x}{24}-\dfrac{q_0l^4}{30}\right)$，转角方程，$w'=\dfrac{1}{EI}\left(-\dfrac{q_0x^4}{24l}+\dfrac{q_0l^3}{24}\right)$。

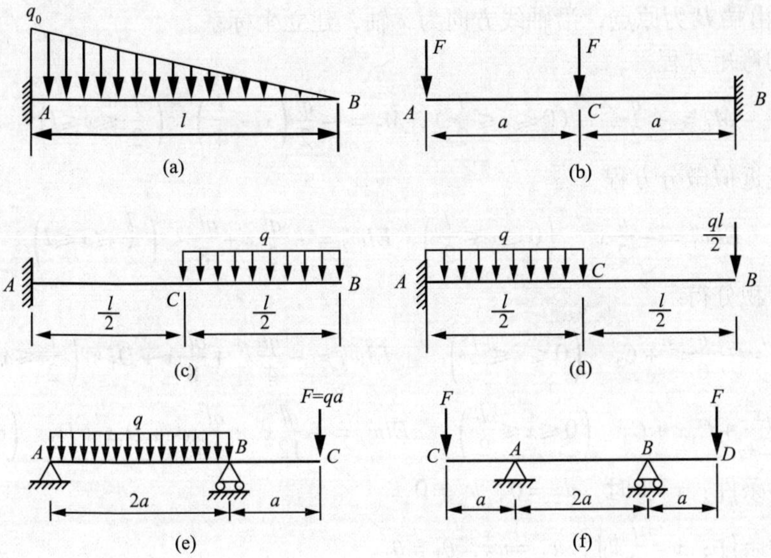

图 6-2-3

④自由端挠度：$w_B = w\Big|_{x=0} = -\dfrac{q_0 l^4}{30EI}$，转角：$\theta_B = w'\Big|_{x=0} = \dfrac{q_0 l^3}{24EI}$（顺时针）。

（b）以自由端 A 为原点，沿轴线方向为 x 轴，建立坐标系。

①该梁的弯矩方程

$$M_1 = -Fx \quad (0 \leqslant x \leqslant a)$$

$$M_2 = Fa - 2Fx \quad (a \leqslant x \leqslant 2a)$$

则挠曲线近似微分方程

$$EIw_1'' = -Fx \quad (0 \leqslant x \leqslant a)$$

$$EIw_2'' = Fa - 2Fx \quad (a \leqslant x \leqslant 2a)$$

依次进行积分得

$$EIw_1' = -\frac{Fx^2}{2} + C_1 \quad (0 \leqslant x \leqslant a) \qquad EIw_2' = Fax - Fx^2 + D_1 \quad (a \leqslant x \leqslant 2a)$$

$$EIw_1 = -\frac{Fx^3}{6} + C_1 x + C_2 \quad (0 \leqslant x \leqslant a) \qquad EIw_2 = \frac{Fa}{2}x^2 - \frac{Fx^3}{3} + D_1 x + D_2 \quad (a \leqslant x \leqslant 2a)$$

②由边界条件：$x = 2a$ 时，$w_2 = 0$，$w_2' = 0$。

及连续性条件：$x = a$ 时，$w_1 = w_2$，$\theta_1 = \theta_2$。

可确定积分常数

$$C_1 = \frac{5}{2}Fa^2,\ C_2 = -\frac{7}{2}Fa^3,\ D_1 = 2Fa^2,\ D_2 = -\frac{10}{3}Fa^3$$

③挠曲线方程

$$w = \begin{cases} \dfrac{F}{EI}\left(-\dfrac{x^3}{6} + \dfrac{5}{2}a^2 x - \dfrac{7}{2}a^3\right) & (0 \leqslant x \leqslant a) \\ \dfrac{F}{EI}\left(\dfrac{a}{2}x^2 - \dfrac{x^3}{3} + 2a^2 x - \dfrac{10}{3}a^3\right) & (a \leqslant x \leqslant 2a) \end{cases}$$

④自由端挠度：$w_A = -\dfrac{7Fa^3}{2EI}$，转角：$\theta_A = \dfrac{5Fa^2}{2EI}$（逆时针）。

(c)以自由端 B 为原点，沿轴线方向为 x 轴，建立坐标系。

①该梁的弯矩方程

$$M_1=-\frac{q}{2}x^2\quad\left(0\leqslant x\leqslant\frac{l}{2}\right),\ M_2=-\frac{ql}{2}\left(x-\frac{l}{4}\right)\quad\left(\frac{l}{2}\leqslant x\leqslant l\right)$$

则挠曲线近似微分方程

$$EIw_1''=-\frac{q}{2}x^2\quad\left(0\leqslant x\leqslant\frac{l}{2}\right),\ EIw_2''=-\frac{ql}{2}x+\frac{ql^2}{8}\quad\left(\frac{l}{2}\leqslant x\leqslant l\right)$$

依次进行积分得

$$EIw_1'=-\frac{q}{6}x^3+C_1\quad\left(0\leqslant x\leqslant\frac{l}{2}\right)\qquad EIw_2'=-\frac{ql}{4}x^2+\frac{ql^2}{8}x+D_1\quad\left(\frac{l}{2}\leqslant x\leqslant l\right)$$

$$EIw_1=-\frac{qx^4}{24}+C_1x+C_2\quad\left(0\leqslant x\leqslant\frac{l}{2}\right)\qquad EIw_2=-\frac{ql}{12}x^3+\frac{ql^2}{16}x^2+D_1x+D_2\quad\left(\frac{l}{2}\leqslant x\leqslant l\right)$$

②由边界条件：$x=l$ 时，$w_2=0$，$w_2'=0$。

及连续性条件：$x=\frac{l}{2}$时，$w_1=w_2$，$\theta_1=\theta_2$。

可确定积分常数

$$C_1=\frac{7ql^3}{48},\ C_2=-\frac{41ql^4}{384},\ D_1=\frac{1}{8}ql^3,\ D_2=-\frac{5}{48}ql^4$$

③挠曲线方程

$$w=\begin{cases}\frac{q}{EI}\left(-\frac{x^4}{24}+\frac{7l^3}{48}x-\frac{41l^4}{384}\right) & \left(0\leqslant x\leqslant\frac{l}{2}\right)\\ \frac{q}{EI}\left(-\frac{x^3l}{12}+\frac{l^2x^2}{16}+\frac{l^3x}{8}-\frac{5l^4}{48}\right) & \left(\frac{l}{2}\leqslant x\leqslant l\right)\end{cases}$$

④自由端挠度：$w_B=-\frac{41ql^4}{384EI}$；转角：$\theta_B=\frac{7ql^3}{48EI}$(顺时针)。

(d)以固定端 A 为原点，沿轴线方向为 x 轴，建立坐标系。

①该梁的弯矩方程

$$M_1=qlx-\frac{q}{2}x^2-\frac{5}{8}ql^2\quad\left(0\leqslant x\leqslant\frac{l}{2}\right),\ M_2=\frac{ql}{2}x-\frac{ql^2}{2}\quad\left(\frac{l}{2}\leqslant x\leqslant l\right)$$

则挠曲线近似微分方程

$$EIw_1''=qlx-\frac{q}{2}x^2-\frac{5}{8}ql^2\quad\left(0\leqslant x\leqslant\frac{l}{2}\right)\qquad EIw_2''=\frac{ql}{2}x-\frac{ql^2}{2}\quad\left(\frac{l}{2}\leqslant x\leqslant l\right)$$

依次进行积分得

$$EIw_1'=\frac{1}{2}qlx^2-\frac{q}{6}x^3-\frac{5}{8}ql^2x+C_1\quad\left(0\leqslant x\leqslant\frac{l}{2}\right)\quad EIw_2'=\frac{ql}{4}x^2-\frac{ql^2}{2}x+D_1\quad\left(\frac{l}{2}\leqslant x\leqslant l\right)$$

$$EIw_1=\frac{ql}{6}x^3-\frac{qx^4}{24}-\frac{5ql^2}{16}x^2+C_1x+C_2\ \left(0\leqslant x\leqslant\frac{l}{2}\right)\quad EIw_2=\frac{ql}{12}x^3-\frac{ql^2}{4}x^2+D_1x+D_2\left(\frac{l}{2}\leqslant x\leqslant l\right)$$

②由边界条件：$x=0$ 时，$w_1=0$，$w_1'=0$。

及连续性条件：$x=\frac{l}{2}$时，$w_1=w_2$，$\theta_1=\theta_2$。

可确定积分常数：$C_1=0$，$C_2=0$，$D_1=-\frac{ql^3}{48}$，$D_2=\frac{ql^4}{384}$。

③挠曲线方程

$$w=\begin{cases}\dfrac{qx^2}{EI}\left(\dfrac{l}{6}x-\dfrac{x^2}{24}-\dfrac{5l^2}{16}\right) & \left(0\leqslant x\leqslant\dfrac{l}{2}\right)\\ \dfrac{q}{EI}\left(\dfrac{lx^3}{12}-\dfrac{l^2x^2}{4}-\dfrac{l^3x}{48}+\dfrac{l^4}{384}\right) & \left(\dfrac{l}{2}\leqslant x\leqslant l\right)\end{cases}$$

④自由端挠度：$w_B=-\dfrac{71ql^4}{384EI}$；转角：$\theta_B=-\dfrac{13ql^3}{48EI}$（顺时针）。

(e)以 A 为原点，沿轴线方向为 x 轴，建立坐标系。

根据平衡方程求得

$$F_A=\frac{1}{2}qa(\uparrow),\ F_B=\frac{5}{2}qa(\uparrow)$$

①该梁的弯矩方程

$$M_1=\frac{1}{2}qax-\frac{1}{2}qx^2(0\leqslant x\leqslant 2a)$$

$$M_2=-qa(3a-x)=qax-3qa^2(2a\leqslant x\leqslant 3a)$$

则挠曲线近似微分方程

$$EIw_1''=\frac{1}{2}qax-\frac{1}{2}qx^2(0\leqslant x\leqslant 2a)$$

$$EIw_2''=-qa(3a-x)=qax-3qa^2(2a\leqslant x\leqslant 3a)$$

依次进行积分得

$$EIw_1'=-\frac{1}{6}qx^3+\frac{1}{4}qax^2+C_1(0\leqslant x\leqslant 2a)$$

$$EIw_2'=\frac{1}{2}qax^2-3qa^2x+D_1(2a\leqslant x\leqslant 3a)$$

$$EIw_1=-\frac{1}{24}qx^4+\frac{1}{12}qax^3+C_1x+C_2(0\leqslant x\leqslant 2a)$$

$$EIw_2=\frac{1}{6}qax^3-\frac{3}{2}qa^2x^2+D_1x+D_2(2a\leqslant x\leqslant 3a)$$

②由边界条件 $x=0$ 时，$w_1=0$；$x=2a$ 时，$w_1=w_2=0$ 及连续条件 $x=2a$ 时，$w_1'=w_2'$，可确定积分常数

$$C_1=0,\ C_2=0,\ D_1=\frac{11}{3}qa^3,\ D_2=-\frac{8}{3}qa^4$$

③包含自由端的挠曲线方程为

$$w_2=\frac{qa}{EI}\left(\frac{1}{6}x^3-\frac{3}{2}ax^2+\frac{11}{3}a^2x-\frac{8}{3}a^3\right)$$

转角方程为

$$\theta=w_2'=\frac{qa}{EI}\left(\frac{1}{2}x^2-3ax+\frac{11}{3}a^2\right)$$

④自由端挠度

$$w_C=w_2\big|_{x=3a}=-\frac{2qa^4}{3EI}$$

自由度转角

$$\theta=w_C'=w_2'\big|_{x=3a}=-\frac{5qa^3}{6EI}(\text{顺时针})$$

(f)结构，荷载对称，仅研究一半结构即可。

以自由端 C 为原点，沿轴线方向为 x 轴，建立坐标系。

$$F_A = F_B = F(\uparrow)$$

①该梁的弯矩方程

$$M_1 = -Fx(0\leqslant x\leqslant a)$$
$$M_2 = -Fa(a\leqslant x\leqslant 3a)$$

则挠曲线近似微分方程

$$EIw_1'' = -Fx(0\leqslant x\leqslant a)$$
$$EIw_2'' = -Fa(a\leqslant x\leqslant 3a)$$

依次进行积分得

$$EIw_1' = -\frac{1}{2}Fx^2 + C_1(0\leqslant x\leqslant a)$$
$$EIw_2' = -Fax + D_1(a\leqslant x\leqslant 3a)$$
$$EIw_1 = -\frac{1}{6}Fx^3 + C_1x + C_2(0\leqslant x\leqslant a)$$
$$EIw_2 = -\frac{1}{2}Fax^2 + D_1x + D_2(a\leqslant x\leqslant 3a)$$

②由边界条件 $x=a$ 时，$w_1=w_2=0$；当 $x=3a$ 时，$w_2=0$ 及连续性条件 $x=a$ 时，$w_1'=w_2'$ 可确定积分常数

$$C_1 = \frac{3}{2}Fa^2,\ C_2 = -\frac{4}{3}Fa^3,\ D_1 = 2Fa^2,\ D_2 = -\frac{3}{2}Fa^3$$

③挠曲线方程为

$$w_1 = \frac{F}{EI}\left(-\frac{1}{6}x^3 + \frac{3}{2}a^2x - \frac{4}{3}a^3\right)(0\leqslant x\leqslant a)$$
$$w_2 = \frac{F}{EI}\left(-\frac{1}{2}ax^2 + 2a^2x - \frac{3}{2}a^3\right)(a\leqslant x\leqslant 3a)$$
$$w_3 = \frac{F}{EI}\left[-\frac{1}{6}(4a-x)^3 + \frac{3}{2}a^2(4a-x) - \frac{4}{3}a^3\right](3a\leqslant x\leqslant 4a)$$

④自由端 C 挠度

$$w_C = w_1\big|_{x=0} = -\frac{4Fa^3}{3EI}$$

自由端 C 转角

$$\theta = w_C' = w_1'\big|_{x=0} = \frac{3Fa^2}{2EI}(\text{逆时针})$$

6.4 用积分法求图 6-2-4 所示各梁的挠曲线方程、端截面转角 θ_A 和 θ_B、跨度中点的挠度和最大挠度。设 EI 为常量。

解：(a)以 A 为原点，沿轴线方向为 x 轴，建立坐标系。

①该梁的弯矩方程：$M(x) = \frac{M}{l}x$。

则挠曲线近似微分方程：$EIw'' = \frac{M}{l}x$。

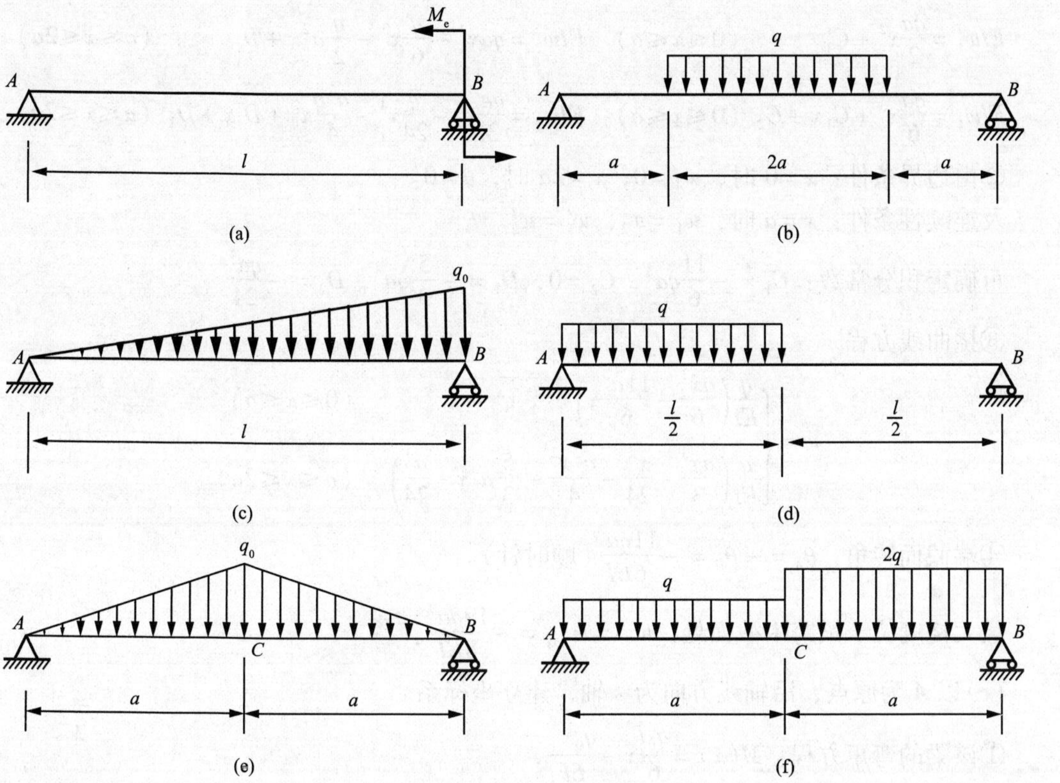

图 6－2－4

依次积分得：$EIw' = \dfrac{M}{2l}x^2 + C_1$，$EIw = \dfrac{M}{6l}x^3 + C_1x + C_2$。

②由边界条件：$x=0$，$x=l$ 时，均有 $w=0$，可确定积分常数：$C_1 = -\dfrac{Ml}{6}$，$C_2=0$。

③挠曲线方程：$w = \dfrac{1}{EI}\left(\dfrac{M}{6l}x^3 - \dfrac{Ml}{6}x\right)$。

转角方程：$w' = \dfrac{1}{EI}\left(\dfrac{M}{2l}x^2 - \dfrac{M}{6}l\right)$。

④端截面转角：$\theta_A = -\dfrac{Ml}{6EI}$（顺时针），$\theta_B = \dfrac{Ml}{3EI}$（逆时针），跨中截面挠度：$w_{\frac{l}{2}} = -\dfrac{Ml^2}{16EI}$。

令 $w'=0$，得 $x = \dfrac{l}{\sqrt{3}}$，此时有最大挠度：$w_{\max} = -\dfrac{Ml^2}{9\sqrt{3}EI}$。

(b)以 A 为原点，沿轴线方向为 x 轴，建立坐标系。根据该梁结构和载荷的完全对称性，取该梁的一半进行分析。

①该梁的弯矩方程

$$M_1 = qax \quad (0 \leqslant x \leqslant a),\ M_2 = 2qax - \frac{q}{2}x^2 - \frac{q}{2}a^2 \quad (a \leqslant x \leqslant 2a)$$

则挠曲线近似微分方程

$$EIw_1'' = qax \quad (0 \leqslant x \leqslant a),\ EIw_2'' = 2qax - \frac{q}{2}x^2 - \frac{q}{2}a^2 \quad (a \leqslant x \leqslant 2a)$$

依次积分得

$EIw_1' = \frac{qa}{2}x^2 + C_1 \qquad (0 \leqslant x \leqslant a) \quad EIw_2' = qax^2 - \frac{q}{6}x^3 - \frac{q}{2}a^2x + D_1 \qquad (a \leqslant x \leqslant 2a)$

$EIw_1 = \frac{qa}{6}x^3 + C_1x + C_2 \ (0 \leqslant x \leqslant a) \quad EIw_2 = \frac{qa}{3}x^3 - \frac{q}{24}x^4 - \frac{a^2q}{4}x^2 + D_1x + D_2 \ (a \leqslant x \leqslant 2a)$

②由边界条件：$x=0$ 时，$w_A=0$；$x=2a$ 时，$\theta=0$。

及连续性条件：$x=a$ 时，$w_1=w_2$，$w_1'=w_2'$。

可确定积分常数：$C_1=-\frac{11}{6}qa^3$，$C_2=0$，$D_1=-\frac{5}{3}qa^3$，$D_2=-\frac{qa^4}{24}$。

③挠曲线方程

$$w=\begin{cases}\frac{q}{EI}\left(\frac{ax^3}{6}-\frac{11a^3}{6}x\right) & (0 \leqslant x \leqslant a)\\ \frac{q}{EI}\left(\frac{ax^3}{3}-\frac{x^4}{24}-\frac{a^2x^2}{4}-\frac{5}{3}a^3x-\frac{a^4}{24}\right) & (a \leqslant x \leqslant 2a)\end{cases}$$

④端截面转角：$\theta_A=-\theta_B=-\frac{11qa^3}{6EI}$(顺时针)。

最大挠度位于梁跨中截面处，$w_{中}=w_{\max}=-\frac{19qa^4}{8EI}$。

(c)以 A 为原点，沿轴线方向为 x 轴，建立坐标系。

①该梁的弯矩方程：$M(x)=\frac{q_0l}{6}x-\frac{q_0x^3}{6l}$。

则挠曲线近似微分方程：$EIw''=M(x)=\frac{q_0l}{6}x-\frac{q_0x^3}{6l}$。

依次积分得：$EIw'=\frac{q_0l}{12}x^2-\frac{q_0x^4}{24l}+C_1$，$EIw=\frac{q_0l}{36}x^3-\frac{q_0}{120l}x^5+C_1x+C_2$。

②由边界条件：$w_A=w_B=0$，可确定积分常数，$C_1=-\frac{7}{360}q_0l^3$，$C_2=0$。

③挠曲线方程：$w=\frac{q_0}{EI}\left(\frac{lx^3}{36}-\frac{x^5}{120l}-\frac{7l^3}{360}x\right)$。

④端截面扭转角：$\theta_A=-\frac{7q_0l^3}{360EI}$(顺时针)，$\theta_B=\frac{q_0l^3}{45EI}$(逆时针)；跨中截面挠度：$w_{\frac{l}{2}}=-\frac{5q_0l^4}{768EI}$。

令 $w'=0$，得 $x=0.52l$，此时有最大挠度：$w_{\max}=-\frac{5.01q_0l^4}{768EI}$。

(d)以 A 为原点，沿轴线方向为 x 轴，建立坐标系。

①该梁的弯矩方程

$$M_1(x)=\frac{3}{8}qlx-\frac{q}{2}x^2 \quad \left(0 \leqslant x \leqslant \frac{l}{2}\right),\ M_2(x)=\frac{ql^2}{8}-\frac{ql}{8}x \quad \left(\frac{l}{2} \leqslant x \leqslant l\right)$$

则挠曲线近似微分方程

$$EIw_1''=M_1(x)=\frac{3ql}{8}x-\frac{q}{2}x^2 \quad \left(0 \leqslant x \leqslant \frac{l}{2}\right),\ EIw_2''=M_2(x)=\frac{ql^2}{8}-\frac{ql}{8}x \quad \left(\frac{l}{2} \leqslant x \leqslant l\right)$$

依次积分得

$$EIw_1' = \frac{3ql}{16}x^2 - \frac{q}{6}x^3 + C_1 \quad \left(0 \leqslant x \leqslant \frac{l}{2}\right) \quad EIw_2' = \frac{ql^2}{8}x - \frac{ql}{16}x^2 + D_1 \quad \left(\frac{l}{2} \leqslant x \leqslant l\right)$$

$$EIw_1 = \frac{ql}{16}x^3 - \frac{q}{24}x^4 + C_1 x + C_2 \left(0 \leqslant x \leqslant \frac{l}{2}\right) \quad EIw_2 = \frac{ql^2}{16}x^2 - \frac{ql}{48}x^3 + D_1 x + D_2 \left(\frac{l}{2} \leqslant x \leqslant l\right)$$

②由边界条件：$w_A = 0$，$w_B = 0$。

及连续性条件：$x = \frac{l}{2}$时，$w_1 = w_2$，$w_1' = w_2'$。

可确定积分常数：$C_1 = -\frac{3l^3}{128}$，$C_2 = 0$，$D_1 = -\frac{17ql^3}{384}$，$D_2 = \frac{ql^4}{384}$。

③挠曲线方程

$$w = \begin{cases} \frac{q}{EI}\left(\frac{lx^3}{16} - \frac{x^4}{24} - \frac{3l^3 x}{128}\right) & \left(0 \leqslant x \leqslant \frac{l}{2}\right) \\ \frac{q}{EI}\left(\frac{l^2 x^2}{16} - \frac{lx^3}{48} - \frac{17l^3 x}{384} + \frac{l^4}{384}\right) & \left(\frac{l}{2} \leqslant x \leqslant l\right) \end{cases}$$

④端截面扭转角：$\theta_A = -\frac{3ql^3}{128EI}$（顺时针），$\theta_B = \frac{7ql^3}{384EI}$（逆时针），跨中截面挠度：$w_{\frac{l}{2}} = -\frac{5ql^4}{768EI}$。

令 $w' = 0$，得 $x = 0.459l$，此时有最大挠度 $w_{\max} = -\frac{5.04ql^4}{768EI}$。

(e)以 A 为原点，沿轴线方向为 x 轴，建立坐标系。

结构和荷载对称，仅分析一半结构即可。

$$F_A = F_B = \frac{1}{2}q_0 a(\uparrow)$$

①该梁的弯矩方程

$$M(x) = \frac{1}{2}q_0 ax - \frac{1}{6a}q_0 x^3 (0 \leqslant x \leqslant a)$$

则挠曲线近似微分方程

$$EIw'' = M(x) = \frac{1}{2}q_0 ax - \frac{1}{6a}q_0 x^3 (0 \leqslant x \leqslant a)$$

依次积分得

$$EIw' = -\frac{1}{24a}q_0 x^4 + \frac{1}{4}q_0 ax^2 + C_1 (0 \leqslant x \leqslant a)$$

$$EIw = -\frac{1}{120a}q_0 x^5 + \frac{1}{12}q_0 ax^3 + C_1 x + C_2 (0 \leqslant x \leqslant a)$$

②由边界条件 $x = 0$ 时，$w = 0$；$x = a$ 时，$w' = 0$ 可确定积分常数

$$C_1 = -\frac{5}{24}q_0 a^3,\ C_2 = 0$$

③挠曲线及转角方程为

$$w_1 = \frac{q_0}{EI}\left(-\frac{x^5}{120a} + \frac{1}{12}ax^3 - \frac{5}{24}a^3 x\right)(0 \leqslant x \leqslant a)$$

$$\theta = w' = \frac{q_0}{EI}\left(-\frac{1}{24a}x^4 + \frac{1}{4}ax^2 - \frac{5}{24}a^3\right)(0 \leqslant x \leqslant a)$$

④端截面扭转角

$$\theta_A = -\theta_B = w'\big|_{x=0} = -\frac{5q_0a^3}{24EI}(\text{顺时针})$$

跨中截面挠度

$$w_C = w_{\max} = w\big|_{x=a} = -\frac{2q_0a^4}{15EI}$$

(f)以 A 为原点，沿轴线方向为 x 轴，建立坐标系。

$$F_A = \frac{5}{4}qa(\uparrow),\ F_B = \frac{7}{4}qa(\uparrow)$$

①该梁的弯矩方程

$$M_1(x) = \frac{5}{4}qax - \frac{1}{2}qx^2(0\leqslant x\leqslant a)$$

$$M_2(x) = \frac{7}{4}qa(2a-x) - \frac{1}{2}q(2a-x)^2 = -qx^2 + \frac{9}{4}qax - \frac{1}{2}qa^2(a\leqslant x\leqslant 2a)$$

则挠曲线近似微分方程

$$EIw_1'' = M_1(x) = \frac{5}{4}qax - \frac{1}{2}qx^2(0\leqslant x\leqslant a)$$

$$EIw_2'' = M_2(x) = -qx^2 + \frac{9}{4}qax - \frac{1}{2}qa^2(a\leqslant x\leqslant 2a)$$

依次积分得

$$EIw_1' = -\frac{1}{6}qx^3 + \frac{5}{8}qax^2 + C_1(0\leqslant x\leqslant a)$$

$$EIw_1 = -\frac{1}{24}qx^4 + \frac{5}{24}qax^3 + C_1x + C_2(0\leqslant x\leqslant a)$$

$$EIw_2' = -\frac{1}{3}qx^3 + \frac{9}{8}qax^2 - \frac{1}{2}qa^2x + D_1(a\leqslant x\leqslant 2a)$$

$$EIw_2 = -\frac{1}{12}qx^4 + \frac{3}{8}qax^3 - \frac{1}{4}qa^2x^2 + D_1x + D_2(a\leqslant x\leqslant 2a)$$

②由边界条件 $x=0$ 时，$w_1=0$；$x=2a$ 时，$w_2=0$ 及连续性条件：当 $x=a$ 时，$w_1=w_2$，$w_1'=w_2'$ 可确定积分常数

$$C_1 = -\frac{23}{48}qa^3,\ C_2 = 0,\ D_1 = -\frac{5}{16}qa^3,\ D_2 = -\frac{1}{24}qa^4$$

③挠曲线及转角方程

$$w_1' = \frac{q}{EI}\left(-\frac{1}{6}x^3 + \frac{5}{8}ax^2 - \frac{23}{48}a^3\right)(0\leqslant x\leqslant a)$$

$$w_1 = \frac{q}{EI}\left(-\frac{1}{24}x^4 + \frac{5}{24}ax^3 - \frac{23}{48}a^3x\right)(0\leqslant x\leqslant a)$$

$$w_2' = \frac{q}{EI}\left(-\frac{1}{3}x^3 + \frac{9}{8}ax^2 - \frac{1}{2}a^2x - \frac{5}{16}a^3\right)(a\leqslant x\leqslant 2a)$$

$$w_2 = \frac{q}{EI}\left(-\frac{1}{12}x^4 + \frac{3}{8}ax^3 - \frac{1}{4}a^2x^2 - \frac{5}{16}a^3x - \frac{1}{24}a^4\right)(a\leqslant x\leqslant 2a)$$

④端截面扭转角

$$\theta_A = w_1'\big|_{x=0} = -\frac{23qa^3}{48EI}$$

$$\theta_B = w_2'\big|_{x=2a} = \frac{25qa^3}{48EI}$$

A 截面为顺时针，B 截面为逆时针。

跨中挠度

$$w_C = w_{\max} = w\big|_{x=a} = -\frac{5qa^4}{16EI}$$

6.5　求图 6－2－5 所示悬臂梁的挠曲线方程及自由端的挠度和转角。设 EI 为常量。求解时应注意到梁在 CB 段内无载荷，故 CB 仍为直线。

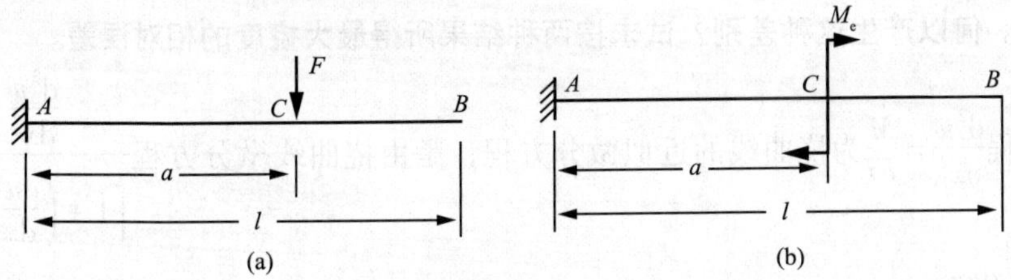

图 6－2－5

解：(a)以 A 为原点，沿轴线方向为 x 轴，建立坐标系。

①AC 段内，梁的弯矩方程：$M(x) = Fx - Fa\quad(0\leqslant x\leqslant a)$。

则该段挠曲线近似微分方程：$EIw'' = M(x) = Fx - Fa$。

依次积分得：$EIw' = \dfrac{Fx^2}{2} - Fax + C_1$，$EIw = \dfrac{Fx^3}{6} - \dfrac{Fax^2}{2} + C_1x + C_2$。

由边界条件：$\theta_A = 0$，$w_A = 0$，可确定积分常数：$C_1 = C_2 = 0$。

故该段挠曲线方程：$w(x) = \dfrac{Fx^2}{EI}\left(\dfrac{x}{6} - \dfrac{a}{2}\right)(0\leqslant x\leqslant a)$。

②C 截面的挠度和转角分别为：$w_C = -\dfrac{Fa^3}{3EI}$，$\theta_C = -\dfrac{Fa^2}{2EI}$。

则 CB 段挠曲线方程为

$$w(x) = w_C + \theta_C(x-a) = -\frac{Fa^3}{3EI} - \frac{Fa^2}{2EI}(x-a) = -\frac{Fa^2}{6EI}(3x-a)\quad(a\leqslant x\leqslant l)$$

自由端 B 的挠度和转角分别为：$w_B = -\dfrac{Fa^2}{6EI}(3l-a)$，$\theta_B = -\dfrac{Fa^2}{2EI}$。

(b)以 A 为原点，沿轴线方向为 x 轴，建立坐标系。

①AC 段弯矩方程：$M(x) = -M_e(0\leqslant x\leqslant a)$。

则该段的挠曲线近似微分方程：$EIw'' = -M_e$

依次积分得：$EIw' = -M_ex + C_1$，$EIw = \dfrac{-M_ex^2}{2} + C_1x + C_2$。

由边界条件 $\theta_A = 0$，$w_A = 0$，可确定积分常数：$C_1 = C_2 = 0$。

则该段挠曲线方程为：$w(x) = -\dfrac{M_ex^2}{2EI}(0\leqslant x\leqslant a)$。

②C 截面的挠度和转角分别为：$w_C = -\dfrac{M_ea^2}{2EI}$，$\theta_C = -\dfrac{M_ea}{EI}$。

则 CB 段挠曲线方程

$$w(x)=w_C+\theta_C(x-a)=-\frac{M_e a^2}{2EI}-\frac{M_e a}{EI}(x-a)=-\frac{M_e a}{2EI}(2x-a)\quad (a\leqslant x\leqslant l)$$

自由端 B 的挠度：$w_B=-\frac{M_e a}{2EI}(2l-a)$，转角：$\theta_B=-\frac{M_e a}{EI}$。

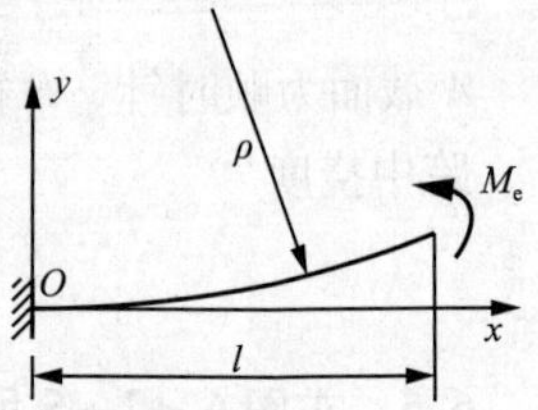

图 6-2-6

6.6　若只在图 6-2-6 所示悬臂梁的自由端作用弯曲力偶 M_e，使其成为纯弯曲，则由 $\frac{1}{\rho}=\frac{M_e}{EI}$ 知 ρ 为常量，挠曲线应为圆弧。若由微分方程(6.5)积分，将得到 $w=\frac{M_e x^2}{2EI}$。它表明挠曲线是一抛物线。何以产生这种差别？试求按两种结果所得最大挠度的相对误差。

解： 方程 $\frac{d^2w}{dx^2}=\frac{M}{EI}$ 为挠曲线的近似微分方程，是由挠曲线微分方程 $\frac{\frac{d^2w}{dx^2}}{\left[1+\left(\frac{dw}{dx}\right)^2\right]^{\frac{3}{2}}}=\frac{M}{EI}$ 中忽略了微量 $\left(\frac{dw}{dx}\right)^2$ 得到的，因而会产生差别，但在小变形条件下，这种差别的影响较小。

(1)抛物线形

$$w_{max}=w(x)\big|_{x=l}=\frac{M_e l^2}{2EI}$$

(2)圆弧形

自由端挠度 w 的精确值为 $w=\rho(1-\cos\theta)$，θ 为自由端截面的转角。

将 $\cos\theta$ 用泰勒公式展开

$$\cos\theta=1-\frac{\theta^2}{2!}+\frac{\theta^4}{4!}-L$$

$$\frac{1}{\rho}=\frac{M_e}{EI},\ \frac{d\theta}{ds}=\frac{1}{\rho}$$

$$\theta=\frac{1}{\rho}l=\frac{M_e l}{EI}$$

取 $\cos\theta$ 的泰勒展开式的前三项，得

$$w=\rho\left(\frac{\theta^2}{2!}-\frac{\theta^4}{4!}\right)=\frac{EI}{M_e}\left(\frac{M_e^{\ 2}l^2}{2E^2I^2}-\frac{M_e^{\ 4}l^4}{24E^4I^4}\right)=\frac{M_e l^2}{2EI}-\frac{M_e^{\ 3}l^4}{24E^3I^3}$$

相对误差

$$\left|\frac{w-w_{max}}{w_{max}}\right|=\frac{M_e^2 l^2}{12E^2I^2}=\frac{1}{3}\left(\frac{w_{max}}{l}\right)^2$$

6.7　用积分法求图 6-2-7 所示变截面梁的挠曲线方程、端截面转角和最大挠度。

解：(1)取 AC 段为研究对象

原点放到 A 点，当 $0\leqslant x_1\leqslant a$ 时，有

$$M=2Fx_1,\ w''=\frac{M}{EI}$$

$$\theta=\frac{dw}{dx}=\frac{F}{EI}x_1^2+C_1 \qquad ①$$

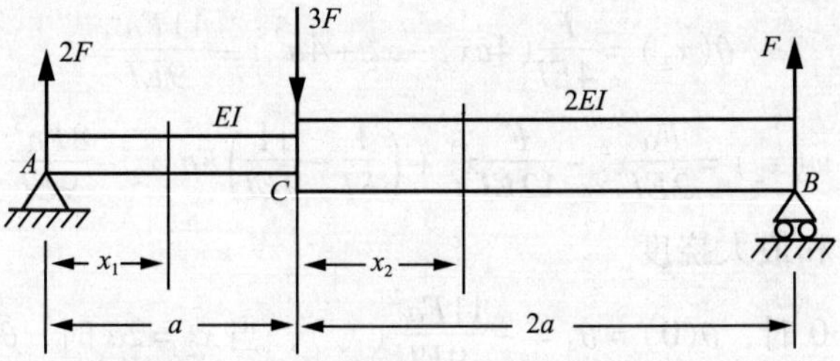

图 6-2-7

$$w = \frac{F}{3EI}x_1^3 + C_1x_1 + C_2 \quad ②$$

根据边界条件：$x_1=0$ 时，$\theta=\theta_A$，$\omega=0$，可得：$C_1=\theta_A$，$C_2=0$。

将积分常数的值代入式①②，令 $x_1=a$，可得截面 C 的转角和挠度分别为

$$\theta_C = \frac{Fa^2}{EI} + \theta_A$$

$$w_C = \frac{Fa^3}{3EI} + \theta_A a$$

(2)取 CB 段为研究对象

原点放到 C 点，当 $0\leqslant x_2\leqslant 2a$ 时，有

$$M = 2F(a+x_2) - 3Fx_2,\ w'' = \frac{M}{2EI}$$

$$\theta = \frac{\mathrm{d}w}{\mathrm{d}x} = \frac{Fa}{EI}x_2 - \frac{F}{4EI}x_2^2 + C_3 \quad ③$$

$$w = \frac{Fa}{2EI}x_2^2 - \frac{F}{12EI}x_2^3 + C_3x_2 + C_4 \quad ④$$

根据边界及连续性条件：$x_2=0$，$\theta=\theta_C$，$w=w_C$，可得

$$C_3 = \theta_C = \frac{Fa^2}{EI} + \theta_A,\ C_4 = w_C = \frac{Fa^3}{3EI} + \theta_A a$$

将积分常数的值代入式③④，可得

$$\theta = \frac{Fa}{EI}x_2 - \frac{F}{4EI}x_2^2 + \frac{Fa^2}{EI} + \theta_A \quad ⑤$$

$$w = \frac{Fa}{2EI}x_2^2 - \frac{F}{12EI}x_2^3 + \left(\frac{Fa^2}{EI} + \theta_A\right)x_2 + \frac{Fa^3}{3EI} + \theta_A a \quad ⑥$$

根据边界条件：$x_2=2a$，$w=w_B=0$，代入式⑥可得

$$\theta_A = -\frac{11Fa^2}{9EI}$$

将上式代入①式、②式、⑤式和⑥式，得变截面梁的转角和挠度方程

AC 段

$$\theta(x_1) = \frac{F}{EI}x_1^2 - \frac{11Fa^2}{9EI}$$

$$w(x_1) = \frac{F}{3EI}x_1^3 - \frac{11Fa^2}{9EI}x_1$$

CB 段

$$\theta(x_2)=\frac{F}{4EI}(4ax_2-x_2^2+4a^2)-\frac{11Fa^2}{9EI}$$

$$w(x_2)=\frac{Fa}{2EI}x_2^2-\frac{F}{12EI}x_2^3+\left(\frac{1}{EI}-\frac{11}{9EI}\right)Fa^2x_2-\frac{8Fa^3}{9EI}$$

(3)求端截面转角和最大挠度

端面转角：当 $x_1=0$ 时，$\theta(0)=\theta_A=-\frac{11Fa^2}{9EI}(\downarrow)$；当 $x_2=2a$ 时，$\theta(2a)=\theta_B=\frac{7Fa^2}{9EI}(\uparrow)$。

最大挠度处 $\theta=0$，由方程可知一定在 CB 段。

令 $\theta(x_2)=0$，可得 $x_2=0.211a$。

故最大挠度 $w_{\max}=-0.914\frac{Fa^3}{EI}(\downarrow)$。

6.8　用积分法求图示梁的最大挠度和最大转角。

提示：在图 6－2－8(b)的情况下，梁对跨度中点对称，所以可以只考虑梁的二分之一。

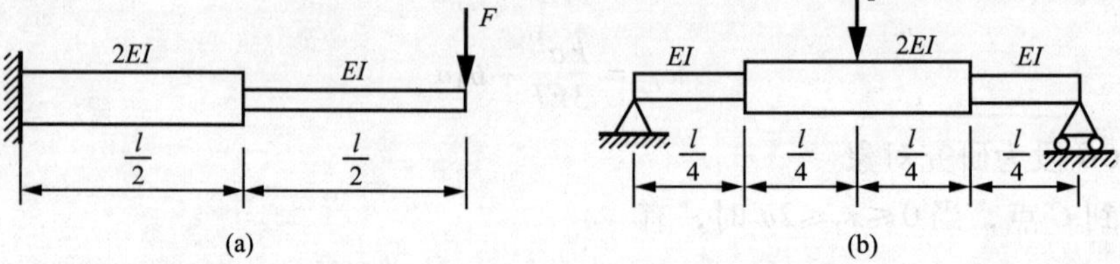

图 6－2－8

解：(a)根据平衡条件求得固定端支反力，如图 6－2－9(a)所示，并建立坐标系。

①AB 段：以点 A 为原点，其弯矩方程：$M_1=Fx_1-Fl\left(0\leqslant x_1\leqslant\frac{l}{2}\right)$。

则其挠曲线近似微分方程：$2EIw''=Fx_1-Fl$。

依次积分得：$2EIw'=\frac{Fx_1^2}{2}-Flx_1+C_1$，$2EIw=\frac{Fx_1^3}{6}-\frac{Fl}{2}x_1^2+C_1x_1+C_2$。

由边界条件：$\theta_A=0$，$w_A=0$，可确定积分常数：$C_1=C_2=0$。

②BC 段：以 B 为坐标原点。其弯矩方程：$M_2=F\left(x_2-\frac{l}{2}\right)\left(0\leqslant x_2\leqslant\frac{l}{2}\right)$。

则其挠曲线近似微分方程：$EIw''=Fx_2-\frac{Fl}{2}$。

依次积分得：$EIw'=\frac{Fx_2^2}{2}-\frac{Flx_2}{2}+D_1$，$EIw=\frac{Fx_2^3}{6}-\frac{Flx_2^2}{4}+D_1x_2+D_2$。

由连续性条件：$\theta_{1B}=\theta_{2B}$，$w_{1B}=w_{2B}$。可确定积分常数：$D_1=-\frac{3}{16}Fl^2$，$D_2=-\frac{5}{96}Fl^3$。

综上，可得该梁的挠曲线方程

$$w(x_1)=\frac{Fx_1^2}{12EI}(x_1-3l)\qquad\left(0\leqslant x_1\leqslant\frac{l}{2}\right)$$

$$w(x_2)=\frac{F}{2EI}\left(\frac{1}{3}x_2^3-\frac{1}{2}x_2^2l-\frac{3}{8}l^2x_2-\frac{5}{48}l^3\right)\qquad\left(0\leqslant x_2\leqslant\frac{l}{2}\right)$$

分析可知，该悬臂梁最大挠度和最大转角均发生在自由端 C 截面上，故

$$w_{\max}=w_C=-\frac{3Fl^3}{16EI},\ \theta_{\max}=\theta_C=-\frac{5Fl^2}{16EI}$$

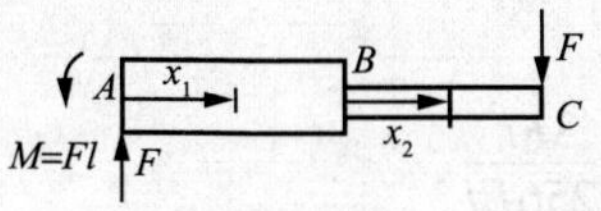

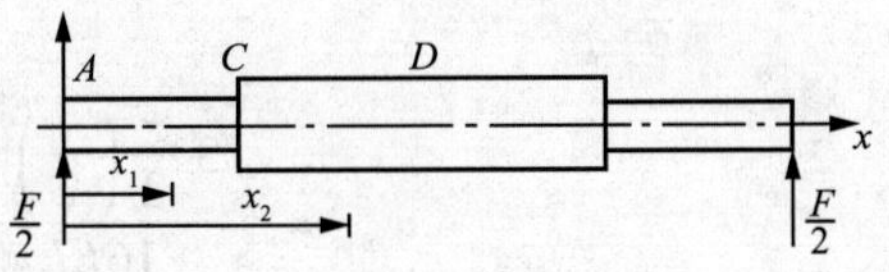

图 6－2－9

(b)由于梁对跨中点对称，因此只考虑梁的一半。根据平衡条件求得梁支反力，如图 6－2－9(b)所示，并建立坐标系。

解法一：①AC 段弯矩方程：$M_1(x)=\frac{F}{2}x_1\quad\left(0\leqslant x_1\leqslant\frac{l}{4}\right)$。

则其近似挠曲线微分方程：$EIw''_1=\frac{F}{2}x_1$。

依次积分得：$EIw'_1=\frac{F}{4}x_1^2+C_1$，$EIw_1=\frac{F}{12}x_1^3+C_1x_1+C_2$。

由边界条件：$x_1=0$ 时，$w_1=0$。可确定积分常数：$C_2=0$。

②CD 段弯矩方程：$M_2(x_2)=\frac{F}{2}x_2\quad\left(\frac{l}{4}\leqslant x_2\leqslant\frac{l}{2}\right)$。

则其挠曲线近似微分方程：$2EIw''_2=\frac{F}{2}x_2$。

依次积分得：$2EIw'_2=\frac{F}{4}x_2^2+D_1$，$2EIw_2=\frac{F}{12}x_2^3+D_1x_2+D_2$。

由边界条件：$x_2=\frac{l}{2}$，$\theta_2=0$。

连续性条件：$x_1=x_2=\frac{l}{4}$，$\theta_1=\theta_2$，$w_1=w_2$。

可确定积分常数：$C_1=-\frac{5}{128}Fl^2$，$D_1=-\frac{1}{16}Fl^2$，$D_2=-\frac{1}{384}Fl^3$。

综上，可得该梁的挠曲线方程

$$w_1(x_1)=\frac{1}{EI}\left(\frac{F}{12}x_1^3-\frac{5}{128}Fl^2x_1\right)\qquad\left(0\leqslant x_1\leqslant\frac{l}{4}\right)$$

$$w_2(x_2)=\frac{1}{2EI}\left(\frac{F}{12}x_2^3-\frac{1}{16}Fl^2x_2-\frac{1}{384}Fl^3\right)\qquad\left(\frac{l}{4}\leqslant x_2\leqslant\frac{l}{2}\right)$$

分析可知，该梁最大挠度发生在梁中点截面处：$w_{\max}=w_2\Big|_{x_2=\frac{l}{2}}=-\frac{3Fl^3}{256EI}$。

最大转角发生在两端铰支座截面处：$\theta_{\max}=w'_1\Big|_{x_1=0}=-\frac{5Fl^2}{128EI}$。

解法二：此结构可简化为(a)图的结构，将自由端集中力变为$\frac{F}{2}$，将总长度变为$\frac{l}{2}$，则利用上一小题结果 $w_{\max}=-\frac{3Fl^3}{16EI}$，$\theta_{\max}=-\frac{5Fl^2}{16EI}$，有

$$w_{\max}=-\frac{3F'l'^3}{16EI},\ \theta_{\max}=-\frac{5F'l'^2}{16EI}$$

其中 $F'=\frac{1}{2}F$，$l'=\frac{1}{2}l$。

因此

$$w_{\max} = -\frac{3\frac{F}{2}\left(\frac{l}{2}\right)^3}{16EI} = -\frac{3Fl^3}{256EI}$$

$$\theta_{\max} = -\frac{5\frac{F}{2}\left(\frac{l}{2}\right)^2}{16EI} = -\frac{5Fl^2}{128EI}$$

6.9　将微分方程$\frac{\mathrm{d}^2 w}{\mathrm{d}x^2}=\frac{M}{EI}$的两端对 x 微分两次，再使用关系式$\frac{\mathrm{d}^2 M}{\mathrm{d}x^2}=q(x)$，即可得出

$$\frac{\mathrm{d}^4 w}{\mathrm{d}x^4}=\frac{q(x)}{EI}$$

试用以上四阶微分方程重解教材例 6.2。

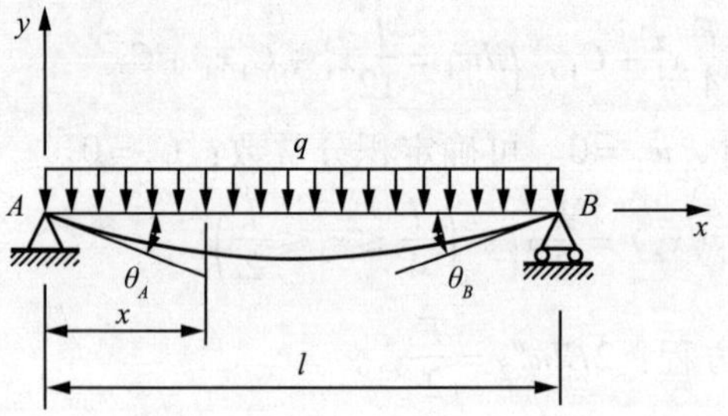

图 6－2－10

解：根据微分关系可得到梁微分方程：$EIw^{(4)} = -q$，依次积分得

$$EIw^{(3)} = -qx + C_1$$

$$EIw'' = -\frac{1}{2}qx^2 + C_1 x + C_2$$

$$EIw' = -\frac{1}{6}qx^3 + \frac{C_1}{2}x^2 + C_2 x + C_3$$

$$EIw = -\frac{1}{24}qx^4 + \frac{C_1}{6}x^3 + \frac{C_2}{2}x^2 + C_3 x + C_4$$

由边界条件：$x=0$ 时，$w=0$，$M=EIw''=0$；$x=l$ 时，$w=0$；$x=l/2$ 时，$w'=0$；

可确定积分常数：$C_1=\frac{ql}{2}$，$C_2=0$，$C_3=-\frac{1}{24}ql^3$，$C_4=0$。

则简化梁的挠曲线方程：$w(x)=\frac{1}{EI}\left(-\frac{1}{24}qx^4+\frac{1}{12}qlx^3-\frac{1}{24}ql^3x\right)$。

梁上最大挠度发生在跨中截面：$w_{\max}=w(x)\Big|_{x=\frac{l}{2}}=-\frac{5}{384}\frac{ql^4}{EI}$。

最大转角发生在梁铰支座截面处：$\theta_{\max}=w'(x)\Big|_{x=0}=\frac{ql^3}{24EI}$。

6.10　用叠加法求图 6－2－11 所示各梁截面 A 的挠度和截面 B 的转角。EI 为常量。

解：(a)图 6－2－11(a)可看作是两部分的叠加，如图 6－2－12(a)所示。

查表得，在 F 力单独作用下，A 截面的挠度：$w_{A_1}=-\frac{Fl^3}{24EI}$；$B$ 截面转角：$\theta_{B_1}=\theta_{A_1}=-\frac{Fl^2}{8EI}$。

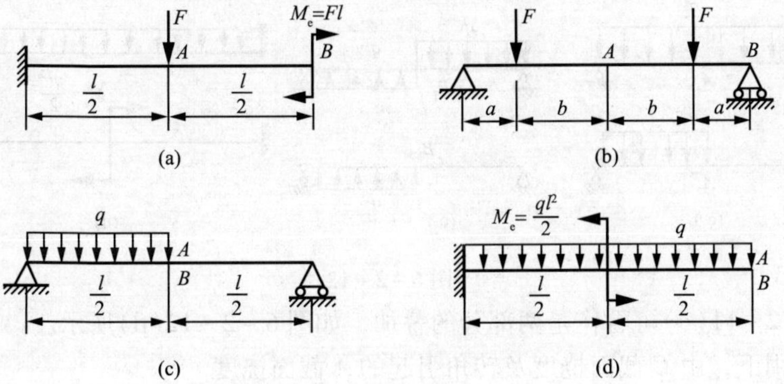

图 6-2-11

在力偶 M_e 作用下，A 截面的挠度：$w_{A_2}=\dfrac{M_e\left(\dfrac{l}{2}\right)^2}{2EI}=-\dfrac{Fl^3}{8EI}$；$B$ 截面转角：$\theta_{B_2}=-\dfrac{M_e l}{EI}=-\dfrac{Fl^2}{EI}$。

故叠加得到，A 截面的挠度：$w_A=w_{A_1}+w_{A_2}=-\dfrac{Fl^3}{24EI}-\dfrac{Fl^3}{8EI}=-\dfrac{Fl^3}{6EI}$；

B 截面的转角：$\theta_B=\theta_{B_1}+\theta_{B_2}=-\dfrac{Fl^2}{8EI}-\dfrac{Fl^2}{EI}=-\dfrac{9Fl^2}{8EI}$。

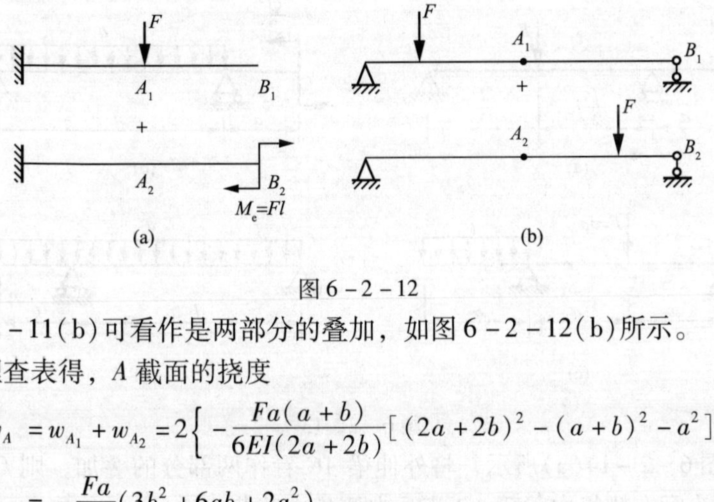

图 6-2-12

(b)图 6-2-11(b)可看作是两部分的叠加，如图 6-2-12(b)所示。

由叠加原理查表得，A 截面的挠度

$$w_A=w_{A_1}+w_{A_2}=2\left\{-\frac{Fa(a+b)}{6EI(2a+2b)}\left[(2a+2b)^2-(a+b)^2-a^2\right]\right\}$$

$$=-\frac{Fa}{6EI}(3b^2+6ab+2a^2)$$

B 截面的转角

$$\theta_B=\theta_{B_1}+\theta_{B_2}=\frac{F(2b+a)\cdot a\cdot(4b+3a)}{6EI(2a+2b)}+\frac{Fa(2b+a)\cdot(2b+3a)}{6EI(2a+2b)}=\frac{Fa(2b+a)}{2EI}$$

(c)图 6-2-11(c)可看作是两部分的叠加，如图 6-2-12(c_1)所示。

由叠加原理得：$w_A=w_{A_1}-w_{A_2}$，其中，且 $w_{A_1}=\dfrac{5ql^4}{384EI}$，$w_A=w_{A_2}$。

故截面 A 挠度：$w_A=\dfrac{1}{2}w_{A_1}=\dfrac{5ql^4}{768EI}$。

同理，由图 6-2-12(c_2)的叠加得到：$\theta_B=\dfrac{1}{2}\theta_{B_1}=\dfrac{ql^3}{384EI}$。

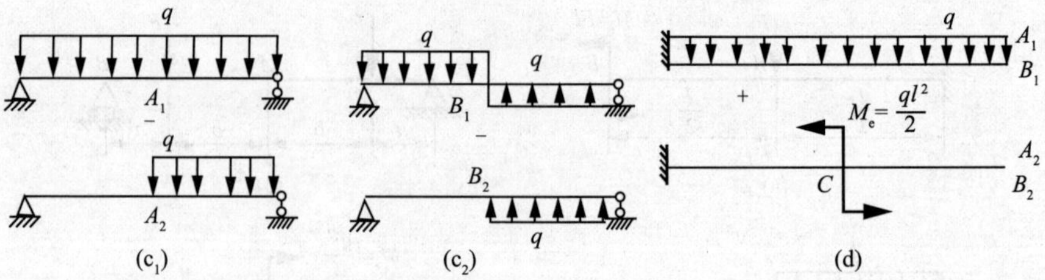

图 6－2－12

(d)图 6－2－11(d)可看作是两部分的叠加，如图 6－2－12(d)所示。

在力偶作用下，由 C 截面挠度及转角引起的 A 截面挠度

$$w_{A_2}=w_C+\theta_C\cdot\frac{l}{2}=\frac{M_e\cdot\left(\frac{l}{2}\right)^2}{2EI}+\frac{M_e\cdot\frac{l}{2}}{EI}\cdot\frac{l}{2}=\frac{3ql^4}{16EI}$$

由叠加原理得，A 截面挠度与 B 截面转角分别为

$$w_A=w_{A_1}+w_{A_2}=-\frac{ql^4}{8EI}+\frac{3ql^4}{16EI}=\frac{ql^4}{16EI}$$

$$\theta_B=\theta_{B_1}+\theta_{B_2}=-\frac{ql^3}{6EI}+\frac{\frac{ql^2}{2}\cdot\frac{l}{2}}{EI}=\frac{ql^3}{12EI}$$

6.11 用叠加法求图 6－2－13 所示外伸梁外伸端的挠度和转角，设 EI 为常量。

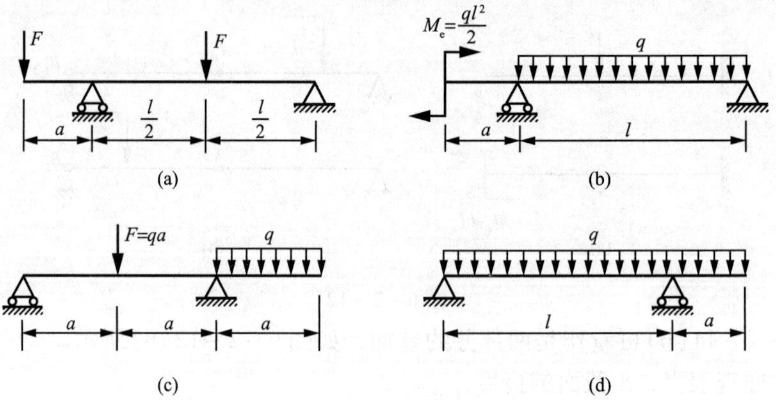

图 6－2－13

解：(a)如图 6－2－14(a)所示，将外伸梁 AC 看作两部分的叠加，则 C 截面转角 $\theta_C=\theta_{C_1}+\theta_{C_2}$。注：1 表示左侧集中载荷，2 表示右侧集中载荷。

①左侧载荷 1 作用

查表得在外力偶矩 $M_e=Fa$ 作用下，B 截面转角

$$\theta_{B_1}=\frac{M_e l}{3EI}=\frac{Fal}{3EI}$$

$$\theta_{C_1}=\theta_{B_1}+\frac{Fa^2}{2EI}=\frac{Fal}{3EI}+\frac{Fa^2}{2EI}$$

$$w_{C_1}=-\left(\theta_{B_1}\cdot a+\frac{Fa^3}{3EI}\right)=-\frac{Fa^2 l}{3EI}-\frac{Fa^3}{3EI}$$

②右侧载荷 2 作用

$$\theta_{B_2} = -\frac{Fl^2}{16EI}$$

$$\theta_{C_2} = \theta_{B_2} = -\frac{Fl^2}{16EI}$$

$$w_{C_2} = |\theta_{B_2} \cdot a| = \frac{Fl^2 a}{16EI}$$

综上，叠加得

$$\theta_C = \theta_{C_1} + \theta_{C_2} = \frac{Fal}{3EI} + \frac{Fa^2}{2EI} - \frac{Fl^2}{16EI} = \frac{F(24a^2 + 16al - 3l^2)}{48EI}$$

$$w_C = w_{C_1} + w_{C_2} = -\frac{Fa^2 l}{3EI} - \frac{Fa^3}{3EI} + \frac{Fl^2 a}{16EI} = \frac{Fa(3l^2 - 16al - 16a^2)}{48EI}$$

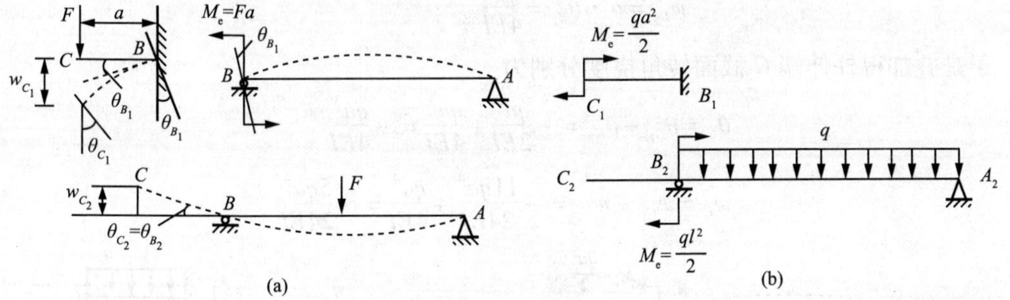

图 6－2－14

（b）如图 6－2－14（b）所示，看作是两部分的叠加，力偶 $M_e = \frac{q_0 l^2}{2}$ 和分布力 q_0 共同作用。注：1 表示力偶作用，2 表示均布载荷作用。

①力偶 1 作用

$$\theta_{B_1} = \frac{M_e l}{3EI} = \frac{ql^3}{6EI}$$

$$\theta_{C_1} = \theta_{B_1} + \frac{M_e a}{EI} = \frac{ql^3}{6EI} + \frac{ql^2 a}{2EI}$$

$$w_{C_1} = \theta_{B_1} \cdot a + \frac{M_e a^2}{2EI} = \frac{qal^3}{6EI} + \frac{ql^2 a^2}{4EI}$$

②均布载荷 2 作用

$$\theta_{C_2} = \theta_{B_2} = \frac{ql^3}{24EI}$$

$$w_{C_2} = \theta_{B_2} \cdot a = \frac{ql^3 a}{24EI}$$

于是叠加得到梁外伸端 C 截面的转角和挠度分别为

$$\theta_C = \theta_{C_1} + \theta_{C_2} = \frac{ql^3}{6EI} + \frac{ql^2 a}{2EI} + \frac{ql^3}{24EI} = \frac{ql^2(5l + 12a)}{24EI}$$

$$w_C = w_{C_1} + w_{C_2} = \frac{ql^3 a}{6EI} + \frac{ql^2 a^2}{4EI} + \frac{ql^3 a}{24EI} = \frac{ql^2 a(5l + 6a)}{24EI}$$

（c）如图 6－2－14（c）所示，可看作是两部分的叠加，分别为均布载荷 q 和集中力 F 单独作用。注：1 表示均布载荷作用，2 表示集中力作用。

①均布载荷 1 作用

$$\theta_{B_1} = -\frac{M_e 2a}{3EI} = -\frac{qa^3}{3EI}$$

$$\theta_{C_1} = \theta_{B_1} + \left(-\frac{qa^3}{6EI}\right) = -\frac{qa^3}{3EI} - \frac{qa^3}{6EI} = -\frac{qa^3}{2EI}$$

$$w_{C_1} = a\theta_{B_1} + \left(-\frac{qa^4}{8EI}\right) = -\frac{qa^4}{3EI} - \frac{qa^4}{8EI} = -\frac{11qa^4}{24EI}$$

②集中力 2 作用

$$\theta_{B_2} = \theta_{C_2} = \frac{Fl^2}{16EI} = \frac{qa(2a)^2}{16EI} = \frac{qa^3}{4EI}$$

$$w_{C_2} = a \cdot \theta_{B_2} = \frac{qa^4}{4EI}$$

于是叠加得外伸端 C 截面转角挠度分别为

$$\theta_C = \theta_{C_1} + \theta_{C_2} = -\frac{qa^3}{2EI} + \frac{qa^3}{4EI} = -\frac{qa^3}{4EI}$$

$$w_C = w_{C_1} + w_{C_2} = -\frac{11qa^4}{24EI} + \frac{qa^4}{4EI} = -\frac{5qa^4}{24EI}$$

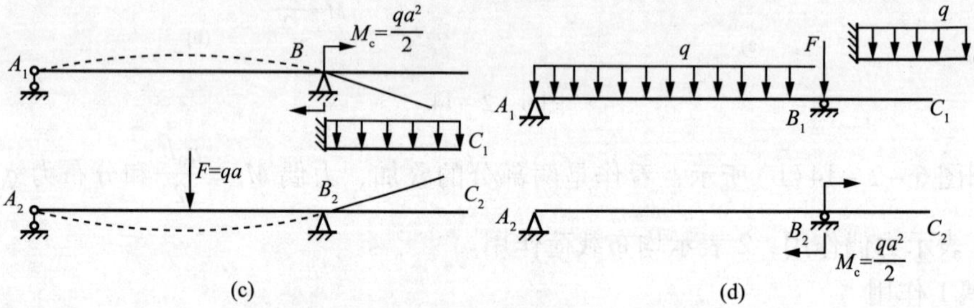

图 6 – 2 – 14

(d)如图 6 – 2 – 14(d)所示，可看作是两部分的叠加，其中剪力 F 不引起变形。注：1 表示外伸部分均布载荷作用，2 表示跨中均布载荷作用。

①右侧均布载荷 1 作用

查表得，$\theta_{B_1} = -\frac{M_e l}{3EI} = -\frac{qa^2 l}{6EI}$

$$\theta_{C_1} = \theta_{B_1} + \left(-\frac{qa^3}{6EI}\right) = -\frac{qa^2 l}{6EI} - \frac{qa^3}{6EI} = -\frac{qa^2(l+a)}{6EI}$$

$$w_{C_1} = \theta_{B_1} \cdot a + \left(-\frac{qa^4}{8EI}\right) = -\frac{qa^3 l}{6EI} - \frac{qa^4}{8EI} = -\frac{qa^3(4l+3a)}{24EI}$$

②左侧均布载荷 2 作用

$$\theta_{B_2} = \theta_{C_2} = \frac{ql^3}{24EI}$$

$$w_{C_2} = \theta_{B_2} \cdot a = \frac{ql^3 a}{24EI}$$

综上，由叠加原理

$$\theta_C = \theta_{C_1} + \theta_{C_2} = -\frac{qa^2(l+a)}{6EI} + \frac{ql^3}{24EI} = \frac{q(l^3 - 4a^2l - 4a^3)}{24EI}$$

$$w_C = w_{C_1} + w_{C_2} = -\frac{qa^3(4l+3a)}{24EI} + \frac{ql^3a}{24EI} = \frac{qa(l^3 - 3a^3 - 4a^2l)}{24EI}$$

6.12 某磨床尾架如图 6-2-15 所示。顶尖上的作用力在铅垂方向的分量 $F_V = 950N$，在水平方向的分量 $F_H = 600N$。顶尖材料的弹性模量 $E = 210GPa$。求顶尖的总挠度和总转角。

提示：先求顶尖上的合力，然后再求总挠度和总转角。

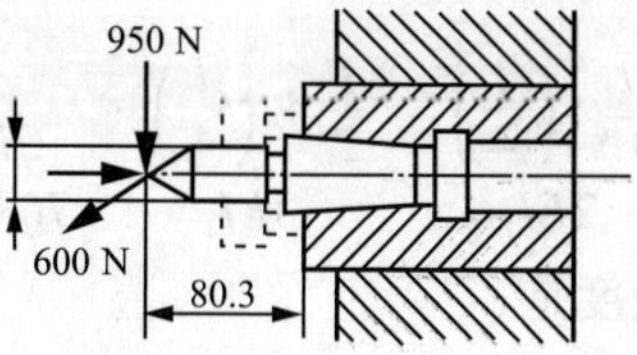

图 6-2-15

解： 根据题意，顶尖的合力为：$F = \sqrt{F_V^2 + F_H^2} = \sqrt{950^2 + 600^2}N = 1124N$。

顶尖可简化为一悬臂梁，查表可得其总挠度和总转角分别为

$$w = \frac{Fl^3}{3EI} = \frac{1124 \times (80.3 \times 10^{-3})^3}{3 \times 210 \times 10^9 \times \frac{\pi}{64} \times 0.02^4} m = 0.118mm$$

$$\theta = \frac{Fl^2}{2EI} = \frac{1124 \times (80.3 \times 10^{-3})^2}{2 \times 210 \times 10^9 \times \frac{\pi}{64} \times 0.02^4} rad = 0.0022rad$$

6.13 变截面梁如图 6-2-16(a)所示，试求跨度中点 C 的挠度。

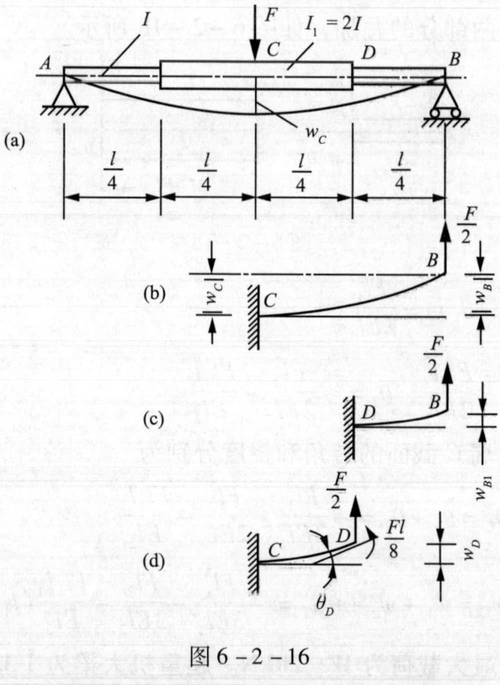

图 6-2-16

解： 由于梁在各段内截面惯性矩不同，本题采用叠加法来求解。

将 BD 部分看作是在截面 D 固定的悬臂梁(图 6-2-16(c))。可得 B 端的挠度

$$w_{B1}=\frac{\frac{F}{2}\left(\frac{l}{4}\right)^3}{3EI}=\frac{Fl^3}{384EI}$$

因为截面D上的剪力和弯矩分别是$\frac{F}{2}$和$\frac{Fl}{8}$。所以可利用表6－1－1序号1和序号2的公式得

$$\theta_D=\frac{\frac{Fl}{8}\times\frac{l}{4}}{EI_1}+\frac{\frac{F}{2}\times\left(\frac{l}{4}\right)^2}{2EI_1}=\frac{3Fl^2}{64EI_1}=\frac{3Fl^2}{128EI}$$

$$w_D=\frac{\frac{Fl}{8}\times\left(\frac{l}{4}\right)^2}{2EI_1}+\frac{\frac{F}{2}\times\left(\frac{l}{4}\right)^3}{3EI_1}=\frac{5Fl^3}{768EI_1}=\frac{5Fl^3}{1536EI}$$

B端因为θ_D和w_D产生的挠度是

$$w_{B2}=w_D+\theta_D\times\frac{l}{4}=\frac{5Fl^3}{1536EI}+\frac{3Fl^2}{128EI}\times\frac{l}{4}=\frac{7Fl^3}{768EI}$$

综合以上得

$$|w_C|=|w_B|=|w_{B1}+w_{B2}|=\frac{Fl^3}{384EI}+\frac{7Fl^3}{768EI}=\frac{3Fl^3}{256EI}$$

6.14 求图6－2－17所示变截面梁自由端的挠度和转角。

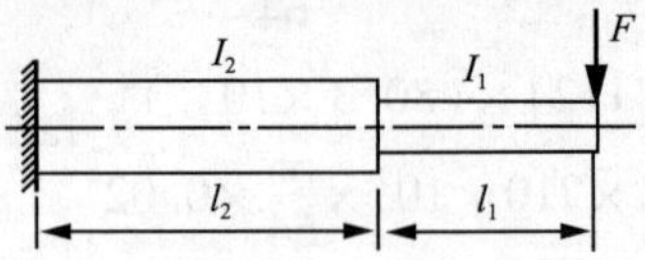

图6－2－17

解：将已知梁看作是两部分的叠加，如图6－2－18所示。

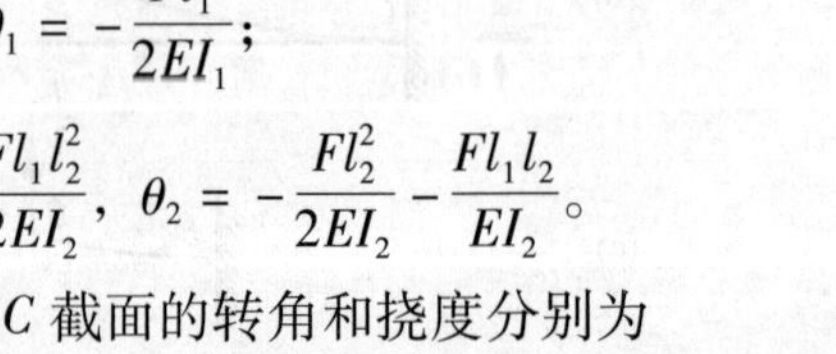

图6－2－18

查表得：$w_1=-\frac{Fl_1^3}{3EI_1}$，$\theta_1=-\frac{Fl_1^2}{2EI_1}$；

$$w_2=-\frac{Fl_2^3}{3EI_2}-\frac{Fl_1l_2^2}{2EI_2},\ \theta_2=-\frac{Fl_2^2}{2EI_2}-\frac{Fl_1l_2}{EI_2}。$$

由叠加原理可得自由端C截面的转角和挠度分别为

$$\theta_C=\theta_1+\theta_2=-\frac{Fl_1^2}{2EI_1}-\frac{Fl_2^2}{2EI_2}-\frac{Fl_1l_2}{EI_2}$$

$$w_C=w_1+w_2+\theta_2l_1=-\frac{Fl_1^3}{3EI_1}-\frac{Fl_2^3}{3EI_2}-\frac{Fl_1l_2}{EI_2}(l_1+l_2)$$

6.15 桥式起重机的最大载荷为$W=20$kN。起重机大梁为I 32a工字钢，$E=210$GPa，$l=8.76$m。规定$[w]=\frac{l}{500}$。试校核大梁的刚度。

图 6－2－19

解： 梁的受力简图，如图 6－2－20 所示。

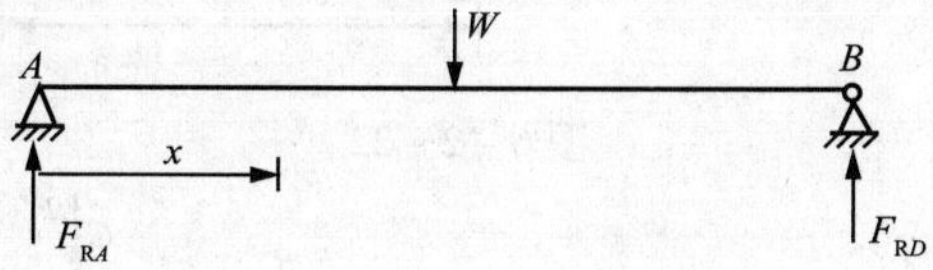

图 6－2－20

根据平衡条件可得支反力：$F_{RA}=\dfrac{W}{l}(l-x)$。

x 截面处弯矩值：$M(x)=F_{RA}\cdot x=\dfrac{W}{l}(l-x)\cdot x$，为求其最大值，令$\dfrac{\mathrm{d}M}{\mathrm{d}x}=0$，得 $x=\dfrac{l}{2}$。

此时有最大弯矩值：$M_{max}=\dfrac{Wl}{4}$。

梁上的最大挠度发生在跨中截面处，查型钢表知Ⅰ32a 号工字钢截面参数 $I=11100\mathrm{cm}^4$。

则 $w_{max}=\dfrac{Wl^3}{48EI}=\dfrac{20\times10^3\times8.76^3}{48\times(210\times10^9)\times11100\times10^{-8}}\mathrm{m}=12\mathrm{mm}$。

所以 $w_{max}<[w]=\dfrac{l}{500}=\dfrac{8.76}{500}\mathrm{m}=17.5\mathrm{mm}$。

满足刚度要求。

6.16　力矩扳手的主要尺寸及其受力简图如图 6－2－21 所示。材料的 $E=210\mathrm{GPa}$。当力矩扳手产生 200N·m 的力矩时，试求 C 点(刻度所在处)的挠度。

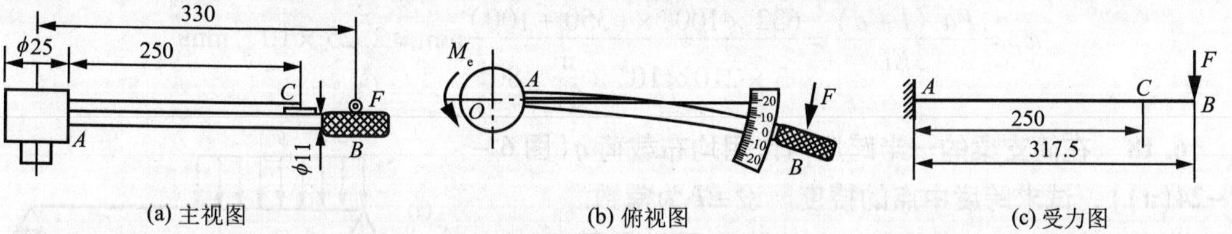

图 6－2－21

解： 当扳手产生 200N·m 的力矩时，所需施加的力 F 为：$F=\dfrac{M_e}{l}=\dfrac{200}{0.33}\mathrm{N}=606.06\mathrm{N}$。

根据受力图，查表得 C 点的挠度

$$w_C=\frac{Fx^2}{6EI}(3l-x)=\frac{606.06\times0.25^2\times(3\times0.3175-0.25)}{6\times210\times10^9\times\dfrac{\pi}{64}\times0.011^4}\mathrm{m}=29.4\mathrm{mm}$$

即 C 点(刻度所在处)的挠度为 29.4mm。

6.17　磨床砂轮主轴的示意图如图 6－2－22 所示。轴的外伸段的长度 $a=100\mathrm{mm}$，轴承间距离 $l=350\mathrm{mm}$，$E=210\mathrm{GPa}$。$F_y=600\mathrm{N}$，$F_z=200\mathrm{N}$。试求主轴外伸端的总挠度。

解： 根据题意，可将主轴简化为如图 6－2－23 所示，并可看作是两部分的叠加。

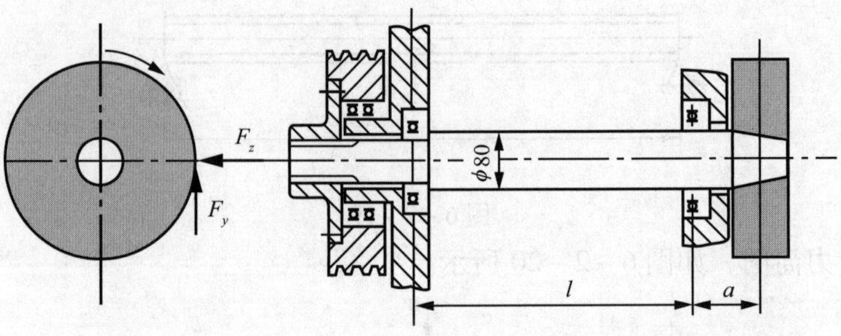

图 6－2－22

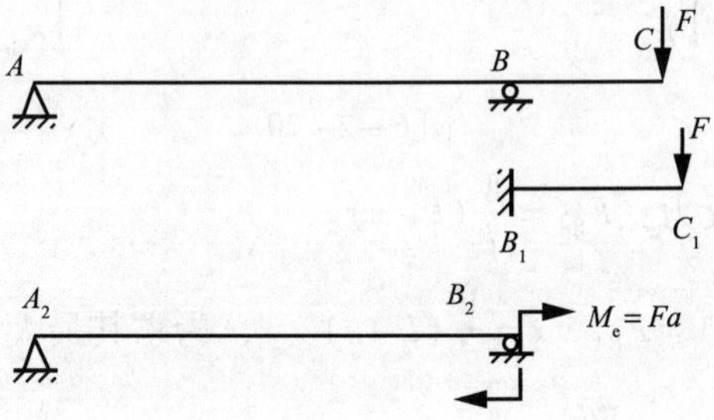

图 6－2－23

对于悬臂梁 BC，在 F 力作用下，C 点挠度：$w_{C1} = -\dfrac{Fa^3}{3EI}$。

简支梁 AB 中，在力矩 $M_e = Fa$ 作用下，C 点挠度：$w_{C2} = -\dfrac{Fa^2 l}{3EI}$。

叠加可得：$w_C = w_{C1} + w_{C2} = -\dfrac{Fa^2}{3EI}(l+a)$。

又作用在主轴外端的合力：$F = \sqrt{F_z^2 + F_y^2} = \sqrt{200^2 + 600^2}\text{N} = 632\text{N}$。

代入数据得主轴外伸端的总挠度

$$w_C = \frac{Fa^2(l+a)}{3EI} = \frac{632 \times 100^2 \times (350+100)}{3 \times 210 \times 10^3 \times \dfrac{\pi}{64} \times 80^4}\text{mm} = 2.25 \times 10^{-3}\text{mm}$$

6.18　在简支梁的一半跨度内作用均布载荷 q（图 6－2－24(a)），试求跨度中点的挠度。设 EI 为常数。

提示：把图 6－2－24(a) 中的载荷看作是图 6－2－24(b) 和 6－2－24(c) 中两种载荷的叠加。在图 6－2－24(b) 所示载荷作用下，跨度中点的挠度等于零。

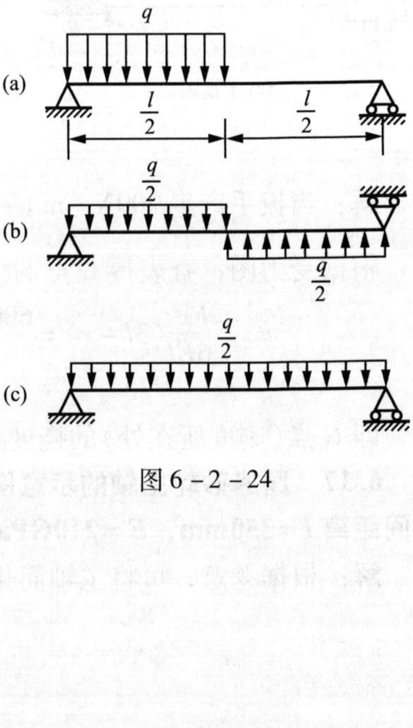

图 6－2－24

解：根据题图，将图 6－2－24(a) 看作是图 6－2－24(b)、图 6－2－24(c) 的叠加。由于图 6－2－24(b) 中载荷关于结构反对称，故 $w_b = 0$，于是 $w = w_c$。

在图 6－2－24(c) 中，查表可知：$w_c = -\dfrac{5 \cdot \dfrac{q}{2} l^4}{384EI} = -\dfrac{5ql^4}{768EI}$。

则梁跨中挠度：$w=w_c=-\dfrac{5ql^4}{768EI}$。

6.19　用叠加法求简支梁在图6-2-25所示载荷作用下跨度中点的挠度。设EI为常数。

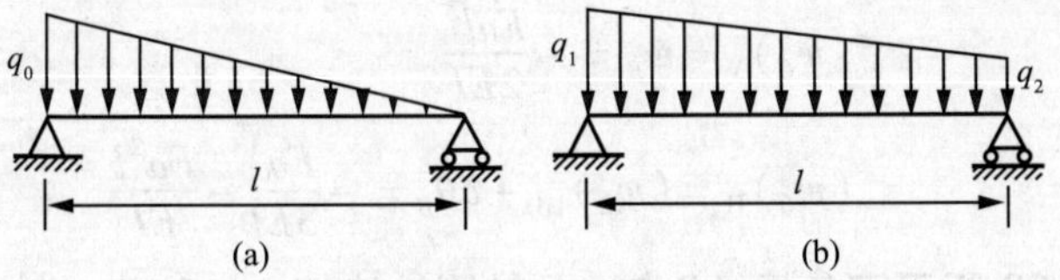

图6-2-25

解：(a)将图6-2-25(a)已知载荷看作是两部分载荷的叠加，如图6-2-26(a)所示，则由叠加原理可得C点挠度：$w_C=w_{C_1}-w_{C_2}$。

其中，由载荷对称性可知$w_C=w_{C_2}$，则有$w_C=\dfrac{1}{2}w_{C_1}=\dfrac{1}{2}\times\left(-\dfrac{5q_0l^4}{384EI}\right)=-\dfrac{5q_0l^4}{768EI}$。

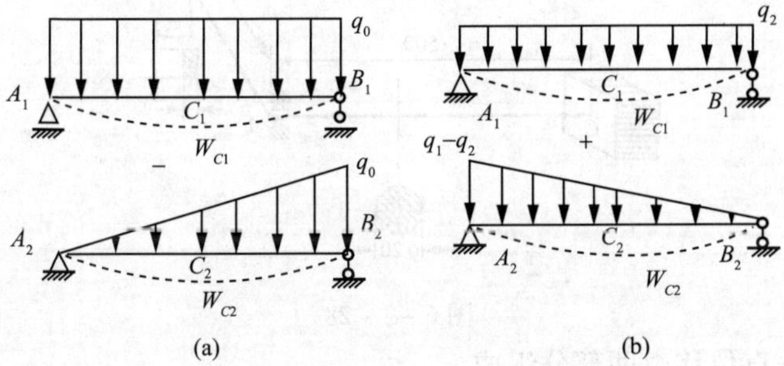

图6-2-26

(b)将图6-2-25(b)已知载荷看作是两部分载荷的叠加，如图6-2-26(b)所示，则由叠加原理可得C点挠度：$w_C=w_{C_1}+w_{C_2}$。

其中，查表知$w_{C_1}=-\dfrac{5q_2l^4}{384EI}$，又根据(1)中的解知$w_{C_2}=-\dfrac{5(q_1-q_2)l^4}{768EI}$。

故梁跨度中点挠度：$w_C=w_{C_1}+w_{C_2}=-\dfrac{5q_2l^4}{384EI}-\dfrac{5(q_1-q_2)l^4}{768EI}=-\dfrac{5(q_1+q_2)l^4}{768EI}$。

6.20　求图6-2-27所示简单刚架自由端C的水平位移和铅垂位移。设EI为常数。

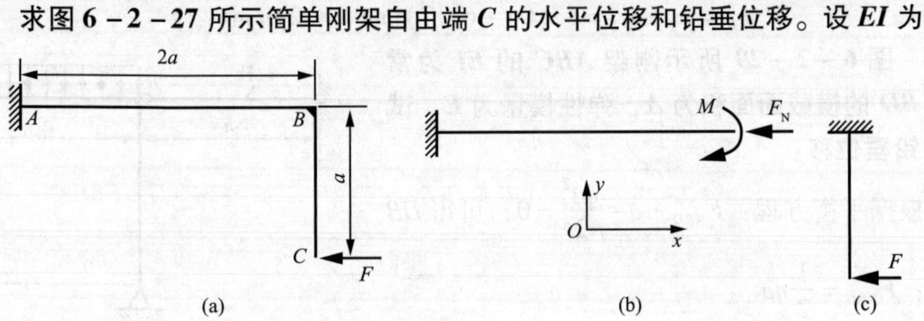

图6-2-27

解：假设沿截面B把刚架分成两部分。AB的截面B上如图6-2-27所示有轴力$F_N=F$和弯矩$M=Fa$。忽略轴力对截面B位移的影响，在M作用下，则有

$$w_B=-\frac{Fal^2}{2EI},\ \theta_B=-\frac{Fal}{EI}$$

如图6-2-27(c)所示截面C的水平位移为

$$(w_C)_{H1} = -\frac{Fa^3}{3EI}$$

C 的铅垂和水平位移分别为

$$(w_C)_V = w_B = -\frac{Fal^2}{2EI}$$

$$(w_C)_H = (w_C)_{H1} + a\theta_B = -\frac{Fa^3}{3EI} - \frac{Fa^2 l}{EI}$$

6.21　图 6-2-28 所示直角拐 AB 与 AC 轴刚性连接，A 处为一轴承，允许 AC 轴的端截面在轴承所在平面内自由转动，但不能上下移动。已知 $F=60\text{N}$，$E=210\text{GPa}$，$G=0.4E$。试求截面 B 的铅垂位移。

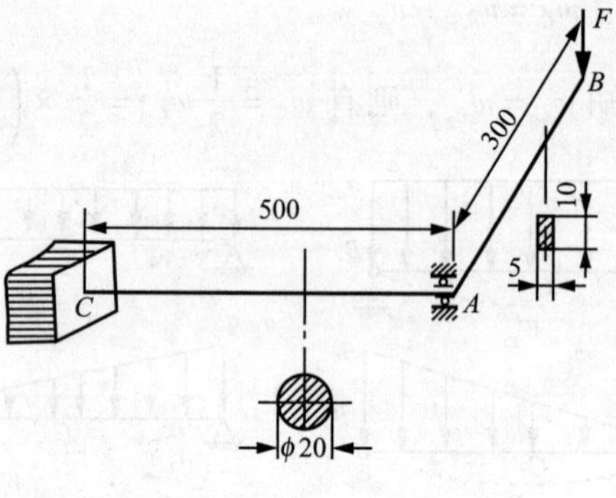

图 6-2-28

解：B 截面的垂直位移由两部分组成。

①因 AC 的扭转变形，从而使 AB 杆绕 AC 轴线作刚体转动而产生位移，其值为

$$w_1 = a\varphi = 0.3\frac{Tl}{GI_p} = \frac{0.3\times 60\times 0.3\times 0.5\times 32}{0.4\times 210\times 10^9\times \pi\times 0.02^4}\text{m} = 2.04\text{mm}(\downarrow)$$

②AB 杆自身的弯曲变形产生的 B 点垂直位移，其值为

$$w_2 = \frac{Fa^3}{3EI} = \frac{60\times 0.3^3\times 12}{3\times 210\times 10^9\times 5\times 10^3\times 10^{-12}}\text{m} = 6.17\times 10^{-3}\text{m} = 6.17\text{mm}(\downarrow)$$

③根据叠加原理可得截面 B 的垂直位移

$$w_B = w_1 + w_2 = (2.04 + 6.17)\text{mm} = 8.21\text{mm}(\downarrow)$$

6.22　图 6-2-29 所示刚架 ABC 的 EI 为常量，拉杆 BD 的横截面面积为 A，弹性模量为 E。试求 C 点的铅垂位移。

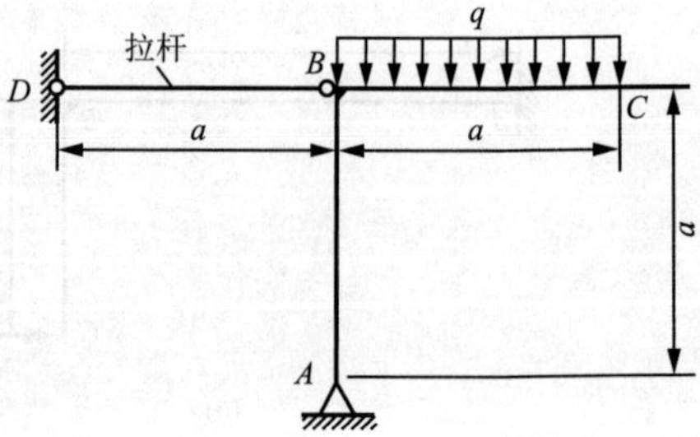

图 6-2-29

解：根据平衡方程：$F_{NBD}\cdot a - \frac{qa^2}{2} = 0$，可得 DB 杆内轴力：$F_{NBD} = \frac{1}{2}qa$。

分析可知，C 点的垂直位移由三部分组成：

①BD 杆的伸长引起的，由胡克定律和变形几何关系可得

$$w_{C_1} = -\Delta l = -\frac{F_{NBD}l}{EA} = -\frac{\frac{1}{2}qa\cdot a}{EA} = -\frac{qa^2}{2EA}$$

②AB 杆弯曲引起 B 截面产生转角，BC 杆刚性旋转引起，其值为

$$w_{C_2}=\theta_B\cdot a=-\frac{M_e l}{3EI}a=-\frac{\frac{1}{2}qa^2\cdot a}{3EI}\cdot a=-\frac{qa^4}{6EI}$$

③在均布载荷 q 作用下，引起 BC 杆弯曲变形：$w_{C_3}=-\dfrac{qa^4}{8EI}$。

综上，叠加得 C 点的垂直位移

$$\Delta_C=|w_C|=|w_{C_1}+w_{C_2}+w_{C_3}|=\frac{qa^2}{2EA}+\frac{qa^4}{6EI}+\frac{qa^4}{8EI}=\frac{qa^2}{2EA}+\frac{7qa^4}{24EI}\ (\downarrow)$$

6.23　图 6－2－30 所示刚架 $BCDE$ 用铰与悬臂梁的自由端 B 相连接，各杆 EI 相同，且为常量。若不计结构的自重，试求力 F 作用点 E 的铅垂位移。

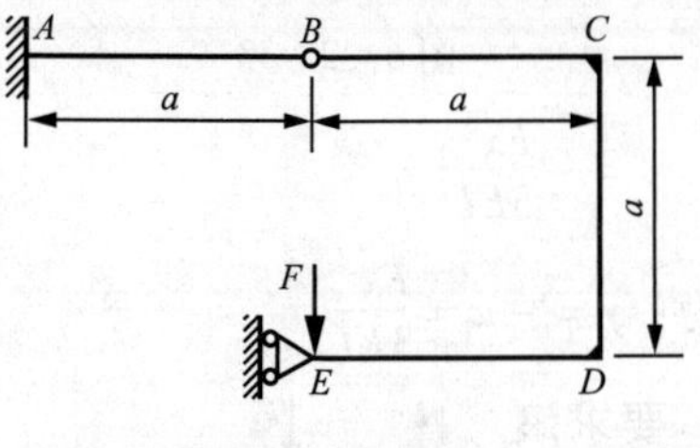

图 6－2－30

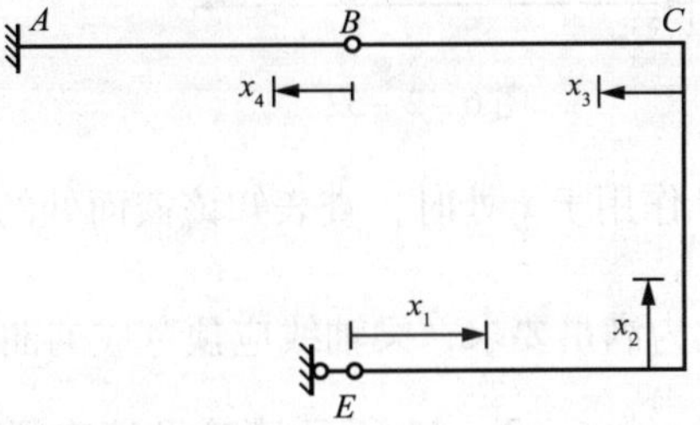

图 6－2－31

解：解法一：用能量法求解，建立如图 6－2－31 所示坐标系。

列出各段弯矩方程及其对力 F 的偏导

$$M_1=Fx_1,\ \frac{\partial M_1}{\partial F}=x_1;\ M_2=Fa,\ \frac{\partial M_2}{\partial F}=a$$

$$M_3=Fa-F(a-x_3),\ \frac{\partial M_3}{\partial F}=x_3;\ M_4=Fx_4,\ \frac{\partial M_4}{\partial F}=x_4$$

$$(0\leqslant x_1,\ x_2,\ x_3,\ x_4\leqslant a)$$

由卡氏定理得：$w_E=\sum\int\dfrac{M(x)}{EI}\dfrac{\partial M_i}{\partial F}\mathrm{d}x=\dfrac{2Fa^3}{EI}(\downarrow)$。

解法二：结构是由一个悬臂梁 AB 和一个平面刚架 $BCDE$ 构成，因此 E 点的铅垂位移由悬臂梁自由端铅垂位移叠加上刚架节点 B 和 E 之间的相对位移。

(1)悬臂梁自由端位移

$$w_1=-\frac{Fa^3}{3EI}$$

(2)刚架的 B、E 两节点之间的相对位移

对 B 点取矩，$\sum M_B=0$，则 E 处的水平力为 0。

在刚架节点 C 或 D 处的弯矩为 $M=Fa$，因此 E 点相对于 D 点的位移为

$$w_2=-\frac{Fa^3}{3EI}+\theta a=-\frac{Fa^3}{3EI}-\left(\frac{Ml}{3EI}+\frac{Ml}{6EI}\right)a=-\frac{Fa^3}{3EI}-\left(\frac{Fa\cdot a}{3EI}+\frac{Fa\cdot a}{6EI}\right)a=-\frac{5Fa^3}{6EI}$$

由于刚架结构对称，B 点相对于 C 点的铅垂位移也为 $-\dfrac{5Fa^3}{6EI}$，所以 B、E 之间的相对位移为

$$w_{BE}=2w_2=-\frac{5Fa^3}{3EI}$$

E 点的总的铅垂位移为

$$\delta_{Ey}=w_1+w_{BE}=-\frac{Fa^3}{3EI}-\frac{5Fa^3}{3EI}=-\frac{2Fa^3}{EI}(\downarrow)$$

6.24　悬臂梁如图 6-2-32 所示，有载荷 F 沿梁移动。若使载荷移动时总保持相同的高度，试问应将梁轴线预弯成怎样的曲线？设 EI 为常数。

解：对图 6-2-32 作如图 6-2-33 所示标记。

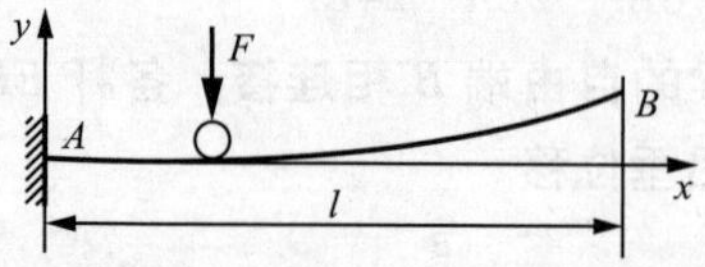

图 6-2-32

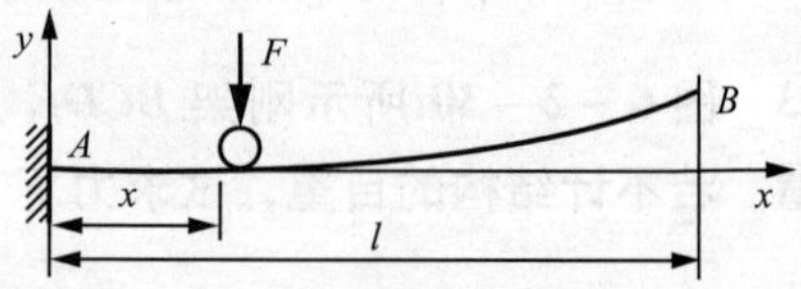

图 6-2-33

当 F 作用于 x 处时，查表知该截面处的挠度为：$w=-\frac{Fx^3}{3EI}$。

因此为满足要求，梁轴线应预弯成的曲线方程为：$y=-w=\frac{Fx^3}{3EI}$。

6.25　图 6-2-34 所示滚轮沿简支梁移动时，要求滚轮恰好走一水平路径，试问须将梁的轴线预先弯成怎样的曲线？设 EI 为常数。

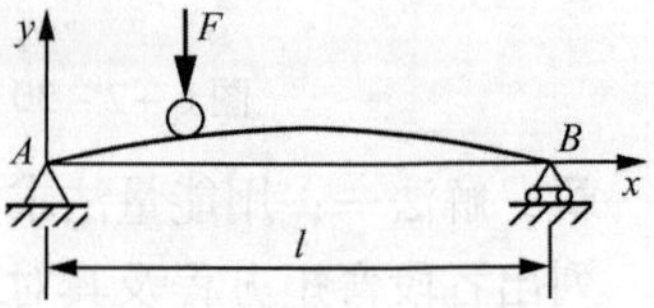

图 6-2-34

解：令 $y=f(x)$ 为梁预弯的曲线，由题设条件知

$$f(x)+w(x)=0$$

查表 6-1-1 第 9 项，可得

$$w(x)=-\frac{Fx(l-x)}{6EIl}[l^2-x^2-(l-x)^2]=-\frac{Fx^2(l-x)^2}{3EIl}$$

$$f(x)=-w(x)=\frac{Fx^2(l-x)^2}{3EIl}$$

6.26　图 6-2-35 所示一端固定的板条截面尺寸为 0.4mm×6mm，将它弯成半圆形。求力偶矩 M_e 及最大应力 σ_{max} 的数值。设 $E=200$GPa。在这种情况下，能否用 $\sigma=\frac{M}{W}$ 计算应力？能否用 $\frac{d^2w}{dx^2}=\frac{M}{EI}$ 计算变形？何故？

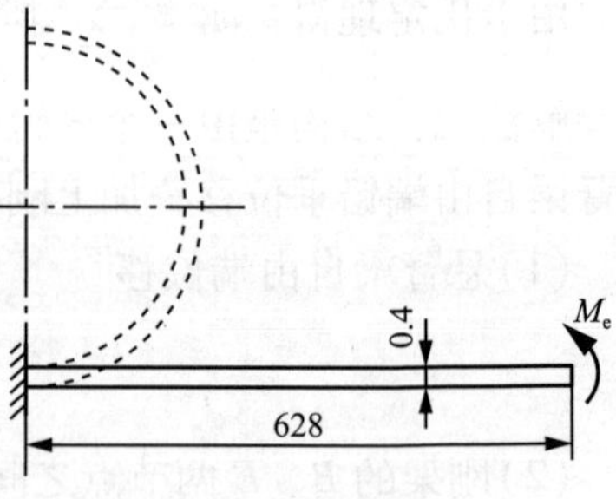

图 6-2-35

解：

$$\rho=\frac{l}{\pi}=\frac{628}{\pi}=200\text{mm}$$

$$M=\frac{EI}{\rho}=\frac{200\times10^3\times\frac{1}{12}\times6\times0.4^3}{200}=32\text{N}\cdot\text{mm}=0.032\text{N}\cdot\text{m}$$

$$\sigma_{max}=\frac{M}{W}=\frac{32}{\frac{1}{6}\times6\times0.4^2}=200\text{MPa}$$

可以用 $\sigma=\dfrac{M}{W}$ 计算应力，应力表达式是根据平衡方程得到的，与变形无关。但是不能用 $\dfrac{\mathrm{d}^2w}{\mathrm{d}x^2}=\dfrac{M}{EI}$ 计算变形，因为此公式中略去了小变形情况下的一个小量 $\left(\dfrac{\mathrm{d}w}{\mathrm{d}x}\right)^2$，因此此公式仅适用于小变形，题中为大变形。

6.27　图 6-2-36(a) 中两根梁的 EI 相同，且等于常量。两梁由铰链相互连接。试求力 F 作用点 D 的挠度。

解：如图 6-2-36(b) 所示，将梁在铰链 C 点断开，看作是两部分的叠加。

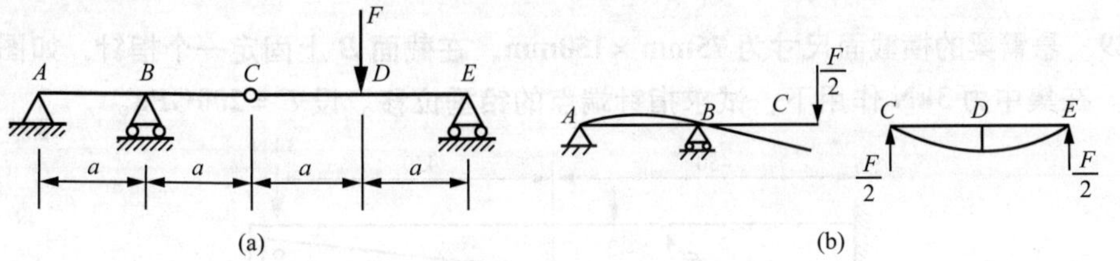

图 6-2-36

根据平衡条件可得 C 点支反力为 $\dfrac{F}{2}$，则 D 点位移即为两部分的叠加：

①CE 梁在力 F 作用下，查表得，D 点挠度为

$$w_{D1}=-\frac{F(2a)^3}{48EI}=-\frac{Fa^3}{6EI}$$

②AC 梁在力 $\dfrac{F}{2}$ 作用下引起 C 点的位移：$w_{C2}=-\dfrac{\frac{F}{2}a^3}{3EI}-\dfrac{\frac{F}{2}a\cdot a}{3EI}\cdot a=-\dfrac{Fa^3}{3EI}$。

根据几何关系，D 点挠度为 C 点的一半，故 $w_{D2}=\dfrac{1}{2}w_{C2}=-\dfrac{Fa^3}{6EI}$。

根据叠加原理得 D 点位移：$w_D=w_{D1}+w_{D2}=-\dfrac{Fa^3}{3EI}$。

6.28　若图 6-2-37 所示 CDE 梁端点 E 的位移等于弹簧伸长量的 1.5 倍，试求 CDE 梁的抗弯刚度 EI。设弹簧中径 $D=160\text{mm}$，弹簧丝横截面直径 $d=20\text{mm}$，有效圈数 $n=7$，$G=80\times10^9\text{Pa}$。

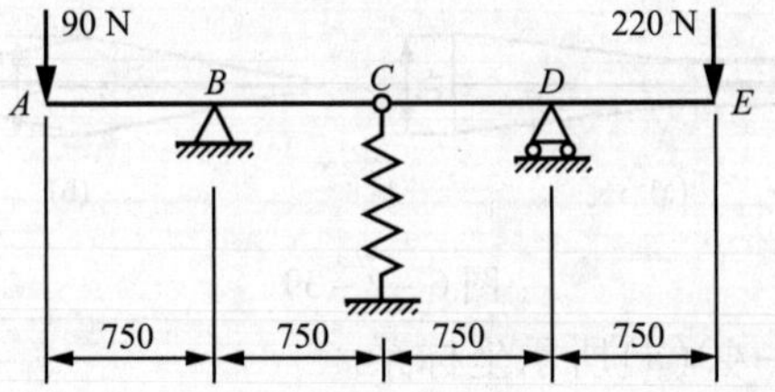

图 6-2-37

解：由平衡方程可得，弹簧在 C 处所受拉力为 310N，则弹簧变形量

$$\lambda=\frac{64(F_1+F_2)(D/2)^3n}{Gd^4}=\frac{64\times310\times0.08^3\times7}{80\times10^9\times0.02^4}\text{m}=5.55\text{mm}$$

将梁沿铰接点 C 处断开，把 CE 看作有弹性支座 C 的外伸梁，查表知在支座 C 支反力

$F=220\text{N}$ 和在 $F_E=220\text{N}$ 共同作用下，端点 E 的位移：$w_{E_1}=\dfrac{2Fa^3}{3EI}$。

又弹簧自身变形产生 λ 的位移，由此产生 E 点位移 w_{E_2}，故 E 点的总位移为

$$w_E=w_{E_1}+w_{E_2}=\frac{2Fa^3}{3EI}+\lambda$$

根据题意 $w_E=1.5\lambda$，联立上式得：$w_{E_1}=\dfrac{2Fa^3}{3EI}=0.5\lambda$。

则 CDE 梁的抗弯刚度：$EI=\dfrac{4Fa^3}{3\lambda}=2.23\times10^4\text{N}\cdot\text{m}^2$。

6.29　悬臂梁的横截面尺寸为 75mm×150mm，在截面 B 上固定一个指针，如图 6-2-38 所示。在集中力 3kN 作用下，试求指针端点的铅垂位移。设 $E=200\text{GPa}$。

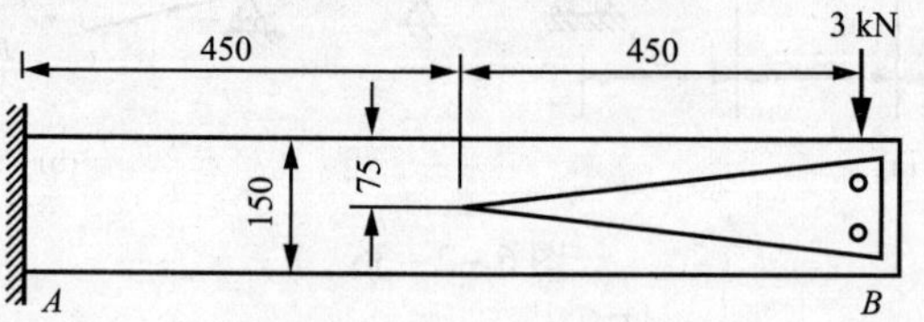

图 6-2-38

解：指针在 B 端和梁固结，故只随着 B 点作平移和转动，因此指针端点的位移由两部分组成：①B 截面挠度引起的位移 w_B；②B 截面转角 θ_B 引起的位移 $\theta_B\times\dfrac{l}{2}$。

则有：$w=w_B-\theta_B\times\dfrac{l}{2}=\dfrac{Fl^3}{3EI}-\dfrac{Fl^2}{2EI}\cdot\dfrac{l}{2}=\dfrac{Fl^3}{12EI}$（↓）。

代入数据：$w=\dfrac{3000\times0.9^3}{12\times200\times10^9\times\dfrac{1}{12}\times0.075\times0.15^3}\text{m}=0.0432\text{mm}$（↓）。

6.30　等强度梁如图 6-2-39 所示，设 F、a、b、h 及弹性模量 E 均为已知。试求梁的最大挠度。

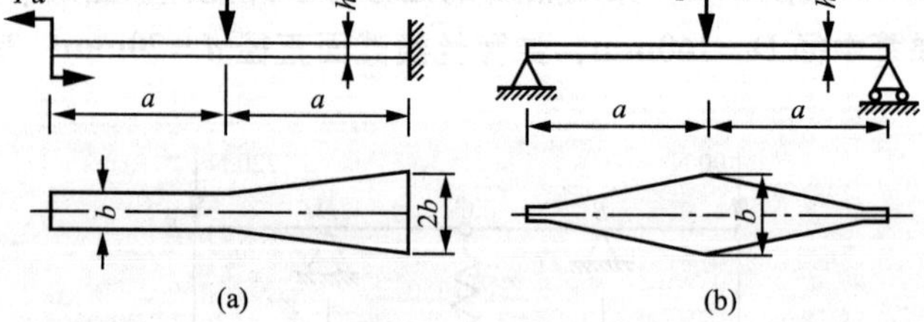

图 6-2-39

解：(1)建立如图 6-2-40(a)所示坐标系。

①BC 段弯矩方程：$M(x_1)=-Fa\ (0\leqslant x_1\leqslant a)$，

则其挠曲线近似微分方程：$EI_1w''_1=-Fa$，

依次积分得：$EIw'_1=-Fax_1+C_1$，$EI_1w_1=-\dfrac{Fa}{2}x_1^2+C_1x_1+D_1$。

②CA 段弯矩方程：$M(x_2)=-Fa-F(x_2-a)=-Fx_2\quad(a\leqslant x_2\leqslant2a)$，

则其挠曲线近似微分方程：$EI_2w''_2=-Fx_2$，

其中：$I_1=\frac{1}{12}bh^3$，$I_2=\frac{1}{12}\left(\frac{bx_2}{a}\right)h^3=I_1\cdot\frac{x_2}{a}$，

则 CA 段近似方程可整理为：$EI_1w''_2=-Fa$，

依次积分得：$EI_1w'_2=-Fax_2+C_2$，$EI_1w_2=-\frac{1}{2}Fax_2^2+C_2x_2+D_2$。

③由边界及连续性条件：$x_1=x_2=a$ 时，$w'_1=w'_2$，$w_1=w_2$；$x_2=2a$ 时，$w'_2=0$，$w_2=0$，

可确定积分常数：$C_1=C_2=2Fa^2$，$D_1=D_2=-2Fa^3$，

则该梁的挠曲线方程：$w(x)=\frac{1}{EI_1}\left(-\frac{1}{2}Fax^2+2Fa^2x-2Fa^3\right)\quad(0\leqslant x\leqslant 2a)$，

最大挠度发生在自由端 B 截面：$w_{\max}=w_B=-\frac{2Fa^3}{EI_1}=-\frac{24Fa^3}{Ebh^3}$。

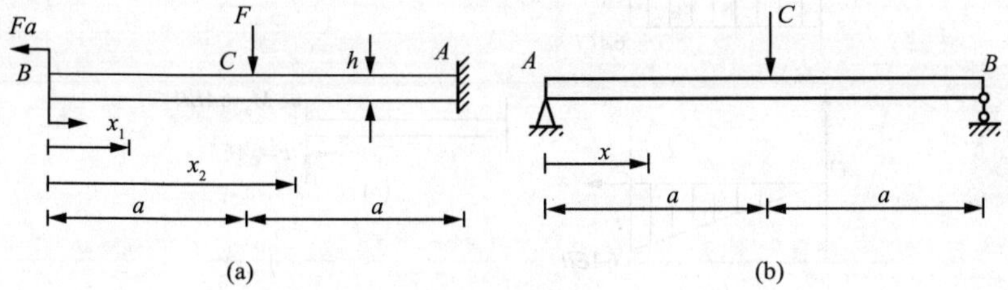

图 6－2－40

(2)建立如图 6　2－40(b)所示坐标系。

根据梁结构载荷的完全对称性，分析梁的左半部分即可。

AC 段弯矩方程；$M(x)=\frac{F}{2}x\quad(0\leqslant x\leqslant a)$，

则近似挠曲线微分方程：$EI_1w''=\frac{F}{2}x$，

其中，横截面对中性轴的惯性矩：$I_1=\frac{1}{12}b(x)\cdot h^3=\frac{1}{12}\left(\frac{b}{a}x\right)h^3$，

令 $I=\frac{bh^3}{12}$，则 $I_1=\frac{x}{a}I$。

故挠曲线微分方程可变形为：$EIw''=\frac{Fa}{2}$，

依次积分得：$EIw'=\frac{Fa}{2}x+C$，$EIw=\frac{Fa}{4}x^2+Cx+D$，

由边界条件：$x=0$，$w=0$；$x=a$，$w'=0$，

可确定积分常数：$C=-\frac{Fa^2}{2}$，$D=0$，

则该梁的挠曲线方程：$w(x)=\frac{1}{EI}\left(\frac{Fa}{4}x^2-\frac{Fa^2}{2}x\right)\quad(0\leqslant x\leqslant a)$，

最大挠度发生在梁跨中 C 截面：$w_{\max}=w_C=-\frac{Fa^3}{4EI}=-\frac{3Fa^3}{Ebh^3}$。

6.31　图 6－2－41 所示等截面梁，抗弯刚度为 EI。设梁下有一曲面 $y=-Ax^3$，欲使梁变形后恰好与该曲面密合，且曲面不受压力。试问梁上应加什么载荷？并确定载荷的大小和方向。

解：根据题意，梁变形的挠曲线方程

$$w = y = -Ax^3$$

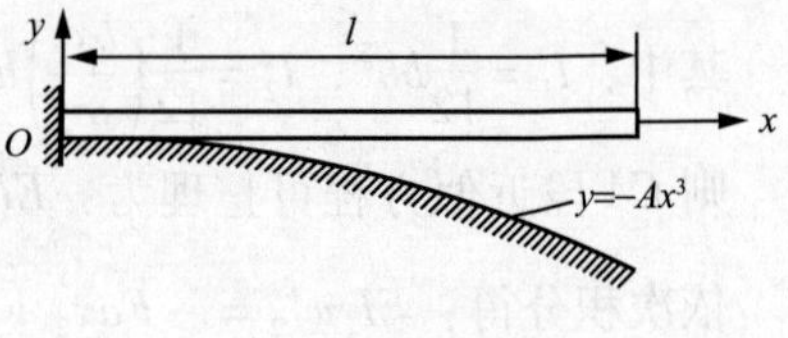

图 6－2－41

求导可得微分方程：$w'' = \dfrac{M(x)}{EI} = -6Ax$，

则该梁的弯矩方程：$M(x) = -6AEIx$，

又由弯矩、剪力之间的微分关系可得，作用在梁上的剪力：$F_S(x) = M'(x) = -6AEI$

由此可绘制梁的弯矩和剪力图如图 6－2－42(a)所示，从而可得梁上所应施加的载荷如图 6－2－42(b)所示，即在自由端施加一竖直向上的力 $F = 6AEI$ 和一顺时针的力偶矩 $M_e = 6AEIl$。

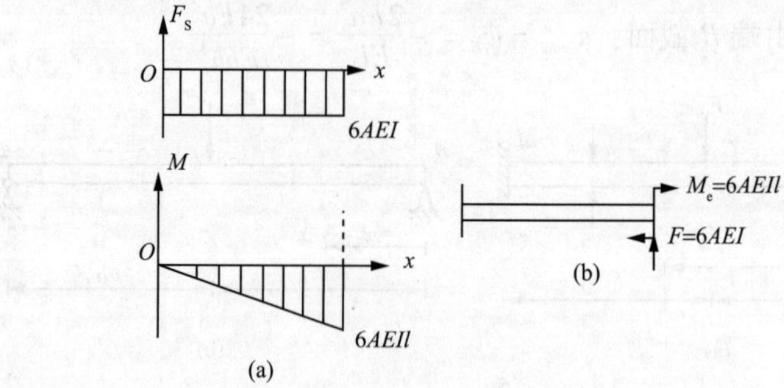

图 6－2－42

6.32　总重量为 W、长度为 $3a$ 的钢筋，对称地放置于宽为 a 的刚性平台上。试求钢筋与平台间的最大间隙 δ。设 EI 为常量。

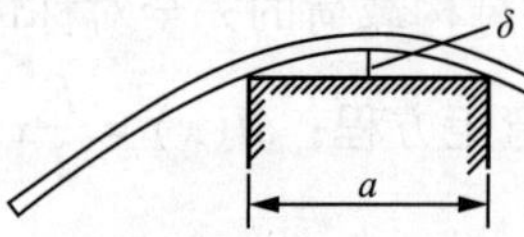

图 6－2－43

解：如图 6－2－44 所示，将已知梁简化为在均布载荷 $q = \dfrac{W}{3a}$ 作用下的外伸梁。最大间隙 δ 即为跨度中点的挠度，将外伸梁部分的载荷简化为集中力和力偶，由外伸梁简化为简支梁，则根据叠加原理可得

$$\delta = \frac{M_e l^2}{16EI} \times 2 - \frac{5ql^4}{384EI} = \frac{\frac{W}{6}a^3}{16EI} \times 2 - \frac{5 \times \frac{W}{3a}a^4}{384EI} = \frac{19Wa^3}{1152EI}$$

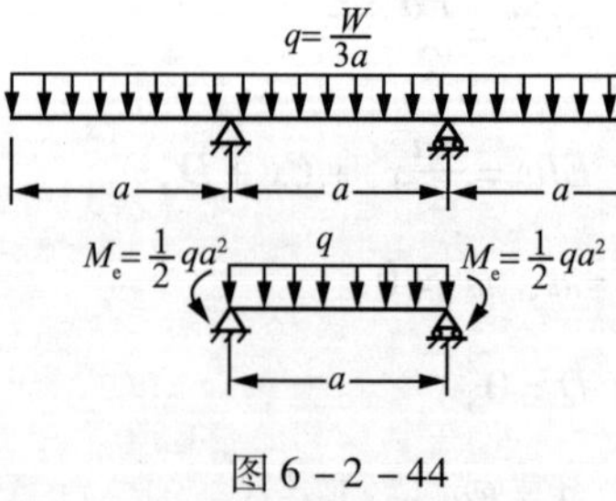

图 6－2－44

6.33　长度为 l、弯曲刚度为 EI 的直梁且在梁的中间不存在任何支承，在外载荷的作用下，挠曲线方程为

$$w = -\frac{qx^2}{24EI}(x^2 - 4lx + 6l^2)$$

试确定：(1)梁上作用的载荷情况；(2)梁两端的约束条件。

解：(1)

$$w = -\frac{qx^2}{24EI}(x^2 - 4lx + 6l^2)$$

$$\theta = w' = -\frac{qx^3}{6EI} + \frac{qlx^2}{2EI} - \frac{ql^2 x}{2EI}$$

$$M = EIw'' = -\frac{1}{2}qx^2 + qlx - \frac{ql^2}{2}$$

$$Q = M' = -qx + ql$$

剪力线性变化，且一次项系数为负，有作用向下的均布荷载。

(2)当 $x=0$ 时，$w=0$，$w'=0$；当 $x=l$ 时，$w\neq 0$，$w'\neq 0$。

约束条件为左端固定，右端自由的悬臂梁。

***6.34　悬臂梁的下面是一半径为 R 的刚性圆柱面(如图 6－2－45 所示)。在集中力 F 作用下，试求端点 B 的挠度。**

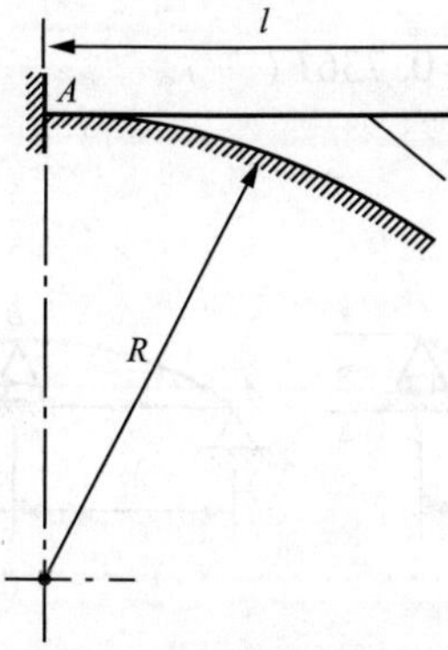

图 6－2－45

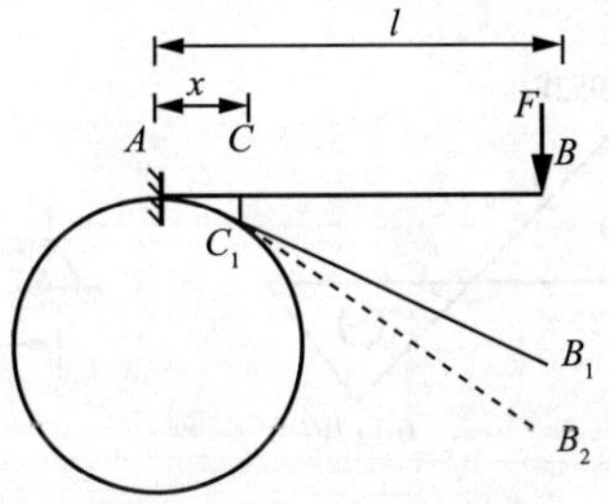

图 6－2－46

解：(1)当梁变形后曲率半径 $\rho > R$ 时，梁上仅有 A 点与刚性圆柱面接触。设此时外力 $F=F_0$，则由 A 点 $\rho = R$，即 $\frac{1}{\rho} = \frac{1}{R} = \frac{M}{EI} = \frac{F_0 l}{EI}$，得 $F_0 = \frac{EI}{Rl}$。

此时，端点 B 的挠度：$w_B = -\frac{F_0 l^3}{3EI}$。

(2)当变形后，梁上有一段圆弧与圆柱面接触，即 $F > F_0 = \frac{EI}{Rl}$时，根据变形图 6－2－46，由叠加原理可知

$$w_B = w_C + \theta_C \cdot (l-x) + w_{B_2}$$

其中，由 C 点 $\rho = R$，即$\frac{1}{\rho} = \frac{1}{R} = \frac{F(l-x)}{EI}$，得 $x = l - \frac{EI}{FR}$。

故端点 B 的挠度

$$w_B = w_C + \theta_C \cdot (l-x) + w_{B_2} = -\frac{1}{2}\frac{x^2}{R} - \frac{EI}{FR^2}\left(l - \frac{EI}{FR}\right) - \frac{F(l-x)^3}{3EI} = -\frac{l^2}{2R} + \frac{(EI)^2}{6F^2R^3}$$

6.35　车床床头箱的一根传动轴可简化成三支座等截面梁，如图 6－2－47 所示。试用叠加法求解，并作该轴的弯矩图。

解：为求得支反力，解除支座 C 多余约束力，代之以反力 F_{RC}。已知轴的变形可看作是两部分的叠加，如图 6－2－48 所示，可得变形协调方程：$w_C = w_{C_1} + w_{C_2} = 0$　　①

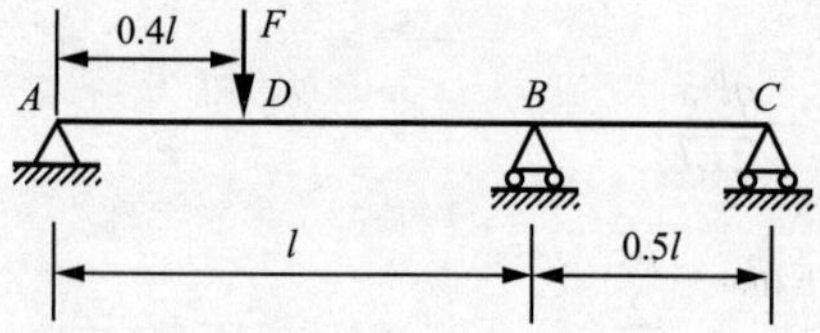

图 6－2－47

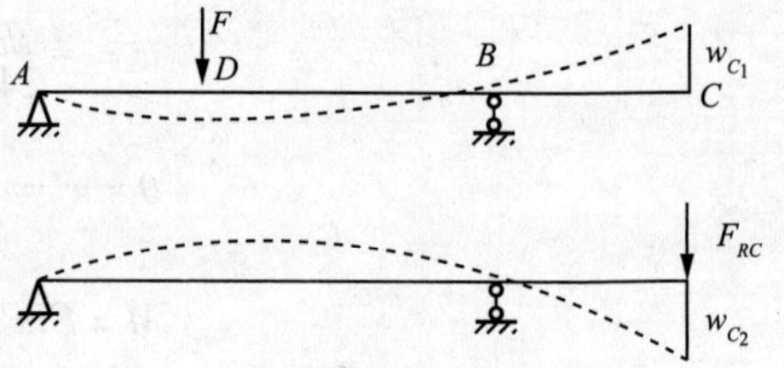

图 6－2－48

其中，将 BC 看做刚性，$w_{C_1}=\theta_B\cdot\dfrac{l}{2}=\dfrac{F\times0.4l\times0.6l\times(l+0.4l)}{6EIl}\cdot\dfrac{l}{2}$ ②

在 F_{RC}作用下，C 端挠度：$w_{C_2}=-\dfrac{F_{RC}\left(\dfrac{l}{2}\right)^2\left(l+\dfrac{l}{2}\right)}{3EI}$ ③

联立式①②③得：$F_{RC}=0.224F(\downarrow)$。

由平衡条件可得支座反力：$F_{RA}=0.488F(\uparrow)$，$F_{RB}=0.736F(\uparrow)$。

绘制弯矩图如图 6－2－49 所示。

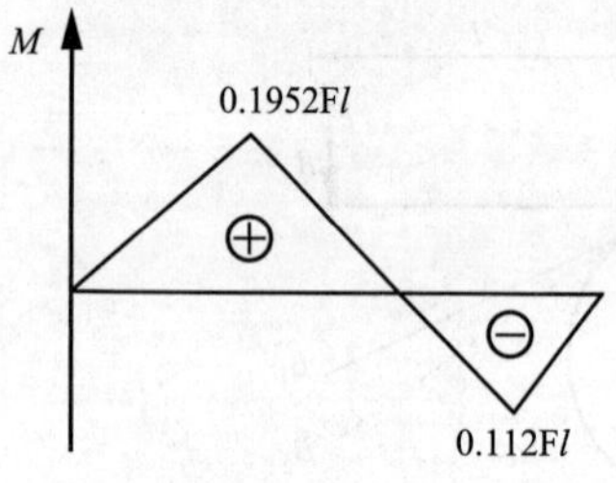

图 6－2－49

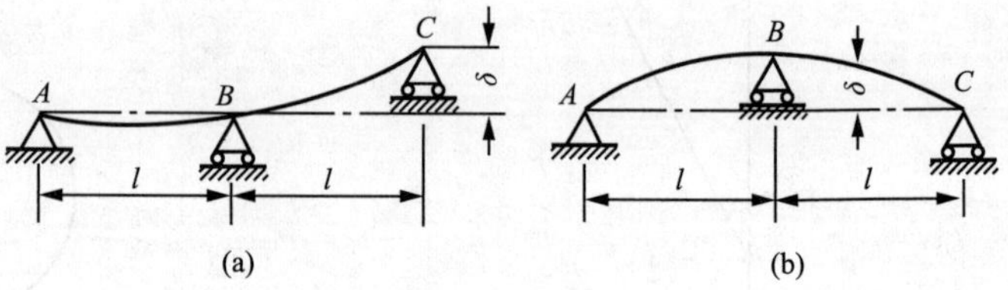

图 6－2－50

6.36 图 6－2－50 所示三支座等截面轴，由于制造不精确，轴承有高低。设 EI、δ 和 l 均为已知量，试用叠加法求图示两种情况的最大弯矩。

解：(a)如图 6－2－51(a)所示，解除 C 处约束，代以反力 F_{RC}，可得变形协调条件为 $\delta=w_C$。其中，查表知 $w_C=\dfrac{2F_{RC}l^3}{3EI}$，故 $F_{RC}=\dfrac{3\delta EI}{2l^3}$。

分析可知，最大弯矩值发生在 B 截面，则 $M_{max}=F_{RC}l=\dfrac{3\delta EI}{2l^2}$。

(b)如图 6－2－51(b)所示，解除 B 处约束，代以反力 F_{RB}，可得变形协调条件为 $\delta=w_B$。

其中，查表知 $w_B=\dfrac{F_{RB}(2l)^3}{48EI}=\dfrac{F_{RB}l^3}{6EI}$，故 $F_{RB}=\dfrac{6EI\delta}{l^3}$。

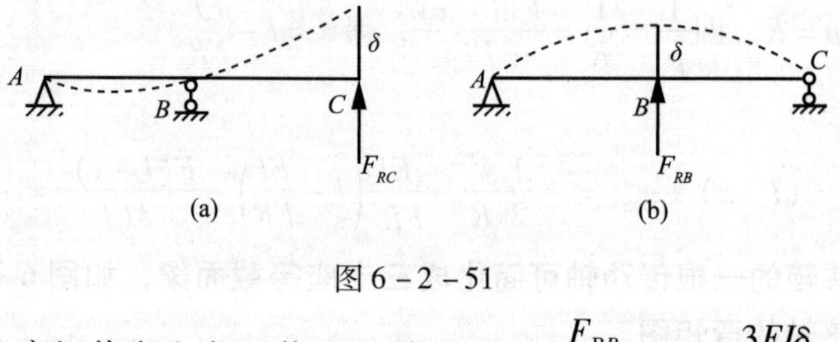

图 6－2－51

分析可知，最大弯矩值发生在 B 截面，则 $M_{max}=-\dfrac{F_{RB}}{2}\cdot l=-\dfrac{3EI\delta}{l^2}$。

6.37 房屋建筑中的某一等截面梁可简化成均布载荷作用下的双跨梁(如图 6-2-52 所示)。试作该梁的剪力图和弯矩图。

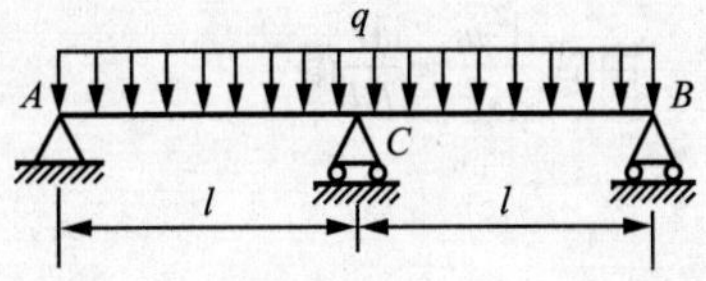

图 6-2-52

解：如图 6-2-53 所示，解除 C 处约束，代以反力 F_{RC}，可得变形协调条件 $w_C=0$。

由叠加原理可知：$w_C=-\dfrac{5q(2l)^4}{384EI}+\dfrac{F_{RC}(2l)^3}{48EI}=0$。

解得：$F_{RC}=\dfrac{5}{4}ql$。

故由平衡条件可得支座反力：$F_{RA}=F_{RB}=\dfrac{3}{8}ql$。

绘制剪力图和弯矩图，分别如图 6-2-53 所示。

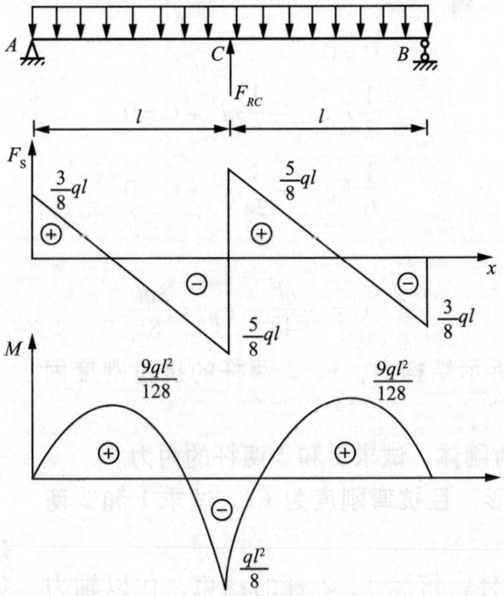

图 6-2-53

6.38 试用积分法求解图 6-2-54(a)所示超静定梁。设 EI 为常量。

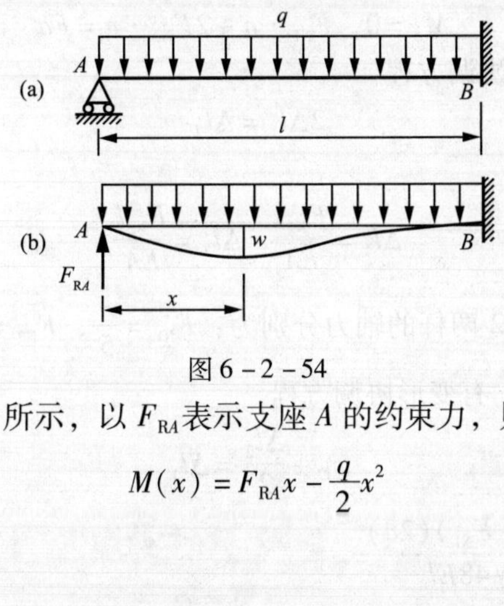

图 6-2-54

解：如图 6-2-54(b)所示，以 F_{RA} 表示支座 A 的约束力，则有

$$M(x)=F_{RA}x-\frac{q}{2}x^2$$

由式$\frac{d^2 w}{dx^2}=\frac{M}{EI}$得

$$EI\frac{d^2 w}{dx^2}=M(x)=F_{RA}x-\frac{q}{2}x^2$$

积分得

$$EI\frac{dw}{dx}=EI\theta=\frac{F_{RA}}{2}x^2-\frac{q}{6}x^3+C \quad ①$$

$$EIw=\frac{F_{RA}}{6}x^3-\frac{q}{24}x^4+Cx+D \quad ②$$

梁的左端为铰支座，则有 $x=0$ 时，$w=0$。

梁的右端固定，则有 $x=l$ 时，$w=0$，$\frac{dw}{dx}=0$。

以上数据代入式①②，得

$$D=0$$

$$\frac{1}{2}F_{RA}l^2-\frac{1}{6}ql^3+C=0$$

$$\frac{1}{6}F_{RA}l^2-\frac{1}{24}ql^3+C=0$$

由此得

$$C=-\frac{ql^3}{48},\ F_{RA}=\frac{3ql}{8}$$

6.39　图 6－2－55 所示结构中，1、2 两杆的抗拉刚度同为 EA。

(1) 若将横梁 AB 视为刚体，试求 1 和 2 两杆的内力。

(2) 若考虑横梁的变形，且抗弯刚度为 EI，试求 1 和 2 两杆的拉力。

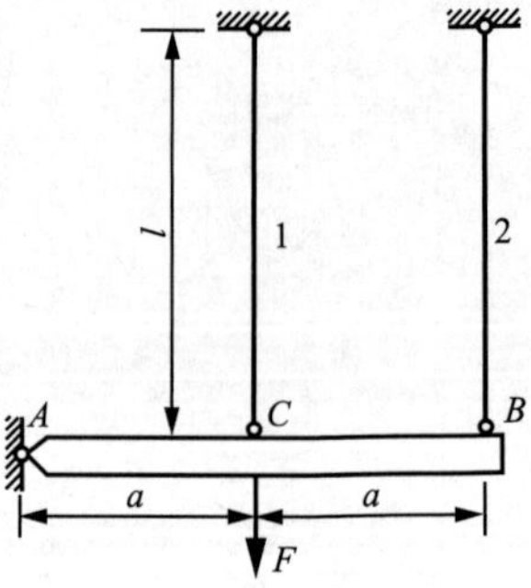

图 6－2－55

解：(1) 将梁视为刚体，解除 1、2 杆的约束，代以轴力 F_{N1}、F_{N2}。

由平衡条件可得

$$\sum M_A=0,\ F_{N1}\cdot a+2F_{N2}\cdot a=Fa \quad ①$$

根据几何关系可得变形协调方程

$$2\Delta l_1=\Delta l_2 \quad ②$$

由胡克定律可得

$$\Delta l_1=\frac{F_{N1}l}{EA},\ \Delta l_2=\frac{F_{N2}l}{EA} \quad ③$$

联立式①②③可得 1 和 2 两杆的轴力分别为：$F_{N1}=\frac{F}{5}$，$F_{N2}=\frac{2}{5}F$。

(2) 考虑梁变形情况下，有变形协调方程

$$w_C+\frac{\Delta l_2}{2}=\Delta l_1 \quad ④$$

其中，查表知 $w_C=\frac{(F-F_{N1})(2a)^3}{48EI}$。

又由胡克定律，式④可变形为

$$\frac{(F-F_{N1})8a^3}{48EI}+\frac{F_{N2}l}{2EA}=\frac{F_{N1}l}{EA} \quad ⑤$$

联立式①⑤可得 1 和 2 两杆的拉力：$F_{N1}=\frac{3lI+2a^3A}{15Il+2a^3A}\cdot F$，$F_{N2}=\frac{6Il}{15Il+2a^3A}\cdot F$。

6.40　图 6－2－56 所示结构中，梁为 I 16 工字钢梁；拉杆的横截面为圆形，$d=$ 10mm。两者均为 Q235 钢，$E=200$GPa。试求梁及拉杆内的最大正应力。

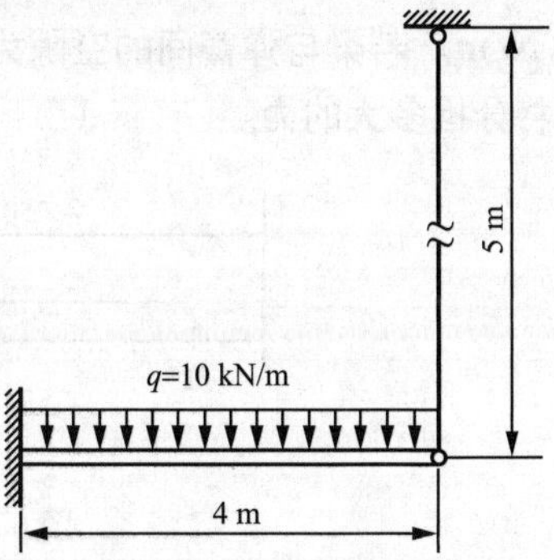

图 6－2－56

解：解除拉杆对梁的约束，代以轴力 F_N，则有变形协调条件

$$w_B=\Delta l \quad ①$$

其中，由叠加原理可得 $w_B=\frac{ql^4}{8EI}-\frac{F_Nl^3}{3EI}$，由胡克定律可得 $\Delta l=\frac{F_Nl}{EA}$。

查型钢表知 I 16 号工字钢的截面性质：$I=1130\text{cm}^4$，$W=141\text{cm}^3$。

将以上数据代入式①可得：$F_N=14.5$kN。

分析可知，梁上最大弯矩值发生在固定端，值为：$M_{max}=-\frac{1}{2}ql^2+F_Nl=-22\text{kN}\cdot\text{m}$。

故梁内最大正应力：$\sigma_{max}=\frac{M_{max}}{W}=\frac{22\times10^3}{141\times10^{-6}}\text{Pa}=156\text{MPa}$。

杆内最大正应力：$\sigma'_{max}=\frac{F_N}{A}=\frac{14.5\times10^3}{\frac{\pi}{4}\times0.01^2}\text{Pa}=185\text{MPa}$。

6.41　图 6－2－57 所示两根梁的材料相同，截面惯性矩分别为 I_1 和 I_2。在无外载荷作用时两梁刚好接触。试求在力 F 作用下，两根梁分别负担的载荷。

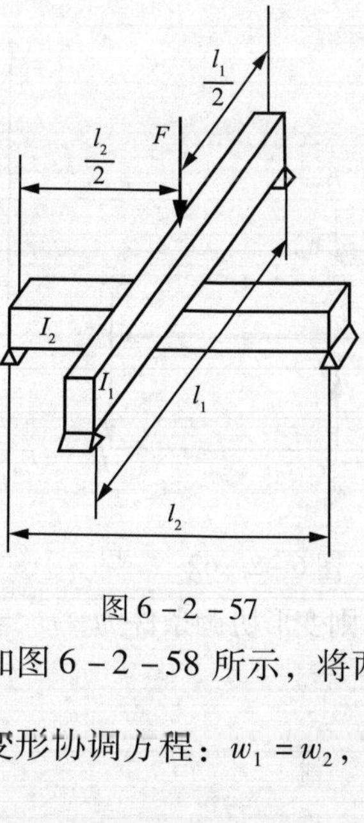

图 6－2－57

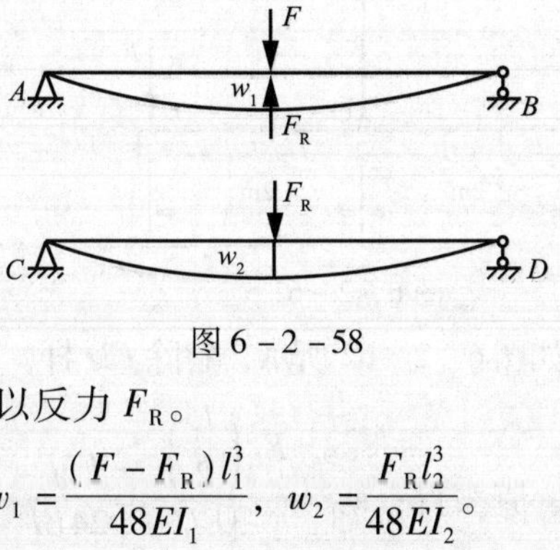

图 6－2－58

解：如图 6－2－58 所示，将两根梁分开，代以反力 F_R。

可得变形协调方程：$w_1=w_2$，其中，查表知 $w_1=\frac{(F-F_R)l_1^3}{48EI_1}$，$w_2=\frac{F_Rl_2^3}{48EI_2}$。

解得：$F_R=\frac{I_2l_1^3F}{I_2l_1^3+I_1l_2^3}$。

故上梁负担的载荷：$F_1=F-F_R=\frac{I_1l_2^3}{I_1l_2^3+I_2l_1^3}\cdot F$。

下梁负担的载荷：$F_2=F_R=\frac{I_2l_1^3}{I_1l_2^3+I_2l_1^3}\cdot F$。

6.42　图 6-2-59 所示悬臂梁的抗弯刚度 $EI=30\times10^3\text{N}\cdot\text{m}^2$。弹簧的刚度系数为 $175\times10^3\text{N/m}$。若梁与弹簧间的空隙为 1.25mm，当集中力 $F=450\text{N}$ 作用于梁的自由端时，试问弹簧将分担多大的力。

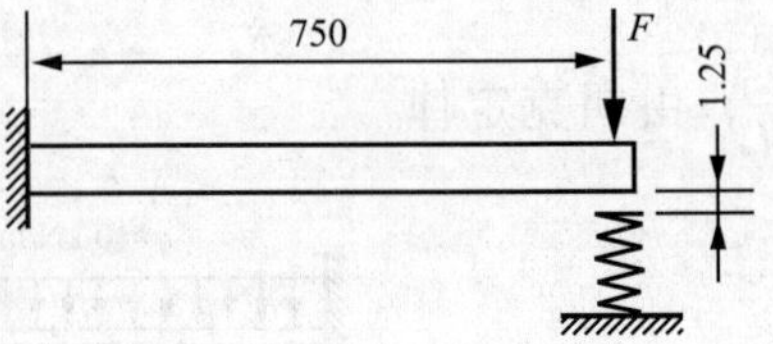

图 6-2-59

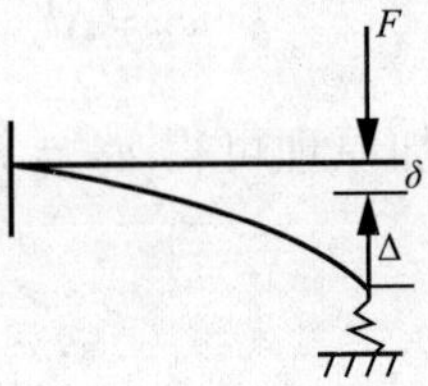

图 6-2-60

解：如图 6-2-60 所示，分析可知，该梁的变形协调条件为梁自由端的挠度等于梁与弹簧之间的空隙 δ 和弹簧被压缩高度 Δ 之和，即

$$w=\delta+\Delta \quad ①$$

设弹簧承受压力为 T，查表得自由端挠度：$w=\frac{F-T}{3EI}l^3$。

又 $\Delta=\frac{T}{C}$，$\delta=1.25\times10^{-3}\text{m}$，则式①可变形为：$\frac{F-T}{3EI}l^3=\frac{T}{175\times10^3}+1.25\times10^{-3}$。

代入数据可得弹簧分担的力：$T=82.6\text{N}$。

6.43　图 6-2-61 所示悬臂梁 AD 和 BE 的抗弯刚度同为 $EI=24\times10^6\text{N}\cdot\text{m}^2$，由钢杆 CD 相连接。CD 杆的 $l=5\text{m}$，$A=3\times10^{-4}\text{m}^2$，$E=200\text{GPa}$。若 $F=50\text{kN}$，试求悬臂梁 AD 在 D 点的挠度。

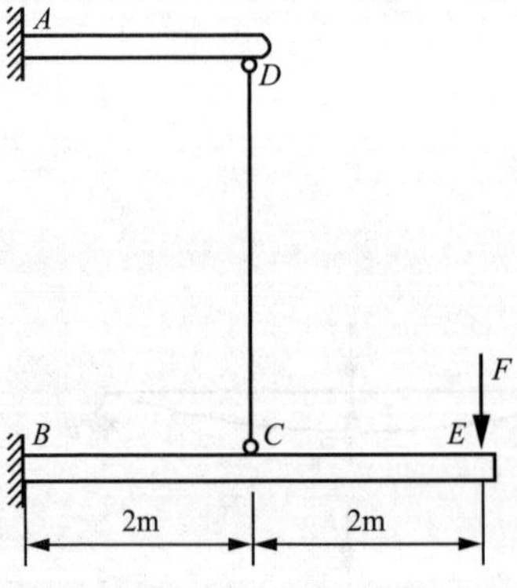

图 6-2-61

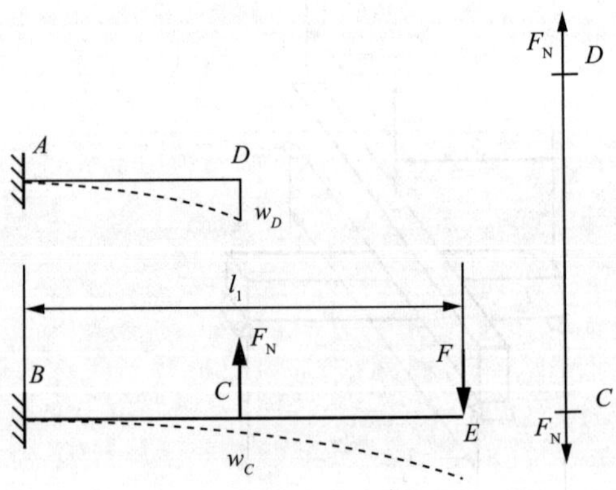

图 6-2-62

解：如图 6-2-62 所示，解除 CD 杆，代之以内力 F_N，则变形协调条件为：$w_C=w_D+\Delta l$。

其中，查表得：$w_D=\frac{F_N\left(\frac{l_1}{2}\right)^3}{3EI}=\frac{F_Nl_1^3}{24EI}$。

由叠加原理得：$w_C = w_F - w_{F_N} = \dfrac{F\left(\dfrac{l_1}{2}\right)^2}{6EI}\left(3l_1 - \dfrac{l_1}{2}\right) - \dfrac{F_N}{3EI}\left(\dfrac{l_1}{2}\right)^3 = \dfrac{5Fl_1^3}{48EI} - \dfrac{F_N l_1^3}{24EI}$。

由胡克定律得：$\Delta l = \dfrac{F_N l}{EA}$。

将以上各式代入协调条件，可得：$\dfrac{5Fl_1^3}{48EI} - \dfrac{F_N l_1^3}{24EI} = \dfrac{F_N l_1^3}{24EI} + \dfrac{F_N l}{EA}$。

解得：$F_N = 45.5\text{kN}$。

故悬臂梁 AD 在 D 点的挠度：$w_D = \dfrac{F_N l_1^3}{24EI} = \dfrac{45.5 \times 10^3 \times 4^3}{24 \times 24 \times 10^6}\text{m} = 5.06\text{mm}(\downarrow)$。

6.44　图 6-2-63 所示悬臂梁的自由端恰好与光滑斜面接触。若温度升高 ΔT，试求梁内最大弯矩。设 E、A、I、α_l 已知，且梁的自重以及轴力对弯曲变形的影响皆可略去不计。

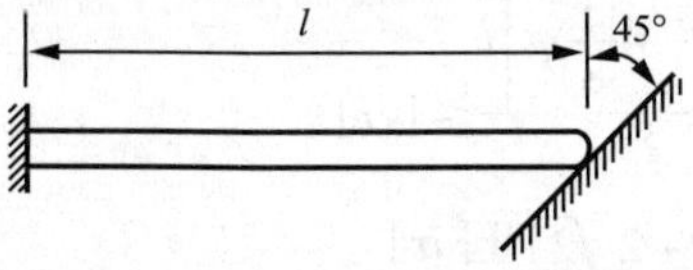

图 6-2-63

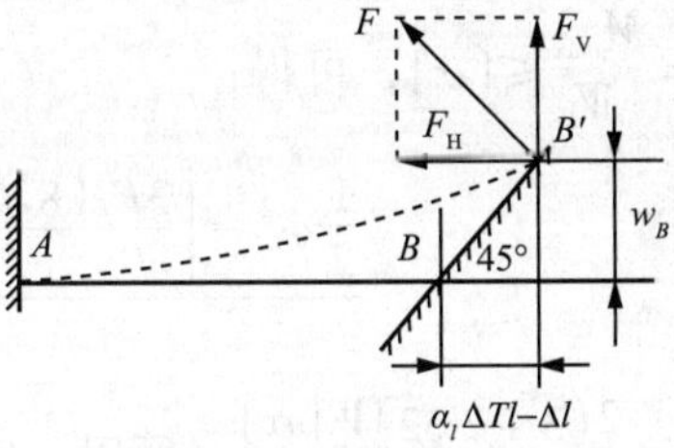

图 6-2-64

解：温度升高 ΔT 后，在光滑斜面反力 F 作用下梁的变形如图 6-2-64 所示 AB'，由图中几何关系可知：$F_V = F_H$。

且变形协调方程：$w_B = \alpha_l \Delta T l - \Delta l$。

其中，查表得 $w_B = \dfrac{F_V l^3}{3EI}$，又由胡克定律得：$\Delta l = \dfrac{F_H l}{EA}$。

将以上各式代入协调条件，可得：$\alpha_l \Delta T l - \dfrac{F_H l}{EA} = \dfrac{F_V l^3}{3EI}$。

解得：$F_H = F_V = \dfrac{3EAI\alpha_l \Delta T}{3I + Al^2}$。

梁内最大弯矩发生在固定端 A 截面处，值为：$M_{max} = F_V l = \dfrac{3EAI\alpha_l \Delta T l}{3I + Al^2}$。

6.45　图 6-2-65 示超静定梁 AB，承受均布载荷 q 的作用。已知梁的抗弯截面系数为 W，抗弯刚度为 EI，材料的许用应力为 $[\sigma]$。为提高梁的承载能力，可以采用将右端支座 B 适当提高的方法。试求支座 B 提高量 Δ 的最优值，并确定此时载荷集度 q 的许用值。

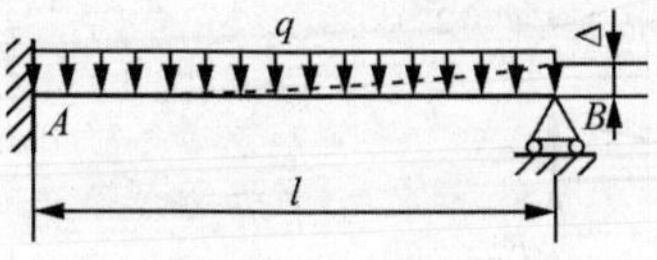

图 6-2-65

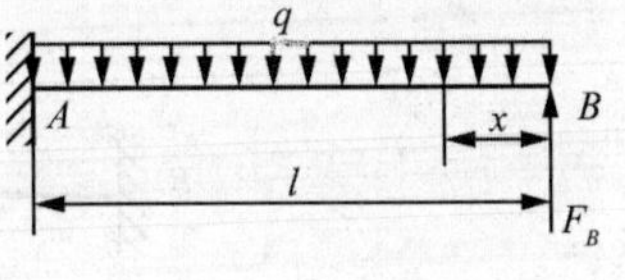

图 6-2-66

解：如图 6-2-66 所示，解除支座 B 的约束，代之以竖直向上的集中力 F_B。

变形协调条件为悬臂梁（基本静定系）B 截面处的挠度 w_B 等于支座 B 的提高量 Δ。

由 $w_B=\Delta=\dfrac{F_Bl^3}{3EI}-\dfrac{ql^4}{8EI}$，可得：$F_B=\dfrac{3EI}{l^3}\left(\Delta+\dfrac{ql^4}{8EI}\right)=\dfrac{3EI\Delta}{l^3}+\dfrac{3}{8}ql$。

当 $F_S=0$ 时，$F_B-qx=0$，即：$\dfrac{3EI\Delta}{l^3}+\dfrac{3}{8}ql-qx=0$，解得：$x=\dfrac{3EI\Delta}{ql^3}+\dfrac{3}{8}l$。

支座 B 提高量 Δ 的最优值是使梁 AB 上的最大正弯矩等于最大负弯矩。

由 $|M_+|_{\max}=|M_-|_{\max}$，可得：

$$\left(\frac{3EI\Delta}{l^3}+\frac{3}{8}ql\right)\times\left(\frac{3EI\Delta}{ql^3}+\frac{3}{8}l\right)-\frac{1}{2}q\left(\frac{3EI\Delta}{ql^3}+\frac{3}{8}l\right)^2=\frac{1}{2}ql^2-\left(\frac{3EI\Delta}{l^3}+\frac{3}{8}ql\right)l$$

解得：$\Delta=\dfrac{(8\sqrt{2}-11)ql^4}{24EI}$。

$$M_{\max}=\frac{1}{2}ql^2-\left(\frac{3EI\Delta}{l^3}+\frac{3}{8}ql\right)l$$

由 $\sigma_{\max}=\dfrac{M_{\max}}{W}\leqslant[\sigma]$，可得：

$$\frac{\dfrac{1}{2}ql^2-\left[\dfrac{3EI}{l^3}\dfrac{(8\sqrt{2}-11)ql^4}{24EI}+\dfrac{3}{8}ql\right]l}{W}\leqslant[\sigma]$$

解得：$q\leqslant\dfrac{2(3+2\sqrt{2})W[\sigma]}{l^2}$。所以，$[q]=\dfrac{2(3+2\sqrt{2})W[\sigma]}{l^2}$。

6.46　抗弯刚度为 *EI* 的超静定梁，梁上的载荷和支撑情况如图 6-2-67 所示。试求各支座的约束力。

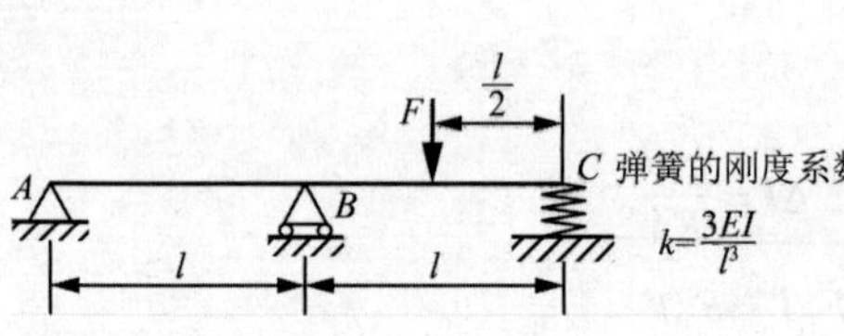

图 6-2-67

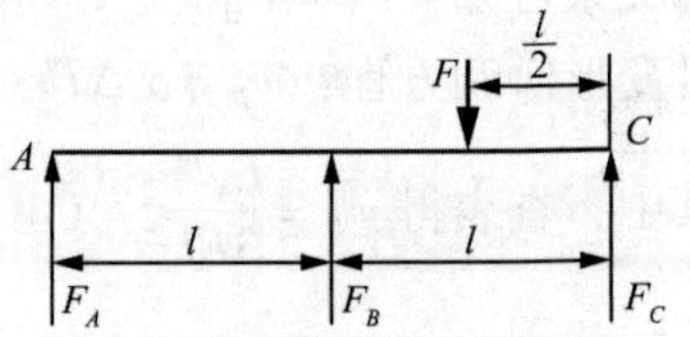

图 6-2-68

解：如图 6-2-68 所示，解除弹簧在 C 截面处的约束，代之以竖直向上的集中力 F_C。

变形协调条件为基本静定系（外伸梁）C 截面处的挠度等于弹簧的压缩量，即 $w_C=\dfrac{F_C}{k}$。

刚化 AB 段：

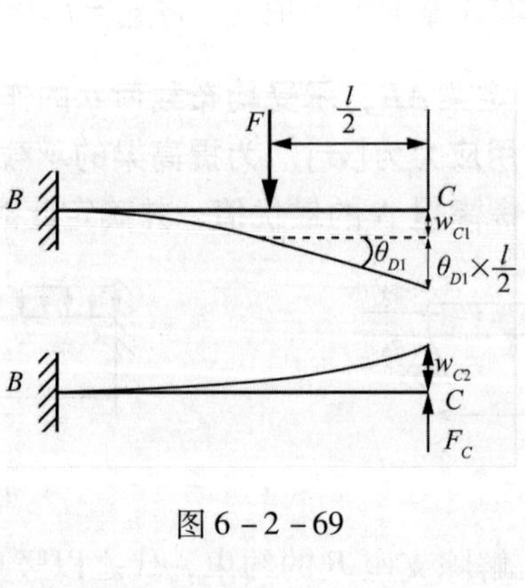

图 6-2-69

刚化 BC 段：

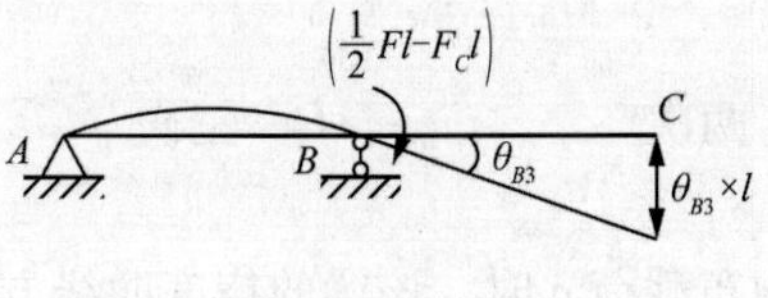

图 6－2－70

根据图 6－2－69 和图 6－2－70，有：

$$w_C = w_{C1} + \theta_{D1} \times \frac{l}{2} + w_{C2} + \theta_{B3} \times l$$

$$= -\frac{F \times \left(\frac{l}{2}\right)^3}{3EI} - \frac{F \times \left(\frac{l}{2}\right)^2}{2EI} \times \frac{l}{2} + \frac{F_C l^3}{3EI} - \frac{\left(\frac{1}{2}Fl - F_C l\right) \times l}{3EI} \times l$$

$$= \frac{F_C}{k} = -\frac{F_C l^3}{3EI}$$

解得：$F_C = \frac{13}{48}F(\uparrow)$。

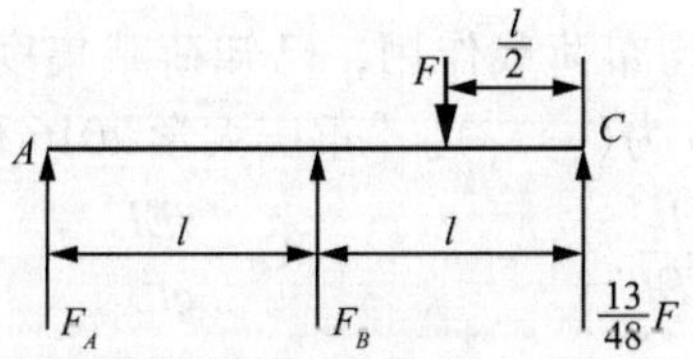

图 6－2－71

根据图 6－2－71，由 $\sum M_A = 0$，$F_B \times l - F \times \frac{3}{2}l + \frac{13}{48}F \times 2l = 0$。

由 $F_y = 0$，$F - F_A - F_B - \frac{13}{48}F = 0$。

解得：$F_A = -\frac{11}{48}F(\downarrow)$，$F_B = \frac{23}{24}F(\uparrow)$。

6.3　名校考研真题详解

一、选择题

1．有一悬臂梁如图 6－3－1 所示，将截面圆直径增大一倍，则最大正应力、最大挠度变为原来的（　　）。［东北林业大学 2023 研］

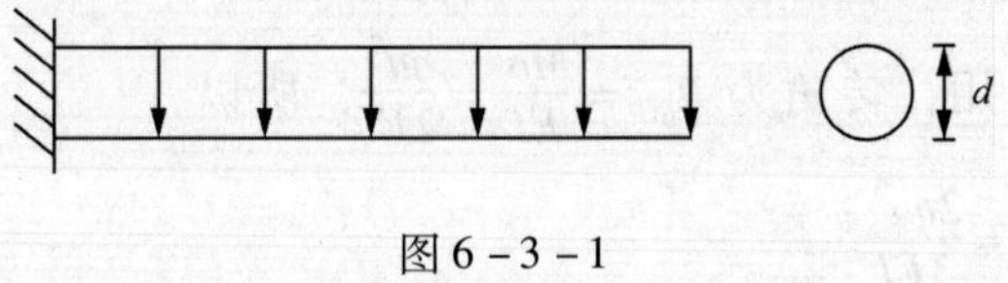

图 6－3－1

A．1/2，1/4　　B．1/4，1/8　　C．1/8，1/8　　D．1/8，1/16

【答案】D

【解析】根据题意，可知该悬臂梁的最大正应力为 $\sigma = M/W_z = (ql^2/2)/(\pi d^3/32) = 16ql^2/(\pi d^3)$；最大挠度为：$f = ql^4/(8EI) = ql^4/(8 \times \pi d^4/64) = 8ql^4/(\pi d^4)$。因此截面圆直径增大一倍，则最大正压力变为原来的 1/8，最大挠度变为原来的 1/16。

2．悬臂梁上作用有均布载荷 q，则该梁的挠度曲线方程 $y(x)$ 是 x 的(　　)方程。[华南理工大学2016研]

A．一次　　B．两次　　C．三次　　D．四次

【答案】D

【解析】悬臂梁上作用有均布载荷 q 时，该梁的挠度曲线方程是

$$y(x)=-\frac{qx^2}{24EI}(x^2-4lx+6l^2)$$

3．已知跨度为 l 的梁的挠曲线为 $\omega=qx(l^3-3lx^2+2x^3)$，坐标系建立在梁的左端。梁两端的约束可能是(　　)。[中国科学技术大学2016研]

A．两端简支　　B．左端简支，右端固定

C．两端固定　　D．右端简支，左端固定

【答案】B

【解析】当 $x=0$ 时，$\omega=0$；$x=l$ 时，$\omega=0$。又因为 $\theta=\omega'=ql^3-9qlx^2+8qx^3$，则当 $x=0$ 时，$\omega'=ql^3$；$x=l$ 时，$\omega'=0$。由边界条件：在固定端，挠度和转角都为零，在简支座上，挠度为零。因此，梁左端简支，右端固定。

4．长为 l 的简支梁受满跨均布荷载作用，已知荷载集度为 q，抗弯刚度为 EI，则跨度中央截面处中性层的曲率半径 ρ 为(　　)。[重庆大学2016研]

A．$\dfrac{8EI}{ql^2}$　　B．$\dfrac{ql^2}{8EI}$　　C．$\dfrac{4EI}{ql^2}$　　D．$\dfrac{ql^2}{4EI}$

【答案】A

【解析】由 $\dfrac{1}{\rho}=\dfrac{M}{EI}$，可推出 $\rho=\dfrac{EI}{M}=\dfrac{8EI}{ql^2}$。

二、填空题

1．如图6-3-2所示刚架，AB 段承受均布载荷 q 作用，各截面的弯曲刚度均为 EI，AB 段和 BC 段的长度均为 a，不计 BC 段轴向压缩变形，则自由端 A 截面的转角 $\theta_A=$______，其方向为______(顺指针或逆时针)。[北京航空航天大学2014研]

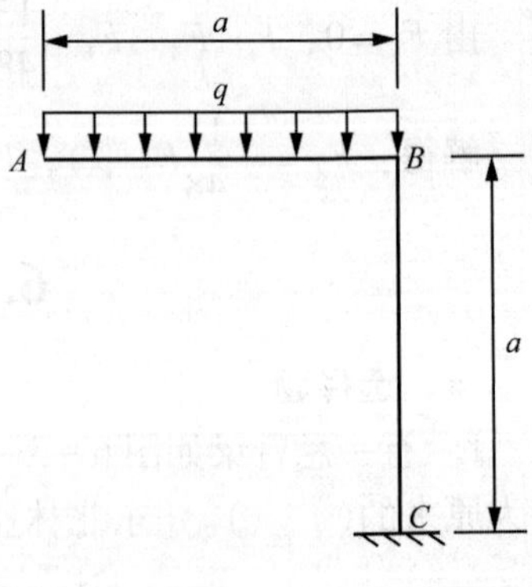

图6-3-2

【答案】$\dfrac{2qa^3}{3EI}$；逆时针

【解析】由悬臂梁受均布载荷自由端转角为 $\theta_{AB}=\dfrac{qa^3}{6EI}$，悬臂梁自由端受力偶作用，转角为 $\theta_{BC}=\dfrac{Ma}{EI}=\dfrac{qa^3}{2EI}$，所以

$\theta_A=\theta_{BC}+\theta_{AB}=\dfrac{qa^3}{2EI}+\dfrac{qa^3}{6EI}=\dfrac{2qa^3}{3EI}$。

2．如图6-3-3所示简单超静定直梁(图a)，EI 为常量，在 B 处切片，出现多余的约束力 F_B(图b)则该梁的变形协调条件为______，对图b按叠加法进行求解，在 q 单独作用下 B 处的位移为______，在 F_B 单独作用下 B 处的位移为______，最终的 $F_B=$______。[西南交通大学2014研]

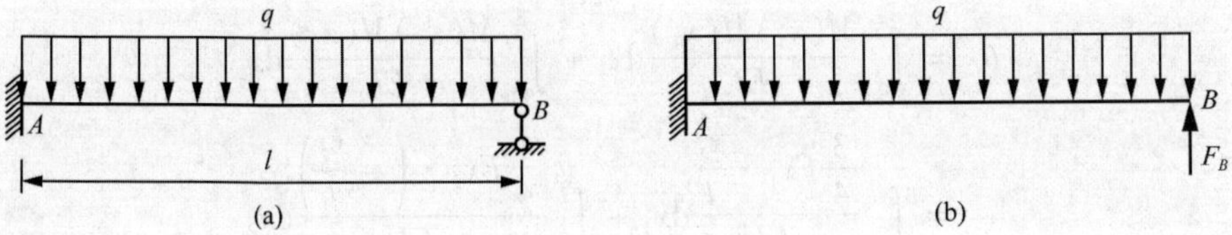

图 6－3－3

【答案】$\Delta B_q+\Delta B_{F_B}=0$；$\dfrac{ql^4}{8EI}$；$-\dfrac{F_Bl^3}{3EI}$；$\dfrac{3}{8}ql$

3．如图6－3－4所示组合梁ABC，在梁间铰B和BC段上分别作用沿铅垂方向的集中力qa和均布载荷q，AB和BC段各截面的弯曲刚度均为EI，则B截面的铅垂位移大小为______，方向铅垂______（填写“向上”或“向下”）。［北京航空航天大学2015研］

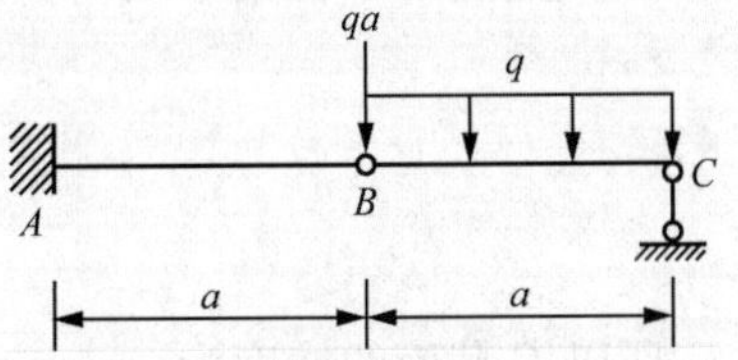

图 6－3－4

【答案】$\dfrac{qa^4}{2EI}$；向下

【解析】首先将BC作为研究对象

$$\sum M_C=0,\ F_Ba-\frac{1}{2}qa^2=0$$

所以$F_B=\dfrac{1}{2}qa$，悬臂梁AB的B处集中载荷为$F'_B=\dfrac{1}{2}qa+qa=\dfrac{3}{2}qa$

因此

$$\delta_B=\frac{F'_Ba^3}{3EI}=\frac{qa^4}{2EI}(\downarrow)$$

4．如图6－3－5所示简支梁，弯曲刚度EI为常数，在截面C处承受集中载荷F和弯曲力偶矩M_e作用，其中$M_e=Fl/4$。截面C的挠度为______，截面C的转角为______。［北京航空航天大学2016研］

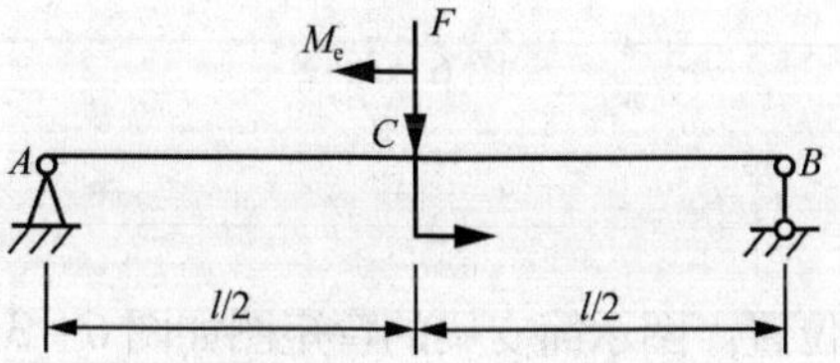

图 6－3－5

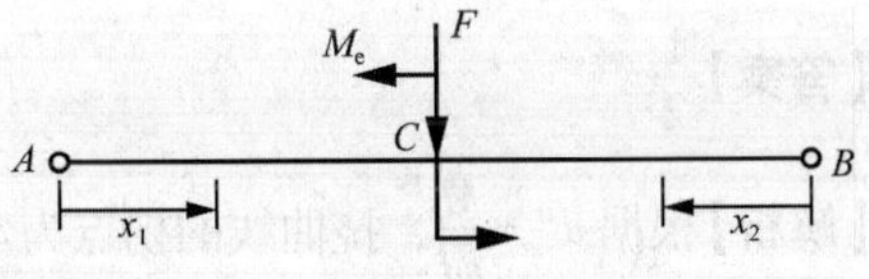

图 6－3－6

【答案】$-\dfrac{Fl^3}{48EI}(\downarrow)$；$\dfrac{Fl^2}{48EI}$(逆时针)

【解析】利用单位载荷法，从A、B两端为起点，如图6－3－6，弯矩分别为

$$M(x_1)=\frac{3}{4}F\cdot x_1,\ M(x_2)=\frac{1}{4}F\cdot x_2$$

在C处施加单位弯矩，得到AB简支梁弯矩

$$\overline{M}(x_1)=\frac{1}{l}\cdot x_1,\ \overline{M}(x_2)=-\frac{1}{l}\cdot x_2$$

所以C截面的转角为

$$\theta_C = \int_0^{\frac{l}{2}} \frac{M(x_1)\overline{M}(x_1)}{EI}\mathrm{d}x_1 + \int_0^{\frac{l}{2}} \frac{M(x_2)\overline{M}(x_2)}{EI}\mathrm{d}x_2$$

$$= \int_0^{\frac{l}{2}} \frac{\frac{3}{4}Fx_1 \cdot \frac{x_1}{l}}{EI}\mathrm{d}x_1 + \int_0^{\frac{l}{2}} \frac{\frac{1}{4}Fx_2 \cdot \left(-\frac{x_2}{l}\right)}{EI}\mathrm{d}x_2$$

$$= \frac{Fl^2}{48EI}$$

在 C 处施加单位集中载荷，得到 AB 简支梁弯矩

$$\overline{M}(x_1) = \frac{1}{2} \cdot x_1$$

$$\overline{M}(x_2) = \frac{1}{2} \cdot x_2$$

所以 C 截面的挠度为

$$\delta_C = \int_0^{\frac{l}{2}} \frac{M(x_1)\overline{M}(x_1)}{EI}\mathrm{d}x_1 + \int_0^{\frac{l}{2}} \frac{M(x_2)\overline{M}(x_2)}{EI}\mathrm{d}x_2$$

$$= \int_0^{\frac{l}{2}} \frac{\frac{3}{4}Fx_1 \cdot \frac{x_1}{2}}{EI}\mathrm{d}x_1 + \int_0^{\frac{l}{2}} \frac{\frac{1}{4}Fx_2 \cdot \frac{x_2}{2}}{EI}\mathrm{d}x_2$$

$$= \frac{Fl^3}{48EI}$$

5．在简支梁的左、右支座上，分别有力偶 M_A、M_B 作用，如图 6－3－7 所示。为使梁挠曲线的拐点位于距左端 $l/3$ 处，则 M_A/M_B =______。［重庆大学 2016 研］

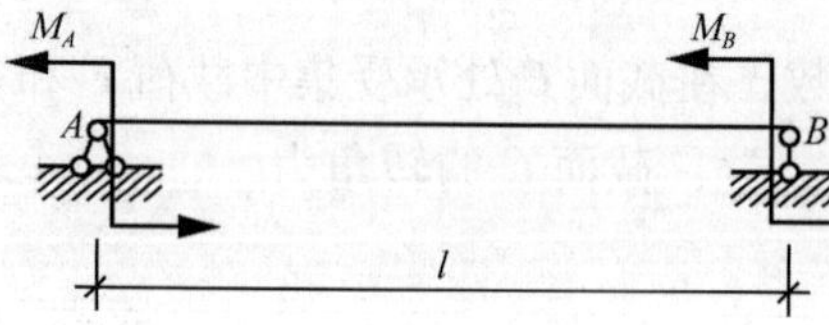

图 6－3－7

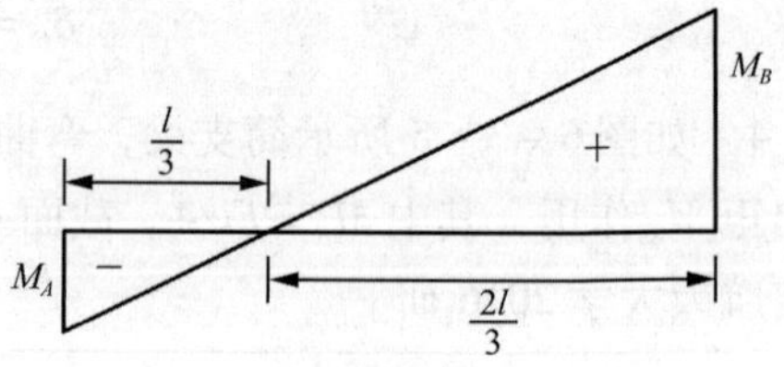

图 6－3－8

【答案】$\frac{1}{2}$

【解析】根据 $w'' = \frac{M}{EI}$，挠曲线的拐点为弯矩为零的位置。图示简支梁的弯矩图如图 6－3－8，所以易知 $\frac{M_A}{M_B} = \frac{1}{2}$。

6．提高梁弯曲刚度的措施______。［沈阳工业大学 2022 研］

【答案】改善结构形式和载荷作用方式，减小弯矩；选择合理的截面形状

【解析】弯曲变形与弯矩大小、跨度长短、支座条件、梁截面的惯性矩 I 以及材料的弹性模量 E 有关，所以要提高弯曲刚度，应该综合考虑以上各因素。提高梁弯曲刚度的措施包括：①改善结构形式和载荷作用方式，减小弯矩；②选择合理的截面形状。

三、计算题

1．试用积分法求图 6－3－9 所示悬臂梁自由端处截面 B 的转角 θ_B 及挠度 w_B，梁弯曲刚度 EI 为常量。［南京理工大学 2015 研］

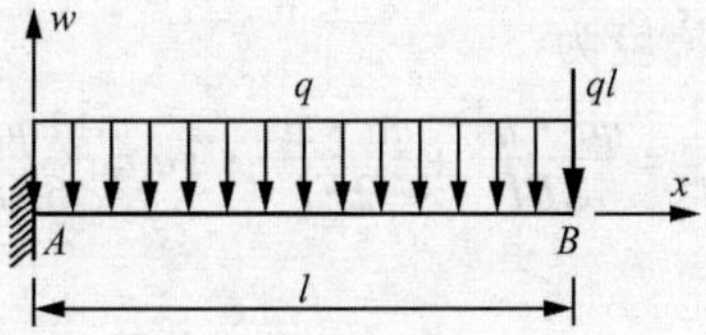

图 6－3－9

解：以 B 点为原点，任意截面的弯矩

$$M(x)=-qlx-\frac{1}{2}qx^2$$

挠曲线微分方程

$$EIw''=M(x)=-qlx-\frac{1}{2}qx^2$$

积分，得

$$EIw'=EI\theta(x)=-\frac{1}{2}qlx^2-\frac{1}{6}qx^3+C$$

$$EIw=-\frac{1}{6}qlx^3-\frac{1}{24}qx^4+Cx+D$$

边界条件：$x=l$，$w=0$，$\theta=0$，则

$$C=\frac{2}{3}ql^3,\ D=-\frac{11}{24}ql^4$$

所以转角函数和挠曲线函数为

$$\theta(x)=\frac{1}{EI}\left(-\frac{1}{2}qlx^2-\frac{1}{6}qx^3+\frac{2}{3}ql^3\right)$$

$$w=\frac{1}{EI}\left(-\frac{1}{6}qlx^3-\frac{1}{24}qx^4+\frac{2}{3}ql^3x-\frac{11}{24}ql^4\right)$$

取 $x=0$，则 $\theta_B=\frac{2ql^3}{3EI}$（顺时针），$w_B=-\frac{11ql^4}{24EI}$（↓）。

2. 已知悬臂梁在自由端受集中荷载 P 时，自由端的挠度和转角分别为 $\frac{Pl^3}{3EI}$，$\frac{Pl^2}{2EI}$。用叠加法求图 6－3－10 所示悬臂梁自由端的挠度（已知梁的抗弯刚度为 EI）。［中国科学技术大学 2016 研］

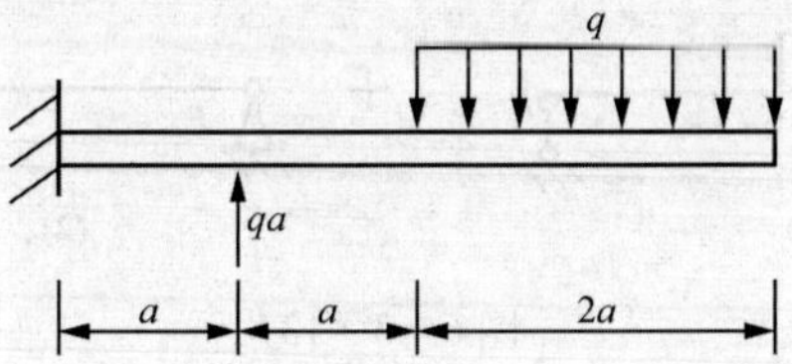

图 6－3－10

解：一 dx 微段上的载荷引起的自由端挠度为（左端为起点）

$$\mathrm{d}w_q=\frac{qx^3\mathrm{d}x}{3EI}+\frac{qx^2\mathrm{d}x}{2EI}\cdot(4a-x)$$

所以均布载荷作用产生的自由端挠度为

$$w_q=\int_{2a}^{4a}\mathrm{d}w_q=\int_{2a}^{4a}\left[\frac{qx^3}{3EI}+\frac{qx^2(4a-x)}{2EI}\right]\cdot\mathrm{d}x=\frac{82qa^4}{3EI}$$

集中载荷 qa 引起的自由端挠度为

$$w_{qa}=\frac{qa\cdot a^3}{3EI}+\frac{qa\cdot a^2}{2EI}\cdot 3a=\frac{11qa^4}{6EI}$$

所以自由端总的挠度为

$$w=w_{qa}+w_q=\frac{11}{6EI}qa^4+\frac{82}{3EI}qa^4=\frac{175}{6EI}qa^4$$

3. 试参照附表用叠加法求图 6－3－11 所示梁 C 截面处的挠度 y_C。［重庆大学 2016 研］

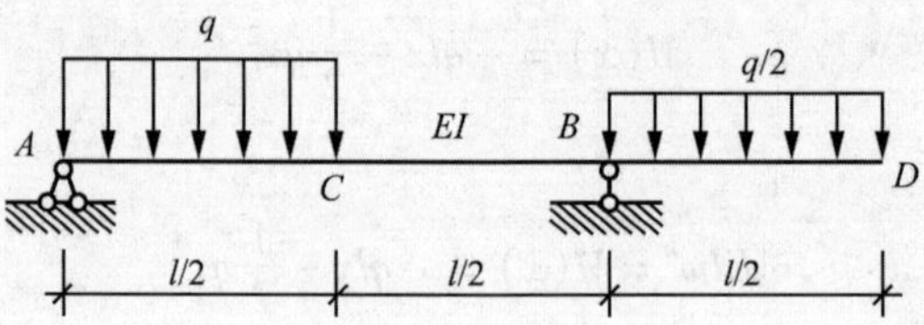

图 6－3－11

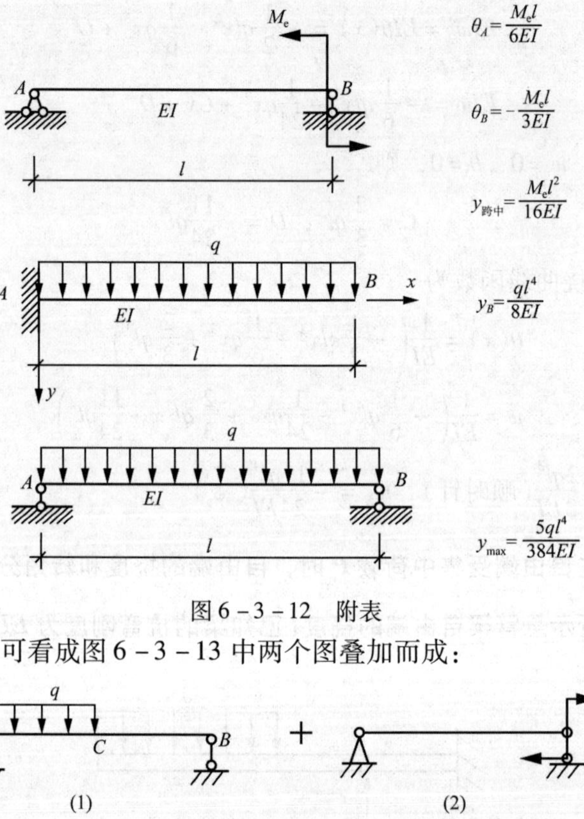

图 6－3－12　附表

解：图 6－3－11 可看成图 6－3－13 中两个图叠加而成：

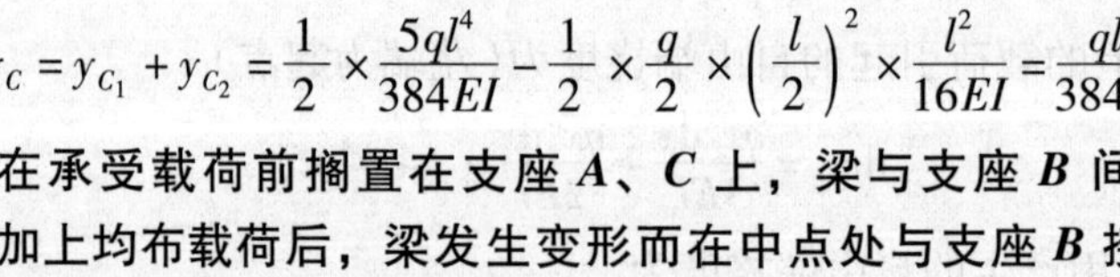

图 6－3－13

则

$$y_C=y_{C_1}+y_{C_2}=\frac{1}{2}\times\frac{5ql^4}{384EI}-\frac{1}{2}\times\frac{q}{2}\times\left(\frac{l}{2}\right)^2\times\frac{l^2}{16EI}=\frac{ql^4}{384EI}$$

4. 直梁 ABC 在承受载荷前搁置在支座 A、C 上，梁与支座 B 间有一间隙 Δ，如图 6－3－14所示。在加上均布载荷后，梁发生变形而在中点处与支座 B 接触。要使三个支座上的约束反力相等，则 Δ 应多大？［山东大学 2017 研］

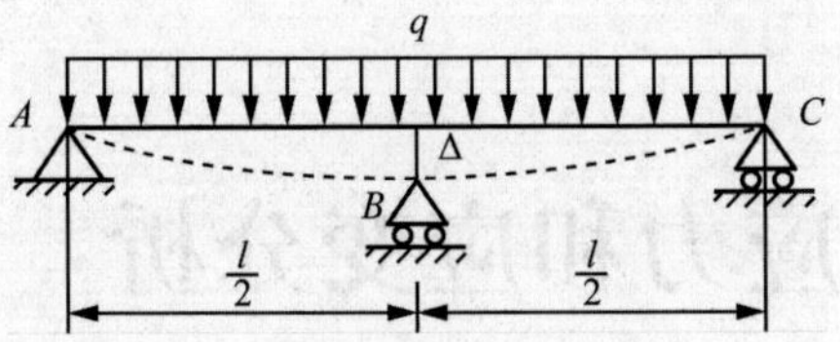

图 6－3－14

解：因为三个支座的约束反力相等，即 $F_B=ql/3$，所以该问题可以看成直梁 ABC 在均布载荷和集中力 F_B 共同作用下，中间点 B 产生向下的位移 Δ，B 位移 Δ 可利用叠加法求解得

$$\Delta=\Delta_q-\Delta_{F_B}=\frac{5ql^4}{384EI}-\frac{F_Bl^3}{48EI}=\frac{7ql^4}{1152EI}$$

第 7 章　应力和应变分析　强度理论

7.1　复习笔记

一、应力状态

一点的应力状态：过一点不同方向面上应力的集合。

应力状态的研究对象是单元体，其特征为：①单元体的尺寸无限小，每个面上应力均匀分布；②任意一对平行平面上的应力相等。

主单元体是指各侧面上切应力均为零的单元体。其中，单元体上切应力为零的面称为主平面，主平面上的正应力称为主应力。

说明：一点处必定存在一个单元体，使得三个相互垂直的面均为主平面，三个互相垂直的主应力分别记为 σ_1、σ_2、σ_3，且规定按代数值大小的顺序来排列，即 $\sigma_1 \geqslant \sigma_2 \geqslant \sigma_3$。

应力状态分类及实例

(1)单向应力状态：也称为简单应力状态，三个主应力 σ_1、σ_2、σ_3 中只有一个不等于零。

实例：简单的拉伸或压缩。

(2)平面(二向)应力状态：三个主应力 σ_1、σ_2、σ_3 中有两个不等于零。

实例：薄壁圆筒横截面上的点和圆形容器包含直径的任意横截面上的点。

(3)空间(三向)应力状态：和平面应力状态统称为复杂应力状态，三个主应力 σ_1、σ_2、σ_3，均不等于零。

实例：在滚珠轴承中，滚珠与外圈接触点处的应力状态，可以作为三向应力状态的实例。

二、二向应力状态分析

1. 解析法

如图 7－1－1(a)所示，一单元体 *abcd* 处于平面应力状态，采用截面法取左边部分单元体 *eaf* 为研究对象，如图 7－1－1(b)所示。

(1)符号规定：由 x 轴转到外法线 n，逆时针转向夹角 α 为正；正应力仍规定拉应力为正；切应力对单元体内任一点取矩，顺时针转向为正。

(2)应力计算

①任意斜截面 α 上应力

正应力：$\sigma_\alpha = \dfrac{\sigma_x + \sigma_y}{2} + \dfrac{\sigma_x - \sigma_y}{2}\cos 2\alpha - \tau_{xy}\sin 2\alpha$。

切应力：$\tau_\alpha = \dfrac{\sigma_x - \sigma_y}{2}\sin 2\alpha + \tau_{xy}\cos 2\alpha$。

②主应力

主应力的大小

$$\left.\begin{array}{l}\sigma_{\max}\\ \sigma_{\min}\end{array}\right\}=\frac{\sigma_x+\sigma_y}{2}\pm\sqrt{\left(\frac{\sigma_x-\sigma_y}{2}\right)^2+\tau_{xy}^2}$$

将 $\sigma_{\max}$、$\sigma_{\min}$ 和 0 按大小顺序排列，分别记为 σ_1、σ_2 和 σ_3。

主平面方位角

$$\tan 2\alpha_0=-\frac{2\tau_{xy}}{\sigma_x-\sigma_y}$$

约定 $|\alpha_0|<45°$，即 α_0 取值在 $\pm45°$ 范围内，则确定主平面的规则为：当 $\sigma_x\geqslant\sigma_y$ 时，α_0 是 σ_x 与 $\sigma_{\max}$ 之间的夹角；当 $\sigma_x<\sigma_y$ 时，α_0 是 σ_x 与 $\sigma_{\min}$ 之间的夹角。

任意两个互相垂直的截面上的正应力之和为常数，即 $\sigma_\alpha+\sigma_{\alpha+90°}=\sigma_x+\sigma_y$。

③最大切应力和最小切应力

切应力的大小

$$\left.\begin{array}{l}\tau_{\max}\\ \tau_{\min}\end{array}\right\}=\pm\sqrt{\left(\frac{\sigma_x-\sigma_y}{2}\right)^2+\tau_{xy}^2}=\pm\frac{1}{2}(\sigma_{\max}-\sigma_{\min})$$

切应力极值所在截面方位角

$$\tan 2\alpha_1=\frac{\sigma_x-\sigma_y}{2\tau_{xy}}$$

最大和最小切应力所在平面与主平面的夹角为 45°，即 $\alpha_1=\alpha_0+45°$。

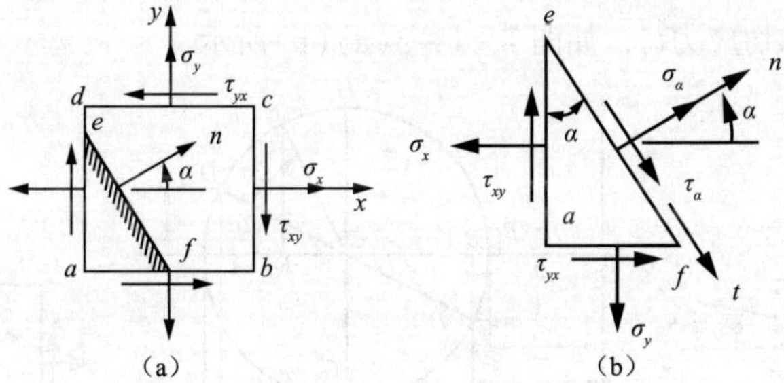

图 7－1－1

2. 应力圆

应力圆方程

$$\left(\sigma_\alpha-\frac{\sigma_x+\sigma_y}{2}\right)^2+\tau_\alpha^2=\left(\frac{\sigma_x-\sigma_y}{2}\right)^2+\tau_{xy}^2$$

在 $\sigma-\tau$ 坐标系下，应力圆圆心坐标为 $\left(\frac{1}{2}(\sigma_x+\sigma_y),\ 0\right)$，半径为 $\sqrt{\left(\frac{\sigma_x-\sigma_y}{2}\right)^2+\tau_{xy}^2}$。

(1)应力圆的画法

一单元体处于平面应力状态，受力情况如图 7－1－2 所示，其应力圆做法如下：

①建 $\sigma-\tau$ 坐标系，选定比例尺；

②量取横坐标 $OA=\sigma_x$，纵坐标 $AD=\tau_{xy}$，确定 D 点，D 点的坐标代表以 x 为法线的面上的应力；

③量取横坐标 $OB=\sigma_y$，纵坐标 $BD'=\tau_{yx}$，确定 D' 点，D' 的纵坐标为负，代表以 y 为法线的面上的应力；

④连接 DD' 两点的直线与 σ 轴相交于 C 点；

⑤以 C 为圆心，CD 为半径作圆，该圆就是相应于该单元体的应力圆。

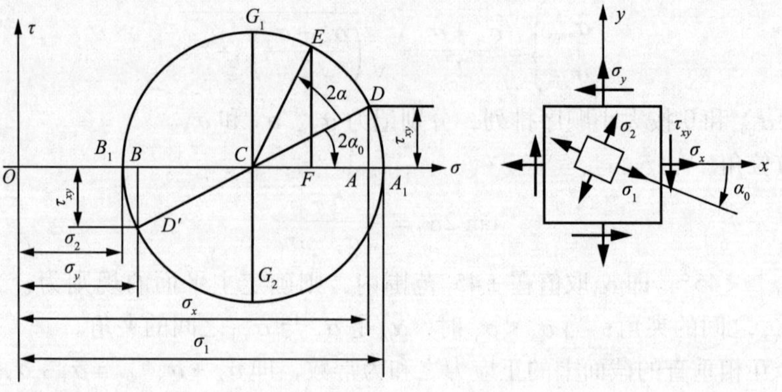

图 7－1－2　应力圆

(2)应力圆的应用

①应力圆与单元体应力间的关系

点面之间的对应关系：单元体任一截面上的应力，必对应于应力圆上某一点的坐标；

夹角关系：圆周上任意两点所引半径的夹角等于单元体上对应两截面夹角的两倍，且两者的转向一致。

②求单元体上任一截面上的应力

从应力圆的半径 CD 按方位角 α 的转向转动 2α 得到半径 CE，圆周上 E 点的坐标就是斜截面上的正应力 σ_α 和切应力τ_α，如图 7－1－3(a)(b)所示。

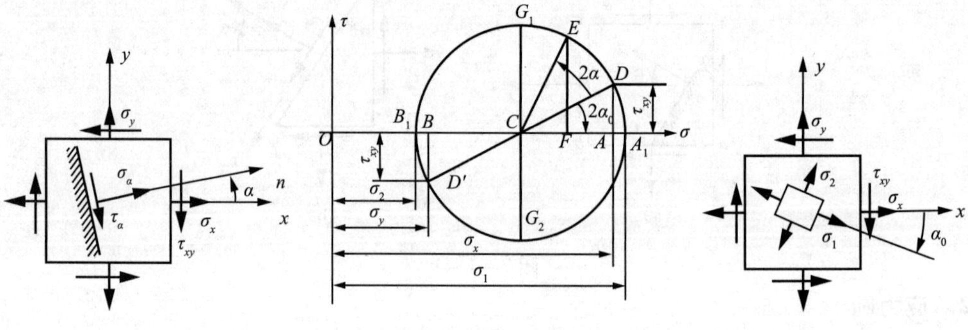

(a)　(b)　(c)

图 7－1－3

③求主应力数值和主平面位置

a. 求主应力数值的方法

如图 7－1－3(b)所示，点 A_1 和点 B_1 分别为代表最大主应力和最小主应力，其大小为

$$\overline{OA_1}=\overline{OC}+\overline{CA_1}=\frac{\sigma_x+\sigma_y}{2}+\sqrt{\left(\frac{\sigma_x-\sigma_y}{2}\right)^2+\tau_{xy}^2}=\sigma_{\max}=\sigma_1$$

$$\overline{OB_1}=\overline{OC}-\overline{CB_1}=\frac{\sigma_x+\sigma_y}{2}-\sqrt{\left(\frac{\sigma_x-\sigma_y}{2}\right)^2+\tau_{xy}^2}=\sigma_{\min}=\sigma_2$$

b. 确定主平面方位的方法

如图 7－1－3(b)(c)所示，将半径 CD 旋转 $2\alpha_0$ 到 CA_1 处，单元体 x 轴沿 $2\alpha_0$ 旋转方向旋转 α_0 角度，即得到 σ_1 主平面所在方位。方位角 α_0 的大小为

$$\tan 2\alpha_0=-\frac{AD}{CA}=-\frac{2\tau_{xy}}{\sigma_x-\sigma_y}$$

④求最大切应力及其方位

如图7-1-3(b)所示，应力圆上点 G_1G_2 代表切应力的最大值和最小值，其大小为应力圆的半径，即

$$\left.\begin{matrix}\tau_{\max}\\ \tau_{\min}\end{matrix}\right\}=\pm\sqrt{\left(\frac{\sigma_x-\sigma_y}{2}\right)^2+\tau_{xy}^2}$$

A_1G_1 对应的圆心角为逆时针$\frac{\pi}{2}$，由 σ_1 主平面逆时针旋转$\frac{\pi}{4}$即得到最大切应力所在平面的外法线方向。

三、三向应力状态分析

1. 三向应力圆

如图7-1-4所示，以三个主应力表示的单元体，由三个相互垂直的平面分别作应力圆，将三个平面的应力圆绘在同一平面上得到三向应力状态下的应力圆，如图7-1-5所示。与每一主应力所对应的应力圆可由与该主平面相正交的其余面上的应力作出。

注意：作三向应力圆应至少知道一个主应力的大小和方向。

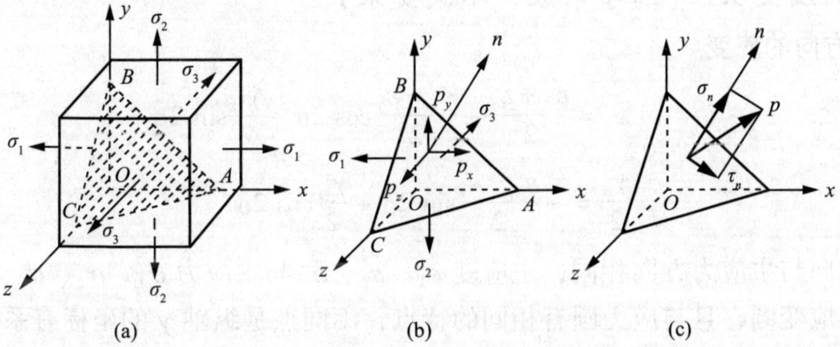

图7-1-4

2. 应力圆方程

l、m、n 分别表示面 ABC 的法线 n 的三个方向余弦，可得

$$\left(\sigma_n-\frac{\sigma_2+\sigma_3}{2}\right)^2+\tau_n^2=\left(\frac{\sigma_2-\sigma_3}{2}\right)^2+l^2(\sigma_1-\sigma_2)(\sigma_1-\sigma_3)$$

$$\left(\sigma_n-\frac{\sigma_3+\sigma_1}{2}\right)^2+\tau_n^2=\left(\frac{\sigma_3-\sigma_1}{2}\right)^2+m^2(\sigma_2-\sigma_3)(\sigma_2-\sigma_1)$$

$$\left(\sigma_n-\frac{\sigma_1+\sigma_2}{2}\right)^2+\tau_n^2=\left(\frac{\sigma_1-\sigma_2}{2}\right)^2+n^2(\sigma_3-\sigma_1)(\sigma_3-\sigma_2)$$

3. 应力圆的应用

(1)确定任意斜截面上的应力

应力圆方程的第一式所确定的圆周在圆周 B_1C_1 之外，第二式所表示的圆周在圆周 A_1B_1 之内，第三式所表示的圆周在圆周 A_1C_1 之外。因而上述三个圆周的交点 D，亦即斜面 ABC 上的应力应在图7-1-5中画阴影线的部分之内。

(2)应力极值

①正应力：如图7-1-5所示，点 A_1、C_1 和 B_1 的横坐标分别代表主应力 σ_1、σ_2 和 σ_3。

②切应力：如图7-1-5所示，点 G_1 的纵坐标代表切应力的极值，最大切应力为

$$\tau_{\max}=\frac{\sigma_1-\sigma_3}{2}$$

③方位：最大切应力所在平面与 σ_2 主平面平行，与 σ_1、σ_3 主平面夹角互为45°。

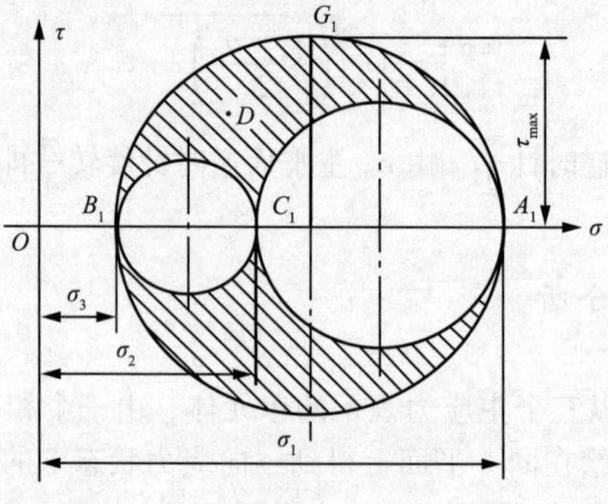

图7-1-5　三应力状态应力圆

四、平面应变状态（选学内容，不做要求）

1. 任一方向的应变

$$\varepsilon_\alpha=\frac{\varepsilon_x+\varepsilon_y}{2}+\frac{\varepsilon_x-\varepsilon_y}{2}\cos 2\alpha+\frac{\gamma_{xy}}{2}\sin 2\alpha$$

$$\frac{\gamma_\alpha}{2}=-\frac{\varepsilon_x-\varepsilon_y}{2}\sin 2\alpha+\frac{\gamma_{xy}}{2}\cos 2\alpha$$

主应变方向与主应力方向相同，主应变 ε_1、ε_2、ε_3 与主应力 σ_1、σ_2、σ_3 对应；与应力圆类似，存在应变圆，且与应力圆有相同的特点，不同点是纵轴 γ 的坐标有系数1/2。

2. 主应变计算公式

$$\left.\begin{matrix}\varepsilon_{\max}\\ \varepsilon_{\min}\end{matrix}\right\}=\frac{\varepsilon_x+\varepsilon_y}{2}\pm\sqrt{\left(\frac{\varepsilon_x-\varepsilon_y}{2}\right)^2+\left(\frac{\gamma_{xy}}{2}\right)^2}$$

3. 主应变方向公式

$$\tan 2\alpha_0=-\frac{\gamma_{xy}}{\varepsilon_x-\varepsilon_y}$$

五、广义胡克定律

本节所列公式均仅在各向同性材料线弹性小变形条件下使用，各向异性材料的广义胡克定律公式应以矩阵形式表示。

1. 胡克定律

单向拉伸或压缩时，在线弹性范围内应力与应变的关系为

$$\sigma=E\varepsilon\quad\text{或}\quad\varepsilon=\frac{\sigma}{E}$$

此外，轴向的变形将引起横向尺寸变化，横向应变可表示为

$$\varepsilon'=-\mu\varepsilon=-\mu\frac{\sigma}{E}$$

2. 剪切胡克定律

在纯剪切的情况下，当切应力不超过剪切比例极限时，切应力和切应变之间的关系为

$$\tau = G\gamma \quad 或 \quad \gamma = \frac{\tau}{G}$$

3. 广义胡克定律

以图 7－1－6 所示坐标系下的单元体为例。

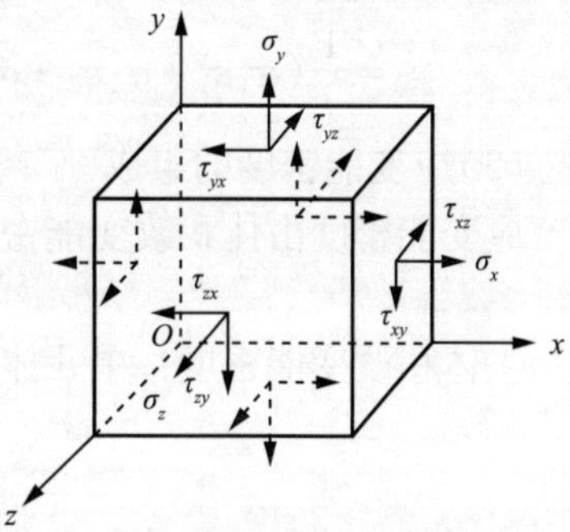

图 7－1－6

（1）x、y、z 方向的线应变

$$\varepsilon_x = \frac{1}{E}[\sigma_x - \mu(\sigma_y + \sigma_z)]$$

$$\varepsilon_y = \frac{1}{E}[\sigma_y - \mu(\sigma_z + \sigma_x)]$$

$$\varepsilon_z = \frac{1}{E}[\sigma_z - \mu(\sigma_y + \sigma_x)]$$

（2）xy、yz、zx 三个面内的切应变

$$\gamma_{xy} = \frac{\tau_{xy}}{G} \qquad \gamma_{yz} = \frac{\tau_{yz}}{G} \qquad \gamma_{zx} = \frac{\tau_{zx}}{G}$$

（3）主应力－主应变的关系

$$\varepsilon_1 = \frac{1}{E}[\sigma_1 - \mu(\sigma_2 + \sigma_3)]$$

$$\varepsilon_2 = \frac{1}{E}[\sigma_2 - \mu(\sigma_3 + \sigma_1)]$$

$$\varepsilon_3 = \frac{1}{E}[\sigma_3 - \mu(\sigma_1 + \sigma_2)]$$

此时，三个坐标平面内的切应变等于零，主应变与主应力的方向重合。

4. 体积胡克定律

（1）体应变：单位体积的体积改变量，用 θ 表示，其计算式为

$$\theta = \varepsilon_1 + \varepsilon_2 + \varepsilon_3 = \frac{1-2\mu}{E}(\sigma_1 + \sigma_2 + \sigma_3)$$

（2）体积胡克定律：体应变计算公式可用体积弹性模量 K 和三个主应力的平均应力 σ_m 来表示，即

$$\theta = \frac{\sigma_m}{K}$$

式中，K 为体积弹性模量，$K = \frac{E}{3(1-2\mu)}$；σ_m 为主应力平均值，$\sigma_m = \frac{\sigma_1 + \sigma_2 + \sigma_3}{3}$。

注意：单位体积的体积改变只与三个主应力之和有关。

5. 智能材料

智能材料如压电材料、磁致伸缩材料、介电弹性体材料、形状记忆材料等，正在形成新兴的前沿交叉学科。

压电材料可采用施加电压进行驱动或加载，磁致伸缩材料可通过施加磁场进行驱动或加载。

六、复杂应力状态的应变能密度

物体在单位体积内所积蓄的应变能称为应变能密度。

1. 应变能密度计算公式

（1）单向应力状态下，物体内所积蓄的应变能密度为

$$v_\varepsilon=\frac{1}{2}\sigma\varepsilon=\frac{\sigma^2}{2E}=\frac{E}{2}\varepsilon^2$$

(2)三个主应力同时存在时，单元体的应变能密度为

$$v_\varepsilon=\frac{1}{2}(\sigma_1\varepsilon_1+\sigma_2\varepsilon_2+\sigma_3\varepsilon_3)=\frac{1}{2E}[\sigma_1^2+\sigma_2^2+\sigma_3^2-2\mu(\sigma_1\sigma_2+\sigma_2\sigma_3+\sigma_3\sigma_1)]$$

(3)应变能密度的组成

应变能密度由体积改变能密度 v_V 和畸变能密度 v_d 两部分组成，即

$$v_\varepsilon=v_V+v_d$$

①体积改变能密度：单元体体积改变而储存的应变能密度，用 v_V 表示，计算式为

$$v_V=\frac{1-2\mu}{6E}(\sigma_1+\sigma_2+\sigma_3)^2$$

此时单元体仅发生体积变化，形状不变。

②畸变能密度：单元体形状改变而储存的应变能密度，用 v_d 表示，计算式为

$$v_d=\frac{1+\mu}{6E}[(\sigma_1-\sigma_2)^2+(\sigma_2-\sigma_3)^2+(\sigma_3-\sigma_1)^2]$$

此时，单元体只发生形状变化，体积不变。

2. 三个弹性常数间的关系

$$G=\frac{E}{2(1+\mu)}$$

3. 计算复杂应力状态的应变能注意事项

(1)应变能的大小只决定于外力和变形的最终数值，而与加力次序无关。

(2)应变能的计算不能采用叠加原理。

七、强度理论

材料失效形式主要有屈服失效和断裂失效两种。

(1)屈服失效：材料出现显著的塑性变形而丧失其正常的工作能力。

(2)断裂失效：有脆性断裂和韧性断裂两种形式。其中，脆性断裂是指在无明显的变形下突然断裂；韧性断裂是指在产生大量塑性变形后断裂。

1. 常用强度理论

常用强度理论主要适用于常温静载荷下的均匀、连续、各向同性材料。

(1)第一强度理论(最大拉应力理论)

①理论假定：最大拉应力是引起断裂的主要因素；

②断裂准则：$\sigma_1=\sigma_b$；

③相当应力：$\sigma_{r1}=\sigma_1$；

④强度条件：$\sigma_{r1}\leqslant[\sigma]$。

(2)第二强度理论(最大伸长线应变理论)

①理论假定：最大伸长线应变是引起断裂的主要因素；

②断裂准则：$\sigma_1-\mu(\sigma_2+\sigma_3)=\sigma_b$；

③相当应力：$\sigma_{r2}=\sigma_1-\mu(\sigma_2+\sigma_3)$；

④强度条件：$\sigma_{r2}\leqslant[\sigma]$。

(3)第三强度理论(最大切应力理论)

①理论假定：最大切应力是引起屈服的主要因素；

②屈服准则：$\sigma_1-\sigma_3=\sigma_s$；

③相当应力：$\sigma_{r3}=\sigma_1-\sigma_3$；

④强度条件：$\sigma_{r3}\leqslant[\sigma]$。

(4)第四强度理论(畸变能密度理论)

①理论假定：畸变能密度是引起屈服的主要因素；

②屈服准则：$\sqrt{\frac{1}{2}[(\sigma_1-\sigma_2)^2+(\sigma_2-\sigma_3)^2+(\sigma_3-\sigma_1)^2]}=\sigma_s$；

③相当应力：$\sigma_{r4}=\sqrt{\frac{1}{2}[(\sigma_1-\sigma_2)^2+(\sigma_2-\sigma_3)^2+(\sigma_3-\sigma_1)^2]}$；

④强度条件：$\sigma_{r4}\leqslant[\sigma]$。

(5)常用强度理论的选取

表7-1-1　常用强度理论的选取

材料特性	失效形式	选用强度理论	代表性材料/实例
脆性材料	断裂	第一和第二强度理论	铁、石料、混凝土、玻璃等
塑性材料	屈服	第三和第四强度理论	碳钢、铜、铝等
三向拉应力相近的塑形或脆性材料	断裂	最大拉应力理论（第一强度理论）	三向受拉的碳钢螺钉因应力集中而根部断裂
三向压应力相近的塑形或脆性材料	塑性变形	第三或第四强度理论	铸铁板在淬火钢球压力作用下屈服

2. 莫尔强度理论

(1)相当应力：$\sigma_{rM}=\sigma_1-\frac{[\sigma_t]}{[\sigma_c]}\sigma_3$。

(2)强度条件：$\sigma_{rM}\leqslant[\sigma_t]$。

(3)莫尔强度理论与常用强度理论的对比：

由莫尔理论可以得出第三强度理论的强度条件，往往把它看作是第三强度理论的推广。但有本质区别：莫尔理论是以实验资料为基础，经合乎逻辑的综合得出的，并非以失效假说为基础。因此，莫尔理论的方法是比较正确的。

3. 构件含裂纹时的断裂准则

假设与裂纹的尺寸相比，平板的长与宽可认为是无限大的，材料是线弹性的。

①应力强度因子

穿透平板厚度的裂纹长为$2a$，裂纹尖端附近各点的应力，随$\sigma\sqrt{\pi a}$成比例地增长或减少，$\sigma\sqrt{\pi a}$称为应力强度因子，并记为K_I。

②断裂准则：$K_I=K_{Ic}$，式中，K_{Ic}为断裂韧性，是材料的固有力学性能。

7.2　课后习题详解

7.1　何谓单向应力状态和二向应力状态？圆轴受扭时，轴表面各点处于何种应力状态？梁受横力弯曲时，梁顶、梁底及其他各点处于何种应力状态？

解：(1)三个主应力中只有一个不等于零，称为单向应力状态；若三个主应力中有两个不等于零，称为二向应力状态。

(2)圆轴受扭时，轴表面各点处于纯剪切应力状态。

(3)梁受横力弯曲时，梁顶、梁底的点为单向拉伸或压缩，为单向应力状态；中性轴上各点的应力状态为纯剪切；其余各点为平面应力状态。

7.2　构件受力如图 7－2－1 所示。

(1)确定危险点的位置。

(2)用单元体表示危险点的应力状态。

解：(a)杆处于单向拉伸状态，每个点都是危险点，其应力状态如图 7－2－2(a)所示。

(b)对图 7－2－1(b)作如下标记。

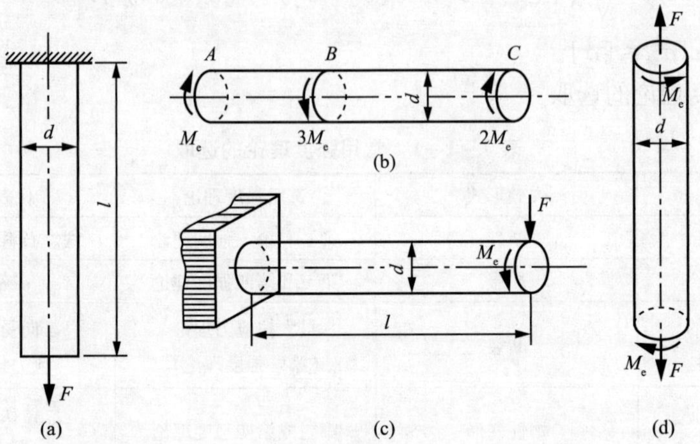

图 7－2－1

受扭圆轴处于二向应力状态，*BC* 段的轴表面点是危险点，应力状态如图 7－2－2(b)所示。

(c)受弯扭组合作用的轴，危险点位于固定端截面处最上和最下边缘，为二向应力状态，如图 7－2－2(c)所示。

(d)受拉伸与扭转作用的轴，轴表面各点都为危险点，为二向应力状态，如图 7－2－2(d)所示。

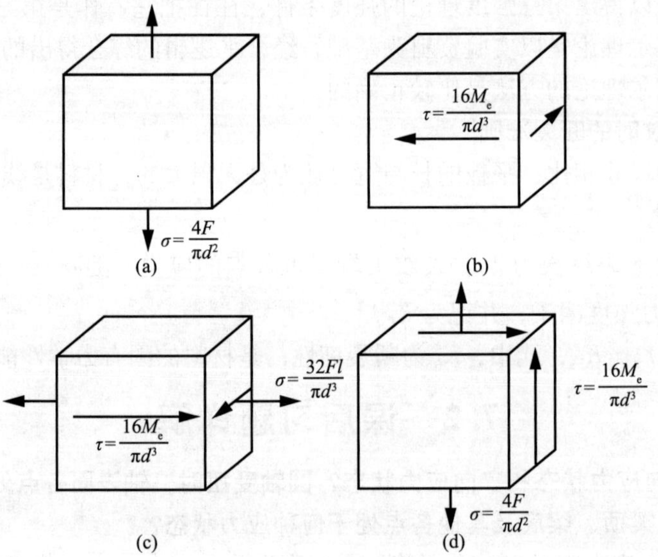

图 7－2－2

7.3 在图 7－2－3 所示各单元体中，试用解析法和应力圆求斜截面 ***ab*** 上的应力。应力的单位为 **MPa** 。

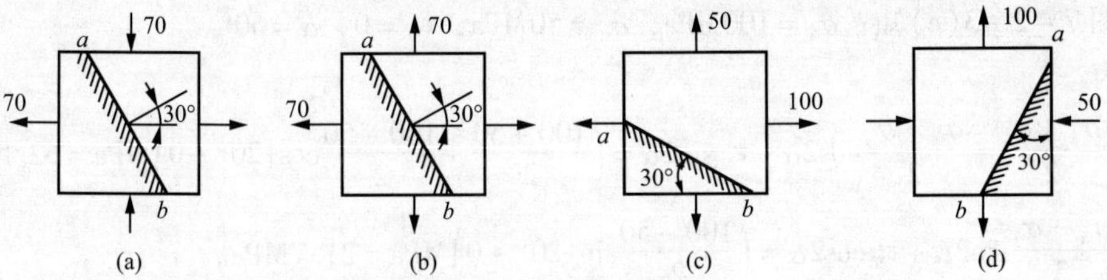

图 7－2－3

解：(1)①解析法

由图 7－2－3(a)可知：$\sigma_x=70\text{MPa}$，$\sigma_y=-70\text{MPa}$，$\tau_{xy}=0$，$\alpha=30°$。

则有

$$\sigma_\alpha=\frac{\sigma_x+\sigma_y}{2}+\frac{\sigma_x-\sigma_y}{2}\cos2\alpha-\tau_{xy}\sin2\alpha$$

$$=\left(\frac{70-70}{2}+\frac{70+70}{2}\cos60°-0\right)\text{MPa}=35\text{MPa}$$

$$\tau_\alpha=\frac{\sigma_x-\sigma_y}{2}\sin2\alpha+\tau_{xy}\cos2\alpha=\left(\frac{70+70}{2}\sin60°+0\right)\text{MPa}=60.6\text{MPa}$$

②应力圆

作 $\sigma O\tau$ 直角坐标系，A 点(σ_x,τ_{xy})，B 点($\sigma_y,-\tau_{xy}$)，以 AB 为直径作圆，即为应力圆，圆心为 O，以 OA 为始边，逆时针旋转 $2\alpha=60°$与应力圆的交点(σ_C，τ_C)即为斜截面 ab 上的应力，如图 7－2－4(a)所示。由图量取知：$\sigma_\alpha=\sigma_C=35\text{MPa}$，$\tau_\alpha=\tau_C=61\text{MPa}$。

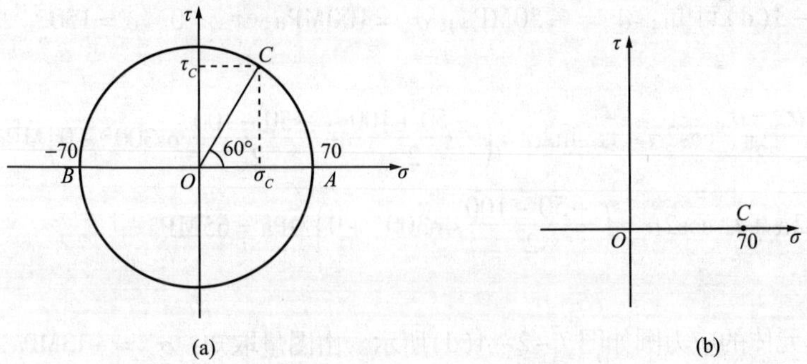

图 7－2－4

(2)①解析法

由图 7－2－3(b)可知：$\sigma_x=70\text{MPa}$，$\sigma_y=70\text{MPa}$，$\tau_{xy}=0$，$\alpha=30°$。

则有

$$\sigma_\alpha=\frac{\sigma_x+\sigma_y}{2}+\frac{\sigma_x-\sigma_y}{2}\cos2\alpha-\tau_{xy}\sin2\alpha=\left(\frac{70+70}{2}+\frac{70-70}{2}\cos60°-0\right)\text{MPa}=70\text{MPa}$$

$$\tau_\alpha=\frac{\sigma_x-\sigma_y}{2}\sin2\alpha+\tau_{xy}\cos2\alpha=\left(\frac{70-70}{2}\sin60°+0\right)\text{MPa}=0\text{MPa}$$

②应力圆

同理，该单元体的应力圆退化为一个点 $C(70,0)$，也称点圆，如图 7－2－4(b)所示。

故有 $\sigma_\alpha=70\text{MPa}$，$\tau_\alpha=0\text{MPa}$。

(3)①解析法

由图 7-2-3(c)知：$\sigma_x=100\text{MPa}$，$\sigma_y=50\text{MPa}$，$\tau_{xy}=0$，$\alpha=60°$。

则有

$$\sigma_\alpha=\frac{\sigma_x+\sigma_y}{2}+\frac{\sigma_x-\sigma_y}{2}\cos2\alpha-\tau_{xy}\sin2\alpha=\left(\frac{100+50}{2}+\frac{100-50}{2}\cos120°-0\right)\text{MPa}=62.5\text{MPa}$$

$$\tau_\alpha=\frac{\sigma_x-\sigma_y}{2}\sin2\alpha+\tau_{xy}\cos2\alpha=\left(\frac{100-50}{2}\sin120°+0\right)\text{MPa}=21.7\text{MPa}$$

②应力圆

同理，该单元体的应力圆如图 7-2-4(c)所示。由图量取知：$\sigma_\alpha=\sigma_C=63\text{MPa}$，$\tau_\alpha=\tau_C=22\text{MPa}$。

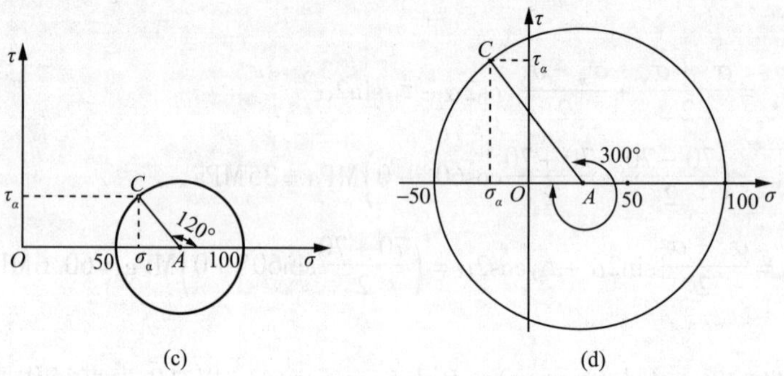

图 7-2-4

(4)①解析法

由图 7-2-3(d)可知：$\sigma_x=-50\text{MPa}$，$\sigma_y=100\text{MPa}$，$\tau_{xy}=0$，$\alpha=150°$。

则有

$$\sigma_\alpha=\frac{\sigma_x+\sigma_y}{2}+\frac{\sigma_x-\sigma_y}{2}\cos2\alpha-\tau_{xy}\sin2\alpha=\left(\frac{-50+100}{2}+\frac{-50-100}{2}\cos300°-0\right)\text{MPa}=-12.5\text{MPa}$$

$$\tau_\alpha=\frac{\sigma_x-\sigma_y}{2}\sin2\alpha+\tau_{xy}\cos2\alpha=\left(\frac{-50-100}{2}\sin300°+0\right)\text{MPa}=65\text{MPa}$$

②应力圆

同理，该单元体的应力圆如图 7-2-4(d)所示。由图量取知：$\sigma_\alpha=-13\text{MPa}$，$\tau_\alpha=65\text{MPa}$。

7.4　已知应力状态如图 7-2-5 所示，图中应力单位皆为 MPa。试用解析法及应力圆求：

(1)主应力大小，主平面的方位；并在单元体上绘出主平面位置及主应力方向；

(2)最大切应力。

解：(a)图 7-2-5(a)，按应力的符号规则知：$\sigma_x=50\text{MPa}$，$\sigma_y=0$，$\tau_{xy}=20\text{MPa}$。

①解析法

由公式得

$$\left.\begin{matrix}\sigma_{\max}\\ \sigma_{\min}\end{matrix}\right\}=\frac{\sigma_x+\sigma_y}{2}\pm\sqrt{\left(\frac{\sigma_x-\sigma_y}{2}\right)^2+\tau_{xy}^2}=\left[\frac{50+0}{2}\pm\sqrt{\left(\frac{50-0}{2}\right)^2+20^2}\right]\text{MPa}=\begin{cases}57\text{MPa}\\ -7\text{MPa}\end{cases}$$

故按主应力的符号规定记主应力为：$\sigma_1=57\text{MPa}$，$\sigma_2=0$，$\sigma_3=-7\text{MPa}$。

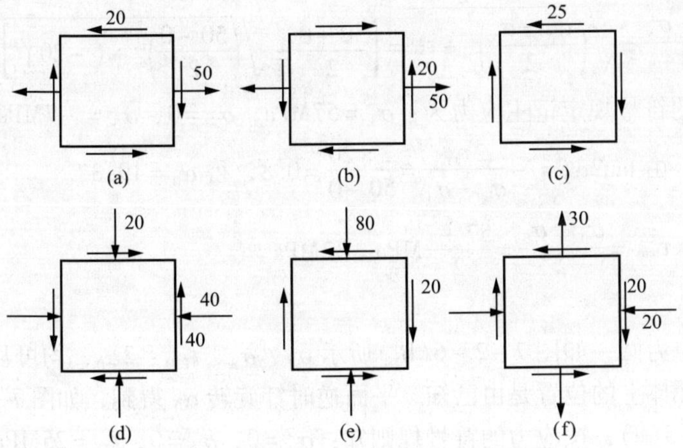

图 7-2-5

主平面位置：由 $\tan 2\alpha_0 = -\dfrac{2\tau_{xy}}{\sigma_x - \sigma_y} = -\dfrac{2\times 20}{50-0} = -0.8$，得 $\alpha_0 = -19.3°$。

最大切应力：$\tau_{\max} = \dfrac{\sigma_1 - \sigma_3}{2} = \dfrac{57+7}{2}\text{MPa} = 32\text{MPa}$。

②应力圆

作单元体的应力圆，如图 7-2-6(a_1)所示，与 σ 轴的两个交点为 σ_1、σ_3。应力圆的半径即为最大切应力的值，σ_1、σ_3、$\tau_{\max}$、$2\alpha_0$ 均可从图上量取。

主平面在单元体上的位置是由已知 x 平面逆时针旋转 α_0 得到，如图 7-2-6(a_2)所示。

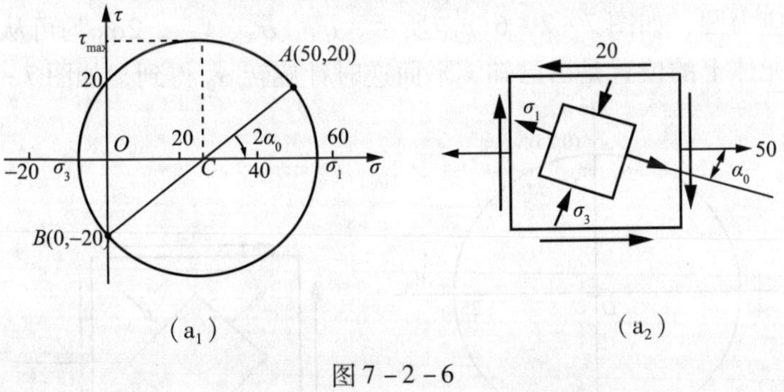

图 7-2-6

(b)图 7-2-5(b)，按应力的符号规则可知：$\sigma_x = 50\text{MPa}$，$\sigma_y = 0$，$\tau_{xy} = -20\text{MPa}$。

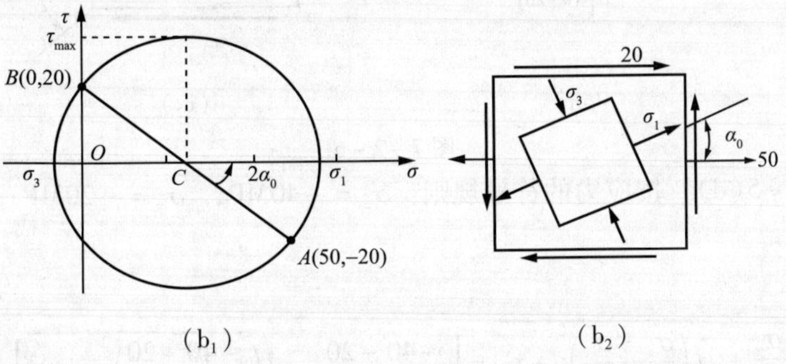

图 7-2-6

①解析法

由公式得

$$\left.\begin{matrix}\sigma_{max}\\ \sigma_{min}\end{matrix}\right\}=\frac{\sigma_x+\sigma_y}{2}\pm\sqrt{\left(\frac{\sigma_x-\sigma_y}{2}\right)^2+\tau_{xy}^2}=\left[\frac{50+0}{2}\pm\sqrt{\left(\frac{50-0}{2}\right)^2+(-20)^2}\right]=\begin{cases}57\text{MPa}\\ -7\text{MPa}\end{cases}$$

故按主应力的符号规定记主应力为：$\sigma_1=57\text{MPa}$，$\sigma_2=0$，$\sigma_3=-7\text{MPa}$。

主平面位置：由 $\tan 2\alpha_0=-\frac{2\tau_{xy}}{\sigma_x-\sigma_y}=\frac{2\times20}{50-0}=0.8$，得 $\alpha_0=19.3°$。

最大切应力：$\tau_{max}=\frac{\sigma_1-\sigma_3}{2}=\frac{57+7}{2}\text{MPa}=32\text{MPa}$。

②应力圆

作单元体的应力圆，如图 7-2-6(b_1)所示 σ_1、σ_3、τ_{max}、$2\alpha_0$，均可从图上量取。

主平面在单元体上的位置是由已知 x 平面逆时针旋转 α_0 得到，如图 7-2-6(b_2)所示。

(c)图 7-2-5(c)，按应力的符号规则知：$\sigma_x=0$，$\sigma_y=0$，$\tau_{xy}=25\text{MPa}$。

①解析法

由公式得：$\left.\begin{matrix}\sigma_{max}\\ \sigma_{min}\end{matrix}\right\}=\frac{\sigma_x+\sigma_y}{2}\pm\sqrt{\left(\frac{\sigma_x-\sigma_y}{2}\right)^2+\tau_{xy}^2}=(0\pm\sqrt{25^2})\text{MPa}=\pm25\text{MPa}$。

故按主应力的符号规定记主应力为：$\sigma_1=25\text{MPa}$，$\sigma_2=0$，$\sigma_3=-25\text{MPa}$。

主平面位置：由 $\tan 2\alpha_0=-\frac{2\tau_{xy}}{\sigma_x-\sigma_y}=-\infty$，得 $\alpha_0=-45°$。

最大切应力：$\tau_{max}=\frac{\sigma_1-\sigma_3}{2}=25\text{MPa}$。

②应力圆

作单元体的应力圆，如图 7-2-6(c_1)所示，σ_1、σ_3、τ_{max}、$2\alpha_0$ 均可从图上量取。

主平面在单元体上的位置是由已知 x 平面逆时针旋转 α_0 得到，如图 7-2-6(c_2)所示。

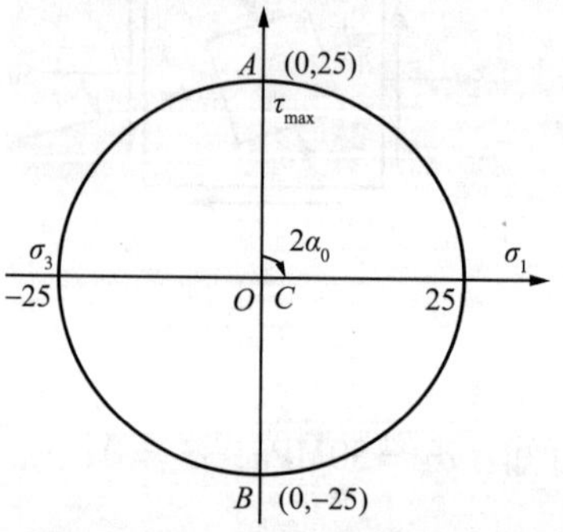

(c_1)

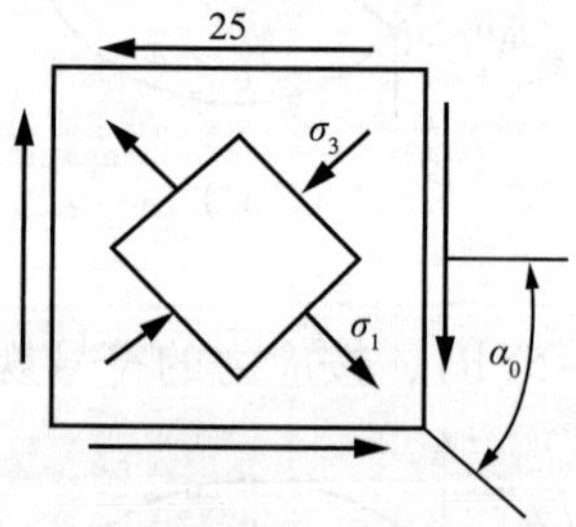

(c_2)

图 7-2-6

(d)图 7-2-5(d)，按应力的符号规则：$\sigma_x=-40\text{MPa}$，$\sigma_y=-20\text{MPa}$，$\tau_{xy}=-40\text{MPa}$。

①解析法

由公式得

$$\left.\begin{matrix}\sigma_{max}\\ \sigma_{min}\end{matrix}\right\}=\frac{\sigma_x+\sigma_y}{2}\pm\sqrt{\left(\frac{\sigma_x-\sigma_y}{2}\right)^2+\tau_{xy}^2}=\left[\frac{-40-20}{2}\pm\sqrt{\left(\frac{-40+20}{2}\right)^2+40^2}\right]=\begin{cases}11.2\text{MPa}\\ -71.2\text{MPa}\end{cases}$$

故按主应力的符号规定记主应力为：$\sigma_1=11.2\text{MPa}$，$\sigma_2=0$，$\sigma_3=-71.2\text{MPa}$。

主平面位置：由 $\tan 2\alpha_0 = -\dfrac{2\tau_{xy}}{\sigma_x - \sigma_y} = -\dfrac{2\times(-40)}{-40+20} = -4$，得 $\alpha_0 = -38°$。

最大切应力：$\tau_{max} = \dfrac{\sigma_1 - \sigma_3}{2} = \dfrac{11.2 + 71.2}{2}\text{MPa} = 41.2\text{MPa}$。

②应力圆

作单元体的应力圆，如图 7－2－6(d_1)所示，σ_1、σ_3、τ_{max}、$2\alpha_0$ 均可从图上量取。

主平面在单元体上的位置是由已知 y 平面逆时针旋转 α_0 得到，如图 7－2－6(d_2)所示。

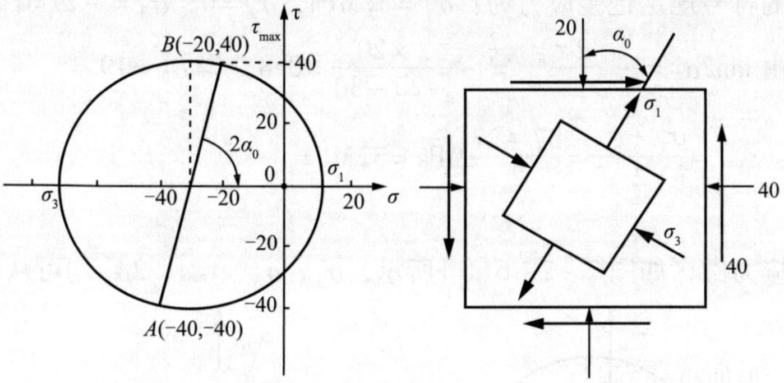

(d_1)　　　　(d_2)

图 7－2－6

(e)图 7－2－5(e)，按应力的符号规则知：$\sigma_x = 0$，$\sigma_y = -80\text{MPa}$，$\tau_{xy} = 20\text{MPa}$。

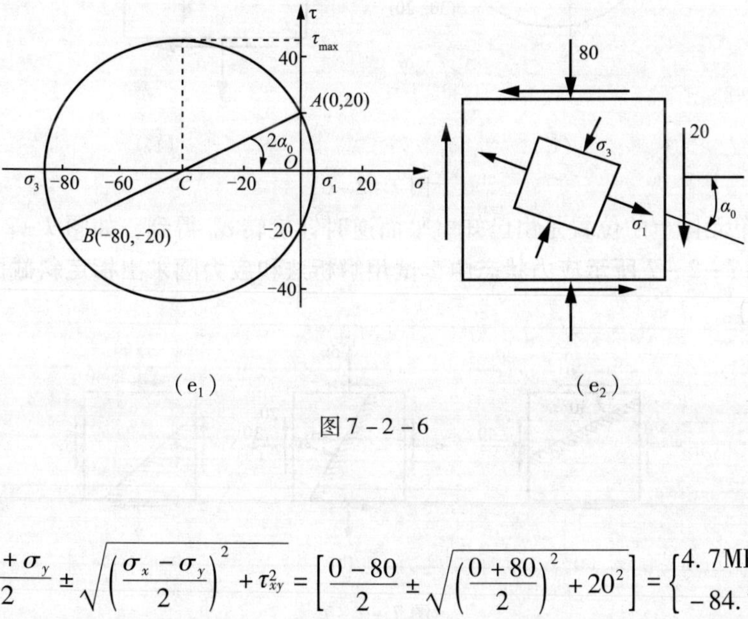

(e_1)　　　　(e_2)

图 7－2－6

①解析法

由公式得

$$\left.\begin{matrix}\sigma_{max}\\ \sigma_{min}\end{matrix}\right\} = \frac{\sigma_x + \sigma_y}{2} \pm \sqrt{\left(\frac{\sigma_x - \sigma_y}{2}\right)^2 + \tau_{xy}^2} = \left[\frac{0-80}{2} \pm \sqrt{\left(\frac{0+80}{2}\right)^2 + 20^2}\right] = \left\{\begin{matrix}4.7\text{MPa}\\ -84.7\text{MPa}\end{matrix}\right.$$

故按主应力的符号规定记主应力为：$\sigma_1 = 4.7\text{MPa}$，$\sigma_2 = 0$，$\sigma_3 = -84.7\text{MPa}$。

主平面位置由 $\tan 2\alpha_0 = -\dfrac{2\tau_{xy}}{\sigma_x - \sigma_y} = -\dfrac{2\times 20}{0+80} = -0.5$，得 $\alpha_0 = -13.3°$。

最大切应力：$\tau_{max} = \dfrac{\sigma_1 - \sigma_3}{2} = \dfrac{4.7 + 84.7}{2}\text{MPa} = 44.7\text{MPa}$。

②应力圆

作单元体的应力圆，如图 7－2－6(e_1)所示，σ_1、σ_3、τ_{max}、$2\alpha_0$ 均可从图上量取。

主平面在单元体上的位置是由已知 x 平面逆时针旋转 α_0 得到，如图 7-2-6(e_2)所示。

(f)图 7-2-5(f)，按应力的符号规则知：$\sigma_x=-20\text{MPa}$，$\sigma_y=30\text{MPa}$，$\tau_{xy}=20\text{MPa}$。

①解析法

由公式得

$$\left.\begin{matrix}\sigma_{\max}\\ \sigma_{\min}\end{matrix}\right\}=\frac{\sigma_x+\sigma_y}{2}\pm\sqrt{\left(\frac{\sigma_x-\sigma_y}{2}\right)^2+\tau_{xy}^2}=\left[\frac{-20+30}{2}\pm\sqrt{\left(\frac{-20-30}{2}\right)^2+20^2}\right]=\begin{cases}37\text{MPa}\\ -27\text{MPa}\end{cases}$$

故按主应力的符号规定记主应力为：$\sigma_1=37\text{MPa}$，$\sigma_2=0$，$\sigma_3=-27\text{MPa}$。

主平面位置由 $\tan2\alpha_0=-\frac{2\tau_{xy}}{\sigma_x-\sigma_y}=-\frac{2\times20}{-20-30}=0.8$，得 $\alpha_0=19.3°$。

最大切应力：$\tau_{\max}=\frac{\sigma_1-\sigma_3}{2}=\frac{37+27}{2}\text{MPa}=32\text{MPa}$。

②应力圆

作单元体的应力圆，如图 7-2-6(f_1)所示，σ_1、σ_3、$\tau_{\max}$、$2\alpha_0$ 均可从图上量取。

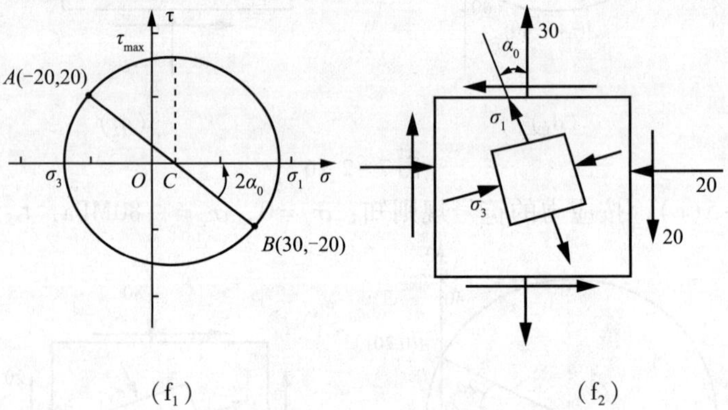

图 7-2-6

主平面在单元体上的位置是由已知 y 平面逆时针旋转 α_0 得到，如图 7-2-6(f_2)所示。

7.5　在图 7-2-7 所示应力状态中，试用解析法和应力圆求出指定斜截面上的应力(应力单位为 MPa)。

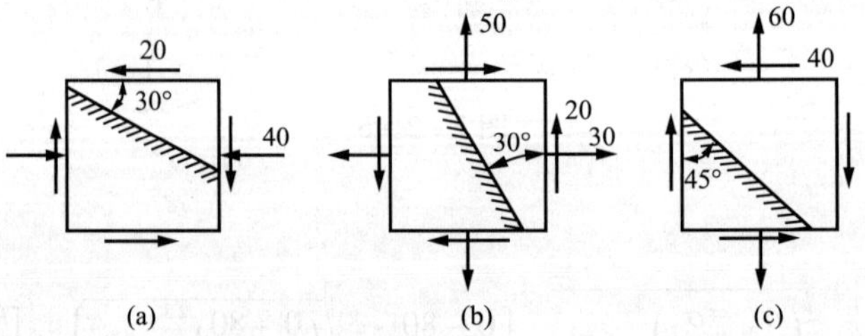

图 7-2-7

解：(a)①解析法

由图 7-2-7(a)可知：$\sigma_x=-40\text{MPa}$，$\sigma_y=0$，$\tau_{xy}=20\text{MPa}$，$\alpha=60°$。

则有

$$\sigma_\alpha=\frac{\sigma_x+\sigma_y}{2}+\frac{\sigma_x-\sigma_y}{2}\cos2\alpha-\tau_{xy}\sin2\alpha=\left(\frac{-40+0}{2}+\frac{-40-0}{2}\cos120°-20\sin120°\right)\text{MPa}$$

$$=-27.3\text{MPa}$$

$$\tau_\alpha = \frac{\sigma_x - \sigma_y}{2}\sin 2\alpha + \tau_{xy}\cos 2\alpha = \left(\frac{-40-0}{2}\sin 120° + 20\cos 120°\right)\text{MPa} = -27.3\text{MPa}$$

②应力圆

作 $\sigma O\tau$ 直角坐标系，A 点(σ_x, τ_{xy})，B 点$(\sigma_y, -\tau_{xy})$，以 AB 为直径作圆，即为应力圆，记圆心为 C，以 CA 为始边，逆时针旋转 $2\alpha = 120°$ 与应力圆的交点即为所求斜截面上的应力$(\sigma_\alpha, \tau_\alpha)$，如图 7-2-8(a)所示，由图量取得解。

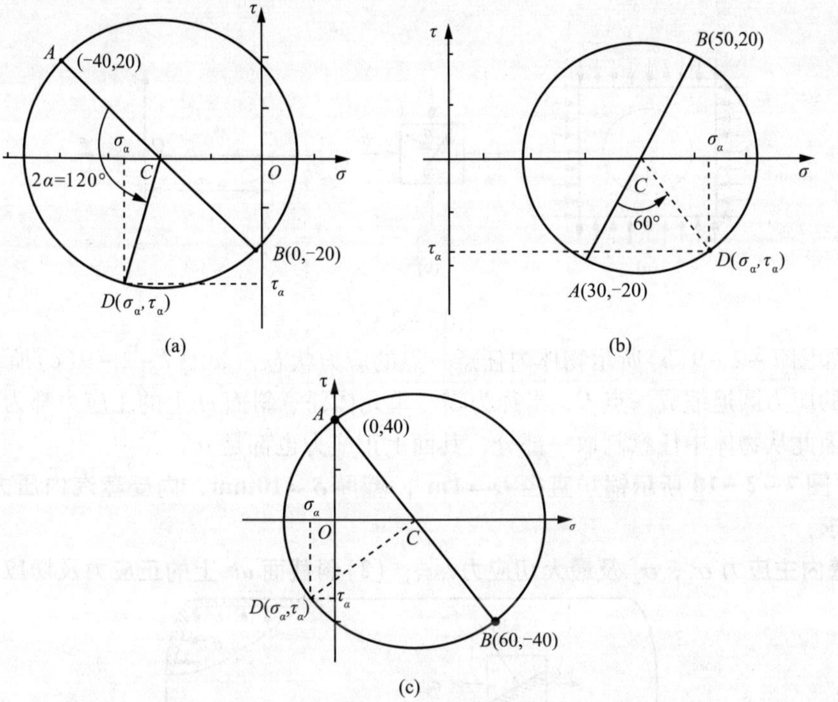

图 7-2-8

(b)①解析法

由图 7-2-7(b)可知：$\sigma_x = 30\text{MPa}$，$\sigma_y = 50\text{MPa}$，$\tau_{xy} = -20\text{MPa}$，$\alpha = 30°$。

则有

$$\sigma_\alpha = \frac{\sigma_x + \sigma_y}{2} + \frac{\sigma_x - \sigma_y}{2}\cos 2\alpha - \tau_{xy}\sin 2\alpha = \left(\frac{30+50}{2} + \frac{30-50}{2}\cos 60° + 20\sin 60°\right)\text{MPa}$$

$$= 52.3\text{MPa}$$

$$\tau_\alpha = \frac{\sigma_x - \sigma_y}{2}\sin 2\alpha + \tau_{xy}\cos 2\alpha = \left(\frac{30-50}{2}\sin 60° + (-20)\cos 60°\right)\text{MPa} = -18.7\text{MPa}$$

②应力圆

同理作应力圆，以 C 为圆心，以 CA 为始边，逆时针旋转 $2\alpha = 60°$ 与应力圆的交点即为所求斜截面上的应力$(\sigma_\alpha, \tau_\alpha)$，如图 7-2-8(b)所示，由图量取得解。

(c)①解析法

由图 7-2-7(c)可知：$\sigma_x = 0$，$\sigma_y = 60\text{MPa}$，$\tau_{xy} = 40\text{MPa}$，$\alpha = 45°$。

则有

$$\sigma_\alpha = \frac{\sigma_x + \sigma_y}{2} + \frac{\sigma_x - \sigma_y}{2}\cos 2\alpha - \tau_{xy}\sin 2\alpha = \left(\frac{0+60}{2} + \frac{0-60}{2}\cos 90° - 40\sin 90°\right)\text{MPa} = -10\text{MPa}$$

$$\tau_\alpha = \frac{\sigma_x - \sigma_y}{2}\sin 2\alpha + \tau_{xy}\cos 2\alpha = \left(\frac{0-60}{2}\sin 90^\circ + 40\cos 90^\circ\right)\text{MPa} = -30\text{MPa}$$

②应力圆

同理作应力圆，以 C 为圆心，以 CA 为始边，逆时针旋转 $2\alpha = 90^\circ$ 与应力圆的交点即为所求斜截面上的应力($\sigma_\alpha, \tau_\alpha$)，如图 7－2－8(c)所示，由图量取得解。

7.6　若物体在两个方向上受力相同(如图 7－2－9(a)所示)，试分析这种情况下的应力状态。

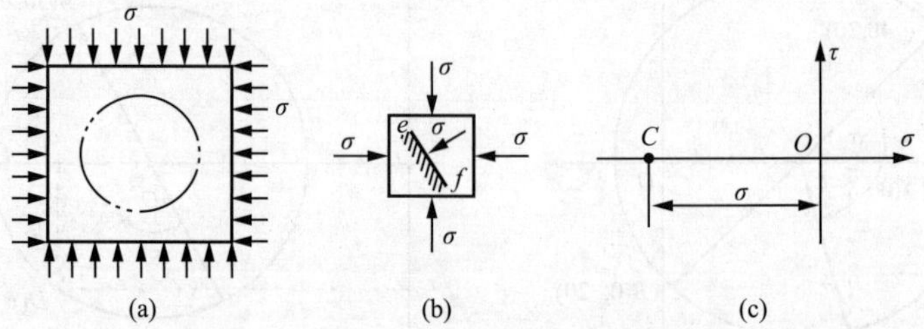

图 7－2－9

解：如图 7－2－9(b)所示物体内任意一点的应力状态，如图 7－2－9(c)所示代表这一应力状态的应力圆退缩成一点 C，半径为零。单元体任意斜面 ef 上的正应力都为 σ，切应力都为零。因此从物体中任意割取一部分，其面上正应力也都是 σ。

7.7　图 7－2－10 所示锅炉直径 $D = 1\text{m}$，壁厚 $\delta = 10\text{mm}$，内受蒸汽内压力 $p = 3\text{MPa}$ 作用。试求：

(1)壁内主应力 σ_1，σ_2 及最大切应力 τ_{max}；(2)斜截面 ab 上的正应力及切应力。

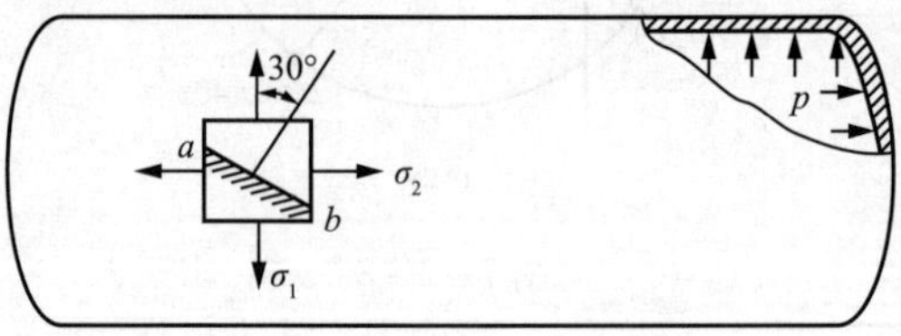

图 7－2－10

解：(1)根据题意，壁内单元体为二向应力状态，主应力分别为：

环向应力：$\sigma_1 = \frac{pD}{2\delta} = \frac{3\times 1000}{2\times 10}\text{MPa} = 150\text{MPa}$；

轴向应力：$\sigma_2 = \frac{pD}{4\delta} = \frac{\sigma_1}{2} = 75\text{MPa}$；

垂直于壁内的应力：$\sigma_3 = 0$；

则最大切应力：$\tau_{max} = \frac{\sigma_1 - \sigma_3}{2} = 75\text{MPa}$。

(2)由图 7－2－10 可知：$\sigma_x = 75\text{MPa}$，$\sigma_y = 150\text{MPa}$，$\tau_{xy} = 0$，$\alpha = 60^\circ$。

根据公式得斜截面 ab 上的应力为

$$\sigma_\alpha = \frac{\sigma_x + \sigma_y}{2} + \frac{\sigma_x - \sigma_y}{2}\cos 2\alpha - \tau_{xy}\sin 2\alpha = \left(\frac{75+150}{2} + \frac{75-150}{2}\cos 120^\circ - 0\right)\text{MPa}$$
$$= 131.25\text{MPa}$$

$$\tau_\alpha = \frac{\sigma_x - \sigma_y}{2}\sin 2\alpha + \tau_{xy}\cos 2\alpha = \left(\frac{75-150}{2}\sin 120^\circ + 0\right)\text{MPa} = -32.5\text{MPa}$$

7.8　已知图 7-2-11 所示矩形截面梁某截面上的弯矩及剪力分别为 $M=10\mathrm{kN\cdot m}$，$F_S=120\mathrm{kN}$，试绘出截面上 1、2、3、4 各点的单元体的应力状态，并求其主应力。

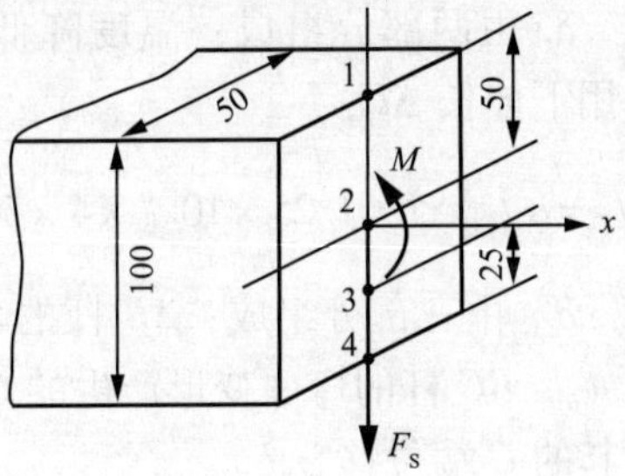

图 7-2-11

解：(1)1 点

其应力分量：$\sigma=\dfrac{My}{I_z}=\dfrac{M}{W}=-\dfrac{6M}{bh^2}=-120\mathrm{MPa}$，$\tau=0$。

其处于单向应力状态，主应力为：$\sigma_1=\sigma_2=0$，$\sigma_3=\sigma=-120\mathrm{MPa}$。

应力状态如图 7-2-12(a)所示。

(2)2 点

其应力分量：$\sigma=\dfrac{My}{I_z}=0$，$\tau=\dfrac{F_S S_z^*}{bI_z}=\dfrac{3}{2}\dfrac{F_S}{bh}=36\mathrm{MPa}$。

其处于纯剪切状态，主应力为：$\sigma_1=36\mathrm{MPa}$，$\sigma_2=0$，$\sigma_3=-36\mathrm{MPa}$。

应力状态如图 7-2-12(b)所示。

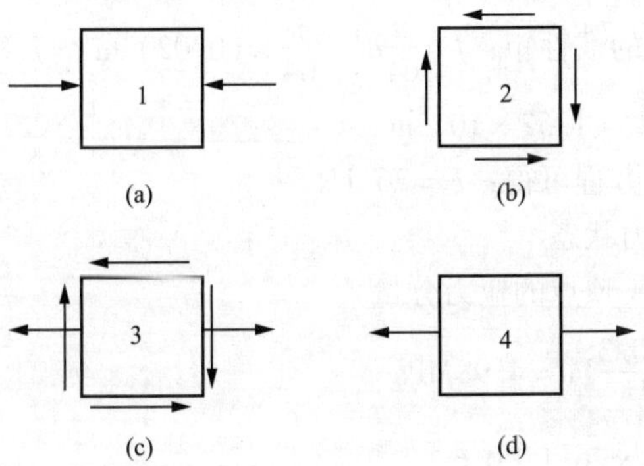

图 7-2-12

(3)3 点

其应力分量：$\sigma_x=\dfrac{My}{I_z}=\dfrac{12My}{bh^3}=\dfrac{12\times10\times10^3\times0.025}{0.05\times0.1^3}\mathrm{Pa}=60\mathrm{MPa}$，

$\sigma_y=0$，$\tau_{xy}=\dfrac{F_S S_z^*}{bI_z}=\dfrac{120\times10^3\times0.05\times0.025\times0.0375}{0.05\times\dfrac{1}{12}\times0.05\times0.1^3}\mathrm{Pa}=27\mathrm{MPa}$。

根据公式$\left.\begin{matrix}\sigma_{\max}\\ \sigma_{\min}\end{matrix}\right\}=\dfrac{\sigma_x+\sigma_y}{2}\pm\sqrt{\left(\dfrac{\sigma_x-\sigma_y}{2}\right)^2+\tau_{xy}^2}$得，其主应力

$$\sigma_1=70.4\mathrm{MPa},\ \sigma_2=0,\ \sigma_3=-10.4\mathrm{MPa}$$

应力状态如图 7-2-12(c)所示。

(4)4 点

同点 1 处于单向应力状态，但该点受拉，则主应力：$\sigma_1=120\mathrm{MPa}$，$\sigma_2=\sigma_3=0$。

应力状态如图 7-2-12(d)所示。

7.9　图 7-2-13 所示钢制曲拐的横截面直径为 20mm，C 端与钢丝相连，钢丝的横截面面积 $A=6.5\mathrm{mm}^2$。曲拐和钢丝的弹性模量同为 $E=200\mathrm{GPa}$，$G=84\mathrm{GPa}$。若钢丝的温度降低 50℃，若线胀系数 $\alpha_l=12.5\times10^{-6}℃^{-1}$，试求曲拐固定端截面 A 的顶点的应力状态。

解：(1)求钢丝内力 F

假想沿 C 点将该结构断开，则钢丝上 C 点的位移 δ_C 与曲拐 ABC 上 C 点的挠度 δ'_C 相等，即有变形协调方程：$\delta_C=\delta'_C$。

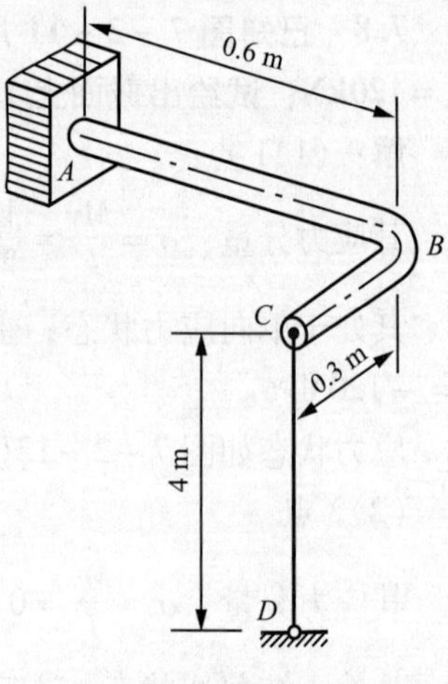

图 7－2－13

δ_C 由两部分组成：温度降低使钢丝缩短 Δl_T，在内力 F 作用下伸长 Δl_F。

$$\Delta l_T=\alpha_l l_{CD}\Delta T=1.25\times10^{-6}\times4\times50\mathrm{m}=2.5\times10^{-4}\mathrm{m},\ \Delta l_F=\frac{Fl_{CD}}{EA}$$

δ'_C 由三部分组成：AB 杆的弯曲变形产生的 B 端垂直位移 w_B，BC 杆的弯曲变形产生的 C 端垂直位移 w_C，AB 杆扭转引起的 C 端位移 $\varphi_B l_{BC}$。

故根据叠加原理可得：$\delta'_C=w_B+w_C+\varphi_B\cdot l_{BC}=\dfrac{Fl_{AB}^3}{3EI}+\dfrac{Fl_{BC}^3}{3EI}+\dfrac{Fl_{BC}l_{AB}}{GI_p}l_{BC}$。

曲拐横截面对中性轴的惯性矩：$I=\dfrac{\pi}{64}d^4=\dfrac{\pi}{64}\times(0.02)^4\mathrm{m}^4=7.85\times10^{-9}\mathrm{m}^4$。

则其极惯性矩：$I_p=2I=1.57\times10^{-8}\mathrm{m}^4$。

将以上各式代入协调方程可得：$F=26.1\mathrm{N}$。

(2)求截面 A 顶点应力状态

由(1)可知曲拐截面 A 顶点的应力分量

$$\tau=\frac{T_{max}}{W_t}=\frac{16\times26.1\times0.3}{\pi\times0.02^3}\mathrm{Pa}=4.98\mathrm{MPa}$$

$$\sigma=\frac{M_{max}}{W}=\frac{Fl_{AB}}{\frac{1}{32}\pi d^3}=\frac{32\times26.1\times0.6}{\pi\times0.02^3}\mathrm{Pa}=19.9\mathrm{MPa}$$

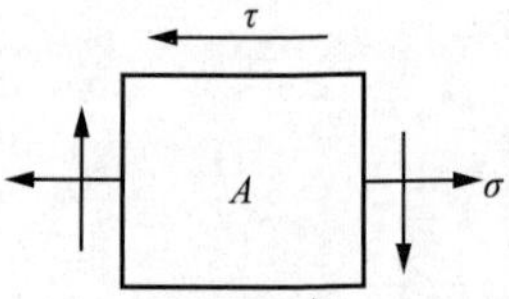

图 7－2－14

其应力状态如图 7－2－14 所示。

7.10　薄壁圆筒扭转－拉伸试验的示意图如图 7－2－15 所示。若 $F=20\mathrm{kN}$，$M_e=600\mathrm{N\cdot m}$，且 $d=50\mathrm{mm}$，$\delta=2\mathrm{mm}$，试求：

(1)A 点在指定斜截面上的应力；(2)A 点的主应力的大小及方向(用单元体表示)。

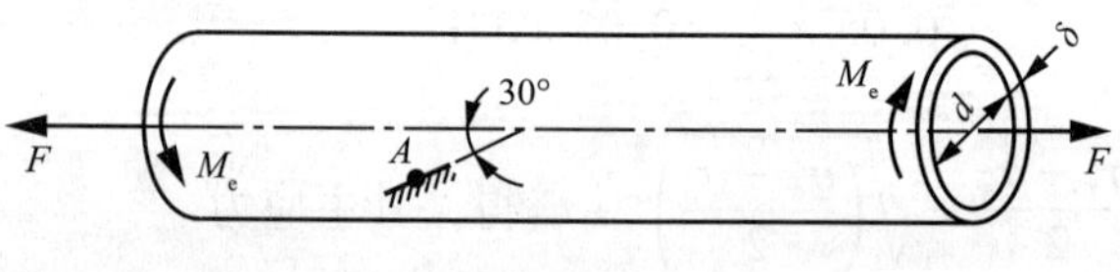

图 7－2－15

解：(1)A 的应力状态的单元体如图 7－2－16(a)所示，则

$$\sigma_x=\frac{F}{A}=\frac{F}{\pi(d+\delta)\delta}=\frac{20\times10^3}{\pi\times52\times10^{-3}\times2\times10^{-3}}\mathrm{Pa}=61.2\mathrm{MPa}$$

对于薄壁圆筒其切应力

$$\tau_{xy}=\frac{-2M_e}{\pi(d+\delta)^2\delta}=\frac{-2\times600}{\pi\times(50+2)^2\times10^{-6}\times2\times10^{-3}}\mathrm{Pa}=-70.6\mathrm{MPa}$$

$$\sigma_y=0$$

由公式得所求斜截面上的应力

$$\sigma_\alpha=\frac{\sigma_x+\sigma_y}{2}+\frac{\sigma_x-\sigma_y}{2}\cos2\alpha-\tau_{xy}\sin2\alpha$$

$$=\left(\frac{61.2+0}{2}+\frac{61.2-0}{2}\cos240°+70.6\sin240°\right)\text{MPa}=-45.8\text{MPa}$$

$$\tau_\alpha=\frac{\sigma_x-\sigma_y}{2}\sin2\alpha+\tau_{xy}\cos2\alpha=\left(\frac{61.2-0}{2}\sin240°-70.6\cos240°\right)\text{MPa}=8.8\text{MPa}$$

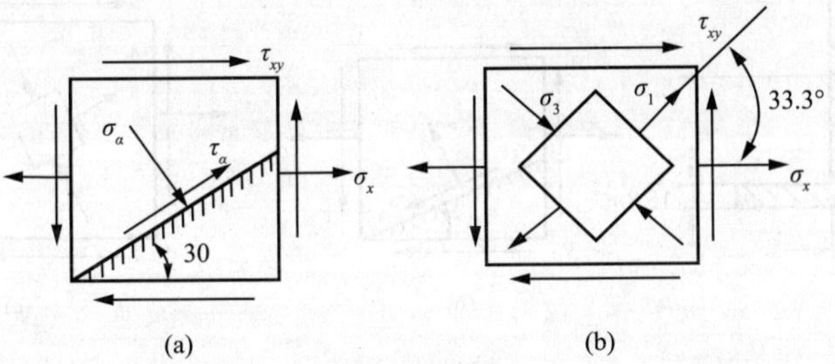

图 7－2－16

(2)A 点的主应力

$$\left.\begin{matrix}\sigma_{\max}\\\sigma_{\min}\end{matrix}\right\}=\frac{\sigma_x+\sigma_y}{2}\pm\sqrt{\left(\frac{\sigma_x-\sigma_y}{2}\right)^2+\tau_{xy}^2}=\left[\frac{61.2+0}{2}\pm\sqrt{\left(\frac{61.2-0}{2}\right)^2+70.6^2}\right]\text{MPa}$$

$$=\begin{cases}107.5\text{MPa}\\-46.3\text{MPa}\end{cases}$$

又根据符号规定得，A 点的主应力：$\sigma_1=107.5\text{MPa}$，$\sigma_2=0$，$\sigma_3=-46.3\text{MPa}$。

方向：由 $\tan2\alpha_0=-\dfrac{2\tau_{xy}}{\sigma_x-\sigma_y}=-\dfrac{2\times(-70.6)}{61.2-0}=2.31$，得 $\alpha_0=33.3°$。

则其方位图如图 7－2－16(b)所示。

7.11　图 7－2－17 所示简支梁为 I 36a 工字钢，$F=140\text{kN}$，$l=4\text{m}$。A 点所在截面位于集中力 F 的左侧，且无限接近 F 力作用的截面。试求：

(1)A 点在指定斜截面上的应力；(2)A 点的主应力及主平面的方位(用单元体表示)。

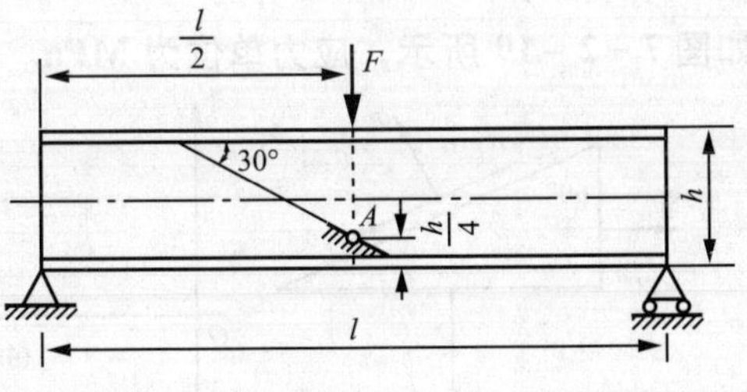

图 7－2－17

解：根据题意，A 点所在截面的内力分量分别为

$$M=Fl/4=\frac{140\times4}{4}\text{kN}\cdot\text{m}=140\text{kN}\cdot\text{m},\quad F_S=F/2=\frac{140}{2}\text{kN}=70\text{kN}$$

查型钢表知 I 36a 工字钢的截面参数 $I_x=15880\text{cm}^4$，截面尺寸如图 7－2－18(a)所示。由此可计算点 A 以下部分对中性轴的静矩

$$S_x^*=\left[15.8\times136\times\left(180-\frac{15.8}{2}\right)+10\times(90-15.8)\times\left(90+\frac{90-15.8}{2}\right)\right]\text{mm}^3=4.64\times10^{-4}\text{m}^3$$

分析可知，A 点的应力状态单元体如图 7－2－18(b)所示。其中，应力分量

$$\sigma_x = \frac{My}{I_x} = \frac{140 \times 10^3 \times 360/4 \times 10^{-3}}{15800 \times 10^{-8}} \text{Pa} = 79.7\text{MPa}$$

$$\tau_{xy} = \frac{F_S S_x^*}{bI_x} = \frac{70 \times 10^3 \times 4.64 \times 10^{-4}}{10 \times 10^{-3} \times 15800 \times 10^{-8}} \text{Pa} = 20.6\text{MPa}$$

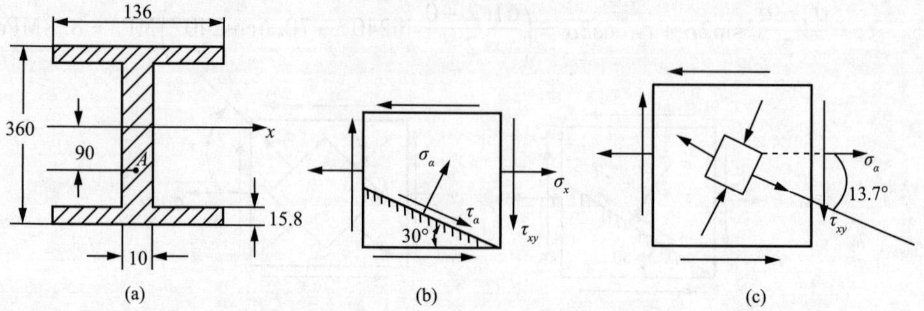

图 7-2-18

(1)根据公式可得所求斜截面上的应力

$$\sigma_\alpha = \frac{\sigma_x + \sigma_y}{2} + \frac{\sigma_x - \sigma_y}{2}\cos 2\alpha - \tau_{xy}\sin 2\alpha = \frac{79.7 + 0}{2} + \frac{79.7 - 0}{2}\cos 120° - 20.6\sin 120°$$
$$= 2.1\text{MPa}$$

$$\tau_\alpha = \frac{\sigma_x - \sigma_y}{2}\sin 2\alpha + \tau_{xy}\cos 2\alpha = \left(\frac{79.7 - 0}{2}\sin 120° + 20.6\cos 120°\right)\text{MPa} = 24.3\text{MPa}$$

(2)A 点的主应力

$$\left.\begin{matrix}\sigma_{\max}\\ \sigma_{\min}\end{matrix}\right\} = \frac{\sigma_x + \sigma_y}{2} \pm \sqrt{\left(\frac{\sigma_x - \sigma_y}{2}\right)^2 + \tau_{xy}^2} = \left[\frac{79.7 + 0}{2} \pm \sqrt{\left(\frac{79.7 - 0}{2}\right)^2 + 20.6^2}\right]\text{MPa} = \left\{\begin{matrix}84.7\text{MPa}\\ -5\text{MPa}\end{matrix}\right.$$

又根据符号规定得，A 点的主应力：$\sigma_1 = 84.7\text{MPa}$，$\sigma_2 = 0$，$\sigma_3 = -5\text{MPa}$。

方向：由 $\tan 2\alpha_0 = -\frac{2\tau_{xy}}{\sigma_x - \sigma_y} = -\frac{2 \times 20.6}{79.7 - 0} = -0.517$，得 $\alpha_0 = -13.7°$。

则其方位图如图 7-2-18(c)所示。

7.12 二向应力状态如图 7-2-19 所示，应力单位为 MPa。试求主应力并作应力圆。

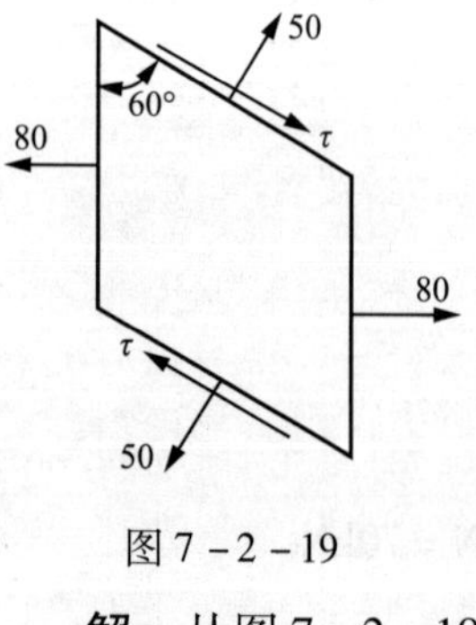

图 7-2-19

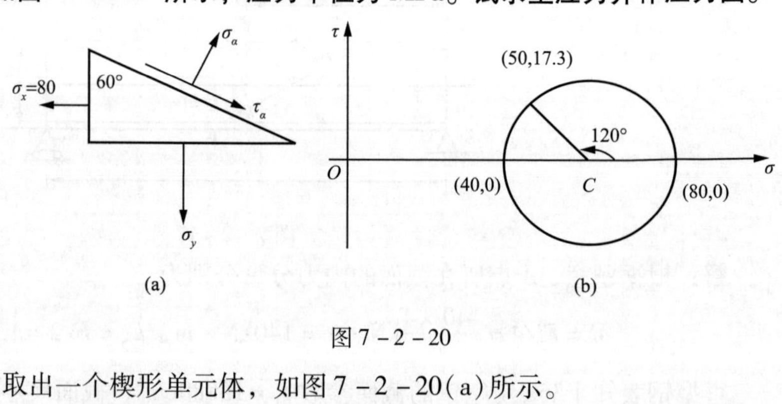

图 7-2-20

解：从图 7-2-19 中取出一个楔形单元体，如图 7-2-20(a)所示。

则根据应力符号规则有：$\sigma_x = 80\text{MPa}$，$\tau_{xy} = 0$，$\sigma_\alpha = 50\text{MPa}$，$\alpha = 60°$。

由公式

$$\sigma_\alpha = \frac{\sigma_x + \sigma_y}{2} + \frac{\sigma_x - \sigma_y}{2}\cos 2\alpha - \tau_{xy}\sin 2\alpha = \frac{80 + \sigma_y}{2} + \frac{80 - \sigma_y}{2}\cos 120° - 0 = 50\text{MPa}$$

$$\tau_\alpha = \frac{80 - \sigma_y}{2}\sin 120^\circ + 0$$

可得：$\sigma_y = 40\text{MPa}$，$\tau_\alpha = 17.3\text{MPa}$。

绘制应力圆如图 7－2－20(b)所示。

则单元体的主应力为：$\sigma_1 = 80\text{MPa}$，$\sigma_2 = 40\text{MPa}$，$\sigma_3 = 0$。

7.13　在处于二向应力状态的物体的边界 *bc* 上，*A* 点处的最大切应力为 35MPa，如图 7－2－21 所示。试求 *A* 点的主应力。若在 *A* 点周围以垂直于 *x* 轴和 *y* 轴的平面分割出单元体，试求单元体各面上的应力分量。

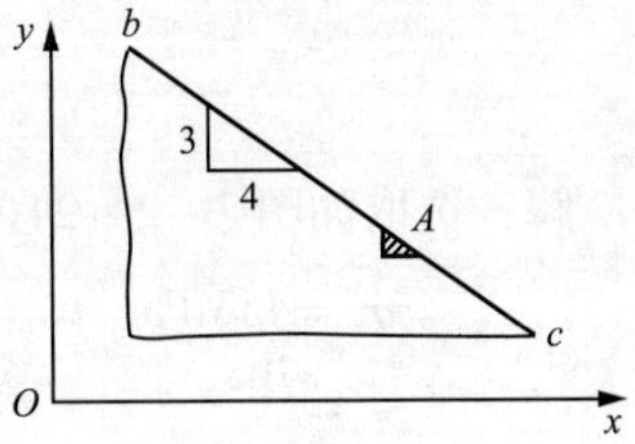

图 7－2－21

解：(1)根据题意知，自由边界 *bc* 面上的剪应力和正应力均为零，因而是一个主平面，且其上的主应力为零，因此 *A* 点处于单向应力状态下，只有一个主应力不为零。此时 *A* 点主应力有两种可能：

①$\sigma_1 = \sigma_2 = 0$，$\sigma_3 < 0$

$$\tau_{\max} = \frac{\sigma_1 - \sigma_3}{2} = \frac{-\sigma_3}{2} = 35\text{MPa}，\sigma_3 = -70\text{MPa}$$

②$\sigma_2 = \sigma_3 = 0$，$\sigma_1 > 0$

$$\tau_{\max} = \frac{\sigma_1 - \sigma_3}{2} = \frac{\sigma_1}{2} - 35\text{MPa}，\sigma_1 = 70\text{MPa}$$

(2)若在 *A* 点周围以垂直于 *x* 轴和 *y* 轴的平面分割出单元体，其单元体如图 7－2－22 所示，则有

$$\sigma_\alpha = \frac{\sigma_x + \sigma_y}{2} + \frac{\sigma_x - \sigma_y}{2}\cos 2\alpha - \tau_{xy}\sin 2\alpha$$

$$\tau_\alpha = \frac{\sigma_x - \sigma_y}{2}\sin 2\alpha + \tau_{xy}\cos 2\alpha$$

$$\tau_{\max} = \sqrt{\left(\frac{\sigma_x - \sigma_y}{2}\right)^2 + \tau_{xy}^2}$$

已知斜截面 *bc* 是边界自由表面，故 $\sigma_\alpha = \tau_\alpha = 0$，其中由几何关系 $\tan\alpha = \frac{4}{3}$ 得：$\alpha = 53.1^\circ$。

则该单元体上各面上的应力分量

$$\sigma_x = -44.8\text{MPa}，\sigma_y = -25.2\text{MPa}，\tau_{xy} = -33.6\text{MPa}$$

负号表示应力的真实方向与图 7－2－22 所示方向相反。

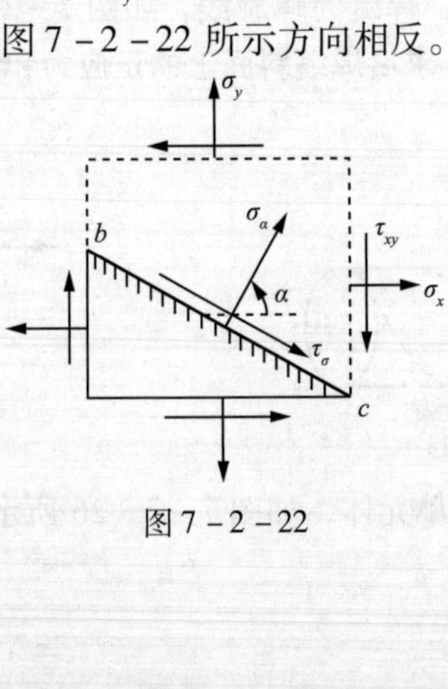

图 7－2－22

7.14　在通过一点的两个平面上，应力如图 7-2-23 所示，应力单位为 MPa。试求主应力的数值及主平面的方位，并用单元体表示出来。

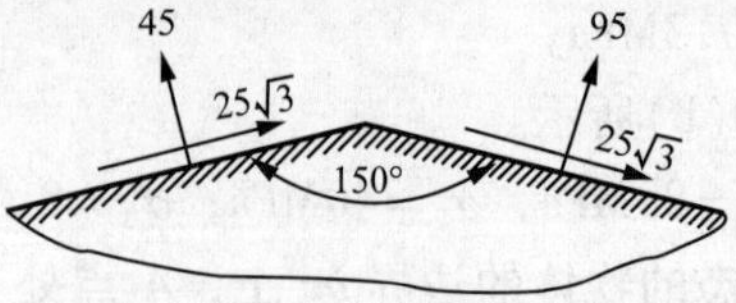

图 7-2-23

解：选取如图 7-2-24(a)所示单元体，则有

$$\sigma_y = 45\text{MPa}，\tau_{xy} = -25\sqrt{3}\text{MPa}，\sigma_\alpha = 95\text{MPa}，\tau_\alpha = 25\sqrt{3}\text{MPa}，\alpha = 60°$$

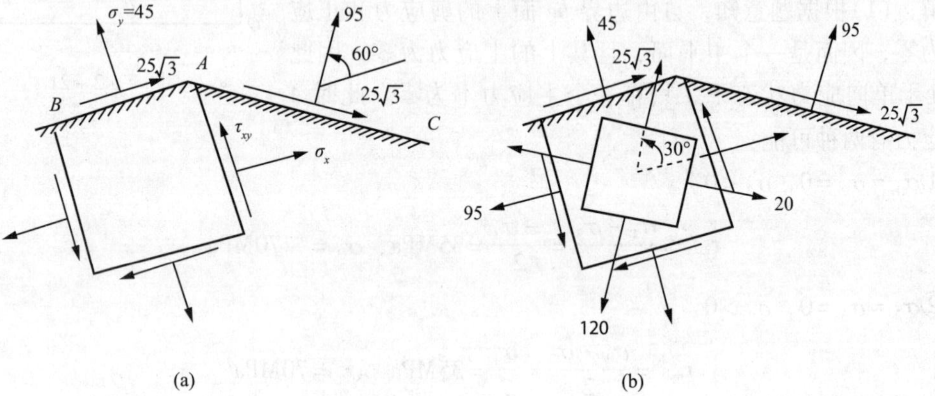

图 7-2-24

由斜截面应力计算公式 $\sigma_\alpha = \dfrac{\sigma_x + 45}{2} + \dfrac{\sigma_x - 45}{2}\cos120° - (-25\sqrt{3})\sin120° = 95\text{MPa}$ 得：$\sigma_x = 95\text{MPa}$。

由主应力计算公式得

$$\left.\begin{matrix}\sigma_{\max}\\ \sigma_{\min}\end{matrix}\right\} = \frac{\sigma_x + \sigma_y}{2} \pm \sqrt{\left(\frac{\sigma_x - \sigma_y}{2}\right)^2 + \tau_{xy}^2} = \frac{95+45}{2} \pm \sqrt{\left(\frac{95-45}{2}\right)^2 + (-25\sqrt{3})^2} = \begin{cases}120\text{MPa}\\ 20\text{MPa}\end{cases}$$

根据主应力标记符号规定，记主应力为：$\sigma_1 = 120\text{MPa}$，$\sigma_2 = 20\text{MPa}$，$\sigma_3 = 0$。

主平面位置：由 $\tan2\alpha_0 = -\dfrac{2\tau_{xy}}{\sigma_x - \sigma_y} = \dfrac{25\sqrt{3}\times2}{95-45} = \sqrt{3}$，得 $\alpha_0 = 30°$。

综上，单元体主应力及其位置表示如图 7-2-24(b)所示。

7.15　以绕带焊接成的圆管，焊缝为螺旋线，如图 7-2-25 所示。管的内径为 300mm，壁厚为 1mm，内压 p = 0.5MPa。求沿焊缝斜面上的正应力和切应力。

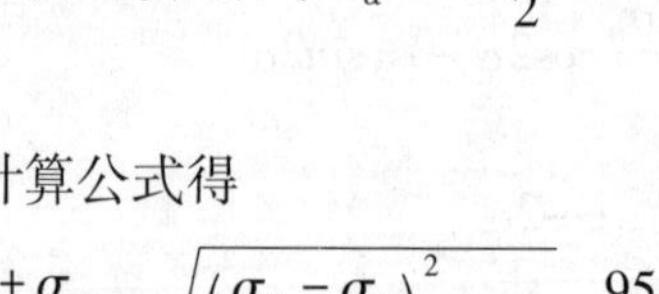

图 7-2-25

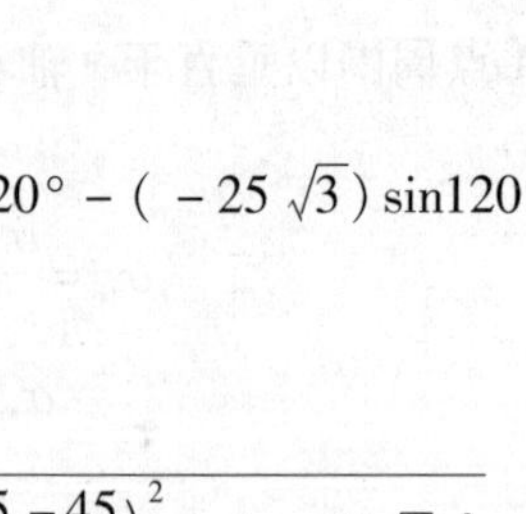

图 7-2-26

解：在焊缝斜面上一点取一单元体，如图 7-2-26 所示。

分析可得该单元体上应力分量为

$$\sigma_x=\frac{pd}{4t}=\frac{0.5\times10^6\times300\times10^{-3}}{4\times1\times10^{-3}}\text{Pa}=37.5\text{MPa},\ \sigma_y=\frac{pd}{2t}=2\sigma_x=75\text{MPa},\ \tau_{xy}=0$$

取焊缝截面外法线方向与 x 轴夹角 $\alpha=-40°$，则该截面上的正应力与切应力分别为

$$\sigma_\alpha=\frac{\sigma_x+\sigma_y}{2}+\frac{\sigma_x-\sigma_y}{2}\cos2\alpha-\tau_{xy}\sin2\alpha=\frac{37.5+75}{2}+\frac{37.5-75}{2}\cos(-80°)-0$$

$$=53\text{MPa}$$

$$\tau_\alpha=\frac{\sigma_x-\sigma_y}{2}\sin2\alpha+\tau_{xy}\cos2\alpha=\left[\frac{37.5-75}{2}\sin(-80°)\right]\text{MPa}=18.5\text{MPa}$$

7.16　图 7－2－27 所示木质悬臂梁的横截面是高为 200mm，宽为 60mm 的矩形。在 *A* 点木材纤维与水平线的倾角为 20°。试求通过 *A* 点沿纤维方向的斜面上的正应力和切应力。

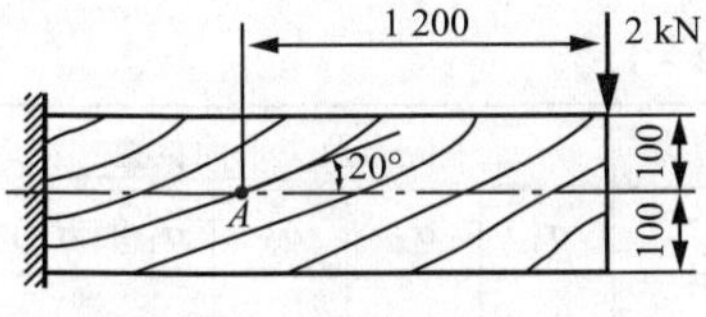

图 7－2－27

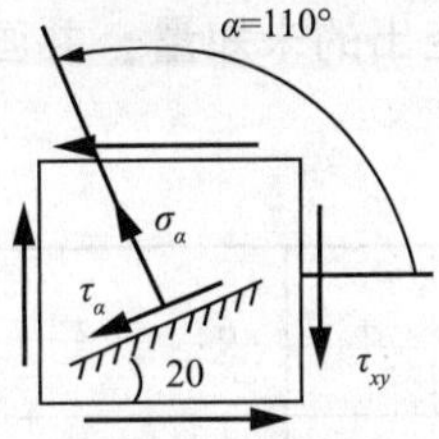

图 7－2－28

解：取 A 点处的单元体，如图 7－2－28 所示。由于 A 点在梁的中性轴上，因此处于纯剪切状态，则 A 点的应力分量

$$\sigma_x=\sigma_y=0$$

$$\tau_{xy}=\frac{3}{2}\frac{F_S}{bh}=\left(\frac{3}{2}\times\frac{2\times10^3}{200\times10^{-3}\times60\times10^{-3}}\right)\text{Pa}=0.25\text{MPa}$$

根据斜截面应力计算公式得 $\alpha=110°$，则 A 点所在的斜截面上的应力分量

$$\sigma_\alpha=\frac{\sigma_x+\sigma_y}{2}+\frac{\sigma_x-\sigma_y}{2}\cos2\alpha-\tau_{xy}\sin2\alpha=-0.25\sin220°\text{MPa}=0.16\text{MPa}$$

$$\tau_\alpha=\frac{\sigma_x-\sigma_y}{2}\sin2\alpha+\tau_{xy}\cos2\alpha=0.25\cos220°\text{MPa}=-0.19\text{MPa}$$

7.17　板条如图 7－2－29 所示。尖角的侧表面皆为自由表面，$0<\theta<\pi$。试证尖角端点 *A* 处为零应力状态，即 *A* 点的主应力皆为零。

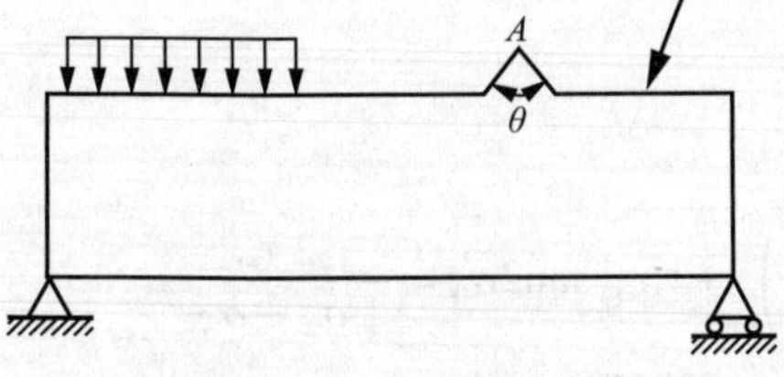

图 7－2－29

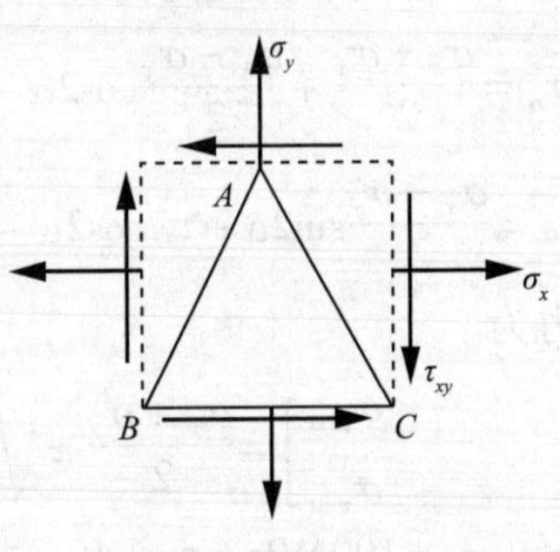

图 7－2－30

证明：取尖点 A 处的三角形单元体，如图 7－2－30 所示。

已知 AB、AC 面为自由表面，故其应力为零。由三角形 ABC 单元体平衡方程可知，BC

截面上的应力也为零。

故斜截面 AB 上的应力

$$\tau_\alpha = \frac{\sigma_x - \sigma_y}{2}\sin 2\alpha + \tau_{xy}\cos 2\alpha = \frac{\sigma_x}{2}\sin 2\alpha = 0$$

$$\sigma_\alpha = \frac{\sigma_x + \sigma_y}{2} + \frac{\sigma_x - \sigma_y}{2}\cdot\cos 2\alpha - \tau_{xy}\cdot\sin 2\alpha = 0$$

其中 $0 < \theta < \pi$，$\sin 2\alpha \neq 0$，所以 $\sigma_x = \sigma_y = \tau_{xy} = 0$，$A$ 点为零应力状态。

命题得证。

7.18　对二向应力状态（如图 7－2－31 所示），表中所列各题分别给出了某些应力分量（单位为 MPa）或斜面的方位，试求表中空出的未知量，并画单元体，标明主应力和主平面的方位。

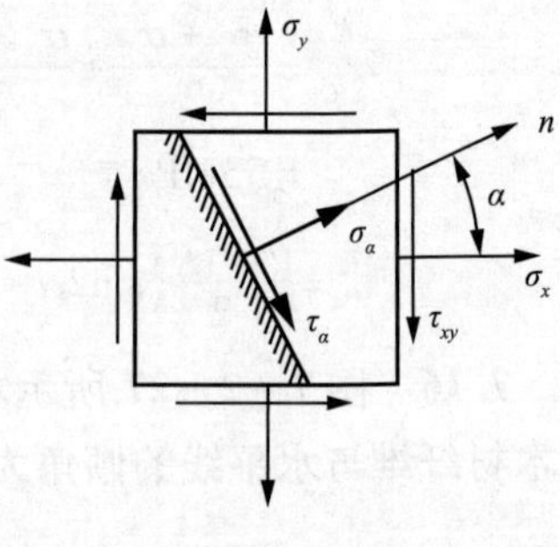

图 7－2－31

表 7－2－1

题号	σ_x	σ_y	τ_{xy}	斜面的方位和应力			主应力及主平面位置				τ_{max}
				α	σ_α	τ_α	σ_1	σ_2	σ_3	σ_1 的方向	
7.18(a)	100		0	15°	80						
7.18(b)			－40	30°	－20	20					
7.18(c)	80						120				70
7.18(d)	32		60						－80		

解：如表 7－2－2 所示：

表 7－2－2

题号	σ_x	σ_y	τ_{xy}	斜面的方位和应力			主应力及主平面位置				τ_{max}
				α	σ_α	τ_α	σ_1	σ_2	σ_3	σ_1 的方向	
7.18(a)	100	－198.5	0	15°	80	74.6	100	0	－198.5	0	149.25
7.18(b)	－31.6	－124	－40	30°	－20	20	0	－16.7	－138.9	20°27′	69.5
7.18(c)	80	20	±63.2				120	0	－20	∓32°19′	70
7.18(d)	32	－48	60				64	0	－80	28°9′	72

平面应力状态的斜面应力为

$$\sigma_\alpha = \frac{\sigma_x + \sigma_y}{2} + \frac{\sigma_x - \sigma_y}{2}\cos 2\alpha - \tau_{xy}\sin 2\alpha = \frac{1+\cos 2\alpha}{2}\sigma_x + \frac{1-\cos 2\alpha}{2}\sigma_y - \tau_{xy}\sin 2\alpha$$

$$\tau_\alpha = \frac{\sigma_x - \sigma_y}{2}\sin 2\alpha + \tau_{xy}\cos 2\alpha$$

主应力为

$$\left.\begin{matrix}\sigma_{max}\\ \sigma_{min}\end{matrix}\right\} = \frac{\sigma_x + \sigma_y}{2} \pm \sqrt{\left(\frac{\sigma_x - \sigma_y}{2}\right)^2 + \tau_{xy}^2},\ \tan 2\alpha_0 = -\frac{2\tau_{xy}}{\sigma_x - \sigma_y}$$

(a)已知 $\sigma_x = 100\text{MPa}$，$\tau_{xy} = 0$，$\alpha = 15°$，$\sigma_\alpha = 80\text{MPa}$。

由斜面正应力计算公式，得

$$\sigma_\alpha = \frac{\sigma_x + \sigma_y}{2} + \frac{\sigma_x - \sigma_y}{2}\cos 2\alpha - \tau_{xy}\sin 2\alpha = \frac{100 + \sigma_y}{2} + \frac{100 - \sigma_y}{2}\cos 30° = 80\text{MPa}$$

解得 $\sigma_y = -198.5\text{MPa}$。

则斜面上的切应力为

$$\tau_\alpha = \frac{\sigma_x - \sigma_y}{2}\sin2\alpha + \tau_{xy}\cos2\alpha = \frac{100 + 198.5}{2}\sin30° + 0 = 74.6\text{MPa}$$

由主应力计算公式

$$\left.\begin{matrix}\sigma_{\max}\\ \sigma_{\min}\end{matrix}\right\} = \frac{\sigma_x + \sigma_y}{2} \pm \sqrt{\left(\frac{\sigma_x - \sigma_y}{2}\right)^2 + \tau_{xy}^2}$$

$$= \frac{100 - 198.5}{2} \pm \sqrt{\left(\frac{100 + 198.5}{2}\right)^2 + 0} = -49.25 \pm 149.25$$

$$= \begin{cases}100\text{MPa}\\ -198.5\text{MPa}\end{cases}$$

可得主应力为 $\sigma_1 = 100\text{MPa}$，$\sigma_2 = 0$，$\sigma_3 = -198.5\text{MPa}$。

主平面方向：$\tan2\alpha_0 = -\dfrac{2\tau_{xy}}{\sigma_x - \sigma_y} = 0$，得 $\alpha_0 = 0$。

最大切应力：$\tau_{\max} = \dfrac{\sigma_1 - \sigma_3}{2} = \dfrac{100 + 198.5}{2} = 149.25\text{MPa}$。

主应力和主平面在单元体上的方位如图 7-2-32(a)所示。

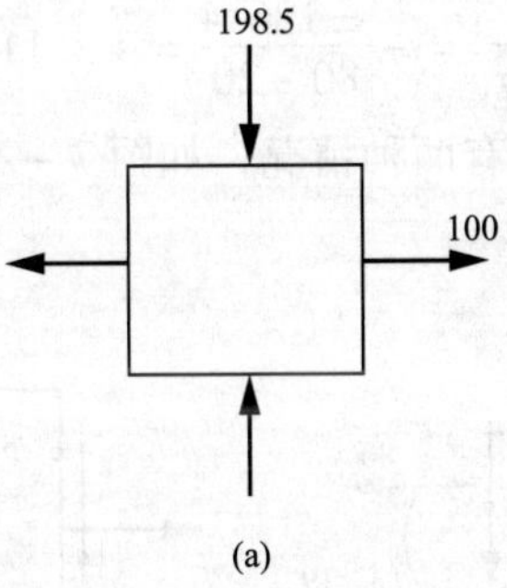

图 7-2-32

(b)已知 $\tau_{xy} = -40\text{MPa}$，$\alpha = 30°$，$\sigma_\alpha = -20\text{MPa}$，$\tau_\alpha = 20\text{MPa}$。

由斜截面应力计算公式，得

$$\sigma_\alpha = \frac{\sigma_x + \sigma_y}{2} + \frac{\sigma_x - \sigma_y}{2}\cos2\alpha - \tau_{xy}\sin2\alpha = \frac{\sigma_x + \sigma_y}{2} + \frac{\sigma_x - \sigma_y}{2}\cdot\frac{1}{2} + 40\cdot\frac{\sqrt{3}}{2} = -20$$

$$\tau_\alpha = \frac{\sigma_x - \sigma_y}{2}\sin2\alpha + \tau_{xy}\cos2\alpha = \frac{\sigma_x - \sigma_y}{2}\cdot\frac{\sqrt{3}}{2} - 40\cdot\frac{1}{2} = 20$$

解得：$\sigma_x = -31.6\text{MPa}$，$\sigma_y = -124\text{MPa}$。

由主应力计算公式

$$\left.\begin{matrix}\sigma_{\max}\\ \sigma_{\min}\end{matrix}\right\} = \frac{\sigma_x + \sigma_y}{2} \pm \sqrt{\left(\frac{\sigma_x - \sigma_y}{2}\right)^2 + \tau_{xy}^2}$$

$$= \frac{-31.6 - 124}{2} \pm \sqrt{\left(\frac{-31.6 + 124}{2}\right)^2 + 40^2} = -77.8 \pm 61.1\text{MPa}$$

$$= \begin{cases}-16.7\text{MPa}\\ -138.9\text{MPa}\end{cases}$$

可得主应力为：$\sigma_1=0$，$\sigma_2=-16.7\text{MPa}$，$\sigma_3=-138.9\text{MPa}$。

主平面方向：$\tan 2\alpha_0=-\dfrac{2\tau_{xy}}{\sigma_x-\sigma_y}=-\dfrac{-80}{-31.6+124}=0.866$，得 $\alpha_0=20°27'$。

最大切应力：$\tau_{\max}=\dfrac{\sigma_1-\sigma_3}{2}=\dfrac{0+138.9}{2}=69.5\text{MPa}$。

主应力和主平面在单元体上的方位如图 7－2－32(b)所示。

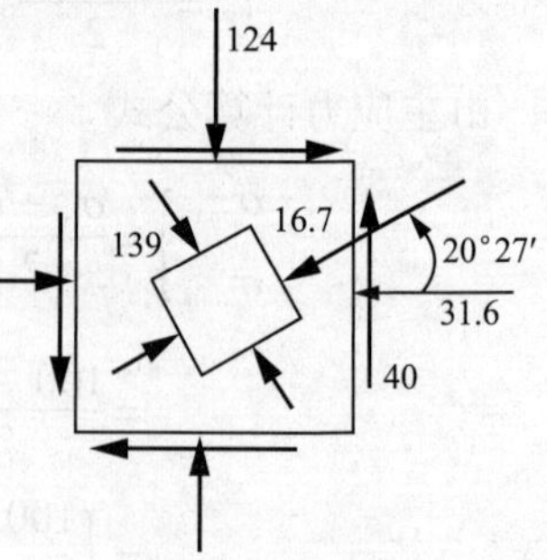

(b)

图 7－2－32

(c)已知 $\sigma_x=80\text{MPa}$，$\sigma_1=120\text{MPa}$，$\tau_{\max}=70\text{MPa}$。

由最大切应力计算公式 $\tau_{\max}=\dfrac{\sigma_1-\sigma_3}{2}=\dfrac{120-\sigma_3}{2}=70\text{MPa}$，可得主应力 $\sigma_3=-20\text{MPa}$。

因该单元体是二向应力状态，故另一主应力 $\sigma_2=0$。

可得主应力为：$\sigma_1=120\text{MPa}$，$\sigma_2=0$，$\sigma_3=-20\text{MPa}$。

由主应力计算公式

$$\left.\begin{matrix}\sigma_{\max}\\ \sigma_{\min}\end{matrix}\right\}=\frac{\sigma_x+\sigma_y}{2}\pm\sqrt{\left(\frac{\sigma_x-\sigma_y}{2}\right)^2+\tau_{xy}^2}=\begin{cases}120\text{MPa}\\ -20\text{MPa}\end{cases}$$

得到 $\sigma_x+\sigma_y=100\text{MPa}$，故有 $\sigma_y=20\text{MPa}$。

回代入上式，计算得 $\tau_{xy}=\pm 63.2\text{MPa}$。

主平面方向：$\tan 2\alpha_0=-\dfrac{2\tau_{xy}}{\sigma_x-\sigma_y}=-\dfrac{\pm 126.4}{80-20}=\mp 2.11$，得 $\alpha_0=\mp 32°19'$。

故其主平面在单元体上的方位有两种情况，如图 7－2－32(c)所示。

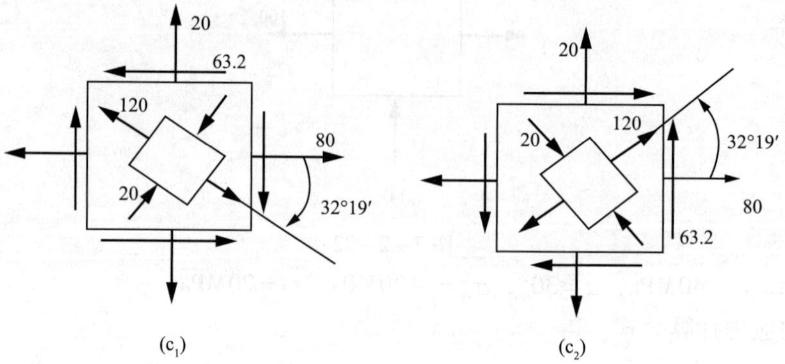

图 7－2－32

(d)已知 $\sigma_x=32\text{MPa}$，$\tau_{xy}=60\text{MPa}$，$\sigma_3=-80\text{MPa}$。

由主应力计算公式

$$\sigma_3=\frac{\sigma_x+\sigma_y}{2}-\sqrt{\left(\frac{\sigma_x-\sigma_y}{2}\right)^2+\tau_{xy}^2}=\frac{32+\sigma_y}{2}-\sqrt{\left(\frac{32-\sigma_y}{2}\right)^2+60^2}=-80$$

解得：$\sigma_y=-48\text{MPa}$。

故有 $\sigma_1=\dfrac{\sigma_x+\sigma_y}{2}+\sqrt{\left(\dfrac{\sigma_x-\sigma_y}{2}\right)^2+\tau_{xy}^2}=\dfrac{32-48}{2}+\sqrt{\left(\dfrac{32+48}{2}\right)^2+60^2}=64\text{MPa}$。

综上，主应力为：$\sigma_1=64\text{MPa}$，$\sigma_2=0$，$\sigma_3=-80\text{MPa}$。

主平面方向：$\tan 2\alpha_0=-\dfrac{2\tau_{xy}}{\sigma_x-\sigma_y}=-\dfrac{120}{32+48}=-1.5$，得 $\alpha_0=28°9'$。

最大切应力：$\tau_{\max}=\dfrac{\sigma_1-\sigma_3}{2}=\dfrac{64+80}{2}=72\text{MPa}$。

主应力和主平面在单元体上的方位如图 7－2－32（d）所示。

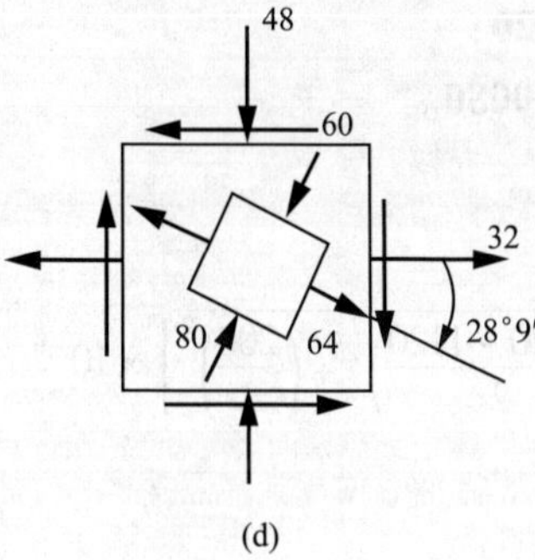

图 7－2－32

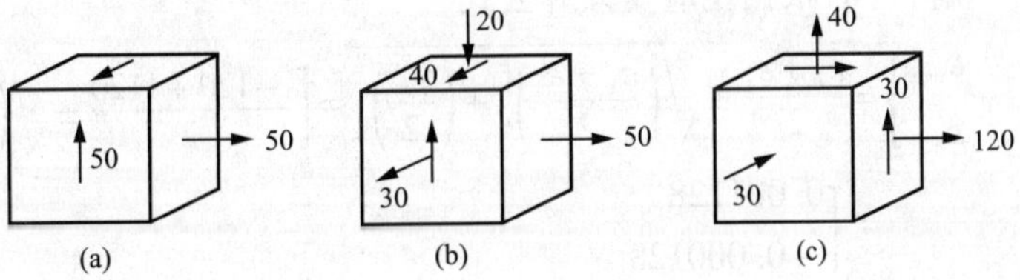

图 7－2－33

7.19　试求图 7－2－33 所示各应力状态的主应力及最大切应力（应力单位为 MPa）。

解：对图 7－2－33 分别建立如图 7－2－34 所示坐标系。

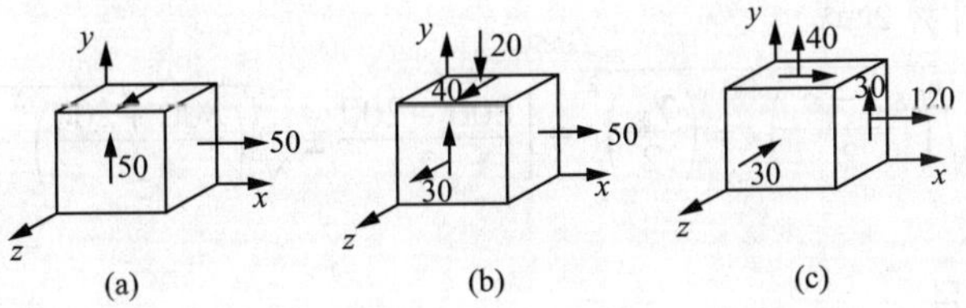

图 7－2－34

（a）已知 $\sigma_x=50\text{MPa}$，$\sigma_y=\sigma_z=0$，$\tau_{zy}=50\text{MPa}$，其中 $\sigma_x=50\text{MPa}$ 为主应力。

又根据主应力计算公式

$$\left.\begin{matrix}\sigma_{\max}\\ \sigma_{\min}\end{matrix}\right\}=\frac{\sigma_z+\sigma_y}{2}\pm\sqrt{\left(\frac{\sigma_z-\sigma_y}{2}\right)^2+\tau_{zy}^2}=(0\pm\sqrt{0+50^2})\text{MPa}=\pm50\text{MPa}$$

可得主应力为：$\sigma_1=\sigma_2=50\text{MPa}$，$\sigma_3=-50\text{MPa}$。

故最大切应力为：$\tau_{\max}=\dfrac{\sigma_1-\sigma_3}{2}=\dfrac{50+50}{2}\text{MPa}=50\text{MPa}$。

（b）已知 $\sigma_x=50\text{MPa}$，$\sigma_y=-20\text{MPa}$，$\sigma_z=30\text{MPa}$，$\tau_{yz}=-40\text{MPa}$，其中 $\sigma_x=50\text{MPa}$ 为主应力。

又根据主应力计算公式

$$\left.\begin{matrix}\sigma_{\max}\\ \sigma_{\min}\end{matrix}\right\}=\frac{\sigma_y+\sigma_z}{2}\pm\sqrt{\left(\frac{\sigma_y-\sigma_z}{2}\right)^2+\tau_{yz}^2}=\left[\frac{-20+30}{2}\pm\sqrt{\left(\frac{-20-30}{2}\right)^2+(-40)^2}\right]\text{MPa}=\begin{cases}52.2\text{MPa}\\-42.2\text{MPa}\end{cases}$$

可得主应力为：$\sigma_1=52.2\text{MPa}$，$\sigma_2=50\text{MPa}$，$\sigma_3=-42.2\text{MPa}$。

故最大切应力为：$\tau_{\max}=\dfrac{\sigma_1-\sigma_3}{2}=\dfrac{52.2+42.2}{2}\text{MPa}=47.2\text{MPa}$。

（c）已知 $\sigma_x=120\text{MPa}$，$\sigma_y=40\text{MPa}$，$\sigma_z=-30\text{MPa}$，$\tau_{xy}=-30\text{MPa}$，其中 $\sigma_z=-30\text{MPa}$ 为主应力。

又根据主应力计算公式

$$\left.\begin{matrix}\sigma_{\max}\\ \sigma_{\min}\end{matrix}\right\}=\frac{\sigma_x+\sigma_y}{2}\pm\sqrt{\left(\frac{\sigma_x-\sigma_y}{2}\right)^2+\tau_{xy}^2}=\left[\frac{120+40}{2}\pm\sqrt{\left(\frac{120-40}{2}\right)^2+(-30)^2}\right]\text{MPa}=\begin{cases}130\text{MPa}\\30\text{MPa}\end{cases}$$

可得主应力为：$\sigma_1=130\text{MPa}$，$\sigma_2=30\text{MPa}$，$\sigma_3=-30\text{MPa}$。

故最大切应力为：$\tau_{\max}=\dfrac{\sigma_1-\sigma_3}{2}=\dfrac{130+30}{2}\text{MPa}=80\text{MPa}$。

7.20 已知：(a) $\varepsilon_x=-0.00012$，$\varepsilon_y=0.00112$，$\gamma_{xy}=0.00020$；

(b) $\varepsilon_x=0.00080$，$\varepsilon_y=-0.00020$，$\gamma_{xy}=-0.00080$。

试求主应变及其方向。

解：(a)根据主应变计算公式

$$\left.\begin{matrix}\varepsilon_{\max}\\ \varepsilon_{\min}\end{matrix}\right\}=\frac{\varepsilon_x+\varepsilon_y}{2}\pm\sqrt{\left(\frac{\varepsilon_x-\varepsilon_y}{2}\right)^2+\left(\frac{\gamma_{xy}}{2}\right)^2}=\left[\frac{-120+1120}{2}\pm\sqrt{\left(\frac{-120-1120}{2}\right)^2+\left(\frac{200}{2}\right)^2}\right]\times10^{-6}$$

$$=\begin{cases}0.001128\\ -0.000128\end{cases}$$

则主应变为：$\varepsilon_1=0.001128$，$\varepsilon_2=0$，$\varepsilon_3=-0.000128$。

方向：由 $\tan2\alpha_0=-\dfrac{\gamma_{xy}}{\varepsilon_x-\varepsilon_y}=-\dfrac{200\times10^{-6}}{(-120-1120)\times10^{-6}}=0.161$，得 $\alpha_0=4°35'$或$94°35'$。

(b)根据主应变计算公式

$$\left.\begin{matrix}\varepsilon_{\max}\\ \varepsilon_{\min}\end{matrix}\right\}=\frac{\varepsilon_x+\varepsilon_y}{2}\pm\sqrt{\left(\frac{\varepsilon_x-\varepsilon_y}{2}\right)^2+\left(\frac{\gamma_{xy}}{2}\right)^2}=\left[\frac{800-200}{2}\pm\sqrt{\left(\frac{800+200}{2}\right)^2+\left(\frac{-800}{2}\right)^2}\right]\times10^{-6}$$

$$=\begin{cases}0.00094\\ -0.00034\end{cases}$$

则主应变为：$\varepsilon_1=0.00094$，$\varepsilon_2=0$，$\varepsilon_3=-0.00034$。

方向：由 $\tan2\alpha_0=-\dfrac{\gamma_{xy}}{\varepsilon_x-\varepsilon_y}=-\dfrac{-800\times10^{-6}}{(800+200)\times10^{-6}}=0.8$，得 $\alpha_0=19°20'$或$109°20'$。

7.21 对于直角应变花(参看图7-2-35及教材例7.8)，试证明主应变的大小及方向可用以下公式计算：

$$\left.\begin{matrix}\varepsilon_{\max}\\ \varepsilon_{\min}\end{matrix}\right\}=\frac{\varepsilon_{0°}+\varepsilon_{90°}}{2}\pm\frac{\sqrt{2}}{2}\sqrt{(\varepsilon_{0°}-\varepsilon_{45°})^2+(\varepsilon_{45°}-\varepsilon_{90°})^2}$$

$$\tan2\alpha_0=\frac{2\varepsilon_{45°}-\varepsilon_{0°}-\varepsilon_{90°}}{\varepsilon_{0°}-\varepsilon_{90°}}$$

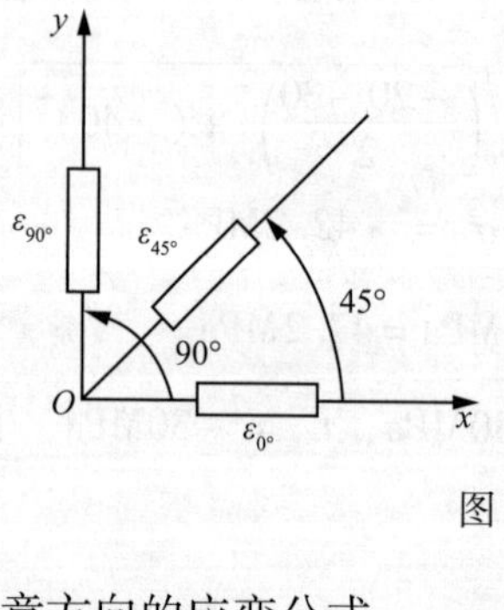

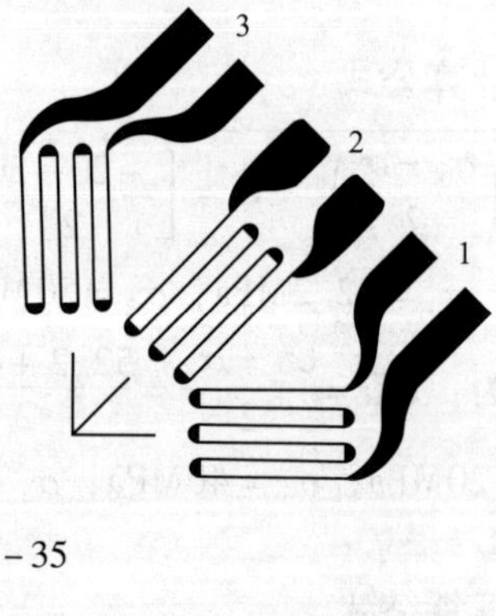

图7-2-35

证明：根据任意方向的应变公式：$\varepsilon_\alpha=\dfrac{\varepsilon_x+\varepsilon_y}{2}+\dfrac{\varepsilon_x-\varepsilon_y}{2}\cos2\alpha-\dfrac{\gamma_{xy}}{2}\sin2\alpha$。

令 $\alpha=0°$，$\alpha=45°$，$\alpha=90°$得

$$\frac{\varepsilon_x+\varepsilon_y}{2}+\frac{\varepsilon_x-\varepsilon_y}{2}=\varepsilon_{0^\circ}$$

$$\frac{\varepsilon_x+\varepsilon_y}{2}-\frac{\gamma_{xy}}{2}=\varepsilon_{45^\circ}$$

$$\frac{\varepsilon_x+\varepsilon_y}{2}-\frac{\varepsilon_x-\varepsilon_y}{2}=\varepsilon_{90^\circ}$$

联立以上三式，解得：$\frac{\varepsilon_x+\varepsilon_y}{2}=\frac{\varepsilon_{0^\circ}+\varepsilon_{90^\circ}}{2}$，$\frac{\varepsilon_x-\varepsilon_y}{2}=\frac{\varepsilon_{0^\circ}-\varepsilon_{90^\circ}}{2}$，$\frac{\gamma_{xy}}{2}=\frac{\varepsilon_{0^\circ}+\varepsilon_{90^\circ}-2\varepsilon_{45^\circ}}{2}$。

由主应变公式得

$$\left.\begin{matrix}\varepsilon_{\max}\\ \varepsilon_{\min}\end{matrix}\right\}=\frac{\varepsilon_x+\varepsilon_y}{2}\pm\sqrt{\left(\frac{\varepsilon_x-\varepsilon_y}{2}\right)^2+\left(\frac{\gamma_{xy}}{2}\right)^2}$$

$$=\frac{\varepsilon_{0^\circ}+\varepsilon_{90^\circ}}{2}\pm\sqrt{\left(\frac{\varepsilon_{0^\circ}-\varepsilon_{90^\circ}}{2}\right)^2+\left(\frac{\varepsilon_{0^\circ}+\varepsilon_{90^\circ}-2\varepsilon_{45^\circ}}{2}\right)^2}$$

$$=\frac{\varepsilon_{0^\circ}+\varepsilon_{90^\circ}}{2}\pm\sqrt{\left(\frac{\varepsilon_{0^\circ}-\varepsilon_{90^\circ}}{2}\right)^2+\left(\frac{\varepsilon_{0^\circ}+\varepsilon_{90^\circ}}{2}\right)^2+\varepsilon_{45^\circ}^2-\varepsilon_{45^\circ}(\varepsilon_{0^\circ}+\varepsilon_{90^\circ})}$$

$$=\frac{\varepsilon_{0^\circ}+\varepsilon_{90^\circ}}{2}\pm\sqrt{\frac{1}{2}[(\varepsilon_{0^\circ}-\varepsilon_{45^\circ})^2+(\varepsilon_{45^\circ}-\varepsilon_{90^\circ})^2]}$$

$$=\frac{\varepsilon_{0^\circ}+\varepsilon_{90^\circ}}{2}\pm\frac{\sqrt{2}}{2}\sqrt{(\varepsilon_{0^\circ}-\varepsilon_{45^\circ})^2+(\varepsilon_{45^\circ}-\varepsilon_{90^\circ})^2}$$

主应变方向角：$\tan2\alpha_0=-\frac{\gamma_{xy}}{\varepsilon_x-\varepsilon_y}=-\frac{\frac{\gamma_{xy}}{2}}{\frac{\varepsilon_x-\varepsilon_y}{2}}=\frac{2\varepsilon_{45^\circ}-\varepsilon_{0^\circ}-\varepsilon_{90^\circ}}{\varepsilon_{0^\circ}-\varepsilon_{90^\circ}}$。

命题得证。

7.22　60°应变花如图 7－2－36 所示。三个应变片的角度分别为：$\alpha_1=0°$，$\alpha_2=60°$，$\alpha_3=120°$。求证主应变的数值及方向由以下公式计算：

$$\left.\begin{matrix}\boldsymbol{\varepsilon}_{\max}\\ \boldsymbol{\varepsilon}_{\min}\end{matrix}\right\}=\frac{\varepsilon_{0^\circ}+\varepsilon_{60^\circ}+\varepsilon_{120^\circ}}{3}\pm\frac{\sqrt{2}}{3}\sqrt{(\varepsilon_{0^\circ}-\varepsilon_{60^\circ})^2+(\varepsilon_{60^\circ}-\varepsilon_{120^\circ})^2+(\varepsilon_{120^\circ}-\varepsilon_{0^\circ})^2}$$

$$\tan2\alpha_0=\frac{\sqrt{3}(\varepsilon_{60^\circ}-\varepsilon_{120^\circ})}{2\varepsilon_{0^\circ}-\varepsilon_{60^\circ}-\varepsilon_{120^\circ}}$$

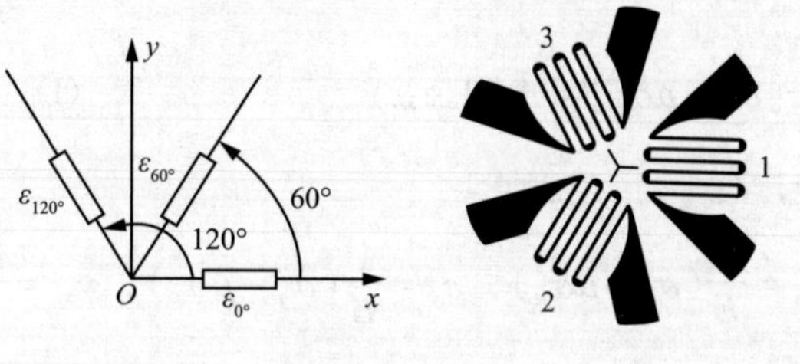

图 7－2－36

证明：根据任意方向的应变公式，分别令 $\alpha=0°$，$\alpha=60°$，$\alpha=120°$得

$$\frac{\varepsilon_x+\varepsilon_y}{2}+\frac{\varepsilon_x-\varepsilon_y}{2}=\varepsilon_{0^\circ}$$

$$\frac{\varepsilon_x+\varepsilon_y}{2}+\frac{\varepsilon_x-\varepsilon_y}{2}\cos120^\circ-\frac{\gamma_{xy}}{2}\sin120^\circ=\varepsilon_{60^\circ}$$

$$\frac{\varepsilon_x+\varepsilon_y}{2}+\frac{\varepsilon_x-\varepsilon_y}{2}\cos240^\circ-\frac{\gamma_{xy}}{2}\sin240^\circ=\varepsilon_{120^\circ}$$

解得：$\dfrac{\varepsilon_x+\varepsilon_y}{2}=\dfrac{\varepsilon_{0^\circ}+\varepsilon_{60^\circ}+\varepsilon_{120^\circ}}{3}$；

$\dfrac{\varepsilon_x-\varepsilon_y}{2}=\dfrac{2\varepsilon_{0^\circ}-\varepsilon_{60^\circ}-\varepsilon_{120^\circ}}{3}$；

$\dfrac{\gamma_{xy}}{2}=\dfrac{\varepsilon_{120^\circ}-\varepsilon_{60^\circ}}{\sqrt{3}}$。

将以上各式代入主应变计算公式得

$$\left.\begin{matrix}\varepsilon_{\max}\\ \varepsilon_{\min}\end{matrix}\right\}=\frac{\varepsilon_x+\varepsilon_y}{2}\pm\sqrt{\left(\frac{\varepsilon_x-\varepsilon_y}{2}\right)^2+\left(\frac{\gamma_{xy}}{2}\right)^2}=\frac{\varepsilon_{0^\circ}+\varepsilon_{60^\circ}+\varepsilon_{120^\circ}}{3}\pm\sqrt{\left(\frac{2\varepsilon_{0^\circ}-\varepsilon_{60^\circ}-\varepsilon_{120^\circ}}{3}\right)^2+\left(\frac{\varepsilon_{120^\circ}-\varepsilon_{60^\circ}}{\sqrt{3}}\right)^2}$$

整理根号内部分

$$\left(\frac{2\varepsilon_{0^\circ}-\varepsilon_{60^\circ}-\varepsilon_{120^\circ}}{3}\right)^2+\left(\frac{\varepsilon_{120^\circ}-\varepsilon_{60^\circ}}{\sqrt{3}}\right)^2$$

$$=\frac{1}{9}(4\varepsilon_{0^\circ}^2+4\varepsilon_{60^\circ}^2+4\varepsilon_{120^\circ}^2-4\varepsilon_{0^\circ}\cdot\varepsilon_{60^\circ}-4\varepsilon_{60^\circ}\cdot\varepsilon_{120^\circ}-4\varepsilon_{120^\circ}\cdot\varepsilon_{0^\circ})$$

$$=\frac{2}{9}[(\varepsilon_{0^\circ}-\varepsilon_{60^\circ})^2+(\varepsilon_{60^\circ}-\varepsilon_{120^\circ})^2+(\varepsilon_{120^\circ}-\varepsilon_{0^\circ})^2]$$

故主应变为：$\left.\begin{matrix}\varepsilon_{\max}\\ \varepsilon_{\min}\end{matrix}\right\}=\dfrac{\varepsilon_{0^\circ}+\varepsilon_{60^\circ}+\varepsilon_{120^\circ}}{3}\pm\dfrac{\sqrt{2}}{3}\sqrt{(\varepsilon_{0^\circ}-\varepsilon_{60^\circ})^2+(\varepsilon_{60^\circ}-\varepsilon_{120^\circ})^2+(\varepsilon_{120^\circ}-\varepsilon_{0^\circ})^2}$。

主应变方向为：$\tan2\alpha_0=-\dfrac{\gamma_{xy}}{\varepsilon_x-\varepsilon_y}=-\dfrac{\frac{\gamma_{xy}}{2}}{\frac{\varepsilon_x-\varepsilon_y}{2}}=\dfrac{\frac{-(\varepsilon_{120^\circ}-\varepsilon_{60^\circ})}{\sqrt{3}}}{\frac{2\varepsilon_{0^\circ}-\varepsilon_{60^\circ}-\varepsilon_{120^\circ}}{3}}=\dfrac{\sqrt{3}(\varepsilon_{60^\circ}-\varepsilon_{120^\circ})}{2\varepsilon_{0^\circ}-\varepsilon_{60^\circ}-\varepsilon_{120^\circ}}$。

命题得证。

7.23 用广义胡克定律证明弹性常数 E、G、μ 间的关系。

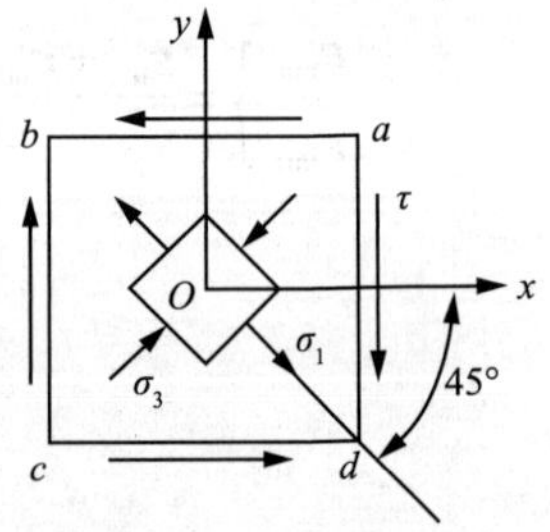

图 7-2-37

证明：分析得主应力 σ_1 和 σ_3 分别在 $\alpha_0=-45^\circ$ 和 $\alpha_0=-135^\circ$ 的主平面上，且 $\sigma_1=-\sigma_3=\tau$。将 σ_1 和 σ_3 代入广义胡克定律公式，令 $\sigma_2=0$，得

$$\varepsilon_1=\frac{1}{E}[\sigma_1-\mu\sigma_3]=\frac{\tau}{E}(1+\mu) \quad ①$$

因为 $\sigma_z=\tau_{yz}=\tau_{zx}=0$，有

$$\varepsilon_x=\frac{1}{E}(\sigma_x-\mu\sigma_y),\ \varepsilon_y=\frac{1}{E}(\sigma_y-\mu\sigma_x),\ \gamma_{xy}=\frac{\tau_{xy}}{G} \quad (7.41)$$

因为 $\sigma_x=\sigma_y=0$，得

$$\varepsilon_x=0,\ \varepsilon_y=0,\ \gamma_{xy}=-\frac{\tau}{G} \quad ②$$

将式②代入 $\varepsilon_\alpha=\dfrac{\varepsilon_x+\varepsilon_y}{2}+\dfrac{\varepsilon_x-\varepsilon_y}{2}\cos2\alpha-\dfrac{\gamma_{xy}}{2}\sin2\alpha$，并令 $\alpha=\alpha_0=-45^\circ$，得 σ_1 方向的主

应变为

$$\varepsilon_1 = \frac{\tau}{2G} \qquad ③$$

令① = ③，可求得

$$G = \frac{E}{2(1+\mu)}$$

7.24　若已测得60°应变花三个方向的应变分别为 $\varepsilon_{0^\circ} = 0.00040$，$\varepsilon_{60^\circ} = 0.00040$，$\varepsilon_{120^\circ} = -0.00060$，试求主应变及其方向。若材料为碳钢，$E = 200\text{GPa}$，$\mu = 0.25$，试求主应力及其方向。

解：(1)应用题7.22中已证得的公式，可得

$$\left.\begin{matrix}\varepsilon_{\max}\\ \varepsilon_{\min}\end{matrix}\right\} = \frac{\varepsilon_{0^\circ}+\varepsilon_{60^\circ}+\varepsilon_{120^\circ}}{3} \pm \frac{\sqrt{2}}{3}\sqrt{(\varepsilon_{0^\circ}-\varepsilon_{60^\circ})^2+(\varepsilon_{60^\circ}-\varepsilon_{120^\circ})^2+(\varepsilon_{120^\circ}-\varepsilon_{0^\circ})^2}$$

$$= \left[\frac{400+400-600}{3} \pm \frac{\sqrt{2}}{3}\sqrt{(400-400)^2+(400+600)^2+(-600-400)^2}\right]\times 10^{-6}$$

$$= \begin{cases}0.000733\\ -0.0006\end{cases}$$

故主应变为：$\varepsilon_1 = 0.000733$，$\varepsilon_2 = 0$，$\varepsilon_3 = -0.0006$。

方向：由 $\tan 2\alpha_0 = \dfrac{\sqrt{3}(\varepsilon_{60^\circ}-\varepsilon_{120^\circ})}{2\varepsilon_{0^\circ}-\varepsilon_{60^\circ}-\varepsilon_{120^\circ}} = \dfrac{\sqrt{3}\times(400+600)}{2\times 400-400+600} = \sqrt{3}$，得 $\alpha_0 = 30^\circ$或120°。

(2)由于主应变 $\varepsilon_2 = 0$，故主应力 $\sigma_2 = 0$，由广义胡克定律得

$$\begin{cases}\varepsilon_1 = \dfrac{1}{E}(\sigma_1 - \mu\sigma_3)\\ \varepsilon_3 = \dfrac{1}{E}(\sigma_3 - \mu\sigma_1)\end{cases}$$

代入数据得方程组：$\begin{cases}200\times 10^9 \times 0.000733 = \sigma_1 - 0.25\sigma_3\\ 200\times 10^9\times(-0.0006) = \sigma_3 - 0.25\sigma_1\end{cases}$。

解得主应力为：$\sigma_1 = 124\text{MPa}$，$\sigma_2 = 0$，$\sigma_3 = -88.9\text{MPa}$。

主应力的方向和主应变的方向相同，即 $\alpha_0 = 30^\circ$或120°。

7.25　列车通过钢桥时，在图7-2-38所示钢桥横梁的 A 点用引伸计量得 $\varepsilon_x = 0.0004$，$\varepsilon_y = -0.00012$。试求 A 点在 $x-x$ 及 $y-y$ 方向的正应力。设 $E = 200\text{GPa}$，$\mu = 0.3$。并问这样能否求出 A 点的主应力？

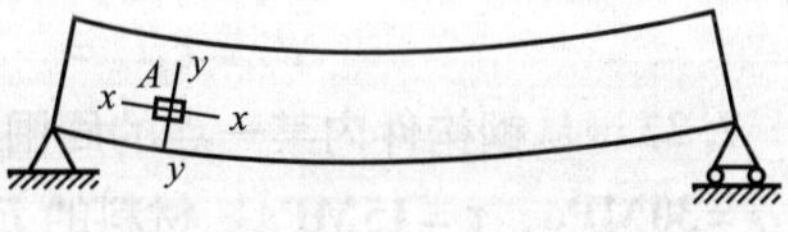

图7-2-38

解：由广义胡克定律可得：$\varepsilon_x = \dfrac{1}{E}[\sigma_x - \mu(\sigma_y+\sigma_z)]$，$\varepsilon_y = \dfrac{1}{E}[\sigma_y - \mu(\sigma_z+\sigma_x)]$。

根据题意 $\sigma_z = 0$，将 ε_x、ε_y、E、μ 的值代入以上两式可得

$$200\times 10^9\times 0.0004 = \sigma_x - 0.3\sigma_y$$

$$200\times 10^9\times(-0.00012) = \sigma_y - 0.3\sigma_x$$

解得：$\sigma_x = 80\text{MPa}$，$\sigma_y = 0$。

由于在 A 点的单元体的切应力τ_{xy}未知，因此不能求出主应力。

7.26 在一体积较大的钢块上开一个贯穿的槽，其宽度和深度都是**10mm**。在槽内紧密无隙地嵌入一铝块，其尺寸是**10mm×10mm×10mm**，如图**7-2-39**所示。当铝块受到压力$F=6\text{kN}$的作用时，假设钢块不变形。铝的弹性模量$E=70\text{GPa}$，$\mu=0.33$。试求铝块的三个主应力及相应的变形。

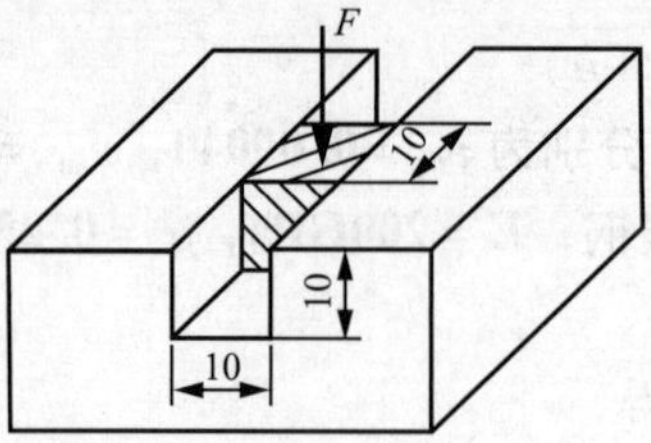

图7-2-39

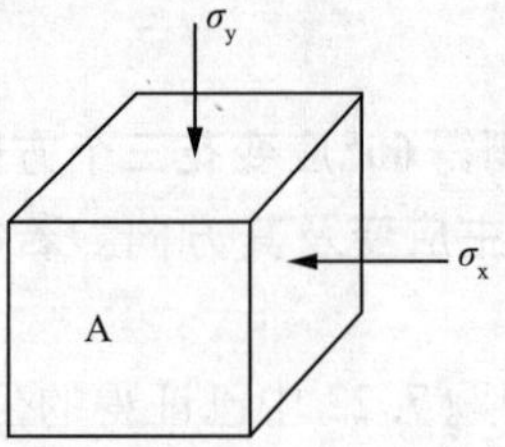

图7-2-40

解： 铝块内任一点的应力状态如图7-2-40所示，其中A面为自由面，则

$$\sigma_y=-\frac{F}{A}=\frac{-6\times10^3}{10\times10}\text{MPa}=-60\text{MPa},\ \sigma_z=0$$

由于钢块不变形，应用广义胡克定律可得变形协调条件：$\varepsilon_x=0=\frac{1}{E}(\sigma_x-\mu\sigma_y)$。

则$\sigma_x=\mu\sigma_y=-(0.33\times60)\text{MPa}=-19.8\text{MPa}$。

故铝块内的主应力：$\sigma_1=\sigma_z=0$，$\sigma_2=\sigma_x=-19.8\text{MPa}$，$\sigma_3=\sigma_y=-60\text{MPa}$。

由广义胡克定律得主应变

$$\varepsilon_1=\frac{1}{E}[\sigma_1-\mu(\sigma_2+\sigma_3)]=\frac{1}{70\times10^9}[0+0.33\times(19.8+60)]\times10^6=3.76\times10^{-4}$$

$$\varepsilon_2=\frac{1}{E}[\sigma_2-\mu(\sigma_1+\sigma_3)]=\frac{1}{70\times10^9}[-19.8-0.33\times(0-60)]\times10^6=0$$

$$\varepsilon_3=\frac{1}{E}[\sigma_3-\mu(\sigma_1+\sigma_2)]=\frac{1}{70\times10^9}[-60-0.33\times(0-19.8)]\times10^6=-7.64\times10^{-4}$$

则主应力相应的变形

$$\Delta l_1=\varepsilon_1 l_1=3.76\times10^{-4}\times10\text{mm}=3.76\times10^{-3}\text{mm}$$

$$\Delta l_2=\varepsilon_2 l_2=0$$

$$\Delta l_3=\varepsilon_3 l_3=-7.64\times10^{-4}\times10\text{mm}=-7.64\times10^{-3}\text{mm}$$

7.27 从钢构件内某一点的周围取出一部分，如图**7-2-41**所示。根据理论计算已经求得$\sigma=30\text{MPa}$，$\tau=15\text{MPa}$。材料的$E=200\text{GPa}$，$\mu=0.30$。试求对角线AC的长度改变量Δl。

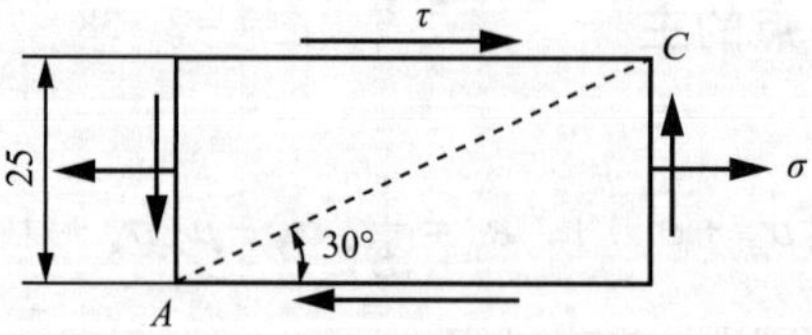

图7-2-41

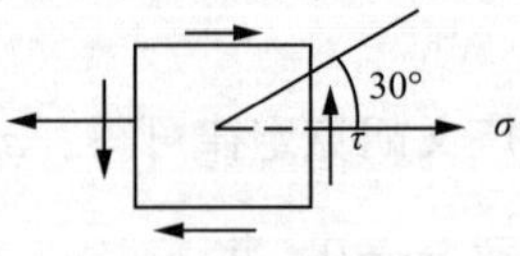

图7-2-42

解： 由图7-2-41可得，A点的单元体表示如图7-2-42所示。

根据其应力状态可知

$$\sigma_x=\sigma=30\text{MPa},\ \sigma_y=0,\ \tau_{xy}=-\tau=-15\text{MPa},\ \alpha=30°$$

由广义胡克定律可得

$$\varepsilon_x=\frac{1}{E}(\sigma_x-\mu\sigma_y)=\frac{1}{200\times10^3}(30-0.30\times0)=0.15\times10^{-3}$$

$$\varepsilon_y=\frac{1}{E}(\sigma_y-\mu\sigma_x)=\frac{1}{200\times10^3}(0-0.30\times30)=-0.045\times10^{-3}$$

$$\gamma_{xy}=\frac{\tau_{xy}}{G}=\frac{\tau_{xy}}{\dfrac{E}{2(1+\mu)}}=\frac{2(1+\mu)\tau_{xy}}{E}=\frac{2\times(1+0.30)\times(-15\times10^6)}{200\times10^9}=-0.195\times10^{-3}$$

又由任意方向应变计算公式得

$$\varepsilon_{30^\circ}=\frac{\varepsilon_x+\varepsilon_y}{2}+\frac{\varepsilon_x-\varepsilon_y}{2}\cos(2\times30^\circ)-\frac{\gamma_{xy}}{2}\sin(2\times30^\circ)$$

$$=\left(\frac{0.15-0.045}{2}+\frac{0.15+0.045}{2}\cos60^\circ+\frac{0.195}{2}\sin60^\circ\right)\times10^{-3}$$

$$=0.1857\times10^{-3}$$

故对角线 AC 长度改变量

$$\Delta l=\varepsilon_{30^\circ}l_{AC}=0.1857\times10^{-3}\times\frac{25}{\sin30^\circ}\text{mm}=9.29\times10^{-3}\text{mm}$$

***7.28　图 7－2－43 所示直径 $D=40$mm 的铝圆柱，放在厚度为 $\delta=2$mm 的钢套筒内，且设两者之间无间隙。作用于铝圆柱上的轴向压力 $F=40$kN。若铝的弹性模量及泊松比分别是 $E_1=70$GPa，$\mu_1=0.35$；钢的弹性模量 $E=210$GPa，试求筒内的周向应力。**

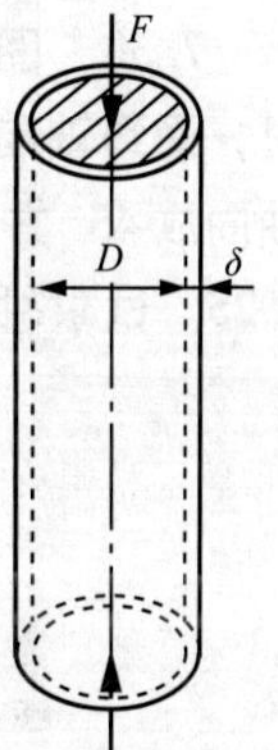

图 7－2－43

解：铝柱轴向受压应力：$\sigma=-\dfrac{4F}{\pi D^2}=-31.8$MPa。

铝柱内任一点的应力状态如图 7－2－44(a)，设铝柱与钢套之间的挤压应力为 p，则由广义胡克定律可得，铝柱的周向应变为：$\varepsilon_1=\dfrac{1}{E_1}[-p-\mu_1(\sigma-p)]$。

而对于钢套其任一点应力状态如图 7－2－44(b)，其周向应变为：$\varepsilon_2=\dfrac{1}{E}\cdot\dfrac{pD}{2\delta}=\dfrac{pD}{2\delta E}$。

由于铝圆柱与钢套筒之间相互压紧没有间隙，故变形的几何条件有 $\varepsilon_1=\varepsilon_2$，即 $\dfrac{1}{E_1}[-p-\mu_1(\sigma-p)]=\dfrac{pD}{2\delta E}$。

解得：$p=2.79$MPa。

则圆筒内的周向应力为：$\sigma_\theta=\dfrac{pD}{2\delta}=\dfrac{2.79\times40}{4}\text{MPa}=27.9\text{MPa}$。

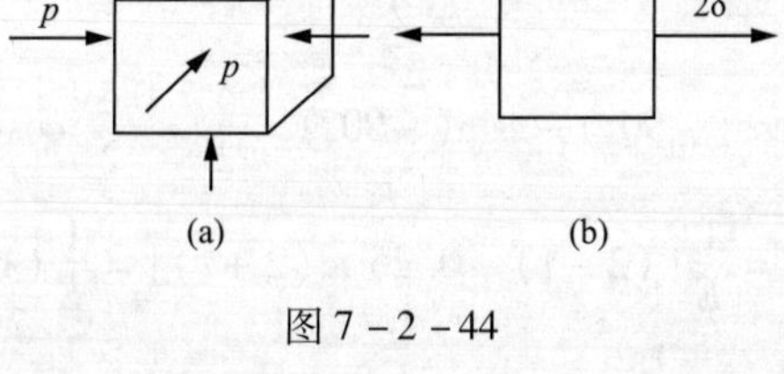

图 7－2－44

7.29 在二向应力状态下，设已知最大切应变 $\gamma_{\max}=5\times10^{-4}$，并已知两个相互垂直方向的正应力之和为 27.5MPa。材料的弹性常数是 $E=200\text{GPa}$，$\mu=0.25$。试计算主应力的大小。

提示：$\sigma_\alpha+\sigma_{\alpha+90^\circ}=\sigma_x+\sigma_y=\sigma_1+\sigma_2$

解：由剪切胡克定律得最大切应力

$$\tau_{\max}=G\gamma_{\max}=\frac{E}{2(1+\mu)}\gamma_{\max}=\frac{200\times10^9}{2\times(1+0.25)}\times5\times10^{-4}\text{Pa}=40\text{MPa}$$

根据题意：$\sigma_x+\sigma_y=27.5\text{MPa}$。

由主应力计算公式：$\left.\begin{matrix}\sigma_1\\\sigma_3\end{matrix}\right\}=\dfrac{\sigma_x+\sigma_y}{2}\pm\sqrt{\left(\dfrac{\sigma_x-\sigma_y}{2}\right)^2+\tau_{xy}^2}$。

可得：$\sigma_1+\sigma_3=\sigma_x+\sigma_y=27.5\text{MPa}$。

又$\tau_{\max}=\dfrac{\sigma_1-\sigma_3}{2}=40\text{MPa}$。

联立以上两式得：$\sigma_1=53.8\text{MPa}$，$\sigma_3=-26.3\text{MPa}$。

综上，根据主应力符号规定记主应力为：$\sigma_1=53.8\text{MPa}$，$\sigma_2=0$，$\sigma_3=-26.3\text{MPa}$。

7.30 图 7-2-45 所示，一水轮机的主轴为直径 $d=200\text{mm}$ 的实心圆轴，在正常运转时，受到轴向拉伸和扭转的共同作用。在轴的外表面测得沿轴向的应变 $\varepsilon_{90^\circ}=20\times10^{-6}$，与轴向成 45°方向的应变 $\varepsilon_{45^\circ}=100\times10^{-6}$。已知材料的弹性模量 $E=200\text{GPa}$，泊松比 $\mu=0.25$。试求轴力 F 和扭转力偶矩 M_e。

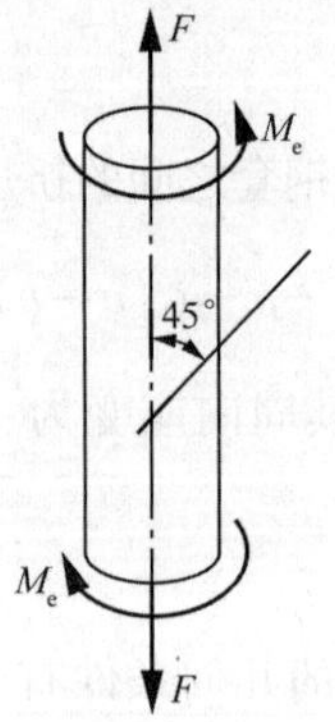

图 7-2-45

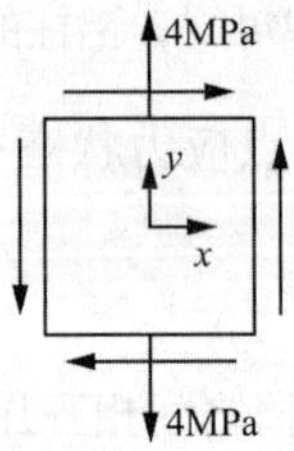

图 7-2-46

解：已知沿轴向的应变 $\varepsilon_{90^\circ}=20\times10^{-6}$，材料的弹性模量 $E=200\text{GPa}$。

则轴向应力：$\sigma=E\varepsilon_{90^\circ}=200\times10^3\times20\times10^{-6}=4\text{MPa}$。

因此轴力：$F=\sigma A=4\times\pi\times(d/2)^2=4\times\pi\times(200/2)^2=125664\text{N}\approx125.66\text{kN}$。

单元体的应力状态如图 7-2-46 所示，则 $\sigma_x=0$，$\sigma_y=4\text{MPa}$，$\tau_x=-\tau$。

$$\sigma_{45^\circ}=\frac{\sigma_x+\sigma_y}{2}+\frac{\sigma_x-\sigma_y}{2}\cos90^\circ-\tau\sin90^\circ=\frac{4}{2}+\frac{0-4}{2}\cos90^\circ-\tau\sin90^\circ=2-\tau$$

$$\sigma_{-45^\circ}=\frac{\sigma_x+\sigma_y}{2}+\frac{\sigma_x-\sigma_y}{2}\cos(-90^\circ)-\tau\sin(-90^\circ)=\frac{4}{2}+\frac{0-4}{2}\cos(-90^\circ)-\tau\sin(-90^\circ)=2+\tau$$

$$\varepsilon_{45^\circ}=\frac{1}{E}(\sigma_{45^\circ}-\mu\sigma_{-45^\circ})=\frac{1}{E}[(2-\tau)-0.25\times(2+\tau)]=\frac{1}{E}(1.5-1.25\tau)$$

因此，可解得：

$$\tau = \frac{1.5 - E\varepsilon_{45^\circ}}{1.25} = \frac{1.5 - 200 \times 10^3 \times 100 \times 10^{-6}}{1.25} = -14.8\text{MPa}$$

扭转力偶矩为:

$$M_e = \tau W_p = -14.8 \times 10^6 \times \frac{\pi \times (200 \times 10^{-3})^3}{16} = -23247.79\text{N} \cdot \text{m} \approx -23.25\text{kN} \cdot \text{m}$$

7.31　测得构件自由表面上某点的0°、30°和90°(角度按逆时针标记)方向的正应变分别为 $\varepsilon_{0^\circ} = 300 \times 10^{-6}$、$\varepsilon_{30^\circ} = 100 \times 10^{-6}$ 和 $\varepsilon_{90^\circ} = 20 \times 10^{-6}$。若材料的弹性模量 $E = 200\text{GPa}$,泊松比 $\mu = 0.3$。试求:

(1)该点0°、30°和90°方向的正应力 σ_{0°、σ_{30° 和 σ_{90°;

(2)该点的主应力 σ_1、σ_2 及 σ_3 和最大切应力 $\tau_{\max}$。

解:(1)令 $\varepsilon_x = \varepsilon_{0^\circ}$,$\varepsilon_y = \varepsilon_{90^\circ}$。

由胡克定律

$$\varepsilon_x = \frac{1}{E}(\sigma_x - \mu\sigma_y)$$

$$\varepsilon_y = \frac{1}{E}(\sigma_y - \mu\sigma_x)$$

可得

$$\sigma_{0^\circ} = \sigma_x = \frac{E}{1-\mu^2}(\varepsilon_x + \mu\varepsilon_y) = \frac{200 \times 10^3}{1-0.3^2} \times (300 + 0.3 \times 20) \times 10^{-6} = 67.25\text{MPa}$$

$$\sigma_{90^\circ} = \sigma_y = \frac{E}{1-\mu^2}(\varepsilon_y + \mu\varepsilon_x) = \frac{200 \times 10^3}{1-0.3^2} \times (20 + 0.3 \times 300) \times 10^{-6} = 24.18\text{MPa}$$

由

$$\varepsilon_\alpha = \frac{\varepsilon_x + \varepsilon_y}{2} + \frac{\varepsilon_x - \varepsilon_y}{2}\cos 2\alpha - \frac{\gamma_{xy}}{2}\sin 2\alpha$$

$$\varepsilon_{30^\circ} = \frac{\varepsilon_x + \varepsilon_y}{2} + \frac{\varepsilon_x - \varepsilon_y}{2}\cos 60^\circ - \frac{\gamma_{xy}}{2}\sin 60^\circ$$

$$100 = \frac{300+20}{2} + \frac{300-20}{2} \cdot \frac{1}{2} - \frac{\gamma_{xy}}{2} \cdot \frac{\sqrt{3}}{2}$$

可得 $\gamma_{xy} = 300 \times 10^{-6}$。

由胡克定律得

$$\tau_{xy} = G\gamma_{xy} = \frac{E}{2(1+\mu)}\gamma_{xy} = \frac{200 \times 10^3}{2 \times (1+0.3)} \times 300 \times 10^{-6} = 23.08\text{MPa}$$

$$\sigma_\alpha = \frac{\sigma_x + \sigma_y}{2} + \frac{\sigma_x - \sigma_y}{2}\cos 2\alpha - \tau_{xy}\sin 2\alpha$$

$$\sigma_{30^\circ} = \frac{\sigma_x + \sigma_y}{2} + \frac{\sigma_x - \sigma_y}{2}\cos 60^\circ - \tau_{xy}\sin 60^\circ$$

$$= \frac{67.25 + 24.18}{2} + \frac{67.25 - 24.18}{2} \times \frac{1}{2} - 23.08 \times \frac{\sqrt{3}}{2}$$

$$= 36.48\text{MPa}$$

(2)由主应力计算公式

$$\left.\begin{matrix}\sigma_{max}\\ \sigma_{min}\end{matrix}\right\} = \frac{\sigma_x + \sigma_y}{2} \pm \sqrt{\left(\frac{\sigma_x - \sigma_y}{2}\right)^2 + \tau_{xy}^2}$$

$$= \frac{67.25 + 24.18}{2} \pm \sqrt{\left(\frac{67.25 - 24.18}{2}\right)^2 + 23.08^2}$$

$$= \begin{cases}77.29\text{MPa}\\ 14.14\text{MPa}\end{cases}$$

可得主应力为

$$\sigma_1 = 77.29\text{MPa},\ \sigma_2 = 14.14\text{MPa},\ \sigma_3 = 0$$

最大切应力

$$\tau_{max} = \frac{\sigma_1 - \sigma_3}{2} = \frac{77.29 - 0}{2} = 38.65\text{MPa}$$

7.32　在题 7.19 中的各应力状态下，求体应变 θ、应变能密度 v_ε 和畸变能密度 v_d。设 $E = 200\text{GPa}$，$\mu = 0.30$。

解：(a)已知 $\sigma_1 = \sigma_2 = 50\text{MPa}$，$\sigma_3 = -50\text{MPa}$，$E = 200\text{GPa}$，$\mu = 0.30$。

则单位体应变

$$\theta = \varepsilon_1 + \varepsilon_2 + \varepsilon_3 = \frac{1-2\mu}{E}(\sigma_1 + \sigma_2 + \sigma_3) = \frac{1 - 2\times 0.30}{200\times 10^9}(50 + 50 - 50)\times 10^6 = 1\times 10^{-4}$$

应变能密度

$$v_\varepsilon = \frac{1}{2E}[\sigma_1^2 + \sigma_2^2 + \sigma_3^2 - 2\mu(\sigma_1\sigma_2 + \sigma_2\sigma_3 + \sigma_3\sigma_1)]$$

$$= \frac{1}{2\times 200\times 10^9}\{50^2 + 50^2 + (-50)^2 - 2\times 0.30\times[50^2 + 50\times(-50) + 50\times(-50)]\}\times 10^{12}\text{J/m}^3$$

$$= 2.25\times 10^4\text{J/m}^3$$

畸变能密度

$$v_d = \frac{1+\mu}{6E}[(\sigma_1 - \sigma_2)^2 + (\sigma_2 - \sigma_3)^2 + (\sigma_3 - \sigma_1)^2]$$

$$= \frac{1 + 0.30}{6\times 200\times 10^9}[(50 - 50)^2 + (50 + 50)^2 + (50 + 50)^2]\times 10^{12}\text{J/m}^3$$

$$= 2.17\times 10^4\text{J/m}^3$$

(b)已知 $\sigma_1 = 52.2\text{MPa}$，$\sigma_2 = 50\text{MPa}$，$\sigma_3 = -42.2\text{MPa}$。

则单位体应变

$$\theta = \frac{1-2\mu}{E}(\sigma_1 + \sigma_2 + \sigma_3) = \frac{1 - 2\times 0.30}{200\times 10^9}\times(52.2 + 50 - 42.2)\times 10^6 = 1.2\times 10^{-4}$$

应变能密度

$$v_\varepsilon = \frac{1}{2E}[\sigma_1^2 + \sigma_2^2 + \sigma_3^2 - 2\mu(\sigma_1\sigma_2 + \sigma_2\sigma_3 + \sigma_3\sigma_1)]$$

$$= \frac{1}{2\times 200\times 10^9}[52.2^2 + 50^2 + 42.2^2 - 2\times 0.3\times(52.5\times 50 - 50\times 42.2 - 52.2\times 42.2)]\times 10^{12}\text{J/m}^3$$

$$= 2.01\times 10^4\text{J/m}^3$$

畸变能密度

$$
\begin{aligned}
v_{\mathrm{d}} &= \frac{1+\mu}{6E}[(\sigma_1-\sigma_2)^2+(\sigma_2-\sigma_3)^2+(\sigma_3-\sigma_1)^2] \\
&= \frac{1+0.3}{6\times 200\times 10^9}\times[(52.2-50)^2+(50+42.2)^2 \\
&\quad +(-42.2-52.2)^2]\times 10^{12}\mathrm{J/m^3} \\
&= 1.89\times 10^4\mathrm{J/m^3}
\end{aligned}
$$

(c)已知 $\sigma_1=130\mathrm{MPa}$，$\sigma_2=30\mathrm{MPa}$，$\sigma_3=-30\mathrm{MPa}$。

则单位体应变

$$
\theta=\frac{1-2\mu}{E}(\sigma_1+\sigma_2+\sigma_3)=\frac{1-2\times 0.3}{200\times 10^9}(130+30-30)\times 10^6=2.6\times 10^{-4}
$$

应变能密度

$$
\begin{aligned}
v_{\varepsilon} &= \frac{1}{2E}[\sigma_1^2+\sigma_2^2+\sigma_3^2-2\mu(\sigma_1\sigma_2+\sigma_2\sigma_3+\sigma_3\sigma_1)] \\
&= \frac{1}{2\times 200\times 10^9}[130^2+30^2+(-30)^2-2\times 0.3 \\
&\quad \times(130\times 30-30\times 30-130\times 30)]\times 10^{12}\mathrm{J/m^3} \\
&= 4.81\times 10^4\mathrm{J/m^3}
\end{aligned}
$$

畸变能密度

$$
\begin{aligned}
v_{\mathrm{d}} &= \frac{1+\mu}{6E}[(\sigma_1-\sigma_2)^2+(\sigma_2-\sigma_3)+(\sigma_3-\sigma_1)^2] \\
&= \frac{1+0.3}{6\times 200\times 10^9}[(130-30)^2+(30+30)^2+(130+30)^2]\times 10^{12}\mathrm{J/m^3} \\
&= 4.25\times 10^4\mathrm{J/m^3}
\end{aligned}
$$

7.33　图 7-2-47 所示立方体 *ABCD* 的尺寸是 70mm × 70mm × 70mm，通过专用的压力机在其四个面上作用均匀分布的压力。若 $F=50\mathrm{kN}$，$E=200\mathrm{GPa}$，$\mu=0.30$，试求该立方体的体应变 θ。

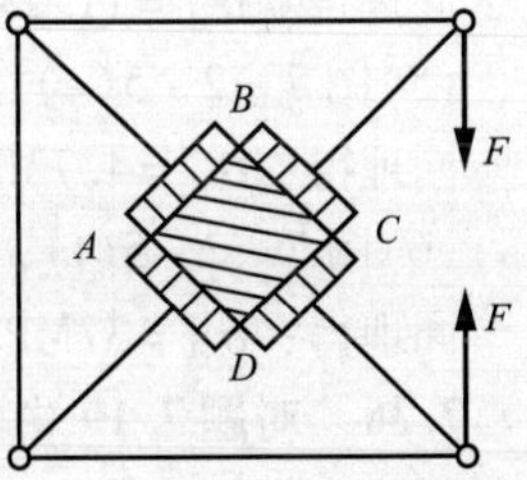

图 7-2-47

解：由静力学平衡条件可得立方体的四个面上受到的压力均为$\sqrt{2}F$，故在四个面上的压应力均为

$$
\sigma_x=\sigma_y=-\frac{\sqrt{2}F}{A}=-\frac{\sqrt{2}\times 50\times 10^3}{70\times 70\times 10^{-6}}\mathrm{Pa}=-14.4\mathrm{MPa}
$$

剩余一对平面上不受力，故 $\sigma_z=0$。

而立方体的六个面上均无切应力，这些面都是主平面，故主应力为

$$
\sigma_1=0,\ \sigma_2=\sigma_3=-14.4\mathrm{MPa}
$$

则立方体的体应变为

$$
\theta=\frac{1-2\mu}{E}(\sigma_1+\sigma_2+\sigma_3)=\frac{1-2\times 0.30}{200\times 10^9}\times(0-14.4-14.4)\times 10^6=-5.76\times 10^{-5}
$$

7.34　试证明弹性模量 E、切变模量 G 和体积模量 K 之间的关系是 $E=\dfrac{9KG}{3K+G}$。

证明：已知切变模量 G 和体积模量 K 与弹性模量 E 和泊松比 μ 之间的关系式分别为

$$G=\frac{E}{2(1+\mu)},\ K=\frac{E}{3(1-2\mu)}$$

由以上两式消去泊松比μ，可得：$E=\frac{9KG}{3K+G}$。

命题得证。

7.35　试对题7.4中的各应力状态，写出四个常用强度理论及莫尔强度理论的相当应力。设$\mu=0.25$，$\frac{[\sigma_t]}{[\sigma_c]}=\frac{1}{4}$。

解：(1)图7-2-5(a)，已知$\sigma_1=57\text{MPa}$，$\sigma_2=0$，$\sigma_3=-7\text{MPa}$，故

$$\sigma_{r1}=\sigma_1=57\text{MPa}$$

$$\sigma_{r2}=\sigma_1-\mu(\sigma_2+\sigma_3)=[57-0.25\times(0-7)]\text{MPa}=58.8\text{MPa}$$

$$\sigma_{r3}=\sigma_1-\sigma_3=(57+7)\text{MPa}=64\text{MPa}$$

$$\sigma_{r4}=\sqrt{\frac{1}{2}[(\sigma_1-\sigma_2)^2+(\sigma_2-\sigma_3)^2+(\sigma_3-\sigma_1)^2]}$$

$$=\sqrt{\frac{1}{2}[57^2+7^2+(57+7)^2]}\text{MPa}=60.8\text{MPa}$$

$$\sigma_{rM}=\sigma_1-\frac{[\sigma_t]}{[\sigma_c]}\sigma_3=\left(57+\frac{1}{4}\times7\right)\text{MPa}=58.8\text{MPa}$$

(2)图7-2-5(b)，已知$\sigma_1=57\text{MPa}$，$\sigma_2=0$，$\sigma_3=-7\text{MPa}$。

由于四种强度理论及莫尔强度理论只与主应力有关，故该计算结果与题(1)完全相同。

(3)图7-2-5(c)，已知$\sigma_1=25\text{MPa}$，$\sigma_2=0$，$\sigma_3=-25\text{MPa}$。

同理得：$\sigma_{r1}=25\text{MPa}$，$\sigma_{r2}=31.3\text{MPa}$，$\sigma_{r3}=50\text{MPa}$，$\sigma_{r4}=43.3\text{MPa}$，$\sigma_{rM}=31.3\text{MPa}$。

(4)图7-2-5(d)，已知$\sigma_1=11.2\text{MPa}$，$\sigma_2=0$，$\sigma_3=-71.2\text{MPa}$。

同理得：$\sigma_{r1}=11.2\text{MPa}$，$\sigma_{r2}=29\text{MPa}$，$\sigma_{r3}=82.4\text{MPa}$，$\sigma_{r4}=77.4\text{MPa}$，$\sigma_{rM}=29\text{MPa}$。

(5)图7-2-5(e)，已知$\sigma_1=4.7\text{MPa}$，$\sigma_2=0$，$\sigma_3=-84.7\text{MPa}$。

同理得：$\sigma_{r1}=4.7\text{MPa}$，$\sigma_{r2}=25.9\text{MPa}$，$\sigma_{r3}=89.4\text{MPa}$，$\sigma_{r4}=87.1\text{MPa}$，$\sigma_{rM}=25.9\text{MPa}$。

(6)图7-2-5(f)，已知$\sigma_1=37\text{MPa}$，$\sigma_2=0$，$\sigma_3=-27\text{MPa}$。

同理得：$\sigma_{r1}=37\text{MPa}$，$\sigma_{r2}=43.8\text{MPa}$，$\sigma_{r3}=64\text{MPa}$，$\sigma_{r4}=55.7\text{MPa}$，$\sigma_{rM}=43.8\text{MPa}$。

7.36　对题7.19中的各应力状态，写出四个常用强度理论的相当应力。设$\mu=0.30$。如材料为中碳钢，指出该用哪一强度理论。

解：(a)已知$\sigma_1=\sigma_2=50\text{MPa}$，$\sigma_3=-50\text{MPa}$。

根据常用强度理论公式得

$$\sigma_{r1}=\sigma_1=50\text{MPa}$$

$$\sigma_{r2}=\sigma_1-\mu(\sigma_2+\sigma_3)=[50-0.30\times(50-50)]\text{MPa}=50\text{MPa}$$

$$\sigma_{r3}=\sigma_1-\sigma_3=(50+50)\text{MPa}=100\text{MPa}$$

$$\sigma_{r4}=\sqrt{\frac{1}{2}[(\sigma_1-\sigma_2)^2+(\sigma_2-\sigma_3)^2+(\sigma_3-\sigma_1)^2]}$$

$$=\sqrt{\frac{1}{2}[(50-50)^2+(50+50)^2+(-50-50)^2]}\text{MPa}=100\text{MPa}$$

(b)同理各相当应力：$\sigma_{r1}=52.2\text{MPa}$，$\sigma_{r2}=49.9\text{MPa}$，$\sigma_{r3}=94.4\text{MPa}$，$\sigma_{r4}=93.3\text{MPa}$。

(c)同理各相当应力：$\sigma_{r1}=130\text{MPa}$，$\sigma_{r2}=130\text{MPa}$，$\sigma_{r3}=160\text{MPa}$，$\sigma_{r4}=140\text{MPa}$。

如材料为中碳钢，应该用第三或第四强度理论。

7.37　车轮与钢轨接触点处的主应力为 -800MPa、-900MPa、-1100MPa。若$[\sigma]=$ 300MPa，试对接触点作强度校核。

解：根据题意可知

$$\sigma_1=-800\text{MPa},\ \sigma_2=-900\text{MPa},\ \sigma_3=-1100\text{MPa},\ [\sigma]=300\text{MPa}$$

由于钢轨为中碳钢材料，故应采用第三或第四强度理论校核。

由第三强度理论：$\sigma_{r3}=\sigma_1-\sigma_3=300\text{MPa}=[\sigma]$。

由第四强度理论

$$\sigma_{r4}=\sqrt{\frac{1}{2}[(\sigma_1-\sigma_2)^2+(\sigma_2-\sigma_3)^2+(\sigma_3-\sigma_1)^2]}$$

$$=\sqrt{\frac{1}{2}[(-800+900)^2+(-900+1100)^2+(-1100+800)^2]}\text{MPa}$$

$$=264.6\text{MPa}<[\sigma]=300\text{MPa}$$

故接触点的强度满足要求。

7.38　厚壁炮筒横截面如图 7-2-48 所示。在危险点处，$\sigma_t=550\text{MPa}$，$\sigma_r=-350\text{MPa}$，第三个主应力垂直于图面且是拉应力，其大小为 420MPa。试分别按第三和第四强度理论，计算其相当应力。

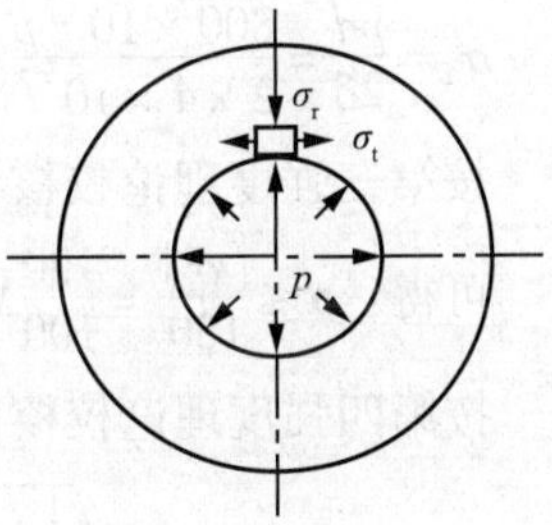

图 7-2-48

解：根据题意，主应力为

$$\sigma_1=\sigma_t=550\text{MPa},\ \sigma_2=\sigma_z=420\text{MPa},\ \sigma_3=\sigma_r=-350\text{MPa}$$

由第三强度理论可得

$$\sigma_{r3}=\sigma_1-\sigma_3=(550+350)\text{MPa}=900\text{MPa}$$

由第四强度理论可得

$$\sigma_{r4}=\sqrt{\frac{1}{2}[(\sigma_1-\sigma_2)^2+(\sigma_2-\sigma_3)^2+(\sigma_3-\sigma_1)^2]}$$

$$=\sqrt{\frac{1}{2}[(550-420)^2+(420+350)^2+(-350-550)^2]}\text{MPa}=842\text{MPa}$$

7.39　铸铁薄管如图 7-2-49 所示。管的外径为 200mm，壁厚 $\delta=15\text{mm}$，内压 $p=4\text{MPa}$，$F=200\text{kN}$。铸铁的抗拉及抗压许用应力分别为 $[\sigma_t]=30\text{MPa}$，$[\sigma_c]=120\text{MPa}$，$\mu=0.25$。试用第二强度理论及莫尔强度理论校核该薄壁管的强度。

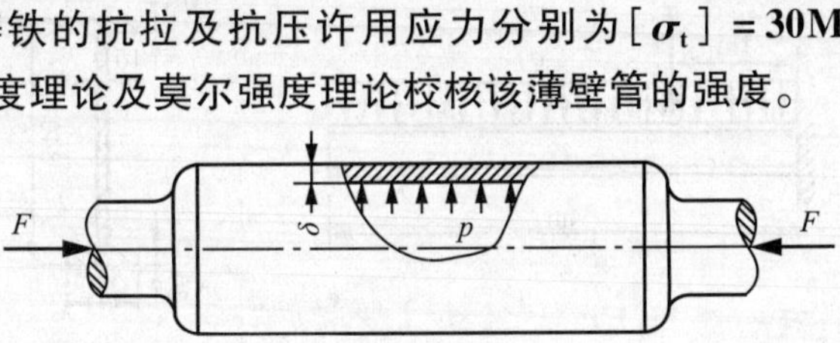

图 7-2-49

解：根据题意，薄管内径：$d=D-2\delta=170\text{mm}$。

则薄管的周向应力：$\sigma_y=\dfrac{pd}{2\delta}=\dfrac{4\times170}{2\times15}\text{MPa}=22.7\text{MPa}$。

轴向应力

$$\sigma_x=\frac{pd}{4\delta}-\frac{F}{A}=\frac{pd}{4\delta}-\frac{4F}{\pi(D^2-d^2)}=\left[\frac{4\times170}{4\times15}-\frac{4\times200\times10^3}{\pi(200^2-170^2)}\right]\text{MPa}=-11.6\text{MPa}$$

因薄管内壁上的点为危险点，故主应力为

$$\sigma_1=\sigma_y=22.7\text{MPa},\ \sigma_2=-p=-4\text{MPa},\ \sigma_3=\sigma_x=-11.6\text{MPa}$$

按第二强度理论校核

$$\sigma_{r2}=\sigma_1-\mu(\sigma_2+\sigma_3)=[22.7-0.25\times(4+11.6)]\text{MPa}=26.6\text{MPa}<[\sigma_t]$$

按莫尔强度理论校核

$$\sigma_{rM}=\sigma_1-\frac{[\sigma_t]}{[\sigma_c]}\sigma_3=(22.7+0.25\times11.6)\text{MPa}=25.6\text{MPa}<[\sigma_t]$$

综上可知，两种强度理论校核薄管的强度均满足要求。

7.40　钢制圆柱薄壁容器，直径为800mm，壁厚$\delta=4$mm，$[\sigma]=120$MPa。试用强度理论确定可能承受的内压p。

解：如图7-2-50所示，为该薄壁容器危险点的应力状态。

该点的主应力为

$$\sigma_1=\frac{pd}{2\delta}=\frac{800\times10^{-3}p}{2\times4\times10^{-3}}=100p,\ \sigma_2=\frac{pd}{4\delta}=50p,\ \sigma_3=0$$

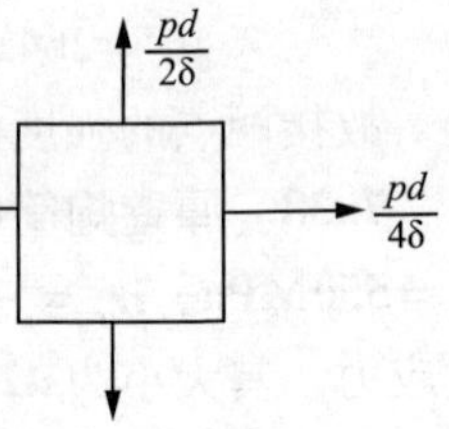

图7-2-50

按第三强度理论校核：$\sigma_{r3}=\sigma_1-\sigma_3=100p-0\leqslant[\sigma]$。

可得：$p\leqslant\frac{[\sigma]}{100}=\frac{120}{100}\text{MPa}=1.2\text{MPa}$。

按第四强度理论校核

$$\sigma_{r4}=\sqrt{\frac{1}{2}[(\sigma_1-\sigma_2)^2+(\sigma_2-\sigma_3)^2+(\sigma_3-\sigma_1)^2]}$$

$$=\sqrt{\frac{1}{2}[(50p)^2+(50p)^2+(100p)^2]}\text{MPa}=50\sqrt{3}p\text{MPa}\leqslant[\sigma]$$

可得：$p\leqslant\frac{[\sigma]}{50\sqrt{3}}=\frac{120}{50\sqrt{3}}\text{MPa}=1.39\text{MPa}$。

7.41　图7-2-51所示工字形截面悬臂梁，长度为4m。受均布载荷$q=30$kN/m和集中力$F=400$kN的同时作用。该梁是由三块矩形截面的板经焊接而成，截面的尺寸如图7-2-51所示。若许用应力$[\sigma]=160$MPa。试用第四强度理论校核该梁的强度。

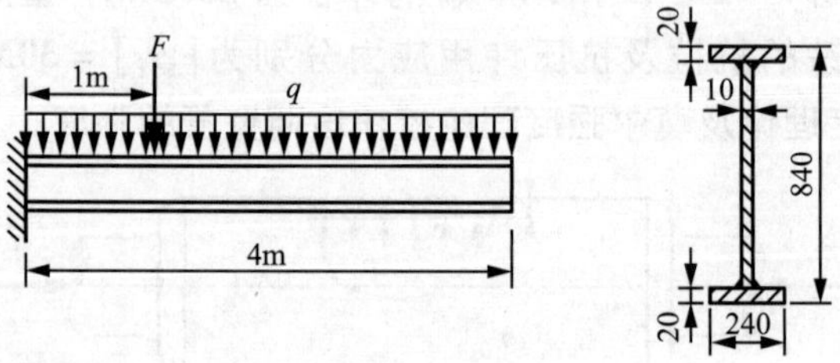

图7-2-51

解：应校核固定端截面强度

$$M=400\times1+\frac{1}{2}\times30\times4^2=640\text{kN}\cdot\text{m}$$

$$F_S=400+30\times4=520\text{kN}$$

用第四强度理论校核翼缘与腹板交接处强度

$$I_z=\frac{1}{12}\times10\times800^3+2\times\frac{1}{12}\times240\times20^3+2\times240\times20\times410^2=2.0407\times10^9\text{mm}^4$$

$$S_z^*=20\times240\times410=1.968\times10^6\text{mm}^3$$

$$\sigma_x=\frac{My}{I_z}=\frac{640\times10^6\times400}{2.0407\times10^9}=125.45\text{MPa}$$

$$\tau_{xy}=\frac{F_S S_z^*}{I_z t_w}=\frac{520\times10^3\times1.968\times10^6}{2.0407\times10^9\times10}=50.15\text{MPa}$$

相当应力

$$\sigma_{r4}=\sqrt{\sigma_x^2+3\tau_{xy}^2}=\sqrt{125.45^2+3\times50.15^2}=152.58\text{MPa}<[\sigma]=160\text{MPa}$$

强度满足要求。

7.42　组合薄壁圆环如图 7－2－52 所示，界面处的直径为 D，内层材料为铝合金，外层材料为钢，内、外圆环的壁厚分别为 δ_1 和 δ_2，内、外层材料的弹性模量分别为 E_1 和 E_2，线胀系数分别为 α_{l1} 和 α_{l2}（$\alpha_{l1}>\alpha_{l2}$）。试计算当温度升高 ΔT 时，内、外圆环的环向应力。

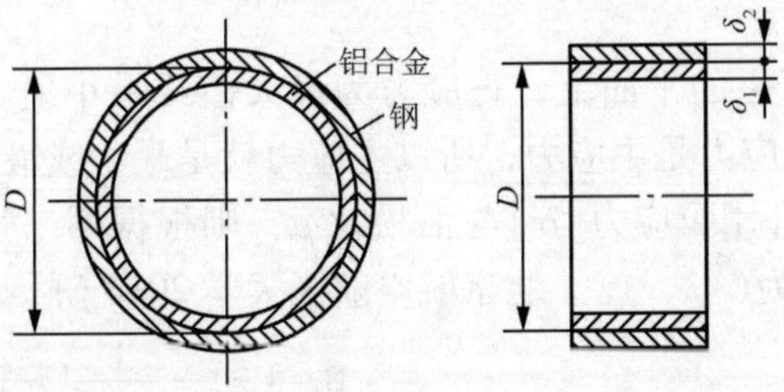

图 7－2－52

提示：升温后，组合薄壁圆环仍紧密贴合在一起，环间出现径向压力，外环受拉，内环受压。

解：当温度升高 ΔT 时，内外圆环在自由状态下的热膨胀量为：$\varepsilon_1'=\alpha_{l1}\Delta T$，$\varepsilon_2'=\alpha_{l2}\Delta T$。

由于升温后两层仍紧密贴合，环向应变相同：$\varepsilon_1'-\frac{\sigma_1}{E_1}=\varepsilon_2'+\frac{\sigma_2}{E_2}$。

根据环向应力平衡：$\sigma_1\delta_1=\sigma_2\delta_2$。故可得：$\sigma_2=\frac{\delta_1}{\delta_2}\sigma_1$。

因此，可得：$\alpha_{l1}\Delta T-\frac{\sigma_1}{E_1}=\alpha_{l2}\Delta T+\frac{\delta_1\sigma_1}{\delta_2 E_2}$。

解得：$\sigma_1=\frac{E_1E_2\delta_2}{E_1\delta_1+E_2\delta_2}(\alpha_{l1}-\alpha_{l2})\Delta T$（压）。

所以，$\sigma_2=\frac{E_1E_2\delta_1}{E_1\delta_1+E_2\delta_2}(\alpha_{l1}-\alpha_{l2})\Delta T$（拉）。

7.3　名校考研真题详解

一、选择题

1．下列论述中，正确的是（　　）。［重庆大学 2025 研、2016 研］

（1）单元体中正应力为最大值的截面上，切应力必定为零；

（2）单元体中切应力为最大值的截面上，正应力必定为零；

（3）第一强度理论认为最大拉应力是引起断裂的主要因素；

(4)第三强度理论认为最大切应力是引起屈服的主要因素。

A. (1), (3), (4)　　B. (2), (3), (4)

C. (1), (4)　　D. (3), (4)

【答案】A

【解析】(1)中，正应力为最大值的截面为主平面，切应力为零；(2)中，切应力为最大值的截面上，正应力为$(\sigma_1+\sigma_3)/2$，不一定为零；(3)中，第一强度理论为最大拉应力理论，认为引起材料断裂的主要因素是最大拉应力；(4)中，第三强度理论为最大切应力理论，认为引起屈服的主要因素是最大切应力。因此，(1)(3)(4)正确。

2. 关于应力与变形，下列说法中正确的是(　　)。[暨南大学2024研]

A. 单元体最大正应力面上的切应力恒等于零

B. 单元体最大切应力面上的正应力恒等于零

C. 没有正应力作用的方向上，线应变必为零

D. 线应变为零的方向上，正应力必为零

【答案】A

【解析】在切应力等于零的平面上，正应力为最大值或最小值。因为切应力为零的平面是主平面，主平面上的正应力是主应力，所以主应力就是最大或最小的正应力。

3. 已知脆性材料的许用拉应力$[\sigma]$与泊松比μ，则根据第二强度理论确定纯剪切应力状态时的许用切应力$[\tau]$为(　　)。[北京航空航天大学2014研]

A. $[\tau]=\frac{1}{1+\mu}[\sigma]$　　B. $[\tau]=\frac{1}{1-\mu}[\sigma]$

C. $[\tau]=\frac{1-\mu}{1+\mu}[\sigma]$　　D. $[\tau]=[\sigma]$

【答案】A

【解析】纯剪切应力状态的主应力分别为

$$\sigma_1=\tau,\ \sigma_2=0,\ \sigma_3=-\tau$$

根据第二强度理论$\sigma_{r2}=\sigma_1-\mu(\sigma_2+\sigma_3)$，有

$$\sigma_{r2}=\sigma_1-\mu(\sigma_2+\sigma_3)=(1+\mu)\tau\leqslant[\sigma]$$

所以$\tau\leqslant\frac{[\sigma]}{1+\mu}$。

4. 图7-3-1所示应力状态，如下描述正确的是(　　)。[西南交通大学2014研]

A. $\sigma_1=50\text{MPa}$

B. $\sigma_3=0$

C. $\tau_{max}=25\text{MPa}$

D. $\tau_{max}=20\sqrt{5}\text{MPa}$

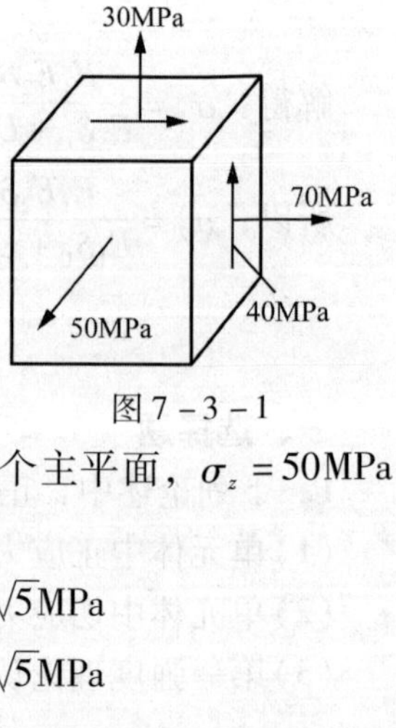

图7-3-1

【答案】D

【解析】正应力为50MPa的平面上切应力为零，可得此平面为一个主平面，$\sigma_z=50\text{MPa}$，$\sigma_x=70\text{MPa}$，$\sigma_y=30\text{MPa}$。$\tau_{xy}=-40\text{MPa}$，则xy平面内的应力

$$\left.\begin{matrix}\sigma_{max}\\ \sigma_{min}\end{matrix}\right\}=\frac{70+30}{2}\pm\sqrt{\left(\frac{70-30}{2}\right)^2+(-40)^2}=\begin{cases}50+20\sqrt{5}\text{MPa}\\ 50-20\sqrt{5}\text{MPa}\end{cases}$$

故 $\sigma_1 = 50 + 20\sqrt{5}\text{MPa}$，$\sigma_2 = 50\text{MPa}$，$\sigma_3 = 50 - 20\sqrt{5}\text{MPa}$。

$$\tau_{\max} = \frac{\sigma_1 - \sigma_3}{2} = 20\sqrt{5}\text{MPa}$$

5．处于图 7－3－2 所示受力状态的矩形截面梁，梁内 K 点应力状态所对应的应力圆为(　　)。［北京航空航天大学 2016 研］

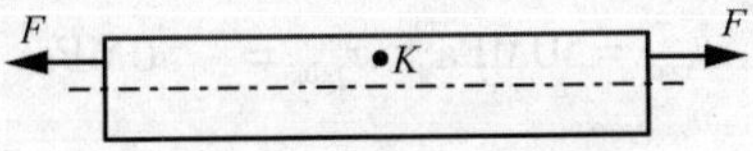

图 7－3－2

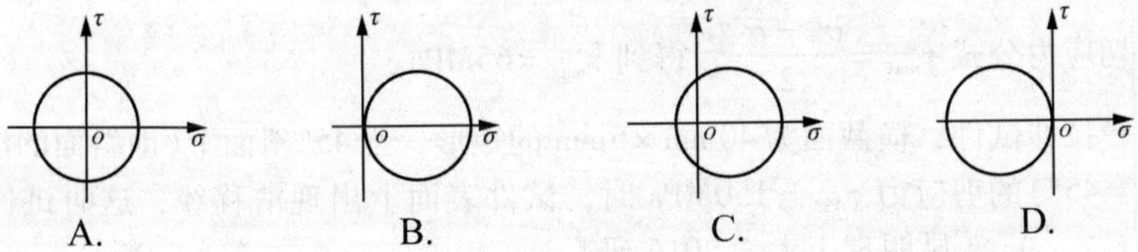

【答案】B

6．一个二向应力状态与另一个单向应力状态叠加，结果可能是(　　)应力状态。［华南理工大学 2016 研］

A．二向　　B．二向或三向

C．单向、二向或三向　　D．零

【答案】C

【解析】二向应力分别为 σ_x 和 σ_y，若与其叠加的单向应力为 $-\sigma_x$，那么得到的就是单向应力；若与其叠加的是 σ_x，那么得到的还是二向应力；若与其叠加的是 σ_z，那么得到的就是三向应力。

7．设计构件时，从强度方面考虑应使得(　　)。［武汉工程大学 2022 研］

A．工作应力≤极限应力　　B．极限应力≤工作应力

C．许用应力≤极限应力　　D．工作应力≤许用应力

【答案】D

【解析】各种材料的强度条件为：$\sigma \leq [\sigma]$。式中，$[\sigma]$ 为许用应力。因此在设计构件时，为保证材料不会因强度不足而失效，应使材料的工作应力小于等于许用应力。

8．在严寒冬天状态下，水管中的水会结冰，下列说法中正确的是(　　)。［华南理工大学 2016 研］

A．冰先破水管完好　　B．水管先破冰完好

C．冰和水管同时破裂　　D．无法确定

【答案】B

【解析】水结成冰，体积膨胀会导致水管破裂，由于冰的强度比水管高，因此水管破裂而冰完好。

9．单元体的应力状态如图 7－3－3 所示（单位 MPa），最大剪应力是(　　)。［华南理工大学 2016 研］

A．80　　B．50

C．65　　D．－50

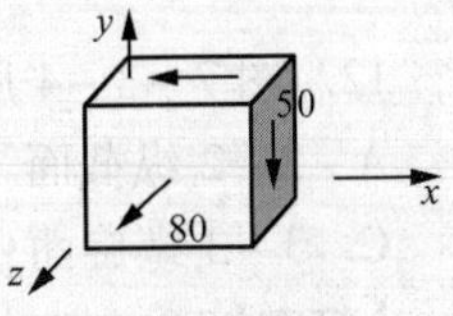

图 7－3－3

【答案】C

【解析】图中可以得到：$\sigma_x=\sigma_y=0$，$\sigma_z=80\text{MPa}$，$\tau_{xy}=50\text{MPa}$，由题可知 σ_z 为其中一个主应力，根据公式先计算 xy 平面的主应力

$$\left.\begin{matrix}\sigma_{\max}\\\sigma_{\min}\end{matrix}\right\}=\frac{\sigma_x+\sigma_y}{2}\pm\sqrt{\left(\frac{\sigma_x-\sigma_y}{2}\right)^2+\tau_{xy}^2}$$

得到

$$\sigma_{\max}=50\text{MPa},\ \sigma_{\min}=-50\text{MPa}$$

因此，三个主应力为

$$\sigma_1=80\text{MPa},\ \sigma_2=50\text{MPa},\ \sigma_3=-50\text{MPa}$$

据最大切应力公式 $\tau_{\max}=\dfrac{\sigma_1-\sigma_3}{2}$，得到 $\tau_{\max}=65\text{MPa}$。

10．有一拉伸试件，横截面为 $40\text{mm}\times5\text{mm}$ 的矩形，当 $45°$ 斜面上（即斜面的法线与试件轴线的夹角 $=45°$）的剪应力 $\tau_{45°}=150\text{MPa}$ 时，试件表面上出现滑移线，这时试件所受轴向力 P 的值为（　　）。[昆明理工大学 2016 研]

A．10kN　　B．60kN　　C．120kN　　D．150kN

【答案】B

【解析】因为 $\tau_{45°}=\dfrac{\sigma_x}{2}\sin90°=\dfrac{\sigma_x}{2}$，所以 $\sigma_x=300\text{MPa}$，故轴向力 $P=\sigma_xA=60\text{kN}$。

11．对同一点的应力状态分别按照第三和第四强度理论进行校核，其相当应力的关系是（　　）。[中国科学技术大学 2016 研]

A．$\sigma_{r3}=\sigma_{r4}$　　B．$\sigma_{r3}>\sigma_{r4}$　　C．$\sigma_{r3}<\sigma_{r4}$　　D．无法确定

【答案】B

【解析】$\sigma_{r3}=\sigma_1-\sigma_3$，$\sigma_{r4}=\dfrac{1}{\sqrt{2}}\sqrt{(\sigma_1-\sigma_2)^2+(\sigma_2-\sigma_3)^2+(\sigma_1-\sigma_3)^2}$

$$\begin{aligned}\sigma_{r3}-\sigma_{r4}&=(\sigma_1-\sigma_3)-\sqrt{\frac{1}{2}[(\sigma_1-\sigma_2)^2+(\sigma_2-\sigma_3)^2+(\sigma_1-\sigma_3)^2]}\\&=\frac{(\sigma_1-\sigma_3)^2-\frac{1}{2}[(\sigma_1-\sigma_2)^2+(\sigma_2-\sigma_3)^2+(\sigma_1-\sigma_3)^2]}{(\sigma_1-\sigma_3)+\sqrt{\frac{1}{2}[(\sigma_1-\sigma_2)^2+(\sigma_2-\sigma_3)^2+(\sigma_1-\sigma_3)^2]}}\\&=\frac{\sigma_1\sigma_2+\sigma_2\sigma_3-\sigma_1\sigma_3-\sigma_2^2}{(\sigma_1-\sigma_3)+\sqrt{\frac{1}{2}[(\sigma_1-\sigma_2)^2+(\sigma_2-\sigma_3)^2+(\sigma_1-\sigma_3)^2]}}\\&=\frac{(\sigma_1-\sigma_2)(\sigma_2-\sigma_3)}{(\sigma_1-\sigma_3)+\sqrt{\frac{1}{2}[(\sigma_1-\sigma_2)^2+(\sigma_2-\sigma_3)^2+(\sigma_1-\sigma_3)^2]}}\\&>0\end{aligned}$$

12．图 7-3-4 所示铸铁圆轴，破坏时沿（　　）。[中国科学技术大学 2016 研]

A．2-2 纵截面　　B．1-1 螺旋面

C．3-3 螺旋面　　D．4-4 横截面

【答案】B

【解析】铸铁的抗拉强度低于抗压强度，3-3 方向为最大正应力方向，即最大拉应力，

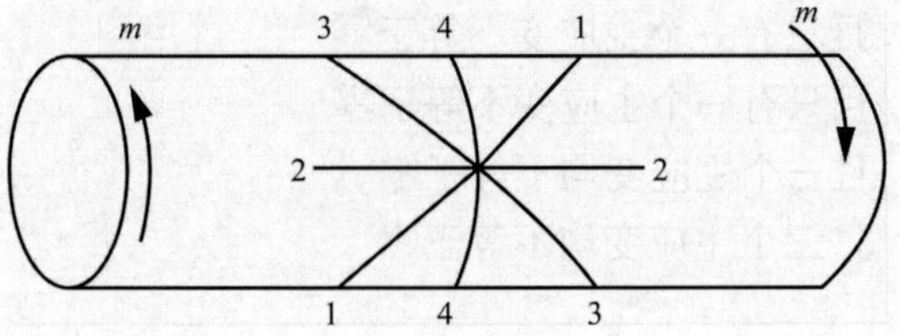

图 7－3－4

1－1 方向为最小正应力方向，即最大压应力。所以构件将沿着 1－1 螺旋面被拉断。

13. 按照第四强度理论，通过纯剪切应力状态可以证明塑性材料的许用剪应力和许用正应力满足(　　)。[中国科学技术大学 2016 研]

A. $[\tau]=[\sigma]$　　B. $[\tau]=\frac{1}{2}[\sigma]$　　C. $[\tau]=\frac{1}{3}[\sigma]$　　D. $[\tau]=\frac{1}{\sqrt{3}}[\sigma]$

【答案】D

【解析】因为纯剪切是拉－压二向应力状态，且

$$\sigma_1=\tau,\ \sigma_2=0,\ \sigma_3=-\tau$$

则对塑性材料，按照第四强度理论，纯剪切的强度条件是

$$\sqrt{\frac{1}{2}[(\sigma_1-\sigma_2)^2+(\sigma_2-\sigma_3)^2+(\sigma_3-\sigma_1)^2]}$$

$$=\sqrt{\frac{1}{2}[(\tau-0)^2+(0+\tau)^2+(-\tau-\tau)^2]}=\sqrt{3}\tau\leqslant[\sigma]$$

所以有 $\tau\leqslant\frac{[\sigma]}{\sqrt{3}}$

又因为剪切的强度条件是

$$\tau\leqslant[\tau]$$

二者比较，可得出

$$\tau=\frac{[\sigma]}{\sqrt{3}}$$

14. 已知某点的平面应力状态 σ_x，σ_y，τ_{xy}，且该点的两个非零主应力为 σ_1，σ_2，则下面的关系成立的是(　　)。[中国科学技术大学 2016 研]

A. $\sigma_1+\sigma_2=\sigma_x+\sigma_y$

B. $\sigma_1+\sigma_2>\sigma_x+\sigma_y$

C. $\sigma_1+\sigma_2<\sigma_x+\sigma_y$

D. $\sigma_1+\sigma_2$ 和 $\sigma_x+\sigma_y$ 关系无法确定

【答案】A

【解析】该问题为平面应力状态，所以必定存在一个主应力为 0，由题 σ_1、σ_2 均是非零主应力，则 σ_3 为零主应力，根据 $\sigma_1\geqslant\sigma_2\geqslant\sigma_3$，所以 σ_1、σ_2 都大于 0。所以

$$\left.\begin{matrix}\sigma_1\\ \sigma_2\end{matrix}\right\}=\frac{\sigma_x+\sigma_y}{2}\pm\sqrt{\left(\frac{\sigma_x-\sigma_y}{2}\right)^2+\tau_{xy}^2}$$

$$\sigma_1+\sigma_2=\sigma_x+\sigma_y$$

15. 图 7－3－5 所示凹座里嵌入一个铝质立方体。设铝块与刚座间既无间隙，也无摩擦，则在均布压力 p 作用下铝块处于(　　)。[重庆大学 2016 研]

A. 单向应力状态，且只有一个主应变不等于零

B. 三向应力状态，且只有一个主应变不等于零

C. 单向应力状态，且三个主应变均不等于零

D. 三向应力状态，且三个主应变均不等于零

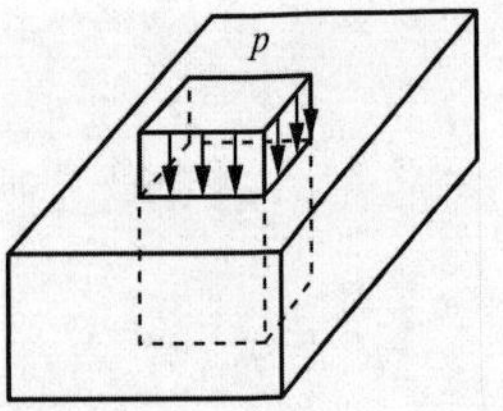

图 7 - 3 - 5

【答案】B

【解析】铝块的六面均有外力作用，属于三向应力状态，因铝块与刚座间无间隙，故铝块竖直壁面无主应变，只有竖直方向存在主应变。

二、填空题

1. 如图 7 - 3 - 6 所示微体内最大正应力 $\sigma_{\max}$ = ______ MPa，最大切应力 $\tau_{\max}$ = ______ MPa。[北京航空航天大学 2013 研]

【答案】130；80

【解析】图中 -30MPa 为一个主应力，另外两个主应力为

$$\left.\begin{matrix}\sigma_{\max}\\ \sigma_{\min}\end{matrix}\right\}=\frac{\sigma_x+\sigma_y}{2}\pm\sqrt{\left(\frac{\sigma_x-\sigma_y}{2}\right)^2+\tau_{xy}^2}=\begin{cases}130\text{MPa}\\ 30\text{MPa}\end{cases}$$

$$\sigma_1=130\text{MPa},\ \sigma_2=30\text{MPa},\ \sigma_3=-30\text{MPa}$$

$$\tau_{\max}=\frac{\sigma_1-\sigma_3}{2}=80\text{MPa}$$

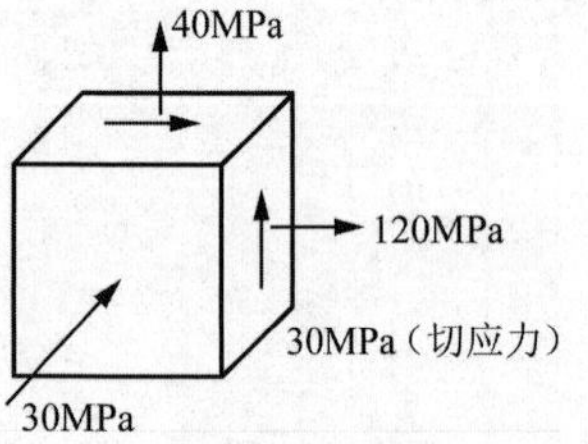

图 7 - 3 - 6

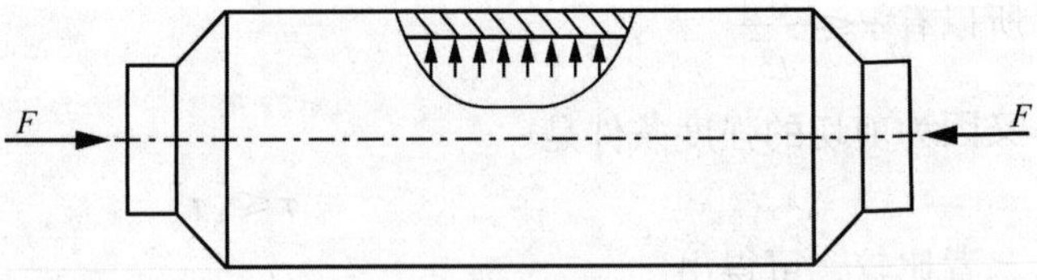

图 7 - 3 - 7

2. 如图 7 - 3 - 7 所示铸铁薄壁圆筒，材料泊松比 μ，内径为 d，壁厚 δ，承受内压 p 和沿轴线的一对压力 F（F 表示绝对值），则圆筒的轴向正应力 σ = ______。若轴向正应力为压应力且为绝对值最大的主应力，则由第二强度理论，相当应力 σ_{r2} = ______。注：不考虑失稳和端部效应，不考虑径向应力，圆筒的横截面积近似为 $A=\pi d\delta$。[北京航空航天大学 2013 研]

【答案】$\dfrac{dp}{4\delta}-\dfrac{F}{\pi d\delta}$；$\dfrac{pd}{2\delta}-\mu\left(\dfrac{dp}{4\delta}-\dfrac{F}{\pi d\delta}\right)$

【解析】不考虑径向应力，该问题为平面应力问题。则轴向正应力 σ_l 为

$$\sigma_l=\frac{\frac{\pi}{4}d^2p-F}{A}=\frac{\frac{\pi}{4}d^2p-F}{\pi d\delta}=\frac{dp}{4\delta}-\frac{F}{\pi d\delta}$$

截取一段圆环，取其一半结构，圆环内作用 p 和环向应力 σ_c，如图 7 - 3 - 8，则环向应力 σ_c 为

$$\sum F_x=0$$

$$\sum F_y=0,\ \int_0^{\pi}pR\sin\theta\,\mathrm{d}\theta-2\delta\sigma_c=0$$

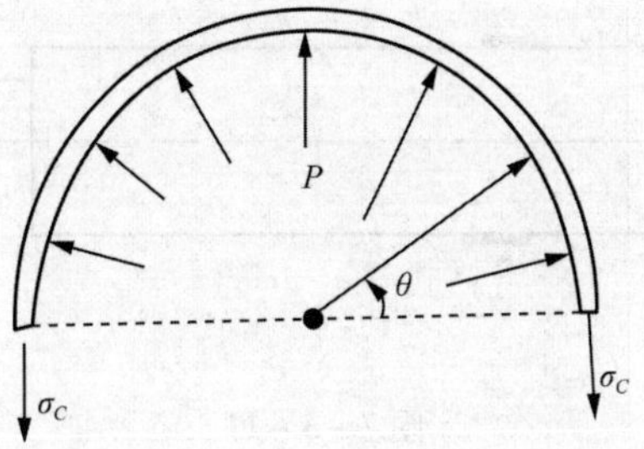

图 7－3－8

所以 $\sigma_c = \dfrac{pR}{\delta} = \dfrac{pd}{2\delta}$（拉应力）。

综上，$\sigma_1 = \sigma_c = \dfrac{pd}{2\delta}$，$\sigma_2 \sigma_l = \dfrac{dp}{4\delta} - \dfrac{F}{\pi d\delta}$，$\sigma_3 = 0$。

第二强度理论为最大伸长应变理论，其相当应力为

$$\sigma_{r2} = \sigma_1 - \mu(\sigma_2 + \sigma_3) = \frac{pd}{2\delta} - \mu\left(\frac{dp}{4\delta} - \frac{F}{\pi d\delta}\right)$$

3．如图 7－3－9 所示微体内的第一主应力 $\sigma_1 =$______，最大切应力 $\tau_{\max} =$______。（图中 σ 为大于零的数值）［北京航空航天大学 2014 研］

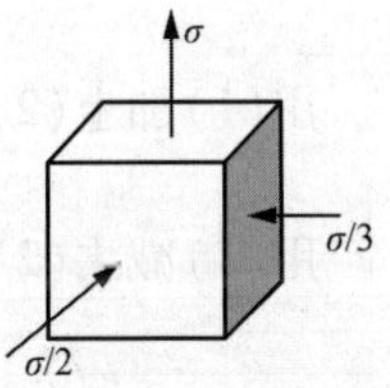

图 7－3－9

【答案】σ；$\dfrac{3\sigma}{4}$

【解析】由图 7 3－9 易知，$\sigma_1 = \sigma$，$\sigma_2 = -\dfrac{\sigma}{3}$，$\sigma_3 = -\dfrac{\sigma}{2}$，所以

$\tau_{\max} = \dfrac{1}{2}(\sigma_1 - \sigma_3) = \dfrac{3\sigma}{4}$。

4．如图 7－3－10 所示，一立方体铝块置于一槽形刚体内，且二者光滑贴合。假设铝块上表面承受均布载荷 p（p 为一大于零的数值）。已知铝的弹性模量为 E，泊松比为 μ，则铝块中任意微体内的第二主应力为______。根据第三强度理论，微体的相当应力 σ_{r3} 为______。［北京航空航天大学 2015 研］

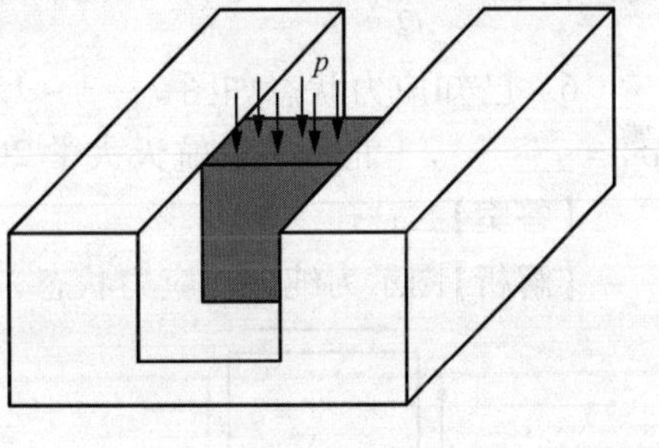

图 7－3－10

【答案】$-\mu p$；p

【解析】该问题为二向平面应力问题。设铝块侧面和刚体之间的作用力为 σ，则有

$$\varepsilon = \frac{1}{E}[\sigma - \mu(-p)] = 0$$

所以 $\sigma = -\mu p$。

因此 $\sigma_1 = 0$，$\sigma_2 = -\mu p$，$\sigma_3 = -p$，$\sigma_{r3} = \sigma_1 - \sigma_3 = p$。

5．如图 7－3－11 所示等截面钢杆承受载荷 F 的作用（F 大小未知），钢杆上、下表面均贴有应变片。若已知应变片测得的轴向正应变分别为 ε_a 和 ε_b（ε_a 和 ε_b 均大于零），材料的弹性模量为 E，横截面的高度和宽度分别为 h 和 b，则偏心距 e 为______（注：用已知量表示）。根据第四强度理论，危险点的相当应力 σ_{r4} 为______（注：用已知量表示）。［北京航空航天大学 2015 研］

【答案】$\dfrac{h(\varepsilon_a - \varepsilon_b)}{6(\varepsilon_a + \varepsilon_b)}$；$E\varepsilon_a$

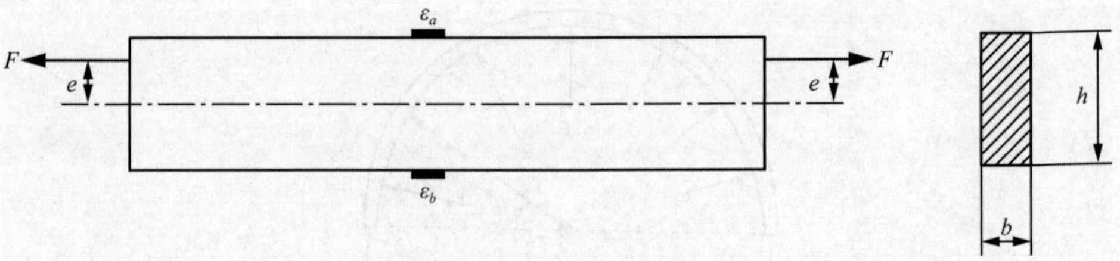

图 7－3－11

【解析】两个应变均大于零，两处均受拉

$$\sigma_a=\sigma_F+\sigma_M=\frac{F}{A}+\frac{Fe}{W}=\frac{F}{bh}+\frac{6Fe}{bh^2}$$

$$\sigma_b=\sigma_F-\sigma_M=\frac{F}{A}-\frac{Fe}{W}=\frac{F}{bh}-\frac{6Fe}{bh^2}$$

根据应力应变关系 $\sigma=E\varepsilon$，得到

$$\sigma_a=\frac{F}{bh}+\frac{6Fe}{bh^2}=E\varepsilon_a \quad (1)$$

$$\sigma_b=\frac{F}{bh}-\frac{6Fe}{bh^2}=E\varepsilon_b \quad (2)$$

用(1)加上(2)，得到 $\frac{2F}{bh}=E(\varepsilon_a+\varepsilon_b)$，所以 $F=\frac{1}{2}E(\varepsilon_a+\varepsilon_b)bh$。

用(1)减去(2)，得到 $\frac{12Fe}{bh^2}=E(\varepsilon_a-\varepsilon_b)$。

所以 $e=\frac{E(\varepsilon_a-\varepsilon_b)bh^2}{12F}=\frac{h(\varepsilon_a-\varepsilon_b)}{6(\varepsilon_a+\varepsilon_b)}$。

危险点位于 a 处，而且 a 点为单向应力状态，$\sigma_1=E\varepsilon_a$，$\sigma_2=\sigma_3=0$，所以根据第四强度理论 $\sigma_{r4}=\frac{1}{\sqrt{2}}\sqrt{(\sigma_1-\sigma_2)^2+(\sigma_2-\sigma_3)^2+(\sigma_1-\sigma_3)^2}=\sigma_1=E\varepsilon_a$。

6. 已知应力状态如图 7－3－12 所示，判断其为______向应力状态。其最大主应力 $\sigma_1=$______。［北京航空航天大学 2016 研］

【答案】二；τ

【解析】图示为纯剪切应力状态，为拉－压二向应力状态，且 $\sigma_1=\tau$，$\sigma_2=0$，$\sigma_3=-\tau$。

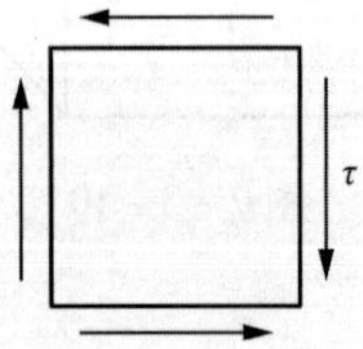

图 7－3－12

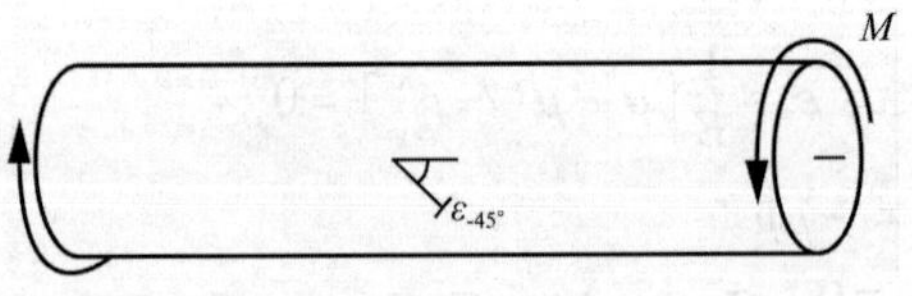

图 7－3－13

7. 如图 7－3－13 所示直径为 d 的圆截面轴，两端承受扭力偶矩 M 作用。设由实验测得轴表面与轴线成 $-45°$ 方位的正应变 $\varepsilon_{-45°}$，材料的弹性模量与泊松比分别为 E 与 μ。扭力偶矩 $M=$______，横截面上最大扭转切应力 $\tau_{\max}=$______。［北京航空航天大学 2016 研］

【答案】$\frac{\pi Ed^3\varepsilon_{-45°}}{16(1+\mu)}$；$\frac{E\varepsilon_{-45°}}{1+\mu}$

【解析】图示检测位置的应力状态为

$$\tau_{xy}=\frac{M}{I_p}\cdot\frac{d}{2}=\frac{M}{W_t}=\frac{16M}{\pi d^3},\ \sigma_x=\sigma_y=0$$

所以应变为

$$\gamma_{xy}=\frac{\tau_{xy}}{G}=\frac{32M(1+\mu)}{E\pi d^3},\ \varepsilon_x=\varepsilon_y=0$$

根据应变分量的变换规律

$$\varepsilon_\alpha=\frac{\varepsilon_x+\varepsilon_y}{2}+\frac{\varepsilon_x-\varepsilon_y}{2}\cdot\cos 2\alpha-\frac{\gamma_{xy}}{2}\cdot\sin 2\alpha$$

因此

$$\varepsilon_{-45^\circ}=\frac{\gamma_{xy}}{2}=\frac{16M(1+\mu)}{E\pi d^3}$$

$$M=\frac{E\pi d^3\varepsilon_{-45^\circ}}{16(1+\mu)},\ \tau_{\max}=\frac{M}{W_t}=\frac{16M}{\pi d^3}=\frac{E\varepsilon_{-45^\circ}}{1+\mu}$$

8. 第一强度理论适用于______。［沈阳工业大学 2022 研］

【答案】脆性材料

9. 对于非圆截面杆来说，在扭转与弯曲组合的强度条件下，第四强度理论的表达式为______。［华南理工大学 2016 研］

【答案】$\sqrt{\sigma^2+3\tau^2}$

【解析】对于非圆截面杆，求正应力时不能直接将两个方向的弯矩合成，而应分别求出对应弯矩引起的正应力并叠加，切应力也按非圆截面求出，然后把求得的正应力和切应力按第四强度理论表示为：$\sqrt{\sigma^2+3\tau^2}$。

10. 进行应力分析时，单元体上剪切应力等于零的面称为______，该面上的正应力称为______。［暨南大学 2024 研］

【答案】主平面；主应力

【解析】单元体的三个相互垂直的面上都无切应力，这种切应力等于零的面称为主平面。主平面上的正应力称为主应力。

三、计算题

1. 受内压力作用的两端封闭容器，其直径为 $D=200\text{mm}$，壁厚为 $\delta=10\text{mm}$，承受内压力 p 及扭矩 T 作用。用电阻应变计法测得受扭圆筒容器表面某点与中线分别成 60° 及 30° 方向的线应变为 ε_{ab}、ε_{ac}，则求该容器所受内压力 p 及扭矩 T。［大连理工大学 2012 研］

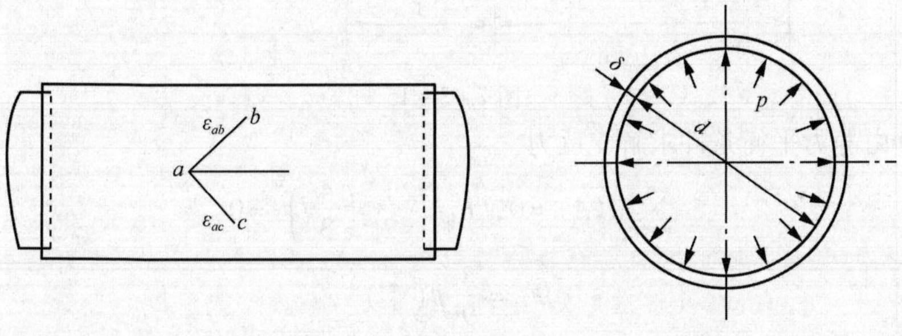

图 7－3－14

解：轴向正应力 $\sigma_x=\dfrac{pd}{4\delta}$，周向正应力 $\sigma_t=\sigma_y=\dfrac{pd}{2\delta}$，$d=D-2\delta=180\text{mm}$，平均半径 $r=\dfrac{D-\delta}{2}=95\text{mm}$，截面上的剪应力为

$$T=\int_0^{2\pi}\tau_{xy}\delta r^2\mathrm{d}\theta=2\pi r^2\delta\tau_{xy}，\ \tau_{xy}=\frac{T}{2\pi r^2\delta}$$

不考虑内压的径向应力，该状态为平面应力状态。则

$$\sigma_\alpha=\frac{\sigma_x+\sigma_y}{2}+\frac{\sigma_x-\sigma_y}{2}\cos2\alpha-\tau_{xy}\sin2\alpha$$

$$\begin{cases}\sigma_{-30^\circ}=\dfrac{3pd}{8\delta}-\dfrac{pd}{8\delta}\cdot\dfrac{1}{2}+\dfrac{\sqrt{3}T}{4\pi r^2\delta}=\dfrac{5pd}{16\delta}+\dfrac{\sqrt{3}T}{4\pi r^2\delta}\\ \sigma_{60^\circ}=\sigma_x+\sigma_t-\sigma_{-30^\circ}=\dfrac{7pd}{16\delta}-\dfrac{\sqrt{3}T}{4\pi r^2\delta}\end{cases}$$

平面应力状态，有

$$\begin{cases}\sigma_{-30^\circ}=\dfrac{E}{1-\mu^2}(\varepsilon_{ac}+\mu\varepsilon_{ab})\\ \sigma_{60^\circ}=\dfrac{E}{1-\mu^2}(\varepsilon_{ab}+\mu\varepsilon_{ac})\end{cases}$$

联立，解得

$$p=\frac{4\delta E(\varepsilon_{ac}+\varepsilon_{ab})}{3d(1-\mu)}$$

$$T=\frac{\sqrt{3}E\pi r^2\delta}{9(1-\mu^2)}[\varepsilon_{ac}(7-5\mu)+\varepsilon_{ab}(7\mu-5)]$$

2. 如图7-3-15所示矩形截面等直梁受均布载荷 q 的作用，在梁 AB 段的中央处的距下底面 $h/4$ 位置，沿 ±45°方向贴有两个应变片，其应变为 ε_{45° 和 ε_{-45°；画出该梁的剪力图和弯矩图，并求 q 的表达式。（用 E，v、b、h、l、ε_{45°、ε_{-45° 表示）［西南交通大学2014研］

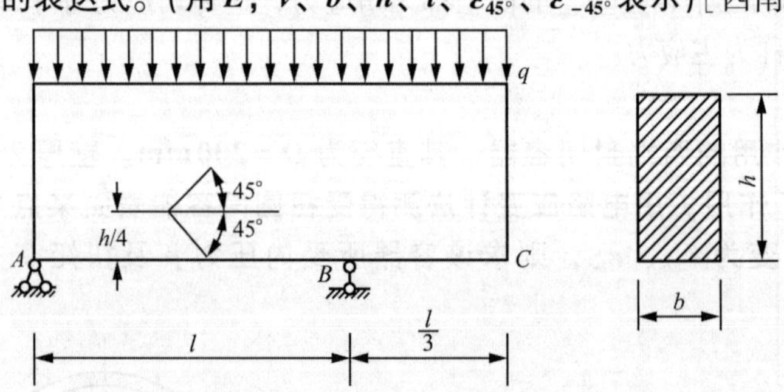

图7-3-15

解：(1)由静力平衡条件求解支反力

$$\sum M(A)=0，\ F_Bl-\frac{1}{2}q\left(\frac{4}{3}l\right)^2=0$$

$$F_B=\frac{8}{9}ql(\uparrow)$$

$$\sum F_y=0，\ F_B+F_{Ay}-\frac{4}{3}ql=0$$

$$F_{Ay}=\frac{4}{9}ql(\uparrow)$$

剪力图和弯矩图如图 7－3－16：

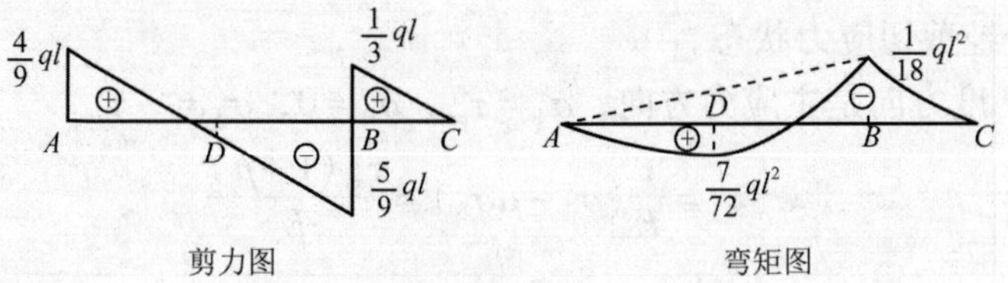

图 7－3－16

(2)跨中截面 D 处内力：$M_D=F_{Ay}\frac{l}{2}-\frac{1}{2}q\left(\frac{l}{2}\right)^2=\frac{7}{72}ql^2$。

下边缘处拉应力：$\sigma_{\max}=\frac{M_D}{W_z}=\frac{\frac{7}{72}ql^2}{\frac{1}{6}bh^2}=\frac{7ql^2}{12bh^2}$。

梁内正应力线性分布，测点处正应力

$$\sigma_x=\frac{\sigma_{\max}}{2}=\frac{7ql^2}{24bh^2},\ \sigma_y=0$$

测点处为平面应力状态，有

$$\sigma_{45^\circ}=\frac{E}{1-\mu^2}(\varepsilon_{45^\circ}+\mu\varepsilon_{-45^\circ})$$

$$\sigma_{-45^\circ}=\frac{E}{1-\mu^2}(\varepsilon_{-45^\circ}+\mu\varepsilon_{45^\circ})$$

$$\sigma_x=\sigma_{45^\circ}+\sigma_{-45^\circ}-\sigma_y=\frac{E(\varepsilon_{45^\circ}+\varepsilon_{-45^\circ})}{1-\mu}$$

而 $\sigma_x=\frac{7ql^2}{24bh^2}$，故 $q=\frac{24E(\varepsilon_{45^\circ}+\varepsilon_{-45^\circ})bh^2}{7(1-\mu)l^2}$。

3. 在受集中力偶 M_e 作用的矩形截面简支梁中，测得中性层上 k 点处沿图示 $-45°$ 方向的线应变为 ε_{-45°。已知材料的弹性常数 E、μ 和梁的横截面及长度尺寸 b、h、a、d、l。试求集中力偶 M_e。［武汉大学 2015 研］

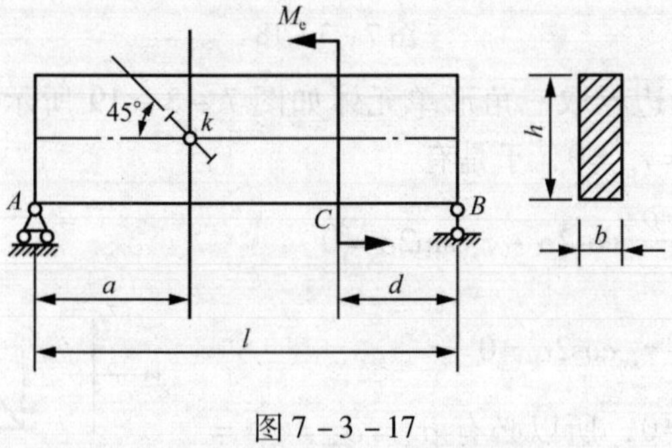

图 7－3－17

解：$\sum M(B)=0$，$F_Al-M_e=0\Rightarrow F_A=M_e/l$

矩形截面梁的中性层上受切应力的作用

$$\tau_{xy}=\frac{3}{2}\frac{F_Q}{bh}=\frac{3}{2}\frac{F_A}{bh}=\frac{3}{2}\frac{M_e}{bhl}$$

因为 k 点处在中性层处，所以 $\sigma_x=\sigma_y=0$。

此时 k 点处于纯剪切应力状态。

解法一：-45 度方向是主应力方向，$\sigma_1=\tau_{xy}$，$\sigma_2=0$，$\sigma_3=-\tau_{xy}$。

$$\varepsilon_{-45^\circ}=\frac{1}{E}(\sigma_1-\mu\sigma_3)=\frac{\tau_{xy}(1+\mu)}{E}$$

$$\tau_{xy}=\frac{E\varepsilon_{-45^\circ}}{1+\mu}=\frac{3}{2}\frac{M_e}{bhl}$$

所以 $M_e=\dfrac{2bhlE\varepsilon_{-45^\circ}}{3(1+\mu)}$。

解法二：$\varepsilon_x=\varepsilon_y=0$，$\gamma_{xy}=\dfrac{\tau_{xy}}{G}=\dfrac{2(1+\mu)\tau_{xy}}{E}$

根据应变分量转换公式

$$\varepsilon_\alpha=\frac{\varepsilon_x+\varepsilon_y}{2}+\frac{\varepsilon_x-\varepsilon_y}{2}\cos2\alpha-\frac{\gamma_{xy}}{2}\sin2\alpha$$

即

$$\varepsilon_{-45^\circ}=\frac{\varepsilon_x+\varepsilon_y}{2}+\frac{\varepsilon_x-\varepsilon_y}{2}\cos\left(-\frac{\pi}{2}\right)-\frac{\gamma_{xy}}{2}\sin\left(-\frac{\pi}{2}\right)=\frac{\gamma_{xy}}{2}=\frac{(1+\mu)\tau_{xy}}{E}$$

$$\tau_{xy}=\frac{E\varepsilon_{-45^\circ}}{1+\mu}=\frac{3}{2}\frac{M_e}{bhl}$$

解得

$$M_e=\frac{2bhlE\varepsilon_{-45^\circ}}{3(1+\mu)}$$

4. 如图 7－3－18 所示受力板件，试证明 *A* 点处各截面的正应力与切应力均为零。［华南理工大学 2016 研］

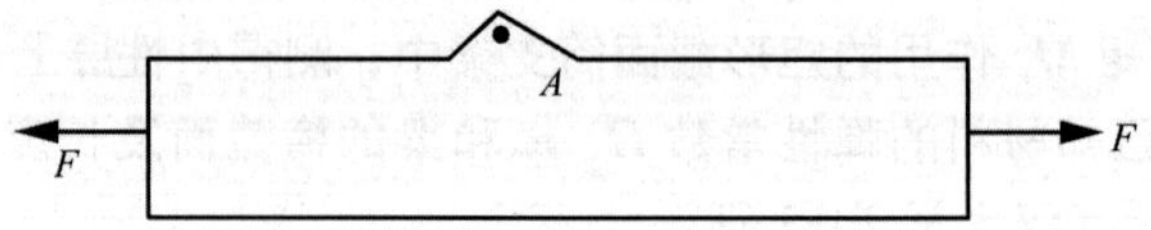

图 7－3－18

证明：在尖点沿自由边界取三角形单元体如图 7－3－19 所示，因楔形面为自由表面，所以其上的应力分量 $\sigma_\alpha=\tau_\alpha=0$，于是有

$$\sigma_\alpha=\frac{\sigma_x+\sigma_y}{2}+\frac{\sigma_x-\sigma_y}{2}\cos2\alpha-\tau_{xy}\sin2\alpha=0$$

$$\tau_\alpha=\frac{\sigma_x-\sigma_y}{2}\sin2\alpha+\tau_{xy}\cos2\alpha=0$$

因 $\sin2\alpha\neq0$，$\cos2\alpha\neq0$，所以必有 $\sigma_x=\sigma_y=\tau_{xy}=0$。因此 A 点为零应力状态，即各截面的正应力与切应力均为零。

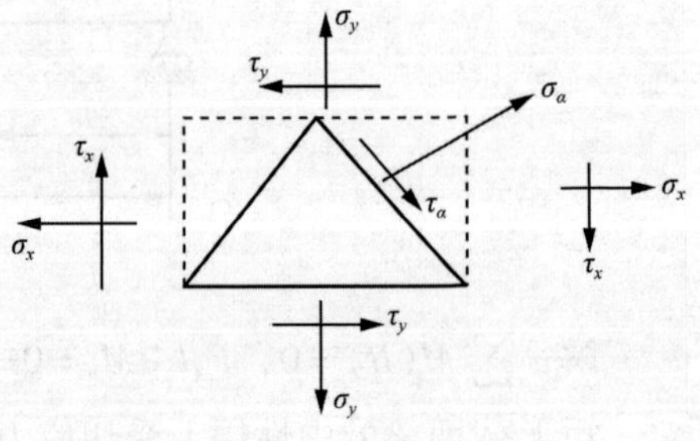

图 7－3－19

5. 构件上危险点的应力状态如图 7 - 3 - 20 所示，试对下列情况进行强度校核。

(1)若构件材料为铸铁，其许用应力$[\sigma]=30\text{MPa}$，且$\sigma_x=10\text{MPa}$，$\sigma_y=23\text{MPa}$，$\sigma_z=0$，$\tau_{xy}=-11\text{MPa}$。

(2)若构件材料为 *Q*235 钢制构件，其许用应力$[\sigma]=160\text{MPa}$，且$\sigma_x=\sigma_y=\sigma_z=0$，$\tau_{xy}=-11\text{MPa}$。［华南理工大学 2016 研］

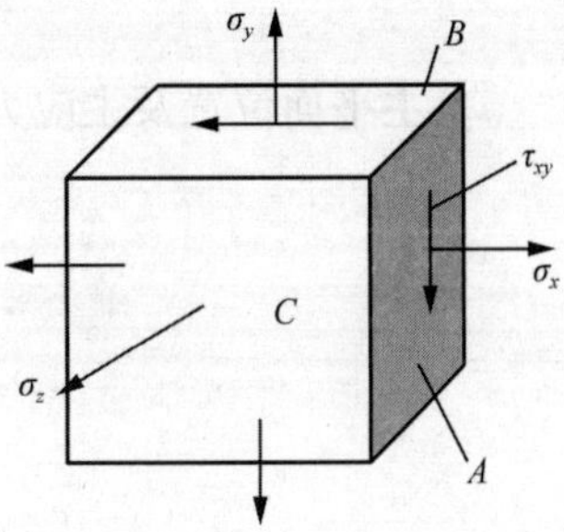

图 7 - 3 - 20

解：(1)$\sigma_x=10\text{MPa}$，$\sigma_y=23\text{MPa}$，$\sigma_z=0$，$\tau_{xy}=-11\text{MPa}$

由此可得：σ_z 为其中一个主应力。

先算出 *XY* 平面的主应力

$$\sigma_1=\frac{1}{2}(\sigma_x+\sigma_y)+\frac{1}{2}\sqrt{(\sigma_x-\sigma_y)^2+4\tau_{xy}^2}=29.28\text{MPa}$$

$$\sigma_2=\frac{1}{2}(\sigma_x+\sigma_y)-\frac{1}{2}\sqrt{(\sigma_x-\sigma_y)^2+4\tau_{xy}^2}=3.72\text{MPa}$$

得到三个主应力分别为

$$\sigma_1=29.28\text{MPa},\ \sigma_2=3.72\text{MPa},\ \sigma_3=0$$

最大主应力$\sigma_1\leqslant[\sigma]$，故构件安全。

(2)由$\sigma_x=\sigma_y=\sigma_z=0$，$\tau_{xy}=-11\text{MPa}$可知三个主应力为

$$\sigma_1=|\tau_{xy}|=11\text{MPa},\ \sigma_2=0,\ \sigma_3=-|\tau_{xy}|=-11\text{MPa}$$

用第三强度理论进行强度校核

$$\sigma_1-\sigma_3=22\text{MPa}<[\sigma]$$

所以构件满足第三强度理论的条件。

也可以用第四强度理论进行校核

$$\sqrt{\frac{1}{2}[(\sigma_1-\sigma_2)^2+(\sigma_2-\sigma_3)^2+(\sigma_3-\sigma_1)^2]}$$

$$=\sqrt{\frac{1}{2}[(11-0)^2+(0-(-11))^2+(-11-11)^2]}\text{MPa}$$

$$=19.052\text{MPa}<[\sigma]$$

可见满足第四强度理论的强度条件。

6. 已知从某结构上危险点取出的单元体应力状态如图 7 - 3 - 21 所示，图中应力单位皆为 MPa。试求：

(1)主应力大小，主平面位置；

(2)在单元体上绘出主平面位置及主应力方向；

(3)最大切应力。［昆明理工大学 2016 研］

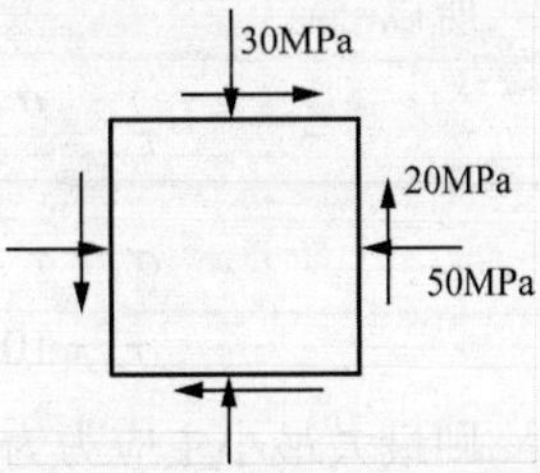

图 7 - 3 - 21

解：(1)根据题意得

$$\left.\begin{matrix}\sigma_{\max}\\ \sigma_{\min}\end{matrix}\right\}=\frac{\sigma_x+\sigma_y}{2}\pm\sqrt{\left(\frac{\sigma_x-\sigma_y}{2}\right)^2+(\tau_{xy})^2}$$

$$=\frac{-50-30}{2}\pm\sqrt{\left(\frac{-50+30}{2}\right)^2+(-20)^2}$$

$$=\begin{cases}-17.6(\text{MPa})\\-62.4(\text{MPa})\end{cases}$$

所以

$$\sigma_1=0,\ \sigma_2=-17.6\text{MPa},\ \sigma_3=-62.4\text{MPa}$$

主平面位置，由

$$\tan 2\alpha_0=-\frac{2\tau_{xy}}{\sigma_x-\sigma_y}=-\frac{2\times(-20)}{-50+30}=-2$$

得

$$\alpha_0=-31.7°$$

(2)主平面位置及主应力方向如图 7 - 3 - 22 所示

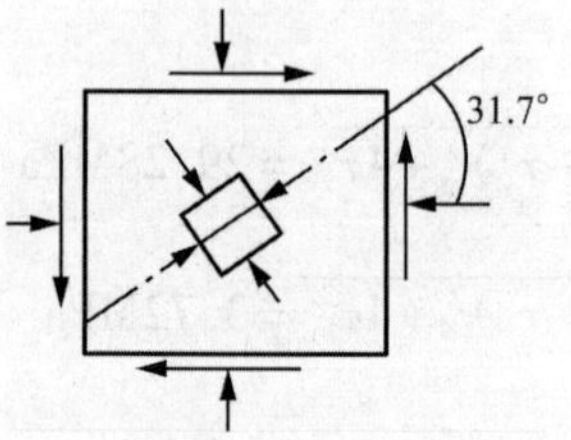

图 7 - 3 - 22

(3)最大切应力为

$$\tau_{max}=\frac{\sigma_1-\sigma_3}{2}=\frac{0+62.4}{2}=31.2(\text{MPa})$$

7. 某构件危险点的应力状态如图 7 - 3 - 23 所示，应力单元体为等腰直角三角形。已知 $\tau_\alpha=20\text{MPa}$，$\sigma_x+\sigma_y=100\text{MPa}$，求该点主应力和最大切应力并画出应力圆。假设材料的许用应力$[\sigma]=100\text{MPa}$，按第三强度理论校核该点的应力强度。［中国科学技术大学 2016 研］

解：由平衡方程

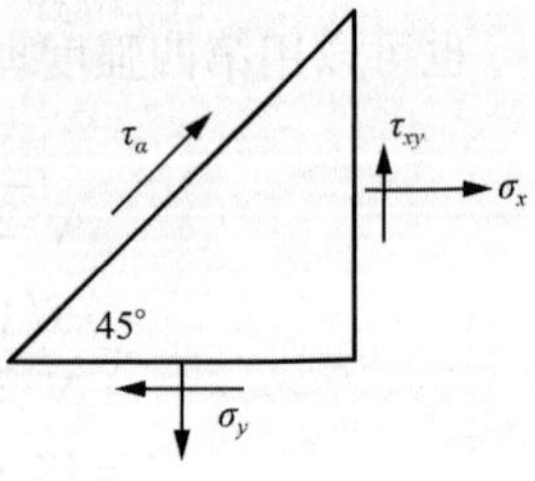

图 7 - 3 - 23

$$\begin{cases}\sum F_x=0\\ \sum F_y=0\end{cases}$$

$$\begin{cases}\sigma_x+\tau_\alpha\cos 45°-\tau_{xy}=0\\ \sigma_y-\tau_\alpha\sin 45°-\tau_{xy}=0\end{cases}$$

所以

$$\tau_{xy}=\frac{\sigma_x+\sigma_y}{2}=50\text{MPa}$$

$$\sigma_x=\tau_{xy}-\tau_\alpha\cos 45°=35.9\text{MPa}$$

$$\sigma_y=100-\sigma_x=64.1\text{MPa}$$

则最大最小主应力为

$$\left.\begin{matrix}\sigma_{max}\\ \sigma_{min}\end{matrix}\right\}=\frac{\sigma_x+\sigma_y}{2}\pm\sqrt{\left(\frac{\sigma_x-\sigma_y}{2}\right)^2+\tau_{xy}^2}=\begin{cases}101.95\text{MPa}\\ -1.95\text{MPa}\end{cases}$$

所以

$$\sigma_1=101.95\text{MPa},\ \sigma_2=0,\ \sigma_3=-1.95\text{MPa}$$

最大切应力为

$$\tau_{max}=(\sigma_1-\sigma_3)/2=(101.95+1.95)/2=51.95\text{MPa}$$

第三强度等效应力为

$$\sigma_{r3}=\sigma_1-\sigma_3=101.95+1.95=103.9\text{MPa}>[\sigma]=100\text{MPa}$$

应力圆如图 7－3－24：

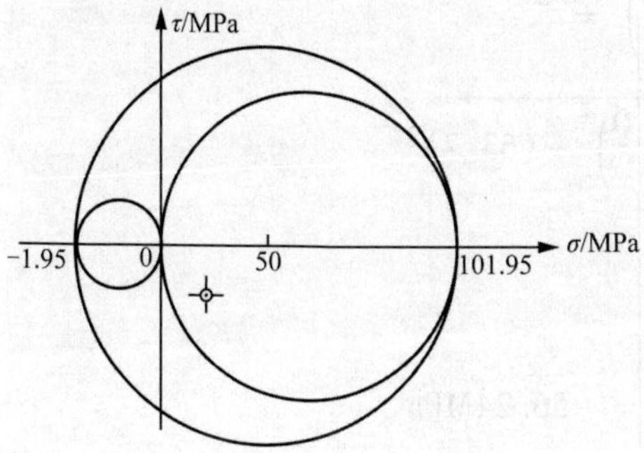

图 7－3－24

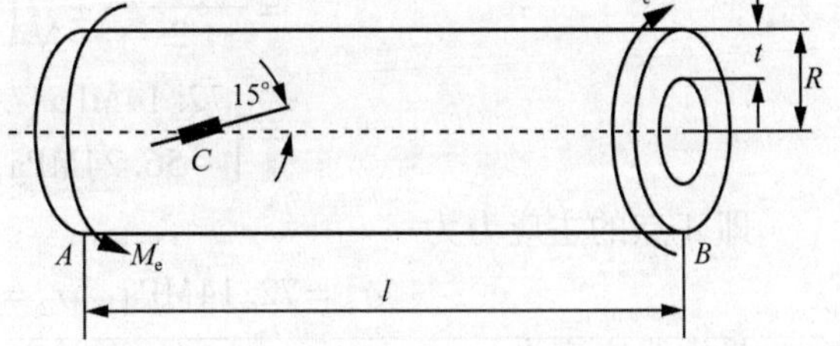

图 7－3－25

8. 图 7－3－25 所示空心圆轴，外径 $R=20$mm，壁厚 $t=10$mm，长度 $l=0.8$m；AB 两端分别作用有集中力矩 M_e，方向如图示。已知：剪切模量 $G=77$GPa，泊松比 $\mu=0.3$。在表面某点 C 放置一枚应变片，与表面纵线呈 15°角，加载后测得应变片的读数为 0.001。求：所施加的力矩 M_e。［南京航空航天大学 2017 研］

解：圆轴扭转时，表面切应力

$$\tau_{\max}=\frac{M_e}{W_t}，且\ \varepsilon_x=\varepsilon_y=0$$

$$M_e=\tau_{\max}\cdot W_t=G\gamma_{xy}\cdot W_t$$

$\alpha=15°$时，$\varepsilon_\alpha=0.001$，而

$$\varepsilon_\alpha=\frac{\varepsilon_x+\varepsilon_y}{2}+\frac{\varepsilon_x-\varepsilon_y}{2}\cos 2\alpha+\frac{1}{2}\gamma_{xy}\sin 2\alpha$$

解得

$$\gamma_{xy}=4\varepsilon_\alpha=0.004$$

所以

$$\begin{aligned}M_e&=G\gamma_{xy}W_t=G\gamma_{xy}\frac{\pi}{16}D^3(1-\alpha^4)\\&=77\times10^3\times0.004\times\frac{\pi}{16}\times40^3\times(1-0.5^4)\,\text{N}\cdot\text{mm}\\&=3.63\text{kN}\cdot\text{m}\end{aligned}$$

9. 图 7－3－26 所示受力杆件中，已知 $F=20$kN，$M_e=0.8$kN·m，直径 $d=40$mm。材料的 $E=200$GPa，$\nu=0.3$。试求外表面上 A 点的主应力与最大线应变。［山东大学 2017 研］

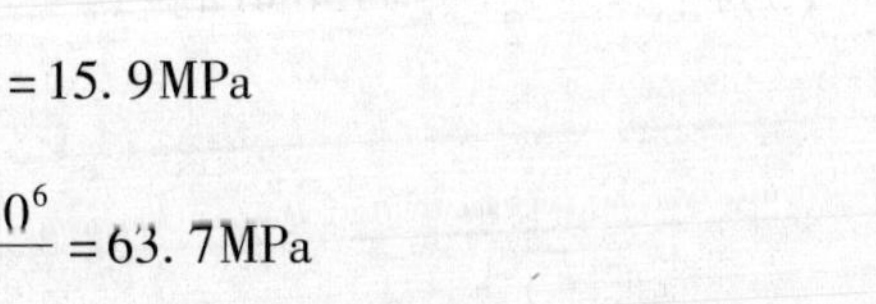

图 7－3－26

解：该杆件为拉扭组合变形，A 点受到拉力产生的轴向正应力和扭矩产生的切应力分别为

$$\sigma_x=\frac{F}{A}=\frac{4F}{\pi d^2}=\frac{4\times20\times10^3}{\pi\times40^2}=15.9\text{MPa}$$

$$\tau=\frac{M_e}{W_t}=\frac{16M_e}{\pi d^3}=\frac{16\times0.8\times10^6}{\pi\times40^3}=63.7\text{MPa}$$

所以可得

$$\left.\begin{matrix}\sigma_{max}\\ \sigma_{min}\end{matrix}\right\}=\frac{\sigma_x+\sigma_y}{2}\pm\sqrt{\left(\frac{\sigma_x-\sigma_y}{2}\right)^2+\tau^2}$$

$$=\frac{15.9+0}{2}\pm\sqrt{\left(\frac{15.9-0}{2}\right)^2+(63.7)^2}$$

$$=\begin{cases}72.14\text{MPa}\\-56.24\text{MPa}\end{cases}$$

即 A 点的主应力为

$$\sigma_1=72.14\text{MPa},\ \sigma_2=0,\ \sigma_3=-56.24\text{MPa}$$

最大线应变为

$$\varepsilon_1=\frac{1}{E}[\sigma_1-\upsilon(\sigma_2+\sigma_3)]=\frac{1}{200\times10^3}[72.14-0.3\times(0-56.24)]=4.45\times10^{-4}$$

10. 一横截面为正方形的悬臂梁 AB，横截面边长为 10mm，B 端在 Oxy 平面内施加一集中力 $F=10\sqrt{2}$kN，F 与 x 轴夹角 $\alpha=45°$。试：

(1) 画 B 端面中心点处代表的单元体，并计算各面的应力数值；

(2) 确定该点的三个主应力；

(3) 确定该点的最大切应力。［南京航空航天大学 2018 研］

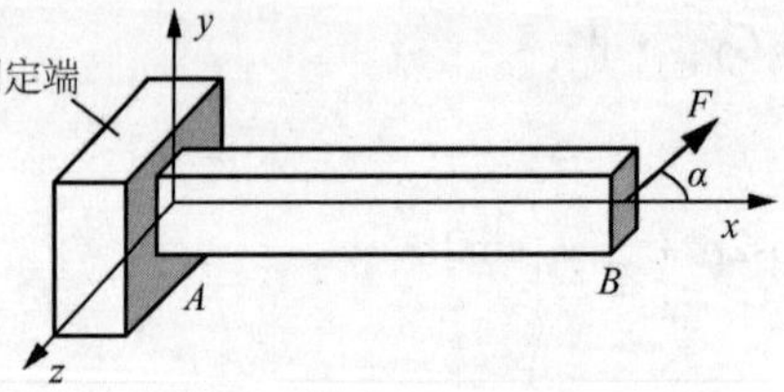

图 7-3-27

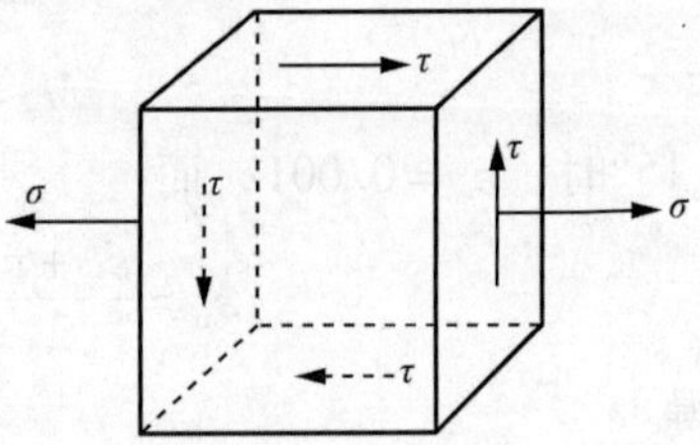

图 7-3-28

解：(1) B 端面作用有轴向的拉力和平行于截面的剪力，中心点处代表的单元体如图 7-3-28 所示。

$$\sigma=\frac{F\cos\alpha}{A}=\frac{10\sqrt{2}\times10^3\times\cos45°}{0.01^2}\text{Pa}=100\text{MPa}$$

$$\tau=\frac{F_SS_z^*}{I_zb}=\frac{3F\sin\alpha}{2a^2}=\frac{3\times10\sqrt{2}\times10^3\times\sin45°}{2\times0.01^2}\text{Pa}=150\text{MPa}$$

(2) 该点 z 方向的主应力为 0，故可将该点应力状态转换为平面应力状态计算

$$\sigma_{主}=\frac{\sigma_x+\sigma_y}{2}\pm\sqrt{\left(\frac{\sigma_x-\sigma_y}{2}\right)^2+\tau^2}=\frac{100+0}{2}\pm\sqrt{\left(\frac{100-0}{2}\right)^2+150^2}$$

计算得三个主应力分别为 $\sigma_1=208$MPa，$\sigma_2=0$，$\sigma_3=-108$MPa。

(3) $\tau_{max}=\frac{\sigma_1-\sigma_3}{2}=158$MPa。

第8章　组合变形

8.1　复习笔记

一、组合变形和叠加原理

组合变形是指构件在荷载作用下发生两种或两种以上的基本变形。在下述情况下组合变形可用叠加法求解：①内力、应力、应变、变形等与外力之间成线性关系，即满足胡克定律；②变形是小变形，可以用原始尺寸原理。

1. 处理组合变形的基本方法

(1)外力分析：将外力简化并沿主惯性轴分解，将组合变形分解为基本变形，使之每一组力(或力偶)对应一种基本变形。

(2)内力分析：求每个外力分量对应的内力方程和内力图，确定危险截面，分别计算在每一种基本变形下构件的应力和变形。

(3)应力分析：画出危险截面的应力分布图，利用叠加原理将基本变形下的应力和变形叠加，建立危险点的强度条件。

2. 解决组合变形强度问题的步骤

(1)将外力分解或简化为几组静力等效的载荷，其中每一组载荷对应着一种基本变形；

(2)分别画出每种基本变形的内力图，确定危险截面；

(3)用叠加法将每种基本变形在同一点引起的应力叠加，确定危险点的位置；

(4)分析危险点的应力状态，选择适宜的强度理论进行强度计算。

二、拉伸或压缩与弯曲的组合

1. 受力特点

作用在杆件上的外力既有轴向拉(压)力，也有横向力。

2. 变形特点

发生拉伸(压缩)、弯曲两种基本变形，杆件截面受力如图8-1-1所示。

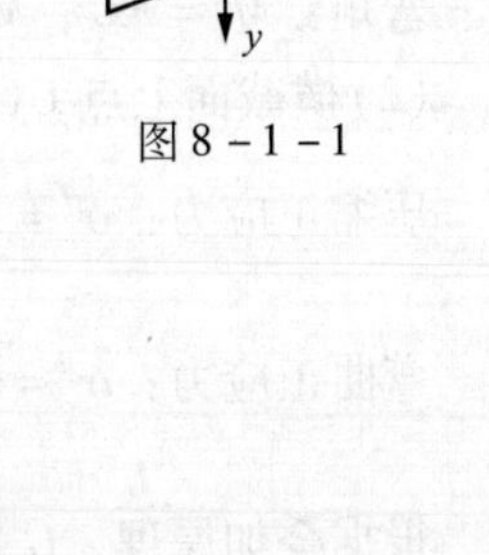

图8-1-1

3. 内力分析

横截面上的内力包括：轴力 F_N、弯矩 M_z 和剪力 F_S。其中，由于剪力引起的切应力较小，因此，一般不考虑。

4. 应力分析

拉伸正应力：$\sigma'=\dfrac{F_N}{A}$。

弯曲正应力：$\sigma''=\dfrac{M_z\cdot y}{I_z}$。

根据叠加原理，总正应力：$\sigma=\sigma'+\sigma''=\dfrac{F_N}{A}+\dfrac{M_z\cdot y}{I_z}$。

5. 强度计算

危险点通常位于截面上距中性轴最远处。

(1)强度条件

危险点处于单向应力状态，强度条件

$$\sigma_{\max} \leqslant [\sigma]$$

当材料的许用拉应力和许用压应力不相等时，应分别建立杆件的抗拉和抗压强度条件

$$\sigma_{\text{tmax}} \leqslant [\sigma_{\text{t}}],\ \sigma_{\text{cmax}} \leqslant [\sigma_{\text{c}}]$$

(2)强度计算步骤

①作内力图，确定危险截面；

②计算截面应力并作其分布图，确定危险点；

③对危险点进行强度校核。

三、偏心压缩和截面核心(选学内容，不做要求)

1. 偏心压缩

指短柱上的外力的作用线与杆的轴线平行但不重合的情况，它可以转化为轴向拉伸(压缩)和平面弯曲两种基本变形。

2. 截面正应力计算

一短柱受偏心拉力 F 作用，其作用点为$(y_F,\ z_F)$，将外力向截面形心简化，如图 8－1－2 所示。

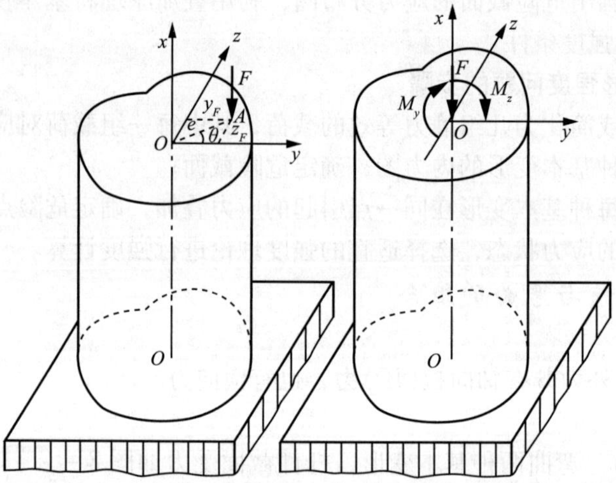

图 8－1－2

(1)横截面内力分析

轴力：$F_{\text{N}} = F$。

弯矩：$M_y = Fz_F$，$M_z = Fy_F$。

(2)横截面上点 $C(y,\ z)$处的应力分析

压缩正应力：$\sigma' = -\dfrac{F}{A}$。

弯曲正应力：$\sigma'' = \dfrac{M_z y}{I_z} = -\dfrac{F\,y_F y}{I_z}$　$\sigma''' = \dfrac{M_y z}{I_y} = -\dfrac{Fz_F z}{I_y}$。

根据叠加原理，C 点处的正应力：$\sigma = -\left(\dfrac{F}{A} + \dfrac{Fy_F y}{I_z} + \dfrac{Fz_F z}{I_y}\right)$。

式中，A 为横截面面积；I_y、I_z 分别为横截面对 y 轴和 z 轴的惯性矩。

(3)截面最大应力点

同中性轴平行的直线与截面边缘相切的点；对于有棱角的截面，位于棱角处。

(4)确定中性轴的位置

中性轴上一点坐标为(y_0，z_0)，则中性轴方程为

$$\frac{y_F y_0}{i_z^2}+\frac{z_F z_0}{i_y^2}=-1$$

它是一条不通过截面形心的直线，其在 y 轴和 z 轴上的截距为

$$a_y=-\frac{i_z^2}{y_F},\ a_z=-\frac{i_y^2}{z_F}$$

中性轴与外力作用点分别处于截面形心的相对两侧。

3. 截面核心

横截面上的一封闭区域，当压力作用点位于该区域时，截面上只有压应力，该区域称为截面核心。

(1)确定截面核心

①作与截面周边相切的任一直线，并视为中性轴，确定中性轴的截距 a_y 和 a_z；

②确定与该中性轴对应的外力作用点坐标：$\rho_y=-\frac{i_z^2}{a_y}$，$\rho_z=-\frac{i_y^2}{a_z}$；

③重复步骤①、②得到截面核心边界上各点，连接这些点即为截面核心边界，其包围的区域是截面核心。

(2)常见图形的截面核心

圆形截面和矩形截面的截面核心分别如图 8－1－3(a)、(b)所示：

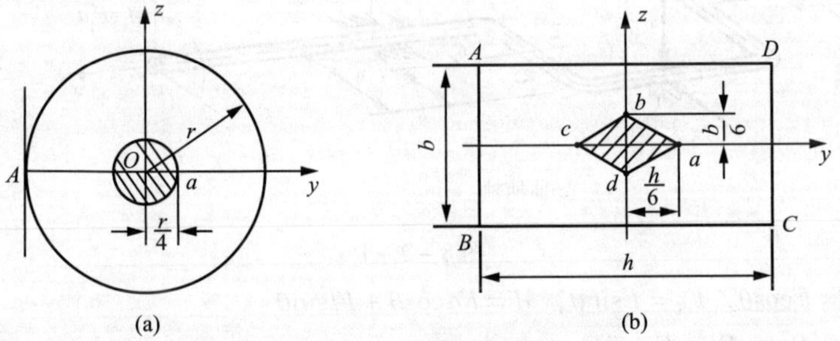

图 8－1－3

四、扭转和弯曲组合

杆件在弯矩和扭矩同时作用下，承受转矩和横向力的作用。此时危险点的应力状态为平面应力状态，分量为正应力 $\sigma=\frac{M}{W}$和切应力$\tau=\frac{T}{W_t}$。

(1)危险点主应力：$\left.\begin{matrix}\sigma_1\\ \sigma_3\end{matrix}\right\}=\frac{\sigma}{2}\pm\sqrt{(\frac{\sigma}{2})^2+\tau^2}=\frac{\sigma}{2}\pm\frac{1}{2}\sqrt{\sigma^2+4\tau^2}$；$\sigma_2=0$。

(2)强度条件：塑性材料采用第三强度理论或者第四强度理论。

第三强度理论：$\sigma_1-\sigma_3=\sqrt{\sigma^2+4\tau^2}\leqslant[\sigma]$。

第四强度理论：$\sqrt{\frac{1}{2}[(\sigma_1-\sigma_2)^2+(\sigma_2-\sigma_3)+(\sigma_3-\sigma_1)^2]}=\sqrt{\sigma^2+3\tau^2}\leqslant[\sigma]$。

横截面为圆形的杆件在弯扭组合变形下，强度条件可用弯矩和扭矩表示为：

第三强度理论：$\frac{1}{W}\sqrt{M^2+T^2}\leqslant[\sigma]$。

第四强度理论：$\frac{1}{W}\sqrt{M^2+0.75T^2}\leqslant[\sigma]$。

其中，W 为抗弯截面系数。

8.2 课后习题详解

8.1 试求图 8－2－1 所示各构件在指定截面上的内力分量。

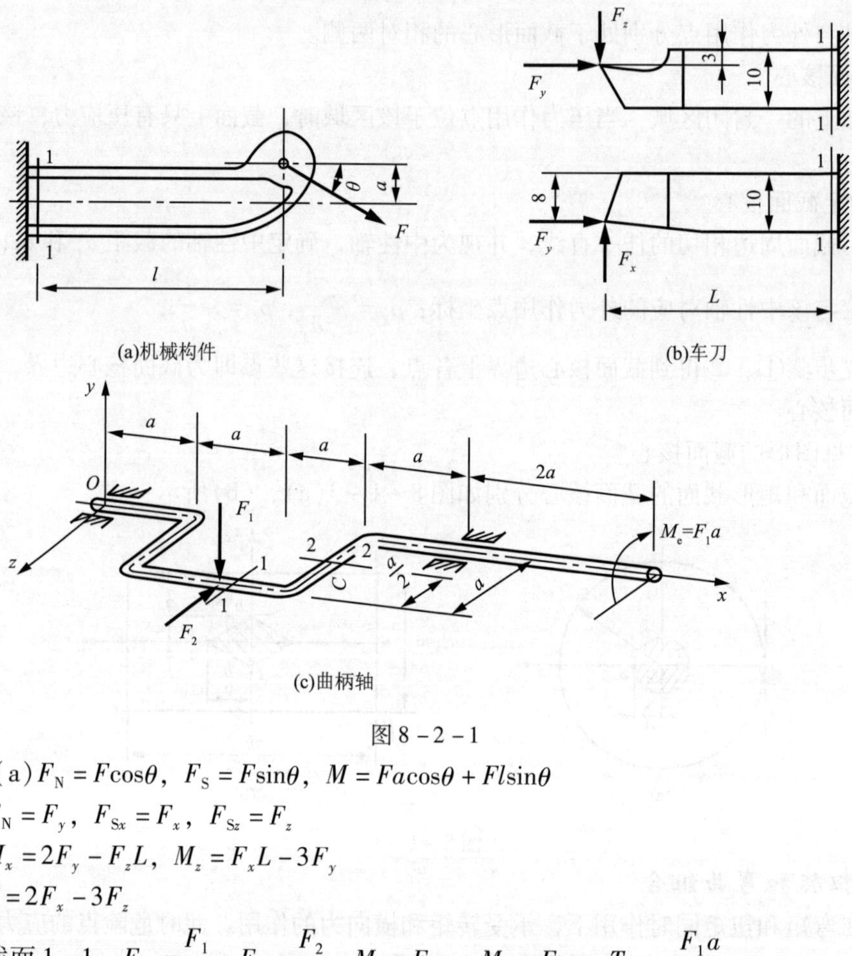

图 8－2－1

解：(a) $F_N=F\cos\theta$，$F_S=F\sin\theta$，$M=Fa\cos\theta+Fl\sin\theta$

(b) $F_N=F_y$，$F_{Sx}=F_x$，$F_{Sz}=F_z$

$M_x=2F_y-F_zL$，$M_z=F_xL-3F_y$

$T=2F_x-3F_z$

(c) 截面 1－1：$F_{Sy}=\frac{F_1}{2}$，$F_{Sz}=\frac{F_2}{2}$，$M_z=F_1a$，$M_y=F_2a$，$T=-\frac{F_1a}{2}$；

截面 2－2：$F_N=\frac{F_2}{2}$，$F_{Sy}=\frac{F_1}{2}$，$M_x=\frac{3}{4}F_1a$，$M_y=\frac{F_2a}{2}$，$T=-\frac{F_1a}{2}$。

8.2 人字架及承受的载荷如图 8－2－2 所示。试求截面 $m-m$ 上的最大正应力和该截面上 A 点的正应力。

解：求 $m-m$ 截面的形心

$$z_C=\frac{0.1\times0.2\times0.2+0.2\times0.1\times0.05}{0.1\times0.2+0.2\times0.1}\text{m}=0.125\text{m}$$

$$y_C=0$$

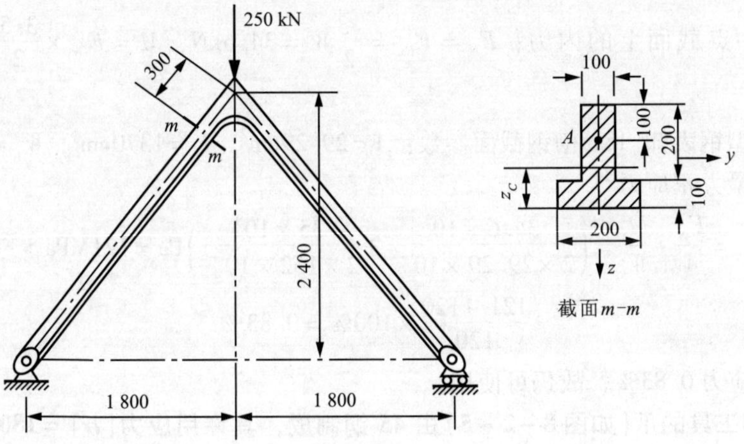

图 8-2-2

横截面对中性轴的惯性矩

$$I_y=\frac{1}{12}\times0.1\times0.2^3+0.02\times(0.2-0.125)^2+\frac{1}{12}\times0.2\times0.1^3+0.02\times(0.125-0.05)^2$$
$$=3.08\times10^{-4}\text{m}^4$$

假想沿 $m-m$ 截面将该结构断开，取左侧结构，根据平衡条件求得 $m-m$ 截面上的内力为

$$F_{\text{N}}=100\text{kN},\ F_{\text{S}}=75\text{kN},\ M=203\text{kN}\cdot\text{m}$$

故该截面上最大正应力：$\sigma_{\text{tmax}}=\frac{M}{I_y}z_C-\frac{F_{\text{N}}}{A}=79.9\text{MPa}$，$\sigma_{\text{cmax}}=\frac{M}{I_y}(0.3-z_C)+\frac{F_{\text{N}}}{A}=118\text{MPa}$。

A 点的正应力：$\sigma_A=\frac{M}{I_y}(0.2-0.125)+\frac{F_{\text{N}}}{A}=51.9\text{MPa}$(压应力)。

8.3　图 8-2-3 所示起重架的最大起吊重量(包括行走的小车等)为 $W=40$kN，横梁 AC 由两根[18b 槽钢组成，材料为 Q235 钢，许用应力$[\sigma]=120$MPa。试校核横梁的强度。

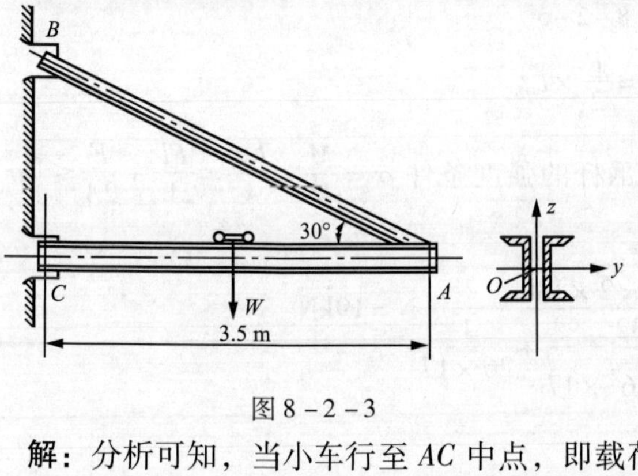

图 8-2-3

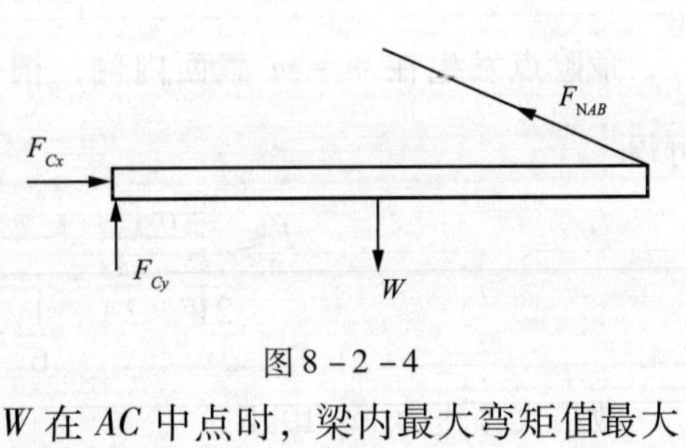

图 8-2-4

解：分析可知，当小车行至 AC 中点，即载荷 W 在 AC 中点时，梁内最大弯矩值最大，此时危险截面为 AC 中点截面，危险点为该截面的上边缘各点。

以梁 AC 为研究对象，对其进行受力分析，如图 8-2-4 所示。

由平衡方程得各支反力

$$F_{\text{N}AB}=W,\ F_{Cx}=F_{\text{N}AB}\cos30°=\frac{\sqrt{3}}{2}W$$

$$F_{Cy}=W-F_{\text{N}AB}\sin30°=\frac{W}{2}$$

则在 AC 中点截面上的内力：$F_{\mathrm{N}}=F_{Cx}=\dfrac{\sqrt{3}}{2}W=34.6\mathrm{kN}$，$M=F_{Cy}\times\dfrac{3.5}{2}=\dfrac{W}{2}\times\dfrac{3.5}{2}=35\ \mathrm{kN\cdot m}$。

其中，查型钢表知[18b 槽钢截面参数：$A=29.29\mathrm{cm}^2$，$I_y=1370\mathrm{cm}^4$，$W_y=152\mathrm{cm}^3$。

故横梁上最大正应力

$$\sigma_{\max}=\frac{F_{\mathrm{N}}}{A}+\frac{M_y}{W_y}=\left(\frac{34.6\times10^3}{2\times29.29\times10^{-4}}+\frac{35\times10^3}{2\times152\times10^{-6}}\right)\mathrm{Pa}=121\mathrm{MPa}>[\sigma]$$

$$\frac{121-120}{120}\times100\%=0.83\%$$

超过许用应力 0.83%，故仍可使用。

8.4　拆卸工具的爪(如图 8-2-5)由 45 钢制成，其许用应力 $[\sigma]=180\mathrm{MPa}$。试按爪杆的强度确定工具的最大顶压力 $F_{\max}$。

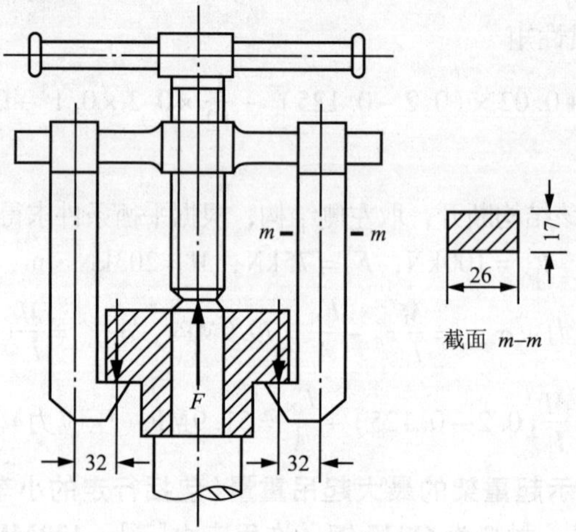

图 8-2-5

解：$m-m$ 截面上的内力：$F_{\mathrm{N}}=\dfrac{F}{2}$，$M=\dfrac{F}{2}\times l$。

危险点发生在 $m-m$ 截面内侧，根据爪杆的强度条件 $\sigma=\dfrac{M}{W}+\dfrac{F_{\mathrm{N}}}{A}=\dfrac{Fl}{2W}+\dfrac{F}{2A}\leqslant[\sigma]$，可得

$$F\leqslant\frac{[\sigma]}{\dfrac{l}{2W}+\dfrac{1}{2A}}=\frac{2\times180}{\dfrac{32}{\dfrac{1}{6}\times26^2\times17}+\dfrac{1}{26\times17}}\mathrm{N}=19\mathrm{kN}$$

故最大顶压力 $F=19\mathrm{kN}$。

8.5　单臂液压机机架及其立柱的横截面尺寸如图 8-2-6 所示。$F=1600\mathrm{kN}$，材料的许用应力 $[\sigma]=160\mathrm{MPa}$。试校核该机架立柱的强度(关于立柱横截面几何性质的计算，可参看附录Ⅰ例Ⅰ.7)。

解：由教材附录Ⅰ例Ⅰ.7 可知，横截面对中性轴 y_C 的惯性矩：$I=0.029\mathrm{m}^4$。

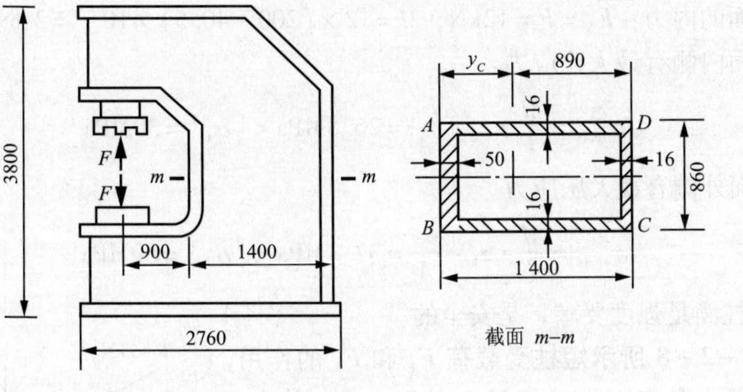

图 8－2－6

分析可知，在 $m-m$ 截面上最大应力产生在 AB 上，且为拉应力，值为

$$\sigma_{\max}=\frac{F_N}{A}+\frac{F\cdot(y_C+900)y_C}{I}$$

$$=\frac{1600\times10^3}{[1400\times860-(1400-50-16)(860-32)]\times10^{-6}}+\frac{1.6\times10^6\times[(900+1400-890)\times(1400-890)\times10^{-6}]}{0.029}\text{Pa}$$

$$=55.7\text{MPa}<[\sigma]=160\text{MPa}$$

因此该立柱满足强度要求，是安全的。

8.6　材料为灰铸铁 HT15－33 的压力机框架如图 8－2－7 所示。许用拉应力为 $[\sigma_t]=$ 30MPa，许用压应力为 $[\sigma_c]=80$MPa。试校核框架立柱的强度。

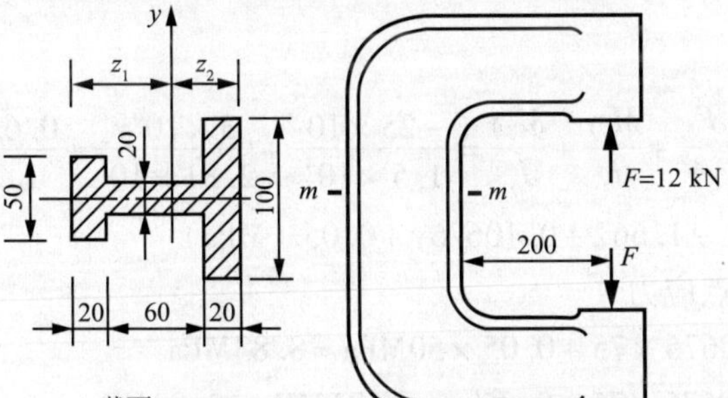

图 8－2－7

解：根据横截面尺寸确定中性轴的位置：

$m-m$ 截面面积

$$A=(100\times20+50\times20+60\times20)\text{mm}^2=4200\text{mm}^2$$

$$z_2=\frac{20\times100\times10+60\times20\times50+20\times50\times90}{4200}\text{mm}=40.5\text{mm}$$

$$z_1=100-z_2=59.5\text{mm}$$

则横截面对中性轴的惯性矩

$$I=\left(\frac{100\times20^3}{12}+20\times100\times30.5^2+\frac{20\times60^3}{12}+20\times60\times9.5^2+\frac{50\times20^3}{12}+20\times50\times49.5^2\right)\text{mm}^4$$

$$=4.88\times10^{-6}\text{m}^4$$

$m-m$ 截面的内力：$F_N = F = 12\text{kN}$，$M = 12 \times (200 + 40.5) \times 10^{-3} = 2.89\text{kN}\cdot\text{m}$。

$m-m$ 截面内侧有最大拉应力

$$\sigma_{\text{tmax}} = \frac{M}{I}\cdot z_2 + \frac{F_N}{A} = 26.8\text{MPa} < [\sigma_t] = 30\text{MPa}$$

$m-m$ 截面外侧有最大压应力

$$\sigma_{\text{cmax}} = \frac{M}{I}\cdot z_1 - \frac{F_N}{A} = 32.3\text{MPa} < [\sigma_c] = 80\text{MPa}$$

因此该立柱满足强度要求，是安全的。

8.7　图 8-2-8 所示短柱受载荷 F_1 和 F_2 的作用，试求固定端截面上角点 A、B、C 及 D 的正应力，并确定其中性轴的位置。

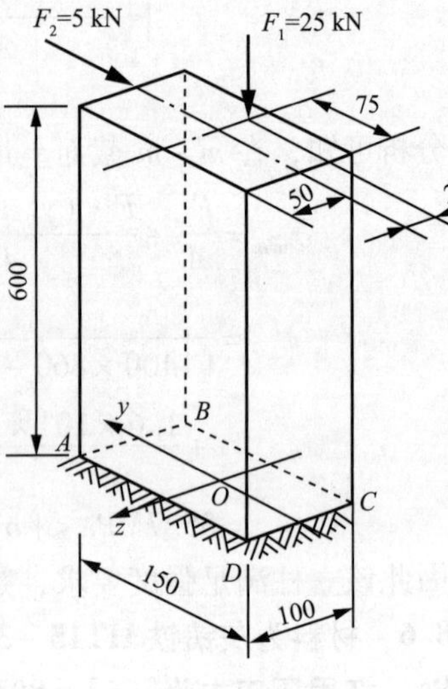

图 8-2-8

解：截面 $ABCD$ 上的内力

$F_N = -F_1 = -25\text{kN}$

$M_y = F_1 \times 0.025 = 25 \times 0.025\text{kN}\cdot\text{m} = 0.625\text{kN}\cdot\text{m}$

$M_z = F_2 \times 0.6 = 5 \times 0.6\text{kN}\cdot\text{m} = 3\text{kN}\cdot\text{m}$，$F_S = F_2 = 5\text{kN}$

横截面面积：$A = 150 \times 100\text{mm}^2 = 1.5 \times 10^4\text{mm}^2$。

横截面对 y 轴的惯性矩

$$I_y = \frac{1}{12} \times 150 \times 100^3\text{mm}^4 = 1.25 \times 10^7\text{mm}^4$$

横截面对 z 轴的惯性矩

$$I_z = \frac{1}{12} \times 100 \times 150^3\text{mm}^4 = 2.81 \times 10^7\text{mm}^4$$

根据应力计算

$$\sigma = \frac{F_N}{A} + \frac{M_z y}{I_z} + \frac{M_y z}{I_y} = \frac{-25 \times 10^3}{1.5 \times 10^4} + \frac{3 \times 10^6 y}{2.81 \times 10^7} + \frac{0.625 \times 10^6 z}{1.25 \times 10^7}$$

$$= -1.667 + 0.10676y + 0.05z(\text{MPa})$$

代入相关数据得各点应力

$\sigma_A = -1.667 + 0.10676 \times 75 + 0.05 \times 50\text{MPa} = 8.83\text{MPa}$

$\sigma_B = -1.667 + 0.10676 \times 75 + 0.05 \times (-50)\text{MPa} = 3.83\text{MPa}$

$\sigma_C = -1.667 + 0.10676 \times (-75) + 0.05 \times (-50)\text{MPa} = -12.2\text{MPa}$

$\sigma_D = -1.667 + 0.10676 \times (-75) + 0.05 \times 50\text{MPa} = -7.17\text{MPa}$

对于中性轴上，有 $\sigma = -1.667 + 0.10676y + 0.05z = 0$，得 $\dfrac{y}{15.6} + \dfrac{z}{33.4} = 1$。

令 $z = 0$，得 $a_y = 15.6\text{mm}$；令 $y = 0$，得 $a_z = 33.4\text{mm}$。

a_y，a_z 即为中性轴在坐标轴上的截距。

8.8　图 8-2-9 所示钻床的立柱为铸铁制成，$F = 15\text{kN}$，许用拉应力 $[\sigma_t] = 35\text{MPa}$。试确定立柱所需直径 d。

解：立柱截面上的内力

$$F_N = F = 15\text{kN},\ M = 0.4F = 6\ \text{kN}\cdot\text{m}$$

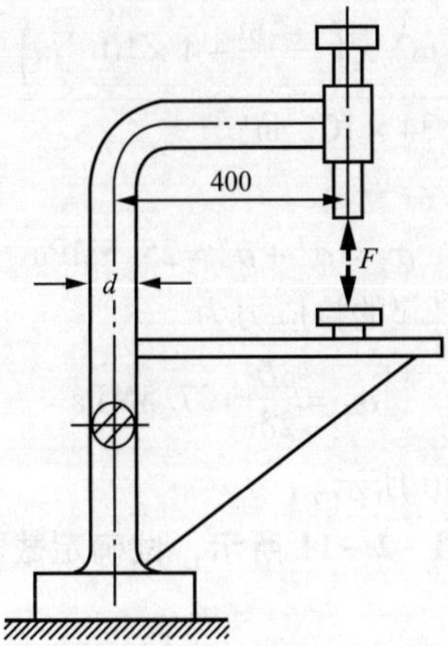

图 8-2-9

截面内侧有最大拉应力

$$\sigma_{\max}=\frac{F_N}{A}+\frac{M}{W}=\frac{4F}{\pi d^2}+\frac{32M}{\pi d^3}$$

由强度条件 $\sigma_{\max}\leqslant[\sigma_t]$ 得

$$\frac{4\times15\times10^3}{\pi d^2}+\frac{32\times6\times10^3}{\pi d^3}\leqslant35\times10^6$$

解得立柱所需直径：$d\geqslant0.122\text{m}=122\text{mm}$。

8.9 水平放置的圆筒形容器如图 8-2-10 所示。容器内径为 1.5m，厚度 δ=4mm，内储均匀内压为 p=0.2MPa 的气体。容器每米重 18kN。试求跨度中央截面上 A 点的应力。

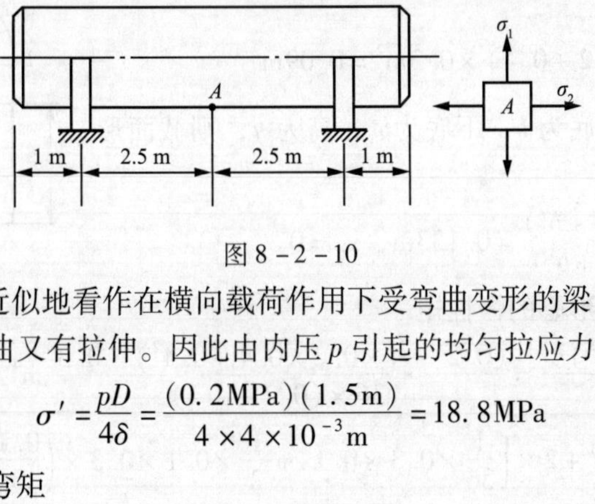

图 8-2-10

解：圆筒形薄壳可近似地看作在横向载荷作用下受弯曲变形的梁，其中 $q=18\text{kN/m}$。容器在内压作用下既有弯曲又有拉伸。因此由内压 p 引起的均匀拉应力为

$$\sigma'=\frac{pD}{4\delta}=\frac{(0.2\text{MPa})(1.5\text{m})}{4\times4\times10^{-3}\text{m}}=18.8\text{MPa}$$

跨度中央截面上的弯矩

$$M=\frac{1}{2}(18\text{kN/m})(7\text{m})(2.5\text{m})-\frac{1}{2}(18\text{kN/m})(3.5\text{m})^2=47.3\text{kN}\cdot\text{m}$$

容器对水平直径的惯性矩为

$$I_z=\pi r^3\delta=\pi\left(\frac{1.5\text{m}}{2}+\frac{1}{2}\times4\times10^{-3}\text{m}\right)^3\times4\times10^{-3}\text{m}=5.34\times10^{-3}\text{m}^4$$

其中 r 为圆环的平均半径。

A 点的弯曲正应力为

$$\sigma''=\frac{My}{I_z}=\frac{(47.3\times10^3\mathrm{N\cdot m})\times\left(\frac{1.5\mathrm{m}}{2}+4\times10^{-3}\mathrm{m}\right)}{5.34\times10^{-3}\mathrm{m}^4}=6.68\times10^6\mathrm{Pa}=6.68\mathrm{MPa}$$

叠加得

$$\sigma_2=\sigma'+\sigma''=25.5\mathrm{MPa}$$

A 点的纵向截面上因内压 p 引起的拉应力为

$$\sigma_1=\frac{pD}{2\delta}=37.5\mathrm{MPa}$$

A 点的应力状态如图 8－2－10 所示。

8.10　短柱的截面形状如图 8－2－11 所示，试确定截面核心。

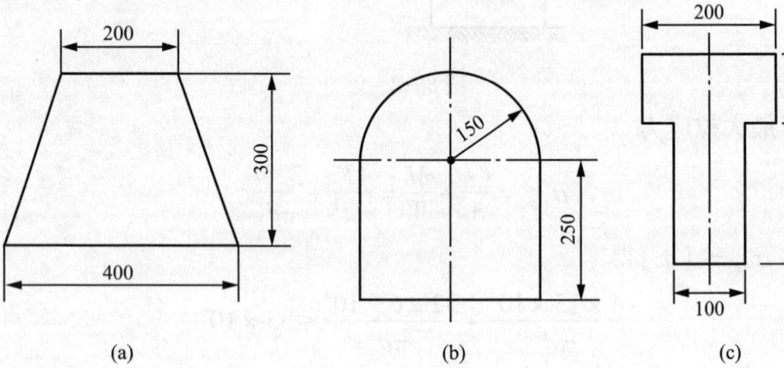

图 8－2－11

解： 对图 8－2－11(b)建立如图 8－2－12 所示坐标系。

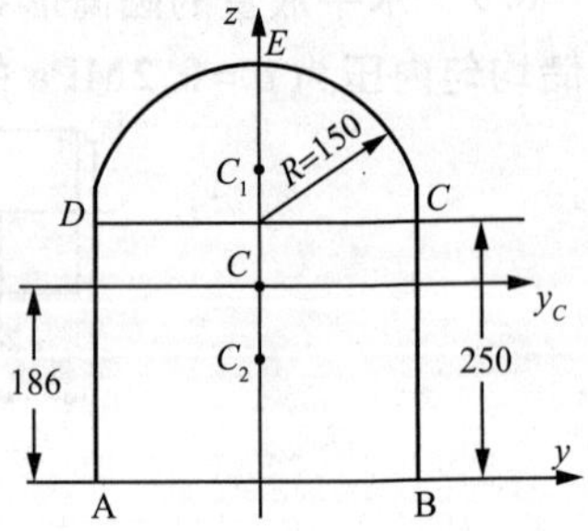

图 8－2－12

(a)梯形截面面积

$$A=\frac{1}{2}\times(0.2+0.4)\times0.3\mathrm{m}^2=0.09\mathrm{m}^2$$

记梯形横截面的上底为 b，下底为b'，高为 h，则截面形心位置

$$z_C=\frac{h(2b+b')}{3(b+b')}=0.133\mathrm{m},\ y_C=0$$

则该梯形横截面对形心的惯性矩

$$I_{yC}=\frac{(b^2+4b'b+b'^2)h^3}{36(b+b')}=\frac{(0.2^2+4\times0.2\times0.4+0.4^2)\cdot0.3^3}{36\times(0.2+0.4)}\mathrm{m}^4=6.5\times10^{-4}\mathrm{m}^4$$

$$I_{zC}=\frac{1}{12}\times0.3\times0.2^3+2\times\left[\frac{1}{36}\times0.3\times0.1^3+\frac{1}{2}\times0.1\times0.3\times\left(\frac{0.1}{3}+0.1\right)^2\right]\mathrm{m}^4$$

$$=7.5\times10^{-4}\mathrm{m}^4$$

由此可得回转半径

$$i_{yC}^2=\frac{I_{yC}}{A}=\frac{6.5\times10^{-4}}{0.09}\mathrm{m}^2=7.22\times10^{-3}\mathrm{m}^2,\ i_{zC}^2=\frac{I_{zC}}{A}=\frac{7.5\times10^{-4}}{0.09}\mathrm{m}^2=8.33\times10^{-3}\mathrm{m}^2$$

利用公式 $y_p=-\frac{i_z^2}{a_y}$，$z_p=-\frac{i_y^2}{a_z}$来确定力作用点的坐标。

四组截距（a_y、a_z）分别为：（∞，－0.133）、（∞，0.167）、（－0.156，0.467）、（0.156，0.467）。

故四个力的作用点为

(0, 0.0543)、(0, −0.0432)、(0.0534, −0.0155)、(−0.0534, −0.0155)

以上单位为 m，截面核心如图 8−2−13(a)所示。

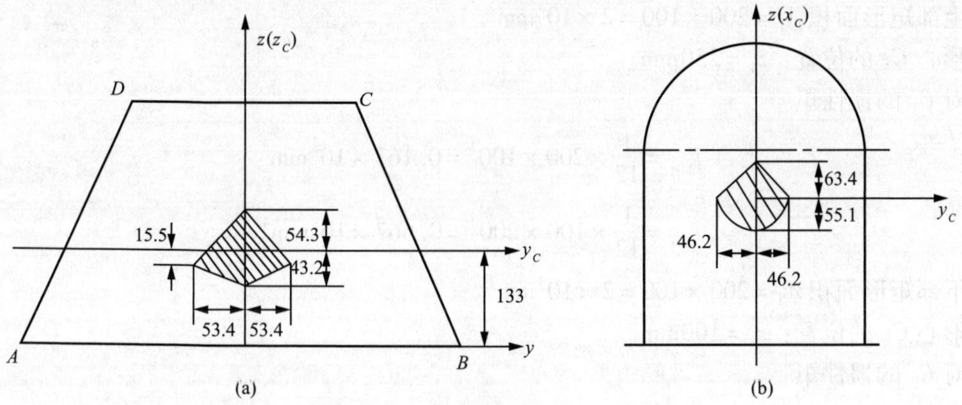

图 8−2−13

(b)分两部分计算图 8−2−11(b)所示截面面积：

①半圆面积：$A_1=\dfrac{\pi R^2}{2}=0.0353\text{m}^2$；

该半圆截面形心 C_1 的位置：$z_1=\dfrac{4R}{3\pi}=0.0637\text{m}$，$y_1=0$；

则该截面对形心 C_1 的惯性矩分别为

$$I_{yC_1}=0.1098R^4=5.56\times10^{-5}\text{m}^4$$

$$I_{zC_1}=\frac{\pi R^4}{8}=19.9\times10^{-5}\text{m}^4$$

②矩形面积：$A_2=0.3\times0.25\text{m}^2=0.075\text{m}^2$；

该矩形截面形心 C_2 的位置：$z_2=\dfrac{0.25}{2}\text{m}=0.125\text{m}\quad y_2=0$；

则该截面对形心 C_2 的惯性矩分别为

$I_{yC_2}=\dfrac{1}{12}\times0.3\times0.25^3\text{m}^4=39.1\times10^{-5}\text{m}^4$，$I_{zC_2}=\dfrac{1}{12}\times0.25\times0.3^3\text{m}^4=56.3\times10^{-5}\text{m}^4$

③综上可得图形形心 C 的位置：$z_C=\dfrac{A_1(z_1+0.25)+A_2z_2}{A_1+A_2}=0.186\text{m}$，$y_C=0$。

则其对图形形心 C 的惯性矩分别为

$$I_{zC}=I_{zC_1}+I_{zC_2}=76.2\times10^{-5}\text{m}^4$$

$$I_{yC}=I_{yC_1}+I_{yC_2}+A_1(z_1+0.25-z_C)^2+A_2(z_C-z_2)^2=130\times10^{-5}\text{m}^4$$

由此可得回转半径：$i_{yC}^2=\dfrac{I_{yC}}{A}=1.18\times10^{-2}\text{m}^2$，$i_{zC}^2=\dfrac{I_{zC}}{A}=6.93\times10^{-3}\text{m}^2$。

利用公式 $y_p=-\dfrac{i_z^2}{a_y}$，$z_p=-\dfrac{i_y^2}{a_z}$来确定力作用点的坐标。

四组截距（a_y、a_z）分别为：（−0.15，∞）、（0.15，∞）、（∞，0.214）、（∞，−0.186）。

各力作用点坐标为：(0.0462, 0)、(−0.0462, 0)、(0, −0.0511)、(0, 0.0634)。

以上单位为 m，截面核心如图 8－2－13(b)所示。

(c)①截面形心

上部矩形面积 $A_1=200\times100=2\times10^4\text{mm}^2$。

形心 C_1 的位置：$z_1=250\text{mm}$。

对 C_1 的惯性矩

$$I_{yC_1}=\frac{1}{12}\times200\times100^3=0.167\times10^8\text{mm}^4$$

$$I_{zC_1}=\frac{1}{12}\times100\times200^3=0.667\times10^8\text{mm}^4$$

下部矩形面积 $A_2=200\times100=2\times10^4\text{mm}^2$。

形心 C_2 的位置：$z_2=100\text{mm}$。

对 C_2 的惯性矩

$$I_{yC_2}=\frac{1}{12}\times100\times200^3=0.667\times10^8\text{mm}^4$$

$$I_{zC_2}=\frac{1}{12}\times200\times100^3=0.167\times10^8\text{mm}^4$$

综上可得图形形心 C 的位置

$$z_C=\frac{A_1z_1+A_2z_2}{A_1+A_2}=\frac{2\times10^4\times250+2\times10^4\times100}{2\times2\times10^4}\text{mm}=175\text{mm}$$

由于截面对称，所以 $y_C=0$。

②形心主惯性矩及惯性半径

$$I_{zC}=I_{zC_1}+I_{zC_2}=(0.667+0.167)\times10^8=0.834\times10^8\text{mm}^4$$

$$\begin{aligned}I_{yC}&=I_{yC_1}+A_1d_1^2+I_{yC_2}+A_2d_2^2\\&=I_{yC_1}+A_1\times75^2+I_{yC_2}+A_2\times75^2\\&=0.167\times10^8+2\times10^4\times75^2+0.667\times10^8+2\times10^4\times75^2\\&=3.084\times10^8\text{mm}^4\end{aligned}$$

回转半径

$$i_{yC}^2=\frac{I_{yC}}{A}=\frac{3.084\times10^8}{4\times10^4}=0.771\times10^4\text{mm}^2$$

$$i_{zC}^2=\frac{I_{zC}}{A}=\frac{0.834\times10^8}{4\times10^4}=0.209\times10^4\text{mm}^2$$

③根据中性轴截矩求力作用点坐标。

利用公式 $y_p=-\dfrac{i_z^2}{a_y}$，$z_p=-\dfrac{i_y^2}{a_z}$来确定力作用点的坐标。

表 8－2－1

边界		*AB*		*BC*		*CD*		*DE*	
截距	a_y、a_z	∞	－175	93.75	－375	100	∞	∞	125
力的作用点	z_F、y_F	0	4	－22.29	20.56	－20.9	0	0	－61.68

即各个力的作用点坐标为(0，44)、(－22.29，20.56)、(22.29，20.56)、(－20.9，0)、(20.9，0)、(0，－61.68)，单位均为毫米，得到核心区域如图 8－2－13(c)。

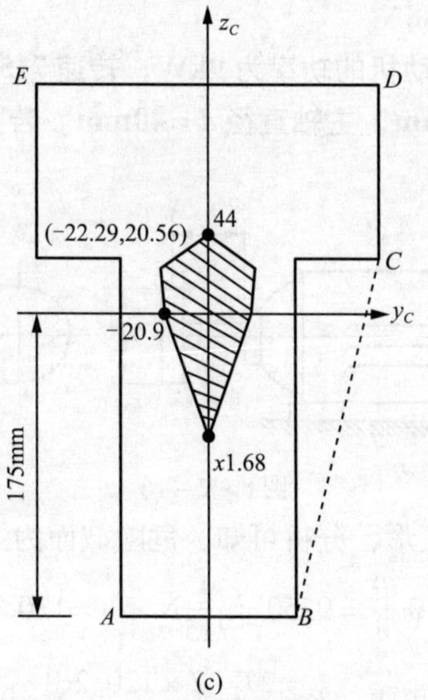

图 8－2－13

8.11　槽形截面的截面核心为 *abcd*，若有垂直于截面的偏心压力 *F* 作用于 *A* 点，试指出这时中性轴的位置。

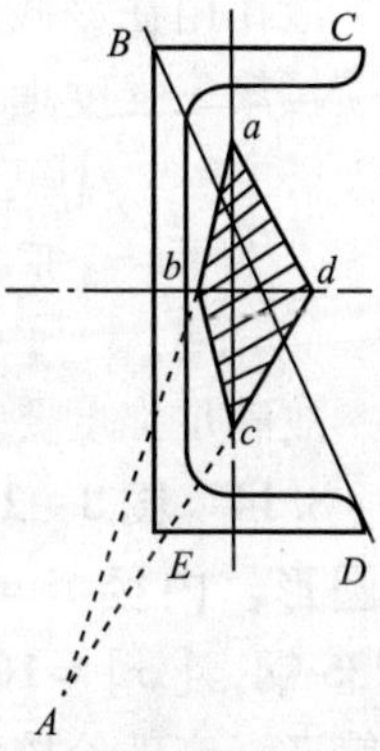

图 8－2－14

解：如图 8－2－14 所示，当力作用于 a 点时，ED 为中性轴，作用于 b 点时，CD 为中性轴。当力作用点沿 ab 移动时，中性轴绕 D 点转动。同理，当力作用点沿 cd 移动时，中性轴必过 B 点。而力作用于 ab 和 cd 交线处，所以中性轴为过 BD 的直线。

8.12　手摇绞车如图 8－2－15 所示，轴的直径 $d=30$mm，材料为 Q235 钢，$[\sigma]=80$MPa。试按第三强度理论求绞车的最大起吊重量 *P*。

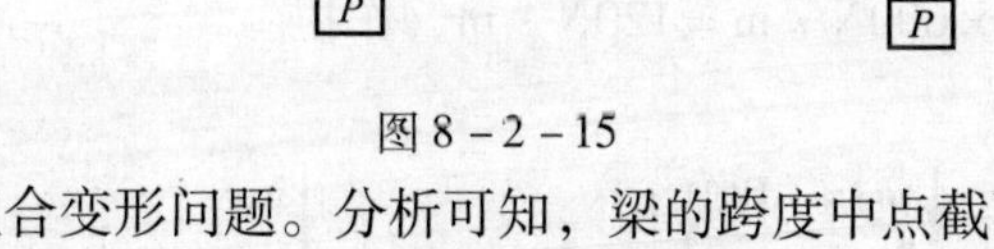

图 8－2－15

解：这是一个弯扭组合变形问题。分析可知，梁的跨度中点截面为危险截面，该截面上的弯矩和扭矩为：$M=\dfrac{Pl}{4}=0.2P(\mathrm{N\cdot m})$，$T=0.18P\ (\mathrm{N\cdot m})$。

按第三强度理论 $\sigma_{r3}=\dfrac{\sqrt{M^2+T^2}}{W}\leqslant[\sigma]$，得

$$P\leqslant\frac{\dfrac{\pi d^3}{32}[\sigma]}{\sqrt{\left(\dfrac{l}{4}\right)^2+a^2}}=\frac{\dfrac{\pi\times30^3}{32}\times80}{\sqrt{\dfrac{400^2}{4}+180^2}}\mathrm{N}=788\mathrm{N}$$

即绞车最大起吊重量 $P = 788\text{N}$。

8.13　图 8－2－16 所示电动机的功率为 9kW，转速 715 r/min，带轮直径 $D = 250\text{mm}$，主轴外伸部分的长度为 $l = 120\text{mm}$，主轴直径 $d = 40\text{mm}$。若 $[\sigma] = 60\text{MPa}$，试用第三强度理论校核轴的强度。

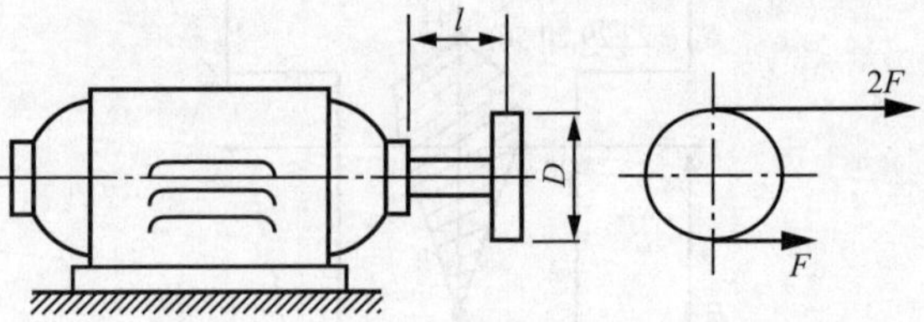

图 8－2－16

解：轴的变形是弯扭组合变形，分析可知，危险截面为主轴根部，该截面的扭矩

$$T = 9550\frac{P}{n} = 9550 \times \frac{9}{715}\text{N} \cdot \text{m} = 120.2\text{N} \cdot \text{m}$$

又由 $2F \cdot \frac{D}{2} - F \cdot \frac{D}{2} = T$，可得：$F = \frac{2T}{D} = \frac{2 \times 120.2}{0.25}\text{N} = 961.6\text{N}$。

故作用在该截面上的弯矩：$M = 3Fl = 3 \times 961.6 \times 0.12\text{N} \cdot \text{m} = 346.2\text{N} \cdot \text{m}$。

按第三强度理论

$$\sigma_{r3} = \frac{\sqrt{M^2 + T^2}}{W} = \frac{\sqrt{M^2 + T^2}}{\frac{\pi d^3}{32}} = \frac{32 \times \sqrt{346.2^2 + 120.2^2} \times 10^3}{\pi \times 40^3}\text{MPa} = 58.3\text{MPa} < [\sigma]$$

故满足强度要求。

8.14　图 8－2－17 为操纵装置水平杆，截面为空心圆形，内径 $d = 24\text{mm}$，外径 $D = 30\text{mm}$。材料为 Q235 钢，$[\sigma] = 100\text{MPa}$。控制片受力 $F_1 = 600\text{N}$。试用第三强度理论校核杆的强度。

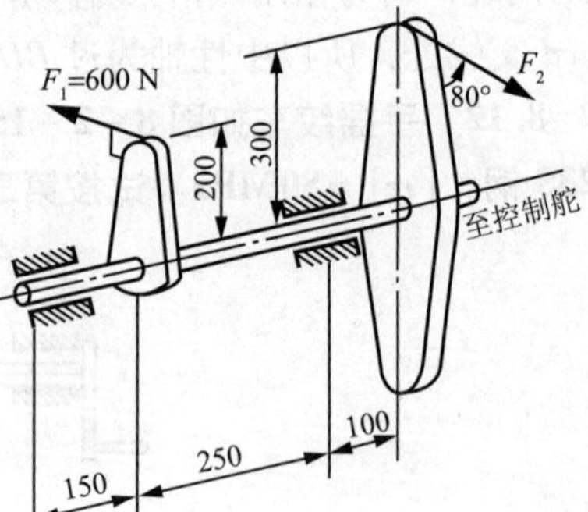

图 8－2－17

解：由力矩平衡：$F_1 \times 200 = F_2 \sin 80° \times 300$，得 $F_2 = 406.2\text{N}$。

根据平衡条件求支反力并做相应内力图，分别如图 8－2－18 所示。

扭矩 $T = 0.2F_1 = 0.2 \times 600\text{N} \cdot \text{m} = 120\text{N} \cdot \text{m}$，作扭矩图如图 8－2－18 所示。

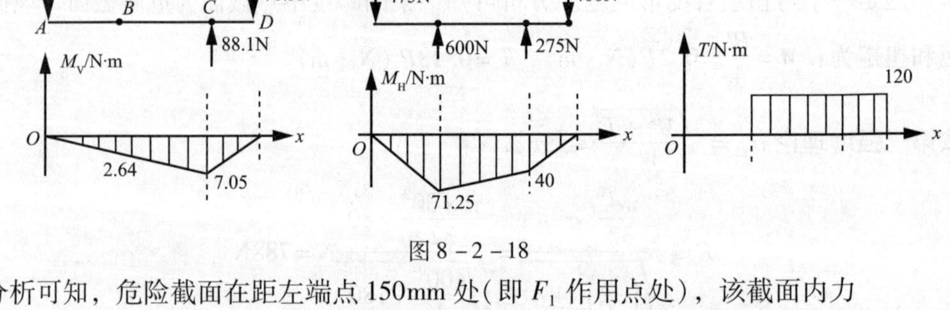

图 8－2－18

分析可知，危险截面在距左端点 150mm 处（即 F_1 作用点处），该截面内力

$$M = \sqrt{M_y^2 + M_z^2} = \sqrt{2.64^2 + 71.25^2}\text{N} \cdot \text{m} = 71.4\text{N} \cdot \text{m}，\text{T} = 120\text{N} \cdot \text{m}$$

按第三强度理论

$$\sigma_{r3}=\frac{\sqrt{M^2+T^2}}{W}=\frac{32\sqrt{M^2+T^2}}{\pi D^3(1-\alpha^4)}=\frac{32\times\sqrt{71.4^2+120^2}\times10^3}{\pi\times30^3\times\left[1-\left(\frac{24}{30}\right)^4\right]}\text{MPa}=89.2\text{MPa}<[\sigma]$$

故满足强度要求。

8.15　某型号水轮机主轴的示意图如图 8-2-19 所示。水轮机组的输出功率为 $P=37500\text{kW}$，转速 $n=150\ \text{r/min}$。已知轴向推力 $F_x=4800\text{kN}$，转轮重量 $W_1=390\text{kN}$；主轴的内径 $d=340\text{mm}$，外径 $D=750\text{mm}$，自重 $W=285\text{kN}$。主轴材料为 45 钢，其许用应力为 $[\sigma]=80\text{MPa}$。试按第四强度理论校核主轴的强度。

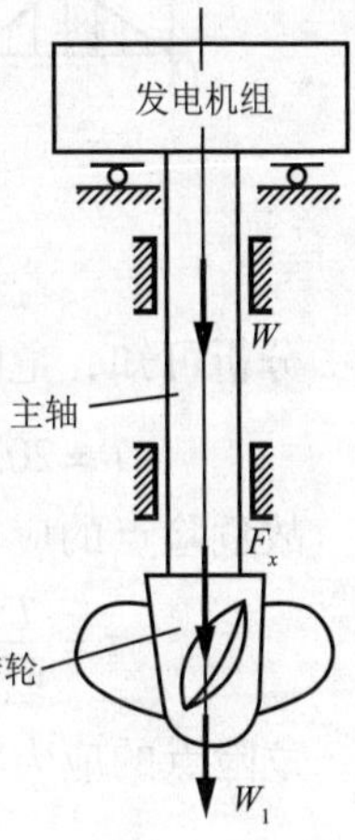

图 8-2-19

解：这是一个拉扭组合变形问题。分析可知，危险截面在主轴根部，该截面的内力

$$F_N=F_x+W_1+W=5475\text{kN}$$

$$T=9550\frac{P}{n}=9550\times\frac{37500}{150}\text{N}\cdot\text{m}=2.4\times10^6\text{N}\cdot\text{m}$$

则正应力：$\sigma=\dfrac{F_N}{A}=\dfrac{4F_N}{\pi(D^2-d^2)}=\dfrac{4\times5475\times10^3}{\pi(750^2-340^2)}\text{MPa}=15.6\text{MPa}$。

切应力：$\tau=\dfrac{T}{W_t}=\dfrac{16T}{\pi D^3(1-\alpha^4)}=\dfrac{16\times2.4\times10^9}{\pi\times750^3\times\left[1-\left(\frac{340}{750}\right)^4\right]}\text{MPa}=30.3\text{MPa}$。

按第四强度理论

$$\sigma_{r4}=\sqrt{\sigma^2+3\tau^2}=\sqrt{15.6^2+3\times30.3^2}\text{MPa}=54.8\text{MPa}<[\sigma]$$

故满足强度要求。

8.16　图 8-2-20 为某精密磨床砂轮轴的示意图。已知电动机功率 $P=3\text{kW}$，转子转速 $n=1400\ \text{r/min}$，转子重量 $W_1=101\text{N}$。砂轮直径 $D=250\text{mm}$，砂轮重量 $W_2=275\text{N}$。磨削力 $F_y:F_z=3:1$，砂轮轴直径 $d=50\text{mm}$，材料为轴承钢，$[\sigma]=60\text{MPa}$。

(1) 试用单元体表示出危险点的应力状态，并求出主应力和最大切应力。

(2) 试用第三强度理论校核轴的强度。

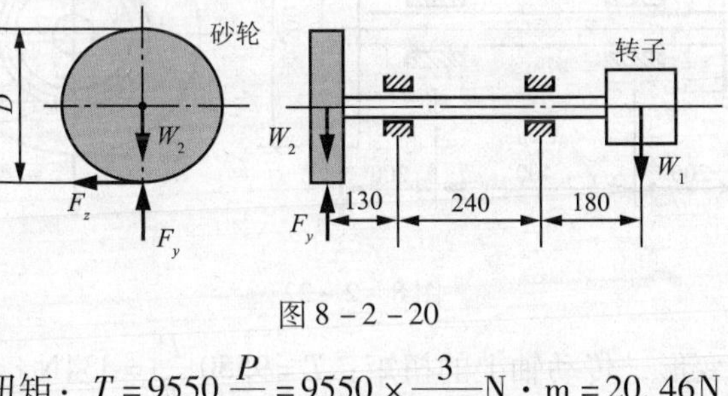

图 8-2-20

解：(1) 砂轮轴的扭矩：$T=9550\dfrac{P}{n}=9550\times\dfrac{3}{1400}\text{N}\cdot\text{m}=20.46\text{N}\cdot\text{m}$。

由图 8-2-20 可得：$F_z=\dfrac{T}{\frac{D}{2}}=\dfrac{20.46\times10^3}{125}\text{N}=163.68\text{N}$，$F_y=3F_z=491.04\text{N}$。

根据平衡条件求出支座反力，并绘制轴的弯矩图和扭矩图，分别如图 8-2-21(a)、(b) 所示。

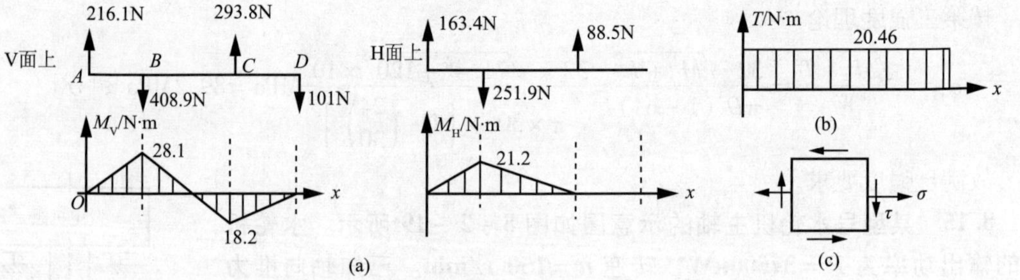

图 8-2-21

分析可知，危险截面发生在左支座处，该截面内力

$$T=20.46\text{N}\cdot\text{m},\ M=\sqrt{M_y^2+M_z^2}=\sqrt{21.2^2+28.1^2}\text{N}\cdot\text{m}=35.2\text{N}\cdot\text{m}$$

故危险点的应力分量

$$\tau=\frac{T}{W_t}=\frac{16\times 20.46}{\pi\times 0.05^3}\text{Pa}=0.834\text{MPa},\ \sigma=\frac{M}{W}=\frac{32\times 35.2}{\pi\times 0.05^3}\text{Pa}=2.87\text{MPa}$$

危险点的应力状态用单元体表示如图 8-2-21(c)所示。

根据主应力计算公式：$\left.\begin{matrix}\sigma_{\max}\\ \sigma_{\min}\end{matrix}\right\}=\frac{\sigma}{2}\pm\sqrt{\left(\frac{\sigma}{2}\right)^2+\tau^2}=\begin{cases}3.09\text{MPa}\\ -0.23\text{MPa}\end{cases}$。

可得主应力为：$\sigma_1=3.09\text{MPa}$，$\sigma_2=0$，$\sigma_3=-0.23\text{MPa}$。

最大切应力：$\tau_{\max}=\frac{\sigma_1-\sigma_3}{2}=1.66\text{MPa}$。

(2)按第三强度理论：$\sigma_{r3}=\sigma_1-\sigma_3=3.32\text{MPa}<[\sigma]=60\text{MPa}$。

故强度满足要求。

8.17 图 8-2-22 所示带轮转动轴，传递功率 $P=7\text{kW}$，转速 $n=200\ \text{r/min}$。带轮重量 $W=1.8\text{kN}$。左端齿轮上啮合力 F_n 与齿轮节圆切线的夹角(压力角)为 20°。轴的材料为 Q275 钢，其许用应力 $[\sigma]=80\text{MPa}$。试分别在忽略和考虑带轮重量的两种情况下，按第三强度理论估算轴的直径。

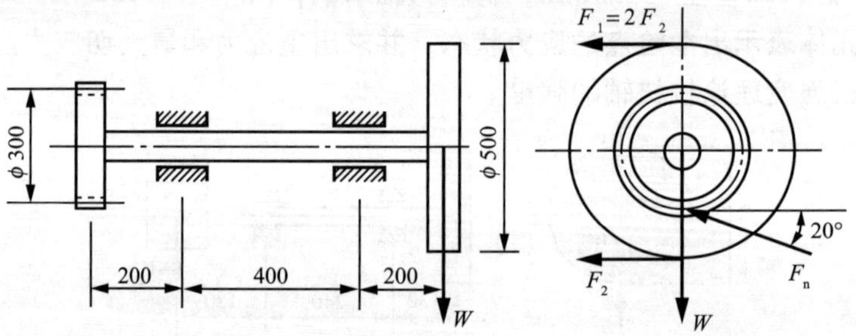

图 8-2-22

解：轴为弯扭组合变形，传动轴上的扭矩：$T=9550\ \frac{P}{n}=334\text{N}\cdot\text{m}$。

可得：$F_2=\frac{T}{250\text{mm}}=1.34\text{kN}$，$F_1=2F_2=2.68\text{kN}$；

$F_{nH}=\frac{T}{150\text{mm}}=2.23\text{kN}$，$F_{nV}=F_{nH}\times\tan 20°=0.811\text{kN}$。

根据平衡方程分别求得忽略和考虑带轮重量情况下的支座反力，并绘制对应的弯矩图和扭矩图，如图 8－2－23 所示。

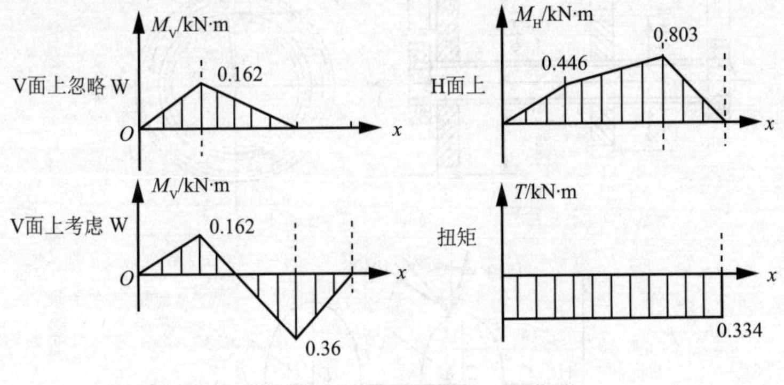

图 8－2－23

由内力图可知，无论是否考虑皮带轮自重，危险截面均在右支座上。

①忽略带轮重量时，该截面上内力

$$M=\sqrt{M_V^2+M_H^2}=\sqrt{0^2+0.803^2}\text{kN}\cdot\text{m}=0.803\text{kN}\cdot\text{m}$$

由第三强度理论 $\sigma_{r3}=\dfrac{\sqrt{M^2+T^2}}{W}=\dfrac{32\sqrt{M^2+T^2}}{\pi d^3}\leqslant[\sigma]$，得

$$d\geqslant\sqrt[3]{\frac{32\sqrt{M^2+T^2}}{\pi[\sigma]}}=\sqrt[3]{\frac{32\times\sqrt{803^2+334^2}}{\pi\times80\times10^6}}\text{m}=48\text{mm}$$

②考虑皮带轮自重时，该截面上内力

$$M=\sqrt{M_V^2+M_H^2}=\sqrt{0.36^2+0.803^2}\text{kN}\cdot\text{m}=0.88\text{kN}\cdot\text{m}$$

由第三强度理论得：$d\geqslant\sqrt[3]{\dfrac{32\sqrt{M^2+T^2}}{\pi[\sigma]}}=49.3\text{mm}$。

8.18　图 8－2－24 所示某滚齿机变速箱第Ⅱ轴为根径 $d=36$mm 的花键轴。传递功率 $P=3.2$kW，转速 $n=315$ r/min。轴上齿轮 1 为直齿圆柱齿轮，节圆直径 $d_1=108$mm。传动力分解为切向力 F_1 和径向力 F_{r1}，且 $F_{r1}=F_1\tan20°$。齿轮 2 为螺旋角 $\beta=17°20'$的斜齿轮，节圆直径 $d_2=141$mm。传动力分解为切向力 F_2、径向力 F_{r2}和轴向力 F_{a2}，且

$$F_{r_2}=\frac{F_2\tan20°}{\cos17°20'},\quad F_{a_2}=F_2\tan17°20'$$

轴材料为 45 钢，调质，$[\sigma]=85$MPa。试校核轴的强度。

解：轴承承受的扭矩：$T=9550\dfrac{P}{n}=9550\times\dfrac{3.2}{315}\text{N}\cdot\text{m}=97\text{N}\cdot\text{m}$。

根据平衡条件得：$F_1=\dfrac{T}{d_1/2}=\dfrac{97\times2}{0.108}\text{N}=1796\text{N}$，$F_2=\dfrac{T}{d_2/2}=\dfrac{2\times97}{0.141}\text{N}=1376\text{N}$。

则有：$F_{r1}=F_1\tan20°=1796\times\tan20°\text{N}=654\text{N}$；

$F_{r2}=F_2\dfrac{\tan20°}{\cos17°20'}=525\text{N}$；

$F_{a2}=F_2\tan17°20'=1376\times\tan17°20'\text{N}=429\text{N}$。

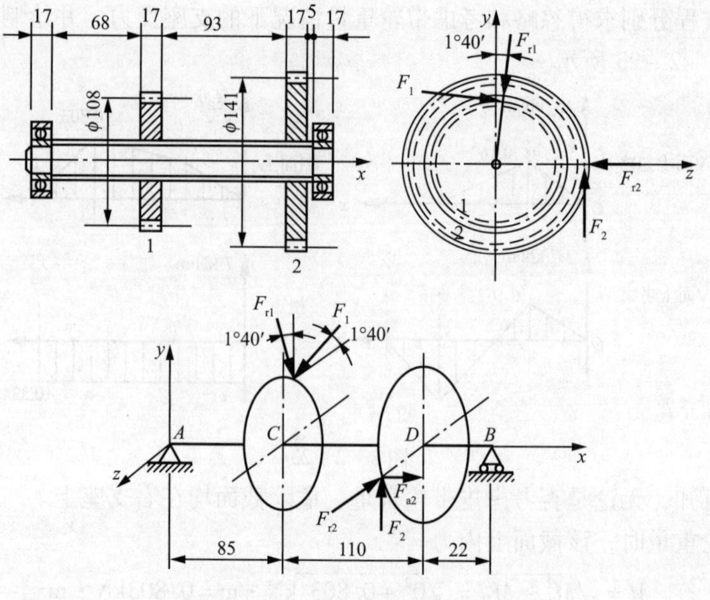

图 8 - 2 - 24

可得轴的受力图，并由此绘制轴的扭矩图和弯矩图，如图 8 - 2 - 25 所示。

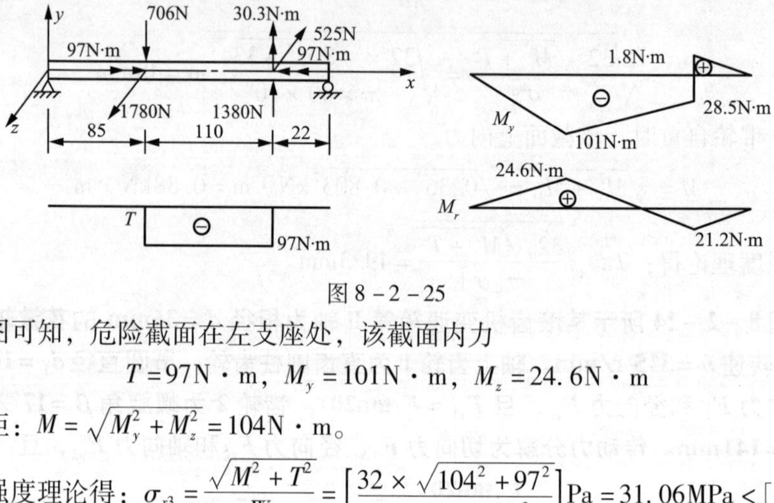

图 8 - 2 - 25

由内力图可知，危险截面在左支座处，该截面内力

$$T = 97\text{N} \cdot \text{m},\ M_y = 101\text{N} \cdot \text{m},\ M_z = 24.6\text{N} \cdot \text{m}$$

合成弯矩：$M = \sqrt{M_y^2 + M_z^2} = 104\text{N} \cdot \text{m}$。

由第三强度理论得：$\sigma_{r3} = \dfrac{\sqrt{M^2 + T^2}}{W} = \left[\dfrac{32 \times \sqrt{104^2 + 97^2}}{\pi \times (0.036)^3}\right]\text{Pa} = 31.06\text{MPa} < [\sigma] = 85\text{MPa}$。

故满足强度要求。

8.19　图 8 - 2 - 26 所示飞机起落架的折轴为管状截面，内径 $d = 70\text{mm}$，外径 $D = 80\text{mm}$。材料的许用应力 $[\sigma] = 100\text{MPa}$，试按第三强度理论校核折轴的强度。若 $F_1 = 1\text{kN}$，$F_2 = 4\text{kN}$。

解： 对图 8 - 2 - 26 建立如图 8 - 2 - 27 所示坐标系。

分析可知，该折轴的危险截面在轴的根部固定端截面处，记 M_y、M_z 分别为 xz、xy 平面内固定端截面处的弯矩，则该处内力

$$F_N = F_2 \frac{0.4}{\sqrt{0.4^2 + 0.25^2}} = 3.39\text{kN}$$

$$T = F_1 \times 0.15 \times \frac{0.4}{\sqrt{0.4^2 + 0.25^2}} = 127\text{N} \cdot \text{m}$$

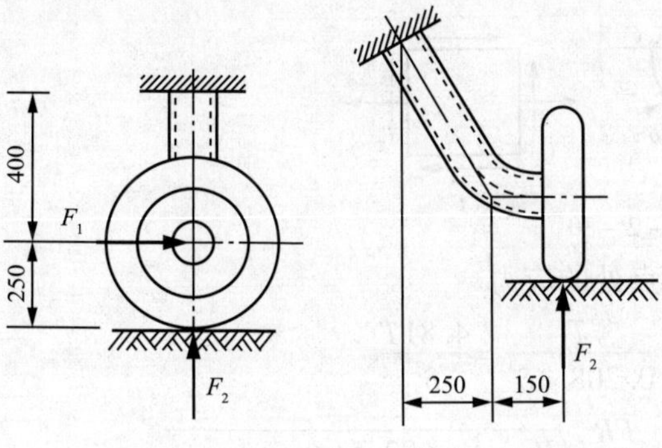

图 8 - 2 - 26

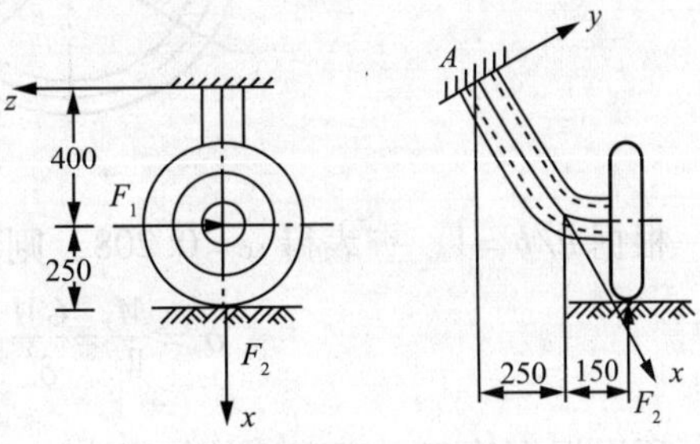

图 8 - 2 - 27

$$M_y = F_1 \times 0.15 \times \frac{0.25}{\sqrt{0.4^2 + 0.25^2}} + F_1 \cdot \sqrt{0.4^2 + 0.25^2} = 551\text{N}\cdot\text{m}$$

$$M_z = F_2 \times 0.4 = 1600\text{N}\cdot\text{m}$$

可得合成弯矩：$M = \sqrt{M_y^2 + M_z^2} = \sqrt{551^2 + 1600^2}\text{N}\cdot\text{m} = 1692\text{N}\cdot\text{m}$。

故危险点处应力分量

$$\sigma = \frac{F_N}{A} + \frac{M}{W} = \frac{4 \times 3390}{\pi(D^2 - d^2)} + \frac{32 \times 1692}{\pi D^3\left[1 - \left(\frac{d}{D}\right)^4\right]} = 84.2\text{MPa}$$

$$\tau = \frac{T}{W_t} = \frac{16 \times 127}{\pi D^3\left[1 - \left(\frac{d}{D}\right)^4\right]} = 3.06\text{MPa}$$

由第三强度理论得

$$\sigma_{r3} = \sqrt{\sigma^2 + 4\tau^2} = \sqrt{84.2^2 + 4 \times 3.06^2}\text{MPa} = 84.4\text{MPa} < [\sigma] = 100\text{MPa}$$

满足强度要求。

8.20　图 8 - 2 - 28 所示弹簧垫圈的横截面为 4mm × 4mm 的正方形，若两个力 F 可视为作用在同一直线上，垫圈材料的许用应力 $[\sigma] = 600$MPa，试按第三强度理论求许可载荷 F。

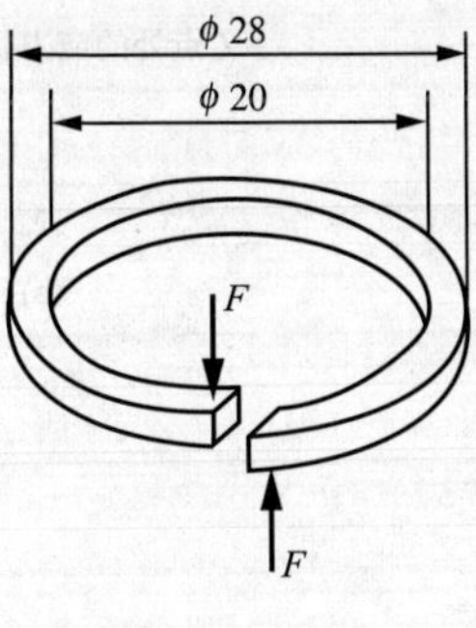

图 8 - 2 - 28

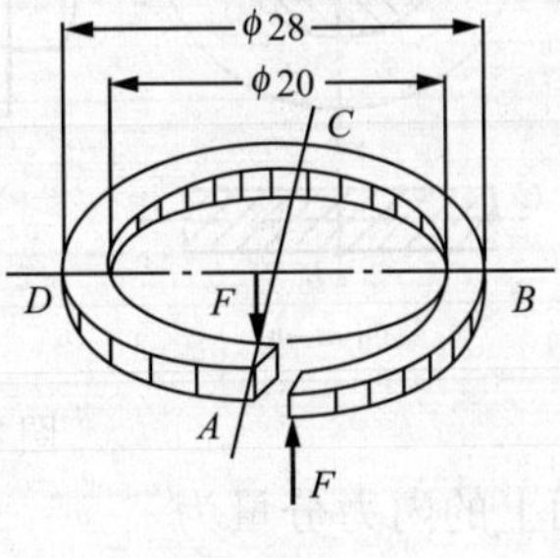

图 8 - 2 - 29

解： 对图 8 - 2 - 28 作标记，如图 8 - 2 - 29 所示。

假想沿 C 截面断开，并将 C 端固定，如图 8 - 2 - 30 所示。

则任意截面的内力为

$$M = FR\sin\varphi,\ T = FR(1 - \cos\varphi)$$

该结构危险点的应力状态如图 8 - 2 - 30 所示。

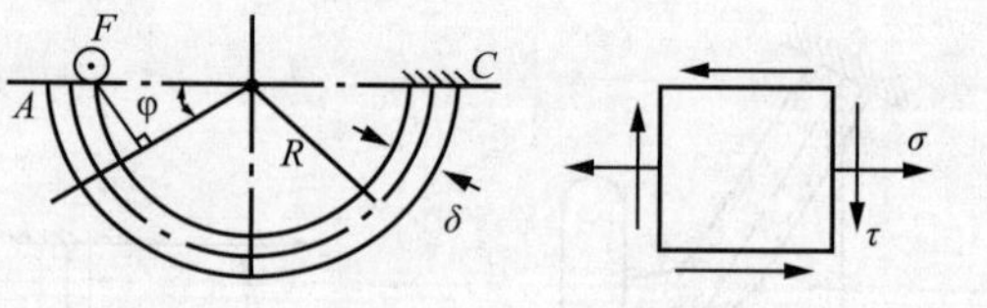

图 8－2－30

根据 $h/b=1$，查表得 $\alpha=0.208$，则危险点处的应力

$$\sigma=\frac{M}{W}=\frac{6M}{\delta^3},\ \tau=\frac{T}{0.208\cdot\delta^3}=\frac{4.81T}{\delta^3}$$

所以根据第三强度理论其相当应力：$\sigma_{r3}=\frac{FR}{\delta^3}\sqrt{36\sin^2\varphi+92.5(1-\cos\varphi)^2}$。

σ_{r3}是 φ 的函数，对 φ 求导得：$\frac{d\sigma_{r3}}{d\varphi}=\frac{FR}{2\delta^3}\cdot\frac{\sin\varphi(185-113\cos\varphi)}{\sqrt{36\sin^2\varphi+92.5(1-\cos\varphi)^2}}$。

由此可知在 $\varphi\in[0,\pi]$ 内，σ_{r3}是 φ 的增函数，故 $\varphi=\pi$ 处截面为最危险截面。

由第三强度理论 $\sigma_{r3}=19.2\frac{FR}{\delta^3}\leqslant[\sigma]$，得许可载荷

$$[F]=\frac{[\sigma]\cdot\delta^3}{19.2R}=\frac{600\times10^6\times0.004^3}{19.2\times0.012}\text{N}=166\text{N}$$

8.21　铸铁曲柄如图 8－2－31 所示。已知材料的许用应力 $[\sigma]=120\text{MPa}$，$F=30\text{kN}$。试用第四强度理论校核曲柄 $m-m$ 截面的强度。

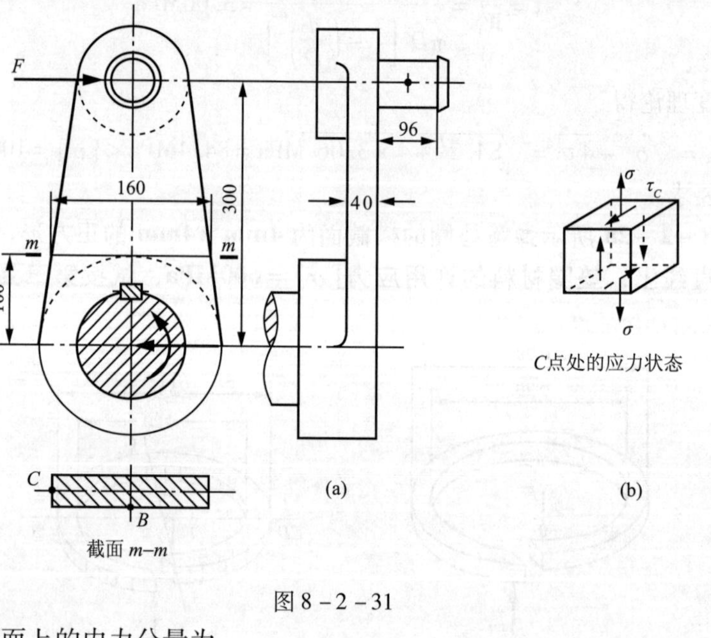

图 8－2－31

解：$m-m$ 截面上的内力分量为

$$M_y=0.2F=6\text{kN}\cdot\text{m},\ T=(0.048+0.02)F=2.04\text{kN}\cdot\text{m}$$

（1）校核 C 点强度

弯曲正应力：$\sigma=\frac{M}{W}=\frac{6M}{bh^2}=\frac{6\times6\times10^6}{40\times160^2}\text{MPa}=35.2\text{MPa}$。

根据 $h/b=4$，查表知 $\alpha=0.282$，$v=0.745$，故扭转切应力

$$\tau = v\frac{T}{\alpha h b^2} = \frac{0.745 \times 2.04 \times 10^6}{0.282 \times 40^2 \times 160}\text{MPa} = 21.1\text{MPa}$$

由第四强度理论得

$$\sigma_{r4} = \sqrt{\sigma^2 + 3\tau^2} = \sqrt{35.2^2 + 3 \times 21.1^2}\text{MPa} = 50.7\text{MPa} < [\sigma] = 120\text{MPa}$$

(2)校核 B 点强度

因 B 点在中性轴上，故 $\sigma_B = 0$。

扭转切应力：$\tau_B = \frac{T}{\alpha h b^2} = \frac{2.04 \times 10^3}{0.283 \times 0.16 \times 0.04^2}\text{Pa} = 28.2\text{MPa}$。

弯曲切应力：$\tau_S = \frac{3}{2} \times \frac{F}{A} = \frac{3}{2} \times \frac{30 \times 10^3}{0.16 \times 0.04}\text{Pa} = 7.03\text{MPa}$。

由第四强度理论得：$\sigma_{r4} = \sqrt{\sigma_B^2 + 3(\tau_B + \tau_S)^2} = 61.02\text{MPa} < [\sigma] = 120\text{MPa}$。

综上，$m-m$ 截面满足强度条件，是安全的。

8.22　曲拐如图 8-2-32 所示。若 $F = 50\text{kN}$，$[\sigma] = 90\text{MPa}$，试按第三强度理论校核截面 $m-m$ 和 $n-n$ 的强度。

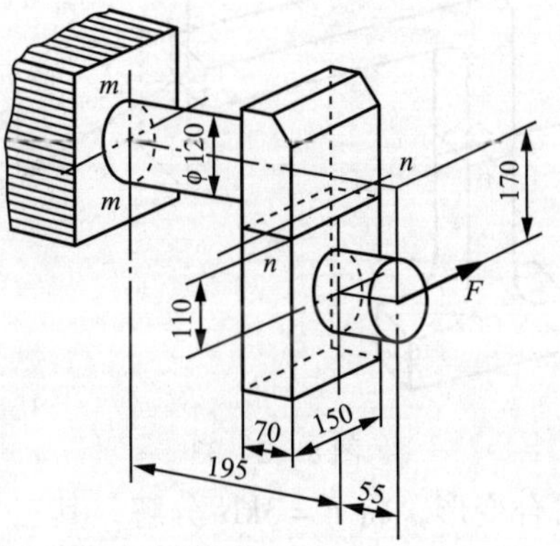

图 8-2-32

解：(1)校核 $m-m$ 截面

该截面的内力

$$M = F \cdot (0.195 + 0.055) = 12.5\text{kN} \cdot \text{m},\ T = F \times 0.17 = 8.5\text{kN} \cdot \text{m}$$

由第三强度理论得

$$\sigma_{r3} = \frac{\sqrt{M^2 + T^2}}{W} = \frac{\sqrt{(12.5 \times 10^3)^2 + (8.5 \times 10^3)^2}}{(\pi/32) \times (0.12)^3}\text{Pa} = 89.1\text{MPa} < [\sigma] = 90\text{MPa}$$

故该截面满足强度要求。

(2)校核 $n-n$ 截面

该截面内力

$$M = F \times 0.11 = 5.5\text{kN} \cdot \text{m},\ T = F\left(0.055 + \frac{0.07}{2}\right) = 4.5\text{kN} \cdot \text{m}$$

分析可知，该截面有两个可能的危险点，分别对其进行校核。

①长边中点 A

长边中点 A 在中性轴上，故 $\sigma_A = 0$。

扭转切应力：查表知 $\alpha = 0.25$，故 $\tau_A = \frac{T}{\alpha h b^2} = \frac{4500}{0.25 \times 0.15 \times 0.07^2}\text{Pa} = 24.5\text{MPa}$。

则 A 点主应力为：$\sigma_1 = -\sigma_3 = \tau = 24.5\text{MPa}$，$\sigma_2 = 0$，

由第三强度理论得：$\sigma_{r3A} = \sigma_1 - \sigma_3 = 49\text{MPa} < [\sigma] = 90\text{MPa}$。

②短边中点 B

正应力：$\sigma_B = \dfrac{M}{W} = \dfrac{6 \times 5500}{0.07 \times (0.15)^2}\text{Pa} = 21\text{MPa}$。

切应力：$\tau_B = \dfrac{vT}{\alpha hb^2} = v\tau_A$，其中查表得 $v = 0.79$，故

$$\tau_B = v\,\tau_A = 0.79 \times 24.5\text{MPa} = 19.4\text{MPa}$$

由第三强度理论得：$\sigma_{r3B} = \sqrt{\sigma_B^2 + 4\tau_B^2} = 44.2\text{MPa} < [\sigma] = 90\text{MPa}$。

综上，$n-n$ 截面满足强度条件，是安全的。

8.23　图 8-2-33 所示折轴杆的横截面为边长 12mm 的正方形。用单元体表示 A 点的应力状态，确定其主应力。

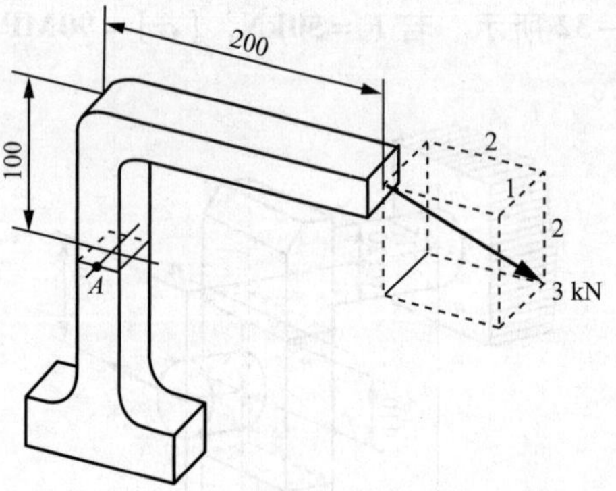

图 8-2-33

解：该折轴杆为拉弯扭组合变形，将 $F = 3\text{kN}$ 分解，其三个正交分量为

$$F_x = 3 \cdot \cos\alpha = 3 \times \frac{2}{3} = 2\text{kN}$$

$$F_y = 3 \cdot \cos\beta = 3 \times \frac{2}{3} = 2\text{kN}$$

$$F_z = 3 \cdot \cos\gamma = 3 \times \frac{1}{3} = 1\text{kN}$$

则所求点 A 所在横截面上的内力

$$F_{Sx} = F_x = 2\text{kN},\ F_{Sz} = F_z = 1\text{kN},\ F_N = F_y = 2\text{kN}$$

$$M_x = 0.1F_z = 0.1\text{kN} \cdot \text{m},\ M_z = 0.2F_y + 0.1F_x = 0.6\text{kN} \cdot \text{m}$$

$$T = 0.2F_z = 0.2\text{kN} \cdot \text{m}$$

该截面上应力分量

$$\sigma_A = -\frac{F_N}{A} + \frac{M_x}{W} = \frac{-2 \times 10^3}{12^2} + \frac{6 \times 100 \times 10^3}{12 \times 12^2}\text{MPa} = 333.3\text{MPa}$$

$$\tau_A = \frac{T}{\alpha hb^2} + \frac{3}{2} \cdot \frac{F_{Sx}}{A} = \frac{200 \times 10^3}{0.208 \times 12^3} + \frac{3 \times 2 \times 10^3}{2 \times 12^2}\text{MPa} = 577\text{MPa}$$

其中，根据 $h/b = 1$，查表得 $\alpha = 0.208$。

由此根据主应力计算公式

$$\left.\begin{matrix}\sigma_{max}\\ \sigma_{min}\end{matrix}\right\} = \frac{\sigma_A}{2} \pm \sqrt{\left(\frac{\sigma_A}{2}\right) + \tau_A^2} = (167 \pm 601)\,\mathrm{MPa} = \left\{\begin{matrix}768\mathrm{MPa}\\ -434\mathrm{MPa}\end{matrix}\right.$$

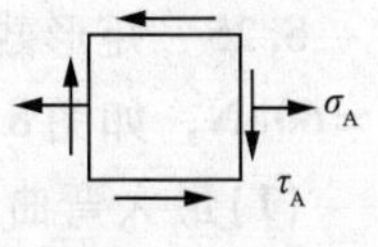

可得主应力：$\sigma_1 = 768\mathrm{MPa}$，$\sigma_2 = 0$，$\sigma_3 = -434\mathrm{MPa}$。

其应力状态的单元体表示如图 8-2-34 所示。

图 8-2-34

8.24　图 8-2-35 所示端截面密封的曲管，外径为 100mm，壁厚 $\delta = 5\mathrm{mm}$，内压 $p = 8\mathrm{MPa}$。集中力 $F = 3\mathrm{kN}$。A、B 两点在管的外表面上，A 点为截面垂直直径的上端点，B 点为水平直径的前端点。试确定此两点的应力状态。

提示：对于薄壁圆环截面梁，横截面的面积为 A，作用的剪力为 F_S，则该截面上的最大弯曲切应力发生在中性轴上，且沿厚度方向均匀分布，大小为 $\tau_{max} = 2\frac{F_S}{A}$。

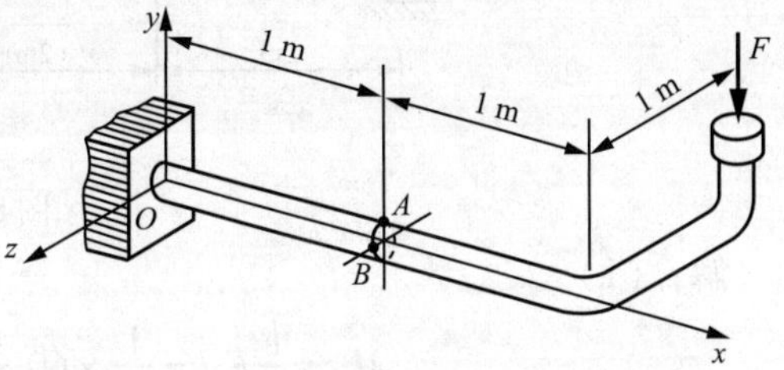

图 8-2-35

解：A、B 所在截面的内力：

剪力：$F_{Sy} = F = 3\mathrm{kN}$；

扭矩：$T = F \times 1 = 3\mathrm{kN \cdot m}$；

弯矩：$M = F \times 1 = 3\mathrm{kN \cdot m}$。

①A 点的应力状态如图 8-2-36 所示，其中

$$\sigma_x = \frac{pD}{4\delta} + \frac{M_z}{W} = \frac{8 \times 10^6 \times (0.1 - 0.01)}{4 \times 0.005} + \frac{32 \times 3 \times 10^3}{\pi \times 0.1^3 \times (1 - 0.9^4)}\mathrm{Pa} = 124.9\mathrm{MPa}$$

$$\tau_{xz} = \frac{T}{2\pi R^2 \delta} = \frac{3 \times 10^3}{2\pi \times ((0.1 - 0.005)/2)^2 \times 0.005}\mathrm{Pa} = 42.3\mathrm{MPa}$$

$$\sigma_z = \frac{pD}{2\delta} = \frac{8 \times 10^6 \times (0.1 - 0.01)}{2 \times 0.005}\mathrm{Pa} = 72\mathrm{MPa}$$

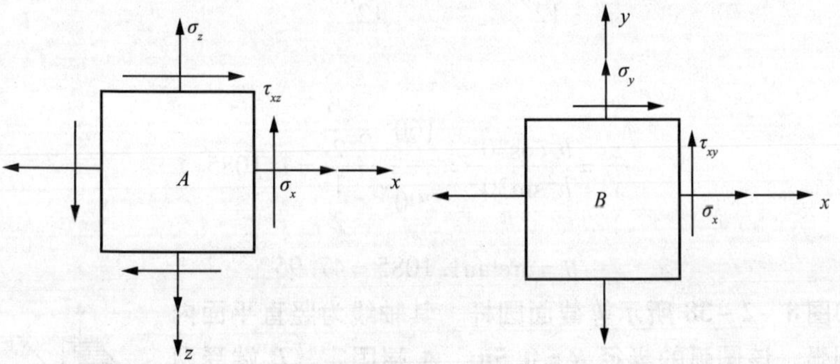

图 8-2-36

②B 点的应力状态如图 8-2-35 所示，其中

$$\sigma_x = \frac{pD}{4\delta} = \frac{8 \times 10^6 \times (0.1 - 0.01)}{4 \times 0.005}\mathrm{Pa} = 36\mathrm{MPa}$$

$$\tau_{xy} = \frac{T}{2\pi R^2 \delta} - 2 \times \frac{F_{Sy}}{A} = \frac{3 \times 10^3}{2\pi \times [(0.1 - 0.005)/2]^2 \times 0.005} - \frac{2 \times 3 \times 10^3}{\pi(0.1 - 0.005) \times 0.005}\mathrm{Pa}$$
$$= 38.3\mathrm{MPa}$$

$$\sigma_y = \frac{pD}{2\delta} = \frac{8 \times 10^6 \times (0.1 - 0.01)}{2 \times 0.005}\mathrm{Pa} = 72\mathrm{MPa}$$

8.25 矩形截面简支梁，在跨中与轴线垂直的平面内，作用与铅垂方向成 **30°**的集中力 $F=60$**kN**，如图 **8-2-37** 所示。试求：

(1)最大弯曲正应力；

(2)中性轴与 y 轴的夹角。

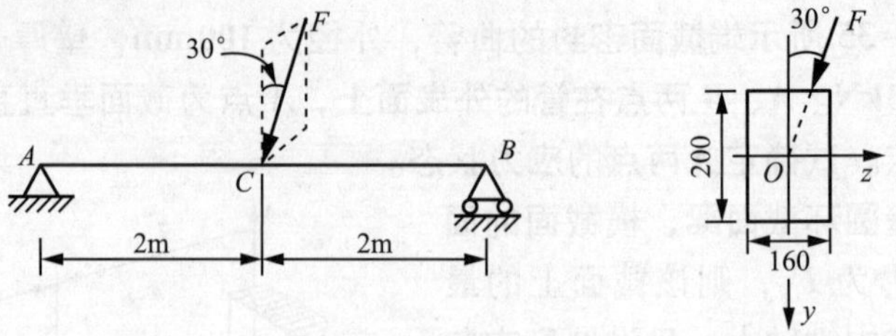

图 8-2-37

解：(1)

$$M_z=\frac{1}{4}F_y l=\frac{1}{4}\times 60\times\cos 30°\times 4=51.96\text{kN}\cdot\text{m}$$

$$M_y=\frac{1}{4}F_z l=\frac{1}{4}\times 60\times\sin 30°\times 4=30\text{kN}\cdot\text{m}$$

$$\sigma_{\max}=\frac{M_y}{W_y}+\frac{M_z}{W_z}=\frac{6\times 30\times 10^6}{200\times 160^2}+\frac{6\times 51.96\times 10^6}{160\times 200^2}\text{MPa}=83.87\text{MPa}$$

(2)根据图示截面的坐标轴，中性轴上的点弯曲正应力为零，即

$$\frac{M_z y}{I_z}-\frac{M_y z}{I_y}=0$$

$$\frac{\frac{1}{4}Fl\cos 30°y}{\frac{1}{12}bh^3}-\frac{\frac{1}{4}Fl\sin 30°z}{\frac{1}{12}hb^3}=0$$

得

$$\frac{z}{y}=\frac{b^2\cos 30°}{h^2\sin 30°}=\frac{160^2\times\frac{\sqrt{3}}{2}}{200^2\times\frac{1}{2}}=1.1085$$

$$\theta=\arctan 1.1085=47.95°$$

8.26 如图 **8-2-38** 所示等截面圆杆，其轴线为竖直平面内的四分之一圆弧，该圆弧的半径 $R=0.5$**m**，**A** 端固定，**B** 端受两个大小相等的集中力 $F=2.0$**kN** 的作用，一个力沿 y 轴正方向，另一个力沿 z 轴正方向。材料的许用应力$[\sigma]=100$**MPa**，不计弯曲切应力的影响，试按第四强度理论设计圆杆的直径。

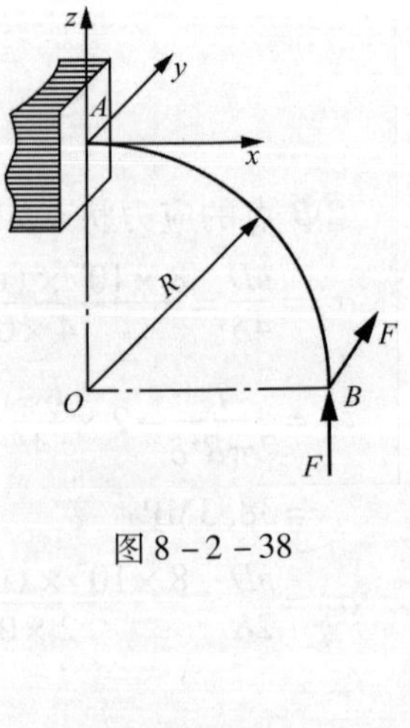

图 8-2-38

解：B 端受两个垂直方向的力 F 共同作用，合力为：$F_{合}=\sqrt{F^2+F^2}=\sqrt{2}F=2\sqrt{2}\text{kN}$，方向与 y 轴、z 轴成 45°角。

圆杆所受弯矩为：$M=F_{合}\times R=2\sqrt{2}\times 0.5=\sqrt{2}\text{kN}\cdot\text{m}$。

由于不计弯曲切应力的影响，故扭矩 $T=0$。

圆杆的抗弯截面系数为：$W=\frac{\pi d^3}{32}$。

按第四强度理论的强度条件是：$\frac{1}{W}\sqrt{M^2+0.75T^2}\leqslant[\sigma]$。

因此，可得：$\frac{32}{\pi d^3}\sqrt{(\sqrt{2}\times10^3)^2+0}\leqslant100\times10^6$。

解得：$d\geqslant\sqrt[3]{\frac{32\times\sqrt{2}\times10^3}{\pi\times100\times10^6}}\approx0.05242\mathrm{m}=52.42\mathrm{mm}$。

8.3 名校考研真题详解

一、填空题

1. 当构件满足______条件与______条件时，求解多个荷载作用下的变形时可采用叠加原理。[暨南大学 2024 研]

【答案】线弹性；小变形

【解析】组合变形是指构件在荷载作用下发生两种或两种以上的基本变形。在下述情况下组合变形可用叠加法求解：①内力、应力、应变、变形等与外力之间成线性关系，即满足胡克定律；②变形是小变形，可以用原始尺寸原理。

2. 组合图形对某一轴的静矩等于______的代数和；图形对任意一对正交轴的惯性矩之和，恒等于图形对______。[武汉工程大学 2022 研]

【答案】各组成图形对同一轴静矩；两轴交点的极惯性矩

【解析】组合图形对某一轴的静矩等于各组成图形对同一轴静矩的代数和；图形对任意一对正交轴的惯性矩之和，恒等于图形对两轴交点的极惯性矩。

3. 如图 8－3－1 所示圆弧形小曲率杆 AB，其轴线半径为 R，B 端固定，A 端承受铅垂载荷 F 作用。杆的横截面为圆形，且直径为 d，设材料的许用应力为$[\sigma]$。则曲杆的危险截面位于$\varphi=$______的位置，根据第三强度理论，该截面危险点的相当应力为______。[北京航空航天大学 2014 研]

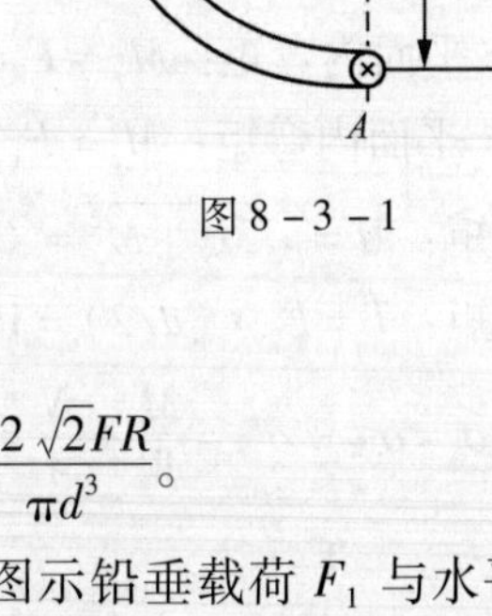

图 8－3－1

【答案】$\frac{\pi}{2}$；$\frac{32\sqrt{2}FR}{\pi d^3}$

【解析】角度为 φ 的截面上的内力有

$$M(\varphi)=FR\sin\varphi,\ T(\varphi)=FR(1-\cos\varphi)$$

根据第三强度理论，弯扭组合的相当应力为

$$\sigma_{r3}=\sqrt{\sigma^2+4\tau^2}=\sqrt{\left(\frac{M}{W}\right)^2+4\left(\frac{T}{W_t}\right)^2}\ (W_t=2W)$$

$$=\frac{1}{W}\sqrt{M^2+T^2}=\frac{FR}{W}\sqrt{2-2\cos\varphi}$$

$$=\frac{2FR}{W}\sin\frac{\varphi}{2}\left(0\leqslant\varphi\leqslant\frac{\pi}{2}\right)$$

所以当 $\varphi=\frac{\pi}{2}$即 B 截面处，σ_{r3}最大，为 $\sigma_{r3}=\frac{2FR}{W}\sin\frac{\pi}{4}=\frac{32\sqrt{2}FR}{\pi d^3}$。

4. 如图 8－3－2 所示在水平面内放置的钢质拐轴，承受图示铅垂载荷 F_1 与水平载荷

F_2 作用。已知圆轴 AB 的直径为 d，轴与拐臂的长度分别为 l 与 a。则轴 AB 的危险截面上的最大正应力 $\sigma_{\max}$ = ______，轴 AB 的危险截面上的最大切应力 $\tau_{\max}$ = ______。[北京航空航天大学 2016 研]

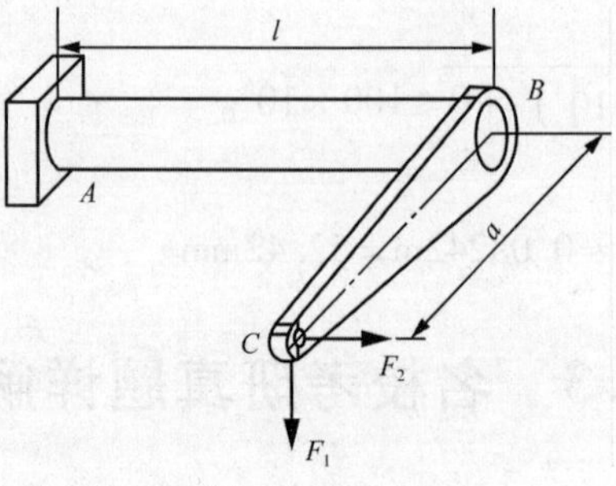

图 8-3-2

【答案】$\dfrac{4F_2}{\pi d^2}+\dfrac{32\sqrt{(F_2a)^2+(F_1l)^2}}{\pi d^3}$；$\dfrac{16F_1a}{\pi d^3}$

【解析】轴 AB 上危险截面为 A 截面，受到的外力有

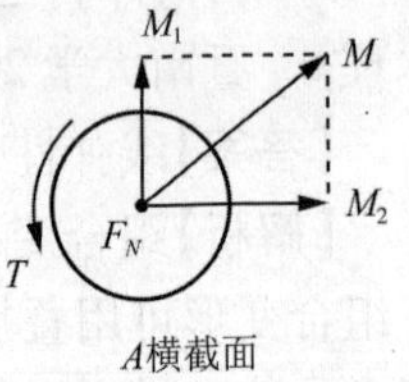

图 8-3-3

$$T=F_1\cdot a,\ F_N=F_2$$

$$M_1=F_2\cdot a,\ M_2=F_1\cdot l,\ M=\sqrt{(F_2a)^2+(F_1l)^2}$$

因此最大正应力为

$$\sigma_{\max}=\frac{F_N}{A}+\frac{M}{I_Z}\cdot\frac{d}{2}=\frac{4F_2}{\pi d^2}+\frac{32\sqrt{(F_2a)^2+(F_1l)^2}}{\pi d^3}$$

最大切应力为

$$\tau_{\max}=\frac{T}{I_p}\cdot\frac{d}{2}=\frac{F_1\cdot a}{\frac{\pi d^4}{32}}\cdot\frac{d}{2}=\frac{16F_1a}{\pi d^3}$$

二、计算题

1. 图 8-3-4 所示圆轴的直径 $d=100$mm，长度 $l=1$m。自由端承受力 F_1、F_2 与 F_3，$F_1=F_2=100$kN，$F_3=90$kN。试求危险截面上危险点的主应力。[南京理工大学 2015 研]

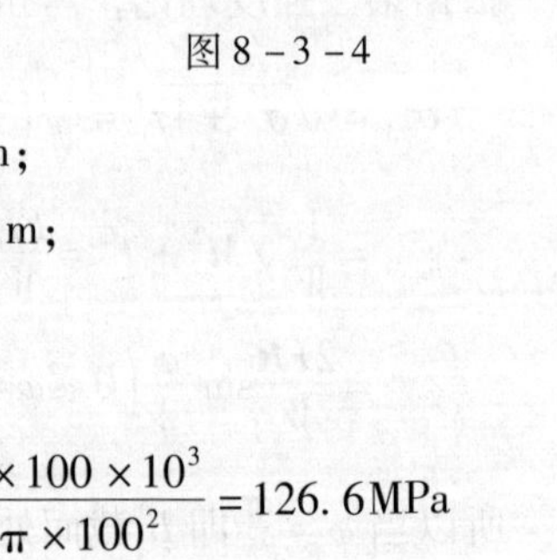

图 8-3-4

解：弯拉扭组合变形，固定端截面为危险截面，危险点在截面外表面。

轴力：$N=F_1=100\text{kN}$；

xoz 平面内弯矩：$M_y=F_2l-F_3l=100\times1-90\times1=10\text{kN}\cdot\text{m}$；

xoy 平面内弯矩：$M_z=F_1\cdot(d/2)=100\times50\times10^{-3}=5\text{kN}\cdot\text{m}$；

弯矩：$M=\sqrt{M_y^2+M_z^2}=\sqrt{10^2+5^2}=11.18\text{kN}\cdot\text{m}$；

扭矩：$T=F_2\cdot(d/2)=100\times50\times10^{-3}=5\text{kN}\cdot\text{m}$。

$$\sigma=\sigma_M+\sigma_N=\frac{M}{W}+\frac{N}{A}=\frac{32M}{\pi d^3}+\frac{4N}{\pi d^2}=\frac{32\times11.18\times10^6}{\pi\times100^3}+\frac{4\times100\times10^3}{\pi\times100^2}=126.6\text{MPa}$$

$$\tau=\frac{T}{W_t}=\frac{16T}{\pi d^3}=\frac{16\times5\times10^6}{\pi\times100^3}=25.5\text{MPa}$$

$$\left\{\begin{matrix}\sigma_{max}\\ \sigma_{min}\end{matrix}\right. = \frac{126.6}{2} \pm \sqrt{\left(\frac{126.6}{2}\right)^2 + 25.5^2} = \left\{\begin{matrix}131.5\text{MPa}\\ -4.9\text{MPa}\end{matrix}\right.$$

所以 $\sigma_1 = 131.5\text{MPa}$，$\sigma_2 = 0$，$\sigma_3 = -4.9\text{MPa}$。

2. 水平安装的直角刚架 *ABC*，如图 8-3-5 所示。刚架横截面直径均为 $d = 60\text{mm}$，长度 $l = 400\text{mm}$，$a = 300\text{mm}$，自由端受 3 个分别平行于坐标轴 *x*、*y*、*z* 的集中力作用，材料的许用应力为 $[\sigma] = 120\text{MPa}$。试按第三强度理论确定许用载荷 $[F]$。［武汉大学 2015 研］

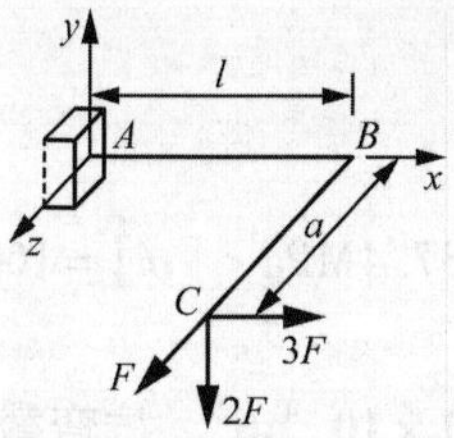

图 8-3-5

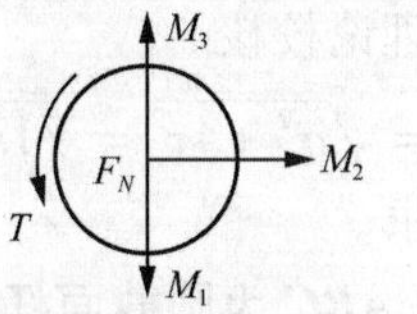

图 8-3-6

解： 分析知该组合变形为弯拉扭组合变形，固定端 *A* 截面为危险截面。受力图如图 8-3-6。

轴力：$F_N = 3F(N)$；

xoz 平面内弯矩：$M_y = M_3 - M_1 = 3Fa - Fl = 500F(\text{N}\cdot\text{mm})$；

xoy 平面内弯矩：$M_z = M_2 = 2Fl = 800F(\text{N}\cdot\text{mm})$；

弯矩：$M = \sqrt{M_y^2 + M_z^2} = \sqrt{800^2 + 500^2}F = 943.4F(\text{N}\cdot\text{mm})$；

扭矩：$T = 2Fa = 600F(\text{N}\cdot\text{mm})$。

$$\sigma = \sigma_M + \sigma_{F_N} = \frac{32M}{\pi d^3} + \frac{4F_N}{\pi d^2} = \frac{32\times 943.4F}{\pi\cdot 60^3} + \frac{4\times 3F}{\pi\cdot 60^2} = 0.045549F(\text{MPa})$$

$$\tau = \frac{T}{W_t} = \frac{16T}{\pi d^3} = \frac{16\times 600F}{\pi\cdot 60^3} = 0.014147F(\text{MPa})$$

由第三强度理论得

$$\sqrt{\sigma^2 + 4\tau^2} = \sqrt{0.045549^2 + 4\times 0.014147^2}\cdot F \leqslant [\sigma] = 120$$

得：$F \leqslant 2238.58N$；取许用载荷 $[F] = 2238N$。

3. 图 8-3-7 所示圆截面钢杆，已知直径 $d = 100\text{mm}$，长度 $l = 1\text{m}$，自由端截面上承受三个集中力。其中，F_1 和 F_3 作用点位于端截面和 *xz* 平面交线的端点，$F_1 = 120\text{kN}$（其作用线平行于 *x* 轴）；$F_3 = 60\text{kN}$（其作用线平行于 *y* 轴）；$F_2 = 50\text{kN}$（其作用线通过端截面圆心平行于 *y* 轴），材料的许用应力 $[\sigma] = 160\text{MPa}$。试用第三强度理论校核该杆的强度。［重庆大学 2016 研］

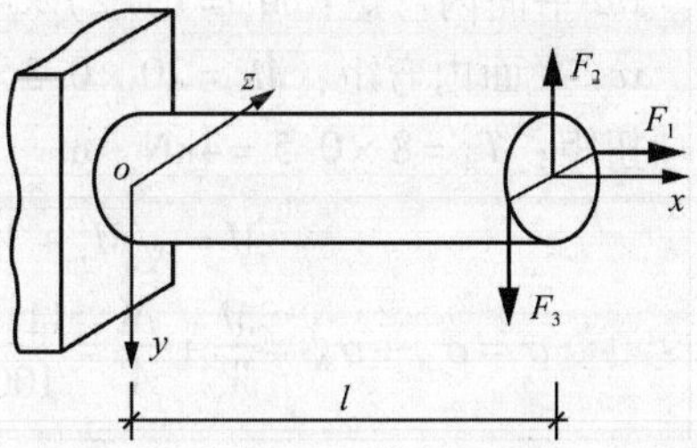

图 8-3-7

解： 为弯拉扭组合变形，校核固定端截面强度：

轴力：$N = F_1 = 120\text{kN}$；

xoz 平面内弯矩：$M_y = F_1\cdot(d/2) = 120\times(100/2)\times 10^{-3} = 6\text{kN}\cdot\text{m}$；

xoy 平面内弯矩：$M_z = F_2\cdot l - F_3\cdot l - 50\times 1 - 60\times 1 - -10\text{kN}\cdot\text{m}$；

弯矩：$M=\sqrt{M_y^2+M_z^2}=\sqrt{6^2+(-10)^2}=11.66\text{kN}\cdot\text{m}$；

扭矩：$T=F_3\cdot(d/2)=60\times(100/2)\times10^{-3}=3\text{kN}\cdot\text{m}$

$$\sigma=\sigma_M+\sigma_N=\frac{M}{W}+\frac{N}{A}=\frac{11.66\times10^6}{\frac{\pi}{32}\times100^3}+\frac{120\times10^3}{\frac{\pi}{4}\times100^2}=134.0\text{MPa}$$

$$\tau=\frac{T}{W_t}=\frac{3\times10^6}{\frac{\pi}{16}\times100^3}=15.3\text{MPa}$$

按第三强度理论校核

$$\sigma_{r3}=\sqrt{\sigma^2+4\tau^2}=\sqrt{134.0^2+4\times15.3^2}=137.4\text{MPa}<[\sigma]=160\text{MPa}$$

强度满足要求。

4. 已知曲杆 *ABC* 为圆截面杆。横截面面积 $A=80\times10^{-4}\text{m}^2$，抗弯截面系数 $W=100\times10^{-6}\text{m}^3$，抗扭截面系数 $W_t=200\times10^{-6}\text{m}^3$。曲杆 *ABC* 受均布载荷 $q=4\text{kN/m}$，集中力 $T=20\text{kN}$ 及 $F_P=8\text{kN}$。$[\sigma]=150\text{MPa}$，试根据第四强度理论校核此杆强度。［南京航空航天大学 2017 研］

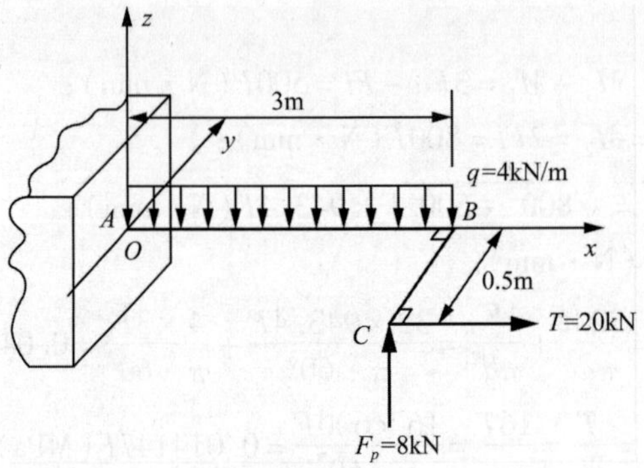

图 8－3－8

解：为弯拉扭组合变形，校核 *A* 截面强度：

轴力：$N=T=20\text{kN}$；

xoz 平面内弯矩：$M_y=(1/2)\times4\times3^2-8\times3=-6\text{kN}\cdot\text{m}$；

xoy 平面内弯矩：$M_z=20\times0.5=10\text{kN}\cdot\text{m}$；

扭矩：$T_A=8\times0.5=4\text{kN}\cdot\text{m}$

$$M=\sqrt{M_y^2+M_z^2}=\sqrt{(-6)^2+10^2}=11.66\text{kN}\cdot\text{m}$$

$$\sigma=\sigma_M+\sigma_N=\frac{M}{W}+\frac{N}{A}=\frac{11.66\times10^3}{100\times10^{-6}}+\frac{20\times10^3}{80\times10^{-4}}=119.1\times10^6\text{Pa}=119.1\text{MPa}$$

$$\tau=\frac{T_A}{W_t}=\frac{4\times10^3}{200\times10^{-6}}=20\times10^6\text{Pa}=20\text{MPa}$$

按第四强度理论校核

$$\sigma_{Y4}=\sqrt{\sigma^2+3\tau^2}=\sqrt{119.1^2+3\times20^2}=124.0\text{MPa}<[\sigma]=150\text{MPa}$$

满足要求。

5. 刚架 *ABC* 在水平面 $x-z$ 内，$\angle ABC=90°$，*AB*、*BC* 段均为圆截面杆。在垂直平面内 $F_1=0.4\text{KN}$。在水平面内沿 *z* 轴方向 $F_2=0.5\text{kN}$。材料的 $[\sigma]=100\text{MPa}$。试按第三强度

理论确定刚架圆截面的直径。[山东大学 2017 研]

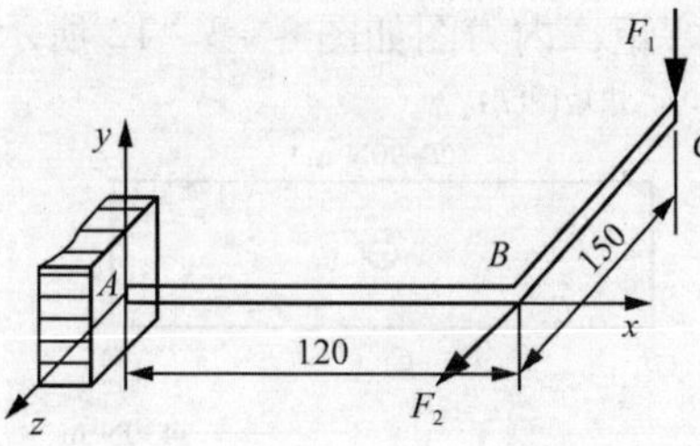

图 8 - 3 - 9

解：根据题意可知杆件最危险的点肯定在 A 处的外表面。将 BC 段荷载等效到 B 点。所以危险点所受力为：

扭矩为

$$T=F_1\times 0.15=0.4\times 10^3\times 0.15=60\text{N}\cdot\text{m}$$

xz 平面弯矩为

$$M_{y\max}=F_2\times 0.12=0.5\times 10^3\times 0.12=60\text{N}\cdot\text{m}$$

xy 平面弯矩为

$$M_{z\max}=F_1\times 0.12=0.4\times 10^3\times 0.12=48\text{N}\cdot\text{m}$$

对截面为圆形的轴，包含轴线的任意纵向面都是纵向对称面。所以，把 $M_{y\max}$ 和 $M_{z\max}$ 合成后，合成弯矩 M 的作用平面任然是纵向对称面，仍可按对称弯曲的公式计算，用矢量合成的方法求出合成弯矩 M 为

$$M=\sqrt{M_{y\max}^2+M_{z\max}^2}=76.8\text{N}\cdot\text{m}$$

按第三强度理论，则强度条件为

$$\frac{1}{W}\sqrt{M^2+T^2}=\frac{32}{\pi d^3}\sqrt{M^2+T^2}=\frac{993.5\times 10^3}{d^3}\text{MPa}\leqslant[\sigma]=100\text{MPa}$$

所以

$$d\geqslant 21.5\text{mm}$$

则该杆的直径可取为 21.5mm。

6. 实心阶梯圆轴 BCD，D 端面固定，B 端面固结刚性梁 AB，B 点为 B 端面中心。载荷及尺寸如图，C 截面的二个集中力均过 C 截面形心。BC 段直径 24mm，CD 段直径 36mm，材料的许用应力 $[\sigma]=100$MPa，（不考虑剪力引起的切应力）。试求：

（1）画出阶梯轴的内力图并确定可能的危险截面；

（2）用第三强度理论校核阶梯轴的强度。[南京航空航天大学 2018 研]

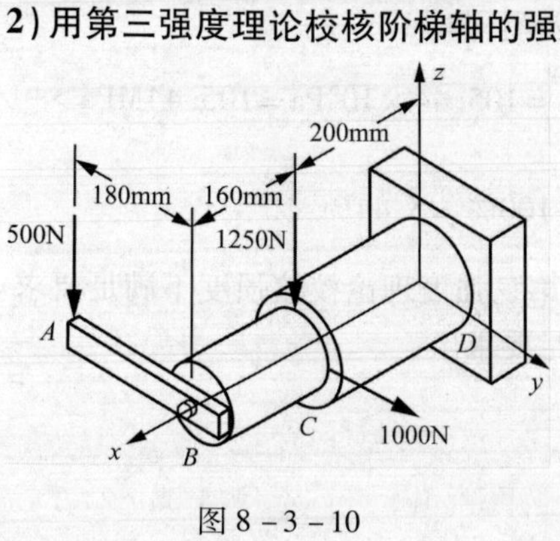

图 8 - 3 - 10

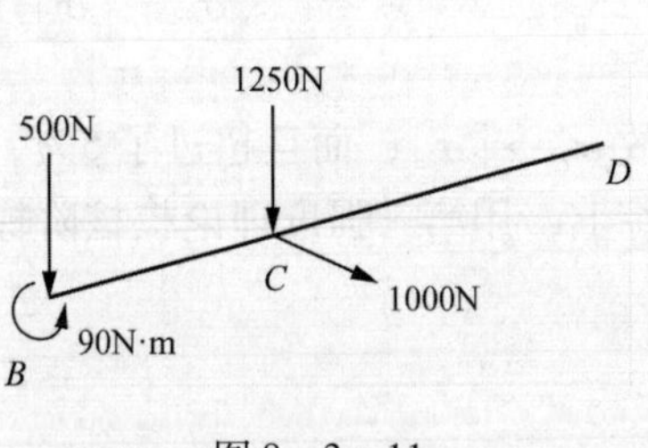

图 8 - 3 - 11

解：(1)将 A 点外力等效至 B 点后，阶梯轴的载荷情况如图 8－3－11 所示。该阶梯圆轴只存在扭矩和弯矩，内力图如图 8－3－12 所示。

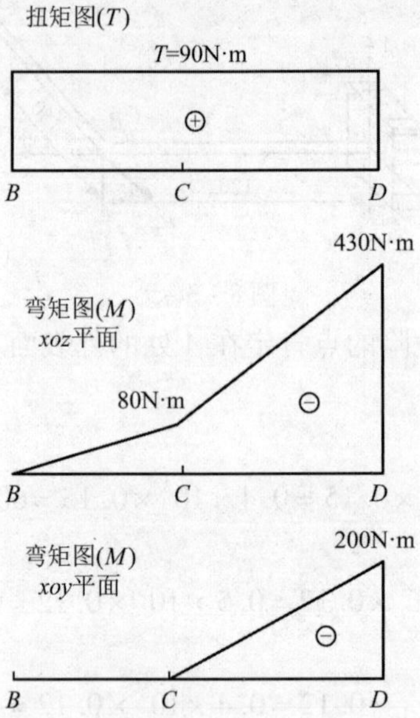

图 8－3－12

从内力图中可看出，固定端的内力最大，故 D 截面为危险截面。BC 段圆轴由于较小的半径，可能有较大的应力，故 C 截面也是危险截面。

(2)只需校核阶梯轴 C 截面和 D 截面两处的强度。

①C 截面只有 xoz 平面上的弯矩和扭矩作用，属于弯扭组合变形，用第三强度理论进行强度校核，有

$$M_C = M_{Cy} = 500 \times 0.16 = 80\text{N} \cdot \text{m},\ T_C = 500 \times 0.18 = 90\text{N} \cdot \text{m}$$

$$\sigma_{r3} = \sqrt{\sigma^2 + 4\tau^2} = \frac{1}{W_z}\sqrt{M_C^2 + T_C^2} = \frac{32}{\pi d_1^3}\sqrt{M_C^2 + T_C^2}$$

$$= \frac{32}{\pi \times 0.024^3} \times \sqrt{80^2 + 90^2} = 88.8 \times 10^6\text{Pa} = 88.8\text{MPa}$$

故 $\sigma_{r3} < [\sigma] = 100\text{MPa}$，$C$ 截面用第三强度理论校核强度满足要求。

②D 截面有弯矩和扭矩作用，也属于弯扭组合变形，用第三强度理论进行强度校核，有

$$M_D = \sqrt{M_y^2 + M_z^2} = \sqrt{(500 \times 0.36 + 1250 \times 0.2)^2 + (1000 \times 0.2)^2} = 474.24\text{N} \cdot \text{m}$$

$$T_D = 500 \times 0.18 = 90\text{N} \cdot \text{m}$$

$$\sigma_{r3} = \frac{1}{W}\sqrt{M_D^2 + T_D^2} = \frac{32}{\pi \times 0.036^3} \times \sqrt{474.24^2 + 90^2} = 105.44 \times 10^6\text{Pa} = 105.44\text{MPa} > [\sigma]$$

$$\frac{\sigma_{r3} - [\sigma]}{[\sigma]} = \frac{105.44 - 100}{100} \times 100\% = 5.44\%$$

故 $\sigma_{r3} > [\sigma]$，而且超过了 5%，所以截面 D 用第三强度理论校核强度不满足要求。

综上，用第三强度理论校核阶梯轴，强度不满足要求。

第9章 压杆稳定

9.1 复习笔记

一、压杆稳定的概念

(1)平衡状态

压杆的直线形状平衡状态：压杆在力 F 的作用下，其轴线与 F 的作用线重合的状态。

稳定平衡：在直线形状平衡状态的基础上，施加一个微小的横向干扰力使压杆脱离原来直线形状的平衡状态，除去横向干扰力，压杆能恢复到原有的直线形状的平衡状态，压杆原来直线形状的平衡称为稳定平衡。

不稳定平衡：在直线形状平衡状态的基础上，施加一个微小的横向干扰力使压杆脱离原来直线形状的平衡状态，除去横向干扰力，压杆不能恢复到原来的直线形状的平衡状态，则原来的直线形状的平衡称为不稳定平衡。

(2)临界压力或者临界力：使压杆保持微小弯曲平衡的最小轴向压力，用 F_{cr} 表示。

(3)失稳或者屈曲：压杆丧失其直线形状的平衡而过渡为曲线平衡。

(4)稳定问题与强度问题的区别，如表9-1-1所示。

表9-1-1

对比项目	强度问题	稳定问题
平衡状态	直线平衡状态不变	平衡形式发生变化
应力	达到限值	可能小于限值
平衡方程	变形前的形状、尺寸	变形后的形状、尺寸
极限承载能力	实验确定	理论分析计算

二、细长压杆的临界压力

1. 两端铰支压杆的临界压力

细长压杆的两端为球铰支座，轴线为直线，杆件轴向受压力 F 作用，如图9-1-1所示。当压力达到临界压力时，压杆将由直线平衡形态转变为曲线平衡形态。

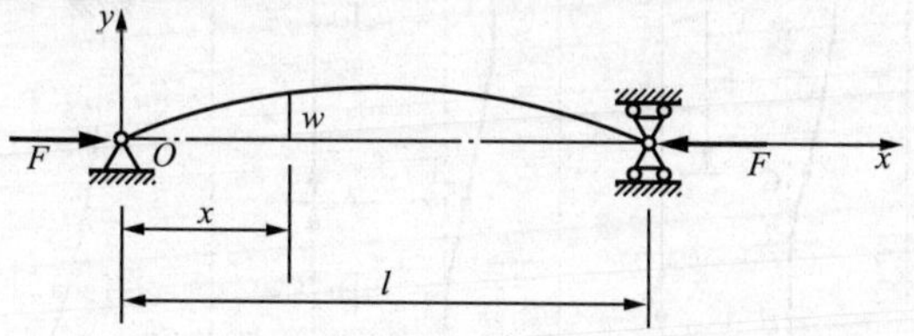

图9-1-1

选取坐标系如图9-1-1所示，距原点为 x 的任意截面的挠度为 w，则弯矩 $M=-Fw$。根据压杆变形后的平衡状态，得到杆的挠曲线近似微分方程

$$\frac{d^2w}{dx^2}=\frac{M}{EI}$$

通过对该方程的求解可得到使压杆保持微小弯曲平衡的最小压力，即两端铰支细长压杆临界力为

$$F_{cr}=\frac{\pi^2 EI}{l^2}$$

上述计算公式称为两端铰支压杆的欧拉公式。

2. 欧拉公式的普遍形式

$$F_{cr}=\frac{\pi^2 EI}{(\mu l)^2}$$

式中，μl 为相当长度；μ 为长度因数，与压杆的约束情况有关；I 为横截面对某一形心主惯性轴的惯性矩。

(1)各种支承情况下等截面细长压杆的长度因数及临界压力的欧拉公式，如表 9-1-2 所示。

(2)关于欧拉公式的讨论

①相当长度 μl 的物理意义

压杆失稳时，挠曲线上两拐点间的长度就是压杆的相当长度 μl，它是各种支承条件下，细长压杆失稳时，挠曲线中相当于半波正弦曲线的一段长度。

②横截面对某一形心主惯性轴的惯性矩 I

杆端在各个方向的约束情况相同(如球形铰等)，则 I 应取最小的形心主惯性矩；杆端在各个方向的约束情况不同(如柱形铰)，应分别计算杆在不同方向失稳时的临界压力，I 为其相应中性轴的惯性矩。

表 9-1-2

支承情况	两端铰支	一端固定，一端铰支	两端固定	一端固定，一端自由	两端固定但可沿横截面相对移动
失稳时挠曲线的形状	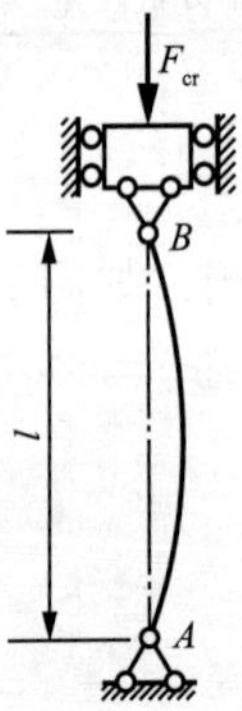	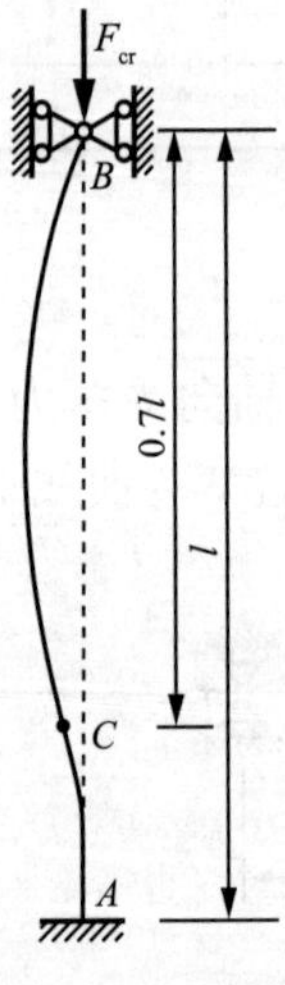	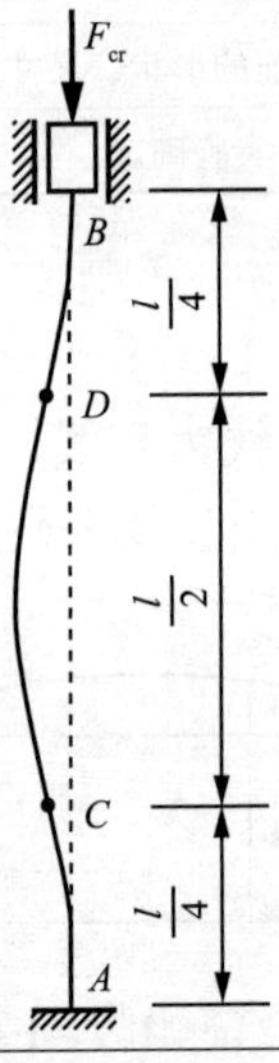	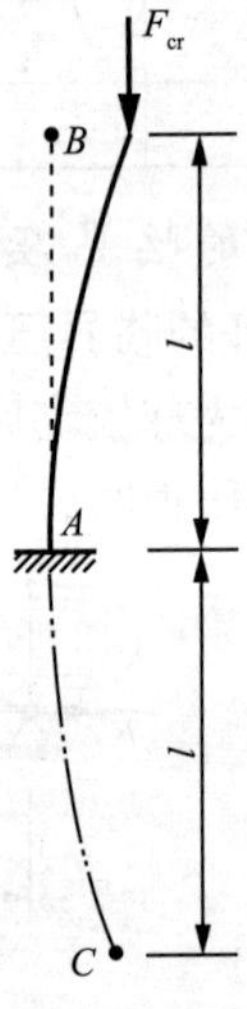	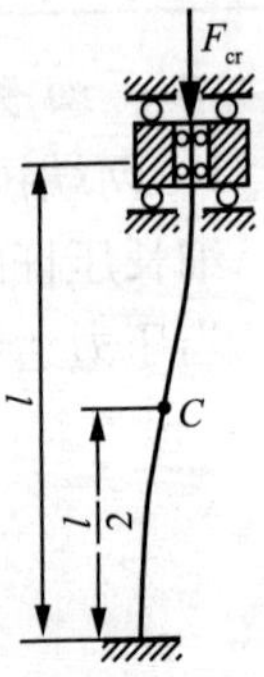
欧拉公式	$F_{cr}=\frac{\pi^2 EI}{l^2}$	$F_{cr}=\frac{\pi^2 EI}{(0.7l)^2}$	$F_{cr}=\frac{\pi^2 EI}{(0.5l)^2}$	$F_{cr}=\frac{\pi^2 EI}{(2l)^2}$	$F_{cr}=\frac{\pi^2 EI}{l^2}$
长度因数	$\mu=1$	$\mu\approx0.7$	$\mu=0.5$	$\mu=2$	$\mu=1$

三、欧拉公式的适用范围及临界应力总图

1. 相关概念

(1)临界应力：与临界压力 F_{cr} 对应的应力，用 σ_{cr} 表示，即

$$\sigma_{cr}=\frac{F_{cr}}{A}=\frac{\pi^2EI}{(\mu l)^2A}$$

(2)柔度或长细比

临界应力可表示为

$$\sigma_{cr}=\frac{\pi^2E}{\left(\frac{\mu l}{i}\right)^2}=\frac{\pi^2E}{\lambda^2}$$

式中，λ 为柔度或长细比，$\lambda=\frac{\mu l}{i}$，集中反应了压杆的长度、约束条件、截面尺寸和形状等因素对临界应力 σ_{cr} 的影响。λ 越大，相应的 σ_{cr} 越小，压杆越容易失稳。

注意：若压杆在不同平面内失稳时的支承约束条件不同，应分别计算在各平面内失稳时的柔度 λ，并按较大者计算压杆的临界应力 σ_{cr}。

2. 临界应力计算以及临界应力总图

临界应力总图是指表示临界应力随压杆柔度 λ 变化情况的图示，如图 9－1－2 所示，柔度的分界点

$$\lambda_1=\sqrt{\frac{\pi^2E}{\sigma_p}},\ \lambda_2=\frac{a-\sigma_s}{b}$$

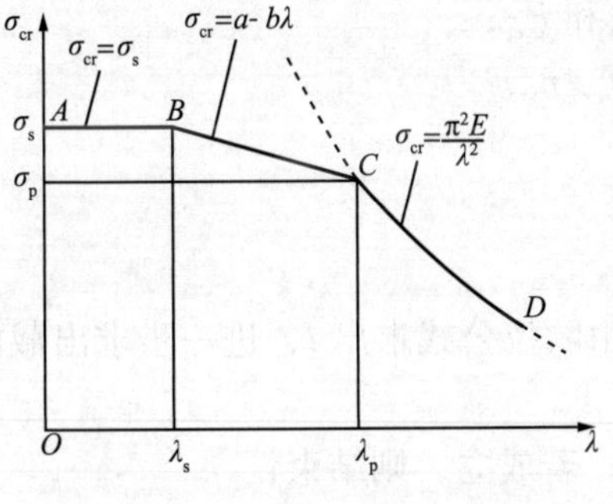

图 9－1－2

(1)若 $\lambda\geqslant\lambda_p$，则压杆为大柔度压杆，应按欧拉公式计算临界应力

$$\sigma_{cr}=\frac{\pi^2E}{\lambda^2}$$

(2)若 $\lambda<\lambda_s$，则压杆为小柔度压杆，应按强度问题计算

$$\sigma_{cr}=\frac{F}{A}\leqslant\sigma_s$$

(3)若 $\lambda_s\leqslant\lambda<\lambda_p$，则压杆为中柔度压杆，用经验公式计算临界应力。

①直线公式把临界应力 σ_{cr} 与柔度 λ 表示为如下直线关系

$$\sigma_{cr}=a-b\lambda$$

式中，a 与 b 是与材料性质有关的常数。

②抛物线公式把临界应力 σ_{cr} 与柔度 λ 表示为如下抛物线关系

$$\sigma_{cr}=a_1-b_1\lambda^2$$

式中，a_1 和 b_1 是与材料有关的常数。

四、压杆稳定校核及提高压杆稳定的措施

1. 稳定校核

(1)稳定性条件

工作安全因数 n：临界压力 F_{cr} 与工作压力 F 之比为压杆的工作安全因数。

稳定性条件

$$n=\frac{F_{cr}}{F}\geqslant n_{st} \quad \text{或} \quad F\leqslant\frac{F_{cr}}{n_{st}}$$

(2)稳定性计算

稳定性计算主要解决的问题：稳定性校核、许可载荷的确定和截面设计问题。

①稳定性校核

a. 计算 λ_1、λ_2 和 λ；

b. 确定属于哪一种杆(大柔度杆，中柔度杆，小柔度杆)；

c. 根据杆的类型求出 σ_{cr} 和 P_{cr}；

d. 计算杆所受到的实际压力 P；

e. 校核 $n=\dfrac{F_{cr}}{F}\geqslant n_{st}$ 是否成立。

②许可荷载的确定

a. 计算 λ_1、λ_2 和 λ；

b. 确定属于哪一种杆(大柔度杆，中柔度杆，小柔度杆)；

c. 根据杆的类型求出 σ_{cr} 和 P_{cr}；

d. 确定许可荷载 $[F]\leqslant F_{cr}/n_{st}$。

③截面设计问题

a. 计算实际压力 P；

b. 求出 P_{cr}，$P_{cr}=n_{st}P$；

c. 先假设为大柔度杆，由欧拉公式求出 I，进一步求出截面尺寸；

d. 计算 λ_1 和 λ；

e. 检验 $\lambda\geqslant\lambda_1$ 是否成立，若成立，则结束；

f. 若不成立，则假设为中等柔度压杆，由经验公式求出截面尺寸；

g. 计算 λ_2 和 λ；

h. 检验 $\lambda\geqslant\lambda_2$ 是否成立，若成立，则结束；

i. 若不成立，则按强度问题进行截面设计。

(3)压杆局部削弱(如螺钉孔等)的情况

根据计算目的不同采用不同的处理方法：

①进行稳定计算时，采用未经削弱的横截面面积 A 和惯性矩 I；

②进行强度计算时，采用削弱后的压杆的横截面面积。

2. 提高压杆稳定性的措施

影响压杆稳定的因素包括压杆的截面形状、长度、约束条件、材料的性质等。因而，提高压杆稳定性的措施主要包括以下三个方面：

(1)选择合理的截面形状

截面的惯性矩 I 越大，或惯性半径 i 越大，稳定性越好。

在截面积相等的情况下，尽可能将材料放在离截面形心较远处，使 I 或 i 较大，并尽量使压杆在任一纵向平面内有相等或接近相等的稳定性，如图 9－1－3 所示。

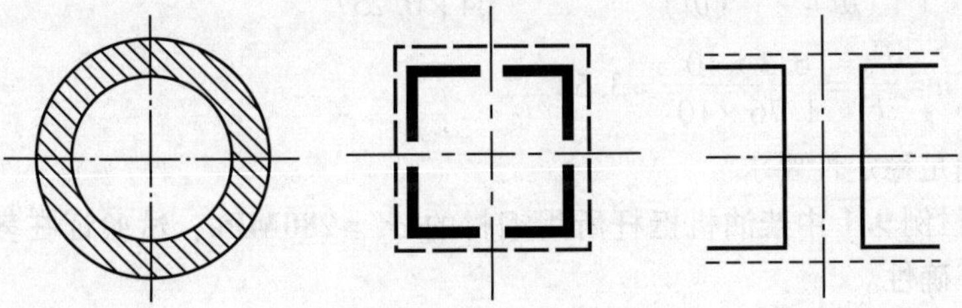

图 9－1－3

(2)改变压杆的约束条件

增加或改变压杆的约束，使其更不容易发生弯曲变形，提高了稳定性。

(3)合理选择材料

①大柔度压杆临界压力与材料的弹性模量相关，但各种钢材的 E 大致相等。因此，选用优质钢材或低碳钢并无很大差别。

②中等柔度的压杆，临界应力与材料的强度有关；柔度很小的短杆，是强度问题。因此，选用强度高的优质钢材具有明显的优越性。

五、纵横弯曲的概念(仅作了解)

1. 纵横弯曲：对于刚度较小、弯曲变形较大的杆件需要同时考虑横向力和轴向力的作用引起的弯曲变形问题。

2. 纵横弯曲变形中的临界压力：使弯曲变形趋于无限的轴向压力。

六、用能量方法确定压杆的临界压力

1. 应用条件

对于载荷、支承方式或截面变化形式比较复杂的压杆，宜采用能量方法求解。

2. 临界压力

计算公式为

$$F_{cr}=\frac{\int_l EIw''^2\mathrm{d}x}{\int_l w'^2\mathrm{d}x}$$

9.2 课后习题详解

9.1 某型号柴油机的挺杆长度 $l=257$mm，圆形横截面的直径 $d=8$mm，钢材的 $E=210$GPa，$\sigma_p=240$MPa。挺杆所受最大压力 $F=1.76$kN。规定的稳定安全因数为 $n_{st}=2\sim5$。试校核挺杆的稳定性。

解：将该挺杆看作是两端铰支，$\mu=1$，则有

$$\lambda_1=\sqrt{\frac{\pi^2E}{\sigma_p}}=\sqrt{\frac{\pi^2\times210\times10^9}{240\times10^6}}=92.9$$

$$\lambda=\frac{\mu l}{i}=\frac{1\times0.257\times4}{0.008}=128.5\text{，其中 } i=\frac{d}{4}$$

$$\lambda>\lambda_1$$

因此该挺杆是大柔度杆，由欧拉公式可得其临界压力

$$F_{cr}=\frac{\pi^2 EI}{(\mu l)^2}=\frac{\pi^2 E\frac{\pi}{64}d^4}{(\mu l)^2}=\frac{\pi^3\times210\times10^9\times0.008^4}{64\times0.257^2}\text{N}=6.3\times10^3\text{N}$$

安全因数：$n=\frac{F_{cr}}{F}=\frac{6.3\times10^3}{1.76\times10^3}=3.58$。

故该挺杆满足稳定性要求。

9.2 若教材例 9.1 中柴油机挺杆所用钢材的 $\sigma_p=280\text{MPa}$，试验证在教材例 9.1 中使用欧拉公式的正确性。

解：计算得

$$\lambda_p=\pi\sqrt{\frac{E}{\sigma_p}}=\pi\sqrt{\frac{210\times10^3}{280}}=86$$

而 $\lambda=128.5>\lambda_p$，所以该挺杆是大柔度杆，可以用欧拉公式计算其临界载荷。

9.3 图 9-2-1 所示蒸汽机的活塞杆 AB 所受的压力 $F=120\text{kN}$，$l=1.80\text{m}$，横截面为圆形，直径 $d=75\text{mm}$。材料为 Q275 钢，$E=210\text{GPa}$，$\sigma_p=240\text{MPa}$。规定 $n_{st}=8$，试校核活塞杆的稳定性。

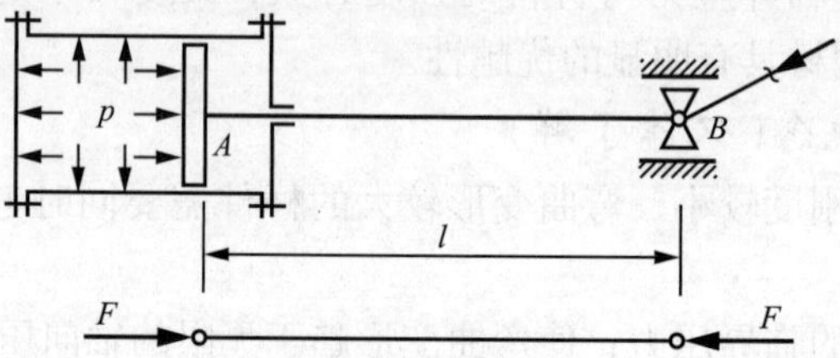

图 9-2-1

解：根据题意，$\lambda_1=\sqrt{\frac{\pi^2 E}{\sigma_p}}=\sqrt{\frac{\pi^2\times210\times10^3}{240}}=92.9$。

将活塞杆看作是两端铰支，$\mu=1$，则其柔度

$$\lambda=\frac{\mu l}{i}=\frac{4l}{d}=\frac{4\times180}{7.5}=96>\lambda_1$$

所以杆为大柔度杆，适用欧拉公式，其临界载荷

$$F_{cr}=\frac{\pi^2 EI}{(\mu l)^2}=\frac{\pi^2\times210\times10^9\times\frac{\pi}{64}\times0.075^4}{(1\times1.8)^2}\text{N}=994\text{kN}$$

安全因数：$n=\frac{F_{cr}}{F}=\frac{994}{120}=8.28>n_{st}=8$。

故活塞杆满足稳定性要求。

9.4 图 9-2-2 所示为某型号飞机起落架中承受轴向压力的斜撑杆。撑杆为空心圆管，外径 $D=52\text{mm}$，内径 $d=44\text{mm}$，$l=950\text{mm}$。材料为 30CrMnSiNi2A，$\sigma_b=1600\text{MPa}$，$\sigma_p=1200\text{MPa}$，$E=210\text{GPa}$。试求撑杆的临界压力 F_{cr} 和临界应力 σ_{cr}。

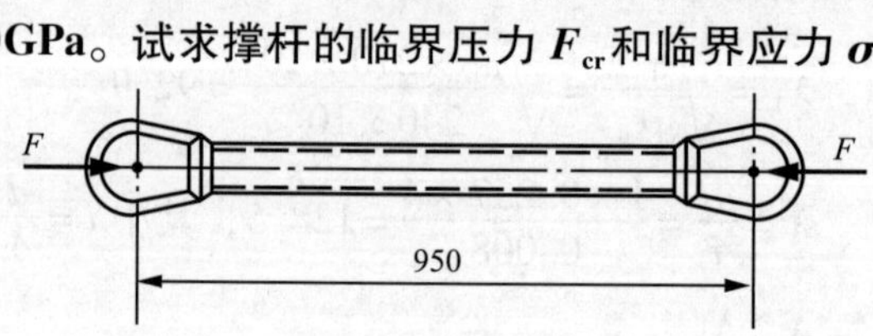

图 9-2-2

解：根据题意，$\lambda_1 = \sqrt{\dfrac{\pi^2 E}{\sigma_p}} = \sqrt{\dfrac{\pi^2 \times 210 \times 10^3}{1200}} = 41.6$。

将斜撑杆看作是两端铰支，$\mu = 1$，又其惯性半径

$$i = \sqrt{\frac{I}{A}} = \sqrt{\frac{\frac{\pi}{64}(D^4 - d^4)}{\frac{\pi}{4}(D^2 - d^2)}} = \frac{1}{4}\sqrt{D^2 + d^2} = 17.0\text{mm}$$

故其柔度：$\lambda = \dfrac{\mu l}{i} = \dfrac{950}{17.0} = 55.9 > \lambda_1$。

斜撑杆为细长杆，由欧拉公式可得：

临界应力：$\sigma_{cr} = \dfrac{\pi^2 E}{\lambda^2} = \dfrac{\pi^2 \times 210 \times 10^3}{55.9^2}\text{MPa} = 663\text{MPa}$；

临界压力：$F_{cr} = \sigma_{cr} \cdot A = \dfrac{\pi(D^2 - d^2)}{4}\sigma_{cr} = \dfrac{\pi(52^2 - 44^2)}{4} \times 663\text{N} = 400\text{kN}$。

9.5　三根圆形截面压杆，直径均为 $d = 160\text{mm}$，材料为 Q235 钢，$E = 200\text{GPa}$，$\sigma_s = 240\text{MPa}$。两端均为铰支，长度分别为 l_1、l_2 和 l_3，且 $l_1 = 2l_2 = 4l_3 = 5\text{m}$。试求各杆的临界压力 F_{cr}。

解：对于 Q235 钢，其比例极限 $\sigma_p = 200\text{MPa}$，则有

$$\lambda_1 = \sqrt{\frac{\pi^2 E}{\sigma_p}} = \sqrt{\frac{\pi^2 \times 200 \times 10^9}{200 \times 10^6}} = 99.3$$

查表知 $a = 304\text{MPa}$，$b = 1.12\text{MPa}$，则有：$\lambda_2 = \dfrac{a - \sigma_s}{b} = \dfrac{304 - 240}{1.12} = 57.1$。

根据题意，各杆两端铰支，$\mu = 1$，且其惯性半径均为：$i = \sqrt{\dfrac{I}{A}} = \dfrac{d}{4} = 40\text{mm}$。

(1)对于 1 杆，其柔度：$\lambda = \dfrac{l_1}{i} = 125 > \lambda_1$。

则 1 杆为大柔度杆，根据欧拉公式计算其临界压力

$$F_{cr} = \sigma_{cr} A = \frac{\pi^2 E}{\lambda^2} \cdot \frac{\pi d^2}{4} = \frac{\pi^3 \times 200 \times 10^3 \times 160^2}{4 \times 125^2}\text{N} = 2536\text{kN}$$

(2)对于 2 杆，其柔度：$\lambda = \dfrac{l_2}{i} = 62.5$。

则 $\lambda_2 < \lambda < \lambda_1$，根据直线公式计算其临界压力

$$\sigma_{cr} = a - b\lambda = (304 - 1.12 \times 62.5)\text{MPa} = 234\text{MPa}$$

$$F_{cr} = \sigma_{cr} \cdot A = \frac{\pi d^2}{4}\sigma_{cr} = \left(\frac{\pi \times 160^2}{4} \cdot 234\right)\text{N} = 4702\text{kN}$$

(3)对于 3 杆，其柔度：$\lambda = \dfrac{l_3}{i} = 31.25 < \lambda_2 = 57.1$。

则 3 杆为小柔度杆，根据强度条件计算其临界压力

$$F_{cr} = \sigma_s \cdot A = \frac{\pi d^2}{4} \cdot \sigma_s = \frac{\pi \times 160^2 \times 240}{4}\text{N} = 4823\text{kN}$$

9.6　设图 9－2－3 所示千斤顶的最大承载压力为 $F = 150\text{kN}$，螺杆内径 $d = 52\text{mm}$，$l = 500\text{mm}$。材料为 Q235 钢，$E = 200\text{GPa}$。稳定安全因数规定为 $n_{st} = 3$。试校核其稳定性。

解：对于 Q235 钢，$E=200\text{GPa}$，$\sigma_s=240\text{MPa}$，$\sigma_p=200\text{MPa}$，则有

$$\lambda_1=\sqrt{\frac{\pi^2 E}{\sigma_p}}=\sqrt{\frac{\pi^2\times 200\times 10^9}{200\times 10^6}}=99.3$$

又查表得 $a=304\text{MPa}$，$b=1.12\text{ MPa}$，则

$$\lambda_2=\frac{a-\sigma_s}{b}=\frac{304-240}{1.12}=57.1$$

根据题意，将螺杆看作上端自由，下端固定的杆，$\mu=2$，则其柔度

$$\lambda=\frac{\mu l}{i}=\frac{4\mu l}{d}=\frac{4\times 2\times 0.5}{0.052}=76.9$$

由此可知 $\lambda_2<\lambda<\lambda_1$，螺杆为中等柔度杆，故由直线公式计算其临界压力

$$\begin{aligned}F_{cr}&=(a-b\lambda)A\\&=(304-1.12\times 76.9)\times 10^6\times\frac{\pi}{4}\times 0.052^2\text{N}\\&=462.5\text{kN}\end{aligned}$$

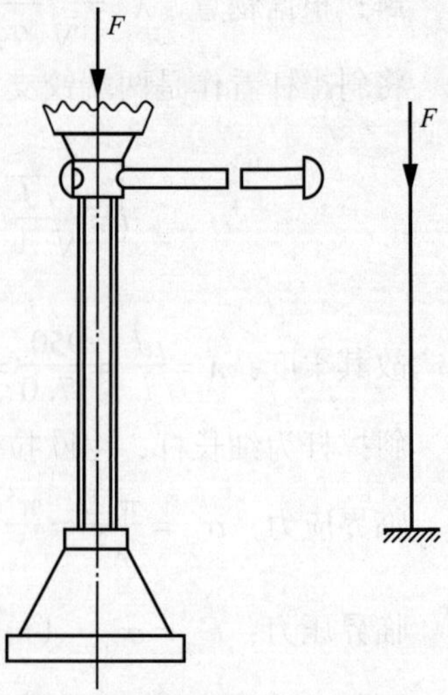

图 9－2－3

安全因数：$n=\dfrac{F_{cr}}{F}=\dfrac{462.5}{150}=3.08>n_{st}=3$。

故满足稳定性要求。

9.7　无缝钢管厂的穿孔顶杆如图 9－2－4 所示。杆端承受压力。杆件长度 $l=4.5\text{m}$，横截面直径 $d=150\text{mm}$。材料为低合金钢，$E=210\text{GPa}$。两端可简化为铰支座，规定的稳定安全因数为 $n_{st}=3.3$。试求顶杆的许可载荷。

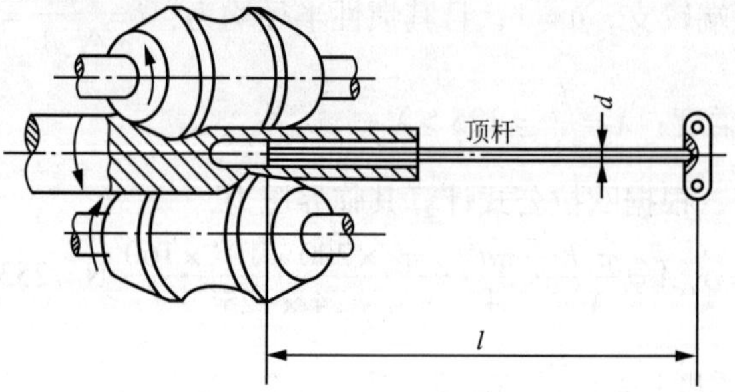

图 9－2－4

解：对于低合金钢，比例极限 $\sigma_p=200\text{MPa}$，则有

$$\lambda_1=\sqrt{\frac{\pi^2 E}{\sigma_p}}=\sqrt{\frac{\pi^2\times 210\times 10^9}{200\times 10^6}}=102$$

根据题意，长度系数 $\mu=1$，则其柔度：$\lambda=\dfrac{\mu l}{i}=\dfrac{4\times 4500}{150}=120>\lambda_1$。

由此可知杆为细长杆，故由欧拉公式计算其临界压力

$$F_{cr}=\frac{\pi^2\times 210\times 10^9\times\frac{\pi}{64}\times 0.15^4}{(1\times 4.5)^2}\text{N}=2540\text{kN}$$

顶杆的许可载荷：$[F]=F_{cr}/n_{st}=\dfrac{2540}{3.3}\text{kN}=770\text{kN}$。

9.8 某轧钢车间使用的螺旋推钢机的示意图如图 9－2－5 所示。推杆由丝杆通过螺母来带动。已知推杆横截面的直径 $d = 130\text{mm}$，材料为 Q275 钢。当推杆全部推出时，前端可能有微小的侧移，故简化为一端固定、一端自由的压杆。这时推杆的伸出长度为最大值 $l_{\max} = 3\text{m}$。取稳定安全因数 $n_{st} = 4$。试校核压杆的稳定性。

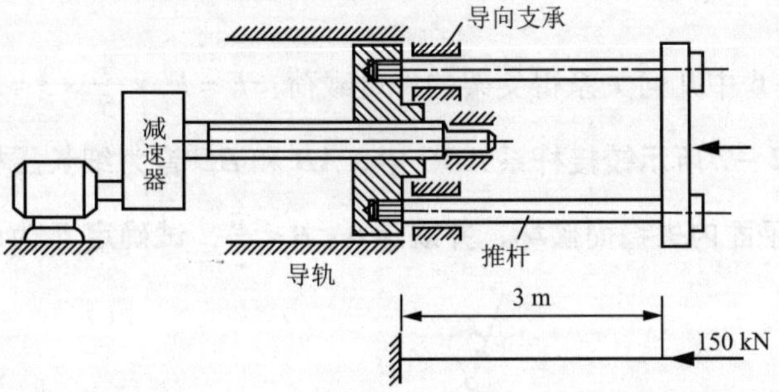

图 9－2－5

解：对于 Q275 钢，$E = 210\text{GPa}$，$\sigma_p = 240\text{MPa}$，则有

$$\lambda_1 = \sqrt{\frac{\pi^2 E}{\sigma_p}} = \sqrt{\frac{\pi^2 \times 210 \times 10^9}{240 \times 10^6}} = 92.9$$

根据题意，推杆长度系数 $\mu = 2$，则其柔度：$\lambda = \dfrac{\mu l}{i} = \dfrac{2 \times 3000}{32.5} = 185 > \lambda_1$。

由此可知其为大柔度杆，故由欧拉公式计算其临界压力

$$F_{cr} = \sigma_{cr} A = \frac{\pi^3 E d^2}{4\lambda^2} = \frac{\pi^3 \times 210 \times 10^3 \times 130^2}{4 \times 185^2}\text{N} = 803.8\text{kN}$$

安全因数：$n = \dfrac{F_{cr}}{F} = \dfrac{803.8}{150} = 5.36 > n_{st} = 4$。

杆的稳定性满足要求。

9.9 由三根钢管构成的支架如图 9－2－6 所示。钢管的外径为 30mm，内径为 22mm，长度 $l = 2.5\text{m}$，$E = 210\text{GPa}$。在支架的顶点三杆铰接。若取稳定安全因数 $n_{st} = 3$，试求许可载荷 F。

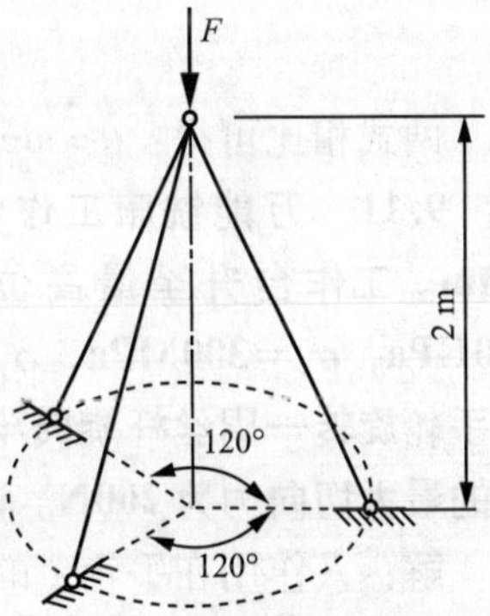

图 9－2－6

解：由于支架的对称性，三根杆所承受的压力相等，即当三根杆同时达到临界值时，支架开始失稳。任取一根杆进行研究，设其受力为 F'。

取 $\sigma_p = 240\text{MPa}$，则有

$$\lambda_1 = \sqrt{\frac{\pi^2 E}{\sigma_p}} = \sqrt{\frac{\pi^2 \times 210 \times 10^3}{240}} = 92.9$$

又该杆的惯性半径

$$i = \sqrt{\frac{I}{A}} = \sqrt{\frac{\frac{\pi}{64}(D^4 - d^4)}{\frac{\pi}{4}(D^2 - d^2)}} = \frac{\sqrt{D^2 + d^2}}{4} = 9.3\text{mm}$$

则其柔度：$\lambda = \dfrac{\mu l}{i} = \dfrac{2500}{9.3} = 268.8 > \lambda_1$。

由此可知其为大柔度杆，故由欧拉公式计算其临界压力

$$F'_{cr}=\sigma_{cr}\cdot A=\frac{\pi^3E(D^2-d^2)}{4\lambda^2}=\frac{\pi^3\times210\times10^3\times(30^2-22^2)}{4\times268.8^2}\text{N}=9.37\text{kN}$$

每根杆承受的许可载荷：$F'=\frac{F'_{cr}}{n_{st}}=3.12\text{kN}$。

则根据图 9－2－6 中几何关系得支架的许可载荷：$F=F'\times\frac{4}{5}\times3=7.5\text{kN}$。

9.10　在图 9－2－7 所示铰接杆系 *ABC* 中，*AB* 和 *BC* 皆为细长压杆，且截面和材料均相同。若因在 *ABC* 平面内失稳而破坏，并规定 $0<\theta<\frac{\pi}{2}$，试确定 *F* 为最大值时的 θ 角。

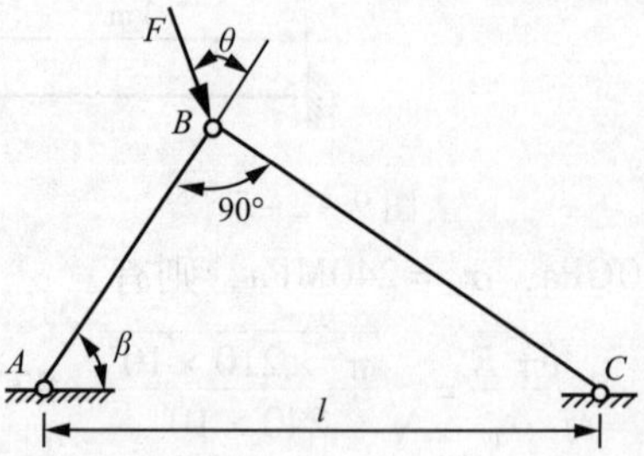

图 9－2－7

解：以节点 *B* 为研究对象，根据平衡条件可得：*AB* 杆承受的力为 $F_{AB}=F\cos\theta$；*BC* 杆承受的力为$F_{BC}=F\sin\theta$。

根据题意，当两细长压杆同时失稳，即同时达到临界值时，*F* 取得最大值，则有

$$F_{AB}=\frac{\pi^2EI}{(l\cos\beta)^2}=F\cos\theta，F_{BC}=\frac{\pi^2EI}{(l\sin\beta)^2}=F\sin\theta$$

两式相比可得：$\theta=\arctan(\cot^2\beta)$。

9.11　万能铣床工作台升降丝杆的内径为 22mm，螺距 s = 5mm。工作台升至最高位置时，l = 500mm。丝杆钢材的 E = 210GPa，σ_s = 300MPa，σ_p = 260MPa。若伞齿轮的传动比为 1/2，即手轮旋转一周丝杆旋转半周，且手轮半径为 100mm，手轮上作用的最大切向力为 200N。试求丝杆的工作安全因数。

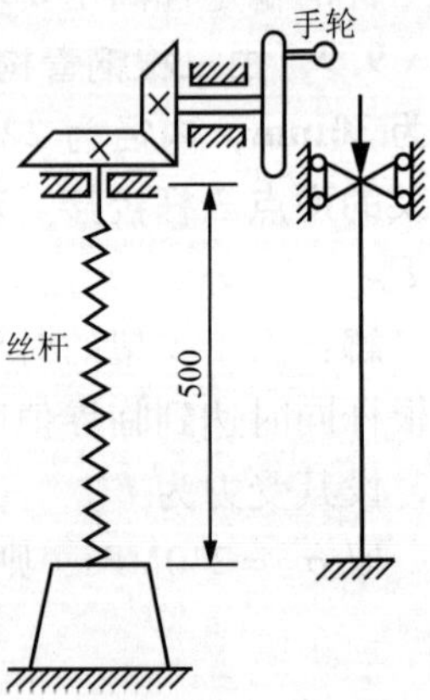

图 9－2－8

解：人作用在手轮上的扭矩为：$T=200\text{N}\times100\text{mm}=20\text{N}\cdot\text{m}$。

则丝杆传递的扭矩为：$M_e=2T=40\text{N}\cdot\text{m}$。

设螺纹升角为 θ，则有：$\tan\theta=\frac{s}{\pi d}=\frac{5}{22\pi}$。

可得丝杆上承受的压力：$F=\frac{\frac{2M_e}{d}}{\tan\theta}=\frac{2\times40\times10^3\times22\pi}{22\times5}\text{N}=50.27\text{kN}$。

对于丝杆，$\lambda_1=\sqrt{\frac{\pi^2E}{\sigma_p}}=\sqrt{\frac{\pi^2\times210\times10^9}{260\times10^6}}=89.3$。

查表得 $a=461\text{MPa}$，$b=2.568\text{MPa}$，则 $\lambda_2=\frac{a-\sigma_s}{b}=\frac{461-300}{2.568}=62.7$。

其柔度：$\lambda=\frac{\mu l}{i}=\frac{4\mu l}{d}=\frac{4\times0.7\times500}{22}=63.6$。

由此可知其柔度 $\lambda_2 < \lambda < \lambda_1$，丝杆为中等柔度杆，故由直线公式计算其临界力

$$F_{cr} = (a - b\lambda)A = (461 - 2.568 \times 63.6) \times 10^6 \times \frac{\pi}{4} \times 0.022^2 \text{N} = 113.1\text{kN}$$

丝杆的工作安全因数：$n = \frac{F_{cr}}{F} = \frac{113.1}{50.27} = 2.25$。

9.12　某快锻水压机工作台油缸柱塞如图 9－2－9 所示。已知油压 $p = 32$MPa，柱塞直径 $d = 120$mm，伸入油缸的最大行程 $l = 1600$mm，材料为 45 钢，$E = 210$GPa。试求柱塞的工作安全因数。

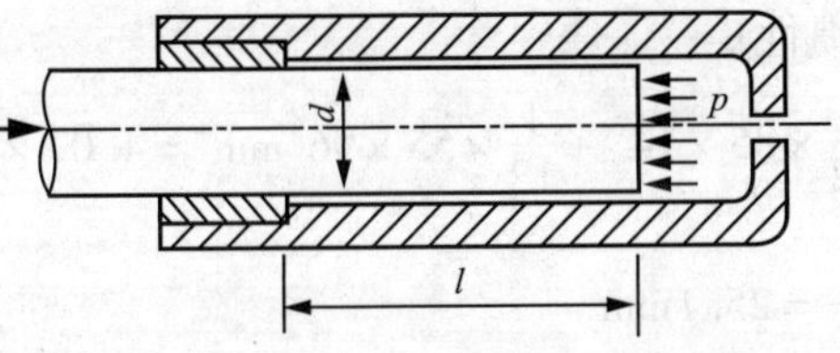

图 9－2－9

解：对于 45 钢，比例极限 $\sigma_p = 280$MPa，则根据公式得

$$\lambda_1 = \sqrt{\frac{\pi^2 E}{\sigma_p}} = \sqrt{\frac{\pi^2 \times 210 \times 10^9}{280 \times 10^6}} = 86$$

将该柱塞视为一端固定，一端自由的杆，$\mu = 2$，则其柔度

$$\lambda = \frac{\mu l}{i} = \frac{8l}{d} = \frac{8 \times 1600}{120} = 106.7 > \lambda_1$$

由此可知杆为细长杆，故由欧拉公式计算其临界压力

$$F_{cr} = \sigma_{cr} A = \frac{\pi^3 d^2 E}{4\lambda^2} = \frac{\pi^3 \times 120^2 \times 210 \times 10^3}{4 \times 106.7^2} \text{N} = 2060\text{kN}$$

又柱塞的工作压力

$$F = pA = 32 \times 10^6 \times \frac{\pi}{4} \times 0.12^2 \text{N} = 361.9\text{kN}$$

安全系数：$n = \frac{F_{cr}}{F} = \frac{2060}{361.9} = 5.69$。

9.13　蒸汽机车的连杆如图 9－2－10 所示，截面为工字形，材料为 Q235 钢。连杆所受最大轴向压力为 465kN。连杆在摆动平面（$x-y$ 平面）内发生弯曲时，两端可认为铰支；而在与摆动平面垂直的 $x-z$ 平面内发生弯曲时，两端可认为是固定支座。试确定其工作安全因数。

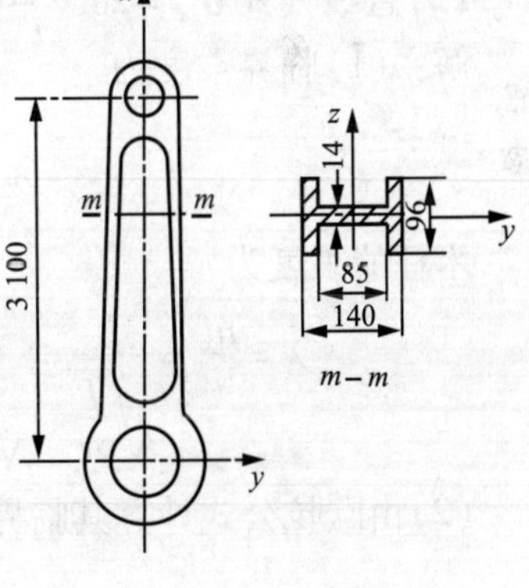

图 9－2－10

解：对于 Q235 钢，$E = 200$GPa，$\sigma_p = 200$MPa，$\sigma_s = 240$MPa，查表得：$a = 304$MPa，$b = 1.12$MPa，则有

$$\lambda_1 = \sqrt{\frac{\pi^2 E}{\sigma_p}} = \sqrt{\frac{\pi^2 \times 200 \times 10^3}{200}} = 99.3$$

$$\lambda_2 = \frac{a - \sigma_s}{b} = \frac{304 - 240}{1.12} = 57.1$$

横截面面积：$A = 85 \times 14 + 96 \times 55\text{mm}^2 = 6470\text{mm}^2$。

（1）连杆在 $x-y$ 平面弯曲时

横截面对中性轴 z 轴的惯性矩

$$I_z=\frac{1}{12}\times 14\times 85^3+2\left[\frac{1}{12}\times 96\times 27.5^3+96\times 27.5\times 56.25^2\right]\text{mm}^4=1.78\times 10^7\text{mm}^4$$

则惯性半径：$i_z=\sqrt{\frac{I_z}{A}}=52.45\text{mm}$。

此时连杆看作是两端铰支，$\mu=1$，则其柔度：$\lambda_z=\frac{\mu l}{i_z}=\frac{3100}{52.45}=59.1$。

(2)连杆在 $x-z$ 平面内弯曲时

横截面对中性轴 y 的惯性矩

$$I_y=\frac{1}{12}\times 85\times 14^3+\frac{1}{12}\times 55\times 96^3\text{mm}^4=4.07\times 10^6\text{mm}^4$$

则惯性半径：$i_y=\sqrt{\frac{I_y}{A}}=25.1\text{mm}$。

此时连杆看作两端固定，$\mu=0.5$，则其柔度：$\lambda_y=\frac{\mu l}{i_y}=\frac{0.5\times 3100}{25.1}=61.8$。

综上比较可知：$\lambda_2<\lambda_z<\lambda_y<\lambda_1$，故连杆在 $x-z$ 平面先失稳。

根据直线公式计算其临界载荷

$$F_{\text{cr}}=(a-b\lambda_y)A=(304-1.12\times 61.8)\times 10^6\times 64.7\times 10^{-4}\text{N}=1519.1\text{kN}$$

则工作安全因数：$n=\frac{F_{\text{cr}}}{F}=\frac{1519.1}{465}=3.27$。

9.14　一木柱两端铰支，其横截面为 120mm×200mm 的矩形，长度为 4m。木材的 $E=10\text{GPa}$，$\sigma_{\text{p}}=20\text{MPa}$。试求木柱的临界应力。计算临界应力的公式有：

(1)欧拉公式(大柔度压杆)；

(2)直线公式 $\sigma_{\text{cr}}=28.7-0.19\lambda$(中等柔度压杆，$\sigma_{\text{cr}}$ 以 MPa 计)。

解：(1)临界柔度为

$$\lambda_{\text{p}}=\pi\sqrt{\frac{E}{\sigma_{\text{p}}}}=\pi\cdot\sqrt{\frac{10\times 10^3}{20}}=70.2$$

木柱的柔度为

$$\lambda=\frac{\mu l}{i}=\frac{l}{\sqrt{\frac{I}{A}}}=\frac{l}{\sqrt{\frac{bh^3}{12bh}}}=\sqrt{12}\frac{l}{h}=\sqrt{12}\times\frac{4000}{120}=115.5>\lambda_{\text{p}}=70.2$$

(2)由欧拉公式计算其临界应力

$$\sigma_{\text{cr}}=\frac{\pi^2 E}{\lambda^2}=\frac{\pi^2\times 10\times 10^3}{115.5^2}=7.4\text{MPa}$$

9.15　某厂自制的简易起重机如图 9-2-11 所示，其压杆 *BD* 为[20 槽钢，材料为 Q235 钢。起重机的最大起重量是 $W=40\text{kN}$。若规定的稳定安全因数为 $n_{\text{st}}=5$，试校核 *BD* 杆的稳定性。

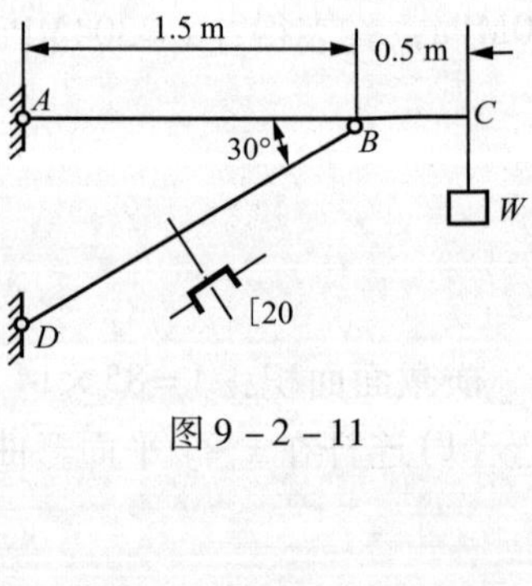

图 9-2-11

解：对于 Q235 钢，$E=200\text{GPa}$，$\sigma_{\text{p}}=200\text{MPa}$，$\sigma_{\text{s}}=240\text{MPa}$ 查表得 $a=304\text{MPa}$，$b=1.12\text{MPa}$，则根据公式得

$$\lambda_1=\sqrt{\frac{\pi^2 E}{\sigma_p}}=\sqrt{\frac{\pi^2\times200\times10^3}{200}}=99.3$$

$$\lambda_2=\frac{a-\sigma_s}{b}=\frac{304-240}{1.12}=57.1$$

查型钢表知[20 槽钢的截面参数：$i_{\min}=20.9\text{mm}$，$A=3283.7\text{mm}^2$。

则杆 BD 的柔度：$\lambda=\frac{\mu l}{i}=\frac{1500}{\cos30°\times20.9}=82.9<\lambda_1$。

根据直线公式计算其临界力

$$F_{cr}=(a-b\lambda)A=(304-1.12\times82.9)\times10^6\times3283.7\times10^{-6}\text{N}=693.5\text{kN}$$

又由平衡条件：$\sum M_A=0$，$(1.5+0.5)W-F_{BD}\cdot1.5\sin30°=0$。

可得杆 BD 所承受的力：$F_{BD}=106.7\text{kN}$。

安全因数：$n=\frac{F_{cr}}{F_{BD}}=\frac{693.5}{106.7}=6.5>n_{st}$。

所以 BD 杆满足稳定性要求。

9.16　图 9-2-12 所示结构中，AB 为直径 $d=60\text{mm}$ 的实心圆截面梁，BD 和 CD 均为 $20\text{mm}\times30\text{mm}$ 的矩形截面杆，链接处均可看成球铰，在 D 点受水平向右的集中力 F 的作用。若该结构均由 Q235 钢制成，材料的许用应力 $[\sigma]=160\text{MPa}$，比例极限 $\sigma_p=200\text{MPa}$，弹性模量 $E=206\text{GPa}$，压杆的稳定安全因数为 $n_{st}=2.5$。试求许用载荷 $[F]$。

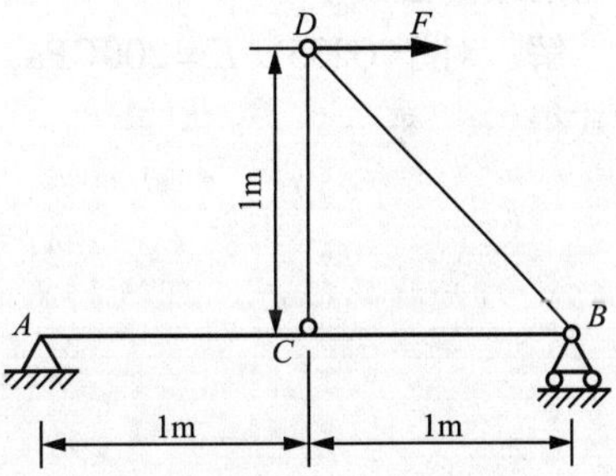

图 9-2-12

解：临界柔度为

$$\lambda_p=\sqrt{\frac{\pi^2 E}{\sigma_p}}=\sqrt{\frac{\pi^2\times206\times10^3}{200}}=100.8$$

由静力平衡方程可解得各杆轴力为

$$F_{NCD}=F,\ F_{NBD}=-\sqrt{2}F,\ F_{NAB}=F$$

(1) BD 杆为压杆，在弱轴平面内最先失稳：

惯性半径：$i_y=\sqrt{\frac{I_y}{A}}=\frac{b}{2\sqrt{3}}=\frac{20}{2\sqrt{3}}\text{mm}=5.77\text{mm}$。

柔度：$\lambda=\frac{\mu l}{i_y}=\frac{1.0\times\sqrt{2}\times10^3}{5.77}=245.1>\lambda_p=100.8$。

为大柔度杆，按欧拉公式计算临界压力

$$F_{cr}=\frac{\pi^2 EA}{\lambda^2}=\frac{\pi^2\times206\times10^3\times20\times30}{245.1^2}\text{N}=20.31\text{kN}$$

可承受的最大载荷

$$\sqrt{2}F=\frac{F_{cr}}{n_{st}}$$

$$F=\frac{F_{cr}}{\sqrt{2}n_{st}}=\frac{20.31}{\sqrt{2}\times2.5}\text{kN}=5.75\text{kN}$$

(2) CD 杆拉杆，可承受的最大载荷

$$F=[\sigma]\cdot A=160\times 20\times 30\text{N}=96\text{kN}$$

(3) AB 梁属于组合变形，轴力为 $F(N)$，最大弯矩为 $500F(\text{N}\cdot\text{mm})$，梁内最大正应力为

$$\sigma=\frac{M}{W}+\frac{F}{A}=\frac{500F}{\frac{1}{32}\pi d^3}+\frac{F}{\frac{1}{4}\pi d^2}\leqslant[\sigma]$$

$$507.5F\leqslant\frac{1}{32}\pi d^3[\sigma]=3391.2\text{kN}$$

$$F\leqslant 6.68\text{kN}$$

综上所述，许用载荷 $[F]=5.75\text{kN}$。

9.17 两端固定的管道长度为 2m，内径 $d=30\text{mm}$，外径 $D=40\text{mm}$。材料为 Q235 钢，$E=210\text{GPa}$，线胀系数 $\alpha_l=125\times 10^{-7}℃^{-1}$。若安装管道时的温度为 10℃，试求不引起管道失稳的最高温度。

解：对于 Q235，$E=200\text{GPa}$，$\sigma_p=200\text{MPa}$，查表得 $a=304\text{MPa}$，$b=1.12\text{MPa}$，则根据公式得

$$\lambda_1=\sqrt{\frac{\pi^2E}{\sigma_p}}=\sqrt{\frac{\pi^2\times 200\times 10^3}{200}}=99.3$$

$$\lambda_2=\frac{a-\sigma_s}{b}=\frac{304-240}{1.12}=57.1$$

对于管道，两端固定，有 $\mu=0.5$，则 $\lambda=\frac{\mu l}{i}=\frac{4\mu l}{\sqrt{D^2+d^2}}=\frac{4\times 0.5\times 2}{\sqrt{0.04^2+0.03^2}}=80$。

比较可知：$\lambda_2<\lambda<\lambda_1$，管道为中柔度杆，故由直线公式计算其临界应力

$$\sigma_{cr}=a-b\lambda=304-1.12\times 80\text{MPa}=214.4\text{MPa}$$

使管道不失稳的条件为，由温度产生的应力 $\sigma_T\leqslant\sigma_{cr}$，且 $\sigma_T=\alpha_lE\Delta T$，故有

$$\Delta T\leqslant\frac{\sigma_{cr}}{\alpha_lE}\leqslant\frac{214.4}{125\times 10^{-7}\times 210\times 10^3}℃=81.7℃$$

则不引起管道失稳的最高温度：$T_{max}=T+\Delta T=91.7℃$。

9.18 由压杆挠曲线的近似微分方程式，导出一端固定、另一端自由的压杆的欧拉公式。

解：如图 9-2-13 所示，压杆失稳时自由端挠度为 δ，且在 x 截面处的弯矩：$M(x)=F(\delta-w)$。

由此可得挠曲线微分方程：$EI\frac{d^2w}{dx^2}=F(\delta-w)$。

令 $\frac{F}{EI}=k^2$，则上式可变形为：$\frac{d^2w}{dx^2}+k^2w=k^2\delta$。

其通解为：$\frac{dw}{dx}=Ak\cos kx-Bk\sin kx$，$w=A\sin kx+B\cos kx+\delta$。

由边界条件：$x=0$ 时，$w=0$，$\frac{dw}{dx}=0$。

可确定积分常数：$A=0$，$B=-\delta$。

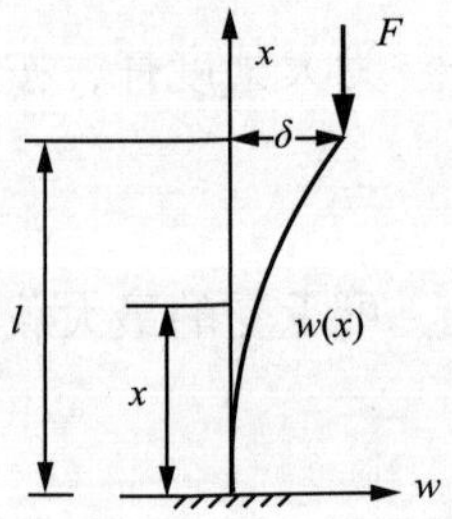

图 9-2-13

则挠曲线方程为：$w=\delta(1-\cos kx)$。

又自由端挠度，$x=l$ 时，$w=\delta$，代入上式得：$\delta=\delta(1-\cos kl)$。

故有 $\cos kl=0$，解得：$kl=\frac{\pi}{2}(2n+1)\quad(n=0,1,2\cdots)$。

使杆保持微弯状态的最小压力即为临界压力，上述最小解为 $kl=\frac{\pi}{2}$，故临界压力

$$F_{\mathrm{cr}}=\frac{\pi^2EI}{(2l)^2}$$

9.19 在两端铰支压杆的中点及右端作用压力 F（如图 9-2-14），试求 F 的临界值。

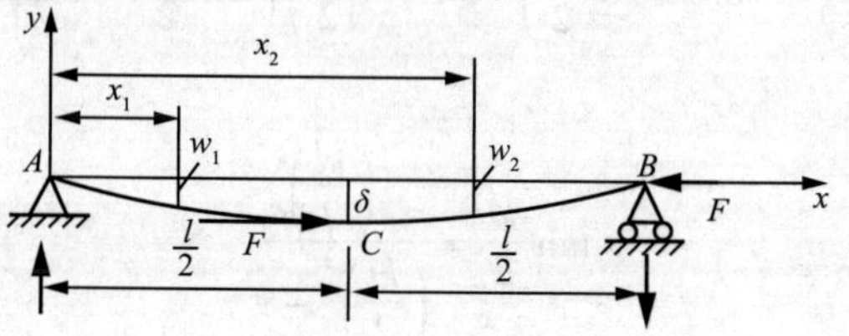

图 9-2-14

解：假设 δ 为压力 F 作用截面的挠度，$\frac{F\delta}{l}$ 为两端铰支座的垂直约束力，方向相反。列出弯矩方程，并积分。

在 AC 段内，有

$$M=-\frac{F\delta}{l}x_1$$

$$\frac{d^2w_1}{dx_1^2}=\frac{M}{EI}=-\frac{F\delta}{EIl}x_1=-k^2\frac{\delta}{l}x_1$$

δ 为负，弯矩 M 为正积分上式，有

$$w_1=-\frac{k^2\delta}{6l}x_1^3+Cx_1+D$$

利用边界条件，有

$$x_1=0\text{ 时，}w_1=0;\ x_1=\frac{l}{2}\text{时，}w_1=\delta$$

于是有

$$w_1=-\frac{k^2\delta}{6l}x_1^3+\frac{2\delta}{l}\left(1+\frac{k^2l^2}{48}\right)x_1 \qquad ①$$

在 CB 段内，有

$$M=-Fw_2+\frac{F\delta}{l}(l-x_2)$$

$$\frac{d^2w_2}{dx_2^2}+k^2w_2=\frac{k^2\delta}{l}(l-x_2)$$

得通解

$$w_2=A\sin kx_2+B\cos kx_2+\frac{\delta}{l}(l-x_2)$$

利用边界条件，有

$$x_2 = l\text{时}，w_2 = 0；x_2 = \frac{l}{2}\text{时}，w_2 = \delta$$

最后得到

$$w_2 = \frac{\delta}{2\left(\sin\frac{kl}{2} - \tan kl\cos\frac{kl}{2}\right)}(\sin kx_2 - \tan kl\cos kx_2) + \frac{\delta}{l}(l - x_2) \qquad ②$$

依据连续条件，$x_1 = x_2 = \frac{l}{2}$时，$\frac{dw_1}{dx_1} = \frac{dw_2}{dx_2}$，又得

$$\frac{kl}{2}\left(\cos\frac{kl}{2} + \tan kl\sin\frac{kl}{2}\right) = \left(3 - \frac{k^2l^2}{12}\right)\left(\sin\frac{kl}{2} - \tan kl\cos\frac{kl}{2}\right)$$

简化得

$$\tan\frac{kl}{2} = \frac{3\left(\frac{kl}{2}\right)}{\left(\frac{kl}{2}\right)^2 - 9} \qquad ③$$

分别作曲线 $y = \tan\frac{kl}{2}$和 $y = \frac{3\left(\frac{kl}{2}\right)}{\left(\frac{kl}{2}\right)^2 - 9}$，两曲线的第一个交点为

$$\frac{kl}{2} = 2.16$$

因此满足式③的最小非零根为2.16。其临界力为

$$F_{cr} = k^2EI = \left(\frac{2\times 2.16}{l}\right)^2 EI = \frac{18.7EI}{l^2}$$

9.20　图9－2－15所示结构由Q235钢制成，$q = 30$kN/m。材料的弹性模量 $E =$ 206GPa。比例极限为 $\sigma_p = 200$MPa，屈服强度 $\sigma_s = 235$MPa。*AB* 梁是Ⅰ16工字钢，长度为4m；柱 *CD* 由两根∠63×5等边角钢组成（连接成一整体），长度为2m。*C* 和 *D* 处的连接均为球铰。试分别确定梁 *AB* 和柱 *CD* 的工作安全因数。

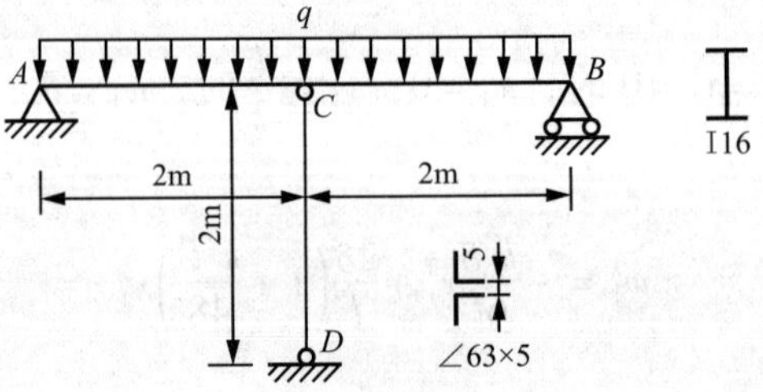

图9－2－15

解：查阅教材附录Ⅲ，Ⅰ16工字钢截面特性

$$I_{z_1} = 1130\text{cm}^4，W_{z_1} = 141\text{cm}^3$$

∠63×5等边角钢截面特性

$$A_2 = 6.143\text{cm}^2，i_y = 1.94\text{cm}，I_{z_0} = 23.17\text{cm}^4，z_0 = 1.74\text{cm}$$

双拼角钢截面特性

$$A=2A_2=12.286\text{cm}^2$$

$$I_z=2[I_{z_0}+A_2(z_0+0.25)^2]=2\times[23.17+6.143\times(1.74+0.25)^2]=94.99\text{cm}^4$$

$$i_z=\sqrt{\frac{I_z}{A}}=\sqrt{\frac{94.99}{12.286}}=2.78\text{cm}>i_y=1.94\text{cm}$$

(1)求 CD 杆轴力 F_C

该梁为一次超静定结构，则其变形协调条件为 AB 梁中 C 点的挠度等于 CD 杆的变形量，即

$$W_{qC}-W_{F_CC}=\Delta l$$

$$\frac{5ql^4}{384EI_{z_1}}-\frac{F_Cl^3}{48EI_{z_1}}=\frac{F_Ca}{EA}$$

解得 $F_C=73.98\text{kN}$

(2)梁 AB 强度校核：

根据平衡方程，可得

$$F_A=F_B=\frac{q_el-F_C}{2}=\frac{30\times4-73.98}{2}=23.01\text{kN}$$

梁 AC 段的弯矩方程

$$M(x)=23.01x-15x^2(0\leqslant x\leqslant2)$$

当 $x=2$ 时，$M_{\min}=-13.98\text{kN}\cdot\text{m}$；

当 $x=0.767$ 时，$M_{\max}=8.82\text{kN}\cdot\text{m}$。

梁内最大正应力

$$\sigma_{\max}=\frac{|M_{\min}|}{W_{z_1}}=\frac{13.98\times10^6}{141\times10^3}=99.15\text{MPa}$$

安全系数

$$n_{AB}=\frac{[\sigma]}{\sigma_{\max}}=\frac{\sigma_s}{\sigma_{\max}}=\frac{235}{99.15}=2.37$$

(3)柱 CD 稳定性校核

$$\lambda_p=\sqrt{\frac{\pi^2E}{\sigma_p}}=\sqrt{\frac{\pi^2\times206\times10^3}{200}}=100.8$$

惯性半径取较小值为 $i_y=1.94\text{cm}$

$$\lambda=\frac{\mu a}{i_y}=\frac{1.0\times2\times10^3}{1.94\times10}=103.1>\lambda_p$$

为大柔度杆，按欧拉公式计算稳定性

$$\sigma_{cr}=\frac{\pi^2E}{\lambda^2}=\frac{\pi^2\times206\times10^3}{103.1^2}=191.27\text{MPa}$$

$$F_{cr}=\sigma_{cr}A=191.27\times12.286\times10^2\text{N}=234.99\text{kN}$$

安全系数

$$n_{CD}=\frac{F_{cr}}{F_C}=\frac{234.99}{73.98}=3.17$$

9.21　压杆的一端固定、另一端自由(图 9-2-16(a))。为提高其稳定性，在中点增加铰支座，如图 9-2-16(b)所示。试求加强后压杆的欧拉公式，并与加强前的压杆比较。

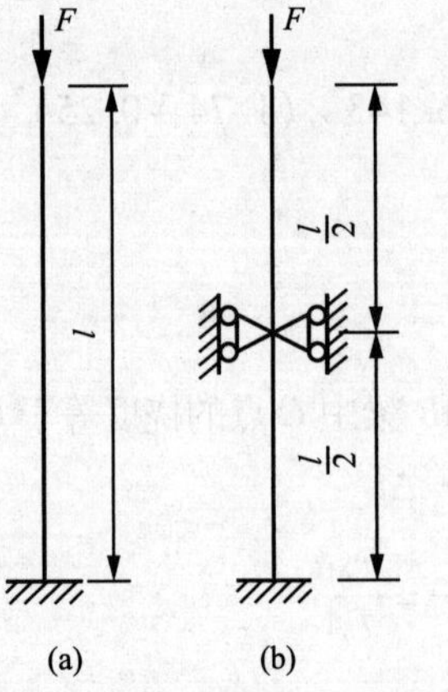

图 9－2－16

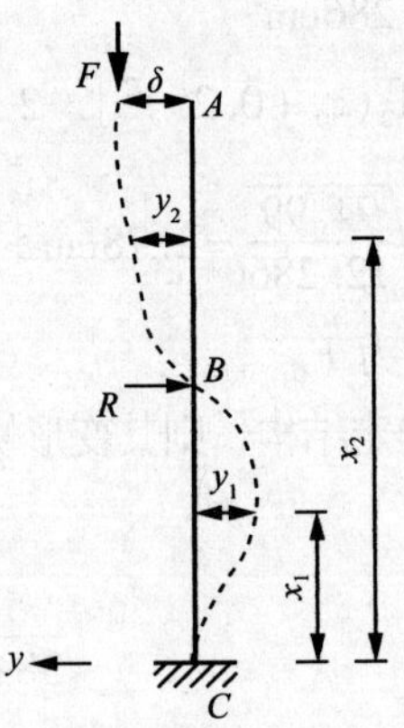

图 9－2－17

解：(1)AB 段弯矩方程为

$$M(x_2)=F(\delta-w_2)\quad \left(\frac{l}{2}\leqslant x_2\leqslant l\right)$$

$$w_2''=\frac{M(x_2)}{EI}=\frac{F(\delta-w_2)}{EI}$$

令 $k^2=\frac{F}{EI}$，则 $w_2''+k^2w_2=k^2\delta$。

其通解为

$$w_2=A\sin kx_2+B\cos kx_2+\delta$$

$$w_2'=Ak\cos kx_2-Bk\sin kx_2$$

(2)BC 段弯矩方程为

$$M(x_1)=F(\delta-w_1)-R\left(\frac{l}{2}-x_1\right)\quad \left(0\leqslant x_1\leqslant\frac{l}{2}\right)$$

$$w_1''=\frac{M(x_1)}{EI}=\frac{F(\delta-w_1)-R\left(\frac{l}{2}-x_1\right)}{EI}$$

令 $k^2=\frac{F}{EI}$，则 $w_1''+k^2w_1=k^2\delta+k^2\ \frac{R}{F}\left(x_1-\frac{l}{2}\right)$。

其通解为

$$w_1=C\sin kx_1+D\cos kx_1+\delta+\frac{R}{F}\left(x_1-\frac{l}{2}\right)$$

$$w_1'=Ck\cos kx_1-Dk\sin kx_1+\frac{R}{F}$$

(3)确定常数 A、B、C、$D\left(令\frac{kl}{2}=\theta\right)$。

①由边界条件 $x_1=0$，$w=w_1'=0$。

解得：$C=-\frac{R}{kF}$，$D=\frac{Rl}{2F}-\delta$。

所以有

$$w_1=-\frac{R}{kF}\sin kx_1+\left(\frac{Rl}{2F}-\delta\right)\cos kx_1+\delta+\frac{R}{F}\left(x_1-\frac{l}{2}\right)$$

$$w_1'=-\frac{R}{F}\cos kx_1-\left(\frac{Rl}{2F}-\delta\right)k\sin kx_1+\frac{R}{F}$$

②由连续条件 $x_1=x_2=\frac{l}{2}$ 时，$w_1=w_2=0$ 得(令 $\theta=\frac{kl}{2}$)

$$-\frac{R}{kF}\sin\theta+\left(\frac{Rl}{2F}-\delta\right)\cos\theta+\delta=A\sin\theta+B\cos\theta+\delta=0$$

③由光滑条件 $x_1=x_2=\frac{1}{2}$ 时，$w_1'=w_2'$ 得

$$-\frac{R}{F}\cos\theta-\left(\frac{Rl}{2F}-\delta\right)k\sin\theta+\frac{R}{F}=Ak\cos\theta-Bk\sin\theta$$

④由边界条件 $x_2=l$ 时，$w_2=\delta$ 得

$$A\sin2\theta+B\cos2\theta+\delta=\delta$$

整理得

$$\begin{cases}A\sin\theta+B\cos\theta+\delta=0\\ \delta(1-\cos\theta)-\dfrac{R}{F}\left(\dfrac{1}{k}\sin\theta-\dfrac{l}{2}\cos\theta\right)=0\\ Ak\cos\theta-Bk\sin\theta-\delta k\sin\theta+\dfrac{R}{F}(\cos\theta+\theta\sin\theta-1)=0\\ A\sin2\theta+B\cos2\theta=0\end{cases}$$

为关于 A、B、δ、R 的齐次线性方程组。同时，A、B、δ、R 不能皆为零。故其系数行列式的值应为零，即(注：$\theta=\frac{kl}{2}$ 为定值)

$$\begin{vmatrix}\sin\theta & \cos\theta & 1 & 0\\ 0 & 0 & 1-\cos\theta & -\dfrac{1}{F}\left(\dfrac{1}{k}\sin\theta-\dfrac{l}{2}\cos\theta\right)\\ k\cos\theta & -k\sin\theta & -k\sin\theta & \dfrac{1}{F}(\cos\theta+\theta\sin\theta-1)\\ \sin2\theta & \cos2\theta & 0 & 0\end{vmatrix}=0$$

将行列式化简得

$$(2-3\cos\theta)\sin\theta+\theta\cos2\theta=0$$

解得

$$2\theta=kl=2.502,\quad k^2=\frac{F}{EI}=\left(\frac{2.502}{l}\right)^2=\frac{6.26}{l^2}$$

加强后压杆的欧拉公式为

$$(F_{cr})_b=EIk^2=\frac{6.26EI}{l^2}=\frac{\pi^2EI}{1.58l^2}=\frac{\pi^2EI}{(1.26l)^2}$$

加强前压杆的欧拉公式为

$$(F_{cr})_a=\frac{\pi^2EI}{(2l)^2}$$

两者之比

$$\frac{(F_{cr})_b}{(F_{cr})_a}=\frac{2^2}{1.26^2}=2.52$$

9.22　图 9－2－18(a) 为万能试验机的示意图，四根立柱的长度为 $l=3\text{m}$，钢材的 $E=210\text{GPa}$。立柱失稳后的变形曲线如图 9－2－18(b) 所示。若 F 的最大值为 1000kN，规定的稳定安全因数为 $n_{st}=4$，试按稳定条件设计立柱的直径。

解： 单独取一根立柱进行研究，每根杆可承受的最大工作压力：$F'=\frac{F}{4}=250\text{kN}$。

则其临界压力：$F_{cr}=n_{st}\cdot F'=4\times250\text{kN}=1000\text{kN}$。

假设欧拉公式成立，则临界压力有：$F_{cr}=\frac{\pi^2EI}{(\mu l)^2}=\frac{\pi^3Ed^4}{64l^2}$，可得

$$d=\sqrt[4]{\frac{64F_{cr}l^2}{\pi^3E}}=\sqrt[4]{\frac{64\times1000\times10^3\times3000^2}{\pi^3\times210\times10^3}}\text{mm}=97\text{mm}$$

又 $\lambda_1=\sqrt{\frac{\pi^2E}{\sigma_p}}=\sqrt{\frac{\pi^2\times210\times10^3}{240}}=92.9$，且取 $d=97\text{mm}$ 时，杆的柔度

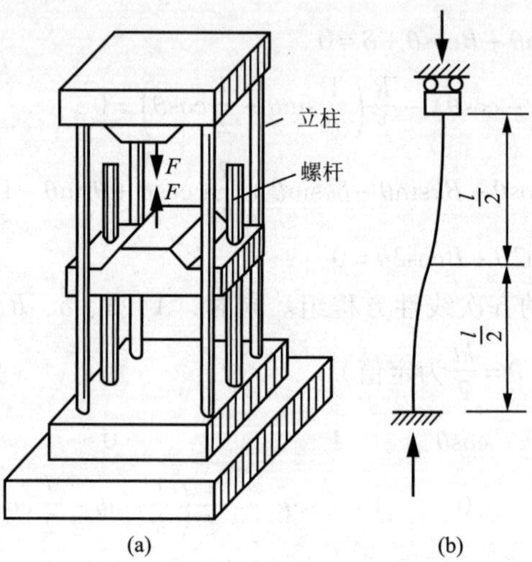

图 9－2－18

$$\lambda=\frac{\mu l}{i}=\frac{4l}{d}=\frac{4\times3000}{97}=123.7>\lambda_1$$

故假设欧拉公式成立是正确的，取立柱直径 $d=97\text{mm}$。

9.23　求图 9－2－19 所示纵横弯曲问题的最大挠度及弯矩。设杆件的抗弯刚度 EI 为已知。

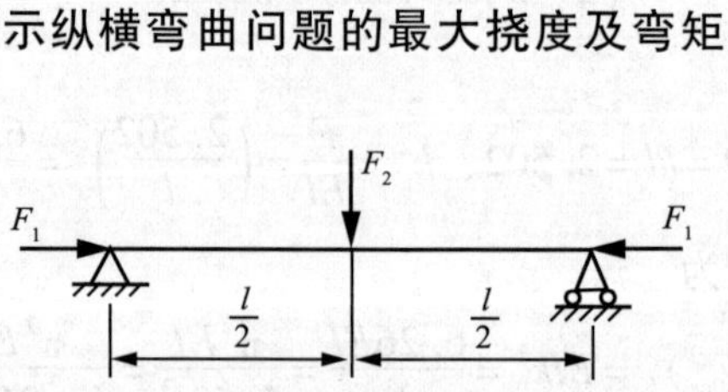

图 9－2－19

解： 纵横弯曲梁中点截面处有最大挠度和弯矩

$$\delta=-\frac{F_2l^3}{48EI}\left(\frac{3\tan u-3u}{u^3}\right),\ M_{max}=\frac{F_2l}{4}\cdot\frac{\tan u}{u}$$

其中，$u=\frac{1}{2}kl$，$k^2=\frac{F_1}{EI}$，故有

$$\delta=\frac{F_2l^3}{48EI}\left(\frac{\frac{3}{2}kl-3\tan\frac{kl}{2}}{\frac{F_1l^2}{4EI}\cdot\frac{1}{2}kl}\right)=\frac{F_2}{2F_1}\left(\frac{l}{2}-\frac{1}{k}\tan\frac{kl}{2}\right)$$

$$M_{\max}=\frac{F_2l}{4}\cdot\frac{\tan\frac{kl}{2}}{\frac{1}{2}kl}=\frac{F_2}{2k}\tan\frac{kl}{2}$$

9.24　求图 9-2-20 所示在均布横向载荷作用下，纵横弯曲问题的最大挠度及弯矩。若 $q=20\text{kN/m}$，$F=200\text{kN}$，$l=3\text{m}$，杆件为 I 20a 工字钢，试计算杆件的最大正应力及最大挠度。

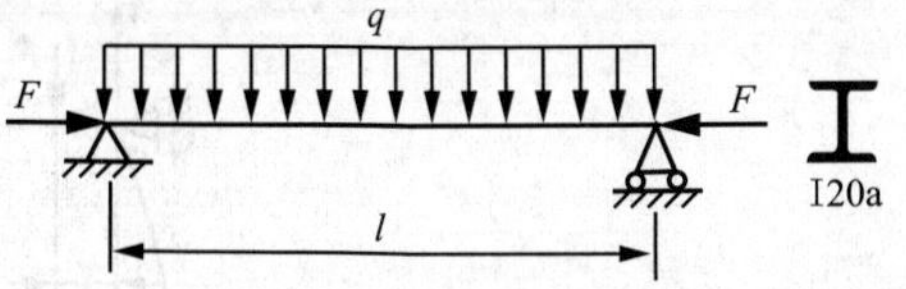

图 9-2-20

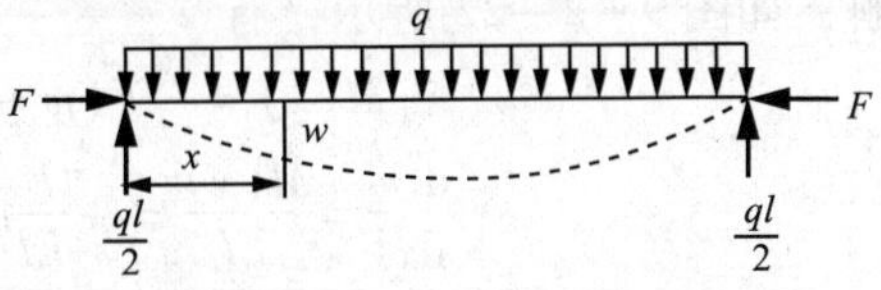

图 9-2-21

解：如图 9-2-21 所示，由梁结构和载荷的对称性，取梁的一半进行分析。

根据图 9-2-21 所示坐标系，可得弯矩方程：$M(x)=\frac{ql}{2}x-\frac{q}{2}x^2-Fw=EIw''$。

令 $k^2=\frac{F}{EI}$，上式可变形为：$w''+k^2w=(lx-x^2)\frac{qk^2}{2F}$。

其通解为

$$w=A\sin kx+B\cos kx-\frac{q}{2F}(x^2-lx)+\frac{q}{Fk^2}$$

$$w'=Ak\cos kx-Bk\sin kx-\frac{qx}{F}+\frac{ql}{2F}$$

由边界条件：$x=0$ 时，$w=0$；$x=\frac{l}{2}$时，$w'=0$。

可得：$A=-\frac{q}{Fk^2}\tan\frac{kl}{2}$，$B=-\frac{q}{Fk^2}$。

则挠曲线方程为：$w=\frac{q}{Fk^2}\left(1-\cos kx-\tan\frac{kl}{2}\sin kx\right)+\frac{q}{2F}(lx-x^2)$。

将挠曲线方程代入弯矩方程整理得：$M(x)=-\frac{q}{k^2}\left(1-\cos kx-\tan\frac{kl}{2}\sin kx\right)$。

故最大挠度发生在 $x=\frac{l}{2}$，有：$w_{\max}=\frac{q}{Fk^2}\left(1-\sec\frac{kl}{2}\right)+\frac{ql^2}{8F}$。

且最大弯矩：$M_{\max}=-\frac{q}{k^2}\left(1-\sec\frac{kl}{2}\right)$。

查型钢表 I 20a 工字钢的截面性质：$I=2370\text{cm}^4$，$W=237\text{cm}^3$，$A=35.578\text{cm}^2$。

则 $k^2=\frac{F}{EI}=\frac{200\times10^3}{210\times10^9\times2370\times10^{-8}}\text{m}^{-2}=0.0402\text{m}^{-2}$，解得 $k=0.2005\text{m}^{-1}$。

故梁内最大挠度

$$w_{\max}=\frac{q}{Fk^2}\left(1-\sec\frac{kl}{2}\right)+\frac{ql^2}{8F}$$

$$=\left[\frac{20\times10^3}{200\times10^3\times0.0402}\left(1-\sec\frac{0.2005\times3}{2}\right)+\frac{20\times10^3\times3^2}{8\times200\times10^3}\right]\text{m}$$

$$=-4.5\text{mm}$$

最大弯矩值

$$M_{\max}=-\frac{q}{k^2}\left(1-\sec\frac{kl}{2}\right)=-\frac{20\times10^3}{0.0402}\left(1-\sec\frac{0.2005\times3}{2}\right)\text{N}\cdot\text{m}=23.38\text{kN}\cdot\text{m}$$

最大正应力：$\sigma_{\max}=\dfrac{F}{A}+\dfrac{M_{\max}}{W}=\dfrac{200\times10^3}{35.578\times10^{-4}}+\dfrac{23.38\times10^3}{237\times10^{-6}}\text{Pa}=155\text{MPa}$。

9.25　载荷有一偏心距为 e 的压杆的计算简图如图 9－2－22 所示。试求最大应力。

解： 如图 9－2－22 所示，有

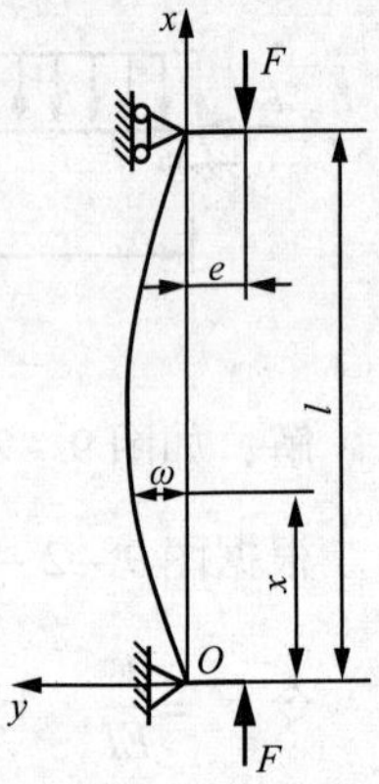

图 9－2－22

$$M(x)=-F(w+e)$$

$$\frac{d^2w}{dx^2}=\frac{M(x)}{EI}=-\frac{F}{EI}w-\frac{Fe}{EI}$$

令 $k^2=\dfrac{F}{EI}$，则有

$$\frac{d^2w}{dx^2}+k^2w=-k^2e$$

通解为

$$w=A\sin kx+B\cos kx-e$$

根据两端边界条件，则有

$$\omega=e\left(\tan\frac{kl}{2}\sin kx+\cos kx-1\right)$$

令 $x=\dfrac{l}{2}$，则有

$$\delta=e\left(\sec\frac{kl}{2}-1\right)$$

若边缘各点到中性轴的最远距离为 c，则有

$$\sigma_{\max}=\frac{F}{A}+\frac{F(\delta+e)c}{I}=\frac{F}{A}+\frac{F(\delta+e)c}{Ai^2}$$

将 δ 值代入上式，得

$$\sigma_{\max}=\frac{F}{A}\left[1+\frac{ec}{i^2}\sec\left(\frac{l}{2}\sqrt{\frac{F}{EI}}\right)\right]=\frac{F}{A}\left[1+\frac{ec}{i^2}\sec\left(\frac{l}{i}\sqrt{\frac{F}{4EA}}\right)\right]$$

以上公式称为正割公式。

9.26　偏心受压杆件如图 9－2－23 所示，设 $F=100\text{kN}$，$Fe=5\text{kN}\cdot\text{m}$。压杆两端铰支，$l=2\text{m}$。材料为 Q235 钢，$E=210\text{GPa}$，$\sigma_s=235\text{MPa}$。取稳定安全因数 $n_{st}=2.5$。试按上题导出的正割公式，用试凑法选择合适的工字梁型号。

解：(1)应用 Fe 初选工字梁

根据强度条件 $\sigma=\dfrac{M}{W}=\dfrac{Fe}{W}\leqslant\dfrac{\sigma_s}{n_{st}}$得：$W\geqslant\dfrac{n_{st}Fe}{\sigma_s}=\dfrac{2.5\times5\times10^6}{235}\text{mm}^3=53.2\text{cm}^3$。

查表选 12.6 号工字钢：$W=77.5\text{cm}^3$，$A=18.118\text{cm}^2$，$i=5.2\text{cm}$，$h=12.6\text{cm}$。

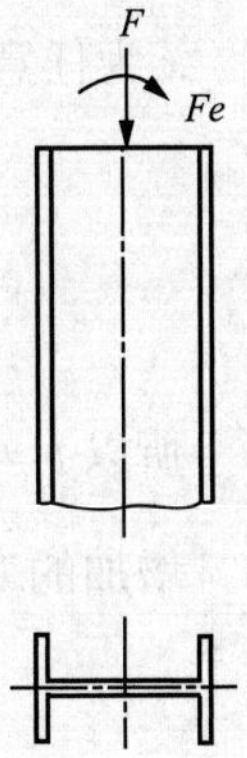

图 9-2-23

(2)校核强度

利用正割公式，可得此时杆内最大正应力为

$$\sigma_{\max}=\frac{F}{A}\left[1+\frac{ec}{i^2}\sec\left(\frac{l}{i}\sqrt{\frac{F}{4EA}}\right)\right]$$

$$=\frac{100\times10^3}{18.118\times10^2}\left[1+\frac{\frac{5\times10^3}{100}\times63}{52^2}\sec\left(\frac{2000}{52}\sqrt{\frac{100\times10^3}{4\times210\times10^3\times1811.8}}\right)\right]$$

$$=123\text{MPa}>\frac{\sigma_s}{n_{st}}=94\text{MPa}$$

强度不够，改选 14 号工字钢：$W=102\text{cm}^3$，$A=21.516\text{cm}^2$，$i=5.76\text{cm}$，$h=14\text{cm}$。

最大正应力

$$\sigma_{\max}=\frac{100\times10^3}{2151.6}\times\left[1+\frac{\frac{5\times10^3}{100}\times70}{57.6^2}\sec\left(\frac{2000}{57.6}\sqrt{\frac{100\times10^3}{4\times210\times10^3\times2151.6}}\right)\right]\text{MPa}=97.2\text{MPa}$$

略大于许用应力，误差 $\varepsilon=\frac{97.2-94}{94}\times100\%=3.4\%$，在允许范围内，故可选用 14 号工字钢。

9.27　设压杆轴线的初弯曲可用半波正弦曲线来表示，即

$$w_0=a\sin\frac{\pi x}{l}$$

在压力 F 作用下，试证压杆挠曲线的方程式应为

$$w=w_0+w_1=\frac{1}{1-\alpha}a\sin\frac{\pi x}{l}$$

式中

$$\alpha=\frac{F}{F_{cr}}=\frac{Fl^2}{\pi^2EI}$$

证明：初始弯曲

$$w_0=a\sin\frac{\pi x}{l}$$

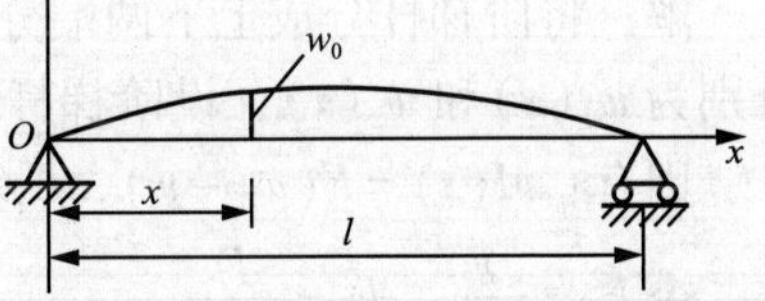

图 9-2-24

弯矩方程

$$M=F(w_1+w_0)$$

挠曲线微分方程：$w_1''=-\frac{M}{EI}$，即

$$EIw_1''+F(w_1+w_0)=0$$

具有半波正弦曲线初弯曲的压杆增加的变形仍为半波正弦曲线，即

$$w_1=b\sin\frac{\pi x}{l},\ w_1''=-\frac{\pi^2}{l^2}b\sin\frac{\pi x}{l}$$

代入挠曲线方程，得

$$\sin\frac{\pi x}{l}\left[-b\frac{\pi^2EI}{l^2}+F(b+a)\right]=0$$

x 为任意值时，$\sin\dfrac{\pi x}{l}$不可能均为 0，则

$$-b\frac{\pi^2 EI}{l^2}+F(b+a)=0$$

$$-bF_{cr}+F(b+a)=0$$

所以 $b=\dfrac{Fa}{F_{cr}-F}$。

增加的变形的挠曲线方程为

$$w_1=b\sin\frac{\pi x}{l}=\frac{F}{F_{cr}-F}a\sin\frac{\pi x}{l}$$

$$w=w_0+w_1=\left(1+\frac{F}{F_{cr}-F}\right)a\sin\frac{\pi x}{l}=\frac{1}{1-\alpha}a\sin\frac{\pi x}{l}$$

其中，$\alpha=\dfrac{F}{F_{cr}}=\dfrac{Fl^2}{\pi^2 EI}$。

9.28　油压千斤顶的临界压力计算可简化为下端固定、上端自由的阶梯杆，如图 9－2－25 所示。若图示力学模型中的阶梯杆为细长压杆，下段与上段的长度分别为 l_1 和 l_2，抗弯刚度分别为 E_1I_1 和 E_2I_2，试推导该阶梯细长压杆欧拉临界压力的方程。

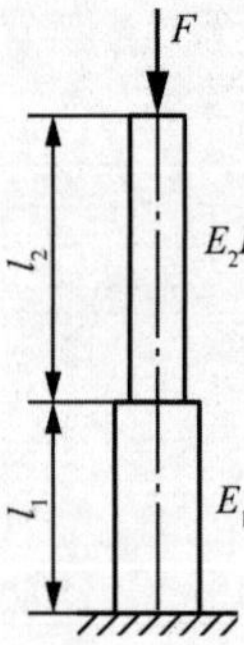

图 9－2－25

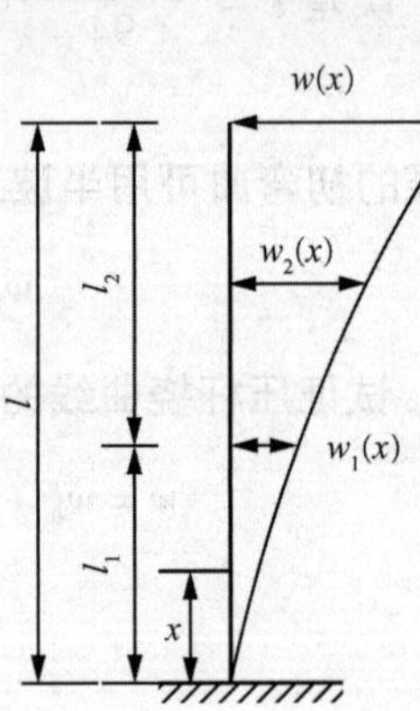

图 9－2－26

解：将阶梯杆分成上下两端分别处理，假设阶梯杆在微弯的情形下，下段和上段的挠度分别为 $w_1(x)$ 和 $w_2(x)$，设阶梯杆最上端截面的挠度为 $w(x)$，如图 9－2－26 所示。

则有：$M(x)=F(w_0-w)$，$E_1I_1w''(x)=F(w_0-w)$，$E_2I_2w''(x)=F(w_0-w)$。

令 $k_1^2=\dfrac{F}{E_1I_1}$，$k_2^2=\dfrac{F}{E_2I_2}$。

则可得：

$$w''(x)+k_1^2w=k_1^2w_0,\ x\in[0,\ l_1]$$

$$w''(x)+k_2^2w=k_2^2w_0,\ x\in[l_1,\ l]$$

通解为：

$$w=A\sin k_1x+B\cos k_1x+w_0,\ x\in[0,\ l_1]$$

$$w=C\sin k_2x+D\cos k_2x+w_0,\ x\in[l_1,\ l]$$

根据边界条件，当 $x=0$，$w=0$ 时，可得：$B+w_0=0$，$B=-w_0$。

$$w'=Ak_1\cos k_1x-Bk_1\sin k_1x$$

当 $x=0$，$w'=0$ 时，可得：$Ak_1=0$，$A=0$。

当 $x=l$ 时，$w=w_0$。可得：$C\sin k_2 l+D\cos k_2 l+w_0=w_0$。

即有：$C\sin k_2 l+D\cos k_2 l=0$。

根据连续条件，当 $x=l_1$ 时，$w_上=w_下$。可得：

$$A\sin k_1 l_1+B\cos k_1 l_1+w_0=C\sin k_2 l_1+D\cos k_2 l_1+w_0$$

即有：$-w_0\cos k_1 l_1=C\sin k_2 l_1+D\cos k_2 l_1$。

当 $x=l_1$ 时，$w'_上=w'_下$。可得：$w_0 k_1\sin k_1 l_1=Ck_2\cos k_2 l_1-Dk_2\sin k_2 l_1$。

联立以上等式，即：

$$\begin{cases} C\sin k_2 l+D\cos k_2 l=0 & ① \\ -w_0\cos k_1 l_1=C\sin k_2 l_1+D\cos k_2 l_1 & ② \\ w_0 k_1\sin k_1 l_1=Ck_2\cos k_2 l_1-Dk_2\sin k_2 l_1 & ③ \end{cases}$$

将 $k_2 l_1$ 变成 $k_2(l-l_2)$ 代换。

由①②③可得：

$$\tan(k_1 l_1)\cdot\tan(k_2 l_2)=\frac{k_2}{k_1}，其中\ k_1^2=\frac{F}{E_1 I_1}，\ k_2^2=\frac{F}{E_2 I_2}$$

9.29　长度为 l 的细长压杆，下端固定、上端自由，如图 9－2－27 所示。压杆的抗弯刚度 EI 为常数，试用能量法确定该细长压杆的临界压力。

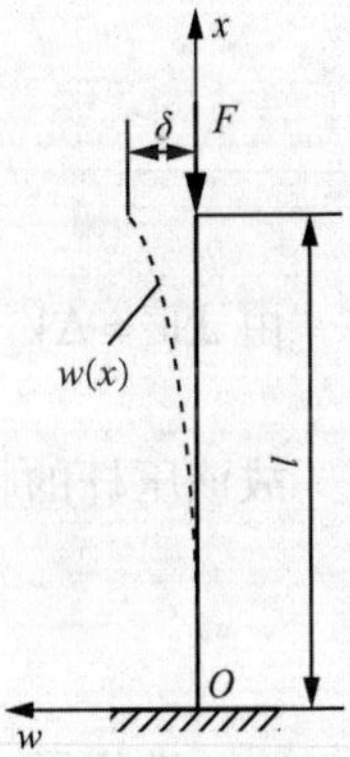

图 9－2－27

提示：设失稳时挠曲线为 $w(x)=\delta\left(1-\cos\frac{\pi x}{2l}\right)$，$\delta$ 为自由端的挠度。

解：失稳时挠曲线为 $w(x)=\delta\left(1-\cos\frac{\pi x}{2l}\right)$，则可得：

$$w'(x)=\delta\frac{\pi}{2l}\sin\frac{\pi x}{2l}$$

$$w''(x)=\delta\left(\frac{\pi}{2l}\right)^2\cos\frac{\pi x}{2l}$$

因此，可得临界压力为：

$$F_{cr}=\frac{\int_l EIw''^2\mathrm{d}x}{\int_l w'^2\mathrm{d}x}=\frac{\int_0^l EI\left[\delta\left(\frac{\pi}{2l}\right)^2\cos\frac{\pi x}{2l}\right]^2\mathrm{d}x}{\int_0^l\left[\delta\frac{\pi}{2l}\sin\frac{\pi x}{2l}\right]^2\mathrm{d}x}=\frac{\frac{\pi^4\delta^2 EI}{32l^3}}{\frac{\pi^2\delta^2}{8l}}=\frac{\pi^2 EI}{(2l)^2}$$

9.30　如图 9－2－28 所示，长度为 l 的细长压杆，两端铰支，在压杆的上端和中部分别受压力 F 的作用。压杆的抗弯刚度 EI 为常数，试用能量法确定该压杆的临界压力。

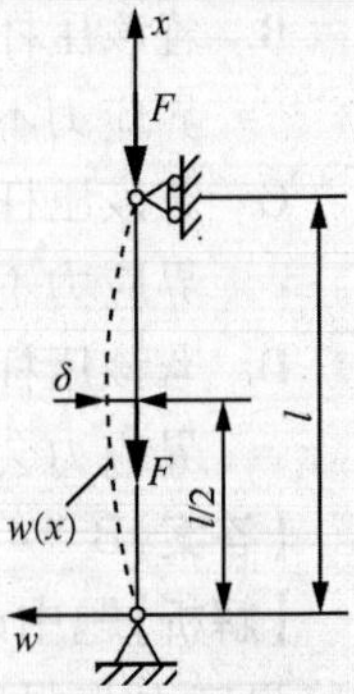

图 9－2－28

提示：设失稳时挠曲线为 $w(x)=\delta\sin\frac{\pi x}{l}$，$\delta$ 为压杆中点的挠度。

解：失稳时挠曲线为 $w(x)=\delta\sin\frac{\pi x}{l}$，则可得：

$$w'(x)=\delta\frac{\pi}{l}\cos\frac{\pi x}{l}$$

$$w''(x)=-\delta\left(\frac{\pi}{l}\right)^2\sin\frac{\pi x}{l}$$

弯矩为：

$$M(x)=EIw''(x)=-EI\delta\left(\frac{\pi}{l}\right)^{2}\sin\frac{\pi x}{l}$$

所以，压杆增加的应变能为：

$$\begin{aligned}\Delta V_{\varepsilon}&=\int_{0}^{l}\frac{M^{2}(x)\,\mathrm{d}x}{2EI}=\int_{0}^{l}\frac{\left[-EI\delta\left(\frac{\pi}{l}\right)^{2}\sin\frac{\pi x}{l}\right]^{2}\mathrm{d}x}{2EI}\\&=\frac{EI\delta^{2}}{2}\left(\frac{\pi}{l}\right)^{4}\int_{0}^{l}\left(\sin\frac{\pi x}{l}\right)^{2}\mathrm{d}x\\&=\frac{EI\delta^{2}}{2}\left(\frac{\pi}{l}\right)^{4}\frac{l}{2}\\&=\frac{\pi^{4}EI\delta^{2}}{4l^{3}}\end{aligned}$$

压杆因弯曲变形引起的轴向压力 F 做的功为：

$$\begin{aligned}\Delta W&=\frac{F}{2}\int_{l}w'^{2}\mathrm{d}x=\frac{F}{2}\int_{0}^{\frac{l}{2}}\left(\delta\frac{\pi}{l}\cos\frac{\pi x}{l}\right)^{2}\mathrm{d}x+\frac{F}{2}\int_{\frac{l}{2}}^{l}\left(\delta\frac{\pi}{l}\cos\frac{\pi x}{l}\right)^{2}\mathrm{d}x\\&=\frac{\pi^{2}\delta^{2}F}{4l}+\frac{\pi^{2}\delta^{2}F}{8l}\\&=\frac{3\pi^{2}\delta^{2}F}{8l}\end{aligned}$$

由 $\Delta W=\Delta V_{\varepsilon}$，可得：$\frac{3\pi^{2}\delta^{2}F}{8l}=\frac{\pi^{4}EI\delta^{2}}{4l^{3}}$。解得：$F=\frac{2\pi^{2}EI}{3l^{2}}$。

故该压杆的临界压力为：$F_{cr}=\frac{2\pi^{2}EI}{3l^{2}}$。

9.3　名校考研真题详解

一、选择题

1. 假设某压杆由低碳钢 Q235 制成，在其他条件不变的情况下，若将其材料改为强度比低碳钢 Q235 好很多的高强度钢，一定有（　　）。［北京航空航天大学 2015 研］

A. 若该压杆为大柔度杆，其轴向受压时的临界应力会显著提高

B. 若该压杆为大柔度杆，其轴向受压时的临界应力不会显著提高

C. 若该压杆为中柔度杆，其轴向受压时的临界应力不会改变

D. 若该压杆为中柔度杆，其轴向受压时的临界应力会显著降低

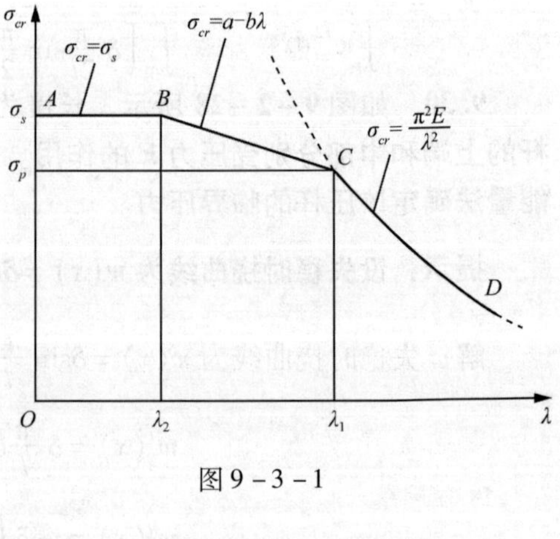

图 9－3－1

【答案】B

【解析】题中改变的是强度极限 σ_s，大柔度杆的临界应力与强度没有关系。中柔度杆，其轴向受压时的临界应力会显著提高，如图 9－3－1 所示 σ_s 增大，BC 段的临界应力也增大。

2. 一方形截面压杆，若在其上钻一横向小孔，如图 9－3－2 所示，则该杆与原来相比(　　)。

A. 稳定性降低，强度不变　　B. 稳定性不变，强度降低

C. 稳定性和强度都降低　　D. 稳定性和强度都不变

【答案】B

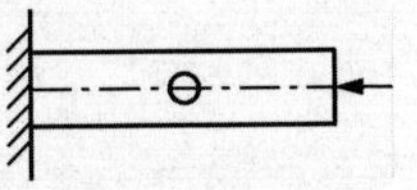

图 9－3－2

【解析】压杆的稳定性取决于整个杆件的弯曲刚度，强度取决于材料最小净截面面积。而在其上钻一横向小孔，则该危险位置有效面积减小，受压时强度降低，稳定性不变。

3. 圆截面细长压杆的材料及支承情况保持不变，若将其纵向和横向尺寸同时增大相同的倍数，则压杆的(　　)。［重庆邮电大学 2022 研］

A. 临界应力不变，临界压力增大　　B. 临界应力增大，临界压力不变

C. 临界应力和临界压力都增大　　D. 临界应力和临界压力都不变

【答案】A

【解析】根据临界应力和临界压力的公式可知，当压杆的纵向和横向尺寸增大时，压杆的截面惯性矩将增大，因此临界压力会增大，临界应力不变。

4. 非细长压杆如误用了欧拉公式计算临界力，其结果比该杆的实际临界力(　　)［重庆大学 2016 研］

A. 大　　B. 小　　C. 不变　　D. 不确定

【答案】A

【解析】临界应力总图如图 9－3－3：

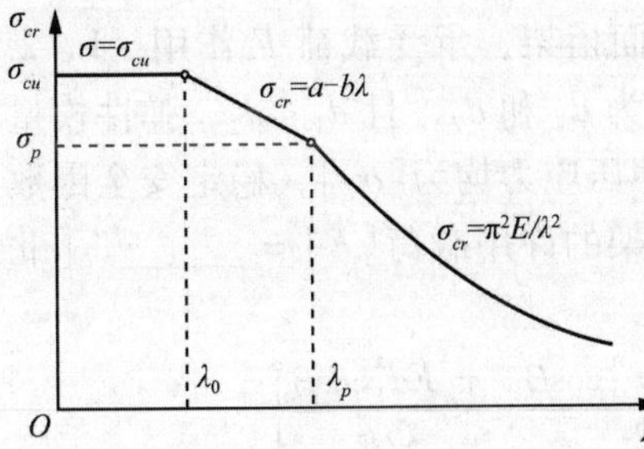

图 9－3－3

可以看出，如果 $\lambda < \lambda_P$ 时，仍按 $\sigma_{cr}=\dfrac{\pi^2 E}{\lambda^2}$ 计算得的临界应力会比实际值大。

二、填空题

1. 如图 9－3－4 所示 *ABCD* 为正方形，杆节点均为铰接，杆为直径 d 的圆截面杆，*AB* 杆长 $l=25d$，杆的柔度界限 $\lambda_p=99$，则：

(1)(a)中 *BD* 杆的长细比为______。

(2)结构(a)(b)的临界荷载之比为______。［重庆大学 2025 研］

【答案】$100\sqrt{2}$；$1:2\sqrt{2}$

【解析】(1)截面的惯性半径为：$i=\sqrt{\dfrac{I}{A}}=\sqrt{\dfrac{\frac{1}{64}\pi d^4}{\frac{1}{4}\pi d^2}}=\sqrt{\dfrac{d^2}{16}}=\dfrac{d}{4}$。

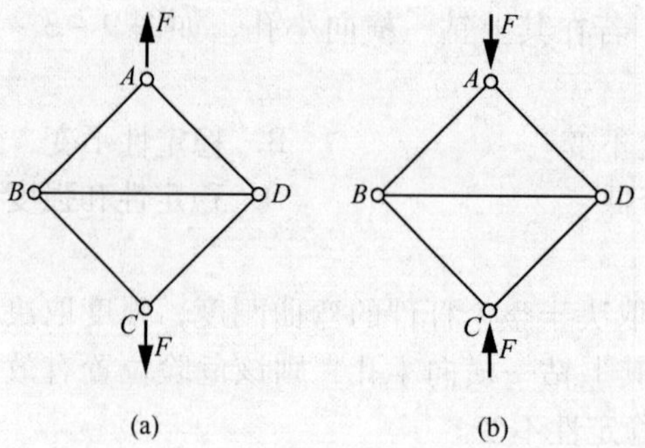

图 9-3-4

因此，(a)中 BD 杆的长细比为：$\lambda=\frac{\mu l}{i}=\frac{1\times\sqrt{2}l}{\frac{d}{4}}=\frac{1\times\sqrt{2}\times25d}{\frac{d}{4}}=100\sqrt{2}$。

(2)压杆失稳，所以只研究压杆。

(a)中 BD 杆是压杆。

$F_{NBD}=F$，$F_{cr}=\frac{\pi^2EI}{(\sqrt{2}l)^2}=\frac{\pi^2EI}{2l^2}$，所以，$[F]_a=\frac{\pi^2EI}{2l^2}$。

(b)中 AB 杆是压杆。

$\sqrt{2}F_{NAB}=F$，$F_{cr}=\frac{\pi^2EI}{l^2}=\frac{\pi^2EI}{l^2}$，所以，$[F]_b=\frac{\sqrt{2}\pi^2EI}{l^2}$。

因此，$[F]_a:[F]_b=1:2\sqrt{2}$。

2. 如图 9-3-5 所示平面桁架，承受载荷 F 作用，1、2 均为圆截面大柔度杆，直径分别为 d_1 和 d_2，且 $d_1<d_2$，弹性模量均为 E，长度均为 l，材料的许用压应力均为$[\sigma_c]$，稳定安全因数为 n_{st}，则 2 杆轴力为______，桁架的许用载荷$[F]=$______。[北京航空航天大学 2014 研]

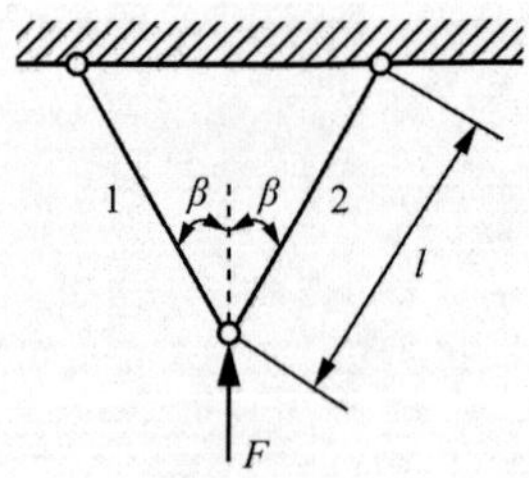

图 9-3-5

【答案】$\frac{F}{2\cos\beta}$；$\min\left\{\frac{\pi d_1^2[\sigma]\cos\beta}{2},\ \frac{\pi^3Ed_1^4\cos\beta}{32l^2}\right\}$

【解析】由节点 X 与 Y 方向平衡方程易知，在两杆失稳之前 $F_1=F_2=\frac{F}{2\cos\beta}$，1、2 杆的临界载荷为 $F_{cr1}=\frac{\pi^2EI}{l^2}=\frac{\pi^3Ed_1^4}{64l^2}$，$F_{cr2}=\frac{\pi^2EI}{l^2}=\frac{\pi^3Ed_2^4}{64l^2}$，而且 $F_{cr1}<F_{cr2}$，所以杆 1 率先失稳，此时

$$F_1\leqslant F_{cr1}\Rightarrow\frac{F}{2\cos\beta}\leqslant\frac{\pi^3Ed_1^4}{64l^2}\Rightarrow F\leqslant\frac{\pi^3Ed_1^4\cos\beta}{32l^2}$$

但是杆 1 又必须满足

$$F_1\leqslant A[\sigma]=\frac{\pi d_1^2[\sigma]}{4}\Rightarrow\frac{F}{2\cos\beta}\leqslant\frac{\pi d_1^2[\sigma]}{4}\Rightarrow F\leqslant\frac{\pi d_1^2[\sigma]\cos\beta}{2}$$

所以

$$[F]=\min\left\{\frac{\pi d_1^2[\sigma]\cos\beta}{2},\ \frac{\pi^3Ed_1^4\cos\beta}{32l^2}\right\}$$

3. 如图9-3-6所示结构，水平梁 ABC 为刚性梁，1杆和2杆为完全相同的两根大柔度实心圆截面钢杆，杆截面直径为 d，材料的许用应力为$[\sigma]$，弹性模量为 E，杆长为 l，稳定安全因数为 n_{st}，载荷 P 可沿梁 ABC 移动，移动的范围为 AB 段，则结构的许用载荷$[P]$为______。[北京航空航天大学2015研]

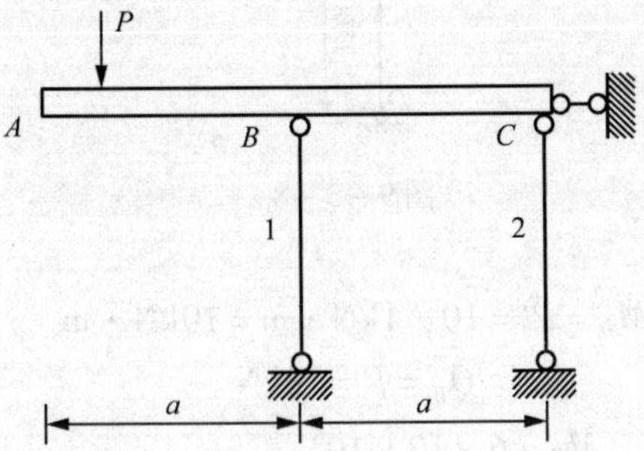

图9-3-6

【答案】$\min\left\{\frac{\pi^3 Ed^4}{128n_{st}l^2},\ \frac{\pi d^2[\sigma]}{8}\right\}$

【解析】杆1受压，杆2受拉。当 P 作用在 A 点时，结构内力最大。此时

$$F_1=-2P,\ F_2=P$$

所以许用载荷由杆1的强度和稳定性共同决定

$$F_1=2P\leqslant\frac{F_{cr1}}{n_{st}}=\frac{\pi^2 EI}{n_{st}l^2}=\frac{\pi^3 Ed^4}{64n_{st}l^2}$$

$$F_1=2P\leqslant A[\sigma]=\frac{\pi d^2[\sigma]}{4}$$

所以$[p]=\min\left\{\frac{\pi^3 Ed^4}{128n_{st}l^2},\ \frac{\pi d^2[\sigma]}{8}\right\}$。

4. 如图9-3-7所示平面桁架中各杆件均为大柔度杆，材料和截面尺寸均相同，弯曲刚度均为 EI，杆1、杆2、杆3和杆4长度均为 a，杆3与杆4互相垂直，载荷 P 作用于节点 A，沿杆1轴线，方向如图所示。则杆5的轴力为______；从桁架的稳定性方面考虑，则临界载荷 P_{cr} 为______。[北京航空航天大学2016研]

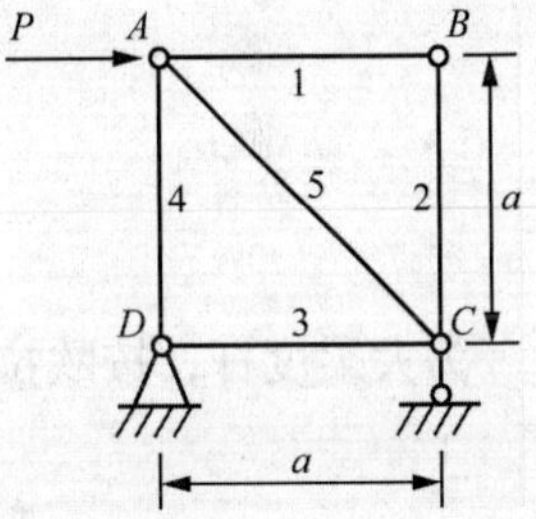

图9-3-7

【答案】$-\sqrt{2}P$；$\frac{\sqrt{2}\pi^2 EI}{4a^2}$

【解析】杆1、杆2为零杆，易得杆3、杆4和杆5的轴力分别为 P、P、$-\sqrt{2}P$。校核压杆稳定性，即杆5稳定性：$\sqrt{2}P_{cr}=\frac{\pi^2 EI}{(\sqrt{2}a)^2}$，得 $P_{cr}=\frac{\sqrt{2}\pi^2 EI}{4a^2}$。

5. 压杆从稳定平衡到不稳定平衡状态，此时的应力称为______。[华南理工大学2016研]

【答案】临界应力

三、计算题

1. 图9-3-8所示结构中杆 AC（矩形梁）、BD（圆柱杆）均由Q235钢制成，B、D 两处均为球铰。已知 $d=20\text{mm}$，$b=100\text{mm}$，$h=180\text{mm}$，$P=10\text{kN}$，$E=200\text{GPa}$，$\lambda_p=100$。

(1)用 σ_{r3} 校核该梁。

(2)校核该结构的稳定性。［大连理工大学 2012 研］

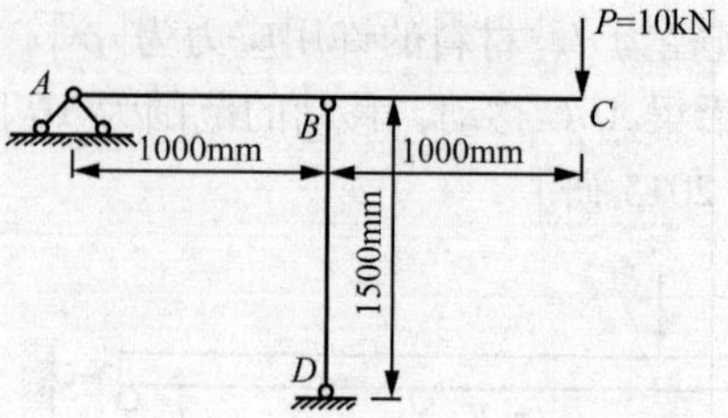

图 9－3－8

解：(1)应校核 B 截面

$$M_B = Pl = 10 \times 1\text{kN} \cdot \text{m} = 10\text{kN} \cdot \text{m}$$

$$Q_B = P = 10\text{kN}$$

$$\sigma = \frac{M_B}{W_z} = \frac{6 \times 10 \times 10^6}{100 \times 180^2}\text{MPa} = 18.5\text{MPa}$$

$$\tau = \frac{3Q_B}{2bh} = \frac{3 \times 10 \times 10^3}{2 \times 100 \times 180}\text{MPa} = 0.83\text{MPa}$$

$$\sigma_{r3} = \sqrt{\sigma^2 + 4\tau^2} = \sqrt{18.5^2 + 4 \times 0.83^2}\text{MPa} = 18.6\text{MPa}$$

安全因数 n_s 取为 1.5，$[\sigma] = \sigma_s / n_s = 235/1.5\text{MPa} = 156.7\text{MPa}$，$\sigma_{r3} < [\sigma]$，强度满足要求。

(2)研究 BD 杆

$$\sum M(A) = 0,\ P \cdot 2l - F_{NBD} \cdot l = 0$$

$F_{NBD} = 2P = 20\text{kN}$，为压力。

长细比

$$i^2 = \frac{I_{\min}}{A},\ i = \frac{d}{4}$$

$$\lambda = \frac{\mu l_{BD}}{i} = \frac{1.0 \times 1500}{\frac{20}{4}} = 300 > \lambda_p$$

为大柔度杆，按欧拉公式计算临界压力

$$F_{cr} = \frac{\pi^2 EA}{\lambda^2} = \frac{\pi^2 \times 200 \times 10^3 \times \frac{1}{4}\pi \times 20^2}{300^2}\text{N} = 6.89\text{kN} < F_{NBD}$$

所以压杆稳定性不能满足要求。

2. 如图 9－3－9 所示的刚性梁 ACE 由三根相同材料(弹性模量为 E)制成的大柔度圆杆支承，圆杆的半径分别为 $2r$、r、$2r$，计算载荷 P 的临界值。［武汉大学 2015 研］

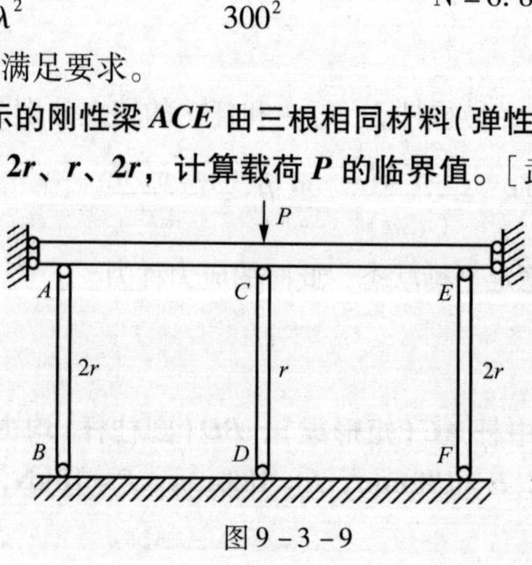

图 9－3－9

解：设杆 AB 的轴力为 F_1，杆 CD 的轴力为 F_2，杆 EF 的轴力为 F_3。载荷对称结构对称得 $F_1=F_3$。

由 $\Delta L=\dfrac{FL}{EA}\Rightarrow\dfrac{F_1}{F_2}=\dfrac{A_{AB}}{A_{CD}}=4\Rightarrow F_1=4F_2$；

又因 $F_1+F_2+F_3=P\Rightarrow F_1=F_3=\dfrac{4}{9}P$；$F_2=\dfrac{1}{9}P$。

$$F_{cr2}=\frac{\pi^2EI_2}{(\mu l)^2}=\frac{\pi^3Er^4}{4l^2},\ F_{cr1}=F_{cr3}=\frac{\pi^2EI_{1,3}}{(\mu l)^2}=\frac{4\pi^3Er^4}{l^2}$$

当 CD 杆受压失稳时，即 $F_2=\dfrac{1}{9}P=F_{cr2}\Rightarrow P=9F_{cr2}=\dfrac{9\pi^3Er^4}{4l^2}$。

此时，AB 和 EF 杆的轴力为 $F_1=F_3=\dfrac{4P}{9}=\dfrac{\pi^3Er^4}{l^2}<F_{cr1}=\dfrac{4\pi^3Er^4}{l^2}$，两杆均未失稳，系统还可继续承受载荷，直至 AB、EF 两杆失稳。

令 $F_1=F_3=F_{cr1}=\dfrac{4\pi^3Er^4}{l^2}$，

此时杆 CD 仍然保持其临界载荷不变，$F_2=F_{cr2}=\dfrac{\pi^3Er^4}{4l^2}$。

所以，当整个系统失稳时，总载荷 P 临界值为

$$P=F_1+F_3+F_2=\frac{33\pi^3Er^4}{4l^2}$$

3. 图 9－3－10 所示圆截面压杆的直径 $d=40$mm，材料为 Q235 钢，弹性模量 $E=200$GPa，比例极限 $\sigma_P=200$MPa，屈服极限 $\sigma_s=250$MPa。试求可用经验公式计算临界应力时需要的杆长范围。（经验公式：$\sigma_{cr}=304-1.12\lambda$ 单位：MPa）。［昆明理工大学 2016 研］

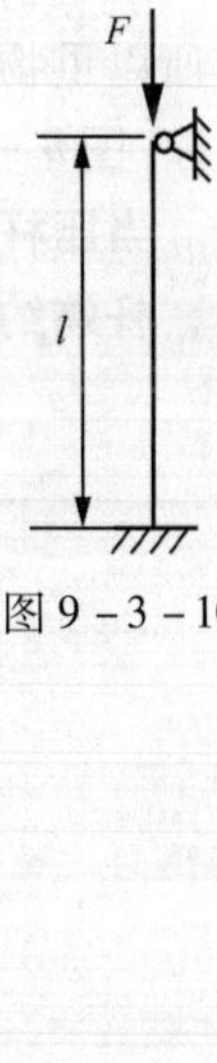

图 9－3－10

答：该圆杆的惯性半径为

$$i=\frac{d}{4}=10\text{mm}$$

杆件一端固定，一端铰支，计算长度系数 $\mu=0.7$。

临界柔度分别为

$$\lambda_1=\sqrt{\frac{\pi^2E}{\sigma_p}}=99.3,\ \lambda_2=\frac{a-\sigma_s}{b}=48.2$$

根据临界柔度可得到临界的杆长分别为

$$\lambda=\frac{\mu l_1}{i}=\lambda_1,\ l_1=1418.6\text{mm}$$

$$\lambda=\frac{\mu l_2}{i}=\lambda_2,\ l_2=688.6\text{mm}$$

所以当 $688.6\text{mm}<l<1418.6\text{mm}$ 时可用经验公式计算临界应力。

4. 图 9－3－11 所示简易起重装置为平面结构，杆 AB 和杆 BC 在点 B 铰接，在点 B 用钢索起吊一重为 P 的重物 D。杆 BC 为直径 $d=60$mm 的圆截面杆，杆长 $l=2$m，材料为 Q235 钢，$E=206$GPa，$\sigma_P=200$MPa，$\sigma_s=235$MPa，直线经验公式系数 $a=304$MPa，$b=1.12$MPa，稳定安全因数 $n_{st}=3$。试根据结构在图示平面内的稳定性确定重物 D 的最大重量。［南京航空航天大学 2017 研］

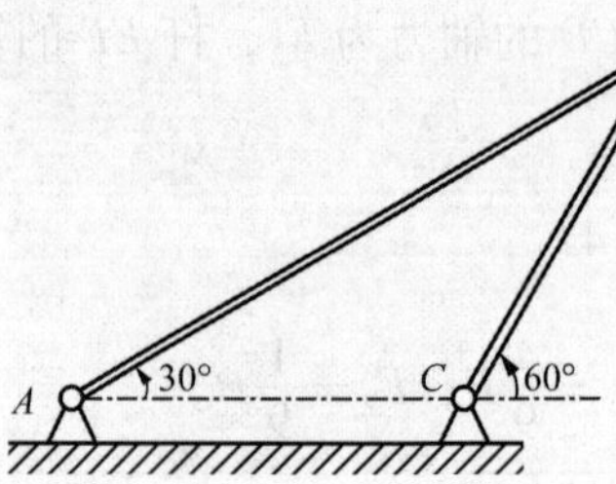

图 9－3－11

解：先确定 BC 杆临界压力 F_{cr}

$$i = d/4 = 15\text{mm}$$

$$\lambda = \mu L/i = \frac{1.0 \times 2000}{15} = 133.33$$

$$\lambda_p = \pi \sqrt{\frac{E}{\sigma_p}} = \pi \times \sqrt{\frac{206 \times 10^3}{200}} = 100.83$$

$\lambda = 133.33 > \lambda_p = 100.83$，为大柔度杆，用欧拉公式计算。

临界应力

$$F_{cr} = \sigma_{cr} A = \frac{\pi^2 EA}{\lambda^2} = \frac{\pi^2 \times 206 \times 10^3 \times \pi \times 60^2}{4 \times 133.33^2}\text{N} = 323.37\text{kN}$$

重物 D 重量最大时，BC 杆中压力为临界压力。

由静力平衡条件，对 A 点取矩，$\sum M(A) = 0$ 即

$$n_{st} P(l + l\cos 60°) - F_{cr} l \sin 60° = 0$$

$$P = \frac{\sqrt{3}}{9} F_{cr} = 62.23\text{kN}$$

所以重物 D 最大重量为 62.23kN。

5. 图 9－3－12 所示压杆，横截面为 $b \times h$ 的矩形，试从稳定性方面考虑，h/b 为何值最佳。当压杆在 xy 平面内而失衡时，杆端约束情况可视为两端铰支；当压杆在 xz 平面内失衡时，杆端约束情况可视为弹性固定，取 $\mu_y = 0.7$。［山东大学 2017 研］

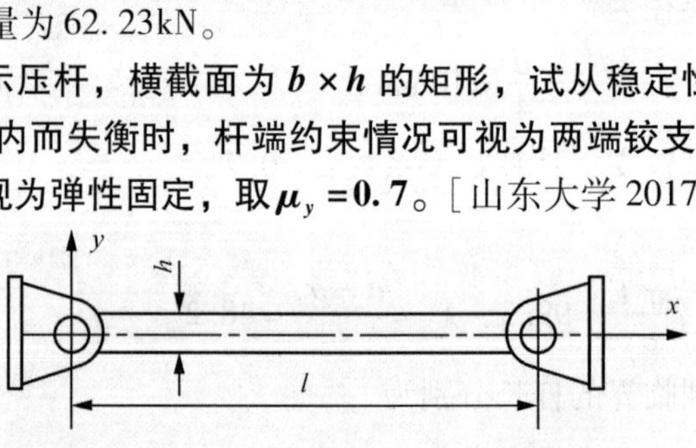

图 9－3－12

解：从稳定性角度考虑，为了使杆件在两个方向都能达到临界状态，应使两个方向具有相同的柔度，即

$$\lambda_y = \lambda_z$$

两个方向的惯性半径分别为

$$i_y=\sqrt{\frac{b^2}{12}}=\frac{b}{2\sqrt{3}},\ i_z=\sqrt{\frac{h^2}{12}}=\frac{h}{2\sqrt{3}}$$

所以有

$$\frac{\mu_y l}{i_y}=\frac{\mu_z l}{i_z}$$

即

$$\frac{h}{b}=\frac{i_z}{i_y}=\frac{\mu_z}{\mu_y}=\frac{1}{0.7}=1.43$$

6. 由两悬臂梁 *AB* 与 *CD* 和圆钢 *BD* 组成的结构如图 9－3－13 所示，梁 *AB* 为矩形截面 $20\times40\text{mm}^2$，梁 *CD* 为矩形截面 $20\times60\text{mm}^2$，杆 *BD* 的直径 $d=8.5\text{mm}$。梁和杆的材料均为 Q235 钢，$E=200\text{GPa}$，试根据杆 *BD* 的稳定性(按大柔度杆计算)确定结构的许可载荷。［山东大学 2017 研］

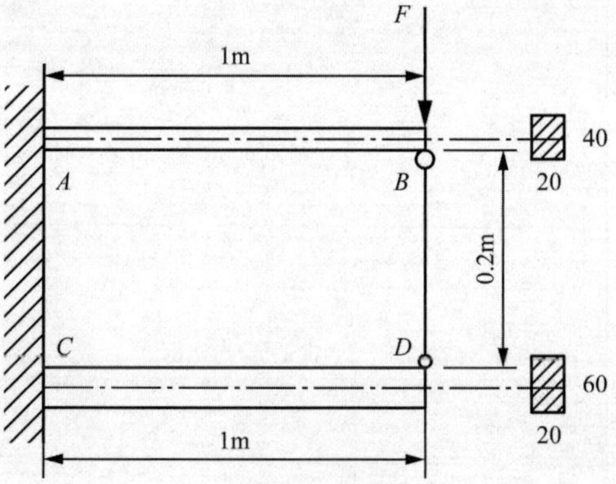

图 9－3－13

解： 令杆 *BD* 恰好满足稳定性，因为是大柔度杆，按欧拉公式求解可得

$$F_N=F_{cr}=\frac{\pi^2EI_{BD}}{(\mu l_{BD})^2}=\frac{\pi^2\times200\times10^3\times\frac{\pi}{64}\times8.5^4}{200^2}\text{N}=12.6\text{kN}$$

拆去 *BD* 杆，梁 *AB* 和梁 *CD* 都是悬臂梁，自由端所受集中荷载分别为 $(F-F_N)$ 和 F_N，所以 *B* 点和 *D* 点的竖向位移为悬臂梁的挠度，分别为

$$\Delta_B=\frac{(F-F_N)l_{AB}^3}{3EI_{AB}}$$

$$\Delta_D=\frac{F_Nl_{AB}^3}{3EI_{CD}}$$

杆 *BD* 发生的变形为

$$\Delta l_{BD}=\frac{F_Nl_{BD}}{EA_{BD}}$$

根据题意可知，$\Delta_B-\Delta_D=\Delta l_{BD}$ 即

$$\frac{(F-F_N)l_{AB}^3}{3EI_{AB}}-\frac{F_Nl_{AB}^3}{3EI_{CD}}=\frac{F_Nl_{BD}}{EA_{BD}}$$

故

$$F = F_N\left(1 + \frac{I_{AB}}{I_{CD}} + \frac{3l_{BD}I_{AB}}{A_{BD}l_{AB}^3}\right)$$

又因为

$$I_{AB} = \frac{20 \times 40^3}{12} = 1.07 \times 10^5 \text{mm}^4$$

$$I_{CD} = \frac{20 \times 60^3}{12} = 3.6 \times 10^5 \text{mm}^4$$

$$A_{BD} = \frac{\pi \times 8.5^2}{4} = 56.72 \text{mm}^2$$

可得

$$F = 17.8 \text{kN}$$

所以荷载 F 最大为 17.8kN。

第 10 章　动载荷

10.1　复习笔记

本章节的主要研究内容是构件作匀加速运动时，或受到作匀加速运动的物体作用时，以及构件受到冲击时的应力和变形计算。

静载荷：载荷由零平缓地增加到最终值，且之后载荷值再也不变化。

动载荷：随时间明显变化的载荷，即具有较大加载速率的载荷。

一、动静法的应用

动静法是将动力学问题转化为静力学问题的方法，来自于达朗贝尔原理：假想地在做加速运动的质点系上的每一个质点上施加惯性力，使原力系与惯性力系组成平衡力系。质点上的惯性力等于该质点质量 m 与其加速度 a 的乘积，惯性力方向与加速度反向。

对于匀加速平动杆件或者匀角加速转动杆件，使用动静法作动应力分析的一般步骤：

(1)求出动荷因数 K_d；

(2)按静载荷求解应力 σ_{st}、变形 Δ_{st}等；

(3)将所得结果乘以动荷因数 K_d 可得动载荷作用下的动应力和变形分别为

$$\sigma_d = K_d\sigma_{st},\ \Delta_d = K_d\Delta_{st}$$

二、杆件受冲击时的应力和变形

1. 求解杆件受冲击问题时的基本假设

(1)不计冲击物的变形；

(2)冲击前后，冲击物与杆件构成的系统机械能守恒；

(3)构件材料服从胡克定律。

2. 常见几种情况下的动荷因数

(1)自由落体

如图 10－1－1 所示，在重物 P 从高度为 h 处自由下落的冲击作用下，对杆件作动应力分析时的动荷因数

$$K_d = 1 + \sqrt{1 + \frac{2h}{\Delta_{st}}}$$

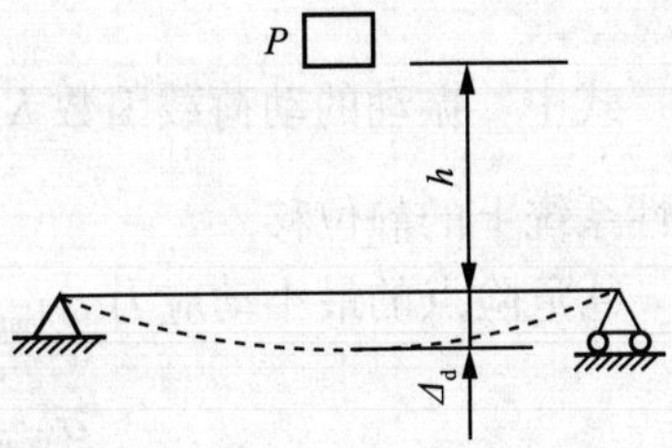

图 10－1－1

其中，对于突然加载的情况，相当于物体自由下落高度 $h=0$ 的情况，此时动荷因数$K_d=2$，即杆件的应力和变形均为静载时的 2 倍。

(2)水平冲击

如图 10－1－2 所示，设冲击物与杆件接触时的速度为 v，此时求解动载荷问题时的动荷因数

$$K_d = \sqrt{\frac{v^2}{g\Delta_{st}}}$$

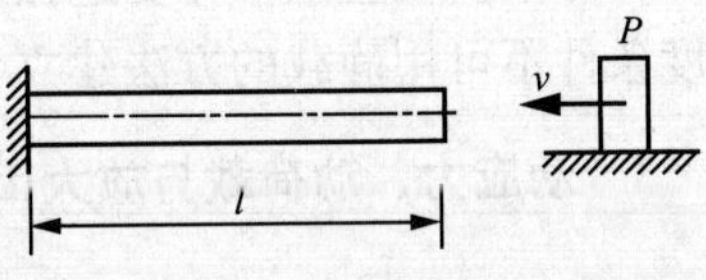

图 10－1－2

3. 冲击韧性

材料的抗冲击能力用冲断试样所需的能量来表征。

冲击韧性的表达式为

$$\alpha_K = \frac{W}{A}$$

式中，W 为重摆所做的功；A 为试样在缺口处的最小横截面面积；冲击韧性 α_K 的常用单位为 J/cm^2。

①冲击韧性是材料性能指标之一，α_K 越大材料抗冲能力越强。

②一般塑性材料抗冲击能力高于脆性材料。

③冲击韧性与试件的形状、尺寸、支承条件等有关，且随温度降低而减小，表现为材料的冷脆现象。

三、受迫振动的应力计算(仅作了解)

研究对象：可简化为一个自由度的弹性受迫振动系统。将承受变形的弹性杆件视为弹簧。

对于不计质量且仅考虑弹性的构件上只有一个振动物体时，均可简化为一个自由度的振动系统，构件受到的拉压、扭转或弯曲作用只改变系统的弹簧刚度系数。

1. 应力相关计算公式

①系统固有频率(角频率)ω_0

$$\omega_0 = \sqrt{\frac{g}{\Delta_{st}}} = \sqrt{\frac{kg}{P}}$$

式中，g 为重力加速度；Δ_{st}为静位移；k 为弹簧刚度系数；P 为静荷载作用。

②放大因子 β

$$\beta = \frac{1}{\sqrt{\left[1 - \left(\frac{\omega}{\omega_0}\right)^2\right]^2 + 4\left(\frac{\delta}{\omega_0}\right)^2\left(\frac{\omega}{\omega_0}\right)^2}}$$

式中，ω 为干扰力的频率；δ 为阻尼系数。

③危险点的最大动应力 σ_{dmax}

$$\sigma_{dmax} = \sigma_{st}\left(1 + \beta\frac{\Delta_{F_d}}{\Delta_{st}}\right) = \sigma_{st}\left(1 + \beta\frac{F_d}{P}\right) = K_d\sigma_{st}$$

式中，振动的动荷载因数 $K_d = 1 + \beta\frac{\Delta_{F_d}}{\Delta_{st}} = 1 + \beta\frac{F_d}{P}$；$\Delta_{F_d}$为干扰力 F_d 按静载荷方式作用在弹性系统上的静位移。

④危险点的最小动应力 σ_{dmin}

$$\sigma_{dmin} = \sigma_{st}\left(1 - \beta\frac{\Delta_{F_d}}{\Delta_{st}}\right) = \sigma_{st}\left(1 - \beta\frac{F_d}{P}\right)$$

2. 交变应力

在静平衡位置上下作受迫振动的杆件，其上各点应力作周期性交替变化。交变应力下的强度条件不可用静载的方法建立。

3. 动应力、动荷载与放大因子的关系$\left(\frac{\omega}{\omega_0}-\beta\text{ 曲线}\right)$

①$\frac{\omega}{\omega_0}\to 1$：即干扰力频率接近系统固有频率，此时 β 最大，引起共振。通过改变$\frac{\omega}{\omega_0}$或增

大阻尼 δ 可降低 β 避免共振。

② $\frac{\omega}{\omega_0} \ll 1$：此时 $\beta \to 1$，受迫振动的振幅等于干扰力作为静荷载时的挠度。增加弹性系统的刚度可以减小静位移。

③ $\frac{\omega}{\omega_0} > 1$：$\beta$ 随 $\frac{\omega}{\omega_0}$ 增大而减小，受迫振动随之减弱。当 $\frac{\omega}{\omega_0} \gg 1$ 时 $\beta \to 0$，可不考虑干扰力的作用，应增加静位移来降低弹性系统固有频率。

10.2 课后习题详解

10.1 如图 10-2-1 所示，均质等截面杆，长度为 l，重量为 W，横截面面积为 A，水平放置在一排光滑的滚子上。杆的两端受轴向力 F_1 和 F_2 作用，且 $F_2 > F_1$。试求杆内正应力沿杆件长度分布的情况（设滚动摩擦可以忽略不计）。

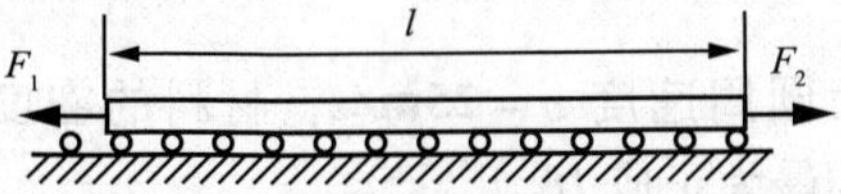

图 10-2-1

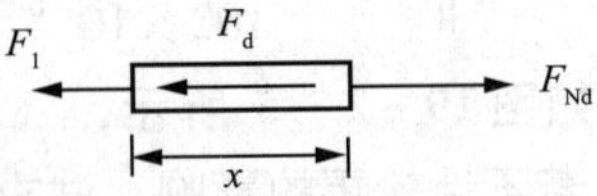

图 10-2-2

解：杆在已知力作用下有向右的加速度：$a = \frac{F}{m} = \frac{F_2 - F_1}{W} \cdot g$。

如图 10-2-2 所示，将杆沿 x 截面断开，分析杆受力，可得轴力沿长度分布情况

$$F_N(x) = F_1 + \frac{Wx}{gl} \cdot a = F_1 + \frac{F_2 - F_1}{l} \cdot x$$

则正应力沿长度分布情况：$\sigma(x) = \frac{F_N(x)}{A} = \frac{1}{A}\left(F_1 + \frac{F_2 - F_1}{l} \cdot x\right)$。

10.2 如图 10-2-3 所示，长度为 l、横截面面积为 A 的杆以加速度 a 向上提升。若材料的密度为 ρ，试求杆件内的最大应力。

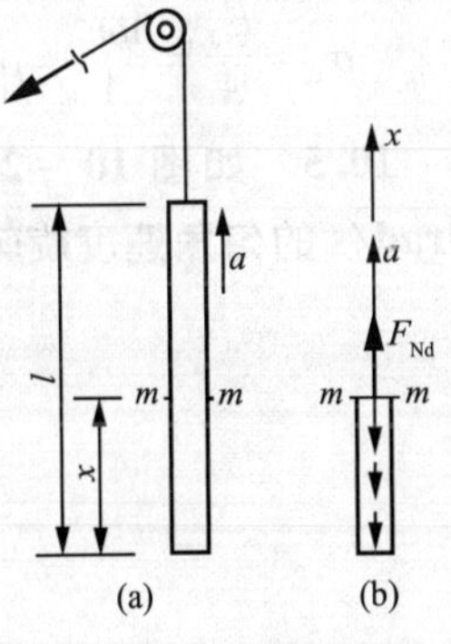

图 10-2-3

解：如图 10-2-3(b) 所示，取长为 x 的杆段进行受力分析：

自重：$W_2 = \rho Ax \cdot g$，惯性力：$W_1 = \rho Ax \cdot a$。

根据平衡条件 $F_{Nd} - \rho gAx - \rho Ax \cdot a = 0$，可得

$$F_{Nd} = \rho gAx\left(1 + \frac{a}{g}\right)$$

故该截面上的应力：$\sigma_d = \frac{F_{Nd}}{A} = \rho x(a + g)$。

由此可知，当 $x = l$ 时，有最大应力：$\sigma_{dmax} = \rho gl\left(1 + \frac{a}{g}\right)$。

10.3 如图 10-2-4 所示，桥式起重机上悬挂一重量为 $P = 50$kN 的重物，以匀速度 $v = 1$m/s 向前移动（在图 10-2-4 中移动的方向垂直于纸面）。当起重机突然停止时，重物像单摆一样向前摆动。若梁为 I 14 工字钢，吊索横截面面积 $A = 5 \times 10^{-4}$m²，问此时吊索内及梁内的最大应力增加多少？设吊索的自重以及由重物摆动引起的斜弯曲影响都忽略不计。

解：物体突然停止时，产生的向心加速度为

$$a = \frac{v^2}{R} = 0.25\text{m/s}^2$$

由此产生的与加速度方向相反的惯性力为

$$F_a = \frac{Pa}{g} = 1275.5\text{N}$$

吊索内最大应力增量为

$$\Delta\sigma_1 = \frac{F_a}{\text{A}} = \frac{1275.5}{5 \times 10^{-4}}\text{Pa} = 2.55\text{MPa}$$

梁内最大弯矩的增加量为：$M = \frac{F_a}{2} \times 2.5$。

查型钢表得 14 号工字钢 $W = 102\text{cm}^3$，则梁内最大应力增加量为

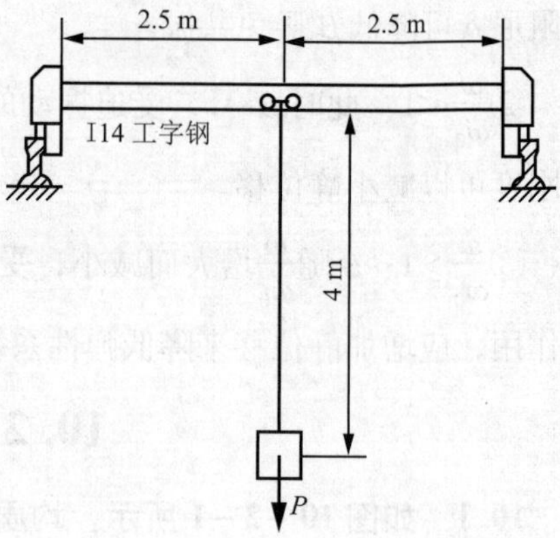

图 10－2－4

$$\Delta\sigma_2 = \frac{M}{W} = \frac{\frac{F_a}{2} \times 2.5}{W} = \frac{\frac{1275.5}{2} \times 2.5}{102 \times 10^{-6}}\text{Pa} = 15.6\text{MPa}$$

10.4　如图 10－2－5 所示，飞轮的最大圆周速度 $v = 25\text{m/s}$，材料的密度为 $7.41 \times 10^3\text{kg/m}^3$。若不计轮幅的影响，试求轮缘内的最大正应力。

解：假想沿过直径的面将圆环断开，则由平衡条件得

$$\sum F_y = 0, 2F_{\text{Nd}} = \int_0^{\pi} q_{\text{d}} \cdot \sin\varphi \cdot \frac{D}{2}\text{d}\varphi = q_{\text{d}}D$$

其中，沿轴线均匀分布的惯性力集度：$q_{\text{d}} = A\rho a_{\text{n}} = \frac{A\rho D\omega^2}{2}$。

则有：$F_{\text{Nd}} = \frac{q_{\text{d}}D}{2} = \frac{A\rho D^2\omega^2}{4} = A\rho v^2$。

轮缘内的最大正应力

$$\sigma_{\text{d}} = \frac{F_{\text{d}}}{A} = \frac{A\rho v^2}{A} = \rho v^2 = 7.41 \times 10^3 \times 25^2\text{Pa} = 4.63\text{MPa}$$

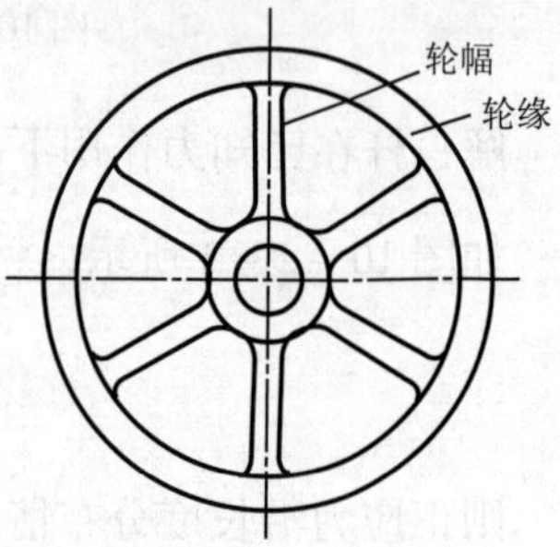

图 10－2－5

10.5　如图 10－2－6 所示，轴上装一钢质圆盘，盘上有一圆孔。若轴与盘以 $\omega = 40\text{rad/s}$ 的匀角速度旋转，试求轴内因这一圆孔引起的最大正应力。

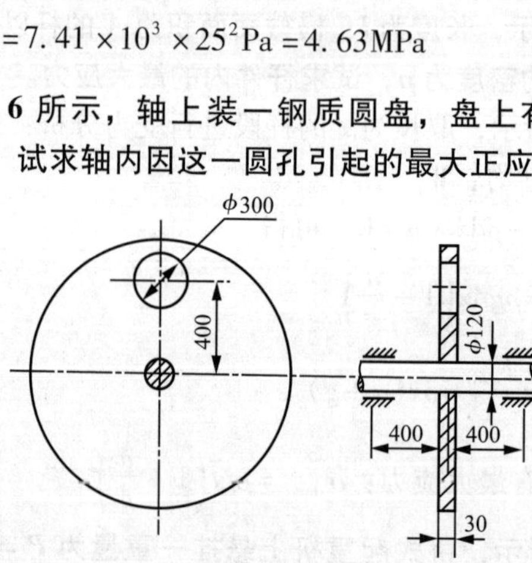

图 10－2－6

解：轴上的动应力是圆孔对称位置上相应的质量 m 引起的，设圆盘密度为 ρ，厚度为 δ，圆孔中心到圆盘中心的距离为 b，则由质量 m 产生的惯性力

$$F_{\text{d}} = ma = \frac{\pi\rho D^2\delta\omega^2 \cdot b}{4} = \frac{\pi}{4} \times 7.8 \times 10^3 \times 0.3^2 \times 0.03 \times 40^2 \times 0.4\text{N} = 10.6\text{kN}$$

故由圆孔引起的最大正应力

$$\sigma_d = \frac{\frac{F_d}{2} \times 0.4}{W} = \frac{6.4F_d}{\pi d^3} = \frac{6.4 \times 10.6 \times 10^3}{\pi \times 0.12^3}\text{Pa} = 12.5\text{MPa}$$

10.6　如图 10－2－7 所示，在直径为 100mm 的轴上装有转动惯量 $J=0.5\text{kN}\cdot\text{m}\cdot\text{s}^2$ 的飞轮，轴的转速为 300 r/min。制动器开始作用后，在 20 转内将飞轮刹停。试求轴内最大切应力。设在制动器作用前，轴已与驱动装置脱开，且轴承内的摩擦力可以不计。

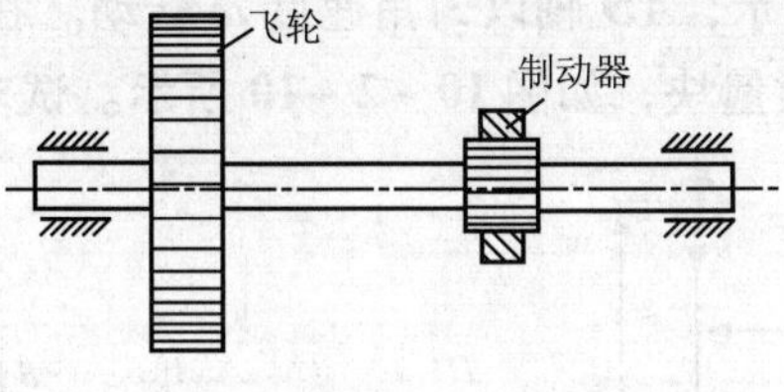

图 10－2－7

解：刹车前，飞轮的角速度为：$\omega_0 = \frac{2\pi n}{60} = 10\pi\text{rad/s}$。

由 $\frac{1}{2}\omega_0 t = 20 \times 2\pi$ 得，刹车飞轮所用的时间：$t = \frac{20 \times 2 \times 2\pi}{\omega_0} = 8\text{s}$。

故角加速度为：$\alpha = \frac{0-\omega_0}{t} = -1.25\pi\text{rad/s}^2$。

由惯性产生轴截面的扭矩：$M_d = -J \cdot \alpha = 0.5 \times 10^3 \times 1.25\pi\text{N}\cdot\text{m} = 625\pi\text{N}\cdot\text{m}$。

故轴内最大切应力：$\tau_{max} = \frac{M_d}{W_t} = \frac{16M_d}{\pi d^3} = \frac{16 \times 625\pi}{\pi \times 0.1^3}\text{Pa} = 10\text{MPa}$。

10.7　图 10－2－8 所示钢轴 *AB* 的直径为 80mm，轴上有一直径为 80mm 的钢质圆杆 *CD*，*CD* 垂直于 *AB*。若 *AB* 以匀角速度 $\omega = 40\text{rad/s}$ 转动。材料的许用应力 $[\sigma] = 70\text{MPa}$，密度为 $7.8 \times 10^3\text{kg/m}^3$。试校核 *AB* 轴及 *CD* 杆的强度。

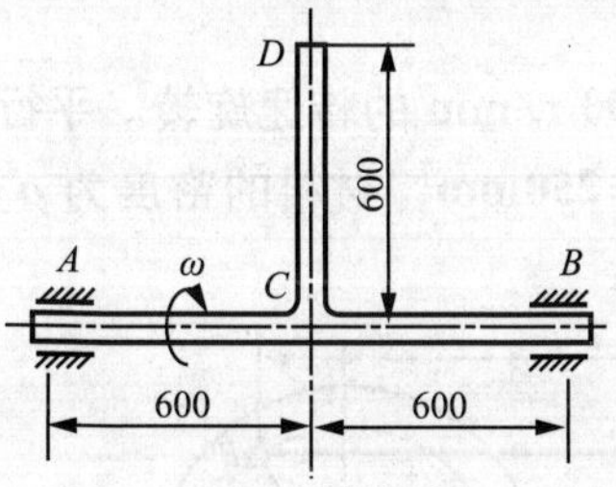

图 10－2－8

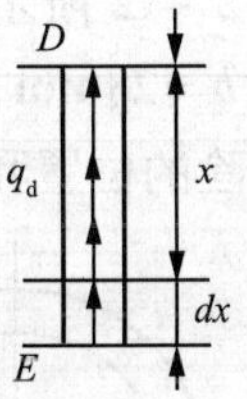

图 10－2－9

解：如图 10－2－9 所示，构件匀速转动时，杆 *CD* 单位长度的惯性力 q_d 为

$$q_d = m \cdot a = \rho A(l-x)\omega^2 = 7.8 \times 10^3 \times \frac{\pi \times 0.08^2}{4} \times (l-x) \times 40^2\text{N/m} = 62.8(l-x)\text{kN/m}$$

沿轴线线性分布。

CD 杆作用于 *AB* 杆的惯性力为

$$F_d = \int_{CD} q_d(x)\,dx = \int_0^{0.6} 62.8(0.6-x)\,dx = 11.4\text{kN}$$

故 *CD* 杆的最大正应力发生在 *D* 截面处

$$\sigma_{dmax} = \frac{F_d}{A} = \frac{11.4 \times 10^3}{\frac{\pi}{4} \times 0.08^2}\text{Pa} = 2.27\text{MPa} < [\sigma]$$

对于 AB 轴

$$\sigma_{\mathrm{dmax}}=\frac{M_{\max}}{W}=\frac{\frac{1}{2}F_{\mathrm{d}}l}{\frac{\pi d^3}{32}}=\frac{16F_{\mathrm{d}}l}{\pi d^3}=\frac{16\times 11.4\times 10^3\times 0.6}{\pi\times 0.08^3}\mathrm{Pa}=68.2\mathrm{MPa}<[\sigma]$$

故 AB 轴和 CD 杆均满足强度条件。

10.8　如图 10－2－10 所示，AD 轴以匀角速度 ω 转动。在轴的纵向对称面内，于轴线的两侧有两个重为 P 的偏心质量块，如图 10－2－10 所示。试求轴内最大弯矩。

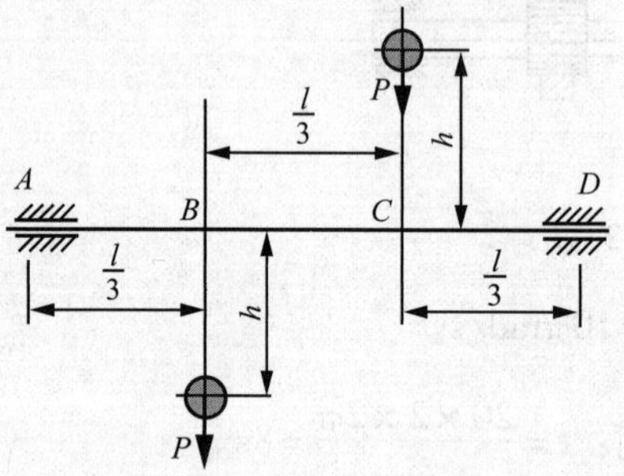

图 10－2－10

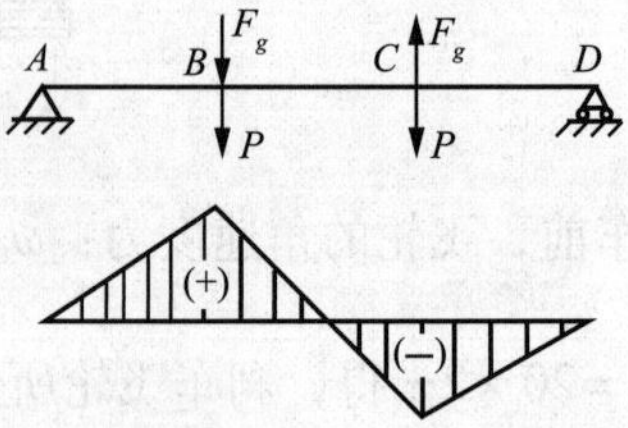

图 10－2－11

解：轴旋转时偏心球的惯性力为：$F_{\mathrm{d}}=\frac{P}{g}h\omega^2$。

当小球处于铅垂面内时，惯性力与重力重叠时会产生最大弯矩，受力如图 10－2－11 所示。

由平衡条件得支反力：$F_{\mathrm{RA}}=P+\frac{Ph\omega^2}{3g}$，$F_{\mathrm{RD}}=P-\frac{Ph\omega^2}{3g}$。

绘制 AD 轴的弯矩图，如图 10－2－11 所示，可知最大弯矩在 B 截面处：$M_{\max}=\frac{Pl}{3}\left(1+\frac{h\omega^2}{3g}\right)$。

10.9　图 10－2－12 所示机车车轮以 $n=300$ r/min 的转速旋转。平行杆 AB 的横截面为矩形，$h=56$mm，$b=28$mm，长度 $l=2$m，$r=250$mm，材料的密度为 $\rho=7.8\times 10^3\mathrm{kg/m^3}$。试确定平行杆最危险的位置和杆内最大正应力。

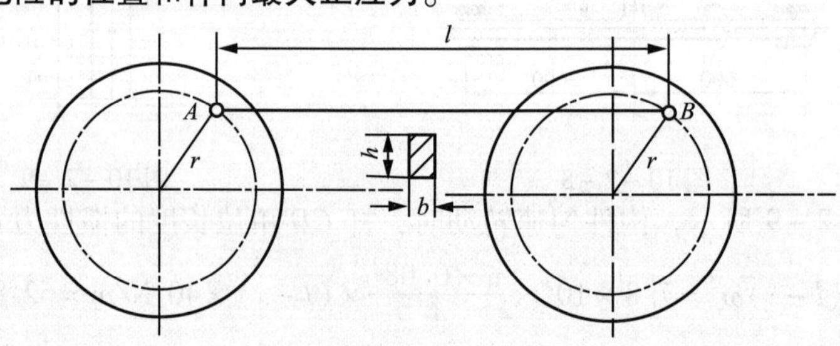

图 10－2－12

解：当杆运动至最低位置时，重力与惯性力相叠加，此时最危险。将杆的自重和作用在杆上的惯性力看作均布力，则有：

自重产生的均布载荷集度：$q=\rho Ag$；

惯性力产生的均布载荷集度：$q_{\mathrm{d}}=\rho A\omega^2 r$；

故 $q_{总}=q+q_d=\rho A(g+\omega^2 r)$，其中 $\omega=\frac{\pi n}{30}=\frac{\pi\times 300}{30}\mathrm{rad/s}=10\pi\mathrm{rad/s}$。

杆上的最大弯矩发生在杆中点截面处：$M_{\max}=\frac{1}{8}q_{总}\ l^2$。

故杆内最大正应力

$$\sigma_{\max}=\frac{M_{\max}}{W}=\frac{\frac{1}{8}\rho bh(g+\omega^2 r)l^2}{\frac{1}{6}bh^2}$$

$$=\frac{3\rho(g+\omega^2 r)l^2}{4h}=\frac{3\times 7.8\times 10^3\times[9.8+(10\pi)^2\times 0.25]\times 2^2}{4\times 0.056}\text{Pa}$$

$$=107\text{MPa}$$

10.10　图 10-2-13 所示简支梁为 I 18 工字钢，$l=6$m，$E=200$GPa。梁上安放着重量为2kN的重物，且作振幅 $B=12$mm 的振动。试求梁的最大正应力。设梁的质量可以忽略不计。

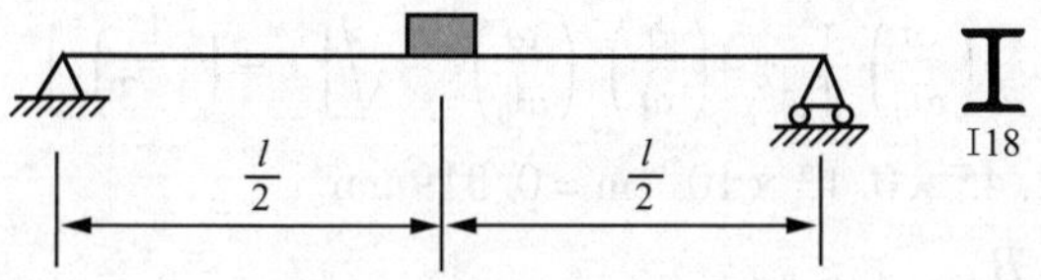

图 10-2-13

解：在 $F=2$kN 静载作用下，作用点的位移：$\Delta_{st}=\frac{Fl^3}{48EI}$。

该点由振动产生动载荷作用下的位移：$\Delta_d=\frac{F_d l^3}{48EI}$。

又由振幅 $B=\beta\Delta_d$，得放大因子：$\beta=\frac{B}{\Delta_d}$。

则振动的动荷因数：$K_d=1+\beta\frac{F_d}{F}=1+\frac{BF_d}{\Delta_d F}=1+\frac{B}{F}\cdot\frac{48EI}{l^3}$。

故梁内最大正应力：$\sigma_{d\max}=K_d\sigma_{st}=K_d\cdot\frac{Fl}{4W}=\left(1+\frac{48EIB}{Fl^3}\right)\frac{Fl}{4W}$。

查型钢表 18 号工字钢：$W=185\text{cm}^3$，$I=1660\text{cm}^4$，所以有

$$\sigma_{d\max}=\left(1+\frac{48\times 200\times 10^3\times 1660\times 10^4\times 12}{2\times 10^3\times 6000^3}\right)\times\frac{2\times 10^3\times 6000}{4\times 185\times 10^3}\text{MPa}=88\text{MPa}$$

10.11　图 10-2-14 所示电动机的重量 $P=1$kN，转速 $n=900$ r/min，装在悬臂梁的端部。梁为[25a 槽钢，弹性模量 $E=200$GPa。由于电动机转子不平衡引起的离心惯性力 $F_d=200$N。设阻尼系数 $\delta=0$，且梁的质量可以不计。

(1)梁跨度 l 为多大时，将发生共振？

(2)欲使梁的固有频率 ω_0 为干扰频率 ω 的 1.3 倍，l 应为多大？计算此时受迫振动的振幅 B 及梁内的最大正应力。

解：(1)悬臂梁发生共振时，系统的固有频率等于干扰频率，即 $\omega_0=\omega$，所以有

$$\omega_0=\sqrt{\frac{g}{\Delta_{st}}}=\omega=\frac{n\pi}{30}=30\pi\text{rad/s}$$

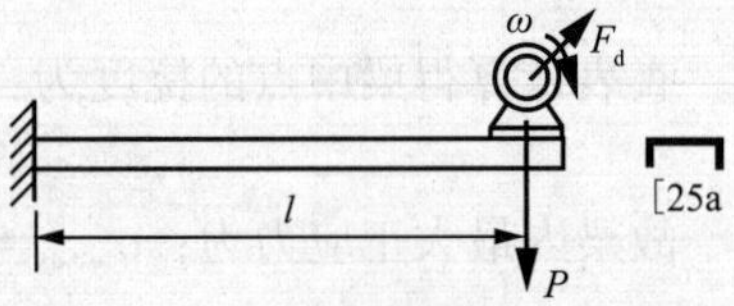

图 10-2-14

又在 P 作用下自由端的静位移 $\Delta_{st}=\frac{g}{(30\pi)^2}=\frac{Pl^3}{3EI}$，则梁跨度：$l=\sqrt[3]{\frac{3gEI}{(30\pi)^2P}}$。

查型钢表[25a 槽钢：$I=176\text{cm}^4$，$W=30.6\text{cm}^3$，代入上式得

$$l=\sqrt[3]{\frac{3\times9.8\times200\times10^9\times176\times10^{-8}}{(30\pi)^2\times1000}}\text{m}=1.05\text{m}$$

(2)根据题意，$\omega_0=1.3\omega$，则有：$\frac{g}{\Delta_{st}}=(39\pi)^2$，$\Delta_{st}=0.653\text{mm}$。

梁跨度：$l=\sqrt[3]{\frac{3gEI}{(39\pi)^2P}}=0.882\text{m}$。

离心力作用的位移：$\Delta_d=\frac{F_dl^3}{3EI}=\frac{200\times0.882^3}{3\times200\times10^9\times176\times10^{-8}}\text{m}=1.3\times10^{-4}\text{m}$。

放大因子：$\beta=\frac{1}{\sqrt{\left[1-\left(\frac{\omega}{\omega_0}\right)^2\right]^2+4\left(\frac{\delta}{\omega}\right)^2\left(\frac{\omega}{\omega_0}\right)^2}}=\frac{1}{\sqrt{\left[1-\left(\frac{1}{1.3}\right)^2\right]^2}}=2.45$。

故振幅：$B=\beta\Delta_d=2.45\times0.13\times10^{-3}\text{m}=0.319\text{mm}$。

动荷因数：$K_d=1+\frac{B}{\Delta_{st}}=1.49$。

则梁内最大正应力：$\sigma_{dmax}=K_d\cdot\sigma_{st}=K_d\cdot\frac{Pl}{W}=1.49\times\frac{1000\times0.882}{30.6\times10^{-6}}\text{Pa}=42.9\text{MPa}$。

10.12　如图 10-2-15 所示，重量为 P 的重物自高度 h 下落冲击于梁上的 C 点。设梁的 E、I 及抗弯截面系数 W 皆为已知量。试求梁内最大正应力及梁的跨度中点的挠度。

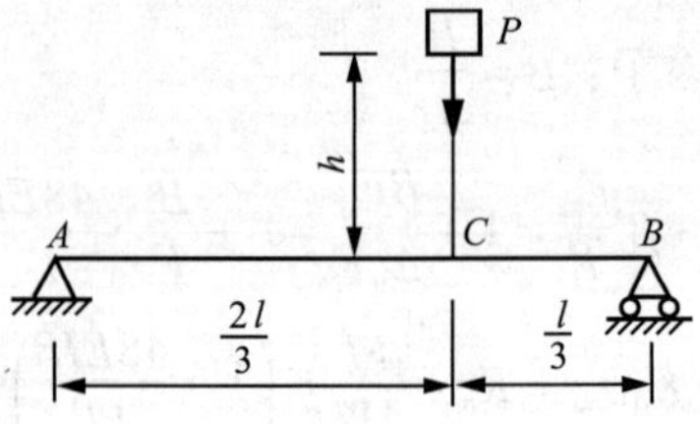

图 10-2-15

解：当 P 静荷载作用于 C 点时，在 C 点产生的静挠度为 Δ_{st}，查表可得：$\Delta_{st}=\frac{4Pl^3}{243EI}$。

则自由落体产生的动荷因数为：$K_d=1+\sqrt{1+\frac{2h}{\Delta_{st}}}=1+\sqrt{1+\frac{243EIh}{2Pl^3}}$。

P 以静荷载作用于 C 点时，梁内最大静应力发生在力 P 作用点截面上，值为

$$\sigma_{stmax}=\frac{M_{max}}{W}=\frac{\frac{1}{3}P\times\frac{2}{3}l}{W}=\frac{2Pl}{9W}$$

查表计算得梁中点的挠度为：$w_{\frac{l}{2}}=\frac{Pl}{48EI\times3}\left(3l^2-4\times\frac{l^2}{9}\right)=\frac{23Pl^3}{1296EI}$。

故梁内最大正应力为：$\sigma_{dmax}=K_d\sigma_{stmax}=\left[1+\sqrt{1+\frac{243EIh}{2Pl^3}}\right]\frac{2Pl}{9W}$。

梁跨度中点挠度为：$w_{d\frac{l}{2}}=K_d\cdot w_{\frac{l}{2}}=\frac{23Pl^3}{1296EI}\left(1+\sqrt{1+\frac{243EIh}{2Pl^3}}\right)$。

10.13 **图 10－2－16 所示 AB 杆下端固定，长度为 l，在 C 点受到沿水平运动的物体的冲击。物体的重量为 P，当其与杆件接触时的速度为 v。设杆件的 E、I 及 W 皆为已知量。试求 AB 杆的最大应力。**

解：静载荷 P 水平作用于 C 点时，其产生的静挠度为：$\Delta_{st}=\dfrac{Pa^3}{3EI}$。

因此水平冲击时产生的动荷因数为：$K_d=\sqrt{\dfrac{v^2}{g\Delta_{st}}}=\sqrt{\dfrac{3v^2EI}{gPa^3}}$。

P 静载时，杆 AB 中最大静应力发生在固定截面 A 处，且$\sigma_{stmax}=\dfrac{Pa}{W}$。

故 AB 杆最大应力：$\sigma_{dmax}=\sigma_{stmax}\cdot K_d=\dfrac{Pa}{W}\sqrt{\dfrac{3v^2EI}{gPa^3}}=\sqrt{\dfrac{3EIv^2P}{gaW^2}}$。

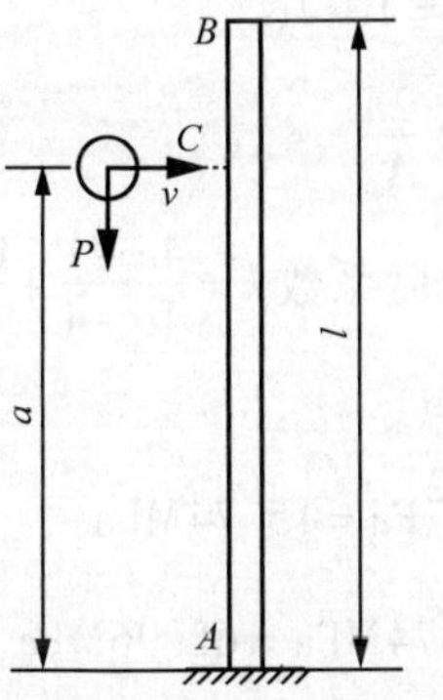

图 10－2－16

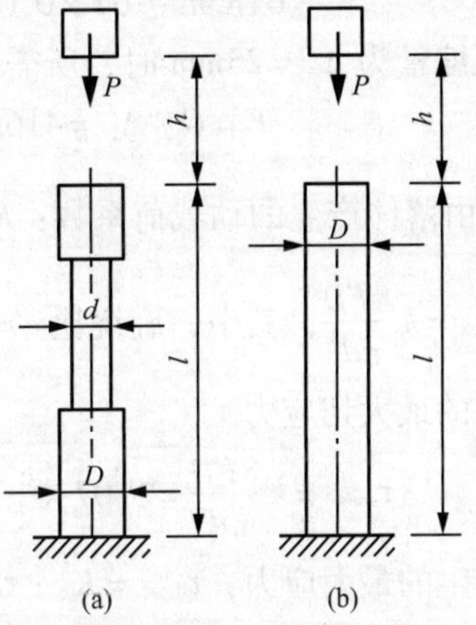

图 10－2－17

10.14 **材料相同、长度相等的变截面杆和等截面杆如图 10－2－17 所示。若两杆的最大横截面面积相同，问哪一根杆件承受冲击的能力强？设变截面杆直径为 d 的部分长度为 $\dfrac{2}{5}l$。为了便于比较，假设 h 比较大，可以近似地把动荷因数取为**

$$K_d=1+\sqrt{1+\frac{2h}{\Delta_{st}}}\approx\sqrt{\frac{2h}{\Delta_{st}}}$$

解：(a)对于变截面杆

当静载荷 P 竖直作用于杆端时，产生的静挠度为

$$\Delta_{st}=\frac{\frac{2}{5}Pl}{EA_1}+\frac{\frac{3}{5}Pl}{EA_2}=\frac{Pl}{E}\left(\frac{2}{5A_1}+\frac{3}{5A_2}\right)$$

因此变截面杆的最大应力

$$\sigma_d=K_d\sigma_{st}=\sqrt{\frac{2h}{\Delta_{st}}}\cdot\frac{P}{A_1}=\sqrt{\frac{2h}{\frac{Pl}{E}\left(\frac{2}{5A_1}+\frac{3}{5A_2}\right)}}\cdot\frac{P}{A_1}=\sqrt{\frac{2hEP}{l\left(\frac{2}{5}+\frac{3}{5}\frac{A_1}{A_2}\right)A_1}}=\sqrt{\frac{8hPE}{\pi ld^2\left[\frac{3}{5}\left(\frac{d}{D}\right)^2+\frac{2}{5}\right]}}$$

(b)对于等截面杆

当静载荷 P 竖直作用于杆端时，产生的静挠度为 $\Delta_{st}=Pl/(EA)$。

因此等截面杆的最大应力

$$\sigma_d = k_d\sigma_{st} = \sqrt{\frac{2h}{\Delta_{st}}}\cdot\frac{P}{A} = \sqrt{\frac{2h}{\frac{Pl}{EA}}}\cdot\frac{P}{A} = \sqrt{\frac{2hEP}{lA}} = \sqrt{\frac{8hPE}{\pi lD^2}}$$

因为 $d^2\left[\frac{3}{5}\left(\frac{d}{D}\right)^2 + \frac{2}{5}\right] < d^2 < D^2$。

所以图(a)杆件受到的动应力大于图(b)的动应力，图(b)的杆件承受冲击能力强。

10.15　受压圆柱螺旋弹簧的弹簧丝横截面直径 d = 6mm，弹簧的弹簧中径 D = 120mm，有效圈数 n = 18，G = 80GPa。若使弹簧压缩 25mm，试求所需施加的静载荷。又若以这一载荷自 100mm 的高度落于弹簧上，则弹簧的最大应力及变形各为多少？

解：(1)弹簧的刚度系数

$$C = \frac{Gd^4}{64R^3n} = \frac{80\times10^9\times0.006^4}{64\times0.06^3\times18}\text{N/m} = 416.7\text{N/m}$$

故在弹簧压缩量为 Δ_{st} = 25mm 时，所需施加的静载荷为

$$F = C\cdot\Delta_{st} = 416.7\times0.025\text{N} = 10.4\text{N}$$

(2)由 P 自由落体产生的动载荷系数：$K_d = 1 + \sqrt{1+\frac{2h}{\Delta_{st}}} = 4$。

根据公式 $\tau_{max} = k\frac{8FD}{\pi d^3}$，其中，旋绕比 $c = \frac{D}{d} = 20$，曲度系数 $k = \frac{4c-1}{4c-4} + \frac{0.615}{c} = 1.07$，可得弹簧受静载时的最大切应力

$$\tau_{stmax} = k\frac{8FD}{\pi d^3} = 1.07\times\frac{8\times10.4\times0.12}{\pi\times0.006^3}\text{Pa} = 15.74\text{MPa}$$

则由冲击产生的最大应力：$\tau_{dmax} = K_d\cdot\tau_{stmax} = 4\times15.74\text{MPa} = 62.96\text{MPa}$。

在冲击作用下弹簧的变形量：$\Delta_d = K_d\cdot\Delta_{st} = 4\times25\text{mm} = 100\text{mm}$。

10.16　图 10-2-18 所示直径 d = 300mm、长度为 l = 6m 的圆木桩，下端固定，上端受重量为 P = 2kN 的重锤作用。木材的 E_1 = 10GPa。求下列三种情况下，木桩内的最大正应力：

(a)重锤以静载的方式作用于木桩上；

(b)重锤从离桩顶 0.5m 的高度自由落下；

(c)在桩顶放置直径为 150mm、厚为 40mm 的橡胶垫，橡胶的弹性模量 E_2 = 8MPa。重锤仍从离橡胶垫顶面 0.5m 的高度自由落下。

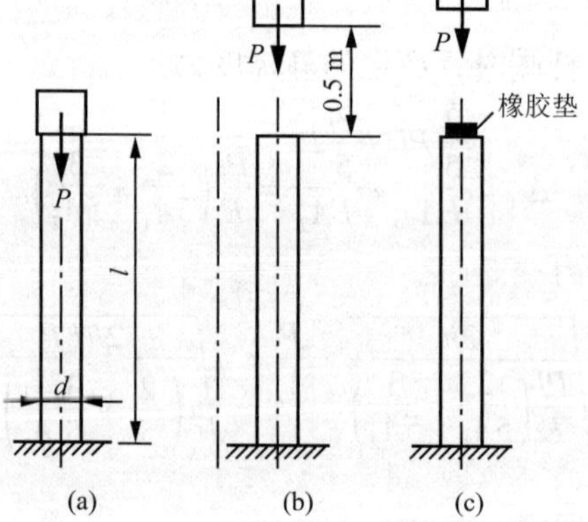

图 10-2-18

解：(a)重锤受静载荷作用下，最大正应力

$$\sigma_{\text{stmax}}=\frac{P}{A}=\frac{4P}{\pi d^2}=\frac{4\times2000}{\pi\times300^2}\text{MPa}=0.0283\text{MPa}$$

(b)在 P 静载作用下，自由端的静位移

$$\Delta_{\text{st}}=\frac{Pl}{E_1A_1}=\frac{2000\times6\times4}{10^{10}\times\pi\times0.3^2}\text{m}=1.7\times10^{-5}\text{m}$$

则自由落体产生的动载荷因数

$$K_{\text{d}}=1+\sqrt{1+\frac{2h}{\Delta_{\text{st}}}}=1+\sqrt{1+\frac{2\times0.5}{1.7\times10^{-5}}}=243.5$$

故最大正应力：$\sigma_{\text{dmax}}=K_{\text{d}}\sigma_{\text{stmax}}=243.5\times0.0283\text{MPa}=6.9\text{MPa}$。

(c)有橡胶垫作用时，自由端的变形由两部分组成：杆的变形和橡胶垫的变形。

则有：$\Delta_{\text{st总}}=\Delta_{\text{st}}+\Delta'_{\text{st}}=1.7\times10^{-5}+\dfrac{4\times2\times10^3\times0.04}{\pi\times8\times10^6\times0.15^2}\text{m}=5.83\times10^{-4}\text{m}$。

动载荷因数：$K_{\text{d}}=1+\sqrt{1+\dfrac{2h}{\Delta_{\text{st总}}}}=1+\sqrt{1+\dfrac{2\times0.5}{5.83\times10^{-4}}}=42.4$。

故最大正应力：$\sigma_{\text{dmax}}=K_{\text{d}}\cdot\sigma_{\text{stmax}}=42.4\times0.0283\text{MPa}=1.2\text{MPa}$。

10.17　图 10－2－19 所示钢杆的下端有一固定圆盘，盘上放置弹簧。弹簧在 1kN 的静载荷作用下缩短 0.625mm。钢杆的直径 $d=40$mm，$l=4$m，许用应力$[\sigma]=120$MPa，$E=200$GPa。若有重为 15kN 的重物自由落下，求其许可的高度 h。又若没有弹簧，则许可高度 h 又为多大？

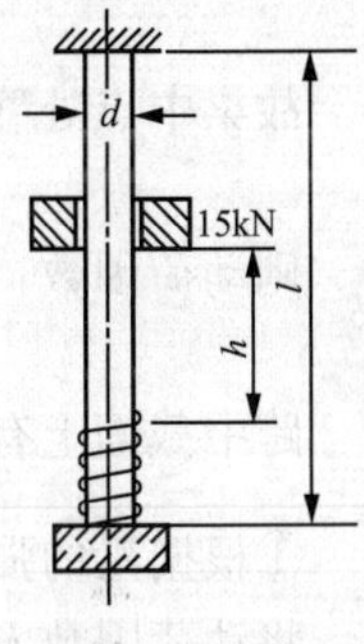

图 10－2－19

解：(1)有弹簧时，弹簧作用点处的位移由两部分组成：杆的变形和弹簧的变形。则有

$$\Delta_{\text{st}}=\frac{Pl}{EA}+CP=\left(\frac{15\times10^3\times4\times4}{200\times10^9\times\pi\times0.04^2}+0.625\times10^{-3}\times15\right)\text{m}$$

$$=(2.39\times10^{-4}+9.375\times10^{-3})\text{m}=9.614\times10^{-3}\text{m}$$

根据强度条件最大正应力：$\sigma_{\text{d}}=K_{\text{d}}\sigma_{\text{st}}=K_{\text{d}}\dfrac{P}{A}\leqslant[\sigma]$，可得

$$K_{\text{d}}\leqslant\frac{[\sigma]}{\sigma_{\text{st}}}=\frac{[\sigma]A}{P}=\frac{120\times\frac{\pi}{4}\times40^2}{15\times10^3}=10.05$$

又动荷因数 $K_{\text{d}}=1+\sqrt{1+\dfrac{2h}{\Delta_{\text{st}}}}$，代入上式得：$h\leqslant388.9$mm。

即有弹簧时的许可高度：$[h]=388.9$mm。

(2)如果没有弹簧，则作用点处的静位移 $\Delta_{\text{st}}=\dfrac{Pl}{EA}=2.39\times10^{-4}\text{m}$。

同理可得，没有弹簧时的许可高度：$[h]=9.67$mm。

10.18　图 10－2－20 所示 I 16 工字钢左端铰支，右端置于螺旋弹簧上。弹簧的有效圈数为 10 圈，其弹簧中径 $D=100$mm。弹簧丝横截面直径 $d=20$mm。梁的许用应力$[\sigma]=160$MPa，弹性模量 $E=200$GPa；弹簧的许用切应力$[\tau]=200$MPa，切变模量 $G=80$GPa。今有重量 $P=2$kN 的重物从梁的跨度中点正上方自由落下，试求其许可高度 h。

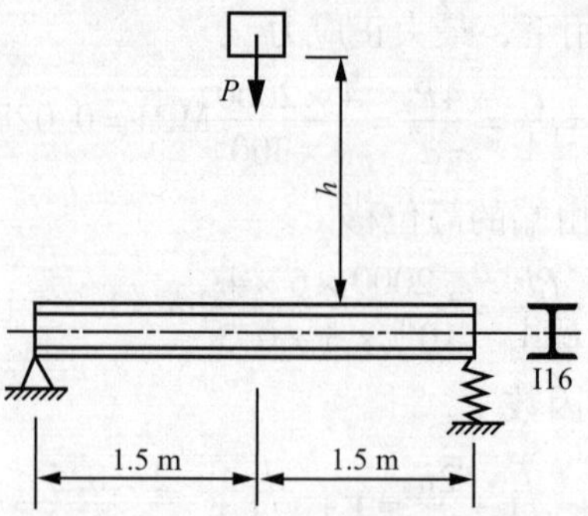

图 10－2－20

解：查型钢表 16 号工字钢：$I=1130\text{cm}^4$，$W=141\text{cm}^3$。

P 以静荷载作用于梁上时，作用点梁中点处的位移由两部分组成：

弹簧变形量

$$\Delta_2=\frac{64PR^3n}{2Gd^4}=\frac{64\times2000\times0.05^3\times10}{2\times80\times10^9\times0.02^4}\text{m}=6.25\times10^{-3}\text{m}$$

P 作用下挠度：$\Delta_1=\dfrac{Pl^3}{48EI}=\dfrac{2000\times3^3}{48\times200\times10^9\times1130\times10^{-8}}\text{m}=4.98\times10^{-4}\text{m}$。

故梁中点处静位移：$\Delta_{st}=\Delta_1+\dfrac{\Delta_2}{2}=3.62\times10^{-3}\text{m}$。

则动荷因数：$K_d=1+\sqrt{1+\dfrac{2h}{\Delta_{st}}}=1+\sqrt{1+552h}$。

跨中截面上有最大静应力：$\sigma_{stmax}=\dfrac{M_{max}}{W}=\dfrac{Pl}{4W}=\dfrac{2000\times3}{4\times141\times10^{-6}}\text{Pa}=10.6\text{MPa}$。

①根据梁的强度条件：$\sigma_{dmax}=K_d\sigma_{stmax}\leqslant[\sigma]$。

将动荷因数 K_d 代入上式并整理，解得：$h\leqslant0.358\text{m}$。

②对于弹簧来说，根据强度条件：$\tau_{dmax}=K_d\cdot\tau_{max}=(1+\sqrt{1+552h})\tau_{max}\leqslant[\tau]=200\text{MPa}$。

由 $c=\dfrac{D}{d}=5$，$k=\dfrac{4c-1}{4c-4}+\dfrac{0.615}{c}=1.31$ 得，静载时最大切应力

$$\tau_{stmax}=k\frac{8FD}{\pi d^3}=k\frac{4PD}{\pi d^3}=1.31\times\frac{4\times2\times10^3\times100}{\pi\times20^3}\text{MPa}=41.7\text{MPa}$$

代入强度条件得 $h\leqslant24.3\text{mm}$。

综上，许可高度：$[h]=24.3\text{mm}$。

10.19　图 10－2－21 所示圆轴直径 $d=60$mm，$l=2$m，左端固定，右端有一直径 $D=400$mm 的鼓轮。轮上绕以钢绳，钢绳的端点 A 悬挂吊盘。钢绳长度 $l_1=10$m，横截面面积 $A=120\text{mm}^2$，$E=200$GPa。轴的切变模量 $G=80$GPa。重量 $P=800$N 的物块自 $h=200$mm 处落于吊盘上，求轴内最大切应力和钢绳内最大正应力。

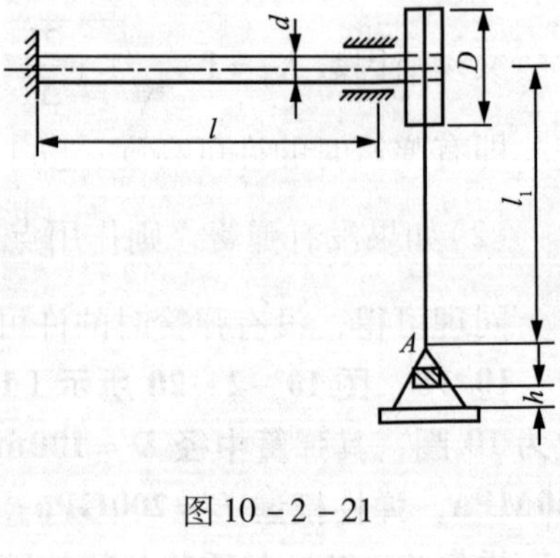

图 10－2－21

解：当 P 以静载荷作用于托盘上时，由轴扭转引起重物的静位移

$$\Delta_1=\frac{Tl}{GI_p}\cdot\frac{D}{2}=\frac{PDl}{2GI_p}\cdot\frac{D}{2}=\frac{8PD^2l}{\pi d^4G}=\frac{8\times800\times400^2\times2000}{\pi\times60^4\times80\times10^3}\text{mm}=0.629\text{mm}$$

绳的伸长量：$\Delta_2=\frac{Pl_1}{EA}=\frac{800\times10\times10^3}{200\times10^3\times120}\text{mm}=0.333\text{mm}$。

故重物总位移：$\Delta_{st}=\Delta_1+\Delta_2=0.962\text{mm}$。

由此可得自由落体冲击作用下动荷因数

$$K_d=1+\sqrt{1+\frac{2h}{\Delta_{st}}}=1+\sqrt{1+\frac{2\times200}{0.962}}=21.4$$

故轴内最大切应力为

$$\tau_{dmax}=K_d\cdot\tau_{max}=K_d\frac{T}{W_t}=K_d\frac{8PD}{\pi d^3}=21.4\times\frac{8\times800\times400}{3.14\times60^3}\text{MPa}=80.7\text{MPa}$$

绳内最大正应力为

$$\sigma_{dmax}=K_d\cdot\sigma_{max}=K_d\cdot\frac{P}{A}=21.4\times\frac{800}{120}\text{MPa}=142.7\text{MPa}$$

10.20　图 10－2－22 所示钢吊索的下端悬挂一重量为 $P=25$kN 的重物，并以速度 $v=1$m/s 下降。当钢吊索长度为 $l=20$m 时，滑轮突然被卡住。试求钢吊索受到的冲击载荷 F_d。设钢吊索的横截面面积 $A=414\text{mm}^2$，弹性模量 $E=170$GPa，滑轮和钢吊索的质量可略去不计。

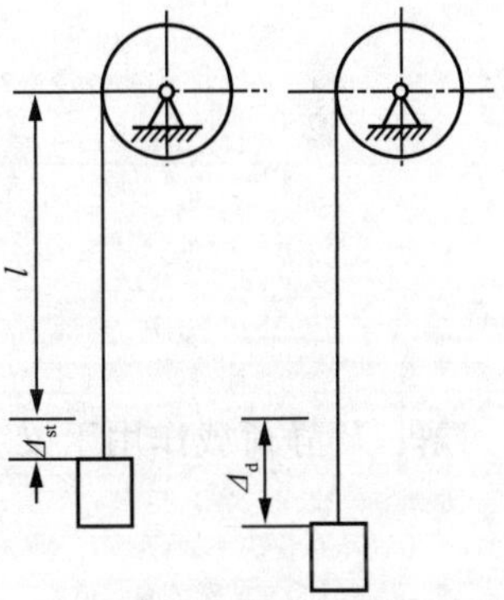

图 10－2－22

解：如图 10－2－22 所示，冲击开始时整个系统的能量为

$$\frac{1}{2}\frac{P}{g}v^2+P(\Delta_d-\Delta_{st})+\frac{1}{2}C\Delta_{st}^2$$

冲击结束，动能和势能均为零，只剩应变能。由能量守恒定律可得

$$\frac{1}{2}\frac{P}{g}v^2+P(\Delta_d-\Delta_{st})+\frac{1}{2}C\Delta_{st}^2=\frac{1}{2}C\Delta_d^2$$

将 $C=\frac{P}{\Delta_{st}}$代入，得

$$\Delta_d^2-2\Delta_{st}\Delta_d+\Delta_{st}^2\left(1-\frac{v^2}{g\Delta_{st}}\right)=0$$

解得

$$\Delta_d=\left(1+\sqrt{\frac{v^2}{g\Delta_{st}}}\right)\Delta_{st}$$

所以动荷因数为

$$K_d=1+\sqrt{\frac{v^2}{g\Delta_{st}}}=1+\sqrt{\frac{v^2}{g}\frac{EA}{Pl}}$$

将数据代入，得

$$K_d=4.79$$

$$F_d=K_dP=4.79\times25\text{kN}\approx120\text{kN}$$

10.21　在上题的重物和钢吊索之间，若加入一个弹簧，则冲击载荷和动应力是增加还是减少？若弹簧刚度系数为 0.4kN/mm，试求冲击载荷。

解：(1)加入弹簧后，重物的静位移由两部分组成：弹簧的变形和绳索的伸长。

静位移Δ_{st}变大，则动荷系数$K_d = 1 + \sqrt{\frac{v^2}{g\Delta_{st}}}$变小，故此时冲击载荷和动应力均变小。

(2)静位移：$\Delta_{st} = \frac{Pl}{EA} + \frac{P}{k} = \left(\frac{25 \times 10^3 \times 20}{170 \times 10^9 \times 414 \times 10^{-6}} + \frac{25}{0.4} \times 10^{-3}\right) \mathrm{m} = 69.6 \times 10^{-3} \mathrm{m}$。

动荷因数：$K_d = 1 + \sqrt{\frac{v^2}{g\Delta_{st}}} = 1 + \sqrt{\frac{1^2}{9.8 \times 69.6 \times 10^{-3}}} = 2.21$。

故冲击载荷：$F_d = K_d \cdot P = 2.21 \times 25 \mathrm{kN} = 55.3 \mathrm{kN}$。

10.22　水平放置的 *AB* 和 *CD* 二梁材料相同，横截面相同。在图 10－2－23 所示冲击载荷作用下，试求二梁最大弯曲正应力之比和各自吸收能量之比。

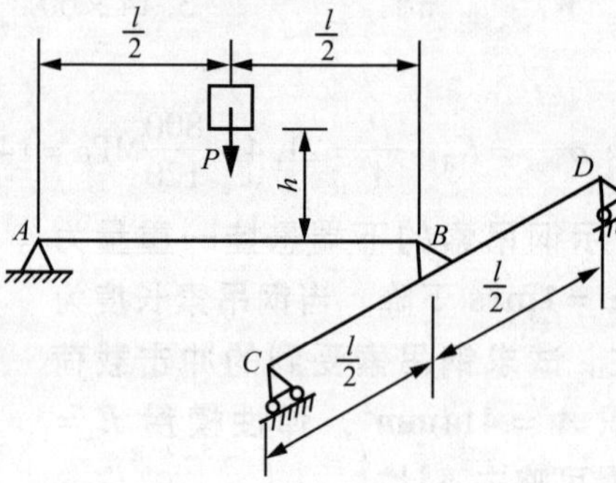

图 10－2－23

解：P 静荷载作用于梁上时，在作用点 AB 梁中点产生的静位移为

$$\Delta_{st} = \frac{Pl^3}{48EI} + \frac{1}{2} \cdot \frac{Pl^3}{2 \times 48EI} = \frac{5Pl^3}{192EI}$$

则动荷因数：$K_d = 1 + \sqrt{1 + \frac{2h}{\Delta_{st}}} = 1 + \sqrt{1 + \frac{384EIh}{5Pl^3}}$。

AB 梁，最大正应力产生在跨中截面：$\sigma_{1st} = \frac{M_{1max}}{W} = \frac{Pl}{4W}$。

CD 梁，最大正应力产生在跨中截面：$\sigma_{2st} = \frac{M_{2max}}{W} = \frac{Pl}{8W}$。

则两梁最大应力之比：$\frac{\sigma_{1d}}{\sigma_{2d}} = \frac{\sigma_{1st} \cdot K_d}{\sigma_{2st} \cdot K_d} = 2$。

各自吸收能量之比等于变形能之比，即$\frac{V_{\varepsilon 1}}{V_{\varepsilon 2}} = \frac{v_{\varepsilon 1}}{v_{\varepsilon 2}} = \frac{\sigma_{1d}^2}{\sigma_{2d}^2} = 4$。

10.23　如图 10－2－24 所示，速度为 $\boldsymbol{v}$、重量为 $\boldsymbol{P}$ 的重物，沿水平方向冲击于梁的截面 $\boldsymbol{C}$。试求梁的最大动应力。设梁的 $\boldsymbol{E}$、$\boldsymbol{I}$ 和 $\boldsymbol{W}$ 已知，且 $\boldsymbol{a = 0.6l}$。

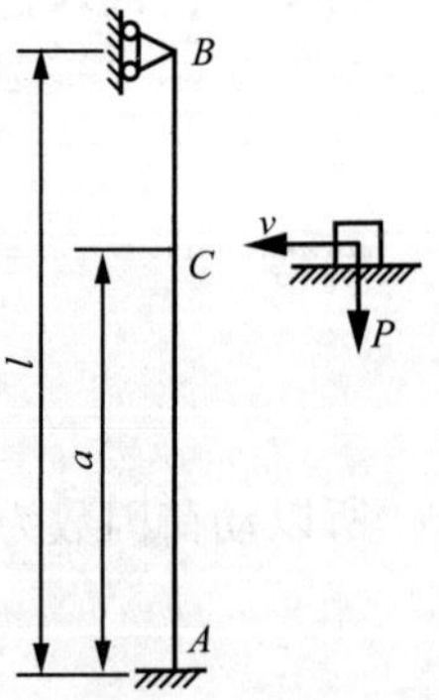

图 10－2－24

解：解除 B 处约束，代之以约束反力 F，则有变形协调条件 $w_B = 0$，即

$$\frac{Pa^2}{6EI}(3l - a) - \frac{Fl^3}{3EI} = 0$$

解得：$F=\frac{54}{125}P=0.432P$。

P 静载时，其作用点 C 的静位移

$$\Delta_{st}=\frac{Pa^3}{3EI}-\frac{Fa^2}{6EI}(3l-a)=0.00979\frac{Pl^3}{EI}$$

则动荷因数：$K_d=\sqrt{\frac{v^2}{g\Delta_{st}}}=\sqrt{\frac{102EIv^2}{gPl^3}}$。

分析可知，最大弯矩发生在 C 截面，且 $M_{max}=0.1728Pl$。

可得最大静应力：$\sigma_{stmax}=\frac{M_{max}}{W}=\frac{0.1728Pl}{W}$。

故梁内最大动应力：$\sigma_{dmax}=K_d\cdot\sigma_{stmax}=\frac{0.1728Pl}{W}\sqrt{\frac{102EIv^2}{gPl^3}}=\sqrt{\frac{3.05EIv^2P}{glW^2}}$。

10.24　I 10 工字梁的 C 端固定，A 端铰支于空心钢管 AB 上，如图 10－2－25 所示。钢管的内径和外径分别为 30mm 和 40mm，B 端亦为铰支。梁及钢管同为 $Q235$ 钢。当重量为 300N 的重物落于梁的 A 端时，试校核 AB 杆的稳定性。规定稳定安全因数 $n_{st}=2.5$。

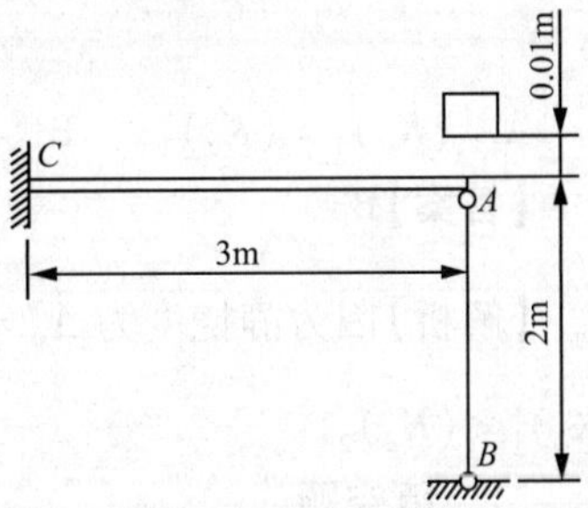

图 10－2－25

解：(a) $Q235$ 钢 $E=200\text{GPa}$　10 号工字梁 $I=245\text{cm}^4$

静载时，对于梁 CA，设 A 端受力为 F_{CA}，则 A 端的挠度为

$$w_A=-\frac{F_{CA}l_{CA}^3}{3EI_{CA}}$$

其中 $I_{CA}=245\text{cm}^4$。

对于杆 AB，受压，产生的变形为

$$\Delta l_{AB}=\frac{F_{AB}l_{AB}}{EA}$$

由变形协调条件可知 $-w_A=\Delta l_{AB}$。

又 $F_{CA}+F_{AB}=P$。

解得，静载时 CA 梁和 AB 杆的受力分别为 $F_{CA}=0.3\text{N}$，$F_{AB}=299.7\text{N}$。

A 端位移 $\Delta l_{AB}=5.45\times10^{-3}\text{mm}$。

(b) $\Delta_{st}=\Delta l_{AB}=5.45\times10^{-3}\text{mm}$，

动荷因数 $K_d=1+\sqrt{1+\frac{2h}{\Delta_{st}}}=1+\sqrt{1+\frac{2\times10}{5.45\times10^{-3}}}=61.58$。

杆 AB 的临界载荷 $F_{cr}=\frac{\pi^2EI}{l^2}=\frac{\pi^2\times200\times10^9\times\pi(0.04^4-0.03^4)}{64\times2^2}\text{N}=42.33\text{kN}$。

杆 AB 在动载荷作用下所受的力为：$F_{ABd}=K_dF_{AB}=61.58\times299.7\text{N}=18.46\text{kN}$。

$\frac{F_{cr}}{F_{ABd}}=2.3<n_{st}=2.5$，故 AB 杆不安全。

10.3 名校考研真题详解

一、选择题

矩形截面的悬臂梁，自由端受冲击荷载作用，如图 10－3－1 所示。情况(1)，梁的横截面尺寸为 $h\times b$；情况(2)，截面为 $2h\times b$。对于这两种情况的动荷系数 K_d，下列结论中(　　)是正确的。[昆明理工大学 2016 研]

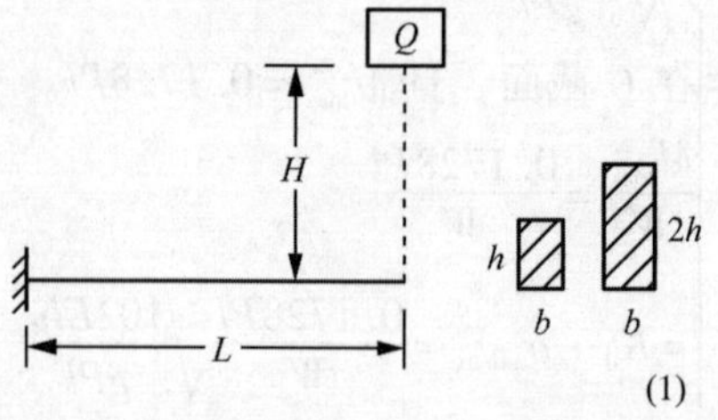

图 10－3－1

A. $(K_d)_1=(K_d)_2$　　B. $(K_d)_1<(K_d)_2$　　C. $(K_d)_1>(K_d)_2$　　D. 不能确定

【答案】B

【解析】因为静挠度为 $\Delta_{st}=\dfrac{QL^3}{3EI}$，故可知 $(\Delta_{st})_1>(\Delta_{st})_2$。又根据 $K_d=1+\sqrt{1+\dfrac{2H}{\Delta_{st}}}$，可得 $(K_d)_1<(K_d)_2$。

二、填空题

1. 如图 10－3－2 所示 6 度静不定线弹性刚架，当重物 Q 静止置于 C 处时，C 处的静位移为 1mm。当重物从 $\delta=4\text{mm}$ 的高度无初速度落于 C 处时，在 C 处最大动位移为______。如果测得重物从 $\delta=4\text{mm}$ 的高度无初速度落于 C 处时，D 处的最大动应力为 20MPa，那么当重物从 $\delta=60\text{mm}$ 的高度无初速度落于 C 处时，D 处的最大动应力为______。[北京航空航天大学 2013 研]

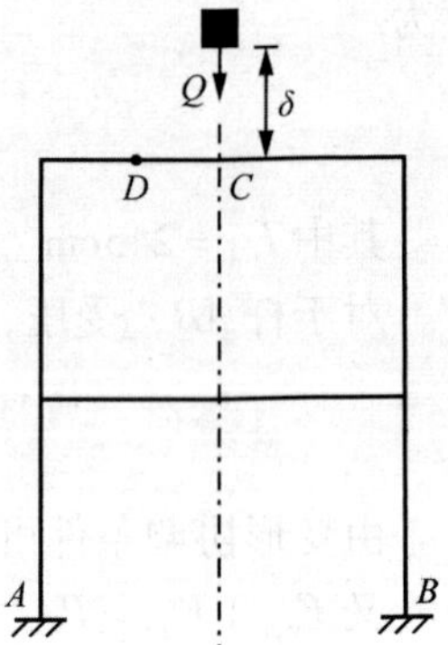

图 10－3－2

【答案】4mm；60MPa

【解析】动荷因数 $K_{d1}=1+\sqrt{1+\dfrac{2h_1}{\Delta_{st}}}=1+\sqrt{1+\dfrac{2\times4}{1}}=4$，所以

$\Delta_{d1}=K_{d1}\Delta_{st}=4\times1=4\text{mm}$

动荷因数 $K_{d2}=1+\sqrt{1+\dfrac{2h_2}{\Delta_{st}}}=1+\sqrt{1+\dfrac{2\times60}{1}}=12$，由题可知

$$\sigma_{d1}=K_{d1}\sigma_{st}=4\sigma_{st}=20\text{MPa},\ \sigma_{st}=5\text{MPa}$$

所以

$$\sigma_{d2}=K_{d2}\sigma_{st}=12\times5=60\text{MPa}$$

2. 如图 10－3－3 所示梁，各截面的弯曲刚度均为 EI，B 段用弹簧常数为 k 的弹簧支撑，在其跨度中间截面 c 的正上方，一重量为 P 的物体从高度 h 处无初速度自由下落。已知梁的跨度为 l，梁的质量与冲击物的变形均忽略不计，则梁承受的最大冲击载荷为______，截面 C 的最大挠度______。[北京航空航天大学 2014 研]

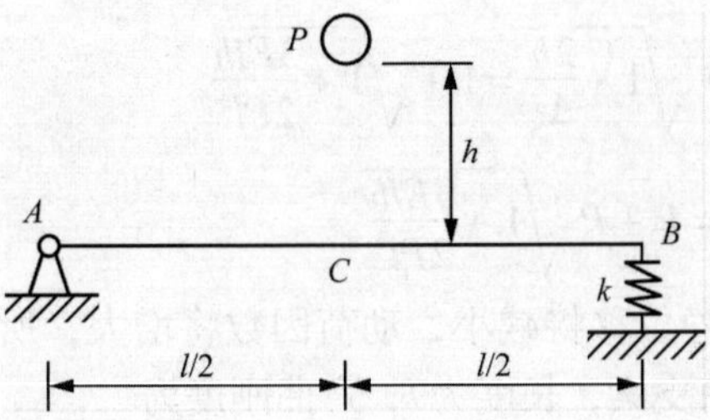

图 10－3－3

【答案】$P+P\sqrt{1+\dfrac{2h}{\dfrac{Pl^3}{48EI}+\dfrac{P}{4k}}}$；$\left(1+\sqrt{1+\dfrac{2h}{\dfrac{Pl^3}{48EI}+\dfrac{P}{4k}}}\right)\left(\dfrac{Pl^3}{48EI}+\dfrac{P}{4k}\right)$

【解析】静位移为 $\Delta_{st}=\delta_{C/AB}+\dfrac{1}{2}\delta_k=\dfrac{Pl^3}{48EI}+\dfrac{P}{4k}$，所以动荷因数为

$$K_d=1+\sqrt{1+\frac{2h}{\Delta_{st}}}=1+\sqrt{1+\frac{2h}{\dfrac{Pl^3}{48EI}+\dfrac{P}{4k}}}$$

因此最大冲击载荷为 $P_d=K_d\cdot P=P+P\sqrt{1+\dfrac{2h}{\dfrac{Pl^3}{48EI}+\dfrac{P}{4k}}}$。

C 截面最大挠度为 $\Delta_d=K_d\cdot\Delta_{st}=\left(1+\sqrt{1+\dfrac{2h}{\dfrac{Pl^3}{48EI}+\dfrac{P}{4k}}}\right)\left(\dfrac{Pl^3}{48EI}+\dfrac{P}{4k}\right)$。

3. 如图 10－3－4(1)所示等截面刚架 ABC，AB 段和 BC 段的长度均为 l，一重量为 P 的物体从高度 H 处自由下落至刚架的端部 C 处，刚架的横截面是边长为 a 的正方形，刚架的弹性模量为 E。假设刚架的质量、冲击物的变形及 AB 段的轴向变形忽略不计，则刚架承受的最大冲击载荷为______。若在刚架的自由端加一弹簧支撑，如图 10－3－4(2)，则刚架的最大冲击载荷将______（填“增大”、“减小”或“不变”）。[北京航空航天大学 2015 研]

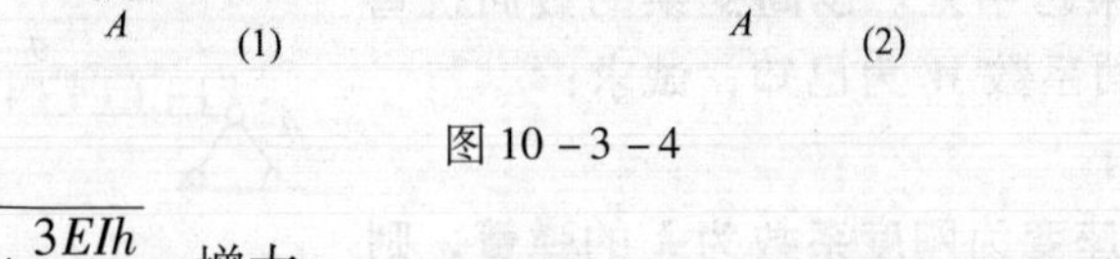

图 10－3－4

【答案】$P+P\sqrt{1+\dfrac{3EIh}{2Pl^3}}$；增大

【解析】通过变形叠加法求得静位移。

$$\Delta_{st}=l\cdot\theta_{B/A}+\delta_{C/B}=l\cdot\frac{Ml}{EI}+\frac{Pl^3}{3EI}=l\cdot\frac{Pl\cdot l}{EI}+\frac{Pl^3}{3EI}=\frac{4Pl^3}{3EI}$$

所以动荷因数为 $K_d=1+\sqrt{1+\frac{2h}{\Delta_{st}}}=1+\sqrt{1+\frac{3EIh}{2Pl^3}}$。

最大冲击载荷 $F_d=K_dP=P+P\sqrt{1+\frac{3EIh}{2Pl^3}}$。

因为弹簧的吸能作用，静位移将减小，动荷因数将增大，所以最大冲击载荷将增大。

4．如图10－3－5所示简支梁，长度为l，弯曲刚度为EI，小球重P，从高$H=\frac{5Pl^3}{6EI}$处无初速下落撞击梁的中点。则：(1)最大冲击载荷为______；(2)如果梁的弯曲刚度变为$\frac{3}{5}EI$，其它条件不变(小球仍从原始高度下落)，此时最大载荷为______。[北京航空航天大学2016研]

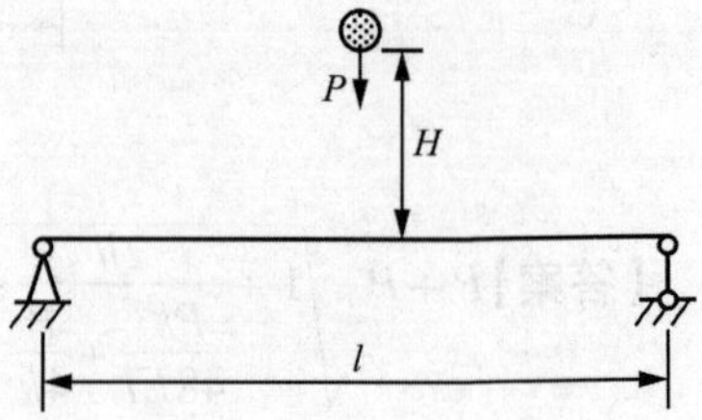

图10－3－5

【答案】$10P$；$8P$

【解析】(1)小球位于梁中点的静位移为

$$\Delta_{st}=\frac{Pl^3}{48EI}$$

动载荷系数为

$$K_d=1+\sqrt{1+\frac{2H}{\Delta_{st}}}=10$$

所以最大冲击载荷为

$$F_d=K_d\cdot P=10P$$

(2)同理，静位移为

$$\Delta_{st}=\frac{Pl^3}{48\cdot\frac{3}{5}EI}=\frac{5Pl^3}{144EI}$$

动载荷系数为

$$K_d=1+\sqrt{1+\frac{2H}{\Delta_{st}}}=8$$

此时最大冲击载荷为

$$F_d=K_d\cdot P=8P$$

三、计算题

1．如图10－3－6所示，重量为P的重物以初速度v_0自由下落在简支梁跨中处。设简支梁的截面抗弯刚度为EI，及抗弯截面系数W为已知，试求：

(1)梁的最大应力；

(2)若梁的两端支座变为刚度系数为k的弹簧，则梁的冲击动荷因数K_d增大还是减小。[大连理工大学2012研]

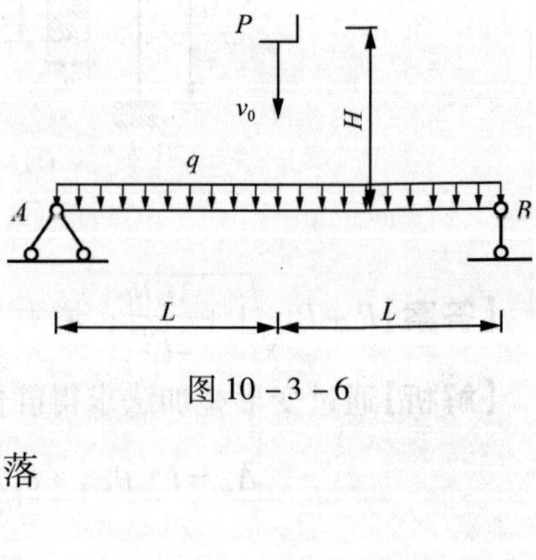

图10－3－6

解：(1)初速度为v_0，相当于从落点上方h处自由下落

$$v_0^2=2gh,\ h=\frac{v_0^2}{2g}$$

荷载 P 下的静位移

$$\Delta_{st}=\frac{P(2L)^3}{48EI}=\frac{PL^3}{6EI}$$

则冲击荷载 P 的动荷因数

$$K_d=1+\sqrt{1+\frac{2(h+H)}{\Delta_{st}}}$$

冲击载荷

$$F_d=K_dP=P\cdot\left[1+\sqrt{1+\frac{2(h+H)}{\Delta_{st}}}\right]$$

最大应力产生在跨中截面

$$M_{\max}=\frac{1}{8}q(2L)^2+\frac{1}{4}F_d(2L)$$

$$\sigma_{\max}=\frac{M_{\max}}{W}=\frac{qL^2+PL\left[1+\sqrt{1+\frac{12\left(\frac{v_0^2}{2g}+H\right)EI}{PL^3}}\right]}{2W}$$

(2)无弹簧时，载荷 P 的静位移

$$\Delta_{st_1}=\frac{PL^3}{6EI}$$

两端支承在刚度相同的弹簧上时，荷载 P 的静位移

$$\Delta_{st_2}=\frac{PL^3}{6EI}+\frac{P}{2k}$$

而自由下落的动荷因数

$$K_d=1+\sqrt{1+\frac{2(h+H)}{\Delta_{st}}}$$

可知 $\Delta_{st_2}>\Delta_{st_1}$，$K_{d_2}<K_{d_1}$，因此梁的动荷因数减小。

2. 图 10－3－7 所示等截面刚架，重物 P 自高度 h 处自由下落，冲击到刚架的 A 点处计算刚架内的最大冲击动应力。重物 P 的重力为 300N，$h=50$mm，$E=200$GPa，不计刚架的质量，且不计剪力和轴力对刚架变形的影响。［西南交通大学 2014 研］

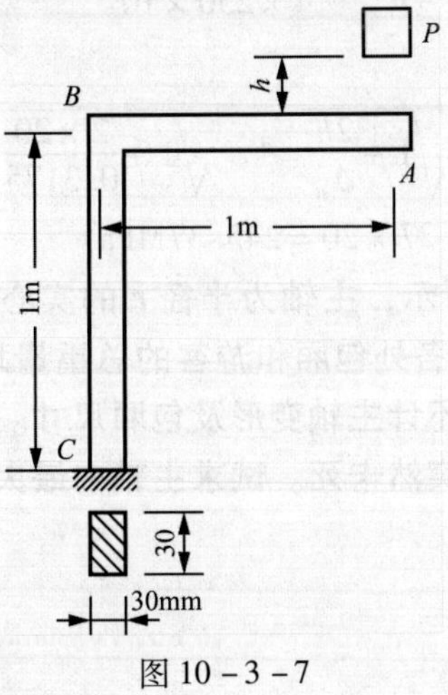

图 10－3－7

解：用单位载荷法求解结构静位移，在 A 处虚设向下的单位力 $\overline{F}=1$，作出 M 图与 $\overline{M}$ 图如下：

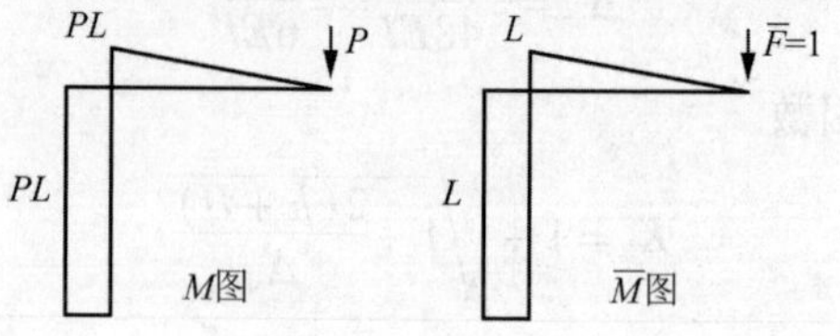

图 10－3－8

图乘，求得 A 点静位移

$$\Delta_{st}=\frac{1}{EI}\left(\frac{1}{2}\cdot PL\cdot L\times\frac{2}{3}L+PL\cdot L\times L\right)=\frac{4PL^3}{3EI}=\frac{4\times300\times1000^3\times12}{3\times200\times10^3\times30^4}=29.63\text{mm}$$

自由下落时的动荷因数

$$K_d=1+\sqrt{1+\frac{2h}{\Delta_{st}}}=1+\sqrt{1+\frac{2\times50}{29.63}}=3.09$$

冲击载荷：$F_d=K_d\cdot P=3.09\times300=927\text{N}$。

计算固定端截面最大冲击动应力

$$\sigma_d=\frac{M}{W}=\frac{F_dL}{W_z}=\frac{927\times10^3}{\frac{1}{6}\times30^3}=206\text{MPa}$$

3. 重量为 $P=10\text{kN}$ 的重物自高度 $h=20\text{mm}$ 处自由下落，冲击到简支梁 AB 的中点 C 处，如图 10－3－9 所示。已知梁为 $20b$ 号工字钢，惯性矩 $I_z=2500\times10^4\text{mm}^4$，弯曲截面系数 $W_z=250\times10^3\text{mm}^3$，弹性模量 $E=210\text{GPa}$，试求梁内最大正应力（不计梁的自重）。［南京理工大学 2015 研］

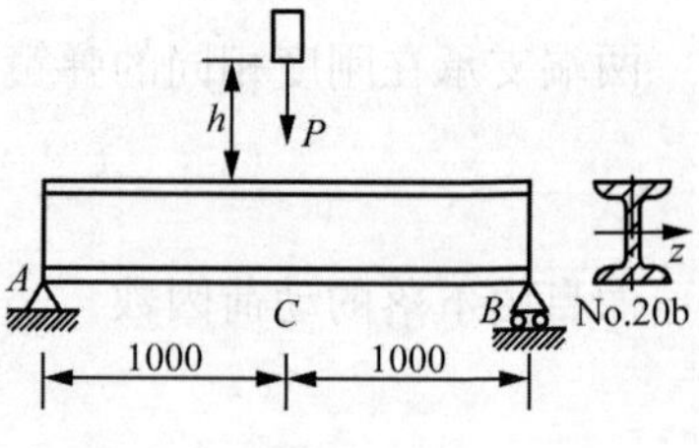

图 10－3－9

解：静荷载作用下的位移与应力

$$\Delta_{st}=\frac{Pl^3}{48EI}=\frac{10\times10^3\times2000^3}{48\times210\times10^3\times2500\times10^4}=0.3175\text{mm}$$

$$\sigma_{st}=\frac{Pl}{4W_z}=\frac{10\times10^3\times2000}{4\times250\times10^3}=20\text{MPa}$$

动荷因数

$$K_d=1+\sqrt{1+\frac{2h}{\Delta_{st}}}=1+\sqrt{1+\frac{2\times20}{0.3175}}=12.27$$

最大正应力：$\sigma_d=K_d\sigma_{st}=12.27\times20=245.37\text{MPa}$。

4. 摩天轮如图 10－3－10 所示，主轴为半径 r 的实心圆轴。吊臂长均为 l，弹性模量 E，截面惯性矩 I。A、B、C、D 各处包厢和游客的总重量均为 P。图示位置 AC 水平，BD 竖直。不计吊臂和主轴的质量，不计主轴变形及包厢尺寸。摩天轮初始以角速度 ω_0 匀速转动，到图示位置时主轴与支架处突然卡死。试求主轴内最大扭转切应力。［南京航空航天大学 2017 研］

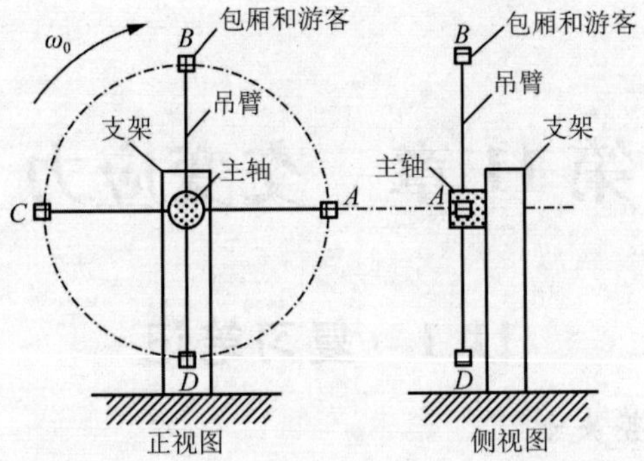

图 10－3－10

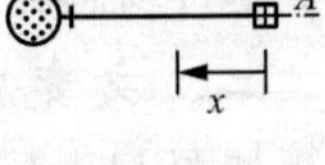

图 10－3－11

解：该问题属于冲击问题。突然卡死到各个重物(包厢和游客)完全停止，重物的动能转化为各根吊臂的应变能。由于四根吊臂是完全对称的，所以不需要考虑重物重力对主轴产生的扭矩影响。

将单根吊臂视为悬臂梁结构，在自由端有一集中力作用，如图 10－3－11 所示。

设当重物停下来时固定端的弯矩为 M，相当于在 A 端施加集中载荷 $F=\dfrac{M}{l}$，则悬臂梁的弯矩方程为

$$M(x)=\frac{M}{l}x$$

此时悬臂梁的应变能为

$$V_{\varepsilon}=\int_{l}\frac{M^2(x)}{2EI}\mathrm{d}x=\frac{M^2}{2EIl^2}\int_0^l x^2\,\mathrm{d}x=\frac{M^2 l}{6EI}$$

损失的动能为 $E_k=\dfrac{1}{2}\dfrac{P}{g}(\omega_0 l)^2$。

根据损失的动能等于悬臂梁的应变能，即

$$V_{\varepsilon}=E_k$$

$$\frac{M^2 l}{6EI}=\frac{1}{2}\frac{P}{g}(\omega_0 l)^2$$

解得 $M=\omega_0 l\sqrt{\dfrac{3EIP}{gl}}$。

所以四根吊臂对主轴产生的总扭矩为 $T=4M=4\omega_0 l\sqrt{\dfrac{3EIP}{gl}}$。

最大扭转切应力为

$$\tau_{\max}=\frac{T}{W_t}=\frac{T}{\dfrac{1}{2}\pi r^3}=\frac{8\omega_0 l}{\pi r^3}\sqrt{\frac{3EIP}{gl}}$$

第11章 交变应力

11.1 复习笔记

一、交变应力与疲劳失效

交变应力：随时间做周期性变化的应力。

疲劳失效：构件在名义应力低于强度极限甚至低于屈服强度时突然发生脆性断裂的现象。塑性材料在长期、反复的交变应力作用下，发生疲劳失效前没有明显的塑性变形。

二、交变应力的循环特征、应力幅和平均应力

如图11-1-1所示，按正弦曲线变化的应力 σ 与时间 t 的关系，在一个周期 T 内完成一个应力循环，该交变应力的最大应力和最小应力分别记作 σ_{max} 和 σ_{min}，则该交变应力有：

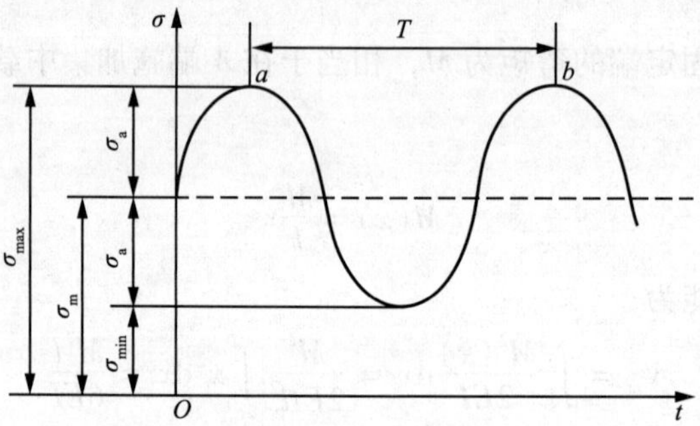

图11-1-1

循环特征(应力比)：$r=\dfrac{\sigma_{min}}{\sigma_{max}}$；

应力幅：$\sigma_a=\dfrac{1}{2}(\sigma_{max}-\sigma_{min})$；

平均应力：$\sigma_m=\dfrac{1}{2}(\sigma_{max}+\sigma_{min})$。

对于 σ_{max} 与 σ_{min} 大小相等，符号相反的应力循环称为对称循环；对于 $\sigma_{min}=0$（或 $\sigma_{max}=0$）的循环称为脉动循环。

三、持久极限

持久极限即疲劳极限，是交变应力作用下的强度指标，一般由试验测得。即只要最大应力不超过疲劳极限，则应力循环次数 N 可无限增大，即试样可经历无数次循环而不发生疲劳。

影响持久极限的因素：

(1)构件外形的影响：构件外形的突然变化可能会引起应力集中，使构件的持久极限显著降低；

(2)构件尺寸的影响：随着试样横截面尺寸的增大，会引起持久极限相应的降低；

(3)构件表面质量的影响：表面质量对持久极限有显著的影响，且构件的强化或机械处

理都将提高构件的持久极限。

除上述三种因素外，构件的工作环境，如温度、介质等也会影响持久极限数值。

四、对称循环下构件的疲劳强度计算

1. 实际构件对称循环下的疲劳极限

$$\sigma^0_{-1}=\frac{\varepsilon_\sigma\beta}{K_\sigma}\sigma_{-1}$$

式中，尺寸因数 $\varepsilon_\sigma=\frac{(\sigma_{-1})_d}{\sigma_{-1}}$，$(\sigma_{-1})_d$ 表示无应力集中的光滑试样疲劳极限；表面质量因数 $\beta=\frac{(\sigma_{-1})_\beta}{(\sigma_{-1})_d}$；$K_\sigma$ 表示无应力集中和有应力集中的相同尺寸光滑试样的疲劳极限比值；σ_{-1}为光滑试样的持久极限。ε_σ、β、K_σ 均可由表查得。

2. 许用应力

$$[\sigma_{-1}]=\frac{\sigma^0_{-1}}{n}$$

式中，n 为安全因数。

3. 强度条件

$$\sigma_{\max}\leqslant[\sigma_{-1}]\quad\text{或}\quad\sigma_{\max}\leqslant\frac{\sigma^0_{-1}}{n}$$

其中，$\sigma_{\max}$为构件危险点的最大工作应力。

用安全因数表示的强度条件

$$n_\sigma\geqslant n$$

$$n_\sigma=\frac{\sigma_{-1}}{\dfrac{K_\sigma}{\varepsilon_\sigma\beta}\sigma_{\max}}$$

式中 n_σ 表示构件工作安全因数，n 为规定的安全因数。

五、不对称循环下构件的疲劳强度计算

1. 疲劳极限曲线

在给定的循环特征下对构件进行疲劳试验，分别以试验的平均应力 σ_m 和应力幅 σ_a 作为横轴和纵轴建立直角坐标系，由任一循环特性 r 所确定的疲劳极限对应临界点的连线称为疲劳极限曲线。通常采用简化的折线代替曲线。

2. 构件的工作安全因数

$$n_\sigma=\frac{\sigma_{-1}}{\dfrac{K_\sigma}{\varepsilon_\sigma\beta}\sigma_{\mathrm{a}}+\psi_\sigma\sigma_{\mathrm{m}}}$$

式中，ψ_σ 为折线斜率。

对于受切应力作用的构件工作安全因数

$$n_\tau=\frac{\tau_{-1}}{\dfrac{K_\tau}{\varepsilon_\tau\beta}\tau_{\mathrm{a}}+\psi_\tau\tau_{\mathrm{m}}}$$

构件在疲劳失效前若已发生塑性变形，则按静强度校核

$$n_{\sigma}=\frac{\sigma_{s}}{\sigma_{max}}\geqslant n_{s}$$

一般，$r>0$ 时需按静强度校核。

3. 校核杆件强度的计算步骤

①计算杆件工作应力；

②确定因数 ε_{σ}、β、K_{σ}；

③校核疲劳强度，即计算工作安全因数；

④根据需要进行静强度校核。

六、弯扭组合交变应力的强度计算

弯扭组合对称循环下的强度条件

$$n_{\sigma\tau}=\frac{n_{\sigma}n_{\tau}}{\sqrt{n_{\sigma}^{2}+n_{\tau}^{2}}}\geqslant n$$

计算弯扭组合不对称循环下的强度条件时，采用与对称循环相同的计算公式(如上式所示)，式中 n_{σ} 和 n_{τ}应按不对称循环下构件工作安全因数公式计算。

七、变幅交变应力

1. 常幅稳定交变应力：交变应力的应力幅和平均应力保持不变。

2. 变幅交变应力：由于随机外荷载引起的应力幅随时间变化。一般对变幅交变应力进行处理，即简化为分级稳定交变应力。

3. 累积损伤理论：应力高于疲劳极限时，构件将在每个应力循环中受损，损伤累积到一定程度将引起疲劳失效。

变幅交变应力作用下，构件产生线性累积损伤，累积损伤之和等于 1 时构件疲劳失效

$$\sum_{i=1}^{k}\frac{n_{i}}{N_{i}}=1$$

式中，n 为循环次数，N 为稳定常幅应力作用下的构件寿命。

八、提高构件疲劳强度的措施

疲劳裂纹主要形成于构件表面和应力集中的部位。

1. 减缓应力集中：构件外形设计上避免出现方形和带尖角的孔和槽，对于截面突变处应采用半径足够大的过渡圆角。

2. 降低表面粗糙度：对于疲劳强度要求较高的构件，应注意加工时降低表面粗糙度。构件使用过程中应尽量避免其表面受到机械损伤或化学损伤。

3. 增加表面强度：通过热处理、化学处理或机械法的方式强化构件表层，提高构件疲劳强度。

11.2 课后习题详解

11.1 火车轮轴受力情况如图 11-2-1 所示。$a=500$mm，$l=1435$mm，轮轴中段直径 $d=150$mm。若 $F=50$kN，试求轮轴中段截面边缘上任一点的最大应力 σ_{max}、最小应力 σ_{min}，以及循环特征 r，并作出 $\sigma-t$ 曲线。

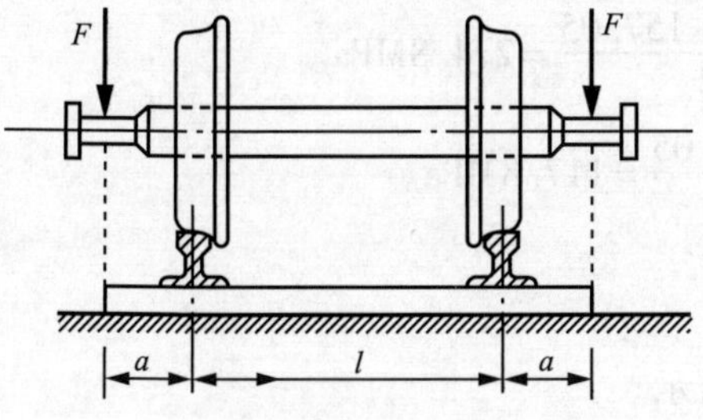

图 11-2-1

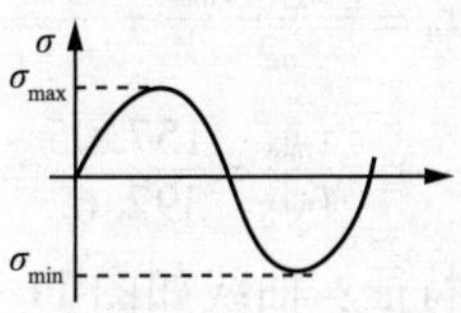

图 11-2-2

解：分析可知，轮轴中间段受纯弯曲作用，梁中间段任意截面的弯矩值为

$$M = F \cdot a = 50 \times 10^3 \times 0.5\text{N} \cdot \text{m} = 25\text{kN} \cdot \text{m}$$

任一截面边缘顶部各点有拉应力

$$\sigma_{\max} = \frac{M}{W} = \frac{32M}{\pi d^3} = \left(\frac{32 \times 25 \times 10^6}{\pi \times 150^3}\right)\text{MPa} = 75.5\text{MPa}$$

任一截面边缘底部各点有压应力：$\sigma_{\min} = -\sigma_{\max} = -75.5\text{MPa}$。

故循环特征：$r = \dfrac{\sigma_{\min}}{\sigma_{\max}} = -1$。

$\sigma - t$ 曲线如图 11-2-2 所示。

11.2　柴油发动机连杆大头螺钉在工作时受到的最大拉力为 $F_{\max} = 58.3\text{kN}$，最小拉力为 $F_{\min} = 55.8\text{kN}$。螺纹处内径 $d = 11.5\text{mm}$。试求其平均应力 σ_m、应力幅 σ_a，以及循环特征 r，并作出 $\sigma - t$ 曲线。

解：根据题意，最大应力：$\sigma_{\max} = \dfrac{F_{\max}}{A} = \dfrac{4F_{\max}}{\pi d^2} = \dfrac{4 \times 58.3 \times 10^3}{\pi \times 11.5^2}\text{MPa} = 561\text{MPa}$。

最小应力：$\sigma_{\min} = \dfrac{4F_{\min}}{\pi d^2} = \dfrac{4 \times 55.8 \times 10^3}{\pi \times 11.5^2}\text{MPa} = 537\text{MPa}$。

则平均应力：$\sigma_m = \dfrac{\sigma_{\max} + \sigma_{\min}}{2} = \dfrac{561 + 537}{2}\text{MPa} = 549\text{MPa}$。

应力幅：$\sigma_a = \dfrac{\sigma_{\max} - \sigma_{\min}}{2} = \dfrac{561 - 537}{2}\text{MPa} = 12\text{MPa}$。

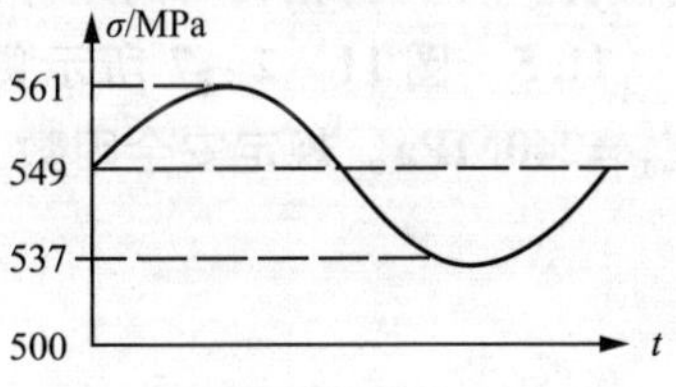

图 11-2-3

循环特征：$r = \dfrac{\sigma_{\min}}{\sigma_{\max}} = 0.957$。

$\sigma - t$ 曲线如图 11-2-3 所示。

11.3　某阀门弹簧如图 11-2-4 所示。当阀门关闭时，最小工作载荷 $F_{\min} = 200\text{N}$；当阀门顶开时，最大工作载荷 $F_{\max} = 500\text{N}$。设弹簧丝横截面直径 $d = 5\text{mm}$，弹簧中径 $D_1 = 36\text{mm}$，试求平均应力 τ_m、应力幅 τ_a，以及循环特征 r，并作出 $\tau - t$ 曲线。

解：根据题意，弹簧的平均直径：$D = D_1 - d = (36 - 5)\text{mm} = 31\text{mm}$。

则旋绕比：$c = \dfrac{D}{d} = \dfrac{31}{5} = 6.2$，曲度系数：$k = \dfrac{4c - 1}{4c - 4} + \dfrac{0.615}{c} = 1.2434$。

最大切应力：$\tau_{\max} = k\dfrac{8F_{\max}D}{\pi d^3} = 1.2434 \times \dfrac{8 \times 500 \times 31}{\pi \times 5^3}\text{MPa} = 392.62\text{MPa}$。

最小切应力：$\tau_{\min} = k\dfrac{8F_{\min}D}{\pi d^3} = 1.2434 \times \dfrac{8 \times 200 \times 31}{\pi \times 5^3}\text{MPa} = 157.05\text{MPa}$。

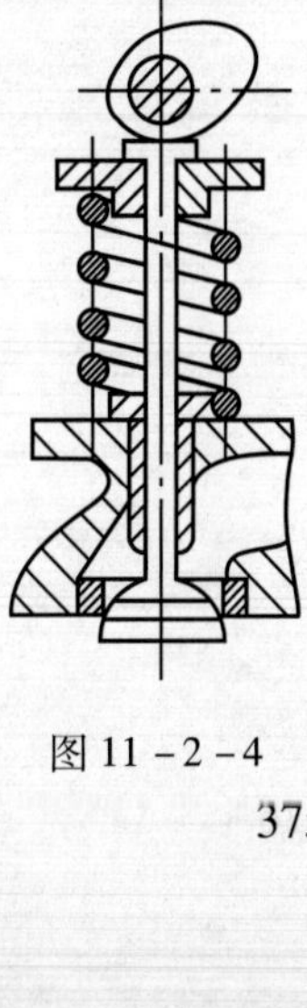

图 11-2-4

则平均应力：$\tau_m=\frac{\tau_{max}+\tau_{min}}{2}=\frac{392.62+157.05}{2}=274.8\text{MPa}$。

应力幅：$\tau_a=\frac{\tau_{max}-\tau_{min}}{2}=\frac{392.62-157.05}{2}=117.8\text{MPa}$。

循环特征：$r=\frac{\tau_{min}}{\tau_{max}}=\frac{157.05}{392.62}=0.4$。

$\tau-t$ 循环特征：曲线如图 11－2－5 所示。

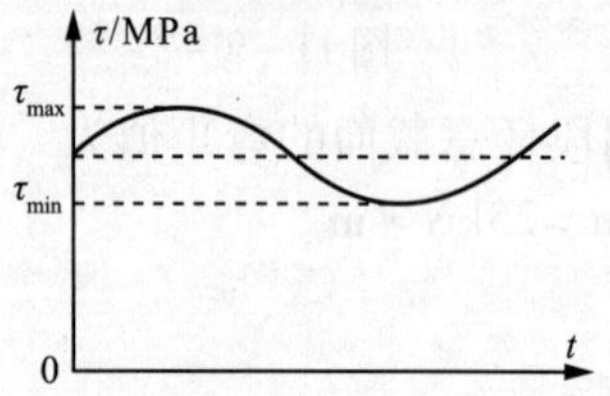

图 11－2－5

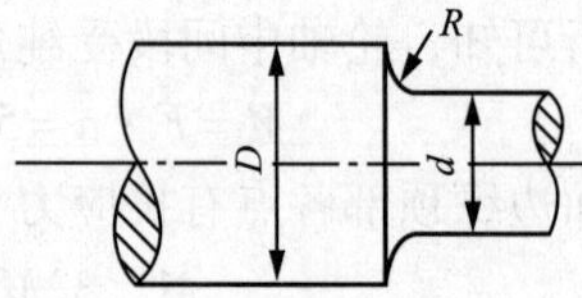

图 11－2－6

11.4　阶梯轴如图 11－2－6 所示。材料为铬镍合金钢，$\sigma_b=920\text{MPa}$，$\sigma_{-1}=420\text{MPa}$，$\tau_{-1}=250\text{MPa}$。轴的尺寸是：$d=40\text{mm}$，$D=50\text{mm}$，$R=5\text{mm}$。求弯曲和扭转时的有效应力集中因数和尺寸因数。

解：根据题意，可得：$\frac{D}{d}=\frac{50}{40}=1.25$，$\frac{R}{d}=\frac{5}{40}=0.125$。

①查教材图 11.8(c)，$\sigma_b=920\text{MPa}$，插值得弯曲时的有效应力集中因数 $K_\sigma=1.55$；查教材表 11.1，由 $d=40\text{mm}$，得弯曲时的尺寸因数 $\varepsilon_\sigma=0.77$。

②查教材图 11.8(e)，$\sigma_b=920\text{MPa}$，插值得扭转时的有效应力集中因数 $K_\tau=1.26$；查教材表 11.1，得扭转时的尺寸因数 $\varepsilon_\tau=0.81$。

11.5　图 11－2－7 所示货车轮轴两端载荷 $F=110\text{kN}$，材料为车轴钢，$\sigma_b=500\text{MPa}$，$\sigma_{-1}=240\text{MPa}$。规定安全因数 $n=1.5$。试校核 1－1 和 2－2 截面的疲劳强度。

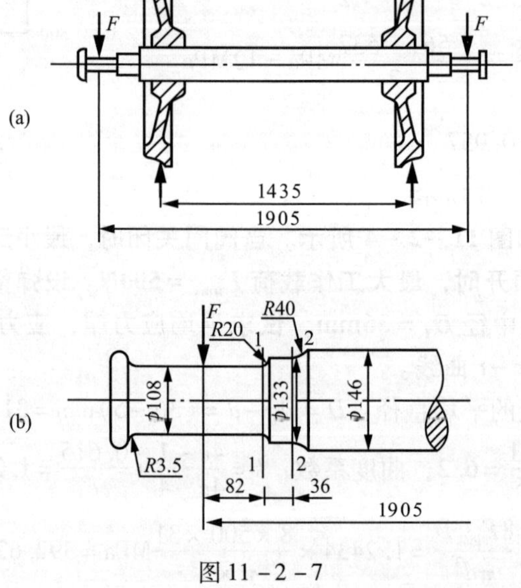

图 11－2－7

解：(1)校核 1－1 截面

该截面的弯矩：$M = F \times 0.082 = 110 \times 0.082 \text{kN} \cdot \text{m} = 9.02 \text{kN} \cdot \text{m}$。

则该截面最大正应力：$\sigma_{\max} = \dfrac{M}{W} = \dfrac{32M}{\pi d^3} = \dfrac{32 \times 9.02 \times 10^6}{\pi \times 108^3} \text{MPa} = 72.9 \text{MPa}$。

根据题意，1－1 截面：$\dfrac{D}{d} = \dfrac{133}{108} = 1.23$，$\dfrac{R}{d} = \dfrac{20}{108} = 0.185$。

由此查表得弯曲时的有效应力集中系数：$K_\sigma = 1.35$，尺寸系数：$\varepsilon_\sigma = 0.70$，查表插值得表面质量因数：$\beta = 0.9375$。

则工作安全因数为：$n_{\sigma 1} = \dfrac{\sigma_{-1}}{\dfrac{K_\sigma}{\varepsilon_\sigma \beta} \sigma_{\max}} = \dfrac{\sigma_{-1} \varepsilon_\sigma \beta}{K_\sigma \sigma_{\max}} = \dfrac{240 \times 0.7 \times 0.9375}{1.35 \times 72.9} = 1.60 > n = 1.5$。

故该截面强度满足要求。

(2)校核 2－2 截面

弯矩：$M = F \times (0.082 + 0.036) \text{kN} \cdot \text{m} = 110 \times 0.118 \text{kN} \cdot \text{m} = 13 \text{kN} \cdot \text{m}$。

则该截面最大正应力：$\sigma_{\max} = \dfrac{M_2}{W_2} = \dfrac{13 \times 10^3}{\pi \times 0.133^3 / 32} \text{Pa} = 56.3 \text{MPa}$。

根据题意，2－2 截面：$\dfrac{D}{d} = \dfrac{146}{133} = 1.098$，$\dfrac{R}{d} = \dfrac{40}{133} = 0.3$。

由此查表得弯曲时的有效应力集中系数：$K_\sigma = 1.20$，尺寸系数：$\varepsilon_\sigma = 0.67$，查表插值得表面质量因数：$\beta = 0.8375$。

则工作安全因数为：$n_{\sigma 2} = \dfrac{\sigma_{-1}}{\dfrac{K_\sigma}{\varepsilon_\sigma \beta} \sigma_{\max}} = \dfrac{240}{\dfrac{1.20}{0.67 \times 0.8375} \times 56.3} = 1.99 > n = 1.5$。

故该截面强度满足要求。

11.6　在 $\boldsymbol{\sigma}_m - \boldsymbol{\sigma}_a$ 坐标系中，标出与图 11－2－8 所示应力循环对应的点，并求出自原点出发并通过这些点的射线与 $\boldsymbol{\sigma}_m$ 轴的夹角 $\boldsymbol{\alpha}$。

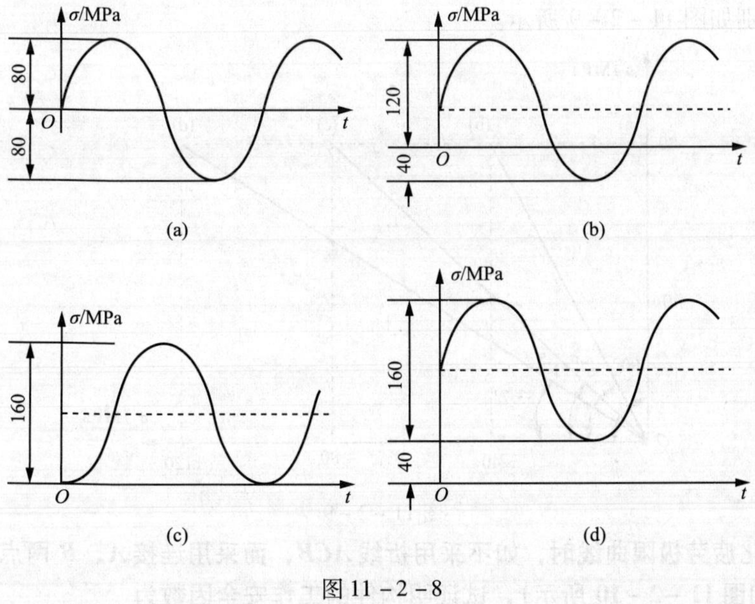

图 11－2－8

解：(a)已知 $\sigma_{\max}=80\text{MPa}$，$\sigma_{\min}=-80\text{MPa}$。

则应力幅：$\sigma_a=\dfrac{\sigma_{\max}-\sigma_{\min}}{2}=80\text{MPa}$，平均应力：$\sigma_m=\dfrac{\sigma_{\max}+\sigma_{\min}}{2}=0$。

故斜率：$\tan\alpha_1=\dfrac{\sigma_a}{\sigma_m}=\infty$，解得 $\alpha_1=90°$。

(b)已知 $\sigma_{\max}=120\text{MPa}$，$\sigma_{\min}=-40\text{MPa}$。

则应力幅：$\sigma_a=\dfrac{\sigma_{\max}-\sigma_{\min}}{2}=\dfrac{120+40}{2}\text{MPa}=80\text{MPa}$。

平均应力：$\sigma_m=\dfrac{\sigma_{\max}+\sigma_{\min}}{2}=\dfrac{120+(-40)}{2}\text{MPa}=40\text{MPa}$。

故斜率：$\tan\alpha_2=\dfrac{\sigma_a}{\sigma_m}=\dfrac{80}{40}=2$，解得 $\alpha_2=63.4°$。

(c)已知 $\sigma_{\max}=160\text{MPa}$，$\sigma_{\min}=0$。

则应力幅：$\sigma_a=\dfrac{\sigma_{\max}-\sigma_{\min}}{2}=80\text{MPa}$。

平均应力：$\sigma_m=\dfrac{\sigma_{\max}+\sigma_{\min}}{2}=80\text{MPa}$。

故斜率：$\tan\alpha_3=\dfrac{\sigma_a}{\sigma_m}=1$，解得 $\alpha_3=45°$。

(d)已知 $\sigma_{\max}=200\text{MPa}$，$\sigma_{\min}=40\text{MPa}$。

则应力幅：$\sigma_a=\dfrac{\sigma_{\max}-\sigma_{\min}}{2}=\dfrac{200-40}{2}\text{MPa}=80\text{MPa}$。

平均应力：$\sigma_m=\dfrac{\sigma_{\max}+\sigma_{\min}}{2}=\dfrac{200+40}{2}\text{MPa}=120\text{MPa}$。

故斜率：$\tan\alpha_4=\dfrac{\sigma_a}{\sigma_m}=\dfrac{80}{120}=0.667$，解得 $\alpha_4=33.7°$。

对应点分别如图 11-2-9 所示。

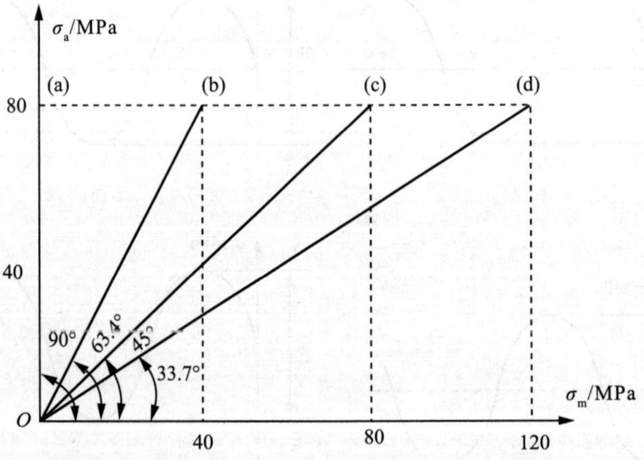

图 11-2-9

11.7　简化疲劳极限曲线时，如不采用折线 *ACB*，而采用连接 *A*、*B* 两点的直线来代替原来的曲线(如图 11-2-10 所示)，试证明构件的工作安全因数为

$$n_{\sigma}=\frac{\sigma_{-1}}{\frac{K_{\sigma}}{\varepsilon_{\sigma}\beta}\sigma_{a}+\psi_{\sigma}\sigma_{m}}$$

式中

$$\psi_{\sigma}=\frac{\sigma_{-1}}{\sigma_{b}}$$

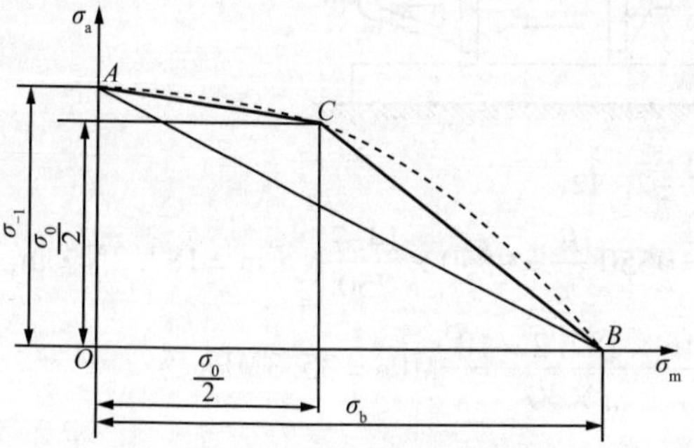

图 11－2－10

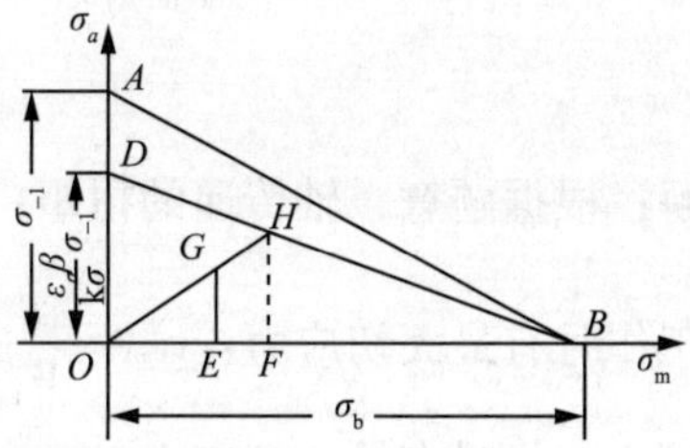

图 11－2－11

证明：采用直线 AB 代替折线后，假设构件工作时，危险点由应力循环曲线上的 G 点决定，延长 OG 与 DB 相交于 H 点，则 $GE=\sigma_{a}$，$OE=\sigma_{m}$，$\alpha=\angle BOG$，且 $\tan\alpha=\dfrac{1-r}{1+r}$，其中 r 为循环特征，保持不变。则有 $HF=\sigma_{ra}$，$OF=\sigma_{rm}$，如图 11－2－11 所示。

构件的工作安全因数为：$n_{\sigma}=\dfrac{\sigma_{ra}+\sigma_{rm}}{\sigma_{a}+\sigma_{m}}=\dfrac{HF+OF}{GE+OE}$。

由三角形 BHF 与 BDO 相似，得

$$HF=\sigma_{ra}=\frac{DO\cdot BF}{OB}=\frac{\frac{\varepsilon_{\sigma}\beta}{K_{\sigma}}\sigma_{-1}(\sigma_{b}-\sigma_{rm})}{\sigma_{b}}=\frac{\varepsilon_{\sigma}\beta\sigma_{-1}}{K_{\sigma}}\left(1-\frac{\sigma_{rm}}{\sigma_{b}}\right) \quad ①$$

又由三角形 OGE 与 OHF 相似，得

$$HF=\sigma_{ra}=\frac{GE\cdot OF}{OE}=\frac{\sigma_{a}\sigma_{rm}}{\sigma_{m}} \quad ②$$

联立式①②得：$\sigma_{rm}=\dfrac{\frac{\varepsilon_{\sigma}\beta\sigma_{-1}}{K_{\sigma}}}{\left(\frac{\varepsilon_{\sigma}\beta\sigma_{-1}}{K_{\sigma}\sigma_{b}}+\frac{\sigma_{a}}{\sigma_{m}}\right)}=\dfrac{\sigma_{-1}\sigma_{m}}{\frac{K_{\sigma}}{\varepsilon_{\sigma}\beta}\sigma_{a}+\psi_{\sigma}\sigma_{m}}$。

其中 $\psi_{\sigma}=\dfrac{\sigma_{-1}}{\sigma_{b}}$，$\sigma_{ra}=\dfrac{\sigma_{-1}\sigma_{a}}{\frac{K_{\sigma}}{\varepsilon_{\sigma}\beta}\sigma_{a}+\psi_{\sigma}\sigma_{m}}$。

故 $n_{\sigma}=\dfrac{\sigma_{ra}+\sigma_{rm}}{\sigma_{a}+\sigma_{m}}=\dfrac{\sigma_{-1}}{\frac{K_{\sigma}}{\varepsilon_{\sigma}\beta}\sigma_{a}+\psi_{\sigma}\sigma_{m}}$。

命题得证。

11.8　图 11－2－12 所示电动机轴直径 $d=30$mm，轴上开有端铣加工的键槽。轴的材料是合金钢，$\sigma_{b}=750$MPa，$\tau_{b}=400$MPa，$\tau_{s}=260$MPa，$\tau_{-1}=190$MPa。轴在 $n=750$ r/min 的转速下传递功率 $P=14.7$kW。该轴时而工作，时而停止，但没有反向转动。轴表面经磨

削加工。若规定安全因数 $n=2$，$n_s=1.5$，试校核轴的强度。

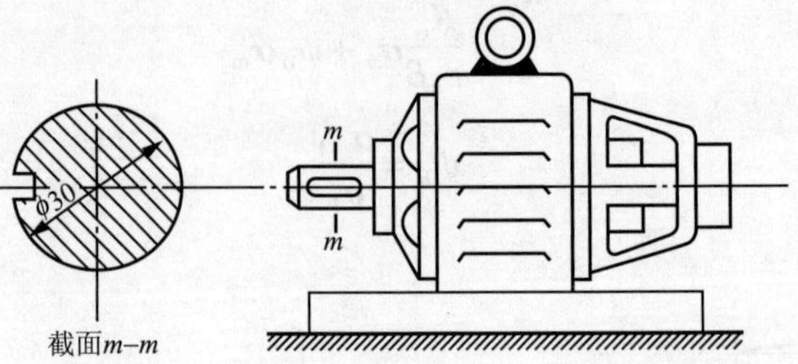

图 11–2–12

解：根据题意，轴传递的扭矩：$T=M_e=9550\dfrac{P}{n}=9550\times\dfrac{14.7}{750}\text{N}\cdot\text{m}=187.2\text{N}\cdot\text{m}$。

工作时有最大切应力：$\tau_{\max}=\dfrac{T}{W_t}=\dfrac{16T}{\pi d^3}=\dfrac{16\times187.2\times10^3}{\pi\times30^3}\text{MPa}=35.3\text{MPa}$。

停止工作时有最小切应力：$\tau_{\min}=0$。

则平均应力：$\tau_m=\dfrac{\tau_{\max}+\tau_{\min}}{2}=17.7\text{MPa}$。

应力幅：$\tau_a=\dfrac{\tau_{\max}-\tau_{\min}}{2}=17.7\text{MPa}$。

查教材图 11.9(b)得，扭转时 $K_\tau=1.8$，查教材表 11.1 得 $\varepsilon_\tau=0.89$，由教材表 11.2 插值得 $\beta=1$。

取 $\psi_\tau=0.1$，则按疲劳强度计算工作安全系数为

$$n_\tau=\frac{\tau_{-1}}{\dfrac{K_\tau}{\varepsilon_\tau\beta}\tau_a+\psi_\tau\tau_m}=\frac{190}{\dfrac{1.8}{0.89\times1}\times17.7+0.1\times17.7}=5.06>n=2$$

按静强度计算工作安全系数为：$n'_s=\dfrac{\tau_s}{\tau_{\max}}=\dfrac{260}{35.3}=7.37>n_s=1.5$。

故轴是安全的。

11.9　图 11–2–13 所示圆杆表面未经加工，且因径向圆孔而削弱。杆件受由 0 到 $F_{\max}$ 的交变轴向力作用。已知材料为普通碳钢，$\sigma_b=600\text{MPa}$，$\sigma_s=340\text{MPa}$，$\sigma_{-1}=200\text{MPa}$。取 $\psi_\sigma=0.1$，规定安全因数 $n=1.7$，$n_s=1.5$，试求最大许可载荷 $F_{\max}$。

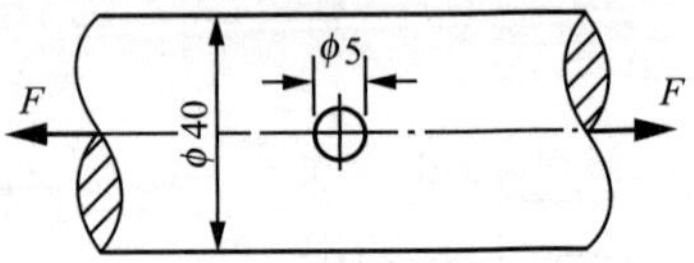

图 11–2–13

解：(1)按疲劳强度计算

根据题意，可得$\dfrac{d_0}{d}=\dfrac{5}{40}=0.125$，查教材图 11.9(a)得 $K_\sigma=2.0$，查教材表 11.1 得$\varepsilon_\sigma=0.88$，查教材表 11.2 插值得 $\beta=0.70$。

在弹性情况下，应力与外载荷成正比，由题意已知 $\sigma_a=\sigma_m=\dfrac{1}{2}\sigma_{\max}$。

由校核公式 $n_\sigma=\dfrac{\sigma_{-1}}{\dfrac{K_\sigma}{\varepsilon_\sigma\beta}\sigma_a+\psi_\sigma\sigma_m}\geqslant n$ 得

$$\sigma_m=\sigma_a=\frac{1}{2}\sigma_{max}\leqslant\frac{\sigma_{-1}}{n\left(\frac{K_\sigma}{\varepsilon_\sigma\beta}+\psi_\sigma\right)}=\frac{200}{1.7\left(\frac{2}{0.88\times0.7}+0.1\right)}\text{MPa}=35.2\text{MPa}$$

故此时有：$\sigma_{max}\leqslant70.4\text{MPa}$。

(2)按静强度计算

由静强度校核公式 $n_\sigma=\frac{\sigma_s}{\sigma_{max}}\geqslant n_s$ 得：$\sigma_{max}\leqslant\frac{\sigma_s}{n_s}=\frac{340}{1.5}\text{MPa}=227\text{MPa}$。

综上，最大载荷由疲劳强度决定，且

$$F_{max}=\sigma_{max}A=\sigma_{max}\left(\frac{\pi}{4}d^2-dd_0\right)\leqslant70.4\times10^6\times\left(\frac{\pi}{4}\times0.04^2-0.04\times0.005\right)\text{N}=74.3\text{kN}$$

11.10　某发动机排气阀的圆柱螺旋弹簧，其弹簧中径 $D=60\text{mm}$，有效圈数 $n=10$，弹簧丝横截面直径 $d=6\text{mm}$。弹簧材料的 $\sigma_b=1\,300\text{MPa}$，$\tau_b=800\text{MPa}$，$\tau_s=500\text{MPa}$，$\tau_{-1}=300\text{MPa}$，$G=80\text{GPa}$。弹簧在预压缩量 $\lambda_1=40\text{mm}$ 和最大压缩量 $\lambda_{max}=90\text{mm}$ 范围内工作。若取 $\beta=1$，试求弹簧的工作安全因数。

解：根据题意，弹簧指数为：$c=D/d=60/6=10$。

则曲度系数：$k=\frac{4c-1}{4c-4}+\frac{0.615}{c}=1.145$。

故弹簧承受的最小压力和最大压力分别为

$$F_{min}=\frac{\lambda_1Gd^4}{64R^3n}=\frac{0.04\times80\times10^9\times0.006^4}{64\times0.03^3\times10}\text{N}=240\text{N}$$

$$F_{max}=\frac{\lambda_{max}Gd^4}{64R^3n}=\frac{0.09\times80\times10^9\times0.006^4}{64\times0.03^3\times10}\text{N}=540\text{N}$$

由上可得弹簧中最大切应力和最小切应力分别为

$$\tau_{max}=k\frac{8F_{max}D}{\pi d^3}=1.145\times\frac{8\times540\times0.06}{\pi\times0.006^3}\text{Pa}=437\text{MPa}$$

$$\tau_{min}=k\frac{8F_{min}D}{\pi d^3}=1.145\times\frac{8\times240\times0.06}{\pi\times0.006^3}\text{Pa}=194\text{MPa}$$

故应力循环中，平均应力：$\tau_m=\frac{\tau_{max}+\tau_{min}}{2}=\frac{437+194}{2}\text{MPa}=316\text{MPa}$。

应力幅：$\tau_a=\frac{\tau_{max}-\tau_{min}}{2}=\frac{437-194}{2}\text{MPa}=122\text{MPa}$。

①按疲劳强度计算工作安全因数

查表知弹簧的 $K_\tau=1$，$\varepsilon_\tau=1$，取 $\psi_\tau=0.1$，则有

$$n_\tau=\frac{\tau_{-1}}{\frac{K_\tau}{\varepsilon_\tau\beta}\tau_a+\psi_\tau\tau_m}=\frac{300}{\frac{1}{1\times1}\times122+0.1\times316}=1.95$$

②按静强度计算工作安全因数

$$n_s=\frac{\tau_s}{\tau_{max}}=\frac{500}{437}=1.14$$

综上，弹簧的工作安全因数：$n=n_s=1.14$。

11.11　图 11－2－14 所示重物通过轴承对圆轴作用一铅垂方向的力，$P=10\text{kN}$，而轴在 ±30°范围内往复摆动。已知材料的 $\sigma_b=600\text{MPa}$，$\sigma_{-1}=250\text{MPa}$，$\sigma_s=340\text{MPa}$，$\psi_\sigma=$

0.1。试分别求危险截面上的点 1、2、3、4 的应力变化的循环特征及工作安全因数。

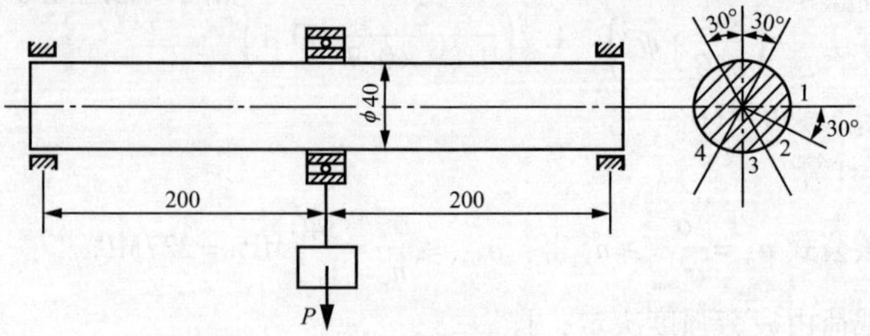

图 11-2-14

解：对于圆轴，危险面为中间截面，且该截面弯矩

$$M=\frac{Pl}{4}=\frac{1}{4}\times 10\times 10^{3}\times 0.4\text{N}\cdot\text{m}=1\text{kN}\cdot\text{m}$$

圆截面，惯性矩：$I_z=\frac{\pi d^4}{64}=\frac{\pi\times 0.04^4}{64}\text{m}^4=1.26\times 10^{-7}\text{m}^4$。

(1)应力循环特征

①1 点：$\sigma_{\max}=\frac{M}{I_z}\frac{d}{2}\sin 30°=\frac{1000\times 0.02\sin 30°}{1.26\times 10^{-7}}\text{Pa}=79.6\text{MPa}$；

$\sigma_{\min}=-\sigma_{\max}=-79.6\text{MPa}$。

故应力循环特征：$r=\frac{\sigma_{\min}}{\sigma_{\max}}=-1$。

②2 点：$\sigma_{\max}=\frac{M}{I_z}\left(\frac{d}{2}\sin 60°\right)=\frac{1000}{1.26\times 10^{-7}}\times\left(\frac{0.04}{2}\times\frac{\sqrt{3}}{2}\right)=138\text{MPa}$；

$\sigma_{\min}=0$。

故应力循环特征：$r=\frac{\sigma_{\min}}{\sigma_{\max}}=0$。

③3 点：$\sigma_{\max}=\frac{M}{I_z}\left(\frac{d}{2}\sin 90°\right)=\frac{1000}{1.26\times 10^{-7}}\times\left(\frac{0.04}{2}\times 1\right)=159\text{MPa}$；

$\sigma_{\min}=\frac{M}{I_z}\left(\frac{d}{2}\sin 60°\right)=138\text{MPa}$。

故应力循环特征：$r=\frac{\sigma_{\min}}{\sigma_{\max}}=\frac{138}{159}=0.87$。

④4 点：$\sigma_{\max}=\frac{M}{I_z}\left(\frac{d}{2}\sin 90°\right)=159\text{MPa}$；

$\sigma_{\min}=\frac{M}{I_z}\left(\frac{d}{2}\sin 30°\right)=79.6\text{MPa}$。

故应力循环特征：$r=\frac{\sigma_{\min}}{\sigma_{\max}}=\frac{79.6}{159}=0.5$。

(2)安全因数

由于截面无变化，故 $K_\sigma=1$；查表得：$\beta=1$，$\psi_\sigma=0.1$，$\varepsilon_\sigma=0.88$。

①1 点：$\sigma_{\text{m}}=\frac{\sigma_{\max}+\sigma_{\min}}{2}=\frac{79.6-79.6}{2}\text{MPa}=0\text{MPa}$；

$\sigma_{\text{a}}=\frac{\sigma_{\max}-\sigma_{\min}}{2}=\frac{79.6+79.6}{2}\text{MPa}=79.6\text{MPa}$。

故安全因数：$n_\sigma = \sigma_{-1} \Big/ \left(\dfrac{K_\sigma}{\varepsilon_\sigma \beta}\sigma_a + \psi_\sigma \sigma_m \right) = \dfrac{250}{\dfrac{1 \times 79.6}{0.88 \times 1} + 0.1 \times 0} = 2.77$。

②2 点：$\sigma_m = \sigma_a = \dfrac{\sigma_{max}}{2} = \dfrac{138}{2}\text{MPa} = 69\text{MPa}$。

故安全因数：$n_\sigma = \dfrac{\sigma_{-1}}{\dfrac{K_\sigma}{\varepsilon_\sigma \beta}\sigma_a + \psi_\sigma \sigma_m} = \dfrac{250}{\dfrac{1 \times 69}{0.88 \times 1} + 0.1 \times 69} = 2.93$。

③3 点：$\sigma_m = \dfrac{\sigma_{max} + \sigma_{min}}{2} = \dfrac{159 + 138}{2}\text{MPa} = 149\text{MPa}$；

$$\sigma_a = \dfrac{\sigma_{max} - \sigma_{min}}{2} = \dfrac{159 - 138}{2}\text{MPa} = 10.5\text{MPa}。$$

按疲劳强度计算安全因数：$n_\sigma = \dfrac{\sigma_{-1}}{\dfrac{K_\sigma}{\varepsilon_\sigma \beta}\sigma_a + \psi_\sigma \sigma_m} = \dfrac{250}{\dfrac{1 \times 10.5}{0.88 \times 1} + 0.1 \times 149} = 9.32$。

按静强度计算安全因数：$n_s = \dfrac{\sigma_s}{\sigma_{max}} = \dfrac{340}{159} = 2.14$。

故安全因数：$n_\sigma = n_s = 2.14$。

④4 点：$\sigma_m = \dfrac{\sigma_{max} + \sigma_{min}}{2} = \dfrac{159 + 79.6}{2}\text{MPa} = 119\text{MPa}$；

$$\sigma_a = \dfrac{\sigma_{max} - \sigma_{min}}{2} = \dfrac{159 - 79.6}{2}\text{MPa} = 39.7\text{MPa}。$$

按疲劳强度计算安全因数：$n_\sigma = \dfrac{\sigma_{-1}}{\dfrac{K_\sigma}{\varepsilon_\sigma \beta}\sigma_a + \psi_\sigma \sigma_m} = \dfrac{250}{\dfrac{1 \times 39.7}{1 \times 0.88} + 0.1 \times 119} = 4.38$。

按静强度计算安全因数：$n_s = \dfrac{\sigma_s}{\sigma_{max}} = \dfrac{340}{159} = 2.14$。

故安全因数：$n_\sigma = n_s = 2.14$。

11.12　卷扬机的阶梯轴的某段需要安装一滚珠轴承，因滚珠轴承内座圈上圆角半径很小，如装配时不用定距环（图 11－2－15（a）），则轴上的圆角半径应为 $R_1 = 1\text{mm}$，如增加一定距环（图 11－2－15（b）），则轴上圆角半径可增加为 $R_2 = 5\text{mm}$。已知材料为 Q275 钢，$\sigma_b = 520\text{MPa}$，$\sigma_{-1} = 220\text{MPa}$，$\beta = 1$，规定安全因数 $n = 1.7$。试比较轴在图 11－2－15（a）、（b）所示两种情况下，对称循环许可弯矩［M］。

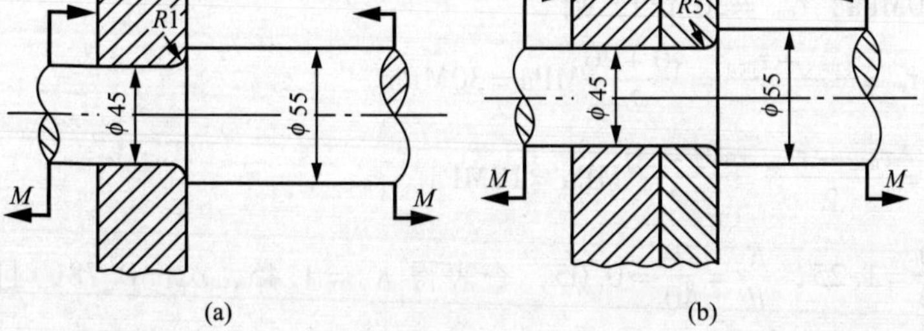

图 11－2－15

解：轴受对称循环应力的作用，$\sigma_m=0$，$\sigma_a=\sigma_{\max}=\dfrac{M}{W}$。

(1)图 11-2-15(a)，根据$\dfrac{R_1}{d}=\dfrac{1}{45}=0.022$，$\dfrac{D}{d}=\dfrac{55}{45}=1.22$，查表得 $\varepsilon_\sigma=0.84$，查教材图 11.8(c)并插值得：$K_\sigma=2.38$，取 $\beta=1$，由疲劳强度条件 $n_\sigma=\dfrac{\sigma_{-1}}{\dfrac{K_\sigma}{\varepsilon_\sigma\beta}\sigma_a+\psi_\sigma\sigma_m}\geqslant n$ 得

$$M\leqslant\frac{\varepsilon_\sigma\beta\sigma_{-1}W}{K_\sigma n}=\frac{0.84\times1\times220\times10^6\times\dfrac{\pi}{32}\times0.045^3}{2.38\times1.7}\text{N}\cdot\text{m}=409\text{N}\cdot\text{m}$$

(2)图 11-2-15(b)，根据$\dfrac{R_2}{d}=\dfrac{5}{45}=0.11$，$\dfrac{D}{d}=\dfrac{55}{45}=1.22$，查表得 $\varepsilon_\sigma=0.84$，查教材图11.8(c)并插值得：$K_\sigma=1.53$，取 $\beta=1$，由疲劳强度条件得

$$M\leqslant\frac{\sigma_{-1}\varepsilon_\sigma\beta W}{K_\sigma\cdot n}=\frac{220\times10^6\times0.84\times1\times\dfrac{\pi}{32}\times0.045^3}{1.53\times1.7}\text{N}\cdot\text{m}=636\text{N}\cdot\text{m}$$

综上比较可得，后者的许用弯矩比前者增加很多，主要原因是定距环使轴的截面变化处圆角半径变大，从而减小了应力集中因数，增大了承载能力。

11.13　图 11-2-16 所示直径 $D=50$mm，$d=40$mm 的阶梯轴，受交变弯矩和扭矩的联合作用。圆角半径 $R=2$mm。正应力从 50MPa 变到 -50MPa；切应力从 40MPa 变到 20MPa。轴的材料为碳钢，$\sigma_b=550$MPa，$\sigma_{-1}=220$MPa，$\tau_{-1}=120$MPa，$\sigma_s=300$MPa，$\tau_s=180$MPa。若取 $\psi_\tau=0.1$，试求此轴的工作安全因数。设 $\beta=1$。

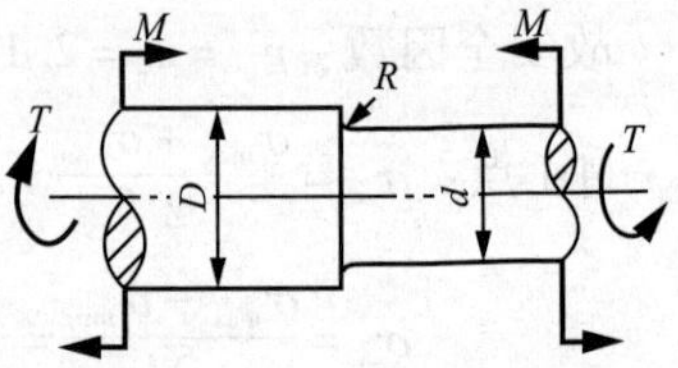

图 11-2-16

解：(1)弯曲工作时的安全因数

根据题意，弯曲应力为对称循环应力，则 $\sigma_m=0$。

已知 $\sigma_{\max}=50$MPa，$\sigma_{\min}=-50$MPa，则应力幅：$\sigma_a=\dfrac{\sigma_{\max}-\sigma_{\min}}{2}=50$MPa。

根据$\dfrac{D}{d}=\dfrac{50}{40}=1.25$，$\dfrac{R}{d}=\dfrac{2}{40}=0.05$，查表得 $K_\sigma=1.93$，$\varepsilon_\sigma=0.84$，且取 $\beta=1$，$\psi_\sigma=\psi_\tau=0.1$，则

$$n_\sigma=\frac{\sigma_{-1}}{\dfrac{K_\sigma}{\varepsilon_\sigma\beta}\sigma_a+\psi_\sigma\sigma_m}=\frac{220}{\dfrac{1.93}{0.84\times1}\times50}=1.92$$

(2)扭转工作时的安全因数

已知$\tau_{\max}=40$MPa，$\tau_{\min}=20$MPa，则

平均应力：$\tau_m=\dfrac{\tau_{\max}+\tau_{\min}}{2}=\dfrac{40+20}{2}MPa=30$MPa。

应力幅：$\tau_a=\dfrac{\tau_{\max}-\tau_{\min}}{2}=\dfrac{40-20}{2}MPa=10$MPa。

根据$\dfrac{D}{d}=\dfrac{50}{40}=1.25$，$\dfrac{R}{d}=\dfrac{2}{40}=0.05$，查表得 $K_\tau=1.45$，$\varepsilon_\tau=0.78$，且取 $\beta=1$，$\psi_\sigma=\psi_\tau=0.1$，则

$$n_{\tau}=\frac{\tau_{-1}}{\frac{K_{\tau}}{\varepsilon_{\tau}\beta}\tau_{a}+\psi_{\tau}\tau_{m}}=\frac{120}{\frac{1.45}{0.78\times1}\times10+0.1\times30}=5.56$$

(3)弯扭组合交变应力下，轴的工作安全因数

$$n_{\sigma\tau}=\frac{n_{\sigma}n_{\tau}}{\sqrt{n_{\sigma}^{2}+n_{\tau}^{2}}}=\frac{1.92\times5.56}{\sqrt{1.92^{2}+5.56^{2}}}=1.81$$

11.14　图 11-2-17 所示圆柱齿轮轴，左端由电机输入功率 $P=29.4\mathrm{kW}$，转速 $n=800$ r/min。齿轮切向力为 F_1，径向力 $F_2=0.36F_1$。轴上两个键槽均为端铣加工。安装齿轮处轴径 $\phi40$，左边轴肩直径 $\phi45$。轴的材料为 40Cr，$\sigma_b=900\mathrm{MPa}$，$\sigma_{-1}=410\mathrm{MPa}$，$\tau_{-1}=240\mathrm{MPa}$。规定安全因数 $n=1.8$，试校核轴的疲劳强度。

提示：把扭转切应力作为脉动循环。

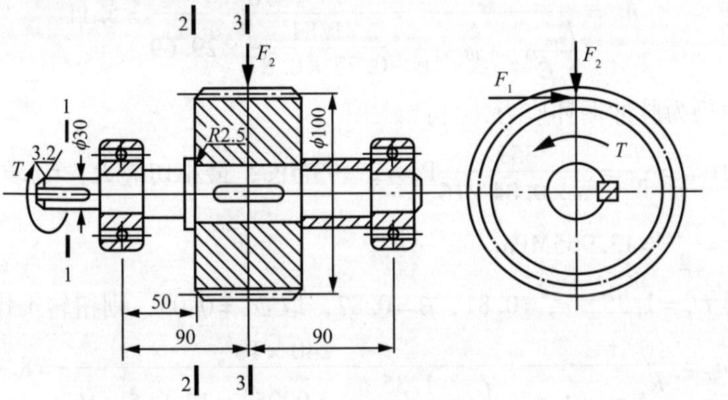

图 11-2-17

解：齿轮轴传递的扭矩：$T=9550\,\frac{P}{n}=9550\times\frac{29.4}{800}\mathrm{N\cdot m}=351\mathrm{N\cdot m}$。

根据平衡条件 $T=F_1D/2$，得：$F_1=2T/D=2\times351/0.1\mathrm{N}=7020\mathrm{N}$。

则径向力：$F_2=0.36F_1=0.36\times7020\mathrm{N}=2530\mathrm{N}$。

故轴承受的合力：$F=\sqrt{F_1^2+F_2^2}=\sqrt{7020^2+2530^2}\mathrm{N}=7462\mathrm{N}$。

(1)校核 1-1 截面

该截面只存在扭转切应力，将其看做是脉动循环应力，则有：

最大切应力：$\tau_{max}=\frac{T}{W_t}=\frac{351}{\pi\times0.03^3/16}\mathrm{Pa}=66.2\mathrm{MPa}$。

最小切应力：$\tau_{min}=0$。

故有$\tau_m=\tau_a=\frac{\tau_{max}}{2}=\frac{66.2}{2}\mathrm{MPa}=33.1\mathrm{MPa}$。

根据 $\sigma_b=900\mathrm{MPa}$，查表得 $K_\tau=2.05$，$\varepsilon_\tau=0.89$，插值得 $\beta=0.875$，取 $\psi_\tau=0.05$，则该截面的工作安全因数

$$n_{\tau}=\frac{\tau_{-1}}{\frac{K_{\tau}}{\varepsilon_{\tau}\beta}\tau_{a}+\psi_{\tau}\tau_{m}}=\frac{240}{\frac{2.05}{0.89\times0.875}\times33.1+0.05\times33.1}=2.70>n=1.8$$

故 1-1 截面是安全的。

(2)校核 2-2 截面

该截面上的弯矩：$M=\frac{F}{2}\times 0.05\text{m}=\frac{7462}{2}\times 0.05\text{N}\cdot\text{m}=186.55\text{N}\cdot\text{m}$。扭矩：$T=351\text{N}\cdot\text{m}$。

其中，弯曲正应力为对称循环应力，且：

最大正应力：$\sigma_{\max}=\frac{M}{W}=\frac{186.55}{\pi\times 0.04^3/32}\text{Pa}=29.69\text{MPa}$。

最小正应力：$\sigma_{\min}=-\sigma_{\max}=-29.69\text{MPa}$。

故有 $\sigma_a=\frac{\sigma_{\max}-\sigma_{\min}}{2}=29.69\text{MPa}$，$\sigma_m=\frac{\sigma_{\max}+\sigma_{\min}}{2}=0$。

根据$\frac{D}{d}=\frac{45}{40}=1.125$，$\frac{r}{d}=\frac{2.5}{40}=0.0625$，查表得 $K_\sigma=1.81$，$\varepsilon_\sigma=0.77$，插值得 $\beta=0.87$，故弯曲工作时的安全因数

$$n_\sigma=\frac{\sigma_{-1}}{\frac{K_\sigma}{\varepsilon_\sigma\beta}\sigma_a+\psi_\sigma\sigma_m}=\frac{410}{\frac{1.81}{0.77\times 0.87}\times 29.69}=5.11$$

扭转切应力仍为脉冲循环应力，且：

最大切应力$\tau_{\max}=\frac{T}{W_t}=\frac{351}{\pi\times 0.04^3/16}\text{Pa}=27.93\text{MPa}$，最小切应力：$\tau_{\min}=0$。

故有$\tau_m=\tau_a=\frac{\tau_{\max}}{2}=13.965\text{MPa}$。

同理，查得$K_\tau=1.35$，$\varepsilon_\tau=0.81$，$\beta=0.87$，取$\psi_\tau=0.05$，则扭转工作时的安全因数

$$n_\tau=\frac{\tau_{-1}}{\frac{K_\tau}{\varepsilon_\tau\beta}\tau_a+\psi_\tau\tau_m}=\frac{240\times 10^6}{\left(\frac{1.35}{0.81\times 0.87}+0.05\right)\times 13.965\times 10^6}=8.74$$

故弯扭组合交变工作时的安全因数：$n_{\sigma\tau}=\frac{n_\sigma n_\tau}{\sqrt{n_\sigma^2+n_\tau^2}}=\frac{5.11\times 8.74}{\sqrt{5.11^2+8.74^2}}=4.41>n=1.8$。

故 2－2 截面是安全的。

(3)校核 3－3 截面

该截面上的弯矩：$M=\frac{F}{2}\times 0.09\text{m}=\frac{7462}{2}\times 0.09\text{N}\cdot\text{m}=335.8\text{N}\cdot\text{m}$。

扭矩：$T=351\text{N}\cdot\text{m}$。

其中，弯曲正应力为对称循环应力，且：

最大正应力：$\sigma_{\max}=\frac{M}{W}=\frac{335.8}{\pi\times 0.04^3/32}\text{Pa}=53.44\text{MPa}$。

最小正应力：$\sigma_{\min}=-\sigma_{\max}=-53.44\text{MPa}$。

故有 $\sigma_a=\frac{\sigma_{\max}-\sigma_{\min}}{2}=53.44\text{MPa}$，$\sigma_m=\frac{\sigma_{\max}+\sigma_{\min}}{2}=0$。

同理，查得 $K_\sigma=2.14$，$\varepsilon_\sigma=0.77$，$\beta=0.87$，故弯曲工作时的安全因数

$$n_\sigma=\frac{\sigma_{-1}}{\frac{K_\sigma}{\varepsilon_\sigma\beta}\sigma_a+\psi_\sigma\sigma_m}=\frac{410}{\frac{2.14}{0.77\times 0.87}\times 53.44}=2.40$$

扭转切应力仍为脉冲循环应力，且：

最大切应力：$\tau_{\max}=\frac{T}{W_t}=\frac{351}{\pi\times 0.04^3/16}\text{Pa}=27.93\text{MPa}$，最小切应力：$\tau_{\min}=0$。

故有$\tau_{m}=\tau_{a}=\frac{\tau_{max}}{2}=13.965\text{MPa}$。

同理，查得 $K_{\tau}=2.08$，$\varepsilon_{\tau}=0.81$，$\beta=0.87$，取 $\psi_{\tau}=0.05$，则扭转工作时的安全因数

$$n_{\tau}=\frac{\tau_{-1}}{\frac{K_{\tau}}{\varepsilon_{\tau}\beta}\tau_{a}+\psi_{\tau}\tau_{m}}=\frac{240}{\left(\frac{2.08}{0.81\times0.87}+0.05\right)\times13.965}=5.726$$

故弯扭组合交变工作时的安全因数

$$n_{\sigma\tau}=\frac{n_{\sigma}n_{\tau}}{\sqrt{n_{\sigma}^{2}+n_{\tau}^{2}}}=\frac{2.40\times5.726}{\sqrt{2.40^{2}+5.726^{2}}}=2.21>n=1.8$$

故 3 - 3 截面是安全的。

综上，齿轮轴强度满足要求，可以安全工作。

11.15　若材料疲劳极限曲线简化成图 11 - 2 - 18 所示折线 *EDKJ*，*G* 点代表构件危险点的交变应力，*OG* 的延长线与简化折线的线段 *DK* 相交。试求这一应力循环的工作安全因数。

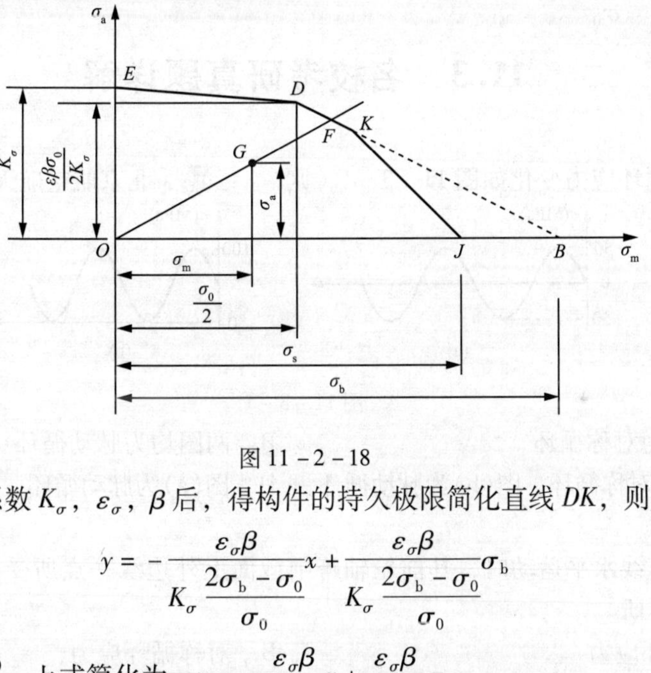

图 11 - 2 - 18

解： 考虑影响系数 K_{σ}，ε_{σ}，β 后，得构件的持久极限简化直线 *DK*，则其直线方程为

$$y=-\frac{\varepsilon_{\sigma}\beta}{K_{\sigma}\frac{2\sigma_{b}-\sigma_{0}}{\sigma_{0}}}x+\frac{\varepsilon_{\sigma}\beta}{K_{\sigma}\frac{2\sigma_{b}-\sigma_{0}}{\sigma_{0}}}\sigma_{b}$$

设 $\psi_{\sigma}=\frac{2\sigma_{b}-\sigma_{0}}{\sigma_{0}}$，上式简化为：$y=-\frac{\varepsilon_{\sigma}\beta}{K_{\sigma}\psi_{\sigma}}x+\frac{\varepsilon_{\sigma}\beta}{K_{\sigma}\psi_{\sigma}}\sigma_{b}$ ①

其中，y 轴为 σ_{a} 轴，x 轴为 σ_{m} 轴。

如图 11 - 2 - 19 所示，射线 *OG* 与直线 *DK* 交于 *C* 点，由 *G* 点坐标可得射线 *OC* 的直线方程为

$$y=\frac{\sigma_{a}}{\sigma_{m}}x \qquad ②$$

联立式①②得 *C* 点坐标：$\left(\frac{\varepsilon_{\sigma}\beta\sigma_{b}\sigma_{m}}{\varepsilon_{\sigma}\beta\sigma_{m}+\sigma_{a}K_{\sigma}\psi_{\sigma}},\frac{\varepsilon_{\sigma}\beta\sigma_{b}\sigma_{a}}{\varepsilon_{\sigma}\beta\sigma_{m}+\sigma_{a}K_{\sigma}\psi_{\sigma}}\right)$。

构件的工作安全因数为

$$n_{\sigma}=\frac{\sigma_{r}}{\sigma_{max}}=\frac{x_{C}+y_{C}}{\sigma_{m}+\sigma_{a}}=\frac{\frac{\varepsilon_{\sigma}\beta\sigma_{b}}{\varepsilon_{\sigma}\beta\sigma_{m}+\sigma_{a}K_{\sigma}\psi_{\sigma}}(\sigma_{m}+\sigma_{a})}{\sigma_{m}+\sigma_{a}}=\frac{\varepsilon_{\sigma}\beta\sigma_{b}}{\varepsilon_{\sigma}\beta\sigma_{m}+\sigma_{a}K_{\sigma}\psi_{\sigma}}=\frac{\sigma_{b}}{\sigma_{m}+\psi_{\sigma}\sigma_{a}\frac{K_{\sigma}}{\varepsilon_{\sigma}\beta}}$$

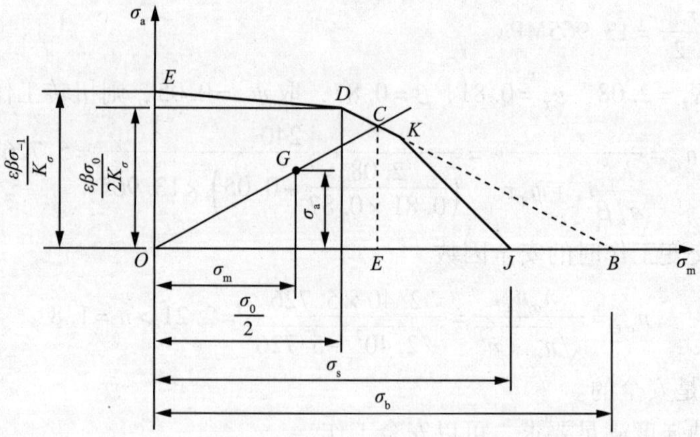

图 11－2－19

其中，$\psi_\sigma=\frac{2\sigma_b-\sigma_0}{\sigma_0}$。

11.3　名校考研真题详解

一、选择题

1. 两恒幅循环应力变化如图 11－3－1，则(　　)。[北京航空航天大学 2013 研]

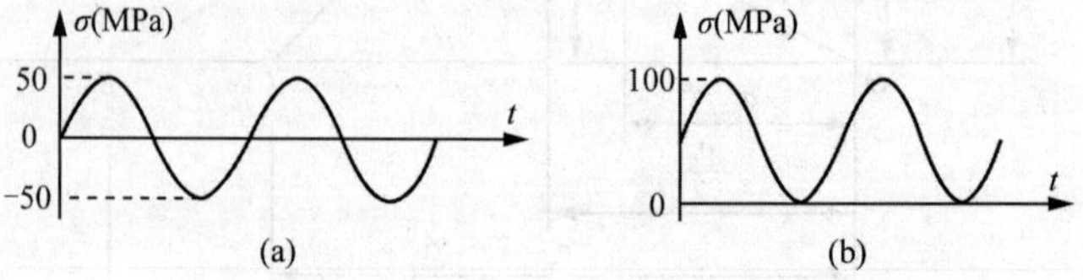

图 11－3－1

A. 两图均为对称循环　　B. 两图均为脉动循环

C. 图(a)为对称循环，图(b)为脉动循环　　D. 图(a)为脉动循环，图(b)为对称循环

【答案】C

2. 自行车直线水平运动时，其前轮轴跨中截面上外边缘一点所受应力为(　　)。[昆明理工大学 2016 研]

A. 脉动循环应力　　B. 对称循环应力

C. 不变的弯曲应力　　D. 非对称循环应力

【答案】C

【解析】轮轴做的是直线运动，承受车身恒定的压力，相当于承受均布荷载的杆。

二、填空题

如图 11－3－2 所示的循环应力，其应力比(或循环特征)为______，平均应力为______MPa。[北京航空航天大学 2014 研]

【答案】0；25

【解析】应力比 $r=\frac{\sigma_{min}}{\sigma_{max}}=\frac{0}{50}=0$，平均应力 $\sigma_m=\frac{1}{2}(\sigma_{max}+\sigma_{min})=\frac{1}{2}(50+0)=25\text{MPa}$

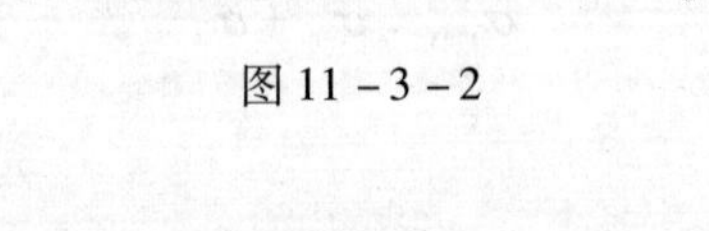

图 11－3－2

第12章　弯曲的几个补充问题

12.1　复习笔记

一、非对称弯曲

非对称弯曲：作用在梁上的载荷和由此发生的挠度均不在梁的纵向对称面内。

对于作用于梁上的弯曲力偶矩 M，将其分解成在 xy、xz 平面内的力偶矩 M_z 和 M_y，如图 12－1－1 所示。

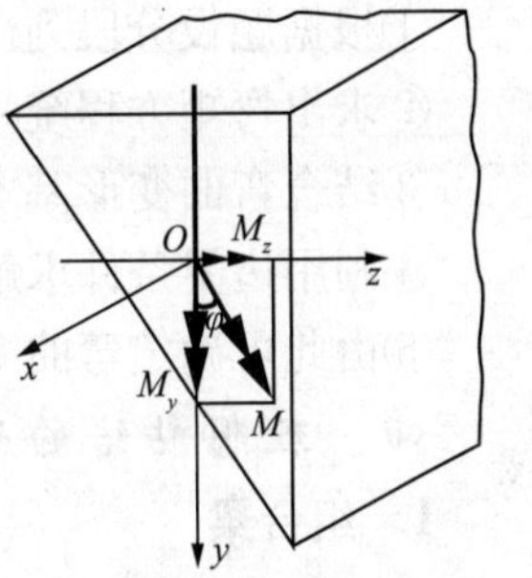

图 12－1－1

该非对称纯弯曲相应的弯曲正应力的计算公式

$$\sigma = \frac{M_z(I_y y - I_{yz} z)}{I_y I_z - I_{yz}^2} + \frac{M_y(I_z z - I_{yz} y)}{I_y I_z - I_{yz}^2}$$

中性轴的位置

$$\tan\theta = -\frac{M_z I_y - M_y I_{yz}}{M_y I_z - M_z I_{yz}}$$

其中，θ 为由图 12－1－1 中所示 y 轴到中性轴的夹角（逆时针为正）。

二、开口薄壁杆件的切应力和弯曲中心

1．切应力

如图 12－1－2 所示，外力 F_{Sy} 通过弯曲中心 A，且平行于 y 轴时，弯曲切应力的计算公式为

$$\tau = \frac{F_{Sy} S_z^*}{I_z \delta}$$

当外力通过弯曲中心 A，且平行于截面的形心主惯性轴 z 时，弯曲切应力的计算公式为

$$\tau = \frac{F_{Sz} S_y^*}{I_y \delta}$$

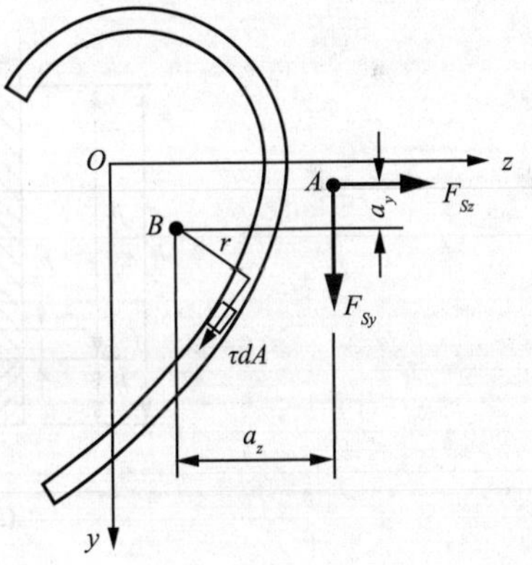

图 12－1－2

当外力不通过弯曲中心时，将外力向作用中心简化时将得到：通过弯曲中心的力和一个扭转力偶矩，此时不仅有弯曲变形，还将产生扭转变形。

2．弯曲中心

只有当横向力的作用线平行于形心主惯性平面并通过某个特定点时，梁才只发生平面弯曲变形，而无扭转变形，这个特定点称为横截面的弯曲中心。即是杆不发生扭转的横向力作用点，也就是切应力合力的作用点。

弯曲中心的确定方法如下：

（1）具有两个对称轴或反对称轴的截面，其弯曲中心与形心重合；

（2）具有一个对称轴的截面，其弯曲中心一定在这个对称轴上；

（3）若截面的中线是由若干相交于一点的直线段所组成，则此交点就是截面的弯曲中心。

三、用奇异函数求弯曲变形

1. 奇异函数

$$\langle x-a\rangle^n=\begin{cases}0 & (x<a)\\(x-a)^n & (x>a)\end{cases}$$

奇异函数积分法则

$$\int_{-\infty}^{x}\langle x-a\rangle^n\mathrm{d}x=\frac{1}{n+1}\langle x-a\rangle^{n+1}\quad(n\geqslant 0)$$

2. 利用奇异函数求弯曲变形的计算步骤

①根据题设分段列出弯矩方程；

②求出弯矩方程统一表达式；

③结合弯曲变形基本方程和奇异函数积分法则，对公式进行积分得到挠曲线方程；

④利用边界条件求解挠曲线方程积分常数，即求得挠曲线方程；

⑤由此可确定弯曲变形的挠度和转角。

四、理想黏结的两种材料组合梁

1. 组合梁

由两种或两种以上材料叠合而成的梁，又称叠合梁、层合梁。视理想黏结而成的组合梁在弯曲变形时交界面不发生相对错动。

2. 以矩形截面梁为例的组合梁纯弯曲问题

若组合梁由弹性模量分别为 E_1 和 E_2 两种材料理想黏结而成 T 形梁，组合截面尺寸为 $b\times h$，在纵向对称面内受弯矩 M 作用发生纯弯曲，截面图如 12－1－3 所示：

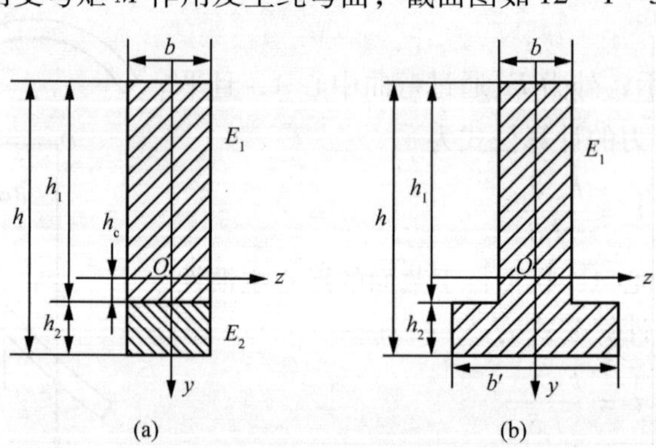

图 12－1－3

组合截面(a)的中性轴必通过等效后单一材料梁截面(b)的形心。

①组合梁中性轴的位置

两种材料截面宽度 $b_1=b_2$　　$h_c=\frac{1}{2}\left(\frac{E_1h_1^2-E_2h_2^2}{E_1h_1+E_2h_2}\right)$

两种材料截面宽度 $b_1\neq b_2$　　$h_c=\frac{1}{2}\left(\frac{E_1b_1h_1^2-E_2b_2h_2^2}{E_1b_1h_1+E_2b_2h_2}\right)$

当 $h_1=h_2$ 时，$h_c=\frac{1}{4}\left(\frac{E_1-E_2}{E_1+E_2}\right)$。

②组合梁中性层曲率半径

$$\frac{1}{\rho}=\frac{M}{E_1 I_z}$$

③两种材料组合梁纯剪时横截面上的正应力

$$\left.\begin{aligned}\sigma_1=\frac{My}{I_z}\qquad -(h_1-h_c)<y<h_c\\ \sigma_2=\frac{E_2}{E_1}\cdot\frac{My}{I_z}\qquad h_c<y<h_2+h_c\end{aligned}\right\}$$

五、弹性基础梁的弯曲

求解弹性基础梁弯曲变形的微分方程为

$$EI\frac{d^4w(x)}{dx^4}=q(x)-kw(x)$$

引入记号

$$\beta^4=\frac{k}{4EI}\text{或}\beta=\left(\frac{k}{4EI}\right)^{\frac{1}{4}}$$

则微分方程可写成

$$\frac{d^4w(x)}{dx^4}+4\beta^4w(x)=\frac{q(x)}{EI}$$

若梁上的某一段内未作用分布载荷，则上式变为齐次方程

$$\frac{d^4w(x)}{dx^4}+4\beta^4w(x)=0$$

方程的通解为

$$w(x)=e^{\beta x}(A\cos\beta x+B\sin\beta x)+e^{-\beta x}(C\cos\beta x+D\sin\beta x)$$

式中，A、B、C 和 D 是积分常数，可由梁上某些点的静力条件和变形边界条件来确定。

12.2 课后习题详解

12.1 图 12-2-1 所示桥式起重机大梁为 I 32a 工字钢，$[\sigma]=160$MPa，$l=4$m。行进时由于某种原因，载荷 P 偏离纵向对称面一个角度 φ。若 $\varphi=15°$，$P=30$kN，试校核梁的强度，并与 $\varphi=0$ 的情况相比较。

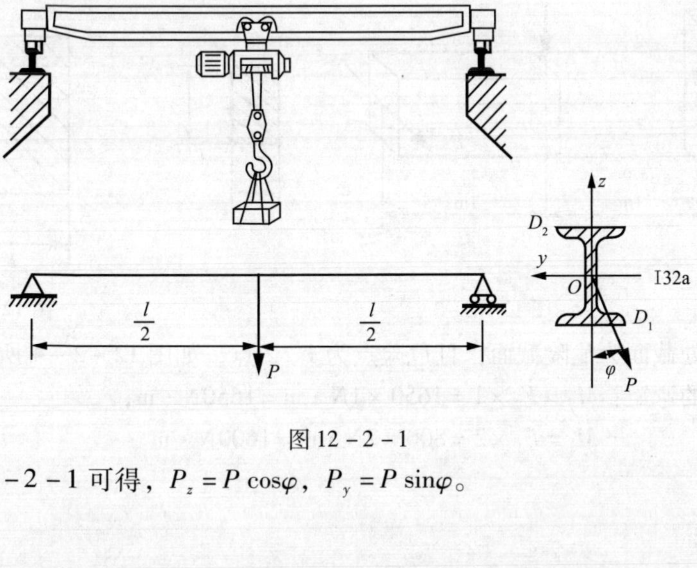

图 12-2-1

解：由图 12-2-1 可得，$P_z=P\cos\varphi$，$P_y=P\sin\varphi$。

分析可知，梁的危险截面为梁的中点处截面，且最危险点为 D_1 点(受拉)和 D_2 点(受压)。

最大弯曲正应力为：$\sigma_{max} = \dfrac{M_z}{W_z} + \dfrac{M_y}{W_y}$。

其中 $M_z = \dfrac{1}{4}Pl\sin\varphi, M_y = \dfrac{1}{4}Pl\cos\varphi$。

查型钢表得 32a 工字钢截面性质：$W_y = 692\text{cm}^3, W_z = 70.8\text{cm}^3$。

当 $\varphi = 15°$ 时，$|\sigma_{max}| = \dfrac{30\times10^3\times4\times\cos15°}{4\times692\times10^{-6}} + \dfrac{30\times10^3\times4\times\sin15°}{4\times70.8\times10^{-6}}\text{Pa} = 151.4\text{MPa} < [\sigma]$。

故此时梁强度满足要求。

当 $\varphi = 0°$ 时，最大正应力

$$\sigma_{max} = \frac{Pl}{4W_y} = \frac{30\times10^3\times4}{4\times692\times10^{-6}}\text{Pa} = 43.4\text{MPa}$$

比较可得：$\dfrac{151.4}{43.4} = 3.5$，即载荷偏离纵向对称面 15°时比不偏离时最大应力增长了 2.5 倍。

12.2　悬臂梁的横截面形状如图 12-2-2 所示。若作用于自由端的载荷 F 垂直于梁的轴线，且其作用方向如图中虚线所示，试指出哪种情况是平面弯曲。如为非平面弯曲，将发生哪种变形?

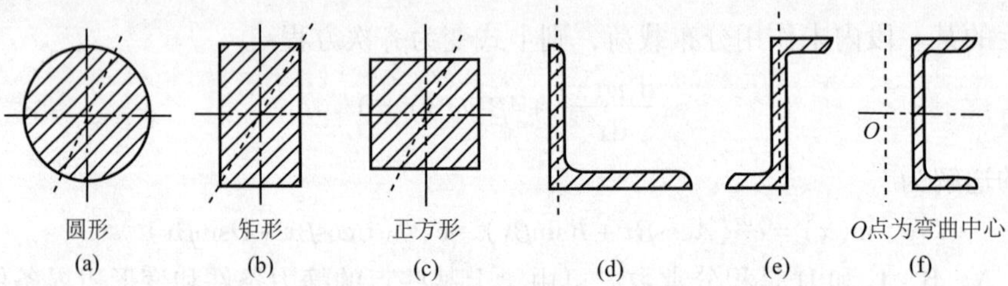

图 12-2-2

解：(a)平面弯曲；(b)斜弯曲；(c)平面弯曲；(d)非平面弯曲，弯曲加扭转；(e)斜弯曲；(f)平面弯曲。

12.3　作用于图 12-2-3 所示悬臂木梁上的载荷为：在水平平面内 $F_1 = 800\text{N}$，在垂直平面内 $F_2 = 1650\text{N}$。木材的许用应力 $[\sigma] = 10\text{MPa}$。若矩形截面 $h/b = 2$，试确定其尺寸。

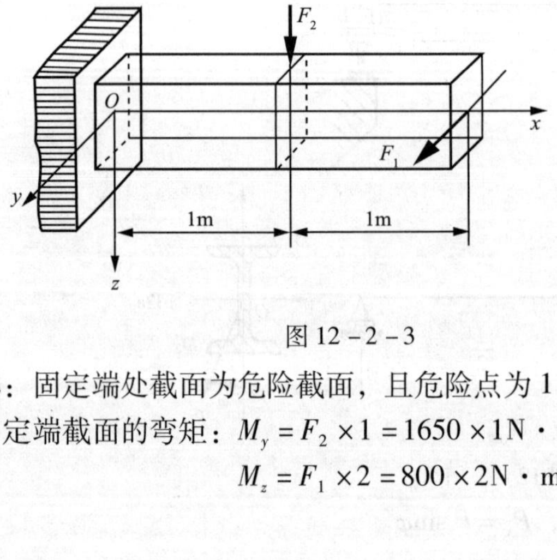

图 12-2-3

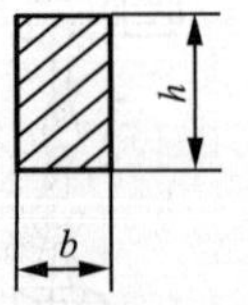

图 12-2-4

解：固定端处截面为危险截面，且危险点为 1、2 点，如图 12-2-4 所示。

固定端截面的弯矩：$M_y = F_2\times1 = 1650\times1\text{N}\cdot\text{m} = 1650\text{N}\cdot\text{m}$；

$M_z = F_1\times2 = 800\times2\text{N}\cdot\text{m} = 1600\text{N}\cdot\text{m}$。

根据强度条件：$\sigma_{\max}=\frac{M_y}{W_y}+\frac{M_z}{W_z}=\frac{M_y}{\frac{1}{6}bh^2}+\frac{M_z}{\frac{1}{6}hb^2}=\frac{1650}{\frac{1}{6}bh^2}+\frac{1600}{\frac{1}{6}hb^2}\leqslant[\sigma]$。

且$\frac{h}{b}=2$，解得：$b\geqslant\sqrt[3]{\frac{7275}{10\times10^6}}\text{m}\approx90\text{mm}$。

故取截面尺寸：$b=90\text{mm}$，$h=2b=180\text{mm}$。

12.4　图 12－2－5 所示工字梁两端简支，集中载荷 $F=7\text{kN}$，作用于跨度中点截面，通过截面形心，并与截面的铅垂对称轴成 20°角。若材料的$[\sigma]=160\text{MPa}$，试选择工字梁的型号。

提示：可先假定 W_y/W_z 的比值，试选工字梁型号，然后再校核其强度。

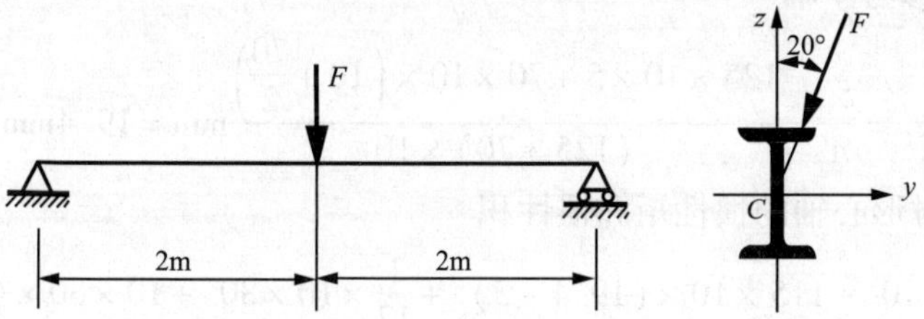

图 12－2－5

解：梁最危险截面为中点截面处，该截面弯矩

$$M_y=\frac{1}{4}Fl\cos20°,\ M_z=\frac{1}{4}Fl\sin20°$$

根据梁的强度条件：$\sigma_{\max}=\frac{M_y}{W_y}+\frac{M_z}{W_z}=\frac{1}{4}Fl\left(\frac{\cos20°}{W_y}+\frac{\sin20°}{W_z}\right)\leqslant[\sigma]$。

整理得：$W_z\geqslant\frac{Fl}{4[\sigma]}\left(\frac{\cos20°W_z}{W_y}+\sin20°\right)$。

假定$\frac{W_z}{W_y}=\frac{1}{8}$，则 $W_z\geqslant\frac{7\times10^3\times4}{4\times160\times10^6}\left(\frac{\cos20°}{8}+\sin20°\right)\text{m}^3=20.1\text{cm}^3$。

查型钢表，选取 I 16 工字钢，其中 $W_z=21.2\text{cm}^3$，$W_y=141\text{cm}^3$。

校核其强度

$$\sigma_{\max}=\frac{1}{4}Fl\left(\frac{\cos20°}{W_y}+\frac{\sin20°}{W_z}\right)$$

$$=\frac{7\times10^3\times4\times10^3}{4}\times\left(\frac{\cos20°}{141\times10^3}+\frac{\sin20°}{21.2\times10^3}\right)\text{MPa}$$

$$=159.6\text{MPa}<[\sigma]=160\text{MPa}$$

满足强度要求，而且工作应力与许用应力非常接近，因此选用 I 16 工字钢。

12.5　两端铰支的角钢如图 12－2－6 所示。角钢横截面两翼缘中线的交点即为弯曲中心。横向力 F 通过弯曲中心，且与 y 轴的夹角为$\frac{\pi}{18}$。若 $F=4\text{kN}$，试求最大拉应力和最大压应力。

解：(1)确定角钢截面形心 C 的位置

如图 12－2－7 所示，以下底边作为参考 z 轴

$$y_C=\frac{S_z}{A}=\frac{125\times10\times62.5+70\times10\times5}{(125+70)\times10}\text{mm}=41.9\text{mm}$$

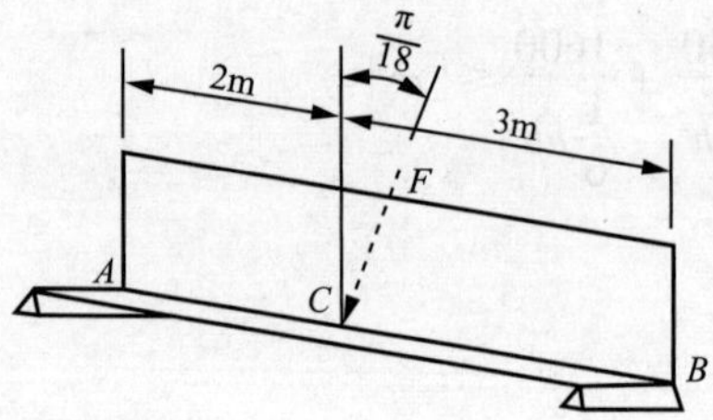

图 12-2-6

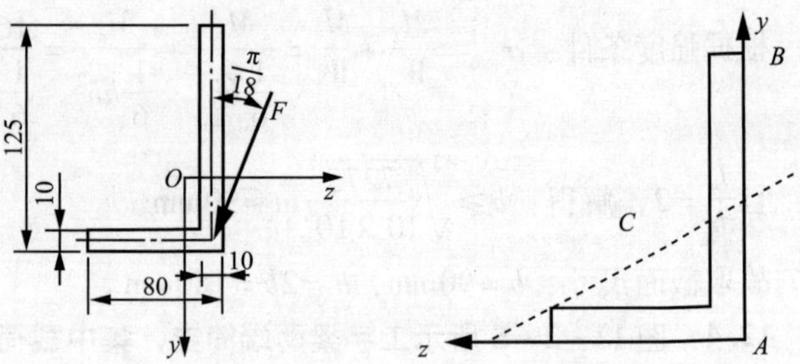

图 12-2-7

以右竖边作为参考 y 轴

$$z_C=\frac{S_y}{A}=\frac{125\times10\times5+70\times10\times\left(10+\dfrac{70}{2}\right)}{(125+70)\times10}\text{mm}=19.4\text{mm}$$

(2)角钢面积对形心轴的惯性矩和惯性积

$$I_y=\frac{1}{12}\times115\times10^3+115\times10\times(19.4-5)^2+\frac{1}{12}\times10\times80^3+10\times80\times(40-19.4)^2\text{mm}^4$$
$$=1.014\times10^{-6}\text{m}^4$$

$$I_z=\frac{1}{12}\times10\times125^3+125\times10\times\left(\frac{125}{2}-41.9\right)^2+\frac{1}{12}\times70\times10^3+70\times10\times(41.9-5)^2\text{mm}^4$$
$$=3.12\times10^{-6}\text{m}^4$$

$$I_{yz}=125\times10\times(41.9-62.5)\times(19.4-5)+70\times10\times(41.9-5)\times(19.4-45)\text{mm}^4$$
$$=-1.032\times10^{-6}\text{m}^4$$

(3)确定弯曲内力

根据题意，$F_y=F\cos10°$，$F_z=F\sin10°$，则有

$$M_z=\left(\frac{3}{5}F\cdot\cos10°\right)\times2=4.73\times10^3\text{N}\cdot\text{m}$$

$$M_y=\left(\frac{3}{5}F\cdot\sin10°\right)\times2=0.834\times10^3\text{N}\cdot\text{m}$$

(4)中性轴位置的确定

$$\tan\theta=\frac{z_0}{y_0}=\frac{M_zI_y+M_yI_{yz}}{M_yI_z+M_zI_{yz}}=\frac{4.73\times10^3\times1.01\times10^{-6}+0.834\times10^3\times(-1.03\times10^{-6})}{0.843\times10^3\times3.12\times10^{-6}+4.73\times10^3\times(-1.03\times10^{-6})}=-1.726$$

解得：$\theta=-60°$。

可以确定中性轴的位置：在 y_c 轴顺时针转过60°角的方向上。

(5)最大正应力

如图 12-2-7 所示，离中性轴最远距离的 A、B 两点是最大正应力点

$$\sigma_A=-\frac{M_zI_y+M_yI_{yz}}{I_yI_z-I_{yz}^2}\cdot y_{CA}+\frac{M_yI_z+M_zI_{yz}}{I_yI_z-I_{yz}^2}\cdot z_{CA}=99.6\text{MPa}(拉)$$

$$\sigma_B=-\frac{M_zI_y+M_yI_{yz}}{I_yI_z-I_{yz}^2}\cdot y_{CB}+\frac{M_yI_z+M_zI_{yz}}{I_yI_z-I_{yz}^2}\cdot z_{CB}=-146.0\text{MPa}(压)$$

则最大拉应力：$\sigma_{\text{tmax}}=99.6\text{MPa}$。

最大压应力：$\sigma_{\text{cmax}}=-146.0\text{MPa}$。

12.6　图 12－2－8 所示悬臂梁的横截面为直角三角形，$h=150\text{mm}$，$b=75\text{mm}$。自由端的集中力 $F=6\text{kN}$，且通过截面形心并平行于三角形的竖直边。若不计杆件的扭转变形，试求固定端 A、B、C 三点的应力。设跨度 $l=1.25\text{m}$。

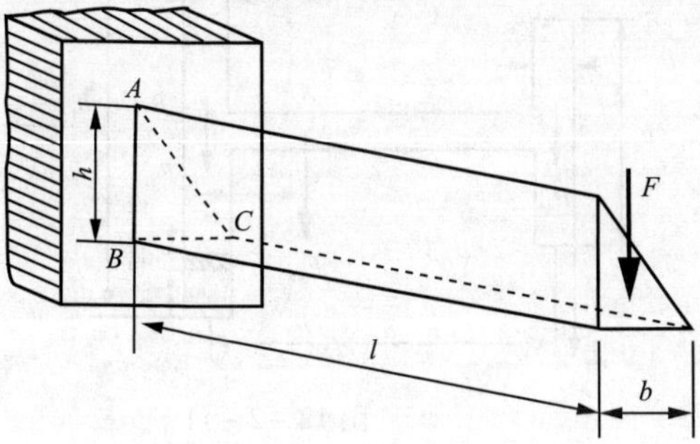

图 12－2－8

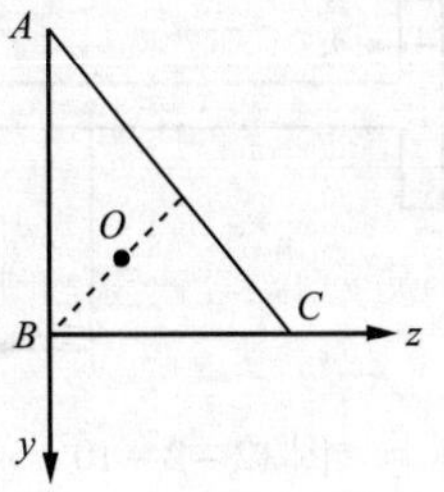

图 12－2－9

解：坐标系的建立如图 12－2－9 所示。因截面为直角三角形，故对截面形心 O 的惯性矩和惯性积为

$$I_{z0}=I_z-\left(\frac{h}{3}\right)^2A=\frac{bh^3}{12}-\left(\frac{h}{3}\right)^2\cdot\frac{bh}{2}=\frac{bh^3}{36}=\frac{1}{36}\times0.15\times0.075^3\text{m}^4=1.758\times10^{-7}\text{m}^4$$

$$I_{y0}=I_y-\left(\frac{b}{3}\right)^2\cdot A=\frac{hb^3}{12}-\left(\frac{b}{3}\right)^2\cdot\frac{bh}{2}=\frac{hb^3}{36}=\frac{1}{36}\times0.75\times0.15^3\text{m}^4=7.03\times10^{-7}\text{m}^4$$

$$I_{z0y0}=I_zI_y-\frac{h}{6}\cdot\frac{b}{6}\cdot A=\frac{h}{6}\cdot\frac{b}{6}\cdot\frac{bh}{2}=\frac{b^2h^2}{72}=\frac{1}{72}\times0.075^2\times0.15^2\text{m}^4=1.758\times10^{-7}\text{m}^4$$

A、B、C 所在固定端截面的弯矩：$M_2=Fl=6\times10^3\times1.25\text{N}\cdot\text{m}=7.5\times10^3\text{N}\cdot\text{m}$。

非对称纯弯曲的应力

$$\sigma=\frac{M_z(I_yy-I_{yz}z)}{I_yI_z-I_{yz}^2}$$

①A 点：$y_A=-\frac{2}{3}h=-0.1\text{m}$，$z_A=-\frac{1}{3}b=-0.025\text{m}$

$$\sigma_A=\frac{M_z(I_{y0}y_A-I_{y0z0}z_A)}{I_{y0}I_{z0}-I_{y0z0}^2}$$

$$=\frac{7500[7.03\times(-0.1)-1.758\times(-0.025)]\times10^{-6}}{1.758\times7.03\times10^{-12}-1.758^2\times10^{-12}}\text{Pa}$$

$$=-533\text{MPa}$$

②B 点：$y_B=\frac{1}{3}h=0.05\text{m}$，$z_B=\frac{1}{3}b=-0.025\text{m}$

$$\sigma_B=\frac{M_z(I_{y0}y_B-I_{y0z0}z_B)}{I_{y0}I_{z0}-I_{y0z0}^2}=\frac{7500[7.03\times0.05-1.758\times(-0.025)]\times10^{-6}}{1.758\times7.03\times10^{-12}-1.758^2\times10^{-12}}\text{Pa}$$

$$=320\text{MPa}$$

③C 点：$y_C=\frac{1}{3}h=0.05\text{m}$，$z_C=\frac{2}{3}b=0.05\text{m}$

$$\sigma_C=\frac{M_z(I_{y0}y_C-I_{y0z0}z_C)}{I_{y0}I_{z0}-I_{y0z0}^2}=\frac{7500[7.03\times0.05-1.758\times0.05]\times10^{-6}}{1.758\times7.03\times10^{-12}-1.758^2\times10^{-12}}\text{Pa}=213.3$$

综上，固定端 A、B、C 三点的应力分别为 533MPa（拉应力）、320MPa（压应力）和

213.3MPa(压应力)。

12.7 试确定图 12-2-10 示薄壁截面的弯曲中心 A 的位置。

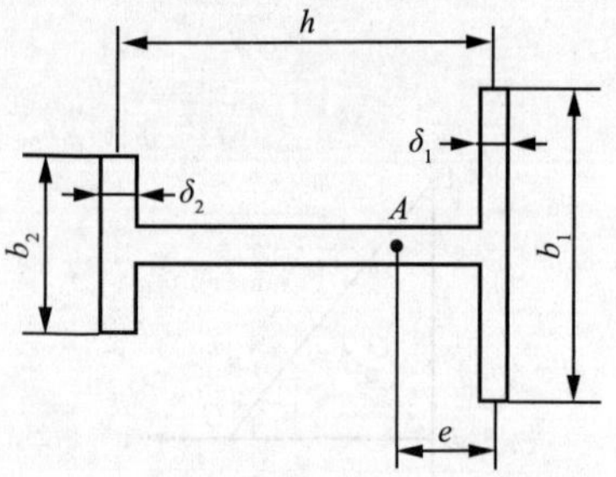

图 12-2-10

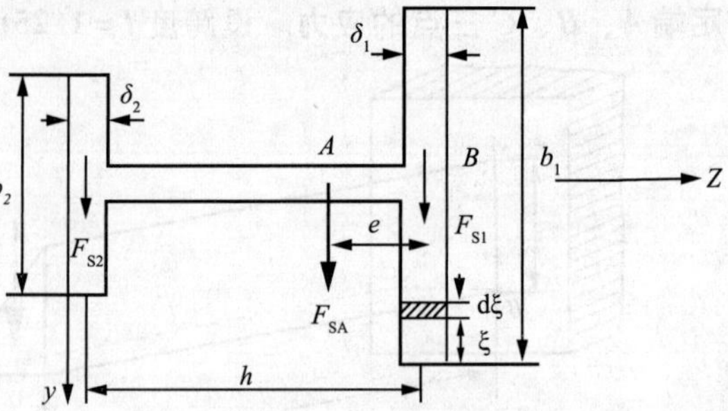

图 12-2-11

解：如图 12-2-11 所示，设 A 为弯曲中心，截面对称轴为 z 轴，作用在弯曲中心上的剪力 F_{SA} 平行于 y 轴，因此在该剪力作用下，杆件无扭转变形，腹板内的应力为水平，而铅垂方向上的剪力大部由两侧翼缘承受。

设翼缘 1、2 内剪力的合力分别为 F_{S1}、F_{S2}。

薄壁截面对 z 轴的惯性矩为：$I_z=\frac{1}{12}\delta_1 b_1^3+\frac{1}{12}\delta_2 b_2^3$。

翼缘 2 内的切应力：$\tau_2=\frac{F\mathrm{s}\cdot S_z^*}{\delta I_z}=\frac{F_{SA}\cdot\delta_2\cdot\xi\left(\frac{b_2}{2}-\frac{\xi}{2}\right)}{\delta_2 I_z}(0\leqslant\xi\leqslant b_2)$。

则有：$F_{S2}=\int_A\tau_2\mathrm{d}A=\int_0^{b_2}\tau_2\delta_2\cdot\mathrm{d}\xi=\int_0^{b_2}\frac{F_{SA}\cdot\xi(b_2-\xi)}{2I_z}(\delta_2\cdot\mathrm{d}\xi)=\frac{F_{SA}\cdot b_2^3\delta_2}{12I_z}$。

对 B 点取矩：$F_{SA}\cdot e=F_{S2}\cdot h=\frac{F_{SA}\cdot b_2^3\delta_2}{12I_z}\cdot h$。

解得：$e=\frac{b_2^3\cdot\delta_2 h}{\delta_1 b_1^3+\delta_2 b_2^3}$。

12.8 试确定图 12-2-12 所示箱形开口截面的弯曲中心 A 的位置。设截面的壁厚 δ 为常量，且壁厚及开口切缝都很小。

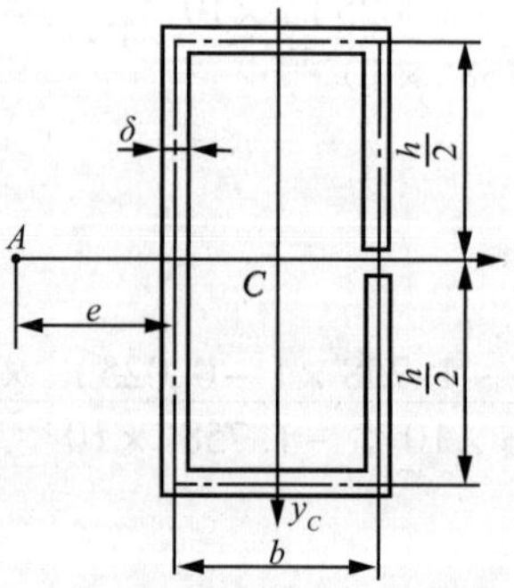

图 12-2-12

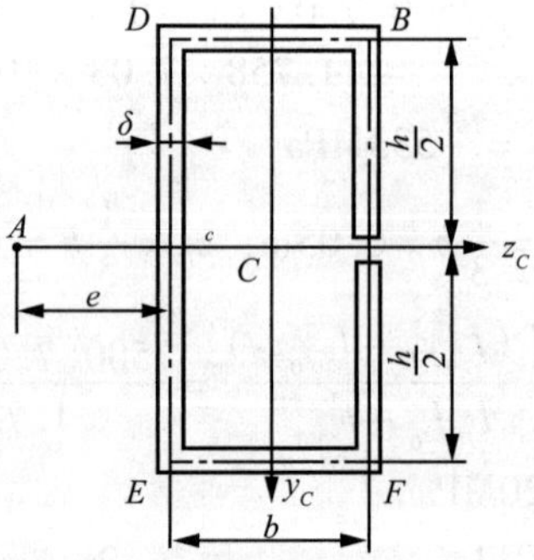

图 12-2-13

解：如图 12-2-13 所示，截面对 z 轴的惯性矩

$$I_{Z_C}=2\times\frac{1}{12}\delta h^3+2\times b\delta\times\frac{h^2}{4}=\frac{1}{6}\delta h^2(h+3b)$$

BF 段：上半部分面积对 z 轴的静矩 $S_z^* = \frac{1}{2}\delta y^2$。

则该段任意截面上的切应力：$\tau_1 = \frac{Q_y S_z^*}{I_z \delta} = \frac{Q_y}{I_z} \cdot \frac{y^2}{2}$。

BD 段：左半部分面积对 z 轴的静矩 $S_z^* = \left(\frac{h\delta}{2}\right)\frac{h}{4} + (z\delta)\frac{h}{2} = \frac{\delta h^2}{8} + \frac{\delta h}{2}z$。

则$\tau_2 = \frac{Q_y S_z^*}{I_z \delta} = \frac{Q_y}{I_z} \cdot \left(\frac{\delta h^2}{8} + \frac{\delta hz}{2}\right)$。

同理，DE 段：$S_z^* = \frac{\delta h^2}{8} + \frac{\delta h}{2}b + \left(\frac{h^2}{8} - \frac{y^2}{2}\right)\delta$。

则$\tau_3 = \frac{Q_y S_z^*}{I_z \delta} = \frac{Q_y}{I_z} \cdot \left(\frac{h^2}{4} + \frac{hb}{2} - \frac{y^2}{2}\right)$。

以 C 点为力矩中心，由合力矩定理可得

$$Q_y\left(e + \frac{b}{2}\right) = \int_A r\,\tau\, dA = 2 \times \int_0^{\frac{h}{2}} \tau_1 \delta \frac{b}{2} dy + 2 \times \frac{h}{2}\int_0^b \tau_2 \delta dz + 2 \times \int_0^{\frac{h}{2}} \tau_3 \delta \frac{b}{2} dy$$

$$= 2 \times \int_0^{\frac{h}{2}} \frac{Q_y}{I_z} \cdot \frac{y^2}{2} \cdot \frac{b\delta}{2} dy + h\int_0^b \frac{Q_y}{I_z}\left(\frac{h^2}{8} + \frac{hz}{2}\right)\delta dz + 2 \times \int_0^{\frac{h}{2}} \frac{Q_y}{I_z}\left(\frac{h^2}{4} + \frac{bh}{2} - \frac{y^2}{2}\right)\frac{b\delta}{2} dy$$

$$= \frac{3bh + 6b^2}{2h + 6b} Q_y$$

解得：$e = \frac{2hb + 3b^2}{2h + 6b}$。

12.9 试确定图 12－2－14 所示薄壁截面的弯曲中心 A 的位置，设壁厚 δ 为常量。

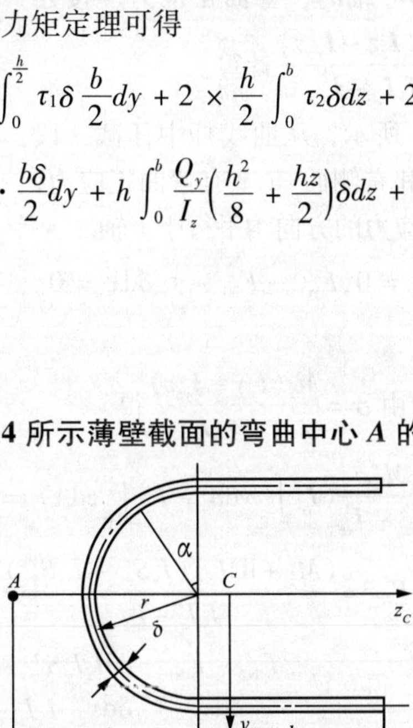

图 12－2－14

解：由图 12－2－14 可得，截面面积对 z 轴的惯性矩

$$I_z = 2\left(\frac{b\delta^2}{12} + b\delta r^2\right) + \frac{\pi\delta r^3}{2} = 2b\delta r^3 + \frac{\pi\delta r^3}{2}$$

直杆部分：$S_z^* = z\delta r$，则该部分剪应力：$\tau_1 = \frac{Q_y S_z^*}{I_z \delta} = \frac{Q_y zr}{I_z}$。

圆弧部分：$S_z^* = b\delta r + \int_0^\alpha \delta r\cos\alpha r d\alpha = b\delta r + \delta r^2 \sin\alpha$，则$\tau_2 = \frac{Q_y S_z^*}{I_z \delta} = \frac{Q_y}{I_z}(br + r^2\sin\alpha)$。

对中心 C 取矩，由合力矩定理得

$$Q_y e = \int_A r\,\tau\, dA = 2\int_0^b \tau_1 \delta r dz + 2\int_0^{\frac{\pi}{2}} \tau_2 r^2 \delta d\alpha = 2\int_0^b \frac{Q_y zr}{I_z}\delta r dz + 2\int_0^{\frac{\pi}{2}} \frac{Q_y}{I_z} r^2 \delta(br + r^2\sin\alpha) d\alpha$$

$$= \frac{Q_y r^2 \delta}{I_z}(b^2 + br\pi + 2r^2)$$

解得：$e=\dfrac{2b^2+2\pi br+4r^2}{4b+\pi r}$。

12.10　导出式$\tau=\dfrac{F_{Sy}S_z^*}{I_z\delta}$和$\tau=\dfrac{dM_y}{dx}\dfrac{S_y^*}{I_y\delta}=\dfrac{F_{Sz}S_y^*}{I_y\delta}$时，假设 y、z 为截面的形心主惯性轴。若 y、z 为通过截面形心的任意轴，外力 F 通过截面弯曲中心且平行于 y 轴，试证弯曲切应力的计算公式应为

$$\tau=\frac{F_{Sy}(I_yS_z^*-I_{yz}S_y^*)}{(I_yI_z-I_{yz}^2)\delta}$$

同理，当 F 通过弯曲中心且平行于 z 轴时，

$$\tau=\frac{F_{Sz}(I_zS_y^*-I_{yz}S_z^*)}{(I_yI_z-I_{yz}^2)\delta}$$

提示：当 y、z 为任意的形心轴时，弯曲正应力应按公式$\sigma=\dfrac{M_z(I_yy-I_{yz}z)}{I_yI_z-I_{yz}^2}$或$\sigma=\dfrac{M_y(I_zz-I_{yz}y)}{I_yI_z-I_{yz}^2}$计算。

证明：(1)如图 12－2－15 所示，从曲线杆中任截一段 $abcd$，在这一部分的左侧面 ab 和右侧面 cd 上有弯曲正应力，在纵向面 bc 上有切应力，这些应力的方向均平行于 x 轴。

根据平衡条件可得：$\sum F_x=0, F_{N2}-F_{N1}-\tau'\delta dx=0$。

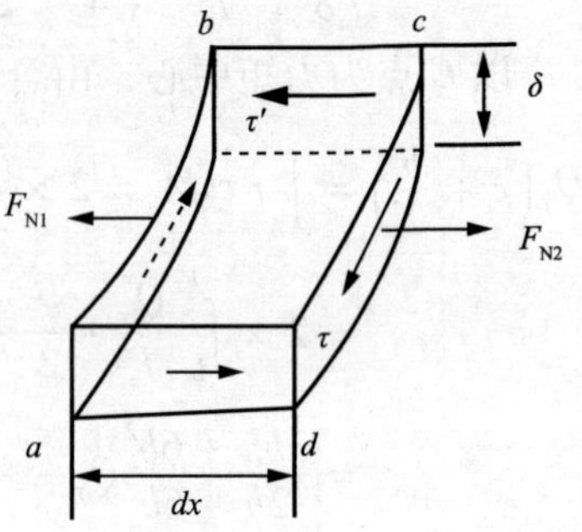

图 12－2－15

其中，左侧面 ab 上的合力由 $\sigma=\dfrac{M_z(I_yy-I_{yz}z)}{I_yI_z-I_{yz}^2}$得

$$F_{N1}=\int_{A_1}\sigma dA=\frac{M_z}{I_yI_z-I_{yz}^2}\left(I_y\int_{A1}ydA-I_{yz}\int_{A1}zdA\right)=\frac{M_z(I_yS_z^*-I_{yz}S_y^*)}{I_yI_z-I_{yz}^2}$$

同理右侧面 cd 上的合力：$F_{N2}=\dfrac{(M_z+dM_z)(I_yS_z^*-I_{yz}S_y^*)}{I_yI_z-I_{yz}^2}$。

将 F_{N1}、F_{N2}代入平衡方程，得：$\tau'=\dfrac{F_{N2}-F_{N1}}{\delta dx}=\dfrac{dM_z}{\delta dx}\dfrac{I_yS_z^*-I_{yz}S_y^*}{I_yI_z-I_{yz}^2}=\dfrac{F_{Sy}(I_yS_z^*-I_{yz}S_y^*)}{\delta(I_yI_z-I_{yz}^2)}$。

由剪应力互等定理可得：$\tau=\tau'=\dfrac{F_{Sy}(I_yS_z^*-I_{yz}S_y^*)}{\delta(I_yI_z-I_{yz}^2)}$。

(2)同理，当 F 通过弯曲中心且平行于 z 轴时，剪应力：$\tau=\dfrac{F_{Sz}(I_zS_y^*-I_{yz}S_z^*)}{(I_yI_z-I_{yz}^2)\delta}$。

命题得证。

12.11　确定图 12－2－16 所示薄壁截面的弯曲中心，设壁厚为 δ。

解：(1)如图 12－2－16(a)所示，剪力 F_{Sy}平行于 y 轴。

在截面上截取部分面积 A_1，该部分面积对中性轴 z、y 的静矩分别为

$$S_z^*=\xi\delta c,\ S_y^*=-\xi\delta\left(b_1-d-\frac{\xi}{2}\right)$$

已由题 12.10 证得剪力 F_{Sy}平行于 y 轴时弯曲切应力的计算公式

$$\tau=\frac{F_{Sy}(I_yS_z^*-I_{yz}S_y^*)}{(I_yI_z-I_{yz}^2)\delta}$$

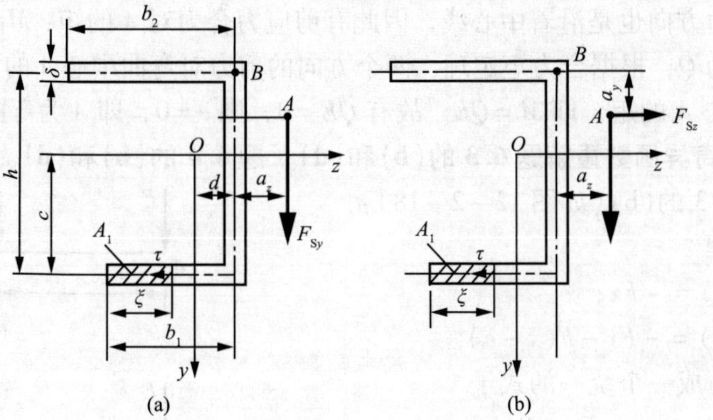

图 12－2－16

故有

$$\tau=\frac{F_{\mathrm{S}y}\left[I_{y}\xi c+I_{yz}\xi\left(b_{1}-d-\dfrac{\xi}{2}\right)\right]}{I_{y}I_{z}-I_{yz}^{2}}$$

如图 12－2－16(a)所示，以 B 点作为力矩中心，则由合力矩定理得到

$$F_{\mathrm{S}y}a_{z}=\int_{A}h\,\tau\,dA=\int_{0}^{b_{1}}h\cdot\frac{F_{\mathrm{S}y}\left[I_{y}\xi c+I_{yz}\xi\left(b_{1}-d-\dfrac{\xi}{2}\right)\right]}{I_{y}I_{z}-I_{yz}^{2}}\delta\mathrm{d}\xi \qquad ①$$

$$=\frac{F_{\mathrm{S}y}b_{1}^{2}h\delta}{6(I_{y}I_{z}-I_{yz}^{2})}\left[3I_{y}c+I_{yz}(2b_{1}-3d)\right]$$

(2)如图 12－2－16(b)所示，剪力 F_{S_z} 平行于 z 轴。

同理得到：$\tau=-\dfrac{F_{\mathrm{S}z}\left[I_{z}\xi\left(b_{1}-d-\dfrac{\xi}{2}\right)+I_{yz}\xi c\right]}{I_{y}I_{z}-I_{yz}^{2}}$。

式中负号表示切应力指向截面面积 A_1 的外部，同理对 B 点取矩，由合力矩定理得到

$$F_{\mathrm{S}z}a_{y}=\int_{0}^{b_{1}}h\cdot\frac{F_{\mathrm{S}z}\left[I_{z}\xi\left(b_{1}+d-\dfrac{\xi}{2}\right)+I_{yz}\xi c\right]}{I_{y}I_{z}-I_{yz}^{2}}\delta\mathrm{d}\xi \qquad ②$$

$$=\frac{F_{\mathrm{S}z}b_{1}^{2}h\delta}{6(I_{y}I_{z}-I_{yz}^{2})}\left[I_{z}(2b_{1}-3d)+3I_{yz}c\right]$$

综上，联立式①②可得 a_y 和 a_z，即可确定弯曲中心的位置。

12.12　若薄壁截面由两个狭长的矩形所组成(如图 12－2－17 所示)，试证明两矩形中线的交点即为弯曲中心。

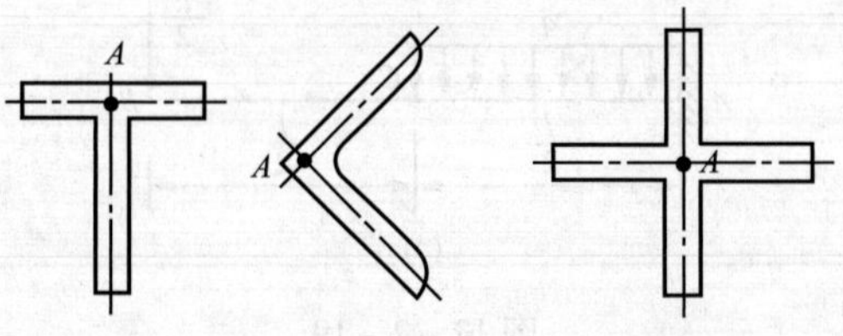

图 12－2－17

证明：截面是由两个狭长矩形组成的，每个矩形截面上的剪力流方向是沿着中心线的，

所以剪应力的合力方向也是沿着中心线，因此有剪应力合力对 A 的矩：$M_1=M_2=0$。

设外力合力为 Q，根据合力矩定理，两个方向的剪力对弯曲中心 A 的力矩之和等于外力合力 Q 对弯曲中心 A 的矩，即 $M=QE$，故有 $QE=0$，则 $e=0$，即 A 为弯曲中心。

12.13　利用奇异函数重解题 6.3 的(b)和(d)，题 6.4 的(b)和(d)。

解：(1)题 6.3 的(b)(如图 12-2-18)：

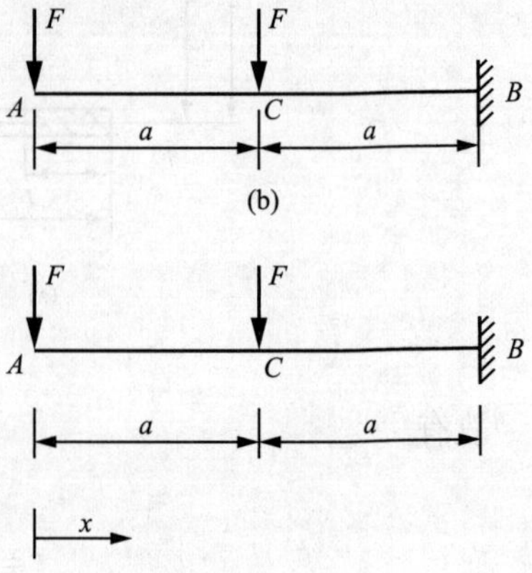

图 12-2-18

列出弯矩方程

AC 段：$M_1(x)=-Fx$；

BC 段：$M_2(x)=-Fx-F(x-a)$。

把弯矩方程写成一个统一的式子

$$M(x)=-Fx-F\langle x-a\rangle$$

$$EIw''=-Fx-F\langle x-a\rangle$$

积分得

$$EIw'=-F\frac{x^2}{2}-\frac{F}{2}\langle x-a\rangle^2+C$$

$$EIw=-\frac{F}{6}x^3-\frac{F}{6}\langle x-a\rangle^3+Cx+D$$

边界条件是:

①$x=2a$ 时，$w'=0$，得

$$-F\frac{(2a)^2}{2}-\frac{F}{2}(2a-a)^2+C=0,\ C=\frac{5}{2}Fa^2$$

②$x=2a$ 时，$w=0$，得

$$-\frac{F}{6}(2a)^3-\frac{F}{6}(2a-a)^3+C\cdot 2a+D=0,\ D=-\frac{7}{2}Fa^3$$

转角方程和挠度方程分别是

$$EIw'=EI\theta=-\frac{F}{2}x^2-\frac{F}{2}\langle x-a\rangle^2+\frac{5}{2}Fa^2$$

$$EIw=-\frac{F}{6}x^3-\frac{F}{6}\langle x-a\rangle^3+\frac{5}{2}Fa^2x-\frac{7}{2}Fa^3$$

自由端的转角和挠度

$$\theta_A=\theta\big|_{x=0}=\frac{5Fa^2}{2EI}$$

$$w_A=w\big|_{x=0}=-\frac{7Fa^3}{2EI}$$

(2)题 6.3 中的(d)(如图 12-2-19)：

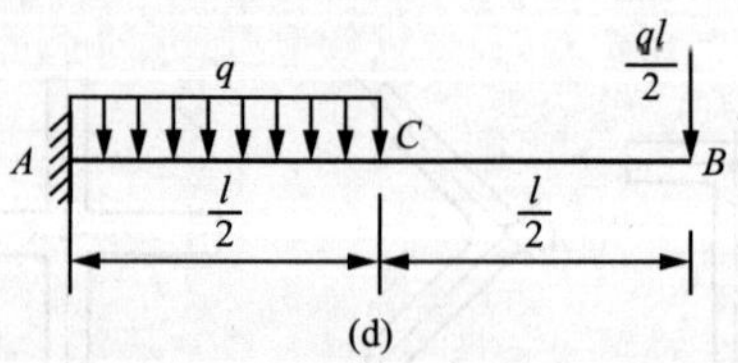

图 12-2-19

由静力平衡条件求出约束反力

$$\sum F_y = 0, F_{RA} - q\frac{l}{2} - \frac{ql}{2} = 0, F_{RA} = ql(\uparrow)$$

$$\sum M_A = 0, M_A - \frac{ql}{2}l - q\cdot\frac{l}{2}\cdot\frac{l}{4} = 0, M_A = \frac{5}{8}ql^2(\text{负弯矩})$$

弯矩方程:

AC 段：$M_1(x) = qlx - \frac{5}{8}ql^2 - \frac{q}{2}x^2$；

CB 段：$M_2(x) = qlx - \frac{5}{8}ql^2 - q\frac{l}{2}\left(x - \frac{l}{4}\right)$。

为了使弯矩方程能利用函数$\langle x-a\rangle^n$写成全梁弯矩方程统一的形式，设想将 AC 段内的均布载荷一直向右延伸，然后用方向相反、数值相等的载荷抵消延伸部分的载荷，如下图 12－2－20 所示。

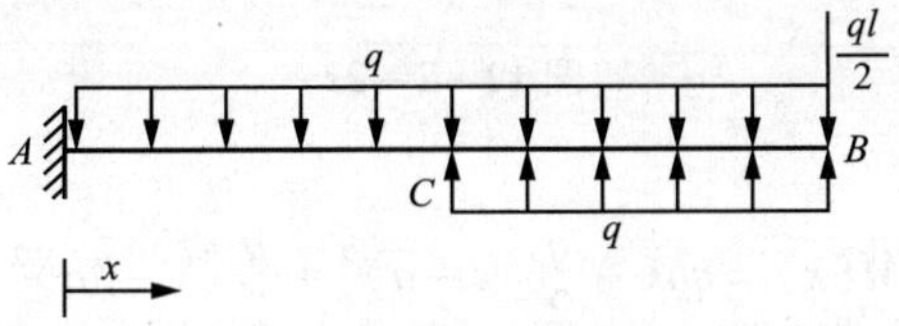

图 12－2－20

弯矩方程为

$$M(x) = -\frac{5}{8}ql^2 + qlx - \frac{q}{2}x^2 + \frac{q}{2}\left\langle x - \frac{l}{2}\right\rangle^2$$

$$EIw'' = M(x) = -\frac{5}{8}ql^2 + qlx - \frac{q}{2}x^2 + \frac{q}{2}\left\langle x - \frac{l}{2}\right\rangle^2$$

积分

$$EIw' = EI\theta = -\frac{5}{8}ql^2x + \frac{ql}{2}x^2 - \frac{q}{6}x^3 + \frac{q}{6}\left\langle x - \frac{l}{2}\right\rangle^3 + C$$

$$EIw = -\frac{5}{16}ql^2x^2 + \frac{ql}{6}x^3 - \frac{q}{24}x^4 + \frac{q}{24}\left\langle x - \frac{l}{2}\right\rangle^4 + Cx + D$$

利用边界条件确定积分常数:

$x=0$ 时，$w'=0$，得 $C=0$；

$x=0$ 时，$w=0$，得 $D=0$。

转角方程与挠度方程分别是

$$EI\theta = -\frac{5}{8}ql^2x + \frac{1}{2}qlx^2 - \frac{1}{6}qx^3 + \frac{1}{6}q\left\langle x - \frac{l}{2}\right\rangle^3$$

$$EIw = -\frac{5}{16}ql^2x^2 + \frac{1}{6}qlx^3 - \frac{1}{24}qx^4 + \frac{1}{24}q\left\langle x - \frac{l}{2}\right\rangle^4$$

自由端的转角和挠度

$$\theta_B = \theta|_{x=l} = -\frac{13ql^3}{48EI}$$

$$w_B = w|_{x=l} = -\frac{71ql^4}{384EI}$$

(3)题 6.4 中的(b)(如图 12－2－21)：

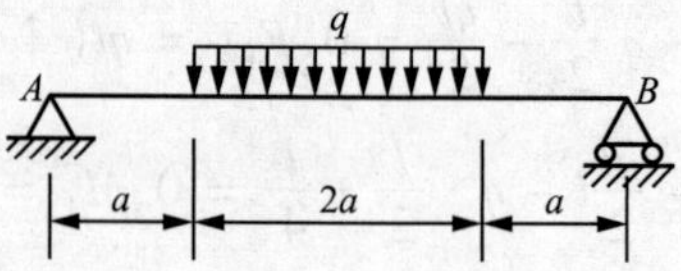

(b)

图 12－2－21

结构、荷载对称：$R_A = R_B = qa$。

为了能利用奇异函数，将荷载视为下图 12－2－22 所示。

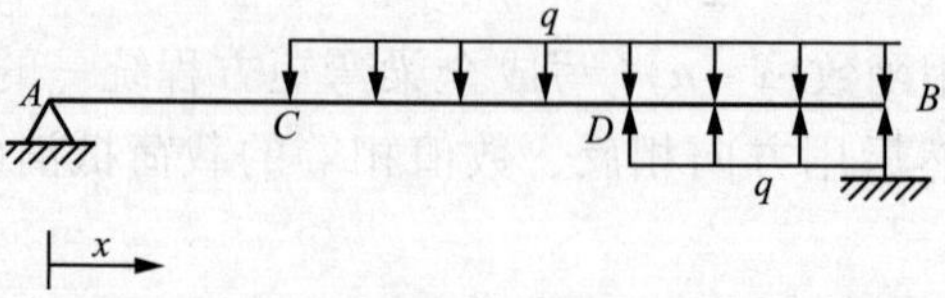

图 12－2－22

于是得到弯矩方程

$$M(x) = qax - \frac{q}{2}\langle x-a\rangle^2 + \frac{q}{2}\langle x-3a\rangle^2$$

挠曲线微分方程及其积分

$$EIw'' = M(x) = qax - \frac{q}{2}\langle x-a\rangle^2 + \frac{q}{2}\langle x-3a\rangle^2$$

$$EIw' = EI\theta = \frac{qa}{2}x^2 - \frac{q}{6}\langle x-a\rangle^3 + \frac{q}{6}\langle x-3a\rangle^3 + C$$

$$EIw = \frac{qa}{6}x^3 - \frac{q}{24}\langle x-a\rangle^4 + \frac{q}{24}\langle x-3a\rangle^4 + Cx + D$$

利用边界条件确定积分常数：

$x=0$ 时，$w=0$，得 $D=0$；

$x=4a$ 时，$w=0$，得 $C = -\frac{11}{6}qa^3$。

转角方程和挠度方程分别是

$$EI\theta = \frac{qa}{2}x^2 - \frac{q}{6}\langle x-a\rangle^3 + \frac{q}{6}\langle x-3a\rangle^3 - \frac{11}{6}qa^3$$

$$EIw = \frac{qa}{6}x^3 - \frac{q}{24}\langle x-a\rangle^4 + \frac{q}{24}\langle x-3a\rangle^4 - \frac{11}{6}qa^3x$$

端截面转角：$\theta_A = \theta|_{x=0} = -\frac{11qa^3}{6EI}$，$\theta_B = -\theta_A = \frac{11qa^3}{6EI}$。

最大挠度：$w_{\max} = w|_{x=2a} = -\frac{19qa^4}{8EI}$。

(4)题 6.4 中的(d)(如图 12－2－23)：

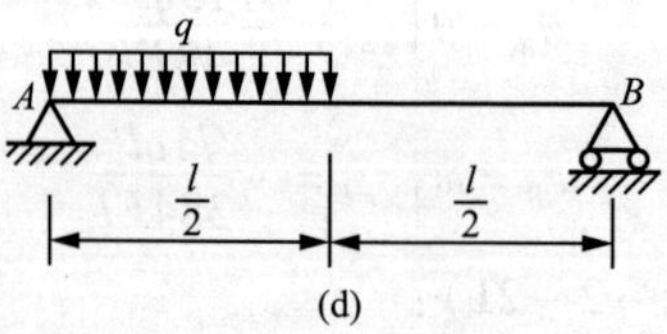

(d)

图 12－2－23

根据静力平衡条件求出约束反力：$F_{RA}=\frac{3}{8}ql$，$F_{RB}=\frac{1}{8}ql$。

为了能利用奇异函数，将荷载视为下图 12－2－24 所示。

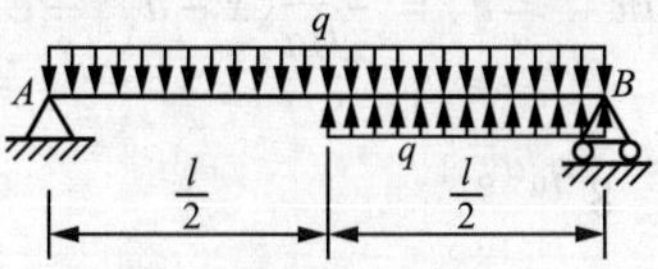

图 12－2－24

于是得弯矩方程

$$M(x)=\frac{3}{8}qlx-\frac{q}{2}x^2+\frac{q}{2}\left\langle x-\frac{l}{2}\right\rangle^2$$

挠曲线微分方程及其积分

$$EIw''=M(x)=\frac{3}{8}qlx-\frac{q}{2}x^2+\frac{q}{2}\left\langle x-\frac{l}{2}\right\rangle^2$$

$$EIw'=EI\theta=\frac{3}{16}qlx^2-\frac{q}{6}x^3+\frac{q}{6}\left\langle x-\frac{l}{2}\right\rangle^3+C$$

$$EIw=\frac{1}{16}qlx^3-\frac{q}{24}x^4+\frac{q}{24}\left\langle x-\frac{l}{2}\right\rangle^4+Cx+D$$

利用边界条件确定积分常数：

$x=0$ 时，$w=0$，得 $D=0$；

$x=l$ 时，$w=0$，得 $C=-\frac{3ql^3}{128}$。

转角方程和挠度方程分别为

$$EI\theta=\frac{3}{16}qlx^2-\frac{q}{6}x^3+\frac{q}{6}\left\langle x-\frac{l}{2}\right\rangle^3-\frac{3}{128}ql^3$$

$$EIw=\frac{1}{16}qlx^3-\frac{q}{24}x^4+\frac{q}{24}\left\langle x-\frac{l}{2}\right\rangle^4-\frac{3}{128}ql^3x$$

端截面转角：$\theta_A=\theta|_{x=0}=-\frac{3ql^3}{128EI}$，$\theta_B=\theta|_{x=l}=\frac{7ql^3}{384EI}$。

跨中挠度：$w_c=w|_{x=\frac{l}{2}}=-\frac{5ql^4}{768EI}$，当 $x=0.459l$ 时，$w_{max}=-\frac{5.04ql^4}{768EI}$。

12.14　利用奇异函数求图 12－2－25 所示简支梁的弯曲变形。设 *EI* 为常量。

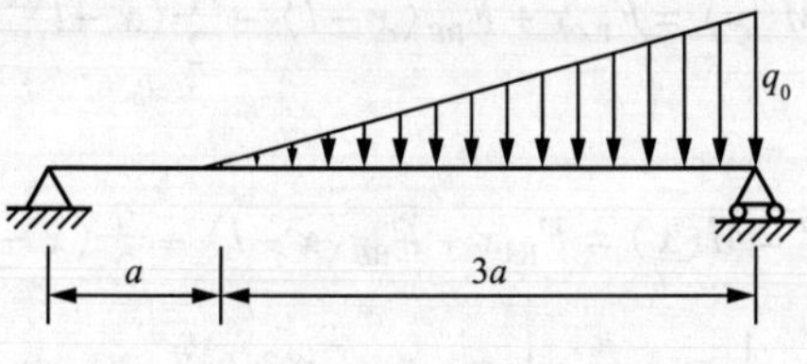

图 12－2－25

解： 左端支座为 A，右端支座为 B，由静力平衡条件

$$\sum M_B=0,\ -F_{RA}\times 4a+\frac{1}{2}q_0\times 3a\times a=0\Rightarrow F_{RA}=\frac{3}{8}q_0a$$

分布载荷函数：$q(x)=\ q_0\frac{x-a}{3a}$，则

$$EIw^{(4)}=q(x)=-\frac{q_0}{3a}\langle x-a\rangle$$

$$EIw^{(3)}=F_S=-\frac{q_0}{6a}\langle x-a\rangle^2+C_1$$

由 $x=0$，$w^{(3)}=\frac{F_{RA}}{EI}$，得 $C_1=\frac{3}{8}q_0a$。

积分：$EIw''=M(x)=-\frac{q_0}{18a}\langle x-a\rangle^3+\frac{3}{8}q_0ax+C_2$。

由 $x=0$，$w''=\frac{M}{EI}=0$，得 $C_2=0$。

积分得

$$EIw'=-\frac{q_0}{72a}\langle x-a\rangle^4+\frac{3}{16}q_0ax^2+C_3$$

$$EIw=-\frac{q_0}{360a}\langle x-a\rangle^5+\frac{1}{16}q_0ax^3+C_3x+C_4$$

由 $x=0$ 时，$w=0$，得 $C_4=0$。

由 $x=4a$ 时，$w=0$，得 $C_3=-\frac{133}{160}q_0a^3$。

挠度方程和转角方程分别是

$$EIw=-\frac{q_0}{360a}\langle x-a\rangle^5+\frac{1}{16}q_0ax^3-\frac{133}{160}q_0a^3x$$

$$EIw'=EI\theta=-\frac{q_0}{72a}\langle x-a\rangle^4+\frac{3}{16}q_0ax^2-\frac{133}{160}q_0a^3$$

12.15　利用奇异函数求解图 12-2-26 所示超静定梁。设 *EI* 为常量。

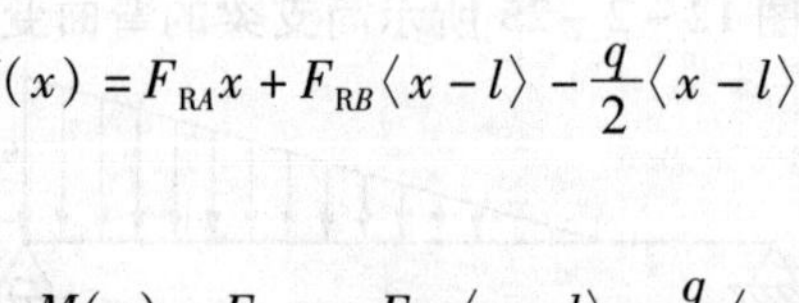

图 12-2-26

解：弯矩方程

$$M(x)=F_{RA}x+F_{RB}\langle x-l\rangle-\frac{q}{2}\langle x-l\rangle^2$$

于是有

$$EIw''=M(x)=F_{RA}x+F_{RB}\langle x-l\rangle-\frac{q}{2}\langle x-l\rangle^2$$

$$EIw'=\frac{1}{2}F_{RA}x^2+\frac{1}{2}F_{RB}\langle x-l\rangle^2-\frac{q}{6}\langle x-l\rangle^3+C$$

$$EIw=\frac{1}{6}F_{RA}x^3+\frac{1}{6}F_{RB}\langle x-l\rangle^3-\frac{q}{24}\langle x-l\rangle^4+Cx+D$$

边界条件：

①$x=0$ 时，$w=0$，得 $D=0$；

②$x=l$ 时，$w=0$，得：$\frac{1}{6}F_{RA}l^3+Cl=0$；

③$x=2l$ 时，$w=0$，得：$\frac{1}{6}F_{RA}(2l)^3+\frac{1}{6}F_{RB}l^3-\frac{1}{24}ql^4+C\times 2l=0$。

平衡条件：$\sum M_C=0, F_{RA}\times 2l+F_{RB}\times l-\frac{q}{2}l^2=0$。

联立，解得

$$C=\frac{1}{96}ql^3$$

$$F_{RA}=-\frac{1}{16}ql(\downarrow),\ F_{RB}=\frac{5}{8}ql(\uparrow)$$

$$F_{RC}=ql-F_{RA}-F_{RB}=\frac{7}{16}ql(\uparrow)$$

12.16　利用奇异函数求解图 12-2-27 所示静不定梁。设 *EI* 为常量。

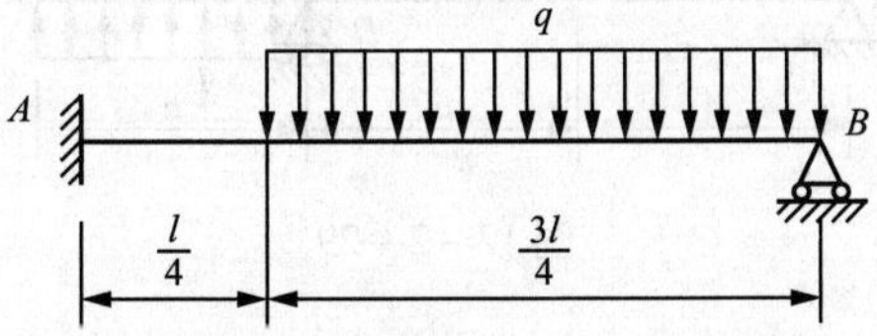

图 12-2-27

解：弯矩方程：$M(x)=F_{RA}x-M_A-\frac{q}{2}\left\langle x-\frac{l}{4}\right\rangle^2$。

挠曲线微分方程及其积分为

$$EIw''=M(x)=F_{RA}x-M_A-\frac{q}{2}\left\langle x-\frac{l}{4}\right\rangle^2$$

$$EIw'=EI\theta=\frac{1}{2}F_{RA}x^2-M_Ax-\frac{q}{6}\left\langle x-\frac{l}{4}\right\rangle^3+C$$

$$EIw=\frac{1}{6}F_{RA}x^3-\frac{1}{2}M_Ax^2-\frac{q}{24}\left\langle x-\frac{l}{4}\right\rangle^4+Cx+D$$

利用边界条件确定积分常数：

①$x=0$ 时，$w'=0$，得 $C=0$；

②$x=0$ 时，$w=0$，得 $D=0$；

③$x=l$ 时，$w=0$，得：$\frac{1}{6}F_{RA}l^3-\frac{1}{2}M_Al^2-\frac{1}{24}q\times\left(\frac{3}{4}l\right)^4=0$。

平衡条件

$$\sum F_y=0, F_{RA}+F_{RB}-\frac{3}{4}ql=0$$

$$\sum M_B=0,\ -F_{RA}l+q\times\frac{3}{4}l\times\frac{3}{8}l+M_A=0$$

联立，解得

$$F_{RA}=0.382ql(\uparrow),\ F_{RB}=0.368ql(\uparrow),\ M_A=0.101ql^2(\text{逆时针})$$

12.17　利用奇异函数求图 12-2-28 所示各梁的挠曲线方程。设 EI 为常量。

解：(a)利用静力平衡条件求支反力

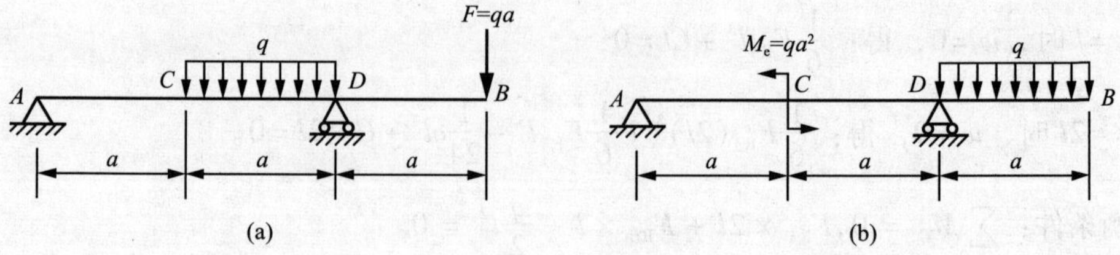

图 12-2-28

$$\sum M_A = 0, F_{RD} \cdot 2a - qa \cdot 3a - qa \cdot \frac{3}{2}a = 0 \Rightarrow F_{RD} = \frac{9}{4}qa(\uparrow)$$

$$\sum F_y = 0, F_{RA} + F_{RD} - qa - qa = 0 \Rightarrow F_{RA} = -\frac{1}{4}qa(\downarrow)$$

为了能利用奇异函数，将载荷视为下图 12-2-29 所示。

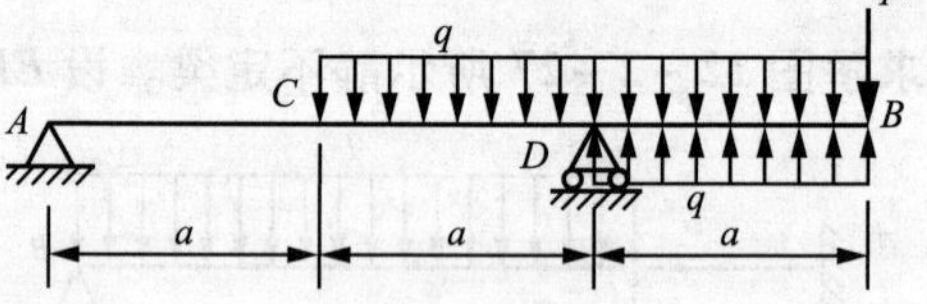

图 12-2-29

弯矩方程为

$$M(x) = -\frac{1}{4}qax - \frac{1}{2}q\langle x-a\rangle^2 + \frac{9}{4}qa\langle x-2a\rangle + \frac{1}{2}q\langle x-2a\rangle^2$$

挠曲线微分方程及其积分为

$$EIw'' = M(x) = -\frac{1}{4}qax - \frac{1}{2}q\langle x-a\rangle^2 + \frac{9}{4}qa\langle x-2a\rangle + \frac{1}{2}q\langle x-2a\rangle^2$$

$$EIw' = EI\theta = -\frac{1}{8}qax^2 - \frac{1}{6}q\langle x-a\rangle^3 + \frac{9}{8}qa\langle x-2a\rangle^2 + \frac{1}{6}q\langle x-2a\rangle^3 + C$$

$$EIw = -\frac{1}{24}qax^3 - \frac{1}{24}q\langle x-a\rangle^4 + \frac{3}{8}qa\langle x-2a\rangle^3 + \frac{1}{24}q\langle x-2a\rangle^4 + Cx + D$$

由边界条件确定积分常数：

当 $x=0$ 时，$w=0$，得 $D=0$；

当 $x=2a$ 时，$w=0$，得 $C=\frac{3}{16}qa^3$。

挠曲线方程为

$$EIw = -\frac{1}{24}qax^3 - \frac{1}{24}q\langle x-a\rangle^4 + \frac{3}{8}qa\langle x-2a\rangle^3 + \frac{1}{24}q\langle x-2a\rangle^4 + \frac{3}{16}qa^3x$$

(b)根据静力平衡条件求支反力

$$\sum M_A = 0, qa^2 - qa \cdot \frac{5}{2}a + F_{RB} \cdot 2a = 0 \Rightarrow F_{RB} = \frac{3}{4}qa(\uparrow)$$

$$\sum F_y = 0, F_{RA} + F_{RB} - qa = 0 \Rightarrow F_{RA} = \frac{1}{4}qa(\uparrow)$$

弯矩方程为

$$M(x) = \frac{1}{4}qax - qa^2\langle x-a\rangle^0 + \frac{3}{4}qa\langle x-2a\rangle - \frac{1}{2}q\langle x-2a\rangle^2$$

挠曲线微分方程及其积分为

$$EIw''=M(x)=\frac{1}{4}qax-qa^2\langle x-a\rangle^0+\frac{3}{4}qa\langle x-2a\rangle-\frac{1}{2}q\langle x-2a\rangle^2$$

$$EIw'=EI\theta=\frac{1}{8}qax^2-qa^2\langle x-a\rangle+\frac{3}{8}qa\langle x-2a\rangle^2-\frac{1}{6}q\langle x-2a\rangle^3+C$$

$$EIw=\frac{1}{24}qax^3-\frac{1}{2}qa^2\langle x-a\rangle^2+\frac{1}{8}qa\langle x-2a\rangle^3-\frac{1}{24}q\langle x-2a\rangle^4+Cx+D$$

根据边界条件：

当 $x=0$ 时，$w=0$，得 $D=0$；

当 $x=2a$ 时，$w=0$，得 $C=\frac{1}{12}qa^3$。

挠曲线方程为

$$EIw=\frac{1}{24}qax^3-\frac{1}{2}qa^2\langle x-a\rangle^2+\frac{1}{8}qa\langle x-2a\rangle^3-\frac{1}{24}q\langle x-2a\rangle^4+\frac{1}{12}qa^3x$$

12.18　设梁的横截面是高度为 300mm，宽度为 150mm 的矩形，截面上正弯矩的数值为 240kN · m。材料的抗拉弹性模量 E_t 为抗压弹性模量 E_c 的 $1\frac{1}{2}$倍，应力－应变曲线如图 12－2－30 所示。若应力未超过材料的比例极限，试求最大拉应力及最大压应力。

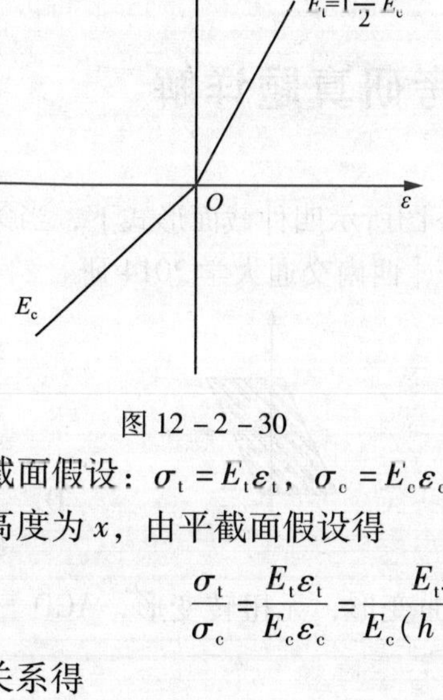

图 12－2－30

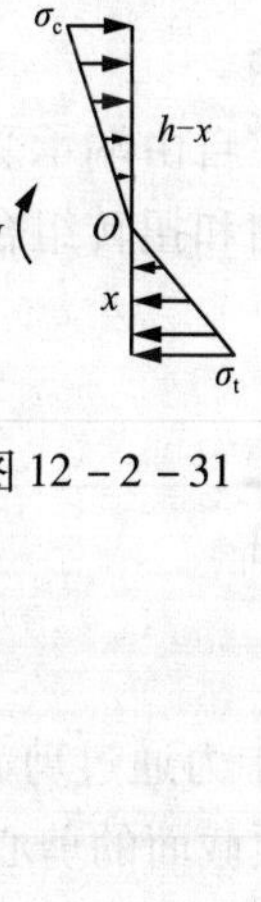

图 12－2－31

解：符合平截面假设：$\sigma_t=E_t\varepsilon_t$，$\sigma_c=E_c\varepsilon_c$。

设受拉区的高度为 x，由平截面假设得

$$\frac{\sigma_t}{\sigma_c}=\frac{E_t\varepsilon_t}{E_c\varepsilon_c}=\frac{E_tx}{E_c(h-x)}=\frac{3x}{2(h-x)} \quad ①$$

由静力平衡关系得

$$\sum F_N=0,\sigma_t\cdot x\cdot\frac{1}{2}\cdot b-\sigma_c\cdot(h-x)\cdot\frac{1}{2}\cdot b=0 \quad ②$$

$$\sum M_0=M,\frac{1}{2}\sigma_t\cdot x\cdot\frac{2}{3}x+\frac{1}{2}\sigma_c\cdot(h-x)\cdot\frac{2}{3}\cdot(h-x)=M \quad ③$$

①②两式联立，解得：$x=(\sqrt{6}-2)h=(\sqrt{6}-2)\times300=134.85\text{mm}$。

②③两式联立，并将 x 的值代入，解得

$$\sigma_t=\frac{3M}{xhb}=\frac{3\times240\times10^6}{134.85\times300\times150}=118.65\text{MPa}$$

$$\sigma_c=\sigma_t\frac{x}{h-x}=118.65\times\frac{134.85}{300-134.85}=96.88\text{MPa}$$

12.19　均布载荷作用下的简支梁由圆管及实心圆杆套合而成（如图12－2－32所示），变形后两杆仍密切结合。两杆材料的弹性模量分别为 E_1 和 E_2，且 $E_1=2E_2$。试求圆管和实心圆杆各自承担的弯矩。

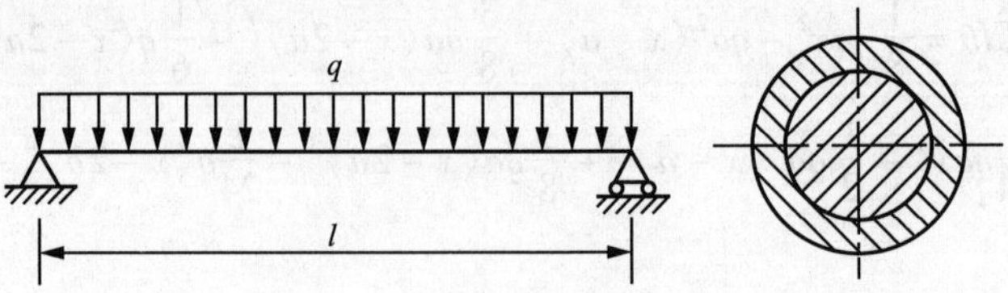

图12－2－32

解：$M_{\max}=\frac{1}{8}ql^2$，设圆管、圆杆分担的弯矩分别为 M_1、M_2。

则：$M_1+M_2=\frac{1}{8}ql^2$。

根据形变协调条件：曲率相等 $\frac{M_1}{E_1I_1}=\frac{M_2}{E_2I_2}$。

得：$\frac{M_1}{M_2}=\frac{E_1I_1}{E_2I_2}==\frac{2D^4(1-\alpha^4)}{d^4}=\frac{2(D^4-d^4)}{d^4}\left(\alpha=\frac{d}{D}\right)$。

则：$M_1=\frac{(D^4-d^4)ql^2}{4(2D^4-d^4)}$，$M_2=\frac{d^4ql^2}{8(2D^4-d^4)}$。

12.3　名校考研真题详解

一、选择题

一悬臂梁在自由端承受集中力作用，在下图所示四种截面形式下，当集中力沿 y 轴作用时，会发生弯曲和扭转组合变形的是（　　）。［西南交通大学2014研］

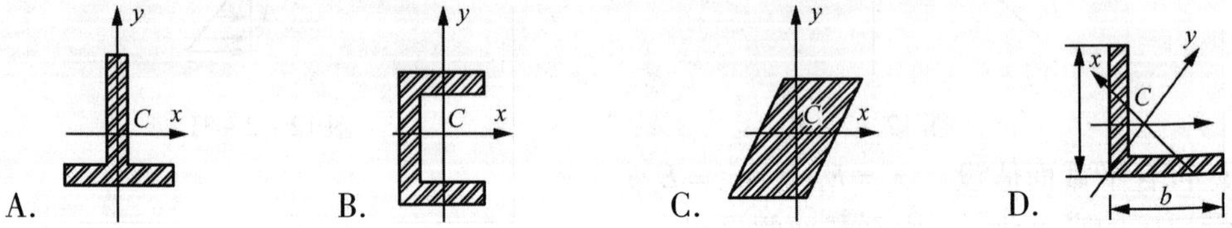

【答案】B

【解析】集中力通过剪心时，构件发生弯曲变形，无扭转变形，ACD三项的 y 轴均穿过截面剪心，B项截面的剪心在腹板外侧。

二、填空题

当梁发生平面弯曲时，其横截面上剪应力之合力恒过一定点，该定点称为截面的______。［重庆大学2025研］

【答案】弯曲中心或剪切中心

【解析】只有当横向力通过截面的某一特定点时，杆件才只发生弯曲变形而无扭转变形。这一特定点称为弯曲中心或剪切中心。

第13章　能量方法

13.1　复习笔记

一、应变能的普遍表达式

1. 杆件应变能的计算

(1)轴向拉伸或压缩

线弹性范围内，轴力沿轴线变化的杆件，总的应变能为

$$V_\varepsilon = \int_l \frac{F_N^2(x)\,dx}{2EA} \qquad V_\varepsilon = W = \frac{F_N^2 l}{2EA} = \frac{EA(\Delta l)^2}{2l}$$

轴向拉伸应变能密度为

$$v_\varepsilon = \frac{\sigma^2}{2E} = \frac{1}{2}\sigma\varepsilon$$

(2)纯剪切

线弹性范围内，纯剪切的应变能密度为：$v_\varepsilon = \frac{1}{2}\tau\gamma = \frac{\tau^2}{2G}$。

杆件总的应变能为：$V_\varepsilon = \int_V v_\varepsilon dV$。

(3)扭转

线弹性范围内，在扭矩 T 作用下，杆件总的应变能为：$V_\varepsilon = \int_l \frac{T^2(x)\,dx}{2GI_p}$。

(4)弯曲

线弹性范围内，全梁的应变能为：$V_\varepsilon = \int \frac{M^2(x)\,dx}{2EI}$。

2. 普遍表达式

$$V_\varepsilon = \frac{1}{2}F\delta$$

式中，δ 为 F 作用点沿 F 方向因 F 作用而引起的位移。

克拉贝依隆原理：受多个外力作用的线弹性体，其总应变能等于各外力单独作用产生的应变能之和，即

$$V_\varepsilon = W = \frac{1}{2}F_1\delta_1 + \frac{1}{2}F_2\delta_2 + \frac{1}{2}F_3\delta_3 + \cdots$$

如图13-1-1所示，在组合变形作用下，整个杆件的应变能

$$V_\varepsilon = \int_l \frac{F_N^2(x)\,dx}{2EA} + \int_l \frac{M^2(x)\,dx}{2EI} + \int_l \frac{T^2(x)\,dx}{2GI_p}$$

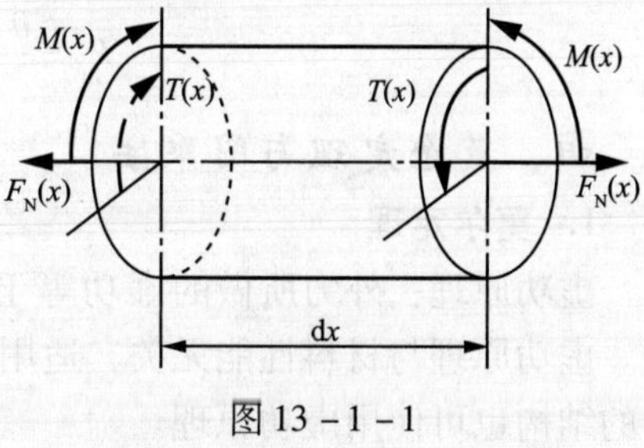

图13-1-1

二、互等定理

如图 13－1－2 所示，依次在构件上作用两组力 F_1、F_2 和 F_3、F_4，可得到构件的应变能

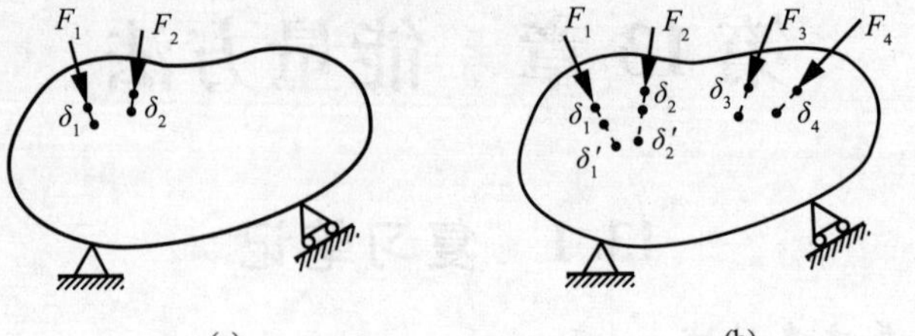

图 13－1－2

$$V_{\varepsilon1}=\frac{1}{2}F_1\delta_1+\frac{1}{2}F_2\delta_2+\frac{1}{2}F_3\delta_3+\frac{1}{2}F_4\delta_4+F_1\delta'_1+F_2\delta'_2$$

在线弹性范围内，应变能只决定于力和位移的最终值，与加力的次序无关，更换两组力的作用次序得

$$V_{\varepsilon2}=\frac{1}{2}F_3\delta_3+\frac{1}{2}F_4\delta_4+\frac{1}{2}F_1\delta_1+\frac{1}{2}F_2\delta_2+F_3\delta'_3+F_4\delta'_4$$

1. 功的互等定理

第一组力 F_1、F_2 在第二组力 F_3、F_4 引起的位移上所作的功，等于第二组力 F_3、F_4 在第一组力 F_1、F_2 引起的位移上所作的功，可表示为

$$F_1\delta'_1+F_2\delta'_2=F_3\delta'_3+F_4\delta'_4$$

2. 位移的互等定理

若只有 F_1 和 F_3 作用且 $F_1=F_3$，F_1 作用点沿 F_1 方向因作用 F_3 而引起的位移，等于 F_3 作用点沿 F_3 方向因作用 F_1 而引起的位移，可表示为

$$\delta'_1=\delta'_3$$

三、卡氏定理

若结构应变能用载荷 $F_i(i=1,2,3,\cdots)$ 的函数来表述，那么应变能对任一荷载 Fi 的偏导数就等于该荷载在其作用方向上的位移 δ_i，可表示为

$$\delta_i=\frac{\partial V_\varepsilon}{\partial F_i}$$

此处卡氏定理具体是指卡氏第二定理，只适用于线弹性结构。

卡氏第一定理（适用于线性、非线性弹性结构）：若结构应变能用位移 $\delta_i(i=1,2,3,\cdots)$ 的函数来表述，那么应变能对任一位移 δ_i 的偏导数就等于该位移方向上的荷载 F_i，可表示为

$$F_i=\frac{\partial\ V_\varepsilon(\delta_1,\delta_2,\cdots,\delta_i,\cdots)}{\partial\ \delta_i}$$

四、莫尔定理与图乘法

1. 莫尔定理

虚功原理：外力所做的虚功等于内力在相应虚位移上所做的功，也等于杆件的虚应变能。虚功原理与材料性能无关，适用于线弹性材料和非线性弹性材料；力和位移呈非线性关系的结构也可使用虚功原理。

单位载荷法：为求得已知构件上某一点的位移，在该点作用一单位力，在单位力单独作

用下，构件截面上的轴力、弯矩、扭矩分别为 $\overline{F}_N(x)$、$\overline{M}(x)$ 和 $\overline{T}(x)$，并将已知外力作用下的位移作为虚位移，利用虚功原理求解。

若材料是线弹性的，可以得到莫尔定理：

(1)对于抗弯为主的杆件，点的位移：$\Delta = \int_l \frac{M(x)\overline{M}(x)\mathrm{d}x}{EI}$；

(2)对有 n 根杆的杆系，点的位移：$\Delta = \sum_{i=1}^{n} \frac{F_{Ni}\overline{F}_{Ni}l_i}{EA_i}$；

(3)对于受扭杆件某一截面的转角有：$\Delta = \int_l \frac{T(x)\overline{T}(x)\mathrm{d}x}{GI_p}$。

2. 图乘法

利用图乘法可简化对莫尔积分的运算，莫尔积分中有

$$\int_l M(x)\overline{M}(x)\mathrm{d}x = \omega\overline{M}_C$$

其中，$\overline{M}_C$ 为 $\overline{M}(x)$ 图中与 $M(x)$ 图的形心 C 对应的坐标。

对于计算过程中常用图形的面积和形心 C 位置的计算公式如图 13－1－3 所示。

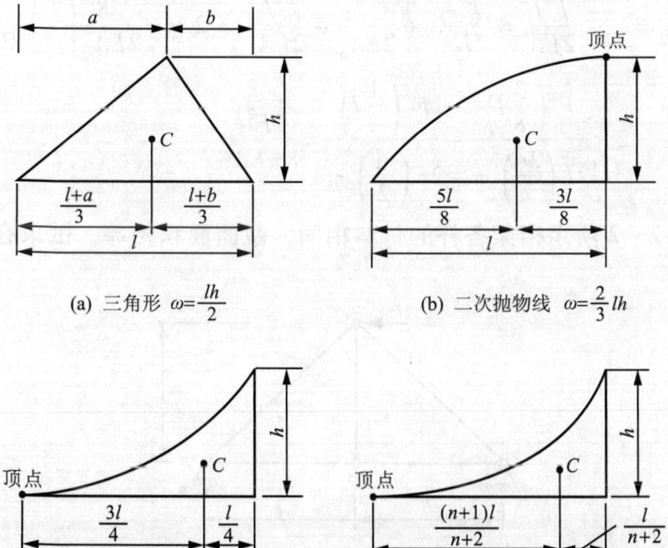

(a) 三角形 $\omega=\frac{lh}{2}$　(b) 二次抛物线 $\omega=\frac{2}{3}lh$

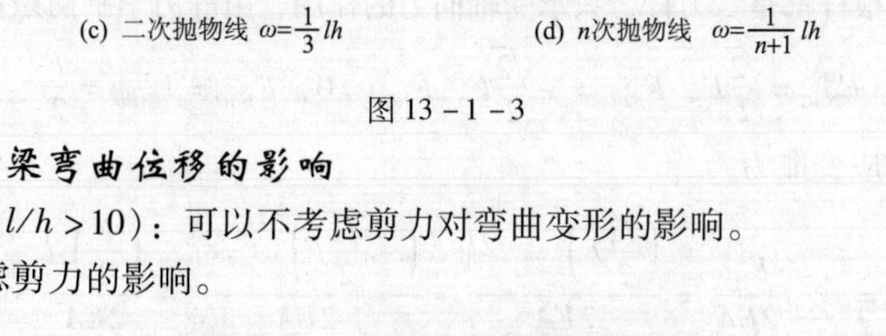

(c) 二次抛物线 $\omega=\frac{1}{3}lh$　(d) n次抛物线 $\omega=\frac{1}{n+1}lh$

图 13－1－3

五、剪力对梁弯曲位移的影响

长梁(跨高比 $l/h>10$)：可以不考虑剪力对弯曲变形的影响。

短梁：应考虑剪力的影响。

13.2　课后习题详解

在以下习题中，如无特别说明，都假定材料是线弹性的。

13.1　两根圆形截面直杆的材料相同，尺寸如图 13－2－1 所示，其中一根为等截面杆，另一根为变截面杆。试比较两根杆件的应变能。

解：图(a)所示杆件的应变能：$V_{\varepsilon_1}=\dfrac{F^2l}{2EA}=\dfrac{F^2l}{2\cdot E\cdot\pi\left(\dfrac{d}{2}\right)^2}=\dfrac{2F^2l}{\pi Ed^2}$

图(b)所示杆件的应变能

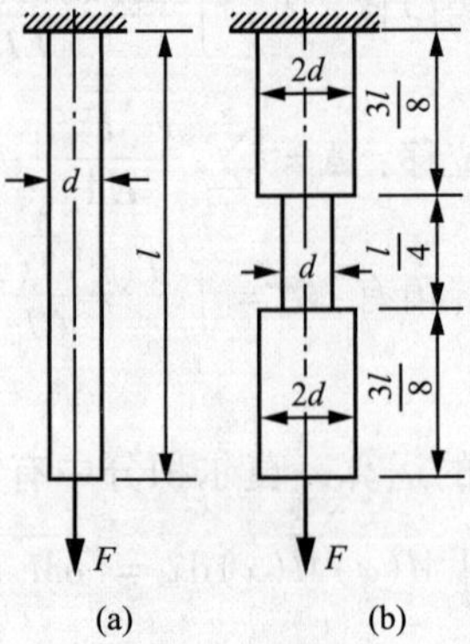

图 13－2－1

$$V_{\varepsilon_2}=\sum\frac{F^2l}{2EA}=\frac{F^2l_1}{2EA_1}+\frac{F^2l_2}{2EA_2}+\frac{F^2l_3}{2EA_3}=2\times\frac{F^2\left(\dfrac{3}{8}l\right)}{2EA_1}+\frac{F^2\left(\dfrac{1}{4}l\right)}{2EA_2}$$

$$=2\times\frac{F^2\left(\dfrac{3}{8}l\right)}{2E\left(\dfrac{2\mathrm{d}}{2}\right)^2\pi}+\frac{F^2\left(\dfrac{1}{4}l\right)}{2E\left(\dfrac{\mathrm{d}}{2}\right)^2\pi}=\frac{7F^2l}{8\pi E\mathrm{d}^2}$$

13.2　图 13－2－2 所示桁架各杆的材料相同，截面面积相等。试求在力 F 作用下，桁架的应变能。

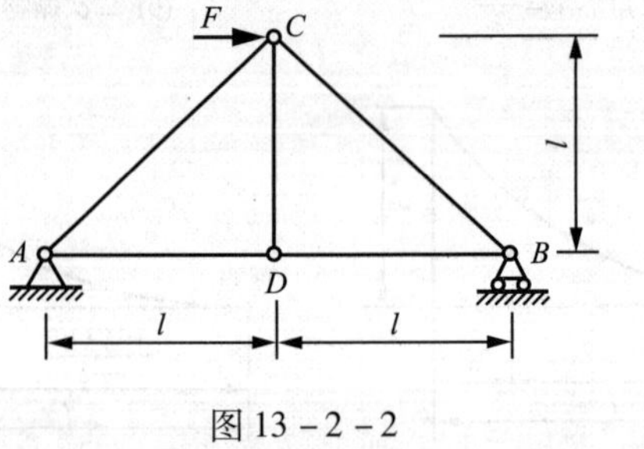

图 13－2－2

解：桁架的各根杆都是二力杆，只承受轴向力的作用，由静力学平衡条件可得各杆轴力为

$$F_{NAC}=\frac{\sqrt{2}}{2}F,\ F_{NBC}=-\frac{\sqrt{2}}{2}F,\ F_{NCD}=0,\ F_{NAD}=F_{NBD}=\frac{F}{2}$$

因此，桁架的应变能为

$$V_\varepsilon=\sum\frac{F_N^2l}{2EA}=\frac{\left(\dfrac{\sqrt{2}}{2}F\right)^2\cdot\sqrt{2}l}{2EA}+\frac{\left(-\dfrac{\sqrt{2}}{2}F\right)^2\cdot\sqrt{2}l}{2EA}+\frac{\left(\dfrac{F}{2}\right)^2l}{2EA}\times2$$

$$=\frac{2\sqrt{2}+1}{4}\cdot\frac{F^2l}{EA}=0.957\frac{F^2l}{EA}$$

13.3　计算图 13－2－3 所示各杆件的应变能。

解：(a)该阶梯轴的应变能：$V_\varepsilon=\sum\dfrac{F_N^2l}{2EA}=\dfrac{F^2l}{2E(2A)}+\dfrac{F^2l}{2EA}=\dfrac{3F^2l}{4EA}$。

(b)由静力平衡条件得 A 处的支反力向下，B 处的支反力向上，且大小均为$\frac{M_e}{l}$，故 AC 段的弯矩 $M_1(x)=-\frac{M_e}{l}x$，BC 段的弯矩为 $M_2(x)=\frac{M_e}{l}x$。

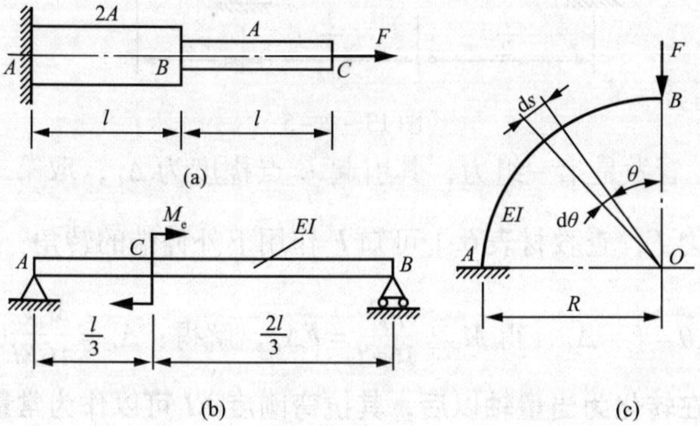

图 13－2－3

因此，应变能

$$V_\varepsilon=\sum_{i=1}^{2}\int_l\frac{M_i^2(x)\mathrm{d}x}{2EI}=\int_{AC}\frac{M_1^2(x)\mathrm{d}x}{2EI}+\int_{BC}\frac{M_2^2(x)}{2EI}\mathrm{d}x=\int_0^{\frac{l}{3}}\frac{\left(-\frac{M_e}{l}x\right)^2}{2EI}\mathrm{d}x+\int_0^{\frac{2}{3}l}\frac{\left(\frac{M_e}{l}x\right)^2}{2EI}\mathrm{d}x$$

$$=\frac{M_e^2l}{18EI}$$

(c)由静力平衡条件可得夹角为 θ 截面上的弯矩：$M(\theta)=FR\sin\theta$

故应变能：$V_\varepsilon=\int_0^{\frac{\pi}{2}}\frac{M^2(\theta)R}{2EI}\mathrm{d}\theta=\int_0^{\frac{\pi}{2}}\frac{(FR\sin\theta)^2}{2EI}R\mathrm{d}\theta=\frac{\pi F^2R^3}{8EI}$。

13.4　传动轴受力情况如图 13－2－4 所示。轴的直径为 40mm，材料为 45 钢，$E=210\text{GPa}$，$G=80\text{GPa}$。试计算轴的应变能。

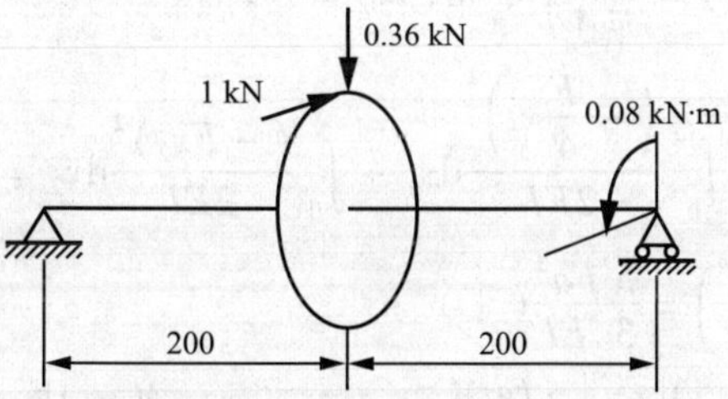

图 13－2－4

解：设左、右两支座为 A、B，则由静力平衡条件得 A、B 的支反力分别为

$$F_{RAx}=F_{RBx}=0.5\text{kN},\ F_{RAy}=F_{RBy}=0.18\text{kN}$$

合力为：$F_{RA}=F_{RB}=\sqrt{0.5^2+0.18^2}\text{kN}=0.5314\text{kN}$。

因此，轴的应变能

$$V_\varepsilon=\int_0^l\frac{T^2(x)}{2GI_p}\mathrm{d}x+2\int_0^l\frac{M^2(x)}{2EI}\mathrm{d}x$$

$$=\int_0^{0.2}\frac{(0.08\times10^3)^2}{2\times80\times10^9\times\pi\times0.04^4/32}\mathrm{d}x+2\int_0^{0.2}\frac{(0.5314\times10^3)^2x^2}{2\times210\times10^9\times\pi\times0.04^4/64}\mathrm{d}x$$

$$=6.04\times10^{-2}\text{N}\cdot\text{m}$$

13.5　如图 13－2－5 所示，在外伸梁的自由端作用力偶矩 M_e，试用互等定理，并借助于表 6.1，求跨度中点 C 的挠度 Δ_C。

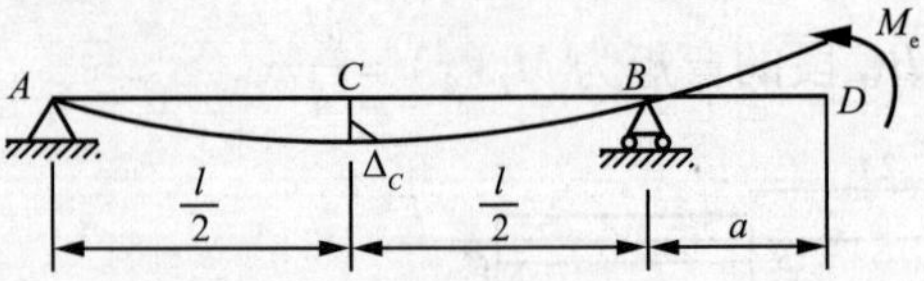

图 13－2－5

解：将力偶矩 M_e 看做是第一组力，其引起 C 点挠度为 Δ_C；取第二组力，在 C 截面作用一竖直向下的单位力 F，查教材表 6.1 可知 F 作用下外伸端的转角：$\theta=\frac{Fl^2}{16EI}$。

由互等定理 $M_e\cdot\theta=F\cdot\Delta_C$，得 $M_e\cdot\frac{Fl^2}{16EI}=F\Delta_C$，解得：$\Delta_C=\frac{M_e l^2}{16EI}(\downarrow)$。

13.6　车床主轴在转化为当量轴以后，其抗弯刚度 EI 可以作为常量，如图 13－2－6 所示。试求在载荷 F 作用下，截面 C 的挠度和前轴承 B 处的截面转角。

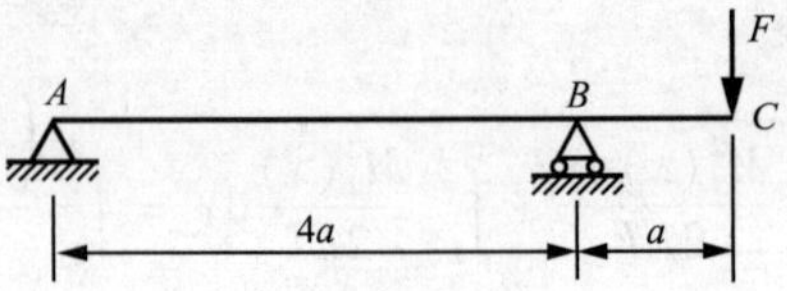

图 13－2－6

解：(1)求 C 截面挠度

在外伸端 C 上有集中力 F，根据卡氏定理，外伸端 C 的挠度为：$w_C=\frac{\partial V_\varepsilon}{\partial F}$。

根据力的平衡可得支座 A 反力：$F_{RA}=\frac{F}{4}$，坐标系如图 13－2－7 所示。

轴各段弯矩方程：$M(x_1)=-\frac{F}{4}x_1$，$M(x_2)=-Fx_2$。

则轴内的应变能：$V_\varepsilon=\int_0^{4a}\frac{\left(-\frac{F}{4}x_1\right)^2}{2EI}dx_1+\int_0^a\frac{(-Fx_2)^2}{2EI}dx_2=\frac{5}{6}\frac{F^2a^3}{EI}$。

故 $w_C=\frac{\partial V_\varepsilon}{\partial F}=\frac{d}{dF}\left(\frac{5}{6}\frac{F^2a^3}{EI}\right)=\frac{5}{3}\frac{Fa^3}{EI}(\downarrow)$。

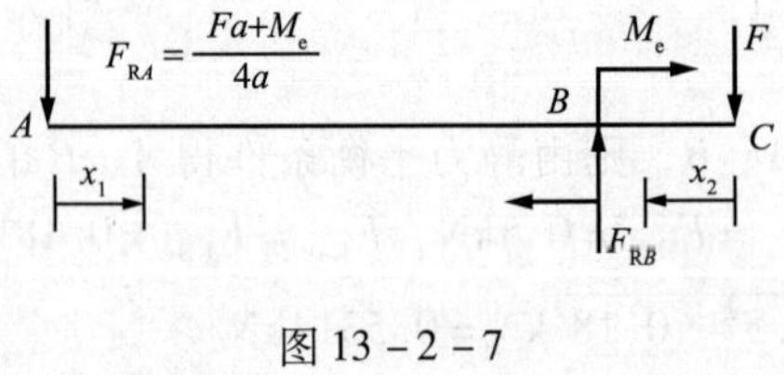

图 13－2－7

(2)求 B 截面转角

在 B 截面施加一虚力偶矩 M_e，根据平衡条件可得支座 A 反力：$F_{RA}=\frac{Fa+M_e}{4a}$。

各段弯矩方程：$M(x_1)=-\frac{M_e+Fa}{4a}x_1$，$M(x_2)=-Fx_2$。

故轴内应变能

$$V_\varepsilon = \int_0^{4a} \frac{\left(\dfrac{Fa + M_e}{4a} x_1\right)^2}{2EI} dx_1 + \int_0^a \frac{(Fx_2)^2}{2EI} dx_2 = \frac{2}{3}\left(F + \frac{M_e}{a}\right)^2 \cdot \frac{a^3}{EI} + \frac{1}{6}\frac{F^2 a^3}{EI}$$

由卡氏定理得 B 截面转角

$$\theta_B = \frac{\partial V_\varepsilon}{\partial M_e}\bigg|_{M_e=0} = \frac{\partial}{\partial M_e}\left[\frac{2}{3}\frac{\left(F + \dfrac{M_e}{a}\right)^2 a^3}{EI} + \frac{1}{6}\frac{F^2 a^3}{EI}\right]\bigg|_{M_e=0} = \frac{4}{3}\frac{a^2}{EI}\left(F + \frac{M_e}{a}\right)\bigg|_{M_e=0} = \frac{4}{3}\frac{Fa^2}{EI}(\circlearrowright)$$

13.7　试求图 13－2－8 所示各梁截面 B 的挠度和转角。EI 为常量。

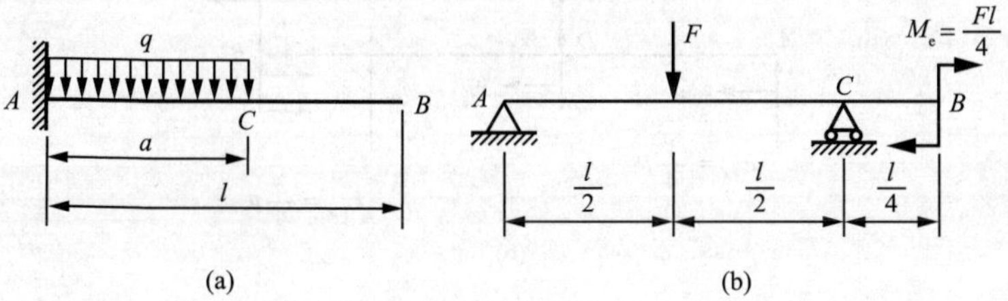

图 13－2－8

解：(1) 如图 13－2－8(a) 所示

根据图 13－2－9(a_1) 所示坐标系，可列出梁在分布载荷 q 作用下各段的弯矩方程

BC 段：$M_{BC}(x_1) = 0$

CA 段：$M_{CA}(x_2) = -\frac{1}{2}qx_2^2$

①求 B 截面挠度

在 B 截面施加竖直向下的单位力，如图 13－2－9(a_1) 所示，则梁在单位力作用下的弯矩方程：

BC 段：$\overline{M}_{BC}(x_1) = -x_1$，$(0 \leqslant x_1 \leqslant l-a)$

CA 段：$\overline{M}_{CA}(x_2) = -(x_2 + l - a)$，$(0 \leqslant x_2 \leqslant a)$

由莫尔定理可得 B 截面挠度

$$\delta_B = \int_{BC} \frac{M_{BC}\overline{M}_{BC}}{EI} dx_1 + \int_{CA} \frac{M_{CA}\overline{M}_{CA} dx_1}{EI} = 0 + \int_0^a \frac{\dfrac{1}{2}qx_2^2(x_2 + l - a)}{EI} dx_2 = \frac{qa^3}{24EI}(4l - a)(\downarrow)$$

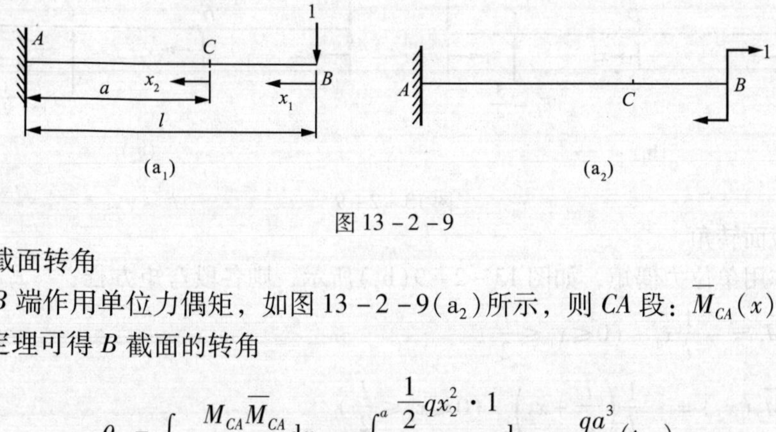

图 13－2－9

②求 B 截面转角

在梁的 B 端作用单位力偶矩，如图 13－2－9(a_2) 所示，则 CA 段：$\overline{M}_{CA}(x) = -1$。

由莫尔定理可得 B 截面的转角

$$\theta_B = \int_{CA} \frac{M_{CA}\overline{M}_{CA}}{EI} dx_2 = \int_0^a \frac{\dfrac{1}{2}qx_2^2 \cdot 1}{EI} dx_2 = \frac{qa^3}{6EI}(\circlearrowright)$$

(2) 如图 13－2－8(b) 所示

根据平衡条件求得支座反力，如图 13－2－9(b)所示，可列出各段在已知载荷下的弯矩方程：

AD 段：$M(x_1)=\frac{1}{4}Fx_1\quad(0\leqslant x_1\leqslant\frac{l}{2})$

DC 段：$M(x_2)=\frac{Fl}{8}-\frac{3}{4}Fx_2\quad(0\leqslant x_2\leqslant\frac{l}{2})$

BC 段：$M(x_3)=-\frac{1}{4}Fl\quad(0\leqslant x_3\leqslant\frac{l}{4})$

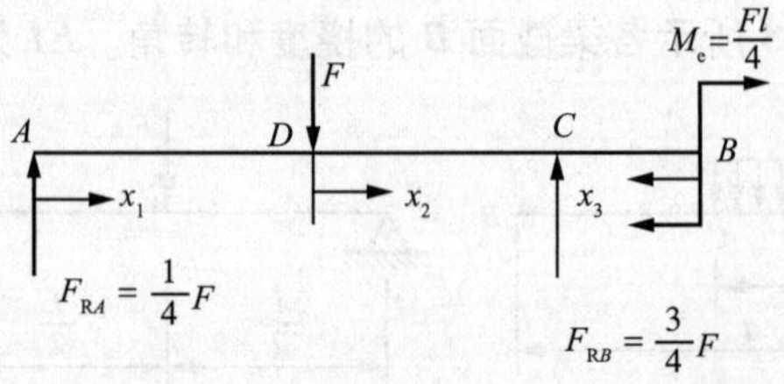

(b)

图 13－2－9

①求 B 截面挠度

在 B 点施加一单位力，如图 13－2－9(b_1)所示，则在该力作用下各段弯矩方程：

AD 段：$\overline{M}_1(x_1)=-\frac{1}{4}x_1\quad(0\leqslant x_1\leqslant\frac{l}{2})$

DC 段：$\overline{M}_2(x_2)=-\frac{1}{4}\left(\frac{l}{2}+x_2\right)\quad(0\leqslant x_2\leqslant\frac{l}{2})$

BC 段：$\overline{M}_3(x_3)=-x_3\quad(0\leqslant x_3\leqslant\frac{l}{4})$

则由莫尔定理可得 B 截面挠度

$$w_B=\int_0^{\frac{l}{2}}\frac{\frac{1}{4}Fx_1\cdot\left(-\frac{1}{4}x_1\right)}{EI}\mathrm{d}x_1+\int_0^{\frac{l}{2}}\frac{\left(\frac{Fl}{8}-\frac{3}{4}Fx_2\right)\left[-\frac{1}{4}\left(\frac{l}{2}+x_2\right)\right]}{EI}\mathrm{d}x_2+\int_0^{\frac{l}{4}}\frac{\frac{1}{4}Fl\cdot x_3}{EI}\mathrm{d}x_3$$

$$=\frac{5Fl^3}{384EI}(\downarrow)$$

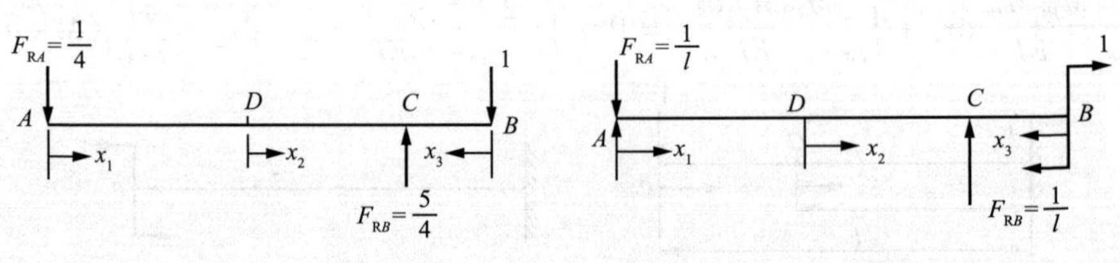

图 13－2－9

②求 B 截面转角

在 B 端作用单位力偶矩，如图 13－2－9(b_2)所示，则各段弯矩方程：

AD 段：$\overline{M}_1=-\frac{1}{l}x_1\quad(0\leqslant x_1\leqslant\frac{l}{2})$

DC 段：$\overline{M}_2(x_2)=-\frac{1}{l}\left(\frac{l}{2}+x_2\right)\quad(0\leqslant x_2\leqslant\frac{l}{2})$

BC 段：$\overline{M}_3(x_3)=1\quad(0\leqslant x_3\leqslant\frac{l}{4})$

则由莫尔定理得 B 截面转角

$$\theta_B=\int_0^{\frac{l}{2}}\frac{\frac{1}{4}Fx_1\left(-\frac{1}{l}x_1\right)}{EI}\mathrm{d}x_1+\int_0^{\frac{l}{2}}\frac{\left(\frac{Fl}{8}-\frac{3}{4}Fx_2\right)\left(-\frac{1}{2}-\frac{x_2}{l}\right)}{EI}\mathrm{d}x_2+\int_0^{\frac{l}{4}}\frac{\frac{1}{4}Fl}{EI}\mathrm{d}x_3=\frac{Fl^2}{12EI}(\circlearrowleft)$$

13.8　图 13－2－10 所示为变截面梁，试求在力 F 作用下截面 B 的铅垂位移和截面 A 的转角。

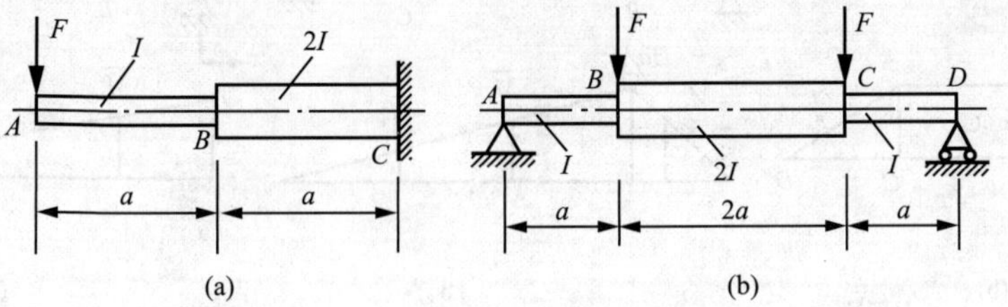

图 13－2－10

解：(a)如图 13－2－10(a)所示

(1)求 B 截面的竖直位移

在 B 面上增加一个竖直向下的虚力 F_0，并建立坐标系，如图 13－2－11(a_1)所示，由静力平衡条件可得固定端 C 截面支反力：$R=F+F_0$，$M=2Fa+F_0a$。

由此可列出各段弯矩方程：

AB 段：$M(x_1)=-Fx_1$，$(0\leqslant x_1\leqslant a)$

BC 段：$M(x_2)=-[Fx_2+F_0(x_2-a)]$，$(a\leqslant x_2\leqslant 2a)$

故梁内应变能：$V_\varepsilon=\int_0^a\frac{M^2(x_1)}{2EI}\mathrm{d}x_1+\int_a^{2a}\frac{M^2(x_2)}{2E(2I)}\mathrm{d}x_2$

由卡氏定理得 B 截面铅垂位移

$$\omega_B=\frac{\partial V_\varepsilon}{\partial F_0}\bigg|_{F_0=0}=\frac{\partial}{\partial F_0}\left[\int_0^a\frac{(-Fx_1)^2}{2EI}\mathrm{d}x_1+\int_a^{2a}\frac{[Fx_2+F_0x_2-F_0a]^2}{2E\cdot 2I}\mathrm{d}x_2\right]\bigg|_{F_0=0}=\frac{5Fa^3}{12EI}(\downarrow)$$

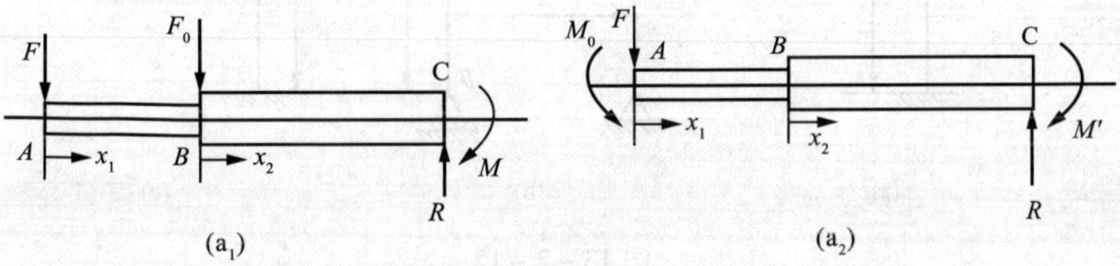

图 13－2－11

(2)求 A 截面转角

在 A 截面增加一逆时针方向的虚力偶矩 M_0，并建立坐标系，如图 13－2－11(a_2)所示，由静力平衡条件可得 C 截面上：$R=F$，$M'=2Fa+M_0$。

由此可列出各段弯矩方程：

AB 段：$M(x_1)=-(Fx_1+M_0)$，$(0\leqslant x_1\leqslant a)$

BC 段：$M(x_2)=-(Fx_2+M_0)$，$(a\leqslant x_2\leqslant 2a)$

由卡氏定理可得 A 截面转角

$$\theta_A=\frac{\partial V_\varepsilon}{\partial M_0}\bigg|_{M_0=0}=\frac{\partial}{\partial M_0}\left[\int_0^a\frac{(Fx_1+M_0)^2}{4EI}\mathrm{d}x_1+\int_a^{2a}\frac{(Fx_2+M_0)^2}{4EI}\mathrm{d}x_2\right]\bigg|_{M_0=0}=\frac{5Fa^2}{4EI}(\circlearrowleft)$$

(b)如图 13－2－10(b)所示

用图乘法，根据题意，作在已知载荷 F 作用下的弯矩图，如图 13－2－11(b)所示。为求得 B 截面位移和 A 截面转角，在 B 点施加单位载荷 $F_0=1$，在 A 点加施单位力偶矩 $M_0=1$，并作出相应的弯矩图，分别如图 13－2－11(b_1)、(b_2)所示。

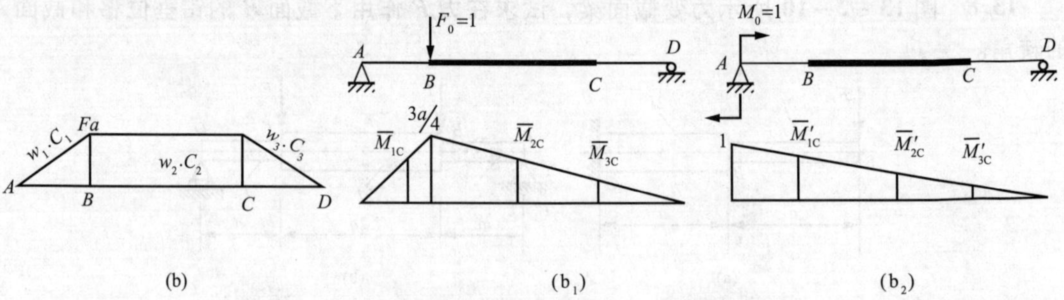

图 13－2－11

由图乘法可得 B 截面的竖向位移为

$$\omega_B=\sum\frac{\omega\overline{M}_C}{EI}=\frac{1}{EI}\cdot\frac{1}{2}Fa^2\cdot\frac{a}{2}+\frac{1}{2EI}\cdot 2Fa^2\cdot\frac{a}{2}+\frac{1}{EI}\cdot\frac{1}{2}Fa^2\cdot\frac{a}{6}=\frac{5Fa^3}{6EI}(\downarrow)$$

A 截面转角

$$\theta_A=\sum\frac{\omega\overline{M}'_C}{EI}=\frac{1}{EI}\cdot\frac{1}{2}Fa^2\cdot\frac{5}{6}+\frac{1}{2EI}\cdot 2Fa^2\cdot\frac{1}{2}+\frac{1}{EI}\cdot\frac{1}{2}Fa^2\cdot\frac{1}{6}=\frac{Fa^2}{EI}(\circlearrowleft)$$

13.9　图 13－2－12 所示刚架的各杆件的 EI 皆相等，试求截面 A、B 的位移和截面 C 的转角。

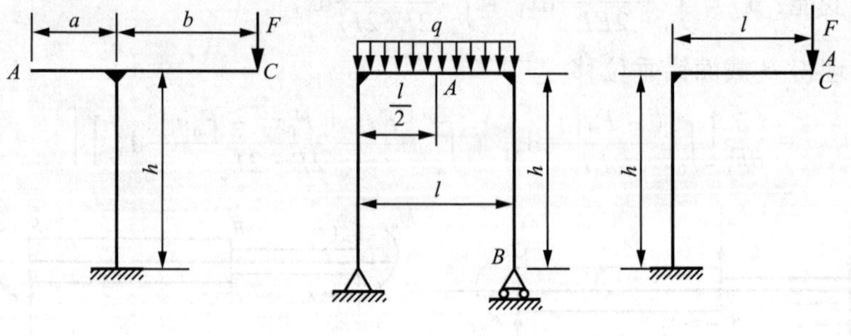

图 13－2－12

解：(a)如图 13－2－12(a)所示

作在已知载荷 F 作用下的弯矩图，如图 13－2－13(a)所示。为求得截面 A 的铅垂位移和水平位移及截面 C 的转角，在 A 点分别施加铅垂和水平的单位载荷 1，在 C 点施加单位力偶矩 1，并作出相应的弯矩图，分别如图 13－2－13(a_1)、(a_2)、(a_3)所示，则由图乘法可得：

A 截面铅垂位移：$\Delta_{Ay}=\dfrac{1}{EI}\sum\omega\overline{M}_C=\dfrac{1}{EI}(-h\times Fb\times a+0)=-\dfrac{Fbha}{EI}(\uparrow)$

A 截面水平位移：$\Delta_{Ay}=\dfrac{1}{EI}\sum\omega\overline{M}'_C=\dfrac{1}{EI}(\dfrac{1}{2}\times h\times h\times Fb)=\dfrac{Fbh^2}{2EI}(\rightarrow)$

C 截面转角：$\theta_C==\dfrac{1}{EI}\sum\omega\overline{M}''_C=\dfrac{1}{EI}(\dfrac{1}{2}\times b\times Fb\times 1+Fb\times h\times 1)=\dfrac{Fb}{2EI}(b+2h)(\downarrow)$

(b)如图 13－2－12(b)所示

在已知均布载荷 q 作用下，由结构和载荷的对称性可知，A 截面的水平位移为零，即 $\Delta_{Ax}=0$。

作在已知载荷作用下的弯矩图，如图 13－2－13(b)所示。为求得截面 A、B 位移，在 A 截面施加一竖直方向下的单位力，在 B 截面施加水平方向的单位载荷 1，并作出相应的弯矩图，分别如图 13－2－13(b_1)、(b_2)所示，则由图乘法可得：

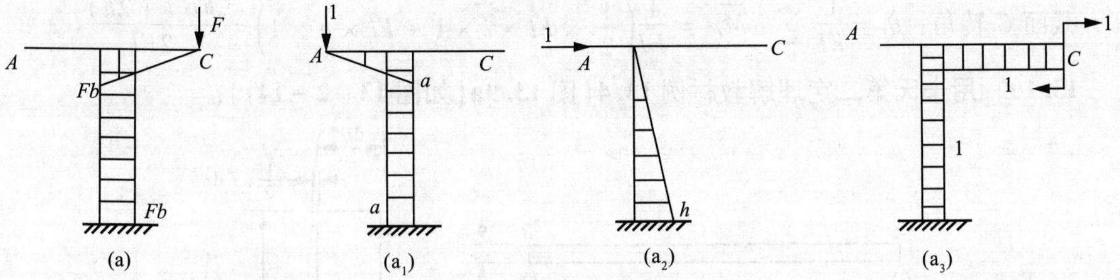

图 13－2－13

A 截面铅垂位移

$$\Delta_{Ay}=\frac{1}{EI}\sum\omega\overline{M}_C=\frac{1}{EI}\times\left(2\times\frac{2}{3}\times\frac{l}{2}\times\frac{1}{8}ql^2\times\frac{5}{8}\times\frac{1}{4}l\right)=\frac{5ql^4}{384EI}(\downarrow)$$

B 截面水平位移

$$\Delta_{Bx}=\frac{1}{EI}\sum\omega\overline{M}'_C=\frac{1}{EI}\times\left(\frac{2}{3}\times l\times\frac{1}{8}ql^2\times h\right)=\frac{ql^3h}{12EI}(\rightarrow)$$

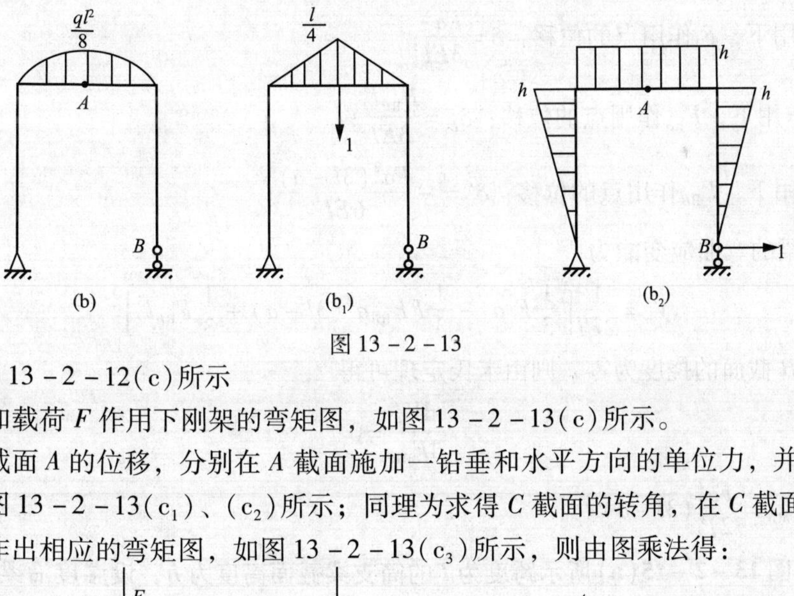

图 13－2－13

(c)如图 13－2－12(c)所示

作在已知载荷 F 作用下刚架的弯矩图，如图 13－2－13(c)所示。

为求得截面 A 的位移，分别在 A 截面施加一铅垂和水平方向的单位力，并作出相应的弯矩图，如图 13－2－13(c_1)、(c_2)所示；同理为求得 C 截面的转角，在 C 截面施加一单位力偶矩，并作出相应的弯矩图，如图 13－2－13(c_3)所示，则由图乘法得：

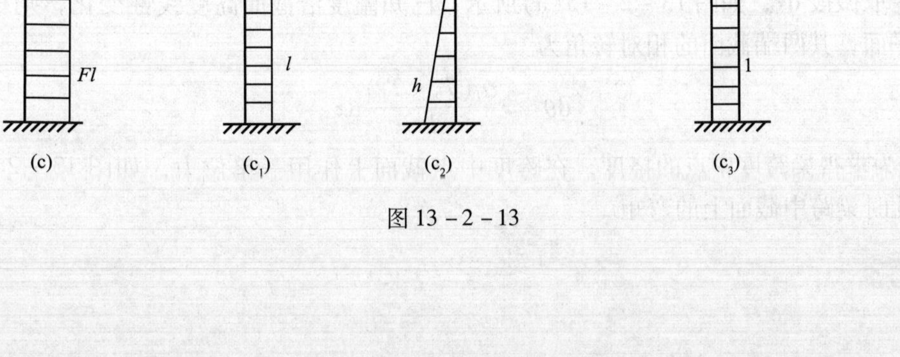

图 13－2－13

截面 A 铅垂位移

$$\Delta_{Ay}=\frac{1}{EI}\sum\omega\overline{M}_C=\frac{1}{EI}\left(\frac{1}{2}Fl\cdot l\times l\cdot\frac{2}{3}+Fl\times h\times l\right)=\frac{Fl^2(l+3h)}{3EI}(\downarrow)$$

截面 A 水平位移：$\Delta_{Ax}=\frac{1}{EI}\sum\omega\overline{M}_C=-\frac{1}{EI}\left(\frac{1}{2}\times h\times h\times Fl\right)=-\frac{Flh^2}{2EI}(\rightarrow)$

截面 C 转角：$\theta_C=\frac{1}{EI}\sum\omega\overline{M}_C=\frac{1}{EI}\left(\frac{1}{2}\times Fl\times l\times 1+Fl\times h\times 1\right)=\frac{Fl(l+2h)}{2EI}(\downarrow)$

13.10　用卡氏第二定理解教材例 13.4(图 13.9a(如图 13－2－14))。

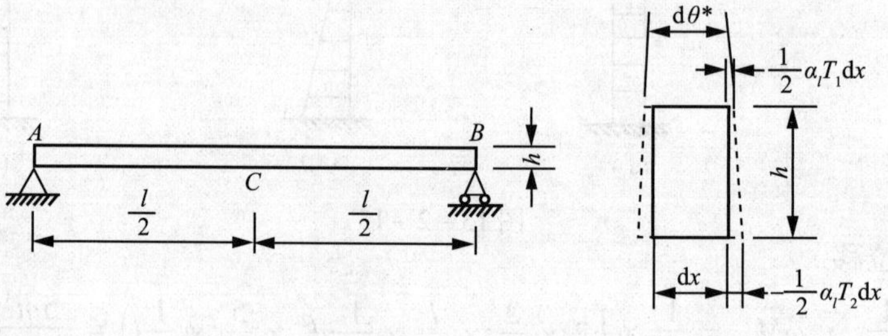

图 13－2－14

解：解除支座 B 端约束力，代之以反力 F_{RB}。梁中总的弯曲应变能为

$$V_\varepsilon=\frac{1}{2}F\delta+\frac{1}{2}F_{RB}\delta_B+F_{RB}\delta'$$

在 F 作用下，F 作用点的位移：$\delta=\frac{Fa^3}{3EI}$；

在 F_{RB}作用下，F_{RB}作用点的位移：$\delta_B=\frac{F_{RB}l^3}{3EI}$；

在 F 作用下，F_{RB}作用点的位移：$\delta'=-\frac{Fa^2(3l-a)}{6EI}$；

综上，梁的弯曲应变能为

$$V_\varepsilon=\frac{1}{2EI}\left[\frac{1}{3}F^2a^3-\frac{1}{3}FF_{RB}a^2(3l-a)+\frac{1}{3}F_{RB}^2l^3\right]$$

铰支座 B 截面的挠度为零，则由卡氏定理可得

$$\frac{dV_\varepsilon}{dF_{RB}}=0$$

解得：$F_{RB}=\frac{Fa^2}{2l^3}(3l-a)$。

13.11　图 13－2－15(a)所示跨度为 l 的简支梁截面高度为 h，设温度沿梁的长度不变，但沿梁截面高度 h 按线性规律变化。若梁顶面的温度为 T_1，底面的温度为 T_2，且 $T_2>T_1$，试求梁在跨度中点的挠度和左端截面的转角。

解：取微段 dx，如图 13－2－15(a)所示，已知温度沿截面高度线性变化，则横截面仍保持为平面，其两端截面的相对转角为

$$d\theta^*=\frac{\alpha_l(T_2-T_1)}{h}dx$$

(1)为求得梁跨度中点的挠度，在跨度中点截面上作用一单位力，如图 13－2－15(b)所示。此时梁跨中截面上的弯矩

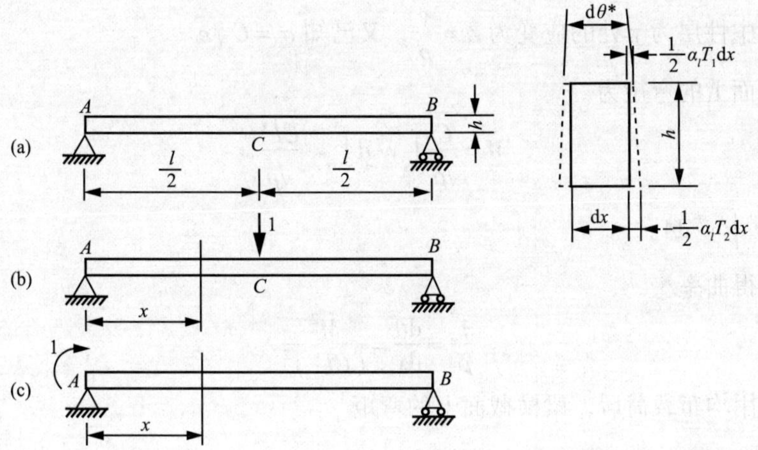

图 13－2－15

$$\overline{M}(x)=\frac{1}{2}x$$

把温度位移作为虚位移，根据虚功原理有

$$1\cdot\Delta_C=\int\overline{M}(x)\mathrm{d}\theta^*$$

即得

$$\Delta_C=\int\overline{M}(x)\mathrm{d}\theta^*=2\int_0^{\frac{l}{2}}\frac{x}{2}\frac{\alpha_l(T_2-T_1)}{h}\mathrm{d}x=\frac{\alpha_l(T_2-T_1)l^2}{8h}$$

结果为正，说明与所施加单位力的方向一致。

(2)为求得左端截面转角，在该截面施加一单位力偶矩，如图 13－2－15(c)所示。此时梁跨中截面上的弯矩

$$\overline{M}(x)=1-\frac{x}{l}$$

同理，得到

$$\theta_A=\int\overline{M}(x)\mathrm{d}\theta^*=\int_0^l\left(1-\frac{x}{l}\right)\frac{\alpha_l(T_2-T_1)}{h}\mathrm{d}x=\frac{\alpha_l(T_2-T_1)l}{2h}$$

结果为正，说明与所施加单位力偶矩的方向一致。

13.12　在简支梁的整个跨度 l 内作用均布载荷 q。材料的应力－应变关系为 $\sigma=C\sqrt{\varepsilon}$。式中，$C$ 为常量，σ 与 ε 皆取绝对值。试求梁端截面的转角。

解：如图 13－2－16 所示，取微元面积 $\mathrm{d}A$，则梁横截面上的弯矩：$M=\int_A y\sigma\mathrm{d}A$。

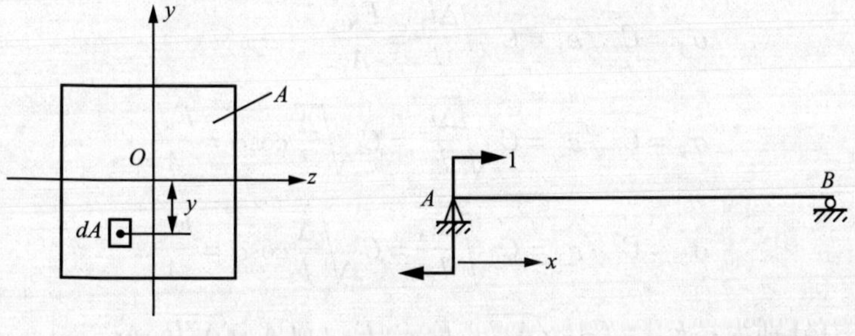

图 13－2－16

梁中距离中性层为 y 处的应变为 $\varepsilon=\dfrac{y}{\rho}$，又已知 $\sigma=C\sqrt{\varepsilon}$。

故梁横截面上的弯矩为

$$M=\frac{C}{\sqrt{\rho}}\int_A y^{\frac{3}{2}}\mathrm{d}A=\frac{CI^*}{\sqrt{\rho}} \qquad ①$$

其中 $I^*=\int_A y^{\frac{3}{2}}\mathrm{d}A$。

由式①可得曲率

$$\frac{1}{\rho}=\frac{\mathrm{d}\theta}{\mathrm{d}x}=\frac{M^2}{(CI^*)^2} \qquad ②$$

在梁上作用均布载荷后，梁横截面上的弯矩

$$M(x)=\frac{1}{2}qx(l-x) \qquad ③$$

联立式②③可得：$\mathrm{d}\theta=\dfrac{M^2}{(CI^*)^2}\mathrm{d}x=\dfrac{q^2x^2(l-x)^2\mathrm{d}x}{4(CI^*)^2}$。

如图 13－2－16 所示，在梁端截面 A 处施加一单位力偶矩，此时梁上横截面弯矩

$$\overline{M}(x)=1-x/l$$

根据单位载荷法可得端截面 A 的转角

$$\theta_A=\int_l \overline{M}(x)\mathrm{d}\theta=\int_0^l\left(1-\frac{x}{l}\right)\frac{q^2x^2(l-x)^2}{4(CI^*)^2}\mathrm{d}x=\frac{q^2}{4l(CI^*)^2}\int_0^l(l^3x^2-3l^2x^3+3lx^4-x^5)\mathrm{d}x$$

$$=\frac{q^2l^5}{240(CI^*)^2}(\circlearrowright)$$

根据对称性可得端截面 B 转角：$\theta_B=-\theta_A$。

13.13　在教材例 13.9 中，如图 13－2－17 所示，三杆的横截面面积相同，材料相同，若材料的应力－应变关系为 $\sigma=C\sqrt{\varepsilon}$。式中，$C$ 为常量，σ 与 ε 皆取绝对值。试求各杆件的内力。

提示：各杆件的应力和应变仍然是均匀的，例如，杆 1 的应力和应变仍然是 $\sigma_1=\dfrac{F_{N1}}{A}$ 和 $\varepsilon_1=\dfrac{\Delta l_1}{l}$。

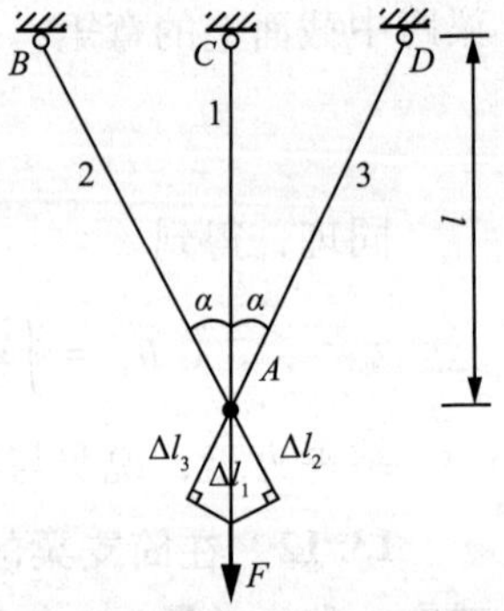

图 13－2－17

解：如图 13－2－17 所示，设 A 点垂直位移为 Δ，由变形几何关系得杆 1、杆 2 和杆 3 的伸长分别为：$\Delta l_1=\Delta$，$\Delta l_2=\Delta\cos\alpha$，$\Delta l_3=\Delta\cos\alpha$。

根据题中已知应力应变关系可得

$$\sigma_1=C\sqrt{\varepsilon_1}=C\sqrt{\frac{\Delta l_1}{l}}=\frac{F_{N1}}{A}$$

$$\sigma_2=C\sqrt{\varepsilon_2}=C\sqrt{\frac{\Delta l_2}{l_2}}=C\sqrt{\frac{\Delta}{l}}\cos\alpha=\frac{F_{N2}}{A}$$

$$\sigma_3=C\sqrt{\varepsilon_3}=C\sqrt{\frac{\Delta l_3}{l_3}}=C\sqrt{\frac{\Delta}{l}}\cos\alpha=\frac{F_{N3}}{A}$$

则三杆的内力分别为：$F_{N1}=CA\sqrt{\Delta/l}$，$F_{N2}=F_{N3}=CA\sqrt{\Delta/l}\cos\alpha$。

设节点 A 有一垂直虚位移 δ_v，对于这一虚位移，外力虚功为 $F\delta_V$，杆 1、杆 2、杆 3 因虚位移而引起的伸长分别为：$(\Delta l_1)^* = \delta_V$，$(\Delta l_2)^* = (\Delta l_3)^* = \delta_V \cos\alpha$。

杆 1 的内力虚功为：$F_{N1}(\Delta l_1)^* = CA\sqrt{\Delta/l}\delta_V$。

同理，杆 2、杆 3 的内力虚功为：$F_{N2}(\Delta l_2)^* = F_{N3}(\Delta l_3)^* = CA\sqrt{\Delta/l}\delta_V\cos^2\alpha$。

由虚功原理，内力虚功之和等于外力虚功之和，即 $W_{外} = W_{内}$。

故 $CA\sqrt{\Delta/l}\delta_V + 2CA\sqrt{\Delta/l}\delta_V\cos^2\alpha = F\delta_V$。

解得：$\sqrt{\Delta/l} = \dfrac{F}{CA(1+2\cos^2\alpha)}$。

则三杆内力分别为：$F_{N1} = \dfrac{F}{1+2\cos^2\alpha}$，$F_{N2} = F_{N3} = \dfrac{F\cos\alpha}{1+2\cos^2\alpha}$。

13.14　图 13-2-18 所示刚架各杆的材料相同，但截面尺寸不一，所以抗弯刚度 EI 不同。试求在力 F 作用下，截面 A 的位移和转角。

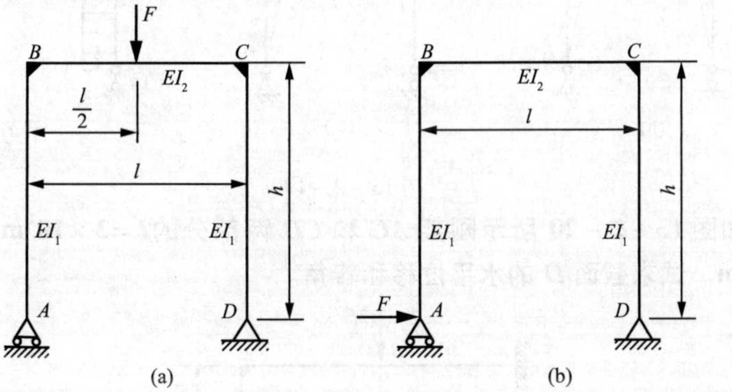

图 13-2-18

解：(a)首先作出刚架在已知载荷 F 作用下的弯矩图，如图 13-2-19(a)所示。为求得截面 A 的水平位移和转角，在 A 处分别施加一水平单位力和单位力偶，并作出相应的弯矩图，分别如图 13-2-19(a_1)、(a_2)所示，则由图乘法得：

截面 A 水平位移

$$\Delta_{Ax} = \frac{1}{EI_l}\sum \omega \overline{M}_C = \frac{1}{EI_2} \times \left(-\frac{1}{2} \times l \times \frac{1}{4}Fl \times h\right) = -\frac{Fl^2h}{8EI_2}(\leftarrow)$$

截面 A 转角

$$\theta_A = \frac{1}{EI_i}\sum \omega \overline{M}_C = \frac{1}{EI_2}\left(\frac{1}{2} \times l \times \frac{1}{4}Fl \times \frac{1}{2}\right) = \frac{Fl^2}{16EI_2}(\circlearrowleft)$$

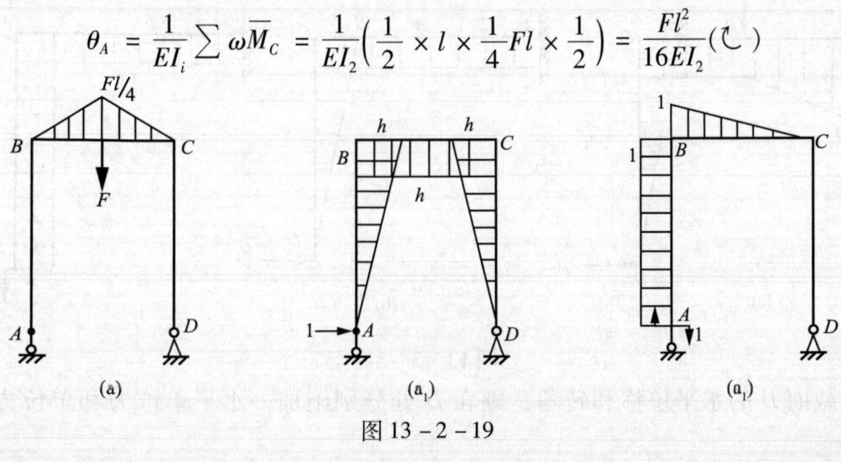

图 13-2-19

(b)首先作出刚架在已知载荷 F 作用下的弯矩图，如图 13－2－19(b)所示。

为求得截面 A 的水平位移和转角，则在 A 处分别施加一水平单位力和单位力偶，并作出相应的弯矩图，分别如图 13－2－18(b_1)、(b_2)所示，则由图乘法得：

截面 A 水平位移

$$\Delta_{Ax} = \sum_{i=1}^{3} \frac{1}{EI_i}\omega_i \overline{M}_{C_i} = 2 \times \frac{1}{EI_1}\left(\frac{1}{2} \times h \times Fh \times \frac{2}{3}h\right) + \frac{1}{EI_2}(Fh \times l \times h) = \frac{Fh^2}{3E}\left(\frac{2h}{I_1} + \frac{3l}{I_2}\right)(\rightarrow)$$

截面 A 转角

$$\theta_A = \sum_{i=1}^{2} \frac{1}{EI_i}\omega_i \overline{M}_{C_i} = \frac{1}{EI_1}\left(\frac{1}{2} \times Fh \times h \times 1\right) + \frac{1}{EI_2}\left(\frac{1}{2} \times l \times 1 \times Fh\right) = \frac{Fh}{2E}\left(\frac{h}{I_1} + \frac{l}{I_2}\right)(\circlearrowright)$$

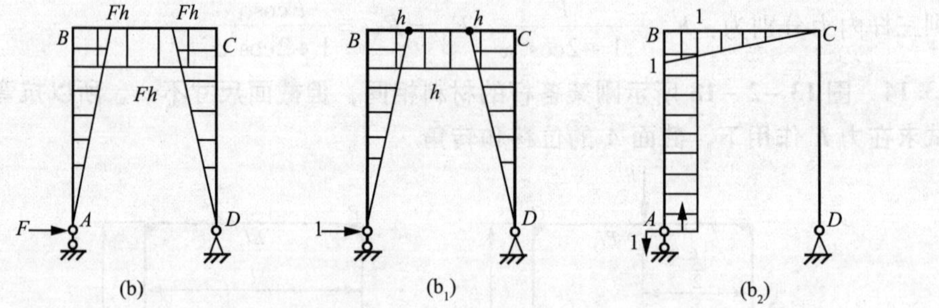

图 13－2－19

13.15　已知图 13－2－20 所示刚架 AC 和 CD 两部分的 $I=3\times10^7\text{mm}^4$，$E=200\text{GPa}$。$F=10\text{kN}$，$l=1\text{m}$。试求截面 D 的水平位移和转角。

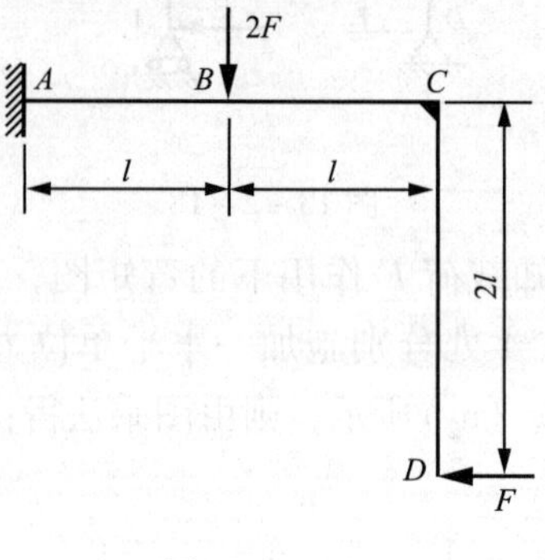

图 13－2－20

解：首先作出刚架在已知载荷作用下的弯矩图，如图 13－2－21(a)所示。

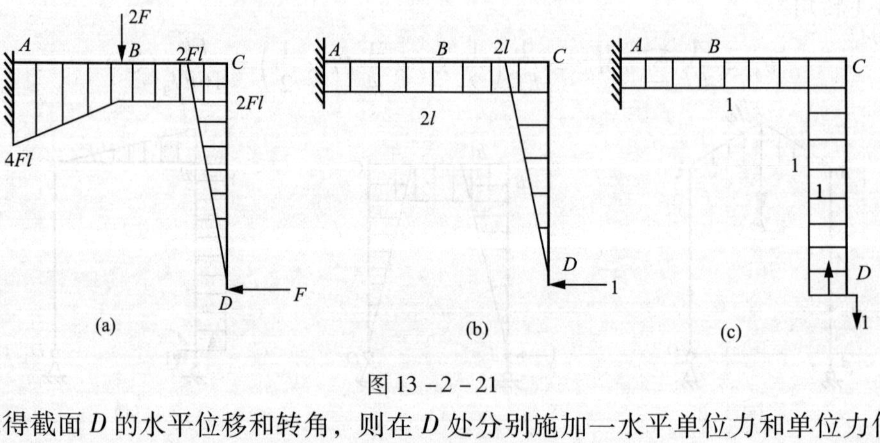

图 13－2－21

为求得截面 D 的水平位移和转角，则在 D 处分别施加一水平单位力和单位力偶，并作出相应的弯矩图，分别如图 13－2－21(b)、(c)所示。

由图乘法可得截面 D 的水平位移

$$\Delta_{Dx}=\sum_{i=1}^{2}\frac{1}{EI}\omega_i\overline{M}_C=\frac{1}{EI}\left[\left(2Fl\times 2l\times 2l+\frac{1}{2}\times l\times 2Fl\times 2l\right)+\left(\frac{1}{2}\times 2l\times 2Fl\times\frac{2}{3}\times 2l\right)\right]$$

$$=\frac{38Fl^3}{3EI}=\frac{38\times 10\times 10^3\times 1^3}{3\times 200\times 10^9\times 3\times 10^7\times 10^{-12}}\text{m}$$

$$=21.1\text{mm}(\leftarrow)$$

截面 D 的转角

$$\theta_D=\sum_{i=1}^{2}\frac{1}{EI}\omega_i\overline{M}_C=\frac{1}{EI}\left[\left(2Fl\times 2l\times 1+\frac{1}{2}\times 2Fl\times l\times 1\right)+\frac{1}{2}\times 2Fl\times 2l\times 1\right]$$

$$=\frac{7Fl^2}{EI}=\frac{7\times 10\times 10^3\times 1^2}{200\times 10^9\times 3\times 10^7\times 10^{-12}}\text{rad}$$

$$=0.0117\text{rad}(\downarrow)$$

13.16　图 13－2－22 所示桁架各杆件的材料相同，截面面积相等。试求节点 C 处的水平位移和铅垂位移。

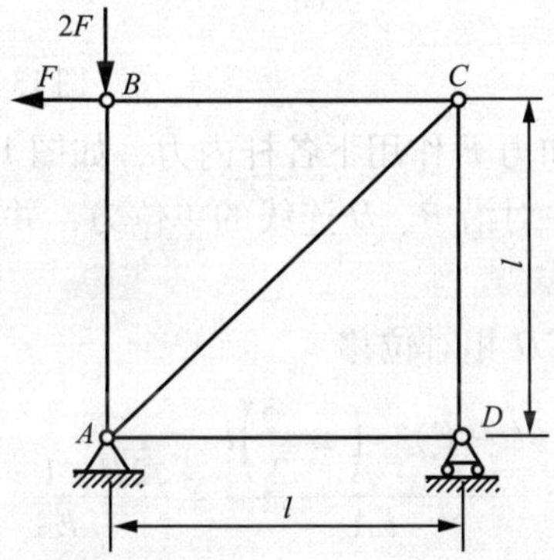

图 13－2－22

解：由平衡条件计算在已知载荷作用下支座的支反力以及桁架各杆的内力，如图 13－2－23(a)所示。为求得节点 C 的水平位移和垂直位移，在 C 点分别作用两个方向的单位力，并求得在相应力作用下各杆的内力，如图 13－2－23(b)、(c)所示，其中负号表示为压力。

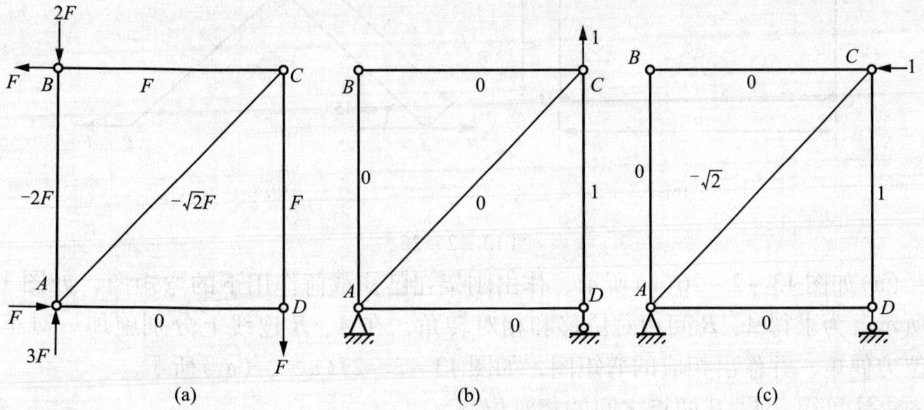

图 13－2－23

根据单位荷载法，可得 C 点水平位移

$$\Delta_{Cx} = \sum \frac{F_N \overline{F}_N L}{EA} = \frac{(-\sqrt{2}F)\cdot(-\sqrt{2})\cdot\sqrt{2}l}{EA} + \frac{F\cdot 1\cdot l}{EA} = \frac{(1+2\sqrt{2})Fl}{EA}(\leftarrow)$$

C 点铅垂位移：$\Delta_{Cy} = \sum \dfrac{F_N \overline{F}_N L}{EA} = \dfrac{F\cdot 1\cdot l}{EA} = \dfrac{Fl}{EA}(\uparrow)$。

13.17　图 13-2-24 所示桁架各杆件的材料相同，截面面积相等。在载荷 F 作用下，试求节点 B 与 D 间的相对位移。

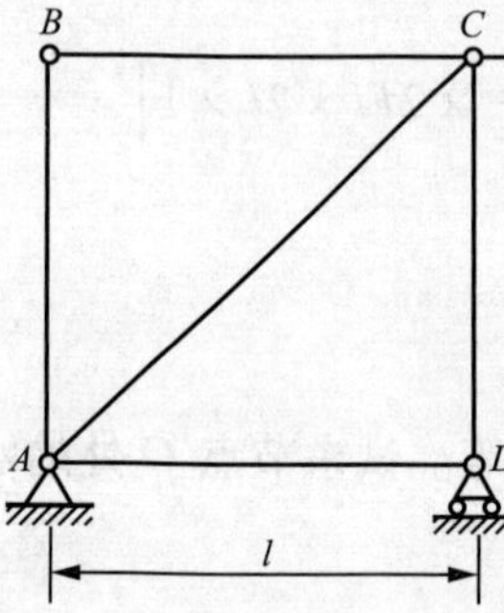

图 13-2-24

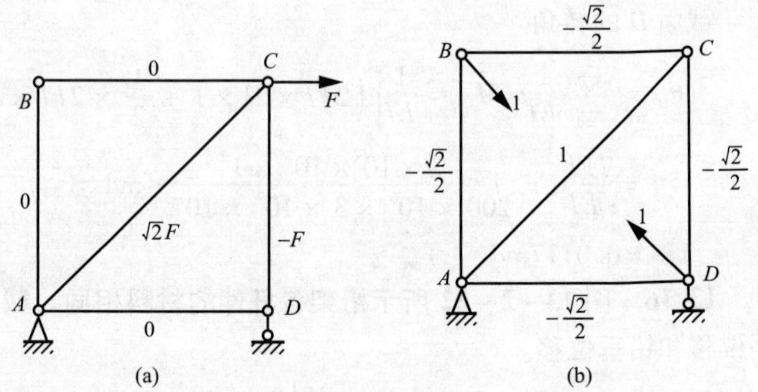

图 13-2-25

解：根据平衡条件，在已知力 F 作用下各杆内力，如图 13-2-25(a)所示。为求得 B、D 间相对位移，在两点处施加一对沿 B、D 连线的单位力，并求得此时各杆内力，如图 13-2-25(b)所示。

根据单位载荷法，可得 B、D 相对位移

$$\Delta_{BD} = \sum \frac{F_N \overline{F}_N L}{EA} = \frac{(-F)\cdot\left(-\frac{\sqrt{2}}{2}\right)l}{EA} + \frac{\sqrt{2}F\cdot 1\cdot\sqrt{2}l}{EA} = \left(2+\frac{\sqrt{2}}{2}\right)\frac{Fl}{EA}$$

结果为正，表明和图中所施加单位载荷的方向一致，即节点 B、D 相互靠近。

13.18　刚架各部分的 EI 相等，试求在图 13-2-26 所示一对力 F 作用下，A、B 两点之间的相对位移，以及 A、B 两截面的相对转角。

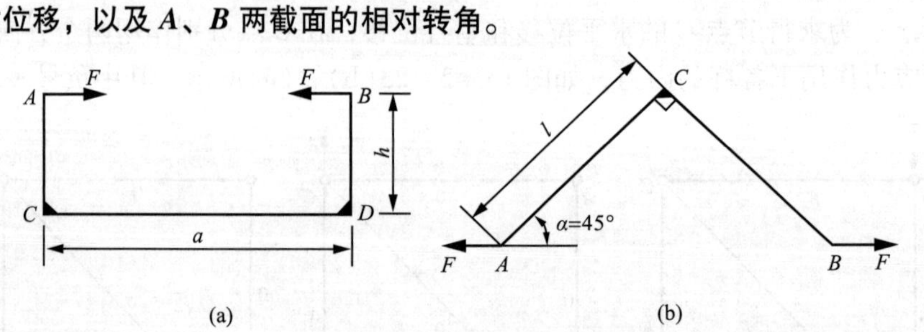

图 13-2-26

解：(a)如图 13-2-26(a)所示，作出刚架在已知载荷作用下的弯矩图，如图 13-2-27(a_1)所示。为求得 A、B 间相对位移和相对转角，在 A、B 连线上分别施加一对单位力和一对单位力偶矩，并作出相应的弯矩图，如图 13-2-27(a_2)、(a_3)所示。

由图乘法可得，A、B 两点之间的相对位移

$$\Delta_{AB} = \frac{1}{EI}\sum \omega \overline{M}_C = \frac{1}{EI}\times\left(2\times\frac{1}{2}\times h\times Fh\times\frac{2}{3}h + a\times Fh\times h\right) = \frac{Fh^2(2h+3a)}{3EI}$$

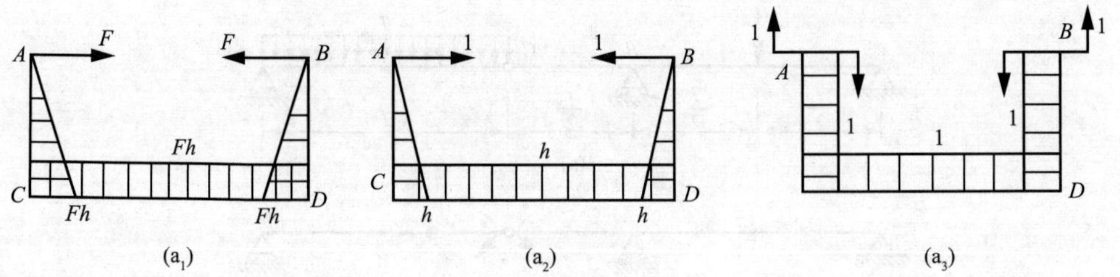

图 13－2－27

两点相互靠近。

A、B 截面的相对转角

$$\theta_{AB}=\frac{1}{EI}\sum\omega\overline{M}_C=\frac{1}{EI}\times\left(2\times\frac{1}{2}\times h\times Fh\times1+a\times Fh\times1\right)=\frac{Fh(h+a)}{EI}$$

(b)如图 13－2－26(b)所示，作出刚架在已知载荷作用下的弯矩图如图 13－2－27(b_1)所示，为求得 A、B 间相对位移和相对转角，在 A、B 连线上分别施加一对单位力和一对单位力偶矩，并作出相应的弯矩图，如图 13－2－27(b_2)、(b_3)所示。

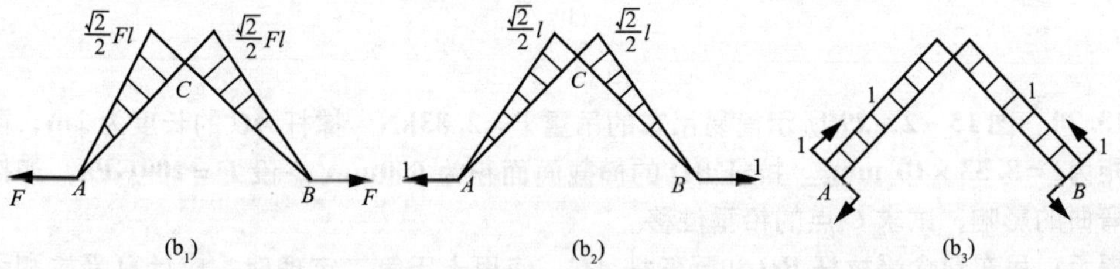

图 13－2－27

由图乘法可得，A、B 两点之间的相对位移

$$\Delta_{AB}=\frac{1}{EI}\sum\omega\,\overline{M}_C=\frac{1}{EI}\times2\times\frac{1}{2}\times l\times\frac{\sqrt{2}}{2}Fl\times\frac{2}{3}\times\frac{\sqrt{2}}{2}l=\frac{Fl^3}{3EI}$$

两节点相互远离。

A、B 截面的相对转角

$$\theta_{AB}=\frac{1}{EI}\sum\omega\,\overline{M}_C=\frac{1}{EI}\times2\times\frac{1}{2}\times l\times\frac{\sqrt{2}}{2}Fl\times1=\frac{\sqrt{2}Fl^2}{2EI}$$

13.19　图 13－2－28 所示梁 *ABC* 和 *CD* 在 *C* 端以铰相连。试求铰 *C* 两侧梁截面的相对转角。设 *EI* 为常量。

解： 为求得 C 铰两侧梁截面的相对转角，将截面 C 断开，如图 13－2－28(b)所示，分别施加一个单位力偶矩，并使其方向相反。即两个梁截面转角的和等于两个梁截面的相对转角。

由叠加法可得梁在两弯矩作用下的弯矩图，如图 13－2－28(c)所示，在单位力偶矩作用下的弯矩图如图 13－2－28(d)所示，则由图乘法得

$$\theta=\frac{1}{EI}\sum\omega\,\overline{M}_C$$

$$=\frac{1}{EI}\left[-\frac{1}{2}\cdot\frac{Fl}{4}\cdot l\cdot\frac{1}{2}\cdot\frac{3}{2}+\frac{1}{2}\cdot\frac{ql^2}{4}\cdot l\cdot\frac{2}{3}\cdot\frac{3}{2}+\frac{1}{2}\cdot\frac{ql^2}{4}\cdot\frac{l}{2}\left(1+\frac{2}{3}\cdot\frac{1}{2}\right)-\frac{2}{3}\cdot\frac{ql^2}{8}\cdot l\cdot\frac{1}{2}\cdot1\right]$$

$$=\frac{1}{EI}\left(-\frac{3Fl^2}{32}+\frac{ql^3}{6}\right)$$

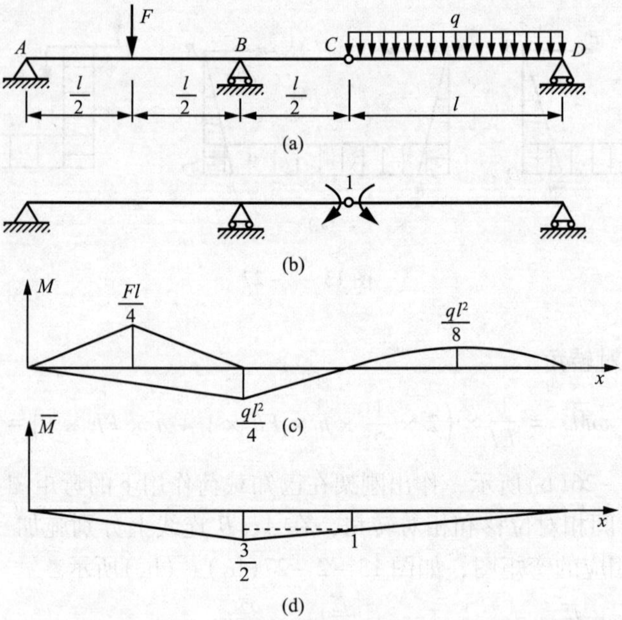

图 13-2-28

13.20　图 13-2-29 所示简易吊车的吊重 $P=2.83\text{kN}$。撑杆 AC 的长度为 2m，截面的惯性矩为 $I=8.53\times10^6\text{mm}^4$。拉杆 BD 的横截面面积为 600mm^2。设 $E=200\text{GPa}$，如撑杆只考虑弯曲的影响，试求 C 点的铅垂位移。

提示：吊车包含受拉杆 BD 和受弯杆 AC，使用卡氏第二定理时，应计算受拉和受弯两杆的应变能总和。如用莫尔定理，则 $\Delta=\dfrac{F_N\overline{F}_N l}{EA}+\displaystyle\int_l\frac{M\overline{M}\mathrm{d}x}{EI}$。

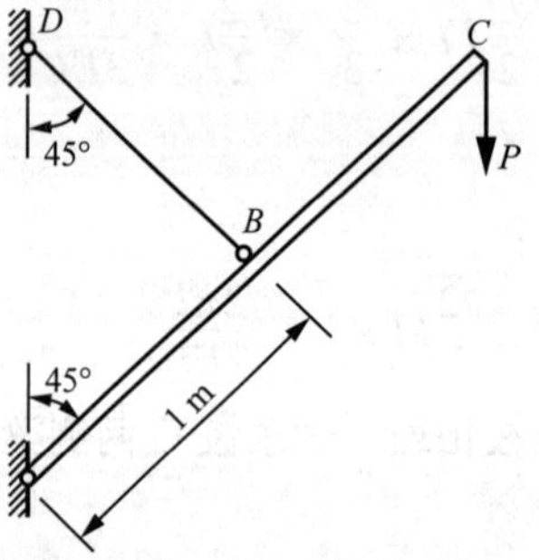

图 13-2-29

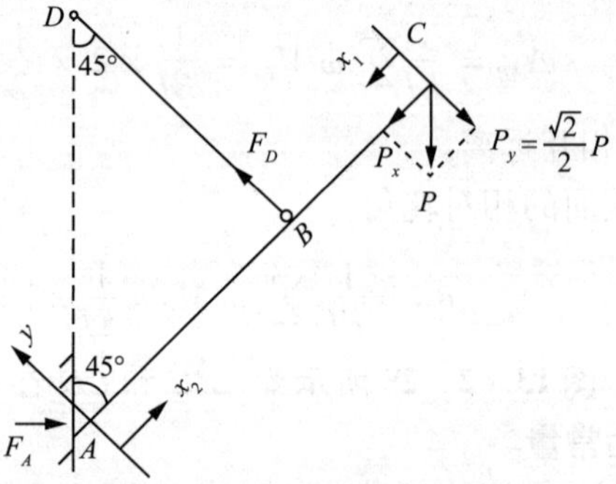

图 13-2-30

解： 如图 13-2-30 所示，由静力平衡条件，可得支座反力：$F_D=\sqrt{2}P$，$F_A=P$。

撑杆 AC 只考虑弯曲应变能，BD 杆考虑拉压应变能，则结构的总应变能

$$V_\varepsilon=\sum\int\frac{M^2(x)}{2EI}\mathrm{d}x+\sum\frac{F_N^2 l}{2EA}$$

根据图 13-2-30 所示坐标系，可得杆 AC 各段弯矩方程。

BC 段：$M(x_1)=\dfrac{\sqrt{2}}{2}Px_1$，$0\leqslant x_1\leqslant1$；

AB 段：$M(x_2)=\dfrac{\sqrt{2}}{2}Px_2$，$0\leqslant x_2\leqslant1$。

故该结构总的应变能

$$V_\varepsilon = 2\int_0^1 \frac{\left(\frac{\sqrt{2}}{2}Px\right)^2}{2EI}\mathrm{d}x + \frac{(\sqrt{2}P)^2 \times 1}{2EA} = \frac{P^2}{6EI} + \frac{P^2}{EA}$$

由卡氏定理可得

$$\delta_C = \frac{\partial V_\varepsilon}{\partial P} = \frac{2P}{EA} + \frac{2P}{6EI} = \frac{2P}{EA} + \frac{P}{3EI}$$

代入数据可得，C 点的铅垂位移

$$\delta_C = \frac{2\times 2.83\times 10^3}{200\times 10^9\times 600\times 10^{-6}} + \frac{2.83\times 10^3}{3\times 200\times 10^9\times 8.53\times 10^6\times 10^{-12}}\mathrm{m} = 0.6\mathrm{mm}(\downarrow)$$

13.21　图 13－2－31 中绕过无摩擦滑轮的钢索的截面面积为 76.36mm²，$E_{索}$ = 177GPa。F = 20kN。在题 2.30 中求力 F 作用点 C 的位移时，曾假设横梁 $ABCD$ 为刚体。若不把 $ABCD$ 假设为刚体，且已知其抗弯刚度为 EI = 1440kN · m²，试再求 C 点的铅垂位移。

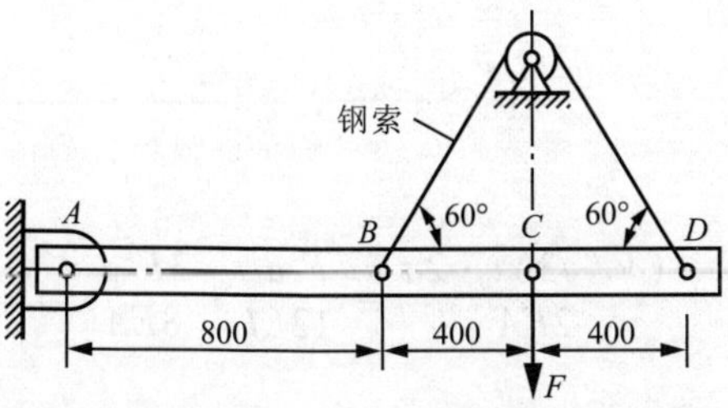

图 13－2－31

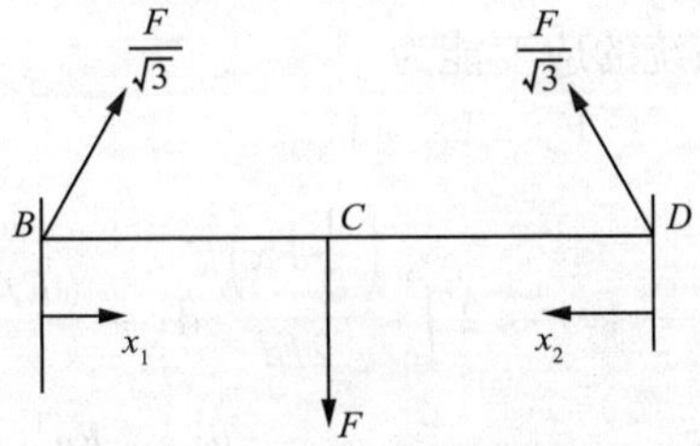

图 13－2－32

解：AB 段不受力，处于无变形状态，由平衡条件可得钢索的拉力为$\frac{F}{\sqrt{3}}$，如图 13－2－32 所示，则梁中：

BC 段的弯矩方程：$M(x_1) = \frac{F}{2}x_1(0\leqslant x_1\leqslant 0.4)$；

CD 段的弯矩方程：$M(x_2) = \frac{F}{2}x_2(0\leqslant x_2\leqslant 0.4)$。

系统的应变能

$$V_\varepsilon = 2\int_0^{l_{BC}} \frac{\left(\frac{1}{2}Fx\right)^2}{2EI}\mathrm{d}x + \frac{(F/\sqrt{3})^2}{2(EA)_{索}}\cdot 4l_{BC} = \frac{F^2 l_{BC}^3}{12EI} + \frac{2F^2 l_{BC}}{3(EA)_{索}}$$

由卡氏定理可得

$$\delta_C = \frac{\partial V_\varepsilon}{\partial P} = \frac{Fl_{BC}^3}{6EI} + \frac{4Fl_{BC}}{3(EA)_{索}}$$

代入数据可得 C 点的垂直位移

$$\delta_C = \frac{20\times 10^3\times 0.4^3}{6\times 1440\times 10^3} + \frac{4\times 20\times 10^3\times 0.4}{3\times 177\times 10^9\times 76.36\times 10^{-6}}\mathrm{m} = 0.937\mathrm{mm}(\downarrow)$$

13.22　由杆系及梁组成的混合结构如图 13－2－33 所示。设 F、a、E、A、I 均为已知。试求 C 点的铅垂位移。

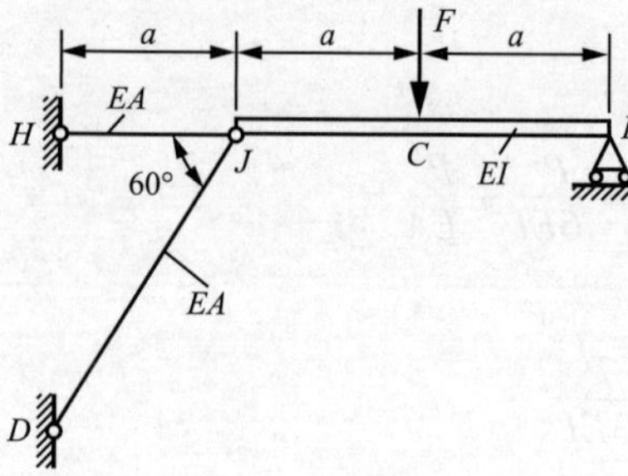

图 13－2－33

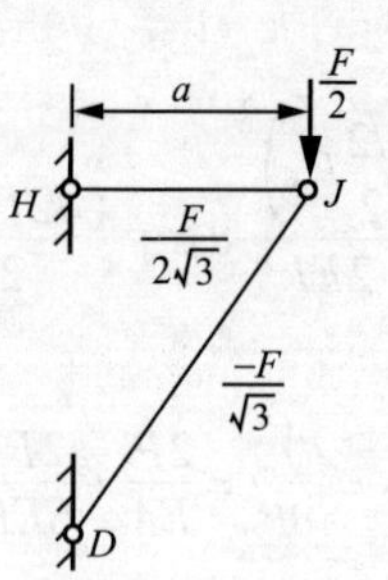

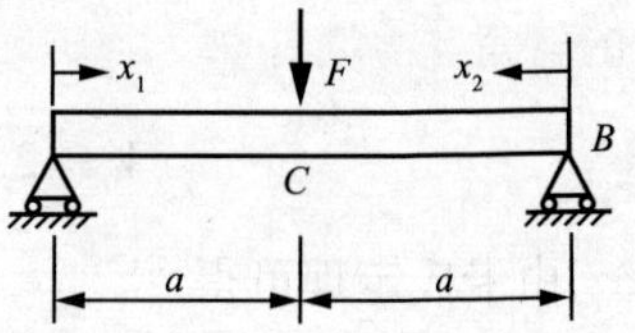

图 13－2－34

解：在 J 点只有垂直方向上的约束力，故 BJ 梁可以看作是简支梁，则余下的桁架在 J 点受向下的$\frac{F}{2}$的作用，取 DJH 部分进行研究，由平衡条件可得各杆的内力，如图 13－2－34 所示。

梁 BJ 中，CJ 段及 BC 段弯矩方程均为：$M(x)=\frac{F}{2}x(0\leqslant x\leqslant a)$。

系统的应变能为

$$V_{\varepsilon}=V_{梁}+V_{刚架}$$

$$=2\int_0^a\frac{\left(\frac{1}{2}Fx\right)^2}{2EI}\mathrm{d}x+\frac{(F/2\sqrt{3})^2\cdot a}{2EA}+\frac{(F/\sqrt{3})^2\cdot 2a}{2EA}=\frac{F^2a^3}{12EI}+\frac{3F^2a}{8EA}$$

则 C 点铅垂位移：$\delta_C=\frac{\partial V_{\varepsilon}}{\partial P}=\frac{Fa^3}{6EI}+\frac{3Fa}{4EA}(\downarrow)$。

13.23　平面刚架如图 13－2－35 所示。若刚架各部分材料和截面相同，试求截面 A 的转角。

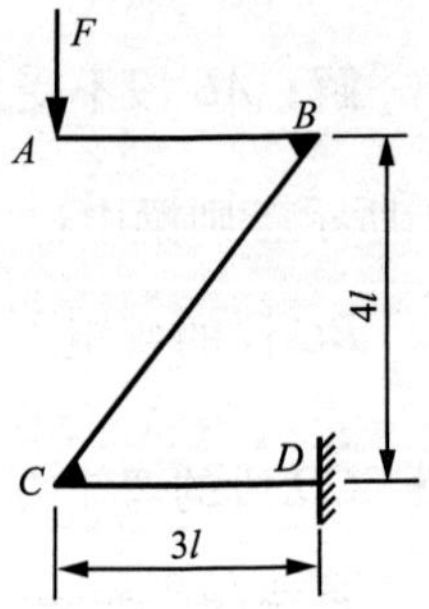

图 13－2－35

解：作刚架在已知载荷作用下的弯矩图，如图 13－2－36(a)所示。为求得截面 A 的转角，在截面 A 施加一单位力偶矩，并作出相应的弯矩图，如图 13－2－36(b)所示。

由图乘法可得 A 截面转角

$$\theta_A=\frac{1}{EI}\sum\omega\overline{M}_C=\frac{1}{EI}\times\left(2\times\frac{1}{2}\times 3l\times 3Fl\times 1+\frac{1}{2}\times 5l\times 3Fl\times 1\right)$$

$$=\frac{33Fl^2}{2EI}(逆时针)$$

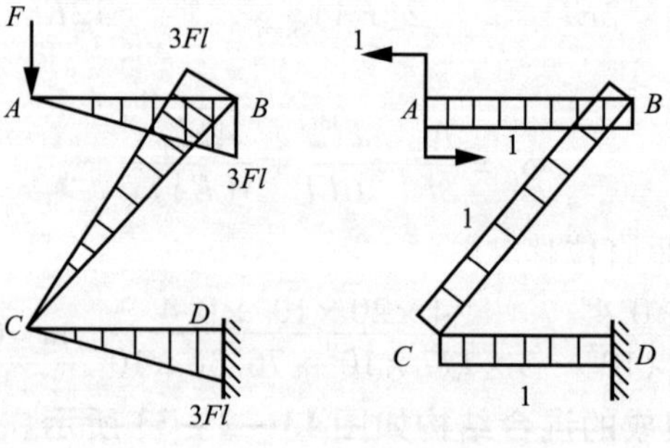

图 13－2－36

13.24 等截面曲杆如图 13-2-37 所示。试求截面 B 的铅垂位移和水平位移以及截面 B 的转角。

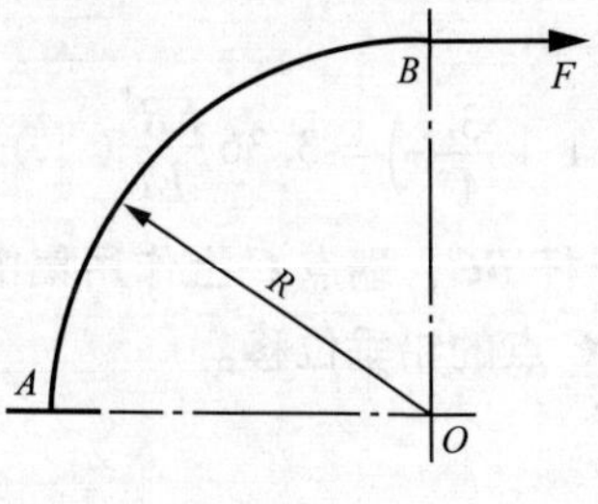

图 13-2-37

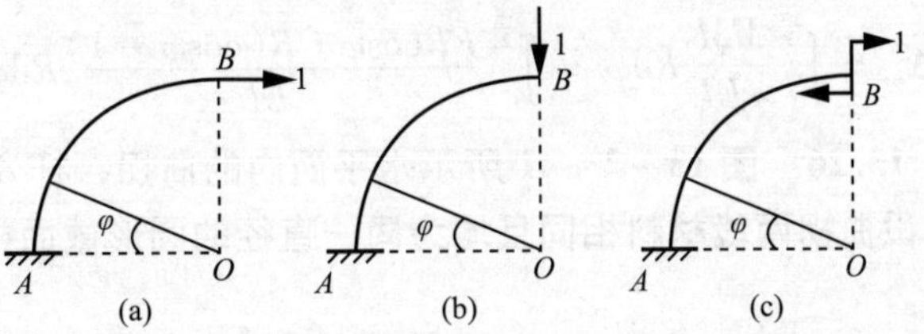

图 13-2-38

解： 曲杆在已知载荷作用下的弯矩方程为：$M(\varphi)=F(1-\sin\varphi)R$。

其中，φ 为曲杆上的点与 A 端所成的圆心角。

为求得截面 B 的位移和转角，在 B 截面分别施加水平、铅垂的单位力和单位力偶，分别如图 13-2-38(a)、(b)、(c)所示，则在这些单位载荷下曲杆的弯矩分别方程为

$$\overline{M}_1(\varphi)=(1-\sin\varphi)R,\ \overline{M}_2(\varphi)=R\cos\varphi,\ \overline{M}_3(\varphi)=1$$

由莫尔积分，可得 B 截面水平位移

$$\Delta_{Bx}=\int_0^{\frac{\pi}{2}}\frac{M(\varphi)\overline{M}_1(\varphi)}{EI}R\mathrm{d}\varphi=\int_0^{\frac{\pi}{2}}\frac{FR^3(1-\sin\varphi)^2}{EI}\mathrm{d}\varphi=\frac{FR^3}{EI}\left(\frac{3}{4}\pi-2\right)=0.356\,\frac{FR^3}{EI}(\rightarrow)$$

B 截面铅垂位移

$$\Delta_{By}=\int_0^{\frac{\pi}{2}}\frac{M(\varphi)\overline{M}_2(\varphi)}{EI}R\mathrm{d}\varphi=\int_0^{\frac{\pi}{2}}\frac{FR^3(1-\sin\varphi)\cos\varphi}{EI}\mathrm{d}\varphi=\frac{FR^3}{2EI}(\downarrow)$$

B 截面转角

$$\theta_B=\int_0^{\frac{\pi}{2}}\frac{M(\varphi)\overline{M}_3(\varphi)}{EI}R\mathrm{d}\varphi=\int_0^{\frac{\pi}{2}}\frac{FR^2(1-\sin\varphi)}{EI}\mathrm{d}\varphi=\frac{FR^2}{EI}\left(\frac{\pi}{2}-1\right)=0.571\,\frac{FR^2}{EI}(\circlearrowright)$$

13.25 等截面曲杆 BC 的轴线为四分之三的圆周。若杆 AB 可视为刚性杆，试求在力 F 作用下，截面 B 的水平位移及铅垂位移。

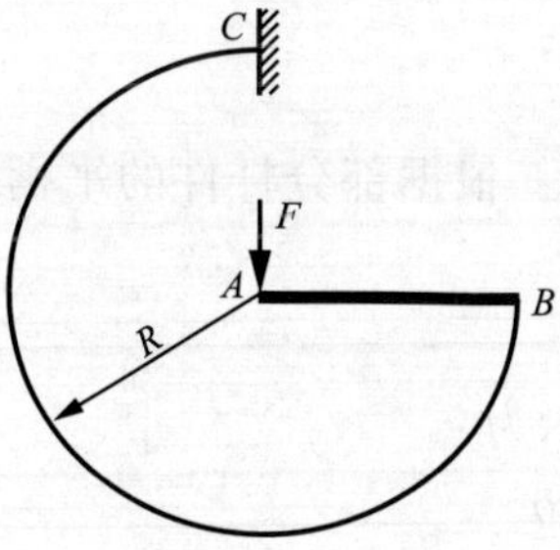

图 13-2-39

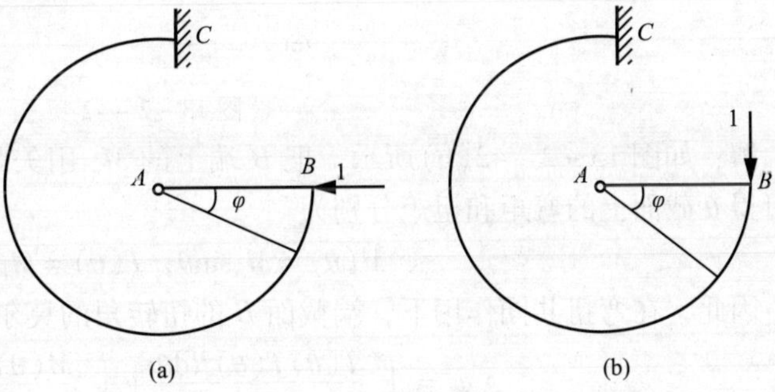

图 13-2-40

解： 载荷 F 下的曲杆的弯矩方程为 $M(\varphi)=FR\cos\varphi$，其中，φ 为曲杆上的点与 AB 所成的圆心角。

如图 13-2-40(a)、(b)所示，在 B 端施加水平和铅垂方向的单位力，则单位载荷作用下的弯矩方程分别为

$$\overline{M}_1(\varphi)=R\sin\varphi,\ \overline{M}_2(\varphi)=-R(1-\cos\varphi)$$

由莫尔定理，可得截面 B 水平位移

$$\Delta_{Bx}=\int_0^{\frac{3\pi}{2}}\frac{M\overline{M}_1}{EI}\mathrm{d}s=\int_0^{\frac{3\pi}{2}}\frac{FR\cos\varphi\cdot R\sin\varphi}{EI}R\mathrm{d}\varphi=\frac{FR^3}{2EI}(\leftarrow)$$

铅垂位移

$$\Delta_{By}=\int_0^{\frac{3\pi}{2}}\frac{M\overline{M}_2}{EI}R\mathrm{d}\varphi=\int_0^{\frac{3\pi}{2}}\frac{FR\cos\varphi\cdot R(\cos\varphi-1)}{EI}R\mathrm{d}\varphi=\frac{FR^3}{EI}\left(1+\frac{3}{4}\pi\right)=3.36\frac{FR^3}{EI}(\downarrow)$$

13.26　图 13－2－41 所示水平面内的曲拐，杆 AB 垂直于杆 BC，端点 C 上作用集中力 F。设曲拐两段材料相同且均为同一直径的圆形截面杆，试求 C 点的铅垂位移。

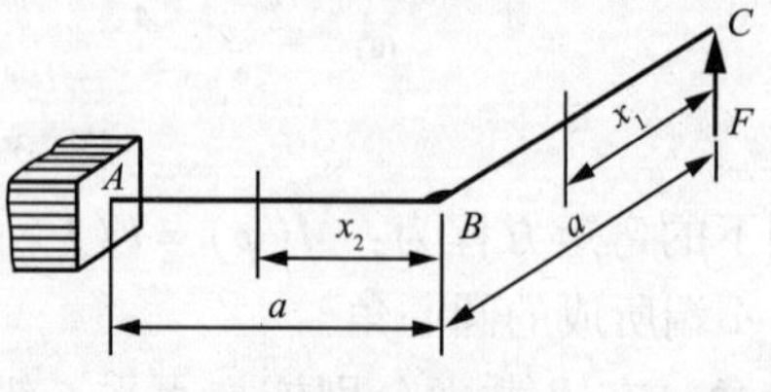

图 13－2－41

解：曲拐总的应变能由 AB 段、BC 段的弯曲应变能和 AB 段的扭转应变能三部分组成，即

$$V_\varepsilon=2\int_0^a\frac{(Fx)^2}{2EI}\mathrm{d}x+\frac{(Fa)^2a}{2GI_\mathrm{p}}=\frac{F^2a^3}{3EI}+\frac{F^2a^3}{2GI_\mathrm{p}}$$

由卡氏定理，可得 C 点的铅垂位移：$\Delta_{Cy}=\dfrac{\partial V_\varepsilon}{\partial F}=\dfrac{2Fa^3}{3EI}+\dfrac{Fa^3}{GI_\mathrm{p}}(\uparrow)$。

13.27　图 13－2－42 示半圆形小曲率曲杆的 A 端固定，在自由端作用扭转力偶矩 M_e。曲杆横截面为圆形，其直径为 d。试求 B 端的扭转角。

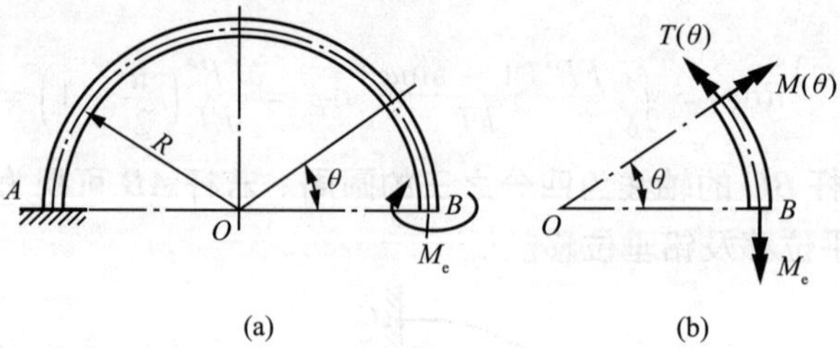

图 13－2－42

解：如图 13－2－42(b)所示，把 B 端上的 M_e 用矢量来表示，根据部分杆件的平衡条件可得 θ 截面上的弯矩和扭矩分别为

$$M(\theta)=M_\mathrm{e}\sin\theta,\ T(\theta)=M_\mathrm{e}\cos\theta$$

因此，在弯扭共同作用下，端截面 B 的扭转角的莫尔积分表示为

$$\varphi=\int_0^\pi\frac{T(\theta)\overline{T}(\theta)R\mathrm{d}\theta}{GI_\mathrm{p}}+\int_0^\pi\frac{M(\theta)\overline{M}(\theta)R\mathrm{d}\theta}{EI}$$

令 $M_\mathrm{e}=1$，

可得 $\overline{M}(\theta)=\sin\theta$，$\overline{T}(\theta)=\cos\theta$，

因此，$\varphi=\dfrac{RM_\mathrm{e}}{GI_\mathrm{p}}\displaystyle\int_0^\pi\cos^2\theta\mathrm{d}\theta+\dfrac{RM_\mathrm{e}}{EI}\int_0^\pi\sin^2\theta\mathrm{d}\theta=\dfrac{\pi RM_\mathrm{e}}{2}\left(\dfrac{1}{GI_\mathrm{p}}+\dfrac{1}{EI}\right)$。

代入 $G=\dfrac{E}{2(1+\mu)}$，$I_\mathrm{p}=2I=\dfrac{\pi d^4}{32}$并化简得到

$$\varphi = \frac{32(2+\mu)RM_e}{Ed^4}$$

13.28　图 13－2－43 所示折杆的横截面为直径为 d 的圆形。材料弹性模量为 E，切变模量为 G。在力偶矩 M_e 作用下，试求折杆自由端的线位移和角位移。

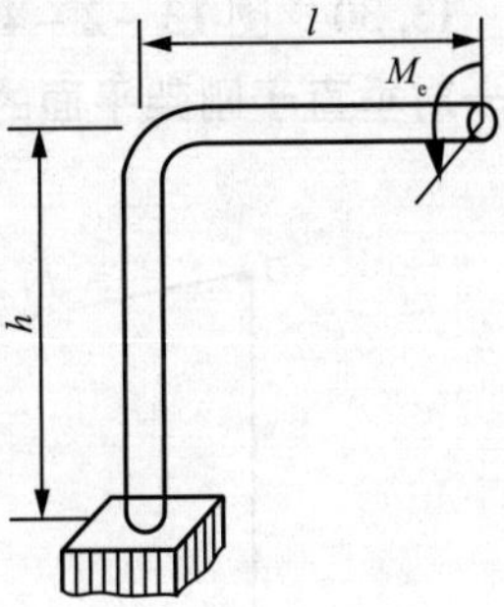

图 13－2－43

解：自由端的水平线位移是由大小为 M_e 的力偶矩作用于竖直部分顶端弯曲变形引起的，因此与竖直部分的顶端的线位移相同，则自由端水平位移

$$\Delta = \frac{M_e h^2}{2EI} = \frac{M_e h^2}{2E \cdot (\pi d^4/64)} = \frac{32 M_e h^2}{E\pi d^4}$$

自由端的转角由水平部分的扭转角位移与竖直部分顶端弯曲变形叠加而得，则自由端转角

$$\theta = \frac{M_e h}{EI} + \frac{M_e l}{GI_p} = \frac{64 M_e h}{E\pi d^4} + \frac{32 M_e l}{G\pi d^4}$$

13.29　图 13－2－44 所示刚架的各组成部分的抗弯刚度 EI 相同，抗扭刚度 GI_t 也相同。杆 CD 垂直于杆 AB。在力 F 作用下，试求截面 A 和 C 的水平位移。

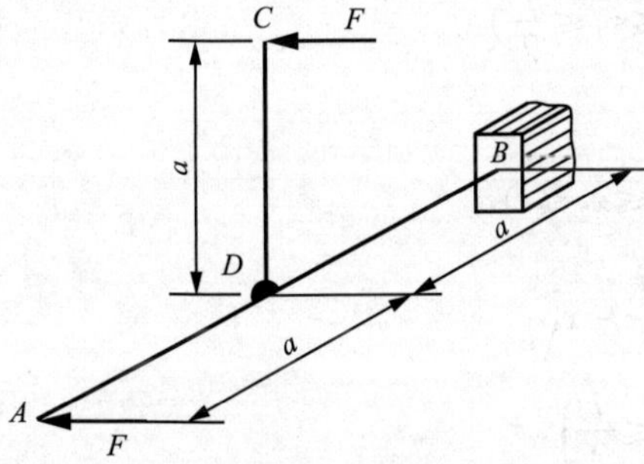

图 13－2－44

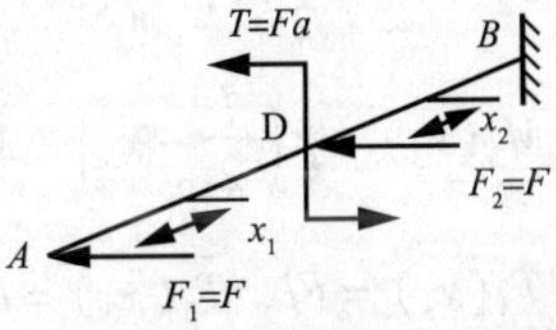

图 13－2－45

解：将作用在 C 端的力简化为作用在 D 截面的集中力 F 和力偶矩 $T = Fa$，并建立坐标系，如图 13－2－45 所示。

将 A 点的力记为 $F_1 = F$，D 点的力记为 $F_2 = F$，则有：

AD 段弯矩方程：$M(x_1) = F_1 x_1 \quad (0 \leqslant x_1 \leqslant a)$；

DB 段弯矩方程：$M(x_2) = F_1 a + (F_1 + F_2) x_2 \quad (0 \leqslant x_2 \leqslant a)$；

AB 杆的应变能：$V_\varepsilon = \int_0^a \frac{(F_1 x_1)^2}{2EI} dx_1 + \int_0^a \frac{[F_1 a + (F_1 + F_2) x_2]^2}{2EI} dx_2 + \frac{(Fa)^2 \cdot a}{2GI_t}$。

由卡氏定理，可得 A 点水平位移

$$\Delta_{Ax} = \frac{\partial V_\varepsilon}{\partial F_1}\bigg|_{F_1 = F_2 = F} = \frac{1}{EI}\left[\int_0^a F x_1^2 dx_1 + \int_0^a F(a + 2x_2)(a + x_2) dx_2\right] = \frac{7Fa^3}{2EI}(\leftarrow)$$

D 点水平位移：$\Delta_{Dx} = \frac{\partial V_\varepsilon}{\partial F_2}\bigg|_{F_1 = F_2 = F} = \frac{1}{EI}\int_0^a F(a + 2x_2) \cdot x_2 dx_2 = \frac{7Fa^3}{6EI}(\leftarrow)$。

C 点水平位移是由 D 点水平位移 Δ_{Dx}，CD 杆弯曲变形引起$\frac{Fa^3}{3EI}$，以及 DB 杆扭转引起$\frac{Ta}{GI_t} \cdot a$ 三部分组成，故

$$\Delta_{Cx}=\Delta_{Dx}+\frac{Fa^3}{3EI}+\frac{Ta}{GI_t}\cdot a=\frac{3Fa^3}{2EI}+\frac{Fa^3}{GI_t}(\leftarrow)$$

13.30 图 13-2-46 所示正方形刚架各部分的 EI 相等，GI_t 也相等。E 处有一切口。在一对垂直于刚架平面的水平力 F 作用下，试求切口两侧的相对水平位移 δ。

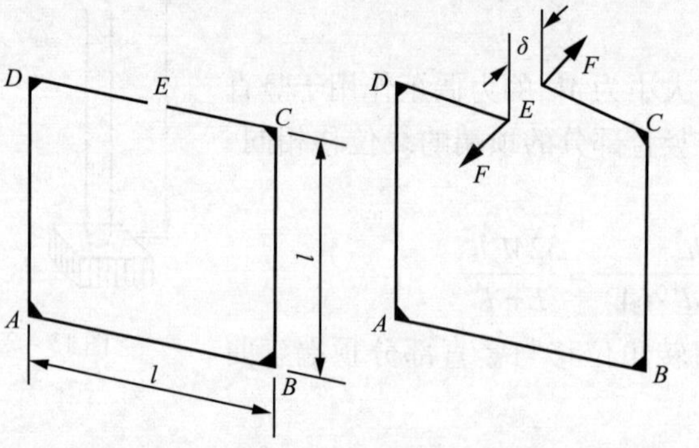

图 13-2-46

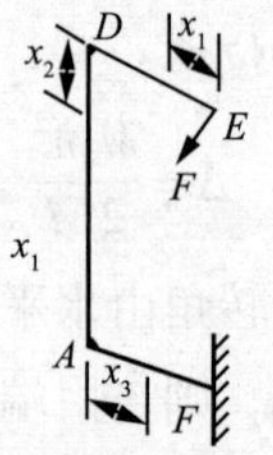

图 13-2-47

解：由于结构和载荷对称性，取刚架的一半进行分析，如图 13-2-47 所示，则刚架各段在载荷 F 和单位载荷(令 $F=1$)作用下的弯矩和扭矩方程：

ED 段：$M_1(x_1)=Fx_1$，$\overline{M}_1(x_1)=x_1$，$(0\leqslant x_1\leqslant\frac{l}{2})$

DA 段：$M_2(x_2)=Fx_2$，$\overline{M}_2(x_2)=x_2$

$T_2(x_2)=\frac{1}{2}Fl$，$\overline{T}_2(x_2)=\frac{1}{2}l$，$(0\leqslant x_2\leqslant l)$

AF 段：$M_3(x_3)=F\left(\frac{l}{2}-x_3\right)$，$\overline{M}_3(x_3)=\frac{l}{2}-x_3$

$T_3(x_3)=Fl$，$\overline{T}_3(x_3)=l$，$\left(0\leqslant x_3\leqslant\frac{l}{2}\right)$

由莫尔定理，可得在 F 作用下 E 点水平位移

$$\begin{aligned}\Delta x_E&=\int_0^{\frac{l}{2}}\frac{M(x_1)\overline{M}(x_1)}{EI}\mathrm{d}x_1+\int_0^{l}\frac{M(x_2)\overline{M}(x_2)}{EI}\mathrm{d}x_2+\int_0^{l}\frac{T(x_2)\overline{T}(x_2)}{GI_t}\mathrm{d}x_2\\&\quad+\int_0^{\frac{l}{2}}\frac{M(x_3)\overline{M}(x_3)}{EI}\mathrm{d}x_3+\int_0^{\frac{l}{2}}\frac{T(x_3)\overline{T}(x_3)}{GI_t}\mathrm{d}x_3\\&=\int_0^{\frac{l}{2}}\frac{Fx_1^2}{EI}\mathrm{d}x_1+\int_0^{l}\frac{Fx_2^2}{EI}\mathrm{d}x_2+\int_0^{l}\frac{Fl^2}{4GI_t}\mathrm{d}x_2+\int_0^{\frac{l}{2}}\frac{F\left(\frac{l}{2}-x_3\right)^2}{EI}\mathrm{d}x_3+\int_0^{\frac{l}{2}}\frac{Fl^2}{GI_t}\mathrm{d}x_3\\&=\frac{5Fl^3}{12EI}+\frac{3Fl^3}{4GI_t}\end{aligned}$$

由对称性可得切口的相对水平位移：$\delta=2\Delta x_E=\frac{5Fl^3}{6EI}+\frac{3Fl^3}{2GI_t}$(远离)。

13.31 轴线为水平平面内四分之一圆周的曲杆如图 13-2-48 所示，在自由端 B 作用铅垂载荷 F。设 EI 和 GI_p 已知，试求截面 B 在铅垂方向的位移。

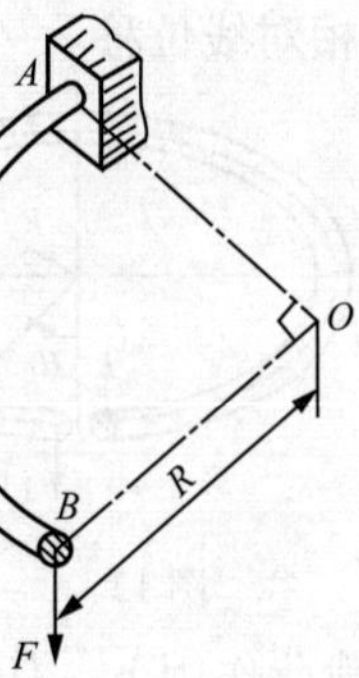

图 13－2－48

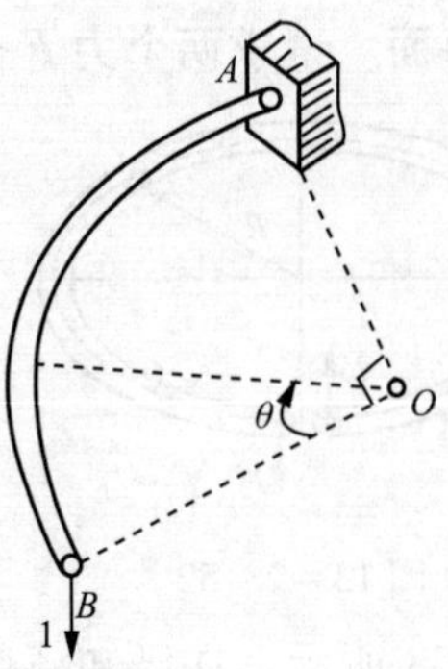

图 13－2－49

解：由图 13－2－49 可得，曲杆在载荷 F 及单位载荷 1 下的弯矩和扭矩方程

$M(\theta)=FR\sin\theta$，$\overline{M}(\theta)=R\sin\theta$

$T(\theta)=FR(1-\cos\theta)$，$\overline{T}(\theta)=R(1-\cos\theta)$，$(0\leqslant\theta\leqslant\frac{\pi}{2})$

由单位载荷法可得，B 点的铅垂位移

$$\Delta_{By}=\int_0^{\frac{\pi}{2}}\frac{M(\theta)\overline{M}(\theta)}{EI}R\mathrm{d}\theta+\int_0^{\frac{\pi}{2}}\frac{T(\theta)\overline{T}(\theta)}{GI_{\mathrm{p}}}R\mathrm{d}\theta=\int_0^{\frac{\pi}{2}}\frac{FR^3\sin^2\theta}{EI}\mathrm{d}\theta+\int_0^{\frac{\pi}{2}}\frac{FR^3}{GI_{\mathrm{p}}}(1-\cos\theta)^2\mathrm{d}\theta$$

$$=\frac{FR^3}{EI}\cdot\frac{\pi}{4}+\frac{FR^3}{GI_{\mathrm{p}}}\left(-2+\frac{3}{4}\pi\right)=\frac{\pi FR^3}{4EI}+\frac{FR^3(3\pi-8)}{4GI_{\mathrm{p}}}(\downarrow)$$

13.32　平均半径为 R 的细圆环，在切口处嵌入刚性块体，使环的张开量为 e，如图 13－2－50 所示。设 EI 已知。试求环中的最大弯矩。

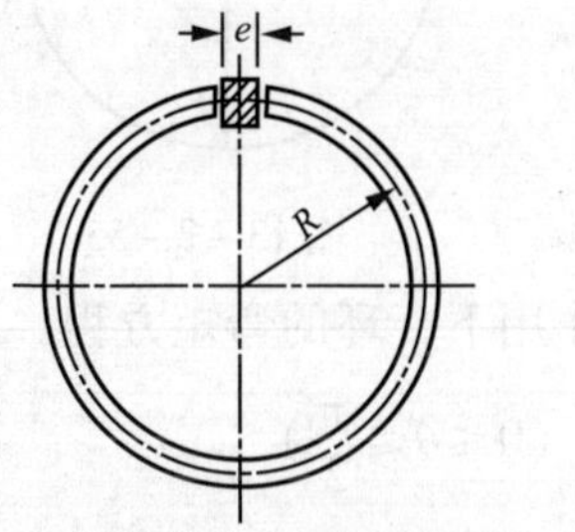

图 13－2－50

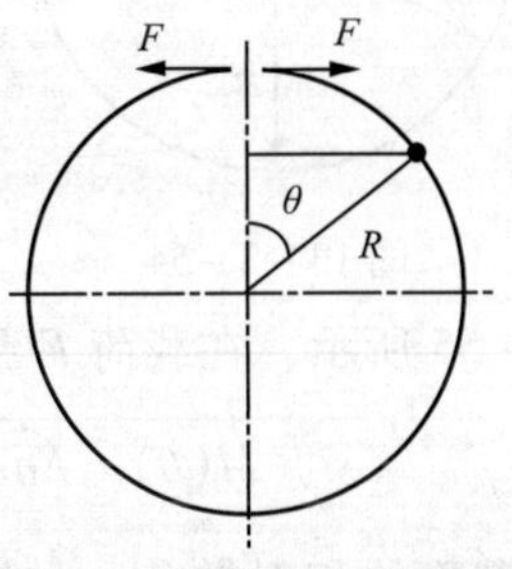

图 13－2－51

解：如图 13－2－51 所示，设物体给环的支反力为 F，则在载荷 F 和单位载荷作用下，环的弯矩方程为

$$M(\theta)=FR(1-\cos\theta)，\overline{M}(\theta)=R(1-\cos\theta)，(0\leqslant\theta\leqslant2\pi)$$

由单位载荷法可得，在 F 作用下环开口处相对位移

$$\delta=\int\frac{M(\theta)\overline{M}(\theta)}{EI}R\mathrm{d}\theta=\int_0^{2\pi}\frac{FR^2(1-\cos\theta)^2}{EI}R\mathrm{d}\theta=\frac{3\pi FR^3}{EI}$$

根据题意：$\delta=e$，故有 $F=\frac{EIe}{3\pi R^3}$。

又由弯矩方程可知，在 $\theta=\pi$ 时截面上有最大弯矩，则

$$M(\theta)_{\max}=M(\theta)\Big|_{\theta=\pi}=FR[1-(-1)]=2FR=2EIe/3\pi R^2$$

13.33　图 13－2－52 所示平均半径为 R 的细圆环，截面为圆形，其直径为 d。力 F 垂

直于圆环中线所在的平面。试求两个力 F 作用点的相对线位移。

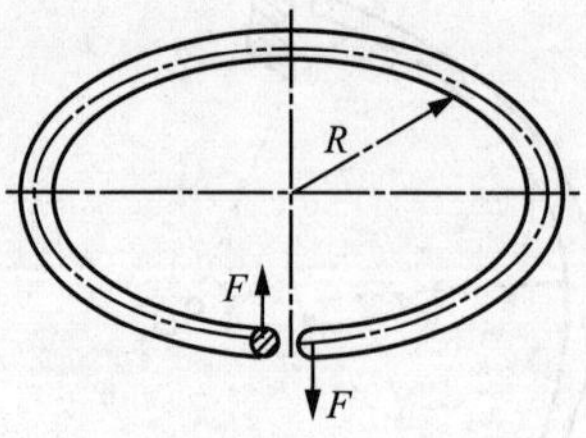

图 13-2-52

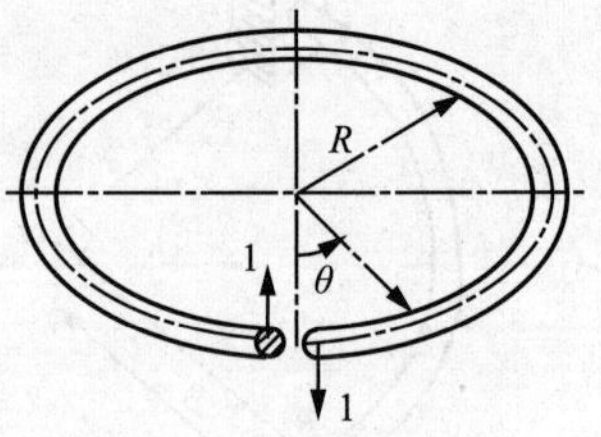

图 13-2-53

解： 如图 13-2-53 所示，在已知载荷和单位载荷作用下，任意 θ 截面的弯矩和扭矩分别为

$$M(\theta)=FR\sin\theta,\ \overline{M}(\theta)=R\sin\theta$$

$$T(\theta)=FR(1-\cos\theta),\ \overline{T}(\theta)=R(1-\cos\theta),\ (0\leqslant\theta\leqslant2\pi)$$

由莫尔定理可得，切口处的相对位移为

$$\delta=\int_0^{2\pi}\frac{M\overline{M}}{EI}\mathrm{d}s+\int_0^{2\pi}\frac{T\overline{T}}{GI_{\mathrm{p}}}\mathrm{d}s=\int_0^{2\pi}\frac{FR^3\sin^2\theta}{EI}\mathrm{d}\theta+\int_0^{2\pi}\frac{FR^3(1-\cos\theta)^2}{GI_{\mathrm{p}}}\mathrm{d}\theta=\frac{\pi FR^3}{EI}+\frac{3\pi FR^3}{GI_{\mathrm{p}}}$$

13.34　图 13-2-54 所示圆形曲杆的横截面尺寸远小于曲杆的半径 a，试求切口两侧截面的相对转角。

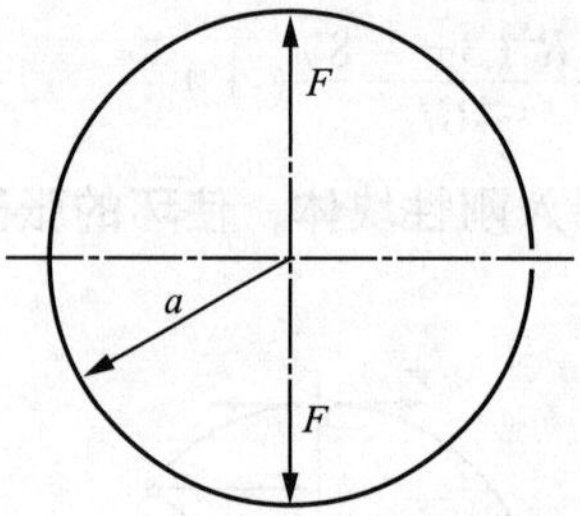

图 13-2-54

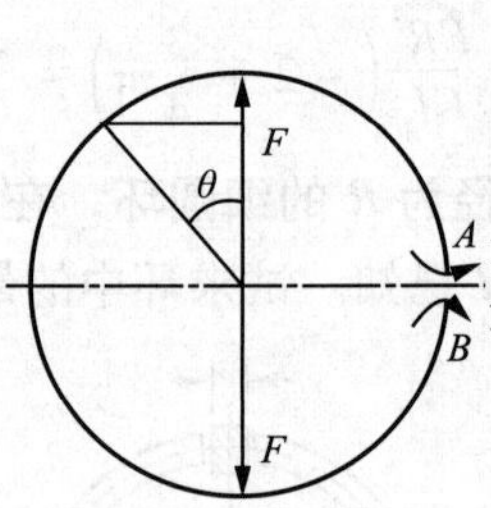

图 13-2-55

解： 如图 13-2-55 所示，在载荷 F 单独作用下，环的弯矩方程

$$M(\theta)=Fa\sin\theta,\ (0\leqslant\theta\leqslant\frac{\pi}{2})$$

为求得切口两侧截面的相对转角，在切口处施加一对单位力偶矩，如图 13-2-55 所示，则在单位力偶矩单独作用下，曲杆弯矩方程：$\overline{M}(\theta)=1,\ 0\leqslant\theta\leqslant2\pi$。

由单位载荷法可得，切口的两侧截面的相对转角

$$\theta=2\int_0^{\frac{\pi}{2}}\frac{Fa\sin\theta\cdot a}{EI}\mathrm{d}\theta=2\int_0^{\frac{\pi}{2}}\frac{Fa^2}{EI}\sin\theta\mathrm{d}\theta=\frac{2Fa^2}{EI}$$

13.35　带有缺口的圆环绕通过圆心且垂直于纸面的轴以角速度 $\boldsymbol{\omega}$ 旋转，如图 13-2-56 所示。试求缺口的张开量。设圆环的平均半径 $\boldsymbol{a}$ 远大于厚度 $\boldsymbol{\delta}$，圆环的密度为 $\boldsymbol{\rho}$，横截面面积为 $\boldsymbol{A}$，抗弯刚度为 $\boldsymbol{EI}$。

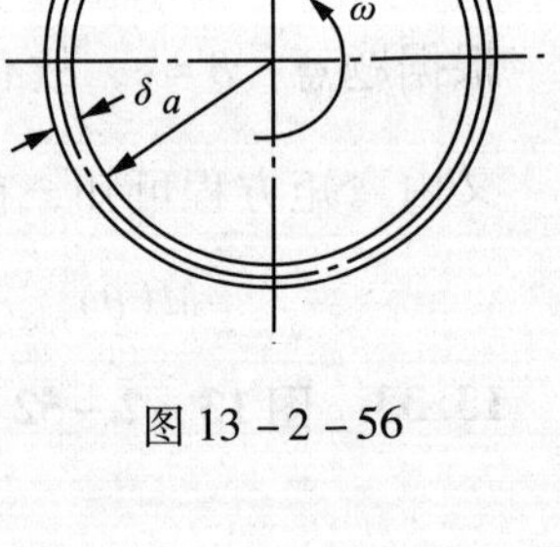

图 13-2-56

解： (1)计算惯性力引起的弯矩

单位长度惯性力为 $q_{\mathrm{d}}=\rho Aa_n=\rho Aa\omega^2$。

任意 θ 处惯性力引起的弯矩为

$$M(\theta) = \int_0^{\theta}(q_d a d\beta)[a\sin(\theta - \beta)] = q_d a^2\int_0^{\theta}\sin(\theta - \beta)d\beta = q_d a^2(1 - \cos\theta)$$

(2)计算单位力引起的弯矩

在 θ 处由单位力引起的弯矩为 $\overline{M}(\theta) = a(1 - \cos\theta)$。

(3)计算缺口的张开量

$$\Delta = 2\int_0^{\pi}\frac{M(\theta)\overline{M}(\theta)}{EI}(a d\theta) = 2\frac{q_d a^4}{EI}\int_0^{\pi}(1 - \cos\theta)^2 d\theta = \frac{3\pi A\rho a^5\omega^2}{EI}$$

13.36　圆柱螺旋弹簧的弹簧中径为 D，弹簧丝横截面直径为 d，有效圈数为 n。在弹簧两端受到扭转力偶矩 M_e 的作用，试求两端的相对扭转角。

解：取弹簧丝的任一横截面，横截面上有力偶矩 M_e，如图 13-2-57 所示，设弹簧的螺旋角为 α，则在 M_e 作用下，簧丝的任一截面上有：

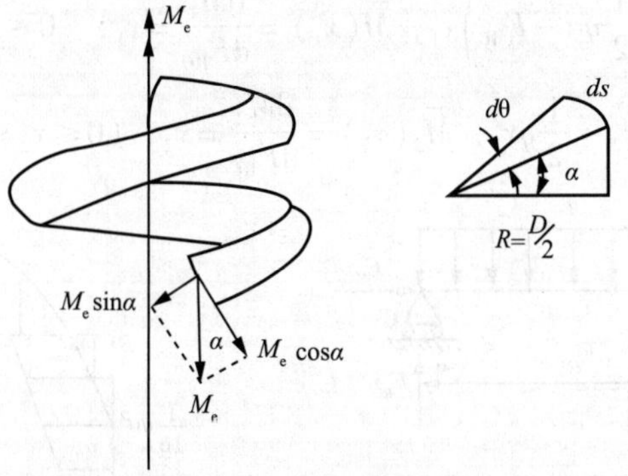

图 13-2-57

沿截面外法线方向上的扭矩：$T = M_e\sin\alpha$。

沿截面切线方向的弯矩：$M = M_e\cos\alpha$。

为求得簧丝两端的相对扭转角，在两端施加单位力偶矩，此时簧丝截面上有

$$\overline{M} = \cos\alpha,\ \overline{T} = \sin\alpha$$

又簧丝微段：$ds = Rd\theta = \dfrac{Dd\theta}{2}$。

由莫尔定理可得，簧丝两端相对转角

$$\theta = \int_s\frac{M\overline{M}}{EI}ds + \int_s\frac{T\overline{T}}{GI_p}ds = \int_0^{2n\pi}\frac{M_e\cos^2\alpha}{EI}\frac{Dd\theta}{2} + \int_0^{2n\pi}\frac{M_e\sin^2\alpha}{GI_p}\frac{Dd\theta}{2}$$

$$= \frac{32nM_eD}{d^4}\left(\frac{2\cos^2\alpha}{E} + \frac{\sin^2\alpha}{G}\right)$$

13.37　超静定刚架如图 13-2-58(a)所示，EI 为常量。将固定铰支座 C 改变为可动铰支座，即解除铅垂方向的约束，并将解除的约束用多余未知力 F_{RC} 来代替(图 b)。试按最小功原理求解(参看题 13.10)，并作刚架的弯矩图。

解：解除 C 点的约束，代之以约束反力 F_{HC}、F_{RC}，如图 13-2-59(a)所示，则由平衡条件

$$\sum M_A = 0,\ F_{RC}a + F_{HC}\cdot a - \frac{1}{2}qa^2 = 0$$

可得：$F_{HC} = \dfrac{1}{2}qa - F_{RC}$。

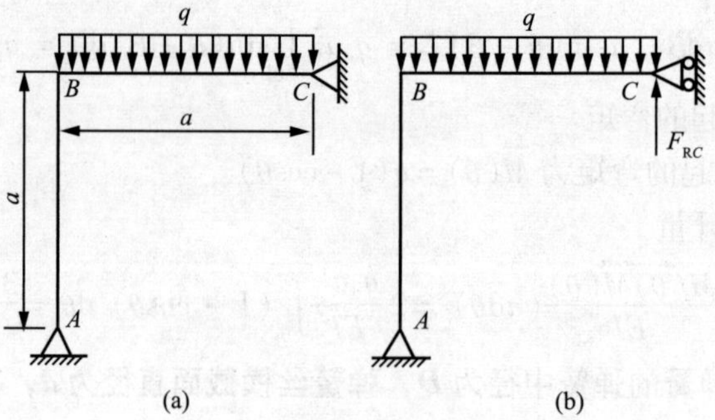

图 13－2－58

因此，载荷 q、F_{HC}、F_{RC} 作用下的弯矩以及单位载荷作用的弯矩方程为：

AB 段：$M_1(x_1) = -\left(\frac{1}{2}qa - F_{RC}\right)x_1$，$\overline{M}(x_1) = \frac{dM_1}{dF_{RC}} = x_1$，$(0 \leqslant x_1 \leqslant a)$

BC 段：$M_2(x_2) = F_{RC}x_2 - \frac{1}{2}qx_2^2$，$\overline{M}_2(x_2) = \frac{dM_2}{dF_{RC}} = x_2$，$(0 \leqslant x_2 \leqslant a)$

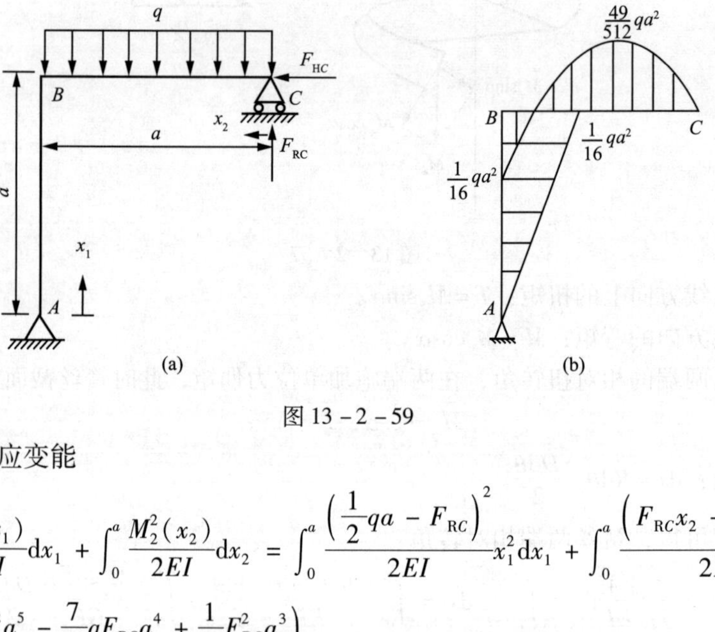

图 13－2－59

刚架中总的应变能

$$V_\varepsilon = \int_0^a \frac{M_1^2(x_1)}{2EI}dx_1 + \int_0^a \frac{M_2^2(x_2)}{2EI}dx_2 = \int_0^a \frac{\left(\frac{1}{2}qa - F_{RC}\right)^2}{2EI}x_1^2 dx_1 + \int_0^a \frac{\left(F_{RC}x_2 - \frac{1}{2}qx_2^2\right)^2}{2EI}dx_2$$

$$= \frac{1}{EI}\left(\frac{1}{15}q^2a^5 - \frac{7}{24}qF_{RC}a^4 + \frac{1}{3}F_{RC}^2a^3\right)$$

根据最小功原理，超静定结构的多余未知力的数值恰好是使刚架应变能为最小值。

则令 $\frac{dV_\varepsilon}{dF_{RC}} = 0$，即 $\frac{1}{EI}\left(-\frac{7}{24}qa^4 + \frac{1}{3} \times 2F_{RC} \cdot a^3\right) = 0$。

解得：$F_{RC} = \frac{7}{16}qa$。

故刚架 AB 段的弯矩方程：$M(x_1) = -\frac{1}{16}qax_1$，$(0 \leqslant x_1 \leqslant a)$

BC 段的弯矩方程：$M(x_2) = \frac{7}{16}qax_2 - \frac{1}{2}qx_2^2$，$(0 \leqslant x_2 \leqslant a)$

其中 BC 段，令 $\frac{\partial M(x_2)}{\partial x_2} = 0$，可得：$x_2 = \frac{7}{16}a$，

即在此截面上，弯矩有最大值：$M_{\max}=\dfrac{49}{512}qa^2$。

综上，可作该刚架的弯矩图，如图 13－2－59(b)所示。

13.38　图 13－2－60 所示结构中，各杆件的拉(压)刚度均为 EA。试求在集中力 F 作用下 B 点的水平和铅垂位移。

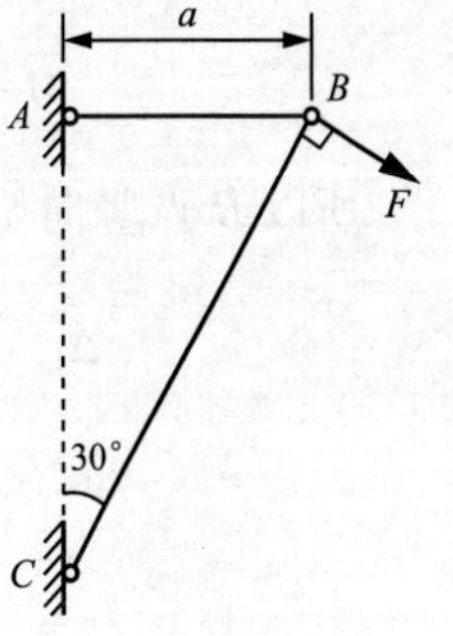

图 13－2－60

解：F 作用下两杆的轴力为 $F_{\mathrm{N}AB}=\dfrac{2}{3}\sqrt{3}F$，$F_{\mathrm{N}BC}=-\dfrac{\sqrt{3}}{3}F$，为求 B 处水平、铅垂位移，在 B 处施加水平向右的单位力 $\overline{F}_1=1$ 以及铅垂向下的单位力 $\overline{F}_2=1$。

单位载荷下两杆的轴力分别为：

$\overline{F}1$ 作用下：$\overline{F}_{\mathrm{N}AB_1}=1$，$\overline{F}_{\mathrm{N}BC_1}=0$；

$F2$ 作用下：$\overline{F}_{\mathrm{N}AB_2}=\dfrac{\sqrt{3}}{3}$，$\overline{F}_{\mathrm{N}BC_2}=-\dfrac{2\sqrt{3}}{3}$。

则由莫尔定理得水平、铅垂位移分别为

$$\Delta_{Bx}=\frac{F_{\mathrm{N}AB}\overline{F}_{\mathrm{N}AB_1}\cdot l_{AB}}{EA}+\frac{F_{\mathrm{N}BC}\overline{F}_{\mathrm{N}BC_1}\cdot l_{BC}}{EA}=\frac{2\sqrt{3}Fa}{3EA}$$

$$\Delta_{By}=\frac{F_{\mathrm{N}AB}\overline{F}_{\mathrm{N}AB_2}\cdot l_{AB}}{EA}+\frac{F_{\mathrm{N}BC}\overline{F}_{\mathrm{N}BC_2}\cdot l_{BC}}{EA}=\frac{2Fa}{EA}$$

13.39　图 13－2－61 所示结构中，曲杆 AB 的轴线是半径为 R 的四分之一圆周。曲杆 AB 的弯曲刚度为 EI，直杆 BC 的拉压刚度 $EA=\dfrac{EI}{R^2}$。试求在集中力 F 作用下 B 点的铅垂位移。

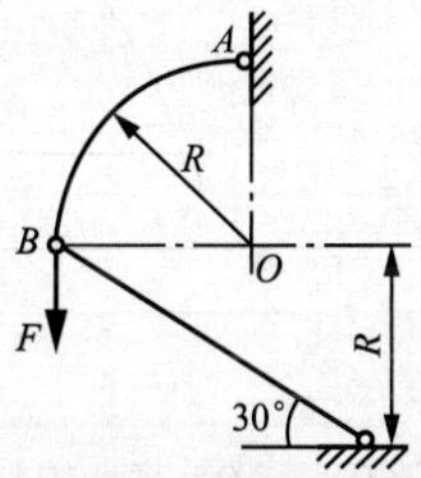

图 13－2－61

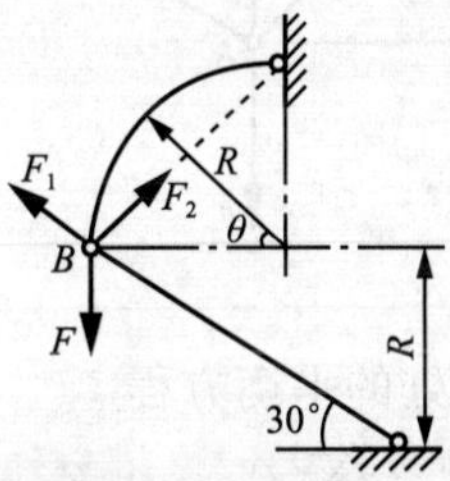

图 13－2－62

解：曲杆 AB 为二力杆，拉力沿着 AB 的连线方向，设为 F_2，杆 BC 的压力为 F_1。受力图如图 13－2－62 所示。

由节点 B 处平衡方程

$$\sum F_x=0,F_2\cos45^\circ-F_1\cos30^\circ=0$$

$$\sum F_y=0,F_2\sin45^\circ+F_1\sin30^\circ-F=0$$

解得 $F_1=(\sqrt{3}-1)F$，$F_2=\dfrac{\sqrt{6}}{2}(\sqrt{3}-1)F$。

AB 杆的弯矩为

$$M=\frac{\sqrt{2}}{2}F_2R\sin\theta-\frac{\sqrt{2}}{2}F_2R(1-\cos\theta)=\frac{\sqrt{2}}{2}F_2R(\sin\theta+\cos\theta-1)$$

为求 B 的铅垂位移，在 B 处施加一铅垂向下的单位载荷 $\overline{F}=1$，则

$$\overline{F}_1=\sqrt{3}-1,\quad \overline{F}_2=\frac{\sqrt{6}}{2}(\sqrt{3}-1)$$

$$\overline{M}=\frac{\sqrt{2}}{2}\overline{F}_2R\sin\theta-\frac{\sqrt{2}}{2}\overline{F}_2R(1-\cos\theta)=\frac{\sqrt{2}}{2}\overline{F}_2R(\sin\theta+\cos\theta-1)$$

所以 B 点竖向位移为

$$\begin{aligned}\Delta_{By} &= \sum_n\int_l\frac{M_i\overline{M}_i}{EI}\mathrm{d}x+\sum_n\frac{F_i\overline{F}_i\cdot l_i}{EA}=\frac{1}{EI}\int_0^{\frac{\pi}{2}}M\overline{M}R\mathrm{d}\theta+\frac{F_1\overline{F}_1l_1}{EA}\\ &= \frac{F_2\overline{F}_2R^3}{2EI}\int_0^{\frac{\pi}{2}}(\sin\theta+\cos\theta-1)^2\mathrm{d}\theta+\frac{F_1\overline{F}_1l_1R^2}{EI}\\ &= \frac{\frac{3}{2}(\sqrt{3}-1)^2FR^3}{2EI}(\pi-3)+\frac{2(\sqrt{3}-1)^2FR^3}{EI}\\ &= \frac{(3\pi-1)}{4}\frac{(\sqrt{3}-1)^2FR^3}{EI}\\ &= (3\pi-1)(2-\sqrt{3})\frac{FR^3}{2EI}\end{aligned}$$

13.40　图 13－2－63 所示结构中，各杆件的截面面积均为 A，材料在单轴拉伸情形的应力－应变关系为 $\boldsymbol{\sigma}=K\boldsymbol{\varepsilon}^{\frac{2}{3}}$。试求在集中力 F 作用下 B 点的铅垂位移。

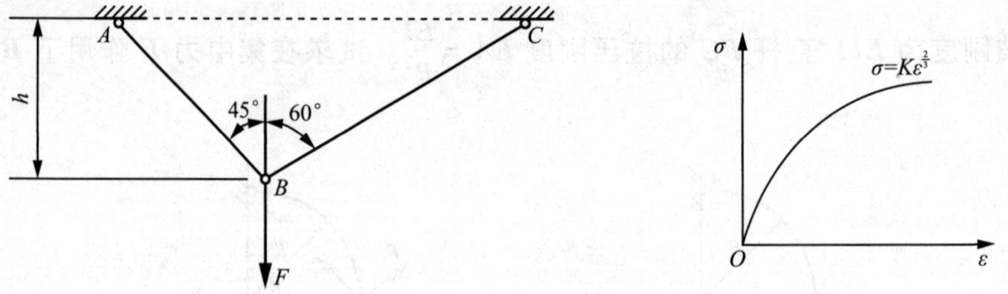

图 13－2－63

解：根据节点 B 处的平衡方程

$$\sum F_x=0,F_{AB}\sin45^\circ-F_{BC}\sin60^\circ=0$$

$$\sum F_y=0,F_{AB}\cos45^\circ+F_{BC}\cos60^\circ-F=0$$

解得 $F_{BC}=(\sqrt{3}-1)F$，$F_{AB}=\frac{\sqrt{6}}{2}(\sqrt{3}-1)F$。

单位体积内的应变能(应变能密度)为

$$v_\varepsilon=\int\sigma d\varepsilon=\int K\varepsilon^{\frac{2}{3}}\mathrm{d}\varepsilon=\frac{3}{5}K\varepsilon^{\frac{5}{3}}=\frac{3}{5}\frac{\sigma^{\frac{5}{2}}}{K^{\frac{3}{2}}}$$

各杆的应力为

$$\sigma_{AB}=\frac{\sqrt{6}}{2}(\sqrt{3}-1)\frac{F}{A},\quad \sigma_{BC}=(\sqrt{3}-1)\frac{F}{A}$$

所以各杆总的应变能为

$$V_\varepsilon = \int_V v_\varepsilon \mathrm{d}V = \frac{3}{5}\frac{\sigma^{\frac{5}{2}}}{K^{\frac{3}{2}}}lA = V_{AB_\varepsilon} + V_{BC_\varepsilon} = \frac{3}{5}\frac{\sigma_{AB}^{\frac{5}{2}}}{K^{\frac{3}{2}}}l_{AB}A + \frac{3}{5}\frac{\sigma_{BC}^{\frac{5}{2}}}{K^{\frac{3}{2}}}l_{BC}A = \frac{3}{5}\frac{A}{K^{\frac{3}{2}}}(\sigma_{AB}^{\frac{5}{2}}l_{AB} + \sigma_{BC}^{\frac{5}{2}}l_{BC})$$

$$= \frac{3}{5}\frac{A}{K^{\frac{3}{2}}}\left\{\left[\frac{\sqrt{6}}{2}(\sqrt{3}-1)\frac{F}{A}\right]^{\frac{5}{2}}\sqrt{2}h + \left[(\sqrt{3}-1)\frac{F}{A}\right]^{\frac{5}{2}}2h\right\}$$

$$= \frac{3}{5}h\frac{F^{\frac{5}{2}}}{K^{\frac{3}{2}}A^{\frac{3}{2}}}\left[\sqrt{2}\left(\frac{3-\sqrt{3}}{\sqrt{2}}\right)^{\frac{5}{2}} + 2(\sqrt{3}-1)^{\frac{5}{2}}\right]$$

根据卡氏定理，得到力的作用方向的位移，即铅垂位移为

$$\Delta_{By} = \frac{\partial V_\varepsilon}{\partial F} = \frac{\partial}{\partial F}\left\{\frac{3}{5}h\frac{F^{\frac{5}{2}}}{K^{\frac{3}{2}}A^{\frac{3}{2}}}\left[\sqrt{2}\left(\frac{3-\sqrt{3}}{\sqrt{2}}\right)^{\frac{5}{2}} + 2(\sqrt{3}-1)^{\frac{5}{2}}\right]\right\}$$

$$= \frac{3}{2}h\left(\frac{F}{KA}\right)^{\frac{3}{2}}\left[\sqrt{2}\left(\frac{3-\sqrt{3}}{\sqrt{2}}\right)^{\frac{5}{2}} + 2(\sqrt{3}-1)^{\frac{5}{2}}\right]$$

***13.41　图 13－2－64 所示变截面悬臂梁，*A* 端固定，*B* 端受铅垂向下的集中力 $F=1\text{kN}$ 作用。材料的弹性模量 $E=200\text{GPa}$。试求 *B* 端的挠度。**

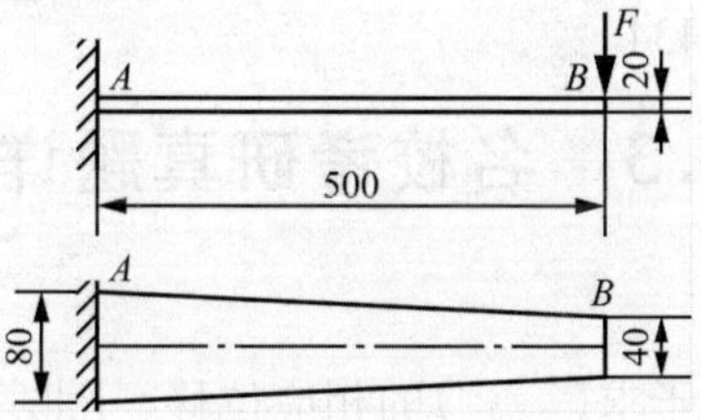

图 13－2－64

解：如图 13－2－65 所示，利用卡氏第二定理求解。

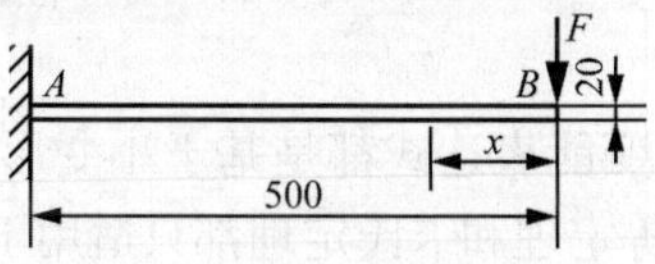

图 13－2－65

变截面悬臂梁在 x 截面处的宽度为：

$$b(x) = 40 + \frac{80-40}{0.5}x = (40+80x)\,\text{mm}$$

截面的惯性矩为：

$$I(x) = \frac{b(x)\times 20^3}{12} = \frac{(40+80x)\times 20^3}{12}\,\text{mm}^4$$

弯矩为：

$$M(x) = -Fx$$

弯曲应变能为：

$$V_\varepsilon = \int_l \frac{M^2(x)}{2EI(x)}\mathrm{d}x = \int_0^{0.5}\frac{(-Fx)^2}{2\times 200\text{GPa}\times\dfrac{(40+80x)\times 20^3}{12}\text{mm}^4}\mathrm{d}x$$

$$= \frac{12}{2\times 200\text{GPa}\times 40\times 20^3\ \text{mm}^4}\int_0^{0.5}\frac{F^2x^2}{1+2x}\mathrm{d}x$$

因此，可得 B 端的挠度为：

$$w_B = \frac{\partial V_\varepsilon}{\partial F} = \frac{24}{2 \times 200\text{GPa} \times 40 \times 20^3\ \text{mm}^4}\int_0^{0.5}\frac{Fx^2}{1+2x}\text{d}x$$

$$= \frac{24}{2 \times 200\text{GPa} \times 40 \times 20^3\ \text{mm}^4}\int_0^{0.5}\frac{x^2}{1+2x}\text{d}x$$

$$= 1.875 \times 10^{-7} \times 0.0241434 \times 10^9$$

$$\approx 4.53\text{mm}$$

注：

$$\int_0^{0.5}\frac{x^2}{1+2x}\text{d}x = \int_0^{0.5}\frac{x^2+\frac{1}{2}x-\frac{1}{2}x}{1+2x}\text{d}x = \int_0^{0.5}\frac{\frac{1}{2}x(1+2x)-\frac{1}{2}x}{1+2x}\text{d}x$$

$$= \frac{1}{2}\int_0^{0.5}x\text{d}x - \int_0^{0.5}\frac{\frac{1}{2}x}{1+2x}\text{d}x = 0.0625 - \frac{1}{4}\int_0^{0.5}\frac{2x+1-1}{1+2x}\text{d}x$$

$$= 0.0625 - \frac{1}{4}\int_0^{0.5}\left(1-\frac{1}{1+2x}\right)\text{d}x = 0.0625 - \frac{1}{4}\left(0.5-\frac{1}{2}\ln 2\right)$$

$$= 0.0241434$$

13.3 名校考研真题详解

一、选择题

1. 卡氏定理 $\Delta_k = \dfrac{\partial V_\varepsilon}{\partial F_k}$ 可用于求(　　)的相应位移。[北京航空航天大学 2013 研]

A. 任意结构　　　　B. 非弹性结构

C. 非线性弹性结构　　　　D. 线弹性结构

【答案】D

【解析】能量法里，讨论的应变能表达式都是基于小变形和线弹性材料建立的，所以由应变能得到的克拉贝依隆原理、互等定理和卡氏定理都只适用于线弹性结构；单位载荷法是基于虚功原理建立起来的，适用范围更广，但是常用到的莫尔积分方法也只是适用于线弹性结构。

2. 下列说法正确的是(　　)。[北京航空航天大学 2014 研]

A. 对于小变形问题，多个载荷所作之总功利用叠加原理进行计算

B. 功的互等定理与位移互等定理对于任何弹性体都适用

C. 变形体虚功原理中，可能位移是指满足位移边界条件与位移连续条件的任意小位移

D. 对于静不定杆或杆系结构，只要能与外力保持平衡的可能内力就为真实内力

【答案】C

【解析】A 项中，首先功与载荷之间并非线性关系，并不能通过单独载荷所做的功求和来求多个载荷所作的总功，第二，某一载荷会在其他载荷位置引起相应的位移，相应位移之间存在互耦，所做的总功并非单独载荷所作之功的和；B 项两个定理都只适用于线弹性结构；D 项错误。

3. 下列哪项原理、方法或公式的成立不要求材料线弹性？(　　)[北京航空航天大学 2016 研]

A. 计算压杆临界载荷的欧拉公式　　　　B. 单位载荷法

C. 克拉比隆定理　　　　D. 互等定理

【答案】B

【解析】临界载荷的欧拉公式的适用范围是线弹性和小变形，克拉比隆定理和互等定理都是弹性体应变能的基础上延伸出来的，仅适用于线弹性体。而单位载荷法是基于虚功原理建立起来的，不需要规定材料线弹性，但是在本科阶段一般只讨论线弹性。

4. 长度为 L 的圆轴右端安装有一转动惯量为 J 的飞轮，圆轴抗扭刚度为 GI_P，转速为 n 转每秒，当飞轮突然刹车时，轴内的最大扭矩为(　　)。(忽略轴本身和刹车装置的转动惯量)[中国科学技术大学 2016 研]

A. $2\pi n\sqrt{\dfrac{JGI_P}{L}}$　　B. $2\pi n\sqrt{\dfrac{2JGI_P}{L}}$　　C. $\sqrt{\dfrac{2\pi nJGI_P}{L}}$　　D. 无限大

【答案】A

【解析】当飞轮由于轴的约束作用而停止转动时，轴的扭转变形最大，扭矩最大。

轴在扭转过程中的应变能为

$$V_\varepsilon = \int_l \frac{T^2(x)}{2GI_p}\mathrm{d}x = \frac{T_d^2 l}{2GI_p}$$

飞轮耗散的动能为

$$E_k = \frac{1}{2}Jw^2 = \frac{1}{2}J(2n\pi)^2$$

根据能量守恒

$$E_k = V_\varepsilon$$

$$\frac{1}{2}J(2n\pi)^2 = \frac{T_d^2 l}{2GI_p}$$

所以求得 $T_d = 2n\pi\sqrt{\dfrac{JGI_p}{l}}$。

5. 图 13－3－1 所示悬臂梁，当单独作用 F 时，截面 B 的挠度和转角分别为 y_B、θ_B；若先加 M_e，后加 F，则在加 F 的过程中，力偶 M_e 所作的功是(　　)。[重庆大学 2016 研]

A. 作正功，其值为 $M_e\theta_B/2$

B. 作负功，其值为 $M_e y_B$

C. 作负功，其值为 $M_e\theta_B$

D. 作负功，其值为 $M_e\theta_B/2$

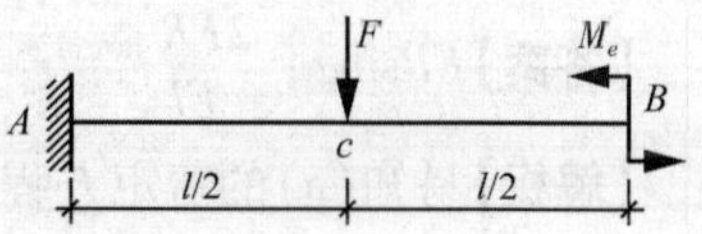

图 13－3－1

【答案】C

【解析】作用 F 时，θ_B 为顺时针，力偶 M_e 为逆时针，所以力偶 M_e 所做的功为负功，功的大小为 $M_e\theta_B$。

二、填空题

1. 如图 13－3－2 所示刚架，水平段 AB 和竖直段 BC 均长 l，弯曲刚度均为 EI，自由端作用外力偶 M，则自由端转角 θ_A = ______(逆时针)，铅垂位移 δ_A = ______。[北京航空航天大学 2013 研]

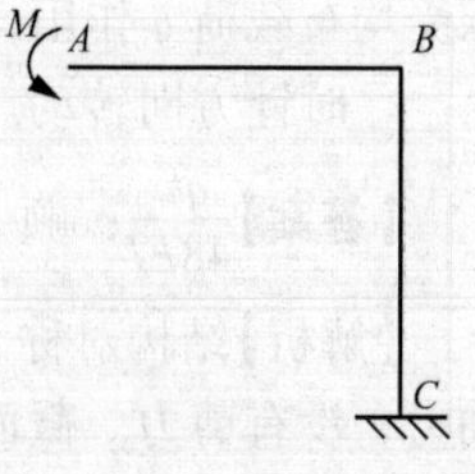

图 13－3－2

【答案】$\dfrac{2Ml}{EI}$；$\dfrac{3}{2}\dfrac{Ml^2}{EI}$

【解析】解法一：变形叠加法

$$\theta_A=\theta_{BC}+\theta_{AB}=\frac{Ml}{EI}+\frac{Ml}{EI}=\frac{2Ml}{EI}$$

$$\delta_A=\theta_{BC}\cdot l+\delta_{AB}=\frac{Ml}{EI}\cdot l+\frac{Ml^2}{2EI}=\frac{3}{2}\frac{Ml^2}{EI}$$

解法二：单位载荷法

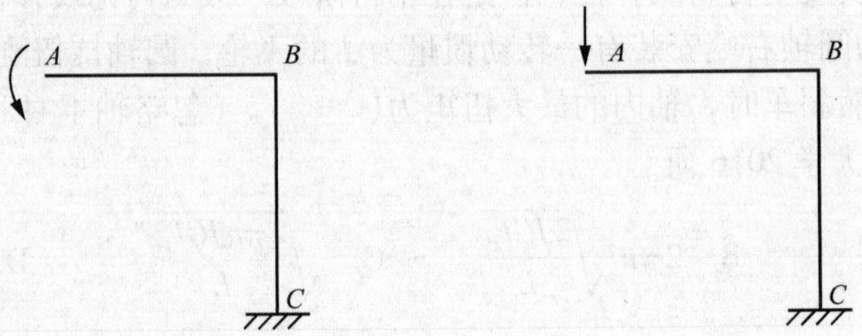

图 13－3－3

$$\theta_A=\int_{BC}\frac{M\cdot l}{EI}\mathrm{d}x+\int_{AB}\frac{M\cdot l}{EI}\mathrm{d}x=\frac{2Ml}{EI}$$

$$\delta_A=\int_{BC}\frac{M\cdot l}{EI}\mathrm{d}x+\int_{AB}\frac{M\cdot x}{EI}\mathrm{d}x=\int_0^l\frac{M\cdot l}{EI}\mathrm{d}x+\int_0^l\frac{M\cdot x}{EI}\mathrm{d}x=\frac{3}{2}\frac{Ml^2}{EI}$$

2．如图 13－3－4(a)所示半圆小曲率杆，弯曲刚度 EI，轴线半径为 R，在截面 A 和 B 作用一对方向相反的力 F。选取坐标 φ 代表截面位置，并取图 13－3－4(b)所示单位载荷系统。则载荷系统(a)的弯矩方程 $M(\varphi)=$______，单位载荷系统(b)的弯矩方程 $\overline{M}(\varphi)=1$。由单位载荷法，截面 A 和 B 之间的相对转角 $\theta_{A/B}=$______。［北京航空航天大学 2013 研］

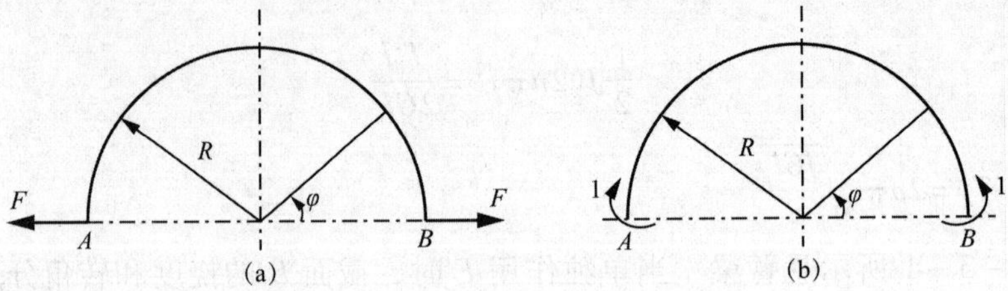

图 13－3－4

【答案】$FR\sin\varphi$；$\dfrac{2FR^2}{EI}$

【解析】易知(a)的弯矩方程为 $M(\varphi)=F\cdot R\sin\varphi$。

所以由莫尔积分，得

$$\theta_{A/B}=\int_l\frac{M(\varphi)\overline{M}(\varphi)}{EI}\mathrm{d}x=\frac{1}{EI}\int_0^{\pi}FR\sin\varphi R\mathrm{d}\varphi=\frac{2FR^2}{EI}$$

3．如图 13－3－5 所示刚架，各截面的弯曲刚度均为 EI，承受均布载荷 q 作用，则 A 截面的转角大小为______，A 截面沿______时针方向转动。［北京航空航天大学 2014 研］

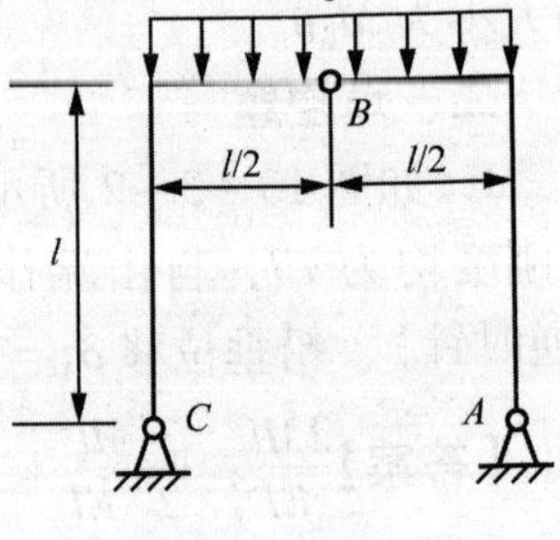

图 13－3－5

【答案】$\dfrac{ql^3}{48EI}$；顺

【解析】结构对称，载荷也对称，所以铰链 B 处只有对称的轴力，没有剪力。截面 B 没有水平位移，只有竖直位移和转角。所以简化图示原结构为图 13－3－6 所示结构。

解法一：相应公式

DA 段相当于一段 D 端受到弯矩的简支梁，其中 $M_D=\frac{1}{8}ql^2$，所以 A 端转角为

$$\theta_D=\frac{Ml}{3EI},\ \theta_A=\frac{Ml}{6EI}=\frac{ql^3}{48EI}$$

解法二：单位载荷法

原结构的弯矩分布为

$$M(x_1)=\frac{1}{2}qx_1^2,\ M(x_2)=\frac{1}{8}qlx_2$$

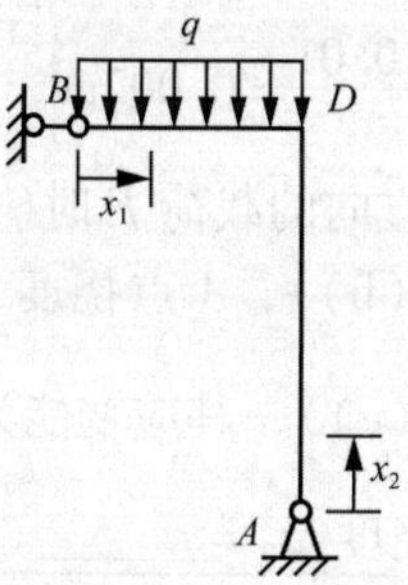

图 13-3-6

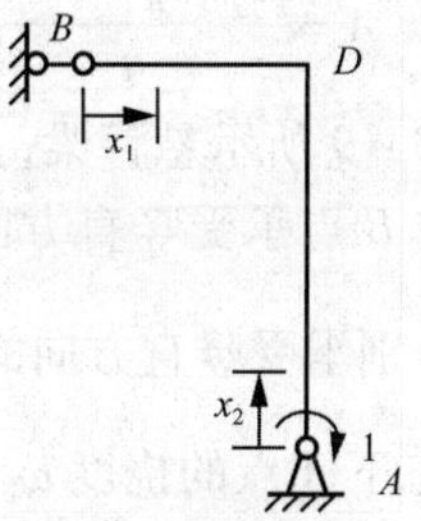

图 13-3-7

在 A 截面处施加一个顺时针的单位弯矩，如图 13-3-7，则弯矩分布为

$$\overline{M}(x_1)=0,\ \overline{M}(x_2)=1-\frac{x_2}{l}$$

根据莫尔积分，有

$$\theta_A=\int_{BD}\frac{M(x_1)\overline{M}(x_1)}{EI}\mathrm{d}x_1+\int_{AD}\frac{M(x_2)\overline{M}(x_2)}{EI}\mathrm{d}x_2$$

$$=0+\frac{1}{EI}\int_0^l\frac{1}{8}qlx_2\left(1-\frac{x_2}{l}\right)\mathrm{d}x_2=\frac{ql^3}{48EI}>0$$

所以转角为顺时针。

4. 如图 13-3-8 所示悬臂梁，当其上作用均布载荷 $q=1000\mathrm{N/m}$ 时（如图(a)），B 截面的转角为 0.02 弧度，挠度为 0.01m；当 B 截面仅作用外力偶 $M=50\mathrm{N\cdot m}$ 时（如图(b)），AB 梁变形扫过的面积为______ $\mathrm{m^2}$；当 B 截面同时作用外力偶 $M=50\mathrm{N\cdot m}$ 与外力 $F=100\mathrm{N}$ 时（如图(c)），AB 梁变形扫过的面积为______ $\mathrm{m^2}$。[北京航空航天大学 2016 研]

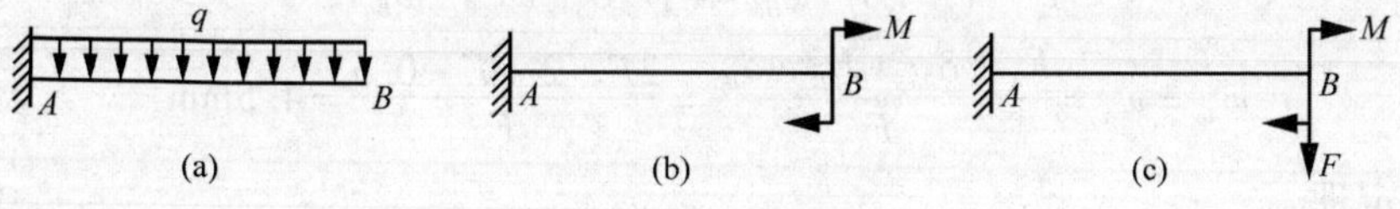

图 13-3-8

【答案】0.001；0.002

【解析】根据功的互等定理

$$F_1\cdot\delta_{12}=F_2\cdot\delta_{21}$$

得到

$$\int_A^B q\cdot w(x)\cdot\mathrm{d}x=M\cdot\theta_B$$

$$q\cdot\int_A^B w(x)\mathrm{d}x=q\cdot A=M\cdot\theta_B$$

所以当 B 截面作用外力偶时，AB 梁扫过的面积为

$$A=\frac{M\cdot\theta_B}{q}=\frac{50\times0.02}{1000}=0.001\mathrm{m}^2$$

同理

$$\int_A^B q\cdot w(x)\cdot\mathrm{d}x = M\cdot\theta_B + F\cdot\delta$$

$$q\cdot\int_A^B w(x)\mathrm{d}x = q\cdot A = M\cdot\theta_B + F\cdot\delta$$

所以当 B 截面作用力偶合集中力时，AB 梁扫过的面积为

$$A=\frac{M\cdot\theta_B+F\cdot\delta}{q}=\frac{50\times0.02+100\times0.01}{1000}=0.002\mathrm{m}^2$$

5. 如图 13－3－9 所示悬臂梁，仅在 A 点承受竖直方向的载荷 F 时（如图(a)），A 点的挠度为 2mm；仅在 B 点承受竖直方向的载荷 F 时（如图(b)），A 点挠度为 0.5mm。如果该梁在 A 点和 B 点分别承受竖直方向的载荷 $2F$ 和 F（如图(c)），其应变能为 $V_\varepsilon(F)$，且 $\frac{\partial V_\varepsilon}{\partial F}=$ 10mm，则在此状态下 A 点的挠度 $\omega_A=$______，B 点的挠度 $\omega_B=$______。（在以上载荷作用下，该悬臂梁的变形均满足线弹性、小变形条件）［北京航空航天大学 2016 研］

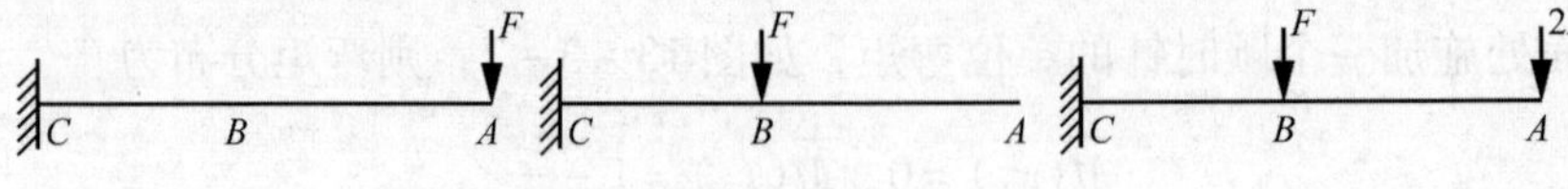

图 13－3－9

【答案】4.5mm；1mm

【解析】依据功的互等定理 $F_1\delta_{12}=F_2\delta_{21}$。

首先将图(a)作为第一组载荷，将图(b)作为第二组载荷，有

$$F_A\cdot\delta_{Ab}=F_B\cdot\delta_{Ba}$$

其中 $F_A=F_B=F$，$\delta_{Ab}=0.5\mathrm{mm}$，

所以解得 $\delta_{Ba}=0.5\mathrm{mm}$，即图 a 中，$B$ 截面处的挠度为 0.5mm。

再将图 a 作为第一组载荷，图 c 作为第二组载荷。为了以示区别，将图 c 中的 $2F=F_A$，$F=F_B$，有

$$F\cdot w_{Ac}+0\cdot w_{Bc}=F_A\cdot\delta_{Aa}+F_B\cdot\delta_{Ba}$$

$$w_{Ac}=w_A=\frac{F_A\cdot\delta_{Aa}+F_B\cdot\delta_{Ba}}{F}=\frac{2F\cdot2+F\cdot0.5}{F}=4.5\mathrm{mm}$$

由卡式定理

$$\frac{\partial V_\varepsilon}{\partial F}=\frac{\partial V_\varepsilon}{\partial F_B}\cdot\frac{\partial F_B}{\partial F}+\frac{\partial V_\varepsilon}{\partial F_A}\cdot\frac{\partial F_A}{\partial F}=w_B+2w_A=10$$

由解得的 $w_A=4.5\mathrm{mm}$，所以 $w_B=1\mathrm{mm}$。

6. 位移互等定理表述为______。［重庆大学 2016 研］

【答案】对于线弹性体，当 F_1 与 F_2 数值相等时，F_2 在点 1 沿 F_1 方向引起的位移 Δ_{12} 等于 F_1 在点 2 沿 F_2 方向引起的位移 Δ_{21}。

三、计算题

1. 试求图 13-3-10 所示刚架的支反力和弯曲应变能（忽略剪力和轴力对梁变形的影响），并画出刚架的弯矩图。［大连理工大学 2012 研］

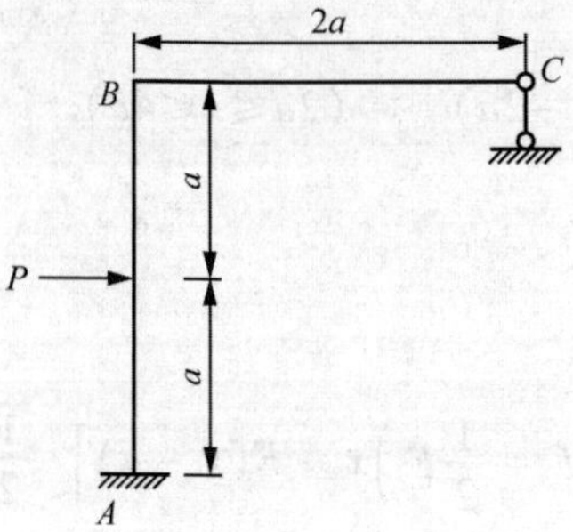

图 13-3-10

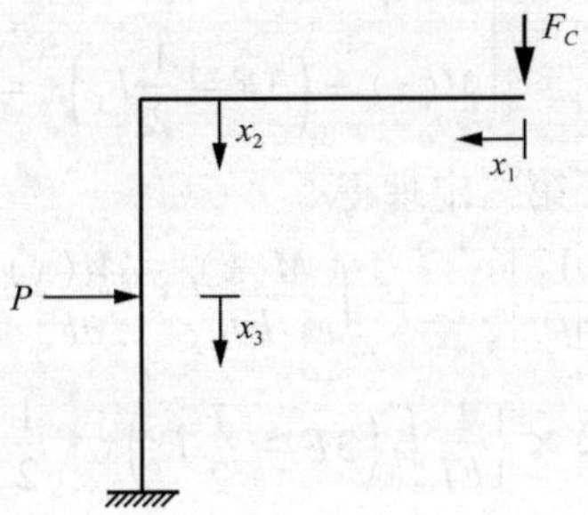

图 13-3-11

解：将支座 C 断开，代之以向下的力 F_C，得到如图 13-3-11 所示结构

各段的弯矩方程为

$$\begin{cases} M(x_1)=F_Cx_1 & (0\leqslant x_1\leqslant 2a) \\ M(x_2)=2aF_C & (0\leqslant x_2\leqslant a) \\ M(x_3)=2aF_C+Px_3 & (0\leqslant x_3\leqslant a) \end{cases}$$

刚架的弯曲应变能为

$$V_\varepsilon=\int\frac{M^2(x)}{2EI}\mathrm{d}x=\frac{1}{2EI}\left[\int_0^{2a}(F_Cx_1)^2\mathrm{d}x_1+\int_0^a(2aF_C)^2\mathrm{d}x_2+\int_0^a(2aF_C+Px_3)^2\mathrm{d}x_3\right]$$

$$=\frac{a^3}{6EI}(32F_C^2+P^2+6F_CP)$$

由卡氏第二定理，得

$$\Delta_C=\frac{\partial V_\varepsilon}{\partial F_C}=\frac{a^3}{6EI}(64F_C+6P)$$

而变形协调条件 $\Delta_c=0$，所以 $F_C=-\dfrac{3P}{32}$。

则支反力

$$F_C=-\frac{3P}{32}(\uparrow),\ F_{Ay}=\frac{3P}{32}(\downarrow)$$

$$F_{Ax}=p(\leftarrow),\ M_A=\frac{13}{16}\mathrm{Pa}(\text{逆时针})$$

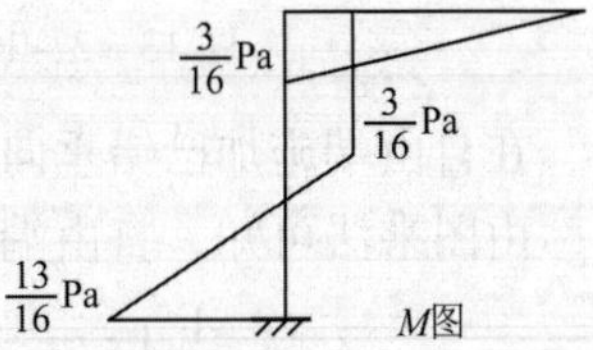

图 13-3-12

弯曲应变能

$$V_\varepsilon=\frac{a^3}{6EI}\left[32\cdot\left(\frac{3}{32}P\right)^2+P^2+6\cdot\frac{3}{32}P\cdot P\right]=\frac{59P^2a^3}{192EI}$$

刚架弯矩图如图 13-3-12 所示。

2. 求图 13-3-13 所示变刚度梁的跨中截面 C 的挠度，已知梁的 AB、DE 段的弯曲刚度为 EI，BD 段的弯曲刚度为 $3EI$。［西南交通大学 2014 研］

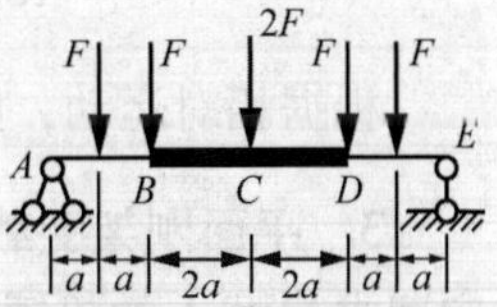

图 13-3-13

解：在 C 处虚设一向下的外力 F_c，支反力 $F_{Ay}=F_E=3F+(1/2)F_c$

结构载荷对称，仅分析左半部分即可，各段弯矩方程为

$$\begin{cases}M(x)=\left(3F+\dfrac{1}{2}F_c\right)x & (0\leqslant x\leqslant a)\\ M(x)=\left(3F+\dfrac{1}{2}F_c\right)x-F(x-a) & (a\leqslant x\leqslant 2a)\\ M(x)=\left(3F+\dfrac{1}{2}F_c\right)x-F(x-a)-F(x-2a) & (2a\leqslant x\leqslant 4a)\end{cases}$$

由卡氏第二定理得

$$\begin{aligned}\Delta_c &= \left.\frac{\partial V_\varepsilon}{\partial F_c}\right|_{F_c=0} = \int_l \frac{M(x)}{EI}\cdot\frac{\partial M(x)}{\partial F_c}\mathrm{d}x\\ &= 2\times\left\{\frac{1}{EI}\int_0^a\left(3F+\frac{1}{2}F_c\right)x\cdot\frac{1}{2}x\mathrm{d}x+\frac{1}{EI}\int_a^{2a}\left[\left(3F+\frac{1}{2}F_c\right)x-F(x-a)\right]\cdot\frac{1}{2}x\mathrm{d}x\right.\\ &\quad\left.+\frac{1}{3EI}\int_{2a}^{4a}\left[\left(3F+\frac{1}{2}F_c\right)x-F(x-a)-F(x-2a)\right]\cdot\frac{1}{2}x\mathrm{d}x\right\}\\ &= \frac{1}{EI}\int_0^a 3Fx^2\mathrm{d}x+\frac{1}{EI}\int_a^{2a}(2Fx^2+Fax)\mathrm{d}x+\frac{1}{3EI}\int_{2a}^{4a}(Fx^2+3Fax)\mathrm{d}x\\ &= \frac{Fa^3}{EI}\left(1+\frac{14}{3}+\frac{3}{2}+\frac{56}{9}+\frac{12}{2}\right)\\ &= \frac{349Fa^3}{18EI}\end{aligned}$$

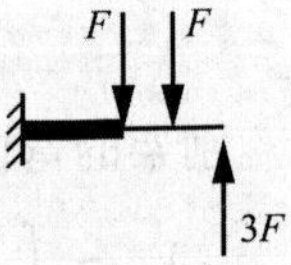

图 13－3－14

解法二：将原结构等效为图 13－3－14 所示结构。求 C 截面挠度即为求悬臂梁自由端挠度。

在原载荷作用下的弯矩图如图 13－3－15 所示。

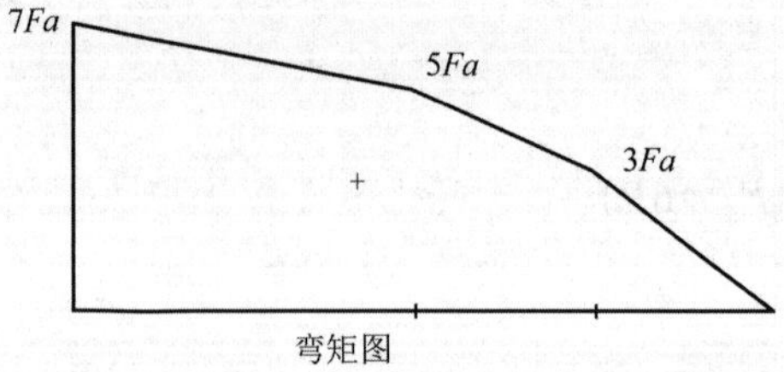

图 13－3－15

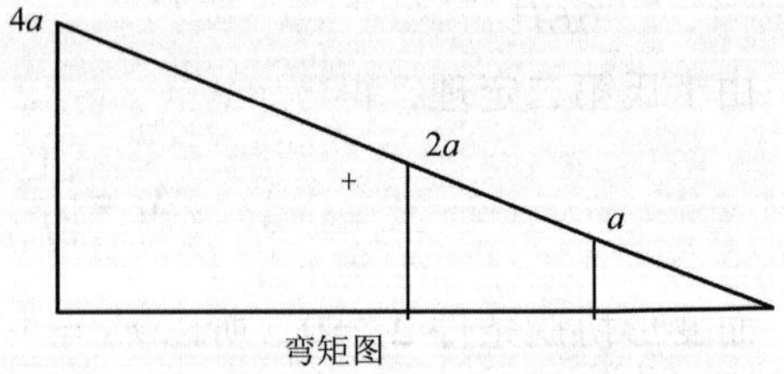

图 13－3－16

在自由端施加已铅垂向上的单位载荷，弯矩图如图 13－3－16 所示。

由图乘法可知，自由端位移为

$$\begin{aligned}\Delta_E &=\frac{1}{3EI}\left[5Fa\cdot 2a\times 3a+\frac{1}{2}\cdot 2a\cdot 2Fa\times\frac{10}{3}a\right]+\\ &\frac{1}{EI}\left[3Fa\cdot a\times\frac{3}{2}a+\frac{1}{2}\cdot a\cdot 2Fa\times\frac{5}{3}a\right]+\frac{1}{EI}\left[\frac{1}{2}\cdot a\cdot 3Fa\times\frac{2}{3}a\right]\\ &=\frac{349Fa^3}{18EI}\end{aligned}$$

根据相对运动，则 C 截面的挠度为$\dfrac{349Fa^3}{18EI}$。

3. 平面刚架受载如图 13－3－17 所示，已知：M，a，弯曲刚度为 EI，试用卡氏第二定理求截面 A 的铅锤位移。［南京理工大学 2015 研］

解：在 A 处虚设向上的外力 F，如图 13－3－18 所示。

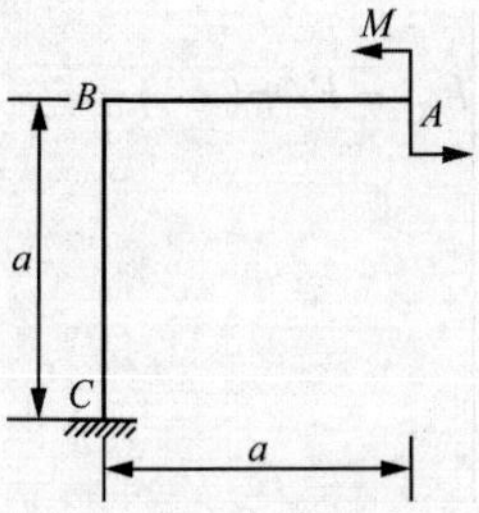

图 13－3－17

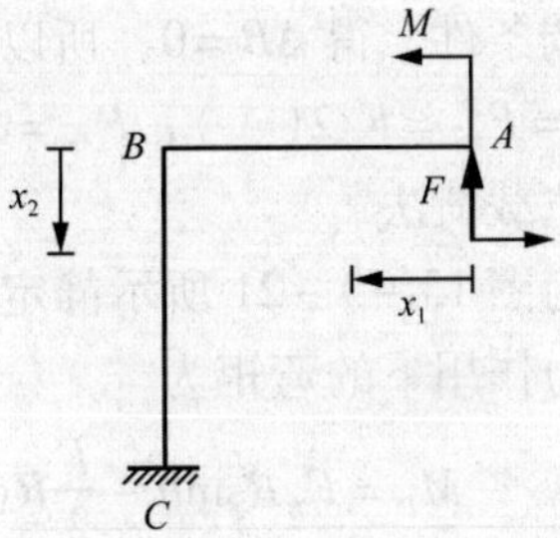

图 13－3－18

AB 段弯矩：$M(x_1)=M+Fx_1\quad(0\leqslant x_1\leqslant a)$。

BC 段弯矩：$M(x_2)=M+Fa\quad(0\leqslant x_2\leqslant a)$。

由卡氏第二定理得

$$\Delta_A=\left.\frac{\partial V_\varepsilon}{\partial F}\right|_{F=0}=\int_L\frac{M(x)}{EI}\cdot\frac{\partial M(x)}{\partial F}\mathrm{d}x$$

$$=\int_0^a\frac{(M+Fx_1)x_1}{EI}\mathrm{d}x_1+\int_0^a\frac{(M+Fa)a}{EI}\mathrm{d}x_2$$

$$=\frac{Ma^2}{2EI}+\frac{Ma^2}{EI}=\frac{3Ma^2}{2EI}$$

4. 已知图 13－3－19 所示半圆曲杆的弯曲刚度为 EI，试求支反力。［南京理工大学 2015 研］

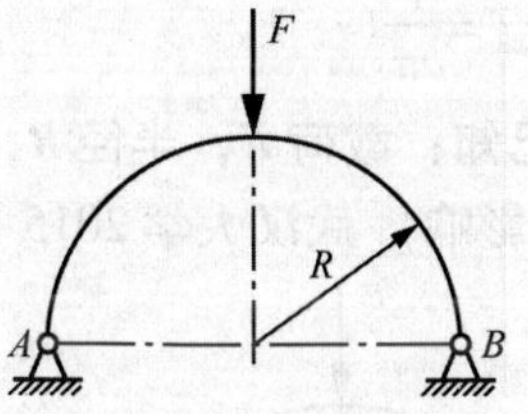

图 13－3－19

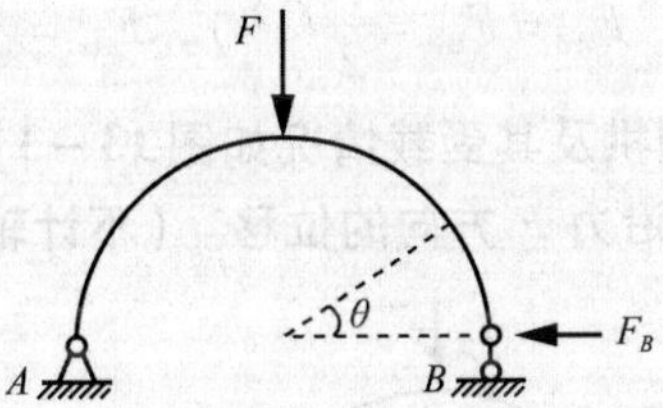

图 13－3－20

解：解法一：卡氏第二定理

由对称性可得，$F_{Ay}=F_{By}=F/2(\uparrow)$。

断开 B 支座水平约束，代之以水平向左的力 F_B，如图 13－3－20 所示。

各截面的弯矩为

$$\begin{cases}M(\theta)=F_BR\sin\theta-\dfrac{F}{2}R(1-\cos\theta) & \left(0\leqslant\theta\leqslant\dfrac{\pi}{2}\right)\\ M(\theta)=F_BR\sin\theta-\dfrac{F}{2}R(1+\cos\theta) & \left(\dfrac{\pi}{2}\leqslant\theta\leqslant\pi\right)\end{cases}$$

由卡氏第二定理，得 B 端水平位移

$$\Delta_B=\frac{\partial V_\varepsilon}{\partial F_B}=\int_l\frac{M(x)}{EI}\cdot\frac{\partial M(x)}{\partial F_B}\mathrm{d}x$$

$$=\int_0^{\frac{\pi}{2}}\frac{F_BR\sin\theta-\dfrac{F}{2}R(1-\cos\theta)}{EI}\cdot R\sin\theta\cdot R\mathrm{d}\theta$$

$$+\int_{\frac{\pi}{2}}^{\pi}\frac{F_BR\sin\theta-\dfrac{F}{2}R(1+\cos\theta)}{EI}\cdot R\sin\theta\cdot R\mathrm{d}\theta$$

$$=\frac{R^3}{EI}\left(F_B\cdot\frac{\pi}{2}-\frac{F}{2}\right)$$

而由变形协调条件，得 $\Delta B=0$，所以 $F_B=F/\pi$。

支反力：$F_{Ay}=F_{By}=F/2(\uparrow)$，$F_{Ax}=-F/\pi(\rightarrow)$，$F_{Bx}=F/\pi(\leftarrow)$。

解法二：单位载荷法

将结构等效为图 13－3－21 所示静定结构。

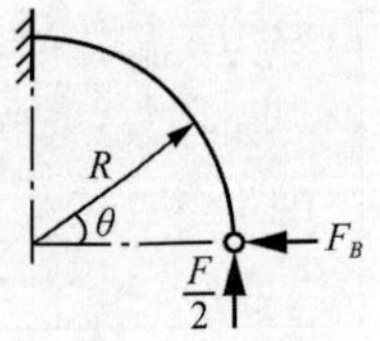

图 13－3－21

在两个约束力作用下的弯矩为

$$M_P=F_BR\sin\theta-\frac{F}{2}R(1-\cos\theta)$$

在 B 处施加一水平单位载荷，则弯矩为

$$\overline{M}=R\sin\theta$$

所以 B 点的水平位移为

$$\Delta_{Bx}=\frac{1}{EI}\int_l M_P\overline{M}\mathrm{d}x=\frac{1}{EI}\int_0^{\pi/2}\left[F_BR\sin\theta-\frac{F}{2}R(1-\cos\theta)\right]R\sin\theta R\mathrm{d}\theta=\frac{R^3}{EI}\left(F_B\frac{\pi}{4}-\frac{F}{4}\right)$$

因为 B 处为固定铰支座，故 $\Delta_{Bx}=0$，即

$$\frac{R^3}{EI}\left(F_B\frac{\pi}{4}-\frac{F}{4}\right)=0$$

解得 $F_B=\frac{F}{\pi}$。

故支反力：$F_{Ay}=F_{By}=\frac{F}{2}(\uparrow)$，$F_{Ax}=-\frac{F}{\pi}(\rightarrow)$，$F_{Bx}=\frac{F}{\pi}(\leftarrow)$。

5. 双铰圆拱及其受载情况如图 13－3－22 所示，已知：载荷 F，半径 R，弯曲刚度 EI，试求中点 C 处沿力 F 方向的位移。（不计轴力及剪力的影响）［武汉大学 2015 研］

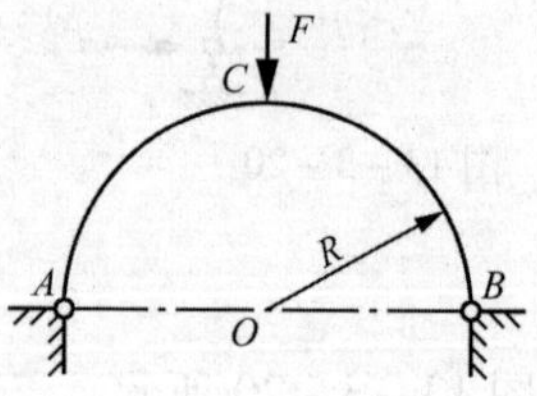

图 13－3－22

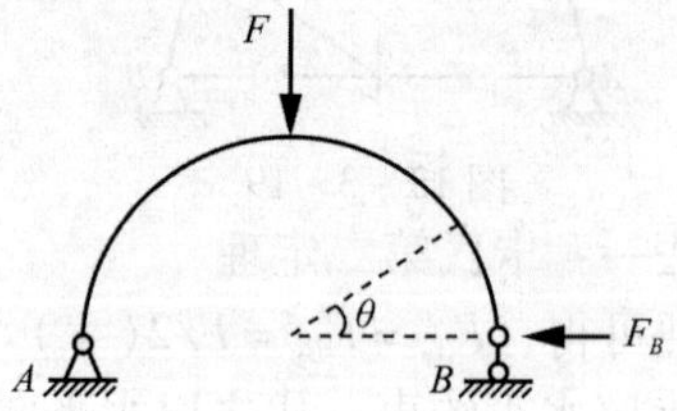

图 13－3－23

解：由对称性可得，$F_{Ay}=F_{By}=F/2(\uparrow)$。

解法一：断开 B 支座水平约束，代之以水平向左的力 F_B，如图 13－3－23 所示：

各截面的弯矩为

$$\begin{cases}M(\theta)=F_BR\sin\theta-\dfrac{F}{2}R(1-\cos\theta) & \left(0\leqslant\theta\leqslant\dfrac{\pi}{2}\right)\\ M(\theta)=F_BR\sin\theta-\dfrac{F}{2}R(1+\cos\theta) & \left(\dfrac{\pi}{2}\leqslant\theta\leqslant\pi\right)\end{cases}$$

由卡氏第二定理，得 B 端水平位移

$$\begin{aligned}\Delta_B&=\frac{\partial V_\varepsilon}{\partial F_B}=\int_l\frac{M(x)}{EI}\cdot\frac{\partial M(x)}{\partial F_B}\mathrm{d}x\\&=\int_0^{\frac{\pi}{2}}\frac{F_BR\sin\theta-\dfrac{F}{2}R(1-\cos\theta)}{EI}\cdot R\sin\theta\cdot R\mathrm{d}\theta+\int_{\frac{\pi}{2}}^{\pi}\frac{F_BR\sin\theta-\dfrac{F}{2}R(1+\cos\theta)}{EI}\cdot R\sin\theta\cdot R\mathrm{d}\theta\\&=\frac{R^3}{EI}\left(F_B\cdot\frac{\pi}{2}-\frac{F}{2}\right)\end{aligned}$$

而由变形协调条件，得 $\Delta_B=0$，所以 $F_B=F/\pi$。

支反力：$F_{Ay}=F_{By}=F/2(\uparrow)$，$F_{Ax}=-F/\pi(\rightarrow)$，$F_{Bx}=F/\pi(\leftarrow)$。

在 C 点沿力 F 方向作用一单位载荷，此时支反力 $F_{By1}=1/2(\uparrow)$，$F_{Bx1}=1/\pi(\leftarrow)$。

此时原载荷在各截面的弯矩为

$$\begin{cases}M(\theta)=\dfrac{F}{\pi}R\sin\theta-\dfrac{F}{2}R(1-\cos\theta) & \left(0\leqslant\theta\leqslant\dfrac{\pi}{2}\right)\\ M(\theta)=\dfrac{F}{\pi}R\sin\theta-\dfrac{F}{2}R(1+\cos\theta) & \left(\dfrac{\pi}{2}\leqslant\theta\leqslant\pi\right)\end{cases}$$

单位载荷在各截面的弯矩为

$$\begin{cases}\overline{M(\theta)}=\dfrac{1}{\pi}R\sin\theta-\dfrac{1}{2}R(1-\cos\theta) & \left(0\leqslant\theta\leqslant\dfrac{\pi}{2}\right)\\ \overline{M(\theta)}=\dfrac{1}{\pi}R\sin\theta-\dfrac{1}{2}R(1+\cos\theta) & \left(\dfrac{\pi}{2}\leqslant\theta\leqslant\pi\right)\end{cases}$$

由莫尔积分法，得 C 端竖直方向的位移

$$\begin{aligned}\Delta_C&=\int_0^{\frac{\pi}{2}}\frac{\dfrac{F}{\pi}R\sin\theta-\dfrac{F}{2}R(1-\cos\theta)}{EI}\cdot\left(\frac{1}{\pi}R\sin\theta-\frac{1}{2}R(1-\cos\theta)\right)\cdot R\mathrm{d}\theta\\&\quad+\int_{\frac{\pi}{2}}^{\pi}\frac{\dfrac{F}{\pi}R\sin\theta-\dfrac{F}{2}R(1+\cos\theta)}{EI}\cdot\left(\frac{1}{\pi}R\sin\theta-\frac{1}{2}R(1+\cos\theta)\right)\cdot R\mathrm{d}\theta\\&=\frac{FR^3}{EI}\left(\frac{3\pi}{8}-1-\frac{1}{2\pi}\right)\end{aligned}$$

解法二：利用对称性，可将问题适当简化，如图 13-3-24，要求 C 点处的竖直位移，即求 B 点的竖直位移。

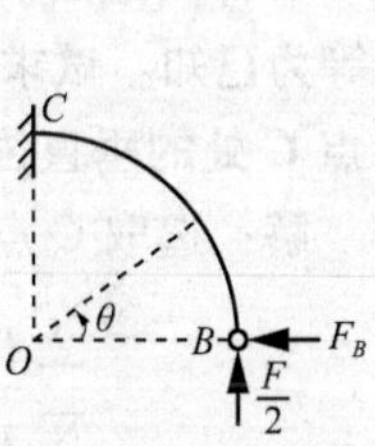

图 13-3-24

在原载荷作用下，角度为 θ 的任意截面的弯矩为

$$M(\theta)=F_BR\sin\theta-\frac{F}{2}R(1-\cos\theta)\qquad\left(0\leqslant\theta\leqslant\frac{\pi}{2}\right)$$

在 B 处施加一个单位横向载荷，如图 13-3-25 所示。

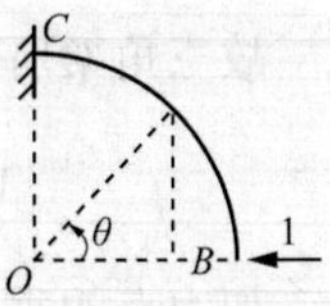

图 13-3-25

在 $F_B=1$ 的作用下，角度为 θ 的任意截面的弯矩为

$$\overline{M}(\theta)=R\sin\theta\qquad\left(0\leqslant\theta\leqslant\frac{\pi}{2}\right)$$

利用原问题的 B 点处的水平位移为 0，根据莫尔积分

$$\begin{aligned}\Delta_{Bx}&=\int_l\frac{M(\theta)\cdot\overline{M}(\theta)}{EI}\mathrm{d}x=\int_0^{\frac{\pi}{2}}\frac{M(\theta)\cdot\overline{M}(\theta)}{EI}R\mathrm{d}\theta\\&=\int_0^{\frac{\pi}{2}}\frac{\left[F_BR\sin\theta-\dfrac{F}{2}R(1-\cos\theta)\right]R\sin\theta}{EI}R\mathrm{d}\theta\\&=\frac{R^3}{EI}\left(F_B\cdot\frac{\pi}{2}-\frac{F}{2}\cdot\frac{1}{2}\right)=0\end{aligned}$$

求得 $F_B=\dfrac{F}{\pi}$。

在 B 点处施加一个竖直向上的单位载荷，如图 13-3-26 所示。

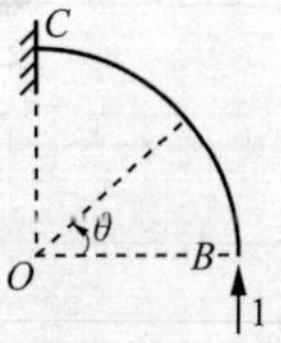

图 13-3-26

则角度为 θ 的任意截面的弯矩为

$$\overline{M}(\theta) = -R(1-\cos\theta) \qquad \left(0 \leqslant \theta \leqslant \frac{\pi}{2}\right)$$

根据莫尔积分

$$\Delta_{By} = \int_l \frac{M(\theta)\cdot\overline{M}(\theta)}{EI}\mathrm{d}x = \int_0^{\frac{\pi}{2}} \frac{M(\theta)\cdot\overline{M}(\theta)}{EI}R\mathrm{d}\theta$$

$$= \int_0^{\frac{\pi}{2}} \frac{\left[F_B R\sin\theta - \frac{F}{2}R(1-\cos\theta)\right][-R(1-\sin\theta)]}{EI}R\mathrm{d}\theta$$

$$= \frac{R^3}{EI}\left(\frac{F}{2}\left(\frac{3\pi}{4}-2\right)-\frac{1}{2}F_B\right)$$

$$= \frac{FR^3}{EI}\left(\frac{3\pi}{8}-1-\frac{1}{2\pi}\right)(\uparrow)$$

即 B 点相对于 C 点的竖直向上位移为

$$\frac{FR^3}{EI}\left(\frac{3\pi}{8}-1-\frac{1}{2\pi}\right)$$

所以中点 C 处沿力 F 方向的位移为

$$\frac{FR^3}{EI}\left(\frac{3\pi}{8}-1-\frac{1}{2\pi}\right)(\downarrow)$$

6. 如图 13－3－27 所示，等截面 *AB* 和 *BC* 组成三角架。二杆横截面积均为 *A*，材料弹性模量均为 *E*。*F*、*l*、*E*、*A* 等为已知。试求三脚架所储存的应变能力，并由此计算加力点 *C* 处的垂直位移。［华南理工大学 2016 研］

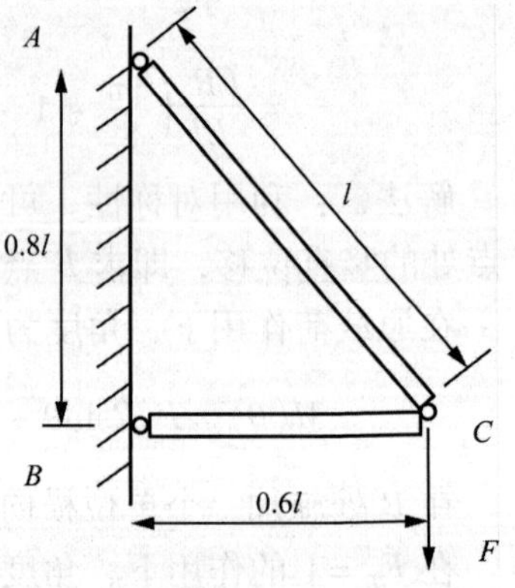

图 13－3－27

解：选取 C 点为研究对象，根据平衡条件得

$$\sum F_x = 0 \quad F_{NAC}\cos\theta - F_{NBC} = 0$$

$$\sum F_y = 0 \quad F_{NAC}\sin\theta - F = 0$$

又因为：$\cos\theta = 0.6$，$\sin\theta = 0.8$。

所以可得：$F_{NAC} = 1.25F$，$F_{NBC} = 0.75F$。

故三角架所储存的应变能为

$$V_\varepsilon = \frac{F_{NAC}^2 l_{AC}}{2EA} + \frac{F_{NBC}^2 l_{BC}}{2EA} = \frac{(1.25F)^2 l}{2EA} + \frac{(0.75F)^2\cdot 0.6l}{2EA} = \frac{0.95F^2 l}{EA}$$

加力点的垂直位移为

$$\omega = \frac{\partial V_\varepsilon}{\partial F} = \frac{1.9Fl}{EA}$$

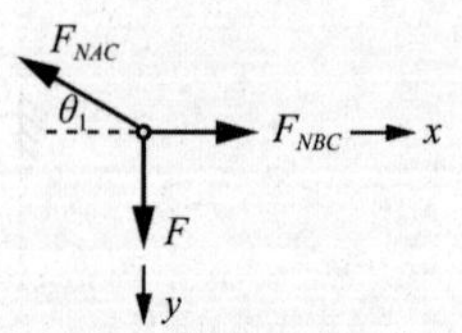

图 13－3－28

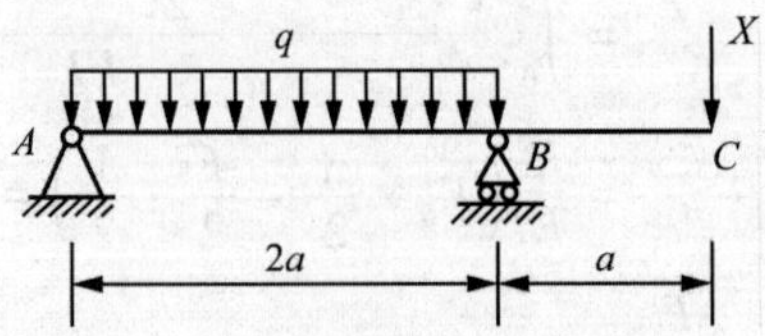

图 13－3－29

7. 图 13－3－29 所示外伸梁，抗弯刚度为 *EI*，承受均布载荷 *q* 及集中力 *X* 作用。若不

考虑剪力影响，求截面 C 转角为零时的集中力 X 值。［昆明理工大学 2016 研］

答：先求集中力 X 作用下 C 的转角，在截面 C 作用一单位力偶，得到此时的弯矩 $\overline{M}(x)$ 图，并画出均布载荷和集中力作用下的弯矩 $M(x)$ 图如图 13－3－30 所示，为了便于计算把 AB 段的弯矩图分成上下两部分，利用图乘法求得截面 C 的转角为

$$\theta_C=\frac{1}{EI}\left(\frac{1}{2}\cdot Xa\cdot 2a\cdot\frac{2}{3}+\frac{1}{2}\cdot Xa\cdot a\cdot 1-\frac{2}{3}\cdot\frac{1}{2}qa^2\cdot 2a\cdot\frac{1}{2}\right)=\frac{1}{EI}\left(\frac{7Xa^2}{6}-\frac{qa^3}{3}\right)$$

因为截面 C 转角为零，此时

$$X=\frac{2}{7}qa$$

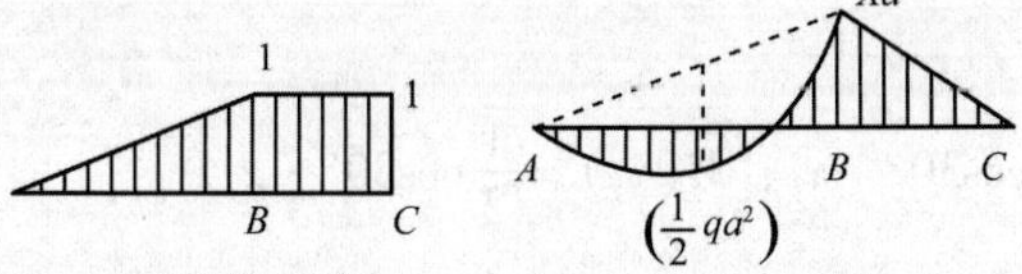

弯矩 $\overline{M}(x)$ 图　　$M(x)$ 图

图 13－3－30

8. 图 13－3－31 所示抗弯刚度为 EI、抗拉刚度为 EA 的等截面开口薄壁圆形（开口很小），在开口 A、B 处受一对与圆周相切的集中力 F 作用。圆环直径为 D 且 D 远大于圆环横截面尺寸，不计圆环内剪力对位移的影响。试用卡氏第二定理求圆环缺口张开的位移 Δ_{AB}。［重庆大学 2016 研］

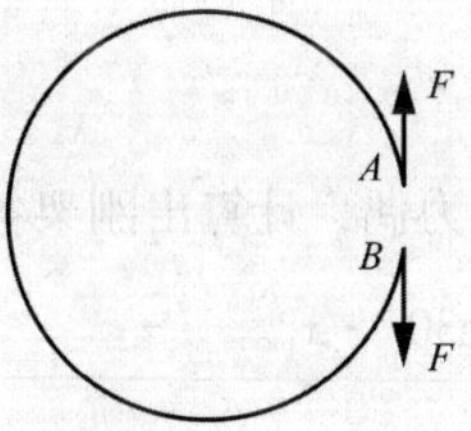

图 13－3－31

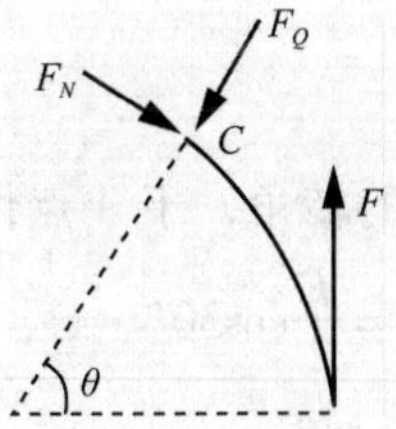

图 13－3－32

解：取脱离体如图 13－3－32 所示。

角度为 θ 的任意截面。

轴力：$F_N=F\cos\theta$。

弯矩：$M=(FD/2)\cdot(1-\cos\theta)$。

由卡氏定理得

$$\begin{aligned}\Delta_{AB}&=\int_l\frac{F_N(x)}{EA}\cdot\frac{\partial F_N(x)}{\partial F}\mathrm{d}x+\int_l\frac{M(x)}{EI}\cdot\frac{\partial M(x)}{\partial F}\mathrm{d}x\\&=\int_0^{2\pi}\frac{F\cos\theta}{EA}\cdot\cos\theta\cdot\frac{D}{2}\mathrm{d}\theta+\int_0^{2\pi}\frac{FD(1-\cos\theta)}{2EI}\cdot\frac{D(1-\cos\theta)}{2}\cdot\frac{D}{2}\mathrm{d}\theta\\&=\frac{FD}{2EA}\int_0^{2\pi}\cos^2\theta\mathrm{d}\theta+\frac{FD^3}{8EI}\int_0^{2\pi}(1-\cos\theta)^2\mathrm{d}\theta\\&=\frac{\pi FD}{2EA}+\frac{3\pi FD^3}{8EI}\end{aligned}$$

9. 试求钢架 B 截面的垂直位移 Δ_{By} 及 A 截面的转角 θ_A。已知刚架各杆的弯曲刚度 EI 为常量（不计轴力和剪力对变形的影响）。［山东大学 2017 研］

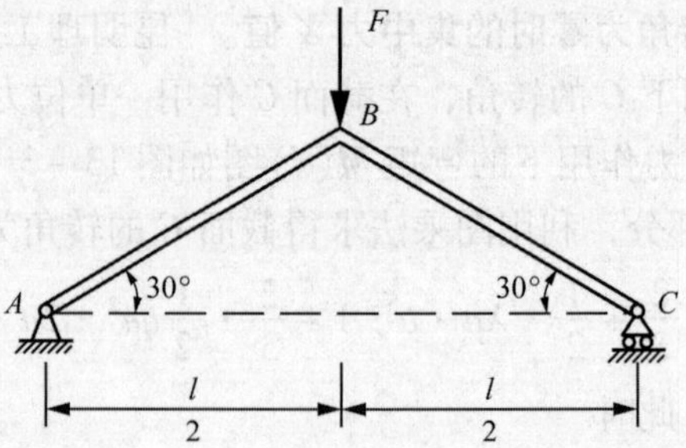

图 13－3－33

解：①计算 B 截面的垂直位移 Δ_{By}，于 B 点作用垂直向下的单位力，计算出刚架各段内的弯矩为

AB 段：$M(x_1)=\dfrac{F}{2}\cos30^\circ\cdot x_1$，$\overline{M}(x_1)=\dfrac{1}{2}\cos30^\circ\cdot x_1$。

BC 段：$M(x_2)=\dfrac{F}{2}\cos30^\circ\cdot x_2$，$\overline{M}(x_2)=\dfrac{1}{2}\cos30^\circ\cdot x_2$。

使用莫尔定理，可得 B 截面的垂直位移为

$$\begin{aligned}\Delta_{By}&=\frac{1}{EI}\left(\int_{AB}M(x_1)\overline{M}(x_1)\,\mathrm{d}x_1+\int_{BC}M(x_2)\overline{M}(x_2)\,\mathrm{d}x_2\right)\\&=\frac{1}{EI}\left(\int_0^{l/\sqrt{3}}\frac{F}{2}\cos30^\circ\cdot x_1\cdot\frac{1}{2}\cos30^\circ\cdot x_1\,\mathrm{d}x_1+\int_0^{l/\sqrt{3}}\frac{F}{2}\cos30^\circ\cdot x_2\cdot\frac{1}{2}\cos30^\circ\cdot x_2\,\mathrm{d}x_2\right)\\&=\frac{\sqrt{3}Fl^3}{72EI}\end{aligned}$$

②计算 A 截面的转角，于 A 点作用顺时针的单位力偶，计算出刚架各段内的弯矩为

AB 段：$M(x_1)=\dfrac{F}{2}\cos30^\circ\cdot x_1$，$\overline{M}(x_1)=1-\dfrac{1}{l}\cos30^\circ\cdot x_1$。

BC 段：$M(x_2)=\dfrac{F}{2}\cos30^\circ\cdot x_2$，$\overline{M}(x_2)=\dfrac{1}{l}\cos30^\circ\cdot x_2$。

使用莫尔定理，可得 A 截面的转角为

$$\begin{aligned}\theta_A&=\frac{1}{EI}\left(\int_{AB}M(x_1)\overline{M}(x_1)\,\mathrm{d}x_1+\int_{BC}M(x_2)\overline{M}(x_2)\,\mathrm{d}x_2\right)\\&=\frac{1}{EI}\left(\int_0^{l/\sqrt{3}}\frac{F}{2}\cos30^\circ\cdot x_1\cdot\left(1-\frac{1}{l}\cos30^\circ\cdot x_1\right)\mathrm{d}x_1+\int_0^{l/\sqrt{3}}\frac{F}{2}\cos30^\circ\cdot x_2\cdot\frac{1}{l}\cos30^\circ\cdot x_2\,\mathrm{d}x_2\right)\\&=\frac{\sqrt{3}Fl^2}{72EI}\end{aligned}$$

第 14 章　超静定结构

14.1　复习笔记

超静定结构：用静力平衡方程无法确定约束反力或者内力的结构。

求超静定结构的基本方法：解除多余约束，代之以多余约束反力，根据多余约束处的变形协调条件建立补充方程进行求解。

用力法方程求解超静定结构的一般步骤：

1. 解除多余约束，并代之以约束力 X_1、X_2、X_3…，得到基本静定系统；

2. 列出变形协调方程；

3. 根据能量法确定方程中在相应力作用下引起的变形，将此物理关系代入，得到力法方程或方程组；

4. 在相当系统上，根据静力平衡方程求解。

注意：在求解过程中，可利用结构上载荷的对称或反对称的性质来简化正则方程，以便求解。

对于增加 n 个中间支座而产生 n 次超静定的 $n+1$ 跨连续梁，可列出每一个中间支座的三弯矩方程进行求解

$$M_{n-1}l_{n-1}+2M_nl_n+M_{n+1}l_{n+1}=-\frac{6\omega_na_n}{l_n}-\frac{6\omega_{n+1}b_{n+1}}{l_{n+1}}$$

14.2　课后习题详解

14.1　用力法解题 6.38、题 6.39 和题 6.40。

解：(1)用力法解题 6.38

解除支座 A，代之以支反力为 X_1，其相当系统如图 14-2-1 所示。

其力法方程为

$$\delta_{11}X_1+\Delta_{1q}=0$$

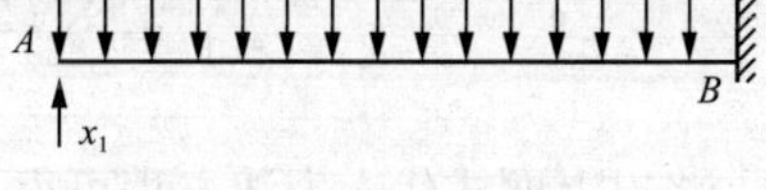

图 14-2-1

在已知载荷和单位载荷作用下的位移分别为

$$\Delta_{1q}=-\frac{ql^4}{8EI},\ \delta_{11}=\frac{l^3}{3EI}$$

代入上述方程，解得

$$X_1=-\frac{\Delta_1 q}{\delta_{11}}=\frac{3}{8}ql$$

(2)用力法解题 6.39

①若将横梁 AB 视为刚体，结构为一次静不定问题，解除支座 A，代之以支反力为 X_1，其相当系统如图 14-2-2(a)所示。

其力法方程为：$\delta_{11}X_1+\Delta_{1F}=0$。

由静力平衡条件可得，在力 F 单独作用下：$F_{N1}=F$，$F_{N2}=0$。

当在 A 点单独作用一单位力时，有 $\overline{F}_{N1}=-2$，$\overline{F}_{N2}=1$。

则

$$\delta_{11}=\sum\frac{\overline{F}_{Ni}\overline{F}_{Ni}l_i}{EA}=\frac{\overline{F}_{N1}\overline{F}_{N1}l}{EA}+\frac{\overline{F}_{N2}\overline{F}_{N2}l}{EA}=\frac{(-2)^2l}{EA}+\frac{1^2l}{EA}=\frac{5l}{EA}$$

$$\Delta_{1F}=\sum\frac{F_{Ni}\cdot\overline{F}_{Ni}l_i}{EA}=\frac{F_{N1}\cdot\overline{F}_{N1}l}{EA}+\frac{F_{N2}\cdot\overline{F}_{N2}l}{EA}=\frac{-2Fl}{EA}$$

将以上两式代入力法方程得：$X_1=\frac{2}{5}F$。

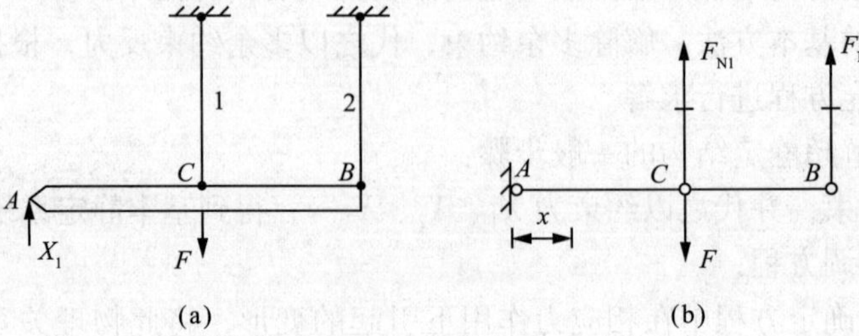

图 14－2－2

故各杆内力：$F_{N1}=\frac{F}{5}$，$F_{N2}=\frac{2}{5}F$。

②考虑横梁变形，结构为一次静不定结构，视杆 2 为多余约束，将其轴力 F_{N2} 代之以约束力 X_1，其相当系统如图 14－2－2(b)所示。

其力法方程为：$\delta_{11}X_1+\Delta_{1F}=0$。

由静力平衡条件可得，在力 F 单独作用下：$F_{N1}=F$，$F_{N2}=0$，$M_1=M_2=0$

当在 B 点单独作用一单位力时，有

$$\overline{F}_{N1}=-2,\ \overline{F}_{N2}=1$$

AC 段：$\overline{M}_1=x\quad(0\leqslant x<a)$。

BC 段：$\overline{M}_2=x+\overline{F}_{N1}(x-a)=2a-x\quad(a\leqslant x\leqslant 2a)$。

故由莫尔定理可得：$\delta_{11}=\sum\frac{\overline{F}_N\cdot\overline{F}_N\cdot l}{EA}+\sum\int\frac{\overline{M}\cdot\overline{M}dx}{EI}=\frac{5l}{EA}+\frac{2a^3}{3EI}$

$$\Delta_{1F}=\sum\frac{F_N\cdot\overline{F}_N\cdot l}{EA}+\sum\int\frac{M\overline{M}dx}{EI}=-\frac{2Fl}{EA}$$

将以上两式代入力法方程可得：$X_1=\frac{-\Delta_{1F}}{\delta_{11}}=\frac{6FlI}{15lI+2a^3A}$。

故各杆内力：$F_{N1}=\frac{3lI+2a^3A}{15lI+2a^3A}\cdot F$，$F_{N2}=\frac{6lI}{15lI+2a^3A}\cdot F$。

(3)用力法解题 6.40

解除拉杆内力，代之以反力 X_1，其相当系统如图 14－2－3 所示。

其力法方程：$\delta_{11}X_1+\Delta_{1F}=0$。

其中，q 单独作用下，拉杆内力 $F_N=0$。

AB 的弯矩方程：$M(x)=-\frac{1}{2}qx^2$，$(0\leqslant x\leqslant 4)$。

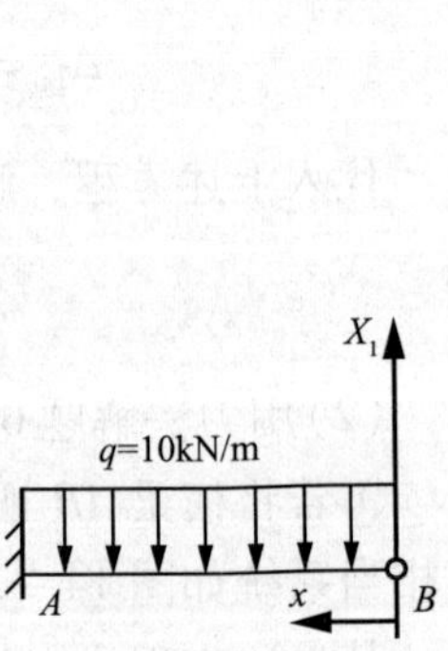

图 14－2－3

在 B 点单独作用一单位力时，拉杆内力 $\overline{F}_N=1$。

AB 的弯矩方程：$\overline{M}(x)=x$，（$0\leqslant x\leqslant 4$）。

由莫尔定理得

$$\delta_{11}=\int_0^{l_{AB}}\frac{\overline{M}\cdot\overline{M}}{EI}\mathrm{d}x+\frac{\overline{F}_{\mathrm{N}}\cdot\overline{F}_{\mathrm{N}}l_{BC}}{EA}=\frac{64}{3EI}+\frac{5}{EA}$$

$$\Delta_{1\mathrm{F}}=\int_0^{l_{AB}}\frac{M\cdot\overline{M}\mathrm{d}x}{EI}+\frac{F_{\mathrm{N}}\cdot\overline{F}_{\mathrm{N}}\cdot l_{AB}}{EA}=-\frac{ql_{AB}^4}{8EI}=-\frac{32q}{EI}$$

将以上结果代入力法方程得：$X_1=\dfrac{\dfrac{32q}{EI}}{\dfrac{64}{3EI}+\dfrac{5}{EA}}$。

其中，查型钢表知 16 号工字钢的截面参数 $I=1130\mathrm{cm}^4$，$W=141\times10^{-6}\mathrm{m}^3$，且弹性模量 $E=200\mathrm{GPa}$，故可得 $X_1=14.5\mathrm{kN}$。

拉杆内最大正应力：$\sigma_{\max}=\dfrac{X_1}{A}=\dfrac{14.5\times10^3}{\dfrac{\pi}{4}\times0.01^2}\mathrm{Pa}=185\mathrm{MPa}$。

梁内最大弯矩发生在固定端截面处，且 $M_{\max}=14.5\times4-\dfrac{1}{2}\times10\times4^2\mathrm{kN\cdot m}=-22\mathrm{kN\cdot m}$。

梁内最大正应力：$\sigma'_{\max}=\dfrac{|M_{\max}|}{W}=\dfrac{22\times10^3}{141\times10^{-6}}\mathrm{Pa}=156\mathrm{MPa}$。

14.2 用力法解题 6.35 和题 6.41。

解：(1)用力法解题 6.35

解除支座 C，代之以支反力为 X_1，其相当系统如图 14－2－4 所示。

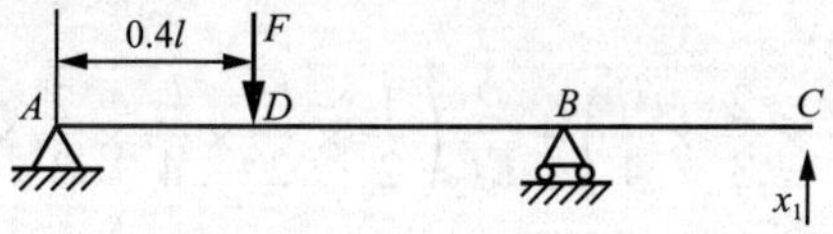

图 14－2－4

其力法方程为

$$\delta_{11}X_1+\Delta_{1p}=0$$

作出已知载荷作用下的弯矩图 M_F 以及单位力作用下的弯矩图 $\overline{M}_1$

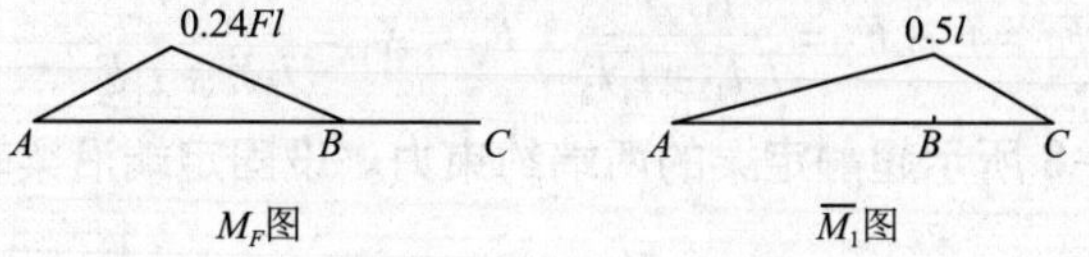

图 14－2－5

$$\Delta_{1F}=\frac{1}{EI}\left[\frac{1}{2}\times0.24Fl\times0.4l\times0.5l\times0.4\times\frac{2}{3}+\frac{1}{2}\times0.24Fl\times0.6l\times0.5l\times\left(1-0.6\times\frac{2}{3}\right)\right]$$

$$=\frac{0.028Fl^3}{EI}$$

$$\delta_{11}=\frac{1}{EI}\left(\frac{1}{2}\times l\times0.5l\times\frac{2}{3}\times0.5l+\frac{1}{2}\times0.5l\times0.5l\times\frac{2}{3}\times0.5l\right)=\frac{0.125l^3}{EI}$$

$$X_1=-\frac{\Delta_{1p}}{\delta_{11}}=-0.224F$$

所以 $F_{RC}=-0.224F(\downarrow)$，$F_{RB}=0.736F(\uparrow)$，$F_{RA}=0.488F(\uparrow)$。

弯矩图如图 14－2－6 所示。

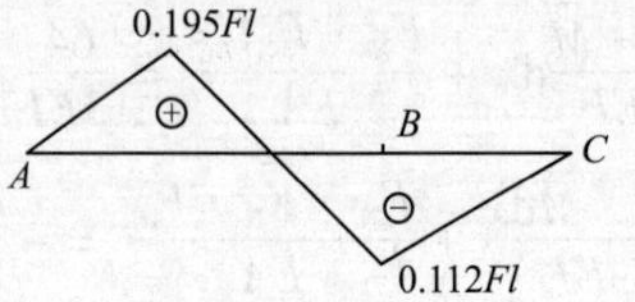

图 14－2－6

(2)用力法解题 6.41

把二梁分开，将二梁之间的约束代之以一对大小相等，方向相反的力 X_1，如图 14－2－7(a)所示。

其力法方程：$\delta_{11}X_1+\Delta_{1F}=0$。

作结构在力 F 单独作用下的弯矩图，及在单位载荷作用下二梁的弯矩图，如图 14－2－7(b)所示。

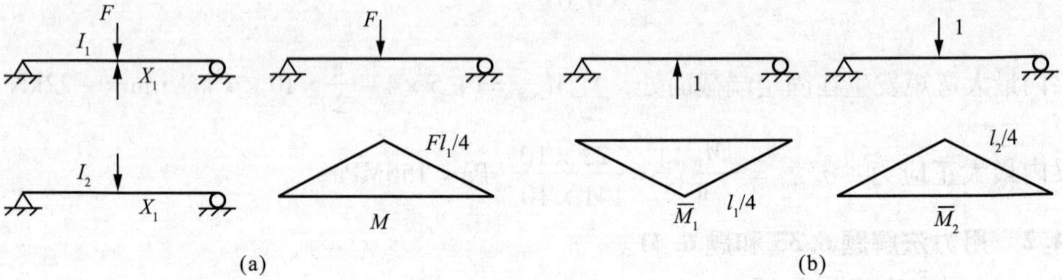

图 14－2－7

由图乘法可得

$$\delta_{11}=\frac{2}{EI_1}\left(\frac{1}{2}\times\frac{l_1}{2}\times\frac{l_1}{4}\times\frac{2}{3}\times\frac{l_1}{4}\right)+\frac{2}{EI_2}\left(\frac{1}{2}\times\frac{l_2}{2}\times\frac{l_2}{4}\times\frac{2}{3}\times\frac{l_2}{4}\right)=\frac{l_1^3}{48EI_1}+\frac{l_2^3}{48EI_2}$$

$$\Delta_{1\mathrm{F}}=-\frac{2}{EI_1}\left(\frac{1}{2}\times\frac{Fl_1}{4}\times\frac{l_1}{2}\times\frac{2}{3}\times\frac{l_1}{4}\right)=-\frac{Fl_1^3}{48EI_1}$$

将以上结果代入力法方程，可得：$X_1=-\dfrac{\Delta_{1\mathrm{F}}}{\delta_{11}}=\dfrac{I_2l_1^3F}{I_2l_1^3+I_1l_2^3}$。

由平衡条件可得：$F_1=F-F_2=\dfrac{I_1l_2^3F}{I_2l_1^3+I_1l_2^3}$，$F_2=X_1=\dfrac{I_2l_1^3F}{I_2l_1^3+I_1l_2^3}$。

14.3　求图 14－2－8 所示超静定梁的两端约束力。设固定端沿梁轴线的约束力可以忽略。

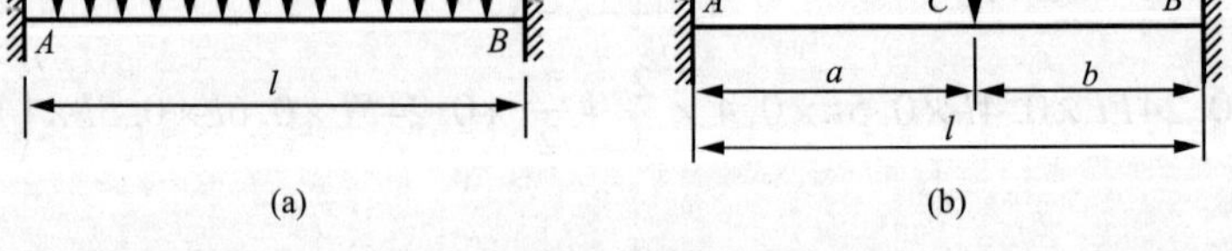

图 14－2－8

解：(a)如图 14－2－8(a)所示，由于梁载荷和结构对称，因此可选取梁左半部分进行研究，且根据对称性知中间断开截面上的剪力 $F_S=0$，故只有对称约束反力：弯矩 X_1(设为逆时针)。

其力法方程：$\delta_{11}X_1+\Delta_{1F}=0$。

分别作梁在已知载荷 q 和单位力偶矩作用下的弯矩图，如图 14－2－9(a)所示，由图乘法可得

$$\delta_{11}=\frac{1}{EI}\omega\ \overline{M}_C=\frac{l}{2EI},\ \Delta_{1F}=\frac{1}{EI}\omega\ \overline{M}_C=-\frac{\frac{1}{3}\times\frac{l}{2}\times\frac{ql^2}{8}}{EI}=-\frac{ql^3}{48EI}$$

代入力法方程可得：$X_1=-\frac{\Delta_{1F}}{\delta_{11}}=\frac{ql^2}{24}$(逆时针)。

根据静力平衡条件，可得两端反力

$$M_B=-M_A=\frac{ql^2}{12}(\text{顺时针}),\ F_{RB}=F_{RA}=\frac{ql}{2}(\uparrow)$$

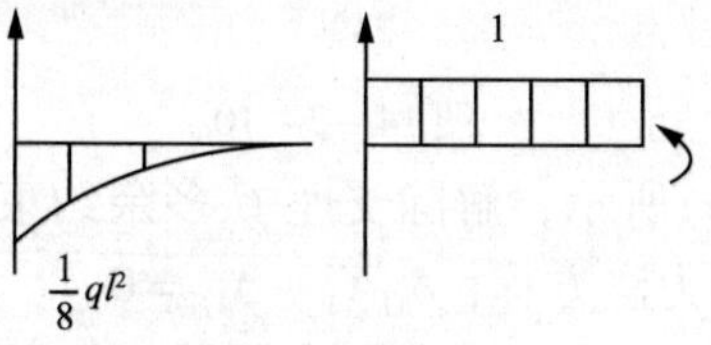

(a)

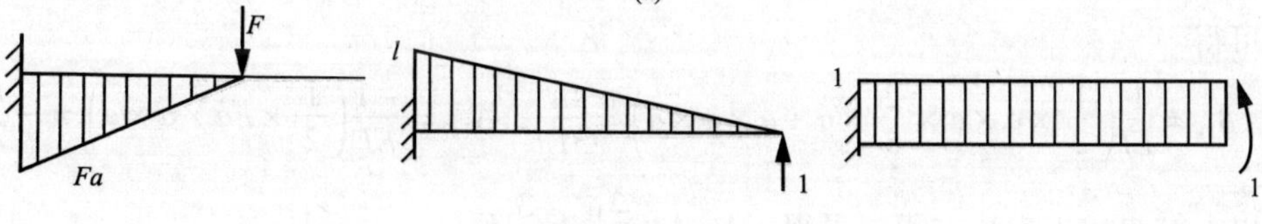

(b)

图 14－2－9

(b)如图 14－2－8(b)所示，解除 B 端约束，代之以反力 X_1，X_2，则力法正则方程为

$$\begin{cases}\delta_{11}X_1+\delta_{12}X_2+\Delta_{1F}=0\\\delta_{21}X_1+\delta_{22}X_2+\Delta_{2F}=0\end{cases}$$

分别作梁在已知载荷 F 和单位力及力偶矩作用下的弯矩图，如图 14－2－9(b)所示，由图乘法可得

$$\delta_{11}=\frac{1}{EI}\left(\frac{1}{2}\times l\times l\times\frac{2}{3}\times l\right)=\frac{l^3}{3EI}$$

$$\delta_{21}=\delta_{12}=\frac{1}{EI}\left(\frac{1}{2}\times l\times l\times 1\right)=\frac{l^2}{2EI}$$

$$\delta_{22}=\frac{1}{EI}(l\times 1\times 1)=\frac{l}{EI}$$

$$\Delta_{1F}=\frac{1}{EI}\left[\frac{1}{2}Fa^2\times\left(\frac{2}{3}a+b\right)\right]=-\frac{Fa^2}{6EI}(3b+2a)$$

$$\Delta_{2F}=-\frac{1}{EI}\left(\frac{1}{2}Fa^2\times 1\right)=-\frac{Fa^2}{2EI}$$

将以上结果代入力法正则方程，可得

$$X_1=\frac{Fa^2(l+2b)}{l^3},\ X_2=\frac{-Fba^2}{l^2}$$

根据静力平衡条件，可得两端支反力

$$F_{RA}=\frac{Fb^2(l+2a)}{l^3}(\uparrow),\ M_A=\frac{Fab^2}{l^2}(\circlearrowleft)$$

$$F_{RB}=\frac{Fa^2(l+2b)}{l^3}(\uparrow),\ M_B=\frac{Fa^2b}{l^2}(\circlearrowright)$$

14.4　作图 14－2－10 所示刚架的弯矩图。设刚架各杆件的 *EI* 皆相等。

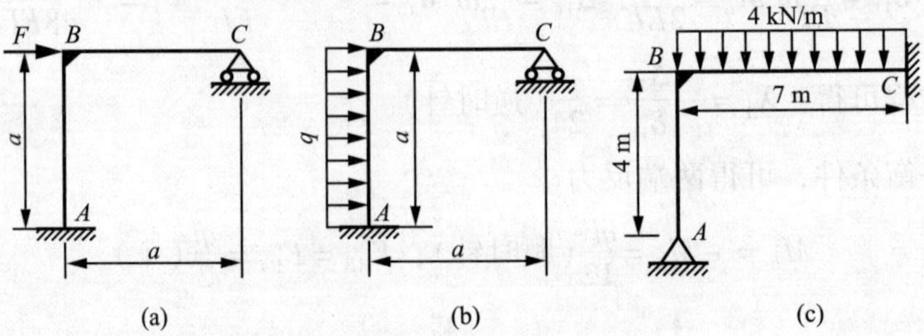

图 14－2－10

解：(a)如图 14－2－11(a)所示，解除支座 C 多余约束，代之以支反力 X_1，其相当系统如图 14－2－11(a)所示。则力法方程：$\delta_{11}X_1+\Delta_{1F}=0$。

分别作梁在已知载荷 F 和单位力作用下的弯矩图，如图 14－2－6(a_1)、(a_2)所示。由图乘法可得

$$\delta_{11}=\frac{1}{EI}\left(\frac{1}{2}\times a\times a\times\frac{2}{3}\times a+a\times a\times a\right)=\frac{4a^3}{3EI},\ \Delta_{1F}=\frac{-1}{EI}\left(\frac{1}{2}\times Fa\times a\times a\right)=-\frac{Fa^3}{2EI}$$

将以上结果代入力法方程，可得：$X_1=-\dfrac{\Delta_{1F}}{\delta_{11}}=\dfrac{3}{8}F$。

由此可绘制刚架弯矩图，如图 14－2－11(a_3)所示。

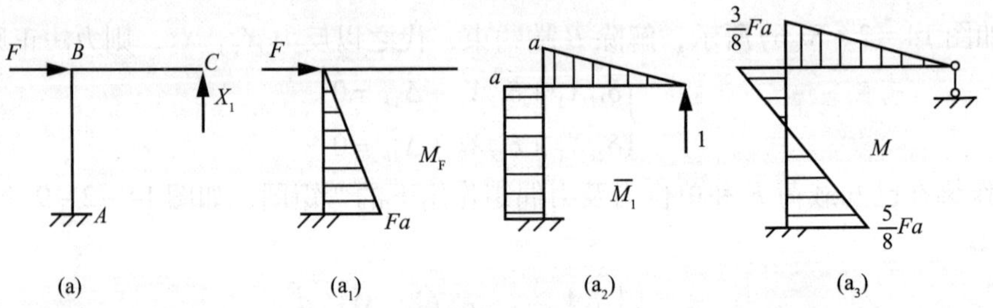

图 14－2－11

(b)如图 14－2－11(b)所示，解除支座 C 端多余约束，代以反力 X_1，其相当系统如图 14－2－11(b)所示。则力法方程：$\delta_{11}X_1+\Delta_{1F}=0$。

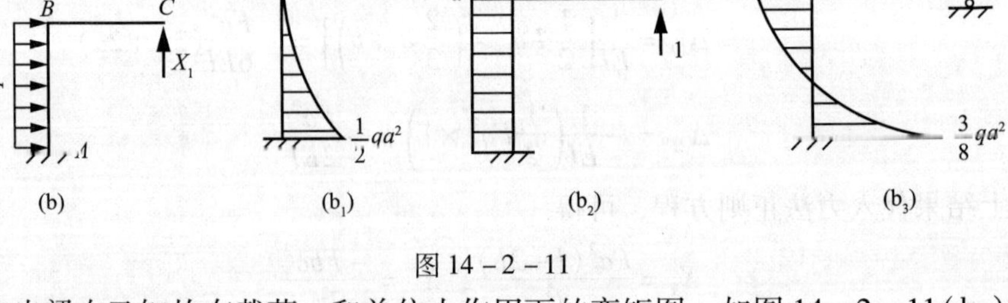

图 14－2－11

分别作出梁在已知均布载荷 q 和单位力作用下的弯矩图，如图 14－2－11(b_1)、(b_2)所

示，由图乘法可得：$\delta_{11}=\dfrac{4a^3}{3EI}$，$\Delta_{1F}=\dfrac{-1}{EI}\left(\dfrac{1}{3}\times\dfrac{1}{2}qa^2\times a\times a\right)=-\dfrac{qa^4}{6EI}$。

将以上各式代入力法方程，解得：$X_1=\dfrac{1}{8}qa$。

由此可绘制刚架弯矩图，如图 14-2-11(b_3)所示。

(c)如图 14-2-11(c)所示，解除铰支座 A 约束，代之以反力 X_1，X_2，其相当系统如图14-2-11(c)所示，则力法方程为

$$\begin{cases}\delta_{11}X_1+\delta_{12}X_2+\Delta_{1F}=0\\ \delta_{21}X_1+\delta_{22}X_2+\Delta_{2F}=0\end{cases}$$

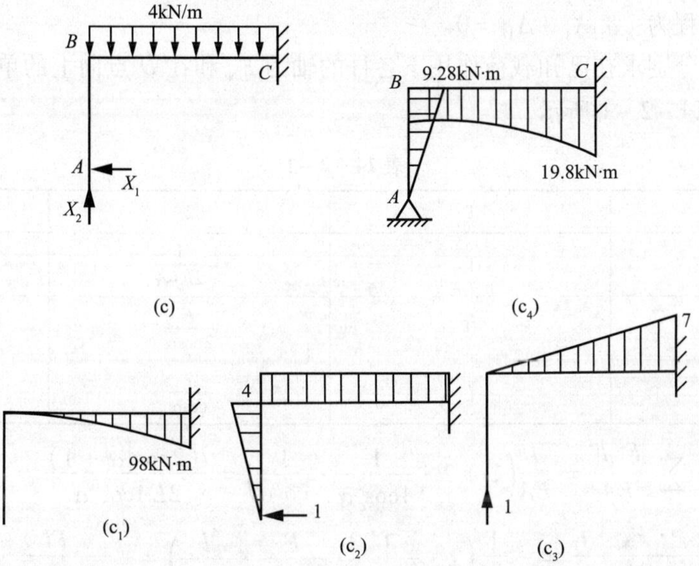

图 14-2-11

分别作梁在已知均布载荷 q 和单位力作用下的弯矩图，如图 14-2-11(c_1)、(c_2)、(c_3)所示，由图乘法可得

$$\delta_{11}=\sum\frac{\omega\overline{M_C}}{EI}=\frac{1}{EI}\left[\left(\frac{1}{2}\times4\times4\right)\times\left(\frac{2}{3}\times4\right)+(7\times4)\times4\right]=\frac{400}{3EI}$$

$$\delta_{12}=\delta_{21}=\frac{\omega\overline{M_C}}{EI}=\frac{1}{EI}\left[\left(\frac{1}{2}\times7\times7\right)\times4\right]=\frac{98}{EI}$$

$$\delta_{22}=\frac{\omega\overline{M_C}}{EI}=\frac{1}{EI}\left[\left(\frac{1}{2}\times7\times7\right)\times\left(\frac{2}{3}\times7\right)\right]=\frac{343}{3EI}$$

$$\Delta_{1F}=\frac{\omega\overline{M_C}}{EI}=\frac{1}{EI}\left[\left(-\frac{1}{3}\times98\times7\right)\times4\right]=-\frac{2744}{3EI}$$

$$\Delta_{2F}=\frac{\omega\overline{M_C}}{EI}=\frac{1}{EI}\left[\left(-\frac{1}{3}\times98\times7\right)\times\left(\frac{3}{4}\times7\right)\right]=-\frac{2401}{2EI}$$

将以上各式代入力法方程，可得：$X_1=-2.32\text{kN}$，$X_2=12.5\text{kN}$。

由此可绘制刚架弯矩图，如图 14-2-11(c_4)所示。

14.5　图 14-2-12 所示杆系各杆件的材料相同，横截面面积相等，试求各杆件的内力。建议用力法求解。

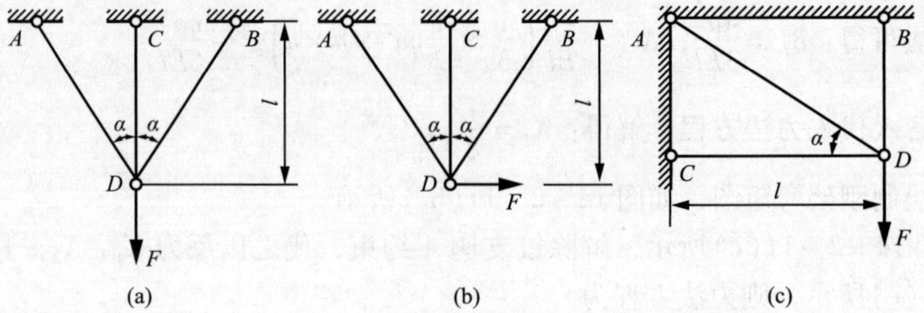

图 14－2－12

解：(a)如图 14－2－12(a)所示，解除 1 杆约束，代之以反力 X_1，如图 14－2－13(a)所示，则力法方程为：$\delta_{11}X_1+\Delta_{1F}=0$。

由平衡条件分别求在已知载荷作用下各杆的轴力 F_{Ni} 和在 D 点向上的单位力作用下各杆轴力 $\overline{F}_{Ni}$，如表 14－2－1 所示。

表 14－2－1

i	1	2	3
$\overline{F}_{Ni}$	1	$-\dfrac{1}{2\cos\alpha}$	$-\dfrac{1}{2\cos\alpha}$
F_{Ni}	0	$\dfrac{F}{2\cos\alpha}$	$\dfrac{F}{2\cos\alpha}$
l_i	l	$\dfrac{l}{\cos\alpha}$	$\dfrac{l}{\cos\alpha}$

则有：$\delta_{11}=\sum\dfrac{\overline{F}_{Ni}^2 l_i}{EA}=\dfrac{l}{EA}\left(1+2\cdot\dfrac{1}{4\cos^2\alpha}\cdot\dfrac{1}{\cos\alpha}\right)=\dfrac{l(2\cos^3\alpha+1)}{2EA\cos^3\alpha}$

$$\Delta_{1F}=\sum\frac{F_{Ni}\cdot\overline{F}_{Ni}\cdot l_i}{EA}=-\frac{1}{EA}\left(2\cdot\frac{1}{2\cos\alpha}\cdot\frac{F}{2\cos\alpha}\cdot\frac{l}{\cos\alpha}\right)=-\frac{Fl}{2EA\cos^3\alpha}$$

将以上结果代入力法方程，可得：$F_{NCD}=X_1=\dfrac{-\Delta_{1F}}{\delta_{11}}=\dfrac{F}{1+2\cos^3\alpha}$(拉)。

又由静力平衡条件得：$F_{NAD}=F_{NBD}=\dfrac{F\cos^2\alpha}{1+2\cos^3\alpha}$(拉)。

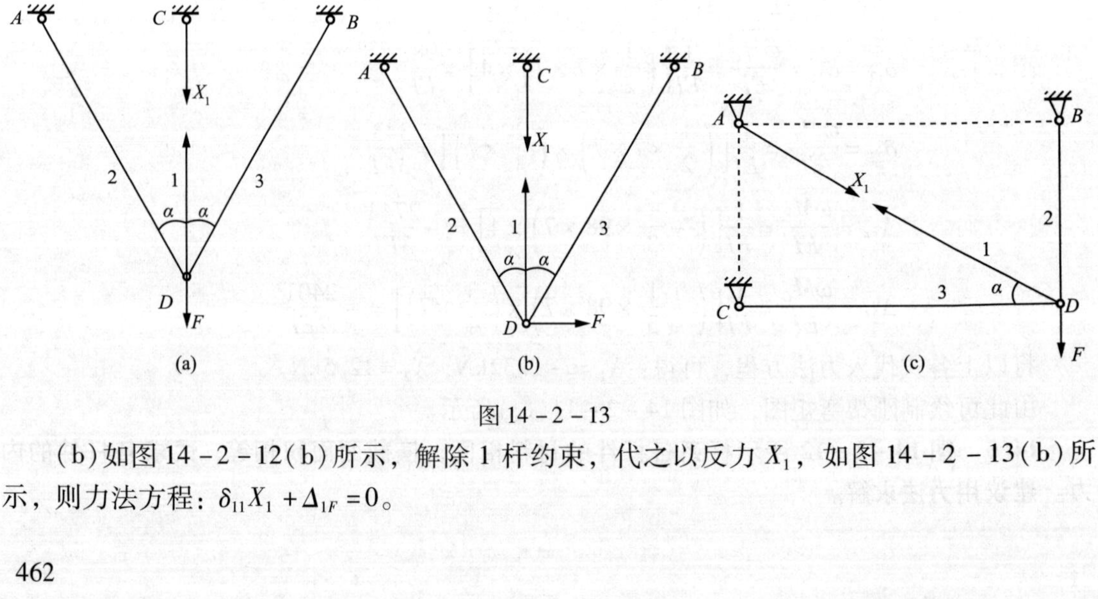

图 14－2－13

(b)如图 14－2－12(b)所示，解除 1 杆约束，代之以反力 X_1，如图 14－2－13(b)所示，则力法方程：$\delta_{11}X_1+\Delta_{1F}=0$。

同理，在已知载荷作用下各杆的轴力 F_{Ni} 和在 D 点向上的单位力作用下各杆轴力 $\overline{F}_{Ni}$，如表 14-2-2 所示。

表 14-2-2

i	1	2	3
$\overline{F}_{Ni}$	1	$-\frac{1}{2\cos\alpha}$	$-\frac{1}{2\cos\alpha}$
F_{Ni}	0	$\frac{F}{2\sin\alpha}$	$-\frac{F}{2\sin\alpha}$
l_i	l	$\frac{l}{\cos\alpha}$	$\frac{l}{\cos\alpha}$

则有：$\delta_{11}=\sum\frac{\overline{F}_{Ni}^2 l_i}{EA}=\frac{l}{EA}\left(1+2\times\frac{1}{4\cos^2\alpha}\times\frac{1}{\cos\alpha}\right)=\frac{l(1+2\cos^3\alpha)}{2EA\cos^3\alpha}$

$$\Delta_{1F}=\sum\frac{F_{Ni}\cdot\overline{F}_{Ni}\cdot l_i}{EA}=\frac{1}{EA}\left(\frac{-1}{2\cos\alpha}\times\frac{F}{2\sin\alpha}\times\frac{l}{\cos\alpha}+\frac{-1}{2\cos\alpha}\times\frac{-F}{2\sin\alpha}\times\frac{l}{\cos\alpha}\right)=0$$

将以上结果代入力法方程，可得：$X_1=0$。

故各杆轴力：$F_{NCD}=0$。

又由静力平衡条件可得：$F_{NAD}=\frac{F}{2\sin\alpha}$(拉)，$F_{NBD}=-\frac{F}{2\sin\alpha}$(压)。

(3)如图 14-2-12(c)所示，解除 1 杆约束，代之以反力 X_1，如图 14-2-13(c)所示。则力法方程：$\delta_{11}X_1+\Delta_{1F}=0$。

同理，在已知载荷作用下各杆的轴力 F_{Ni} 和在 D 点沿 AD 方向的单位力作用下各杆轴力 $\overline{F}_{Ni}$，如表 14-2-3 所示。

表 14-2-3

i	1	2	3
$\overline{F}_{Ni}$	1	$-\sin\alpha$	$-\cos\alpha$
F_{Ni}	0	F	0
l_i	$\frac{l}{\cos\alpha}$	$l\cdot\tan\alpha$	l

则有：$\delta_{11}=\sum\frac{\overline{F}_{Ni}^2\cdot l_i}{EA}=\frac{1}{EA}\left(\frac{l}{\cos\alpha}+l\cos^2\alpha+l\sin^2\alpha\cdot\tan\alpha\right)=\frac{(1+\cos^3\alpha+\sin^3\alpha)l}{EA\cos\alpha}$

$$\Delta_{1F}=\sum\frac{F_{Ni}\cdot\overline{F}_{Ni}\cdot l_i}{EA}=\frac{1}{EA}[0\times(-\cos\alpha)l+0+F(-\sin\alpha)l\tan\alpha]=\frac{-Fl\sin^2\alpha}{EA\cos\alpha}$$

将以上结果代入力法方程，可得：$X_1=-\frac{\Delta_{1F}}{\delta_{11}}=\frac{F\sin^2\alpha}{1+\cos^3\alpha+\sin^3\alpha}$。

故各杆轴力：$F_{NAD}=X_1=\frac{F\sin^2\alpha}{1+\sin^3\alpha+\cos^3\alpha}$(拉)。

又由平衡条件得：$F_{NBD}=\frac{F(1+\cos^3\alpha)}{1+\sin^3\alpha+\cos^3\alpha}$(拉)，$F_{NCD}=-\frac{F\sin^2\alpha\cos\alpha}{1+\sin^3\alpha+\cos^3\alpha}$(压)。

14.6　在图 14-2-14 所示平面桁架中，所有杆件的 E 皆相同，CA、AB、BF 三杆的横截面面积为 3000mm^2，其余各杆件的截面面积均为 1500mm^2。已知 $a=6\text{m}$，$F=130\text{kN}$。试求 AB 杆的轴力。

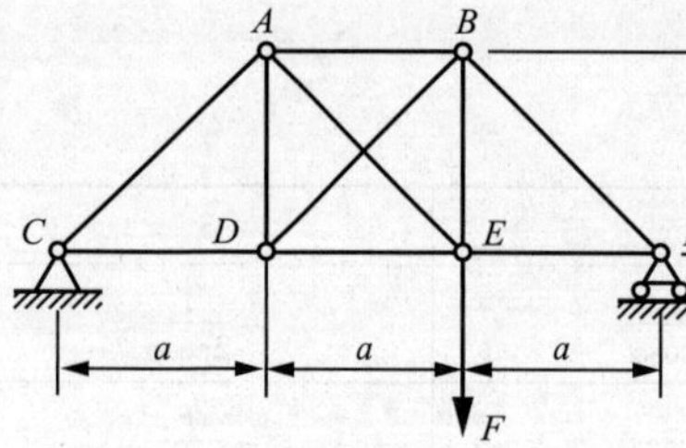

图 14－2－14

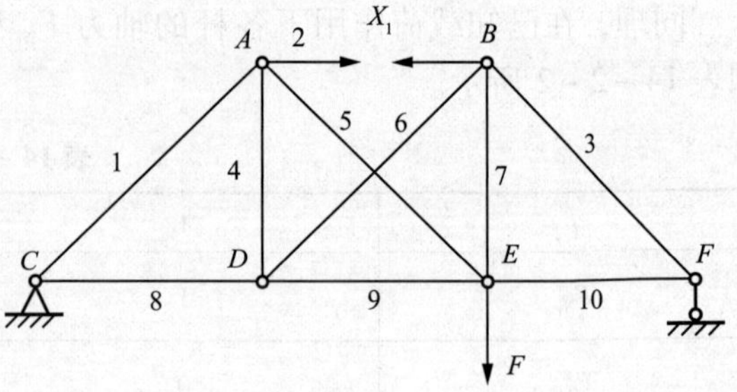

图 14－2－15

解：将 AB 杆截开，代之以反力 X_1，并对各杆进行编号，其相当系统如图 14－2－15 所示，则力法方程：$\delta_{11}X_1+\Delta_{1F}=0$。

首先在相当系统上只作用力 F，并求出此时各杆内力 F_{Ni}；其次在相当系统上只作用单位力，即令 $X_1=1$，求得此时各杆内力 $\overline{F}_{Ni}$。结果如表 14－2－4 所示。

表 14－2－4

i	1	2	3	4	5	6	7	8	9	10
F_{Ni}	$-\frac{\sqrt{2}}{3}F$	0	$-\frac{2\sqrt{2}}{3}F$	$\frac{2}{3}F$	$-\frac{\sqrt{2}}{3}F$	$\frac{-2\sqrt{2}}{3}F$	$\frac{4}{3}F$	$\frac{1}{3}F$	F	$\frac{2}{3}F$
$\overline{F}_{Ni}$	0	1	0	1	$-\sqrt{2}$	$-\sqrt{2}$	1	0	1	0
l_i	$\sqrt{2}a$	a	$\sqrt{2}a$	a	$\sqrt{2}a$	$\sqrt{2}a$	a	a	a	a

由莫尔定理可得

$$\delta_{11}=\sum\frac{\overline{F}_{Ni}^2\cdot l_i}{EA}=\frac{a}{EA}\left(\frac{1}{2}+1+2\sqrt{2}+2\sqrt{2}+1+1\right)=\frac{(8\sqrt{2}+7)a}{2EA}$$

$$\Delta_{1F}=\sum\frac{F_{Ni}\cdot\overline{F}_{Ni}.\ l_i}{EA}=(3+2\sqrt{2})\frac{Fa}{EA}$$

将以上各式代入力法方程，可得：$X_1=-\dfrac{\Delta_{1F}}{\delta_{11}}=-\dfrac{6+4\sqrt{2}}{7+8\sqrt{2}}F$。

故 $F_{NAB}=X_1=-\dfrac{6+4\sqrt{2}}{7+8\sqrt{2}}\times130=-82.8\text{kN}$(受压)。

14.7　为改善桥式起重机大梁的刚度和强度，在图 14－2－16 所示大梁的下方增加预应力拉杆 CD，如图(a)所示。梁的计算简图如图(b)所示。由于 CC' 和 DD' 两杆甚短，且刚度较大，其变形可以不计。试求拉杆 CD 因吊重 P 而增加的内力。

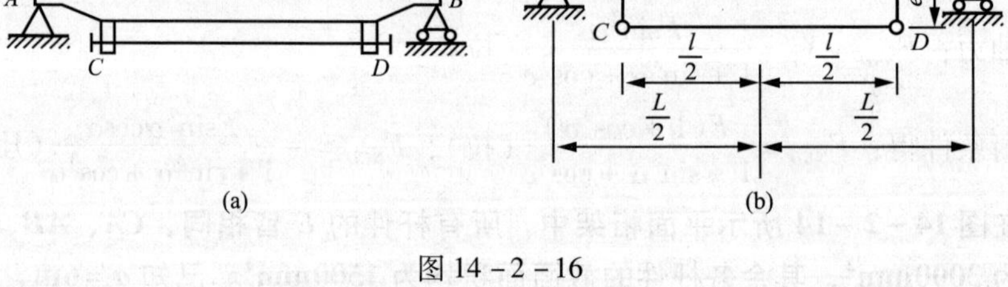

(a)　(b)

图 14－2－16

解：将 CD 截开，代之以反力 X_1，其相当系统如图 14－2－17(a)所示，则正则方程

$$\delta_{11}X_1+\Delta_{1P}=0$$

设梁与拉杆的材料相同，即弹性模量均为 E，记二者横截面面积分别为 A 和 A_1。

首先作梁在外载荷 P 单独作用下的弯矩图，如图 14 - 2 - 17(b) 所示；其次作梁和拉杆在单位力作用下的弯矩和轴力图，分别如图 14 - 2 - 17(c) 所示。

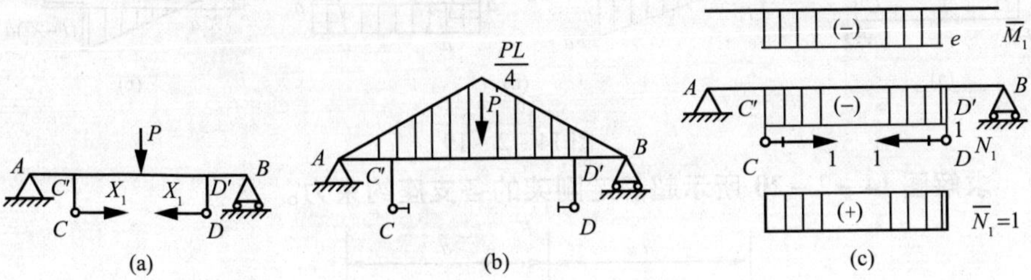

图 14 - 2 - 17

则有：$\delta_{11}=\dfrac{le^2}{EI}+\dfrac{l\times1\times1}{EA}+\dfrac{l\times1\times1}{EA_1}=\dfrac{le^2}{EI}+\dfrac{l}{EA}+\dfrac{l}{EA_1}$

$$\Delta_{1P}=\left[\frac{1}{2}\times\frac{L}{2}\times\frac{PL}{4}-\frac{1}{2}\left(\frac{L}{2}-\frac{l}{2}\right)^2\times\frac{P}{2}\right]\times\frac{2(-e)}{EI}=\frac{-Ple(2L-l)}{8EI}$$

代入正则方程，可得：$X_1=\dfrac{Pe(2L-l)}{8I\left(\dfrac{e^2}{I}+\dfrac{1}{A}+\dfrac{1}{A_1}\right)}$。

即为拉杆增加的内力。

14.8　图 14 - 2 - 18 所示刚架的 A、B 两点由拉杆 AB 相连接，拉杆的抗拉刚度为 EA。试作刚架的弯矩图。

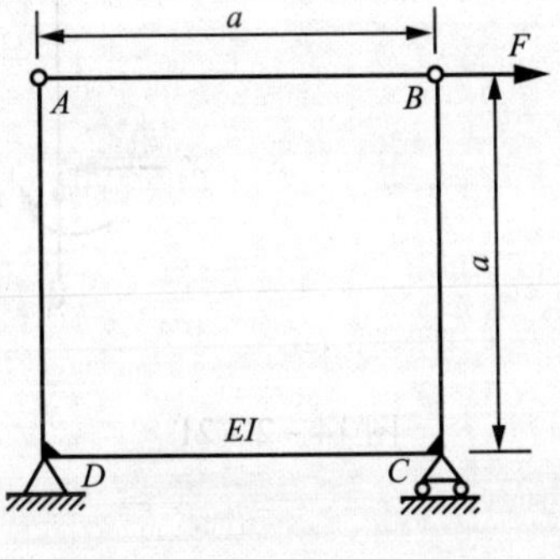

图 14 - 2 - 18

解：将杆 AB 截开，代之以反力 X_1，其相当系统如图 14 - 2 - 19(a) 所示，则力法方程为：$\delta_{11}X_1+\Delta_{1F}=0$。

首先作在 F 力单独作用下相当系统的弯矩图，其次作在单位力作用下的弯矩图，分别如图 14 - 2 - 19(b) 所示。则由图乘法可得

$$\delta_{11}=\int\frac{\overline{M}\cdot\overline{M}\mathrm{d}s}{EI}+\sum\frac{\overline{F}_{\mathrm{N}}\cdot\overline{F}_{\mathrm{N}}\,l}{EA}=\frac{1}{EI}\left(\frac{1}{2}\times a\times a\times\frac{2}{3}\times a\times2+a\times a\times a\right)+\frac{a}{EA}=\frac{5a^3}{3EI}+\frac{a}{EA}$$

$$\Delta_{1F}=\int\frac{\overline{M}M_F\mathrm{d}s}{EI}=-\frac{1}{EI}\left(\frac{1}{2}\times Fa\times a\times a+\frac{1}{2}\times Fa\times a\times\frac{2}{3}\times a\right)=-\frac{5Fa^3}{6EI}$$

将以上各式代入力法方程，可得：$X_1=-\dfrac{\Delta_{1F}}{\delta_{11}}=\dfrac{5FAa^2}{10Aa^2+6I}$。

由此根据平衡方程可得各支反力，并作刚架弯矩图如图 14 - 2 - 19(c) 所示。

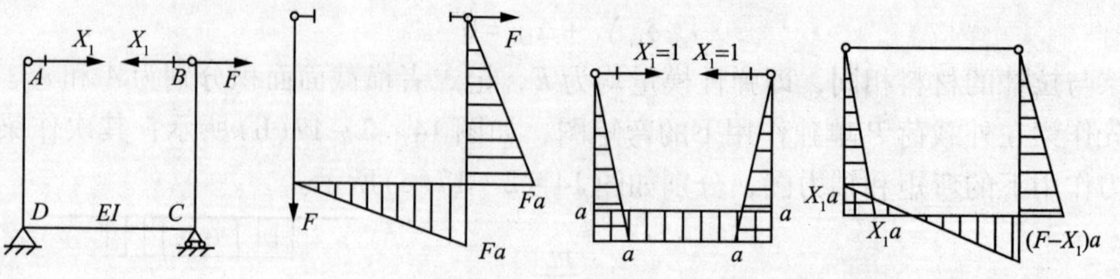

图 14－2－19

14.9　求解图 14－2－20 所示超静定刚架的各支座约束力。

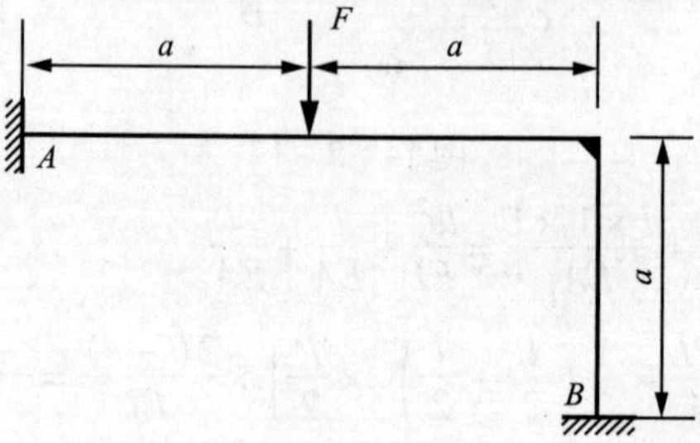

图 14－2－20

解：由图 14－2－20 可知，该刚架为三次静不定结构，则解除固定支座 B 端约束力，代之以反力 X_1、X_2、X_3，其相当系统如图 14－2－21(a)所示。

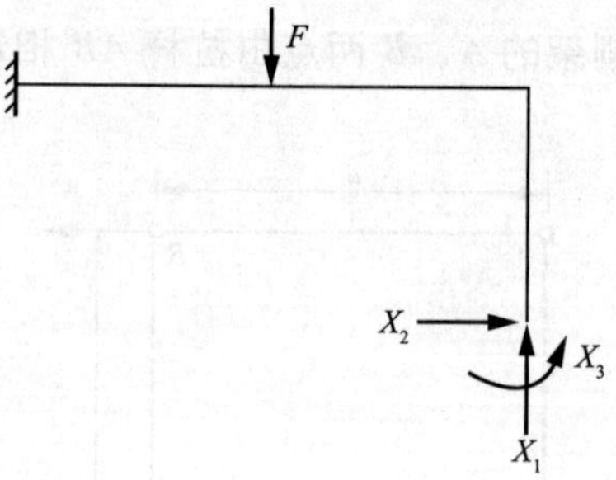

(a)

图 14－2－21

则力法正则方程

$$\begin{cases}\delta_{11}X_1+\delta_{12}X_2+\delta_{13}X_3+\Delta_{1F}=0\\ \delta_{21}X_1+\delta_{22}X_2+\delta_{23}X_3+\Delta_{2F}=0\\ \delta_{31}X_1+\delta_{32}X_2+\delta_{33}X_3+\Delta_{3F}=0\end{cases}$$

首先作相当系统在 F 单独作用下的弯矩图，其次作相当系统分别在 $X_1=1$、$X_2=1$、$X_3=1$ 状态下的弯矩图，如图 14－2－21(b)所示。

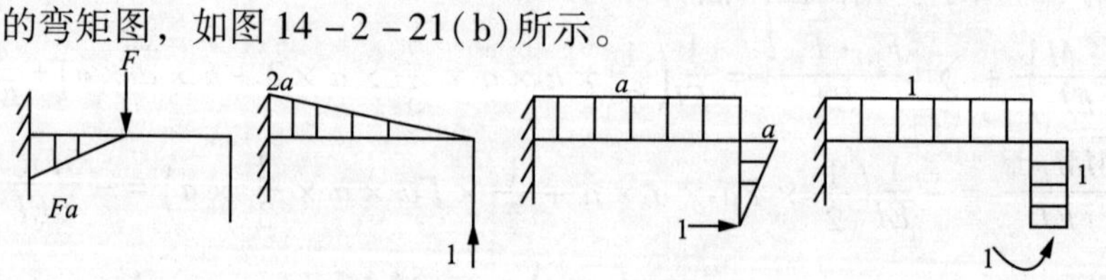

(b)

图 14－2－21

由图乘法可得

$$\delta_{11}=\frac{\omega\cdot\overline{M}_C}{EI}=\frac{1}{EI}\left(\frac{1}{2}\times 2a\times 2a\right)\cdot\left(\frac{2}{3}\times 2a\right)=\frac{8a^3}{3EI}$$

$$\delta_{12}=\delta_{21}=\frac{1}{EI}\left(\frac{1}{2}\times 2a\times 2a\right)\times a=\frac{2a^3}{EI}$$

$$\delta_{13}=\delta_{31}=\frac{1}{EI}\left(\frac{1}{2}\times 2a\times 2a\right)\times 1=\frac{2a^2}{EI}$$

$$\delta_{22}=\frac{1}{EI}\left[(2a\times a)\times a+\left(\frac{1}{2}\times a\times a\right)\times\frac{2}{3}a\right]=\frac{7a^3}{3EI}$$

$$\delta_{23}=\delta_{32}=\frac{1}{EI}\left[\left(\frac{a}{2}\times a\right)\times 1+(2a\times a)\times 1\right]=\frac{5a^2}{2EI}$$

$$\delta_{33}=\sum\frac{\omega\cdot\overline{M}_C}{EI}=\frac{1}{EI}(a\times 1\times 1+2a\times 1\times 1)=\frac{3a}{EI}$$

$$\Delta_{1F}=\frac{1}{EI}\left(-\frac{1}{2}\times Fa\times a\right)\times\left(\frac{5}{6}\times 2a\right)=-\frac{5Fa^3}{6EI}$$

$$\Delta_{2F}=\frac{1}{EI}\left(-\frac{1}{2}\times Fa\times a\right)\times a=-\frac{Fa^3}{2EI}$$

$$\Delta_{3F}=\frac{1}{EI}\left(-\frac{1}{2}\times Fa\times a\right)\times 1=-\frac{Fa^2}{2EI}$$

将以上结果代入正则方程，可得

$$X_1=\frac{7}{16}F(\text{向上}),\ X_2=\frac{F}{4}(\text{向左}),\ X_3=\frac{Fa}{12}(\text{逆时针})$$

14.10　链条的一环及受力情况如图 14－2－22 所示。试求环内最大弯矩。

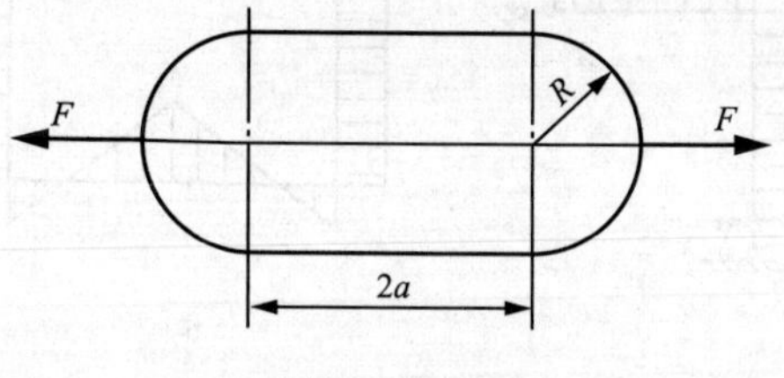

图 14－2－22

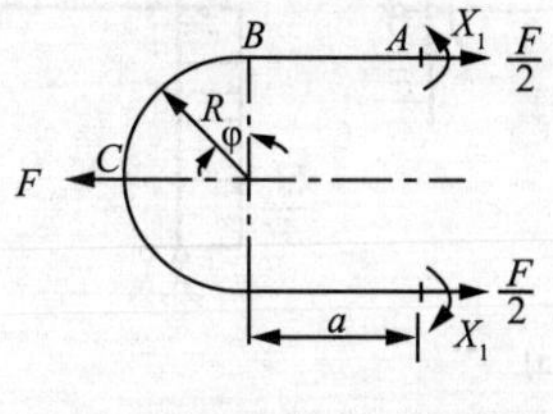

图 14－2－23

解：由图 14－2－22 可知，该刚架为三次静不定结构。如图 14－2－23 所示，根据对称性，沿纵向对称轴断开，则截面上的轴力：$F_N=\frac{F}{2}$，仅弯矩未知，代之以反力 X_1，则简化为一次静不定，其力法方程：$\delta_{11}X_1+\Delta_{1F}=0$。

则相当系统分别在载荷 F 和单位力单独作用下的弯矩方程：

AB 段：$M(x)=0$，$\overline{M}(x)=1$；

BC 段：$M(\varphi)=-\frac{F}{2}R(1-\cos\varphi)$，$\overline{M}(\varphi)=1$。

由莫尔定理可得

$$\delta_{11}=\frac{2}{EI}\left[\int_0^{\frac{\pi}{2}}1^2R\mathrm{d}\theta+\int_0^a 1^2\mathrm{d}x\right]=\frac{2}{EI}\left(\frac{\pi}{2}R+a\right)$$

$$\Delta_{1F}=\frac{2}{EI}\left[\int_0^{\frac{\pi}{2}}\frac{FR}{2}(1-\cos\theta)(-1)\cdot R\mathrm{d}\theta\right]=-\frac{FR^2}{EI}\left(\frac{\pi}{2}-1\right)$$

将以上结果代入正则方程，可得：$X_1=-\frac{\Delta_{1F}}{\delta_{11}}=\frac{FR^2(\pi-2)}{2(2a+\pi R)}$。

环内最大弯矩发生在截面 C，值为：$M_{\max}=X_1-\frac{FR}{2}=FR\left(\frac{R+a}{\pi R+2a}\right)$。

14.11　压力机机身或轧钢机机架可以简化成封闭的矩形刚架，如图 14－2－24 所示。设刚架横梁的抗弯刚度为 EI_1，立柱的抗弯刚度为 EI_2。作刚架的弯矩图。

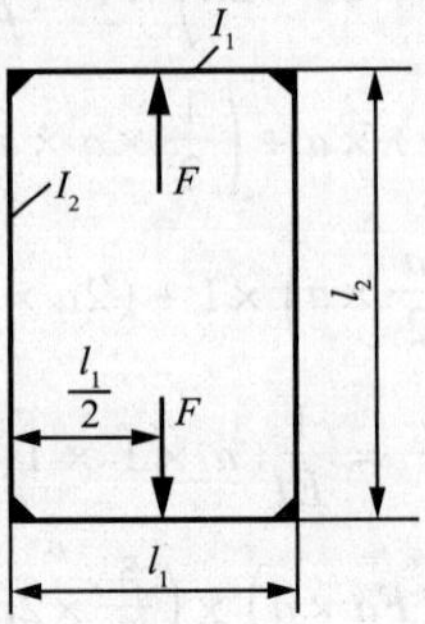

图 14－2－24

解：由于结构与载荷均对称，取$\frac{1}{4}$刚架进行分析。截面只有弯矩未知，代之以 X_1，其相当系统如图 14－2－25(a)所示。

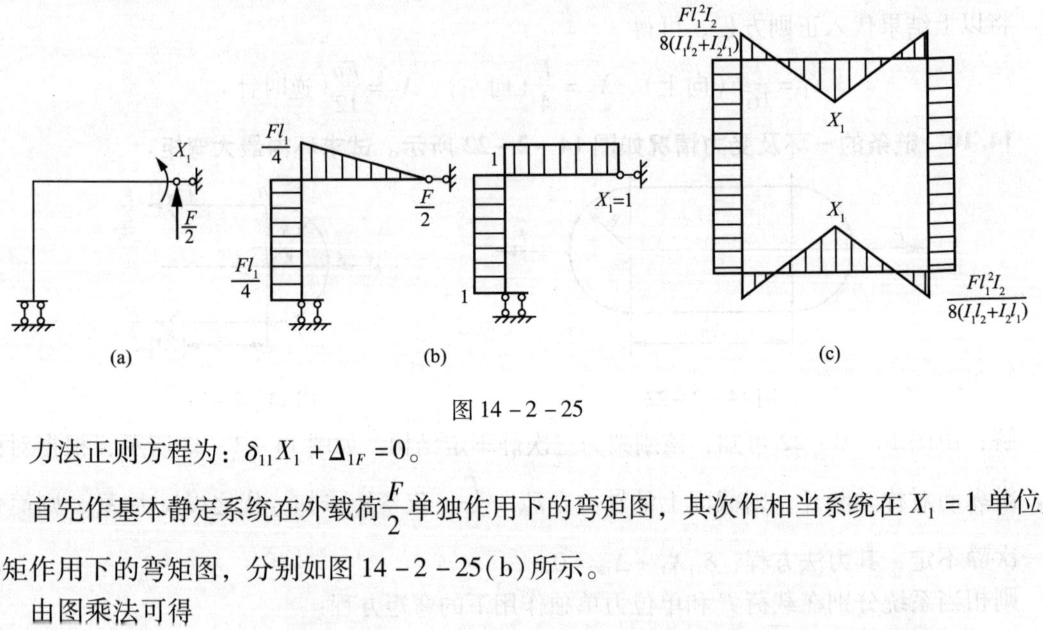

图 14－2－25

力法正则方程为：$\delta_{11}X_1+\Delta_{1F}=0$。

首先作基本静定系统在外载荷$\frac{F}{2}$单独作用下的弯矩图，其次作相当系统在 $X_1=1$ 单位力偶矩作用下的弯矩图，分别如图 14－2－25(b)所示。

由图乘法可得

$$\delta_{11}=\frac{1}{EI_1}\left(1\times\frac{l_1}{2}\times1\right)+\frac{1}{EI_2}\left(1\times\frac{l_2}{2}\times1\right)=\frac{l_1}{2EI_1}+\frac{l_2}{2EI_2}$$

$$\Delta_{1F}=\frac{1}{EI_1}\left(\frac{1}{2}\times\frac{Fl_1}{4}\times\frac{l_1}{2}\times1\right)+\frac{1}{EI_2}\left(\frac{Fl_1}{4}\times\frac{l_2}{2}\times1\right)=\frac{Fl_1^2}{16EI_1}+\frac{Fl_1l_2}{8EI_2}$$

将以上结果代入正则方程，可得：$X_1=\frac{\Delta_{1F}}{\delta_{11}}=-\frac{Fl_1(l_1I_2+2l_2I_1)}{8(l_1I_2+l_2I_1)}(\downarrow)$。

综上，可作刚架弯矩图，如图 14－2－25(c)所示，最大弯矩为

$$X_1 = -\frac{Fl_1}{8}\left(1 + \frac{l_2 I_1}{l_1 I_2 + l_2 I_1}\right)$$

14.12　图 14-2-26 所示折杆截面为圆形，直径 $d = 20\text{mm}$。$a = 0.2\text{m}$，$l = 1\text{m}$，$F = 650\text{N}$，$E = 200\text{GPa}$，$G = 80\text{GPa}$。试求力 F 作用点的铅垂位移。

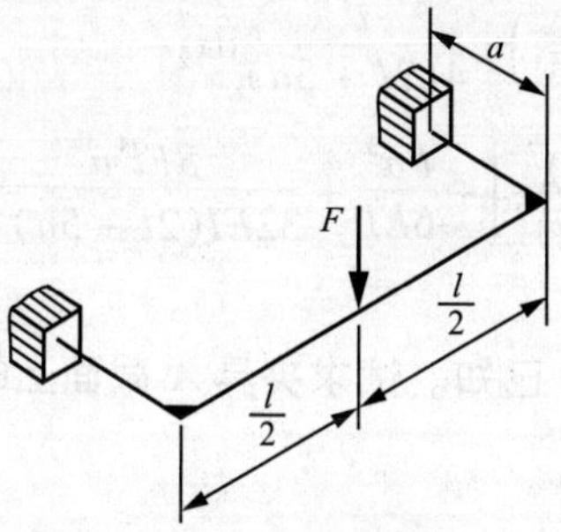

图 14-2-26

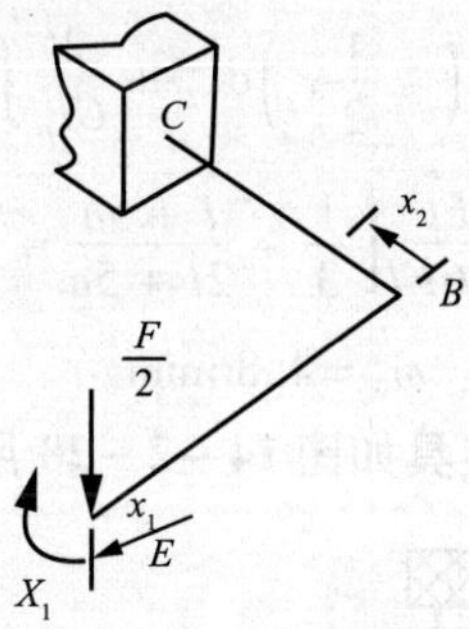

图 14-2-27

解：由结构和载荷的对称性，将杆沿对称面断开，如图 14-2-27 所示，截面 E 处仅有载荷 $F/2$，截面上的未知弯矩代之以 X_1。则力法正则方程：$\delta_{11}X_1 + \Delta_{1F} = 0$。

则基本静定系分别在载荷 $F/2$ 和单位力单独作用下的弯矩及扭矩方程：

EB 段：$M_1 = -\frac{F}{2}x_1$，$\overline{M}_1 = 1$；$T_1 = 0$，$\overline{T}_1 = 0$；

BC 段：$M_2 = -\frac{F}{2}x_2$，$\overline{M}_2 = 0$；$T_2 = \frac{Fl}{4}$，$\overline{T}_2 = -1$。

由莫尔定理可得

$$\delta_{11} = \int_0^{\frac{l}{2}} \frac{\overline{M}_1^2}{EI}dx_1 + \int_0^{\frac{l}{2}} \frac{\overline{T}_1^2}{GI_p}dx_1 + \int_0^a \frac{\overline{M}_2^2}{EI}dx_2 + \int_0^a \frac{\overline{T}_2^2}{GI_p}dx_2 = \frac{2l + 5a}{4EI}$$

$$\Delta_{1F} = \int_0^{\frac{l}{2}} \frac{M_1 \cdot \overline{M}_1}{EI}dx_1 + \int_0^{\frac{l}{2}} \frac{T_1 \cdot \overline{T}_1}{GI_p} \cdot dx_1 + \int_0^a \frac{M_2 \cdot \overline{M}_2}{EI}dx_2 + \int_0^a \frac{T_2 \cdot \overline{T}_2}{GI_p} \cdot dx_2 = -\frac{Fl}{16EI}(l + 5a)$$

其中，$GI_p = \frac{80}{200}E \cdot 2I = \frac{4}{5}EI$。

将以上结果代入正则方程，可得：$X_1 = -\frac{\Delta_{1F}}{\delta_{11}} = \frac{Fl(l+5a)}{4(2l+5a)}$。

故可列出 BE 段与 BC 段在载荷 $F/2$、X_1 共同作用下和 E 点竖直向下单位力作用下的弯矩及扭矩方程

$$M_1 = -\frac{Fx_1}{2} + X_1 \qquad T_1 = 0$$

$$M_2 = -\frac{F}{2}x_2 \qquad T_2 = \frac{Fl}{4} - X_1$$

$$\overline{M}_1 = -\frac{x_1}{2} + \frac{l(l+5a)}{4(2l+5a)} \qquad \overline{T}_1 = 0$$

$$\overline{M}_2 = -\frac{x_2}{2} \qquad \overline{T}_2 = \frac{l^2}{4(2l+5a)}$$

由莫尔积分求 E 点铅垂位移

$$\omega_E = \int_s \frac{M \cdot \overline{M}}{EI}\mathrm{d}s + \int_s \frac{T \cdot \overline{T}}{GI_p}\mathrm{d}s$$

$$= \frac{2}{EI}\int_0^{\frac{l}{2}}\left(-\frac{F}{2}x_1 + X_1\right)\cdot\left[-\frac{x_1}{2} + \frac{l(l+5a)}{4(2l+5a)}\right]\mathrm{d}x_1 + \frac{2}{EI}\int_0^a\left(-\frac{F}{2}x_2\right)$$

$$\cdot\left(-\frac{1}{2}x_2\right)\mathrm{d}x_2 + \frac{2}{GI_p}\int_0^a\left(\frac{Fl}{4} - X_1\right)\cdot\frac{l^2}{4(2l+5a)}\mathrm{d}x_2$$

$$= \frac{Fl^3}{16EI}\left[\frac{1}{3} - \frac{l+5a}{2l+5a} + \frac{(l+5a)^2}{(2l+5a)^2}\right] + \frac{Fa^3}{6EI} + \frac{5Fl^4a}{32EI(2l+5a)^2}$$

代入数据解得：$\omega_E = 4.86\mathrm{mm}$。

14.13　车床夹具如图 14－2－28 所示，*EI* 已知。试求夹具 *A* 截面上的弯矩。

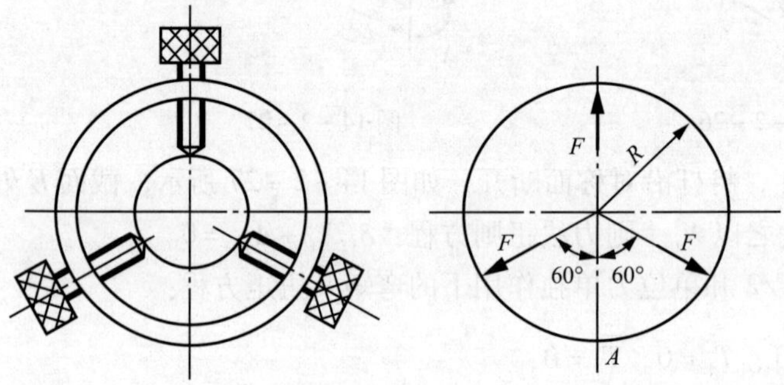

图 14－2－28

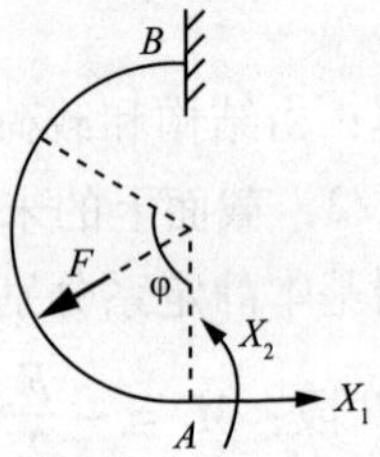

图 14－2－29

解：由结构和载荷的对称性，把结构从对称面 *AB* 切开，取一半为静定基进行分析，如图 14－2－29 所示。记多余约束力为 X_1，X_2，则力法正则方程为

$$\begin{cases}\delta_{11}X_1 + \delta_{12}X_2 + \Delta_{1F} = 0\\ \delta_{21}X_1 + \delta_{22}X_2 + \Delta_{2F} = 0\end{cases}$$

结构分别在外载荷及其单位力、单位力偶矩单独作用下的弯矩方程

$$M_F = -FR\sin(\varphi - 60°) = -\frac{FR}{2}(\sin\varphi - \sqrt{3}\cos\varphi)，\left(\frac{\pi}{3} \leqslant \varphi \leqslant \pi\right)$$

$$\overline{M}_1 = R(1 - \cos\varphi)，\overline{M}_2 = 1，(0 \leqslant \varphi \leqslant \pi)$$

则由莫尔定理可得

$$\delta_{11} = \frac{1}{EI}\int_0^\pi \overline{M}_1^2 R\mathrm{d}\varphi = \frac{3\pi R^3}{2EI}$$

$$\delta_{12} = \delta_{21} = \frac{1}{EI}\int_0^\pi \overline{M}_1 \cdot \overline{M}_2 R\mathrm{d}\varphi = \frac{\pi R^2}{EI}$$

$$\delta_{22} = \frac{1}{EI}\int_0^\pi \overline{M}_2^2 R\mathrm{d}\varphi = \frac{\pi R}{EI}$$

$$\Delta_{1F} = \frac{1}{EI}\int_0^\pi \overline{M}_1 M_F R\mathrm{d}\varphi = -\frac{FR^3}{2EI}\int_{\frac{\pi}{3}}^\pi(\sin\varphi - \sqrt{3}\cos\varphi)(1 - \cos\varphi)\mathrm{d}\varphi = -2.4\frac{FR^3}{EI}$$

$$\Delta_{2F} = \frac{1}{EI}\int_0^\pi \overline{M}_2 M_F R\mathrm{d}\varphi = -\frac{FR^2}{2EI}\int_{\frac{\pi}{3}}^\pi(\sin\varphi - \sqrt{3}\cos\varphi)\mathrm{d}\varphi = -\frac{3FR^2}{2EI}$$

将以上结果代入正则方程，可得：$X_1 = 0.577F$，$X_2 = -0.099FR$。

即作用在夹具 *A* 截面上的弯矩：$M_A = 0.099FR$（顺时针）。

14.14 沿圆环的水平和竖直直径各作用一对力 F，如图 14－2－30 所示。试求圆环横截面上的内力。

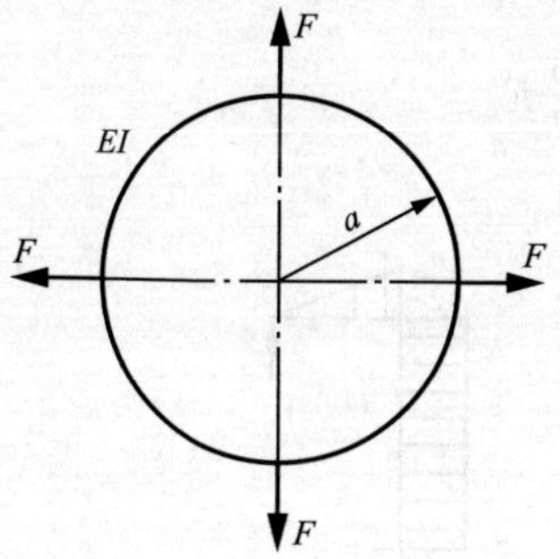

图 14－2－30

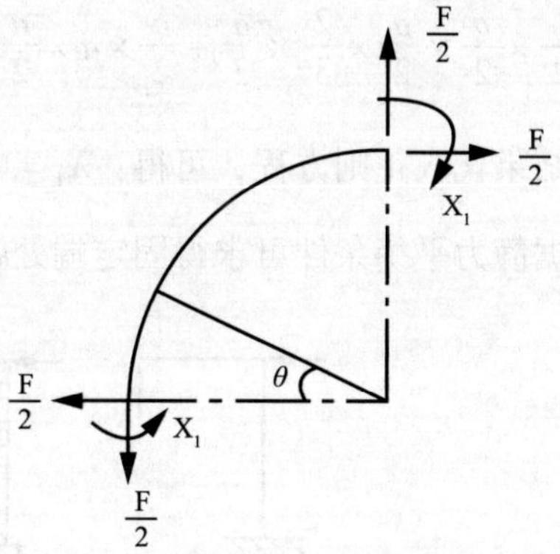

图 14－2－31

解： 由结构和载荷对称性，取$\frac{1}{4}$圆环研究，将未知弯矩记为 X_1，相当系统如图 14－2－31 所示，则力法方程：$\delta_{11}X_1+\Delta_{1F}=0$。

列出圆环分别在外载荷和单位力作用下的弯矩方程

$$M=\frac{F}{2}[-a\sin\theta+a(1-\cos\theta)],\ \overline{M}=1$$

则由莫尔定理可得

$$\delta_{11}=\int_0^{\frac{\pi}{2}}\frac{\overline{M}^2}{EI}a\mathrm{d}\theta=\frac{\pi a}{2EI}$$

$$\Delta_{1F}=\int_0^{\frac{\pi}{2}}\frac{1}{EI}M\cdot\overline{M}a\mathrm{d}\theta=\frac{Fa^2}{2EI}\left(\frac{\pi}{2}-2\right)$$

将以上结果代入正则方程，可得：$X_1=Fa\left(\frac{2}{\pi}-\frac{1}{2}\right)$。

通过平衡方程，可得任意截面的内力

$$F_N(\theta)=\frac{F}{2}(\sin\theta+\cos\theta),\ F_S(\theta)=\frac{F}{2}(\cos\theta-\sin\theta),\ M(\theta)=Fa\left(\frac{2}{\pi}-\frac{\sin\theta+\cos\theta}{2}\right)$$

14.15 求解图 14－2－32 所示超静定刚架几何对称面上的内力。

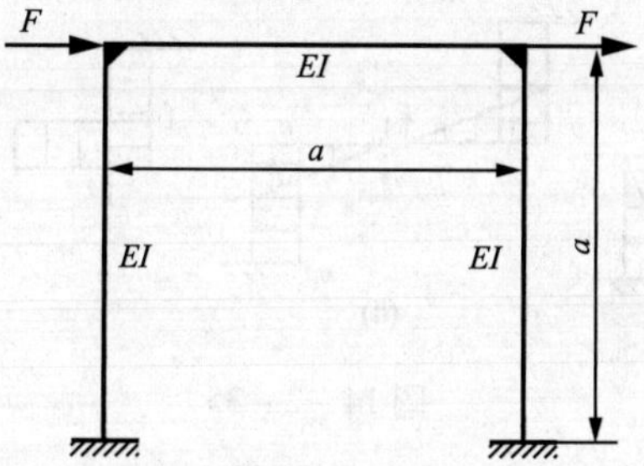

图 14－2－32

解： 利用反对称性质，取左半部分进行分析。

去掉多余约束，代之以约束反力 X_1，相当系统如图 14－2－33(a)所示，则正则方程：$\delta_{11}X_1+\Delta_{1F}=0$。

分别作静定基在外载荷及单位载荷单独作用下结构的弯矩图，如图 14－2－33(b)所示。则由图乘法可得

$$\delta_{11}=\frac{1}{EI}\left(\frac{1}{2}\times\frac{a}{2}\times\frac{a}{2}\times\frac{2}{3}\times\frac{a}{2}+\frac{a}{2}\times a\times\frac{a}{2}\right)=\frac{7a^3}{24EI},\ \Delta_{1F}=\frac{-1}{EI}\left(\frac{1}{2}\times Fa\times a\times\frac{a}{2}\right)=-\frac{Fa^3}{4EI}$$

将以上结果代入正则方程，可得：$X_1=-\dfrac{\Delta_{1F}}{\delta_{11}}=\dfrac{6}{7}F$。

由此根据静力平衡条件可求得固定端处各支反力。

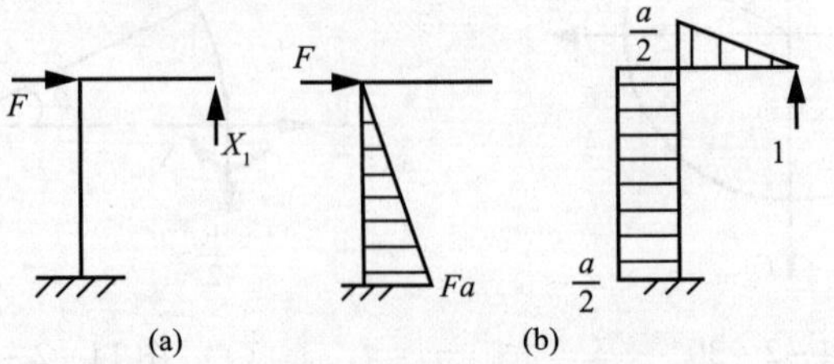

图 14－2－33

14.16　图 14－2－34 所示刚架几何上以 C 为对称中心。试证明截面 C 上的轴力及剪力皆等于零。

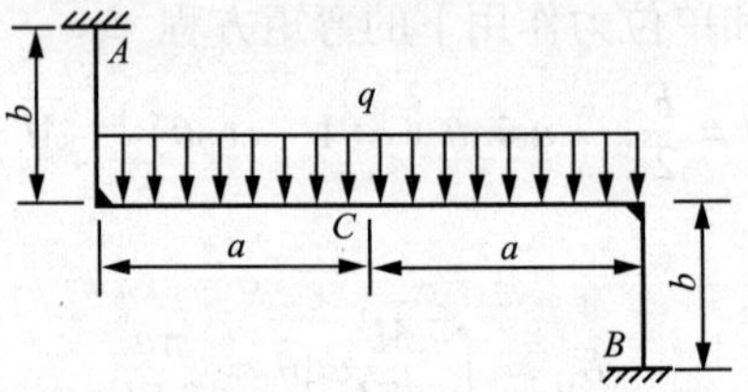

图 14－2－34

证明：将结构从反对称中心 C 处截开，轴力、剪力、弯矩分别用 X_1，X_2，X_3 表示，可得相当系统如图 14－2－35(a)所示。

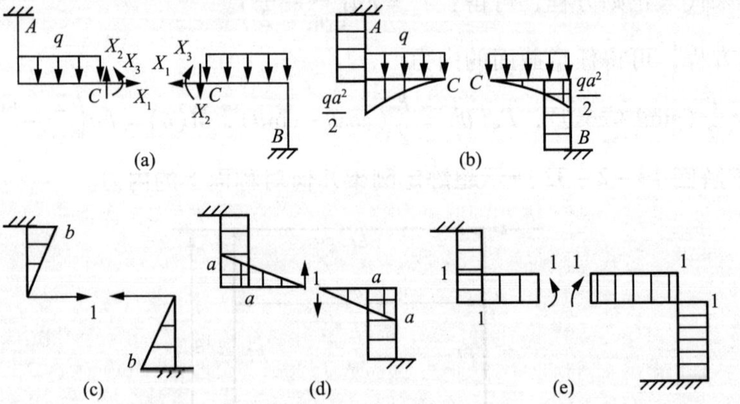

图 14－2－35

则力法正则方程

$$\begin{cases}\delta_{11}X_1+\delta_{12}X_2+\delta_{13}X_3+\Delta_{1F}=0\\ \delta_{21}X_1+\delta_{22}X_2+\delta_{23}X_3+\Delta_{2F}=0\\ \delta_{31}X_1+\delta_{32}X_2+\delta_{33}X_3+\Delta_{3F}=0\end{cases}$$

分别作静定基在外载荷以及单位载荷单独作用下刚架的弯矩图，如图 14－2－35(b)、

(c)、(d)、(e)所示。

由图乘法可得

$$\delta_{13}=\delta_{31}=\delta_{23}=\delta_{32}=0,\ \Delta_{1F}=\Delta_{2F}=0$$

$$\delta_{11}=\frac{1}{EI}\left(\frac{b}{2}\times b\times\frac{2}{3}b\times 2\right)=\frac{2b^3}{3EI}$$

$$\delta_{12}=\delta_{21}=\frac{1}{EI}\left(a\times b\times\frac{b}{2}\times 2\right)=\frac{ab^2}{EI}$$

$$\delta_{22}=\frac{2}{EI}\left(\frac{a}{2}\times a\times\frac{2}{3}a+b\times a\times a\right)=\frac{2a^3+6a^2b}{3EI}$$

$$\delta_{33}=\frac{1}{EI}(a+b)\times 2=\frac{2(a+b)}{EI}$$

$$\Delta_{3F}=\frac{2}{EI}\left(-\frac{1}{2}qa^2\times\frac{a}{3}\times 1-\frac{1}{2}qa^2\times b\times 1\right)=-\frac{qa^3+3qa^2b}{3EI}$$

故正则方程简化为

$$\frac{2}{3}b^3X_1+ab^2X_2=0 \qquad ①$$

$$ab^2X_1+\left(\frac{2a^3}{3}+2ba^2\right)X_2=0 \qquad ②$$

$$2(a+b)X_3-\frac{1}{3}qa^3-qa^2b=0 \qquad ③$$

其中，式①②为关于 X_1，X_2 的齐次方程组，计算可知其系数行列式不等于零，则该齐次方程组必有零解，$X_1=X_2=0$，即轴力和剪力都为零。

命题得证。

14.17 用三弯矩方程求解题 6.35。

解：支座编号如图 14－2－36(a)所示，$l_1=l$，$l_2=0.5l$。静定基的每个跨度都是简支梁，各简支梁在外载荷作用下的弯矩图如图 14－2－36(b)所示。

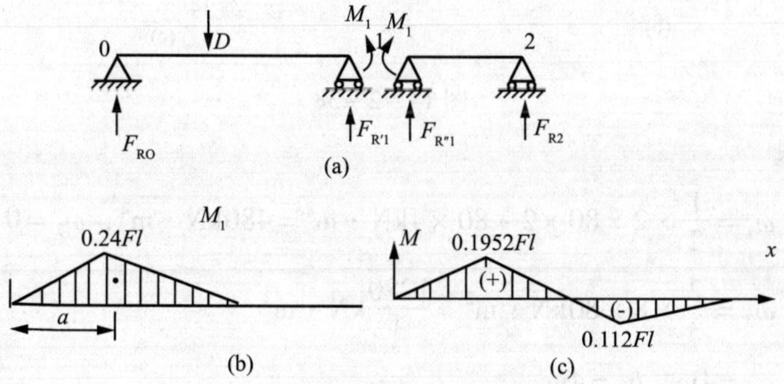

图 14－2－36

则弯矩图面积：$\omega_1=\dfrac{l}{2}\times 0.24Fl=0.12Fl^2$，$\omega_2=0$。

其形心位置：$a_1=\dfrac{l+0.4l}{3}=\dfrac{1.4}{3}l$，$a_2=0$，$b_2=0$。

其中，$M_0=M_2=0$。

则当 $n=1$ 时，$M_{n-1}=M_0=0$，$M_n=M_1$，$M_{n+1}=M_2=0$。

$$l_n = l_1 = l，\ l_{n+1} = l_2 = 0.5l，\ a_n = a_1 = \frac{1.4l}{3}，\ b_{n+1} = b_2 = 0$$

代入公式得：$2M_1 \times 1.5l = -\dfrac{6 \times 0.12Fl \times \dfrac{1.4l}{3}}{l} = -0.336Fl$。

解得：$M_1 = -0.112Fl$。

由静力平衡条件，可得

$F_{RA} = F_{R0} = 0.488F(\uparrow)$，$F_{RC} = F_{R2} = 0.224F(\downarrow)$，$F_{RB} = F_{R'_1} + F_{R''_1} = 0.736F(\uparrow)$

轴的弯矩图如图 14－2－36(c)所示。

14.18　等截面连续梁上，载荷如图 14－2－37 所示。已知$[\sigma] = 160$MPa。试选择合适的工字梁型号。

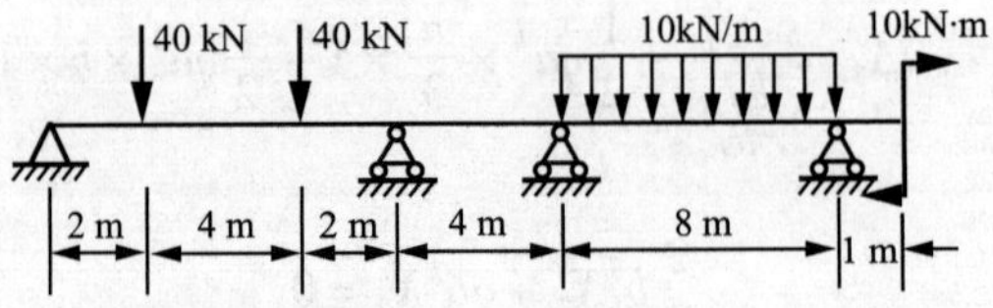

图 14－2－37

解：支座编号如图 14－2－38(a)所示，$l_1 = 8$m，$l_2 = 4$m，$l_3 = 8$m，静定基的每个跨度都是简支梁，各简支梁在外载荷作用下的弯矩图如图 14－2－38(b)所示。

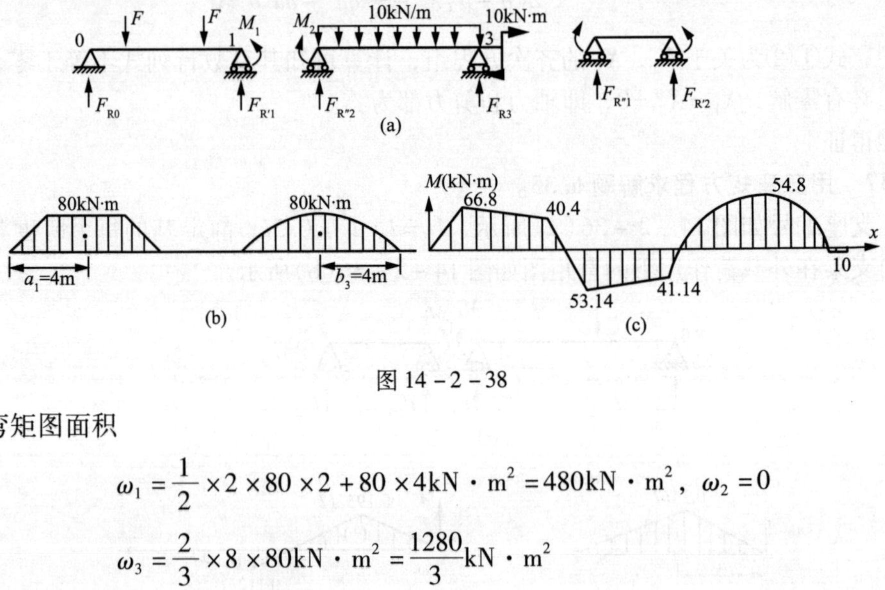

图 14－2－38

则弯矩图面积

$$\omega_1 = \frac{1}{2} \times 2 \times 80 \times 2 + 80 \times 4\text{kN} \cdot \text{m}^2 = 480\text{kN} \cdot \text{m}^2，\ \omega_2 = 0$$

$$\omega_3 = \frac{2}{3} \times 8 \times 80\text{kN} \cdot \text{m}^2 = \frac{1280}{3}\text{kN} \cdot \text{m}^2$$

其形心位置：$a_1 = 4$m，$b_3 = 4$m。

又 $M_0 = 0$，$M_3 = -10$kN · m，

则当 $n = 1$ 时，$M_{n-1} = M_0 = 0$，$M_n = M_1$，$M_{n+1} = M_2$，$l_n = l_1 = 8$m，$l_{n+1} = l_2 = 4$m。

代入公式得：$6M_1 + M_2 = -360$kN · m　①

当 $n = 2$ 时，$M_{n-1} = M_1$，$M_n = M_2$，$M_{n+1} = M_3 = -10$kN · m，$l_n = l_2 = 4$m。

代入公式得：$M_1 + 6M_2 = -300$kN · m　②

联立式①②可得：$M_1 = -53.14$kN · m，$M_2 = -41.14$kN · m。

综上，根据平衡条件可得各支座反力

$$F_{RA}=33.4\text{kN},\ F_{RB}=48.6\text{kN},\ F_{RC}=42.3\text{kN},\ F_{RD}=35.7\text{kN}$$

由此可作梁的弯矩图，如图 14-2-38(c)所示，梁上最大弯矩：$M_{max}=66.8\text{kN}\cdot\text{m}$。

根据强度条件 $\sigma=\dfrac{M_{max}}{W}\leqslant[\sigma]$，可得：$W\geqslant\dfrac{M_{max}}{[\sigma]}=\dfrac{66.8\times10^3}{160\times10^6}\text{m}^3=418\text{cm}^3$。

查型钢表，选取 I 25b 工字钢，$W=423\text{cm}^3$，满足强度要求。

14.19　若图 14-2-39(a)所示连续梁的一端固定，将怎样使用三弯矩方程？

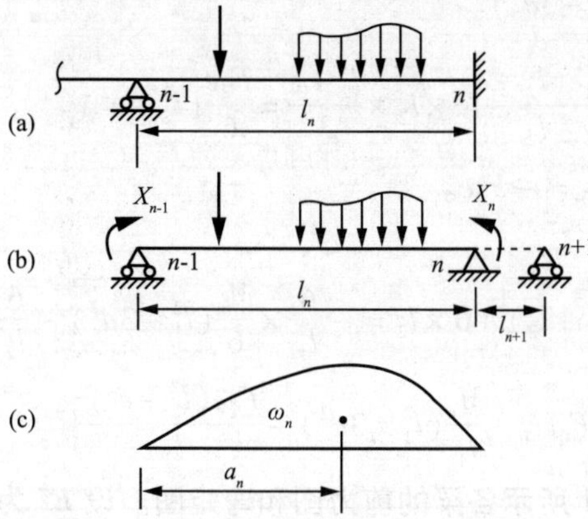

图 14-2-39

解：如图 14-2-39(a)所示，设将梁的右端固定，并将右端固定的跨度记为 l_n。l_n 内只作用外载荷时，梁的弯矩图如图 14-2-39(c)所示，其中 a_n 为弯矩图面积 ω_n 的形心到左端支座的距离。则支座 n 截面的转角

$$\Delta_n=\frac{X_{n-1}l_n}{6EI}+\frac{X_nl_n}{3EI}+\frac{\omega_na_n}{EIl_n}$$

支座 n 原为固定端，则有：$\Delta_n=0$。于是上式可化简为

$$X_{n-1}l_n+2X_nl_n=-\frac{6\omega_na_n}{l_n}$$

此即为右端固定增加的方程式。

图 14-2-39(b)所示为假想的从支座 n 向右延伸一个虚拟的跨度 l_{n+1}，对 l_n、l_{n+1} 写出三弯矩方程，并使 l_{n+1} 趋于零，也可得到上述方程式。

14.20　在有三个轴承的轴上，载荷如图 14-2-40(a)所示。试求轴在支座 1 截面上的弯矩 M_1。

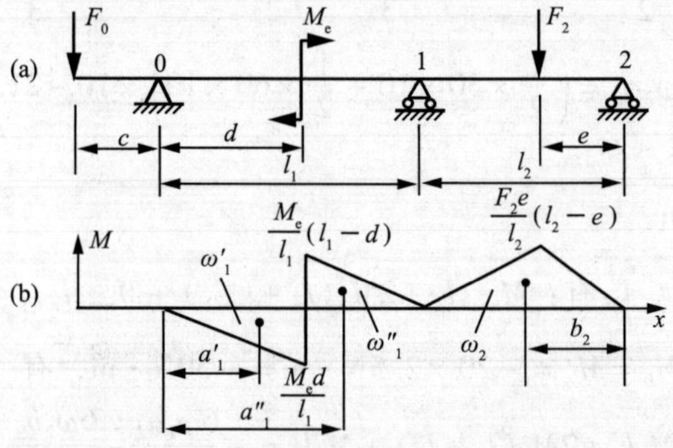

图 14-2-40

解：将跨度 l_1、l_2 分别作为简支梁，则外载荷引起的弯矩图如图 14－2－40(b)所示。两者的静矩分别为

$$\omega_1 a_1 = \omega'_1 a'_1 + \omega''_1 a''_1$$

$$= -\frac{1}{2}\times\frac{M_e}{l_1}d\times d\times\frac{2}{3}d+\frac{1}{2}\times\frac{M_e}{l_1}(l_1-d)(l_1-d)\left(\frac{l_1-d}{3}+d\right)$$

$$=\frac{M_e}{6}(l_1^2-3d^2)$$

$$\omega_2 b_2=\frac{1}{2}\times\frac{F_2e(l_2-e)}{l_2}\times l_2\times\frac{l_2+e}{3}=\frac{F_2e}{6}(l_2^2-e^2)$$

左端外伸部分弯矩：$M_0=-F_0c$。

代入三弯矩方程，得

$$-F_0cl_1+2M_1(l_1+l_2)+0\times l_2=-\frac{6}{l_1}\times\frac{M_e}{6}(l_1^2-3d^2)-\frac{6}{l_2}\times\frac{F_2e(l_2^2-e^2)}{6}$$

解得：$M_1=\dfrac{1}{2(l_1+l_2)}\left[F_0cl_1-\dfrac{M_e}{l_1}(l_1^2-3d^2)-\dfrac{F_2e(l_2^2-e^2)}{l_2}\right]$。

14.21 作图 14－2－41 所示各梁的剪力图和弯矩图。设 *EI* 为常量。

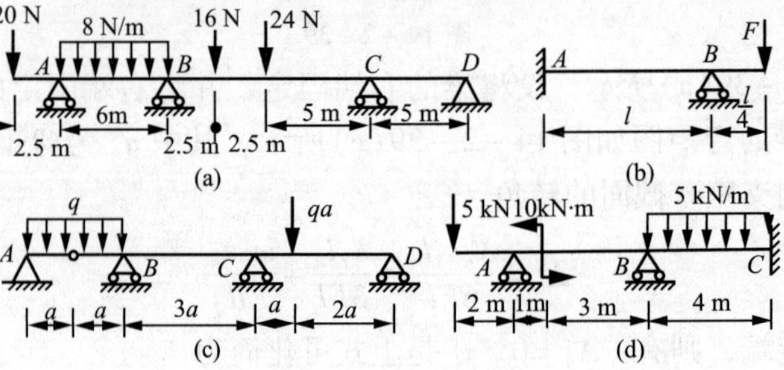

图 14－2－41

解：(a)如图 14－2－41(a)所示

支座编号如图 14－2－42(a_1)所示，$l_1=6\text{m}$，$l_2=10\text{m}$，$l_3=5\text{m}$，静定基的每个跨度都是简支梁，各简支梁在外载荷作用下的弯矩图如图 14－2－42(a_2)所示。

则弯矩图面积：$\omega_1=\left(\frac{2}{3}\times 36\times 6\right)\text{N}\cdot\text{m}^2=144\text{N}\cdot\text{m}^2$

$$\omega_2a_2=\omega'_2a'_2+\omega''_2a''_2=\frac{1}{2}\times 30\times 10\times\frac{10+2.5}{3}+\frac{1}{2}\times 60\times 10\times\frac{10+5}{3}\text{N}\cdot\text{m}^3=2125\text{N}\cdot\text{m}^3$$

$$\omega_2b_2=(\omega'_2+\omega''_2)b_2-\omega_2a_2=\left(\frac{1}{2}\times 30\times 10+\frac{1}{2}\times 60\times 10\right)\times 10-2125\text{N}\cdot\text{m}^3=2375\text{N}\cdot\text{m}^3$$

$\omega_3=0$

其形心位置：$a_1=3\text{m}$。

由三弯矩方程，对 l_1，l_2 有：$M_{n-1}l_n+2M_n(l_n+l_{n+1})+M_{n+1}l_{n+1}=-\dfrac{6\omega_na_n}{l_n}-\dfrac{6\omega_{n+1}b_{n+1}}{l_{n+1}}$。

其中，当 $n=1$ 时，$M_0=M_A=-20\times 2.5\text{N}\cdot\text{m}=-50\text{N}\cdot\text{m}$，有

$$M_0l_1+2M_1(l_1+l_2)+M_2l_2=-\frac{6\omega_1a_1}{l_1}-\frac{6\omega_2b_2}{l_2}$$

代入数据整理得：$32M_1+10M_2=-1557$ ①

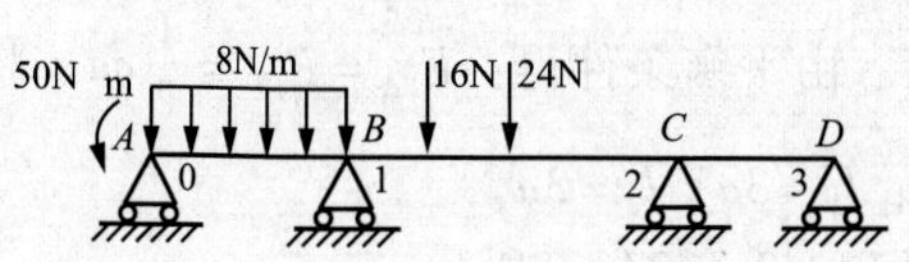

(a$_1$)

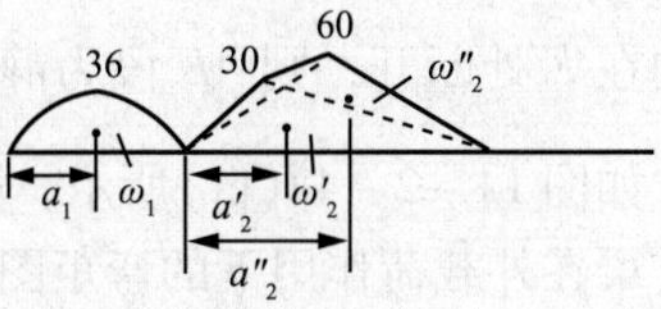

(a$_2$)

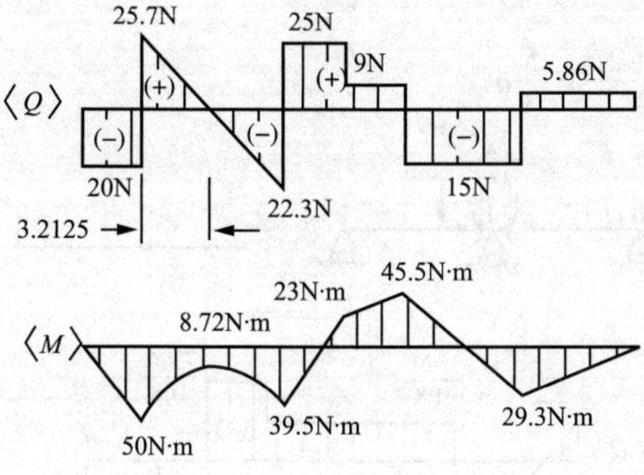

(a$_3$)

图 14－2－42

当 $n=2$ 时，有：$M_1l_2+2M_2(l_2+l_3)+M_3l_3=-\frac{6\omega_2a_2}{l_2}-\frac{6\omega_3b_3}{l_3}$。

代入数据整理得：$M_1+3M_2=-127.5$ ②

联立式①②可得：$M_1=-39.5\mathrm{N\cdot m}$，$M_2=-29.3\mathrm{N\cdot m}$。

综上，由平衡条件可得各支座反力

$F_{RA}=45.7\mathrm{N}(\uparrow)$，$F_{RB}=47.3\mathrm{N}(\uparrow)$，$F_{RC}=20.9\mathrm{N}(\uparrow)$，$F_{RD}=5.86\mathrm{N}(\downarrow)$

由此作剪力图和弯矩图，如图 14－2－42(a$_3$)所示。

(b)如图 14－2－41(b)所示

基本静定系统为一个跨度的简支梁，支座编号如图 14－2－42(b$_1$)所示，则有：$M_0=M_A$，$M_1=M_B=-\frac{Fl}{4}$。

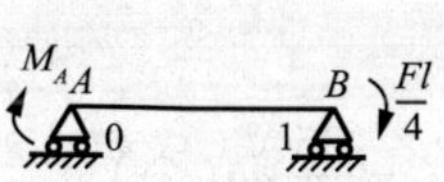

(b$_1$)

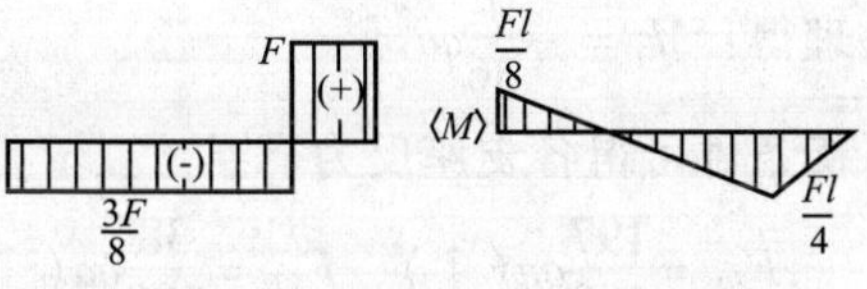

(b$_2$)

图 14－2－42

由于 AB 梁上无外载荷，故有：$\omega_1b_1=0$。

代入三弯矩方程可得：$2M_0l+M_1l=0$。

解得：$M_0=M_A=-\frac{1}{2}M_1=\frac{Fl}{8}$。

由平衡条件可得支座反力：$F_{RA}=\frac{3}{8}F(\downarrow)$，$F_{RB}=\frac{11}{8}F(\uparrow)$。

由此作剪力图和弯矩图，如图 14－2－42(b$_2$)所示。

(c)如图 14－2－41(c)所示

将结构在 E 处断开，则 AE 段为静平衡。由平衡条件得：$F_{RA}=F_{RE}=\frac{1}{2}qa$。将 ED 段各支座编号，如图 14－2－42(c_1)所示，则有：$l_1=3a$，$l_2=3a$。

各简支梁在外载荷作用下的弯矩图如图 14－2－42(c_2)所示。

则弯矩图面积：$\omega_1=0$，$\omega_2=\frac{1}{2}\times 3a\times\frac{2}{3}qa^2=qa^3$。

其形心位置：$b_2=\frac{3a+2a}{3}=\frac{5}{3}a$。

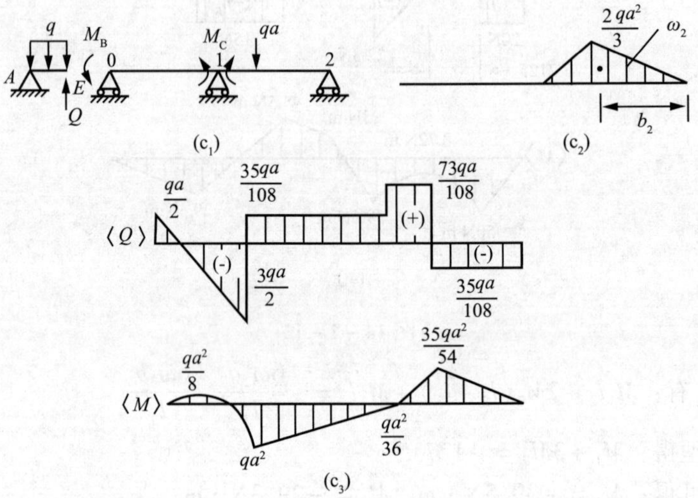

图 14－2－42

由三弯矩方程：$M_{n-1}l_n+2M_n(l_n+l_{n+1})+M_{n+1}l_{n+1}=-\frac{6\omega_n a_n}{l_n}-\frac{6\omega_{n+1}b_{n+1}}{l_{n+1}}$。

其中，$n=1$ 时，有 $M_0l_1+2M_1(l_1+l_2)+M_2l_2=-\frac{6\omega_1a_1}{l_1}-\frac{6\omega_2b_2}{l_2}$。

$$M_0=M_B=-\frac{1}{2}qa^2-\frac{1}{2}qa\cdot a=-qa^2,\ M_2=0$$

代入数据整理得：$M_1=-\frac{1}{36}qa^2$。

综上，由平衡条件可得各支座反力

$$F_{RB}=\frac{197}{108}qa(\uparrow),\ F_{RC}=\frac{38}{108}qa(\uparrow),\ F_{RD}=\frac{35}{108}qa(\uparrow)$$

由此作剪力图和弯矩图，如图 14－2－42(c_3)所示。

(d)如图 14－2－41(d)所示

基本静定系统每个跨度均为简支梁，如图 14－2－42(d_1)所示，$l_1=4\text{m}$，$l_2=4\text{m}$。

各简支梁在外载荷作用下的弯矩图，如图 14－2－42(d_2)所示。

则各弯矩图面积

$$\begin{aligned}\omega_1a_1&=\omega'_1a'_1+\omega''_1a''_1=\frac{1}{2}\times 2.5\times 10^3\times 1\times\frac{2}{3}-\frac{1}{2}\times 7.5\times 10^3\times 3\times\left(1+\frac{3}{3}\right)\text{N}\cdot\text{m}^3\\&=-21.7\times 10^3\text{N}\cdot\text{m}^3\end{aligned}$$

$$\omega_2a_2=\omega_2b_2=\frac{2}{3}\times 10\times 10^3\times 4\times 2\text{N}\cdot\text{m}^3=53.3\times 10^3\text{N}\cdot\text{m}^3$$

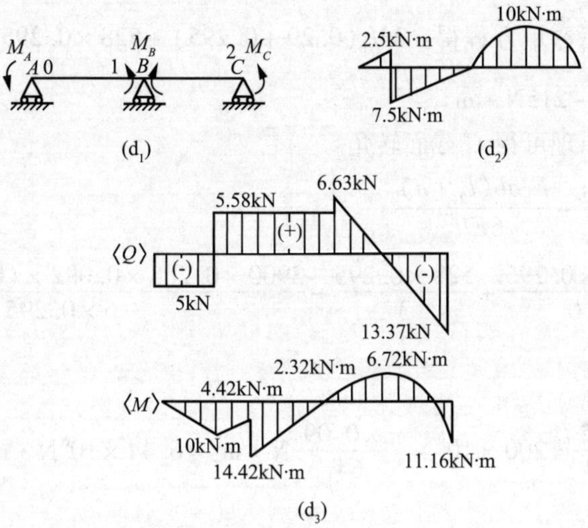

图 14－2－42

其中，$M_0=M_A=-5\times10^3\times2=-10\times10^3\text{N}\cdot\text{m}$，$M_1=M_B$，$M_2=M_C$。

当 $n=1$ 时，有 $M_0l_1+2M_1(l_1+l_2)+M_2l_2=-6\omega_1a_1/l_1-6\omega_2b_2/l_2$。

代入数据整理得：$4M_1+M_2=-\dfrac{15}{8}$ ①

当 $n=2$ 时，有 $M_1l_2+2M_2(l_2+l_3)+M_3l_3=-6\omega_2a_2/l_2-6\omega_3b_3/l_3$。

代入数据整理得：$M_1+2M_2=-20$ ②

联立式①②可得

$$M_1=M_B=2.32\times10^3\text{N}\cdot\text{m},\ M_2=M_C=-11.16\times10^3\text{N}\cdot\text{m}$$

综上，由平衡条件可得各支座反力

$$F_{RA}=10.6\times10^3\text{N}(\uparrow),\ F_{RB}=1.05\times10^3\text{N}(\uparrow),\ F_{RC}=13.4\times10^3\text{N}(\uparrow)$$

由此作剪力图、弯矩图，如图 14－2－42(d_3)所示。

14.22　车床的主轴简化成直径为 $d=90$mm 的等截面当量轴，该轴有三个轴承，在铅垂平面内的受力情况如图 14－2－43 所示。F_b 和 F_z 分别是传动力和切削力简化到轴线上的分力，且 $F_b=3.9$kN，$F_z=2.64$kN。若 $E=200$GPa，试求 D 点的挠度。

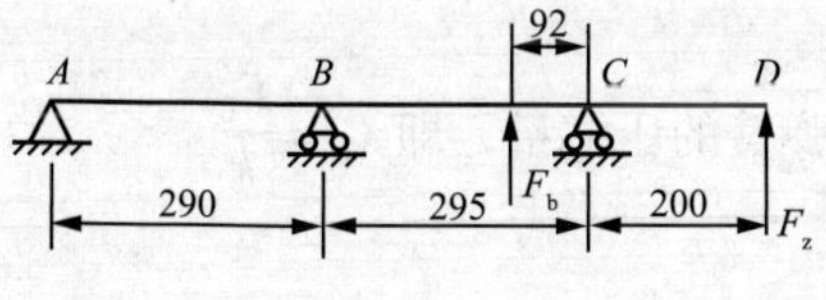

图 14－2－43

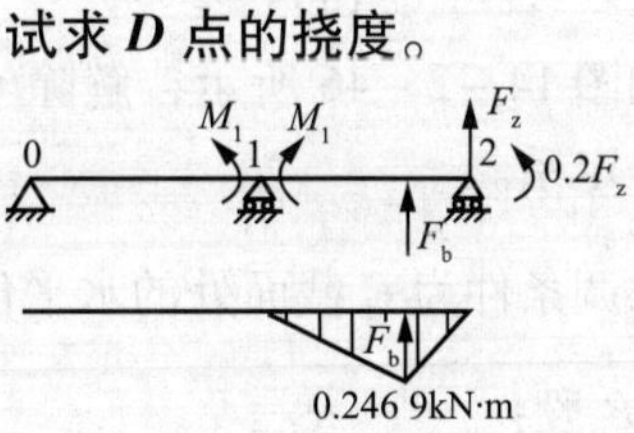

图 14－2－44

解： 把跨度 l_1 和 l_2 作为简支梁，并对支座进行编号，可得：$l_1=0.29$m，$l_2=0.295$m，$M_0=M_A=0$，$M_1=M_B$，$M_2=M_C=F_z\times0.2=528\text{N}\cdot\text{m}$。

作该系统在外载荷作用下的弯矩图，如图 14－2－44 所示。

则弯矩图面积和形心位置：$\omega_1a_1=0$。

$$\omega_2=-\frac{1}{2}\times0.2469\times0.295\text{kN}\cdot\text{m}^2=-0.03642\text{kN}\cdot\text{m}^2$$

$$b_2=\frac{0.295+0.092}{3}\text{m}=0.129\text{m}$$

将以上结果代入三弯矩方程得：$2M_1(0.29+0.295)+528\times0.295=-\dfrac{6\times4.7}{0.295}$。

解得：$M_1=M_B=-215\text{N}\cdot\text{m}$。

查表，根据叠加原理可得 C 截面转角

$$\begin{aligned}\theta_C &= \frac{M_Bl_2}{6EI}+\frac{M_Cl_2}{3EI}-\frac{F_{\rm b}ab(l_2+a)}{6EIl_2}\\ &=\frac{1}{EI}\left[-\frac{215\times0.295}{6}+\frac{528\times0.295}{3}-\frac{3900\times0.203\times0.092\times(0.295+0.203)}{6\times0.295}\right]\\ &=\frac{20.9}{EI}\end{aligned}$$

其中，$EI=E\times\dfrac{\pi d^4}{64}=200\times10^9\times\dfrac{\pi\times0.09^4}{64}\text{N}\cdot\text{m}^2=6.44\times10^5\text{N}\cdot\text{m}^2$。

则 D 点挠度

$$\begin{aligned}w_D &= \theta_C\times0.2+\frac{F_z\times0.2^3}{3EI}=\frac{64}{200\times10^9\times\pi\times0.09^4}\left(20.9\times0.2+\frac{2640\times0.2^3}{3}\right)\text{m}\\ &=0.0174\text{mm}(\text{向上})\end{aligned}$$

***14.23　图 14-2-45 所示刚架，*AB* 水平，*BC* 竖直，抗弯刚度均为 *EI*，*C* 处有一弹簧连接，弹簧的刚度系数 $k=\dfrac{EI}{l^3}$。试求 *B* 支座的约束力及该刚架上的最大弯矩。**

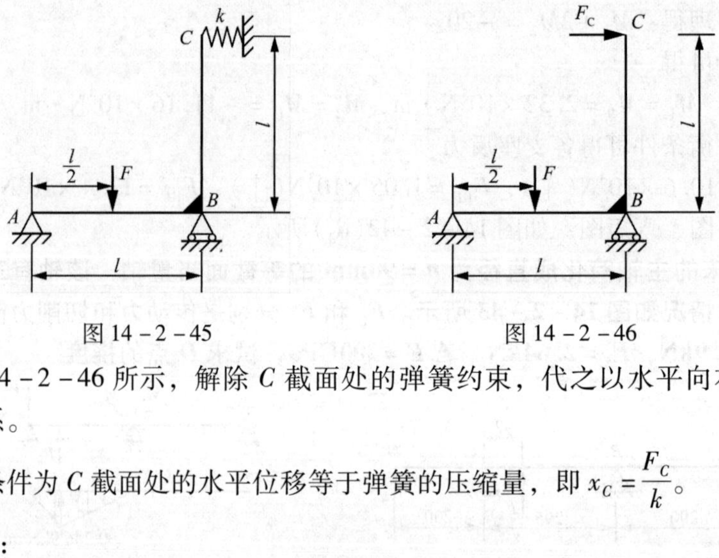

图 14-2-45　　　　图 14-2-46

解：如图 14-2-46 所示，解除 C 截面处的弹簧约束，代之以水平向右的集中力 F_C，得到基本静定系。

变形协调条件为 C 截面处的水平位移等于弹簧的压缩量，即 $x_C=\dfrac{F_C}{k}$。

刚化 AB 段：

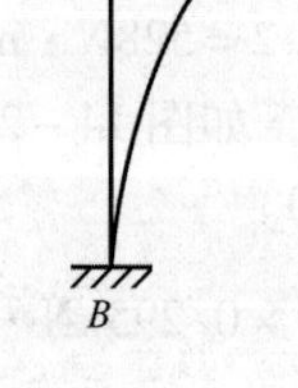

图 14-2-47

刚化 BC 段：

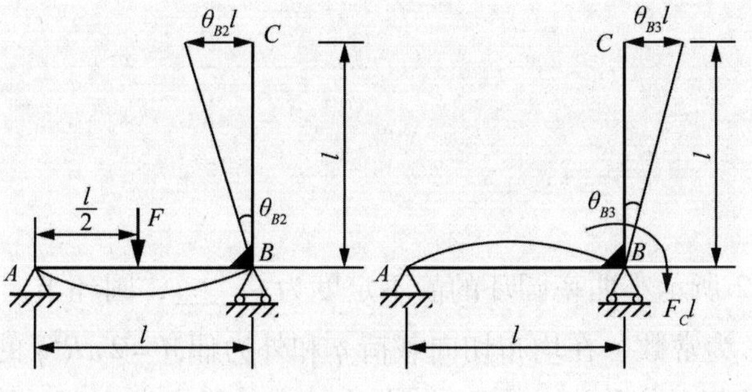

图 14－2－48

根据图 14－2－47 和图 14－2－48，有：

$$x_{C1}+\theta_{B2}l+\theta_{B3}l=\frac{F_C}{k}$$

$$-\left(\frac{F_Cl^3}{3EI}-\frac{Fl^2}{16EI}\times l+\frac{F_Cl\times l}{3EI}\times l\right)=\frac{F_C}{\frac{EI}{l^3}}$$

解得：$F_C=\frac{3}{80}F(\rightarrow)$。

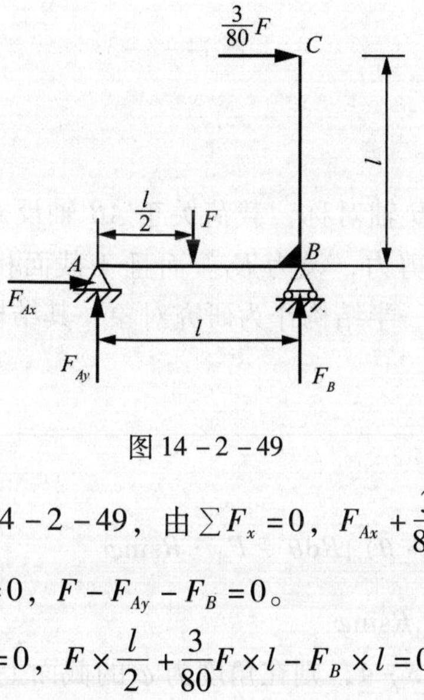

图 14－2－49

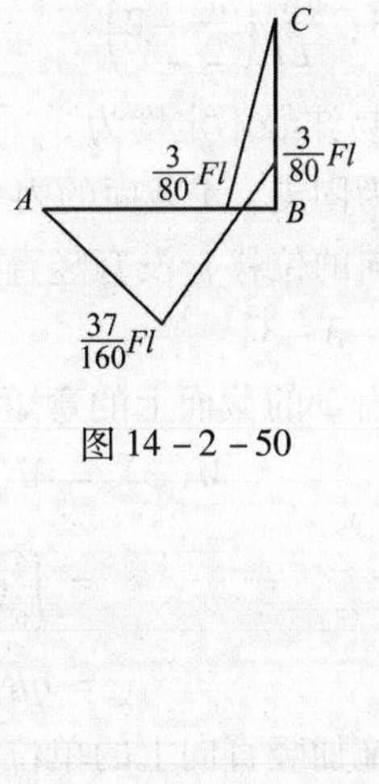

图 14－2－50

根据图 14－2－49，由 $\sum F_x=0$，$F_{Ax}+\frac{3}{80}F=0$。

由 $\sum F_y=0$，$F-F_{Ay}-F_B=0$。

由 $\sum M_A=0$，$F\times\frac{l}{2}+\frac{3}{80}F\times l-F_B\times l=0$。

解得：$F_{Ax}=-\frac{3}{80}F(\leftarrow)$，$F_{Ay}=\frac{37}{80}F(\uparrow)$，$F_B=\frac{43}{80}F(\uparrow)$。

作刚架的弯矩图如图 14－2－50 所示，可知 $|M|_{\max}=\frac{37}{160}Fl$，下部受拉。

14.3　名校考研真题详解

一、选择题

如图 14－3－1 所示平面刚架，承受载荷 F 作用，其静不定度为(　　)。［北京航空航天大学 2015 研］

A. 四度静不定

B. 三度静不定

C. 两度静不定

D. 一度静不定

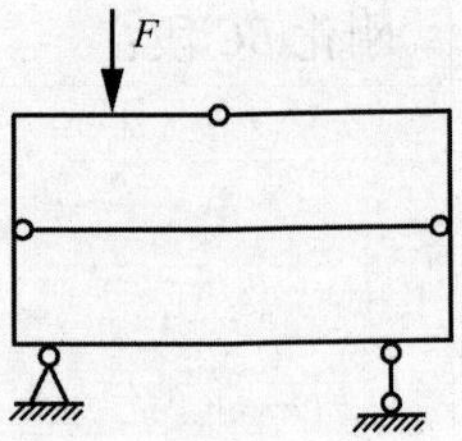

图 14－3－1

【答案】B

二、填空题

1. 如图 14－3－2 所示小曲率圆环的静不定度为______，圆环半径为 R，弯曲刚度 EI 为常数，在均布切向载荷 q 和外力偶 $M=2\pi R^2 q$ 的作用下平衡。在此外力下，A、B 两截面的相对位移为______。[北京航空航天大学 2013 研]

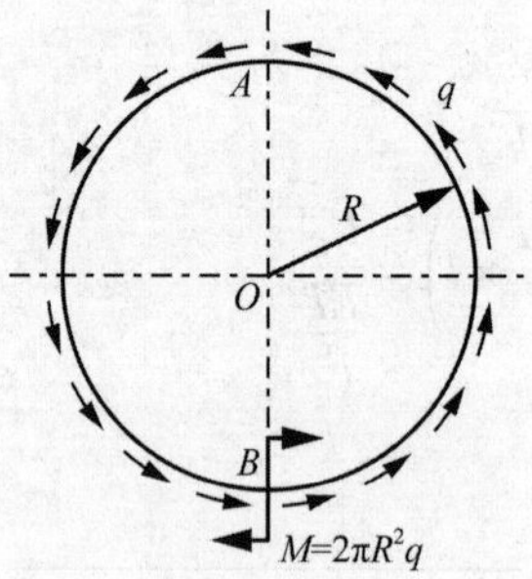

图 14－3－2

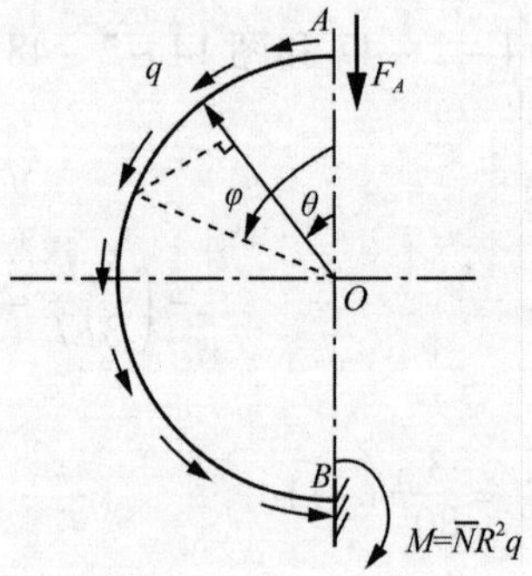

图 14－3－3

【答案】3；$\dfrac{qR^4}{EI}\left(\dfrac{\pi^2}{2}-2\right)$

【解析】易知静不定度为 3。整个结构关于 AB 轴对称，载荷关于 AB 轴反对称。假想 B 点不动，视为固支，A 截面的内力只有反对称的剪力，设为 F_A。而且 A 截面相对于 B 截面只有水平方向的位移，没有竖直方向的位移。取一半结构作为研究对象，其结构与原结构等效，如图 14－3－3。

则角度为 φ 的截面上的弯矩为

$$
\begin{aligned}
M(\varphi) &= M_q(\varphi) + M_{F_A}(\varphi) \\
&= \int_0^{\varphi} q\cdot R[1-\cos(\varphi-\theta)]R\mathrm{d}\theta - F_A\cdot R\sin\varphi \\
&= qR^2(\varphi-\sin\varphi) - F_A R\sin\varphi
\end{aligned}
$$

在 A 处施加竖直向上的单位载荷，如图 14－3－4，则在角度为 φ 的截面上的弯矩为

$$\overline{M}(\varphi) = R\sin\varphi$$

根据莫尔积分

$$
\begin{aligned}
\Delta_{Ay} &= \frac{1}{EI}\int_l M(\varphi)\overline{M}(\varphi)\mathrm{d}x \\
&= \frac{1}{EI}\int_0^{\pi}[qR^2(\varphi-\sin\varphi) - F_A R\sin\varphi]R\sin\varphi R\mathrm{d}\varphi \\
&= \frac{\pi R^3}{2EI}(qR - F_A) = 0
\end{aligned}
$$

所以 $F_A = qR(\downarrow)$。

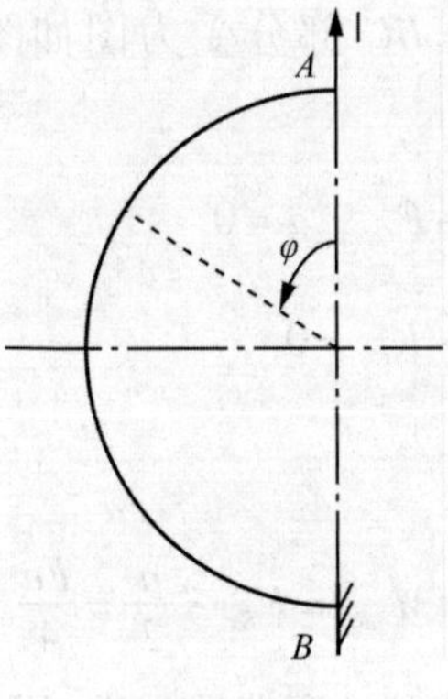

图 14 - 3 - 4

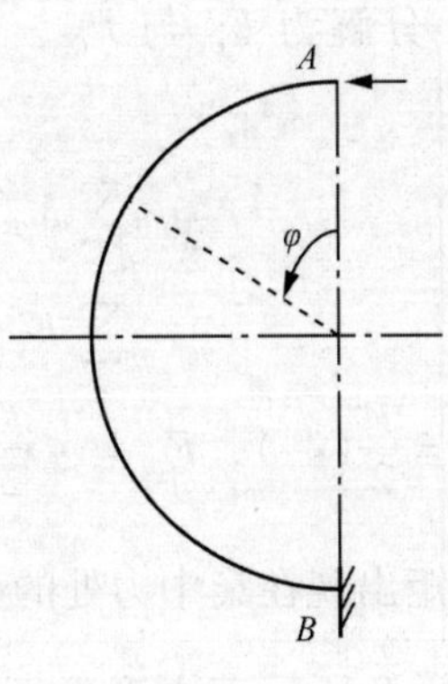

图 14 - 3 - 5

在 A 截面处施加一个水平向右的单位载荷，如图 14 - 3 - 5，则在角度为 φ 的截面上的弯矩为

$$\overline{M}(\varphi)=R(1-\cos\varphi)$$

根据莫尔积分

$$\begin{aligned}\Delta_{Ax}&=\frac{1}{EI}\int_l M(\varphi)\overline{M}(\varphi)\mathrm{d}x\\&=\frac{1}{EI}\int_0^{\pi}[qR^2(\varphi-\sin\varphi)-F_AR\sin\varphi]R(1-\cos\varphi)R\mathrm{d}\varphi\\&=\frac{1}{EI}\int_0^{\pi}[qR^2(\varphi-\sin\varphi)-qR^2\sin\varphi]R(1-\cos\varphi)R\mathrm{d}\varphi\\&=\frac{qR^4}{EI}\int_0^{\pi}(\varphi-2\sin\varphi)(1-\cos\varphi)\mathrm{d}\varphi\\&=\frac{qR^4}{EI}\left(\frac{\pi^2}{2}-2\right)\end{aligned}$$

所以 A 和 B 截面的相对位移为 $\frac{qR^4}{EI}\left(\frac{\pi^2}{2}-2\right)$。

2. 如图 14 - 3 - 6 所示刚架，承受载荷 F 作用，各截面的弯曲刚度均为 EI，支座 B 的水平反力 F_{Bx} = ______，方向为______，刚架的最大弯矩为______。[北京航空航天大学 2014 研]

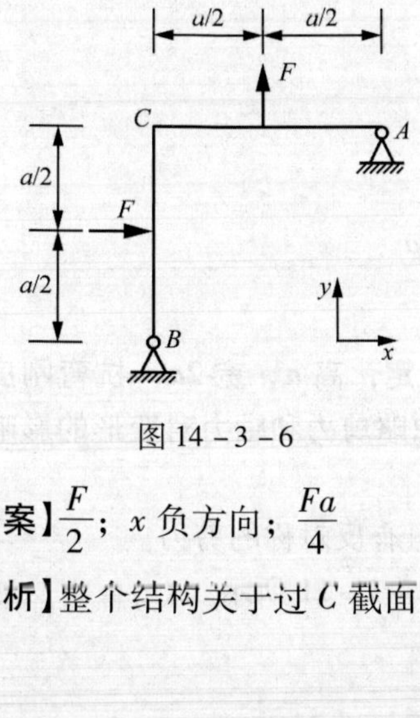

图 14 - 3 - 6

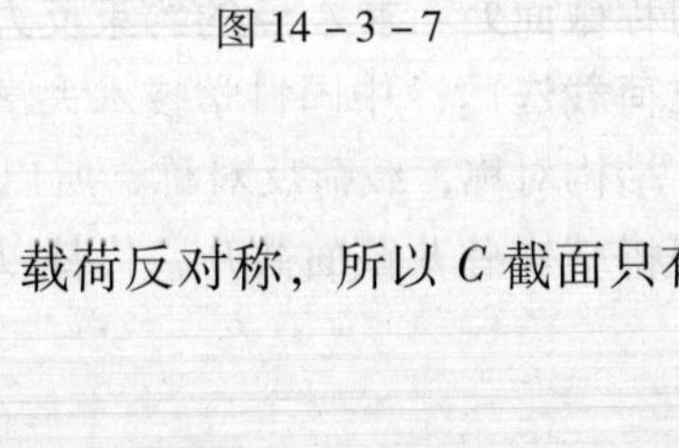

图 14 - 3 - 7

【答案】$\frac{F}{2}$；x 负方向；$\frac{Fa}{4}$

【解析】整个结构关于过 C 截面的右下斜轴对称，载荷反对称，所以 C 截面只有反对称

的剪力，设为 F_C，分解为 F_{Cx} 与 F_{Cy}，且 $F_{Cx}=F_{Cy}$。BC 部分受力图如图 14 - 3 - 7 所示。则有

$$\sum M_B=0,\ F\cdot\frac{a}{2}-F_{Cx}\cdot a=0$$

$$\sum F_x=0,\ F_{Bx}+F-F_{Cx}=0$$

所以 $F_{Cx}=F_{Cy}=\frac{F}{2}(\leftarrow)$，$F_{Bx}=-\frac{F}{2}(\leftarrow)$。

刚架内最大弯矩出现在集中力处的截面，大小为 $M_{\max}=F_{Bx}\cdot\frac{a}{2}=\frac{Fa}{4}$。

3. 如图 14 - 3 - 8 所示正方形平面刚架，边长为 a，弯曲刚度为 EI，其静不定度数为______；若在该刚架的 AB 边和 CD 边中点作用一对压力，在 AD 边和 BC 边中点作用一对拉力，大小均为 F，则该刚架 AB 边中间截面 E 处的弯矩大小为______。［北京航空航天大学 2016 研］

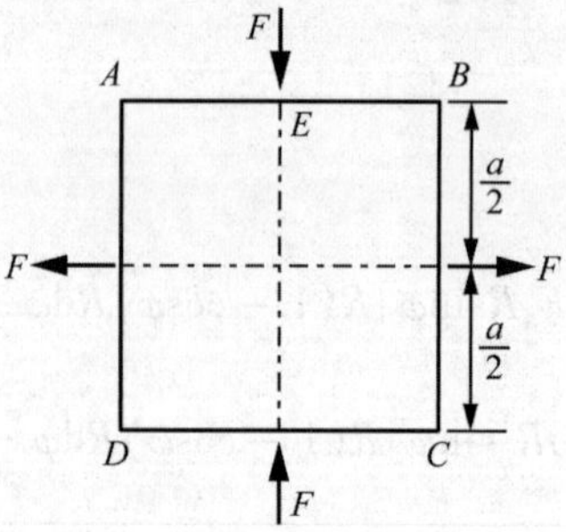

图 14 - 3 - 8

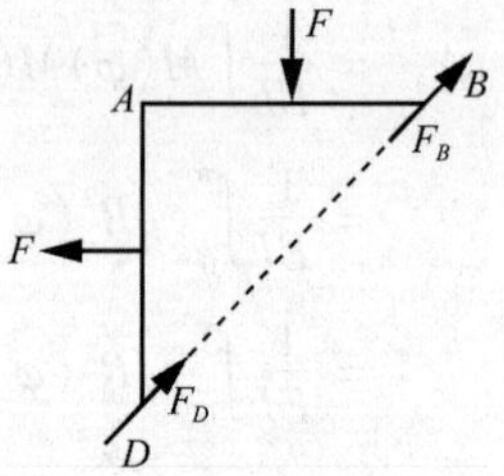

图 14 - 3 - 9

【答案】3；$\frac{1}{4}Fa$

【解析】该钢架的静不定数为 3。

假想将刚架沿着对角线 BD 切开，考虑到作用在系统的载荷为反对称，而结构又是对称结构，所以在 B、D 截面处只存在反对称载荷，即只有剪力，且剪力方向沿着 BD 方向。

根据平衡条件

$$\sum F_x=0,\ \sum F_y=0$$

易求得 B 处剪力大小为 $F_{SB}=F_{SD}=\frac{\sqrt{2}}{2}F$。

所以截面 E 处的弯矩为

$$M_E=\frac{\sqrt{2}}{2}F_{SB}\cdot\frac{1}{2}a=\frac{1}{4}Fa$$

三、计算题

1. 如图 14 - 3 - 10 所示门形左右对称钢架，下端固定，高 a，宽 $2a$，抗弯刚度 EI，B 点位于对称截面处。求 A 点的约束反力和 B 点的位移（忽略剪力和轴力对变形的影响，要求用到单位荷载法）。［中国科学技术大学 2016 研］

解：结构对称，载荷反对称，所以在截面 B 处内力只有反对称的剪力。

假想将结构沿 B 截面截开，代替以剪力 F_B。如图 14 - 3 - 11 所示。

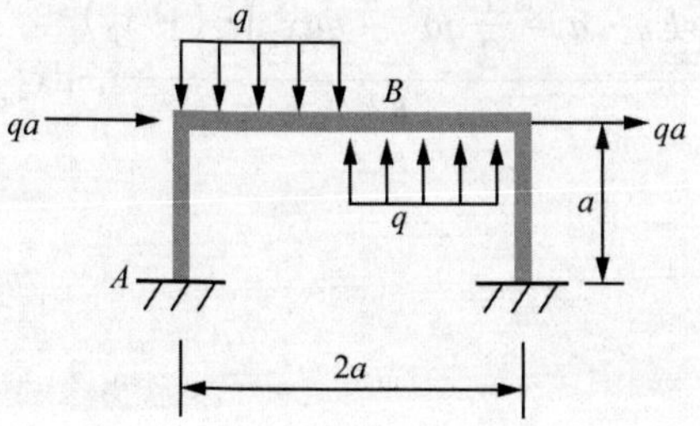

图 14－3－10

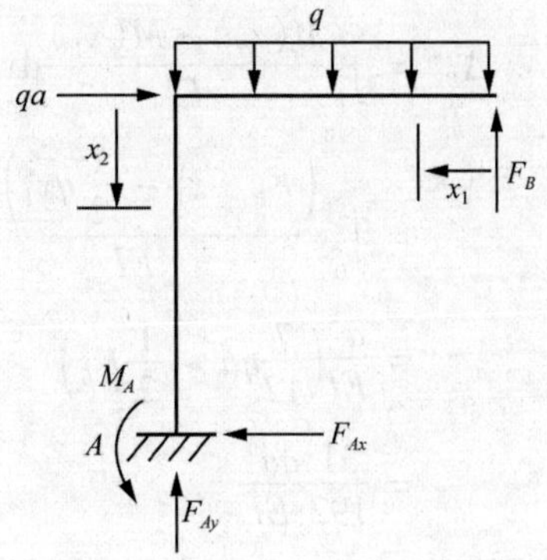

图 14－3－11

则结构的弯矩为

$$M(x_1)=F_B\cdot x_1-\frac{1}{2}qx_1^2\quad(0\leqslant x_1\leqslant a)$$

$$M(x_2)=F_B\cdot a-\frac{1}{2}qa^2-qax_2\quad(0\leqslant x_2\leqslant a)$$

在 B 处施加一个竖直向上的单位载荷 1，如图 14－3－12，则结构弯矩为

$$\overline{M}(x_1)=x_1\quad(0\leqslant x_1\leqslant a)$$

$$\overline{M}(x_2)=a\quad(0\leqslant x_2\leqslant a)$$

因为对称结构与反对称载荷，所以 B 截面的竖直方向位移为零，则有

$$\begin{aligned}\Delta_{By}&=\int_l\frac{M(x_1)\cdot\overline{M}(x_1)}{EI}\mathrm{d}x_1+\int_l\frac{M(x_2)\cdot\overline{M}(x_2)}{EI}\mathrm{d}x_2\\&=\int_0^a\frac{\left(F_B\cdot x_1-\frac{1}{2}qx_1^2\right)x_1}{EI}\mathrm{d}x_1+\int_0^a\frac{\left(F_B\cdot a-\frac{1}{2}qa^2-qax_2\right)a}{EI}\mathrm{d}x_2\\&=\frac{a^3}{EI}\left(\frac{4}{3}F_B-\frac{9}{8}qa\right)=0\end{aligned}$$

所以，$F_B=\dfrac{27}{32}qa(\uparrow)$。

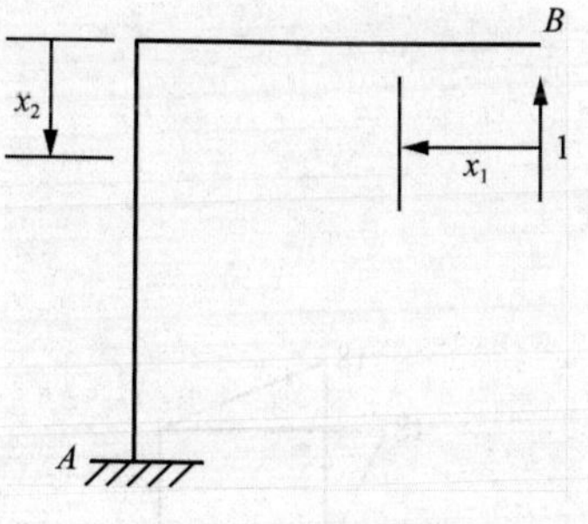

图 14－3－12

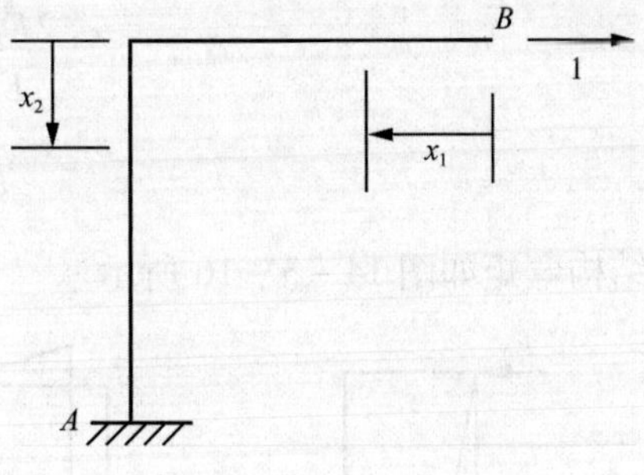

图 14－3－13

在截面 B 处施加一水平方向的单位载荷 1，如图 14－3－13，则结构弯矩为

$$\overline{M}(x_1)=0\quad(0\leqslant x_1\leqslant a)$$

$$\overline{M}(x_2)=-x_2\quad(0\leqslant x_2\leqslant a)$$

所以，B 截面的水平位移为

$$\Delta_{Bx} = \int_l \frac{M(x_1)\cdot \overline{M}(x_1)}{EI}dx_1 + \int_l \frac{M(x_2)\cdot \overline{M}(x_2)}{EI}dx_2$$

$$= \int_0^a \frac{\left(F_B \cdot x_1 - \frac{1}{2}qx_1^2\right)\cdot 0}{EI}dx_1 + \int_0^a \frac{\left(F_B \cdot a - \frac{1}{2}qa^2 - qax_2\right)\cdot(-x_2)}{EI}dx_2$$

$$= \frac{a^3}{EI}\left(\frac{7}{12}qa - \frac{1}{2}F_B\right)$$

$$= \frac{31}{192}\frac{qa^4}{EI}$$

由图 14－3－11 所示结构的平衡方程可知

$$\sum F_x = 0,\ qa - F_{Ax} = 0$$

$$\sum F_y = 0,\ F_{Ay} + F_B - qa = 0$$

$$\sum M(A) = 0,\ M_A + F_B \cdot a - qa \cdot a - qa \cdot \frac{1}{2}a = 0$$

解得 $F_{Ax} = qa(\leftarrow)$，$F_{Ay} = \frac{5}{32}qa(\uparrow)$，$M_A = \frac{21}{32}qa^2$（左侧受拉或逆时针）。

2. 图 14－3－14 所示超静定结构，已知 EI = 常数，$F_P = 7kN$，$l = 3m$。用力法求解图示结构，并作弯矩图。［南京航空航天大学 2017 研］

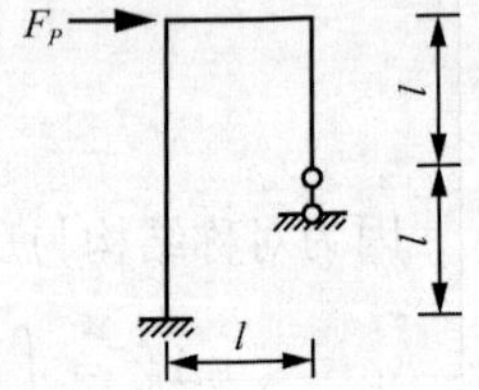

图 14－3－14

解：将结构右侧简支支座处断开，代之以方向向上的虚设的单位力 $X = 1$，并作此时荷载 F_P 作用下的 M_P 图以及虚设力作用下的 $\overline{M}$ 图，如图 14－3－15 所示。

由变形协调条件 $\Delta_{1P} + X_1\delta_{11} = 0$。

$$\Delta_{1F} = \frac{1}{EI}\left(-\frac{1}{2}\cdot 2l \cdot 2F_P l \times l\right) = -\frac{2F_P l^3}{EI}$$

$$\delta_{11} = \frac{1}{EI}\left(\frac{1}{2}\cdot l \cdot l \times \frac{2}{3}l + 2l \cdot l \times l\right) = \frac{7l^3}{3EI}$$

代入力法方程，得

$$-\frac{2F_P l^3}{EI} + \frac{7l^3}{3EI}X_1 = 0$$

$$X_1 = \frac{6}{7}F_P$$

则结构弯矩如图 14－3－16 所示。

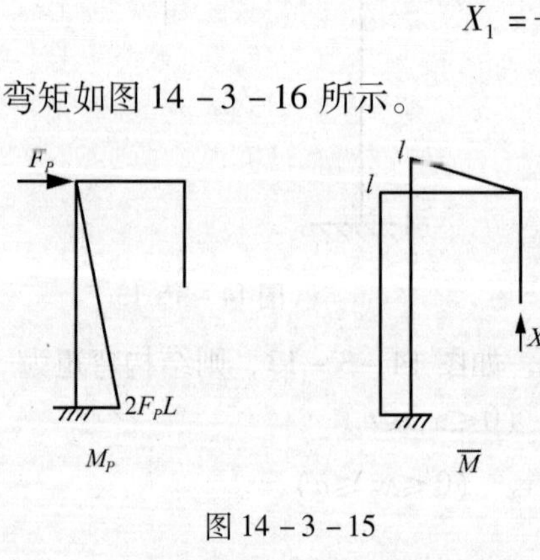

图 14－3－15

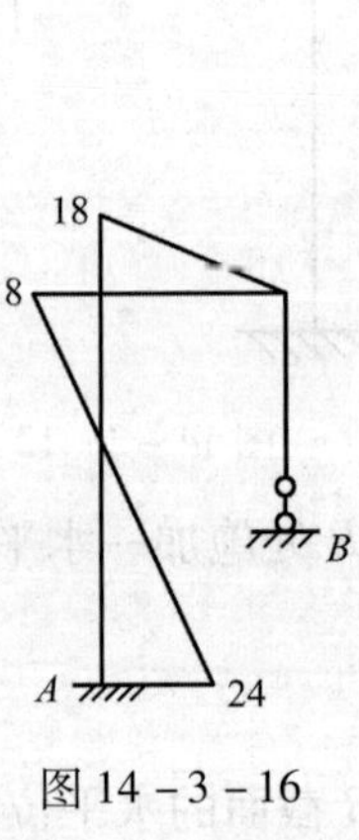

图 14－3－16

第 15 章　平面曲杆

15.1　复习笔记

一、曲杆纯弯曲时的正应力

轴线为曲线的曲杆，其横截面有对称轴，曲杆轴线在纵向对称面内为平面曲线，则称为平面曲杆。平面曲杆对称弯曲时，荷载作用于纵向对称面内，变形后曲杆轴线仍在纵向对称面内。

曲杆的纯弯曲是指在曲杆的纵向对称面内，两端作用大小相等、方向相反的两个弯曲力偶矩。

1. 小曲率曲杆

当曲杆轴线曲率半径 R_0 与截面形心到截面内侧边缘的距离 c 的比值 $\frac{R_0}{c}>10$ 时，属于小曲率曲杆，其正应力可近似地用直梁公式 $\sigma=\frac{My}{I_z}$ 计算。

2. 大曲率曲杆

当 $\frac{R_0}{c}\leqslant 10$ 时，为大曲率曲杆，可应用公式 $\sigma=\frac{My}{S\rho}$ 计算其正应力。

3. 中性层曲率半径的确定

(1)矩形截面：$r=\dfrac{A}{\int_A \frac{\mathrm{d}A}{\rho}}=\dfrac{h}{\ln\frac{R_1}{R_2}}$。

(2) 梯形与三角形截面：$r=\dfrac{A}{\int_A \frac{\mathrm{d}A}{\rho}}=\dfrac{\frac{1}{2}(b_1+b_2)h}{\frac{b_2R_1-b_1R_2}{h}\ln\frac{R_1}{R_2}-(b_2-b_1)}$，三角形截面中，$b_1=0,b_2=b$。

(3)圆形截面：$r=\dfrac{d^2}{4(2R_0-\sqrt{4R_0^2-d^2})}$。

(4)组合截面：$r=\dfrac{\sum_{i=1}^{n}A_i}{\sum_{i=1}^{n}\int_{A_i}\frac{\mathrm{d}A}{\rho}}$。

(5)对于截面形状不易积分的曲杆，可将截面划分为若干个平行于中性轴的狭长矩形近似求解，中性层曲率半径表示为：$r=\dfrac{\sum \Delta A_i}{\sum\frac{\Delta A_i}{\rho_i}}$。

二、曲杆的变形计算

曲杆的变形可用能量法计算。在求得变形能后，利用卡氏定理进行变形的计算。

1. 小曲率曲杆

小曲率曲杆的变形可忽略轴力与剪力对应的应变能，因此，变形能的计算与直梁相同，表达式为

$$V_\varepsilon = \int_s \frac{M^2 \mathrm{d}s}{2EI}$$

2. 大曲率曲杆

应考虑轴力与剪力对应的应变能，此时曲杆应变能的表达式为

$$V_\varepsilon = \int_S \left(\frac{M^2}{2ESR_0} + \frac{MF_N}{EAR_0} + \frac{F_N^2}{2EA} + \frac{kF_S^2}{2GA} \right) \mathrm{d}s$$

15.2 课后习题详解

15.1 压力机机架如图 15-2-1 所示，半径 $R_0=80$mm，横截面为矩形。压力机的最大压力 $F=8$kN。试计算其横截面上的最大正应力。

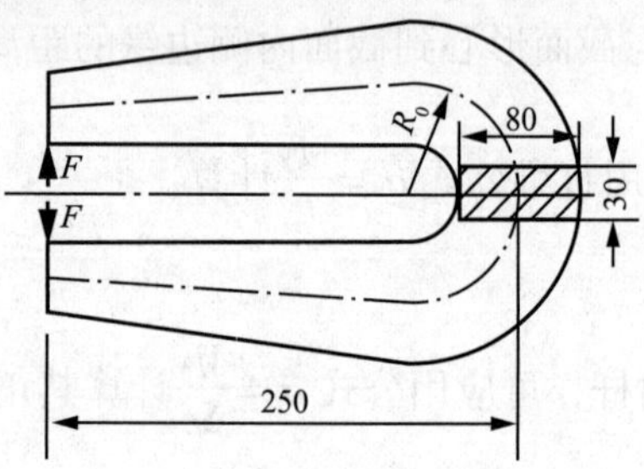

图 15-2-1

解： 由图 15-2-1 可知，截面形心到截面内侧边缘的距离 $c=\frac{80}{2}=40$mm，则有$\frac{R_0}{c}=\frac{80}{40}=2<10$，因此图 15-2-1 所示机架为大曲率杆。

曲杆最外缘和最内缘纤维的曲率半径分别为

$$R_1=R_0+40=120\text{mm},\ R_2=R_0-40=40\text{mm}$$

中性层的曲率半径为

$$r=\frac{A}{\int_A \frac{\mathrm{d}A}{\rho}}=\frac{h}{\ln\left(\frac{R_1}{R_2}\right)}=\frac{80}{\ln\left(\frac{120}{40}\right)}\text{mm}=72.8\text{mm}$$

故截面面积对中性轴的静矩为

$$S=A(R_0-r)=80\times30\times(80-72.8)\times10^{-9}\text{m}^3=1.73\times10^{-5}\text{m}^3$$

最大拉应力发生在截面离曲率中心最近的内侧边缘

$$\sigma_{\text{tmax}}=\frac{My_1}{SR_2}+\frac{F}{A}=\frac{(-8\times10^3\times250\times10^{-3})\times(-32.8\times10^{-3})}{1.73\times10^{-5}\times40\times10^{-3}}+\frac{8\times10^3}{80\times30\times10^{-6}}\text{Pa}$$
$$=98.1\text{MPa}$$

最大压应力发生在外侧边缘

$$\sigma_{\text{cmax}}=\frac{My_2}{SR_1}+\frac{F}{A}=\frac{(-8\times10^3\times250\times10^{-3})\times(47.2\times10^{-3})}{1.73\times10^{-5}\times120\times10^{-3}}+\frac{8\times10^3}{80\times30\times10^{-6}}\text{Pa}=-42.2\text{MPa}$$

15.2　矩形截面曲杆受纯弯曲时，弯矩 $M=600\mathrm{N\cdot m}$，曲杆最外层和最内层纤维的曲率半径分别为 $R_1=70\mathrm{mm}$，$R_2=30\mathrm{mm}$，截面宽度 $b=20\mathrm{mm}$。试计算曲杆最内层和最外层纤维的正应力，并与按直梁公式计算的结果相比较。

解：已知 $R_1=70\mathrm{mm}=7\mathrm{cm}$，$R_2=30\mathrm{mm}=3\mathrm{cm}$，$b=20\mathrm{mm}=2\mathrm{cm}$。

根据题意，矩形截面的 $h=R_1-R_2=7-3\mathrm{cm}=4\mathrm{cm}$。

轴线曲率半径：$R_0=\dfrac{1}{2}(R_1+R_2)=\dfrac{7+3}{2}\mathrm{cm}=5\mathrm{cm}$。

则 $c=\dfrac{h}{2}=\dfrac{4}{2}=2\mathrm{cm}$，$\dfrac{R_0}{c}=\dfrac{5}{2}=2.5<10$，为大曲率杆。

中性层曲率半径：$r=\dfrac{h}{\ln\dfrac{R_1}{R_2}}=\dfrac{4}{\ln\dfrac{7}{3}}\mathrm{cm}=4.72\mathrm{cm}$。

故截面对中性轴的静矩：$S=A(R_0-r)=2\times4\times(5-4.72)\times10^{-6}\mathrm{m}^3=2.24\times10^{-6}\mathrm{m}^3$。

由曲杆正应力公式 $\sigma=\dfrac{My}{S\rho}$ 可得，曲杆最内层纤维的应力

$$\sigma_{内}=\frac{My_1}{S\rho_1}=\frac{600\times[(3-4.72)\times10^{-2}]}{2.24\times10^{-6}\times3\times10^{-2}}\mathrm{Pa}=\frac{600\times(-1.72)\times10^{-2}}{6.72\times10^{-8}}\mathrm{Pa}=-153.6\mathrm{MPa}$$

最外层纤维的应力

$$\sigma_{外}=\frac{My_2}{S\rho_2}=\frac{600\times[(7-4.72)\times10^{-2}]}{2.24\times10^{-6}\times7\times10^{-2}}\mathrm{Pa}=\frac{600\times2.28\times10^{-2}}{15.68\times10^{-8}}\mathrm{Pa}=87.24\mathrm{MPa}$$

由直梁正应力公式 $\sigma_{\max}=\dfrac{M}{W}$ 可得：$\sigma_{\max}=\dfrac{600\times6}{2\times4^2\times10^{-6}}\mathrm{Pa}=112.5\mathrm{MPa}$。

两者误差比较

$$\frac{\sigma_{内}-\sigma_{\max}}{\sigma_{内}}=\frac{153.6-112.5}{153.6}=26.8\%,\quad\frac{\sigma_{外}-\sigma_{\max}}{\sigma_{外}}=\frac{87.24-112.5}{87.24}=-29\%$$

15.3　作用于图 15-2-2 所示开口圆环外周上的均布压力 $p=4\mathrm{MPa}$，圆环的尺寸为 $R_1=40\mathrm{mm}$，$R_2=10\mathrm{mm}$，$b=5\mathrm{mm}$。试求其横截面上的最大正应力。

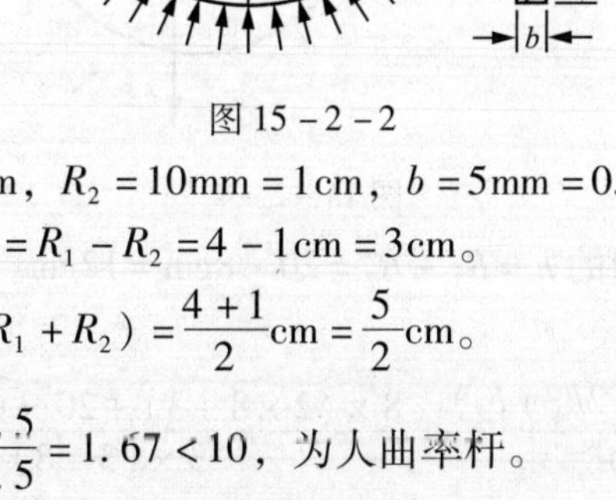

图 15-2-2

解：已知 $R_1=40\mathrm{mm}=4\mathrm{cm}$，$R_2=10\mathrm{mm}=1\mathrm{cm}$，$b=5\mathrm{mm}=0.5\mathrm{cm}$。

根据题意，矩形截面的 $h=R_1-R_2=4-1\mathrm{cm}=3\mathrm{cm}$。

轴线曲率半径：$R_0=\dfrac{1}{2}(R_1+R_2)=\dfrac{4+1}{2}\mathrm{cm}=\dfrac{5}{2}\mathrm{cm}$。

则 $c=\dfrac{h}{2}=1.5\mathrm{cm}$，$\dfrac{R_0}{c}=\dfrac{2.5}{1.5}=1.67<10$，为人曲率杆。

中性层曲率半径：$r=\dfrac{h}{\ln\left(\dfrac{R_1}{R_2}\right)}=\dfrac{3}{\ln\left(\dfrac{4}{1}\right)}\text{cm}=2.16\text{cm}$。

故截面对中性轴的静矩

$$S=bh(R_0-r)=0.5\times3\times(2.5-2.16)\times10^{-6}\text{m}^3=5.10\times10^{-7}\text{m}^3$$

在均布压力作用下的合力

$$P=pA=p\times2R_1b=4\times10^6\times2\times4\times0.5\times10^{-4}\text{N}=1.6\text{kN}$$

作用在横截面上的弯矩：$M=PR_0=1.6\times10^3\times2.5\times10^{-2}\text{N}\cdot\text{m}=40\text{N}\cdot\text{m}$。

最大拉应力发生在离曲率中心最近的内侧边缘上，因此

$$\sigma_{\max}=\frac{P}{bh}+\frac{M(r-R_2)}{SR_2}=\frac{1.6\times10^3}{0.5\times3\times10^{-4}}+\frac{40\times(2.16-1)\times10^{-2}}{5.10\times10^{-7}\times1\times10^{-2}}\text{Pa}=101.6\text{MPa}$$

15.4 设 y 为曲杆横截面的对称轴，仿照第 I 册附录 I 中证明对称截面惯性积 I_{yz} 等于零的方法（教材 § I.3），证明 $\int_A\frac{yz}{\rho}\text{d}A=0$。

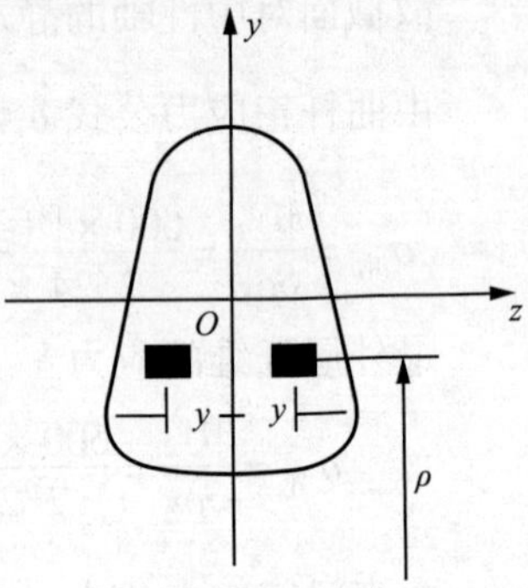

图 15－2－3

证明：曲杆横截面形状如图 15－2－3 所示，且设图形关于 y 轴对称。

在 y 轴两侧对称位置，各取一微面积 $\text{d}A$，两部分 y 坐标相同，z 坐标数值相等但符号相反，因而两个微面积与 y、z 和 $\frac{1}{\rho}$ 的乘积数值相等但符号相反，积分为 0。故微面积与坐标 y、z 以及 $\frac{1}{\rho}$ 的乘积都两两抵消，则有 $\int_A\frac{yz}{\rho}\text{d}A=0$，命题得证。

15.5 横截面为梯形的吊钩，起重量为 $F=100\text{kN}$，如图 15－2－4 所示。吊钩的尺寸是：$R_1=200\text{mm}$，$R_2=80\text{mm}$，$b_1=30\text{mm}$，$b_2=80\text{mm}$。试计算危险截面 $m-m$ 上的最大拉应力。

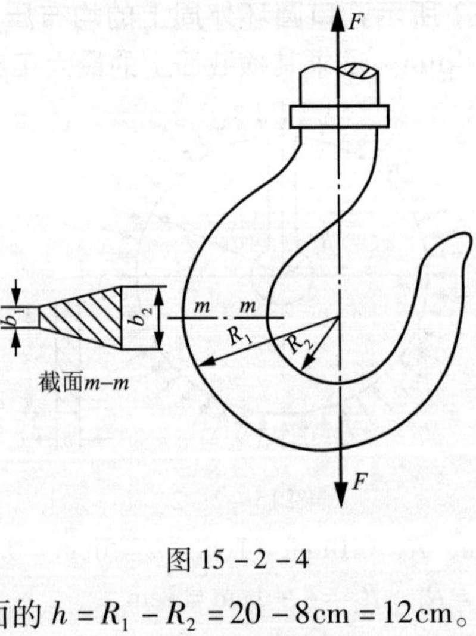

图 15－2－4

解：根据题意，梯形截面的 $h=R_1-R_2=20-8\text{cm}=12\text{cm}$。

轴线曲率半径

$$R_0=\frac{R_2(2b_2+b_1)+R_1(2b_1+b_2)}{3(b_1+b_2)}=\frac{8\times(2\times8+3)+20\times(2\times3+8)}{3\times(3+8)}\text{cm}=13.1\text{cm}$$

则 $c=R_0-R_2=13.1-8\text{cm}=5.1\text{cm}$，$\dfrac{R_0}{c}=\dfrac{13.1}{5.1}=2.57<10$，为大曲率杆。

中性层曲率半径

$$r=\frac{\frac{1}{2}(b_1+b_2)h}{\frac{b_2R_1-b_1R_2}{h}\cdot\ln\left(\frac{R_1}{R_2}\right)-(b_2-b_1)}=\frac{\frac{1}{2}(3+8)\times 12}{\frac{8\times 20-3\times 8}{12}\times\ln\left(\frac{20}{8}\right)-(8-3)}\text{cm}=12.26\text{cm}$$

故截面对中性轴的静矩为

$$S=A(R_0-r)=\frac{1}{2}(b_1+b_2)\cdot h\cdot(R_0-r)=\frac{1}{2}\times(3+8)\times 12\times(13.1-12.26)\text{cm}^3$$
$$=5.55\times 10^{-5}\text{m}^3$$

$m-m$ 截面离曲率中心最近的内侧边缘拉应力最大，值为

$$\sigma_{\max}=\frac{P}{A}+\frac{My}{S\rho}=\frac{2F}{(b_1+b_2)h}+\frac{FR_0(r-R_2)}{SR_2}$$
$$=\frac{2\times 100\times 10^3}{(3+8)\times 12\times 10^{-4}}+\frac{100\times 10^3\times 13.1\times 10^{-2}\times(12.26-8)\times 10^{-2}}{5.55\times 10^{-5}\times 8\times 10^{-2}}\text{Pa}$$
$$=140.8\text{MPa}$$

15.6　图 15-2-5 所示圆环的内径 $D_2=120\text{mm}$，圆环的横截面为直径 $d=80\text{mm}$ 的圆形，压力 $F=20\text{kN}$。求 A、B 两点的正应力。

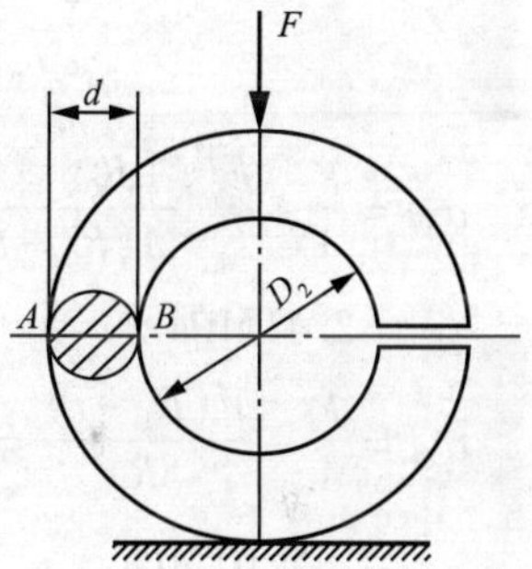

图 15-2-5

解：根据题意，圆环最外缘和最内缘纤维的曲率半径分别为

$R_1=\dfrac{D_2}{2}+d=\dfrac{12}{2}+8\text{cm}=14\text{cm}$，$R_2=\dfrac{D_2}{2}=\dfrac{12}{2}\text{cm}=6\text{cm}$

轴线曲率半径：$R_0=\dfrac{1}{2}(d+D_2)=\dfrac{1}{2}(8+12)\text{cm}=10\text{cm}$。

则 $c=\dfrac{d}{2}=\dfrac{8}{2}\text{cm}=4\text{cm}$，$\dfrac{R_0}{c}=\dfrac{10}{4}=2.5<10$，为大曲率杆。

环形中性层的曲率半径为

$$r=\frac{d^2}{4(2R_0-\sqrt{4R_0^2-d^2})}=\frac{8^2}{4\times(2\times 10-\sqrt{4\times 10^2-8^2})}\text{cm}=9.58\text{cm}$$

故截面面积对中性轴的静矩为

$$S=Ae=A(R_0-r)=\frac{\pi}{4}d^2(R_0-r)=\frac{\pi}{4}\times 8^2\times(10-9.58)\text{cm}^3=2.11\times 10^{-5}\text{m}^3$$

则所求应力

$$\sigma_A=\frac{My_1}{S\rho_1}-\frac{F}{A}=\frac{FR_0(R_1-r)}{SR_1}-\frac{F}{A}$$
$$=\frac{20\times 10^3\times 10\times 10^{-2}\times(14-9.58)\times 10^{-2}}{2.11\times 10^{-5}\times 14\times 10^{-2}}-\frac{20\times 10^3}{\frac{\pi}{4}\times 0.08^2}\text{Pa}=26.1\text{MPa}$$

$$\sigma_B=-\frac{My_2}{S\rho_2}-\frac{F}{A}=-\frac{FR_0(r-R_2)}{SR_2}-\frac{F}{A}$$
$$=-\frac{20\times 10^3\times 10\times 10^{-2}\times(9.58-6)\times 10^{-2}}{2.11\times 10^{-5}\times 6\times 10^{-2}}-\frac{20\times 10^3}{\frac{\pi}{4}\times 0.08^2}\text{Pa}=-60.9\text{MPa}$$

15.7　T 形截面曲杆如图 15－2－6 所示。设 $F=450\text{N}$，$l=700\text{mm}$，$R=200\text{mm}$。试绘出截面 $m-m$ 上的应力分布图。

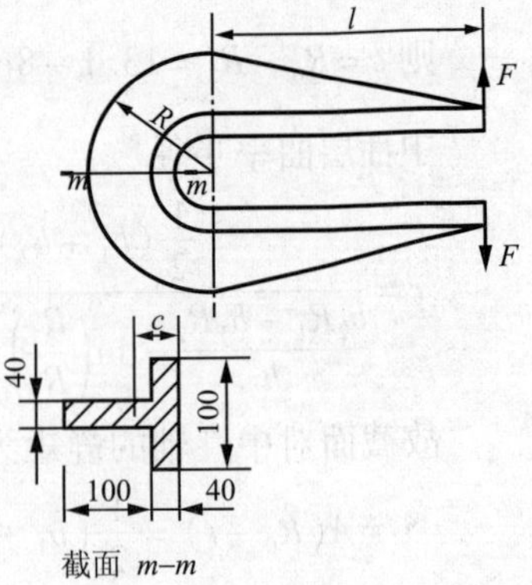

图 15－2－6

解：截面形心到截面内侧边缘的距离

$$c=\frac{100\times40\times20+100\times40\times90}{2\times100\times40}\text{cm}=5.5\text{cm}$$

则 T 截面可看作是两个矩形组成的截面，其上纤维的曲率半径分别为

$R_1=20\text{cm}$，$R_2=R_1-14\text{cm}=6\text{cm}$，$R_3=20-10\text{cm}=10\text{cm}$

轴线曲率半径：$R_0=R_2+c=6+5.5\text{cm}=11.5\text{cm}$。

则$\dfrac{R_0}{c}=\dfrac{11.5}{5.5}=2.1<10$，为大曲率杆。

又两矩形截面：$b_2=4\text{cm}$，$b_3=10\text{cm}$，$h_2=10\text{cm}$，$h_3=4\text{cm}$。

面积：$A=2\times100\times40=8\times10^3\text{mm}^2=8\times10^{-3}\text{m}^2$。

故曲杆中性层曲率半径

$$r=\frac{b_2h_2+b_3h_3}{b_2\ln\dfrac{R_1}{R_3}+b_3\ln\dfrac{R_3}{R_2}}=\frac{4\times10+10\times4}{4\times\ln\dfrac{20}{10}+10\times\ln\dfrac{10}{6}}\text{cm}=10.15\text{cm}$$

$$\sigma_{内}=\frac{F}{A}+\frac{F(l+R_0)\times(r-R_2)}{A(R_0-r)R_2}=\frac{450}{8\times10^{-3}}+\frac{450\times(0.7+0.115)\times(10.15-6)\times10^{-2}}{8\times10^{-3}\times(11.5-10.15)\times10^{-2}\times6\times10^{-2}}\text{Pa}$$

$$=2.41\text{MPa}$$

$$\sigma_{外}=\frac{F}{A}-\frac{M(R_1-r)}{SR_1}=\frac{450}{8\times10^{-3}}-\frac{450\times(0.7+0.115)\times(20-10.15)\times10^{-2}}{8\times10^{-3}\times(11.5-10.15)\times10^{-2}\times20\times10^{-2}}\text{Pa}$$

$$=-1.61\text{MPa}$$

该截面的应力分布如图 15－2－7 所示。

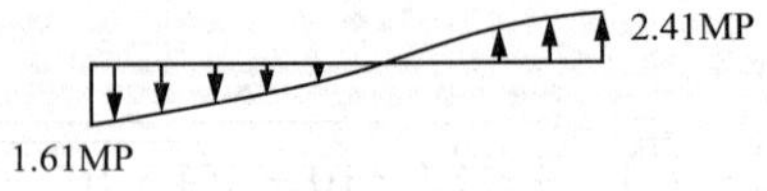

图 15－2－7

15.8　图 15－2－8 所示曲杆的横截面为空心正方形，外边边长 $a=25\text{mm}$，里边边长 $b=15\text{mm}$，最内层纤维的曲率半径 $R=12.5\text{mm}$，弯矩为 M。另外一直杆的横截面形状与上述曲杆相同，弯矩相等。试求曲杆和直杆横截面上的最大正应力之比。

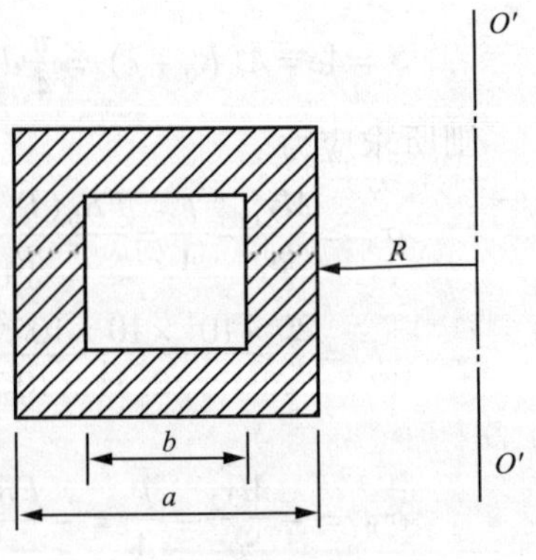

图 15－2－8

解：(1)按曲杆公式计算

将已知横截面看作是三部分面积的叠加，则有

$R_1=R+a=1.25+2.5=3.75\text{cm}$

$R_2=R=1.25\text{cm}$

$$R_3=R+\frac{a+b}{2}=1.25+\frac{2.5+1.5}{2}\text{cm}=3.25\text{cm}$$

$R_4 = R + \frac{a}{2} - \frac{b}{2} = 1.25 + \frac{2.5}{2} - \frac{1.5}{2}\text{cm} = 1.75\text{cm}$

轴线曲率半径：$R_0 = R + \frac{a}{2} = 1.25 + \frac{2.5}{2}\text{cm} = 2.5\text{cm}$。

由组合截面计算公式，可得曲杆中性层的曲率半径

$$r = \frac{\sum_{i=1}^{n} A_i}{\sum_{i=1}^{n}\int_{A_i}\frac{dA}{\rho}} = \frac{b_1h_1 + b_2h_2 + b_3h_3}{b_1\ln\frac{R_1}{R_3} + b_2\ln\frac{R_3}{R_4} + b_3\ln\frac{R_4}{R_2}} = \frac{2.5\times0.5 + 1\times1.5 + 2.5\times0.5}{2.5\ln\frac{3.75}{3.25} + \ln\frac{3.25}{1.75} + 2.5\ln\frac{1.75}{1.25}}\text{cm} = 2.2\text{cm}$$

故截面面积对中性轴的静矩

$$S = Ae = A(R_0 - r) = (a^2 - b^2)(R_0 - r) = (2.5^2 - 1.5^2)\times(2.5 - 2.2)\text{cm}^3 = 1.2\text{cm}^3$$

曲杆的最大正应力

$$[\sigma_{曲}]_{\max} = \frac{My}{S\rho} = \frac{M(r - R_2)}{SR_2} = \frac{M(2.2 - 1.25)}{1.2\times1.25} = 0.633M$$

(2)按直杆计算

横截面对中性轴的惯性矩：$I = \frac{a^4}{12} - \frac{b^4}{12} = \frac{2.5^4}{12} - \frac{1.5^4}{12}\text{cm}^4 = 2.83\text{cm}^4$。

则截面弯曲系数：$W = \frac{2I}{a} = \frac{2\times2.83}{2.5}\text{cm}^3 = 2.27\text{cm}^3$。

故由公式可得：$[\sigma_{直}]_{\max} = \frac{M}{W} = \frac{M}{2.27} = 0.44M$。

两者进行比较：$\frac{[\sigma_{曲}]_{\max}}{[\sigma_{直}]_{\max}} = \frac{0.633M}{0.44M} = 1.44$。

15.9　图 15－2－9 所示由钢制成的小钩，d = 10mm，δ = 5mm，b = 25mm，材料的弹性极限为 350MPa。试问载荷 F 为多大时，小钩开始出现塑性变形？

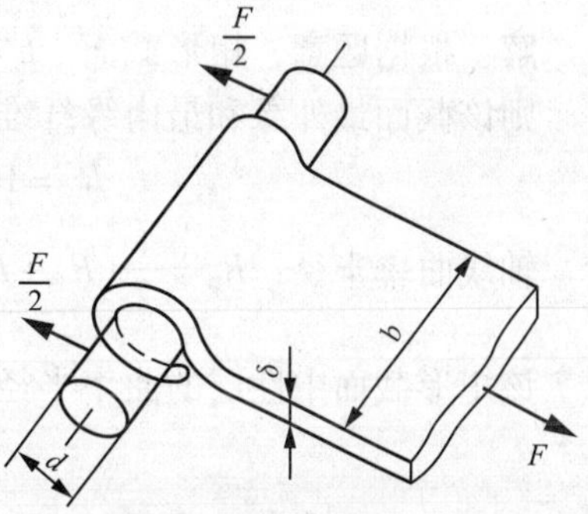

图 15－2－9

解：根据题意，轴线曲率半径

$$R_0 = \frac{1}{2}(d + \delta) = \frac{1}{2}(10 + 5)\text{mm} = 7.5\text{mm}$$

将小钩看作圆环，其最外缘和最内缘纤维的曲率半径分别为

$$R_1 = \frac{d}{2} + \delta = \frac{10}{2} + 5\text{mm} = 10\text{mm},\ R_2 = \frac{d}{2} = 5\text{mm}$$

则$\frac{R_0}{c} = \frac{R_0}{R_0 - R_2} = \frac{7.5}{2.5} = 3 < 10$，为大曲率杆。

曲杆中性层曲率半径为：$r = \frac{\delta}{\ln\frac{R_1}{R_2}} = \frac{5}{\ln\frac{10}{5}}\text{mm} = 7.21\text{mm}$。

故截面面积对中性轴的静矩为

$$S = Ae = A(R_0 - r) = b\cdot\delta(R_0 - r) = 25\times5\times(7.5 - 7.21)\times10^{-9}\text{m}^3 = 3.63\times10^{-8}\text{m}^3$$

则由强度条件

$$\sigma_{\max}=\frac{F}{b\cdot\delta}+\frac{My_1}{S\rho_1}=\frac{F}{b\cdot\delta}+\frac{FR_0(r-R_2)}{SR_2}=F\left[\frac{1}{b\delta}+\frac{R_0(r-R_2)}{SR_2}\right]\leqslant\sigma_s$$

可得：$F\leqslant\dfrac{\sigma_s}{\dfrac{1}{b\delta}+\dfrac{R_0(r-R_2)}{SR_2}}$。

解得：$F\leqslant\dfrac{350\times10^6}{\dfrac{1}{25\times5\times10^{-6}}+\dfrac{7.5\times(7.21-5)\times10^{-6}}{3.63\times10^{-8}\times5\times10^{-3}}}\text{N}=3.52\text{kN}$。

即当 F 达到 3.52kN 时，小钩开始出现塑性变形。

15.10　钢制圆形曲杆如图 15－2－10 所示，$E=200\text{GPa}$。若 $M_x=200\text{N}\cdot\text{m}$，试求自由端截面的铅垂及水平位移。

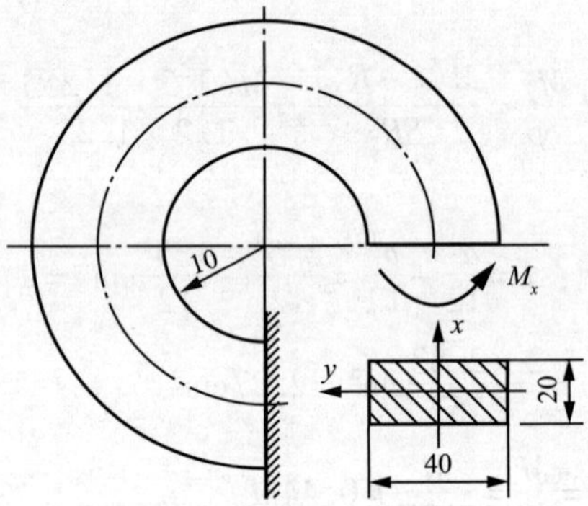

图 15－2－10

解：根据题意，矩形截面：$h=40\text{mm}$。

则该截面最外缘和最内缘纤维的曲率半径分别为

$$R_1=10+40\text{mm}=50\text{mm},\ R_2=10\text{mm}$$

轴线曲率半径：$R_0=\dfrac{1}{2}(R_1+R_2)=\dfrac{50+10}{2}\text{mm}=30\text{mm}$。

该矩形截面中性层的曲率半径为：$r=\dfrac{h}{\ln\dfrac{R_1}{R_2}}=\dfrac{40}{\ln\dfrac{50}{10}}\text{mm}=24.9\text{mm}$。

截面面积对中性轴的静矩为

$$S=Ae=A(R_0-r)=20\times40\times(30-24.9)\text{mm}^3=4.08\times10^{-6}\text{m}^3$$

根据能量法求自由端截面的位移。

在自由端在施加铅垂方向载荷 P 和水平方向载荷 F，如图 15－2－11 所示：

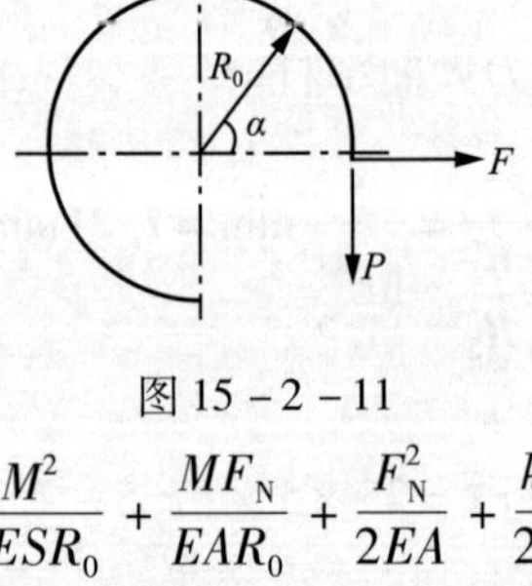

图 15－2－11

曲杆的变形能公式：$U=\int_l\left(\dfrac{M^2}{2ESR_0}+\dfrac{MF_N}{EAR_0}+\dfrac{F_N^2}{2EA}+\dfrac{kF_S^2}{2GA}\right)R_0\,\text{d}\alpha$。

其中，在自由端截面的内力方程分别为

$$M(\alpha)=PR_0(1-\cos\alpha)-FR_0\sin\alpha-M_x$$

$$F_N(\alpha)=P\cos\alpha+F\sin\alpha,\ F_S(\alpha)=P\sin\alpha-F\cos\alpha$$

故曲杆变形能为

$$U=\int_0^{\frac{3\pi}{2}}\Big\{\frac{1}{2ESR_0}[PR_0(1-\cos\alpha)-FR_0\sin\alpha-M_x]^2+\frac{1}{EAR_0}[PR_0(1-\cos\alpha)-FR_0\sin\alpha$$

$$-M_x][P\cos\alpha+F\sin\alpha]+\frac{1}{2EA}[P\cos\alpha+F\sin\alpha]^2+\frac{k}{2GA}[P\sin\alpha+F\cos\alpha]^2\Big\}R_0\mathrm{d}\alpha$$

则自由端截面的铅垂位移

$$\Delta_y=\frac{\partial U}{\partial P}=\int_0^{\frac{3\pi}{2}}\Big[\frac{-1}{ESR_0}M_xR_0(1-\cos\alpha)-\frac{1}{EAR_0}M_x\cos\alpha\Big]R_0\mathrm{d}\alpha$$

$$=-\frac{M_xR_0}{ES}\left(\frac{3\pi}{2}+1\right)+\frac{M_x}{EA}$$

$$=-\frac{200\times30\times10^{-3}}{200\times10^9\times4.08\times10^{-6}}\times\left(\frac{3\pi}{2}+1\right)+\frac{200}{200\times10^9\times20\times40\times10^{-6}}\mathrm{m}$$

$$=-0.0433\mathrm{mm}(向上)$$

水平位移

$$\Delta_x=\frac{\partial U}{\partial F}=\int_0^{\frac{3\pi}{2}}\Big[\frac{1}{ES}M_xR_0\sin\alpha-\frac{1}{EA}M_x\sin\alpha\Big]\mathrm{d}\alpha$$

$$=\frac{M_xR_0}{ES}-\frac{M_x}{EA}=\frac{200\times30\times10^{-3}}{200\times10^9\times4.08\times10^{-6}}-\frac{200}{200\times10^9\times20\times40\times10^{-6}}\mathrm{m}$$

$$=0.00603\mathrm{mm}(向右)$$

15.11 图 15－2－12 所示钢制链环的横截面为圆形，屈服极限为 $\sigma_s=250\mathrm{MPa}$。试求使链环开始出现塑性变形的载荷 F。

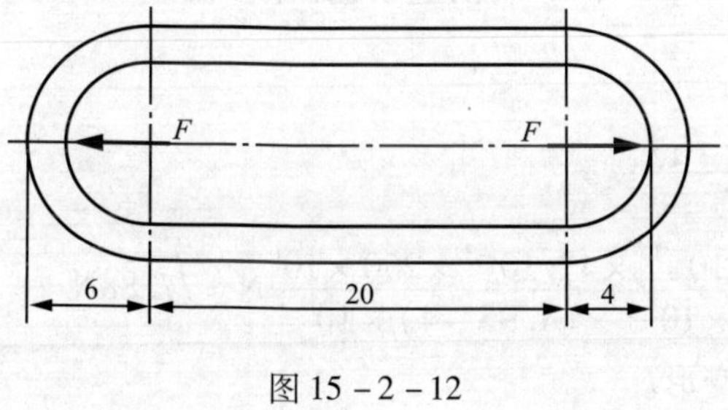

图 15－2－12

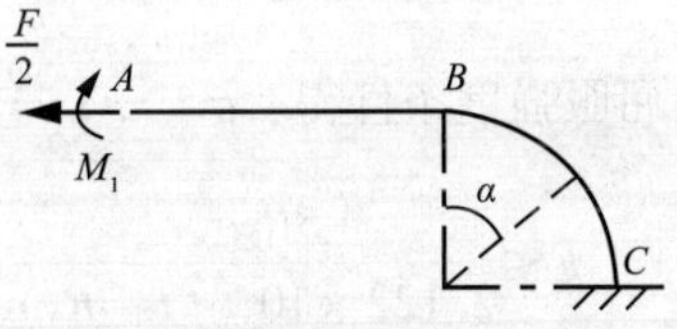

图 15－2－13

解：由于结构和载荷均对称，取结构的$\frac{1}{4}$进行研究。如图 15－2－13 所示，在 A、C 截面处断开，C 截面相当于刚性支座，在断截面 A 处代之以轴力$\frac{F}{2}$和弯矩 M，得到基本静定基，变形协调条件为 A 截面的转角为零，即 $\theta_A=0$。

对于圆形横截面：$R_0=5\mathrm{mm}$，$d=2\mathrm{mm}$。

则横截面中性层的曲率半径

$$r=\frac{d^2}{4(2R_0-\sqrt{4R_0^2-d^2})}=\frac{2^2}{4(2\times5-\sqrt{4\times5^2-2^2})}\mathrm{mm}=4.95\mathrm{mm}$$

横截面对中性轴的静矩

$$S=\frac{\pi}{4}d^2(R_0-r)=\frac{\pi}{4}\times 2^2\times(5-4.95)\text{mm}^3=1.57\times 10^{-10}\text{m}^3$$

该静定基的变形能为：$U=\int_l\left(\frac{M^2}{2ESR_0}+\frac{MF_N}{EAR_0}+\frac{F_N^2}{2EA}+\frac{kF_S^2}{2GA}\right)\mathrm{d}l$。

其中，AB 段内力方程为：$M=M_1$，$F_N=\frac{F}{2}$，$F_S=0$。

BC 段内力方程为：$M=M_1-\frac{F}{2}R_0(1-\cos\alpha)$，$F_N=\frac{F}{2}\cos\alpha$，$F_S=\frac{-F}{2}\sin\alpha$。

由 $\theta_A=0$ 有

$$\begin{aligned}\theta_A&=\frac{\partial U}{\partial M_1}=\int_l\left(\frac{M}{ESR_0}\frac{\partial M}{\partial M_1}+\frac{F_N}{EAR_0}\frac{\partial M}{\partial M_1}+\frac{M}{EAR_0}\frac{\partial F_N}{\partial M_1}+\frac{F_N}{EA}\frac{\partial F_N}{\partial M_1}+\frac{kF_S}{GA}\frac{\partial F_S}{\partial M_1}\right)\mathrm{d}l\\&=\int_0^{0.01}\left(\frac{M_1}{ESR_0}+\frac{F/2}{EAR_0}\right)\mathrm{d}l+\int_0^{\frac{\pi}{2}}\left\{\frac{1}{ESR_0}\left[M_1-\frac{F}{2}R_0(1-\cos\alpha)\right]+\frac{1}{EAR_0}\frac{F}{2}\cos\alpha\right\}R_0\mathrm{d}\alpha\\&=\frac{M_1}{ESR_0}\times 0.01+\frac{F}{2EAR_0}\times 0.01+\frac{M_1R_0}{ESR_0}\frac{\pi}{2}-\frac{FR_0}{2ES}\frac{\pi}{2}+\frac{FR_0}{2ES}+\frac{FR_0}{2EAR_0}\\&=0\end{aligned}$$

代入数据整理得

$$\begin{aligned}&M_1\left(\frac{0.01}{1.57\times 5\times 10^{-13}}+\frac{\pi}{2\times 1.57\times 10^{-10}}\right)\\&=F\left(\frac{5\pi\times 10^{-3}}{4\times 1.57\times 10^{-10}}-\frac{2}{4\pi\times 10^{-6}}-\frac{0.01}{10\pi\times 10^{-9}}-\frac{5\times 10^{-3}}{2\times 1.57\times 10^{-10}}\right)\end{aligned}$$

解得：$M_1=0.378\times 10^{-3}F$。

危险截面可能是 A 截面，也可能是 C 截面。

又 $M_C=M_1-\frac{F}{2}R_0=0.378\times 10^{-3}F-2.5\times 10^{-3}F=-2.122\times 10^{-3}F$，

故 C 截面为危险截面。

由屈服强度条件得：$\sigma=\frac{M_C\cdot y}{S\rho}=\frac{M_C(r-R_2)}{SR_2}\leqslant\sigma_s$

$$F\leqslant\frac{SR_2\sigma_s}{2.122\times 10^{-3}(r-R_2)}=\frac{1.57\times 10^{-10}\times 4\times 10^{-3}\times 250\times 10^6}{2.122\times 10^{-3}\times(4.95-4)\times 10^{-3}}\text{N}=77.88\text{N}$$

即当 F 达到 77.88N 时，开始出现塑性变形。

***15.12 两端固定的曲杆如图 15－2－14 所示，其轴线为 $R_0=100$mm 的圆周，横截面为 $h=80$mm 和 $b=40$mm 的矩形。材料的 $E=200$GPa，$G=80$GPa。若 $F=40$kN，试求力 F 作用点的铅垂位移。**

解：由于结构和载荷的对称性，取其一半进行分析，如图 15－2－15 所示。

则变形协调条件为截面 A 的水平位移和转角为零：$\delta_{Ax}=0$，$\theta_A=0$。

中性轴曲率半径为：$r=\frac{h}{\ln\frac{R_1}{R_2}}=\frac{80}{\ln\frac{140}{60}}\text{mm}=94.4\text{mm}$。

截面对中性轴的静矩：$S=A(R_0-r)=80\times 40\times(100-94.4)\text{mm}^3=17920\text{mm}^3$。

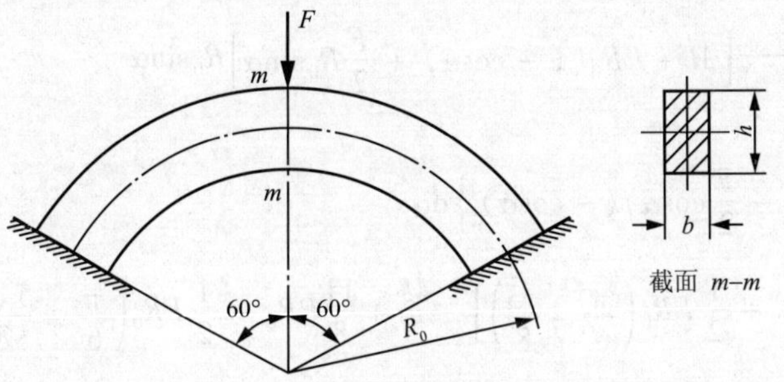

图 15－2－14

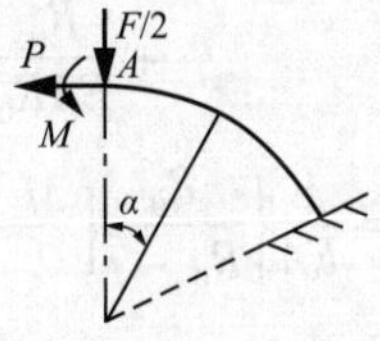

图 15－2－15

曲杆的应变能为：$U=\int_l\left(\frac{M_1^2}{2ESR_0}+\frac{M_1F_N}{EAR_0}+\frac{F_N^2}{2EA}+\frac{kF_S^2}{2GA}\right)dl$。

其中，曲杆的内力方程为

$$M_1=M+PR_0(1-\cos\alpha)+\frac{F}{2}R_0\sin\alpha,\ F_N=P\cos\alpha-\frac{F}{2}\sin\alpha,\ F_S=-P\sin\alpha-\frac{F}{2}\cos\alpha$$

由卡氏定理可得

$$\begin{aligned}\theta_A&=\frac{\partial U}{\partial M}=\int_l\left(\frac{M_1}{ESR_0}\frac{\partial M_1}{\partial M}+\frac{F_N}{EAR_0}\frac{\partial M_1}{\partial M}+\frac{M_1}{EAR_0}\frac{\partial F_N}{\partial M}+\frac{F_N\partial F_N}{EA\,\partial M}+\frac{kF_S\partial F_S}{GA\,\partial M}\right)dl\\&=\int_l\left\{\frac{1}{EAR_0(R_0-r)}\left[M+PR_0(1-\cos\alpha)+\frac{F}{2}R_0\sin\alpha\right]+\frac{F_N}{EAR_0}\right\}dl\\&=\frac{1}{EAR_0}\int_0^{\frac{\pi}{3}}\left\{\frac{1}{R_0-r}\left[M+PR_0(1-\cos\alpha)+\frac{F}{2}R_0\sin\alpha\right]+\left(P\cos\alpha-\frac{F}{2}\sin\alpha\right)\right\}R_0d\alpha\\&=\frac{1}{EAR_0}\left[\frac{M}{R_0-r}\times\frac{\pi}{3}+\frac{R_0}{R_0-r}P\times\frac{\pi}{3}-\frac{R_0}{R_0-r}\frac{\sqrt{3}}{2}P+\frac{\sqrt{3}}{2}P+\frac{FR_0}{2(R_0-r)}\times\frac{1}{2}-\frac{F}{4}\right]=0\end{aligned}$$

整理得：$M+P\left(R_0-\frac{3\sqrt{3}r}{2\pi}\right)+F\frac{3r}{4\pi}=0$ ①

$$\begin{aligned}\delta_{Ax}&=\frac{\partial U}{\partial P}=\int_l\left(\frac{M_1}{ESR_0}\frac{\partial M_1}{\partial P}+\frac{F_N}{EAR_0}\frac{\partial M_1}{\partial P}+\frac{M_1}{EAR_0}\frac{\partial F_N}{\partial P}+\frac{F_N\partial F_N}{EA\,\partial P}+\frac{kF_S\partial F_S}{GA\,\partial P}\right)dl\\&=\int_l\left\{\frac{1}{EAR_0(R_0-r)}\left[M+PR_0(1-\cos\alpha)+\frac{F}{2}R_0\sin\alpha\right]R_0(1-\cos\alpha)\right.\\&\quad+\frac{1}{EAR_0}\left(P\cos\alpha-\frac{F}{2}\sin\alpha\right)R_0(1-\cos\alpha)+\frac{1}{EAR_0}\left[M+PR_0(1-\cos\alpha)+\frac{F}{2}R_0\sin\alpha\right]\cos\alpha\\&\quad\left.+\frac{1}{EA}\left(P\cos\alpha-\frac{F}{2}\sin\alpha\right)\cos\alpha+\frac{k}{AG}\left(-P\sin\alpha-\frac{F}{2}\cos\alpha\right)(-\sin\alpha)\right\}dl\\&=\left(\frac{\pi}{3}R_0-\frac{\sqrt{3}}{2}r\right)M+\left[\left(\frac{5}{6}-\frac{3\sqrt{3}}{8}\right)R_0-\left(\frac{\pi}{3}+\frac{\sqrt{3}}{2}r\right)\right]PR_0+\left(\frac{9}{16}R_0-\frac{1}{2}r\right)FR_0\\&=0\end{aligned}$$

即$\left(\frac{\pi}{3}R_0-\frac{\sqrt{3}}{2}r\right)M+\left[\left(\frac{5}{6}-\frac{3\sqrt{3}}{8}\right)R_0-\left(\frac{\pi}{3}+\frac{\sqrt{3}}{2}r\right)\right]PR_0+\left(\frac{9}{16}R_0-\frac{1}{2}r\right)FR_0=0$ ②

联立式①②可得：$M=-598\text{N}\cdot\text{m}$，$P=-14\text{kN}$。

同理可得 A 截面铅垂位移

$$\delta_{Ay}=\frac{\partial U}{\partial \frac{F}{2}}=\int_{\alpha}\left\{\frac{R_0}{EAR_0(R_0-r)}\left[M+PR_0(1-\cos\alpha)+\frac{F}{2}R_0\sin\alpha\right]R_0\sin\alpha\right.$$

$$\left.+\frac{R_0}{EAR_0}\left(P\cos\alpha-\frac{F}{2}\cos\alpha\right)(-\cos\alpha)\right\}\mathrm{d}\alpha$$

$$=\frac{1}{EA}\left\{\frac{R_0}{R_0-r}\left[\frac{M}{2}+\frac{1}{8}PR_0+\frac{1}{2}FR_0\left(\frac{\pi}{6}-\frac{\sqrt{3}}{8}\right)\right]-\frac{M}{2}+\frac{11}{8}PR_0+\frac{1}{2}FR_0\left(\frac{\pi}{6}+\frac{5\sqrt{3}}{8}\right)\right\}$$

$$=0.00824\times10^{-3}\,\mathrm{m}$$

15.13　试导出公式

$$\boldsymbol{r=\frac{d^2}{4(2R_0-\sqrt{4R_0^2-d^2})}}$$

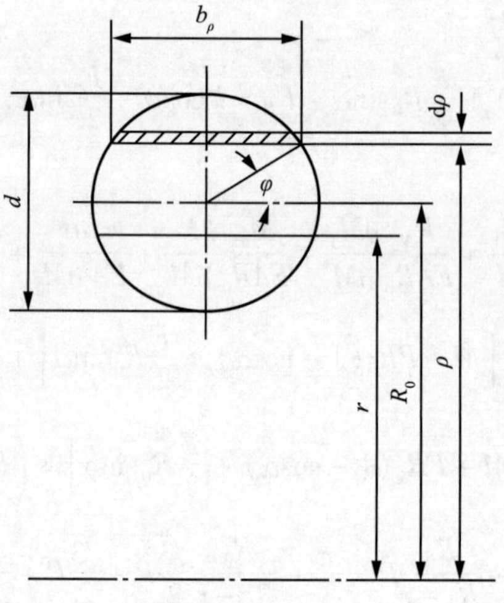

图 15－2－16

解：如图 15－2－16 所示，曲杆横截面为圆形时，以 φ 为变量，则有

$$b_\rho=d\cos\varphi$$

$$\rho=R_0+\frac{d}{2}\sin\varphi$$

$$\mathrm{d}\rho=\frac{d}{2}\cos\varphi\mathrm{d}\varphi$$

$$\mathrm{d}A=b_\rho\mathrm{d}\rho=\frac{d^2}{2}\cos^2\varphi\mathrm{d}\varphi$$

由上可得

$$\int_A\frac{\mathrm{d}A}{\rho}=\int_{-\frac{\pi}{2}}^{\frac{\pi}{2}}\frac{\frac{d^2}{2}\cos^2\varphi\mathrm{d}\varphi}{R_0+\frac{d}{2}\sin\varphi}=\int_{-\frac{\pi}{2}}^{\frac{\pi}{2}}\frac{d^2(1-\sin^2\varphi)\mathrm{d}\varphi}{2R_0+d\sin\varphi}$$

$$=\int_{-\frac{\pi}{2}}^{\frac{\pi}{2}}\left[\frac{(d^2-4R_0^2)}{2R_0+d\sin\varphi}-d\sin\varphi+2R_0\right]\mathrm{d}\varphi \qquad ①$$

式①中，第一个积分

$$\int_{-\frac{\pi}{2}}^{\frac{\pi}{2}} \frac{(d^2-4R_0^2)\mathrm{d}\varphi}{2R_0+d\sin\varphi} = (d^2-4R_0^2)\frac{2}{\sqrt{4R_0^2-d^2}}\arctan\frac{2R_0\tan\frac{\varphi}{2}+d}{\sqrt{4R_0^2-d^2}}\Bigg|_{-\frac{\pi}{2}}^{\frac{\pi}{2}}$$

$$= -2\sqrt{4R_0^2-d^2}\left[\arctan\frac{\sqrt{2R_0+d}}{\sqrt{2R_0-d}} - \arctan\left(-\frac{\sqrt{2R_0-d}}{\sqrt{2R_0+d}}\right)\right]$$

$$= -2\sqrt{4R_0^2-d^2}\left[\arctan\frac{\sqrt{2R_0+d}}{\sqrt{2R_0-d}} + \arctan\frac{\sqrt{2R_0-d}}{\sqrt{2R_0+d}}\right]$$

$$= -2\sqrt{4R_0^2-d^2}\cdot\frac{\pi}{2} = -\pi\sqrt{4R_0^2-d^2}$$

第二个和第三个积分分别为：$\int_{-\frac{\pi}{2}}^{\frac{\pi}{2}} d\sin\varphi\mathrm{d}\varphi = 0$，$\int_{-\frac{\pi}{2}}^{\frac{\pi}{2}} 2R_0\mathrm{d}\varphi = 2R_0\pi$。

将以上结果代回式①可得：$\int_A \frac{\mathrm{d}A}{\rho} = \pi(2R_0 - \sqrt{4R_0^2-d^2})$。

故有 $r = \frac{A}{\int_A \frac{\mathrm{d}A}{\rho}} = \frac{d^2}{4(2R_0-\sqrt{4R_0^2-d^2})}$。

15.3　名校考研真题详解

本章不是考试重点，所以基本上没有学校的考研试题涉及到本章内容，因此，读者可以简单了解，不必作为复习重点，本部分也就没有选用考研真题。

第 16 章　厚壁圆筒和旋转圆盘

16.1　复习笔记

一、厚壁圆筒

厚壁圆筒的壁厚与半径属于同一量级，其几何和载荷都具轴对称性，因此，属于对称性问题。对于厚壁圆筒的应力和变形的分析要综合考虑几何关系、静力平衡和物理三方面的关系。

在内压力 p_1 和外压力 p_2 作用下的厚壁圆筒，线弹性情况下，应力和变形分别为：

1. 应力

径向应力：$\sigma_\rho = \dfrac{a^2 p_1 - b^2 p_2}{b^2 - a^2} - \dfrac{(p_1 - p_2) a^2 b^2}{(b^2 - a^2)} \cdot \dfrac{1}{\rho^2}$

周向应力：$\sigma_\varphi = \dfrac{a^2 p_1 - b^2 p_2}{b^2 - a^2} + \dfrac{(p_1 - p_2) a^2 b^2}{b^2 - a^2} \cdot \dfrac{1}{\rho^2}$

2. 变形

筒壁内任一点的径向位移

$$u = \frac{1-\mu}{E} \cdot \frac{a^2 p_1 - b^2 p_2}{b^2 - a^2} \cdot \rho + \frac{1+\mu}{E} \cdot \frac{a^2 b^2 (p_1 - p_2)}{b^2 - a^2} \cdot \frac{1}{\rho}$$

对于只受内压的厚壁圆筒，上式中 $p_2 = 0$，则周向恒为拉应力，径向恒为压应力。

二、等厚旋转圆盘

对于以匀角速度 ω 旋转的等厚圆盘，属于轴对称问题，其应力计算如下：

1. 实心圆盘

径向应力：$\sigma_\rho = \dfrac{\rho_0 (3+\mu)\omega^2}{8}(b^2 - \rho^2)$

周向应力：$\sigma_\varphi = \dfrac{\rho_0 (3+\mu)\omega^2}{8}\left(b^2 - \dfrac{1+3\mu}{3+\mu}\rho^2\right)$

在圆盘中心，二者均达到最大值：$(\sigma_\rho)_{\max} = (\sigma_\varphi)_{\max} = \dfrac{\rho_0 \omega^2 b^2}{8}(3+\mu)$。

2. 有孔圆盘

圆盘中心有半径为 a 的圆孔，径向应力和周向应力分别为

$$\sigma_\rho = \frac{\rho_0 \omega^2 (3+\mu)}{8}\left(a^2 + b^2 - \frac{a^2 b^2}{\rho^2} - \rho^2\right)$$

$$\sigma_\varphi = \frac{\rho_0 \omega^2 (3+\mu)}{8}\left[b^2 - \frac{1+3\mu}{3+\mu}\rho^2 + a^2\left(1 + \frac{b^2}{\rho^2}\right)\right]$$

在 $\rho = \sqrt{ab}$ 处，有：$(\sigma_\rho)_{\max} = \dfrac{\rho_0 \omega^2 (3+\mu)}{8}(b-a)^2$。

在圆孔内边缘处，有：$(\sigma_\varphi)_{\max} = \dfrac{\rho_0 \omega^2 (3+\mu)}{4}\left(b^2 + \dfrac{1-\mu}{3+\mu}a^2\right)$。

若圆孔半径远小于圆盘半径，则$(\sigma_\varphi)_{\max}\approx\frac{\rho_0\omega^2(3+\mu)b^2}{4}$，即小圆孔边上的环向应力是实心圆盘中心应力的两倍。

16.2 课后习题详解

16.1 如图16－2－1所示万能试验机油缸外径$D=194$mm，活塞面积为0.01m^2。$F=200$kN。试求油缸内侧面的径向应力和环向应力，并求第三强度理论的相当应力σ_{r3}。

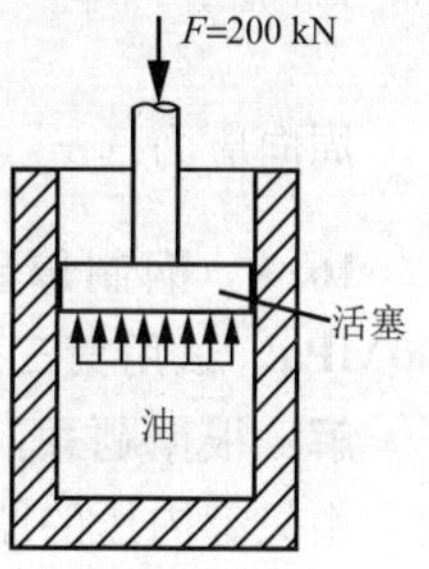

图16－2－1

解：根据题意，筒内径：$d=\sqrt{\frac{4A}{\pi}}=\sqrt{\frac{4\times0.01}{\pi}}\text{m}=113\text{mm}$。

故$a=\frac{d}{2}=\frac{113}{2}\text{mm}=56.5\text{mm}$，$b=\frac{D}{2}=\frac{194}{2}\text{mm}=97\text{mm}$。

圆筒所承受的内压力：$p_1=\frac{F}{A}=\frac{200\times10^3}{0.01}\text{Pa}=20\text{MPa}$。

又$\rho=a=56.5$mm，则油缸内侧的应力：

径向应力
$$\sigma_\rho=-\frac{p_1a^2}{b^2-a^2}\left(\frac{b^2}{\rho^2}-1\right)$$
$$=-\frac{20\times56.5^2}{97^2-56.5^2}\left(\frac{97^2}{56.5^2}-1\right)\text{MPa}=-20\text{MPa}$$

周向应力
$$\sigma_\varphi=\frac{p_1a^2}{b^2-a^2}\left(\frac{b^2}{\rho^2}+1\right)=\frac{20\times56.5^2}{97^2-56.5^2}\left(\frac{97^2}{56.5^2}+1\right)\text{MPa}=40.4\text{MPa}$$

第三强度理论的相当应力σ_{r3}：$\sigma_{r3}=\frac{2p_1b^2}{b^2-a^2}=\frac{2\times20\times97^2}{97^2-56.5^2}\text{MPa}=60.4\text{MPa}$。

16.2 某型号柴油机的连杆小头如图16－2－2所示。小头外径$d_3=50$mm，内径$d_2=39$mm。青铜衬套内径$d_1=35$mm。连杆材料的弹性模量$E=220$GPa，青铜衬套的弹性模量$E_1=115$GPa，两种材料的泊松比皆为$\mu=0.3$。小头及铜衬套间的过盈量按直径计算为$(0.068+0.037)$mm，其中0.068mm为装配过盈，0.037mm为温度过盈。试计算小头与衬套间的压力。

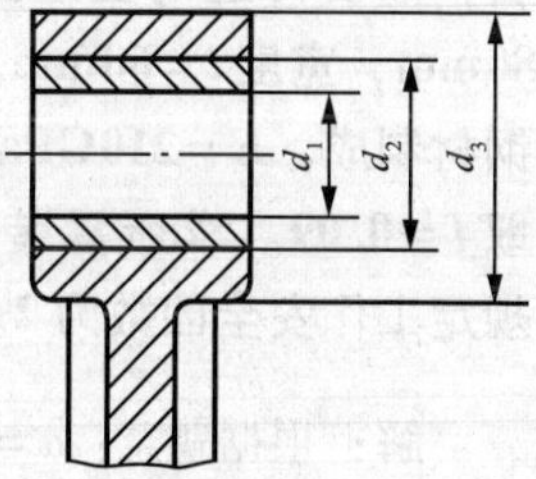

图16－2－2

解：根据题意，内外筒的参数如下：

内筒：$E_1=115$GPa，$\mu_1=0.3$，$a=\frac{d_1}{2}=17.5$mm；

装配过盈量：$\delta=\frac{1}{2}(0.068+0.037)\text{mm}=0.0525\text{mm}$；

外筒：$E_2=220$GPa，$\mu_2=0.3$，$c=\frac{d_3}{2}=25$mm，$b=\frac{d_2}{2}=19.5$mm。

则装配压力

$$p=\frac{\delta}{b\left[\frac{1}{E_1}\left(\frac{b^2+a^2}{b^2-a^2}-\mu_1\right)+\frac{1}{E_2}\left(\frac{c^2+b^2}{c^2-b^2}+\mu_2\right)\right]}$$
$$=\frac{0.0525}{19.5\times\left[\frac{1}{115\times10^9}\left(\frac{19.5^2+17.5^2}{19.5^2-17.5^2}-0.3\right)+\frac{1}{220\times10^9}\left(\frac{25^2+19.5^2}{25^2-19.5^2}+0.3\right)\right]}\text{Pa}$$
$$=27.6\text{MPa}$$

16.3　炮筒内径为 150mm，外径为 250mm。射击时筒内气体的最大压力为 p_1 = 120MPa。试求炮筒内侧面的周向应力及径向应力。

解：炮筒属于只有内压的情况，且 $a=\frac{150}{2}\text{mm}=75\text{mm}$，$b=\frac{250}{2}\text{mm}=125\text{mm}$，$\rho=a=75\text{mm}$，$p_1=120\text{MPa}$。

由只有内压厚壁圆筒的应力计算公式得：

径向应力　$\sigma_\rho=-\frac{p_1a^2}{b^2-a^2}\left(\frac{b^2}{\rho^2}-1\right)=-\frac{120\times10^6\times75^2}{125^2-75^2}\left(\frac{125^2}{75^2}-1\right)\text{Pa}=-120\text{MPa}$

周向应力　$\sigma_\varphi=\frac{p_1a^2}{b^2-a^2}\left(\frac{b^2}{\rho^2}+1\right)=\frac{120\times10^6\times75^2}{125^2-75^2}\left(\frac{125^2}{75^2}+1\right)\text{Pa}=225\text{MPa}$

16.4　钢制厚壁圆筒，内径 $d=200$mm，内压 $p_1=30$MPa，外压 p_2 为零。$[\sigma]$ = 160MPa。试用第三强度理论计算壁厚。

解：根据题意：$a=d/2=100\text{mm}$，$p_1=30\text{MPa}$，$p_2=0$。

由只有内压的厚壁圆筒应力计算公式得

$$\sigma_3=\sigma_\rho=-\frac{p_1a^2}{b^2-a^2}\left(\frac{b^2}{\rho^2}-1\right),\ \sigma_1=\sigma_\varphi=\frac{p_1a^2}{b^2-a^2}\left(\frac{b^2}{\rho^2}+1\right)$$

则第三强度理论的相当应力：$\sigma_{r3}=\sigma_1-\sigma_3=\frac{2p_1a^2b^2}{b^2-a^2}\cdot\frac{1}{\rho^2}$。

由此可知危险点出现在 $\rho=a$ 处，上式可变形为：$\sigma_{r3}=\frac{2p_1b^2}{b^2-a^2}$。

由强度条件 $\frac{2p_1b^2}{b^2-a^2}\leqslant[\sigma]$，得：$\frac{2\times30\times10^6\times b^2}{(b^2-100^2)\times10^{-6}}\leqslant160\times10^6$。

解得：$b\geqslant126.5\text{mm}$。

则壁厚：$\delta=b-a=126.5-100\text{mm}=26.5\text{mm}$。

16.5　图 16-2-3 所示轮与轴装配时采用过盈配合，需要传递的扭矩为 $T=500\text{N}\cdot\text{m}$。轮的外径 d_1 = 80mm，宽度 $l=60$mm。轴径 $d_3=40$mm。轮与轴由同一钢材制成，$E=210$GPa，$\mu=0.3$。接触面上的摩擦因数取 $f=0.09$。求所需装配压力及以半径计算的过盈量。规定工作安全因数为 2。

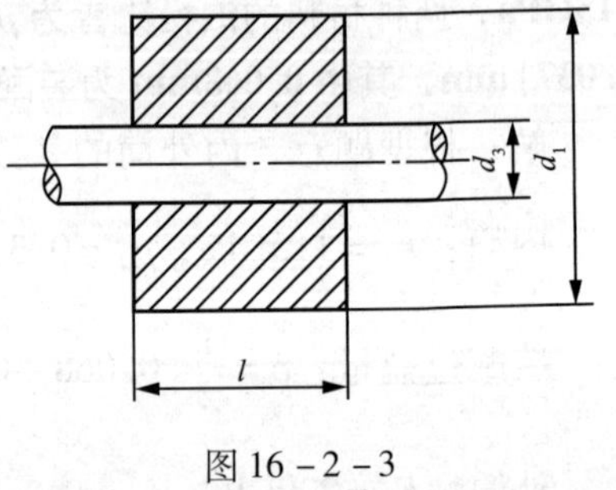

图 16-2-3

解：根据题意：$a=0$，$b=\frac{d_3}{2}=20\text{mm}$　$c=\frac{d_1}{2}=40\text{mm}$。

由 $n=\frac{M}{T}=2$ 得：$M=2T=2\times500\text{N}\cdot\text{m}=1000\text{N}\cdot\text{m}$。

由摩擦力矩公式：$M=\pi d_3lfp\cdot\frac{d_3}{2}$，可得所需装配压力

$$p=\frac{2M}{\pi lfd_3^2}=\frac{2\times1000}{\pi\times0.06\times0.09\times0.04^2}\text{Pa}=73.7\text{MPa}$$

又由组合圆筒的装配压力公式：$p=\frac{E\delta(c^2-b^2)(b^2-a^2)}{2b^3(c^2-a^2)}$，可得过盈量

$$\delta=\frac{2b^3c^2p}{E(c^2-b^2)b^2}=\frac{2bc^2p}{E(c^2-b^2)}=\frac{2\times0.02\times0.04^2\times73.7\times10^6}{210\times10^9\times(0.04^2-0.02^2)}\text{m}=0.0187\text{mm}$$

16.6　图 16－2－4 所示由 45 钢制成的齿轮，轮缘以过盈配合的方式装于由铸铁 HT250 制成的轮芯上。将轮缘及轮芯作为厚壁筒，其尺寸如图所示。铸铁的 $E_1=137\text{GPa}$，$\mu_1=0.25$。钢的 $E_2=210\text{GPa}$，$\mu_2=0.3$。已知传递的扭矩 $T=7000\text{N}\cdot\text{m}$，接触面上的摩擦因数为 $f=0.09$，规定的安全因数为 2。试求所需装配压力和以半径计算的过盈量。

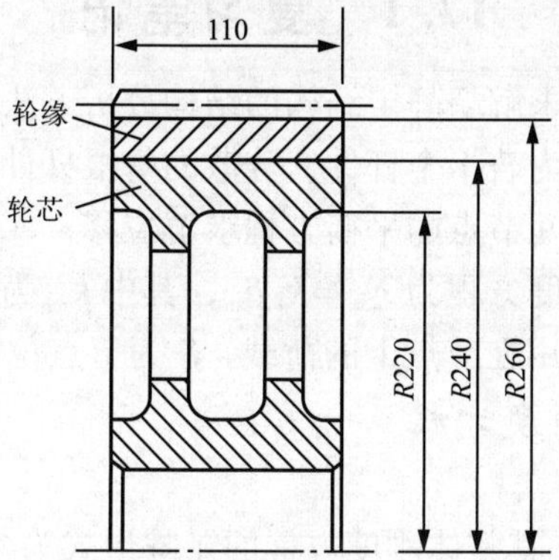

图 16－2－4

解：根据题意：$a=220\text{mm}$，$b=240\text{mm}$，$c=260\text{mm}$。

由 $n=\frac{M}{T}=2$ 得：$M=2T=2\times7000\text{N}\cdot\text{m}=1.4\times10^4\text{N}\cdot\text{m}$。

由摩擦力矩公式：$M=2\pi b^2lfp$，其中 $l=110\text{mm}$，可得所需装配压力

$$p=\frac{M}{2\pi b^2lf}=\frac{1.4\times10^4}{2\pi\times0.24^2\times0.11\times0.09}\text{Pa}=3.91\text{MPa}$$

又由装配压力的计算公式：$p=\frac{\delta}{b\left[\frac{1}{E_1}\left(\frac{b^2+a^2}{b^2-a^2}-\mu_1\right)+\frac{1}{E_2}\left(\frac{c^2+b^2}{c^2-b^2}+\mu_2\right)\right]}$，可得过盈量

$$\begin{aligned}\delta&=bp\left[\frac{1}{E_1}\left(\frac{b^2+a^2}{b^2-a^2}-\mu_1\right)+\frac{1}{E_2}\left(\frac{c^2+b^2}{c^2-b^2}+\mu_2\right)\right]\\&=0.24\times3.91\times10^6\times\left[\frac{1}{137\times10^9}\left(\frac{240^2+220^2}{240^2-220^2}-0.25\right)+\frac{1}{210\times10^9}\left(\frac{260^2+240^2}{260^2-240^2}+0.3\right)\right]\text{m}\\&=0.135\text{mm}\end{aligned}$$

16.3　名校考研真题详解

本章不是考试重点，所以基本上没有学校的考研试题涉及到本章内容，因此，读者可以简单了解，不必作为复习重点，本部分也就没有选用考研真题。

第 17 章 矩阵位移法

17.1 复习笔记

位移法：以位移为未知量求解超静定结构的结构分析方法。

求解过程：①将结构分散为若干个杆件，分散的每根杆件称为一个单元；②用位移表示单元内力；③利用相邻两单元间节点的平衡方程求解位移；④由位移求解各单元内力。

用矩阵形式表示的单元刚度方程为 $\boldsymbol{F}_{\mathrm{m}}=\boldsymbol{k}_{\mathrm{m}}\boldsymbol{\delta}_{\mathrm{m}}$，其中 $\boldsymbol{k}_{\mathrm{m}}$ 为单元刚度矩阵；整体刚度方程一般表达式为 $\boldsymbol{F}=\boldsymbol{K}\boldsymbol{\delta}$，$\boldsymbol{F}$ 为作用在节点上的荷载，$\boldsymbol{\delta}$ 为节点位移，$\boldsymbol{K}$ 为整体刚度矩阵。

一、基本变形杆件的刚度方程

1. 轴向拉伸压缩杆件

如图 17－1－1 所示杆系，其整体刚度方程的矩阵形式为

$$\begin{pmatrix} F_1 \\ F_2 \\ -F_3 \end{pmatrix}=\begin{pmatrix} a_{11}^1 & a_{12}^1 & 0 \\ a_{21}^1 & a_{22}^1+a_{22}^2 & a_{23}^2 \\ 0 & a_{32}^2 & a_{33}^2 \end{pmatrix}\begin{pmatrix} u_1 \\ u_2 \\ u_3 \end{pmatrix}$$

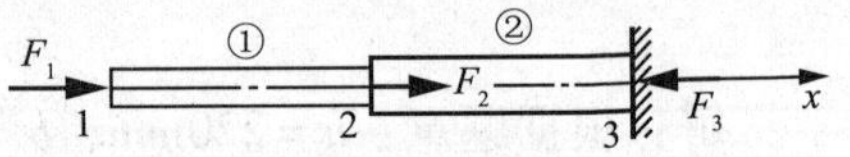

图 17－1－1

2. 受扭杆件

其单元刚度方程：$\boldsymbol{k}_m=\dfrac{GI_{\mathrm{p}}}{l}\begin{pmatrix} 1 & -1 \\ -1 & 1 \end{pmatrix}$。

3. 受弯杆件

受弯杆件称为梁单元，其单元刚度矩阵为

$$\boldsymbol{k}_m=\frac{EI}{l^3}\begin{pmatrix} 12 & 6l & -12 & 6l \\ 6l & 4l^2 & -6l & 2l^2 \\ -12 & -6l & 12 & -6l \\ 6l & 2l^2 & -6l & 4l^2 \end{pmatrix}$$

二、梁单元的中间载荷

作用于梁上节点之间的载荷称为中间载荷，为简便运算，常将中间载荷置换为作用在节点上的载荷。表 17－1－1 为几种常见情况的固端反力和反力矩。

表 17－1－1

中间载荷	F_{yi}	M_i	F_{yj}	M_j
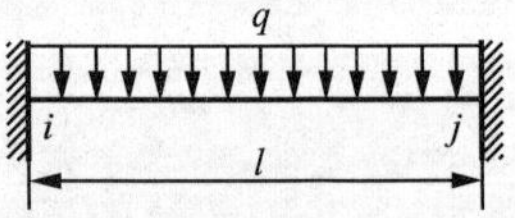	$\dfrac{ql}{2}$	$\dfrac{ql^2}{12}$	$\dfrac{ql}{2}$	$-\dfrac{ql^2}{12}$
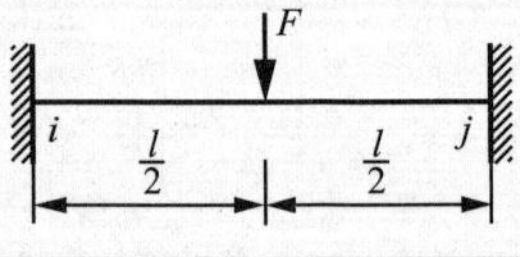	$\dfrac{F}{2}$	$\dfrac{Fl}{8}$	$\dfrac{F}{2}$	$-\dfrac{Fl}{8}$

续表

中间载荷	F_{yi}	M_i	F_{yj}	M_j
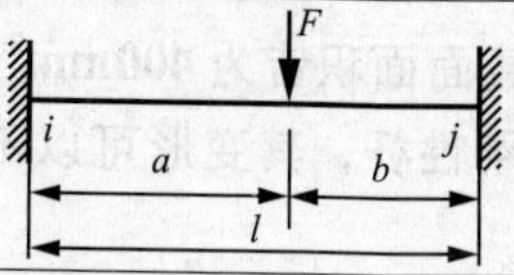	$\dfrac{Fb^2(l+2a)}{l^3}$	$\dfrac{Fab^2}{l^2}$	$\dfrac{Fa^2(l+2b)}{l^3}$	$\dfrac{Fa^2 b}{l^2}$
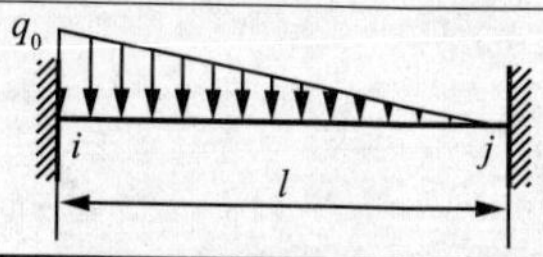	$\dfrac{7q_0 l}{20}$	$\dfrac{q_0 l^2}{20}$	$\dfrac{3q_0 l}{20}$	$-\dfrac{q_0 l^2}{30}$

三、组合变形杆件的刚度方程

拉弯扭组合变形下的单元刚度矩阵

$$
\boldsymbol{k}_m = \begin{pmatrix}
\frac{EA}{l} & 0 & 0 & 0 & -\frac{EA}{l} & 0 & 0 & 0 \\
0 & \frac{12EI}{l^3} & 0 & \frac{6EI}{l^2} & 0 & -\frac{12EI}{l^3} & 0 & \frac{6EI}{l^2} \\
0 & 0 & \frac{GI_{\mathrm{p}}}{l} & 0 & 0 & 0 & -\frac{GI_{\mathrm{p}}}{l} & 0 \\
0 & \frac{6EI}{l^2} & 0 & \frac{4EI}{l} & 0 & -\frac{6EI}{l^2} & 0 & \frac{2EI}{l} \\
-\frac{EA}{l} & 0 & 0 & 0 & \frac{EA}{l} & 0 & 0 & 0 \\
0 & -\frac{12EI}{l^3} & 0 & -\frac{6EI}{l^2} & 0 & \frac{12EI}{l^3} & 0 & -\frac{6EI}{l^2} \\
0 & 0 & -\frac{GI_{\mathrm{p}}}{l} & 0 & 0 & 0 & \frac{GI_{\mathrm{p}}}{l} & 0 \\
0 & \frac{6EI}{l^2} & 0 & \frac{2EI}{l} & 0 & -\frac{6EI}{l^2} & 0 & \frac{4EI}{l}
\end{pmatrix}
$$

四、坐标变换

通过坐标变化，可以将各单元局部坐标的节点力、节点位移和单元刚度方程转换成对整体坐标的节点力、节点位移和单元刚度方程。利用坐标矩阵 λ，通过公式 $\boldsymbol{k}_m = \lambda^{\mathrm{T}} \bar{\boldsymbol{k}}_m \lambda$ 的计算，将局部坐标的单元刚度矩阵 $\bar{\boldsymbol{k}}_m$ 转化为整体坐标中的单元刚度矩阵 $\boldsymbol{k}_m$。

1. 受拉杆件的坐标变换矩阵

$$
\boldsymbol{\lambda} = \begin{pmatrix}
\cos\theta & \sin\theta & 0 & 0 \\
-\sin\theta & \cos\theta & 0 & 0 \\
0 & 0 & \cos\theta & \sin\theta \\
0 & 0 & -\sin\theta & \cos\theta
\end{pmatrix}
$$

2. 拉弯组合变形下的坐标变换矩阵

$$
\boldsymbol{\lambda} = \begin{pmatrix}
\cos\theta & \sin\theta & 0 & 0 & 0 & 0 \\
-\sin\theta & \cos\theta & 0 & 0 & 0 & 0 \\
0 & 0 & 1 & 0 & 0 & 0 \\
0 & 0 & 0 & \cos\theta & \sin\theta & 0 \\
0 & 0 & 0 & -\sin\theta & \cos\theta & 0 \\
0 & 0 & 0 & 0 & 0 & 1
\end{pmatrix}
$$

17.2 课后习题详解

17.1 图 17-2-1 所示简单杆系中，钢杆①和铝杆②的横截面面积皆为 400mm²。钢的弹性模量 $E_1=210\text{GPa}$，铝的弹性模量 $E_2=70\text{GPa}$。设 AB 为刚性杆，其变形可以不计。已知 $F=40\text{kN}$，求节点位移及各杆件的轴力。

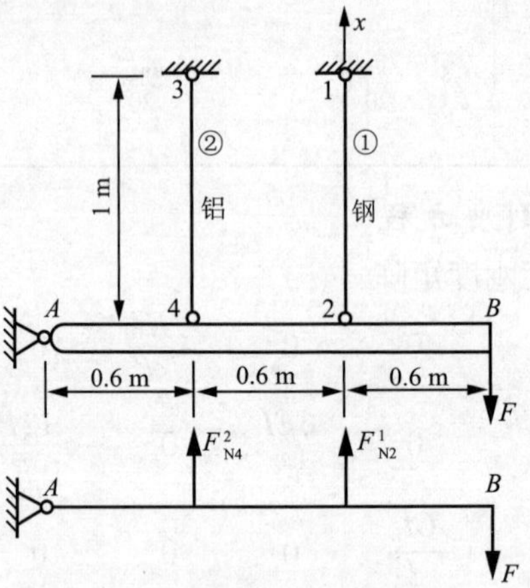

图 17-2-1

解：对于固定铰 1、3，有：$u_1=u_3=0$。

由于 AB 为刚性杆，则根据几何关系易知：$u_4=0.5u_2$。

钢杆①和铝杆②的单元刚度方程分别为

$$\begin{pmatrix} F^1_{N1} \\ F^1_{N2} \end{pmatrix}=\frac{AE_1}{l}\begin{pmatrix} 1 & -1 \\ -1 & 1 \end{pmatrix}\begin{pmatrix} u_1 \\ u_2 \end{pmatrix}=84\times10^6\begin{pmatrix} 1 & -1 \\ -1 & 1 \end{pmatrix}\begin{pmatrix} 0 \\ u_2 \end{pmatrix} \qquad ①$$

$$\begin{pmatrix} F^2_{N3} \\ F^2_{N4} \end{pmatrix}=\frac{AE_2}{l}\begin{pmatrix} 1 & -1 \\ -1 & 1 \end{pmatrix}\begin{pmatrix} u_3 \\ u_4 \end{pmatrix}=28\times10^6\begin{pmatrix} 1 & -1 \\ -1 & 1 \end{pmatrix}\begin{pmatrix} 0 \\ 0.5u_2 \end{pmatrix} \qquad ②$$

对于 AB 杆，由平衡方程

$$\sum M_A=0, F^2_{N4}+2F^1_{N2}-3\times(40\times10^3\text{N})=0$$

联立以上各式，整理得

$$0.5u_2(28\times10^6\text{N/m})+2u_2(84\times10^6\text{N/m})-3\times(40\times10^3\text{N})=0$$

解得：$u_2=0.659\times10^{-3}\text{m}$。

代回①、②两式，即可得钢杆和铝杆的轴力分别为

$$F^1_{N2}=84\times10^6u_2=55.4\text{kN},\ F^2_{N4}=28\times10^6\times0.5u_2=9.22\text{kN}$$

17.2 图 17-2-2 所示圆钢杆与铝套筒在端截面刚性连接。两者的横截面面积分别为：$A_{钢}=1000\text{mm}^2$，$A_{铝}=500\text{mm}^2$。已知 $l=1\text{m}$，弹性模量分别为：$E_{钢}=210\text{GPa}$，$E_{铝}=70\text{GPa}$。若左端固定，且铝套筒内的应力为 100MPa 时，试求拉力 F。

解：如图 17-2-3 所示，将已知结构看作是由①、②两个单元组成的杆系。节点 1、3 为固定点，节点 2、4 位移相同，即有

$$u_1=u_3=0,\ u_2=u_4=\frac{\sigma}{E_{铝}}l=\frac{100\times10^6}{70\times10^9}l\approx1.429\times10^{-3}l$$

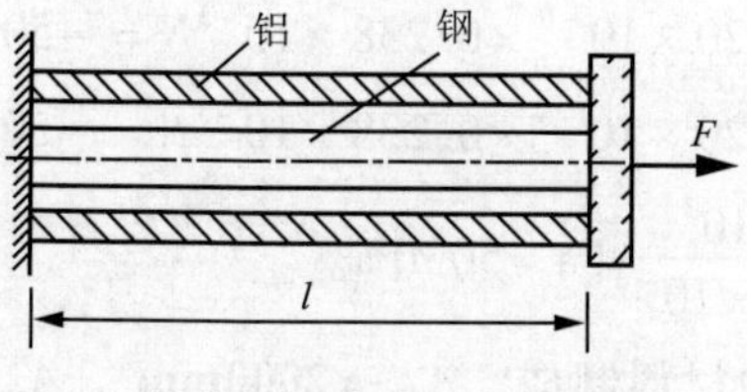

图 17-2-2

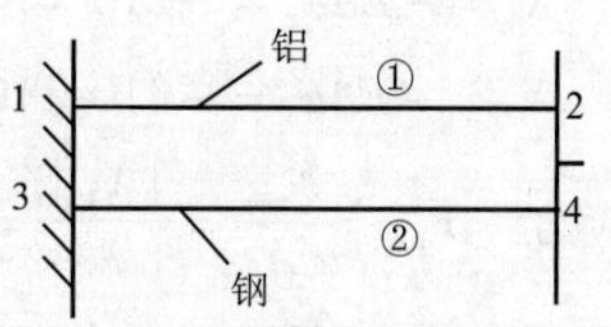

图 17-2-3

两单元的刚度矩阵分别为

$$\begin{pmatrix} F_{N1}^{1} \\ F_{N2}^{1} \end{pmatrix} = \frac{A_1E_1}{l}\begin{pmatrix} 1 & -1 \\ -1 & 1 \end{pmatrix}\begin{pmatrix} u_1 \\ u_2 \end{pmatrix} = \frac{A_1E_1}{l}\begin{pmatrix} 1 & -1 \\ -1 & 1 \end{pmatrix}\begin{pmatrix} 0 \\ 1.429\times10^{-3}l \end{pmatrix}$$

$$\begin{pmatrix} F_{N3}^{2} \\ F_{N4}^{2} \end{pmatrix} = \frac{A_2E_2}{l}\begin{pmatrix} 1 & -1 \\ -1 & 1 \end{pmatrix}\begin{pmatrix} u_3 \\ u_4 \end{pmatrix} = \frac{A_2E_2}{l}\begin{pmatrix} 1 & -1 \\ -1 & 1 \end{pmatrix}\begin{pmatrix} 0 \\ 1.429\times10^{-3}l \end{pmatrix}$$

解得：$F_{N1}^{1} = -F_{N2}^{1} = 1.429\times10^{-3}E_1A_1$，$F_{N3}^{2} = -F_{N4}^{2} = 1.429\times10^{-3}E_2A_2$。

又根据平衡条件可得：$F_{N1}^{1} + F_{N3}^{2} = F$。

故 $F = 1.429\times10^{-3}(E_1A_1 + E_2A_2)$。

解得：$F = 1.429\times10^{-3}\times(210\times10^{9}\times10^{3}\times10^{-6} + 70\times10^{9}\times5\times10^{2}\times10^{-6})\text{N} = 350\text{kN}$。

17.3　横截面面积 $A = 50\times20\text{mm}^2$ 的钢杆如图 17-2-4 所示，$E = 210\text{GPa}$。试求各节点的节点位移和钢杆的最大应力。

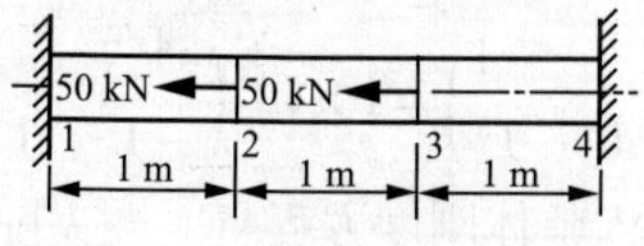

图 17-2-4

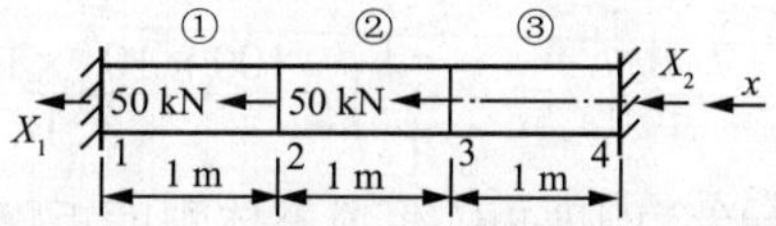

图 17-2-5

解：如图 17-2-5 所示，将钢杆看作是①、②、③三个单元组成的杆系，故节点载荷为：$\boldsymbol{F} = [X_1 \quad 50 \quad 50 \quad X_2]^{\mathrm{T}}$。

固定节点 1、4 的位移为零，故节点位移：$\boldsymbol{\delta} = [0 \quad u_2 \quad u_3 \quad 0]^{\mathrm{T}}$。

三个单元的刚度矩阵相同，且 $\boldsymbol{k_1} = \boldsymbol{k_2} = \boldsymbol{k_3} = \frac{EA}{l}\begin{pmatrix} 1 & -1 \\ -1 & 1 \end{pmatrix} = EA\begin{pmatrix} 1 & -1 \\ -1 & 1 \end{pmatrix}$。

将三个单元刚度矩阵生成整体刚度矩阵$[k]$，并代入整体刚度方程 $\boldsymbol{F} = \boldsymbol{k\delta}$ 得

$$\begin{pmatrix} X_1 \\ 50 \\ 50 \\ X_2 \end{pmatrix} = EA\begin{pmatrix} 1 & -1 & 0 & 0 \\ -1 & 1+1 & -1 & 0 \\ 0 & -1 & 1+1 & -1 \\ 0 & 0 & -1 & 1 \end{pmatrix}\begin{pmatrix} 0 \\ u_2 \\ u_3 \\ 0 \end{pmatrix}$$

将等式右边矩阵，去掉与 $u_1 = u_4 = 0$ 对应的第一列和第四列，并抽掉与未知节点载荷 X_1 和 X_2 对应的第一行和第四行，使整体刚度方程降阶为

$$\begin{pmatrix} 50 \\ 50 \end{pmatrix} = EA\begin{pmatrix} 2 & -1 \\ -1 & 2 \end{pmatrix}\begin{pmatrix} u_2 \\ u_3 \end{pmatrix}$$

则有：$u_2 = u_3 = \frac{50\times10^{3}}{EA} = \frac{50\times10^{3}}{210\times10^{9}\times50\times20\times10^{-6}}\text{m} = 0.238\times10^{-3}\text{m}$。

将以上求得的结果代入整体刚度方程，可得

$$X_1 = -EAu_2 = -210\times10^9\times50\times20\times10^{-6}\times0.238\times10^{-3}\text{N} = -50\text{kN}$$

$$X_2 = -EAu_3 = -210\times10^9\times50\times20\times10^{-6}\times0.238\times10^{-3}\text{N} = -50\text{kN}$$

故最大应力：$\sigma_{\max} = \dfrac{F_{\max}}{A} = \dfrac{|X_1|}{A} = \dfrac{50\times10^3}{50\times20\times10^{-6}}\text{Pa} = 50\text{MPa}$。

17.4　图 17－2－6 所示杆系由钢和铜两种材料制成，$A_{钢}=2000\text{mm}^2$，$A_{铜}=1000\text{mm}^2$，$E_{钢}=200\text{GPa}$，$E_{铜}=100\text{GPa}$。试求支座约束力和各单元的应力。

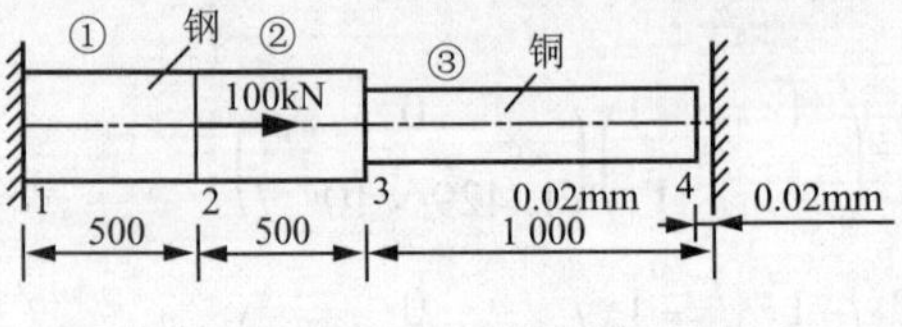

图 17－2－6

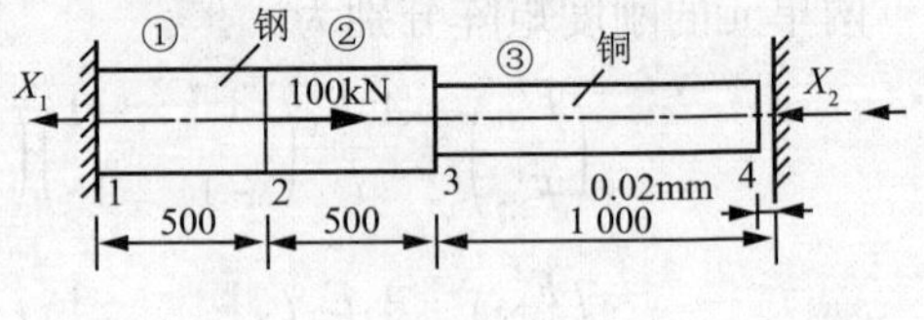

图 17－2－7

解：将杆看作是①、②、③三个单元组成的杆系，向左为正，如图 17－2－7 所示。

节点载荷为：$\boldsymbol{F} = (X_1 \quad -100\times10^3 \quad 0 \quad X_2)^{\mathrm{T}}$。

固定端节点 1 的位移为零，即 $u_1=0$；节点 4 的位移 $u_4=0.02\text{mm}$。

单元①、②的刚度矩阵相同，为

$$\boldsymbol{k_1}=\boldsymbol{k_2}=\frac{E_1A_1}{0.5}\begin{pmatrix}1 & -1\\ -1 & 1\end{pmatrix}=\frac{200\times10^9\times20\times10^{-4}}{0.5}\begin{pmatrix}1 & -1\\ -1 & 1\end{pmatrix}=8\times10^8\begin{pmatrix}1 & -1\\ -1 & 1\end{pmatrix}$$

单元③的刚度矩阵为

$$\boldsymbol{k_3}=\frac{E_2A_2}{1}\begin{pmatrix}1 & -1\\ -1 & 1\end{pmatrix}=\frac{100\times10^9\times10\times10^{-4}}{1}\begin{pmatrix}1 & -1\\ -1 & 1\end{pmatrix}=1\times10^8\begin{pmatrix}1 & -1\\ -1 & 1\end{pmatrix}$$

将三个单元刚度矩阵生成整体刚度矩阵$[k]$，并代入整体刚度方程$\{\text{F}\}=[k]\{\delta\}$得

$$\begin{pmatrix}X_1\\ -100\times10^3\\ 0\\ X_2\end{pmatrix}=\begin{pmatrix}8\times10^8 & -8\times10^8 & 0 & 0\\ -8\times10^8 & 16\times10^8 & -8\times10^8 & 0\\ 0 & -8\times10^8 & 9\times10^8 & -1\times10^8\\ 0 & 0 & -1\times10^8 & 1\times10^8\end{pmatrix}\begin{pmatrix}0\\ u_2\\ u_3\\ 0.02\times10^{-3}\end{pmatrix}$$

将等式右边矩阵，去掉与 $u_1=0$ 对应的第一列，并抽掉与未知节点载荷 X_1 对应的第一行，使整体刚度方程降阶为

$$\begin{pmatrix}-100\times10^3\\ 0\\ X_2\end{pmatrix}=\begin{pmatrix}16\times10^8 & -8\times10^8 & 0\\ -8\times10^8 & 9\times10^8 & -1\times10^8\\ 0 & -1\times10^8 & 1\times10^8\end{pmatrix}\begin{pmatrix}u_2\\ u_3\\ 0.02\times10^{-3}\end{pmatrix}$$

解得：$u_2=-11.45\times10^{-5}\text{m}$，$u_3=-1.04\times10^{-4}\text{m}$，$X_2=8.4\text{kN}$。

将以上结果代入整体刚度方程，解得：$X_1=91.6\text{kN}$。

因此，各单元的应力为

$$\sigma_{①}=\frac{X_1}{A_1}=\frac{91.6\times10^3}{20\times10^{-4}}\text{Pa}=45.8\text{MPa}$$

$$\sigma_{②}=-\frac{X_2}{A_1}=\frac{-8.4\times10^3}{20\times10^{-4}}\text{Pa}=-4.2\text{MPa}$$

$$\sigma_{③}=-\frac{X_2}{A_2}=\frac{-8.4\times10^3}{10\times10^{-4}}\text{Pa}=-8.4\text{MPa}$$

17.5 在图 17-2-8 所示结构中，杆件①由钢制成，$A_1=2000\text{mm}^2$，$E_1=200\text{GPa}$，杆件②由铜制成，$A_2=1000\text{mm}^2$，$E_2=100\text{GPa}$。若 AB 杆可视为刚体，试求节点位移和①、②两杆的应力。

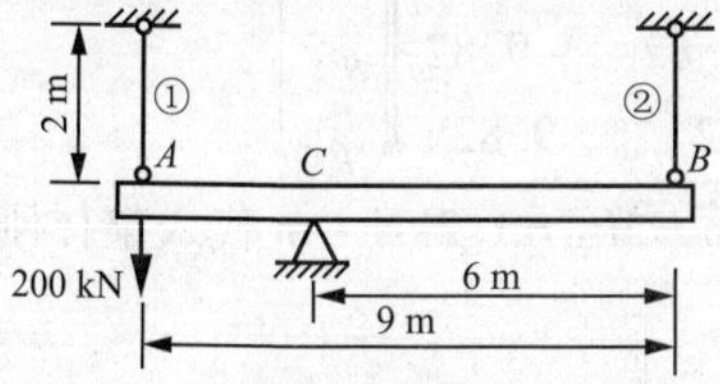

图 17-2-8

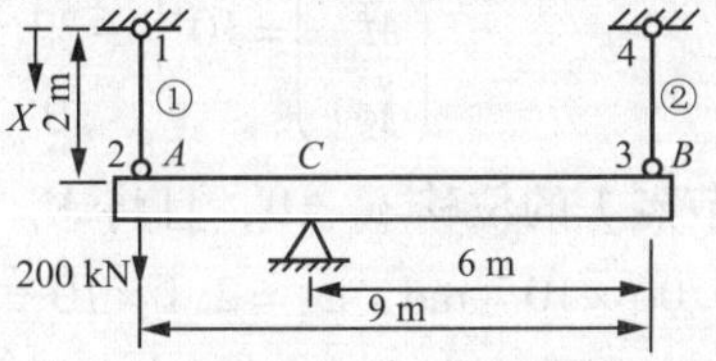

图 17-2-9

解：如图 17-2-9 所示，节点 1、4 为固定铰，而 AB 杆为刚性杆，故可得：$u_1=u_4=0$，$u_3=-2u_2$。

钢杆①的单元刚度方程为

$$\begin{pmatrix} F_{N1}^1 \\ F_{N2}^1 \end{pmatrix}=\frac{A_1E_1}{l}\begin{pmatrix} 1 & -1 \\ -1 & 1 \end{pmatrix}\begin{pmatrix} u_1 \\ u_2 \end{pmatrix}=2\times10^8\begin{pmatrix} 1 & -1 \\ -1 & 1 \end{pmatrix}\begin{pmatrix} 0 \\ u_2 \end{pmatrix}$$

铜杆②的单元刚度方程为

$$\begin{pmatrix} F_{N3}^2 \\ F_{N4}^2 \end{pmatrix}=\frac{A_2E_2}{l}\begin{pmatrix} 1 & -1 \\ -1 & 1 \end{pmatrix}\begin{pmatrix} u_3 \\ u_4 \end{pmatrix}=0.5\times10^8\begin{pmatrix} 1 & -1 \\ -1 & 1 \end{pmatrix}\begin{pmatrix} -2u_2 \\ 0 \end{pmatrix}$$

AB 杆的平衡方程：$\sum M_C=0,(200\times10^3-F_{N2}^1)\times3+F_{N3}^2\times6=0$。

将单元刚度方程中的 F_{N2}^1、F_{N3}^2 代入以上方程，得

$$(200\times10^3-2\times10^8u_2)\times3+(-10^8u_2)\times6=0$$

解得：$u_2=0.5\times10^{-3}\text{m}$。

故 $u_3=-2u_2=-1\times10^{-3}\text{m}$。

各杆轴力：$F_{N2}^1=-F_{N1}^1=1\times10^5\text{N}$，$F_{N4}^2=-F_{N3}^2=0.5\times10^5\text{N}$。

故各杆应力：$\sigma_{①}=\dfrac{F_{N2}^1}{A_1}=\dfrac{1\times10^5}{20\times10^{-4}}=50\text{MPa}$，$\sigma_{②}=\dfrac{F_{N3}^2}{A_2}=\dfrac{-0.5\times10^5}{10\times10^{-4}}=-50\text{MPa}$。

17.6 图 17-2-10 所示变截面钢轴上的 $M_{e2}=1.8\text{kN}\cdot\text{m}$，$M_{e3}=1.2\text{kN}\cdot\text{m}$，直径 $d_1=75\text{mm}$，$d_2=50\text{mm}$，材料的切变模量 $G=80\text{GPa}$。试求最大切应力和左右两端端截面的相对扭转角。

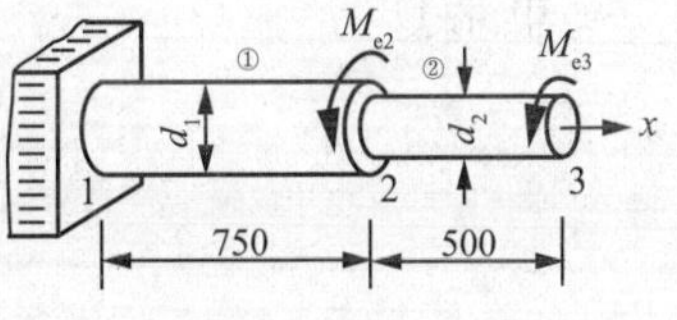

图 17-2-10

解：把杆件看作是①、②两个单元，分别写出两个单元的单元刚度方程。

单元①：$\dfrac{GI_{p1}}{l_1}=\dfrac{80\times10^9\times\dfrac{1}{32}\times\pi\times75^4\times10^{-12}}{0.75}\text{N}\cdot\text{m}=3.31\times10^5\text{N}\cdot\text{m}$

$$\begin{pmatrix} T_1^1 \\ T_2^1 \end{pmatrix}=\frac{GI_{p1}}{l_1}\begin{pmatrix} 1 & -1 \\ -1 & 1 \end{pmatrix}\begin{pmatrix} \varphi_1 \\ \varphi_2 \end{pmatrix}=3.31\times10^5\begin{pmatrix} 1 & -1 \\ -1 & 1 \end{pmatrix}\begin{pmatrix} \varphi_1 \\ \varphi_2 \end{pmatrix}$$

单元②：$\dfrac{GI_{p2}}{l_2}=\dfrac{80\times10^9\times\pi\times50^4\times10^{-12}}{32\times0.5}\text{N}\cdot\text{m}=9.82\times10^4\text{N}\cdot\text{m}$

$$\begin{pmatrix} T_2^2 \\ T_3^2 \end{pmatrix}=\frac{GI_{p2}}{l_2}\begin{pmatrix} 1 & -1 \\ -1 & 1 \end{pmatrix}\begin{pmatrix} \varphi_2 \\ \varphi_3 \end{pmatrix}=9.82\times10^4\begin{pmatrix} 1 & -1 \\ -1 & 1 \end{pmatrix}\begin{pmatrix} \varphi_2 \\ \varphi_3 \end{pmatrix}$$

由1、2、3三节点的平衡，可得：$M_{e1}=T_1^1$，$M_{e2}=T_2^1+T_2^2$，$M_{e3}=T_3^2$。

将单元刚度方程中的 T_1^1、T_2^1、T_2^2、T_3^2 代入以上平衡方程，可得整体刚度方程

$$\begin{pmatrix} M_{e1} \\ M_{e2} \\ M_{e3} \end{pmatrix} = 10^4 \begin{pmatrix} 33.1 & -33.1 & 0 \\ -33.1 & 33.1+9.82 & -9.82 \\ 0 & -9.82 & 9.82 \end{pmatrix} \begin{pmatrix} \varphi_1 \\ \varphi_2 \\ \varphi_3 \end{pmatrix}$$

固定节点1的位移 $\varphi_1=0$，且将 $M_{e2}=1.8\text{kN}\cdot\text{m}$，$M_{e3}=1.2\text{kN}\cdot\text{m}$ 代入整体刚度方程可得：$\varphi_2=9.06\times10^{-3}\text{rad}$，$\varphi_3=2.1\times10^{-2}\text{rad}$。

故左右两端相对扭转角：$\varphi_3=21\times10^{-3}\text{rad}$。

各段扭矩

$$T_2^1=3.31\times10^5\times(-\varphi_1+\varphi_2)=3.31\times10^5\times9.06\times10^{-3}\text{N}\cdot\text{m}=3\times10^3\text{N}\cdot\text{m}$$

$$T_3^2=9.82\times10^4\times(-\varphi_2+\varphi_3)=9.82\times10^4\times(-9.06+21)\times10^{-3}\text{N}\cdot\text{m}$$

$$=1.2\times10^3\text{N}\cdot\text{m}$$

各段切应力：$\tau_{①}=\dfrac{T_2^1}{W_{t_1}}=\dfrac{16\times3\times10^3}{\pi\times0.075^3}\text{Pa}=36.2\text{MPa}$　$\tau_{②}=\dfrac{T_3^2}{W_{t_2}}=\dfrac{16\times1.2\times10^3}{\pi\times0.05^3}\text{Pa}=48.9\text{MPa}$。

综上，最大切应力发生在单元②，即$\tau_{\max}=\tau_{②}=48.9\text{MPa}$。

17.7　两端固定的圆杆如图17-2-11所示，直径 $d=80\text{mm}$，$M_{e2}=12\text{kN}\cdot\text{m}$，材料的 $G=80\text{GPa}$。求固定端截面上的约束力偶矩和杆件内最大切应力。

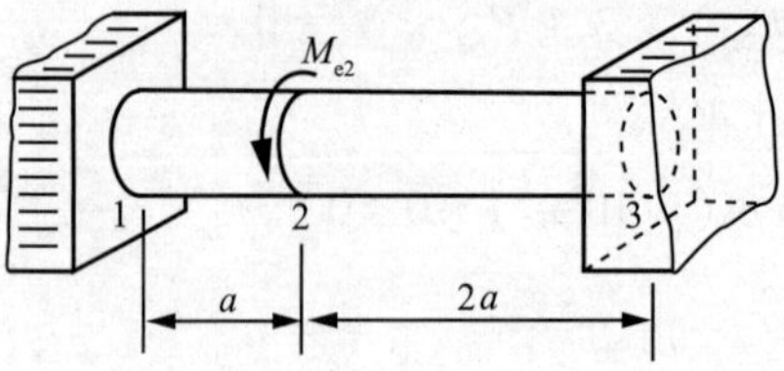

图17-2-11

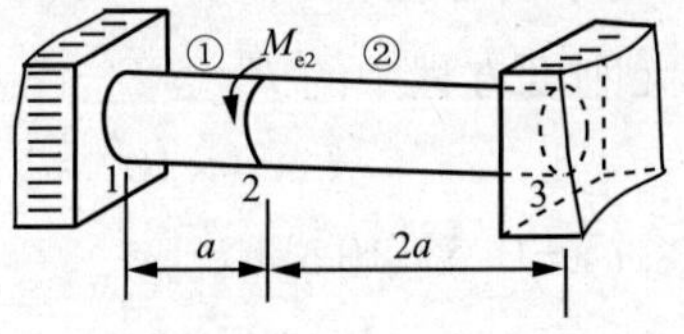

图17-2-12

解： 如图17-2-12所示，将杆件看作是①、②两个单元，分别写出两个单元的单元刚度方程。

单元①

$$\frac{GI_p}{a}=\frac{80\times10^9\times\pi\times0.08^4}{32a}=\frac{3.2\times10^5}{a}$$

$$\begin{pmatrix} T_1^1 \\ T_2^1 \end{pmatrix}=\frac{3.2\times10^5}{a}\begin{pmatrix} 1 & -1 \\ -1 & 1 \end{pmatrix}\begin{pmatrix} \varphi_1 \\ \varphi_2 \end{pmatrix}$$

单元②

$$\frac{GI_p}{2a}=\frac{1}{2}\frac{GI_p}{a}=\frac{1.6\times10^5}{a}$$

$$\begin{pmatrix} T_2^2 \\ T_3^2 \end{pmatrix}=\frac{1.6\times10^5}{a}\begin{pmatrix} 1 & -1 \\ -1 & 1 \end{pmatrix}\begin{pmatrix} \varphi_2 \\ \varphi_3 \end{pmatrix}$$

由1、2、3三节点的平衡，可得：$M_{e1}=T_1^1$，$M_{e2}=T_2^1+T_2^2$，$M_{e3}=T_3^2$。

将单元刚度方程中的 T_1^1、T_2^1、T_2^2、T_3^2 代入以上平衡方程，可得整体刚度方程为

$$\begin{pmatrix} M_{e1} \\ M_{e2} \\ M_{e3} \end{pmatrix} = \frac{1.6 \times 10^5}{a} \begin{pmatrix} 2 & -2 & 0 \\ -2 & 2+1 & -1 \\ 0 & -1 & 1 \end{pmatrix} \begin{pmatrix} \varphi_1 \\ \varphi_2 \\ \varphi_3 \end{pmatrix}$$

固定节点 1、3 的位移 $\varphi_1 = \varphi_3 = 0$，且将 $M_{e_2} = 12\text{kN} \cdot \text{m}$ 代入整体刚度方程得

$$M_{e2} = \frac{3 \times 1.6 \times 10^5}{a} \varphi_2 = 12\text{kN} \cdot \text{m}$$

由此可解得 φ_2。

代入整体刚度方程得

$$M_{e1} = -2 \times \frac{1.6 \times 10^5}{a} \varphi_2 = -8\text{kN} \cdot \text{m}$$

$$M_{e3} = -1 \times \frac{1.6 \times 10^5}{a} \varphi_2 = -4\text{kN} \cdot \text{m}$$

综上，最大切应力发生在单元①，即$\tau_{\max} = \frac{|M_{e1}|}{W_t} = \frac{8 \times 10^3}{\frac{1}{16} \times \pi \times 0.08^3}\text{Pa} = 80\text{MPa}$。

17.8　图 17-2-13 所示杆系中，杆件①为实心钢杆，$G_1 = 80\text{GPa}$，直径 $d_1 = 50\text{mm}$；杆件②为空心铝杆，$G_2 = 25\text{GPa}$，外径 $D_2 = 60\text{mm}$，内径 $d_2 = 40\text{mm}$。试求各杆件的最大切应力。

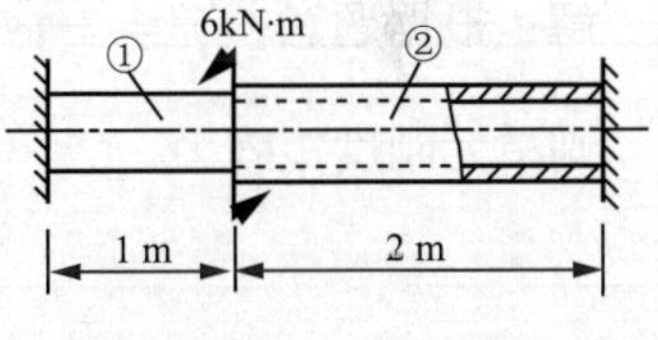

图 17-2-13

解：将杆看作是①、②两个单元，分别写出两个单元的单元刚度方程。

单元①：$\frac{G_1 I_{p1}}{l_2} = \frac{80 \times 10^9 \times \pi \times 0.05^4}{32 \times 1}\text{N} \cdot \text{m} = 4.91 \times 10^4 \text{N} \cdot \text{m}$

$$\begin{pmatrix} T_1^1 \\ T_2^1 \end{pmatrix} = 4.91 \times 10^4 \begin{pmatrix} 1 & -1 \\ -1 & 1 \end{pmatrix} \begin{pmatrix} \varphi_1 \\ \varphi_2 \end{pmatrix}$$

单元②：$\frac{G_2 I_{p2}}{l_2} = \frac{25 \times 10^9 \times \pi \times (0.06^4 - 0.04^4)}{32 \times 2}\text{N} \cdot \text{m} = 1.28 \times 10^4 \text{N} \cdot \text{m}$

$$\begin{pmatrix} T_2^2 \\ T_3^2 \end{pmatrix} = 1.28 \times 10^4 \begin{pmatrix} 1 & -1 \\ -1 & 1 \end{pmatrix} \begin{pmatrix} \varphi_2 \\ \varphi_3 \end{pmatrix}$$

由节点 1，2，3 的平衡，可得：$T_1 = T_1^1$，$T_2 = T_2^1 + T_2^2$，$T_3 = T_3^2$。

将单元刚度方程中的 T_1^1、T_2^1、T_2^2、T_3^2 代入以上平衡方程，可得整体刚度方程为

$$\begin{pmatrix} T_1 \\ T_2 \\ T_3 \end{pmatrix} = 10^4 \begin{pmatrix} 4.91 & -4.91 & 0 \\ -4.91 & 4.91+1.28 & -1.28 \\ 0 & -1.28 & 1.28 \end{pmatrix} \begin{pmatrix} \varphi_1 \\ \varphi_2 \\ \varphi_3 \end{pmatrix}$$

固定节点 1、3 的位移 $\varphi_1 = \varphi_3 = 0$，且将已知 $T_2 = 6 \times 10^3 \text{N} \cdot \text{m}$ 代入整体刚度方程得

$$\varphi_2 = \frac{6 \times 10^3}{6.19 \times 10^4} = 9.69 \times 10^{-2}\text{rad}$$

代入整体刚度方程得

$$T_1 = -4.91 \times 10^4 \times \varphi_2 = -4.76 \times 10^3 \text{N} \cdot \text{m}$$

$$T_3 = -1.28 \times 10^4 \times \varphi_2 = -1.24 \times 10^3 \text{N} \cdot \text{m}$$

故各杆内的最大切应力

$$\tau_{①\max}=\frac{|T_1|}{W_{t1}}=\frac{4.76\times10^3}{\frac{1}{16}\times3.14\times0.05^3}\text{Pa}=194\text{MPa}$$

$$\tau_{②\max}=\frac{|T_2|}{W_{t2}}=\frac{1.24\times10^3}{\frac{1}{16}\times3.14\times0.06^3\times\left[1-\left(\frac{40}{60}\right)^4\right]}\text{Pa}=36.4\text{MPa}$$

17.9　图 17-2-14 所示简支梁的横截面为圆形，$d=50$mm，材料的 $E=200$GPa。已知 $\theta_1=0.002$rad，$\theta_2=0.001$rad，求端点载荷。

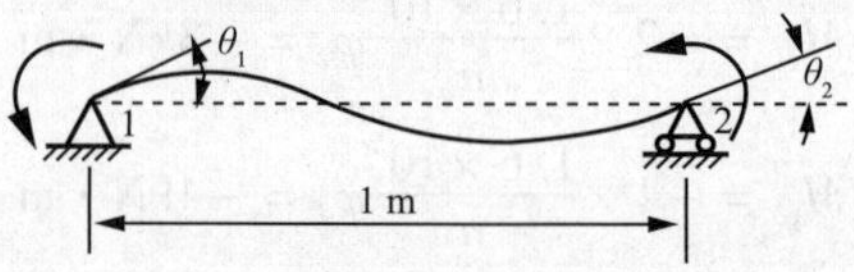

图 17-2-14

解：根据题意：$\frac{EI}{l^3}=\frac{200\times10^9\times\frac{\pi}{64}\times0.05^4}{1^3}\text{N/m}=61.4\times10^3\text{N/m}$。

则单元刚度矩阵为

$$\boldsymbol{k}=61.4\times10^3\begin{pmatrix}12&6&-12&6\\6&4&-6&2\\-12&-6&12&-6\\6&2&-6&4\end{pmatrix}$$

根据梁的支座条件，节点位移为：$\boldsymbol{\delta}=[\omega_1\quad\theta_1\quad\omega_2\quad\theta_2]^T=[0\quad0.002\quad0\quad0.001]^{\mathrm{T}}$。

节点力为：$\boldsymbol{F}=(Y_1\quad M_1\quad Y_2\quad M_2)^{\mathrm{T}}$。

整体刚度方程为

$$\begin{pmatrix}Y_1\\M_1\\Y_2\\M_2\end{pmatrix}=61.4\times10^3\begin{pmatrix}12&6&-12&6\\6&4&-6&2\\-12&-6&12&-6\\6&2&-6&4\end{pmatrix}\begin{pmatrix}0\\0.002\\0\\0.001\end{pmatrix}$$

根据以上方程组解得

$$Y_1=(6\times0.002+6\times0.001)\times61.4\times10^3\text{N}=1.105\times10^3\text{N}$$

$$M_1=(4\times0.002+2\times0.001)\times61.4\times10^3\text{N}\cdot\text{m}=614\text{N}\cdot\text{m}$$

$$Y_2=(-6\times0.002-6\times0.001)\times61.4\times10^3\text{N}=-1.105\times10^3\text{N}$$

$$M_2=(2\times0.002+4\times0.001)\times61.4\times10^3\text{N}\cdot\text{m}=491\text{N}\cdot\text{m}$$

17.10　受弯杆件如图 17-2-15 所示，已知单元①的 $EI=8\text{MN}\cdot\text{m}^2$，单元②的 $EI=16\text{MN}\cdot\text{m}^2$。若 $\boldsymbol{\delta}=(w_1\quad\theta_1\quad w_2\quad\theta_2\quad w_3\quad\theta_3)^{\mathrm{T}}=(0\quad0\quad0.01\quad0\quad0\quad0)^{\mathrm{T}}$，求节点载荷并作弯矩图。

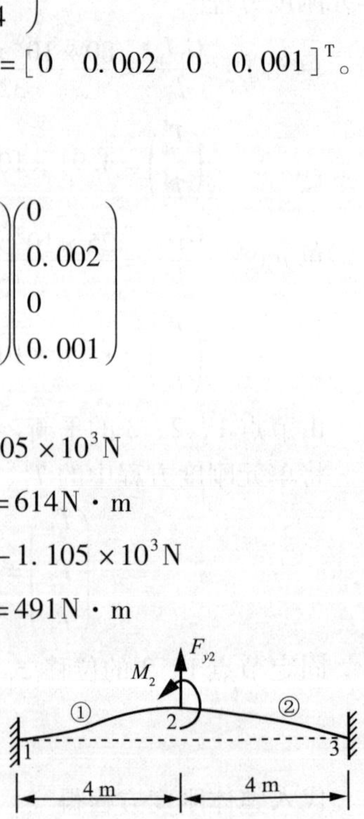

图 17-2-15

解：把梁看作由①、②两个梁单元组成的杆系，分别写出两个单元的单元刚度矩阵。

单元①：$\dfrac{E_1I_1}{l_1^3}=\dfrac{8}{4^3}\times10^6\text{N/m}=0.125\times10^6\text{N/m}$

$$\boldsymbol{k_1}=0.125\times10^6\begin{pmatrix}12 & 24 & -12 & 24\\ 24 & 64 & -24 & 32\\ -12 & -24 & 12 & -24\\ 24 & 32 & -24 & 64\end{pmatrix}$$

单元②：$\dfrac{E_2I_2}{l_2^3}=\dfrac{16}{4^3}\times10^6\text{N/m}=0.25\times10^6\text{N/m}$

$$\boldsymbol{k_2}=0.25\times10^6\begin{pmatrix}12 & 24 & -12 & 24\\ 24 & 64 & -24 & 32\\ -12 & -24 & 12 & -24\\ 24 & 32 & -24 & 64\end{pmatrix}$$

根据梁支座条件，节点位移：$\boldsymbol{\delta}=(0\quad 0\quad 0.01\quad 0\quad 0\quad 0)^{\mathrm{T}}$。

节点力：$\boldsymbol{F}=(Y_1\quad M_1\quad Y_2\quad M_2\quad Y_3\quad M_3)^{\mathrm{T}}$。

则整体刚度矩阵为

$$\begin{pmatrix}Y_1\\ M_1\\ Y_2\\ M_2\\ Y_3\\ M_3\end{pmatrix}=0.125\times10^6\begin{pmatrix}12 & 24 & -12 & 24 & 0 & 0\\ 24 & 64 & -24 & 32 & 0 & 0\\ -12 & -24 & 36 & 24 & -24 & 48\\ 24 & 32 & 24 & 192 & -48 & 64\\ 0 & 0 & -24 & -48 & 24 & -48\\ 0 & 0 & 48 & 64 & -48 & 128\end{pmatrix}\begin{pmatrix}0\\ 0\\ 0.01\\ 0\\ 0\\ 0\end{pmatrix}$$

则各节点载荷

$$Y_1=0.125\times10^6(-12\times0.01)\text{N}=-15\text{kN}$$

$$M_1=0.125\times10^6(-24\times0.01)\text{N}\cdot\text{m}=-30\text{kN}\cdot\text{m}$$

$$Y_2=0.125\times10^6(36\times0.01)\text{N}=45\text{kN}$$

$$M_2=0.125\times10^6(24\times0.01)\text{N}\cdot\text{m}=30\text{kN}\cdot\text{m}$$

$$Y_3=0.125\times10^6(-24\times0.01)\text{N}=-30\text{kN}$$

$$M_3-0.125\times10^6(48\times0.01)\text{N}\cdot\text{m}=60\text{kN}\cdot\text{m}$$

由此可作弯矩图，如图 17-2-16 所示。

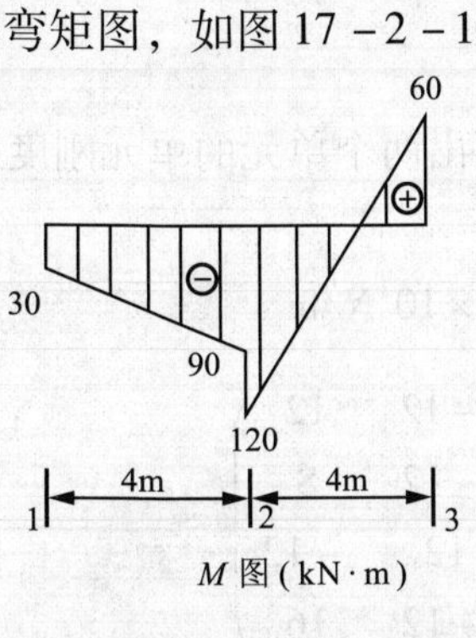

图 17-2-16

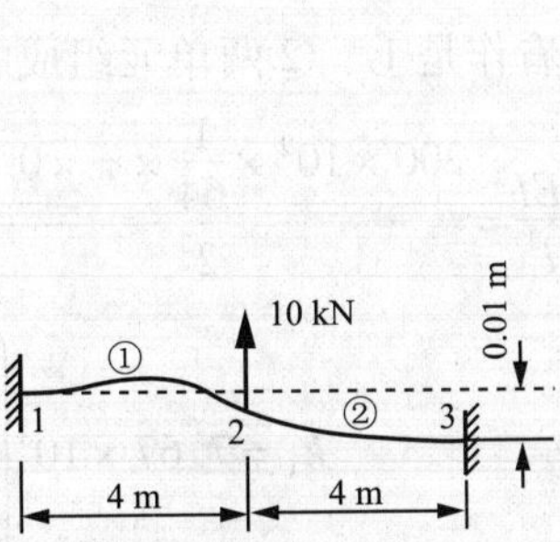

图 17-2-17

17.11　两端固定的梁如图 17-2-17 所示，$EI=8\times10^6\text{N}\cdot\text{m}^2$。试求集中力作用点的

位移和固定端的约束力。

解：把梁看作是①、②两个单元组成的杆系，则有

$$\frac{EI}{l^3}=\frac{8\times10^6}{4^3}\text{N/m}=0.125\times10^6\text{N/m}$$

两单元的刚度矩阵相同，即 $\boldsymbol{k_1}=\boldsymbol{k_2}$

$$\boldsymbol{k_1}=\boldsymbol{k_2}=0.125\times10^6\begin{pmatrix}12 & 24 & -12 & 24\\ 24 & 64 & -24 & 32\\ -12 & -24 & 12 & -24\\ 24 & 32 & -24 & 64\end{pmatrix}$$

根据梁支座条件，节点位移：$\boldsymbol{\delta}=(0\quad 0\quad w_2\quad \theta_2\quad -0.01\quad 0)^{\mathrm{T}}$。

杆系节点载荷为：$\boldsymbol{F}=(Y_1\quad M_1\quad 10\times10^3\quad 0\quad Y_3\quad M_3)^{\mathrm{T}}$。

由单元刚度矩阵 $\boldsymbol{k_1}$、$\boldsymbol{k_2}$ 叠加生成整体刚度矩阵 $\boldsymbol{k}$，并代入整体刚度方程 $\boldsymbol{F}=\boldsymbol{k\delta}$，得

$$\begin{pmatrix}Y_1\\ M_1\\ 10\times10^3\\ 0\\ Y_3\\ M_3\end{pmatrix}=0.125\times10^6\begin{pmatrix}12 & 24 & -12 & 24 & 0 & 0\\ 24 & 64 & -24 & 32 & 0 & 0\\ -12 & -24 & 24 & 0 & -12 & 24\\ 24 & 32 & 0 & 128 & -24 & 32\\ 0 & 0 & -12 & -24 & 12 & -24\\ 0 & 0 & 24 & 32 & -24 & 64\end{pmatrix}\begin{pmatrix}0\\ 0\\ w_2\\ \theta_2\\ -0.01\\ 0\end{pmatrix}$$

由以上方程组的第三式：$10\times10^3=0.125\times10^6\times(24w_2+12\times0.01)$ 得：$w_2=-1.67\text{mm}$。

同理，由以上方程组的第四式可得：$\theta_2=-1.875\times10^{-3}\text{rad}$。

将各值代回整体刚度方程可得各固定端支反力

$$Y_1=-3.125\times10^3\text{N},\ M_1=-2.5\times10^3\text{N}\cdot\text{m}$$

$$Y_3=-6.875\times10^3\text{N},\ M_3=17.5\times10^3\text{N}\cdot\text{m}$$

17.12　图 17-2-18 所示等截面钢梁直径 $d=50$mm，$E=200$GPa。求节点位移和支座约束力，并作弯矩图。

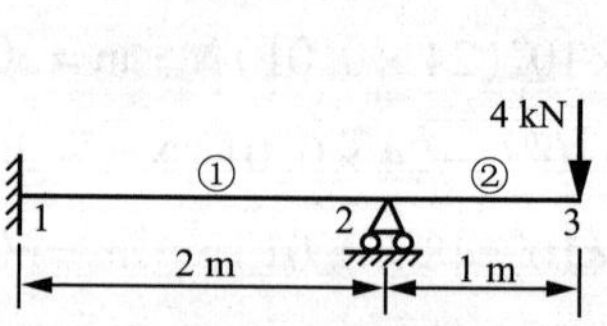

图 17-2-18

解：把梁看作是①、②两单元组成的杆系，分别写出两个单元的单元刚度矩阵。

单元①：$$\frac{EI}{l_1^3}=\frac{200\times10^9\times\frac{1}{64}\times\pi\times0.05^4}{2^3}\text{N/m}=7.67\times10^3\text{N/m}$$

$$\boldsymbol{k_1}=7.67\times10^3\begin{pmatrix}12 & 12 & -12 & 12\\ 12 & 16 & -12 & 8\\ -12 & -12 & 12 & -12\\ 12 & 8 & -12 & 16\end{pmatrix}$$

单元②：$\dfrac{EI}{l_2^3}=\dfrac{200\times10^9\times\dfrac{\pi}{64}\times0.05^4}{1}\text{N/m}=61.4\times10^3\text{N/m}$

$$\boldsymbol{k_2}=7.67\times10^3\begin{pmatrix}96&48&-96&48\\48&32&-48&16\\-96&-48&96&-48\\48&16&-48&32\end{pmatrix}$$

根据梁支座条件，可得节点位移：$\boldsymbol{\delta}=(0\quad0\quad0\quad\theta_2\quad\omega_3\quad\theta_3)^{\mathrm{T}}$。

节点力：$\boldsymbol{F}=(Y_1\quad M_1\quad Y_2\quad 0\quad -4\times10^3\quad 0)^{\mathrm{T}}$。

由①、②的单元刚度矩阵 $\boldsymbol{k_1}$、$\boldsymbol{k_2}$ 叠加生成的整体刚度矩阵 $\boldsymbol{k}$，并代入整体刚度方程 $\boldsymbol{F}=\boldsymbol{k\delta}$ 得

$$\begin{pmatrix}Y_1\\M_1\\Y_2\\0\\-4\times10^3\\0\end{pmatrix}=7.67\times10^3\begin{pmatrix}12&12&-12&12&0&0\\12&16&-12&8&0&0\\-12&-12&108&36&-96&48\\12&8&36&48&-48&16\\0&0&-96&-48&96&-48\\0&0&48&16&-48&32\end{pmatrix}\begin{pmatrix}0\\0\\0\\\theta_2\\w_3\\\theta_3\end{pmatrix}$$

则节点位移

$$\theta_2=-0.0326\text{rad},\ w_3=-54.3\text{mm},\ \theta_3=-0.0625\text{rad}$$

支座反力

$$Y_1=-3\text{kN}(\downarrow),\ M_1=-2\text{kN}\cdot\text{m}(\downarrow),\ Y_2=7\text{kN}(\uparrow)$$

由此可作弯矩图，如图 17-2-19 所示。

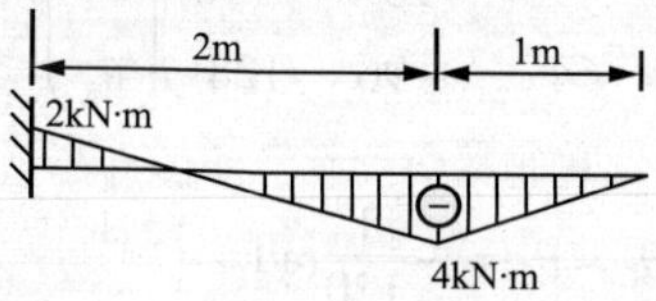

图 17-2-19

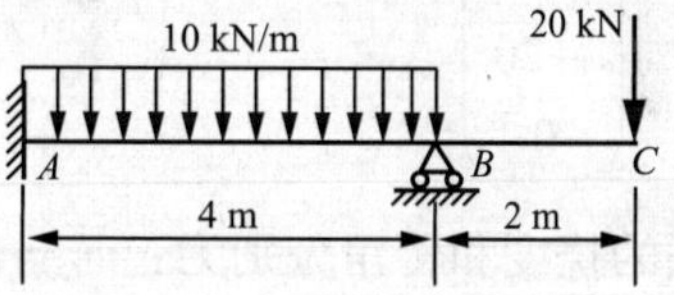

图 17-2-20

17.13 图 17-2-20 所示钢梁 $E=200\text{GPa}$，$I=40\times10^6\text{mm}^4$。求 C 点的挠度和转角。

解：根据教材表 17.1，两端固定承受均布载荷梁的固定端反力和反力矩分别如图 17-2-21(a)所示。由此可得由①、②两单元组成的杆系，如图 17-2-21(b)所示。

则单元①的刚度矩阵

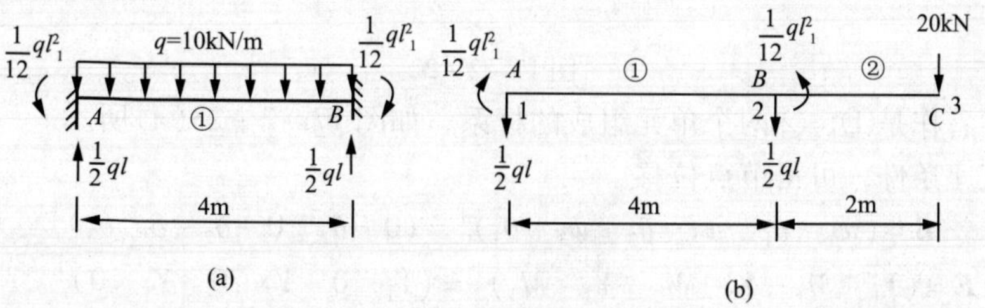

图 17-2-21

$$k_1=\frac{EI}{l_1^3}\begin{pmatrix}12 & 6l_1 & -12 & 6l_1\\ 6l_1 & 4l_1^2 & -6l_1 & 2l_1^2\\ -12 & -6l_1 & 12 & -6l_1\\ 6l_1 & 2l_1^2 & -6l_1 & 4l_1^2\end{pmatrix}=1.25\times10^5\begin{pmatrix}12 & 24 & -12 & 24\\ 24 & 64 & -24 & 32\\ -12 & -24 & 12 & -24\\ 24 & 32 & -24 & 64\end{pmatrix}$$

单元②的刚度矩阵

$$k_2=\frac{EI}{l_2^3}\begin{pmatrix}12 & 6l_2 & -12 & 6l_2\\ 6l_2 & 4l_2^2 & -6l_2 & 2l_2^2\\ -12 & -6l_2 & 12 & -6l_2\\ 6l_2 & 2l_2^2 & -6l_2 & 4l_2^2\end{pmatrix}=1\times10^6\begin{pmatrix}12 & 12 & -12 & 12\\ 12 & 16 & -12 & 8\\ -12 & -12 & 12 & -12\\ 12 & 8 & -12 & 16\end{pmatrix}$$

根据梁支座条件，可得各节点位移：$w_1=0$，$\theta_1=0$，$w_2=0$。

节点力

$$M_1=\frac{1}{12}ql_1^2=\frac{1}{12}\times10\times4^2\text{kN}\cdot\text{m}=\frac{40}{3}\text{kN}\cdot\text{m}=-M_2(\uparrow)$$

$$Y_1=Y_2=\frac{1}{2}ql=20\text{kN}(\uparrow)$$

由单元①、②的单元刚度矩阵叠加生成整体刚度 $\boldsymbol{k}$，并代入整体刚度方程 $\boldsymbol{F}=\boldsymbol{k\delta}$，得

$$\begin{pmatrix}20\\ \frac{40}{3}\\ 20\\ -\frac{40}{3}\\ -20\\ 0\end{pmatrix}=1.25\times10^5\begin{pmatrix}12 & 24 & -12 & 24 & 0 & 0\\ 24 & 64 & -24 & 32 & 0 & 0\\ -12 & -24 & 108 & 72 & -96 & 96\\ 24 & 32 & 72 & 192 & -96 & 64\\ 0 & 0 & -96 & -96 & 96 & -96\\ 0 & 0 & 96 & 64 & -96 & 128\end{pmatrix}\begin{pmatrix}0\\ 0\\ 0\\ \theta_2\\ w_3\\ \theta_3\end{pmatrix}$$

则 C 点的挠度和转角分别为：$w_C=w_3=-\frac{1}{75}\text{m}$，$\theta_C=\theta_3=-\frac{1}{120}\text{rad}$。

17.14　图 17-2-22 所示连续梁的右端支座 C 比 A、B 两支座高 $\boldsymbol{\delta}$。若 EI 为已知，试作梁的弯矩图。

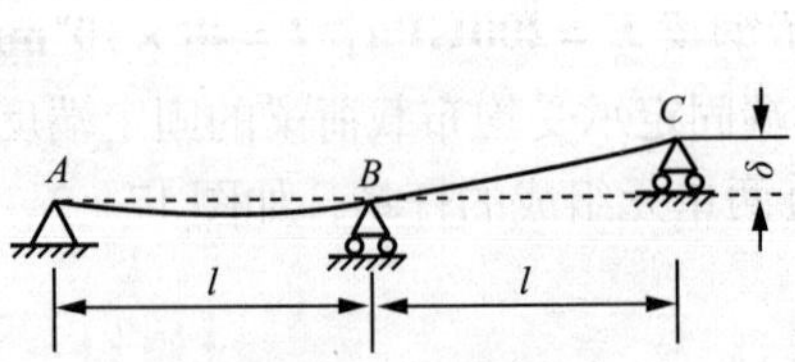

图 17-2-22

解： 把梁看作是①、②两个单元组成的杆系，如图 17-2-23(a)所示。

根据梁支座条件，可得节点位移

$$\boldsymbol{\delta}=(w_1\quad\theta_1\quad w_2\quad\theta_2\quad w_3\quad\theta_3)^{\mathrm{T}}=(0\quad\theta_1\quad0\quad\theta_2\quad\delta\quad\theta_3)^{\mathrm{T}}$$

节点力：$\boldsymbol{F}=(Y_1\quad M_1\quad Y_2\quad M_2\quad Y_3\quad M_3)^{\mathrm{T}}=(Y_1\quad0\quad Y_2\quad0\quad Y_3\quad0)^{\mathrm{T}}$。

单元①、②的单元刚度矩阵相同，即

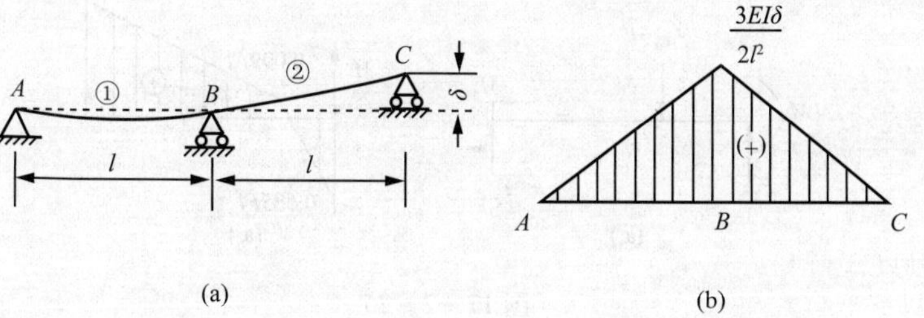

图 17 - 2 - 23

$$\boldsymbol{k_1}=\boldsymbol{k_2}=\frac{EI}{l^3}\begin{pmatrix}12 & 6l & -12 & 6l\\ 6l & 4l^2 & -6l & 2l^2\\ -12 & -6l & 12 & -6l\\ 6l & 2l^2 & -6l & 4l^2\end{pmatrix}$$

由单元①、②的单元刚度矩阵叠加生成整体刚度 $\boldsymbol{k}$，并代入整体刚度方程 $\boldsymbol{F}=\boldsymbol{k\delta}$，得

$$\begin{pmatrix}Y_1\\0\\Y_2\\0\\Y_3\\0\end{pmatrix}=\frac{EI}{l^3}\begin{pmatrix}12 & 6l & -12 & 6l & 0 & 0\\ 6l & 4l^2 & -6l & 2l^2 & 0 & 0\\ -12 & -6l & 24 & 0 & -12 & 6l\\ 6l & 2l^2 & 0 & 8l^2 & -6l & 2l^2\\ 0 & 0 & -12 & -6l & 12 & -6l\\ 0 & 0 & 6l & 2l^2 & -6l & 4l^2\end{pmatrix}\begin{pmatrix}0\\ \theta_1\\ 0\\ \theta_2\\ \delta\\ \theta_3\end{pmatrix}$$

解得节点位移：$\theta_1=-\dfrac{\delta}{4l}$，$\theta_2=\dfrac{\delta}{2l}$，$\theta_3=\dfrac{5\delta}{4l}$。

节点力：$Y_1=\dfrac{3EI}{2l^3}\delta$，$Y_2=-\dfrac{3EI}{l^3}\delta$，$Y_3=\dfrac{3EI}{2l^3}\delta$。

由此可作梁的弯矩图，如图 17 - 2 - 23(b)所示。

梁中最大弯矩发生在 B 截面，值为：$Y_1\times l=\dfrac{3EI}{2l^3}\delta\times l=\dfrac{3EI\delta}{2l^2}$。

17.15　设图 17 - 2 - 24 所示各梁的 EI 已知，试求各支座约束力并作弯矩图。

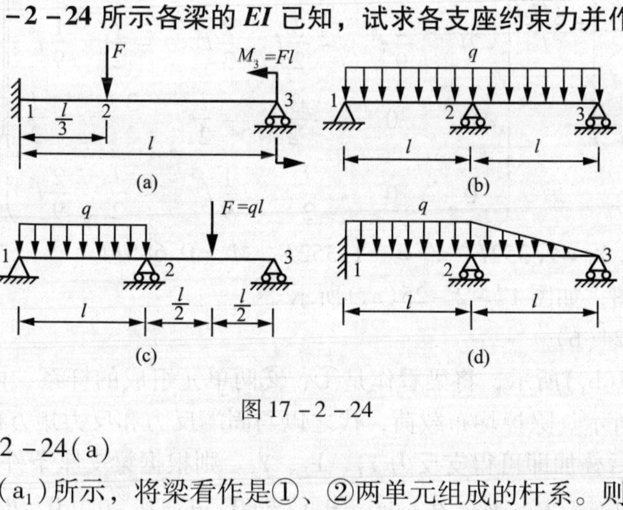

图 17 - 2 - 24

解：(a)图 17 - 2 - 24(a)

如图 17 - 2 - 25(a_1)所示，将梁看作是①、②两单元组成的杆系。则根据梁支座条件：

节点位移：$\boldsymbol{\delta}=(w_1\quad \theta_1\quad w_2\quad \theta_2\quad w_3\quad \theta_3)^{\mathrm{T}}=(0\quad 0\quad w_2\quad \theta_2\quad 0\quad \theta_3)^{\mathrm{T}}$；

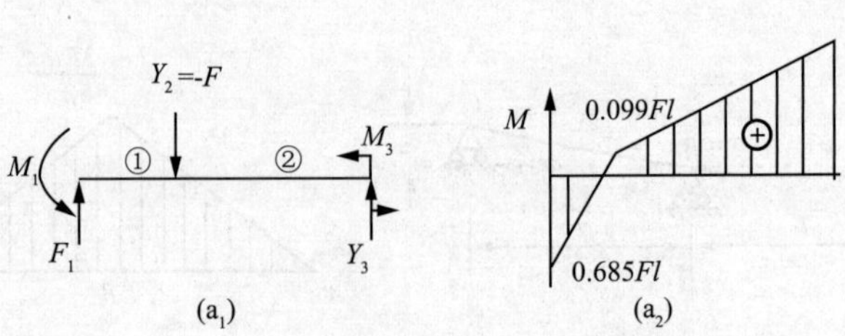

图 17-2-25

节点力：$\boldsymbol{F}=(Y_1\quad M_1\quad Y_2\quad M_2\quad Y_3\quad M_3)^{\mathrm{T}}=(Y_1\quad M_1\quad -F\quad 0\quad Y_3\quad Fl)^{\mathrm{T}}$；

单元①的刚度矩阵：$\boldsymbol{k_1}=\dfrac{27EI}{l^3}\begin{pmatrix}12 & 2l & -12 & 2l\\ 2l & \dfrac{4}{9}l^2 & -2l & \dfrac{2}{9}l^2\\ -12 & -2l & 12 & -2l\\ 2l & \dfrac{2}{9}l^2 & -2l & \dfrac{4}{9}l^2\end{pmatrix}$；

单元②的刚度矩阵：$\boldsymbol{k_2}=\dfrac{27EI}{l^3}\begin{pmatrix}\dfrac{3}{2} & \dfrac{l}{2} & -\dfrac{3}{2} & \dfrac{l}{2}\\ \dfrac{l}{2} & \dfrac{2}{9}l^2 & -\dfrac{l}{2} & \dfrac{1}{9}l^2\\ -\dfrac{3}{2} & -\dfrac{l}{2} & \dfrac{3}{2} & -\dfrac{l}{2}\\ \dfrac{l}{2} & \dfrac{1}{9}l^2 & -\dfrac{l}{2} & \dfrac{2}{9}l^2\end{pmatrix}$。

由单元①、②的单元刚度矩阵叠加生成整体刚度 $\boldsymbol{k}$，并代入整体刚度方程 $\boldsymbol{F}=\boldsymbol{k\delta}$，得

$$\begin{pmatrix}Y_1\\ M_1\\ -F\\ 0\\ Y_3\\ Fl\end{pmatrix}=\frac{27EI}{l^3}\begin{pmatrix}12 & 2l & -12 & 2l & 0 & 0\\ 2l & \dfrac{4}{9}l^2 & -2l & \dfrac{2}{9}l^2 & 0 & 0\\ -12 & -2l & \dfrac{27}{2} & -\dfrac{3}{2}l & -\dfrac{3}{2} & \dfrac{l}{2}\\ 2l & \dfrac{2}{9}l^2 & -\dfrac{3}{2}l & \dfrac{2}{3}l^2 & -\dfrac{l}{2} & \dfrac{1}{9}l^2\\ 0 & 0 & -\dfrac{3}{2} & -\dfrac{l}{2} & \dfrac{3}{2} & -\dfrac{l}{2}\\ 0 & 0 & \dfrac{l}{2} & \dfrac{1}{9}l^2 & -\dfrac{l}{2} & \dfrac{2}{9}l^2\end{pmatrix}\begin{pmatrix}0\\ 0\\ w_2\\ \theta_2\\ 0\\ \theta_3\end{pmatrix}$$

解得支座反力：$Y_1=2.352F$，$Y_3=-1.352F$，$M_1=0.685Fl$。

由此可作弯矩图，如图 17-2-25(a_2)所示。

(b)图 17-2-24(b)

如图 17-2-25(b_1)所示，将梁看作是①、②两单元组成的杆系，两单元相同，其相应的两端固定梁如图所示。除掉均布载荷，代之以与固端反力和反力矩方向相反的节点力 F_{Yi}、M_i，求得 F_{Yi}、M_i 后叠加即可得支反力 Y_1、Y_2、Y_3。则根据梁支座条件：

节点位移：$\boldsymbol{\delta}=(w_1\quad \theta_1\quad w_2\quad \theta_2\quad w_3\quad \theta_3)^{\mathrm{T}}=(0\quad \theta_1\quad 0\quad \theta_2\quad 0\quad \theta_3)^{\mathrm{T}}$；

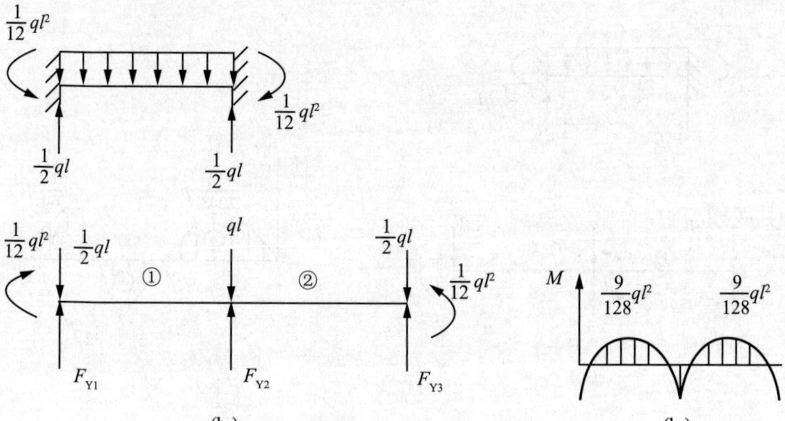

(b$_1$)　　(b$_2$)

图 17 - 2 - 25

节点力：$\boldsymbol{F}=(F_{Y1}\quad M_1\quad F_{Y2}\quad M_2\quad F_{Y3}\quad M_3)^{T}=\left(F_{Y1}\quad -\dfrac{1}{12}ql^2\quad F_{Y2}\quad 0\quad F_{Y3}\quad \dfrac{1}{12}ql^2\right)^{T}$；

单元①和单元②的刚度矩阵相同：$\boldsymbol{k_1}=\boldsymbol{k_2}=\dfrac{EI}{l^3}\begin{pmatrix}12 & 6l & -12 & 6l\\ 6l & 4l^2 & -6l & 2l^2\\ -12 & -6l & 12 & -6l\\ 6l & 2l^2 & -6l & 4l^2\end{pmatrix}$。

由单元①、②的单元刚度矩阵叠加生成整体刚度 $\boldsymbol{k}$，并代入整体刚度方程 $\boldsymbol{F}=\boldsymbol{k\delta}$，得

$$\begin{pmatrix}F_{Y1}\\ -\dfrac{1}{12}ql^2\\ F_{Y2}\\ 0\\ F_{Y3}\\ \dfrac{1}{12}ql^2\end{pmatrix}=\frac{EI}{l^3}\begin{pmatrix}12 & 6l & -12 & 6l & 0 & 0\\ 6l & 4l^2 & -6l & 2l^2 & 0 & 0\\ -12 & -6l & 24 & 0 & -12 & 6l\\ 6l & 2l^2 & 0 & 8l^2 & -6l & 2l^2\\ 0 & 0 & -12 & -6l & 12 & -6l\\ 0 & 0 & 6l & 2l^2 & -6l & 4l^2\end{pmatrix}\begin{pmatrix}0\\ \theta_1\\ 0\\ \theta_2\\ 0\\ \theta_3\end{pmatrix}$$

解得：$F_{Y1}=-\dfrac{1}{8}ql$，$F_{Y2}=\dfrac{1}{4}ql$，$F_{Y3}=-\dfrac{1}{8}ql$。

叠加得到支座反力：$Y_1=Y_3=\dfrac{3ql}{8}(\uparrow)$，$Y_2=\dfrac{5}{4}ql(\uparrow)$。

由此可作梁的弯矩图，如图 17 - 2 - 25(b$_2$)所示。

(c)图 17 - 2 - 24(c)所示

如图 17 - 2 - 25(c$_1$)所示，将梁看作是①、②两单元组成的杆系，与两单元相应的两端固定梁如图所示。除掉均布载荷和中间力 F，代之以与固端反力和反力矩方向相反的节点力 F_{Yi}、M_i，求得 F_{Yi}、M_i 后叠加即可得支反力 Y_1、Y_2、Y_3。则根据梁支座条件：

节点位移：$\boldsymbol{\delta}=(w_1\quad \theta_1\quad w_2\quad \theta_2\quad w_3\quad \theta_3)^{T}=(0\quad \theta_1\quad 0\quad \theta_2\quad 0\quad \theta_3)^{T}$；

节点力：$\boldsymbol{F}=(F_{Y1}\quad M_1\quad F_{Y2}\quad M_2\quad F_{Y3}\quad M_3)^{T}=\left(F_{Y1}\quad -\dfrac{1}{12}ql^2\quad F_{Y2}\quad \left(\dfrac{1}{12}ql^2-\dfrac{1}{8}Fl\right)\quad F_{Y3}\quad \dfrac{1}{8}Fl\right)^{T}$；

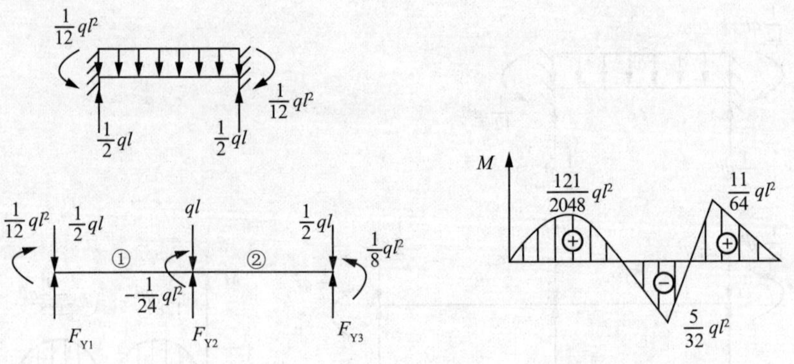

(c$_1$)　　　　(c$_2$)

图 17－2－25

单元①和单元②的刚度矩阵相同：$\boldsymbol{k_1}=\boldsymbol{k_2}=\dfrac{EI}{l^3}\begin{pmatrix}12 & 6l & -12 & 6l\\ 6l & 4l^2 & -6l & 2l^2\\ -12 & -6l & 12 & -6l\\ 6l & 2l^2 & -6l & 4l^2\end{pmatrix}$。

由单元①、②的单元刚度矩阵叠加生成整体刚度 $\boldsymbol{k}$，并代入整体刚度方程 $\boldsymbol{F}=\boldsymbol{k\delta}$，得

$$\begin{pmatrix}F_{Y1}\\ -\dfrac{1}{12}ql^2\\ F_{Y2}\\ -\dfrac{1}{24}ql^2\\ F_{Y3}\\ \dfrac{1}{8}ql^2\end{pmatrix}=\frac{EI}{l^3}\begin{pmatrix}12 & 6l & -12 & 6l & 0 & 0\\ 6l & 4l^2 & -6l & 2l^2 & 0 & 0\\ -12 & -6l & 24 & 0 & -12 & 6l\\ 6l & 2l^2 & 0 & 8l^2 & -6l & 2l^2\\ 0 & 0 & -12 & -6l & 12 & -6l\\ 0 & 0 & 6l & 2l^2 & -6l & 4l^2\end{pmatrix}\begin{pmatrix}0\\ \theta_1\\ 0\\ \theta_2\\ 0\\ \theta_3\end{pmatrix}$$

由以上方程组解得 F_{Y1}、F_{Y2}、F_{Y3}后，叠加可得支座反力

$$Y_1=Y_3=\frac{11}{32}ql(\uparrow),\ Y_2=\frac{21}{16}ql(\uparrow)$$

由此可作弯矩图，如图 17－2－25(c$_2$)所示。

(d)如图 17－2－24(d)所示

如图 17－2－25(d$_1$)所示，将梁看作是①、②两单元组成的杆系，与两单元相应的两端固定梁如图所示。除掉分布载荷，代之以与固端反力和反力矩方向相反的节点力 F_{Yi}、M，求得 F_{Yi}、M 后叠加即可得支反力 Y_1、Y_2、Y_3、M_1。则根据梁支座条件：

节点位移：$\boldsymbol{\delta}=(w_1\quad \theta_1\quad w_2\quad \theta_2\quad w_3\quad \theta_3)^{\mathrm{T}}=(0\quad 0\quad 0\quad \theta_2\quad 0\quad \theta_3)^{\mathrm{T}}$；

节点力：$\boldsymbol{F}=(F_{Y1}\quad M_1\quad F_{Y2}\quad M_2\quad F_{Y3}\quad M_3)^{\mathrm{T}}=\left(F_{Y1}\quad -\dfrac{1}{12}ql^2\quad F_{Y2}\quad \dfrac{1}{30}ql^2\quad F_{Y3}\quad \dfrac{1}{30}ql^2\right)^{\mathrm{T}}$；

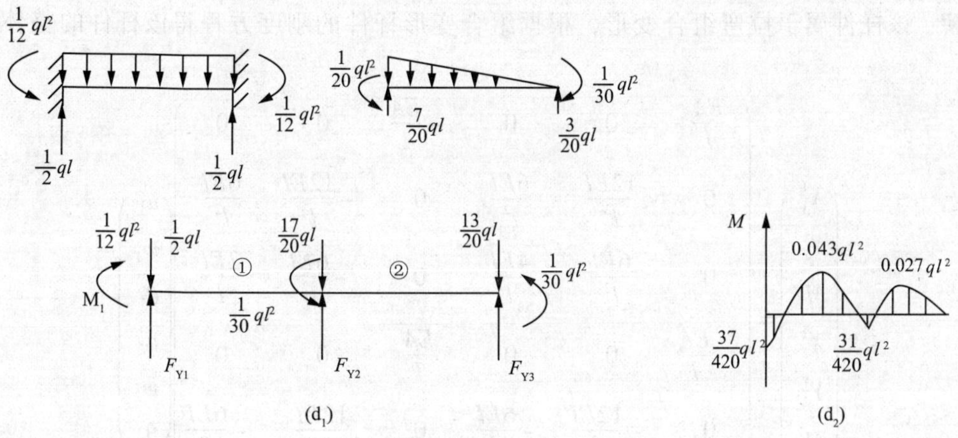

图 17－2－25

单元①和单元②的刚度矩阵相同：$\boldsymbol{k}_1=\boldsymbol{k}_2=\dfrac{EI}{l^3}\begin{pmatrix}12 & 6l & -12 & 6l\\ 6l & 4l^2 & -6l & 2l^2\\ -12 & -6l & 12 & -6l\\ 6l & 2l^2 & -6l & 4l^2\end{pmatrix}$。

由单元①、②的单元刚度矩阵叠加生成整体刚度 $\boldsymbol{k}$，并代入整体刚度方程 $\boldsymbol{F}=\boldsymbol{k\delta}$，得

$$\begin{pmatrix}F_{Y1}\\ -\dfrac{1}{12}ql^2\\ F_{Y2}\\ \dfrac{1}{30}ql^2\\ F_{Y3}\\ \dfrac{1}{30}ql^2\end{pmatrix}=\frac{EI}{l^3}\begin{pmatrix}12 & 6l & -12 & 6l & 0 & 0\\ 6l & 4l^2 & -6l & 2l^2 & 0 & 0\\ -12 & -6l & 24 & 0 & -12 & 6l\\ 6l & 2l^2 & 0 & 8l^2 & -6l & 2l^2\\ 0 & 0 & -12 & -6l & 12 & -6l\\ 0 & 0 & 6l & 2l^2 & -6l & 4l^2\end{pmatrix}\begin{pmatrix}0\\0\\0\\ \theta_2\\0\\ \theta_3\end{pmatrix}$$

由以上方程组解得 F_{Y1}、F_{Y2}、F_{Y3}、M_1 后，叠加可得支座反力

$$Y_1=\frac{18}{35}ql(\uparrow),\ M_1=\frac{37}{420}ql^2(\text{逆时针}),\ Y_2=\frac{25}{28}ql(\uparrow),\ Y_3=\frac{13}{140}ql(\uparrow)$$

由此绘制该梁的弯矩图如图 17－2－25(d_2)所示。

17.16　图 17－2－26 所示简支工字形截面梁受偏心拉力作用，横截面的尺寸如右图所示。若 $e=10$mm，$E=210$GPa，试求端点位移。

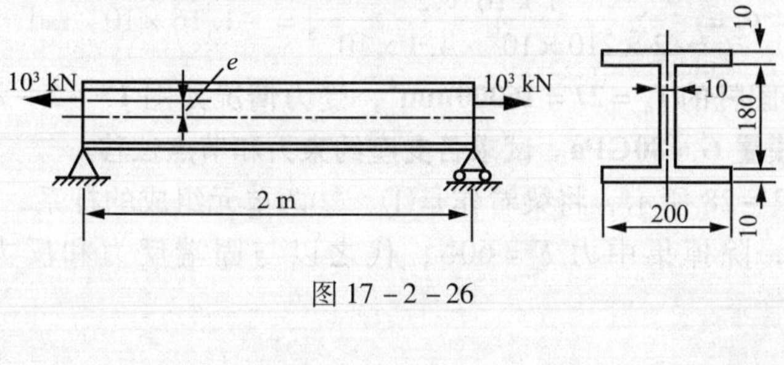

图 17－2－26

解：该杆件属于拉弯组合变形，根据组合变形杆件的刚度方程得该杆件的整体刚度方程

$$\begin{pmatrix} X_1^1 \\ Y_1^1 \\ M_1^1 \\ X_2^1 \\ Y_2^1 \\ M_2^1 \end{pmatrix} = \begin{pmatrix} \frac{EA}{l} & 0 & 0 & -\frac{EA}{l} & 0 & 0 \\ 0 & \frac{12EI}{l^3} & \frac{6EI}{l^2} & 0 & -\frac{12EI}{l^3} & \frac{6EI}{l^2} \\ 0 & \frac{6EI}{l^2} & \frac{4EI}{l} & 0 & -\frac{6EI}{l^2} & \frac{2EI}{l} \\ -\frac{EA}{l} & 0 & 0 & \frac{EA}{l} & 0 & 0 \\ 0 & -\frac{12EI}{l^3} & -\frac{6EI}{l^2} & 0 & \frac{12EI}{l^3} & -\frac{6EI}{l^2} \\ 0 & \frac{6EI}{l^2} & \frac{2EI}{l} & 0 & -\frac{6EI}{l^2} & \frac{4EI}{l} \end{pmatrix} \begin{pmatrix} u_1 \\ w_1 \\ \theta_1 \\ u_2 \\ w_2 \\ \theta_2 \end{pmatrix}$$

根据梁支座条件可得节点位移：$u_1=0$，$w_1=0$，$w_2=0$。

节点力即轴力与弯矩：$X_1^1=-10^3\text{kN}$，$M_1^1=10^3\times10\times10^{-3}\text{kN}\cdot\text{m}=10\text{kN}\cdot\text{m}$，$Y_1^1=Y_2^1=0$，$X_2^1=10^3\text{kN}$，$M_2^1=-10\text{kN}\cdot\text{m}$。

又该梁的横截面参数

$$I=\left\{2\times\left[\frac{1}{12}\times200\times10^3+200\times10\times\left(\frac{180}{2}+\frac{10}{2}\right)^2\right]+\frac{1}{12}\times10\times180^3\right\}\times10^{-12}\text{m}^4=4.1\times10^{-5}\text{m}^4$$

$$A=(2\times200\times10+180\times10)\times10^{-6}\text{m}^2=5.8\times10^{-3}\text{m}^2$$

根据刚度矩阵，可得：

第一行确定的方程为 $X_1^1=-\frac{EA}{l}u_2$；

第二行确定的方程为 $Y_1^1=\frac{6EI}{l^2}\theta_1+\frac{6EI}{l^2}\theta_2$，得 $\theta_1=-\theta_2$；

第三行确定的方程为 $M_1^1=\frac{4EI}{l}\theta_1+\frac{2EI}{l}\theta_2$。

解方程可得节点位移

$$u_2=\frac{10^6\times2}{210\times10^9\times5.8\times10^{-3}}=1.64\text{mm}$$

$$\theta_1=\frac{1\times10^4\times2}{2\times210\times10^9\times4.1\times10^{-5}}=1.16\times10^{-3}\text{rad}$$

$$\theta_2=-\frac{1\times10^4\times2}{2\times210\times10^9\times4.1\times10^{-5}}=-1.16\times10^{-3}\text{rad}$$

17.17　等截面圆杆的 $I_p=2I=16000\text{mm}^4$，受力情况如图 17-2-27 所示，弹性模量 $E=200\text{GPa}$，切变模量 $G=80\text{GPa}$。试求各支座约束力和节点位移。

解：如图 17-2-28 所示，将梁看作是①、②两单元组成的杆系，与单元②相应的两端固定梁如图所示，除掉集中力 $F=60\text{N}$，代之以与固端反力和反力矩方向相反的节点力。

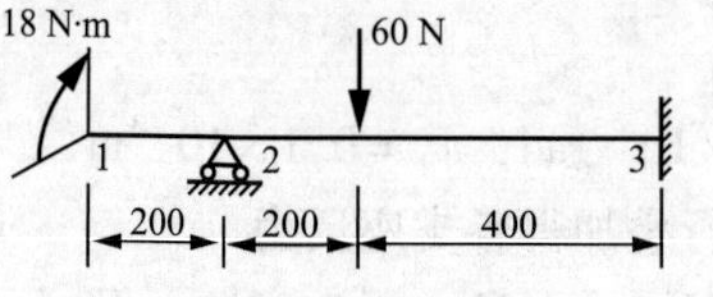

图 17－2－27

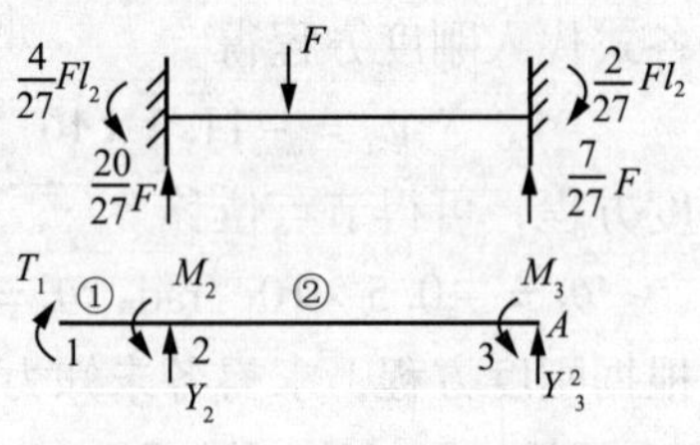

图 17－2－28

在弯扭组合作用下，单元①的刚度方程

$$\begin{pmatrix} Y_1^1 \\ T_1^1 \\ M_1^1 \\ Y_2^1 \\ T_2^1 \\ M_2^1 \end{pmatrix} = \begin{pmatrix} \frac{12EI}{l_1^3} & 0 & \frac{6EI}{l_1^2} & -\frac{12EI}{l_1^3} & 0 & \frac{6EI}{l_1^2} \\ 0 & \frac{GI_p}{l_1} & 0 & 0 & -\frac{GI_p}{l_1} & 0 \\ \frac{6EI}{l_1^2} & 0 & \frac{4EA}{l_1} & -\frac{6EI}{l_1^2} & 0 & \frac{2EI}{l_1} \\ -\frac{12EI}{l_1^3} & 0 & -\frac{6EI}{l_1^2} & \frac{12EI}{l_1^3} & 0 & -\frac{6EI}{l_1^2} \\ 0 & -\frac{GI_P}{l_1} & 0 & 0 & \frac{GI_P}{l_1} & 0 \\ \frac{6EI}{l_1^2} & 0 & \frac{2EI}{l_1} & -\frac{6EI}{l_1^2} & 0 & \frac{4EI}{l_1} \end{pmatrix} \begin{pmatrix} w_1 \\ \varphi_1 \\ \theta_1 \\ w_2 \\ \varphi_2 \\ \theta_2 \end{pmatrix}$$

单元②的刚度方程

$$\begin{pmatrix} Y_2^2 \\ T_2^2 \\ M_2^2 \\ Y_3^2 \\ T_3^2 \\ M_3^2 \end{pmatrix} = \begin{pmatrix} \frac{12EI}{l_2^3} & 0 & \frac{6EI}{l_2^2} & -\frac{12EI}{l_2^3} & 0 & \frac{6EI}{l_2^2} \\ 0 & \frac{GI_p}{l_2} & 0 & 0 & -\frac{GI_p}{l_2} & 0 \\ \frac{6EI}{l_2^2} & 0 & \frac{4EA}{l_2} & -\frac{6EI}{l_2^2} & 0 & \frac{2EI}{l_2} \\ -\frac{12EI}{l_2^3} & 0 & -\frac{6EI}{l_2^2} & \frac{12EI}{l_2^3} & 0 & -\frac{6EI}{l_2^2} \\ 0 & -\frac{GI_P}{l_2} & 0 & 0 & \frac{GI_P}{l_2} & 0 \\ -\frac{6EI}{l_2^2} & 0 & \frac{2EI}{l_2} & -\frac{6EI}{l_2^2} & 0 & \frac{4EI}{l_2} \end{pmatrix} \begin{pmatrix} w_2 \\ \varphi_2 \\ \theta_2 \\ w_3 \\ \varphi_3 \\ \theta_3 \end{pmatrix}$$

根据梁的支座条件，可得：$w_2 = w_3 = 0$，$\theta_3 = \varphi_3 = 0$。

已知节点力：$Y_1^1 = 0$，$M_1^1 = 0$，$T_1^1 = -18\text{N}\cdot\text{m}$；

$$T_1 = -18\text{N}\cdot\text{m},\ T_2 = 0,\ M_2^1 = 0,\ T_2 = 0,\ M_2 = -\frac{4}{27}Fl。$$

又根据平衡条件知：$\sum M_1 = 0, M_2 + M_3 - Y_2^2 l_2 = 0$；

$$T_1 = T_1^1,\ T_2 = T_2^1 + T_2^2,\ T_3 = T_3^2,\ T_1^1 = T_3^2。$$

将以上各式代入刚度方程得

$$\varphi_1 = -11.3 \times 10^{-3}\text{rad},\ \varphi_2 = -8.44 \times 10^{-3}\text{rad}$$

代回刚度方程，可得节点位移

$$\theta_1 = -0.5 \times 10^{-3}\text{rad},\ \theta_2 = -0.5 \times 10^{-3}\text{rad},\ w_1 = 0.1 \times 10^{-3}\text{m}$$

由此可根据刚度方程，求得各未知力，并进行叠加得各支座反力

$$Y_2 = 31.1\text{N},\ Y_3 = 28.9\text{N},\ T_3 = 18\text{N}\cdot\text{m},\ M_3 = -5.33\text{N}\cdot\text{m}$$

17.18　图 17－2－29 所示桁架各杆件横截面面积均为 800mm²，且均为钢杆，E = 210GPa。试求桁架各杆件的内力和各节点的位移。

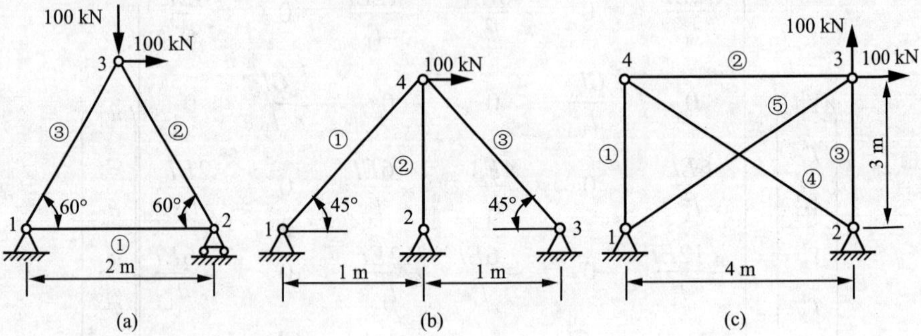

图 17－2－29

解：(a)图 17－2－29(a)所示

建立如图 17－2－30 所示坐标系。

首先写出各单元的单元刚度矩阵。

对于各杆均有：$\dfrac{EA}{l} = \dfrac{210 \times 10^9 \times 800 \times 10^{-6}}{2}\text{N/m} = 84 \times 10^6\text{N/m}$。

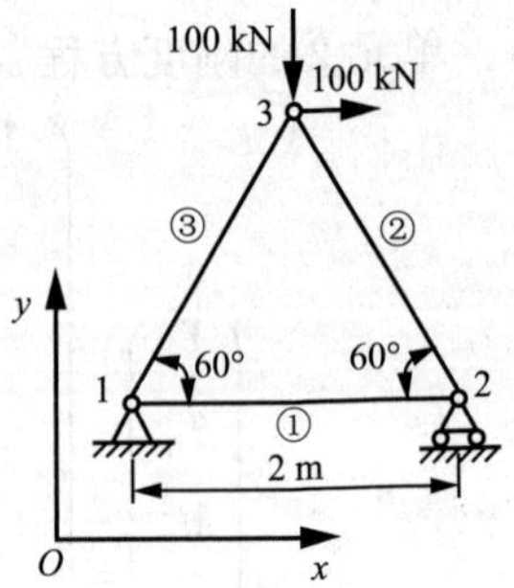

图 17－2－30

单元①，$\theta = 0°$，根据公式得整体坐标系中的单元刚度矩阵

$$\boldsymbol{k}_1 = 84 \times 10^6 \begin{pmatrix} 1 & 0 & -1 & 0 \\ 0 & 0 & 0 & 0 \\ -1 & 0 & 1 & 0 \\ 0 & 0 & 0 & 0 \end{pmatrix}$$

单元②，$\theta = 120°$，根据公式得整体坐标系中的单元刚度矩阵

$$\boldsymbol{k}_2 = 84 \times 10^6 \begin{pmatrix} \frac{1}{4} & -\frac{\sqrt{3}}{4} & -\frac{1}{4} & \frac{\sqrt{3}}{4} \\ -\frac{\sqrt{3}}{4} & \frac{3}{4} & \frac{\sqrt{3}}{4} & -\frac{3}{4} \\ -\frac{1}{4} & \frac{\sqrt{3}}{4} & \frac{1}{4} & -\frac{\sqrt{3}}{4} \\ \frac{\sqrt{3}}{4} & -\frac{3}{4} & -\frac{\sqrt{3}}{4} & \frac{3}{4} \end{pmatrix}$$

单元③，$\theta = 60°$，根据公式得整体坐标系中的单元刚度矩阵

$$\boldsymbol{k}_3 = 84 \times 10^6 \begin{pmatrix} \frac{1}{4} & \frac{\sqrt{3}}{4} & -\frac{1}{4} & -\frac{\sqrt{3}}{4} \\ \frac{\sqrt{3}}{4} & \frac{3}{4} & -\frac{\sqrt{3}}{4} & -\frac{3}{4} \\ -\frac{1}{4} & -\frac{\sqrt{3}}{4} & \frac{1}{4} & \frac{\sqrt{3}}{4} \\ -\frac{\sqrt{3}}{4} & -\frac{3}{4} & \frac{\sqrt{3}}{4} & \frac{3}{4} \end{pmatrix}$$

由此可列出整体刚度方程为

$$\begin{pmatrix} F_{X1} \\ F_{Y1} \\ F_{X2} \\ F_{Y2} \\ F_{X3} \\ F_{Y3} \end{pmatrix} = 84 \times 10^6 \begin{pmatrix} \frac{5}{4} & \frac{\sqrt{3}}{4} & -1 & 0 & -\frac{1}{4} & -\frac{\sqrt{3}}{4} \\ \frac{\sqrt{3}}{4} & \frac{3}{4} & 0 & 0 & -\frac{\sqrt{3}}{4} & -\frac{3}{4} \\ -1 & 0 & \frac{5}{4} & -\frac{\sqrt{3}}{4} & -\frac{1}{4} & \frac{\sqrt{3}}{4} \\ 0 & 0 & -\frac{\sqrt{3}}{4} & \frac{3}{4} & \frac{\sqrt{3}}{4} & -\frac{3}{4} \\ -\frac{1}{4} & -\frac{\sqrt{3}}{4} & -\frac{1}{4} & \frac{\sqrt{3}}{4} & \frac{1}{2} & 0 \\ -\frac{\sqrt{3}}{4} & -\frac{3}{4} & \frac{\sqrt{3}}{4} & -\frac{3}{4} & 0 & \frac{3}{2} \end{pmatrix} \begin{pmatrix} u_1 \\ w_1 \\ u_2 \\ w_2 \\ u_3 \\ w_3 \end{pmatrix}$$

由桁架的支座条件知：$u_1 = w_1 = w_2 = 0$。

又已知节点 3 载荷：$F_{X3} = 100\text{kN}$，$F_{Y3} = -100\text{kN}$，$F_{X2} = 0$。

代入整体刚度矩阵可得：$u_2 = 0.938\text{mm}$，$u_3 = 2.85\text{mm}$，$w_3 = -1.06\text{mm}$。

即节点位移：$(u_1 \quad w_1 \quad u_2 \quad w_2 \quad u_3 \quad w_3)^{\mathrm{T}} = (0 \quad 0 \quad 0.938 \quad 0 \quad 2.85 \quad -1.06)^{\mathrm{T}}$。

将以上求得的各点位移代回刚度方程，可得节点载荷

$(F_{X1} \quad F_{Y1} \quad F_{X2} \quad F_{Y2} \quad F_{X3} \quad F_{Y3})^{\mathrm{T}} = (-100 \quad -36.8 \quad 0 \quad 136.8 \quad 100 \quad -100)^{\mathrm{T}}$

即为各支座反力。

由此，经坐标转化，可求得各杆内力：$\overline{\boldsymbol{F}}_1 = \begin{pmatrix} -78.8 \\ 78.8 \end{pmatrix}$，$\overline{\boldsymbol{F}}_2 = \begin{pmatrix} 157 \\ -157 \end{pmatrix}$，$\overline{\boldsymbol{F}}_3 = \begin{pmatrix} -42.6 \\ 42.6 \end{pmatrix}$。

(b)图 17-2-29(b)所示

同理，各杆内力：$\overline{\boldsymbol{F}}_1 = \begin{pmatrix} -70.7 \\ 70.7 \end{pmatrix}$，$\overline{\boldsymbol{F}}_2 = 0$，$\overline{\boldsymbol{F}}_3 = \begin{pmatrix} 70.7 \\ -70.7 \end{pmatrix}$。

各节点位移：$(u_1 \quad w_1 \quad u_2 \quad w_2 \quad u_3 \quad w_3 \quad u_4 \quad w_4)^{\mathrm{T}} = \begin{pmatrix} 0 & 0 & 0 & 0 & 0 & 0 & \frac{\sqrt{2}}{1.68} & 0 \end{pmatrix}^{\mathrm{T}}$。

(c)图 17-2-29(c)所示

同理，各杆内力

$\overline{\boldsymbol{F}}_1 = \begin{pmatrix} -23.6 \\ 23.6 \end{pmatrix}$，$\overline{\boldsymbol{F}}_2 = \begin{pmatrix} -31.5 \\ 31.5 \end{pmatrix}$，$\overline{\boldsymbol{F}}_3 = \begin{pmatrix} -48.6 \\ 48.6 \end{pmatrix}$，$\overline{\boldsymbol{F}}_4 = \begin{pmatrix} 39.4 \\ -39.4 \end{pmatrix}$，$\overline{\boldsymbol{F}}_3 = \begin{pmatrix} -85.6 \\ 85.6 \end{pmatrix}$

各节点位移

$(u_1\ \ w_1\ \ u_2\ \ w_2\ \ u_3\ \ w_3\ \ u_4\ \ w_4)^{T}=(0\ \ 0\ \ 0\ \ 0\ \ 2.533\ \ 0.869\ \ 1.783\ \ 0.422)^{T}$

17.19　对弯曲与拉伸(压缩)的组合变形杆件，试证单元刚度矩阵的坐标变换公式仍为公式(17.13)，即

$$\boldsymbol{k}_m=\boldsymbol{\lambda}^T\bar{\boldsymbol{k}}_m\boldsymbol{\lambda}$$

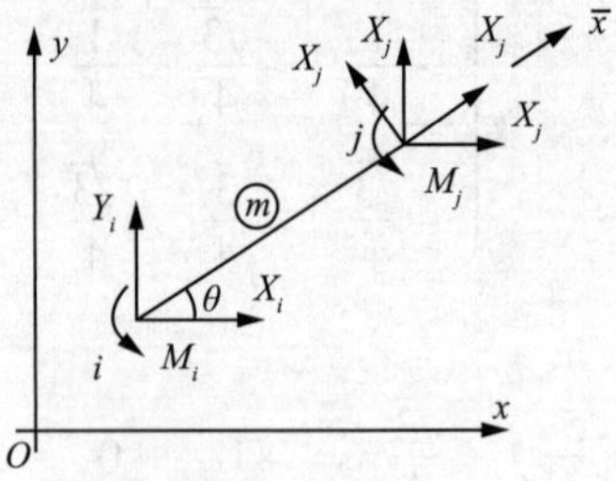

图 17-2-31

证明：如图 17-2-31 所示，设单元为 m，节点为 i、j，整体坐标系 xOy，单元局部坐标系 $\bar{x}O\bar{y}$，$\bar{x}$ 轴与 x 轴夹角为 θ。

局部坐标中，单元刚度方程：$\bar{\boldsymbol{F}}_m=\bar{\boldsymbol{k}}_m\bar{\boldsymbol{\delta}}_m$。

$$\begin{pmatrix}\bar{X}_i\\ \bar{Y}_i\\ \bar{M}_i\\ \bar{X}_j\\ \bar{Y}_j\\ \bar{M}_j\end{pmatrix}=\begin{pmatrix}\frac{EA}{l} & 0 & 0 & \frac{-EA}{l} & 0 & 0\\ 0 & \frac{12EI}{l^3} & \frac{6EI}{l^2} & 0 & \frac{-12EI}{l^3} & \frac{6EI}{l^2}\\ 0 & \frac{6EI}{l^2} & \frac{4EI}{l} & 0 & \frac{-6EI}{l^2} & \frac{2EI}{l}\\ -\frac{EA}{l} & 0 & 0 & \frac{EA}{l} & 0 & 0\\ 0 & -\frac{12EI}{l^3} & -\frac{6EI}{l^2} & 0 & \frac{12EI}{l^3} & -\frac{6EI}{l^2}\\ 0 & \frac{6EI}{l^2} & \frac{2EI}{l} & 0 & -\frac{6EI}{l^2} & \frac{4EI}{l}\end{pmatrix}\times\begin{pmatrix}\bar{u}_i\\ \bar{\omega}_i\\ \bar{\theta}_i\\ \bar{u}_j\\ \bar{\omega}_j\\ \bar{\theta}_j\end{pmatrix}$$

两坐标中节点力之间的关系

$$\begin{cases}\bar{X}_i=X_i\cos\theta+Y_i\sin\theta\\ \bar{Y}_i=-X_i\sin\theta+Y_i\cos\theta,\\ \bar{M}_i=M_i\end{cases}\quad\begin{cases}\bar{X}_j=X_j\cos\theta+Y_j\sin\theta\\ Y_j=-X_j\sin\theta+Y_j\cos\theta\\ \bar{M}_j=M_j\end{cases}$$

写成矩阵的形式，即为

$$\begin{pmatrix}\bar{X}_i\\ \bar{Y}_i\\ \bar{M}_i\\ \bar{X}_j\\ \bar{T}_j\\ \bar{M}_j\end{pmatrix}=\begin{pmatrix}\cos\theta & \sin\theta & 0 & 0 & 0 & 0\\ -\sin\theta & \cos\theta & 0 & 0 & 0 & 0\\ 0 & 0 & 1 & 0 & 0 & 0\\ 0 & 0 & 0 & \cos\theta & \sin\theta & 0\\ 0 & 0 & 0 & -\sin\theta & \cos\theta & 0\\ 0 & 0 & 0 & 0 & 0 & 1\end{pmatrix}\begin{pmatrix}X_i\\ Y_i\\ M_i\\ X_j\\ Y_j\\ M_j\end{pmatrix}$$

记作：$\bar{\boldsymbol{F}}_m=\boldsymbol{\lambda}\boldsymbol{F}_m$。

同理，两坐标中节点位移之间关系：$\bar{\boldsymbol{\delta}}_m=\boldsymbol{\lambda}\boldsymbol{\delta}_m$。

整体坐标系中，单元刚度方程：$\boldsymbol{F}_m=\boldsymbol{k}_m\boldsymbol{\delta}_m$。

局部坐标系中，单元刚度方程：$\overline{\boldsymbol{F}}_m=\overline{\boldsymbol{k}}_m\overline{\boldsymbol{\delta}}_m$。

联立以上各式，有：$\boldsymbol{\lambda F}_m=\overline{\boldsymbol{k}}_m\boldsymbol{\lambda\delta}_m$，$\boldsymbol{\lambda k}_m\boldsymbol{\delta}_m=\overline{\boldsymbol{k}}_m\boldsymbol{\lambda\delta}_m$。

化简得：$\boldsymbol{k}_m=\boldsymbol{\lambda}^{-1}\overline{\boldsymbol{k}}_m\boldsymbol{\lambda}=\boldsymbol{\lambda}^{\mathrm{T}}\boldsymbol{k}_m\boldsymbol{\lambda}$。

17.20　图 17-2-32 所示刚架各杆 EI 和 EA 均相等，$E=200\mathrm{GPa}$，$A=2000\mathrm{mm}^2$，$I=1.2\times10^7\mathrm{mm}^4$，$l=2\mathrm{m}$。试作刚架的弯矩图。

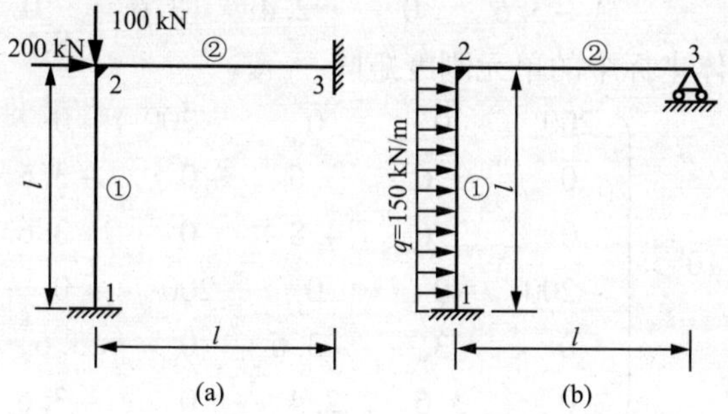

图 17-2-32

解：（a）对于①、②单元均有

$$\frac{EA}{l}=\frac{200\times10^9\times20\times10^{-4}}{2}\mathrm{N/m}=2\times10^8\mathrm{N/m}$$

$$\frac{12EI}{l^3}=\frac{12\times200\times10^9\times1200\times10^{-8}}{2^3}\mathrm{N/m}=3.6\times10^6\mathrm{N/m}$$

$$\frac{6EI}{l^2}=\frac{6\times200\times10^9\times1200\times10^{-8}}{2^2}\mathrm{N}=3.6\times10^6\mathrm{N}$$

$$\frac{2EI}{l}=\frac{2\times200\times10^9\times1200\times10^{-8}}{2}\mathrm{N\cdot m}=2.4\times10^6\mathrm{N\cdot m}$$

$$\frac{4EI}{l}=\frac{4\times200\times10^9\times1200\times10^{-8}}{2}\mathrm{N\cdot m}=4.8\times10^6\mathrm{N\cdot m}$$

代入公式得单元①和单元②的单元刚度矩阵均为

$$\overline{\boldsymbol{k}}_1=\overline{\boldsymbol{k}}_2=10^6\times\begin{pmatrix}200&0&0&-200&0&0\\0&3.6&3.6&0&-3.6&3.6\\0&3.6&4.8&0&-3.6&2.4\\-200&0&0&200&0&0\\0&-3.6&-3.6&0&3.6&-3.6\\0&3.6&2.4&0&-3.6&4.8\end{pmatrix}$$

经坐标变换，把以上单元刚度矩阵转变为整体坐标中的单元刚度矩阵。

单元①：$\theta=90°$，$\cos\theta=0$，$\sin\theta=1$，可得坐标变换矩阵为

$$\boldsymbol{\lambda}=\begin{pmatrix}0&1&0&0&0&0\\-1&0&0&0&0&0\\0&0&1&0&0&0\\0&0&0&0&1&0\\0&0&0&-1&0&0\\0&0&0&0&0&1\end{pmatrix}$$

则根据公式可求得单元①在整体坐标中的单元刚度矩阵

$$
\boldsymbol{k_1} = \boldsymbol{\lambda}^{\mathrm{T}} \bar{\boldsymbol{k}}_1 \boldsymbol{\lambda} = 10^6 \times \begin{pmatrix} 3.6 & 0 & -3.6 & -3.6 & 0 & -3.6 \\ 0 & 200 & 0 & 0 & -200 & 0 \\ -3.6 & 0 & 4.8 & 3.6 & 0 & 2.4 \\ -3.6 & 0 & 3.6 & 3.6 & 0 & 3.6 \\ 0 & -200 & 0 & 0 & 200 & 0 \\ -3.6 & 0 & 2.4 & 3.6 & 0 & 4.8 \end{pmatrix}
$$

同理，单元②在整体坐标中的单元刚度矩阵

$$
\boldsymbol{k_2} = \bar{\boldsymbol{k}}_2 = 10^6 \times \begin{pmatrix} 200 & 0 & 0 & -200 & 0 & 0 \\ 0 & 3.6 & 3.6 & 0 & -3.6 & 3.6 \\ 0 & 3.6 & 4.8 & 0 & -3.6 & 2.4 \\ -200 & 0 & 0 & 200 & 0 & 0 \\ 0 & -3.6 & -3.6 & 0 & 3.6 & -3.6 \\ 0 & 3.6 & 2.4 & 0 & -3.6 & 4.8 \end{pmatrix}
$$

叠加后可得整体刚度矩阵，则整体刚度方程

$$
\begin{pmatrix} F_{\mathrm{X1}} \\ F_{\mathrm{Y1}} \\ M_1 \\ 200 \\ -100 \\ 0 \\ F_{\mathrm{X3}} \\ F_{\mathrm{Y3}} \\ M_3 \end{pmatrix} \times 10^3 = 10^6 \times \begin{pmatrix} 3.6 & 0 & -3.6 & -3.6 & 0 & -3.6 & 0 & 0 & 0 \\ 0 & 200 & 0 & 0 & -200 & 0 & 0 & 0 & 0 \\ -3.6 & 0 & 4.8 & 3.6 & 0 & 2.4 & 0 & 0 & 0 \\ -3.6 & 0 & 3.6 & 203.6 & 0 & 3.6 & -200 & 0 & 0 \\ 0 & -200 & 0 & 0 & 203.6 & 3.6 & 0 & -3.6 & 3.6 \\ -3.6 & 0 & 2.4 & 3.6 & 3.6 & 9.6 & 0 & -3.6 & 2.4 \\ 0 & 0 & 0 & -200 & 0 & 0 & 200 & 0 & 0 \\ 0 & 0 & 0 & 0 & -3.6 & -3.6 & 0 & 3.6 & -3.6 \\ 0 & 0 & 0 & 0 & 3.6 & 2.4 & 0 & -3.6 & 4.8 \end{pmatrix} \begin{pmatrix} 0 \\ 0 \\ 0 \\ u_2 \\ \omega_2 \\ \theta_2 \\ 0 \\ 0 \\ 0 \end{pmatrix}
$$

根据题意，节点 1、3 为固定端，有 $u_1 = w_1 = \theta_1 = u_3 = w_3 = \theta_3 = 0$。

将以上各式代入整体刚度方程，可得节点 2 的位移：u_2、w_2、θ_2。

将求得的节点 2 的位移代回整体刚度方程即可得到各节点力，即各杆端截面上的内力

$$
\begin{aligned} \boldsymbol{F} &= (F_{\mathrm{X1}} \quad F_{\mathrm{Y1}} \quad M_1 \quad F_{\mathrm{X2}} \quad F_{\mathrm{Y2}} \quad M_2 \quad F_{\mathrm{X3}} \quad F_{\mathrm{Y3}} \quad M_3)^{\mathrm{T}} \\ &= (-3 \quad 97.6 \quad 3.1 \quad 200 \quad -100 \quad 0 \quad -197 \quad 2.4 \quad -2.2)^{\mathrm{T}} \end{aligned}
$$

由此可作刚架的弯矩图，如图 17－2－33(a)所示。

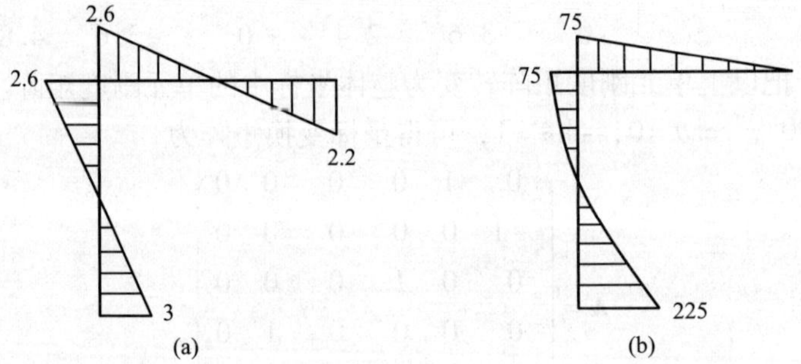

图 17－2－33

(b)同理求得各节点力

$$F=(F_{X1}\quad F_{Y1}\quad M_1\quad F_{X2}\quad F_{Y2}\quad M_2\quad F_{X3}\quad F_{Y3}\quad M_3)^{T}$$
$$=(-300\quad -37.5\quad 225\quad 0\quad 0\quad 0\quad 0\quad 37.5\quad 0)^{T}$$

由此可作刚架的弯矩图，如图 17-2-33(b)所示。

17.21 写出图 17-2-34 所示刚架的整体刚度方程。设刚架各杆件的 EI 和 EA 皆相等，且$E=200$GPa，$A=30\times10^{-4}$m²，$I=2400\times10^{-8}$m⁴。

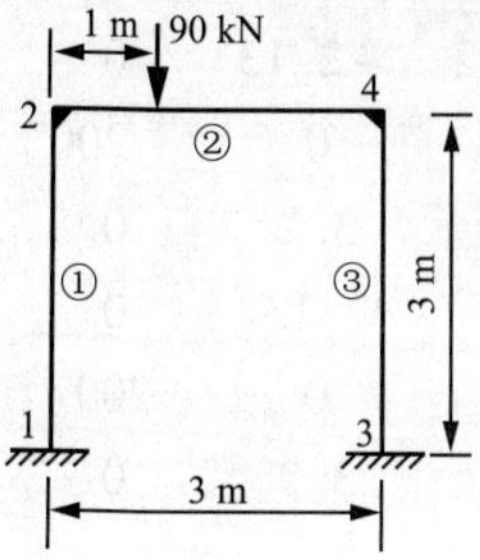

图 17-2-34

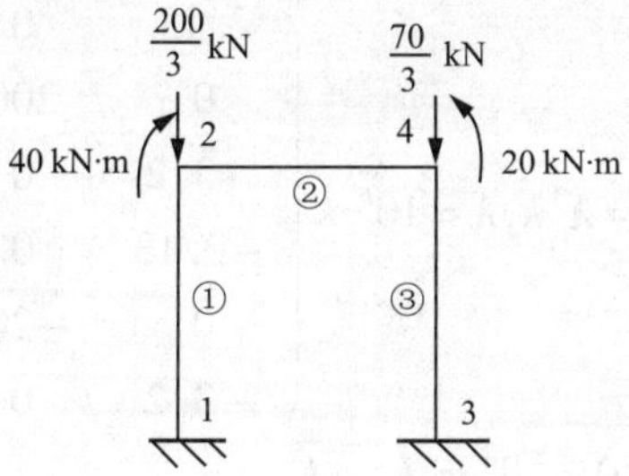

图 17-2-35

解： 首先将作用在单元②上的中间载荷等效为作用在节点 2、4 上的载荷，得到如图 17-2-35所示的杆系。

对于①、②、③单元均有

$$\frac{EA}{l}=\frac{200\times10^{9}\times30\times10^{-4}}{3}\text{N/m}=2\times10^{8}\text{N/m}$$

$$\frac{12EI}{l^{3}}=\frac{12\times200\times10^{9}\times2400\times10^{-8}}{3^{3}}\text{N/m}=2.13\times10^{6}\text{N/m}$$

$$\frac{6EI}{l^{2}}=\frac{6\times200\times10^{9}\times2400\times10^{-8}}{3^{2}}\text{N}=3.2\times10^{6}\text{N}$$

$$\frac{4EI}{l}=\frac{4\times200\times10^{9}\times2400\times10^{-8}}{3}\text{N}\cdot\text{m}=6.4\times10^{6}\text{N}\cdot\text{m}$$

$$\frac{2EI}{l}=\frac{2\times200\times10^{9}\times2400\times10^{-8}}{3}\text{N}\cdot\text{m}=3.2\times10^{6}\text{N}\cdot\text{m}$$

代入公式得单元①、单元②、单元③的单元刚度矩阵均为

$$\bar{\boldsymbol{k}}_1=\bar{\boldsymbol{k}}_2=\bar{\boldsymbol{k}}_3=10^{6}\times\begin{pmatrix}200&0&0&-200&0&0\\0&2.13&3.2&0&-2.13&3.2\\0&3.2&6.4&0&-3.2&3.2\\-200&0&0&200&0&0\\0&-2.13&-3.2&0&2.13&-3.2\\0&3.2&3.2&0&-3.2&6.4\end{pmatrix}$$

经坐标变换，把以上单元刚度矩阵转变为整体坐标中的单元刚度矩阵。

单元①、③：$\theta=90^{\circ}$，$\cos\theta=0$，$\sin\theta=1$，可得坐标变换矩阵为

$$\boldsymbol{\lambda}=\begin{pmatrix}0&1&0&0&0&0\\-1&0&0&0&0&0\\0&0&1&0&0&0\\0&0&0&0&1&0\\0&0&0&-1&0&0\\0&0&0&0&0&1\end{pmatrix}$$

则根据公式可求得单元①在整体坐标中的单元刚度矩阵

$$\boldsymbol{k}_1=\boldsymbol{k}_3=\boldsymbol{\lambda}^{\mathrm{T}}\boldsymbol{k}_1\boldsymbol{\lambda}=10^6\times\begin{pmatrix}2.13&0&-3.2&-2.13&0&-3.2\\0&200&0&0&-200&0\\-3.2&0&6.4&3.2&0&3.2\\-2.13&0&3.2&2.13&0&3.2\\0&-200&0&0&200&0\\-3.2&0&3.2&3.2&0&6.4\end{pmatrix}$$

单元②：$\theta=0^\circ$，即有 $\boldsymbol{k}_2=\bar{\boldsymbol{k}}_2$。

将以上得到的单元刚度矩阵叠加，得到整体刚度方程

$$\begin{pmatrix}F_{x1}\\F_{y1}\\M_1\\0\\-\frac{200}{3}\\-40\\F_{x3}\\F_{y3}M_3\\0\\-\frac{70}{3}\\20\end{pmatrix}=10^6\times\begin{pmatrix}200&0&0&-200&0&0&0&0&0&0&0&0\\0&2.13&3.2&0&-2.13&3.2&0&0&0&0&0&0\\0&3.2&6.4&0&-3.2&3.2&0&0&0&0&0&0\\-200&0&0&202.13&0&-3.2&0&-200&0&0&0&0\\0&-2.13&-3.2&0&202.13&-3.2&0&-200&0&0&0&0\\0&3.2&3.2&3.2&-3.2&-3.2&12.8&3.2&0&3.2&0&0\\0&0&0&-2.13&0&3.2&202.13&0&3.2&-200&0&0\\0&0&0&0&-200&0&0&202.13&3.2&0&-2.13&3.2\\0&0&0&-3.2&0&3.2&3.2&3.2&12.8&0&-3.2&3.2\\0&0&0&0&0&0&-200&0&0&200&0&0\\0&0&0&0&0&0&0&-2.13&-3.2&0&2.13&-3.2\\0&0&0&0&0&0&0&3.2&3.2&0&-3.2&6.4\end{pmatrix}\begin{pmatrix}0\\0\\0\\u_2\\w_2\\\theta_2\\0\\0\\0\\u_4\\w_4\\\theta_4\end{pmatrix}$$

17.3 名校考研真题详解

本章不是考试重点，所以基本上没有学校的考研试题涉及到本章内容，因此，读者可以简单了解，不必作为复习重点，本部分也就没有选用考研真题。

第 18 章　杆件的塑性变形

18.1　复习笔记

一、金属材料的塑性性质

1. 弹性阶段和塑性阶段

当材料处于弹性阶段时，加载过程和卸载过程中的应力－应变关系是完全相同的，但当材料处于塑性阶段时，加载过程和卸载过程中的应力－应变关系遵循不同的规律。

2. 单向应力状态的塑性本构关系

根据弹性应变和塑性应变的相对大小，则可以简化成弹塑性模型和刚塑性模型；根据塑性阶段有无强化阶段，可以简化成理想塑性和线性强化塑性。因此一般有 4 种模型，分别为理想弹塑性材料、刚塑性材料、线性强化弹塑性材料和线性强化刚塑性材料，其应力－应变关系分别对应图 18－1－1 的(a)～(d)。

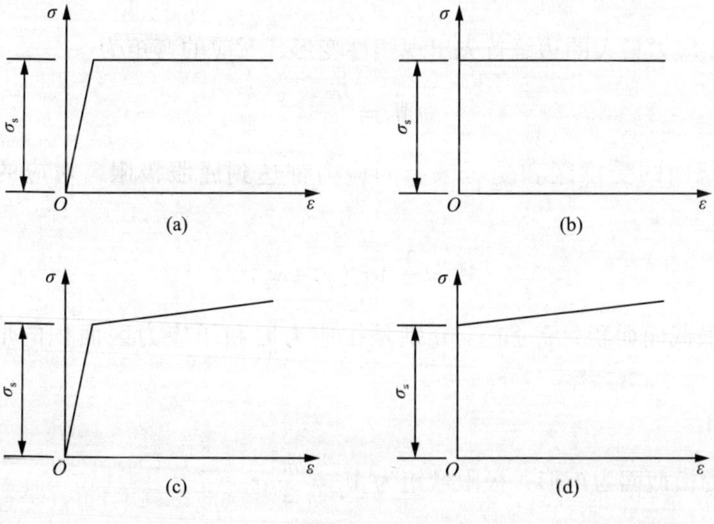

图 18－1－1

3. 复杂应力状态的塑性条件

(1)最大切应力理论(Trasca 屈服准则)

$$\sigma_1 - \sigma_3 = \sigma_s$$

(2)最大畸变能密度理论(Mises 屈服准则)

$$(\sigma_1 - \sigma_2)^2 + (\sigma_2 - \sigma_3)^2 + (\sigma_3 - \sigma_1)^2 = 2\sigma_s^2$$

二、拉伸和压缩杆系的塑性分析

1. 静定杆系

一旦杆系中应力最大的杆件达到了屈服极限，整个杆系则会成为几何可变的“机构”，对应的外载荷就是该杆系的极限载荷 F_p。

2. 超静定杆系

通过分阶段来讨论各个阶段对应的载荷和变形之间的关系。首先应力最大的杆件屈服，这时对应的外载荷为 F_1；若材料为理想弹塑性材料，则该杆件屈服之后应力保持不变，直至其他杆件都达到屈服，此时对应的外载荷为该杆系的极限载荷 F_p，所以直接令所有的杆件都达到屈服极限，通过平衡方程直接可以得到极限载荷 F_p。

注：建立平衡方程的过程没有考虑材料的性质，所以平衡方程适合任何小变形阶段，不论是弹性还是塑性。

三、圆轴的塑性扭转

当圆轴截面边缘的最大切应力首先达到剪切屈服极限 τ_s 时，对应的扭矩为 T_1

$$T_1 = \frac{1}{2}\pi r^3 \tau_s$$

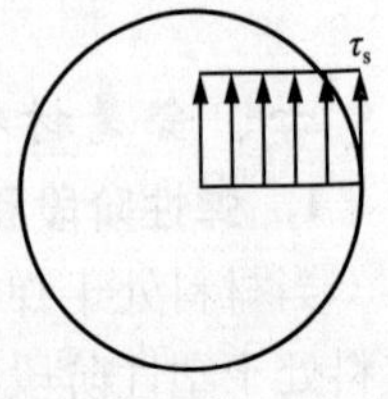

图 18－1－2

设圆轴扭转切应力和切应变的关系是理想弹塑性的。当整个截面都为屈服区域，即截面上应力全部达到屈服极限 τ_s 时，对应的扭矩为该圆轴的极限扭矩 T_p

$$T_p = \int_A \rho\, \tau_s \mathrm{d}A = \int_A \rho\, \tau_s \cdot 2\pi\rho \mathrm{d}\rho = \frac{2}{3}\pi r^3 \tau_s$$

四、塑性弯曲和塑性铰

1. 纯弯曲

(1)截面上正应力最大的边缘首先出现塑性变形，对应的弯矩为

$$M_1 = \frac{I\sigma_s}{y_{\max}}$$

(2)当直梁截面的受拉区和受压区上的应力都达到屈服极限，对应的弯矩为极限弯矩 M_p

$$M_p = \frac{1}{2}A\sigma_s(\bar{y}_1 + \bar{y}_2)$$

其中，A 为横截面面积，$\bar{y}_1$ 和 $\bar{y}_2$ 分别是拉应力区和压应力区面积的形心到中性轴的距离。

2. 横力弯曲

(1)假设梁的横截面为矩形，极限弯矩为 $M_p = \frac{bh^2}{4}\sigma_s$。

(2)达到极限载荷之后，由于材料是理想弹塑性的，截面上的拉应力和压应力皆保持为 σ_s，所以截面上的弯矩保持不变，但截面的转动却已不受“限制”，相当于在截面上有一个铰链，而且在铰链的两侧作用着数值等于 M_p 的力偶矩，这个铰链就称为塑性铰。这时梁已成为用铰链把两侧两根刚杆连接起来的“机构”，失去了承载能力。

五、梁的塑性分析

1. 静定梁

当梁内最大弯矩达到极限弯矩时，静定梁就会形成塑性铰，成为机构。

2. 超静定梁

(1)原理

当梁内某截面最大弯矩达到极限弯矩时，该截面会形成塑性铰，但此时梁并未丧失承载能力。只有当梁形成多个塑性铰而完全成为机构时，对应的载荷才是极限载荷。

(2)解决步骤

①在弯矩极值处的截面形成塑性铰，并附加上相应的极限弯矩 M_p；

②根据简化后机构的平衡方程，求出极限外载荷和极限弯矩之间的关系；

③对各个极限外载荷进行比较，取较小的一个作为问题的最终极限载荷。

注：弯矩极值一般出现在固定端、中间支座、集中力的作用位置以及梁的跨度中点。

六、残余应力及厚壁圆筒的塑性变形

1. 残余应力

(1)概念

受荷载作用的构件，若局部应力超过屈服极限而产生塑性变形，再将荷载解除时，产生塑性变形的部分将阻碍弹性变形部分的恢复，引起内部相互作用的应力称为残余应力。

(2)分析方法

在结构或构件上施加一个反向载荷，其方向与原载荷方向相反，大小等于原载荷数值大小，此时载荷已完全解除。需要注意的是，在卸载过程即施加反向载荷过程中，应力－应变关系是按线性规律分布的。将加载和卸载两种应力叠加，便可得到残余应力。

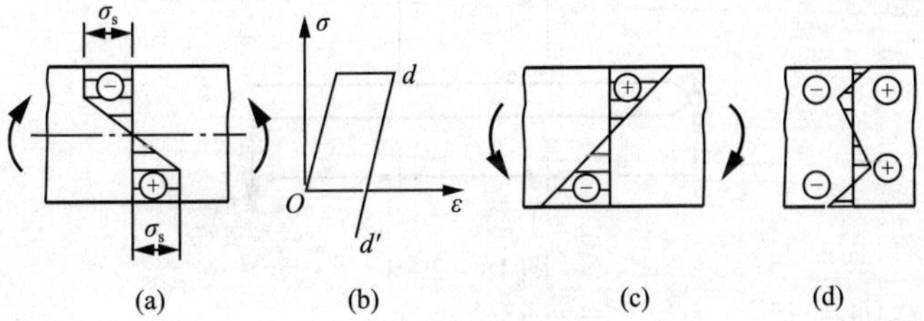

图 18－1－3

2. 厚壁圆筒的塑性变形

设圆筒只受内压 p 作用，假设沿圆筒轴线变形等于零，即 $\varepsilon_z=0$。

(1)线弹性阶段

径向应力和周向应力分别为

$$\sigma_\rho=-\frac{pa^2}{b^2-a^2}\left(\frac{b^2}{\rho^2}-1\right)$$

$$\sigma_\varphi=\frac{pa^2}{b^2-a^2}\left(\frac{b^2}{\rho^2}+1\right)$$

其中 a 为圆筒内圈半径，b 为圆筒外圈半径。

(2)开始出现塑性变形

根据 Tresca 屈服准则(最大切应力理论)，当满足 $\sigma_1-\sigma_3=\sigma_s$ 时，材料屈服

$$\sigma_1-\sigma_3=\sigma_\varphi-\sigma_\rho=\frac{2pa^2}{b^2-a^2}\cdot\frac{b^2}{\rho^2}=\sigma_s$$

圆筒在内侧处开始出现塑性变形，此时对应的内压记为 p^0，为

$$p^0=\frac{\sigma_s}{2}\left(1-\frac{a^2}{b^2}\right)$$

(3)极限状态

整个厚壁圆筒发生塑性变形，径向应力和周向应力分别为

$$\sigma_\rho=-\sigma_s\ln\frac{b}{\rho}$$

$$\sigma_\varphi = \sigma_s\left(1 - \ln\frac{b}{\rho}\right)$$

此时对应的极限压力为 $p_p = \sigma_s \ln\frac{b}{a}$。

(4)卸载过程

在圆筒上施加一个反向压力 $-p_p$，应力变化按线性规律，即将反向压力 $-p_p$ 代入到线弹性阶段的径向应力和周向应力公式中，得到卸载过程的应力变化量，再叠加上极限状态的应力分布，便可得到厚壁圆筒卸载之后的残余应力。

18.2 课后习题详解

18.1 图 18-2-1 所示结构的水平杆为刚杆，1、2 两杆由同一理想弹塑性材料制成，横截面面积皆为 A。试求使结构开始出现塑性变形的载荷 F_1 和极限载荷 F_p。

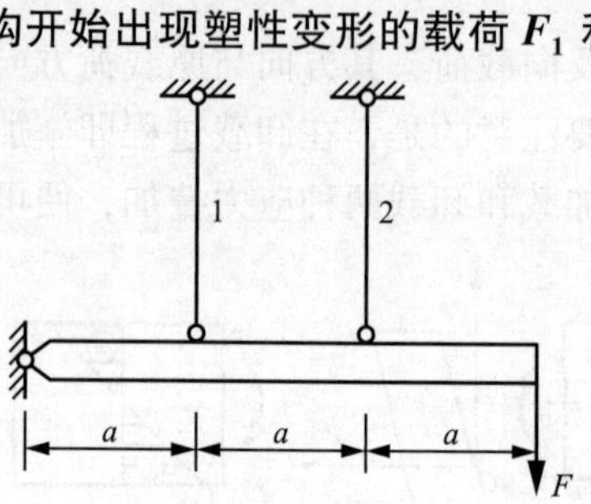

图 18-2-1

解：两杆轴力分别为 F_{N1}、F_{N2}，左端支座为 A。

静力平衡条件：$\sum M_A = 0$，$F \cdot 3a - F_{N1} \cdot a - F_{N2} \cdot 2a = 0$

得

$$F = \frac{F_{N1} + 2F_{N2}}{3}$$

水平杆为刚杆，有变形协调条件：$\Delta l_2 = 2\Delta l_1$。

(1)在线弹性阶段：$F_{N2} = 2F_{N1}$。

杆 2 先屈服，开始出现塑性变形时：$F_{N2} = \sigma_s A$，$F_{N1} = \frac{1}{2}\sigma_s A$。

$$F_1 = \frac{F_{N1} + 2F_{N2}}{3} = \frac{\frac{1}{2}\sigma_s A + 2\sigma_s A}{3} = \frac{5}{6}\sigma_s A$$

(2)杆 2 屈服以后，F_{N2} 恒为 $\sigma_s A$。F 继续增大，F_{N1} 增大，直至杆 1 也屈服，静力平衡条件仍然不变。此时达到极限载荷

$$F_p = \frac{F_{N1} + 2F_{N2}}{3} = \frac{\sigma_s A + 2\sigma_s A}{3} = \sigma_s A$$

18.2 图 18-2-2 所示杆件的上端固定，下端与固定支座间有 0.02mm 的间隙。材料为理想弹塑性材料。$E = 200\text{GPa}$，$\sigma_s = 220\text{MPa}$。杆件在 AB 部分的横截面面积为 200mm^2，BC 部分为 100mm^2。若作用于截面 B 上的载荷 F 从零开始逐渐增加到极限值，作图表示力 F 作用点位移 δ 与 F 的关系。

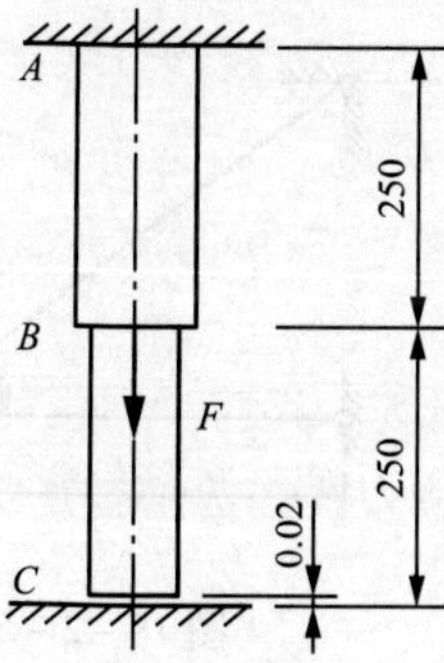

图 18 - 2 - 2

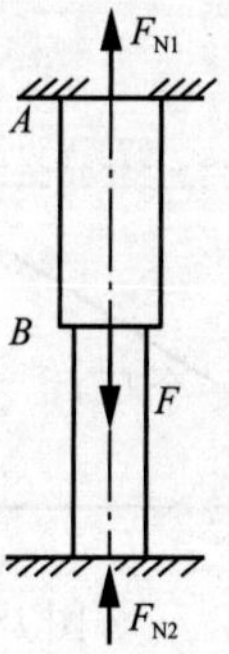

图 18 - 2 - 3

解：(1)F 从 0 增加，至 $\delta_0 = 0.02\text{mm}$ 时，下端接触。期间 δ 与 F 为线性关系。

此时

$$F = F_{N1} = EA_1 \frac{\delta_0}{l_{AB}} = 200 \times 10^3 \times 200 \times \frac{0.02}{250}\text{N} = 3.2\text{kN}$$

(2)接触之后的受力如图 18 - 2 - 3 所示。F 继续增加，假定上端 AB 杆先屈服。

此时 $F_{N1} = \sigma_s A_1 = 220 \times 200\text{N} = 44\text{kN}$。

根据接触之后上下两段变形相等的变形协调条件：$\Delta l_1 - \delta_0 = \Delta l_2$。

即

$$\frac{F_{N1} l_{AB}}{EA_1} - \delta_0 = \frac{F_{N2} l_{BC}}{EA_2}$$

解得 $F_{N2} = 20.4\text{kN}$。

此时，BC 杆的应力

$$\sigma_2 = \frac{F_{N2}}{A_2} = \frac{20.4 \times 10^3}{100} = 204\text{MPa} < \sigma_s = 220\text{MPa}$$

BC 杆未屈服，因此假设正确。

由静力平衡条件求得

$$F = F_{N1} + F_{N2} = 64.4\text{kN}$$

$$\delta_1 = \Delta l_1 = \frac{F_{N1} l_{AB}}{EA_1} = \frac{44 \times 10^3 \times 250}{200 \times 10^3 \times 200} = 0.275\text{mm}$$

期间 δ 与 F 为线性关系。

(3)F 继续增加至 BC 杆也屈服，达到极限载荷。过程中 AB 杆中轴力不变，但变形增加。

$$F_{N1} = 44\text{kN}，F_{N2} = \sigma_s A_2 = 220 \times 100\text{N} = 22\text{kN}，F = F_{N1} + F_{N2} = 66\text{kN}$$

$$\Delta l_2 = \frac{F_{N2} l_{AB}}{EA_2} = \frac{22 \times 10^3 \times 250}{200 \times 10^3 \times 100} = 0.275\text{mm}$$

$$\delta_2 = \Delta l_2 + \delta_0 = 0.275 + 0.02 = 0.295\text{mm}$$

期间 δ 与 F 为线性关系，δ 与 F 的关系图如图 18 - 2 - 4 所示。

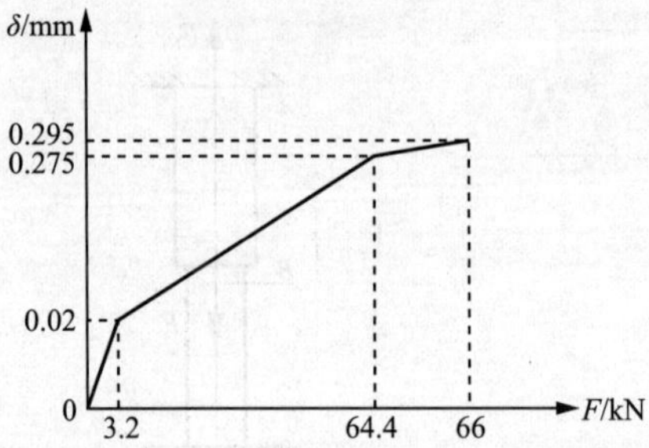

图 18-2-4

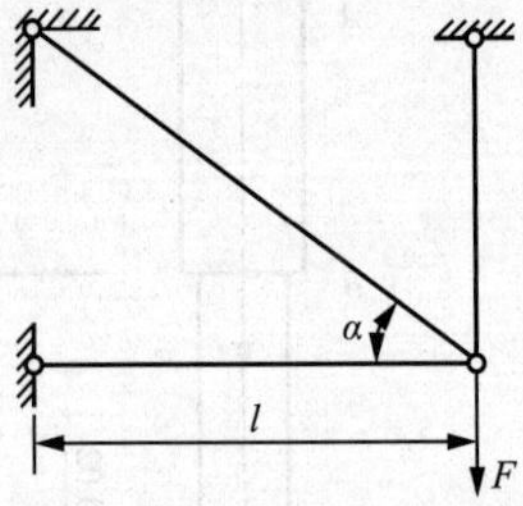

图 18-2-5

18.3　试求图 18-2-5 所示结构开始出现塑性变形时的载荷 F_1 和极限载荷 F_p。设材料是理想弹塑性的，且各杆的材料相同，横截面面积皆为 A。

解：将各杆依次标号为 1、2、3，设杆 1 内力为压力 F_{N1}，杆 2 为拉力 F_{N2}，杆 3 为拉力 F_{N3}，如图 18-2-6。

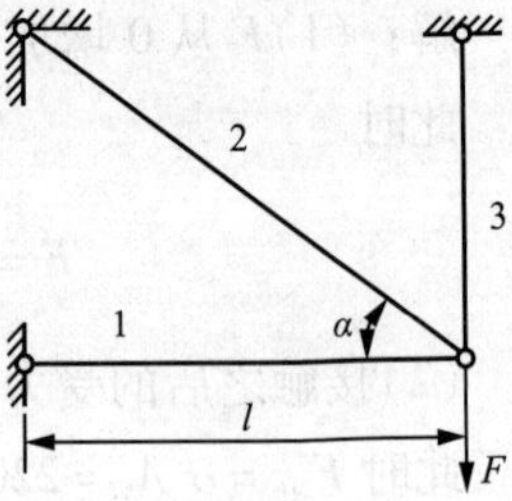

图 18-2-6

根据节点处的平衡方程，有

$$\sum F_x = 0, F_{N1} - F_{N2}\cos\alpha = 0$$

$$\sum F_y = 0, F_{N3} + F_{N2}\sin\alpha - F = 0$$

①弹性阶段

再根据变形协调条件 $\frac{\Delta l_2}{\sin\alpha} + \frac{\Delta l_1}{\tan\alpha} = \Delta l_3$ 以及本构关系 $\Delta l_1 = \frac{F_{N1}l}{EA}$，$\Delta l_2 = \frac{F_{N2}l}{EA\cos\alpha}$ 和 $\Delta l_3 = \frac{F_{N3}l\tan\alpha}{EA}$，有

$$\frac{F_{N2}}{\cos\alpha\sin\alpha} + \frac{F_{N1}}{\tan\alpha} = F_{N3}\tan\alpha$$

$$F_{N2} = \frac{\sin^2\alpha}{1+\cos^3\alpha}F_{N3},\ F_{N1} = F_{N2}\cos\alpha$$

因为杆 3 的变形量最大，而且长度最短，所以杆 3 的轴力最大。竖直的杆 3 首先达到屈服，即 $F_{N3} = \sigma_s A$，则

$$F_1 = F_{N3} + F_{N2}\sin\alpha = \left(1 + \frac{\sin^3\alpha}{1+\cos^3\alpha}\right)F_{N3} = \frac{1+\cos^3\alpha+\sin^3\alpha}{1+\cos^3\alpha}\sigma_s A$$

②塑性阶段

当杆 2 和杆 3 都达到屈服时，整个结构完全失去承载能力。即 $F_{N2} = F_{N3} = \sigma_s A$。

所以 $F_p = F_{N3} + F_{N2}\sin\alpha = \sigma_s A(1+\sin\alpha)$。

18.4　设材料单向拉伸的应力-应变关系为 $\sigma = C\varepsilon^n$，式中 C 及 n 皆为常量，且 $0 \leqslant n \leqslant 1$。若单向压缩的应力-应变关系与拉伸的相同。梁截面是高为 h、宽为 b 的矩形（如图 18-2-7 所示）。试导出纯弯曲时弯曲正应力的计算公式。

解：由平面假设，得

$$\varepsilon = \frac{y}{\rho}$$

因此有

$$\sigma = C\varepsilon^n = C\frac{y^n}{\rho^n} \qquad ①$$

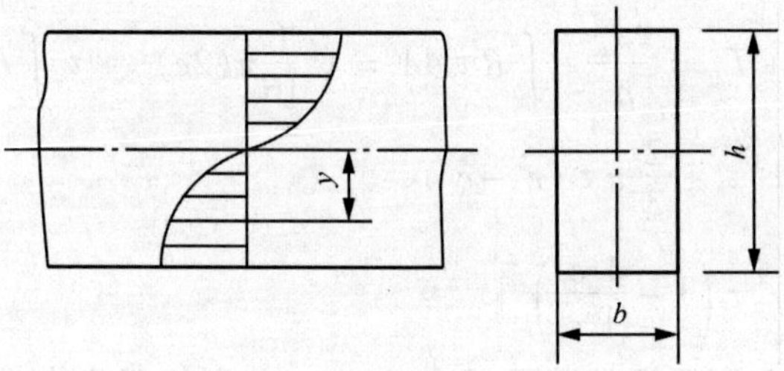

图 18－2－7

对于矩形截面梁，应力分布对中性层是反对称的。

静力条件为

$$\int_A \sigma \mathrm{d}A = 0$$

$$\int_A y\sigma \mathrm{d}A = M$$

由上述可知，第一个静力方程自动满足。将式①代入第二个静力方程，得

$$M = \int_A y\sigma \mathrm{d}A = 2\int_0^{\frac{h}{2}} \frac{C}{\rho^n} y^{n+1} b\mathrm{d}y = \frac{2Cb}{(n+2)\rho^n}\left(\frac{h}{2}\right)^{n+2} \quad ②$$

式①②消去$\frac{C}{\rho^n}$，得

$$\sigma = \frac{My^n}{b\left(\frac{h}{2}\right)^{n+2}} \cdot \frac{n+2}{2} \quad ③$$

令 $y = \frac{h}{2}$，得

$$\sigma_{\max} = \frac{My_{\max}}{I} \cdot \frac{n+2}{3} \quad ④$$

由于 $I = \frac{bh^3}{12}$，$y_{\max} = \frac{h}{2}$。若 $n = 1$，则上式可化为线弹性的弯曲公式。

18.5　由理想弹塑性材料制成的圆轴，受扭时截面上已形成塑性区，沿半径应力分布如图 18－2－8 所示。试证明相应的扭矩是

$$\boldsymbol{T = \frac{2}{3}\pi r^3 \tau_s\left(1 - \frac{1}{4}\frac{c^3}{r^3}\right)}$$

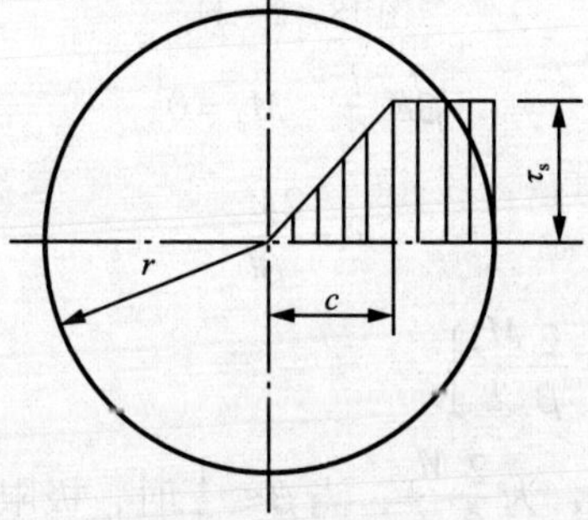

图 18－2－8

证明：整个圆轴截面可视为中间弹性部分和外圈塑性部分。因此

$$T = T_1 + T_2 = \frac{\tau_s I_p}{\rho} + \int_A R\,\tau_s \mathrm{d}A = \tau_s \frac{1}{16}\pi(2c)^3 + \tau_s \int_c^r R2\pi R\mathrm{d}R$$

$$= \frac{1}{2}\pi c^3\,\tau_s + \frac{2}{3}\pi\,\tau_s(r^3 - c^3)$$

$$= \frac{2}{3}\pi r^3\,\tau_s\left(1 - \frac{1}{4}\frac{c^3}{r^3}\right)$$

18.6　在图 18-2-9 所示梁的截面 C 和 D 上，分别作用集中力 F 和 βF，这里 β 是一个正的系数，且 $0<\beta<1$。试求极限载荷 F_p。并问 β 为什么数值时，梁上的总载荷的极限值为最大。

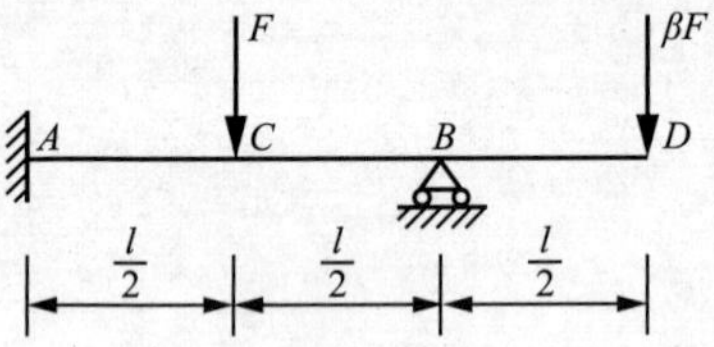

图 18-2-9

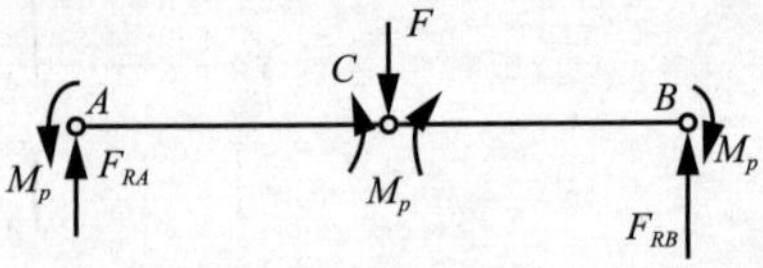

图 18-2-10

解：分段讨论 AB 和 BD。

(1)要使 AB 跨变成机构，将 A、B 两截面形成塑性铰，在跨中的某一截面也形成塑性铰，由于对称而且作用集中载荷，所以在 C 处也形成塑性铰。结构如图 18-2-10。

易知 $F_{RA}=F_{RB}=\frac{1}{2}F$。由 AC 段平衡方程 $\sum M_C=0$，得

$$2M_p - F_{RA}\frac{l}{2}=0$$

将 F_{RA}代入，解得

$$F=8\frac{M_p}{l}$$

(2)使 BD 跨形成机构，将 B 截面形成铰链，如图 18-2-11。根据平衡方程 $\sum M_B=0$，得

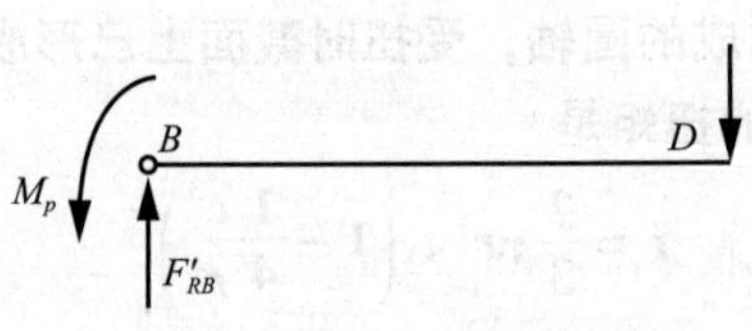

图 18-2-11

$$\beta F\frac{l}{2}-M_p=0$$

$$F=\frac{2M_p}{\beta l}$$

极限载荷为 $F_p=\min\left\{8\frac{M_p}{l},\ \frac{2}{\beta}\frac{M_p}{l}\right\}$。

当 $\beta>\frac{1}{4}$时，极限载荷最大，为$\frac{2}{\beta}\frac{M_p}{l}$；当 $\beta\leqslant\frac{1}{4}$时，极限载荷最大，为 $8\frac{M_p}{l}$。

18.7　图 18-2-12 所示左端固定、右端铰支的梁，受两个相等的载荷 F 作用。试求载荷的极限值。

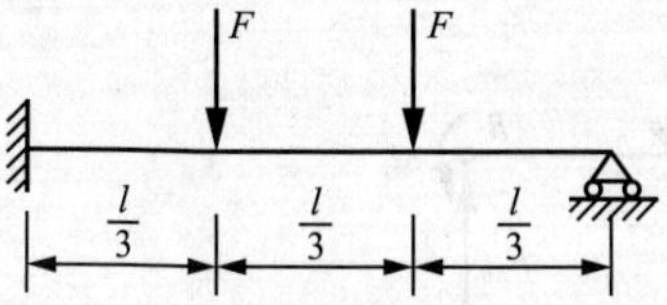

图 18 -2 -12

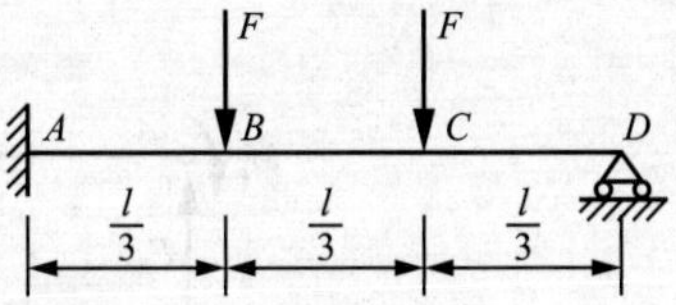

图 18 -2 -13

解： 梁上最大正弯矩可能出现在两个集中力作用点处。从左至右依次命名为 A、B、C、D。如图 18 -2 -13。

(1)最大正弯矩在 B 截面处

将结构变成机构，在 B 截面处形成铰链，如图 18 -2 -14。

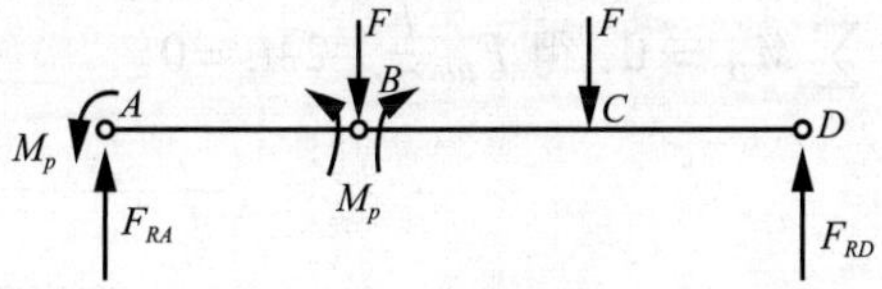

图 18 -2 -14

根据虚位移原理，有 $F\cdot\dfrac{l}{3}\theta+F\cdot\dfrac{l}{3}\dfrac{\theta}{2}-2M_p\cdot\theta-M_p\cdot\dfrac{\theta}{2}=0$。

解得 $F=5\dfrac{M_p}{l}$。

(2)最大正弯矩在 C 截面处

将结构变成机构，在 C 截面处形成铰链，如图 18 -2 -15。

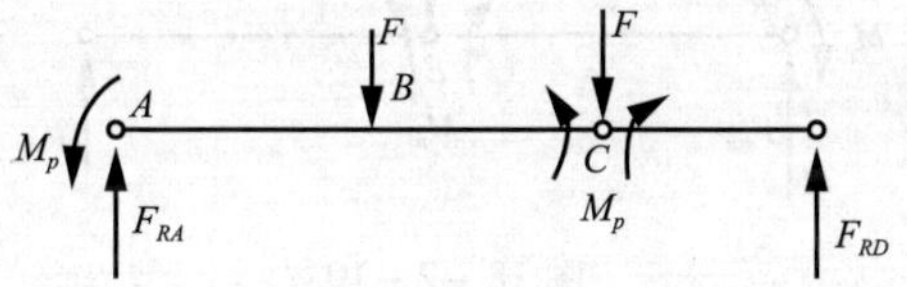

图 18 -2 -15

同理，根据虚位移原理，有 $F\cdot\dfrac{l}{3}\theta+F\cdot\dfrac{2l}{3}\theta-2M_p\cdot\theta-M_p\cdot2\theta=0$。

解得 $F=4\dfrac{M_p}{l}$。

比较以上两种情况，极限载荷取较小值，为 $F=4\dfrac{M_p}{l}$。

18.8　双跨梁上的载荷如图 18 -2 -16 所示，试求载荷的极限值。

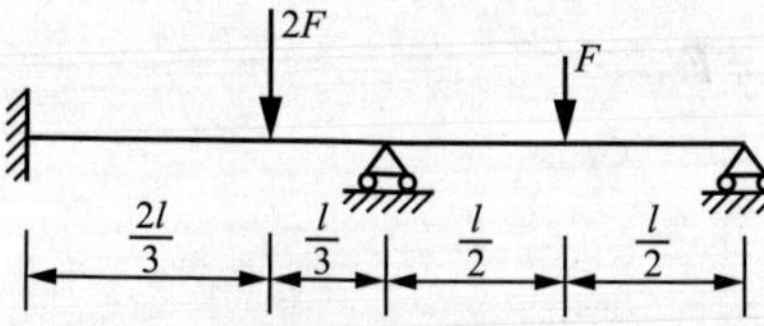

图 18 -2 -16

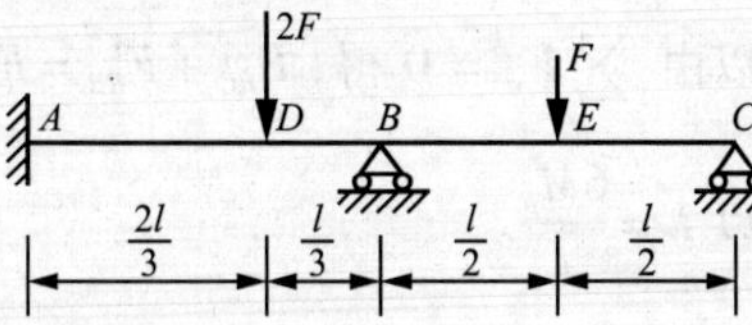

图 18 -2 -17

解： 最大弯矩出现在集中载荷处。

(1) AB 跨

机构如图 18 -2 -18 所示：

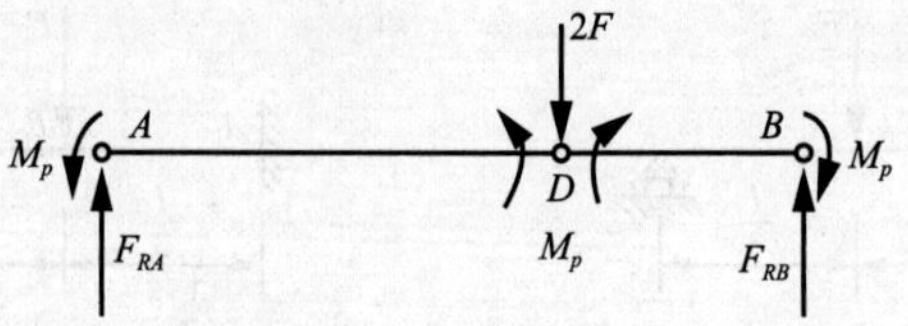

图 18-2-18

由 AD 部分的平衡方程 $\sum M_D=0$，得 $F_{RA}\dfrac{2l}{3}-2M_p=0$。

解得 $F_{RA}=\dfrac{3M_p}{l}$。

由 BD 部分的平衡方程 $\sum M_D=0$，得 $F_{RB}\dfrac{l}{3}-2M_p=0$。

解得 $F_{RB}=\dfrac{6M_p}{l}$。

所以由 $\sum F_y=0$ 得，$F_{RA}+F_{RB}=2F$，即$\dfrac{3M_p}{l}+\dfrac{6M_p}{l}=2F$。

所以 $F=\dfrac{9M_p}{2l}$。

(2) BC 跨

机构如图 18-2-19 所示：

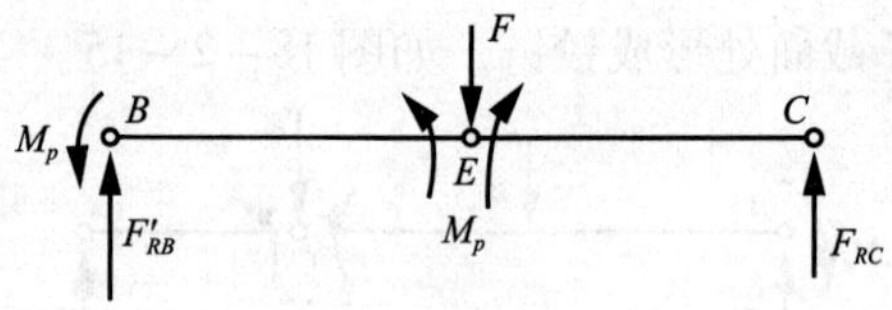

图 18-2-19

由 BE 部分的平衡方程 $\sum M_E=0$，得 $F'_{RB}\dfrac{l}{2}-2M_p=0$。

解得 $F'_{RB}=\dfrac{4M_p}{l}$。

由 CE 部分的平衡方程 $\sum M_E=0$，得 $F_{RC}\dfrac{l}{2}-M_p=0$。

解得 $F_{RC}=\dfrac{2M_p}{l}$。

所以由 $\sum F_y=0$ 得，$F_{RC}+F'_{RB}=F$，即$\dfrac{2M_p}{l}+\dfrac{4M_p}{l}=F$。

所以 $F=\dfrac{6M_p}{l}$。

综上，比较两者结果，极限载荷较小值，为 $F=\dfrac{9M_p}{2l}$。

18.9　平均半径为 R 的薄壁圆环受沿直径的两个力 F 作用，如图 18-2-20 所示。试求极限载荷 F_p。

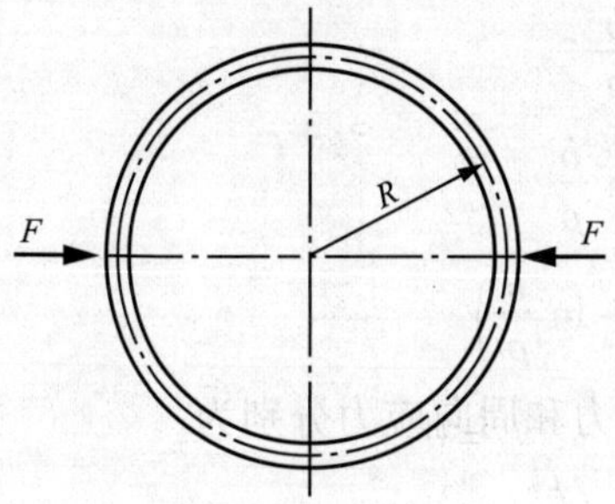

图 18－2－20

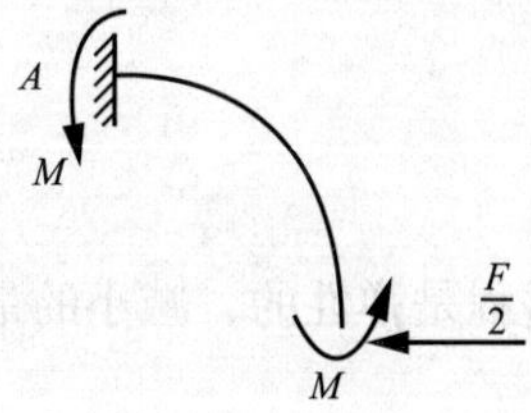

图 18－2－21

解：取四分之一对称结构进行分析，如图 18－2－21，设环内弯矩为 M，对 A 点列平衡方程，则

$$\sum M_A=0,\ 2M-\frac{1}{2}FR=0$$

$$M=\frac{1}{4}FR$$

令 $M=\frac{1}{4}FR=M_p$，解得 $F_p=\frac{4M_p}{R}$。

18.10　圆轴扭转达到极限状态后卸载。若材料为理想弹塑性材料，试求卸载后的残余应力。

解：极限状态的扭矩为$\frac{2}{3}\pi r^3\tau_s$，因此对极限状态的圆轴施加一个反向扭矩，卸载过程应力－应变关系是线性的。卸载减小的最大切应力为

$$\tau=\frac{T_p r}{I_p}=\frac{\frac{2}{3}\pi r^3\tau_s r}{\frac{1}{32}\pi d^4}=\frac{4}{3}\tau_s$$

圆心处的切应力为$\tau=\tau_s-0=\tau_s$，在圆周外沿切应力为$\tau=\tau_s-\frac{4}{3}\tau_s=-\frac{1}{3}\tau_s$

应力分布如图 18－2－22：

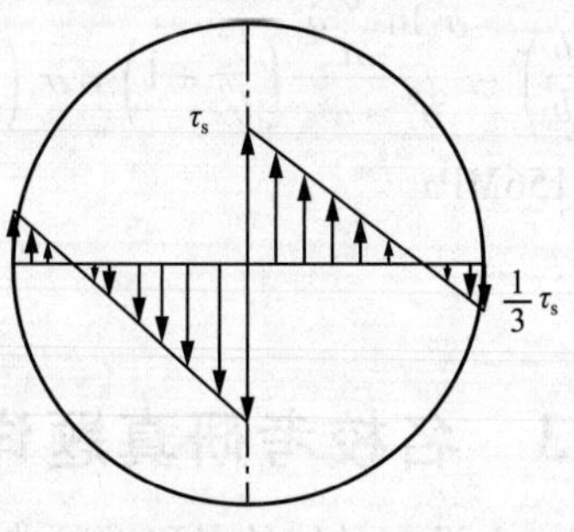

图 18－2－22

18.11　厚壁圆筒的内、外半径分别为 $a=10$mm，$b=25$mm。材料为碳钢，$\sigma_s=240$MPa。预加内应力使其达到极限状态，然后卸载。若材料为理想弹塑性的，试计算内侧面和外侧面内的残余应力，并作图表示沿壁厚残余应力的分布情况。

解：(1)极限状态的内压 P_p 及正应力

$$P_P = \sigma_s \ln \frac{b}{a}$$

$$\sigma_\rho = -\sigma_s \ln \frac{b}{\rho}$$

$$\sigma_\varphi = \sigma_s \left(1 - \ln \frac{b}{\rho}\right)$$

(2)卸载过程是弹性的，减小的最大径向应力和周向应力分别为

$$\sigma_\rho = -\frac{P_p a^2}{b^2 - a^2}\left(\frac{b^2}{\rho^2} - 1\right)$$

$$\sigma_\varphi = \frac{P_p a^2}{b^2 - a^2}\left(\frac{b^2}{\rho^2} + 1\right)$$

因此残余应力为

$$\sigma_\rho = -\sigma_s \ln \frac{b}{\rho} + \frac{P_p a^2}{b^2 - a^2}\left(\frac{b^2}{\rho^2} - 1\right)$$

$$\sigma_\varphi = \sigma_s \left(1 - \ln \frac{b}{\rho}\right) - \frac{P_p a^2}{b^2 - a^2}\left(\frac{b^2}{\rho^2} + 1\right)$$

将 P_p 代入式中，令 $\rho = a$，得到

$$\sigma_\rho = -\sigma_s \ln \frac{b}{a} + \frac{\sigma_s \ln \frac{b}{a} a^2}{b^2 - a^2}\left(\frac{b^2}{a^2} - 1\right) = 0$$

$$\sigma_\varphi = \sigma_s \left(1 - \ln \frac{b}{a}\right) - \frac{\sigma_s \ln \frac{b}{a} a^2}{b^2 - a^2}\left(\frac{b^2}{a^2} + 1\right) = \sigma_s \left(1 - \frac{2b^2}{b^2 - a^2} \ln \frac{b}{a}\right)$$

$$= -1.18\sigma_s = -284\text{MPa}$$

令 $\rho = b$，得到

$$\sigma_\rho = -\sigma_s \ln \frac{b}{b} + \frac{\sigma_s \ln \frac{b}{a} a^2}{b^2 - a^2}\left(\frac{b^2}{b^2} - 1\right) = 0$$

$$\sigma_\varphi = \sigma_s \left(1 - \ln \frac{b}{b}\right) - \frac{\sigma_s \ln \frac{b}{a} a^2}{b^2 - a^2}\left(\frac{b^2}{b^2} + 1\right) = \sigma_s \left(1 - \frac{2a^2}{b^2 - a^2} \ln \frac{b}{a}\right)$$

$$= 0.651\sigma_s = 156\text{MPa}$$

径向正应力均为零。

应力分布图略。

18.3　名校考研真题详解

本章不是考试重点，所以基本上没有学校的考研试题涉及到本章内容，因此，读者可以简单了解，不必作为复习重点，本部分也就没有选用考研真题。